전산응용건축제도 기능사

송선영 · 원유성 공저

일진사

머리말

산업과 문화의 급속한 발달로 인간의 생활수준도 향상되었고 건축문화 역시 많은 발전을 가져왔으며, 건축설계 제도에서도 컴퓨터를 응용한 CAD로 작업을 하게 되었다.

따라서, 고도의 지식과 능력을 갖춘 전문 기능인의 확보는 국제개방화에 맞설 확실한 대응책이며, 현실 상황에 맞추어 정부에서 새로운 기술 종목으로 「전산응용 건축제도 기능사」 시험을 신설한 것은 전문 인력 양성의 중요성을 그대로 반영한 것이라고 하겠다.

또한 건축구조사무소, 건축설계사무소, 건축설비사무소, 조경회사, 도시계획회사, 인테리어회사, 환경설계회사, 특허법률사무소 등에서 모든 도면을 CAD화 작업이 되어 인력 수요가 꾸준히 늘고 있고, 구직자도 자격을 갖추어야 유리한 취업이 가능해진다.

이러한 추세에 부응하여 이 책 전산응용 건축제도는 자신있게 권할 수 있는 시험 준비서로서 수험생 여러분이 최단시일 내에 합격할 수 있도록 다음과 같은 특징으로 엮었다.

첫째, 새로 개정된 출제기준에 따라 과목별로 핵심적인 내용만을 간추려 정리하였다.

둘째, 누구나 쉽게 이해할 수 있도록 난해한 용어는 자세히 설명하였고, 건축에 필요한 다양한 예와 도표를 많이 수록하였다.

셋째, 적중률 높은 예상문제와 함께 포인트 해설을 과목별로 수록하였으며, 부록으로 최근 출제경향을 파악할 수 있도록 과년도 출제문제를 실어 주었다.

끝으로, 잘못 기술된 부분이 있거나 부족한 면이 있으면 독자 여러분의 충고와 도움을 받아 수정·보완하여 최고 최상의 전산응용 건축제도 기능사 시험 합격 지침서가 되도록 노력하겠다.

저자 씀

전산응용건축제도 기능사 출제기준

시험 과목	출제 문제수	출제기준 주요항목	출제기준 세부항목
건축계획 및 제도, 건축구조, 건축재료	60	1. 건축계획 일반	(1) 건축계획 과정 : ① 건축계획과 설계 ② 건축계획 진행 ③ 건축공간 ④ 건축법의 이해
			(2) 조형계획 : ① 조형의 구성 ② 건축형태의 구성 ③ 색채계획
			(3) 건축환경 계획 : ① 자연환경 ② 열환경 ③ 공기환경 ④ 음환경 ⑤ 빛환경
			(4) 주거건축 계획 : ① 주택계획과 분류 ② 주거생활의 이해 ③ 배치 및 평면계획 ④ 단위공간 계획 ⑤ 단지계획
		2. 건축설비	(1) 급·배수 위생설비 : ① 급수설비 ② 급탕설비 ③ 배수설비 ④ 위생기구
			(2) 냉·난방 및 공기조화 설비 : ① 냉방설비 ② 난방설비 ③ 환기설비 ④ 공기조화 설비
			(3) 전기설비 : ① 조명설비 ② 배전 및 배선설비 ③ 방재설비 ④ 전원설비
			(4) 가스 및 소화설비 : ① 가스설비 ② 소화설비
			(5) 정보 및 수송설비 : ① 정보설비 ② 수송설비
		3. 건축제도	(1) 제도규약 : ① KS건축제도 통칙 ② 도면의 표시방법에 관한 사항
			(2) 건축물의 묘사와 표현 : ① 건축물의 묘사 ② 건축물의 표현
			(3) 건축설계 도면 : ① 설계도면의 종류 ② 설계도면의 작도법
			(4) 각 구조부의 제도 : ① 구조부의 이해 ② 재료 표시기호 ③ 기초와 바닥 ④ 벽체와 창호 ⑤ 계단과 지붕 ⑥ 보와 기둥
		4. 일반구조	(1) 건축구조의 일반사항 : ① 건축구조의 개념 ② 건축구조의 분류 ③ 각 구조의 특성
			(2) 건축물의 각 구조 : ① 조적구조 ② 철근 콘크리트 구조 ③ 철골구조 ④ 목구조
		5. 구조 시스템	(1) 일반구조 시스템 : ① 골조구조 ② 벽식구조 ③ 아치구조
			(2) 특수구조 : ① 절판구조 ② 셸구조와 돔구조 ③ 트러스 구조 ④ 현수구조 ⑤ 막구조
		6. 건축재료 일반	(1) 건축재료의 발달 : ① 건축재료학의 구성 ② 건축재료의 생산과 발달과정
			(2) 건축재료의 분류와 요구성능 : ① 건축재료의 분류 ② 건축재료의 요구성능
			(3) 건축재료의 일반적 성질 : ① 역학적 성질 ② 물리적 성질 ③ 화학적 성질 ④ 내구성 및 내후성
		7. 각종 건축재료 및 실내 건축재료의 특성, 용도, 규격에 관한 사항	(1) 각종 건축재료의 특성, 용도, 규격에 관한 사항 : ① 목재 및 석재 ② 시멘트 및 콘크리트 ③ 점토재료 ④ 금속재, 유리 ⑤ 미장, 방수재료 ⑥ 합성수지, 도장재료, 접착제 ⑦ 단열재료
			(2) 각종 실내 건축재료의 특성, 용도, 규격에 관한 사항 : ① 바닥 마감재 ② 벽 마감재 ③ 천장 마감재 ④ 기타 마감재

차 례

contents

제 1 편 건축계획 일반

제1장 건축계획 과정
1. 건축계획과 설계 …… 13
2. 건축계획 진행 …………… 13
3. 건축공간 …………… 15
4. 건축법의 이해 …………… 16
* 예상문제 ……………………………………………………………… 25

제2장 조형계획
1. 조형의 구성 ………… 30
2. 건축형태의 구성 ………… 31
3. 색채계획 …………… 32
* 예상문제 ……………………………………………………………… 34

제3장 건축환경 계획
1. 자연환경 …………… 40
2. 열환경 ………………… 43
3. 공기환경 …………… 45
4. 음환경 ………………… 46
5. 빛환경 ……………… 48
* 예상문제 ……………………………………………………………… 52

제4장 주거건축 계획
1. 주택계획과 분류 …… 60
2. 주거생활의 이해 ………… 61
3. 배치계획 …………… 62
4. 평면계획 ………………… 63
5. 단위공간 계획 ……… 66
6. 공동주택 ………………… 72
7. 단지계획 …………… 77
* 예상문제 ……………………………………………………………… 80

제 2 편 건축설비

제1장 급·배수 위생설비
1. 급수설비 …………… 89
2. 급탕설비 ………………… 91
3. 배수설비 …………… 93
4. 위생기구 ………………… 95
* 예상문제 ……………………………………………………………… 97

제2장 냉·난방 및 공기조화 설비
1. 냉방설비 101
2. 난방설비 101
3. 환기설비 103
4. 공기조화 설비 104
* 예상문제 108

제3장 전기설비
1. 조명설비 111
2. 배전 및 배선설비 111
3. 방재설비 112
4. 전원설비 113
* 예상문제 114

제4장 가스 및 소화설비
1. 가스설비 117
2. 소화설비 117
* 예상문제 120

제5장 정보 및 수송설비
1. 정보설비 121
2. 수송설비 122
* 예상문제 124

제3편 건축제도

제1장 제도규약
1. KS 건축제도 통칙 ... 127
* 예상문제 128

제2장 기초설계 제도
1. 제도의 기본 129
2. T자와 삼각자의 사용방법 .. 133
* 예상문제 136

제3장 설계제도의 기본
1. 도면의 크기 140
2. 표제란 141
3. 도면의 배치 141
4. 선 141
5. 제도문자 143
6. 치수 143
7. 기준선 144
8. 표시기호 145
* 예상문제 148

제4장 건축물의 묘사와 표현
1. 묘사의 도구와 방법 155
2. 건축물의 표현 156
* 예상문제 161

제5장 설계도면의 작성방법
1. 배치도 164
2. 평면도 164

3. 입면도 ·················· 166　　4. 단면도 ·················· 167
　　　5. 기초 평면도 ············ 168　　6. 바닥 평면도 ············ 169
　　　7. 천장 평면도 ············ 169　　8. 전개도 ·················· 170
　　　9. 지붕 평면도 ············ 170　　10. 창호도 ················ 171
　　　❋ 예상문제 ·· 173

제6장 각 구조부의 제도
　　　1. 구조부의 이해 ········ 176　　2. 재료 표시기호 ········ 177
　　　3. 기초와 바닥 ············ 178　　4. 벽체와 창호 ············ 183
　　　5. 계단과 지붕 ············ 189　　6. 보와 기둥 ·············· 194
　　　❋ 예상문제 ·· 197

제4편 일반구조

제1장 총 론
　　　1. 서론 ······················ 205　　2. 건축구조의 분류 ····· 205
　　　❋ 예상문제 ·· 207

제2장 기 초
　　　1. 정의 ······················ 209　　2. 기초의 분류 ············ 209
　　　❋ 예상문제 ·· 213

제3장 나무 (목) 구조
　　　1. 개설 ······················ 216　　2. 나무구조 벽체 ········ 217
　　　3. 지붕틀 ·················· 220　　4. 마루 ······················ 225
　　　5. 계단 ······················ 227　　6. 외부 수장 ·············· 228
　　　7. 내부 수장 ·············· 233　　8. 창문틀, 창호 ·········· 236
　　　❋ 예상문제 ·· 242

제4장 조적구조
　　　1. 벽돌구조 ················ 265　　2. 블록 구조 ·············· 272
　　　3. 돌구조 ·················· 276
　　　❋ 예상문제 ·· 278

제5장 철근 콘크리트 구조
　　　1. 철근 콘크리트 총론 ·· 293　　2. 구조형식 ················ 294
　　　3. 사용재료 ················ 294　　4. 뼈대 ······················ 296
　　　5. 방수 ······················ 302
　　　❋ 예상문제 ·· 304

제6장 철골구조
1. 개요 319
2. 강재와 그 접합법 320
3. 뼈대 323
4. 기타 구조 326
※ 예상문제 329

제5편 구조 시스템 및 건축재료 일반

제1장 일반구조 시스템(평면구조)
1. 골조구조 339
2. 벽식구조 340
3. 아치 구조 340
※ 예상문제 341

제2장 특수구조(입체구조)
1. 절판구조 342
2. 셸 구조와 돔 구조 342
3. 입체 트러스 구조 343
4. 현수구조 343
5. 막구조 344
※ 예상문제 345

제3장 건축재료 일반
1. 건축재료의 구성과 발달 346
2. 건축재료의 분류와 요구성능 347
3. 건축재료의 일반적 성질 349
※ 예상문제 352

제6편 각종 건축재료

제1장 목 재
1. 서론 357
2. 목재 358
※ 예상문제 369

제2장 석 재
1. 조직과 분류 378
2. 채석과 가공 379
3. 각종 석재 380
4. 석재의 성질 382
5. 석재제품 383
※ 예상문제 384

제3장 점토제품
1. 일반사항 388
2. 점토제품 389
※ 예상문제 393

제4장 시멘트

1. 분류와 제법 ·············· 399
2. 성분 및 반응 ·············· 400
3. 성질 ························ 400
4. 각종 시멘트의 특징 ······· 402
- 예상문제 ··· 405

제5장 콘크리트

1. 골재와 물 ················ 412
2. 배합 ······················ 414
3. 강도 ······················ 416
4. 배합의 결정 ·············· 417
5. 강도 이외의 성질 ······· 418
6. 특수 콘크리트 ············ 419
7. 혼화재료 ·················· 421
- 예상문제 ··· 422

제6장 금속재료

1. 철강 ······················ 426
2. 제철공정 ·················· 426
3. 일반적 성질 ·············· 427
4. 주철 및 합금강 ············ 428
5. 비철금속 ·················· 429
6. 금속의 부식과 그 방지 ·· 432
7. 금속제품 ·················· 433
- 예상문제 ··· 438

제7장 유 리(glass)

1. 유리의 성분과 분류 ····· 446
2. 유리제품 ·················· 447
- 예상문제 ··· 450

제8장 미장재료

1. 회반죽 ···················· 455
2. 돌로마이트 석회 ·········· 456
3. 석고 보드 ················ 456
4. 모르타르 ·················· 457
5. 플라스터 ·················· 458
- 예상문제 ··· 459

제9장 방수재료

1. 아스팔트 방수재료 ······ 461
2. 시트 방수재료 ············ 462
3. 도막 방수재료 ·········· 463
4. 시멘트계 방수재료 ······ 464
5. 실링(sealing)재 방수재료 ································ 464
- 예상문제 ··· 465

제10장 합성수지

1. 일반적 성질과 용도 ·· 467
2. 종류 ······················ 467
3. 합성수지 제품 ·········· 471
- 예상문제 ··· 472

제11장 도장재료 및 기타재료

1. 도료의 분류 ·············· 475
2. 도료의 사용재료 ·········· 476

3. 도료의 성질 및 특성 ·· 476
5. 접착제 ······· 478
❈ 예상문제 ······· 480
4. 퍼티 및 코킹재 ······· 478

제12장 단열재료
1. 무기질 단열재료 ······ 482
2. 유기질 단열재료 ······· 483
❈ 예상문제 ······· 484

제13장 실내건축 재료
1. 바닥 마감재 ······· 486
3. 천장 마감재 ······· 487
2. 벽 마감재 ······· 487
4. 기타 마감재 ······· 488
❈ 예상문제 ······· 489

부록 과년도 출제 문제

◆ 과년도 출제문제(필기) ······· 493
  ❈ 2008년 시행 문제 ······· 493
  ❈ 2009년 시행 문제 ······· 522
  ❈ 2010년 시행 문제 ······· 559
  ❈ 2011년 시행 문제 ······· 599
  ❈ 2012년 시행 문제 ······· 636
  ❈ 2013년 시행 문제 ······· 676
  ❈ 2014년 시행 문제 ······· 716

◆ 국가기술자격검정 실기시험 문제 ······· 726

건축계획 일반

제1장 건축계획 과정
제2장 조형계획
제3장 건축환경 계획
제4장 주거건축 계획

1장 건축계획 과정

1. 건축계획과 설계

1-1 건축계획의 과정

건축물을 만드는 과정 : 기획, 설계, 시공의 3단계이다.

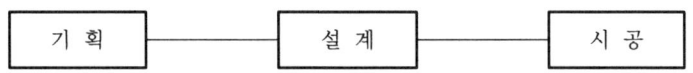

1-2 계획과 설계

(1) 기 획

건축주의 건설의도를 파악한다.

(2) 설 계

기획의 단계가 지나면 건축주와 설계자와의 커뮤니케이션(communication)을 통하여 대지조건, 요구조건 분석 및 형태·규모 구상, 대안을 제시한다. 또한 이 과정에서 설계자는 세부적인 결정을 하고 도면을 작성한다.

(3) 시 공

구체적인 설계도면이 완성되면 구조물을 건축하게 된다.

2. 건축계획 진행

2-1 계획조건의 설정

(1) 건축의 용도

계획하려는 건축은 누구를 위하여 어떤 용도로 세워지는 것인지를 처음부터 확실하게 설정한다.

(2) 건축주의 요구

건축주가 제반적인 조건을 제시하면 설계자는 그것을 확인하여 설계조건을 선정하고 기획·설계를 시작하며 이후에 기본설계 및 실시설계가 이루어진다.

(3) 사용자 분석
건축물을 이용하는 사람들의 구성과 사람의 수, 생활내용 등을 파악해야 한다.

(4) 규모 및 예산
이용상의 요구를 만족시키려면 규모는 커지고, 예산 범위에서 일정 수준을 갖춘 건축을 하려면 규모를 어느 범위까지 한정시키지 않으면 안되므로, 이들의 관계를 조정하여 적정 규모를 정해야 한다.

(5) 건축 대지의 조건
① 자연적 조건 : 대지의 면적, 형상, 방위, 지반과 토질, 기후 등
② 사회적 조건 : 도로교통 관계, 공공시설의 유무, 전기 및 상·하수도, 도시가스, 법규 규제, 공해상태 등의 사회적 조건

(6) 건설의 시기 및 공사기간
모든 조건을 바탕으로 하여 완공시기를 맞출 수 있도록 해야 한다.

2-2 자료수집과 분석순서

① 건축물에 관련된 모든 정보와 자료를 조사하고 수집하여 분석한다.
② 설계하고자 하는 건축물에 대한 모든 문제를 파악한다.
③ 자료 분석 : 설계를 진행함에 있어서 각종 설계요소를 완전하게 해결해 줄 수 있도록 철저히 분석한다.

2-3 세부계획

(1) 평면계획
① 단면 및 구조계획, 입면계획은 물론 각종 설비에 이르기까지 건축물에 대한 모든 계획의 수립 및 조화가 이루어진다.
② 평면계획은 설계요소가 복잡한 현대건축에서는 더욱 필요하다.

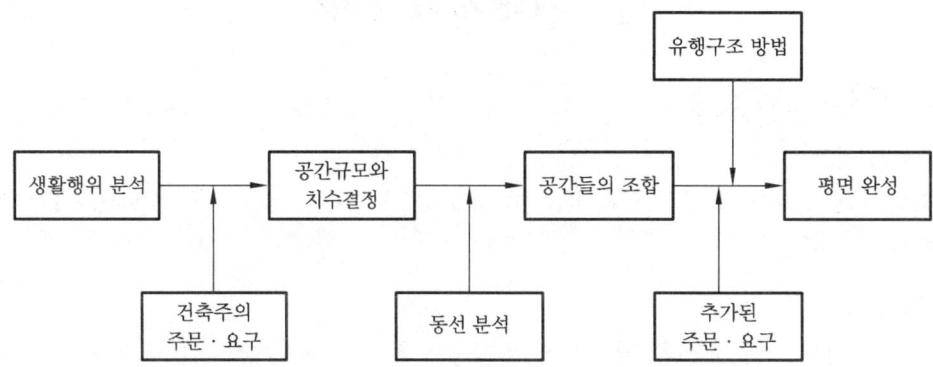

(2) 형태계획
① 건축물은 주변환경, 문화적, 사회적 조건 등과의 조화를 이룰 수 있도록 해야 하고, 완성된 건축물이 주위의 환경을 저해하는 일이 없도록 계획과정에서 고려한다.
② 건축물 계획 시 일조, 소음 등의 외부 환경의 문제점도 함께 검토하고, 실의 기능에 지장이 없도록 계획한다.

(3) 입면계획
① 건축공간의 외부를 아름답게 디자인하는 것이다.
② 입면계획의 필요성 : 오늘날 건축물은 미적 감각을 중시 여기므로 주위 건물과 조화가 이루어져야 한다.

(4) 구조계획
① 안전하고 내구적이며, 경제적인 구조체를 설계하기 위하여 계획하는 것이다.

구조계획 = 구조적인 형태 + 역학적인 힘 + 재료의 특성

② 건축물의 구조별 형태
　㈎ 가구식 구조　　㈏ 일체식 구조　　㈐ 조적식 구조
　㈑ 셸(shell) 구조　㈒ 절판 구조　　　㈓ 돔(dome) 구조

　　셸 구조　　　　　　　절판 구조　　　　　　　돔 구조

3. 건축공간

건축물에 사용되는 모든 요소가 조화를 이루도록 하여 인간의 생활에 적합하도록 만든 장소이다.

3-1 물리적 공간과 심리적 공간

(1) 공간의 기본적인 치수
① 실내에 필요한 가구를 배치하고 사람의 움직임을 적절하게 수용할 수 있는 크기

이다.
② 실의 사용시간에 따른 적당한 공기의 부피 및 심리적으로 쾌적감을 느낄 수 있는 크기이다.

3-2 내부공간과 외부공간

① 내부공간 : 건축 고유의 공간이며 기능과 구조, 아름다움이 조화되어야 한다.
② 외부공간 : 내부공간을 둘러싼 공간으로 건축물이 많이 있을 때 건축물에 의해 둘러싸인 공간 전체이다.

3-3 건축공간의 인식

> 건축공간 = 시각공간 + 그 밖의 감각분야

4. 건축법의 이해

4-1 건축법의 개요

(1) 법의 체계

> 헌법 → 법률 → 행정명령

① 헌법 : 국가조직 및 작용에 관한 기준법으로, 최상위의 법률이다.

> 헌법 > 법류 > 명령 > 규칙

② 법률 : 사회생활을 유지하기 위한 지배적인 규범(국민의 권리 및 의무를 제한 또는 부과하는 모든 법률)으로 국회에서 제정하고, 대통령이 공포한다.
③ 행정기관이 제정하는 명령
  (개) 대통령령(시행령) : 법률을 시행하기 위하여 필요한 사항에 관하여 제정하는 명령
  (내) 총리령, 부령(시행규칙) : 국무총리 또는 행정 각 부의 장이 소관업무에 관하여 법률이나 대통령령의 위임 또는 직권으로 제정하는 명령
④ 지방자치법규
  (개) 조례 : 지방의회의 의결에 의하여 법령의 범위 안에서 사무에 관하여 제정하는 법
  (내) 규칙(시행세칙) : 지방자치단체의 장이 법령 또는 조례에 위임한 범위 안에서 그 권한에 속하는 사무에 관하여 제정하는 법령

(2) **법령의 형식**
① 제명의 표기방법 : 법령의 종류 (법령 공포일, 법령번호)
② 본칙(실질적 규정)
　㈎ 본칙의 내용을 나눌 때 조, 편, 장, 절, 관으로 묶는데 건축법과 동시행령에서는 장으로 묶고 법령내용의 구분 규정은 조→항→호→목 등과 같다.
　㈏ 하나의 조, 항 또는 호에 있어서 문장을 끊는 경우는 전자의 규정을 전단, 후자의 규정을 후단으로 한다.
　㈐ 전단 규정의 예외 또는 제한적인 조건을 규정하는 후단의 규정은 "다만"으로 시작하는데 후단의 규정을 단서, 전단의 규정을 본문이라고 한다.

(3) **법의 용어**
① 이상, 이하, 이후, 이내 : 한계를 표현할 때 사용하는 용어로 기산점이 포함된다.
② 초과, 미만, 넘는 : 한계를 표현할 때 사용하는 용어로 기산점이 포함되지 않는다.
③ 또는, 이거나 : 명사 또는 동사를 2개 이상 게기하여 선택적으로 연결할 때 쓰는 것으로 게기하는 어떤 단계를 지우는 경우, 큰 뜻의 연결로는 "이거나"를, 작은 뜻의 연결로는 "또는"을 사용한다.
④ 준용한다 : 비슷한 내용을 되풀이하지 않고, 필요한 사항만 적용한다.
⑤ 각 호에, 각 호의 1 : "각 호에"는 관련있는 호 전부를 가리키는 지정이며, "각 호의 1"은 호 중 어느 하나의 호만을 가리키는 선택적 지정이다.
⑥ 전2항, 제2항 : "전2항"은 그 항을 포함하지 않은 그 항에 앞서 있는 2개의 항을 가리키는 상대적 지칭이며, "제2항"은 제1항 뒤에 오는 제2항 만을 가리키는 절대적 지칭이다.
⑦ 그러하지 아니 하다, 하여서는 아니 된다 : "그러하지 아니 하다"는 허용된다는 뜻이며, "하여서는 아니 된다"는 불허의 뜻이다.

4-2 건축법의 목적과 정의

　건축법은 건축물의 대지, 구조 및 설비의 기준과 건축물의 용도 등을 정하여 안전, 기능 및 미관을 향상시켜 공공복리의 증진에 이바지함을 목적으로 한다.

(1) **대 지**
① 대지 : 지적법에 의한 각 필지의 구획된 토지를 말한다.
② 목적 : 하나의 건축물에 필요한 최소한의 공지를 확보하여 일조, 채광, 통풍, 소방상의 편리를 도모한다.

(2) **건축물** (단, 2~4의 경우에는 지붕, 기둥 또는 벽이 없어도 건축물에 포함된다.)
　① 지붕과 기둥, 지붕과 벽이 있는 구조물

② 지붕과 기둥, 지붕과 벽이 있는 구조물에 부수되는 시설물
　　예 대문, 담장 등
③ 지하 또는 고가의 공작물에 설치하는 사무소, 공연장, 점포, 차고, 창고 등
④ 공작물 등

(3) 건축물의 용도
단독주택, 공동주택, 제1종 근린생활 시설, 제2종 근린생활 시설, 문화 및 집회시설, 판매 및 영업시설, 의료시설, 교육연구 및 복지시설, 운동시설, 업무시설, 숙박시설, 위락시설, 공장, 창고시설, 위험물 저장 및 처리시설, 자동차관련 시설, 동물 및 식물관련 시설, 분뇨·쓰레기처리 시설, 공공용 시설, 묘지관련 시설, 관광 휴게시설, 기타 대통령령이 정하는 시설 등이다.

(4) 건축설비
전기, 전화, 가스, 급수, 배수(配水), 배수(排水), 환기, 난방, 소화, 배연 및 오물처리의 설비, 굴뚝, 승강기, 피뢰침, 국기 게양대, 공동시청 안테나, 유선방송 수신시설, 우편물 수취함, 기타 건설교통부령이 정하는 설비이다.

(5) 지하층
건축물의 바닥이 지표면 아래에 있는 층으로, 바닥으로부터 지표면까지의 평균높이가 당해 층 높이의 $\frac{1}{2}$ 이상인 것이다.

(6) 거 실
건축물 안에서 거주, 집무, 작업, 집회, 오락, 기타 유사한 목적을 위해 사용되는 공간이다.

(7) 주요 구조부
내력벽, 기둥, 바닥, 보, 지붕틀, 주계단
　　※ 예외 : 사잇기둥, 최하층 바닥, 작은 보, 차양, 옥외 계단, 기타 이와 유사한 것으로 구조상 중요하지 않는 부분

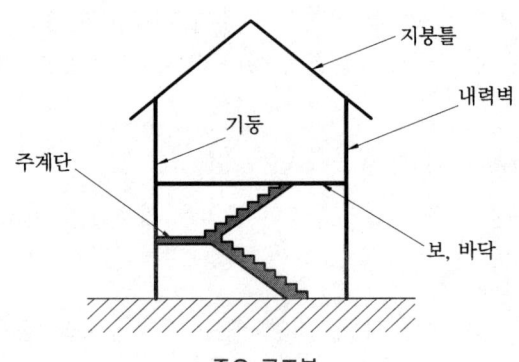

주요 구조부

(8) 건 축

변경 전	변경 후	
기존 건축물이 없는 대지	신축	새로이 건축물을 축조 부속 건축물이 있는 대지에 새로이 주된 건축물 축조
기존 건축물이 있는 대지	신축	기존 건축물이 철거, 멸실된 후 건축물 축조
	증축	기존 건축물에 건축물의 규모(건축면적, 연면적, 층수 또는 높이)를 증가시키는 행위
	재축	기존 건축물이 재해로 인하여 멸실된 경우, 종전과 동일한 규모의 범위(개축에 해당되는 행위) 안에서 건축물 축조
	개축	기존 건축물의 전부 또는 일부(내력벽·기둥·보·지붕틀 중 3 이상시 포함되는 경우에 한함)를 철거하고, 종전과 동일한 규모의 범위 안에서 건축물 축조
	이전	건축물의 주요 구조부를 해체하지 않고 기존 건축물의 동일 대지 내에서 다른 위치로 옮기는 행위

(9) 대수선

건축물의 주요 구조부(기둥·보·내력벽·주계단 등)를 형태상의 변화 또는 구조 안전상, 위험할 정도의 수준으로 증축 또는 개축에 해당되지 않는 행위이다.

(10) 도 로

① 보행 및 자동차 통행이 가능한 너비 4 m 이상의 도로 또는 그 예정도로로, 국토의 계획 및 이용에 관한 법률, 도로법, 사도법 기타 관계법령에 의해 신설 또는 변경에 관한 고시가 된 도로나 건축허가·신고 때 시·도지사 또는 시장·군수·구청장이 그 위치를 지정·공고한 도로이다.

② 지형적 조건으로 차량통행을 위한 도로의 설치가 곤란하다고 인정하여 시장·군수·구청장이 그 위치를 지정·공고하는 구간 안의 너비 3 m 이상(길이 10 m 미만인 막다른 도로의 경우에는 너비 2 m 이상)인 도로이다.

③ 위 ②에 해당되지 아니하는 막다른 도로의 경우에는 아래와 같이 정하는 기준 이상의 도로이다.

막다른 도로의 길이	도로의 너비
10 m 미만	2 m
10 m 이상 35 m 미만	3 m
35 m 이상	6 m (도시계획 구역이 아닌 읍·면 지역에는 4 m)

(11) 건축주

건축물의 건축, 대수선, 건축설비의 설치 또는 공작물 등의 축조에 관한 공사를 발주하거나 현장 관리인을 두어 스스로 공사를 행하는 자이다.

(12) 설계자

자기 책임하에 설계도서를 작성하고, 그 설계도서에 의도한 바를 해설하며 지도·자문하는 자이다.

(13) 부속 건축물

동일한 대지 안에서 주된 건축물과 분리된 부속용도의 건축물로, 주된 건축물 이용 또는 관리에 필요한 건축물이다.

(14) 부속용도

건축물 용도의 기능에 필수적인 요소로, 아래의 하나에 해당하는 용도이다.
① 건축물의 설비, 대피 및 위생, 기타 이와 유사한 시설의 용도
② 사무, 작업, 집회, 물품 저장, 주차 기타 이와 유사한 시설의 용도
③ 구내 식당, 구내 탁아소, 구내 운동시설 등 종업원 후생복리 시설 및 구내 소각시설, 기타 이와 유사한 시설의 용도
④ 관계법령에서 주된 용도의 부수시설로, 그 설치를 의무화하고 있는 시설의 용도

4-3 연면적, 건폐율, 용적률

(1) 연면적(延面積)

건물 각 층의 바닥면적을 합한 전체면적이다.

(2) 건폐율(建蔽率)

건축면적의 대지면적에 대한 비율로 1층만의 면적을 가리키며, 2층 이상의 면적은 포함시키지 않는다. 또한 대지에 둘 이상의 건축물이 있는 경우 이들 1층의 건축면적의 합계로 계산한다.

$$건폐율 = \frac{건축면적}{대지면적} \times 100\,(\%)$$

(3) 용적률(容積率)

대지면적에 대한 건축물의 연면적 비율(건물 각 층의 바닥면적을 합산한 면적)로 대지에 둘 이상의 건축물이 있는 경우는 이들 연면적이 합계로 적용한다.

$$용적률 = \frac{연면적}{대지면적} \times 100\,(\%)$$

4-4 면적, 높이 및 층수의 산정

(1) 대지면적

대지의 수평면적으로 하되, 건축선(대지와 도로의 경계선)으로 둘러싸인 부분의 면적으로 하며, 대지면적에서 제외 및 포함시키는 경우는 아래와 같다.

① 대지면적의 산정시 제외
  ㈎ 소요 너비에 미달되는 도로 : 당해 도로의 중심선으로부터 소요 너비의 $\frac{1}{2}$(2 m) 만큼 후퇴한 선을 건축선으로 하며, 도로의 경계선과 건축선 사이의 면적은 대지면적으로 한다.
  ㈏ 당해 도로의 반대쪽에 경사지 등이 있는 경우 : 당해 도로의 반대쪽에 경사지 등(경사지, 하천, 철도, 선로 부지, 기타 이와 유사한 것)이 있는 쪽의 도로의 경계선으로부터 소요 너비(4 m)에 상당하는 수평거리의 선을 건축선으로 하며, 도로의 경계선과 건축선 사이의 면적은 대지면적으로 한다.
  ㈐ 대지 안에 도시계획 시설인 도로, 공원 등이 있는 경우 : 그 도시계획 시설에 포함되는 대지면적으로 한다.
② 대지면적의 산정 시 포함되는 경우 : 너비 4 m 이상의 도로에서 건축선을 별도로 지정하는 경우는 도로와 건축선 사이의 대지면적으로 한다.

(2) 건축면적

대지점유 면적을 표시한 지표로, 건축물의 외벽 중심선으로 둘러싸인 부분의 수평투영 면적 또는 아래와 같은 선으로 둘러싸인 부분의 수평투영 면적으로 산정하나, 지표면상 1 m 이하의 부분은 제외한다.
① 외벽이 없는 경우는 외곽 부분의 기둥의 중심선이다.
② 처마, 차양, 부연, 단독주택 및 공동주택의 발코니, 기타 이와 유사한 것으로 당해 외벽의 중심선으로부터 수평거리 1 m (창고의 경우 3 m, 한옥의 경우 2 m) 이상 돌출된 부분이 있는 경우 그 끝부분으로부터 수평거리 1 m (창고의 경우 3 m, 한옥의 경우 2 m)를 후퇴한 선이다.

(3) 바닥면적

건축물의 규모를 나타내는 지표로, 건축물의 각 층 또는 그 일부로서 벽, 기둥 기타 이와 유사한 구획의 중심선으로 둘러싸인 부분의 수평투영 면적으로 아래와 같이 산정한다.
① 벽, 기둥의 구획이 없는 건축물 : 그 지붕 끝부분에서부터 수평거리 1 m를 후퇴한 선으로 둘러싸인 수평투영 면적이다.
② 건축물의 노대 기타 이와 유사한 것의 바닥면적
  ㈎ 난간 등의 설치 여부에 관계없이 노대 등의 면적(외벽의 중심선으로부터 노대 등의 끝부분까지의 면적)에서 노대 등이 접한 가장 긴 외벽에 접한 길이에 1.5 m를 곱한 값을 공제한 면적이다.
  ㈏ 난간 등의 설치 여부에 관계없이 노대 등의 면적(외벽의 중심선으로부터 노대 등의 끝부분까지의 면적)에서 주요 채광방향의 벽면에 있는 노대 등의 난간 바깥 부분에 간이 화단을 노대 등의 면적 $\frac{15}{100}$ 이상 설치한 경우에 기둥 또는 내력벽의 설치 여부와 관계없이 노대 등이 접한 가장 긴 외벽에 접한 길이에 2.0 m를

곱한 값을 공제한 면적을 바닥면적에 산입한다.

※ 노대(=발코니) : 2층 이상 건물의 방 밖에 따로 달아내어 위에 덮지 않고 드러난 공간

(다) 바닥면적에서 제외되는 경우
- 필로티, 기타 이와 유사한 구조 (벽면적의 $\frac{1}{2}$ 이상이 당해층의 바닥면에서 위층 바닥 아래면까지 공간으로 된 것에 한함)의 부분이 공중의 통행, 차량의 통행 및 주차에 전용되는 경우와 공동주택의 용도로 쓰이는 경우
- 승강기탑, 계단탑, 장식탑, 다락 (층고가 1.5 m 이하인 것에 한함), 건축물의 외부 또는 내부에 설치하는 굴뚝, 더스트 슈트, 설비 덕트, 기타 이와 유사한 것
- 옥상, 옥외 또는 지하에 설치하는 물탱크, 기름 탱크, 냉각탑, 정화조, 기타 이와 유사한 것의 설치를 위한 구조물의 부분
- 공동주택으로서 지상층에 설치한 기계실, 어린이 놀이터, 조경시설의 경우에는 당해 부분

(4) 연면적

건축물의 용적률을 산정하는 지표로 하나의 건축물의 각 층의 바닥면적의 합계(단, 지하층의 바닥면적과 당해 건축물의 부속용도로써 지상층의 주차용으로 사용되는 면적 등은 용적률의 산정에서 제외)이다.

(5) 건축물의 높이

① 지표면으로부터 당해 건축물의 상단까지의 높이(건축물 1층 전체에 필로티+경비실+계단실+승강기실+기타 이와 유사한 것이 포함되어 설치된 경우는 가로 구역별로 건축물의 높이 규정을 적용함에 있어 필로티 층고를 제외한 높이)로 한다.

② 전면 도로에 의한 건축물의 높이 산정은 전면 도로의 중심선으로부터 높이로 하고, 아래의 경우는 예외한다.

(가) 건축물의 대지에 접하는 전면 도로의 노면에 고저차가 있는 경우 : 당해 건축물이 접하는 범위의 전면도로 부분의 수평거리에 따라 가중평균 높이의 수평면을 전면 도로로 본다.

$$\text{가중평균 수평면} = \frac{\text{도로로 둘러싸인 부분의 면적}}{\text{길이의 합계}}$$

$$= \frac{\text{각 부분의 높이 차이} \times \text{길이}}{\text{길이의 합계}}$$

(나) 건축물의 대지의 지표면이 전면 도로보다 높은 경우 : 고저차의 $\frac{1}{2}$ 만큼 올라온 위치에 당해 전면 도로의 면이 있는 것으로 판단한다.

③ 일조 등의 확보를 위한 건축물의 높이 산정에서 건축물 대지의 지표면과 인접 대지의 지표면 간의 고저차가 있는 경우 : 해당 지표면의 평균 수평면을 지표면으로 보나, 전용 주거지

역 및 일반 주거지역을 제외한 지역에서 공동주택을 다른 용도와 복합하여 건축하는 경우 공동주택의 가장 낮은 부분을 당해 건축물의 지표면으로 본다.

④ 건축물 옥상에 설치되는 승강기탑, 계단탑, 망루, 장식탑, 옥탑 등의 높이 산정

　(가) 위와 같이 옥상에 설치되는 구조물은 수평투영 면적의 합계가 당해 건축물의 건축면적 $\frac{1}{8}$(사업계획의 승인대상 중 20세대 이상인 공동주택으로 세대별 전용면적이 85 m² 이하인 경우에는 $\frac{1}{6}$) 이하인 경우는 12 m를 넘는 부분에 한하여 당하여 당해 건축물 높이에 산입한다.

　(나) 위와 같이 옥상에 설치되는 구조물은 수평투영 면적의 합계가 당해 건축물의 건축면적 $\frac{1}{8}$(사업계획의 승인대상 중 20세대 이상인 공동주택으로 세대별 전용면적이 85 m² 이하인 경우에는 $\frac{1}{6}$)을 초과하는 경우에는 건축물의 높이에 산입한다.

　　※ 망루 : 방어감시 · 조망(眺望)을 위하여 잘 보이도록 높은 장소에 또는 건물을 높게 하고 사방에 벽을 설치하지 않은 건물 또는 장소

⑤ 건축물 높이 산정 시 예외 조항 : 지붕마루 장식, 굴뚝, 방화벽의 옥상 돌출부, 기타 이와 유사한 옥상 돌출물과 면적의 $\frac{1}{2}$ 이상 공간으로 되어 있는 난간벽은 당해 건축물의 높이에 산입하지 않는다.

(6) 처마 높이

지표면으로부터 건축물 지붕틀 또는 유사한 수평재를 지지하는 벽, 깔도리, 기둥의 상단까지의 높이로 한다.

　※ 깔도리(partion cap) : 벽이나 기둥 등의 뼈대 위에 가로로 걸치고, 지붕보의 한끝 또는 장선 등을 받치는 재

(7) 천장고 (반자 높이)

① 천장고 (반자 높이) : 방의 바닥면으로부터 반자까지의 높이로 한다.

② 예외 조항 : 동일한 실에서 반자 높이가 다른 부분이 있는 경우 각 부분의 반자의 면적에 따라 가중평균한 높이다.

(8) 층 고

① 층고 : 바닥 구조체 윗면으로부터 위층 바닥 구조체의 윗면까지의 높이이다.

② 예외 조항 : 동일한 실에서 층의 높이가 다른 부분이 있는 경우는 그 각 부분의 높이에 따른 면적에 따라 가중평균 높이이다.

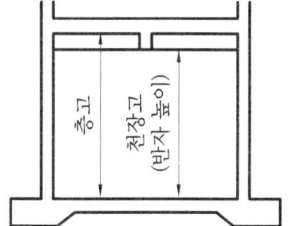

(9) 층 수

① 산정기준

　(가) 층의 구분이 명확하지 아니한 경우는 당해 건축물의 높이 4 m마다 하나의 층으

로 산정한다.

(나) 부분에 따라 그 층수를 달리하는 경우 가장 많은 층수로 산정한다.

(다) 기타 이와 다른 조건은 아래와 같이 산정한다.

- 층수 산정에 포함되는 경우 : 승강기탑, 계단탑, 망루, 장식탑, 옥탑, 기타 이와 유사한 건축물 옥상 부분으로서, 수평투영 면적의 합계가 해당 건축물의 건축면적 $\frac{1}{8}$(사업계획의 승인대상 중 20세대 이상인 공동주택으로 세대별 전용면적이 85 m² 이하인 경우에는 $\frac{1}{6}$)을 초과하는 경우와 지상층의 층수
- 층수 산정에 제외되는 경우 : 승강기탑, 계단탑, 망루, 장식탑, 옥탑, 기타 이와 유사한 건축물 옥상 부분으로서, 수평투영 면적의 합계가 해당 건축물의 건축면적 $\frac{1}{8}$(사업계획의 승인대상 중 20세대 이상인 공동주택으로 세대별 전용면적이 85 m² 이하인 경우에는 $\frac{1}{6}$) 이하인 것과 지하층의 층수

(10) 지하층의 지표면 산정

건축물 주위가 접하는 각 지표면 부분의 높이를 당해 지표면 부분의 수평거리에 따라 가중평균한 높이의 수평면으로 산정한다.

(11) 고저차가 있는 지표면의 산정

건축물의 주위가 접하는 각 지표면 부분의 높이를 해당 지표면 부분의 수평거리에 따라 가중평균한 높이의 수평면으로 산정(단, 고저차가 3 m를 넘는 경우 당해 고저차 3 m 이내의 부분마다 지표면을 산정)한다.

4-5 건축물의 정의

(1) 고층건축물

층수가 30층 이상이거나 높이가 120 m 이상인 건축물을 말한다.

(2) 초고층 건축물

층수가 50층 이상이거나 높이가 200 m 이상인 건축물을 말한다.

(3) 준초고층 건축물

고층건축물 중 초고층 건축물이 아닌 것을 말한다.

예 상 문 제

문제 1. 다음 중 건축을 하고자 할 때 계획의 3요소가 아닌 것은 어느 것인가?
㉮ 기획 ㉯ 설계
㉰ 감리 ㉱ 시공
[해설] 건축물 계획의 3요소는 기획, 설계, 시공이며 감리는 공사를 설계도서에 적합하게 건축하기 위해 공사시공을 지도 및 감독하는 것이다.

문제 2. 건축계획의 원리를 잘못 설명한 것은 어느 것인가?
㉮ 건축은 사회적으로 도움이 되는 것이어야 한다.
㉯ 건축은 인간주의의 입장을 고려할 필요는 없다.
㉰ 건축은 경제성 및 내구성을 고려해야 한다.
㉱ 건축은 기능적이어야 한다.
[해설] 건축은 건축물 속에 인간이 생활하도록 하는 것이 목적이므로 휴머니즘(humanism)의 정신이 바탕이 되어 설계를 해야 한다. 따라서 건축은 인간주의의 입장을 고려해야 한다.

문제 3. 건축계획의 1단계라고 할 수 있는 것은 어느 것인가?
㉮ 공간의 구상 ㉯ 공간의 구체화
㉰ 설계도면 작성 ㉱ 공간 세부의 결정
[해설] • 건축계획
　1단계(계획) : ① 생리 및 사회적 요구조건 파악
　　　　　　　② 공간의 구성
　2단계(설계) : ① 형태의 기본 결정
　　　　　　　② 공간의 구체화

문제 4. 건축계획의 1단계를 기술한 것 중 틀린 것은 어느 것인가?
㉮ 건축공간의 구상단계이다.
㉯ 건축물에 대한 생활상 요구인 생리적인 면과 사회적인 면을 정확히 파악하여 공간을 구상한다.
㉰ 설계자의 개성이 반영되지 않는다.
㉱ 공간을 어떻게 연결하여 어떤 건축물을 이룩해야 하는가를 구상하는 단계이다.
[해설] 1단계에서 설계자의 개성이 반영된다.

문제 5. 건축계획 1, 2단계와 거리가 먼 것은 어느 것인가?
㉮ 공간의 구상
㉯ 생리적인 면과 사회적인 면의 요구파악
㉰ 공간의 구체화
㉱ 설계도면의 작성
[해설] • 건축계획, 설계
　계획(1단계) : ① 요구의 파악
　　　　　　　② 공간의 구상
　계획(2단계) 및 설계(1단계) :
　　　　　　　① 형태의 기본 결정
　　　　　　　② 공간의 구체화
　설계(2단계) : ① 세부의 결정
　　　　　　　② 설계도면의 작성

문제 6. 건축계획 원리를 기술한 것 중 옳지 않은 것은 어느 것인가?
㉮ 건축은 보건적이어야 한다.
㉯ 건축은 재해에 대하여 안전해야 한다.
㉰ 건축은 기능적이어야 한다.
㉱ 건축의 내구성은 고려해야 하나 경제성은 고려할 필요가 없다.
[해설] 건축은 경제성 및 내구성을 고려해야 한다.

해답 1. ㉰　2. ㉯　3. ㉮　4. ㉰　5. ㉱　6. ㉱

문제 7. 건축계획에서 계획과 설계를 구별할 때 이에 대한 설명으로 옳지 않은 것은 어느 것인가?
  ㉮ 계획은 널리 일반 사물을 통틀어 기획하는 것을 뜻한다.
  ㉯ 계획을 통해서 얻은 결과는 추상적, 개념적인 것이라 할 수 있다.
  ㉰ 설계는 구축물이나 기계와 같이 형태를 지닌 물체를 만들 경우에 사용하는 것이다.
  ㉱ 설계로 얻은 것은 전체적, 추상적인 검토를 포함하는 것이라고 할 수 있다.
  해설 설계로 얻는 것은 구체적, 세부적인 검토를 포함하는 것이라고 볼 수 있다.

문제 8. 건축계획에서 계획과 설계를 구별할 때 다음 중 계획의 후기에 해당하는 것은 어느 것인가?
  ㉮ 내부적 요구의 파악
  ㉯ 외부조건의 파악
  ㉰ 형태의 기본을 만들고 방식을 결정
  ㉱ 설계결정과 설계도서의 표기
  해설 · 건축계획
    ① 계획(전기) : 내부적 요구와 외부조건의 파악
    ② 계획(후기) 및 설계(전기) : 형태의 기본을 만들고 방식을 결정
    ③ 설계(후기) : 세부결정과 설계도서의 표기

문제 9. 건축계획에서 계획조건 설계 시 고려해야 할 사항의 분류 중 다른 것은 어느 것인가?
  ㉮ 건축의 용도   ㉯ 사회적 조건
  ㉰ 건축대지의 조건 ㉱ 사용자 분석
  해설 사회적 조건은 건축 대지의 조건 중 일부분에 속한다.

문제 10. 건축물 설계 시 가장 먼저 해야 할 사항은 무엇인가?
  ㉮ 형태 및 규모구상
  ㉯ 대지조건 파악
  ㉰ 세부결정
  ㉱ 도면작성
  해설 · 건축물 설계순서 : 대지조건 파악, 요구조건 분석 → 형태 및 규모구상, 대안제시 → 세부결정, 도면작성

문제 11. 평면계획 시 평면요소의 배열에 관한 능률적인 방법이라 할 수 없는 것은 어느 것인가?
  ㉮ 같은 구성 인원이 영위하는 생활행위에 대한 평면요소는 서로 격리시킨다.
  ㉯ 시간적으로 연속되는 생활행위에 대한 평면요소는 서로 근접시킨다.
  ㉰ 비슷한 생활행위에 대하여는 평면요소의 공용을 생각해야 한다.
  ㉱ 조건에 상반되는 요소는 서로 분리하여 배열해야 한다.

문제 12. 다음 중 건축계획 시 구조계획에 속하지 않은 것은 어느 것인가?
  ㉮ 구조적인 형태   ㉯ 역학적인 힘
  ㉰ 재료의 특성   ㉱ 시각 공간
  해설 시각공간은 건축공간 계획에 속한다.

문제 13. 건축주에 관한 설명 중 건축주가 행하지 않는 분야는 어느 것인가?
  ㉮ 설계의뢰   ㉯ 공사대금 지급
  ㉰ 시공의뢰   ㉱ 공사감독
  해설 공사감독은 일반적으로 건축주가 시공관리 책임자를 따로 임명하여 감독을 하게 된다.

문제 14. 건축공간 중 가장 주요한 감각적 공간은 무엇인가?
  ㉮ 시각공간
  ㉯ 청각공산 (소음 등)
  ㉰ 지형적 공간

해답 7. ㉱ 8. ㉰ 9. ㉯ 10. ㉯ 11. ㉮ 12. ㉮ 13. ㉱ 14. ㉮

라 물리적 공간

해설 건축공간은 시각 공간 + 그 밖의 감각분야로 이루어진 것이다.

문제 15. 건축계획의 공간구상을 잘못하는 것은 어느 것인가?

가 건축주의 요구를 정확히 파악해야 한다.
나 유능한 설계자일 경우는 건축주의 요구를 파악할 필요가 없다.
다 건축주의 요구가 설계자와 대립될 때는 서로 의논하여 해결한다.
라 설계자는 전문가의 입장에서 공간구상을 건축주에게 제시하여 의견을 듣도록 한다.

문제 16. 다음 중 주요 구조부에 속하는 것은 어느 것인가?

가 기초
나 바닥
다 간막이벽
라 굴뚝

해설 · 주요 구조부 : 내력벽, 기둥, 바닥, 보, 지붕틀, 주계단
※ 예외 : 사잇기둥, 최하층 바닥, 작은 보, 차양, 옥외계단, 기타 이와 유사한 것으로 구조상 중요하지 않은 부분

문제 17. 건축법의 목적에 대한 설명 중 (   ) 안에 알맞은 용어는 어느 것인가?

건축법은 건축물의 대지, (   ) 및 설비의 기준과 건축물의 용도 등을 정하여 안전, 기능 및 미관을 향상시켜 공공복리의 증진에 이바지함을 목적으로 한다.

가 도로
나 골조방식
다 구조
라 사용성

해설 건축물의 제일 중요한 요소는 대지·구조·설비의 기준 및 건축물의 용도 등을 정하는 것이다.

문제 18. 다음 중 건축법 시행령은 어디에 해당되는가?

가 대통령령
나 부령
다 규칙
라 법률

해설 · 법의 구조(대통령령) : 법을 시행하기 위하여 필요한 사항에 관하여 제정하는 명령

문제 19. 다음 설명을 무엇이라 하는가?

"기존 건축물이 재해로 인하여 괴멸된 경우, 종전과 동일한 규모의 범위 안에서 건축물을 축조하는 행위"

가 신축
나 재축
다 개축
라 증축

해설 재축은 대부분 천재지변에 의해서 건축물이 괴멸된 경우, 동일한 범위 안에서 축조하는 것을 말한다.

문제 20. 다음의 설명 중 (   )안에 알맞은 말은 어느 것인가?

건축물의 높이 산정 시 계단실, 승강기탑 등은 그 면적이 합계가 (   )의 $\frac{1}{8}$ 이내의 경우에는 12 m 까지는 높이에 산입하지 아니한다.

가 옥상면적
나 연면적
다 건축면적
라 바닥면적

해설 옥상에 설치되는 승강기탑, 계단탑, 망루, 장식탑, 옥상 등의 높이 산정은 위 조건의 이하인 경우 12 m를 넘는 부분에 한하여 당해 건축물 높이에 산입하며, 초과되는 경우는 전체를 산입한다.

문제 21. 다음 중 건축법에 규정되어 있지 않은 것은 어느 것인가?

가 건축물의 설비에 관한 기준
나 건축물의 대지에 관한 기준
다 건축물의 구조에 관한 기준
라 건축물의 철거에 관한 기준

해설 건축법은 건축물의 대지, 구조 및 설비의

해답 15. 나 16. 나 17. 다 18. 가 19. 나 20. 다 21. 라

기준과 건축물의 용도 등을 정한다.

문제 22. 건축법 규정에 의한 건축물에 속하지 않은 것은 어느 것인가?
㉮ 지하에 설치하는 창고
㉯ 보행에 필요한 지하도
㉰ 고가에 설치하는 점포
㉱ 건축물에 부속되는 시설물

[해설] • 건축법 규정에 의한 건축물
① 지붕과 기둥, 지붕과 벽이 있는 구조물과 부수되는 시설물
② 지하 또는 고가의 공작물에 설치하는 사무소, 공연장, 점포, 차고, 창고 등

문제 23. 건축법령에 따른 고층건축물의 정의로 옳은 것은?
㉮ 층수가 30층 이상이거나 높이가 90 m 이상인 건축물
㉯ 층수가 30층 이상이거나 높이가 120 m 이상인 건축물
㉰ 층수가 50층 이상이거나 높이가 150 m 이상인 건축물
㉱ 층수가 50층 이상이거나 높이가 200 m 이상인 건축물

[해설] ① 고층건축물: 층수가 30층 이상이거나 높이가 120 m 이상인 건축물이다.
② 초고층 건축물: 층수가 50층 이상이거나 높이가 200 m 이상인 건축물을 말한다.

문제 24. 건축법 및 건축물의 설비기준 등에 관한 법률에 의한 건축설비가 아닌 것은 어느 것인가?
㉮ 경보설비   ㉯ 배연설비
㉰ 피뢰설비   ㉱ 난방설비

[해설] • 건축설비: 전기, 전화, 가스, 급수, 배수(配水), 배수(排水), 환기, 난방, 소화, 배연 및 오물처리의 설비, 굴뚝, 승강기, 피뢰침, 국기 게양대, 공동시청 안테나, 유선방송 수신설비, 우편물 수취함, 기타 건설교통부령이 정하는 설비

문제 25. 다음 중 건축법상 건축설비에 속하지 않은 것은 어느 것인가?
㉮ 배수   ㉯ 피뢰침
㉰ 방화 셔터   ㉱ 굴뚝

[해설] • 건축설비가 아닌 것 : 모사전송(Fax) 수신설비, 기계식 주차설비, 폐쇄회로 영상설비(CCTV), 전산정보처리설비, 창호 셔터(방화 셔터), 경보설비

문제 26. 다음의 설명 중 틀린 것은 어느 것인가?
㉮ 동일한 대지 내에서만 위치를 변경할 대이전이라 한다.
㉯ 내력벽과 기둥과 보를 철거하고 동일 규모로 다시 축조하는 것을 개축이라 한다.
㉰ 기존 건축물을 완전 철거하고 동일 대지에 동일 규모로 다시 축조하면 신축에 해당된다.
㉱ 높이를 증가시키는 것도 증축에 해당된다.

[해설] ㉰의 설명은 개축에 해당된다.

문제 27. 대지에 정하는 도로가 막다른 도로로서 그 길이가 35 m 이상일 경우 그 너비로서 옳은 것은 어느 것인가? (단, 이 지역은 시 지역이다.)
㉮ 6 m   ㉯ 3 m   ㉰ 2 m   ㉱ 4 m

[해설] • 도로의 최소폭 : 4 m 이상 (단, 막다른 도로일 경우)

막다른 도로의 길이	도로의 너비
10 m 미만	2 m
10 m 이상 35 m 미만	3 m
35 m 이상	6 m (도시계획 구역이 아닌 읍·면 지역은 4 m)

문제 28. 다음 그림과 같은 곳의 대지면적은 몇 m²인가?

㉮ 100 m²
㉯ 79 m²
㉰ 76.5 m²
㉱ 81 m²

[해설] {(10-1)×(10-1)-2} = 79 m²

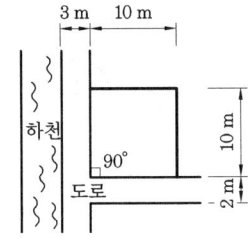

문제 29. 건축물의 바닥면적에 산입되는 부분에 대한 설명이다. 이 중 부적당한 것은 다음 중 어느 것인가?
㉮ 벽·기둥의 구획이 없는 건축물은 그 지붕 끝으로부터 수평거리 1 m를 후퇴한 선으로 둘러싸인 수평투영 면적이다.
㉯ 필로티 등 당해 부분이 공중의 통행에 전용되는 경우에는 바닥면적에서 제외된다.
㉰ 승강기탑은 바닥면적에서 제외한다.
㉱ 공동주택의 노대는 외벽으로부터 1 m를 초과하는 부분에 해당하는 바닥면적이다.

[해설] 난간 등의 설치 여부에 관계없이 노대 등의 면적(외벽의 중심선으로부터 노대 등의 끝 부분까지의 면적)에서 노대 등이 접한 가장 긴 외벽에 접한 길이의 1.5 m를 곱한 값을 공제한 면적

문제 30. 다음 도면과 같은 대지의 면적은 얼마인가?
㉮ 300 m²
㉯ 295.5 m²
㉰ 298 m²
㉱ 292 m²

[해설] 20 × 15 = 300 m²

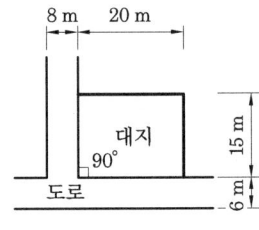

문제 31. 다음의 위치에 물탱크를 설치한 경우 바닥면적에 산입되는 곳은 어느 곳인가?
㉮ 옥상 ㉯ 옥내 ㉰ 옥외 ㉱ 지하

[해설] • 바닥면적 제외 부분

① 필로티, 기타 이와 유사한 구조 (벽면적의 $\frac{1}{2}$ 이상이 당해층의 바닥면에서 위층 바닥 아래면까지 공간으로 된 것에 한함)의 부분이 공중의 통행, 차량의 통행 및 주차에 전용되는 경우와 공동주택의 용도로 쓰이는 경우
② 승강기탑, 계단탑, 장식탑, 다락(층고가 1.5 m 이하인 것에 한함), 건축물의 외부 또는 내부에 설치하는 굴뚝, 더스트 슈트, 설비 덕트, 기타 이와 유사한 것
③ 옥상, 옥외 또는 지하에 설치하는 물탱크, 기름 탱크, 냉각탑, 정화조, 기타 이와 유사한 것의 설치를 위한 구조물의 부분
④ 공동주택으로서 지상층에 설치한 기계실, 어린이 놀이터, 조경시설의 경우에는 당해 부분

문제 32. 벽면적의 $\frac{1}{2}$ 이상인 공간으로 되어 있을 경우에 건물높이에 산입되지 아니하는 것은 어느 것인가?
㉮ 방화벽의 옥상 돌출부
㉯ 난간벽
㉰ 광고판
㉱ 망루

[해설] 난간벽 면적 중 벽면의 $\frac{1}{2}$ 을 공간으로 되어 있을 경우에는 높이에서 제외한다.

문제 33. 건축물의 면적, 높이 등의 산정방법에 대한 설명 중 옳지 않은 것은?
㉮ 공동주택의 경우 1층을 필로티라 할 경우 바닥면적에 산입하지 않는다.
㉯ 층고는 방의 바닥면으로부터 위층 바닥 아래면까지의 높이로 한다.
㉰ 승강기탑, 계단탑, 장식탑 등은 바닥면적에 산입하지 않는다.
㉱ 승강기탑, 계단탑 등의 수평투영 면적의 합계가 건축면적의 $\frac{1}{6}$ 이하인 것과 지하층은 층수에 산입하지 않는다.

[해답] 29. ㉱ 30. ㉮ 31. ㉯ 32. ㉯ 33. ㉱

2 CHAPTER 조형계획

1. 조형의 구성

1-1 조형 요소

(1) **형태를 구성하는 요소**
 점, 선, 면, 형, 형태, 질감, 명암, 색채 등이다.

(2) **점**
 모든 형태의 근본으로 의미를 내포하고 있는 원근감을 표시하고 있으며, 방향성이 있다.

(3) **각 선들의 특징**
 ① 직선
  ㈎ 경직 단순
  ㈏ 정적
  ㈐ 수직선은 상승·긴장·종교적 정밀
  ㈑ 수평선은 평화·안정감·확장
  ㈒ 사선은 동적이고 불안정한 느낌이나 강한 표현으로 주위를 집중시킴
 ② 곡선
  ㈎ 동적 부드러운 느낌
  ㈏ 기하곡선은 이지적인 표현
  ㈐ 자유곡선은 자유롭고 감정이 풍부한 표현

(4) **각 면의 특징**
 ① 평면
  ㈎ 단순·솔직 ㈏ 현대건축에서 요구하는 간결함을 표현하는 수단
 ② 수직면
  ㈎ 고결함 ㈏ 긴장감
 ③ 수평면
  ㈎ 정지된 안정감 ㈏ 확장
 ④ 경사면

㈎ 동적이고 불안정한 표현   ㈏ 강한 표현
⑤ 곡면
㈎ 동적인 표현(온화하고 유연)   ㈏ 평면과 반대
㈐ 기하곡면은 경직된 느낌   ㈑ 자유곡면은 자유분방

1-2 공간의 구성

점, 선, 면에 의해서 형성되는 입체적인 형을 가리킨다.

(1) 보이드 (void)
공간의 내부가 비어 있는 경우

(2) 솔리드 (solid)
공간의 내부가 차 있는 경우

(3) 네거티브 (negative)한 공간
점, 선 등에 의해서 암시되는 공간

(4) 포지티브 (positive)한 공간
면에 의해서 구성되는 공간

2. 건축형태의 구성

2-1 통일과 변화

(1) 통일성
각 구성 요소간에 이질감이 없고 전체 일관성의 이미지를 주는 것이다.

> **│표현방법│** • 건축물에서 같은 크기의 창이 연속
> • 같은 색깔을 사용
> • 일정한 모듈이 반복되는 것

(2) 변화성
색깔이 변화하거나 곡선에서 직선으로 변화하면서, 통일성을 유지하는 것이다.

2-2 조 화 (유사+대비)

(1) 유 사
같은 질을 가진 여러 부분의 조합에 의하여 이루어지는 것으로 반복하여 사용하면 리듬감을 형성할 수 있다.

(2) 대 비
서로 다른 부분의 조합에 의해 이루어지는 것으로 개성적이고 설득력이 있으므로, 강한 인상을 준다.

2-3 균 형

(1) 대 칭
구성 중 밸런스가 잘 이루어진 상태로 질서를 부여하기 쉬우며, 통일과 안정을 얻는 기본이다.

(2) 비대칭
동적인 안정감과, 변화 있는 개성적인 형태 감정을 가지게 된다.

(3) 비 례
공간 단위의 크기를 정하고 단위 사이의 상호관계에 일정한 비율을 준다.

(4) 주 도
조형에 있어서 모든 부분을 지배하는 시각적인 힘이다.

(5) 종 속
주도적인 부분을 더 뛰어나게 하는 상관적인 힘으로 전체가 상승적으로 조화를 이루어지게 한다.

2-4 리 듬 (반복＋점층＋억양)

부분과 부분 사이에 시각적으로 강한 힘과 약한 힘이 규칙적으로 연속될 때 나타나는 것으로 시각적 운동감을 준다.

3. 색채계획

3-1 색의 체계

> **│표색계│** • 색을 나타내는 체계
>   표색계의 3속성 : 색상, 명도, 채도
>   표색계의 종류 : 먼셀 표색계(한국산업규격), 오스트발트 표색계, CIE 표색계 등

(1) 색 상
① 색상 : 색의 느낌(무채색＋유채색)
② 먼셀 표색계의 색상
　㈎ 먼셀의 색상환은 빨강(R), 노랑(Y), 초록(G), 파랑(B), 보라(M)의 5가지 기본

색과 주황, 연두, 청록, 청보라, 붉은 보라의 5가지 중간색을 더해서 10색상으로 구성하고, 각기 10단계로 분류하여 100색상을 만들었다.

(나) 실용 표색계에서는 각각의 색상을 4단계로 분류하여 40색상으로 구성한다.

(2) 명 도
색채가 가지고 있는 밝고 어두운 정도를 감각적으로 척도화 한 것으로 11단계(0~10)을 사용한다.

(3) 채 도 (순수한 정도)
색의 선명하고 탁한 정도를 나타낸 것으로 15단계(0~14)를 사용한다.

3-2 색의 표시와 종류

(1) 먼셀 표색계
색상, 명도, 채도의 기호로 나열한다.
   예) 빨강의 순색 : 5R 4/14

(2) 무채색
검정색, 흰색, 회색과 같이 색상을 띠지 않는 것이다.

(3) 유채색
무채색 이외의 색상이다.

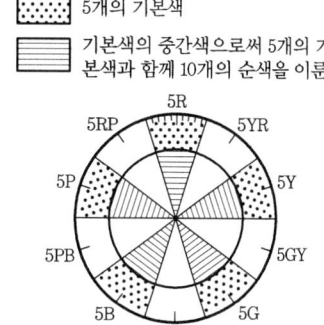

3-3 색채조절(기능배색 또는 색채관리)

(1) 색채조절
색채가 가지는 기능을 과학적으로 이용하는 기술이다.

(2) 실내 색채계획 주의점
① 각 실의 위치, 밝기, 조명 등의 영향을 고려한다.
② 색의 팽창과 수축성을 고려한 실의 확대, 축소감에 유의한다.
③ 주가 되는 색을 명확히 선정한다.
④ 색의 수는 되도록 적게 배열한다.
⑤ 사용재료의 자연색과 질감 등을 생각해서 배색한다.

예 상 문 제

문제 1. 건축의 조형에 관한 기술 중 옳지 않은 것은 무엇인가?
㉮ 건축의 조형이란 재료나 부품에 의해 구조물에 나타나는 형태, 색채, 질감 등 건축공간을 구성하는 요소들의 종합적인 효과이다.
㉯ 조형방법에서는 건물 실용성을 고려할 필요는 없다.
㉰ 건물 자체의 아름다움뿐만 아니라 집단이나 군으로서의 형태나 역할에 대해서도 고려해야 한다.
㉱ 건축의 조형을 잘 조화시킬 때 아름다움을 나타낼 수 있다.
[해설] 건축조형은 실용성의 조건과 아름다움의 원리를 잘 조화시켜야 한다.

문제 2. 선의 표정에 대한 기술 중 틀린 것은 어느 것인가?
㉮ 수직선 : 고결함과 희망을 나타내고 상승감과 긴장감을 준다.
㉯ 사선 : 정적이고 안정감을 주며 건축에 강한 표정을 준다.
㉰ 와선 : 곡선 중에서 가장 동적이고 발전적인 곡선이다.
㉱ 기하곡선 : 이지적인 표정을 가진다.
[해설] 사선은 동적이고, 불안정한 느낌을 주나 건축에 강한 표정을 주기도 한다.

문제 3. 조형의 구성 요소인 직선에 관한 기술 중 옳지 않은 것은 어느 것인가?
㉮ 직선은 경직 단순하고 정적인 표정을 가지고 있다.
㉯ 수평선은 평화롭고 정지된 모습으로 안정감을 나타낸다.
㉰ 사선은 정적이고 안정한 느낌을 준다.
㉱ 수직선은 고결함과 희망을 나타내고 상승감과 긴장감을 준다.
[해설] 사선은 동적이고, 불안정한 느낌을 준다.

문제 4. 고딕 건물에서 느끼는 고결하고 종교적인 엄숙감을 느끼는 선의 감정은 어느 것인가?
㉮ 사선   ㉯ 수직선
㉰ 수평선   ㉱ 포물선
[해설] · 수직선 : 고결함과 희망을 나타내고 상승감과 긴장감을 준다. 고딕 건물의 고결하고 종교적인 표정은 수직선이 가지는 표정에서 온 것이다.

문제 5. 고결함과 희망을 나타내고 상승감과 긴장감을 주는 곡선은 어느 것인가?
㉮ 수직선   ㉯ 사선
㉰ 수평선   ㉱ 곡선

문제 6. 경직 단순하고 정적인 표정을 가지고 있는 선은 어느 것인가?
㉮ 직선   ㉯ 곡선
㉰ 기하곡선   ㉱ 호선

문제 7. 수직방향 질서를 강조하는 것이 좋은 건축물은 어느 것인가?
㉮ 신전   ㉯ 현대식 건물
㉰ 주택   ㉱ 학교

문제 8. 조형의 구성 요소인 곡선에 관한 기술 중 틀린 것은 어느 것인가?
㉮ 곡선은 유연하고 복잡하여 동적인 표정을 가지고 있다.

[해답] 1. ㉯ 2. ㉯ 3. ㉰ 4. ㉯ 5. ㉮ 6. ㉮ 7. ㉮ 8. ㉰

㉯ 자유곡선은 자유분방하고 감정이 풍부한 표정을 가지고 있다.
㉰ 포물선은 균형잡힌 아름다움을 가지고 있고 쌍곡선은 스피드감을 준다.
㉱ 원에 의한 호선은 중심감을 나타내고, 타원에 의한 호선은 유연한 표정을 나타낸다.

문제 9. 다음 중 곡선의 특징 중 옳지 않은 것은 어느 것인가?
㉮ 동적인 표현
㉯ 동적이고 불안정한 표현
㉰ 기하곡선은 이지적인 표현이 가능
㉱ 자유곡선은 자유롭고 감정이 풍부한 표현이 가능
해설 동적이고 불안정한 표현은 경사면에서 가능하다.

문제 10. 온화하고 유연하며 복잡하여 동적인 표정을 주는 선은 어느 것인가?
㉮ 수직선   ㉯ 수평선
㉰ 사선   ㉱ 곡선

문제 11. 동적이고 불안정한 느낌을 주나 건축에 강한 표정을 주기도 하는 선은 어느 것인가?
㉮ 수직선   ㉯ 수평선
㉰ 사선   ㉱ 자유곡선

문제 12. 기하곡선 중 가장 동적인 선이며, 발전적인 곡선은 어느 것인가?
㉮ 호선   ㉯ 와선
㉰ 쌍곡선   ㉱ 포물선

문제 13. 곡선 중에서 가장 동적이고 발전적인 곡선은 어느 것인가?
㉮ 와선   ㉯ 타원
㉰ 포물선   ㉱ 쌍곡선

문제 14. 모듈에 맞추어 건축설계를 할 때 유의사항과 관계가 먼 것은 어느 것인가?
㉮ 모든 치수는 M (10 cm)의 배수가 되게 한다.
㉯ 건물의 높이는 2 M (20 cm)의 배수가 되게 한다.
㉰ 건물의 평면상 길이는 3 M (30 cm)의 배수가 되게 한다.
㉱ 모든 모듈상의 치수는 공칭치수를 말한다. 따라서 제품치수는 공칭치수에서 줄눈두께를 더한다.
해설 모든 모듈상의 치수는 공칭치수를 말한다. 따라서 제품치수는 공칭치수에서 줄눈두께를 빼야 한다.

문제 15. 조형의 구성 요소인 평면에 관한 기술 중 틀린 것은 어느 것인가?
㉮ 평면은 단순하고 솔직한 표정을 가진다.
㉯ 수직면은 고결함과 긴장감을 나타내고 있다.
㉰ 수평면은 온화하고 유연하여 동적인 표정을 가진다.
㉱ 경사면은 동적이고 불안정한 표정을 가지고 강한 인상을 주기도 한다.

문제 16. 조형의 구성에 관계되는 용어를 설명한 것 중 틀린 것은 어느 것인가?
㉮ 공간의 내부가 비어 있는 것을 보이드 (void)라 한다.
㉯ 공간의 내부가 차 있는 경우를 솔리드 (solid)라 한다.
㉰ 소극적인 형을 포지티브 (positive)한 형이라 한다.
㉱ 2차적으로 암시되는 형을 네거티브 (negative)한 형이라 한다.
해설 직접 지각되는 형을 포지티브 (positive)한 형 또는 적극적인 형이라 한다.

해답 9. ㉯ 10. ㉱ 11. ㉰ 12. ㉯ 13. ㉮ 14. ㉱ 15. ㉰ 16. ㉰

문제 17. 조형구성의 형식을 기술한 것 중 틀린 것은 어느 것인가?
㉮ 통일과 변화는 조화에 의해서 이루어진다.
㉯ 조화는 밸런스와 리듬에 의해서 성립되며 유사성과 대비성이 있다.
㉰ 균형에는 대칭, 비대칭, 비례, 주도와 종속 등이 있다.
㉱ 리듬에는 반복, 계조, 억양의 형식이 있고, 계조에는 대비, 비대칭, 억양으로 나타낸다.

문제 18. 건축에 있어서 착시에 대한 예를 설명한 것 중 잘못 설명한 것은 어느 것인가?
㉮ 길이의 착시 : 수직선이 수평선보다 길게 보이는 경우이다.
㉯ 면적의 착시 : 같은 도형에서 검정색 가운데의 흰색 정사각형은 크게 보이고 흰색 가운데의 정사각형은 작게 보인다.
㉰ 경험에서 오는 착시 : 기둥에 적당한 엔타시스(entasis)를 두어 안정감을 얻는다.
㉱ 경험에서 오는 착시 : 기둥의 윗부분이 아랫부분보다 얇게 보여 위를 아래보다 두껍게 한다.

문제 19. 대상의 부분과 부분을 질서 있게 구성하기 위해 통일과 변화를 이루기 위한 것으로 관계가 먼 것은 어느 것인가?
㉮ 조화   ㉯ 솔리드
㉰ 밸런스 ㉱ 리듬
[해설] · 솔리드 : 속이 차 있는 경우

문제 20. 밸런스(balance) 중에서 생명감, 약동감, 성장감 등을 강하게 표현할 수 있는 것은 어느 것인가?
㉮ 대칭   ㉯ 리듬
㉰ 주도와 종속 ㉱ 비례

[해설] · 리듬 : 각 부분 사이에 시각적으로 강한 힘과 약한 힘이 규칙적으로 연속될 때 이루어지는 것

문제 21. 어떤 형태가 등차 급수적이고, 규칙적으로 변화하거나 등비 급수적으로 점진적인 변화를 하게 되는 등의 구성방법으로 기념적인 공공건물, 우리나라 석탑의 구성 등에서 많이 볼 수 있는 것은 어느 것인가?
㉮ 반복   ㉯ 계조
㉰ 억양   ㉱ 대칭

문제 22. 구성의 조화를 이루기 위한 리듬과 관계가 먼 것은 어느 것인가?
㉮ 반복   ㉯ 계조
㉰ 대칭   ㉱ 억양

문제 23. 반복, 계조, 억양과 관계가 깊은 것은 어느 것인가?
㉮ 대칭   ㉯ 비례
㉰ 비대칭 ㉱ 리듬

문제 24. 밸런스를 얻기 위한 대칭에 관한 기술 중 틀린 것은 어느 것인가?
㉮ 통일성과 안정감을 얻기 위한 기본이 된다.
㉯ 좌우 대칭은 정적이다.
㉰ 방사 대칭은 동적인 인상을 준다.
㉱ 역대칭은 변화가 없는 구성을 가지게 한다.

문제 25. 대비, 비대칭, 억양에 의하여 이루어지는 것은 어느 것인가?
㉮ 대칭   ㉯ 비례
㉰ 주도와 종속 ㉱ 리듬

문제 26. 다음 중 주도와 종속에 의한 효과 중 거리가 먼 것은 어느 것인가?
㉮ 동적이다.
㉯ 개성적이다.

[해답] 17. ㉱ 18. ㉱ 19. ㉯ 20. ㉯ 21. ㉯ 22. ㉰ 23. ㉱ 24. ㉱ 25. ㉰ 26. ㉱

㉰ 명쾌한 감정을 불러일으킨다.
㉱ 불균형의 느낌을 준다.

문제 27. 규칙적인 변화 또는 점진적인 변화를 일으키는 구성방법으로 동적이고 유동성이 풍부한 리듬 효과를 주는 구성방법은 어느 것인가?
㉮ 반복   ㉯ 계조
㉰ 대비   ㉱ 억양
해설 리듬에는 반복, 계조, 억양의 형식이 있다.
※ 계조 : 어떤 형태가 등차 급수적으로 규칙적인 변화를 하거나 등비 급수적으로 점진적인 변화를 하게 하는 구성방법

문제 28. 건축조형에 있어 리듬은 생명감, 약동감, 상징 등을 표현할 수 있다. 다음 중 리듬의 형식이 아닌 것은 어느 것인가?
㉮ 반복   ㉯ 대칭
㉰ 억양   ㉱ 계조

문제 29. 표색계의 3요소가 아닌 것은 어느 것인가?
㉮ 색상   ㉯ 명도
㉰ 채도   ㉱ 조도
해설 조도는 조명의 밝기를 나타내는 것으로 조명도라고도 한다.

문제 30. 우리나라에서 한국산업규격(KVA 0062)으로 채택되고 있는 표색계는?
㉮ 먼셀의 표색계   ㉯ 오스트발트 표색계
㉰ IE 표색계   ㉱ 색상환

문제 31. 색의 종류에 대한 설명 중 틀린 것은 어느 것인가?
㉮ 무채색은 검정색, 흰색, 회색과 같이 색상을 띠지 않는 색이다.
㉯ 청색은 회색이 섞이지 않은 맑은 색이다.
㉰ 순색은 청색의 동일색상 중에서 가장 채도가 높은 색이다.
㉱ 순색에서 명도가 높은 색을 암청색이라 한다.
해설 순색에서 명도가 낮은 색을 암청색이라 한다.

문제 32. 다음 중 무채색이 아닌 것은 어느 것인가?
㉮ 검정   ㉯ 회색
㉰ 흰색   ㉱ 노랑

문제 33. 1개의 색을 보고 즉시 다른 색을 볼 때 앞에서 본 색의 영향으로 뒤의 색이 달리 보이는 현상을 무엇이라 하는가?
㉮ 명도 대비   ㉯ 동시 대비
㉰ 계시 대비   ㉱ 보색 대비

문제 34. 색의 면적, 진출과 후퇴에 대한 기술 중 틀린 것은 어느 것인가?
㉮ 면적이 큰 색은 밝게 보이고 채도도 높아 보인다.
㉯ 면적이 작은 색은 어둡게 보이고 채도도 낮아 보인다.
㉰ 따뜻한 색은 진출색, 차가운 색은 후퇴색이다.
㉱ 명도가 높은 색은 멀리 있는 것처럼 보인다.

문제 35. 색의 대비에 대하여 예를 들어 설명한 것 중 틀린 것은 어느 것인가?
㉮ 명도대비 : 흰색과 검정색을 나란히 놓으면 흰색은 더욱 희게 보이고, 검정색은 더욱 검게 보인다.
㉯ 채도대비 : 흐린 색과 선명한 색을 대비하면 흐린 색은 더 흐려 보이고 선명한 색은 더욱 선명해 보인다.
㉰ 보색대비 : 빨강과 녹색을 나란히 보면 색상에는 변화가 없고 채도가 낮아 보인다.

해답 27. ㉯   28. ㉯   29. ㉱   30. ㉮   31. ㉱   32. ㉱   33. ㉰   34. ㉱   35. ㉰

라 색상대비 : 빨강 바탕 위에 주황은 노랑 빛을 띠고 노랑 바탕 위에 주황은 붉은 빛으로 보인다.

[해설] 가 명도대비 : 대비하는 2개의 색의 밝기는 그 명도차가 커지는 방향으로 변화되어 보인다.
나 색상대비 : 색상이 다른 2개의 색을 함께 놓고 보면 색은 배경색의 보색이 되는 색상 방향으로 변화하여 보인다.
다 보색대비 : 두 가지 색을 섞어서 회색이 될 때 그 두색의 관계를 말한다.
라 보색 관계 : 빨강과 청록, 주황과 녹청, 노랑과 감청

문제 36. 흰색과 검정색을 나란히 놓으면 더욱 희게 보이고, 검정색은 더욱 검게 보이는 현상은 무엇이라 하는가?
가 명도대비   나 채도대비
다 보색대비   라 계시대비

문제 37. 색의 면적효과에 관한 기술 중 옳은 것은 어느 것인가?
가 면적이 큰 색은 밝게 보이고 채도도 높아 보인다.
나 면적이 작은 색은 밝게 보이고 채도가 낮아 보인다.
다 면적이 큰 색은 밝게 보이고 채도가 낮아 보인다.
라 면적이 작은 색은 어둡게 보이고 채도가 높아 보인다.

[해설] 면적이 작은 색은 어둡게 보이고 채도도 낮아 보인다.

문제 38. 색채에 관한 기술 중 틀린 것은 어느 것인가?
가 명도와 채도가 같은 색의 경우 면적이 작은 색은 어둡게 보이고 채도도 낮아 보인다.
나 같은 면적에는 명도나 채도가 높을수록 팽창해 보인다.
다 같은 면적에는 명도나 채도가 낮을수록 수축해 보인다.
라 명도가 높은 색은 멀리, 명도가 낮은 색은 가깝게 보인다.

문제 39. 경계를 표시하며, 검정색과 곁들여 안전과 주의의 표식으로 쓰이고 있는 색은 어느 것인가?
가 빨강   나 흰색
다 노랑   라 회색

문제 40. 빨강색의 보색은 어느 것인가?
가 초록   나 청록
다 파랑   라 남색

문제 41. 먼셀이 표색계 5R 4/14에서 4는 무엇을 나타내는가?
가 채도   나 색상
다 명도   라 대비

[해설] 5R (색상, 빨강) 4 (명도)/14 (채도)

문제 42. 5R 4/14에서 5R이 나타내는 것은 무엇인가?
가 채도   나 명도
다 색상   라 대비

문제 43. 먼셀이 표색계 5Y 8/12에서 12는 무엇을 나타내는가?
가 채도   나 색상
다 명도   라 대비

문제 44. 두가지 색을 섞어서 회색이 되는 것을 무엇이라 하는가?
가 보색   나 명청색
다 색의 대비   라 무채색

문제 45. 색의 진출과 후퇴에 대한 설명이 틀리는 것은 어느 것인가?

[해답] 36. 가 37. 가 38. 라 39. 다 40. 나 41. 다 42. 다 43. 가 44. 가 45. 나

㉮ 명도가 높은 색은 가깝게 보인다.
㉯ 따뜻한 색은 후퇴되어 보인다.
㉰ 명도가 낮은 색은 멀리 있는 것처럼 보인다.
㉱ 차가운 색은 후퇴해 보인다.

문제 46. 척도 조정의 장점이 아닌 것은 어느 것인가?
㉮ 건물의 설계가 간편해 진다.
㉯ 재료의 대량생산에 의한 생산비를 절감할 수 있다.
㉰ 건물의 시공이 간단하여 공사기간이 짧아진다.
㉱ 대지조건, 기후조건, 이용자의 생활 조건 등에 따라 다양한 형태의 건물을 구축할 수 있다.

문제 47. 색광의 3원색에 속하지 않는 것은?
㉮ 빨강(R)   ㉯ 노랑(Y)
㉰ 녹색(G)   ㉱ 파랑(B)
[해설] 적색, 녹색, 파랑을 색광의 3원색 또는 빛의 3원색이라 말한다.

문제 48. 형태조화의 근본이 되는 황금비에 어느 것이 가장 가까운가?
㉮ $1 : \sqrt{2}$ ㉯ $1 : \sqrt{3}$
㉰ $1 : 2$ ㉱ $1 : 3$
[해설] 황금비 = $1 : 1.618 (≒\sqrt{3})$

문제 49. $1:2:3:5:8$ …과 같이 앞의 두 항의 합이 다음 항과 같은 비례를 무엇이라 하는가?
㉮ 등차 수열비   ㉯ 등비 수열비
㉰ 루트비   ㉱ 상가 수열비

[해답] 46. ㉱ 47. ㉯ 48. ㉯ 49. ㉱

3 CHAPTER 건축환경 계획

1. 자연환경

1-1 기후 요소 (기온 + 습도 + 비와 눈)

(1) 기 온

① 연교차 : 1년 중 가장 더운 평균기온의 달과 가장 추운 평균기온의 달과의 차로 저위도에서 고위도로 갈수록 커지고, 해안지방보다 내륙지방으로 갈수록 커진다.
  ※ 위도에 따라 저위도 지방(열대지방 등)에서는 5℃ 안팎이지만 고위도 지방에서는 30℃ 이상 차이가 난다.

② 일교차 : 하루 중 최고 기온과 최저 기온의 차로 위도와 관계없이 내륙지방이 크고 해안지방이 작다.
  ※ 내륙부 지방(공기 중 수증기가 적고 방사열 냉각이 큼)이나 사막지대에서는 일교차가 크고, 해변(열용량이 큼)에서는 작다.

③ 기온이 낮은 지방(북유럽 등)의 건축물 : 돌로 벽체를 두껍게 쌓고 창은 작게 만들어 폐쇄적이다.

④ 기온이 높은 지방(아프리카 등) : 지붕과 건물을 지지하는 기둥만으로 건축하여 개방적이다.

(2) 습 도 (수증기의 양)

공기 중에 포함되어 있는 수증기 양으로 우리나라의 기후는 여름에 습윤하고 겨울에는 건조하며, 외기의 상대습도는 낮지 않지만, 절대습도가 낮기 때문에 외기를 실내로 받아들인 후 난방을 하면 상대습도가 낮아져 건조하게 느껴진다.

또한 연중 가장 습도가 높은 달은 7월로, 전국적으로 75~90 %의 분포를 보인다.

(3) 비와 눈

우리나라는 연간 강수량이 1000~1500 mm 정도이므로 건축물을 설계할 때에 지붕의 형태나 외관을 결정해야 한다.

1-2 일조와 일영

(1) 일 사

태양광선 가운데 적외선에 의한 열효과이다.

(2) 일 조

① 가시광선의 이용에 의한 채광과 자외선에 의한 보건적 효과이다.
   ※ 가시광선 : 사람의 눈으로 느낄 수 있는 파장역의 전자기파로 일반적으로 사람은 3800~4000Å (옹스트롬)에서 7700~8000 Å 정도의 전자기파를 감지할 수 있는데 개인에 따라 다소 차이가 있다.

② 지상의 태양복사 광선
   ㈎ 적외선(열선) : 열효과가 큼 (7700~4×10 Å)
   ㈏ 가시광선 : 눈으로 느낄 수 있는 광효과 (4000~7700 Å)
   ㈐ 자외선 : 사진 화학반응, 생물에 대한 생육작용, 살균작용 (7700~4×10 Å)
   • 근자외선 - 1900~4000 Å
   • 원자외선 - 130~1900 Å
   ㈑ Dorno선 : 인간의 건강과 깊은 관계를 가지고 있는 선(2900~3200 Å)

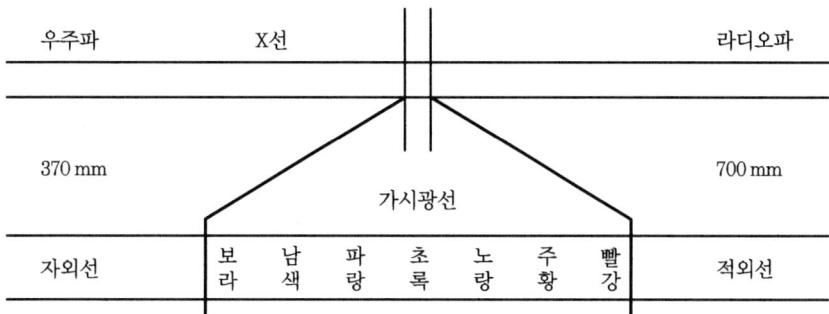

(3) 일조율

가조 시수에 대하여 그 지방의 일조 시수의 비를 백분율로 표시한 것(우리나라 : 47~61 %)이다.

$$일조율(\%) = \frac{일조\ 시수}{주간\ 시수}$$

• 일조 시수 : 일조를 시간 수로 표시한 것
• 주간 시수 : 일출에서 일몰까지의 시간 수

(4) 일 영

① 일영 : 지평면상에 있는 수직막대를 세워 햇빛을 받게 했을 때, 그 막대로 인하여 생기는 그림자이다.
② 일영곡선 : 태양의 이동에 따라 생기는 그림자의 끝을 연결한 선이다.
③ 종일음영 : 하루 중 일조가 전혀 없는 것이다.
④ 영구음영 : 태양의 고도가 최고인 하지에도 종일 음영인 부분이다.

1-3 일조계획

(1) 일조의 조건

① 일조 : 춘분과 추분, 동지와 하지의 태양고도를 기준으로 계산한다.
② 주택의 일조 : 동지에는 실내 깊숙이 햇빛이 들며, 하지에는 햇빛이 거의 들지 않는다.
③ 건물의 방향은 남쪽이 바람직함
   ※ 남쪽은 계절과 관계없이 평균 8시간의 일조시간을 가지고, 북쪽은 하지때에 4시간 정도의 일조를 가지나, 그 외의 시기는 일조가 거의 없다.

(2) 일조조절

① 필요성 : 겨울에는 일조를 받아들이고, 여름에는 일조를 차단하기 위하여 조절이 필요하다.
② 일조조절 방법 : 창의 조절(방향, 모양, 크기, 수 등), 차양, 발코니(balcony), 루버(louver), 흡열유리, 이중 유리, 유리 블록, 식수 등
③ 루버 (louver)
   ㈎ 수평 루버 : 차양과 같이 태양의 고도가 큰 경우에 차폐효과가 크다.
   ㈏ 연직 루버 : 태양의 고도가 낮은 경우의 일조를 차폐하는데 유효하다.
   ㈐ 격자 루버 : 수직 루버와 수평 루버의 장점을 조합한 형이다.
   ㈑ 가동 루버 : 태양의 위치에 대하여 효과적인 차례를 할 수 있게 한 가동적인 것이다.
   ㈒ 고정 루버
④ 경사지의 일영 : 건물의 상호간격(인동간격)의 남면 경사지는 평지에 비하여 작아도 좋으며, 북면 경사지는 그 간격을 증대해야 한다.
⑤ 일조의 방향 및 대지계획
   ㈎ 동서도로 : 여름에는 도로면상에 8시간의 일조가 있으며, 겨울에는 일조가 전혀 없다. 따라서 고층 건물이 있는 도로에서 겨울은 춥고, 여름은 아주 더운 도로가 된다.
   ㈏ 남북도로 : 여름에 약 3시간의 일조가 있으며, 겨울에는 약 1시간 정도의 일조가 있으므로 도로면과 좌우 건물의 일광 분포가 좋다.
   ㈐ 남북과 45° 경사를 가진 방향의 도로 : 남북 건물이 겨울에 일조상태가 좋다고 볼 수 있다.
   ㈑ 일조상으로 본 주택지구 대지의 형상 : 남북 방향으로 긴 대지가 겨울에 건물의 그늘에서 벗어나는 면적이 많아 유리하다.

2. 열환경

2-1 일 사(일조+열량)

(1) 일사의 효과와 세기

① 일사의 특징
  - ㈎ 일사에 의한 태양 복사열은 건축계획에 밀접한 관계가 있으며, 일사량은 직접적으로 실내 기후에 주는 영향이 크다.
  - ㈏ 일사량은 대기층에 의하여 일부 흡수되거나 반사되므로, 지상에 도달할 때의 일사량은 감소한다.
  - ㈐ 지표 도달 일사량은 대기층의 먼지, 수증기 등이 많을수록 감소, 태양고도가 낮을수록 감소한다.

② 일사의 표시 : 단위면적과 단위시간당 받는 열량으로 표시(기호 : $kcal/m^2 \cdot h$)

(2) 벽의 방위와 일사량

주택방향의 배치 : 주택의 방향은 일사량과 직접관계가 있으므로, 난방기간 중 수직면 일사량을 가장 많이 받는 남향이 유리하다.

  ※ 자연형 태양열 주택 : 오후에는 받는 일사를 축열시켜 야간에 재방열하기 위하여 오후 일사를 취득해야 하므로 서쪽으로 기울어진 방위가 유리하다.

2-2 쾌적환경 기후와 조건

(1) 쾌적환경 기후

① 쾌적환경 기후의 요소 : 온도, 습도, 기류, 주위 벽의 열복사, 공기 중의 냄새, 먼지, 세균 및 이산화탄소, 유해가스

② 열환경의 4요소(인체의 온열 감각에 가장 크게 영향을 미치는 요소)
  - ㈎ 온도
  - ㈏ 습도
  - ㈐ 기류
  - ㈑ 주위 벽의 복사열

(2) 쾌적환경 기후조건과 표시방법

① 유효온도(=실감온도, 감각온도) : 유효온도는 온도, 습도, 기류의 3요소의 범위를 정하여 조합하면 인체의 온열감에 감각적인 효과를 나타낸다.

② 불쾌지수(DI : discomfortable index)

$$불쾌지수(DI) = (건구온도 + 습구온도) \times 0.72 + 40.6$$

③ 불쾌지수(DI)의 인체에 미치는 영향

불쾌지수(DI)	느끼는 감정
75 이내	약간 더위를 느끼며, 주민의 10%가 불쾌감을 느낌
80	땀이 나고 거의 모든 사람이 불쾌감을 느낌
85	견딜 수 없을 정도로 더위를 느낌

(3) 건축에서의 전열(열관류 + 조명·인체에서 발산되는 열)

① 건축의 전열은 온도차가 있을 때 복사, 대류, 전도의 방법으로 높은 곳에서 낮은 곳으로 이동한다.

② 열관류 : 유체 온도가 다를 때 고온 쪽에서 저온 쪽으로 열이 통과하는 현상이다.

   ※ 열관류 현상 : 열전달 → 열전도 → 열전달의 과정을 거친다.
      열전도 : 고체 또는 정지한 기체, 액체를 통하여 열이 전열되는 것
      열전달 : 유체와 고체 사이의 열이동

③ 건축물 열의 이동 : 벽체·창호·복사·환기에 따른 열의 이동이 있다.

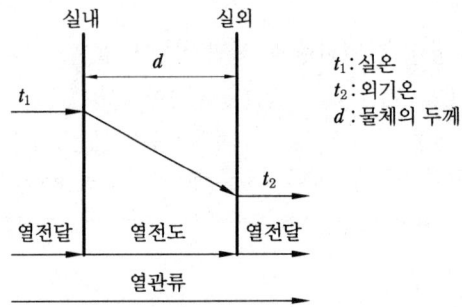

(4) 습기와 결로

건축물의 습기와 결로는 건축물과 인체에 많은 피해를 주기 때문에 항상 조절이 필요하다.

① 습기 : 실내 기후는 온도와 습도조정을 조합하여 쾌적한 환경을 유지한다.

   ※ 포화 수증기압 : 수증기를 포함한 습·공기를 냉각하면 공기 중의 수분이 그 이상의 수증기로 존재할 수 없는 한계에 도달되는 상태

② 결로

   (가) 노점온도 : 습기가 높은 공기를 냉각 시 공기 중의 수분이 그 이상은 수증기로 존재할 수 없는 한계이다.

   (나) 결로현상 : 습도가 높은 따뜻한 공기가 노점 이하의 차가운 벽면 등에 접하여 벽면에 물방울이 생기는 현상이다.

   • 결로현상의 종류 ┌ 표면결로 : 재료의 표면에서 발생
                   └ 내부결로 : 재료의 내부에서 발생

   (다) 결로발생의 원인

- 계절적 원인 : 고온다습한 여름 및 겨울철 난방 시
- 환경적 원인 : 환기불량, 실내에서 발생하는 수증기량이 증가, 습기처리에 대한 시설 불완전, 건조되지 않은 새로운 건축물

③ 결로방지

(가) 환기 : 실내 습한공기를 제거한다. 부엌이나 욕실의 환기창에 의한 환기는 습기가 전도되는 것을 막기 위해 자동문을 설치하는 것이 효과적이다.

(나) 난방
- 건물 내부 표면온도를 올리고 실내 기온을 노점 이상으로 유지
- 낮은 온도의 난방으로 오래하는 것이 높은 온도의 난방을 짧게 하는 것보다 유리

(다) 단열
- 단열 : 구조체를 통한 열손실 방지와 보온 역할
- 중공벽(中空壁)의 결로방지 : 고온 측 (내부)에 방습층을 설치

3. 공기환경

3-1 실내공기의 오염

(1) 실내공기 오염의 원인

① 재실자의 신진대사 작용에 의하여 호기에서 배출되는 이산화탄소의 증가와 산소의 감소

② 재실자의 체열증발로 인한 온도의 상승과 습도의 증가

③ 재실자의 거동, 의복에서 생기는 먼지의 증가

④ 각종 세균의 증가

⑤ 각종 난방에 의한 이산화탄소 및 일산화탄소의 발생

⑥ 공장에서 유출되는 다량의 먼지, 냄새, 유해 가스의 발생 등

(2) 환기기준

① 환기기준 : 환기량은 이산화탄소량을 기준으로 하면 학교, 사무실, 극장, 호텔, 백화점 등은 1인당 50 (m³/h) 내외의 신선한 공기가 필요하며, 주택에서는 30~40 (m³/h), 병원에서는 60~80 (m³/h)정도가 적당하다.

② 환기횟수 : 1시간에 환기되는 양을 실의 용적으로 나눈 값

$$환기횟수 = \frac{환기량(m^3/h)}{실용적(m^3)}$$

(3) 환기방법

① 자연환기

(가) 풍력환기 : 개구부에서의 풍압작용으로 환기가 이루어진다.

- 환기구멍, 창, 출입구 등의 틈에서 들어오는 공기량과 여기에서 흡출되는 공기량에 의해 이루어진다.
- 외부의 풍속이 1.5(m/s)정도 이상 정도가 풍력환기가 유효하게 이루어진다.
- 풍력환기는 실 개구부의 배치에 따라 많은 차이를 나타낸다.

(나) 중력환기 : 실내·외의 온도차에 의하여 이루어지는 환기이다.
- 실내온도가 외기온도보다 높을 경우 방의 아래쪽 개구부로 공기가 들어와서 위쪽 개구부로 나가게 된다. 이것을 연통효과라 하며, 실내온도가 외기온도보다 낮으면 반대현상이 일어난다.
- 무풍 시 중력환기 작용이 자연환기의 주요한 원동력이 된다.

② 기계환기 : 송풍기, 배풍기 등의 기계의 힘을 빌려 행하는 환기를 말하며, 흡기·배기의 위치에 따라 상향 환기법, 하향 환기법, 혼용 환기법으로 구분한다.

(가) 상향 환기법 : 흡기구를 방의 마루 또는 벽면 하부에 만들어 놓고 배기구는 천장이나 벽면 상부에 만들어 기류가 상향되게 만든 환기방식으로 마루 부근의 먼지, 세균이 상승하여 실내에 있는 사람이 불결하고 나쁜공기를 호흡하게 되는 결점이 있다. 따라서 이 방법은 흡기공기의 속도를 작게하여 환기만을 목적으로 하는 식당, 다방 등에 이용된다.

(나) 하향 환기법 : 흡기구는 천장 또는 벽면 상부에, 배기구는 마루 혹은 하부에 만들어 기류방향을 하향으로 한 환기방식으로 학교, 병원, 공장 등의 건물에 이용된다.

(다) 혼용 환기법 : 공기의 일부분은 상향, 일부분은 하향하게 하는 환기방식이다.

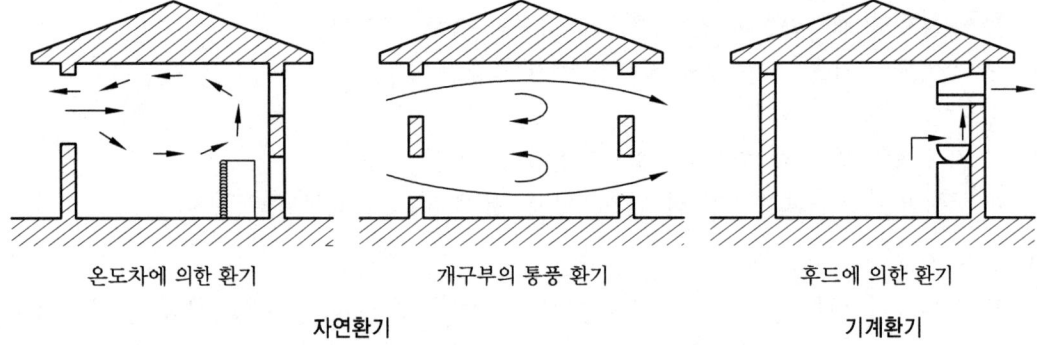

온도차에 의한 환기   개구부의 통풍 환기   후드에 의한 환기

자연환기   기계환기

4. 음환경

4-1 음의 성질

(1) **표준음**

① 음 : 주파수가 128, 512, 2048의 3개를 가지고 각각 저음, 중음, 고음을 대표한 것으로 사용한다.

② 표준음 : 실내 혹은 재료 등에 사용되는 512 음이다.

(2) 진음과 소음
① 진음 : 세기와 높이가 일정한 음이다.
② 낙음 : 음파의 구성이 규칙적이고 주기적이며, 그 진동수를 정확히 측정할 수 있는 음이다.
③ 소음 : 귀에 거슬리고 듣기 싫은 모든 음이다.

(3) 음의 빠름
음의 빠름(음속)의 특징이다.
① 보통 15℃의 기온에서 매초 약 340 m의 속력을 가진다.
② 온도의 영향을 받아 1℃가 상승함에 따라 약 0.6 m/s씩 빨라진다.

4-2 음의 세기와 크기

(1) 음 압
사람이 느끼는 음압은 $3 \times 10^{-4} \sim 3 \times 10^{-4}$ dyne/cm² 범위인데 단위로는 데시벨(dB)을 사용한다.

(2) 데시벨(decibel, dB)
일반적으로 0~120 dB로 구분되며, 사람의 귀로 분별할 수 있는 최소 가청음은 음의 주파수에 따라 다르지만 보통 1 dB 정도의 값이 되고, 최대 가청음은 120 dB 정도이다.

(3) 폰 (phon)
사람이 느끼는 음의 크기를 주파수와 함께 표시하는 것이다.

4-3 방 음

(1) 방 음
시끄러운 소리를 막아, 보다 쾌적한 생활을 할 수 있게 하는 것이다.

(2) 흡 음
실내의 소리를 되도록 재료에 흡수시켜 실내에 반사음을 작게 하는 것이다.

(3) 차 음
실외로부터 소음의 부과를 차단하는 것이다.

4-4 잔 향

(1) 실내의 잔향
① 잔향 : 음발생이 중지된 후에도 소리가 실내에 남아 있는 현상이다.
② 잔향시간 : 일정한 세기의 음을 음원으로부터 음의 발생을 중지시킨 후 실내의 에너지 밀도가 최초 값보다 60 dB 감소하는 데 걸리는 시간이다.

③ 잔향시간의 특징
  (개) 실의 부피와 벽면의 흡음도에 따라 결정된다.
  (내) 실의 형태와는 관련이 없다.
  (대) 실의 용적에 비례하고 흡음력에 반비례한다.
④ 잔향시간 조절방법 : 실내 마감재료의 흡음량을 용도에 맞게 조절한다.

(2) 최적 잔향시간

최적 잔향시간의 필요성 : 음원의 보강에 의한 명료도의 상승과 잔향 때문에 일어나는 혼란으로 명료도의 저하를 동시에 막을 수 있다.

5. 빛환경

5-1 채광과 조명

(1) 채 광
자연광선을 이용하여 빛이 필요한 공간의 실내환경을 적절하게 유지하는 것이다.

(2) 조 명
형광등, 백열전등과 같이 인공의 빛으로 빛환경을 만드는 기술이다.

5-2 조명도(lighting)

(1) 광 속
단위 시간당 흐르는 광속의 에너지량 (단위 : lumen, lm)이다.

(2) 조명도
단위 면적당 입사광속 (단위 : lux)이다.

5-3 휘 도(brightness)

(1) 휘 도
어떤 장소의 밝기로 광원면 또는 빛을 받는 반사면에서 나오는 광도의 면적밀도 (단위 : cd/m^2)이다.

(2) 눈부심(glare)
시야 내의 어떤 휘도로 인하여 불쾌감을 주고, 피로 또는 시력의 일시적인 감퇴를 초래하는 현상이다.

(3) 빛환경 설계 시 적정 조명도와 균일한 조명도를 유지하고, 시간적인 조명도의 변동을 적게 하며, 눈부심을 느끼게 하는 부분을 만들지 말아야 한다.

5-4 채광계획

(1) 채광계획의 조건
① 적당한 조도일 것
② 1일 중 조도의 변동이 아주 작을 것
③ 균제도가 높을 것
④ 눈부심 주는 장소를 제거할 것

(2) 측창채광
① 벽면에 있는 수직인 창에 의한 채광이다.
② 종류
  ㈎ 편측창 채광 : 벽의 한 면에만 채광하는 것
   • 장점
     - 건축설계상 무리가 없음
     - 구조적, 시공적으로 용이
     - 바람과 비에 강함
     - 개폐, 청소, 수리, 관리가 용이
     - 개방감이 좋고 통풍에 유리
     - 차열, 일조 조정이 편리
   • 단점
     - 조명도가 균일하지 못함
     - 그림자가 생겨서 채광 등에 방해를 받음
  ㈏ 양측창 채광 : 마주 보는 두 벽면에서 채광하는 것
   • 장점 : 채광량이 크다.
   • 단점 : 주광선이 2개로 되어 그림자가 나누어짐과 동시에 분위기도 둘로 나누어 질 수 있다.
  ㈐ 고측창 채광 : 측창을 높은 위치에 두는 것이다.
   • 장점 : 방구석에 빛을 공급하는데 유효하다.
   • 단점 : 천장이 높은 건축물 이외에는 설치하기 어렵다.

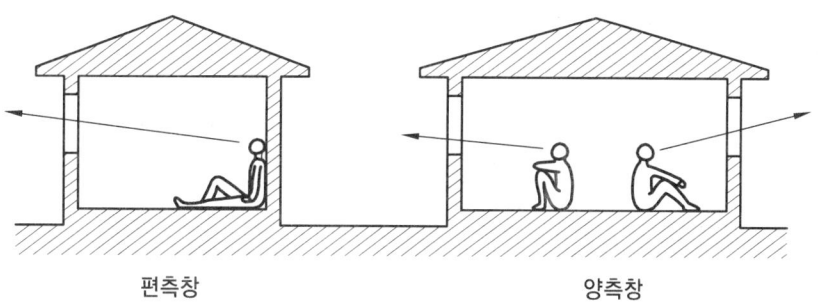

· 내다보이는 곳과 밝은 곳이 두 군데이므로, 실내 분위기가 양분된다.

편측창　　　　　　　　　양측창

(3) 천창채광

지붕면에 있는 수평 또는 수평에 가까운 창에 의한 채광이다.

① 장점 : 편측창 채광의 문제점인 방구석의 저조명도, 조도분포의 불균등, 주광선 방향의 저각도 등이 해소된다. 인접건물 등에 대한 프라이버시 침해가 적고, 채광량이 많아져 유리하며, 조명도가 균일하다.

② 단점 : 시선방향의 시야가 차단되므로 폐쇄된 분위기, 평면계획과 시공 및 관리가 어렵고 빗물이 침투할 가능성이 있다.

(4) 정측창 채광

지붕면에 있는 수직 또는 수직에 가까운 창에 의한 채광이다.

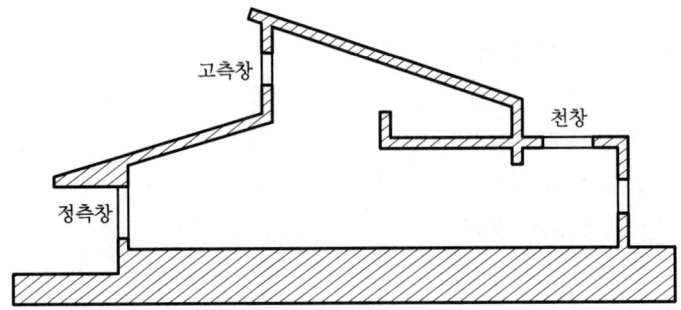

5-5 조명방식

(1) 조명방식에 의한 분류

명 칭	기구보기와 정의			특 징
		상향 광속 (%)	하향 광속 (%)	
직접 조명		0~10	90~100	장점 : ① 조명률이 좋고, 먼지에 의한 감광이 적다. ② 벽, 천장의 반사율의 영향이 적다. ③ 자외선 조명을 할 수 있다. ④ 설비비가 일반적으로 싸다. ⑤ 시계에 어둠, 밝음의 차이가 적다. ⑥ 가구, 전구의 손상이 적고, 유지, 배선이 쉽다. 단점 : ① 글로브를 사용하지 않을 경우 추한 조명으로 되기 쉽다. ② 기구의 선택을 잘못하면 눈부심을 준다. ③ 소요 전력이 크다.
반직접 조명		10~40	60~90	
전반확산 조명		40~60	40~60	

반간접 조명		60~90	10~40	간접조명과 간접조명의 중간
간접 조명		90~100	0~10	장점 : ① 조도가 가장 균일하다. ② 음양이 가장 적다. ③ 연직인 물건에 대한 조도가 가장 높다. 단점 : ① 조명률이 가장 낮다. 즉, 조명 효율이 나쁘다. ② 먼지에 의한 감광이 많으며, 천장면 마무리의 양부에 크게 영향을 준다. ③ 음기한 감을 주기 쉽다. ④ 물건에 입체감을 주지 않는다.

(2) 건축화 조명

① 조명이 건축물과 일체가 되고, 건물의 일부가 광원의 역할을 하는 것
 (가) 명랑한 느낌, 발광면이 넓고 눈부심이 크지 않다.
 (나) 조명기구가 보이지 않아 현대적인 감각을 살릴 수 있으나 비용이 많이 든다.

② 종류
 (가) 천장 매설형 조명
 (나) 루버(louver) 조명
 (다) 코브(cove) 조명 : 광원을 천장 또는 벽면에 달고, 그 직접광을 반사
 (라) 코너(corner) 조명 : 천장과 벽면과의 경계가 되는 구석에 조명기구를 배치
 (마) 광천장 조명 : 천장면을 확산투과 재료로 마감하고 그 속에 광원을 넣어 배치

(3) 실내조명 설계순서

소요조도의 결정 → 전등 종류의 결정 → 조명방식 및 조명기구 결정 → 광원의 크기와 배치결정 → 광속의 계산

예 상 문 제

문제 1. 다음 중 기후의 요소와 관계가 먼 것은 어느 것인가?
㉮ 기온   ㉯ 일조
㉰ 습도   ㉱ 결로
[해설] 기후 요소는 기온, 습도, 비와 눈, 바람, 일조 등이 있다.

문제 2. 다음의 설명 중 일교차는 어느 것인가?
㉮ 하루 중의 최고 기온과 최저 기온의 차
㉯ 1년 중 가장 더운 평균기온의 달과 가장 추운 평균기온의 달과의 차
㉰ 기온의 역전현상
㉱ 시시각각으로 변하는 대기의 물리적 상태
[해설] ㉯번은 연교차, ㉱번은 기상을 설명한 것이다.

문제 3. 다음 중 연교차와 일교차에 대한 기술 중 틀린 것은 어느 것인가?
㉮ 일교차는 내륙지방이 크고 해안지방이 작다.
㉯ 연교차는 저위도에서 고위도로 갈수록 크다.
㉰ 연교차는 해안지방보다 내륙지방이 크다.
㉱ 구름이 많은 날은 일교차가 크다.

문제 4. 일교차에 대한 설명 중 틀린 것은 어느 것인가?
㉮ 하루 중의 최고 기온과 최저 기온의 차를 말한다.
㉯ 하루 중 최고 기온은 오후 2시경이다.
㉰ 일교차는 해안지방이 크고 내륙지방이 작다.
㉱ 하루 중 최저 기온은 일출 전이다.

[해설] 일교차는 내륙지방이 크고 해안지방이 작다.

문제 5. 기온이 지대의 높이에 따라 낮아지는 것과는 반대로 낮은 곳이 높은 곳보다 저온일 때의 현상을 무엇이라 하는가?
㉮ 연교차   ㉯ 기온이 역전
㉰ 주광률   ㉱ 수증기의 장력

문제 6. 다음 중 일조에 대한 설명 중 틀린 것은 어느 것인가?
㉮ 태양으로부터 나오는 빛이 지상에 직사하는 것을 일조라 한다.
㉯ 일조율은 주간 시수를 일조 시수로 나눈 값이다.
㉰ 일조 시수는 태양이 구름이나 안개에 차단되지 않고, 지표를 쬐는 시간을 말한다.
㉱ 주간 시수는 일출에서 일몰까지의 시간 수를 말한다.
[해설] 일조율은 일조 시수를 주간 시수로 나눈 값이다.

문제 7. 다음 중 일조율을 계산한 것 중 옳은 것은 어느 것인가?
㉮ (가조 시수 / 주간 시수)×100 (%)
㉯ (일조 시수 / 주간 시수)×100 (%)
㉰ (일사량 / 주간 시수)×100 (%)
㉱ (가조 시수 / 일사량)×100 (%)

문제 8. 다음 설명 중 옳지 않은 것은 어느 것인가?
㉮ 계절 중 일교차가 가장 작은 계절은 겨울이다.
㉯ 일교차가 가장 큰 계절은 봄, 가을이다.

[해답] 1. ㉱ 2. ㉮ 3. ㉱ 4. ㉰ 5. ㉯ 6. ㉯ 7. ㉯ 8. ㉱

㉰ 하루 중 습도가 최대일 때는 아침 해뜰 무렵이다.
㉱ 일교차는 해안지방이 내륙지방보다 크다.
[해설] 일교차는 위도에 관계없이 내륙지방이 해안지방보다 크다.

[문제] 9. 우리나라 기후에 대한 기술 중 틀린 것은 어느 것인가?
㉮ 기온은 8월 중 가장 높고, 1월 중 가장 낮다.
㉯ 여름철에는 고온, 다습하다.
㉰ 겨울에는 북서풍, 여름에는 남풍이 많다.
㉱ 햇볕을 잘 받기 위해 북향으로 집을 세운다.

[문제] 10. 인동간격과 가장 관계가 깊은 것은 어느 것인가?
㉮ 일영   ㉯ 유효온도
㉰ 열관류율   ㉱ 광도
[해설] · 일영 : 태양광선에 의하여 생기는 그림자

[문제] 11. 공동주택의 인동간격을 결정하는 최소 일조는 몇 시간 인가?
㉮ 동지 때 4시간   ㉯ 하지 때 2시간
㉰ 동지 때 2시간   ㉱ 하지 때 6시간

[문제] 12. 일조계획시 고려사항을 설명한 것 중 잘못된 것은 어느 것인가?
㉮ 공동주택의 인동간격은 겨울의 4시간 이상의 일조가 가능해야 한다.
㉯ 남쪽에 면하는 벽은 여름에 가장 많은 일조를 받는다.
㉰ 실내의 일조는 겨울에 되도록 일광이 넓게 쬐는 것이 좋다.
㉱ 남쪽에 면하는 벽이 기후 환경상 가장 유리하다.
[해설] 남쪽에 면하는 벽은 겨울에 가장 많은 일조를 받고, 여름에는 동, 서에 면한 벽보다 짧은 시간의 일조를 받고 있다.

[문제] 13. 겨울에 가장 많은 일조를 받고 여름에 가장 적은 일조를 받는 벽면은?
㉮ 남향   ㉯ 북향
㉰ 동향   ㉱ 서향

[문제] 14. 여름철에 일사량이 가장 많은 곳은 어느 곳인가?
㉮ 수평면   ㉯ 남쪽 수직면
㉰ 서쪽 수직면 ㉱ 동쪽 수직면

[문제] 15. 겨울에 일사량이 가장 많은 지역은 어느 곳인가?
㉮ 수평면   ㉯ 남쪽 수직면
㉰ 서쪽 수직면 ㉱ 동쪽 수직면

[문제] 16. 건물의 남북 인동간격 결정에 영향을 미치지 않는 요소는 무엇인가?
㉮ 일영길이   ㉯ 전면 건물의 높이
㉰ 태양의 고도   ㉱ 일출몰 시간

[문제] 17. 대기의 변화에 관계되는 설명 중 기후는 어느 것인가?
㉮ 시시각각으로 변하는 대기의 물기적인 상태
㉯ 특정한 기간 내에 기상변화를 종합하여 통계적으로 구한 결과
㉰ 대기의 온도
㉱ 태양으로부터 나오는 빛이 지상에 직사하는 것
[해설] ㉮번은 기상, ㉰번은 기온, ㉱번은 일조에 대한 설명이다.

[문제] 18. 시시각각으로 변화하는 대기의 물리적인 상태를 무엇이라 하는가?
㉮ 기후   ㉯ 기상
㉰ 습도   ㉱ 기온

[해답] 9. ㉱ 10. ㉮ 11. ㉮ 12. ㉯ 13. ㉮ 14. ㉮ 15. ㉯ 16. ㉱ 17. ㉯ 18. ㉯

문제 19. 일조계획에서 경사지와 도로에 대한 설명 중 틀린 것은 어느 것인가?
㉮ 남면 경사지는 평지에 비하여 인동간격을 작게 할 수 있다.
㉯ 북면 경사지는 남면 경사지에 비하여 인동간격을 작게 할 수 있다.
㉰ 고층 건물이 있는 동서도로는 겨울에는 춥고, 여름은 아주 더운 도로이다.
㉱ 남북도로는 도로면과 좌우 건물의 일광분포도 좋다.

문제 20. 건물의 방위와 일사량에 대한 기술 중 틀린 것은 어느 것인가?
㉮ 수평면의 수열량은 하지에 최대, 동지에 최소로 된다.
㉯ 남북을 향한 벽면의 수열량은 여름에 최소가 된다.
㉰ 남쪽을 향한 벽면의 수열량은 겨울에 최대가 된다.
㉱ 수열량의 관점에서는 동서측으로 긴 물매가 급한 박공지붕이 가장 불리하고 남북으로 길게 된 평지붕이 가장 유리하다.

문제 21. 일교차에 대한 기술 중 틀린 것은 어느 것인가?
㉮ 일교차는 내륙지방이 크고, 해안지방이 작다.
㉯ 일교차는 분지가 평지보다 작다.
㉰ 하루의 최고 기온과 최저 기온의 차를 일교차라 한다.
㉱ 위도가 낮을수록 일교차가 크다.

문제 22. 태양복사 광선 중에서 건강선 또는 Dorno선이라 하며, 인간의 건강과 관계가 깊은 선은 어느 것인가?
㉮ 자외선 ㉯ 적외선
㉰ 가시광선 ㉱ 열선

문제 23. 태양복사 광선을 설명한 것 중 틀린 것은 어느 것인가?
㉮ 적외선을 열선이라 한다.
㉯ 가시광선은 낮의 밝기를 지배하는 요소이다.
㉰ 자외선을 화학선이라고도 한다.
㉱ 적외선은 살균작용, 생육작용, 화학반응을 한다.

문제 24. 태양복사 광선의 자외선의 작용과 관계가 먼 것은 어느 것인가?
㉮ 열적 효과
㉯ 사진 화학반응
㉰ 살균작용
㉱ 생물에 대한 생육작용

문제 25. 태양의 위치는 어떻게 나타내는가?
㉮ 일영과 일영곡선에 의하여 나타낸다.
㉯ 태양 고도와 태양 방위각으로 나타낸다.
㉰ 태양 방위각과 일영으로 나타낸다.
㉱ 영구 음영과 일영곡선으로 나타낸다.

문제 26. 지평면상에 수직 막대를 세워 햇빛을 받게 했을 때, 그 막대로 인하여 생기는 그림자를 무엇이라 하는가?
㉮ 시차 ㉯ 일영
㉰ 태양 남중시 ㉱ 루버

문제 27. 일조계획에서 인동간격은 어느 계절의 일영곡선을 이용하여 결정하는가?
㉮ 여름 ㉯ 겨울
㉰ 가을 ㉱ 봄

문제 28. 일조계획에서 인동간격을 결정하는 요소와 관계가 먼 것은 어느 것인가?
㉮ 일영곡선
㉯ 태양의 고도 및 방위각
㉰ 건물의 높이

해답 19. ㉯ 20. ㉱ 21. ㉯ 22. ㉮ 23. ㉱ 24. ㉮ 25. ㉯ 26. ㉯ 27. ㉯ 28. ㉱

라 일사량

문제 29. 수평면에 일사량이 많아지고 적어지는 것과 관계가 깊은 것은 어느 것인가?
- 가 태양의 고도
- 나 태양의 방위각
- 다 주광률
- 라 시차

해설 수평면의 일사량은 태양고도가 커지는 만큼 수평면의 일사량도 커진다.

문제 30. 기온은 높이 100 m에 얼마 정도 감소하는가?
- 가 0.5~0.6℃
- 나 2~5℃
- 다 8~10℃
- 라 15~18℃

문제 31. 기후도 중에서 건축에 가장 많이 이용되는 것은 어느 것인가?
- 가 기습도
- 나 기수도
- 다 기풍도
- 라 기조도

문제 32. 기후도의 종류가 아닌 것은 어느 것인가?
- 가 기습도
- 나 기수도
- 다 기풍도
- 라 기상도

문제 33. 기후도에 대한 설명 중 옳지 않은 것은 어느 것인가?
- 가 기후도는 여러 가지 기후 요소를 월별로 평균하여 이것을 기온과 조합하여 그래프로 그린 것이다.
- 나 기후도에는 기습도, 기수도, 기풍도, 기조도 등이 있다.
- 다 건축에서는 보건, 위생상으로 보아 인체에 직접 영향을 주는 기온과 습도에 관한 기습도가 많이 사용되고 있다.
- 라 기조도는 기온과 강수량을 조합하여 그래프로 나타낸 것이다.

문제 34. 실내에서 인체의 쾌감적도에 영향을 주는 온열요소가 아닌 것은 어느 것인가?
- 가 온도
- 나 습도
- 다 복사열
- 라 주광률

해설 · 온열요소 : 사람이 한서를 느끼는 감각으로 온도, 습도, 풍속과 복사열이 있다.

문제 35. 인간의 쾌감적도에 영향을 주는 요소와 관계가 먼 것은 어느 것인가?
- 가 온도
- 나 습도
- 다 복사열
- 라 지압

문제 36. 열관류를 옳게 설명한 것은 어느 것인가?
- 가 열전도, 열전달을 통하여 벽체 내·외부간의 열흐름을 말한다.
- 나 공기로부터 벽체의 표면에 또는 벽체의 표면에서 공기로 열이 이동하는 것을 말한다.
- 다 유체와 고체 사이의 열의 이동을 말한다.
- 라 고체 또는 정지된 기체, 액체를 통하여 열이 전달되는 것을 말한다.

해설 나, 다번은 열전달, 라번은 열전도를 설명한 것이다.

문제 37. 유체와 고체 사이의 열이동을 무엇이라 하는가?
- 가 열관류
- 나 열전도
- 다 열전달
- 라 열관류 저항

문제 38. 실내표면 결로가 생기는 원인과 관계가 먼 것은 어느 것인가?
- 가 실내의 수증기량이 많아 습한 공기가 되었다.
- 나 실내벽 표면의 온도가 실내공기의 노점보다 낮다.
- 다 습한 공기의 환기가 되지 않는다.
- 라 벽체의 열관류 저항이 크다.

해답 29. 가 30. 가 31. 가 32. 라 33. 라 34. 라 35. 라 36. 가 37. 다 38. 라

문제 39. 겨울철에 결로가 생기는 이유가 아닌 것은 어느 것인가?
㉮ 실내에서 수증기의 발생이 많을 때
㉯ 습한 공기를 환기시키지 않을 때
㉰ 벽, 천장, 바닥이 노점온도 이하로 차가울 때
㉱ 벽, 천장, 바닥의 열관류를 작게 할 때

문제 40. 실내의 표면결로 방지법으로 적합하지 않는 것은 어느 것인가?
㉮ 적당히 환기를 시킨다.
㉯ 실내에서 수증기량의 발생을 적게 한다.
㉰ 각부의 열관류 저항을 적게 한다.
㉱ 각부의 열관류량을 적게 한다.
[해설] 각부의 열관류 저항을 크게 한다.

문제 41. 벽체의 내부 결로방지 방법으로 가장 적합한 것은 어느 것인가?
㉮ 벽체 내의 고온 측의 온도가 노점 이상의 위치를 선정하여 방습층을 설치한다.
㉯ 벽체 내부에 열전달을 크게 한다.
㉰ 벽체 내부에 열관류 저항을 적게 한다.
㉱ 벽체 내의 저온측의 온도가 노점 이하의 위치를 선정하여 방습층을 설치한다.

문제 42. 결로방지 방법을 기술한 것 중 틀린 것은 어느 것인가?
㉮ 외벽의 열관류 저항을 높인다.
㉯ 실내에 수증기 발생량을 적게 한다.
㉰ 환기계획을 하여 습한 공기를 환기시킨다.
㉱ 실내 벽면의 표면온도를 낮춘다.
[해설] ① 결로현상 : 습한 공기를 냉각시키면 노점에 달하여 수증기가 물방울로 되는 현상
② 노점온도 : 어떤 습한 공기를 냉각하여 포화공기가 될 때의 온도
③ 각부의 열관류 저항을 크게 하여 내벽 표면 온도가 겨울철에 실내 공기의 이슬점보다 크게 한다.

문제 43. 유체와 고체 사이의 열의 이동을 무엇이라 하는가?
㉮ 열관류   ㉯ 열전도
㉰ 열전달   ㉱ 열관류 저항

문제 44. 포화 절대습도를 옳게 설명한 것은 어느 것인가?
㉮ 어느 온도에서 포함할 수 있는 수증기의 최소량
㉯ 어느 온도에서 포함할 수 있는 수증기의 최대량
㉰ 1 kg의 공기 중에 포함되어 있는 수증기의 무게
㉱ 1 m³의 공기 중에 포함되어 있는 수증기의 최소량
[해설] • 포화 절대습도 : 어느 온도에서 포함할 수 있는 수증기의 최대량으로, 그 이상의 양이 있으면 물로 되어 버리는 극한 값이다.

문제 45. 환기횟수란 어느 것인가?
㉮ 환기량 (m³)/실용적(m³)
㉯ 실용적(m³)/환기량 (m³/h)
㉰ 환기량 (m³/h)×실용적
㉱ 환기횟수×실용적

문제 46. 실내에서 성인 1인당 노동할 때 필요한 환기량은 얼마인가?
㉮ 50 m³/h   ㉯ 33 m³/h
㉰ 17 m³/h   ㉱ 8 m³/h
[해설] ① 성인 노동 시 : 50 m³/h ② 성인 휴식 시 : 33 m³/h ③ 어린이 : 17 m³/h

문제 47. 일반주택에서는 1시간에 몇 m³ 정도의 환기량이 필요한가?
㉮ 100~90 m³   ㉯ 80~60 m³
㉰ 40~30 m³   ㉱ 10 m³
[해설] • 1시간당 필요 환기량
① 주택 : 30~40 m³/h
② 학교, 사무실, 극장, 호텔, 백화점 : 50 m³/h

[해답] 39. ㉱   40. ㉰   41. ㉮   42. ㉱   43. ㉰   44. ㉯   45. ㉮   46. ㉮   47. ㉰

③ 병원 : 60~80 m³/h

문제 48. 실 용적이 25 m³인 거실이 1시간당 환기횟수는? (단, 1시간 소요환기량은 50 m³/h 이다.)
㉮ 6회 ㉯ 4회 ㉰ 2회 ㉱ 1회
[해설] 환기횟수＝환기량 (m³/h)÷실용적(m³)

문제 49. 환기에 대한 기술 중 틀린 것은 어느 것인가?
㉮ 환기횟수는 1시간에 환기되는 양을 실의 용적으로 나눈 값
㉯ 풍력환기는 개구부에서의 풍압작용으로 환기가 행해진다.
㉰ 외부의 풍속이 1.5 m/s 정도 이하에서 풍력환기가 유효하게 이루어진다.
㉱ 풍력환기는 실 개구부의 배치에 따라 많은 차이를 나타낸다.

문제 50. 실내·외의 온도차에 의하여 이루어지는 환기는 무엇인가?
㉮ 중력환기 ㉯ 풍력환기
㉰ 기계환기 ㉱ 송풍환기

문제 51. 환기에 대한 설명 중 틀린 것은 어느 것인가?
㉮ 풍력환기는 개구부에서의 풍압작용으로 환기가 행해진다.
㉯ 중력환기는 실내·외의 온도차에 의하여 이루어지는 환기이다.
㉰ 무풍 시에는 풍력환기 작용이 자연환기의 주요한 원동력이 있다.
㉱ 기계환기는 송풍기, 배풍기 등의 기계의 힘을 빌려서 행하는 환기이다.

문제 52. 실내온도가 외기온도보다 높을 경우의 환기는 무엇인가?
㉮ 위쪽 개구부로 공기가 들어와 아래쪽 개구부로 나가게 된다.
㉯ 아래쪽 개구부로 공기가 들어와 위쪽 개구부로 나가게 된다.
㉰ 전혀 환기가 되지 않는다.
㉱ 위쪽 개구부, 아래쪽 개구부에서 동시에 들어와 공기의 유동이 많아진다.

문제 53. 음의 세기의 단위가 아닌 것은 어느 것인가?
㉮ w/cm² ㉯ dB
㉰ l m ㉱ phon
[해설] l m은 광속의 단위이다.

문제 54. 1 dB (데시벨)이란 무엇을 설명한 것인가?
㉮ 우리들의 귀로 분별할 수 있는 최소의 값에 해당된다.
㉯ 사람이 말을 할 때 어느 정도 정확하게 청취하였느냐 하는 것을 표시하는 기준
㉰ 직접음과 반사음의 행로 차
㉱ 채광계획의 지표

문제 55. 음원이 정지되어도 소리는 계속하여 들리는 현상은 무엇인가?
㉮ 잔향 ㉯ 데시벨
㉰ 폰 (phon) ㉱ 명료도

문제 56. 음원이 정지된 순간의 음의 세기에서 몇 dB로 감소될 때까지의 소요되는 시간을 잔향시간이라 하는가?
㉮ 10 dB ㉯ 20 dB
㉰ 60 dB ㉱ 100 dB

문제 57. 음향계획의 용어를 잘못 설명한 것은 어느 것인가?
㉮ 잔향은 음원이 정지되어도 소리는 계속하여 들리는 현상
㉯ 여운시간을 잔향시간이라 하며, 음원이

[해답] 48. ㉰ 49. ㉰ 50. ㉮ 51. ㉰ 52. ㉯ 53. ㉰ 54. ㉮ 55. ㉮ 56. ㉰ 57. ㉱

정지된 순간의 음의 세기에서 60 dB로 감소되기까지의 소요되는 시간
㉰ 명료도는 사람이 말을 할 때 어느 정도 정확하게 청취하였느냐 하는 것을 표시하는 기준
㉱ 폰 (phon)은 명료도를 나타내는 단위
[해설] 폰 (phon)은 음의 세기의 단위로써 독일에서 사용되고 있다.

문제 58. 귀가 직접음과 반사음을 분리하여 듣는 현상으로, 음원으로부터 직접음과 반사음이 도달하는 시간이 1/20∼1/15초 이상의 차이가 있을 때 생기는 현상을 무엇이라 하는가?
㉮ 반향 (echo)   ㉯ 여운 시간
㉰ 명료도   ㉱ 데시벨(dB)

문제 59. 음향계획에서 반향 (echo)에 대한 기술 중 틀린 것은 어느 것인가?
㉮ 반향은 음원으로부터 직접음과 반사음이 도달하는 시간이 1/20∼1/15초 이상의 차이가 있을 때 생긴다.
㉯ 반향은 귀가 직접음과 반사음을 분리하여 듣는 현상이다.
㉰ 반향이 생기면 말이 똑똑하게 들린다.
㉱ 반향방지 방법으로는 반향이 생길만한 반사면을 흡음성이나 확산성으로 한다.
[해설] 반향이 생기면 말이 똑똑하게 들리지 않는다.

문제 60. 반향방지 방법으로 옳지 않은 것은 어느 것인가?
㉮ 직접음과 반사음의 행로차를 17 m 이상이 되지 않도록 실내 각 표면의 위치와 방향을 조절한다.
㉯ 직접음과 반사음의 행로차를 1/20초 이상이 되지 않도록 실내 각 표면의 위치와 방향을 조절한다.
㉰ 반향이 생길만한 반사면을 흡음성이나 확산성으로 한다.
㉱ 직접음과 반사음의 행로차를 길게 하여 반향이 생겼다가 없더지도록 한다.

문제 61. 주택, 호텔, 공동주택의 소음 레벨 허용값은 얼마인가?
㉮ 10∼20 phon   ㉯ 30∼45 phon
㉰ 60∼80 phon   ㉱ 100∼120 phon

문제 62. 조명방식의 기술 중 옳지 않은 것은 어느 것인가?
㉮ 직접조명은 빛의 이용률이 높고 경제적이다.
㉯ 간접조명은 확산된 광선을 받을 수 있고, 부드러운 분위기를 만들 수 있다.
㉰ 직접조명은 음영이 약하고 눈부심의 염려가 크다.
㉱ 간접조명은 빛의 이용률이 떨어진다.

문제 63. 조도의 단위로 옳은 것은 어느 것인가?
㉮ lux   ㉯ cd   ㉰ umen   ㉱ cd/m^2
[해설] ① 조도 : 빛을 받고 있는 면의 밝기를 나타내는 양 (단위 : lm/m^2, lx)
② 광도 : 광원에서 발산하는 빛의 세기(단위 : cd)
③ 광속 : 빛이라는 방사 에너지가 어느 면을 통과하는 비율 (단위 : lumen)
④ 휘도 : 광원면 혹은 빛을 받은 반사면에서 나오는 광도의 면적밀도(단위 : cd/m^2, lambert)

문제 64. 광도의 단위는 무엇인가?
㉮ lx   ㉯ cd   ㉰ cd/m^2 ㉱ lumen

문제 65. 빛의 단위로 옳지 않은 것은 어느 것인가?
㉮ 광도 : 광원에서 발산하는 빛의 세기(cd)
㉯ 광속 : 빛이라는 방사 에너지가 어느 면을 통과하는 비율 (lm)

[해답] 58. ㉮ 59. ㉰ 60. ㉱ 61. ㉯ 62. ㉰ 63. ㉮ 64. ㉯ 65. ㉱

㉰ 휘도 : 광원면 또는 광을 받는 반사면에서 광도의 면적밀도 (cd/cm² : sb, cd/m² : nit)
㉱ 광속 발산도 : 반사면 또는 광원면의 단위면적에서 발산하는 광속 (lx)

문제 66. 광원에서 발산하는 빛의 세기를 무엇이라 하는가?
㉮ 광도 (cd)　　㉯ 광속 (lm)
㉰ 휘도 (sb, nt)　㉱ 조도 (lux)

문제 67. 다음 중 채광계획의 지표로 하는 것은 어느 것인가?
㉮ 휘도　　　　㉯ 주광률
㉰ 데시벨　　　㉱ 일조율

문제 68. 태양의 고도가 낮은 경우 일조를 차폐하는데 유효한 루버(louver)는 어느 것인가?
㉮ 수직 루버(louver)　㉯ 연직 루버(louver)
㉰ 격자 루버(louver)　㉱ 가동 루버(louver)
[해설] ㉮ 수직 루버 : 차양과 같이 태양고도가 큰 경우에 사용한다.
㉰ 격자 루버 : 수직 루버와 수평 루버를 조합한 것이다.
㉱ 가동 루버 : 태양의 위치에 대하여 효과적인 차폐를 할 수 있게 만든 것이다.

문제 69. 채광계획에서 중요한 사항과 관계가 먼 것은 어느 것인가?
㉮ 적당한 조도일 것
㉯ 균제도가 높을 것
㉰ 1일 중 조도의 변동이 아주 클 것
㉱ 눈부신 감을 주는 장소를 없앨 것
[해설] 채광계획에서는 1일 중 조도의 변동이 아주 작아야 한다.

문제 70. 빛을 받고 있는 편의 밝음을 나타내는 것은?
㉮ 광도 (cd)
㉯ 광속 (lm)
㉰ 광속발산도 (rad-lux, lambert)
㉱ 조도 (lux)

문제 71. 빛이라는 방사 에너지가 어떤 면을 통과하는 비율의 단위는 무엇인가?
㉮ lax　　　　㉯ cd
㉰ lambert　　㉱ lm

문제 72. 다음의 설명 중 실내조명의 설계순서로 올바르게 된 것은 어느 것인가?

① 소요조도의 결정
② 전등 종류의 결정
③ 조명방식 및 조명기구
④ 광원의 크기와 그 배치
⑤ 광속의 계산

㉮ ①－②－③－④－⑤
㉯ ②－①－③－⑤－④
㉰ ①－②－④－⑤－③
㉱ ②－①－⑤－④－③

[해답] 66. ㉮　67. ㉯　68. ㉯　69. ㉰　70. ㉮　71. ㉱　72. ㉮

4 주거건축 계획

1. 주택계획과 분류

1-1 주택계획의 기본방향
삶의 가치를 최대한으로 만족시킬 수 있는 주거공간을 창조하는 것이다.

1-2 주택계획 시 유의점
① 튼튼한 구조물로, 건물의 하중과 재료의 내구성을 고려한 안전한 구조물이다.
② 자연적인 환경요소와 인위적인 환경요소를 동시에 고려한 위생적이고 쾌적한 생활환경조성이다.
③ 주부의 가사노동을 경감시켜야 한다.
④ 항상 아름답게 보이고 쾌적하게 느낄 수 있도록 한다.
⑤ 주변환경과 조화를 이루어 외부의 주거환경이 자연스럽고 무리가 없도록 해야 한다.

1-3 주택설계의 방향
① 생활의 쾌적감을 높인다.
② 가사노동을 줄일 수 있도록 한다.
③ 가족생활을 중심으로 한 공간계획을 한다.
④ 각 공간의 이용이 편리하도록 한다.
⑤ 가족의 취미와 직업, 생활방식에 일치되도록 한다.
⑥ 좌식과 입식을 혼용한다.

1-4 주택의 분류
① 집합형식에 따른 분류 : 단독주택, 공동주택(연립주택, 다세대 주택, 아파트)
② 구조재료에 따른 분류 : 목조, 조적조, 철근 콘크리트조, 조립식, 스틸 하우스
③ 지역에 따른 분류 : 도시주택(도심, 근교, 교외), 농촌주택, 어촌주택
④ 평면형태에 따른 분류 : 복도형, 거실 중심형, 일실형(one room system), 집중형, 중정형

목조주택　　　　　　철근 콘크리트 주택　　　　스틸 하우스

2. 주거생활의 이해

2-1 인간생활의 구분

개인생활, 가족생활, 사회생활으로 구분된다.

2-2 주생활 양식

(1) 주생활 양식

주생활에서 나타나는 전통, 관습화된 생활양식, 가족의 구성, 사회적 계층, 자연적인 기후조건, 문화의 차이, 시대적인 변천에 따라 변화·발전에 따라 달라진다.

(2) 주생활 양식의 종류와 차이점

구 분	한식 주택	양식 주택	비 고
평면적	조합평면, 은폐적, 병렬식	분화평면, 개방적, 집중 배열식	양식주택은 개인실로서 프라이버시가 좋다.
구조적	목조 가구식(바닥이 높고 개구부가 크다.)	벽돌조(바닥이 낮고 창이 적다.)	창과 개구부는 지역적인 기후에 영향을 받아 그 형태와 크기가 달라진다.
습관적	좌식생활	입식생활	생활습관은 온돌과 침대생활의 차이이다.
용 도	혼용도	단일용도	—
가 구	부차적 존재	주요한 내용물	한식주택은 가구와 관계없이 각 소요실의 크기와 설비가 결정되지만, 양식주택은 가구의 종류와 형에 따라 실내의 크기가 결정된다.

2-3 주생활의 요소

(1) 인간의 생활양상
  장소, 시간, 대인관계, 기후, 풍토, 사람의 개성, 습관에 따라 다른 양상을 나타낸다.

(2) 생활시간
  생활행위를 시간이라는 측면에서 본 것이다.

(3) 생활공간
  생활에 필요한 여러 종류의 장소나 건물이다.

(4) 주생활 인간의 욕구
  ① 육체적 욕구 : 휴식, 취침, 배설, 영양섭취, 생식
  ② 정신적 욕구 : 사교, 단란, 독서, 유희

3. 배치계획

3-1 대지의 조건

① 신선한 공기와 풍부한 햇빛을 얻을 수 있어야 한다.
② 습기가 적고 배수가 잘 되어야 한다.
③ 재해의 염려가 없는 곳이어야 하고, 지반이 견고해야 한다.
④ 교통이 번잡하지 않고, 소음을 일으키는 시설이 없는 곳이어야 한다.
⑤ 가족의 취미와 도로의 방향이나 위험물 취급시설, 풍기상 좋지 않는 시설이 근처에 없어야 한다.
⑥ 상·하수도, 전기, 전화, 도시가스 등의 도시시설이 완비되어 있는 곳이어야 한다.

3-2 대지의 모양과 크기

① 대지의 모양은 정사각형이나 직사각형이 유리하다.
② 대지의 면적은 건축면적의 3배 이상이 이상적이다.
③ 경사지에서 기울기가 $\frac{1}{10}$ 정도가 이용률이 좋고 북쪽으로 기울어진 대지는 불리하다.
④ 대지가 작을때는 동서로 긴 것이 좋고, 큰 경우는 남북으로 긴 것이 좋다.

3-3 대지의 방위 및 지형

① 대지의 방위 : 남향이 좋고 동남형, 서남형의 경우에도 약 20° 이내 정도는 무방하다.
② 지형이 평탄할 경우는 토질만 견고하면 좋으나, 주위의 대지나 도로면보다 낮으면 배수, 일조에 불리하다.

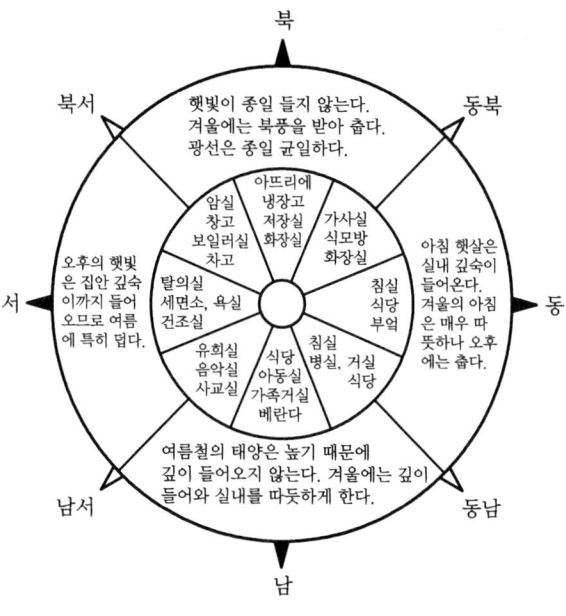

방위에 적당한 방 배치의 표준

③ 경사지일 경우 기울기는 $\frac{1}{10}$ 정도가 이용률이 좋다.
④ 남쪽 경사지는 일조 통풍상 유리하고 배수가 잘 되며, 전망도 좋아 대지로는 가장 우수하다.
⑤ 북쪽 경사지는 겨울철에 북풍을 받아 춥고, 여름철에는 통풍이 좋지 않으며, 일조에도 불리하다.
⑥ 계곡에 위치한 대지는 재해의 위험성이 있고 장소에 따라 채광, 통풍, 일조 등이 나쁘다.

3-4 대지조건과 배치

주택설계 작업 : 배치계획은 대지와 건물, 정원, 뒤뜰, 대문에서 현관까지의 진입로, 자동차의 진입로, 식목 등과의 관계를 결정하는 작업이다.

4. 평면계획

4-1 평면계획

생활 내부에 따라 여러 가지 성격의 공간들을 일정한 방법으로 분리, 통합해서 주생활의 욕구를 충족할 수 있도록 각 실의 배치를 결정하는 작업이다.

4-2 생활공간의 구성

(1) 주택의 평면계획 결정조건
생활수준, 대지, 경제적 조건 등

(2) 주택공간의 구분
① 공동의 공간 : 거실, 식사실, 응접실
② 개인의 공간 : 부부침실, 노인방, 아동실, 서재, 작업실
③ 그 밖의 공간
 ㈎ 가사노동 : 부엌, 세탁실, 가사실, 다용도실
 ㈏ 생리, 위생 : 세면실, 욕실, 화장실
 ㈐ 수납 : 창고, 반침
 ㈑ 교통 : 현관, 홀, 복도, 계단

(3) 공동공간
① 거실 및 식사실을 말하며 가족의 대화, 오락, 취미 활동, TV시청, 접객과 식사 등의 사회적 행동과 공용생활의 중심이 되는 곳이다.
② 공동공간 설계 시 동선을 고려하여 공간의 크기와 구조를 정하고 효과적인 가구배치, 필요한 설비가 갖추어진 실내환경을 조성한다.

(4) 개인공간
① 침실(bedroom)을 말하며 취침, 휴식, 탈의 등의 행위를 위한 개인공간이 구성되도록 설계한다.
② 개인공간 설계 시 가족 구성원 각자의 개성이 존중되고, 심리적인 독립성이 지켜져야 하며, 안락과 휴식을 취할 수 있도록 계획, 또한 좌식생활과 입식생활에 따라 크기와 형태, 마감이 달라지며 침구를 펼 수 있는 공간, 수납공간, 탈의를 위한 공간, 욕실 등을 포함한다.

(5) 작업공간
① 부엌과 다용도실은 취사, 세탁, 수선 및 정리 등의 작업을 수용하는 공간이다.
② 작업공간 설계 시 기능성, 경제성, 아름다움, 사용자의 요구사항 및 동선이 중요하다.

(6) 위생공간
① 피로를 풀고, 휴식을 취하는 공간이다. 독립된 공간으로 가족 구성원의 규모에 따라서 두 실 이상의 공간이 요구된다.
② 위생공간 설계 시 기능적이고도 상쾌한 분위기를 갖추도록 계획되어야 하며, 청결하게 유지될 수 있도록 설계해야 한다.

(7) 연결공간
① 공동, 개인, 작업, 위생공간과 현관, 복도, 홀, 계단 등이 연결될 수 있는 연결공간

이 확보되어 있어야 한다.
② 연결공간 설계 시 동선의 합리성이 중요하며, 주택의 이미지와 생활의 편의성이 강조된다.

(8) 그 밖의 공간

응접실과 서재는 대규모 주택에서 각 실의 독립된 기능이 부여될 경우에 필요하며, 수납공간을 독립시켜 주택 내부에 하나의 공간을 구성하고, 또한 주차공간은 건물 내부에 공간을 확보하는 경우와 건물과 독립된 차고를 설치하는 경우가 있다.

4-3 생활공간의 크기

생활공간의 크기계획은 초기에 요구조건으로 제시되며, 단위공간의 기능과 성격의 분석으로 각 실들을 구체화시켜야 한다.

4-4 블록의 구성과 조합

(1) 블록의 구성

단위공간의 기능이나 성격이 명확히 정해진 후 이들 각 실의 성격이 비슷한 공간별로 묶어서 블록을 구성한다.

(2) 블록 플래닝(block planning)

각 블록을 조합하여 배치하는 계획이다.

(3) 블록의 조합

평면적으로 계획하는 방법과 입체적으로 쌓아 올려서 계획하는 방법이 있다. 설계자의 공간 전체에 대한 구상에 따라 좌우되며, 건축공간을 결정짓는 요점이 된다.

4-5 평면계획의 방침

건물 및 각 실의 방향 : 일조, 통풍, 소음, 조망, 도로와의 관계, 인접주택에 대한 독립성 등을 고려, 각 실의 상호관계는 비슷한 경우 인접시키고, 상반되는 경우 격리시킨다.

예) 침실의 독립성을 확보하고 거실, 식사실, 부엌 등은 통로로 이용해도 좋으나, 통로의 이용면적은 최소한으로 줄이는 방향으로 한다. 물을 사용한 부엌, 욕실, 화장실 등은 한 곳으로 집중배치한다.

4-6 계획의 수정

건축공간 계획은 계속적인 수정과 반복으로 공간설계가 완성된다.

5. 단위공간 계획

5-1 거 실

가족 공용의 공간 또는 가족생활의 중심이 되는 공간이며, 생활환경이 다른 가족 각각의 개인요구를 최대한 충족시킬 수 있는 공간으로 계획되어야 한다.

(1) 거실의 기능
가족 단란과 주부의 가사작업을 하는 공간이며, 거실에서 행해지는 생활행위로는 가족 단란, 휴식, 사교, 접객, 오락, 독서, 식사, 어린이 놀이, 가사작업 등이다.

(2) 거실의 배치
주택 내 중심의 위치에 있어야 하며, 가급적 현관에서 가까운 곳에 위치, 방위상으로 남쪽 또는 남동, 남서쪽에 면하는 것이 바람직하다.
① 중앙에 위치한 경우는 많이 이용되는 형태로 소규모 주택에 사용되나 거실의 안정이 부족하다.

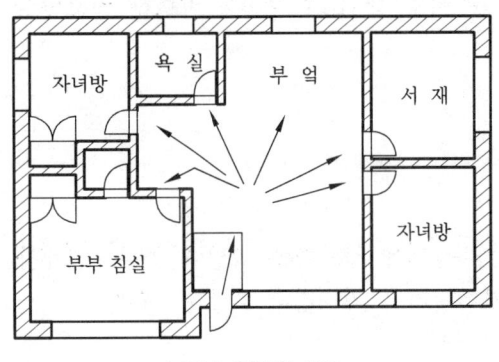
중앙에 위치한 경우

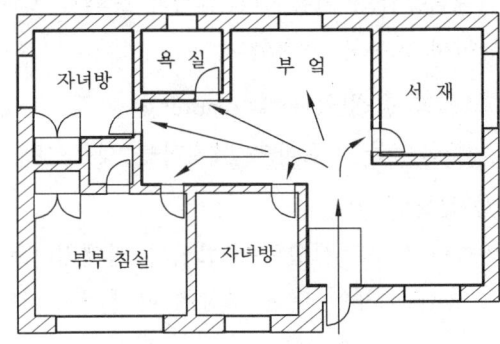
한쪽에 치우쳐 위치한 경우

② 한쪽에 치우쳐 위치한 경우는 정적인 공간과 동적인 공간의 분리가 비교적 정확히 이루어지며, 접객 시 가족 개인의 독립성 확보 및 거실의 쾌적한 분위기 조성에 유리하다.
③ 층으로 구분하여 위치한 경우는 정적인 공간과 동적인 공간을 층으로 구분하여 배치한 형태로 각 기능을 충분히 충족할 수 있다.

(3) 거실의 크기
가족 1인당 최소 4~6 m² 요구되며, 일반적으로 전체면적의 21~25 % 이상을 확보한다. 또한 소규모 주택은 식당을 겸하여 16.5 m² 전후가 많다.

(4) 거실의 형태
직사각형의 형태가 정사각형의 형태보다는 가구의 배치나 실의 활용으로 보면 유리하다.

(5) 창의 계획

거실의 한 장식물로써의 기능을 발휘하므로 창문을 계획할 때에는 채광, 환기와 같은 본래의 기능과 함께 창을 통하여 나타나는 풍경의 시각적, 계절적인 변화까지 고려한다.

5-2 식사실

한식주택에서 식사실은 하나의 방이 침실, 거실, 식사실의 기능을 겸하였으나, 취침과 식사를 분리하면서 식사실은 가족실의 역할을 한다. 식사실은 통풍, 조망, 채광 등을 고려해야 하며 거실과 가깝게 배치하는 것이 이용하는데 유리하다.

(1) 기 능

가족 전체의 식사를 위한 장소 및 식사준비, 가사작업 장소, 식사 중이나 후에 가족 간의 담소 장소이다.

(2) 위 치

부엌과 근접배치하는 것이 편리하지만 부엌 내의 작업이나 물품 등이 식사실에서 직접 보이지 않도록 시선을 차단한다.

(3) 종 류

① 식사실(dining, D) : 거실과 부엌 사이에 설치하는 것이 일반적인 형태로 식사실로부터 완전한 기능을 갖출 수 있으나, 동선이 길어져 작업능률을 저하시킨다.

② 식사실-부엌(dining kitchen, DK) : 부엌의 일부분에 설치하는 형태로 노동력을 절감하기 위한 형태로 부엌에서 조리할 때 냄새나 음식 찌꺼기 등에 의해 식사실 공기오염이 우려된다.

③ 거실-식사실(living dining, LD) : 거실의 한 부분에 식사실을 설치하는 형태로 식사실 분위기 조성에 유리하며 거실의 가구들을 공동으로 이용할 수 있으나, 작업동선이 길어질 수 있다.

④ 거실-식사실-부엌(living dining kitchen, LDK) : 소규모 주택에서 많이 나타나는 형태로 거실 내에 부엌과 식사실을 설치하는 형태로 실을 효율적으로 이용할 수 있다. 능률적이나 고도의 설비가 필요하다.

(4) 크 기

4~5인 가족의 경우 3 m×5 m정도이고, 직사각형의 형태가 가구배치 및 이용면 등에서 유리하다.

5-3 침 실

(1) 기 능

휴식과 수면의 장소이며 실의 성격에 따라 독서, 화장, 탈의, 바느질 및 음악감상 등이 포함된다.

(2) 위 치

침실은 평면계획상 거실, 식당, 부엌 등의 공간과 구분하여 현관에서 떨어진 곳으로 도로쪽을 피하여 안정하고, 기밀성이 있는 공지쪽이나 상층에 배치하는 것이 좋다.

침실의 방위는 일조, 통풍이 좋은 남쪽과 동남쪽이 좋으며, 주부가 혼자서 집안에 있을 때를 고려하여 침실에서 대문을 바라볼 수 있는 위치도 생각할 수 있다.

(3) 크기 및 형태

① 사용인원 수, 침구의 종류, 가구의 종류, 통로 등의 사항에 따라 결정된다. 1실의 인원수는 최대 2명 기준이다.

② 한식 온돌방의 경우, 가구설치 면적을 제외하고 최소한 침구를 펼칠 수 있는 면적과 그 밖의 여유공간도 필요하다.

③ 가구설치 면적을 제외한 최소 면적은 1인용일 때 2.7 m×2.4 m인데, 일반적인 침실 치수로는 2.7 m×3.6 m는 되어야 한다.

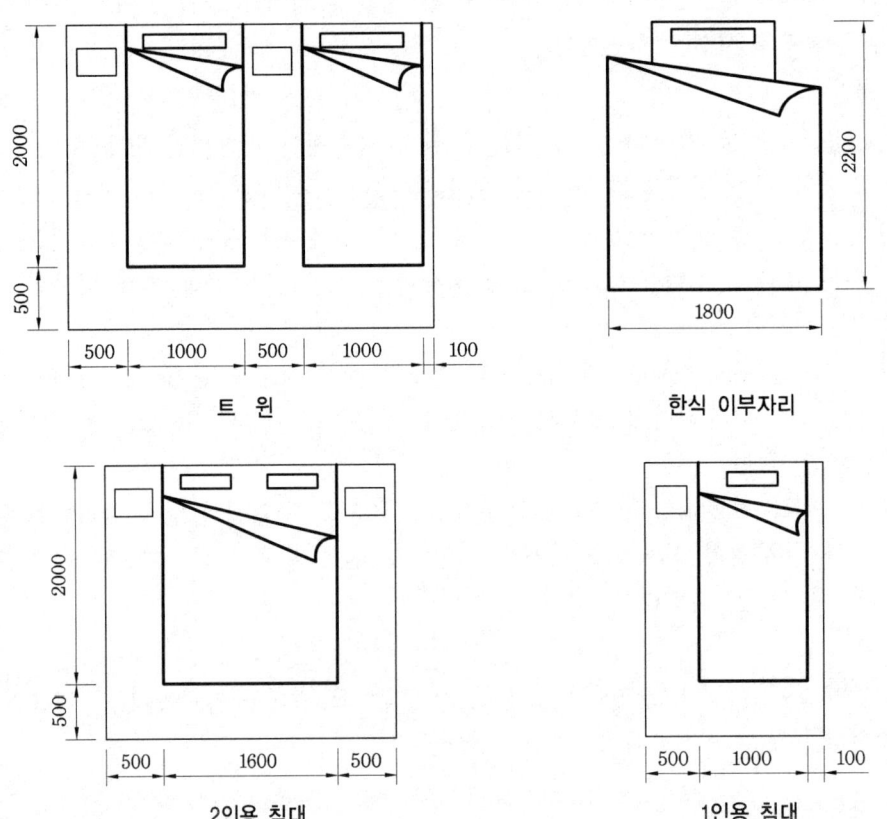

트 윈   한식 이부자리

2인용 침대   1인용 침대

(4) 종 류

① 부부 침실 : 부부 생활의 장소가 되기 때문에 독립성을 확보하고, 사적인 생활공간으

로서 조용한 곳에 위치한다.
② 어린이 침실 : 부모가 보호할 수 있는 장소이다. 또한 어린이 자신이 행동하며 생활하는 장소로 이용, 주간에는 공부를 할 수 있고, 놀이공간을 겸할 수 있다.
③ 노인 침실 : 구조는 바닥 높낮이가 없어야 하고 위치는 1층, 일조와 통풍이 양호하고 조용한 장소, 뜰을 바라볼 수 있는 곳이 좋으며, 정신적 안정과 보건에 편리한 위치가 좋다.
④ 손님 침실 : 거실의 긴 의자를 쇼파식 침대(sofa bed)로 하거나 접는 침대를 준비한다.

5-4 부 엌

(1) 설비 배열
직선형, L형, U형 병렬형이며, 작업대의 높이는 82~86 cm가 적당하다.

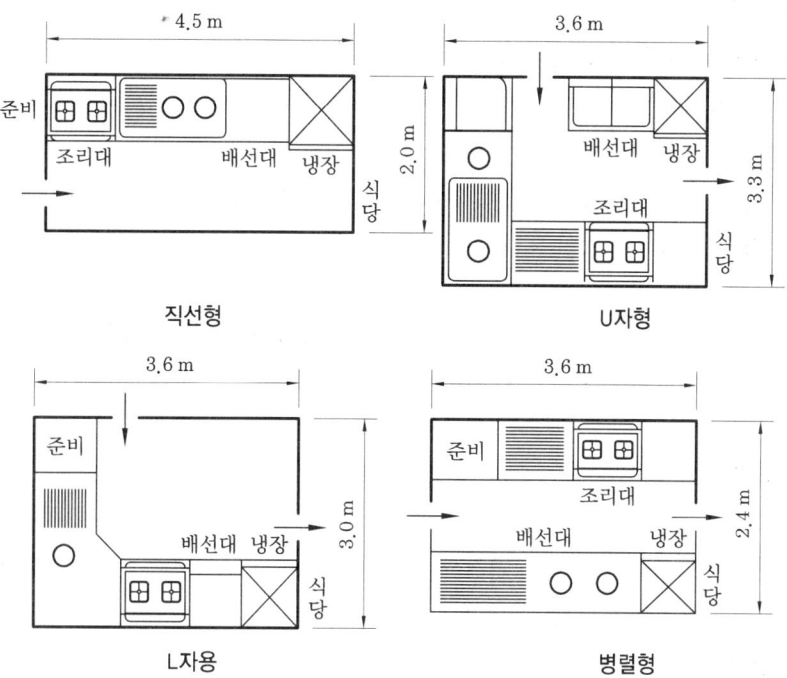

부엌의 조리과정 : 재료의 반입, 준비 → 세척 → 조리 → 가열 → 음식차림, 배선 → 식사

> 준비대 → 개수대 → 조리대 → 가열대 → 배선대 → 식사

(2) 위 치
쾌적하고 일광에 의한 건조 소독을 할 수 있는 남쪽 또는 동쪽, 또한 식사실과 인접하고, 작업 중 어린이의 놀이 등을 관찰할 수 있는 곳이다.

(3) 크 기
일반적으로 주택면적의 8~10 % 정도이다.

(4) 배 치
인체치수에 맞게 배치하며, 사람이 팔을 올렸을 때, 팔을 옆으로 폈을 때의 최대 범위를 한계로 그 안에서 일이 이루어질 수 있도록 작업대를 맞추며, 허리 위부터 머리까지의 높이에 자주 쓰는 그릇을 넣어 두면 효율적이다.

5-5 다용도실 및 세탁실

(1) 기 능
다용도실(utility room)에서는 세탁, 세탁물 건조, 다림질, 바느질 등의 작업을 위한 공간이다. 전기, 수도, 가스 미터, 보일러 등의 설비도 설치된다.

(2) 크기 및 위치
대체로 5~10 m² 정도면 충분하며, 위치는 부엌이나 식사실, 거실 등에서 가까운 곳으로 작업에 편리한 곳에 두는 것이 좋으나, 부엌에 부속시켜 설치하는 것이 일반적이다.

(3) 내부계획
작업대의 배치는 직선형으로 단순하게 설치하는 것이 효과적이고, 조명은 작업면 상부 1.2 m의 벽면에 설치하여, 작업 시 그림자가 생기지 않도록 한다.

(4) 세탁실
일반적으로 다용도실의 한 부분에 설치한다. 세탁작업 공간은 세탁준비, 세탁 다림질 및 수선을 할 수 있는 면적이 필요하다.

5-6 위생공간

(1) 기 능
욕실은 입욕, 용변, 세면 등의 기능과 탈의, 세탁, 휴식 등의 기능을 포함하고, 최소한 가족 공용의 욕실과 부부의 침실에 부속된 전용의 욕실을 갖추는 것이 바람직하다.

(2) 크기와 형태
한 곳의 욕실을 가족 전체가 이용하는 경우는 변기 부분을 욕조나 세면대와 분리시켜 구획하는 것이 편리하다.

(3) 내부계획
실내장식은 마감재료와 각종 위생기구들이 서로 색의 조화를 이루도록 계획하고, 실내 마감재료는 방수재로서, 관리하기 쉽고 위생적인 타일, 리놀륨, 대리석 등을 주로 사용한다.

(4) 환기 및 조명
창문을 이용한 자연환기나 송풍기 등에 의한 기계환기 장치를 설치한다.

5-7 연결공간

(1) 출입구

  ① 구성 : 출입문과 출입문 밖의 포치(porch), 출입문 안의 현관, 홀 등으로 구성되고, 서비스 출입구는 부엌, 가사실, 창고 등에서 직접 옥외로 출입할 수 있는 출입구를 말하며, 단독주택에서는 비상구의 역할을 한다.

  ② 위치 : 현관, 홀에서 주택 내부가 직접 노출되지 않도록 시선을 차단을 해야 하며, 답답함을 느끼지 않도록 다소 여유 있는 형태로 구성한다.

  ③ 구조 : 내부의 홀은 각종 가구가 차지하는 면적을 제외하고 1.5 m×1.8 m 정도를 확보하고, 현관 바닥면에서 실내 바닥면의 높이차를 15~21 cm 정도 확보한다.

(2) 복 도

각 실을 연결해 주는 통로로서, 너비는 동선의 빈도나 길이에 따라 다르게 하거나, 90~150 cm 정도로 한다.

(3) 계 단

  ① 위치 : 현관이나 거실에서 눈에 잘 보이는 곳이 적합하며, 겨울철의 열손실을 고려한다.

  ② 구조 : 평면길이는 일반적으로 270 cm 정도가 적당하다. 단높이는 17 cm, 디딤바닥의 너비는 27 cm 정도가 적당하며, 너비는 90~150 cm의 범위 내에서 복도의 너비와 연결한다.

5-8 그 밖의 공간

(1) 응접실과 서재

  ① 위치 : 현관 가까운 곳에 두고, 순수한 서재는 조용한 곳을 택하여 침실에서 가까운 곳에 배치한다.

  ② 크기 : 응접용 가구와 서재용으로 대형 책상과 의자를 둘 수 있는 면적이다.

(2) 수납공간

  ① 크기 : 안에 넣는 물건의 크기, 꺼내는 동작, 실내공간의 치수 등에 의해 결정된다.

  ② 특징 : 집합주택에서 다목적 반침이나 창고가 수납공간으로 활용되거나, 그것만으로 부족한 경우는 가구를 구입한다.

(3) 차 고

  ① 위치 : 대지와 도로의 높이차가 충분히 있는 경우에는 지하 또는 반지하에 차고를 설치하고, 현관으로부터 가까운 곳이 편리하다.

  ② 구조

    ㈎ 천장 높이는 일반적으로 2.1 m 이상을 유지

(나) 내부는 내화구조 배수시설을 설치
(다) 환기나 채광을 위한 창이 필요
(마) 바닥면에서 위로 30 cm 정도 되는 곳에 별도로 환기구를 설치

6. 공동주택

6-1 공동주택의 의의

대지, 벽, 복도, 계단 및 설비 등의 전부 또는 일부를 공동으로 사용하는 각 세대가 하나의 건축물 안에서 각각 독립된 주거생활을 영위할 수 있는 구조로 된 주택이다.

① 아파트 : 5층 이상인 공동주택으로 공동의 토지 위에 상하 좌우로 중첩하고 연속적으로 계획하는 형식으로 대지면적에 대한 밀도가 높아진다.

② 연립주택 : 4층 이하로 연면적이 660 m^2를 초과하는 공동주택으로, 단위주거가 수직으로 이루어지는 접지형과 수평으로 구성되는 비접지형이 있다.

6-2 아파트 형식

(1) 주동의 외관형식

① 판상형 : 같은 형식의 단위주거를 수평, 수직으로 배치하기 때문에 단위주거에 균등한 조건을 줄 수 있는 평면계획이 용이하고, 건물시공이 쉽다. 그러나 건물의 그림자가 크게 되고, 건물의 중앙부 아래층의 주거에서는 시야가 막히는 단점이 있다.

② 탑상형 : 대지의 조망을 해치치 않고 건물의 그림자도 적어 변화를 줄 수 있는 형태이지만, 단위주거의 실내환경 조건이 불균등하다.

③ 복합형 : 여러 형태를 복합한 것으로 (H형, L형 등 복잡한 형태임) 대지의 모양에 따라 제약을 받는 경우에 생기는 주동의 형태이다.

(2) 주동의 평면형식

① 홀(hall)형 (계단실형) : 계단 혹은 엘리베이터가 있는 홀로부터 단위주거에 들어가는 형식
 (가) 프라이버시가 좋다.
 (나) 양면에 개구부를 설치할 수 있어 채광, 통풍이 좋다.
 (다) 공용 통로부분이 비교적 적다.
 (라) 엘리베이터를 설치할 경우, 이용률이 나빠지므로 저층에 적당하다.

② 편복도형 : 계단이나 엘리베이터에 의하여 각층에 올라가서 편복도를 따라 각 단위주거에 도달하는 형식
 (가) 고층주택에서 엘리베이터 1대당 단위주거를 많이 둘 수 있다.
 (나) 각 단위주거에 접하여 복도가 있으므로 프라이버시를 유지하기 힘들다.

㈐ 계단실형에 비하여 채광, 통풍이 불리하다.

③ **중복도형**: 계단 또는 엘리베이터를 통하여 각 층에 올라가서 중복도를 따라 양측에 나란히 배치되어 각 단위주거를 이루는 형식이다.

㈎ 대지에 대한 밀도는 높으나 복도측 방의 프라이버시를 유지하기 힘들다.

㈏ 편복도형에 비하여 채광, 통풍이 불리하다.

④ **스킵 플로어형**: 1층 또는 2층을 걸러서 복도를 설치하고 그 밖의 층에서는 복도가 없이 계단실로 각 단위주거에 도달하는 형식으로, 엘리베이터는 복도가 있는 층에서만 정지한다.

㈎ 계단실형의 장점과 편복도형의 장점을 복합한 것이다.

㈏ 엘리베이터에서 복도를 거쳐 다시 계단을 통하여 각 단위주거에 도달하므로 동선이 길어지는 결점이 있다.

㈐ 복도가 있는 층과 없는 층은 각기 평면형이 달라지므로 입체구성에 유의하여야 한다.

⑤ **집중형**: 중앙에 엘리베이터와 계단을 배치하고 그 주위에 많은 단위주거를 배치하는 형식

㈎ 단위주거의 수가 적을 때 탑 모양으로 계단실형(홀형)에 가까운 모양이 된다.

㈏ 단위주거의 수가 많아지면 엘리베이터 홀이나 복도가 차지하는 면적이 커지며, 각 단위주거의 위치에 따라 일조조건이 나빠진다.

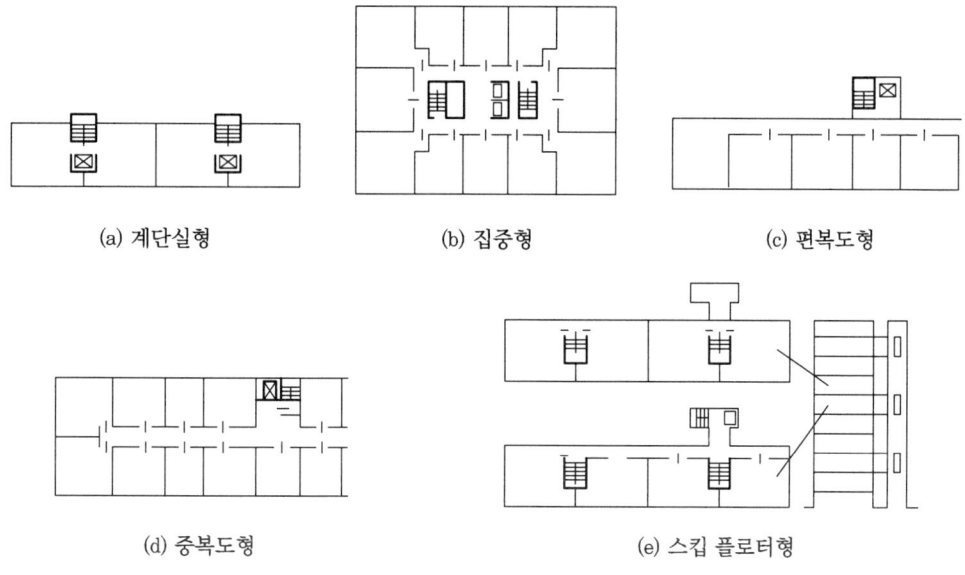

(a) 계단실형　　(b) 집중형　　(c) 편복도형

(d) 중복도형　　(e) 스킵 플로터형

공동주택의 형식, 통로형식에 의한 분류

(3) 단위주거의 단면형식

① 단층(flat)형 : 단위주거가 1층만으로 되어 있는 것으로, 공동주택의 가장 대표적인 형식이다.

② 복층(maisonette)형 : 1개의 단위주거가 2개 층에 걸쳐 있는 경우를 말한다.
  ㈎ 편복도형에서 많이 쓰이며 복도는 1층 걸러서 설치할 수 있으므로 공공 통로면 적이 절약된다.
  ㈏ 엘리베이터의 정지층이 감소되므로 경제적이다.
  ㈐ 단위주거의 평면계획에 변화를 줄 수 있고 거주성, 일조, 통풍 및 전망이 좋다.

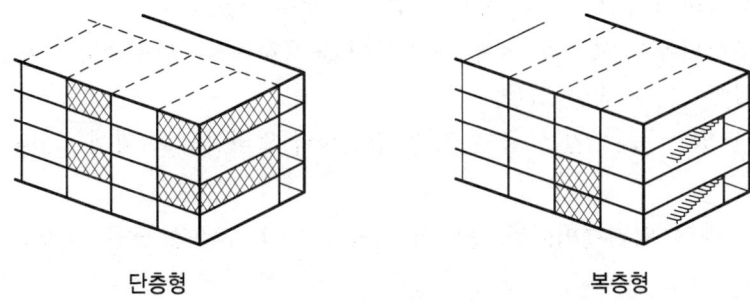

단층형   복층형

③ 스킵 플로어(skip floor)형 : 한 층 또는 두 층을 걸러 복도를 설치하거나, 복도 없이 계단실에서 단위주거에 도달하는 형식이다.
  ㈎ 엘리베이터는 복도가 있는 층에만 정지하므로 경제적이다.
  ㈏ 엘리베이터에서 복도를 거쳐 계단을 통해 단위주거에 도달하므로 동선이 길어진다.

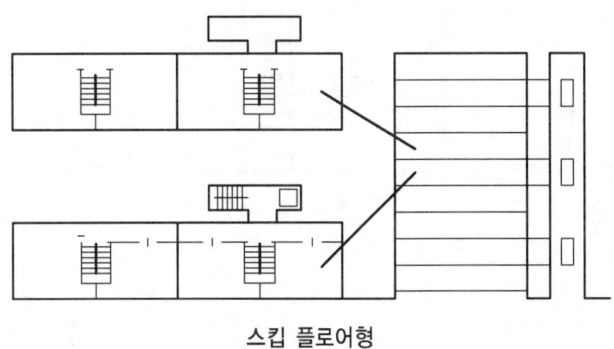

스킵 플로어형

6-3 아파트 계획의 방향

(1) 단위주거의 식별성

변화가 있고 다양한 요소가 복합된 것이 좋으며, 활기가 넘치는 분위기 조성이 필요하다.

(2) 주동형태의 다양화

주동의 규모나 단지의 규모가 커지면 자연과의 접촉을 위한 옥외공간 구성이 필요하다. 주동의 규모가 작은 경우는 옥외의 보행자 도로나 정원을 만들고, 단면의 변화를 추구한다.

(3) 대량생산의 문제해결

환경의 쾌적함을 유지하기 위하여 설계의 융통성, 시공의 가변성, 모듈의 복합성 등을 고려하여 생산한다.

(4) 독립성의 확보

단위주거의 사생활 보호를 위한 독립성을 확보하고 시선과 음향의 문제에 대해서도 고려한다.

(5) 주거밀도

단위 토지면적에 대한 인구수, 주택수를 인구밀도(호수밀도)라 하는데, 어떤 면적의 토지에 대해 높은 인구밀도가 요구될 경우 건물은 고밀화 되고, 주택도 집합화, 고층화가 된다.

6-4 단위주거 계획

(1) 거실과 취침공간

① 거실
  (가) 가족의 구성과 편리, 가구의 크기(응접, 전시)와 사용상의 조건(TV, 영화, 음악 감상 등)에 의해 결정한다.
  (나) 주택 전체면적의 21~25 %, 소규모는 30 % 정도이다.
  (다) 일반적으로 가족 1인당 4~6 m² 정도이다.
  (라) 한식 16.5 m²(5평), 양식 26.4 m²(8평) 내외의 것이 많다.
  (마) 최소한 5인이 앉을 수 있는 소파 한 세트와 TV를 시청할 수 있는 최소한의 거리를 기준으로 할 경우 거실의 규모는 11.0~16.5 m² 정도이다.

② 취침공간
  (가) 부부 침실 : 면적이 협소할 경우 가족이 단란하게 보내는 방이 되므로 일반적으로 크게 계획한다.
  (나) 어린이 침실 : 취침과 공부를 겸하므로, 책상, 의자 및 책장을 놓을 넓이가 필요하다. 또한 부부 침실외에 가족수에 따라 침실이 필요하며, 적어도 3 DK(3침실, 다이닝 키친)이 필요하다.

(2) 조리 및 식사공간

① 소규모 주거는 독립된 식사실이 아닌 식사실과 부엌이 통합된 다이닝 키친(DK)을 채용한다.
② 리빙 키친(L+DK 또는 LD+K)형으로 거실에서 휴식과 오락을 가능하게 한다. 부엌에 환기용 개구부가 부족할 경우 배기 팬(fan) 및 후드(hood) 등으로 강제환기를

해야 한다.
③ 취침공간과 분리된 식사공간의 확립이 설계의 목표가 된다.
④ 부엌은 습기가 많아 외기에 접하는 부분에 설치한다.

(3) 발코니
① 직접 외기에 접하는 장소로, 유아의 유희 및 일광욕, 침구·세탁물 건조실 등으로 이용한다.
② 아파트의 건물 입면에 큰 영향을 준다.
③ 난간의 높이는 1.1 m 이상으로 하고, 시가지에서는 소음이 흡음되는 난간벽과 루버 등을 설치한다.
④ 각 호 전용, 피난이 가능하도록 한다.

(4) 욕 실
① 화장실은 개방된 외부에 면하기 어렵기 때문에 기계환기 방법을 사용한다.
② 화장실, 욕실바닥은 방이나 거실의 바닥보다 낮게 하고, 출입문은 물에 강한 재료로 사용하며, 안으로 열 수 있도록 하며, 수증기와 물이 안쪽으로 흐르게 물매를 둔다.

(5) 현 관
① 복도와 홀 등의 통행을 위하여 출입문은 안으로 여는 것을 사용해야 하지만, 현관 바닥면이 좁아지기 때문에 부득이 밖으로 여는 것이 일반적이다.
② 문은 방화상 철재로 하며, 신발장 등의 수납공간을 적절히 확보한다.
③ 동선은 복잡성에 주의하여 설계한다.

(6) 공동부분
① 계단
  (가) 일반적으로 단높이는 18 cm, 단너비는 27~30 cm, 물매는 30° 이하가 바람직하다.
  (나) 공동주택은 방화문을 설치하며, 계단실의 배수는 1층에서 처리하고, 지하실로 흘러 들어가지 않게 한다.
  (다) 1층 주거의 경우 입구의 높이를 0.5 m 이상으로 하고 대형 물품을 운반하는데 지장이 없도록 고려한다.
  (라) 화재의 굴뚝역할을 하기 때문에 폐쇄시키고 공기구멍을 만든다.
  (마) 5층 이상은 피난계단을 설치하고, 11층 이상은 특별피난 계단을 설치한다.
② 복도
  (가) 통풍, 음향이나, 화재 시 연기 등의 문제로 옥외 복도로 많이 하나, 고층이 되면 바람이 강하고 위험하므로 옥내 복도로 하는 것이 바람직하다.
  (나) 너비는 1.2 m 이상으로 하고, 양쪽에 거실이 있는 복도는 너비를 1.8 m 이상으

로 유지한다.

(다) 길이가 40 m를 넘으면 40 m마다 자연환기가 되도록 외기에 접하도록 한다.

③ 엘리베이터 : 건축물의 수직통로의 역할로, 6층 이상의 건물에 있어서는 필수적인 설비이고 구조의 안전에 유의한다.

④ 근린 공공시설 : 단지의 규모 및 주변의 기존시설 이용 가능성 등에 따라 주거단지에 설치되는 공동시설의 종류나 그 규모에 따라 달라진다.

7. 단지계획

7-1 단지계획의 과정

(1) 목표설정

계획의 기본방향은 사용용도, 공간규모 계획(필요한 공간의 종류, 규모수용 인원)을 고려해야 한다.

(2) 자료분석 및 종합

관련자료들을 수집, 분석, 종합하는 단계를 거치게 된다 (자연환경+인문환경+시각환경을 종합).

(3) 기본계획과 설계

① 기본계획 : 토지 이용+교통·통신계획+시설물 배치계획+식재계획+지하시설 계획+집행계획이다.

② 기본설계 : 각 공간의 정확한 규모, 사용재료, 마감방법 등을 제시해 주는 것이다.

(4) 실시계획

기본설계를 기초로 하여 평면도, 단면 상세도 등을 작성하는 것이다 (시방서 및 공사비 내역서 작성도 포함).

7-2 근린주구와 커뮤니티

(1) 근린주구

서로의 인간관계와는 상관없이 일정한 지역에 살고 있는 사람들의 지역적인 집단으로 페리(perry, C.A.) 이론에 초등학교 1개를 설치할 수 있는 규모, 주민들의 공동체 의식이 형성될 수 있는 최소한의 규모이다.

(2) 공동주택 단지는 효과적인 기능을 수행하기 위해 하나의 핵으로 형성하는 방법도 있다.

7-3 영역의 개념

(1) 주택단지에서의 생활영역
각 단위주거는 각자의 프라이버시(privacy)를 유지하면서 하나의 영역을 형성하게 되고, 점차적으로 확장하여 주동으로, 주구로 크기를 넓혀간다.

(2) 영역구획 시 유의점
주동 내에서 엘리베이터, 계단, 통로로 공간감을 연결시켜 통행, 기능 및 영역을 형성하는 장소가 되도록 구성한다.

7-4 근린주구의 구성단위

(1) 인보구
① 규모 : 주택 호수 15~20호, 인구 100~200명, 면적 0.5~2.5 ha, 3~4층 아파트의 1~2동 정도로 어린이 놀이터가 중심이 되는 단위이다.
② 공동시설 : 유아 놀이터, 공동 세탁소, 쓰레기 처리장

(2) 근린분구
① 규모 : 주택 호수 400~500호, 인구 2000명, 면적 15~25 ha정도로 일상 소비생활에 필요한 공동시설이 운영 가능한 단위이다.
② 공동시설을 영위할 수 있는 모임이나, 커뮤니티의 단위로는 소규모이다.

(3) 근린주구
① 규모 : 주택 호수 1600~2000호, 인구 8000~10000명, 면적 100 ha, 반지름 약 400~800 m, 초등학교 하나를 중심으로 하는 단위이다.
② 페리(Perry, C.A)의 근린주구 이론 : 일반적으로 초등학교 한 곳을 필요로 하는 인구가 적당하며, 지역의 반지름이 약 400 m인 단위를 잡고 있고 중심시설은 교회와 커뮤니티 센터이다.

> [참고] • 페리의 근린주구 구성원리
> ① 1000~1200명의 학생수를 가진 초등학교를 중심으로 하는 인구 5000~6000명 규모로 계획하는 근린주구 이론이다.
> ② 주구와 주구는 간선도로를 경계로 한다.
> ③ 주구 내 가로의 형태는 폭이 좁고 구불구불한 막다른 도로형식의 쿨드삭(cul-de-sac)으로 처리한다.
> ④ 소공원 및 레크리에이션 용지 등의 녹지면적은 전체 근린주구 면적의 10 %로 하고 있다.
> ⑤ 단지에서 초등학교까지 보행거리의 한계는 800 m로 하며, 가정에서 커뮤니티 센터까지의 보행거리는 400 m로 하고 있다.
> ⑥ 근린주구의 교차점이나 인접주구의 점포에 인접한 1개 이상의 지구 점포를 배치한다.

③ 공동시설 : 점포, 집회실, 체육관, 유치원, 초등학교, 진료소, 파출소, 공원, 동사무소, 우체국, 도서관, 공동 목욕탕, 소방 파출소, 어린이 놀이터 등이 있다.

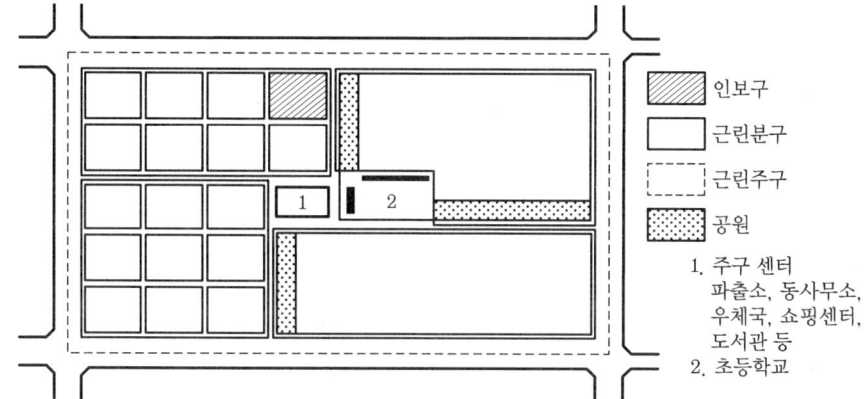

7-5 주거환경 계획

(1) 주거환경 계획
넓은 의미로는 인간이 주생활을 영위할 수 있는 유형, 무형의 외부적 조건이며, 좁은 의미로는 주택 그 자체 또는 주택 내·외부와 관련된 여러 조건과 주택배치에 따른 주변에 미치는 영향이다.

(2) 주거환경의 구성
① 건축물을 설계할 때에는 주변의 환경과 어울릴 수 있도록 그 지역의 역사적, 문화적, 경제적 상황을 고려하여 생명력 있는 경관을 구성한다.
② 주거단지 내의 도로설계 시 고려해야 할 사항은 주거 분위기와 아이들을 보호하기 위하여 도로를 직선으로 배치하는 것보다 다소 굴곡을 주거나 과속 방지턱을 두어 차량의 과속을 막도록 한다.

(3) 보도의 형성
보행자는 다른 교통수단에 비하여 천천히 움직이면서 민감하고 순응력 있으며, 시야가 한정되어 있기 때문에 세부적인 환경에 의하여 강하게 영향을 받는다.

(4) 주거환경을 위한 설비
휴식, 위생, 교통, 조경, 정보, 조명 등이 있다.

(5) 그 밖의 환경계획 요소
① 물 : 물 흐르는 소리는 상쾌한 청량감을 준다. 경우에 따라 자연적으로 흐르는 물을 이용하기도 하지만 분수 및 인공폭포를 많이 사용한다.
② 나무 : 관망대상, 여름에 시원한 그늘 제공, 과실제공, 어린이 놀이공간 등의 역할을 한다.

예 상 문 제

문제 1. 주택계획 시 가장 중요하게 파악해야 할 행위는 무엇인가?
㉮ 주부의 쇼핑   ㉯ 통근, 통학
㉰ 가정생활   ㉱ 사회생활
해설 • 생활 행위의 분석과 파악
  ① 사회생활 : 주택외의 건물에서 이루어진다. (쇼핑, 통근, 통학, 여행)
  ② 가정생활 : 주택안에서 이루어지는 모든 생활
  ※ 주택계획에서는 가정생활을 분석하는 일이 가장 중요하다.

문제 2. 양식주택의 침대배치에 관한 기술 중 틀린 것은 어느 것인가?
㉮ 침대 상부인 머리쪽을 항상 외벽에 면하게 하며, 창밑에 배치할 것
㉯ 침대에 누웠을 경우 출입문이 직접 보이도록 할 것
㉰ 침대의 양쪽에 통로를 두고, 한쪽을 75 cm 이상이 되게 할 것
㉱ 침대의 하부인 발치 하단에는 90 cm 이상의 여유를 둘 것

문제 3. 새로운 주택의 설계방향을 설명한 것 중 옳지 않은 것은 어느 것인가?
㉮ 생활의 쾌적성을 높인다.
㉯ 가사노동을 덜어준다.
㉰ 손님 본위의 생활을 추구한다.
㉱ 좌식과 입식을 혼용한다
해설 가족 본위의 생활을 추구한다.

문제 4. 건물의 남북 인동간격 결정에 영향을 미치지 않는 요소는 어느 것인가?
㉮ 일영길이   ㉯ 전면 건물의 높이
㉰ 태양의 고도 ㉱ 일출몰 시간

문제 5. 주택건물 전체의 방위로서 적당하지 못한 것은 어느 것인가?
㉮ 남향
㉯ 남쪽에서 동쪽으로 18° 이내
㉰ 남쪽에서 서쪽으로 16° 이내
㉱ 서쪽에서 남북쪽으로 45° 이내

문제 6. 주택의 대지면적은 건축면적의 몇 배 이상이 이상적인가?
㉮ 2~3배   ㉯ 3~5배
㉰ 5~7배   ㉱ 10배

문제 7. 여름철에는 태양의 고도가 높고, 겨울철에는 태양의 고도가 낮은 방향은?
㉮ 동쪽   ㉯ 서쪽
㉰ 남쪽   ㉱ 북쪽

문제 8. 건물이 서로 평행하게 배치되는 경우 프라이버시를 유지할 수 있는 최소 간격은 얼마인가?
㉮ 10 m   ㉯ 15 m   ㉰ 20 m   ㉱ 50 m

문제 9. 건물의 높이에 대한 전면 인동간격을 정할 때 고려해야 하는 것 중 관계가 먼 것은 어느 것인가?
㉮ 건물의 높이   ㉯ 태양의 방위각, 고도
㉰ 일조시간   ㉱ 건물의 너비

문제 10. 건물의 높이에 대한 전면 인동간격을 정하는 최소 일조시간의 기준은 몇 시간인가?
㉮ 하지 때 4시간   ㉯ 동지 때 4시간

해답 1. ㉰ 2. ㉮ 3. ㉰ 4. ㉱ 5. ㉱ 6. ㉯ 7. ㉰ 8. ㉰ 9. ㉱ 10. ㉯

⒟ 하지 때 8시간　　⒭ 동지 때 8시간

문제 11. 측면 인동간격은 건물 길이의 어느 정도로 하는가?
　⒢ 0.2배 이상　　⒩ 0.8배 이상
　⒟ 2배 이상　　　⒭ 5배 이상
　[해설] 건물의 길이의 0.2~0.3배 이상

문제 12. 남향 집합주택이 일상생활에 영향이 없는 동서방위 변화는?
　⒢ 30° 까지　　⒩ 45° 까지
　⒟ 70° 까지　　⒭ 90° 까지

문제 13. 주택부지의 모양과 고저차를 설명한 것 중 틀린 것은 어느 것인가?
　⒢ 부지가 작을 때에는 동서로 긴 것이 좋다.
　⒩ 부지의 면적은 건축면적의 3배 이상이 이상적이다.
　⒟ 경사지에서는 북쪽으로 기울어진 부지기 유리하다.
　⒭ 부지가 큰 경우는 남북으로 긴 것이 좋다.

문제 14. 주택계획에서 동선은 무엇이라 하는가?
　⒢ 일상생활의 움직임을 표시한 선
　⒩ 가사노동 공간을 지지한 선
　⒟ 다용도실을 표시한 것
　⒭ 아뜨리에를 나타내는 선

문제 15. 평면계획에 있어 동선처리 원칙에 틀린 것은 어느 것인가?
　⒢ 동선의 길이는 길어야 한다.
　⒩ 동선이 나타내는 모양은 될 수 있는 대로 직선이고 간단해야 한다.
　⒟ 서로 다른 종류의 동선은 서로 교차하지 않도록 한다.
　⒭ 부득이 서로 교차할 때에는 가장 지장이 적은 동선부터 교차시킨다.

문제 16. 동선처리의 원칙으로 부적당한 것은 어느 것인가?
　⒢ 동선을 될 수 있는 한 집중시킨다.
　⒩ 서로 다른 동선은 교차되지 않도록 한다.
　⒟ 동선은 될 수 있는 한 직선이어야 한다.
　⒭ 동선은 가능한 짧게 하는 것이 좋다.

문제 17. 주택설계에서 가장 중요시 할 사항은 어느 것인가?
　⒢ 부엌의 방위
　⒩ 주부의 동선
　⒟ 거실의 치수
　⒭ 복도의 위치 및 현관 위치

문제 18. 각 실과 적절한 방위를 잘못 연결한 것은 어느 것인가?
　⒢ 거실 – 남쪽　　⒩ 부엌 – 서쪽
　⒟ 발코니 – 북쪽　⒭ 노인방 – 동남쪽

문제 19. 주택계획 시 유의사항을 기술한 것 중 옳지 않은 것은 어느 것인가?
　⒢ 각 실의 출입문은 밖여닫이로 한다.
　⒩ 복도의 면적은 전체면적의 10% 정도로 한다.
　⒟ 복도의 최소 폭은 90 cm로 한다.
　⒭ 계단의 위치는 현관이나 거실에 근접하여 식당, 욕실, 화장실과 가까운 곳에 설치하는 것이 좋다.

문제 20. 주택계획 시 유의사항을 기술한 것 중 옳지 않은 것은 어느 것인가?
　⒢ 노인실은 은거생활을 위해 어느 정도 거실과 분리하나 화장실, 욕실, 현관, 식사실 등과 근접하여 남쪽, 동남쪽에 배치한다.
　⒩ 다용도실은 가급적 부엌과 멀리 배치한다.
　⒟ 제도실 등은 조도가 균일한 북쪽에 배치

[해답] 11. ⒢　12. ⒢　13. ⒟　14. ⒢　15. ⒢　16. ⒢　17. ⒩　18. ⒩　19. ⒢　20. ⒩

한다.
라 부엌은 서향을 피하여 배치한다.
해설 다용도실(유틸리티, 가사실)은 주부의 가사 및 작업공간으로 부엌과 근접하여 옥외 작업장이나 지하실, 출입이 간편하게 배치한다.

문제 21. 주택의 각부 계획에 관한 기술 중 틀린 것은 어느 것인가?
가 노인방은 출입문이나 화장실에 가까운 곳으로 남향에 배치한다.
나 출입문의 위치는 주택의 평면, 대지의 모양, 도로와의 관계 등에 의해 결정된다.
다 복도에 접해 있는 각 실의 문은 밖으로 여는 것을 원칙으로 한다.
라 거실이나 침실을 남쪽에 배치하므로, 출입문은 북쪽이나 북서쪽에 두는 경우가 많다.

문제 22. 각 실의 배치계획 중 옳지 않은 것은 어느 것인가?
가 부엌, 화장실, 욕실은 설비비의 감소를 위해 코어 시스템(core system)을 적용한다.
나 노인방은 가급적 은거생활을 위해 북쪽에 배치한다.
다 다용도실은 부엌과 근접하여 외부와 연결할 수 있도록 한다.
라 주인 침실에서 현관이 보일 수 있도록 배치한다.

문제 23. 침실의 위치로 가장 좋지 않은 방향은 어느 방향인가?
가 남쪽   나 남동쪽
다 동쪽   라 북쪽
해설 북향은 하루 종일 일조가 없으므로 적당하지 않다.

문제 24. 침대의 치수로 적당하지 않은 것은 어느 것인가?
가 single bed : 100×200
나 twin single : 100×200
다 semi double : 180×200
라 double bed : 140×200
해설 semi double bed : 폭 120 cm×길이 200 cm

문제 25. 거실의 일부에 부엌을 설치한 것은?
가 리빙 키친(living kitchen)
나 다이닝 키친(dining kitchen)
다 다이닝 포치(dining porch)
라 다이닝 엘코브(dining alcove)
해설 나 다이닝 키친(dining kitchen) : 부엌의 일부에 식사를 위한 장소를 마련한 것
다 다이닝 포치(dining porch) : 옥외 식당을 이용할 수 있도록 테라스나 정원의 잔디 위에 식당을 설치하는 것
라 다이닝 엘코브(dining alcove) : 거실 일부에 식탁을 배치

문제 26. 리빙 키친(living kitchen)의 장점은 무엇인가?
가 동선이 단축된다.
나 조리시간이 짧아진다.
다 복도를 없앨 수 있다.
라 급, 배수설비가 적게 든다.

문제 27. 다이닝 포치(dining porch)에 대한 설명 중 옳은 것은 어느 것인가?
가 여름철의 좋은 날씨에 옥외에서 식사할 수 있게 한 공간이다.
나 부엌의 일부에 식사실을 설치한 공간이다.
다 거실의 일부에 식사실을 배치한 공간이다.
라 거실의 일단에 식탁을 꾸민 공간이다.

문제 28. 다음 중 생리, 위생공간이 아닌 것은 어느 것인가?

해답 21. 다   22. 나   23. 라   24. 다   25. 가   26. 가   27. 가   28. 라

㉮ 세면실 ㉯ 욕실
㉰ 화장실 ㉱ 다용도실
[해설] 다용도실은 가사노동 공간에 속한다.

문제 29. 다음 중 가사노동 공간이 아닌 것은?
㉮ 부엌 ㉯ 세탁실
㉰ 다용도실 ㉱ 거실
[해설] • 거실 : 거주, 집무, 작업, 집회, 오락, 기타 유사한 목적을 위하여 사용되는 공간이다.

문제 30. 부엌의 계획에 대한 기술 중 틀린 것은 어느 것인가?
㉮ 부엌설비의 배열은 개수대, 조리대, 가열대, 배선대 순으로 한다.
㉯ 병렬형에서 통로의 최소 폭은 80 cm로 한다.
㉰ 설비배열 형식 중 동선의 길이가 가장 길어지는 것은 병렬형이다.
㉱ 설비배열 형식은 직선형, U자형, L자형, 병렬형이 있다.

문제 31. 부엌의 설비계획 시 배열순서가 가장 이상적인 것은 어느 것인가?
㉮ 개수대 - 조리대 - 가열대 - 배선대
㉯ 개수대 - 배선대 - 조리대 - 가열대
㉰ 배선대 - 조리대 - 가열대 - 개수대
㉱ 조리대 - 가열대 - 배선대 - 개수대

문제 32. 부엌의 일부에 식사를 위하여 마련하는 공간은 무엇인가?
㉮ 리빙 키친(living kitchen)
㉯ 다이닝 키친(dining kitchen)
㉰ 다이닝 엘코브 (dining alcove)
㉱ 다이닝 포치(dining porch)

문제 33. 부엌설비 배열형식 중 동선의 길이가 길어지는 형식은 무엇인가?
㉮ 직선형 ㉯ L형
㉰ U형 ㉱ 병렬형

문제 34. 부엌설비의 병렬형 형식에서 가운데 통로 너비의 최소 폭은 얼마인가?
㉮ 50 cm ㉯ 60 cm
㉰ 80 cm ㉱ 100 cm

문제 35. 부엌설비의 병렬형 형식에서 2인 작업을 위한 최소 통로폭은 얼마인가?
㉮ 60 cm ㉯ 70 cm
㉰ 100 cm ㉱ 150 cm

문제 36. 현관의 최소 폭으로 가장 적합한 것은 어느 것인가?
㉮ 0.9 m×0.9 m ㉯ 0.9 m×1.0 m
㉰ 1.2 m×0.9 m ㉱ 0.5 m×0.9 m
[해설] 현관은 신발장, 우산대, 외투걸이 자리의 여유를 두기 위해 최소한 1.2 m×0.9 m 정도 둔다.

문제 37. 집합주택에 대한 기술 중 틀린 것은 어느 것인가?
㉮ 설비의 중앙화가 가능하여 급·배수, 냉·난방, 오물처리의 공동화를 할 수 있다.
㉯ 고층화가 되면 설비비가 적게 든다.
㉰ 사생활의 독립성과 프라이버시가 침해받을 우려가 있다.
㉱ 개인 정원을 둘 수 없다.
[해설] 고층화가 되면 구조체 건설비가 비싸지고, 엘리베이터 등의 설비가 필요하므로 건축비가 많이 든다.

문제 38. 다가구 주택에 대한 설명이 아닌 것은 어느 것인가?
㉮ 몇 개의 주거단위를 연속하여 1개의 건물 등으로 세우는 형식이다.
㉯ 테라스 하우스 또는 로우 하우스라 한다.
㉰ 각 단위주거마다 정원을 가질 수 없다.
㉱ 2층 건물로 구성할 대는 1층에 거실, 부

억 등을 두고 2층에 침실을 두는 것이 일반적이다.
[해설] • 다가구 주택 : 각 단위주거마다 앞뒤로 정원을 가지면서도 밀도는 어느 정도 높일 수 있다.

[문제] 39. 집합주택에 의한 분류 중 중층주택에 대한 설명 중 틀린 것은 어느 것인가?
㉮ 설비비가 증가된다.
㉯ 3~5층으로 된 공동주택이다.
㉰ 구조적으로 비교적 간단하다.
㉱ 저층 주택에 비하여 대지면적에 대한 밀도가 높다.
[해설] 엘리베이터를 설치하지 않을 수 있으므로 설비비가 감소한다.

[문제] 40. 공동주택의 통로형식에 대한 설명 중 틀린 것은 어느 것인가?
㉮ 계단실형은 일반적으로 고층에 사용하는 것이 좋다.
㉯ 중복도형은 대지에 대한 밀도는 높으나 독립성, 환기, 채광, 통풍을 유지하기가 힘들다.
㉰ 스킵 플로어형은 독립성, 채광 또는 엘리베이터의 경제성을 확보할 수 있다.
㉱ 편복도형은 중복도형에 비하여 환기, 채광, 통풍, 독립성을 유지하기 쉽다.

[문제] 41. 공동주택의 계단실형에 관한 기술 중 틀린 것은 어느 것인가?
㉮ 건물의 양면에 개구부를 설치할 수 없다.
㉯ 프라이버시를 확보하기 쉽다.
㉰ 엘리베이터 설치 시에는 비경제적이므로 중층주택에서 많이 쓰인다.
㉱ 공용 통로부분의 면적을 비교적 적게 차지하는 장점이 있다.

[문제] 42. 집합주택에서 각 단위주거의 채광, 통풍, 독립성이 가장 좋은 통로형식은 무엇인가?
㉮ 집중형   ㉯ 편복도형
㉰ 중복도형 ㉱ 계단실형
[해설] • 계단실형 : 계단실 또는 엘리베이터에 복도를 통하지 않고 직접 각 단위주거에 도달하는 형식이다.

[문제] 43. 각 단위주거의 프라이버시를 확보하기 쉽고 공용 통로부분의 면적을 비교적 작게 차지하며, 엘리베이터가 없는 중층주택에서 많이 쓰이는 공동주택의 형식은 어떤 것인가?
㉮ 편복도형   ㉯ 중복도형
㉰ 계단실형   ㉱ 스킵 플로어형

[문제] 44. 복층형에 관한 설명 중 틀린 것은 어느 것인가?
㉮ 공용 통로면적이 증가된다.
㉯ 엘리베이터의 정지층을 감소하게 되어 경제적인 장점이 있다.
㉰ 채광, 통풍, 독립성을 확보하기는 쉽다.
㉱ 1개의 단위주거가 2층에 걸쳐 있는 것이다.

[문제] 45. 1층 또는 2층을 걸러서 복도를 설치하고 그 밖의 층에서는 복도가 없이 계단실로 각 단위주거에 도달하는 형식은 무엇인가?
㉮ 스킵 플로어형 ㉯ 계단실형
㉰ 편복도형   ㉱ 중복도형
[해설] 계단실형의 장점과 편복도형의 장점을 복합한 것
① 계단실형 장점 : 단위주거의 프라이버시 확보와 양면 개구부의 설치 가능
② 편복도형의 장점 : 엘리베이터의 경제성

[문제] 46. 스킵 플로어 형식에 대한 설명 중 틀린 것은 어느 것인가?
㉮ 복도가 있는 층과 없는 층은 각기 평면

[해답] 39. ㉮ 40. ㉮ 41. ㉮ 42. ㉱ 43. ㉰ 44. ㉮ 45. ㉮ 46. ㉰

형이 달라진다.
㉰ 엘리베이터는 1층 또는 2층을 걸러서 복도가 있는 층에서만 정지한다.
㉱ 엘리베이터에서 각 단위주거까지의 동선이 짧아진다.
㉲ 계단실형의 장점과 편복도형의 장점을 복합한 것이다.

문제 47. 공동주택의 형식 중 단위주거의 프라이버시 확보, 엘리베이터 경제성의 장점을 복합한 형은 무엇인가?
㉮ 스킵 플로어형 ㉯ 홀형
㉰ 편복도형 ㉱ 중복도형

문제 48. 스킵 플로어형에 대하여 틀린 설명은 어느 것인가?
㉮ 복도가 1층, 2층 간격으로 있다.
㉯ 엘리베이터가 복도가 있는 층에서만 정지한다.
㉰ 프라이버시가 좋다.
㉱ 동선이 짧아진다.
[해설] 스킵 플로어형은 동선이 길어지는 단점이 있다.

문제 49. 스킵 플로어(skip floor)형식은 어느 형식의 장점을 복합한 것인가?
㉮ 계단실형과 편복도형
㉯ 편복도형과 중복도형
㉰ 편복도형과 집중형
㉱ 집중형과 편복도형

문제 50. 계단실형의 장점에 엘리베이터의 경제성을 복합한 형식은 무엇인가?
㉮ 집중형 ㉯ 스킵 플로어형
㉰ 편복도형 ㉱ 중복도형

문제 51. 1개의 단위주거가 2층에 걸쳐 있는 공동주택의 단위주거는 무엇인가?
㉮ 단층형
㉯ 플랫(flat)형
㉰ 메조넷(maisonette)형
㉱ 발코니형

문제 52. 2 LK 표준형 단위주거의 실의 구성 및 수는?
㉮ 거실, 식당
㉯ 침실 1개, 거실, 부엌
㉰ 거실 2개, 부엌 1개
㉱ 침실 2개, 거실, 부엌

문제 53. 3LDK 표준형 단위주거의 실의 구성 및 수로 맞는 것은 어느 것인가?
㉮ 침실 3, 거실, 식당, 부엌
㉯ 침실 3, 거실, 부엌
㉰ 거실, 식당 부엌
㉱ 거실, 부엌, 침실 1개

문제 54. 집합주택의 각 단위주거에서 복도를 통하여 계단에 도달하기까지의 거리는 얼마로 하는가?
㉮ 20 m 이하 ㉯ 30 m 이하
㉰ 35 m 이하 ㉱ 40 m 이하

문제 55. 아파트 성립요인을 설명한 것 중 틀린 것은 어느 것인가?
㉮ 도시 인구밀도 증가
㉯ 도시 생활자의 이동성
㉰ 부지비, 건축비, 설비비 등의 감소
㉱ 정원의 공유

문제 56. 아파트 계획 시 더스트 슈트의 배치는?
㉮ 계단참이나 복도에 설치하는 것이 좋다.
㉯ 남쪽 거실 앞에 배치한다.
㉰ 욕실에 설치한다.
㉱ 화장실에 배치한다.

[해답] 47. ㉮ 48. ㉱ 49. ㉮ 50. ㉯ 51. ㉰ 52. ㉱ 53. ㉮ 54. ㉮ 55. ㉱ 56. ㉮

문제 57. 집합주택에서 코어 시스템이란 어느 것인가?
㉮ 발코니를 거실에 붙여 놓은 것
㉯ 설비계통을 집중시킨 것
㉰ 식사실을 포치(porch) 현관에 배치한 것
㉱ 리빙 발코니와 서비스 발코니를 일렬로 배치한 것

문제 58. 공동주택에서 설비의 집중화로 코어 시스템을 만들기 위한 것과 관계가 없는 것은 어느 것인가?
㉮ 화장실 ㉯ 욕실 ㉰ 부엌 ㉱ 현관

문제 59. 독신자 아파트의 특징을 기술한 것 중 옳지 않은 것은 어느 것인가?
㉮ 단위 플랜의 거실 및 침실에는 반침을 둔다.
㉯ 공용의 사교적 부분이 설치되어 있지 않다.
㉰ 아파트형의 복도형에 속한다.
㉱ 욕실, 식당은 공용으로 사용하는 것이 많다.

문제 60. 주택환경에 따른 분류와 관계가 먼 것은 어느 것인가?
㉮ 도시 주택   ㉯ 농어촌 주택
㉰ 전원 주택   ㉱ 집합 주택

문제 61. 단지계획의 방침에 대한 설명 중 옳지 않은 것은 어느 것인가?
㉮ 각 건물의 일사가 좋도록 한다.
㉯ 블록, 가로선, 건축선은 토지의 현황에 따른다.
㉰ 주요 가로, 주택 가로, 보행로는 구별하지 않고 혼용하여 사용한다.
㉱ 공원·운동장·학교·도서관·교회·집회장 등 공공용지를 충분히 준비한다.

문제 62. 단지의 분석자료 내용과 관계가 먼 것은 어느 것인가?
㉮ 물리적 자료
㉯ 문화적 자료
㉰ 주택의 부분 단면 상세도
㉱ 기본도

문제 63. 주택지 단지구성에서 인보구의 인구, 면적, 호수에 대한 크기로 옳은 것은 어느 것인가?
㉮ 100명, 0.5~2.5 ha, 20~40호
㉯ 2000~2500명, 15~25 ha, 400~500호
㉰ 8000~10000명, 100 ha, 2000호
㉱ 20000~25000명, 200 ha, 4000호
[해설] ㉰번은 근린분구, ㉱번은 근린주구를 설명한 것이다.

문제 64. 주택단지의 구성에서 인보구의 공동시설이 아닌 것은 어느 것인가?
㉮ 어린이 놀이터   ㉯ 공동 세탁소
㉰ 쓰레기 처리장   ㉱ 소방서

문제 65. 다음 중 근린주구의 설명으로 맞는 것은 어느 것인가?
㉮ 인보적인 모임
㉯ 일상 소비생활에 필요한 공동시설이 운영 가능한 단위
㉰ 초등학교를 중심으로 한 근린분구 수개의 집단
㉱ 고등학교를 중심으로 한 인보구 수개의 집단

[해답] 57. ㉯ 58. ㉱ 59. ㉯ 60. ㉱ 61. ㉰ 62. ㉰ 63. ㉮ 64. ㉱ 65. ㉰

건축설비

제1장 급·배수 위생설비
제2장 냉·난방 및 공기조화 설비
제3장 전기설비
제4장 가스 및 소화설비
제5장 정보 및 수송설비

CHAPTER 1 급·배수 위생설비

1. 급수설비

건축물에서 사용하는 물을 공급하기 위한 설비이다.

1-1 급수방식

(1) 수도 직결 방식

① 수도본관에 수도관을 연결하여, 필요한 곳에 직접 급수하는 방식이다.
② 오염 가능성이 적으며 1, 2층의 낮은 건축물이나 소규모 건축물에 주로 이용한다.

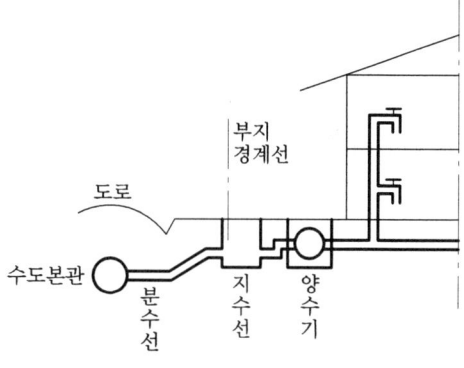

수도 직결 방식

(2) 고가 탱크 방식

① 상수를 지하 저수 탱크에 받아서 양수 펌프를 이용하여 건물 옥상의 고가 탱크에 양수하여 그 수위를 이용하여 급수하는 방식이다.
② 높이차에 의한 수압을 이용하며, 수압의 과다에 따른 밸브류·급수관 등 배관 부품의 파손이 적다. 또한 대규모 급수설비에 적합하다.

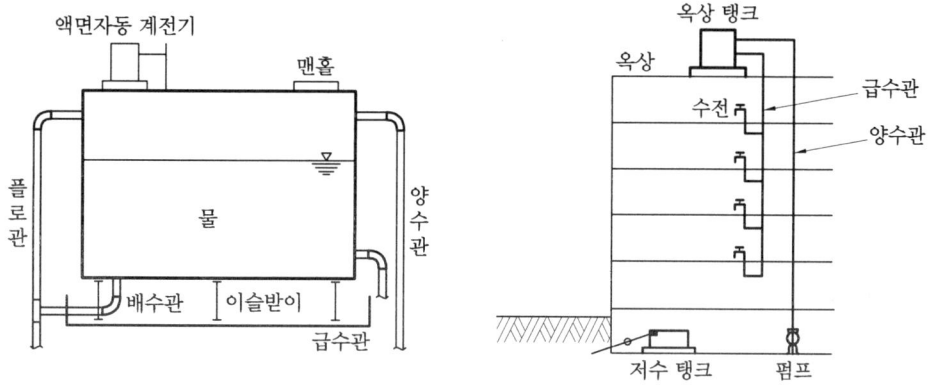

고가 탱크 방식

(3) 압력 탱크 방식

① 수도본관에서 인입관에 의해 저수 탱크에 저수한 후, 급수 펌프를 이용하여 압력 탱크에 보내고 압력 탱크에서 공기를 압축 가압하여, 압력에 의해 물이 필요한 곳에 급수하는 방식이다.

② 높은 곳에 탱크를 설치할 필요가 없으므로 구조강화가 필요하지 않고, 외관상 지저분하지 않다. 그러나 압력차가 커 급수압이 일정치 않고, 설비비가 비싸며, 다른 방식에 비해 고장이 잦다.

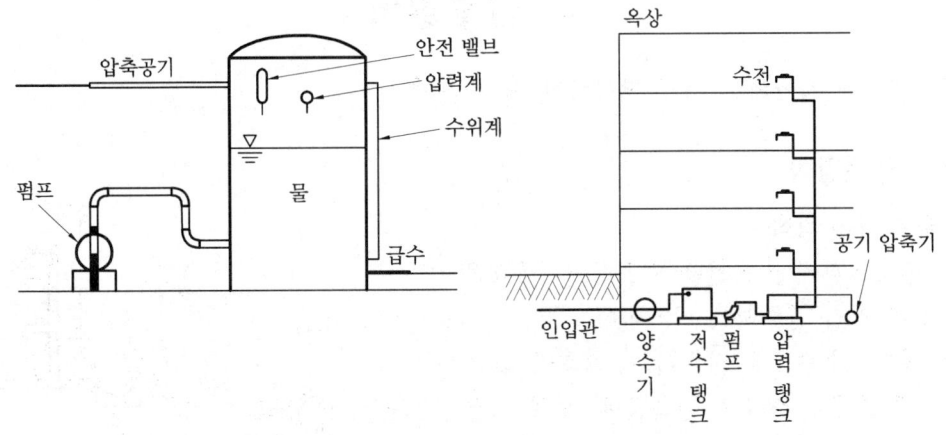

압력 탱크 방식

(4) 탱크가 없는 부스터 방식

① 수도본관에서 물을 저장 탱크에 저수 후 급수 펌프만으로 필요한 곳에 급수하는 방식이다.

② 여러 국가에서 많이 이용되고 있는 방식이다.

1-2 배관방식

(1) 상향식 급수 배관법

압력 탱크 방식이나 수도 직결 방식은, 지하층의 천장 또는 1층의 바닥에 수평주관을 설치하고, 각 층의 급수장소로 지관을 분기하는 방식이다.

수평주관이 지하층 천장에 노출되어 보수가 유리하지만, 상향 수직관은 상층으로 올라갈수록 관지름을 크게 하지 않으면 압력이 낮아져, 상층에서 물이 잘 나오지 않는다.

(2) 하향식 급수 배관법

고가 탱크 급수방식에 흔히 사용되는 배관법으로, 최상층 천장 또는 옥상에 수평주관을 가설 후, 하향 수직관을 내리고, 각 층으로 분기관을 연결하여 각 급수장소로 배관하는 방식이다.

최상층의 천장에 굵은주관을 설치해야 하므로, 천장 속에 은폐배관을 해야하고, 점검 및 수리가 불편하지만 각 층의 급수가 합리적이다.

(3) 혼합식 급수 배관법

상향식 급수 배관법과 하향식 급수 배관법의 혼용으로 정전이나 단수 시에도 급수가 가능하므로 큰 건물의 경우 대부분 이용하는 방식으로 1, 2층은 상향식으로 하고, 3층 이상은 하향식 배관방법이 쓰인다.

(4) 초고층 건물의 배관법

수압차가 커 소음 및 진동으로 인한 부품파손이 발생하므로 급수 조닝(zoning)이 필요하다. 급수 조닝 방식은 층별식, 중계식, 압력조절 펌프 방식이 있다.

2. 급탕설비

급탕 : 증기, 가스, 전기, 석탄 등을 열원으로 하는 물에 가열장치를 설치하여 온수를 만들어 공급이다.

2-1 급탕설비

(1) 급탕방식

① 개별식 : 급탕규모가 작은곳에 탕비기를 설치하여 온수를 공급하는 방식이다.
  (가) 순간 온수기 방식 : 급탕관의 일부를 전기나 가스로 가열하여 직접 온수를 얻는 방식
  (나) 저탕형 탕비기 방식 : 가열된 온수를 저탕조에 저장하였다가 사용하는 방식
  (다) 기수 혼합 형식 : 보일러에서 생긴 증기를 급탕용의 물 속에 불어넣어 온수를 얻는 방식
  • 저탕형 탕비기 방식 : 가열된 온수를 저탕조에 저장하였다가 사용하는 방식
  • 기수 혼합 형식 : 보일러에서 생긴 증기를 급탕용의 물 속에 불어넣어 온수를 얻는 방식

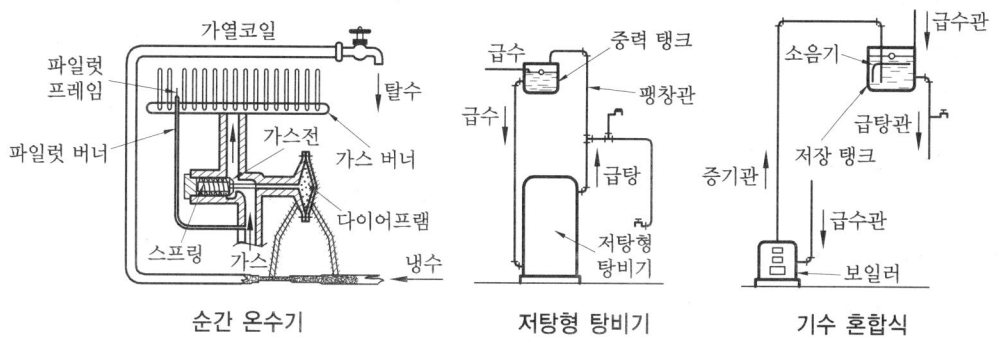

순간 온수기   저탕형 탕비기   기수 혼합식

② 중앙식 : 일정한 장소에 탕비장치를 설치하여 필요한 곳에 배관을 통해 급탕하는 방식이다.
  ㈎ 직접 가열식 : 온수 보일러로 가열한 온수를 저탕조인 온수 탱크에 모아두고 각 층 기구에 급탕하는 방식
  ㈏ 간접 가열식 : 증기 또는 온수·가열 코일을 통해 저탕조의 물을 간접적으로 가열하는 방식

> [참고] • 직접 가열식 : 열효율이 직접 가열식에 비해 낮다.

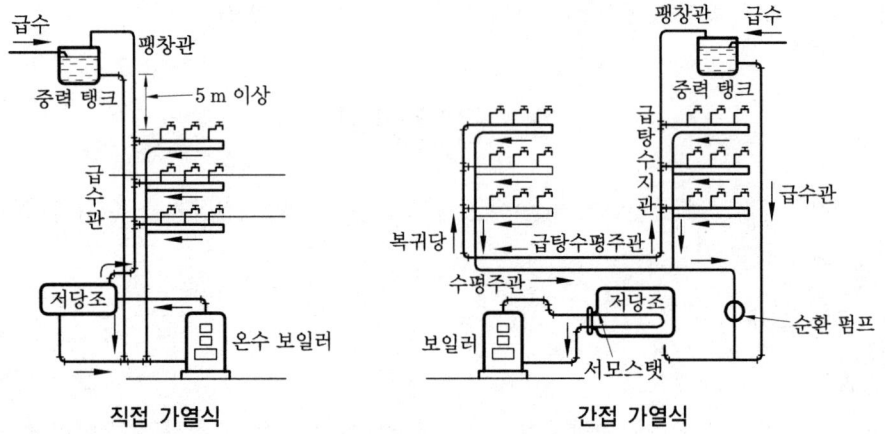

직접 가열식 / 간접 가열식

2-2 급탕 배관법

(1) 분 류
① 배관방식
② 공급방식
③ 순환방식

(2) 특 징
① 구배는 현장조건이 허용하는 한 물의 흐름이 원활하도록 급구배로 하는 것이 좋다.
② 배관은 3~5 cm 정도의 보온재로 감싸주는 것이 좋다.
③ 배관의 형상은 ㄷ자형 배관이 되지 않도록 하고, 굴곡배관 시 공기빼기 밸브를 설치하며, 10~30 m마다 신축 이음을 둔다.

(3) 배관공급 방식의 분류
상향 급탕배관, 하향 급탕배관, 상·하향 혼합 급탕배관이 있다.

(4) 순환방식의 분류
중력식 배관, 강제식 배관이 있다.

3. 배수설비

3-1 배수설비

(1) 배 수
건물이나 대지 내에 발생하는 오수, 빗물, 폐수 등을 외부로 배출하는 것이다.

(2) 배수물질의 종류
① 잡배수 : 세면기, 욕조, 싱크 등의 위생기구에서 발생
② 오수 : 대변기 및 소변기에서 발생
③ 우수(빗물) : 옥상이나 마당에 떨어져 발생
④ 특수 배수 : 병원이나 공장에서 배출되는 유해, 유독성의 특수 배수

(3) 배수설비의 종류
① 중력식 배수 : 배관이 하수관보다 높은 위치의 경우 중력에 의해 높은 곳에서 낮은 곳으로 자연스럽게 흘러내리게 하여 배수한다.
② 기계식 배수 : 배관이 하수관보다 낮은 위치의 경우 최하층 바닥에 설치된 배수 피트에 모아 오수 펌프를 이용하여 공공 하수관으로 배수한다.

3-2 트 랩

배관 속 악취, 유독 가스 및 벌레 등이 실내로 침투하는 것을 방지하기 위하여 배수 시설 일부에 봉수가 고이게 하는 기구이다.

※ 봉수 : 냄새의 침입을 방지하기 위하여 트랩의 봉수부에 담겨진 물

① S 트랩 : 세면기, 대변기 등에 쓰이는 트랩으로, 사이펀 작용에 의해 봉수가 파괴되는 경우가 많다.
② P 트랩 : 위생기구에 가장 많이 쓰이는 트랩으로, S트랩 보다 봉수가 안전하다.
③ U 트랩 : 가로배관에 사용하고, 유속을 저해하는 결점이 있으며 공공 하수관에서 하수 가스 역류에 쓰이는 트랩이다.
④ 드럼 트랩(drum trap) : 주방의 개수기 및 그 밖의 개수기류에 쓰이는 트랩으로, 다량의 봉수를 가지고 있으므로 트랩보다 봉수가 안전하다.

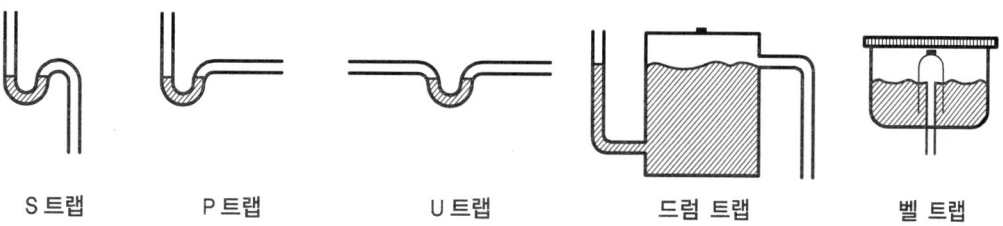

S 트랩   P 트랩   U 트랩   드럼 트랩   벨 트랩

⑤ 벨 트랩(bell trap) : 바닥의 물을 배수 시 쓰이는 트랩이다.

> [참고] • 그리스 포집기(grease intercepter) : 레스토랑의 주방 등에서 배출되는 배수 중의 유지분을 포집한다.

3-3 배수 및 통기관

(1) 통기관의 목적
① 자기 사이펀 작용으로부터 봉수를 보호한다.
② 배수관 내의 흐름을 원활하게 한다.
③ 신선한 공기를 유통시켜 배수관 계통이 환기를 돕고, 관내를 청결히 보존한다.

(2) 통기관의 종류
① 각개 통기관 : 각 위생기구마다 통기관을 세우는 방식이다.
② 루프 통기관 : 2~8개의 트랩의 통기를 보호하기 위하여 여러 기구에 1개의 통기관을 빼내어 통기 수직지관에 연결하는 방식이다.
③ 그 밖의 통기관 : 도피 통기관, 습윤 통기관, 신정 통기관, 결합 통기관, 공용 통기관

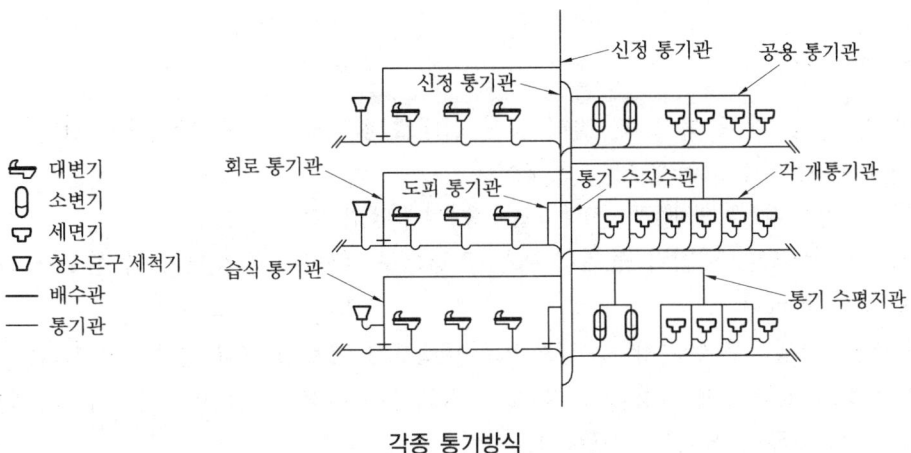

각종 통기방식

(3) 배수처리 방식
① 합류배수 방식 : 오수와 잡배수를 구별 없이 함께 배수하는 방식이다. 합류 하수관이 있는 지역과 오수·잡배수의 합류처리 시설을 설치한 건물 내에만 가능하다.
② 분류배수 방식 : 건물 내의 배수를 오수와 잡배수, 빗물로 나누어 각각 배출하는 방식으로 합류배수 방식을 채용할 수 없는 건물에는 오수를 정화조에서 처리한 후 잡배수와 빗물을 합류하여 배출한다.

4. 위생기구

4-1 수세기 및 세면기

수세기 및 세면기는 최근 수요가 증가하면서 구분은 없으나 소용의 기구를 수세기 대형의 기구를 세면기라 한다.

4-2 세척용 탱크, 싱크, 비데, 온수기

(1) 세척용 탱크

① 로 탱크(low tank)
② 하이 탱크(high tank)
③ 결로방지용(방로 가공한 것)

(2) 싱크의 종류 및 설치장소

세탁·실험용·오물 싱크(사이펀 제트식)·자립형 및 벽걸이형 음수가 있으며, 주로 복도, 엘리베이터 홀, 탕비실 등에 설치한다.

(3) 소변기

벽걸이형과 자립형으로 분류된다.
① 작동방식에 의한 분류
　(가) 세락식
　(나) 블로아웃식
② 세정방법에 의한 분류
　(가) 수동식
　(나) 자동식
　　• 하이탱크에 자동 사이펀을 연결하여 세정하는 방법
　　• 자동 급수 밸브식(광전관 도는 적외선 이용)

(4) 대변기

세정방식에 따라
① 로 탱크식(low tank type)
② 하이 탱크식(high tank type)
③ 플러시 밸브식(flush valve type)

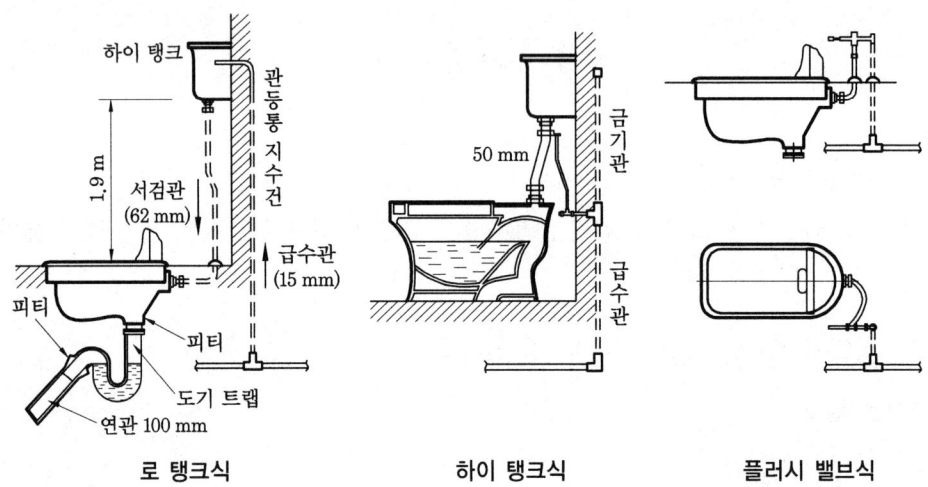

로 탱크식   하이 탱크식   플러시 밸브식

(5) 욕조 · 샤워

① 욕조의 종류 : 동양식 욕조, 서양식 욕조

② 설치방법에 따른 분류 : 매립형, 거치형, 저상형

③ 재질 : 폴리에스텔 섬유강화 플라스틱(FRP), 폴리프로필렌(PP), 강판, 주물, 스테인리스 욕조 등

(6) 수전류 (수도꼭지, 콕)

급탕의 출구를 통틀어 말하며 보통 급수전은 오른쪽, 급탕전을 왼쪽에 설치한다.

4-3 오수 정화조 처리구조

부패조 → 여과조 → 산화조 → 소독조

예 상 문 제

문제 1. 급수설비 설계 시 시공상 주의점이 아닌 것은 어느 것인가?
㉮ 수격작용 방지를 위하여 공기실을 설치한다.
㉯ 매설관에서 방식피복을 한다.
㉰ 바닥이나 벽을 관통하는 배관은 슬리브를 넣고, 이 슬리브 속으로 관을 통과시켜 배관한다.
㉱ 급수배관은 ㄷ자 배관을 원칙으로 한다.
[해설] 급수배관은 직선배관을 원칙으로 한다.

문제 2. 단독주택에 적당한 급수방식은 어떤 방식인가?
㉮ 수도 직결식
㉯ 압력 탱크식
㉰ 고가 탱크식
㉱ 탱크가 없는 부스터 방식
[해설] 수도 직결식은 수도본관에 인입관을 연결하여, 필요한 곳에 직접 급수하는 방식으로 오염 가능성이 적어 주택이나 소규모 건축물에 주로 이용할 수 있다.

문제 3. 압력탱크식 급수방법에 관한 설명으로 옳은 것은?
㉮ 급수 공급 압력이 일정하다.
㉯ 정전 시에도 급수가 가능하다.
㉰ 단수 시에 일정량의 급수가 가능하다.
㉱ 위생상 측면에서 가장 바람직한 방법이다.
[해설] 압력탱크 급수 방법
① 단수 시에도 탱크에 남아 있는 물로 일정량의 급수가 가능하다.
② 수도 본관에서 인입관에 의해 저수 탱크에 저수한 후 급수펌프를 이용하여 압력탱크에 보내고 압력 탱크에서 공기를 압축 가압하여 압력에 의해 물이 필요한 곳에 급수하는 방식이다.

문제 4. 중앙식 급탕법 중 간접 가열식에 관한 설명으로 옳지 않은 것은?
㉮ 열효율이 직접 가열식에 비해 높다.
㉯ 고압용 보일러를 반드시 사용할 필요는 없다.
㉰ 일반적으로 규모가 큰 건물의 급탕에 사용된다.
㉱ 가열보일러는 난방용 보일러와 겸용할 수 있다.
[해설] 중앙식 급탕법
① 직접 가열식 : 온수 보일러로 가열한 온수를 저탕조인 온수 탱크에 모아두고 각층 기구에 급탕하는 방식이다.
② 간접 가열식 : 증기 또는 온수, 가열 코일을 통해 저탕조의 물을 간접적으로 가열하는 방식 이다.
③ 열효율은 직접 가열식에 비해 낮다.

문제 5. 1, 2층 정도의 낮은 건축물이나 소규모 건물에 적합한 급수방식은 어느 것인가?
㉮ 수도 직결 방식   ㉯ 고가 탱크 방식
㉰ 옥상 탱크 방식   ㉱ 압력 탱크 방식

문제 6. 대규모 고층 건물에 가장 적합한 급수 방식은 어느 것인가?
㉮ 수도 직결 방식   ㉯ 고가 탱크 방식
㉰ 로 탱크 방식   ㉱ 사니 스탠드 방식
[해설] ㉱ 사니 스탠드 방식 : 부인용 소변기
㉰ 로 탱크 : 대변기의 세정 목적을 위하여 세정 급수장치를 낮게 설치한 것

[해답] 1. ㉱   2. ㉮   3. ㉰   4. ㉮   5. ㉮   6. ㉯

문제 7. 고가 탱크 방식의 특징을 설명한 것 중 옳지 않은 것은 어느 것인가?
㉮ 대규모 설비에 가장 적합하다.
㉯ 저수량을 언제나 확보할 수 있어 단수가 되지 않는다.
㉰ 수압의 과대 등에 따른 밸브류 등 부속품의 파손이 적다.
㉱ 항상 일정한 수압으로 급수할 수 있다.

문제 8. 고가 탱크의 용량은? (단위 : m³)
㉮ 1시간 최대사용 수량 × 1~3시간
㉯ 1시간 최대사용 수량 × 7~8시간
㉰ 1일 최대사용 수량
㉱ 1일 최대사용 수량 × 3~4시간

문제 9. 압력 탱크 급수방식을 선택한 이유를 설명한 것 중 옳은 것은 어느 것인가?
㉮ 1층, 2층 건물은 수도 직결 방식으로 필요 압력을 충분히 얻을 수 있으나 바닥면적이 넓은 경우
㉯ 수도 직결 방식으로 필요 압력을 얻을 수 없거나, 고가 탱크를 설치하기 곤란한 경우
㉰ 고층 건물로서 고가수조를 설치할 수 있으나 바닥면적이 넓은 경우
㉱ 수도 직결 방식으로 필요 압력을 충분히 얻을 수 있으나, 층수가 높은 경우

문제 10. 압력 탱크 급수방식의 특징을 설명한 것 중 옳지 않은 것은 어느 것인가?
㉮ 높은 곳에 탱크를 설치할 필요가 없으므로 건축물의 구조를 강화할 필요가 없다.
㉯ 탱크의 설치 위치에 제한을 받는다.
㉰ 급수압이 일정하지 않다.
㉱ 저수량이 적으므로 정전 시나 펌프가 고장이 나면 즉시 급수가 중단된다.

해설 압력 탱크 급수방식은 탱크 설치 위치에 제한을 받지 않는다.

문제 11. 단수 또는 정전 시의 급수를 가장 오래 이용할 수 있는 급수방식은 어느 것인가? (단, 발전기를 설치하지 않는 경우)
㉮ 수도 직결 방식
㉯ 고가 탱크 방식
㉰ 압력 탱크 방식
㉱ 탱크가 없는 부스터 방식

문제 12. 다음 급수방식의 급수배관 방식을 잘못 연결한 것은 어느 것인가?
㉮ 수도 직결 방식 – 상향 급수 배관법
㉯ 압력 탱크 방식 – 하향 급수 배관법
㉰ 옥상 탱크 방식 – 하향 급수 배관법
㉱ 고가 탱크 방식 – 하향 급수 배관법
해설 ㉯ 압력 탱크 방식 : 상향 급수 배관법

문제 13. 건물 단수 시 가장 오래 사용할 수 있는 급수방식은 무엇인가?
㉮ 수도 직결 방식
㉯ 탱크 없는 부스터 방식
㉰ 압력 탱크 방식
㉱ 옥상 탱크 방식

문제 14. 높은 곳에 세정 탱크를 설치하고 급수관을 통하여 대변기에 사출함으로써 세정 목적을 달성하는 세정급수 방식은 무엇인가?
㉮ 하이 탱크식   ㉯ 로 탱크식
㉰ 저수조식   ㉱ 기압 탱크식

문제 15. 하이 탱크식과 로 탱크식을 비교 설명한 것 중 옳지 않은 것은 어느 것인가?
㉮ 로 탱크식은 하이 탱크식보다 물의 사용량이 많다.
㉯ 로 탱크식은 하이 탱크식보다 세정 시

해답 7. ㉱ 8. ㉮ 9. ㉯ 10. ㉯ 11. ㉮ 12. ㉯ 13. ㉱ 14. ㉮ 15. ㉯

소음이 크다.
㉰ 로 탱크식은 고장이 났을 경우 수리가 쉬우며, 단수 시에도 물을 공급하여 세정할 수 있다.
㉱ 수도 직결의 경우 로 탱크식은 저압의 지역에서도 사용할 수 있으나, 설치면적을 많이 차지한다.

문제 16. 다음 중 급수설비의 배관방식으로 옳지 않은 것은 어느 것인가?
㉮ 상향식 배관법 ㉯ 하향식 배관법
㉰ 초고층 배관법 ㉱ 중력식 배관법
해설 중력식 배관법은 급탕배관법의 순환방식에 의한 분류법이다.

문제 17. 일반적인 급탕의 온도로 적당한 것은 몇 ℃인가?
㉮ 40℃ ㉯ 50℃ ㉰ 60℃ ㉱ 70℃
해설 급탕량 산정 : 1일 급수량의 $\frac{2}{3}$로 계산, 온도는 60℃를 기준으로 하고, 급탕량 부하를 산정 시 60 kcal/L로 산정한다.

문제 18. 배수의 종류를 오수와 잡배수로 구분할 때, 오수와 관계되는 것은 무엇인가?
㉮ 싱크
㉯ 수세식 변기
㉰ 유독성의 특수 배수
㉱ 샤워실
해설 싱크와 샤워실에서 발생되는 배수는 잡배수, 유독성의 특수 배수는 특수 배수로 구분된다.

문제 19. 다음 중 트랩의 종류가 아닌 것은 어느 것인가?
㉮ S 트랩 ㉯ P 트랩
㉰ Y 트랩 ㉱ U 트랩
해설 트랩의 종류에는 S 트랩, P 트랩, U 트랩, 벨 트랩, 드럼 트랩, 주머니 트랩 등이 있다.

문제 20. 하수본관 및 가옥 배수관에서 발생한 악취가 위생기구를 통하여 집안으로 방출되는 것을 방지하기 위하여 배수계통에 설치하는 것은?
㉮ 댐퍼 ㉯ 통기관
㉰ 방열기 밸브 ㉱ 트랩
해설 ㉮ 댐퍼 : 송풍환기 계통 등에서 공기류를 조절하는 판
㉯ 통기관 : 트랩의 봉수가 터지는 것을 방지
㉰ 방열기 밸브 : 방열기의 증기나 온수의 양을 가감하기 위한 밸브

문제 21. 배수관에 있어 트랩의 설치 목적은 무엇인가?
㉮ 배수관에 신선한 공기를 유통하기 위하여
㉯ 하수 가스의 실내 침입을 방지하기 위하여
㉰ 배수가 적절하게 잘 되도록 하기 위하여
㉱ 통기관을 설치하기 위하여

문제 22. 트랩의 구비조건에 대한 기술 중 옳지 않은 것은 어느 것인가?
㉮ 구조가 간단할 것
㉯ 오수가 정체하지 않을 것
㉰ 봉수가 없는 구조일 것
㉱ 내식성·내구성 재료로 만들어져 있을 것
해설 봉수가 없어지지 않는 구조일 것, ㉮, ㉯, ㉱ 이외에 가동부의 작용이나 감추어진 내부 간막이에 의해 봉수를 유지하는 식이 아닐 것

문제 23. 기름기가 많은 배수의 트랩으로 적합한 것은 어느 것인가?
㉮ 그리스 트랩 ㉯ S 트랩
㉰ 플로 트랩 ㉱ 드럼 트랩
해설 ㉯ S 트랩 : 대변기 및 세면기 ㉰ 플로 트랩 : 바닥 배수 ㉱ 드럼 트랩 : 주방용 개수기

문제 24. 트랩의 장·단점을 기술한 것 중 옳지 않은 것은 어느 것인가?
㉮ S 트랩 : 봉수가 빠지는 수가 많다.

해답 16. ㉱ 17. ㉰ 18. ㉯ 19. ㉰ 20. ㉱ 21. ㉯ 22. ㉰ 23. ㉮ 24. ㉯

㉡ P 트랩 : 봉수가 S 트랩보다 안전하지 못하다.
㉢ U 트랩 : 가로 배관에 이용되며, 유속을 저해하는 결점이 있다.
㉣ 드럼 트랩 : 주방용 개수기 등에 이용되며 관트랩에 비하여 봉수가 빠지지 않는 것이 특징이다.
[해설] • P 트랩 : S 트랩보다 봉수가 안전하다.

문제 25. 트랩의 봉수 깊이는 얼마인가?
㉠ 0.5~1.0 cm ㉡ 1~2 cm
㉢ 5~12 cm ㉣ 20~30 cm
[해설] 봉수의 깊이가 5 cm 이하이면 봉수를 완전하게 유지할 수 없으며, 깊이가 너무 깊으면 트랩 밑에 침전들이 쌓여 트랩이 쌓이는 원인이 된다.

문제 26. 트랩의 봉수가 없어지는 원인이 아닌 것은 어느 것인가?
㉠ 사이펀 작용
㉡ 모세관 현상
㉢ 운동량에 의한 관성
㉣ 잠열
[해설] 트랩의 봉수가 없어지는 원인 : ㉠, ㉡, ㉢ 이외에 흡출작용, 분출작용, 증발 등이 있다.

문제 27. 다음의 설명 중 배수 통기관의 목적이 아닌 것은 어느 것인가?
㉠ 건물이나 대지 내의 발생하는 오수를 외부로 배출한다.
㉡ 봉수의 파괴를 방지한다.
㉢ 배수관 내의 흐름을 원활하게 한다.
㉣ 신선한 공기를 유통시켜 배수관 계통의 환기를 보호한다.
[해설] ㉠번은 배수설비의 목적이다.

문제 28. 다음 중 오수 정화조 처리구조로 맞는 것은 어느 것인가?
㉠ 부패조 → 소독조 → 산화조 → 여과조
㉡ 부패조 → 여과조 → 산화조 → 소독조
㉢ 소독조 → 여과조 → 산화조 → 부패조
㉣ 소독조 → 여과조 → 부패조 → 산화조
[해설] • 오수 정화조 처리구조 순서 : 부패조 → 여과조 → 산화조 → 소독조

문제 29. 다음 중 산소의 공급을 풍부하게 하여야 하는 곳은?
㉠ 부패조 ㉡ 산화조
㉢ 소독조 ㉣ 여과조
[해설] 산화조에서는 산화작용을 촉진하는 호기성균이 잘 생육되도록 공기의 유통이 잘 되게 산소의 공급을 풍부하게 한다.

문제 30. 위생기구로 가장 많이 사용하는 위생도기의 장·단점을 기술한 것 중 옳지 않은 것은 무엇인가?
㉠ 산·알칼리에도 침식되지 않으며, 내구성이 풍부하다.
㉡ 복잡한 형태의 것도 제작이 가능하다.
㉢ 흡수성이 없고 오수나 악취 등이 흡수되지 않으며 변질되지 않는다.
㉣ 정밀한 치수를 얻을 수 있다.

[해답] 25. ㉢ 26. ㉣ 27. ㉠ 28. ㉡ 29. ㉡ 30. ㉣

2 냉·난방 및 공기조화 설비

1. 냉방설비

1-1 냉방설비
공기의 온도와 습도를 조정장치에 의하여 적당히 조절하여 쾌적한 실내환경을 만드는 장치이다.

1-2 냉방설비의 분류

(1) 중앙식 냉방
한 곳에 설치한 공기세정기로 온도 및 습도를 조정한 공기를 송풍기에 의해 덕트(duct)를 통해 실내에 보내는 장치로 대규모 냉방에 유리하다.

(2) 개별식 냉방
각 실마다 개별 냉방기(unit cooler)를 설치하여 실내에 차가운 바람을 들여보내는 방식으로 주택, 점포, 아파트 등의 소규모 냉방에 유리하다.

2. 난방설비

2-1 난방방식

구 분	직접 난방	간접 난방
난방방식	열원기기에서 가열된 증기, 온수 등의 열매를 직접 실내의 방열장치에 공급	열원장치에서 가열된 열매가 공기조화기, 배관, 덕트 등을 지나서 실내로 공급
장 점	설비가 비교적 간단, 취급 및 유지관리 용이	실내습도의 조절이나 공기의 청정도 유지가 용이
단 점	실내습도의 조절이나 공기의 청정도 유지곤란	설비가 복잡하고, 취급 및 유지관리가 복잡

구 분	개별식 난방	중앙식 난방
난방방식	화로나 스토브 등과 같이 난방이 필요한 실에서 직접 열을 이용하는 것	보일러, 온풍기 등의 설비로 열원을 여러실에 공급이나 배분하는 방식

※ 지역난방 : 한 군데에 보일러를 설치하여 일정구역의 다수 건물에 고압 증기 또는 고온수를 공급하는 방식 (증기, 온수, 복사, 온풍난방 등이 있다.)

2-2 증기난방

(1) 증기난방

보일러에서 물을 가열하여 발생된 증기를 배관에 의해 각 실에 설치된 방열기로 보내 증기의 증발잠열로 난방하는 방식이다.

(2) 특 징

① 장점
  ㈎ 증발잠열을 이용해 열의 운반능력이 크다.
  ㈏ 예열시간이 온수난방에 비해 짧고, 증기순환이 빠르다.
  ㈐ 방열면적을 온수난방보다 작게 할 수 있다.
  ㈑ 설비비와 유지비가 저렴하다.

② 단점
  ㈎ 난방의 쾌감도가 낮다.
  ㈏ 난방부하의 변동에 따라 방열량 조절이 곤란하다.
  ㈐ 소음이 많다.
  ㈑ 보일러 취급기술이 필요하다.

2-3 온수난방

(1) 온수난방

현열을 이용한 난방으로, 보일러에서 가열된 온수를 복관식 또는 단관식의 배관을 통해 방열기에 공급하여 난방하는 방식이다.

(2) 특 징

① 장점
  ㈎ 난방부하의 변동에 따라 온수온도와 순환수량을 쉽게 조절할 수 있다.
  ㈏ 현열을 이용하므로 증기난방에 비해 쾌감도가 높다.
  ㈐ 방열기 표면온도가 낮아, 표면에 부착된 먼지가 타는 냄새가 적고 화상이 염려가 없다.
  ㈑ 난방정지 시 난방효과가 잠시 지속된다.
  ㈒ 보일러 취급이 안전하고 용이하다.

② 단점
  ㈎ 예열시간이 오래 걸린다.
  ㈏ 증기난방에 비해 방열면적과 배관이 크고, 설비비가 고가이다.
  ㈐ 열용량이 커서 온수순환 시간이 오래 걸린다.
  ㈑ 한랭 시 난방을 정지하였을 경우 동결 우려가 있다.
  ㈒ 공기 정체에 따른 순환저해 원인이 생길 수 있다.
③ 온수난방 방식
  ㈎ 복관식 : 보일러에서 방열기로 보내는 관과 환수관을 따로 배관
  ㈏ 단관식 : 증기나 온수가 방열기에 운반되는 배관을 1관만으로 설치
  ㈐ 심야전력 온수기 : 물탱크 바닥에 전기 히터를 삽입 후, 심야 전기를 이용, 탱크 안의 물을 고온으로 가열하여 난방 및 급탕용으로 사용

2-4 복사난방

(1) 복사난방
건축구조체에 동관, 강관, 폴리에틸렌관 등으로 코일을 배관하여 가열면을 형성 후 온수 또는 증기를 통해 가열면의 온도를 높여서 복사열에 의하여 난방하는 방식이다.

(2) 특 징
① 장점
  ㈎ 실내의 온도분포가 균등하여 쾌감도가 높다.
  ㈏ 방열기가 필요하지 않으며, 바닥면적 이용도 높다.
  ㈐ 방이 개방상태에서도 난방효과가 있고, 평균온도가 낮아 동일 방열량에 대해서 손실열량이 적다.
  ㈑ 대류가 적어 바닥면의 먼지가 상승하지 않는다.
② 단점
  ㈎ 시공, 수리와 방의 모양을 바꿀 때 불편하고, 건축 벽체의 특수 시공이 필요하여 설비비가 고가이다.
  ㈏ 회벽 표면에 균열이 생기기 쉽고, 매설배관 고장 시 찾기 어렵다.
  ㈐ 열손실을 막이 위한 단열층이 필요하다.
  ㈑ 외계온도의 급변에 대한 방열량 조절이 어렵다.

3. 환기설비

3-1 환기설비

사람에 의한 발열, 호흡, 유해가스 등의 오염을 해결하기 위한 설비이다.

3-2 환기설비의 종류

(1) 자연환기 설비

풍향, 풍속 및 실내·외 온도차와 공기 밀도차에 의한 방법, 환기가 불안정하다.

① 풍압에 의한 자연환기 : 건물에 풍압작용 시 창 틈새나 환기구 등의 개구부가 있으면 풍압이 높은 쪽에서 낮은 쪽으로 공기가 흐른다.

② 온도차에 의한 자연환기(=중력환기) : 실내외의 온도차에 의해 환기

(2) 기계환기 설비

송풍기를 사용, 공기를 유입하거나 배출하는 것, 환기가 안정적이다.

① 제1종 환기법 : 급기와 배기를 기계장치로 하여 실내외의 압력차를 조정할 수 있고, 가장 우수한 환기방법으로 병원 수술실 또는 독립공간의 공조에 사용한다.

② 제2종 환기법 : 급기는 기계장치를 이용하고 배기는 배기구 및 틈새 등으로 배출되며, 공장에서 주로 이용한다.

③ 제3종 환기법 : 배풍기를 이용하여 실내의 공기를 배기하는 방식, 공기가 들어오는 장소에 배풍기를 설치하고 주로, 부엌 및 화장실 등에 사용한다.

④ 제4종 환기법 : 기계를 사용하지 않고, 급기구와 배기구만을 이용한 방식으로 환기량이 일정하지 않다.

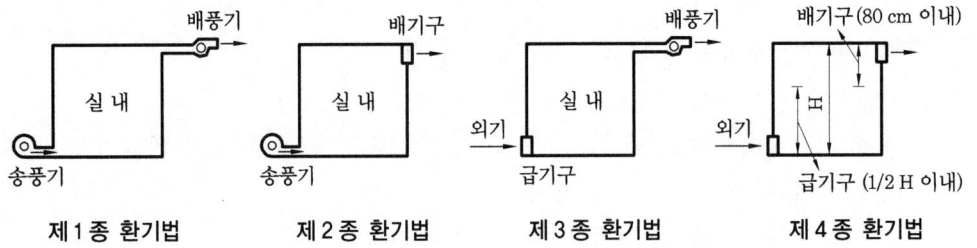

제1종 환기법   제2종 환기법   제3종 환기법   제4종 환기법

4. 공기조화 설비

실내에서 사람이나 물품을 대상으로 온도, 습기, 기류, 공기분포 등을 그 실의 사용 목적에 적합한 상태로 유지시키는 설비이다.

4-1 공기조화 계획

(1) 공기조화 계획

① 정의 : 대상 건물에 대해 그 건물의 특성, 입지조건, 에너지 조건, 그 밖의 주변 사정 등을 고려 후 가장 알맞은 공조 시스템을 결정하여, 건물의 기능적 성능을 충분히 발휘할 수 있도록 하는 것이다.

② 건축계획 초기부터 건축 의장, 구조 및 설비 등도 포함시켜 균형 있는 건축물이 될 수 있도록 계획한다.

4-2 공기조화 설비방식

(1) 열매의 종류에 의한 공기조화 방식

① 전공기식 : 공기조화기로 냉풍 및 온풍을 만들어 송풍하는 방식이다.

② 수공기식 : 1차 공기조화기와 2차 공기조화기를 병용, 1차 공기조화기가 외기 및 환기를 처리하고, 덕트로 방에 송풍 후 2차 공기조화기에서 냉수 및 온수가 동시 또는 단독으로 송입되어 실내공기를 재처리하는 방식이다.

③ 전수방식 : 무(無) 덕트 방식으로, 배관에 의해 냉수 및 온수가 동시 또는 단독으로 실내에 처리된 유닛 속에 보내져 방의 공기를 처리한다.

④ 냉매식 : 무(無) 덕트·냉수 및 온수배관, 패키지형은 내부의 냉매배관이 공장에서 시공되어 있어 현장에서 냉매배관으로, 실내의 공기를 직접처리하는 방식이다.

(2) 설비방식에 의한 공기조화 방식

① 단일 덕트 방식 : 중앙에서 에어 핸들링 유닛이나 패키지형 공조기 등을 사용, 실내온도는 환기 덕트 내 자동온도 조절기 또는 자동습도 조절기에 의해 각 실의 조건에 맞게 조절된 냉풍 또는 온풍을 동일한 덕트와 취출구를 통해 각 실에 보내 공조하는 방식이다.

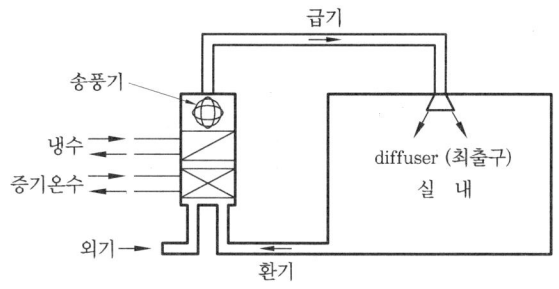

단일 덕트 방식

② 이중 덕트 방식(= 전공기 방식) : 냉풍, 온풍의 2개의 덕트로 말단에 혼합 유닛에서 열부하에 알맞은 비율로 혼합하여 송풍하는 방식이다.

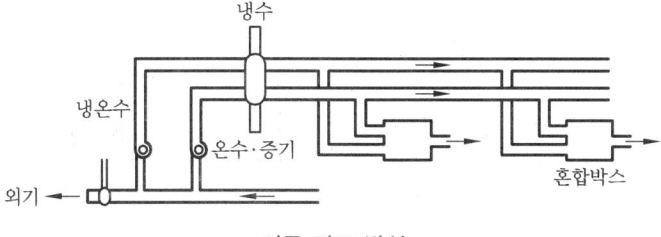

이중 덕트 방식

③ 각 층 유닛 방식 : 각 층 또는 각 구역마다 공기조화 유닛을 설치하는 방식으로 층별로 조건이 다른 건물이나, 중간 규모와 대규모 건물에 적합한 방식이다.

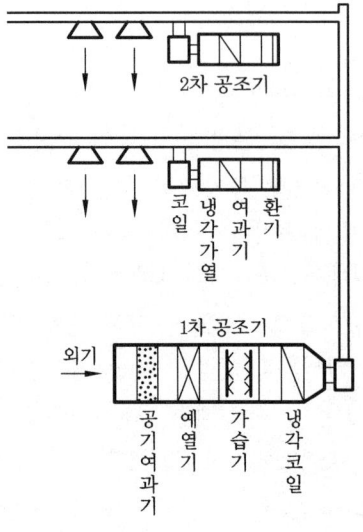

각 층 유닛 방식

④ 멀티존 유닛 방식 : 냉풍과 온풍을 만든 후 각 지역별로 혼합공기를 각각의 덕트에 보내는 방식으로 중간규모 이하의 건물에서 중앙식으로 사용, 하나의 유닛만으로 여러 개의 지역을 조절할 수 있기 때문에, 배관이나 조절장치 등을 한곳으로 집중시킬 수 있는 방식이다.

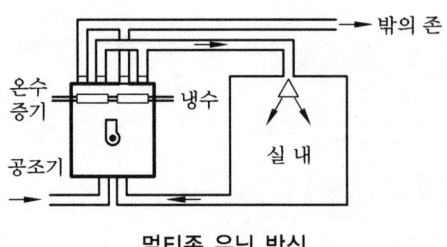

멀티존 유닛 방식

⑤ 팬 코일 유닛 방식 : 전동기 직결의 소형 송풍기, 냉수 및 온수 코일 및 필터 등으로 구성된 실내형 소형 공조기를 각 실에 설치하여 중앙에서 냉수 또는 온수를 받아 송풍, 호텔 객실·아파트·주택 및 사무실에 적용하는 방식이다.

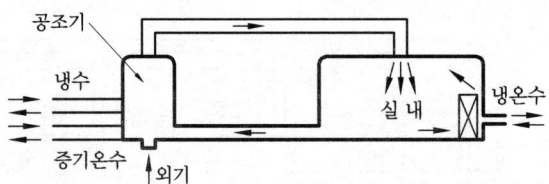

팬 코일 유닛 방식

⑥ 패키지 유닛 방식 : 패키지형 공기조화기에 의한 방식으로, 시공과 취급이 간편하고 대량생산에 의한 원가절감 등으로 많은 건물에 사용한다. 소형 유닛형과 덕트 병용 방식이다.

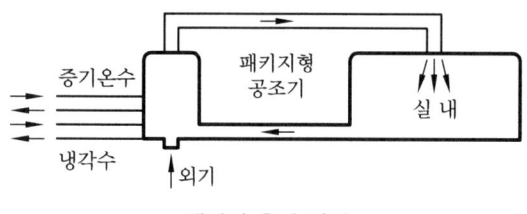

패키지 유닛 방식

⑦ 복사 패널 덕트 병용 방식 : 구조체에 파이프 코일을 설치하여 그 안에 냉수 및 온수를 통하게 하여 실내 공기조화를 하는 방식으로 여름에는 패널면에 결로가 발생할 우려가 있으나, 실내의 현열비가 극히 크고 실온이 높을 때에는 덕트가 없이도 냉방 및 난방이 가능한 방식이다.

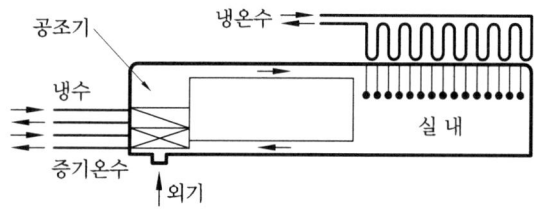

복사 패널 덕트 병용방식

> [참고] • 공조조화 방식의 분류
> ① 전공기 방식
>   ㉠ 단일덕트방식(정풍량, 변풍량)
>   ㉡ 2중 덕트 방식(멀티존 유닛방식, 각층유닛방식, 2중 덕트 정풍량식, 2중 덕트 변풍량식)
> ② 공기 수 방식
>   ㉠ 유인 유닛 방식
>   ㉡ 덕트병용 복사 냉난방방식
> ③ 전수 방식 : 팬코일 유닛 방식
> ④ 냉매 방식
>   ㉠ 패키지방식
>   ㉡ 룸 에어컨 방식

예 상 문 제

문제 1. 다음의 설명 중 간접난방의 특징으로 맞는 것은 어느 것인가?
㉮ 열원기기에서 가열된 증기, 온수 등의 열매를 직접 실내의 방열장치에 공급하는 방식이다.
㉯ 실내습도의 조절이나 공기의 청정도 유지가 용이하다.
㉰ 실내습도의 조절이나 공기의 청정도 유지가 곤란하다.
㉱ 설비가 비교적 간단하고 취급 및 유지관리가 용이하다.
해설 ㉮, ㉰, ㉱번의 설명은 직접난방의 특징이다.

문제 2. 증기난방의 공급방식에 따른 급탕배관 중 종류가 다른 것은 어느 것인가?
㉮ 상향급탕 배관
㉯ 하향급탕 배관
㉰ 중력식 배관
㉱ 상·하향 혼합급탕 배관
해설 중력식 배관은 순환방식에 의한 분류(중력식 배관, 강제식 배관)에 속한다.

문제 3. 다음 중 증기난방의 장점으로 옳은 것은 어느 것인가?
㉮ 보일러의 취급이 안전하다.
㉯ 현열을 이용하므로 쾌감도가 높다.
㉰ 난방정지 시 난방효과가 잠시 지속된다.
㉱ 방열면적을 온수난방보다 작게 할 수 있다.
해설 · 증기난방의 장점
① 증발잠열을 이용하여 열의 운반능력이 크다.

② 예열시간이 온수난방에 비해 짧고, 증기 순환이 빠르다.
③ 방열면적을 온수난방보다 작게 할 수 있다.
④ 설비비와 유지비가 저렴하다.

문제 4. 다음 중 온수난방의 방식 중 다른 것은 어느 것인가?
㉮ 복관식 난방   ㉯ 단관식 난방
㉰ 심야전력 온수기 ㉱ 복사난방
해설 · 난방의 종류 : 증기난방, 온수난방, 복사난방

문제 5. 증기난방의 장·단점에 대한 설명 중 틀린 것은 어느 것인가?
㉮ 시설비를 20~30% 절감할 수 있다.
㉯ 예열시간이 온수난방에 비해 길다.
㉰ 난방부하에 따라 방열량을 조절하기가 곤란하다.
㉱ 소음(water hammering)이 나기 쉽다.
해설 증기난방은 온수난방에 비해 예열시간이 짧아진다.

문제 6. 보일러의 환수관과의 위치에 제한을 받아서 보일러와 동일한 바닥면에 방열기를 설치하지 못하는 증기 환수식 난방법은 무엇인가?
㉮ 중력 환수식   ㉯ 진공 환수식
㉰ 기계 환수식   ㉱ 방열 환수식

문제 7. 증기의 순환이 빠르고 방열기, 보일러 등의 설치 위치에 제한을 받지 않으며, 대규모 난방에 적합한 증기환수 난방법은 무엇인가?
㉮ 중력 환수식   ㉯ 진공 환수식

해답 1. ㉯ 2. ㉰ 3. ㉱ 4. ㉱ 5. ㉯ 6. ㉮ 7. ㉯

㉰ 기계 환수식 　　㉱ 방열 환수식

문제 8. 진공 환수식 증기난방법에 대한 설명 중 옳지 않은 것은 어느 것인가?
㉮ 기계, 중력 환수식에 비하여 환수관은 작아도 좋다.
㉯ 방열량을 광범위하게 조절할 수 없다.
㉰ 증기의 순환이 가장 빠르다.
㉱ 방열기, 보일러 등의 설치 위치에 제한을 받지 않는다.

문제 9. 표준 방열량을 나타내는 방열면을 무엇이라 하는가?
㉮ 상당 방열면적(E.D.R)
㉯ 증발잠열
㉰ 섹션수
㉱ 화상면적

문제 10. 공기조화방식 중 전공기방식에 관한 설명으로 옳지 않은 것은?
㉮ 덕트 스페이스가 필요하다.
㉯ 중간기에 외기냉방이 가능하다.
㉰ 실내에 배관으로 인한 누수의 우려가 없다.
㉱ 팬 코일 유닛 방식, 유인 유닛 방식 등이 있다.
[해설] • 공조조화 방식의 분류
　① 전공기 방식
　　㈎ 단일덕트방식(정풍량, 변풍량)
　　㈏ 2중 덕트 방식(멀티존 유닛방식, 각층 유닛방식, 2중덕트 정풍량식, 2중 덕트 변풍량식)

문제 11. 온수난방에서 팽창 탱크(expansion tank)를 설치하는 이유는 무엇인가?
㉮ 물의 온도변화에 따라 온수의 용적이 증감하기 때문이다.
㉯ 물의 온도를 높이기 위하여
㉰ 온수의 순환을 빠르게 하기 위하여
㉱ 실내의 온도변화에 따라 온수의 온도를 조절하여야 하기 때문이다.
[해설] 4℃의 물을 100℃로 높였을 때 체적의 4.3% 정도 팽창하므로 이에 대한 여유를 갖기 위하여 팽창 탱크를 설치한다.

문제 12. 복사난방의 특징을 설명한 것 중 옳지 않은 것은 어느 것인가?
㉮ 실내의 온도분포가 균등하고 쾌감도가 높다.
㉯ 방을 개방상태로 하여도 난방효과가 크다.
㉰ 대류가 적으므로 바닥면의 먼지가 상승하지 않는다.
㉱ 바닥면의 이용도가 낮다.
[해설] 방열기가 필요하지 않으므로 바닥면의 이용도가 높다.

문제 13. 복사난방의 특징을 설명한 것 중 옳지 않은 것은 어느 것인가?
㉮ 외기온도의 급변에 대하여 곧 방열량을 조절할 수 없다.
㉯ 시공이 어렵고 수리비, 설비비가 비싸다.
㉰ 고장요소를 발견하기 쉽다.
㉱ 열손실을 막기 위해 단열층이 필요하다.
[해설] 매설배관이므로 고장요소를 발견하기 어렵다.

문제 14. 천장 내부에 파이프를 매설하는 난방은?
㉮ 증기난방　　㉯ 온수난방
㉰ 복사난방　　㉱ 직접난방
[해설] 복사난방은 건축 구조체(천장, 바닥, 벽 등)에 파이프를 매설하여 가열면이 형성되고 그것에 대한 복사열로 난방하는 방식이다.

문제 15. 지역난방의 특징을 설명한 것 중 옳지 않은 것은 무엇인가?
㉮ 각 건물마다 보일러 시설을 할 필요가 없다.

[해답] 8. ㉯　9. ㉮　10. ㉱　11. ㉮　12. ㉱　13. ㉰　14. ㉰　15. ㉰

㉯ 연료비와 인건비를 줄일 수 있다.
㉰ 건물의 유효면적이 줄어든다.
㉱ 관리가 용이하고 열 효율면에서 유리하다.
[해설] 각 건물에 보일러실과 굴뚝 등이 필요 없으므로 건물의 유효면적이 증대된다.

[문제] 16. 다음의 설명에 맞는 난방방식은 무엇인가?

> 한 군데에 보일러를 설치하여 일정구역의 다수 건물에 고압 증기 또는 고온수를 공급하는 방식이다.

㉮ 직접난방　　㉯ 지역난방
㉰ 중앙식 난방　㉱ 간접난방

[참고] • 지역난방의 종류 : 증기난방, 온수난방, 복사난방, 온풍난방 등

[문제] 17. 도시의 일정지역을 대상으로 고압 증기나 고온수를 공급하여 난방하는 방식은 무엇인가?
㉮ 지역난방　　㉯ 간접난방
㉰ 복사난방　　㉱ 개별난방

[문제] 18. 다음의 공기조화 설비방식 중 열매의 종류에 의한 공기조화 방식은 무엇인가?
㉮ 전수 방식　　㉯ 이중 덕트 방식
㉰ 패키지 유닛 방식　㉱ 멀티존 유닛 방식
[해설] • 열매의 종류에 의한 공기조화 방식 : 전공기식, 수공기식, 전수방식, 냉매식

[문제] 19. 다음의 설명 중 멀티존 유닛 방식의 설명으로 맞는 것은 어느 것인가?
㉮ 냉풍, 온풍의 2개 덕트로 말단에 혼합 유닛에서 열부하에 알맞은 비율로 혼합하여 송풍하는 방식이다.
㉯ 각 층 또는 각 구역마다 공기조화 유닛을 설치하는 방식으로 층별로 조건이 다른 건물이나, 중간 규모나 대규모 건물에 적합하다.
㉰ 냉풍과 온풍을 만든 후 각 지역별로 혼합 공기를 각각의 덕트에 보내는 방식이다.
㉱ 시공과 취급이 간편하고 대량생산에 의한 원가절감 등으로 많은 건물에 사용한다.
[해설] ㉮는 이중 덕트 방식, ㉯는 각 층 유닛 방식, ㉱는 패키지 유닛 방식에 대한 설명이다.

[문제] 20. 단일 덕트 방식에 대한 설명 중 옳지 않은 것은 어느 것인가?
㉮ 고속 덕트 방식은 감압 및 감속장치가 필요 없다.
㉯ 고속 덕트 방식은 저속 덕트 방식에 비하여 덕트의 용적을 적게 할 수 있다.
㉰ 고속 덕트 방식이 저속 덕트 방식에 비해 설치비가 많이 든다.
㉱ 저속 덕트 방식은 소음장치를 설치할 필요가 없다.
[해설] 고속 덕트 방식은 소음발생이 심하므로 감압 및 감속장치가 필요하다.

[해답] 16. ㉯　17. ㉮　18. ㉮　19. ㉰　20. ㉮

3 CHAPTER 전기설비

1. 조명설비

(1) 주택조명의 종류
천장 조명, 플로어 스탠드(floor stand), 테이블 스탠드(table stand), 브래킷(bracket)의 보조 조명기구 등을 사용하여 다양한 분위기를 연출한다.

(2) 사무실 조명
건축화 조명방식 + 부분작업 조명

(3) 공장조명의 분류
① 직접 및 반직접방식
② 조명기구 배치방식
- 전반확산 조명 : 상향구면 광속이 선광속의 40~60 %, 하향구면 광속이 전광속의 40~60 %인 조명방식이다.
- 반간접 조명 : 조명기구의 배광에 의한 분류의 한 형식으로 간접의 광속이 10~90%인 조명방식이다.
- 간접조명 : 조명광원에서 나온 빛의 반사량에 의하여 빛을 비추는 조명방식이다.
- 국부조명 : 전체 가운데 어느 한 부분만을 조명하는 방식으로 조명효과를 올릴 수 있다.

2. 배전 및 배선설비

(1) 전등배선
전등, 전기 기구의 표준 전압은 교류 220V이나 용량 초과 시 단상 3선식이 쓰인다.
① 전기회로 : 분기회로는 간선으로부터 분기하여 분기 과전류 보호기를 지나 전등이나 콘센트와 같은 부하에 이르게 하는 방식으로 배선, 분기회로마다 자동차단기가 설치되어 있어 수리가 용이하다.
② 간선 : 주택에서 각 실의 콘센트에 전원을 공급하는 선으로 주 동력선에서 분기되어 나온다.
※ 전선의 허용전류와 전선의 허용전압 강하이며, 증설 및 변경을 고려해야 한다.

(2) 배선공사

옥내배선은 간선과 분기회로로 분류된다.

① 간선 : 인입구에서 분기점에 설치된 분기 개폐기까지의 배선이다.
  (가) 평행식 : 대규모 건물에 사용
  (나) 수지방식(나뭇가지식) : 소규모 건물, 전동기가 넓은 범위에 분산되어 있을 때 사용
  (다) 병용식 : 두 가지를 혼합한 것으로 일반 건축물에 사용
② 분기회로 : 건물 내의 옥내간선으로부터 분기하여 전기기기에 이르는 저압 옥내전로와 분전반으로부터의 배선 등이다.
③ 배선방식 : 단상 2선식, 단상 3선식, 3상 3선식, 3상 4선식
④ 배선공사 방법 : 애자사용공사, 목재 몰드 공사, 경질 비닐관 공사, 금속관 공사, 금속 몰드 공사, 금속 덕트 공사

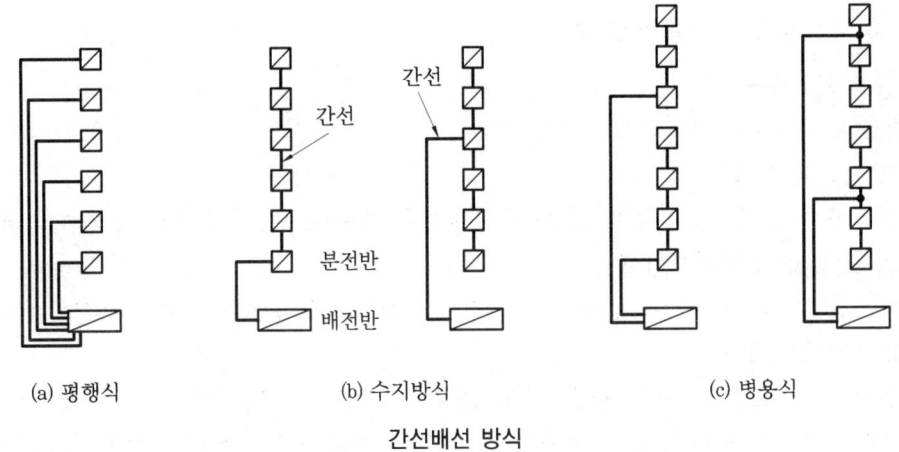

(a) 평행식 (b) 수지방식 (c) 병용식

간선배선 방식

3. 방재설비

3-1 화재탐지 설비

(1) 화재탐지 설비

화재를 초기단계에서 열 또는 열기를 감지기에 의해 감지하여, 경보기로 화재발생을 알리는 일체의 설비를 말한다.

(2) 구 성

화재를 감지하는 감지기, 발생장소를 알리는 수신기 및 발신기, 화재발생을 관계자에게 알리는 벨, 사이렌 등으로 구성된다.

3-2 비상경보 설비

자동 화재탐지 설비가 화재의 발생을 알게 되는 즉시, 해당 건물 안의 사람에게 경보를 알림으로 신속한 피난의 유도 및 방화초기의 소화활동을 신속히 전개할 수 있도록 하는 설비이다.

3-3 피뢰설비

낙뢰에 대한 피해를 줄이고, 뇌격전류를 신속히 땅으로 보내 인명 및 건축물을 보호하기 위한 설비이다.

(1) 피뢰설비 구조

돌침부, 피뢰도선, 접지전극으로 나뉜다.

(2) 건축법 제 21 조

높이가 20 m 이상의 건축물은 반드시 피뢰설비를 해야 한다.

(3) 피뢰침 돌침 및 수평도체의 보호각도

일반 건물은 돌침과 수평도체의 60° 이하, 위험물 관계의 경우는 건축물을 45° 이하로 한다.

※ 중요 건축물, 천연 기념물, 화약류 가연성 액체, 가스, 위험물 저장, 제조, 취급 건축물, 사용률이 큰 건축물은 20 m 이하에도 설치 권장

4. 전원설비

4-1 변전설비

전기를 공급하는 시설에서 특별고압으로 송전하기 때문에 이 특별고압을 변압기로 고압이나 저압으로 변압하는 설비이다.

4-2 예비전원 설비

전기를 공급하는 시설에서 돌발사고 발생 시 사고를 미연에 방지하기 위하여 최소한의 보안 전력을 확보하기 위한 설비이다.

(1) 건축법

자가발전 설비, 축전지 설비, 비상전용 수전설비가 설치되어 있어야 하며 자가발전 설비는 내연기관으로, 용량은 변전설비 용량의 10~20 % 정도로 한다.

(2) 예비전원 축전지는 30분 이상 방전할 수 있고, 자가용 발전설비는 비상사태 발생 후 10초 이내에 가동하고 30분 이상 전력을 공급해야 한다.

예 상 문 제

문제 1. 분기회로 설비에서 수리의 편리성을 위하여 설치한 기기는 무엇인가?
㉮ 플로트 스위치   ㉯ 콘센트
㉰ 자동 차단기   ㉱ 안정기
[해설] 분기회로 설비에서 자동 차단기를 중간에 설치하여, 과전류 발생 시 자동 차단되어 차단기만 교체하면 사용이 가능하게 된다.

문제 2. 다음 중 직류를 이용하지 않는 설비는 무엇인가?
㉮ 전화   ㉯ 통신설비
㉰ 건물의 전등   ㉱ 엘리베이터의 전원
[해설] ① 직류 : 전화, 전기, 시계, 통신설비, 엘리베이터의 전원
② 교류 : 건물의 전등, 동력, 전열기 등

문제 3. 조명에 관계되는 용어와 단위를 잘못 짝지은 것은 무엇인가?
㉮ 광속 – lm   ㉯ 광도 – cd
㉰ 조도 – rlx   ㉱ 휘도 – sb
[해설] 조도 – lx, 광속 발산도 – rlx

문제 4. 조명설계 순서로 옳은 것은 어느 것인가?
① 소요조도 결정   ② 광원선택
③ 조명기구 선정   ④ 조명기구 배치
⑤ 실지수 결정
㉮ ① – ② – ③ – ④ – ⑤
㉯ ② – ① – ③ – ⑤ – ④
㉰ ③ – ② – ① – ④ – ⑤
㉱ ② – ③ – ① – ⑤ – ④

문제 5. 다음 보기에서 건물 내의 배전순서는?
① 간선   ② 분전반   ③ 분기회로
㉮ ① – ③ – ②   ㉯ ① – ② – ③
㉰ ③ – ② – ①   ㉱ ② – ③ – ①

문제 6. 분전반에 설치하는 것이 아닌 것은 어느 것인가?
㉮ 주 개폐기
㉯ 자동 차단기
㉰ 분기 회로용 분기 개폐기
㉱ 램프

문제 7. 분전반의 설치위치는?
㉮ 복도나 계단 부근의 벽
㉯ 복도나 계단 부근의 바닥
㉰ 복도의 높은 천장
㉱ 계단의 바닥

문제 8. 다음 배선방식 중 일반주택에 많이 이용되는 방식은 어느 방식인가?
㉮ 단상 2선식
㉯ 3상 3선실 200/100 V
㉰ 3상 4선식 208/128 V
㉱ 3상 4선식 460/265 V

문제 9. 배선방식과 사용장소를 잘못 연결한 것은 어느 것인가?
㉮ 단상 2선식 : 일반주택
㉯ 단상 3선식 200/100 V : 일반주택의 간선에 용량이 작은 경우
㉰ 3상 3선식 200 V : 동력의 전원
㉱ 3상 4선식 460/265 V : 공장이나 큰 건

[해답] 1. ㉰ 2. ㉰ 3. ㉰ 4. ㉮ 5. ㉯ 6. ㉱ 7. ㉮ 8. ㉮ 9. ㉯

물의 간선

해설 • 단상 3선식 200/100 V : 일반주택의 간선에 용량이 큰 경우 사용한다.

문제 10. 배선기구와 굵기선정 시 만족해야 할 사항이 아닌 것은 어느 것인가?
㉮ 컷 아웃 스위치 : 개폐기
㉯ 텀블러 스위치 : 점멸기
㉰ 서킷 브레이커 : 자동 차단기
㉱ 로우젯 : 안정기

해설 로우젯 : 접속기

문제 11. 다음 배선기구 중 나이프 스위치의 역할은 어느 것인가?
㉮ 개폐기   ㉯ 점멸기
㉰ 접속기   ㉱ 전동기

문제 12. 부식성 가스 또는 용액을 발산하는 화학공장의 배선에 적합한 것은 어느 것인가?
㉮ 애자사용공사
㉯ 목재 몰드 공사
㉰ 합성수지 몰드 공사
㉱ 애자은폐공사

문제 13. 건물의 종류와 장소에 구애됨이 없이 시공이 가능한 공사로서 주로 매입 배선 등에 사용되는 배선은 무엇인가?
㉮ 금속관 공사
㉯ 애자사용공사
㉰ 경질 비닐관 공사
㉱ 목재 몰드 공사

문제 14. 피뢰침의 구조와 관계없는 것은 어느 것인가?
㉮ 돌침부   ㉯ 피뢰도선
㉰ 접지전극 ㉱ 도어폰

문제 15. 건축법에 의한 자가발전 설비의 용량은 얼마 정도로 해야 하는가?
㉮ 5~10 % 정도   ㉯ 10~20 % 정도
㉰ 30~40 % 정도 ㉱ 40 % 이상

해설 예비전원 설비는 자가발전 설비, 축전지 설비, 비상전용 수전설비가 설치되어 있어야 하며, 자가발전 설비는 내연기관으로, 용량은 변전설비 용량의 10~20 % 정도로 해야 한다.

문제 16. 변전설비의 기본계획에서 가장 먼저 산출해야 할 사항은 무엇인가?
㉮ 설비용량 추정   ㉯ 수전용량 추정
㉰ 계약전력 결정   ㉱ 수전전압 결정

문제 17. 변전설비용 기기 중 보호장치가 아닌 것은 어느 것인가?
㉮ 보호 계전기   ㉯ 콘덴서
㉰ 검루기   ㉱ 피뢰기

해설 • 콘덴서 : 전기용량을 얻기 위한 장치를 말한다.

문제 18. 전기설비에서 간선의 배선방식에 속하지 않는 것은?
㉮ 평행식   ㉯ 루프식
㉰ 나뭇가지식   ㉱ 군관리방식

해설 • 배선 방식의 종류 : 나뭇가지식, 나뭇가지 평행식, 평행식, 루프식(loop)

문제 19. 축전지 설비 구성요소와 관계없는 것은 무엇인가?
㉮ 충전장치   ㉯ 보안장치
㉰ 제어장치   ㉱ 변압장치

문제 20. 축전지 설비에 대한 기술 중 틀린 것은 어느 것인가?
㉮ 축전지 설비에는 축전지, 충전장치, 보안장치, 제어장치 등으로 구성되어 있다.
㉯ 축전지는 직류전원이다.

해답 10. ㉱ 11. ㉮ 12. ㉰ 13. ㉮ 14. ㉱ 15. ㉯ 16. ㉮ 17. ㉯ 18. ㉱ 19. ㉱ 20. ㉰

㈐ 축전지 설비는 예비전원으로 사용하지 못한다.
㈑ 축전지 설비는 경제적이고 보수가 용이한 특성이 있다.

문제 21. 축전지의 용량이 정격용량의 얼마 (%) 정도 감소하였을 때를 축전지의 수명으로 보는가?
㈎ 5 %　　　㈏ 20 %
㈐ 40 %　　　㈑ 80 %

문제 22. 축전지의 충전방법으로 옳은 것은 어느 것인가?
㈎ 정류기로 교류를 직류로 고쳐서 전지 전압보다 약간 높은 전압을 가하여 충전한다.
㈏ 변압기로 직류를 교류로 고쳐서 전지 전압보다 약간 낮은 전압을 가하여 충전한다.
㈐ 정류기로 직류를 교류로 고쳐서 전기 전압보다 약간 낮은 전압을 가하여 충전한다.
㈑ 변압기로 직류를 교류로 고쳐서 전지 전압보다 약간 높은 전압을 가하여 충전한다.

문제 23. 예비전원 설비가 아닌 것은 어느 것인가?
㈎ 자가발전 설비
㈏ 변압설비
㈐ 축전지 설비
㈑ 비상전용 수전설비

문제 24. 건물 내의 동력설비 감시방법이 아닌 것은 어느 것인가?
㈎ 램프 점검　　㈏ 집중제어
㈐ 전원표시　　㈑ 차단제어
해설 ㈎, ㈏, ㈐ 이외에 운전표시, 고장표시가 있다.

해답　21. ㈑　22. ㈎　23. ㈏　24. ㈑

가스 및 소화설비

1. 가스설비

(1) 연료용 가스

도시가스 : 석탄가스, 기름가스, 액화 석유가스(LPG), 액화 천연가스(LNG) 등으로 분류한다.

① 액화 석유가스(= 프로판 가스) : 가정용 연료, 공업용으로 많이 쓰인다.

② 액화 천연가스 : 공기보다 가벼워 누설 시 안정성이 높으나, 대규모 저장시설을 만들어 배관을 통해서 공급해야 한다.

(2) 가스공급 및 배관

① 가스공급 방식 : 가까운 곳은 저압 및 중압, 먼 곳의 수송용은 고압을 사용한다.

② 가스기구 위치
   ㈎ 용도에 적합하고 사용하기 쉬운 곳
   ㈏ 열에 의한 주위의 손상 등이 없을 것
   ㈐ 연소에 의한 급기 및 배기가 가능할 것
   ㈑ 가스기구의 손질이나 점검이 용이할 것

③ 배관 위치
   ㈎ 시공관리가 손쉬운 장소
   ㈏ 건물의 주요 구조부를 관통하지 말 것
   ㈐ 외부로부터 부식과 손상이 될 우려가 있는 장소는 피하고, 온도변화를 받지 않는 장소
   ㈑ 인입전기 설비와는 60 cm 이상 거리유지(차량이 많은 간선도로에서는 1.2 m 이상)

2. 소화설비

(1) 옥내 소화전

건물 각 층의 소정위치에 설치 후 급수설비로부터 배관에 의해 압력수를 이용하여 소

화한다.

(2) 옥외 소화전
건물이나 옥외 화재를 소화하기 위해 옥외에 설치하는 고정식 소화설비이다.

(3) 스프링클러 설비
소방설비 기준에 따라 건물의 상부 또는 천장에 배수관을 설치하고, 끝에 폐쇄형 또는 개방형 살수기구를 일정기준 간격으로 설치 후 급수원에 연결해 두었다가 화재발생 시 수동 또는 자동으로 헤드에서 물을 분사하는 고정식 종합 소화설비로 헤드 하나의 소화면적은 10 m²이다.

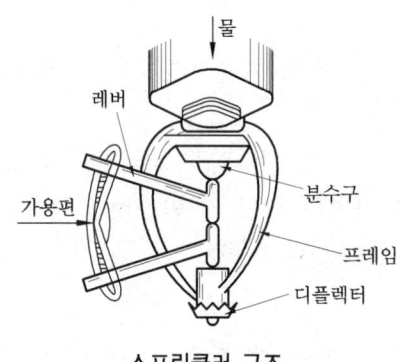

스프링클러 구조

(4) 드렌처(dren cher) 설비
건물의 외벽, 창, 지붕 등에 설치하여 인접건물에 화재발생 시 수막을 형성, 화재의 번짐을 방지한다.

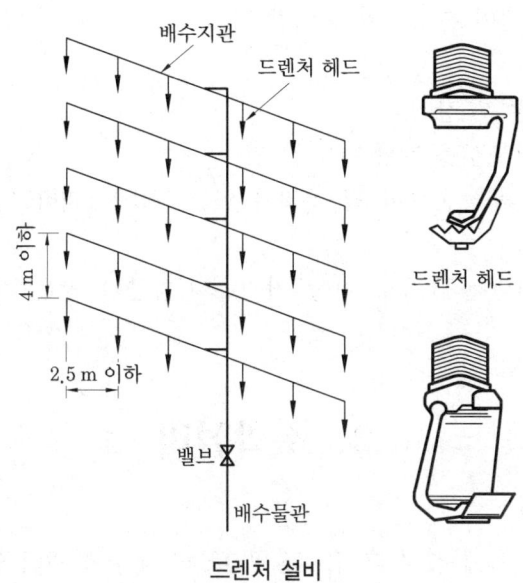

드렌처 설비

(5) 연결살수 설비

송수구를 이용, 물을 공급하여 지하층의 일반 화재진압을 위한 설비로 바닥면적 합계 700 m² 이상 시 설치한다.

(6) 화재경보 설비

① 화재경보 설비의 종류 : 자동 화재탐지 설비, 전기화재 경보기, 자동 화재속보 설비, 비상경보 설비 등이다.

② 자동 화재경보기 : 화재발생과 장소를 자동적으로 소방서나 수위실 등에 통보하는 장치로 감지기와 수신기로 구성한다.

③ 자동 화재탐지 설비 : 화재발생 시 감지기에 의해 자동적으로 정보를 말하는 설비로 경보 수신반, 수동 발신기, 화재 감지기 등으로 구성한다.

> [참고] • 연기 감지기의 종류
> ① 이온화식 스포트형 : 주위의 공기가 일정한 농도의 연기를 포함하게 되는 경우에 작동하는 것으로서 일국소의 연기에 의하여 이온전류가 변화하여 작동하는 것을 말한다.
> ② 광전식 스포트형 : 주위의 공기가 일정한 농도의 연기를 포함하게 되는 경우에 작동하는 것으로서 일국소의 연기에 의하여 광전소자에 접하는 광량의 변화로 작동하는 것을 말한다.
> ③ 광전식 분리형 : 발광부와 수광부로 구성된 구조로 발광부와 수광부 사이의 공간에 일정한 농도의 연기를 포함하게 되는 경우에 작동하는 것을 말한다.
> ④ 공기흡입식 : 감지기 내부에 장착된 공기흡입장치로 감지하고자 하는 위치의 공기를 흡입하고 흡입된 공기에 일정한 농도의 연기가 포함된 경우 작동하는 것을 말한다.

예 상 문 제

문제 1. 가스배관의 위치로 적당하지 않은 것은 무엇인가?
㉮ 가스배관은 강관으로 되어 있기 때문에 온도변화를 받는 장소도 상관없다.
㉯ 시공관리가 손쉬운 장소에 위치해야 한다.
㉰ 건물의 주요 구조부를 관통하면 안 된다.
㉱ 인입전기 설비와는 60 cm 이상 거리를 유지해야 한다.
[해설] 가스배관은 강관을 사용하나 온도변화를 받는 장소는 관의 변형이 있기 때문에 피해야 한다.

문제 2. 가스설비의 배관 위치는 인입전기 설비와 얼마 이상의 거리를 유지해야 하는가?
㉮ 50 cm 이상   ㉯ 60 cm 이상
㉰ 70 cm 이상   ㉱ 80 cm 이상

문제 3. 소방 펌프로 옥내 송수구에 송수하여 소화작용을 할 수 있도록 건물 외벽에 설치하는 설비는 무엇인가?
㉮ 드렌처   ㉯ 옥내 소화전
㉰ 스프링클러 설비   ㉱ 연결 송수관
[해설] ㉮ 드렌처: 건축물의 외벽, 창, 지붕 등에 설치하여 인접건물에 화재가 발생했을 때 수막을 형성함으로써 화재의 연소를 방지하는 방화설비이다.
㉯ 옥내 소화전: 건물 내의 화재 시 자유 소방대원에 의하여 방화 초기에 신속하게 진화 작업을 할 수 있도록 되어 있는 고정식 소화설비이다.

문제 4. 옥내 소화전의 방수량은?
㉮ 130 (L/min)   ㉯ 350 (L/min)
㉰ 650 (L/min)   ㉱ 900 (L/min)

문제 5. 건축물의 각 부분으로부터 옥외 소화전 1개의 호스 집결구까지 수평거리는 얼마 이하로 하는가?
㉮ 10 m   ㉯ 40 m   ㉰ 60 m   ㉱ 80 m

문제 6. 옥외 소화전의 표준 방수량은?
㉮ 130 (L/min)   ㉯ 350 (L/min)
㉰ 650 (L/min)   ㉱ 900 (L/min)

문제 7. 실내 천장에 장치하여 실내온도의 상승으로 가용 합금편이 용융됨으로써 자동적으로 화염에 물을 분사하는 자동 소화설비는 무엇인가?
㉮ 연결 송수관   ㉯ 스프링클러
㉰ 옥외 소화전   ㉱ 드렌처

문제 8. 스프링클러 설비의 헤드 하나의 소화면적은 얼마인가?
㉮ 3 m²   ㉯ 10 m²   ㉰ 15 m²   ㉱ 20 m²
[해설] 스프링클러 설비는 화재발생 시 급수원으로 연결된 헤드에서 수동 또는 자동으로 물을 분사하는 고정식 종합 소화설비로 헤드 하나의 소화면적은 10 m² 이다.

문제 9. 소방설비로 건물의 외벽, 창, 지붕 등에 설치하여 인접건물에 화재발생 시 수막을 형성하여 화재번짐을 방지하는 설비는?
㉮ 스프링클러 설비   ㉯ 옥외 소화전
㉰ 드렌처 설비   ㉱ 옥내 소화전
[해설] •드렌처 설비: 인접건물에 화재발생 시 수막을 형성하여 화재번짐을 방지하는 설비로 헤드의 구경은 9.5 mm, 7.9 mm, 6.4 mm 정도이고 설치간격은 수평거리 2.4 m, 수직거리 4 m 이하로 배치한다.

[해답] 1. ㉮   2. ㉯   3. ㉱   4. ㉮   5. ㉯   6. ㉯   7. ㉯   8. ㉯   9. ㉰

CHAPTER 5 정보 및 수송설비

1. 정보설비

(1) 구내 교환설비
① 구내 교환설비 건물의 외부와 내부 및 내부 상호간에 연락을 하기 위한 설비이다.
② 구성 : 구내 전화기, 전력설비, 보안설비, 배전반, 단자함, 국선, 내선, 보조설비, 국선 전화기 등

(2) 인터폰 설비
① 구내 또는 옥내 전용의 통화 연락을 목적으로 설치하는 설비로 설치 높이는 바닥에서 1.5 m 정도이다.
② 종류 : 도어폰(주택의 현관과 거실, 주방을 연결), 업무용·공장용·엘리베이터용 등

(3) 표시설비
① 램프나 카드, 숫자에 의하여 상황이나 행위를 표현하여 다수가 알도록 하는 설비이다.
② 종류 : 출·퇴근, 안내, 득점, 경보 등

(4) 방송설비
① 건물 내외에 스피커를 설치하여 연락, 안내, 통보 등을 하는 설비이다.
② 종류 : 일반방송, 비상방송, 극장이나 홀 등의 연출용 방송

(5) 안테나 설비
① 텔레비전과 라디오 등의 공동시청을 위한 설비이다.
② 안테나 설치장소
　(가) 풍속 40 m/s에 견디도록 고정
　(나) 피뢰침 보호각 내에 들어가도록 설치
　(다) 접합기의 설치 높이는 바닥에서 30 cm

(6) HA 시스템
① 가정에서 사용하는 여러 가전제품의 각 기기를 상호결합하며, 컴퓨터나 외부의 정보와도 접속하여 종합적으로 제어하는 가정 자동화 시스템이다.

② 홈 오토메이션(home automation), 홈 컨트롤(home control), 재난방지(home security), 홈 매니지먼트(home management)의 기능을 갖춘 자동화 시스템이다.

2. 수송설비

(1) 엘리베이터
① 전용 승강로 내의 동력으로 상하왕복 승강하는 운송 시스템이다.
② 종류 : 구동방식에 따라 로프식, 유압식, 나사식, 래크 피니언식, 경사형 엘리베이터 등
③ 특징
   ㈎ 구조적인 강도와 제어의 안전성 고려해야 한다.
   ㈏ 하중을 지탱하는 권상기의 제어회로나 조작회로에 고장이 발생하지 않도록 해야 한다.
   ㈐ 작동에 오류가 발생하더라도 승객이 케이지 내부에서 고립되지 않게 해야 한다.

> [참고] • 엘리베이터 케이지(=car) : 사람 또는 운반물을 싣는 상자부분, 즉 엘리베이터 내의 사람이 서 있는 부분

(2) 에스컬레이터
① 계단식의 컨베이어로 30° 이하의 기울기를 가지는 트러스 발판을 부착시켜 레일로 지지하는 구조체이다.
② 구성
   ㈎ 상·하부에 기계실
   ㈏ 상부 기계실에는 전동기와 직결된 감속기
   ㈐ 발판은 4개의 롤러로 회전
   ㈑ 핸드 레일
③ 용도에 따른 선정기준

용 도	선정 기준
백화점, 쇼핑 스토어	연속적인 대량수송이 요구되며 손잡이 하부에 조명설치 시 고급스러워 보인다.
사무소, 호텔, 은행	빌딩 내부 동선정리가 우선이며 설치면적이 넓어지는 경향이 있다.
극 장	승객의 집중에 대비해야 하고 설치장소는 주로 1층에 위치한다.
공항시설, 도시 교통시설	일시적인 대량수송이 요구된다.

④ 에스컬레이터 설치 시 주의사항
   ㈎ 지지보나 기둥에 균등하게 하중이 걸리도록 한다.
   ㈏ 사람의 흐름 중심으로 배치한다.
   ㈐ 주행거리가 짧도록 한다.
   ㈑ 승객의 시야가 넓게 되도록 한다.
   ㈒ 건물 내 교통의 중심에 설치하되 엘리베이터와 현관의 위치를 고려하여 배치한다.
   ㈓ 에스컬레이터 바닥면적을 작게 한다.

(3) 이동 보도
   ① 수평에 대하여 경사 10~15°의 범위 내에서 승객을 수평으로 이동시키는 장치이다.
   ② 특징
      ㈎ 승객을 목적지까지 조속히 수송
      ㈏ 교통혼잡을 해소

> [참고] • 설치장소 : 박람회장, 버스 터미널, 공항, 백화점, 지하철, 건물 간의 수송

(4) 컨베이어 벨트
   ① 특징 : 임의 장소에서 연속적 수송가능, 수신인이 대기하지 않아도 가능하다.
   ② 용도 : 도서관 서적관리, 사무소 건물의 우편물 및 소화물 운송
   ③ 종류
      ㈎ 벨트 컨베이어 : 분체, 입상의 수송 (수평용)
      ㈏ 체인 컨베이어 : 체인에 물건을 걸어서 운반 (수평 경사용)
      ㈐ 버킷 컨베이어 : 버킷으로 올려 운반 (수직 경사용)
      ㈑ 롤러 컨베이어 : 화물을 굴려 운반 (수평용)
      ㈒ 에이프런 컨베이어 : 평탄한 판을 연속적으로 운송 (수평용)

(5) 덤웨이터(dumbwaiter)
   ① 화물운반 전용의 소형 엘리베이터로 사람이 탈 수 없다.
   ② 케이지 바닥면적 : 1 m² 이하
   ③ 천장고 : 1.2 m 이하
   ④ 중량 : 300 kg 이하
   ⑤ 속도 : 30 m/min
   ⑥ 용도 : 화물 · 서류운반용

예 상 문 제

문제 1. 다음 중 구내 교환설비의 구성으로 옳지 않은 것은 어느 것인가?
㉮ 구내 전화기 ㉯ 전력설비
㉰ 배전반 ㉱ 도어폰
[해설] • 구내 교환설비의 구성 : 구내 전화기, 전력설비, 보안설비, 배전반, 단자함, 국선, 내선, 보조설비, 국선 전화기

문제 2. 가정에 안테나를 설치하려 한다. 접합기의 설치 높이는 바닥에서 얼마인가?
㉮ 30 cm ㉯ 40 cm
㉰ 45 cm ㉱ 60 cm
[해설] • 안테나 설치장소
① 40 m에 견디도록 고정해야 함
② 피뢰침 보호각 내에 들어가도록 설치
③ 접합기의 설치 높이는 바닥에서 30 cm

문제 3. 다음 중 HA 시스템의 기능이 아닌 것은 어느 것인가?
㉮ 홈 오토메이션(home automation) 시스템
㉯ 홈 컨트롤(home control) 시스템
㉰ 재난방지(home security) 시스템
㉱ 프로덕션 오토메이션(production automation) 시스템
[해설] HA 시스템 기능 : 홈 오토메이션(home automation) 시스템, 홈 컨트롤(home control) 시스템 재난방지(home security) 시스템, 홈 매니지먼트(home management) 시스템

문제 4. 다음 중 엘리베이터의 구동방식에 따른 종류가 아닌 것은 어느 것인가?
㉮ 유압식 ㉯ 로프식
㉰ 이동보도 ㉱ 나사식
[해설] 이동보도는 수송설비의 한 종류이다.

문제 5. 에스컬레이터 기울기는 얼마인가?
㉮ 5° 이하 ㉯ 30° 이하
㉰ 45° 이하 ㉱ 60° 이하
[해설] 에스컬레이터는 계단식의 컨베이어로 30° 이하의 기울기를 가져야 한다.

문제 6. 에스컬레이터의 배열 시 주의사항으로 옳지 않은 것은 무엇인가?
㉮ 교통이 연속되도록 할 것
㉯ 주행거리를 길게 할 것
㉰ 승객의 시야를 막지 않은 것
㉱ 건물 내의 교통의 중심에 설치하되 엘리베이터와 현관의 위치를 고려하여 결정할 것

문제 7. 백화점의 에스컬레이터는 1시간당 수송인원을 몇 명인가?
㉮ 400~500인 ㉯ 700~1200인
㉰ 4000~8000인 ㉱ 12000~25000인

문제 8. 에스컬레이터에 대한 설명 중 옳은 것은 어느 것인가?
㉮ 경사도는 45° 이하로 한다.
㉯ 정격속도는 안전을 고려하여 30 m/min 이하로 한다.
㉰ 수송능력은 엘리베이터보다 30배 정도 많다.
㉱ 구동장치, 제어장치 등을 격납하는 기계실은 되도록 크게 한다.
[해설] ㉮ 경사도는 30° 이하로 한다.
㉰ 수송능력은 엘리베이터보다 10배 정도 많다.
㉱ 구동장치, 제어장치 등을 격납하는 기계실은 되도록 작게 한다.

[해답] 1. ㉱ 2. ㉮ 3. ㉱ 4. ㉰ 5. ㉯ 6. ㉯ 7. ㉰ 8. ㉯

3

건축제도

제1장 제도규약
제2장 기초설계 제도
제3장 설계제도의 기본
제4장 건축물의 묘사와 표현
제5장 설계도면의 작성방법
제6장 각 구조부의 제도

1 제 도 규 약

1. KS 건축제도 통칙

1-1 국가별 규격

국가규격 명칭	규격 기호
국제표준화 기구	ISO
한국산업규격	KS
영국 규격	BS
독일 규격	DIN
미국 규격	ANSI
스위스 규격	SNV
프랑스 규격	NF
일본공업규격	JIS

1-2 KS제도 통칙

(1) KS제도 통칙

우리나라에서 규정된 한국산업규격 중에서 제도통칙(KS A 0005)은 공업부문에 쓰이는 제도의 기본적이며 공통적인 사항인 도면의 크기, 투상법, 선, 작도일반, 단면도, 글자, 치수 등에 대한 것 등을 규정한다.

(2) KS 부문별 기호

분류 기호	KS A	KS B	KS C	KS D	KS E	KS F	KS G	KS H
부 문	기본	기계	전기	금속	광산	토건	일용품	식료품
분류 기호	KS K	KS L	KS M	KS P	KS R	KS V	KS W	KS X
부 문	섬유	요업	화학	의료	수송 기계	조선	항공	정보산업

예 상 문 제

문제 1. 대한민국의 제도통칙 기호는 무엇인가?
㉮ ISO ㉯ ANSI
㉰ DIN ㉱ KS
해설 ㉮ ISO : 국제 표준화 기구, ㉯ ANSI : 미국규격, ㉰ DIN : 독일규격

문제 2. 건축제도 통칙의 규격번호는 무엇인가?
㉮ KS A 5201 ㉯ KS A 1501
㉰ KS F 1501 ㉱ KS F 5201
해설 대한민국 건축제도 통칙 규격번호는 KS F 1501이며, 건축 및 건축 구성재의 제도에서 공통 또는 기본적인 사항에 대하여 규정한다.

문제 3. 한국산업규격(KS)의 분류기호 중 건축을 나타내는 것은 어느 것인가?
㉮ K ㉯ W
㉰ E ㉱ F

해설 ㉮ K : 화학, ㉯ W : 항공부문, ㉰ E : 광산

문제 4. 한국산업규격(KS)에 규정되어 있지 않은 것은 어느 것인가?
㉮ 제품의 품질 ㉯ 제품의 모양
㉰ 제품의 시험법 ㉱ 제품의 생산지
해설 제품의 생산지는 규정되어 있지 않다.

문제 5. 건축설계 제도에서 한국산업규격에 따른 창호기호는 무엇인가?
㉮ KS F 1501 ㉯ KS F 1502
㉰ KS B 0051 ㉱ KS B 0052

문제 6. KS D 3503 SS41 이 나타내는 내용에 속하지 않는 것은 어느 것인가?
㉮ 재질 ㉯ 형상
㉰ 강도 ㉱ 규격

해답 1. ㉱ 2. ㉰ 3. ㉱ 4. ㉱ 5. ㉯ 6. ㉰

CHAPTER 2 기초설계 제도

1. 제도의 기본

제도는 물체의 정확한 모양, 구조, 기능 등을 다른 사람이 알기 쉽고 정확하게 이해할 수 있도록 정확, 명료, 신속하게 나타내어야 한다.

㈜ 제도의 3요소 : 신속, 정확, 명료

1-1 제도용구

(1) 제도기

제도기 형식에는 영국식, 독일식, 프랑스식 등이 있으며, 제도의 크기는 품종수로써 나타내는데, 제도용구의 품종수가 6개이면 6품, 12개이면 12품, 24개이면 24품이라고 하고, 12품 정도가 가장 많이 쓰인다.

① 디바이더 : 축척의 눈금을 제도용지에 옮길 때, 또는 도면 위의 어느 선을 등분할 때에 쓰인다.

② 컴퍼스 : 원, 원호를 그릴 때 사용하는 용구이다.

㈎ 스프링 컴퍼스 : 반지름 10 mm 이하의 작은 원이나 작은 원호를 그릴 때 사용한다.

㈏ 빔 컴퍼스 : 대형 컴퍼스로 그리지 못하는 큰 원을 그릴 때, 또는 곡선자로 그리지 못할 때 쓰인다.

㈐ 소형 컴퍼스

㈑ 중형 컴퍼스

㈒ 대형 컴퍼스

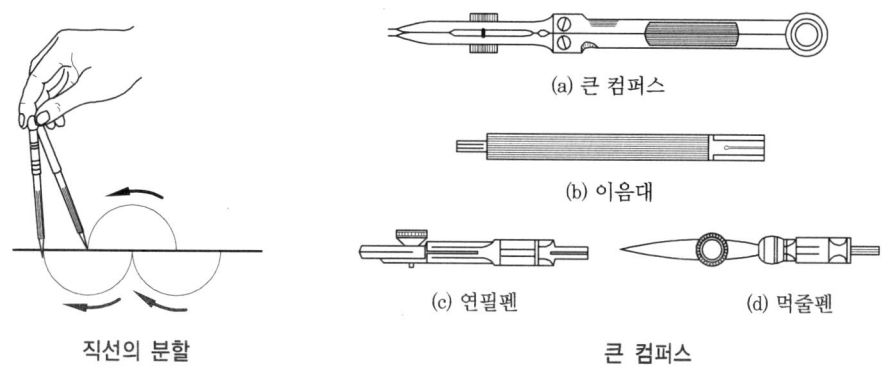

직선의 분할   큰 컴퍼스

(2) 자와 각도기

① 삼각자 : 한 각이 90°이고, 다른 두 각이 45°인 이등변 삼각자와 30°, 60°인 부등변삼각자 등 2종류가 1쌍으로 되어 있으며, 자의 길이는 120~450 mm가 있으나 이 중 300 mm의 자가 가장 많이 쓰인다.

② T자 : 제도판에 대고 수평선을 긋거나 T자의 삼각자를 대고 수직선, 사선을 그을 때 사용하는 것으로, T자의 길이는 450~1800 mm 등 여러 가지가 있으며, 900 mm의 것이 가장 많이 쓰이며, 벗나무, 플라스틱, 금속의 제품으로 줄을 치는 가장자리 부분에는 셀룰로이드들을 붙여 지면에 잘 부착되며, 도면의 그림이 보이도록 제작된 것이 편리하다.

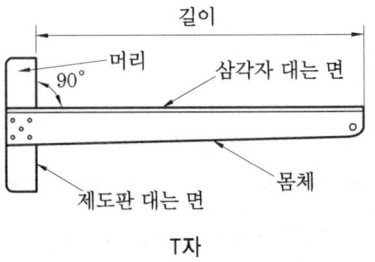

T자

③ 운형자 : 컴퍼스로 그리기 어려운 곡선을 그릴 때 쓰인다.

운 형 자

④ 자유곡선자

  ㈎ 납이 들어 있는 금속 고무제로 되어 있어 자유롭게 구부릴 수 있다.

  ㈏ 여러 가지 곡선을 자유롭게 그릴 수 있다.

  ㈐ 작은 곡선을 그릴 때 사용할 수 없다는 결점이 있다.

⑤ 축적(스케일 : scale) : 길이를 재거나 또는 길이를 줄이는 데 쓰이는 것으로, 삼각형, 단면 모양을 한 목재의 3면에 1 mm의 1/100, 1/200, 1/300, 1/400, 1/500, 1/ 600에 해당하는 6가지로 축적되어 있으며, 눈금이 새겨져 사용하기에 매우 편리하다.

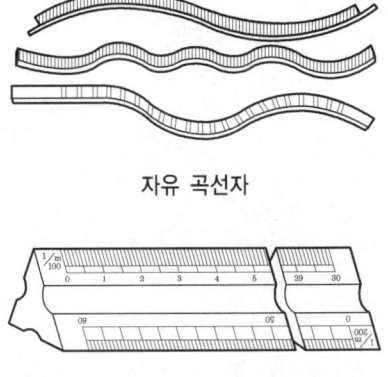

자유 곡선자

삼각 축적

⑥ 각도기 : 셀룰로이드로 만든 반원 모양의 것으로서 방향 및 각도를 측정하는 데 쓰인다.

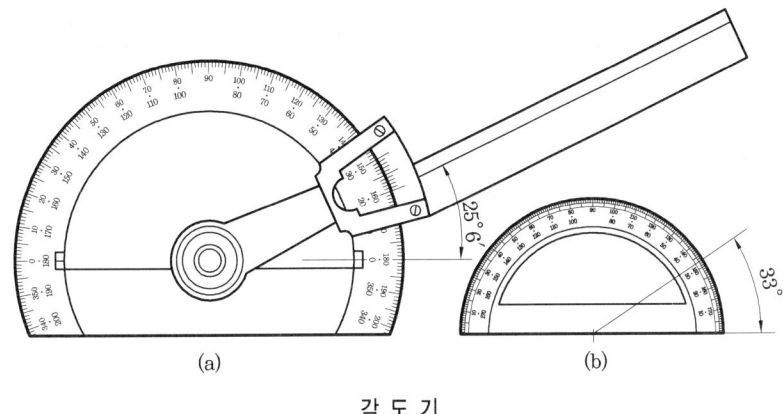

각 도 기

⑦ 각도자 : 주로 삼각자와 각도기를 합한 것으로 건축제도의 지붕경사 (물매)를 그리는 데 매우 편리하다.

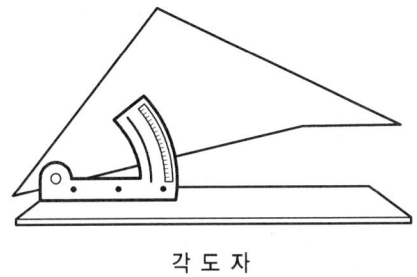

각 도 자

(3) 제도용지

① 원도용지 : 켄트지, 워트먼지가 주로 쓰이며, 켄트지는 주로 연필제도나 먹물제도를 할 때 쓰이며, 워트먼지는 채색용으로 쓰인다.
② 트레이싱 페이퍼
　㈎ 미농지
　　• 다른 트레이싱 페이퍼에 비하여 투명도가 좋지 못하고, 얇아서 그림을 그리기도 어렵고, 종이의 질이 좋지 못하여 먹물이 번져서 원도를 더럽히는 경우도 있다.
　　• 그림을 그리는 도중에 실수를 하면 수정할 수 없으므로 오려내고 덧붙여야 한다.
　　• 착색이 자유롭고, 접어서 영구적으로 보존하는 데 편리하다.
　㈏ 기름종이
　　• 트레이싱하기 쉬우며, 또 먹물을 넣기도 쉽다.
　　• 요즈음은 광택을 없앤 기름종이가 널리 쓰인다.
　　• 오랫동안 보존하기 어렵고, 착색이 자유롭지 못하며, 찢어지기 쉽다.
　㈐ 트레이싱 클로스
　　• 기름종이와 같이 분필 가루나 가솔린을 묻힌 헝겊으로 표면의 기름기를 제거하

여 사용한다.
- 제도할 때에는 손가락에 기름기가 묻지 않도록 특히 조심해야 한다.
- 착색은 잘 되지 않으나 기름종이보다는 잘 되는 편이다.

(4) 그 밖의 용구 및 재료

① 제도판 : 제도판은 제도용지를 붙이는 직사각형 판으로서, 표면은 편평하고 T자의 안내면이 바르게 다듬질되어 있어야 한다.

제도판의 규격

(치수 : mm)

종 류	길이 × 폭
특 대 판	1200 × 900
대 판	1050 × 750
중 판	900 × 600
소 판	600 × 450

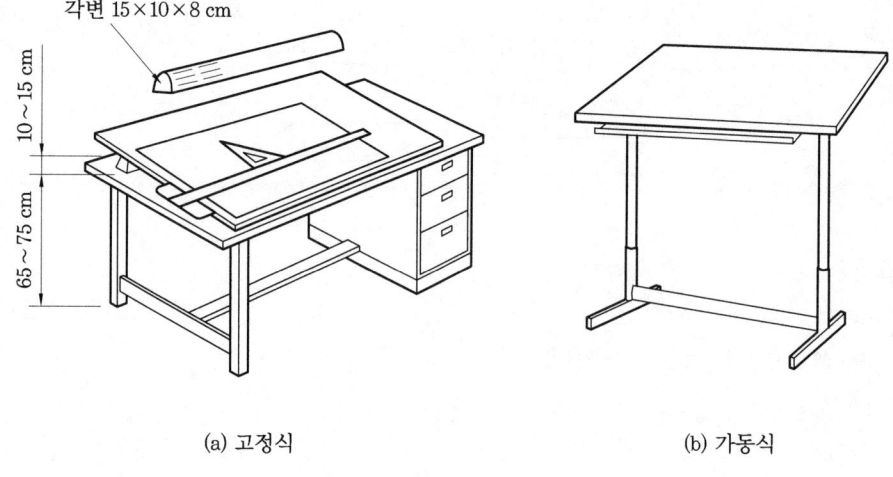

(a) 고정식   (b) 가동식

제 도 대

② 연필 : 제도용 연필로 많이 쓰이는 것은 B, HB, H, 2H 등이 쓰이며, 이 중 가장 많이 쓰이는 것은 HB이다. H표는 굳기를, B표는 무르기를 나타낸다.

③ 제도용 펜촉 : 제도용 펜촉은 문자나 치수의 숫자와 같이 프리핸드로 먹물을 넣어 사용할 때 쓰이며, 라운드 펜촉과 G 펜촉이 많이 쓰인다.

④ 템플릿 : 셀룰로이드나 아크릴판으로 만든 얇은 판에 서로 크기가 다른 원, 타원 등과 같은 기본 도형이나 문자, 기구 또는 위생도구 등의 형을 축척에 맞추어 정교하게 뚫어 놓은 판으로서, 복잡한 도형을 판에 맞춰 연필을 대고 원하는 모양을 정확하고 간단하게 그릴 수 있도록 만든 것이다.

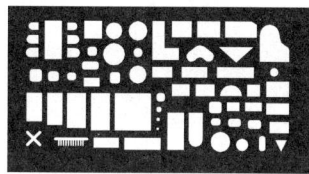 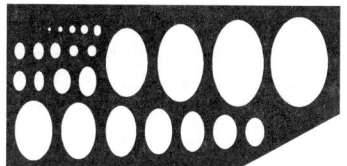 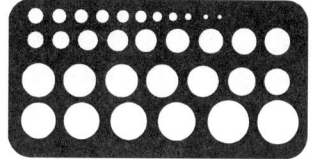

템플릿

⑤ 지우개판 : 얇은 셀룰로이드, 양은, 스테인리스 강판 등으로 만든 것으로서, 잘못 그린 선이나 불필요한 선을 지우는 데 쓰인다.

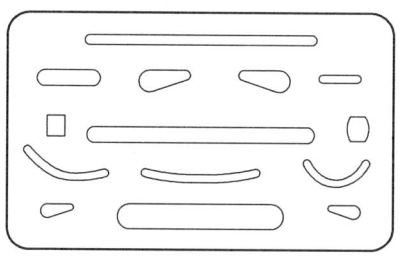

지우개판

⑥ 만능 제도기계 : T자, 삼각자, 축척, 각도기, 눈금자 등의 역할을 하는 제도기계를 설치하고, 제도판, 조명시설 등을 적당히 장치하여 제도의 능률을 올릴 수 있도록 한 기계이다.

2. T자와 삼각자의 사용방법

(1) T자의 사용방법

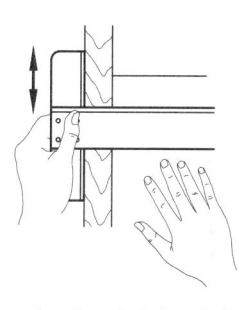 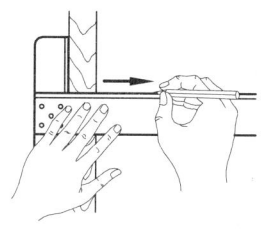 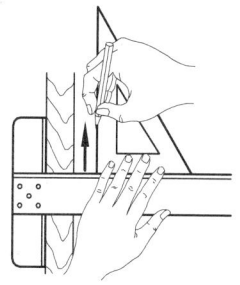

(a) T자를 움직이는 방법   (b) 수평선을 긋는 방법   (c) 수직선을 긋는 방법

T자의 사용방법

(2) 삼각자의 사용방법

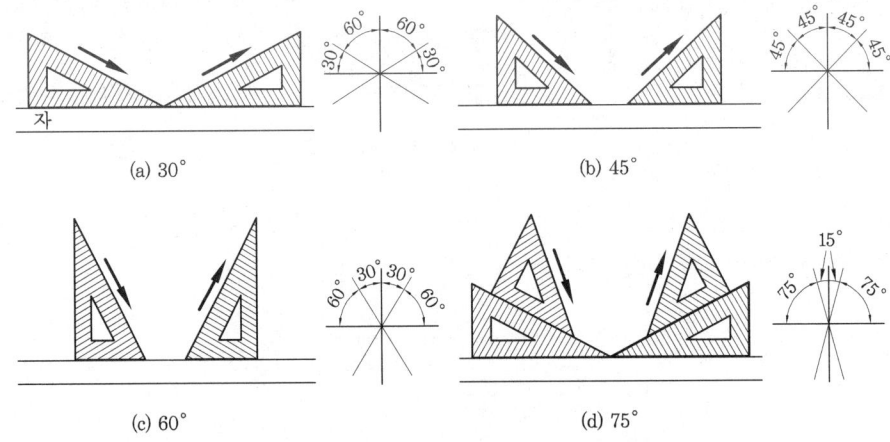

삼각자의 사용방법

(3) 선긋기 순서와 방향

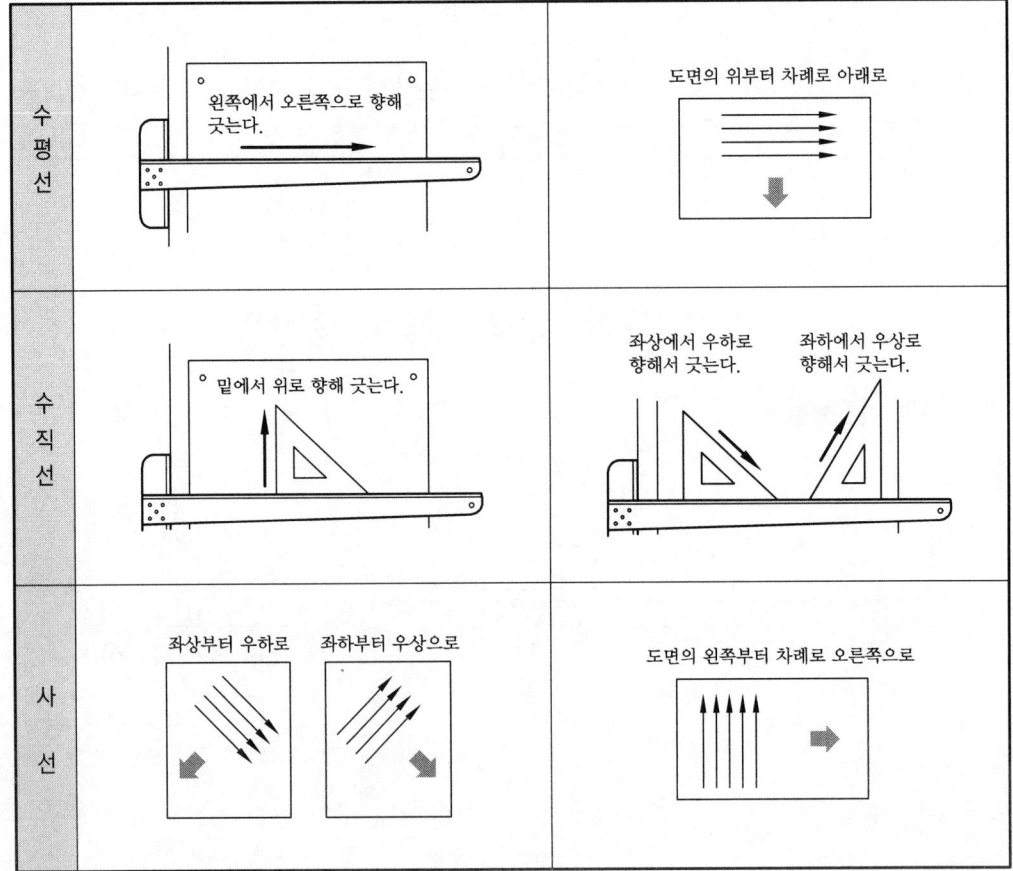

(4) 삼각자로 빗금긋기

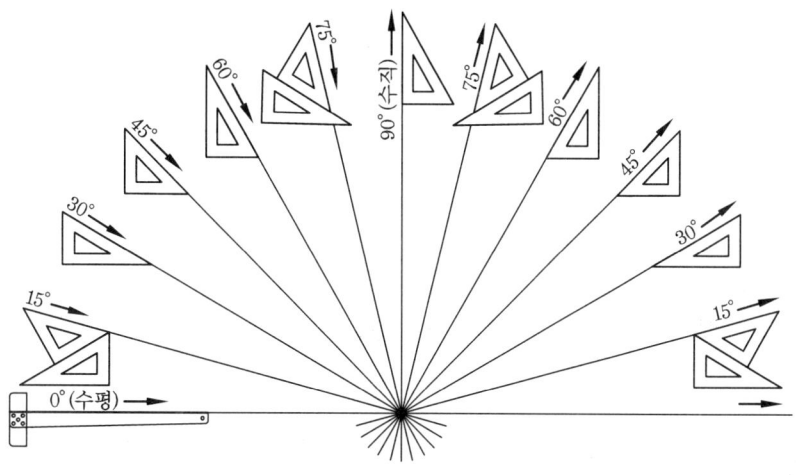

삼각자의 빗금긋기

참고 • 건축제도 선긋기
① 한 번 그은 선은 중복해서 긋지 않는다.
② 굵은 선의 굵기는 0.8 mm 정도면 적당하다.
③ 시작부터 끝까지 일정한 힘을 주어 일정한 속도로 긋는다.
④ 용도에 따른 선의 굵기는 축척과 도면의 크기에 따라서 다르게 한다.

예 상 문 제

문제 1. 건축제도에서 일반적으로 유의해야 할 사항이 아닌 것은?
㉮ 정확 ㉯ 명료
㉰ 신속 ㉱ 단순
[해설] 건축제도에서 KS F 1501의 건축제도 통칙에 정하는 바에 따라 정확, 명료, 신속하게 작도를 하여 본래의 설계가 뜻하는 바를 충분히 나타내도록 하여야 한다.

문제 2. 제도판에 관한 설명 중 틀린 것은?
㉮ 재료로는 전나무가 좋다.
㉯ 크기는 보통 특대판, 대판, 중판, 소판으로 구분한다.
㉰ 판의 끝손질은 니스칠을 하는 것이 좋다.
㉱ 테두리는 단단하고 매끄러운 재질의 나무를 쓰는 것이 좋다.
[해설] 제도판은 일반적으로 니스칠을 하지 않는다.

문제 3. 다음 중 디바이더의 사용법으로 옳지 않은 것은?
㉮ 선을 등간격으로 분할할 때
㉯ 치수를 도면에 옮길 때
㉰ 도면상의 길이를 다른 도면에 옮길 때
㉱ 작은 원을 그릴 때
[해설] 작은 원을 그릴 때는 스프링 컴퍼스를 사용한다.

문제 4. 디바이더의 주 용도가 아닌 것은?
㉮ 직선이나 원주를 등분할 때
㉯ 오구라고도 하며 제도 잉크로 선을 그을 때
㉰ 각도를 분할할 때
㉱ 치수를 도면 위에 잡을 때
[해설] ㉯ 먹줄펜에 대한 설명이다.

문제 5. 도면을 축적 1/250로 그릴 때, 삼각스케일의 어느 축적으로 사용하면 편한가?
㉮ $\frac{1}{200}$ ㉯ $\frac{1}{300}$ ㉰ $\frac{1}{400}$ ㉱ $\frac{1}{500}$
[해설] 1/500 스케일로 사용하는 축적은 1/5, 1/50, 1/500, 1/25, 1/250 등

문제 6. 제도의 주의사항 중 옳지 않은 것은?
㉮ 간단 명료하고 정확할 것
㉯ 충분하고 조화가 되어 있을 것
㉰ 깨끗하고 아름다울 것
㉱ 특히 외형이 잘 되어 있을 것
[해설] 내용이 중요하지 외형하고는 관계가 없다.

문제 7. 제도 시 주의사항 중 틀린 것은?
㉮ 빔 컴퍼스(beam compass)는 큰 원을 그릴 때 사용된다.
㉯ 짧은 선은 프리 핸드(free hand)로 할 수 있다.
㉰ 제도용구는 사용 후 정비를 철저히 해야 한다.
㉱ 조명의 위치는 좌측 상방향이 좋다.
[해설] 짧은 선도 반드시 자를 사용한다.

문제 8. 제도할 때의 설명 중 틀린 것은?
㉮ 몸의 자세는 15°이다.
㉯ 제도판의 높낮이가 자유롭다.
㉰ 조명등의 빛은 오른쪽으로 들어온다.
㉱ 왼쪽 손으로 쓸 것은 왼쪽, 오른쪽에서 쓸 것은 오른쪽에 정돈한다.
[해설] 조명등의 빛은 좌측 상단에서 들어오게 한다.

문제 9. 제도판 및 제도책상 위에 일반적으로 놓는 제도용구의 설명으로 옳지 않은 것은?

[해답] 1. ㉱ 2. ㉰ 3. ㉱ 4. ㉯ 5. ㉱ 6. ㉱ 7. ㉯ 8. ㉰ 9. ㉱

가 오른손으로 쓰는 것은 오른쪽에 놓는다.
나 왼손으로 쓰는 것은 왼쪽에 가깝게 놓는다.
다 컴퍼스, 디바이더 등은 오른쪽에 가깝게 놓는다.
라 눈금자, 삼각자 등은 오른쪽에 가깝게 놓는다.
[해설] 눈금자, 삼각자 등은 왼쪽에 놓는다.

[문제] 10. 제도판에 제도용지를 붙이는 방법으로 가장 적합한 것은?
가 왼쪽, 위쪽을 T자 너비만큼 떼어서 붙인다.
나 왼쪽, 밑쪽을 T자 너비만큼 떼어서 붙인다.
다 오른쪽, 위쪽을 T자 너비만큼 떼어서 붙인다.
라 오른쪽, 밑쪽을 T자 너비만큼 떼어서 붙인다.
[해설] 왼쪽, 밑쪽을 T자 너비만큼 떼어서 붙인다.

[문제] 11. 삼각자 한 변의 길이는 어느 부분을 기준으로 하는가?
가 45°자의 빗변과 60°자의 수선의 길이가 자의 길이이다.
나 45°자의 수선의 길이와 60°자의 수선의 길이가 자의 길이이다.
다 45°자의 빗변과 60°자의 빗변의 길이가 자의 길이이다.
라 45°자의 수선의 길이와 60°자의 빗변의 길이가 자의 길이이다.
[해설] 45°자의 빗변과 60°자의 수선의 길이가 자의 크기 기준이다.

[문제] 12. 다음 그림 중 A의 각도는?
가 90°
나 75°
다 60°
라 15°

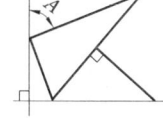

[해설] 180°−90°−15°=75°

[문제] 13. 다음 그림 중 A의 각도는?
가 90°
나 105°
다 130°
라 105°

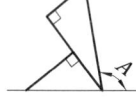

[해설] 180°−30°−45°=105°

[문제] 14. 다음 그림과 같이 삼각자 1조를 이용한 A의 각도는?
가 90°
나 75°
다 60°
라 45°
[해설] 180°−90°−15°=75°

[문제] 15. 수평면에 대한 제도판의 경사로 적합한 것은?
가 10~15°   나 30~45°
다 50~60°   라 60~75°
[해설] 제도판의 경사는 10~15°가 적당하다.

[문제] 16. 제도판에서 중판의 크기로 적합한 것은?
가 1200×900   나 900×600
다 1050×750   라 600×450
[해설] ① 특대판 : 1200×900
② 중판 : 900×600
③ 대판 : 1050×750
④ 600×450

[문제] 17. 다음 중 채색지로 쓰이는 것은?
가 트레이싱지   나 켄트지
다 백아지   라 트레이싱 클로스
[해설] ① 원도지 중에서 장기보관 또는 착색용으로 모조지, 백아지, 워트먼지 등을 사용한다.
② 트레이싱 클로스는 하나의 원도에서 많은 양의 복사를 한다든지 원도를 장기 보관할

필요가 있을 때 사용한다.
③ 원도지 : 켄트지, 모조지, 백아지, 워트먼지
④ 투사용지 : 트레이싱 페이퍼, 트레이싱 클로스

문제 18. 제도판에서 광원의 배치로 가장 적합한 위치는?
㉮ 우측 하단 ㉯ 우측 상단
㉰ 좌측 상단 ㉱ 좌측 하단
[해설] 조명등의 빛은 좌측 상단에서 들어오게 한다.

문제 19. 제도용구의 T자에 관한 기술 중 틀린 것은?
㉮ 줄 긋는 가장자리는 불투명한 것이 좋다.
㉯ 제도판에 대고 수평선을 긋는 역할을 한다.
㉰ 삼각자의 안내 역할을 하여 수직선이나 사선을 긋는 데 이용된다.
㉱ 충분히 건조시킨 벚나무 재를 사용하여 만든다.
[해설] 줄 긋는 가장자리는 투명한 셀룰로이드가 좋다.

문제 20. 건축제도 시 삼각자의 한쌍이라 함은 무엇을 말하는가?
㉮ 45°인 직각 이등변 삼각형과 30°, 60°의 직각 삼각형의 2개
㉯ 30°인 직각 삼각형과 60°인 직각 삼각형의 2개
㉰ 15°인 직각 삼각형과 75°인 직각 삼각형의 2개
㉱ 45°인 직각 이등변 삼각형과 15°인 직각 삼각형의 2개

문제 21. 그림에서 수직선에 대한 A의 각도는?
㉮ 15°
㉯ 30°
㉰ 60°
㉱ 75°

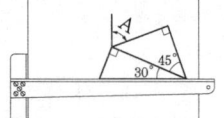

[해설] 문제 12번 해설 참조

문제 22. 컴퍼스로 그리기 어려운 원호나 곡선을 그릴 때 사용하는 것은?
㉮ 운형자 ㉯ 스케일
㉰ 템플릿 ㉱ 지우개판
[해설] 운형자는 컴퍼스로 그리기 어려운 곡선을 그린다.

문제 23. 길이를 재거나 또는 길이를 줄이는 데 사용하는 것은?
㉮ 스케일 ㉯ 운형자
㉰ 자유곡선자 ㉱ 템플릿
[해설] 스케일은 축척 및 배척, 현척이 가능하다.

문제 24. 실제의 길이 2 m를 축척 1/100로 도면에 나타내는 길이는?
㉮ 2 ㉯ 20 ㉰ 200 ㉱ 400
[해설] $2000 \text{ mm} \times \frac{1}{100} = 20 \text{ mm}$

문제 25. 다음 중 디바이더를 사용하는 경우가 아닌 것은?
㉮ 도면상의 선을 분할할 때
㉯ 스케일의 치수를 도면에 옮겨 잡을 때
㉰ 실물의 크기를 옮길 때
㉱ 먹물로 선을 그을 때
[해설] 먹물로 선을 그을 때 사용하는 것은 먹줄펜이다.

문제 26. 지름이 큰 원을 그리거나 긴 선분을 옮길 때에 사용하는 컴퍼스는?
㉮ 대형 컴퍼스 ㉯ 소형 컴퍼스
㉰ 중형 컴퍼스 ㉱ 빔 컴퍼스
[해설] 큰 원을 그릴 때는 빔 컴퍼스를 사용한다.

문제 27. 제도용지에 관한 기술 중 틀린 것은?
㉮ 켄트지는 보존용 도면이나 전시용 도면을 작성할 때 사용한다.

[해답] 18. ㉰ 19. ㉮ 20. ㉮ 21. ㉱ 22. ㉮ 23. ㉮ 24. ㉯ 25. ㉱ 26. ㉱ 27. ㉱

㈏ 워트먼지, 백아지, 모조지 등은 보존용 도면이나 전시용 도면으로서 착색하고자 할 때 사용한다.
㈐ 트레이싱 클로스는 잉킹 작업하여 원도를 장기보관할 때 사용한다.
㈑ 미농지는 방안지의 일종으로 평면도 등의 계획을 잡는데 편리한 제도지이다.
[해설] 미농지는 트레이싱 페이퍼의 일종으로 그림 그리기는 어려우나 착색이 자유롭고 접어서 영구적으로 보존하는 데 편리하다.

문제 28. 다음 보관 전시용 도면 중에서 채색용으로는 적합하지 않는 것은?
㈎ 켄트지 ㈏ 워트먼지
㈐ 백아지 ㈑ 모조지
[해설] 원도지 중에서 장기보관 또는 착색용으로 모조지, 백아지, 워트먼지 등을 사용한다.

문제 29. 납이 들어 있는 금속 고무재로써 여러 가지 곡선을 자유롭게 그릴 수 있는 것은?
㈎ 자유곡선자 ㈏ 운형자
㈐ 템플릿   ㈑ 스케일
[해설] 자유곡선자는 납이 들어 있어 여러 가지 곡선을 그릴 수 있으나 작은 곡선은 어렵다.

문제 30. 만능 제도기로서 할 수 있는 기능이 아닌 것은?
㈎ T자   ㈏ 축척
㈐ 각도기 ㈑ 곡선자
[해설] 만능 제도기는 T자, 스케일, 각도기 기능이 가능하다.

문제 31. 기본 도형, 문자, 숫자, 기구 또는 위생도구를 축척에 맞추어 간편하게 그릴 수 있는 것은?
㈎ 템플릿   ㈏ 지우개판
㈐ 레터링 세트 ㈑ 자유곡선자

[해설] 템플릿에 대한 설명이다.

문제 32. 한글이나 영자, 숫자 등이 아크릴자에 새겨져 있어 도면에 같은 형태로 옮겨 적는 데 사용하는 것은?
㈎ 템플릿   ㈏ 지우개판
㈐ 레터링 세트 ㈑ 자유곡선자
[해설] 레터링 세트에 대한 설명이다.

문제 33. 선긋기에 관한 기술 중 옳지 않은 것은?
㈎ 수평선은 왼쪽에서 오른쪽으로 긋는다.
㈏ 수직선은 위에서 아래로 긋는다.
㈐ 수평선을 여러 개 그을 때에는 위에서 아래로 순서 있게 긋는다.
㈑ 수선을 여러 개 그을 때에는 왼쪽에서 오른쪽으로 순서 있게 긋는다.
[해설] 수직선은 아래에서 위로 긋는다.

문제 34. 제도용지 중 중요한 보존용 도면을 작성할 때 쓰이는 것으로 적당한 것은?
㈎ 미농지   ㈏ 트레이싱 페이퍼
㈐ 트레이싱 필름 ㈑ 켄트지
[해설] 문제 27번 해설 참조

문제 35. 컴퍼스 사용법 설명으로 옳은 것은?
㈎ 연필심 컴퍼스는 시계방향, 먹줄펜 컴퍼스는 반시계방향으로 돌린다.
㈏ 연필심 컴퍼스는 반시계방향, 먹줄펜 컴퍼스는 시계방향으로 돌린다.
㈐ 연필심 컴퍼스나 먹줄펜 컴퍼스는 어느 쪽으로 돌려도 좋다.
㈑ 연필심 컴퍼스나 먹줄펜 컴퍼스는 시계방향으로 돌린다.
[해설] 컴퍼스는 항상 시계방향으로 돌린다.

[해답] 28. ㈎ 29. ㈎ 30. ㈑ 31. ㈎ 32. ㈐ 33. ㈏ 34. ㈐ 35. ㈑

3 설계제도의 기본

건축제도에서는 KS F 1501 건축제도 통칙이 정하는 바에 따라 정확, 명료, 신속하게 작도한다.

1. 도면의 크기

① 제도, 용지의 크기는 KS A 5201에 규정되어 있다.
② 필요에 따라 길이의 방향으로 연장할 수 있다.
② 도면은 길이방향을 좌우방향으로 놓은 위치를 정위치로 하지만, A4 이하의 도면은 이에 따르지 않아도 된다.
③ 접는 도면의 크기는 A4 크기를 원칙으로 한다.

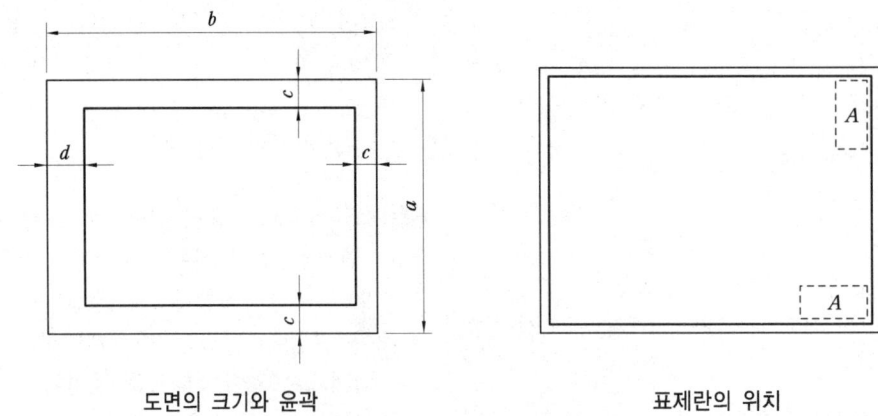

도면의 크기와 윤곽　　　　　표제란의 위치

제도지의 크기

(단위 : mm)

제도지의 치수		A0	A1	A2	A3	A4	A5	A6
$a \times b$		841×1189	594×841	420×594	297×420	210×297	148×210	105×148
c (최소)		10	10	10	5	5	5	5
d (최소)	철하지 않을 때	10	10	10	5	5	5	5
	철할 때	25	25	25	25	25	25	25

2. 표제란

① 도면은 반드시 표제란을 설정해야 한다.
② 표제란에는 도면번호, 공사명칭, 축척, 책임자의 성명, 설계자의 성명, 도면작성 연월일, 작품 분류번호 등을 기입한다.
③ 표제란의 위치는 도면 오른쪽의 맨 아래로 잡는 것이 보통이다.

도면명		축 척	
이 름		날 짜	
학 교			

(a) 학교 실습 도면용

가나다 건축연구소			
회사명			
도면명			
도 면 번 호	축척 :		년 월 일
	설계 :	제도 :	검사 :

(b) 설계 사무소용 도면

표제란의 예

[참고] 국가 기술 자격검정에서는 공정한 채점을 위해 왼쪽 상단에 표제란을 설정한다.

3. 도면의 배치

① 배치도, 평면도 등의 도면은 북쪽을 위로 하여 그린다.
② 제도지에 윤곽선을 잡고 표제란을 그린 다음, 그림이 들어갈 종류를 결정한다.
③ 그림의 크기를 결정하고 치수선, 문자 등을 쓸 여백을 고려하면서 그림의 위치를 결정한다.

4. 선

(1) 도면의 종류와 용도

선의 종류와 용도

명 칭	굵 기 (mm)		용도에 의한 명칭	용 도
실 선	전 선	0.3~0.8	단 면 선 외 형 선 파 단 선	물체의 보이는 부분을 나타내는 선으로서, 단면선과 외형선으로 구별하여 사용하기도 한다.
	가는선	0.2 이하	치수선, 치수 보조선, 지시선, 해칭선	치수선, 치수 보조선, 인출선, 각도 설명 등을 나타내는 지시선 및 해칭선으로 사용한다.

허 선	파선	반선 전선의 약 1/2, 가는 선보다 굵게 그린다.	숨 은 선	물체의 보이지 않는 부분의 모양을 표시하는 데 사용한다. 파선과 구별할 필요가 있을 때에는 점선을 쓴다.
	일점 쇄선	가는선 0.2 이하	중 심 선	물체의 중심축, 대칭축을 표시하는 데 사용한다.
		반선 전선의 약 1/2, 가는 선보다 굵게 그린다.	절 단 선 경 계 선 기 준 선	물체의 절단한 위치를 표시하거나 경계선으로 사용된다.
	이점 쇄선	반선 전선의 약 1/2, 가는 선보다 굵게 그린다.	가 상 선	물체가 있는 것으로 가상되는 부분을 표시하거나, 일점쇄선과 구별할 때 사용된다.

(2) 선의 사용

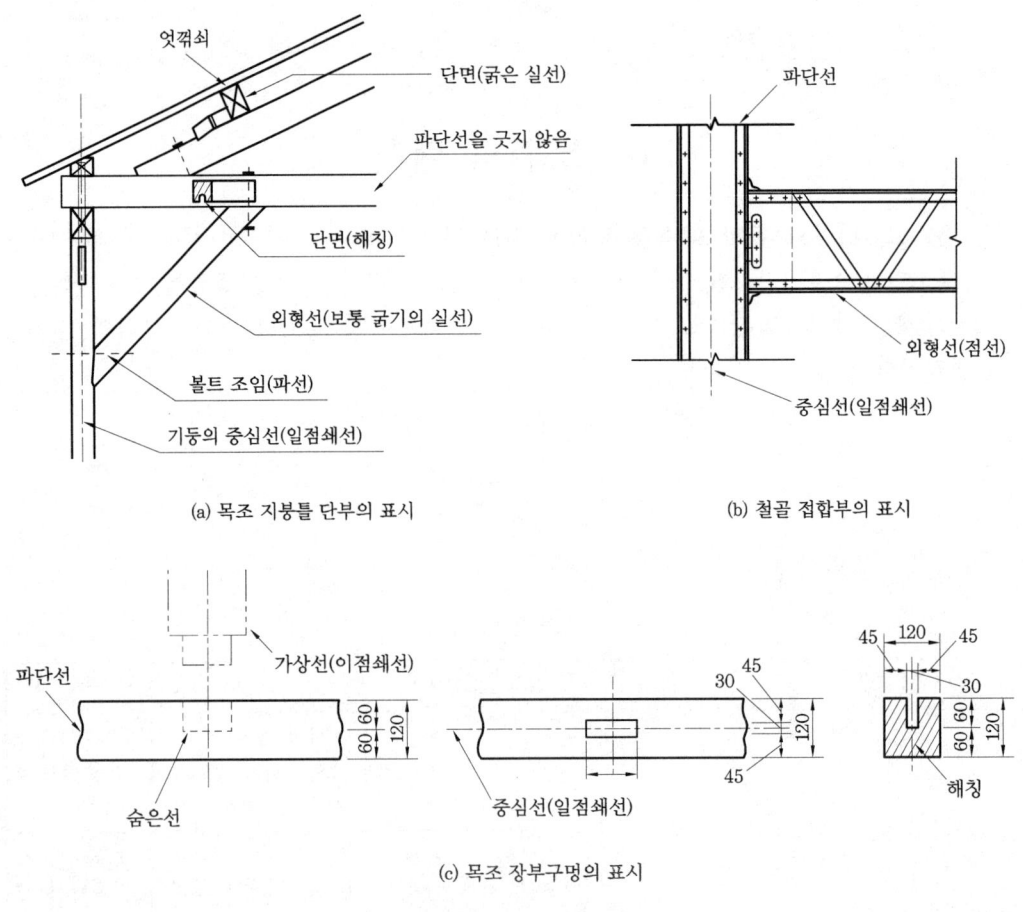

여러 가지 선의 사용법

5. 제도문자

① 건축제도에 사용되는 문자는 숫자, 로마문자, 한자, 한글 등이 있다.
② 문장은 왼편에서부터 가로쓰기를 원칙으로 한다. 단, 가로쓰기가 곤란할 때에는 세로쓰기도 무방하다. 여러 줄일 때에는 가로쓰기로 한다.
③ 숫자는 아라비아 숫자를 원칙으로 한다.
④ 글자체는 고딕체로 하고 수직, 또는 15° 경사로 쓰는 것을 원칙으로 한다.
⑤ 글자의 크기는 높이 20, 16, 12.5, 10, 8, 6.3, 5, 4, 3·2, 2·5, 및 2 mm의 11종류를 표준으로 한다.
⑥ 4위 이상의 수는 3위마다 휴지부를 찍든지 간격을 둠을 원칙으로 한다. 단, 4위의 수는 이에 따르지 않아도 좋다. 소수점은 밑에 친다.

6. 치 수

① 도면에 기입하는 치수는 mm 단위로 숫자만 기입하고, 단위기호는 붙이지 않는다.
② 넷째 자리 이상의 수는 셋째 자리마다 쉼표를 찍거나 간격을 두어 읽기에 편리하도록 한다.
③ 치수선
  ㈎ 그림에 방해가 되지 않는 적당한 위치에 긋는다.
  ㈏ 치수 보조선은 치수를 나타내는 부분의 양끝에서 치수선과 직각이 되도록 긋거나 2~3 mm 정도 떨어져 긋기 시작한다.
  ㈐ 치수 보조선의 끝도 치수선과의 교차점을 지나서 3 mm 정도 더 나오도록 하는 것이 좋다.

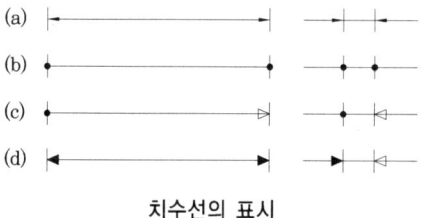

치수선의 표시

④ 치수의 기입
  ㈎ 치수선에 따라 도면에 평행하게 쓰고 도면의 아래로부터 위로, 또는 왼쪽에서 오른쪽으로 읽을 수 있도록 윗부분에 기입하거나 치수선을 중단하고 선의 중앙에 기입하기도 한다.
  ㈏ 수치를 기입할 여백이 없을 때에는 인출선을 그어 수평선을 긋고 그 위에 치수를 기입한다.

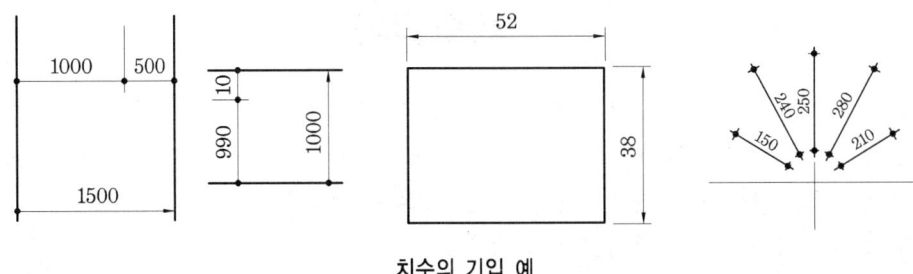

치수의 기입 예

⑤ 원호, 현의 길이 표시 : 지름의 기호 φ, 반지름의 기호 R, 정사각형의 기호 □는 치수 숫자 앞에 쓴다 (예 φ12, R14).

⑥ 각도, 물매의 표시
  (가) 지면의 물매나 바닥의 배수 물매 등의 물매가 작을 때에는 분자를 1로 한 분수로 표시한다.
  (나) 지붕의 물매처럼 비교적 물매가 클 때에는 분모를 10으로 한 분수로 표시한다.

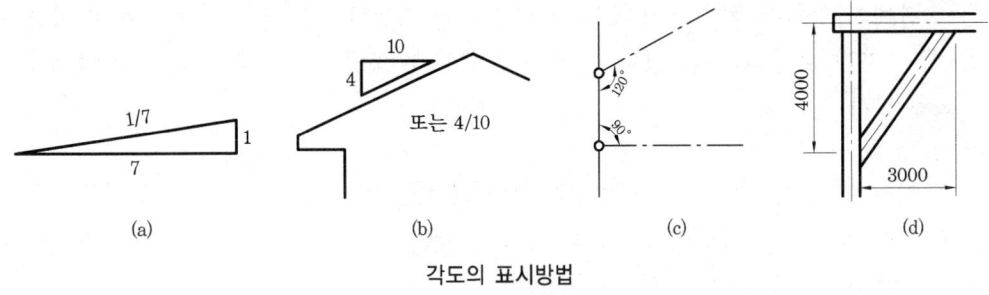

각도의 표시방법

7. 기준선

① 조립 기준선은 건축물의 설계 및 조립을 실시할 경우, 도면에서 건축물 각부의 위치를 명시하기 위한 기준이 되는 선
② 평면적으로는 X방향과 Y방향으로, 입체적으로는 Z방향에 잡고 일점 쇄선으로 나타내며, 필요에 따라 여러 개를 선정할 수 있는데, 이 때 가장 기준이 되는 선을 주기준선, 이것에서 측정한 다른 기준이 되는 선을 보조 기준선이라고 한다.
③ 주 기준선은 ▶◀, 보조 기준선은 ▷◁ 표를 표시한다.
④ 기준선의 위치를 표시할 때, 보조 기준선은 주기준선

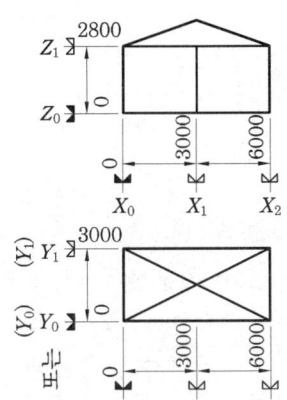

주 기준선과 보조 기준선의 사용

으로부터의 거리로 표시하며, 치수선의 단부는 주기준선 쪽을 흑점, 보조 기준선 쪽을 삼각 화살표로 한다.

⑤ 치수 숫자는 기준선의 위쪽 화살표의 오른쪽에 기입하는 것을 원칙으로 한다.

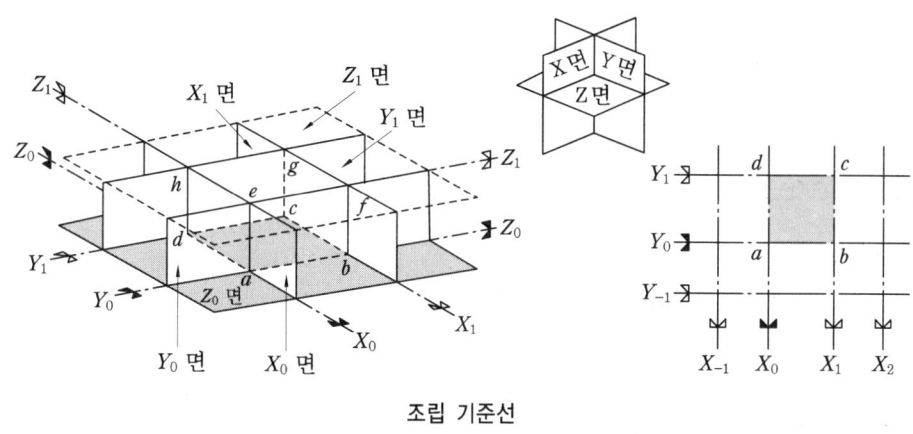

조립 기준선

8. 표시기호

건축설계 제도에는 여러 가지 표시기호가 쓰이는데, 이들은 한국산업규격으로 다음과 같이 제정되어 있어 이에 준용해야 한다.

- KS F 1501－1968, 평면 표시기호, 재료 표시기호
- KS F 1502－1971 창호기호
- KS B 0052－1970 용접기호
- KS B 0051－1971 배관 표시기호
- KS C 0301－1968 옥내 배선용 표시기호

(1) 일반기호

기 호	명 칭	기 호	명 칭	기 호	명 칭
L	길 이	V	용 적	S=1:200	축척 1/200
H	높 이	D, ϕ	지 름	▬▬▬	축 척
W	너 비	R	반 지 름	◆	단면의 위치방향
TH	두 께	⬆	주 출 입 구	◇	입면의 방향
Wt	무 게	↑	부 출 입 구		
A	면 적	①, ②	제 1 · 제 2		

(2) 창호 표시기호

울거미 재료의 종류별 기호		창문별 기호	
기 호	재 료 명	기 호	창 문 구 별
A	알 루 미 늄	D	문
G	유 리	W	창
P	플 라 스 틱	S	셔터
S	강 철		
Ss	스 테 인 리 스		
W	목 재		

① 창호기호의 표시방법
  (가) 원내를 수평으로 2등분하고 그 상단에는 정리번호를, 하단에는 창문 구별기호를 표시한다.
  (나) 울거미 재료의 종류별 기호는 필요에 따라 원의 하단 좌측에 표시하고 우측에 창문 구별기호를 표시하여도 좋다.

창문기호 (KS F 1502, 1980)

울거미 재료	창	문	비 고
목 재	1 / WW	2 / WD	창문번호 / 재료기호 | 창문셔터별 기호
철 재	3 / SW	4 / SD	
알루미늄재	5 / ALW	6 / ALD	창문번호는 같은 규격일 경우에는 모두 같은 번호로 기입한다.
플라스틱	7 / PW	8 / PD	• 창 : W
스테인리스강	5 / S$_s$W	6 / S$_s$D	• 문 : D • 셔터 : S

② 개폐방법을 표시하는 경우의 창호 표시기호

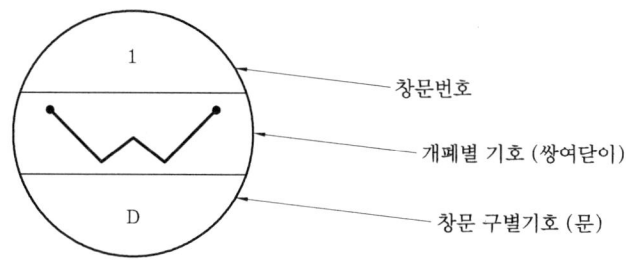

개폐 방법	문	창
외미닫이	1 → D	2 → W
쌍미닫이	3 ↔ D	4 ↔ W
미서기	5 ⇄ D	6 ⇄ W
외여닫이	7 D	8 W
쌍여닫이	9 D	10 W
자재여닫이	11 D	

예 상 문 제

문제 1. 제도문자 쓰기의 주의사항 중 부적당한 것은?
㉮ 문자의 간격은 일정해야 한다.
㉯ 문자의 폭은 동일해야 한다.
㉰ 연필심은 어느 정도 무른 것이 쓰기 좋다.
㉱ 문자는 기입위치나 크기에 대하여 충분히 고려해야 한다.
[해설] 문자의 크기에 따라 간격을 조절할 수 있다.

문제 2. 제도문자 쓰기에 관한 설명으로 부적당한 것은?
㉮ 문장은 왼편에서부터 가로쓰기를 원칙으로 한다.
㉯ 가로쓰기가 곤란할 때는 세로쓰기도 무방하다.
㉰ 글씨체는 해서로 고딕체가 좋다.
㉱ 글자의 크기는 도면의 종류에 따라 정해진다.
[해설] 문자는 보통 해서로는 쓰지 않는다.

문제 3. 제도문자의 크기는 몇 종류를 표준으로 하는가?
㉮ 3종류   ㉯ 8종류
㉰ 11종류 ㉱ 13종류
[해설] 11종류를 표준으로 사용하고 있다.

문제 4. 치수 기입할 때 틀린 설명은?
㉮ 치수는 중심 밑에 대하여 치수선의 아래에 기입한다.
㉯ 좁은 부분은 인출선을 쓰기도 한다.
㉰ 복잡하면 상세도를 그려 치수를 기입하기도 한다.
㉱ 지름은 ϕ, 반지름은 R, 숫자 앞에 쓴다.
[해설] 치수 기입은 치수선 중앙 윗부분에 기입하는 것이 원칙이다. 다만, 치수선을 중단하고 선의 중앙에 기입할 수도 있다.

문제 5. 치수 기입법 중 틀린 것은?
㉮ 치수 기입은 치수선에 평행하고 치수선의 중앙 부분에 쓴다.
㉯ 치수의 단위는 mm를 원칙으로 하고 단위기호도 같이 기입한다.
㉰ 숫자나 치수선은 다른 치수선 또는 외형선 등과 마주치지 않도록 한다.
㉱ 치수는 원칙적으로 그림 밖으로 인출하여 쓴다.
[해설] 치수의 단위는 mm를 원칙으로 하고 단위기호는 기입하지 않는다.

문제 6. 치수 기입방법 중 틀린 것은?
㉮ 지름의 기호는 ϕ, 반지름의 기호는 R로 표시한다.
㉯ 아주 좁은 부분의 치수 기입은 인출선을 사용하여 기입한다.
㉰ 전체 치수는 각각의 치수선보다 외부에 기입한다.
㉱ 모든 도면의 치수는 그림이 외부에 치수선을 긋고 기입하고 내부에는 기입할 수 없다.
[해설] 치수의 기입은 내부에도 할 수 있다.

문제 7. 선의 굵기가 차례로 나열된 것은?
㉮ 단면선-보조설명선-윤곽선-평면상의 구획선
㉯ 단면선-윤곽선-평면상의 구획선-보조설명선

[해답] 1. ㉮ 2. ㉰ 3. ㉰ 4. ㉮ 5. ㉯ 6. ㉱ 7. ㉯

㉰ 윤곽선-평면상의 구획선-단면선-보조설명선
　㉱ 단면선-평면상의 구획선-윤곽선-보조설명선
해설 단면선-윤곽선-평면상의 구획선-보조설명선

문제 8. 치수 기입법 중 틀린 것은?
　㉮ 240
　㉯ 250
　㉰ 280
　㉱ 210

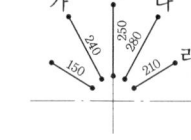

해설 왼쪽에 기입한다.

문제 9. 먹줄펜으로 가장 나중에 긋는 선은?
　㉮ 빗금　　　㉯ 수직선
　㉰ 수평선　　㉱ 파선
해설 수평 → 수직 → 빗금 → 파선 순으로 그린다.

문제 10. 먹줄펜의 먹치기 순서로 맞는 것은?
　㉮ 소원-곡선-대원-직선
　㉯ 소원-대원-직선-곡선
　㉰ 직선-대원-곡선-소원
　㉱ 소원-대원-곡선-직선
해설 소원 → 대원 → 곡선 → 직선 순으로 그린다.

문제 11. 연필제도가 끝나고 먹넣기할 때 직선계통의 선을 긋는 순서는?
　㉮ 수평선-파선-수직선-사선
　㉯ 수평선-수직선-사선-파선
　㉰ 사선-파선-수직선-수평선
　㉱ 파선-수직선-수평선-사선
해설 수평 → 수직 → 빗금 → 파선 순으로 그린다.

문제 12. 다음 치수 기입에 관한 기술 중 틀린 것은?
　㉮ 단위기호는 기입하지 않는다.
　㉯ 치수선에 평행하게 한다.
　㉰ 가로는 치수선 하부에 기입한다.
　㉱ 원칙적으로 마무리 치수를 기입한다.
해설 가로 치수는 치수선 상부에 기입한다.

문제 13. 연필선에 먹넣기를 할 때 순서가 올바른 것은?
　㉮ 작은원-큰원-직선-곡선-원호
　㉯ 작은원-큰원-원호-곡선-직선
　㉰ 큰원-작은원-원호-곡선-직선
　㉱ 큰원-작은원-직선-곡선-원호
해설 소원 → 대원 → 곡선 → 직선 순으로 그린다.

문제 14. 일점쇄선의 용도가 아닌 것은?
　㉮ 절단선　　㉯ 경계선
　㉰ 기준선　　㉱ 가상선
해설 ① 일점쇄선 : 중심선, 절단선, 기준선, 경계선, 참고선
　　 ② 이점쇄선 : 상상선 또는 일점쇄선과 구별할 때

문제 15. 물체의 보이지 않는 부분을 나타낼 때 표시하는 선은?
　㉮ 파단선　　㉯ 일점쇄선
　㉰ 이점쇄선　㉱ 파선
해설 파선은 보이지 않는 부분을 표시한다.

문제 16. 치수 보조선으로 사용하는 선의 명칭과 굵기로 적당한 것은?
　㉮ 실선, 굵은선　㉯ 일점쇄선, 가는선
　㉰ 실선, 가는선　㉱ 파선, 반선
해설 치수선, 치수보조선, 지시선 해침선은 가는 실선으로 그린다.

문제 17. 선의 종류 중 일점쇄선의 용도로 적당하지 않은 것은?
　㉮ 가상선　　㉯ 중심선
　㉰ 절단선　　㉱ 경계선
해설 가상선은 이점쇄선으로 그린다.

해답 8. ㉯ 9. ㉱ 10. ㉱ 11. ㉯ 12. ㉰ 13. ㉯ 14. ㉱ 15. ㉱ 16. ㉰ 17. ㉮

문제 18. 그림이 나타내고 있는 창호 표시기호의 뜻은?

㉮ 알루미늄창 2번
㉯ 2개의 미서기창
㉰ 2짝의 미닫이문
㉱ 알루미늄 2중창

[해설] 알루미늄창 2번을 의미한다.

문제 19. 기준선을 그을 때 알맞는 것은?

㉮ 점선
㉯ 실선
㉰ 일점쇄선의 가는선
㉱ 파선

[해설] 기준선, 중심선, 절단선 등은 일점쇄선으로 그린다.

문제 20. 물체의 중심축을 나타내는 선은?

㉮ 실선   ㉯ 파선
㉰ 일점쇄선 ㉱ 이점쇄선

[해설] 문제 19번 해설 참조

문제 21. 해칭선에 대한 설명으로 틀린 것은?

㉮ 가는선
㉯ 단면을 표시
㉰ 0.3~0.8 mm
㉱ 같은 간격으로 그린다.

[해설] 0.3~0.8 mm는 굵은 실선의 용도이다.

문제 22. 제도할 때의 순서로 맞는 것은?

㉮ 중심선-도면-테두리선-표제란
㉯ 중심선-테두리선-표제란-도면
㉰ 테두리선-표제란-중심선-도면
㉱ 표제한-테두리선-중심선-도면

[해설] 테두리선-표제란-중심선-도면순으로 그린다.

문제 23. 의 창호기호는?

㉮ 미닫이창   ㉯ 미서기창
㉰ 쌍여닫이창   ㉱ 외여닫이창

[해설]

미닫이창 쌍여닫이창 외여닫이창

창문번호
창문 개폐별 기호
창문 구별 기호

미서기문 미서기창

문제 24. 기준선에 의한 치수 표시법으로 바르게 그려진 도면은?

㉮ 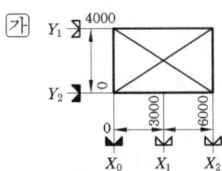   ㉯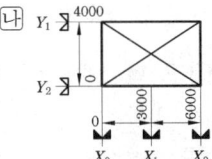

㉰ 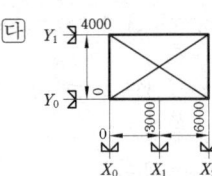   ㉱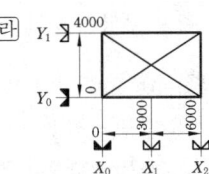

[해설] 주기준선을 왼쪽 하단에서 시작한다.

문제 25. 주기준선의 표시기호는?

㉮ 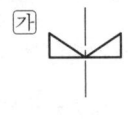   ㉯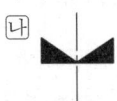

㉰ 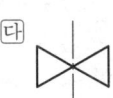   ㉱

[해설] ㉮ 보조기준선, ㉯ 주기준선

문제 26. 다음 그림의 표시기호는?

㉮ 주출입구
㉯ 입면의 방향
㉰ 주기준선
㉱ 단면위치의 방향

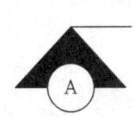

해설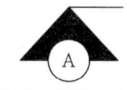

문제 27. 다음 기호의 설명 중 틀린 것은?
㉮ THK-두께   ㉯ GL-유리
㉰ @-간격   ㉱ S-강재
해설 ① GL - ground line (지반선)
     ② GI - glass (유리)

문제 28. 설계기호 R은 무엇을 나타내는가?
㉮ 호의 길이   ㉯ 지름
㉰ 변의 길이   ㉱ 반지름
해설 R : 반지름

문제 29. 제도용지의 크기는 KS A 5201의 A열을 따른다. 이 때 KS A 5201이란?
㉮ 제도용지의 두께
㉯ 건축제도 통칙
㉰ 제도종이의 성질
㉱ 제도종이의 재단치수
해설 KS A 5201는 제도용지 크기의 재단치수를 뜻한다.

문제 30. 제도지의 규격 중 A2는 A0의 얼마에 해당하는가?
㉮ $\frac{1}{2}$ ㉯ $\frac{1}{3}$ ㉰ $\frac{1}{4}$ ㉱ $\frac{1}{5}$
해설 ① A0 : 841×1189, ② A2 : 420×594

문제 31. 도면을 보관하는 데는 접는 경우, 접지 않는 경우 두 가지가 있는데 접는 경우의 도면 종이 크기의 표준은?
㉮ A3 ㉯ A4 ㉰ A5 ㉱ A6
해설 A4가 표준이 된다.

문제 32. 다음은 제도통칙에 관한 기술이다. 틀린 것은?

㉮ 도면 테두리의 여백은 A0~A2는 10 mm 이상, A3~A6은 5 mm 이상으로 한다.
㉯ 제도의 축척은 24종을 원칙으로 하고 적당한 것을 선택한다.
㉰ 철하는 도면은 철하는 쪽에 15 mm 이상의 여백을 둔다.
㉱ 평면도, 배치도 등은 원칙적으로 북을 위로하여 제도한다.
해설 도면을 철할 때는 25 mm 여백을 둔다.

문제 33. 건축제도 통칙은?
㉮ KS A 5201   ㉯ KS A 1501
㉰ KS F 1501   ㉱ KS F 5201
해설 건축제도 통칙 KS F 1501

문제 34. 제도용지의 크기를 정해 놓은 한국 산업 규격은?
㉮ KS A 5201   ㉯ KS A 1501
㉰ KS F 5201   ㉱ KS F 1501
해설 문제 35번 참조

문제 35. 도면에 관한 기술 중 틀린 것은?
㉮ 제도용지의 크기는 KS A 5201에 규정되어 있으며, 필요에 따라 길이방향으로 연장할 수 있다.
㉯ 도면은 길이방향을 좌우방향으로 놓은 위치를 정위치로 하는 것을 원칙으로 한다.
㉰ A2 이하의 도면은 길이방향을 상하로 놓을 수 있다.
㉱ 동일 건물 설계도는 어떤 도면이나 모두 일정한 크기의 종이로 통일하는 것이 편리하다.
해설 도면은 길이방향을 좌우방향으로 놓은 위치를 정위치로 하지만, A4 이하의 도면은 이에 따르지 않아도 된다.

문제 36. A1 용지의 도면 크기는?
㉮ 841×1189   ㉯ 594×841

㉰ 420×594   ㉱ 210×297
[해설] A0 : 841×1189   A1 : 594×841
A2 : 420×594   A3 : 297×420
A4 : 210×297   A5 : 148×210
A6 : 105×148

문제 37. 도면번호, 공사명칭, 축척, 책임자의 성명, 설계자의 성명 등을 기입하기 위해 만든 것은?
㉮ 테두리선   ㉯ 표제란
㉰ 축조도   ㉱ 창호표
[해설] 표제란

문제 38. 배치도, 평면도에 방위표시가 없을 때 도면 위쪽의 방위는?
㉮ 북쪽   ㉯ 동쪽   ㉰ 서쪽   ㉱ 남쪽
[해설] 보통 위쪽을 북쪽으로 한다.

문제 39. 도면을 철할 때 철하는 부분의 최소 너비는?
㉮ 5   ㉯ 10   ㉰ 25   ㉱ 50
[해설] 철할 때 25 mm, 기타 10 mm

문제 40. 도면의 글자쓰기를 기술한 것 중 옳지 않는 것은?
㉮ 글자는 명백히 쓴다.
㉯ 문장은 왼쪽에서부터 가로쓰기를 원칙으로 한다.
㉰ 숫자는 로마 숫자를 원칙으로 한다.
㉱ 글자체는 고딕체로 하고 수직 또는 15° 경사로 쓰는 것을 원칙으로 한다.
[해설] 숫자는 아라비아 숫자를 원칙으로 한다.

문제 41. 도면이 치수 기입에 대한 기술 중 틀린 것은?
㉮ 치수 기입은 치수선 중앙 윗부분에 기입하는 것이 원칙이다.
㉯ 치수선을 중단하고 선의 중앙에는 기입할 수 없다.
㉰ 치수 기입은 치수선에 평행으로 도면의 좌로부터 우로, 아래로부터 위로 읽을 수 있도록 기입한다.
㉱ 협소한 간격이 연속할 때에는 인출선을 써서 치수를 쓴다.
[해설] 치수선을 중단하고 선의 중앙에 기입할 수 있다.

문제 42. 다음과 같은 물체의 치수 기입으로 옳지 않는 것은?

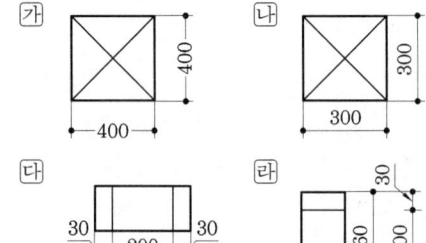

[해설] 가장 큰 치수를 외곽에 기입한다.

문제 43. 굵은 실선의 용도는?
㉮ 단면선   ㉯ 치수선
㉰ 치수 보조선 ㉱ 해칭선
[해설] 굵은 실선은 단면선, 외형선 등을 표시한다.

문제 44. 가는 실선의 용도가 아닌 것은?
㉮ 치수선   ㉯ 외형선
㉰ 치수 보조선 ㉱ 지시선
[해설] 외형선은 굵은 실선이다.

문제 45. 물체의 보이지 않는 부분의 모양을 표시하는 데 사용하는 선은?
㉮ 파선   ㉯ 일점쇄선
㉰ 이점쇄선 ㉱ 실선
[해설] 파선 물체가 보이지 않는 부분을 표시한다.

문제 46. 일점쇄선의 용도가 아닌 것은?
㉮ 절단선   ㉯ 경계선
㉰ 가상선   ㉱ 기준선

[해답] 37. ㉯ 38. ㉮ 39. ㉰ 40. ㉰ 41. ㉯ 42. ㉱ 43. ㉮ 44. ㉯ 45. ㉮ 46. ㉰

해설 가상선은 이점쇄선이다.

문제 47. 물체가 있는 것으로 가상되는 부분을 표시하는 것으로 적당한 선은?
㉮ 실선   ㉯ 이점쇄선
㉰ 일점쇄선   ㉱ 파선
해설 문제 46번 참조

문제 48. 굵은 실선의 굵기는?
㉮ 2~3 mm   ㉯ 1~2 mm
㉰ 0.3~0.8 mm   ㉱ 0.2 mm 이하
해설 ① 가는 실선의 굵기 : 0.2 mm 이하
② 굵은 실선의 굵기 : 0.3~0.8 mm

문제 49. 다음 중 도면 치수의 단위는?
㉮ mm   ㉯ cm   ㉰ m   ㉱ ft
해설 모든 치수의 단위는 mm가 원칙이다.

문제 50. 도면의 치수 기입에 관한 기술 중 틀린 것은?
㉮ 도면에 기입하는 치수의 단위는 mm로 한다.
㉯ 도면에 숫자를 기입한 후 단위를 기입한다.
㉰ 치수의 넷째 자리 이상의 수는 셋째 자리마다 쉼표를 찍는다.
㉱ 치수 기입은 치수선 중앙 윗부분에 기입하는 것이 원칙이다.
해설 치수의 단위는 mm를 원칙으로 하고, 단위 기호는 쓰지 않는다.

문제 51. 설계제도 시 치수 기입에 관한 기술 중 틀린 것은?
㉮ 치수의 기입은 치수선에 따라 도면에 평행하게 쓴다.
㉯ 치수 기입은 인출선을 그어 사용할 수 없다.
㉰ 세로 치수선의 치수 기입은 밑에서 위로 읽을 수 있게 윗부분에 기입한다.
㉱ 가로 치수선의 치수 기입은 왼쪽에서 오른쪽으로 읽을 수 있게 윗부분에 기입한다.
해설 수치를 기입할 여백이 없을 때에는 인출선을 그어 수평선을 긋고 그 위에 치수를 기입한다.

문제 52. 다음과 같은 물체에서 치수 기입으로 옳지 않은 것은?

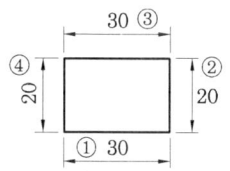

㉮ ①   ㉯ ②   ㉰ ③   ㉱ ④
해설 가로가 아니라 세로로 기입한다 (예 ④).

문제 53. 다음 중 치수 기입으로 옳지 않은 것은?

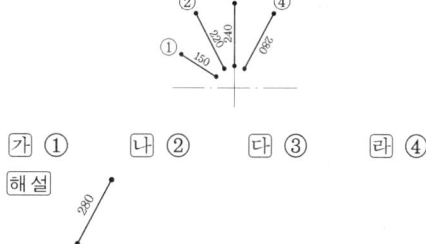

㉮ ①   ㉯ ②   ㉰ ③   ㉱ ④
해설

문제 54. 원호, 현의 길이 표시로 옳지 않은 것은?
㉮ 지름의 기호 : φ
㉯ 반지름의 기호 : R
㉰ 정사각형의 기호 : □
㉱ 기호는 치수 숫자 뒤에 쓴다.
해설 기호는 치수 숫자 앞에 쓴다.

문제 55. 다음 중 주 기준선 표시기호로 옳은 것은?

㉮    ㉯

㉰   ㉱

해설 ㉮ 주 기준선, ㉯ 보조 기준선

해답 47. ㉯   48. ㉰   49. ㉮   50. ㉯   51. ㉯   52. ㉯   53. ㉱   54. ㉱   55. ㉮

문제 56. 다음과 같은 물체의 치수 기입으로 옳지 않은 것은?

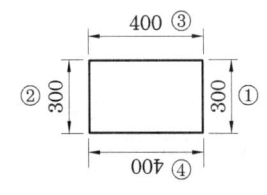

㉮ ①   ㉯ ②   ㉰ ③   ㉱ ④

[해설] |← 400 →|

재료 분류기호	창문 셔터별 기호
목 재 : W	창 : W
철 재 : S	문 : D
알루미늄 : AL	셔터 : S
플라스틱 : P	
스테인리스강 : S_S	

문제 60. 창문 구별기호 중에서 셔터의 평면 표시기호는?

㉮ D   ㉯ W   ㉰ ㅊ   ㉱ S

[해설] • 창문 구별기호

기 호	창문 구별
D, ㅁ	문
W, ㅊ	창
S, ㅅ	셔터

문제 57. 보조 기준선 표시기호로 옳은 것은?

㉮    ㉯

㉰    ㉱

[해설] 문제 55번 해설 참조

문제 61. 다음 중 문자 크기의 표준은?
㉮ 문자의 높이
㉯ 문자의 너비
㉰ 문자의 높이에 3 mm를 더한 높이
㉱ 문자의 너비에 3 mm를 더한 너비
[해설] 문자의 높이가 크기의 기준이다.

문제 58. 목재문 표시기호로 옳은 것은?

㉮ 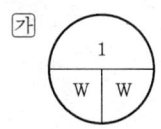   ㉯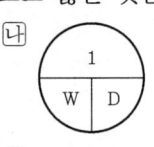

㉰ 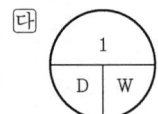   ㉱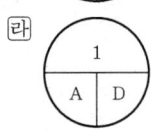

[해설] ㉮ 목재창, ㉯ 목재문, ㉰ 알루미늄문

문제 62. 문자 크기는 몇 종류를 표준으로 하는가?
㉮ 20   ㉯ 15   ㉰ 11   ㉱ 5
[해설] • 문자의 종류 : 20, 16, 12.5, 10, 8, 6.3, 5, 4, 3.2, 2.5, 2

문제 59. 스테인리스 문의 표시기호는?

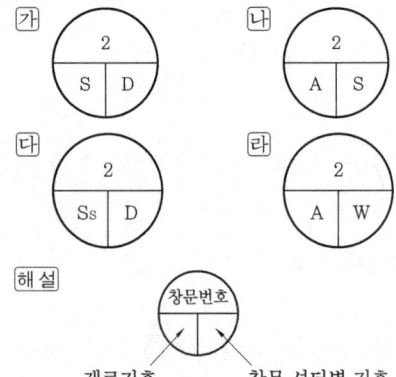

문제 63. 사선긋기의 방향으로 옳은 것은?

㉮ 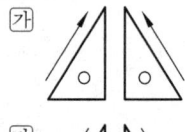   ㉯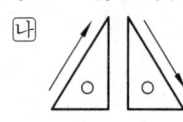

㉰ 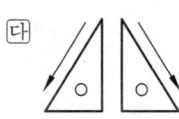   ㉱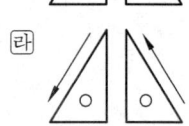

[해설] 선긋기의 방향

[해답] 56. ㉱   57. ㉯   58. ㉯   59. ㉰   60. ㉱   61. ㉮   62. ㉰   63. ㉯

건축물의 묘사와 표현

1. 묘사의 도구와 방법

1-1 묘사의 도구

(1) 연 필

① 연필의 종류 : 제도용 연필로 많이 쓰이는 것은 B, HB, H, 2H 등이 쓰이며, 이 중 가장 많이 쓰이는 것은 HB이다. H표는 굳기를, B표는 무르기를 나타낸다.

② 특징
   (가) 밝은 상태에서 어두운 상태까지 폭넓게 명암을 나타낸다.
   (나) 다양한 질감표현이 가능하며 지울 수 있다.
   (다) 더러워지고 번진다.

(2) 물 감

수채화는 투명하고 윤이 난다. 또한 신선한 느낌을 주며 부드럽고 밝은 특징이 있다. 불투명 물감은 사실적이며 재료의 질감표현과 수정이 용이하다.

(3) 색연필

간단하며 도면을 채색하여 실제의 느낌을 표현하는데 사용한다.

(4) 잉 크

농도를 정확하게 표현, 선명하기 보이기 때문에 도면이 깨끗하다.

1-2 묘사의 방법

(1) 묘사방법

① 보고 그리기 : 사물을 자세히 관찰하여 그린다.
② 모눈종이 묘사 : 사각형 격자는 리듬을 중복, 비율을 정확히 하여 준다.
③ 투명용지 묘사 : 대상물을 트레이싱 페이퍼에 올려놓고 그대로 그린다.

(2) 묘사기법

① 여러 선에 의한 묘사방법 : 선의 간격에 변화를 주어 면과 입체를 표현한다.

② 단선과 명암에 의한 묘사방법 : 공간을 선으로 표현한다.
③ 단선에 의한 묘사방법 : 윤곽선을 굵은선으로 표시하여 공간상이 입체를 강하게 표현
④ 점에 의한 묘사방법 : 명암의 상태로 면과 입체를 표현한다.
⑤ 명암처리만으로의 방법

2. 건축물의 표현

2-1 투상법

건축은 공간으로 구성되는데, 건축계획이나 설계에 따른 각종의 도면은 모두 평면상에 표시되기 때문에 이들 설계도만으로는 건축물을 건축주, 공사 관계자, 일반인들에게 충분히 이해시키기 어렵기 때문에 입체적으로 표현하는 것이다.

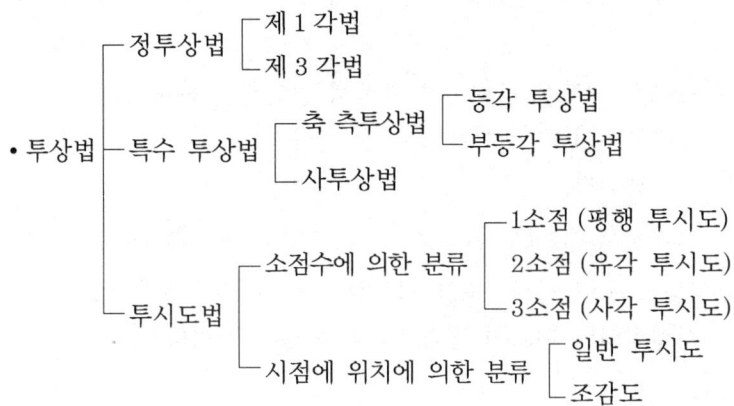

2-2 정투상법

공간에 있는 물체의 위치나 모양을 도면 위에 나타낼 때에는 보통 정투상법에 의하여 평면도, 측면도, 정면도 등으로 나타낸다.
① 1각법 : 제 1 면각에 물체를 놓고 투상하는 방법
② 3각법 : 제 3 면각에 물체를 놓고 투상하는 방법
③ 정면도 : 물체를 정면에서 투상하여 그린 그림
④ 평면도 : 물체를 위로부터 투상하여 그린 그림
⑤ 측면도 : 옆에서부터 투상하여 그린 그림
　㊟ 건축제도 통칙에서는 제 3 각법을 작도함을 원칙으로 한다.

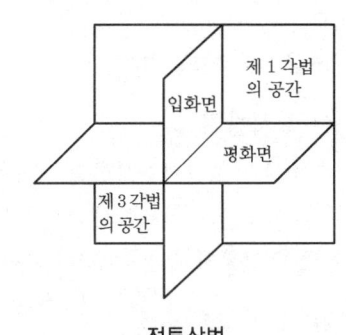

정투상법

제 4 장 건축물의 묘사와 표현 **157**

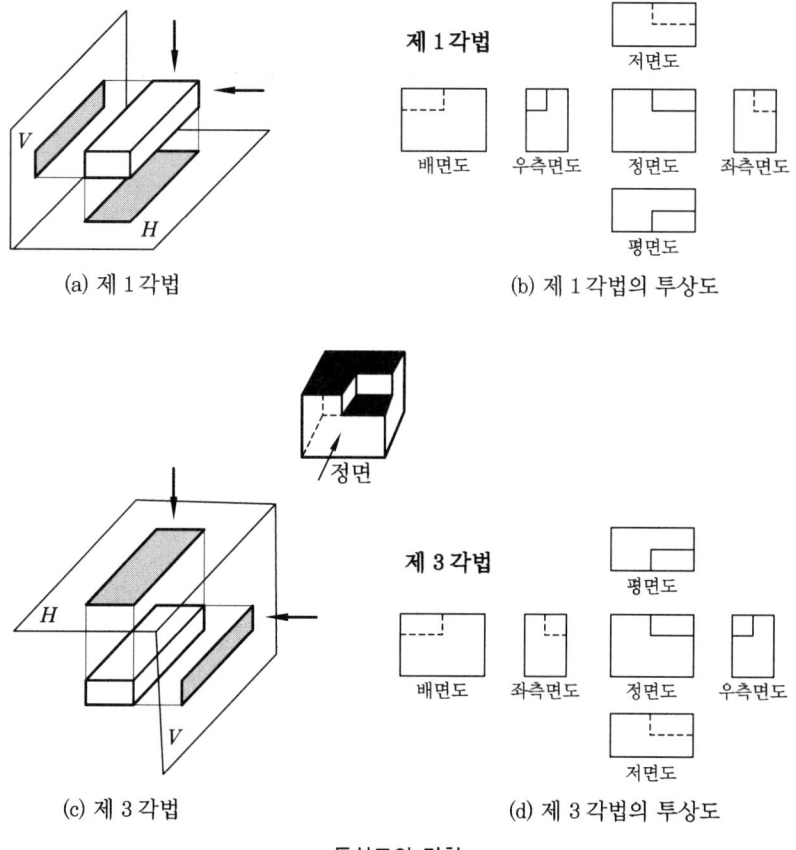

투상도의 명칭

(1) 점의 투상

공간에 있는 점은 수평 및 수직으로 놓인 2개의 평면, 즉 평화면과 입화면에 투상시켜 나타낼 수가 있다.

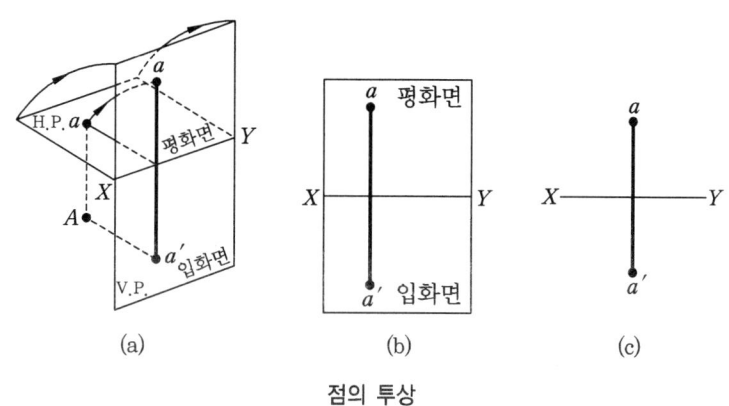

점의 투상

(2) 직선의 투상

선의 투상은 그 선 위의 각 점의 투상을 연결함으로써 얻을 수 있으며, 직선인 경우에는 그 선 위의 2점의 투상을 구해서 이으면 된다.

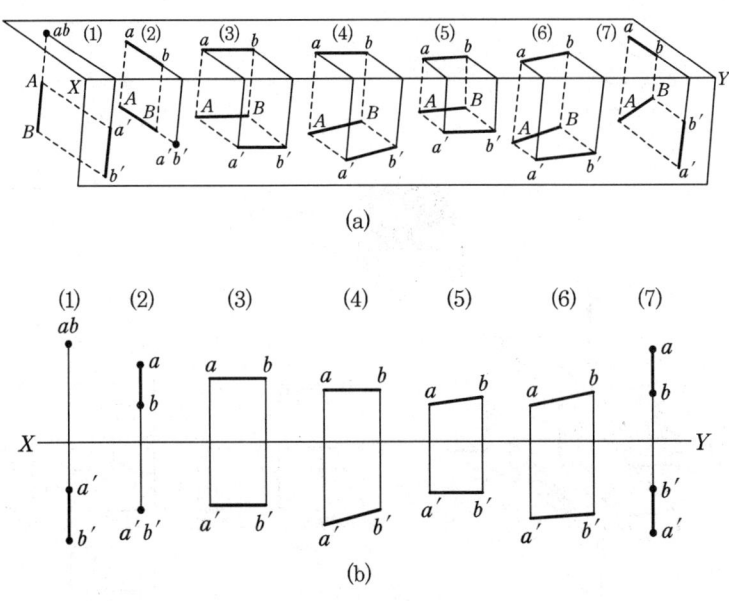

여러 위치에 있는 직선의 투상

2-3 특수 투상법

(1) 축 측투상법

① 등각 투상법

(개) 등각 투상도는 정면, 평면, 측면을 하나의 투상면 위에서 동시에 볼 수 있도록 그린 도법이다.

(내) 직육면체의 등각 투상도에서 직각으로 만나는 3개의 모서리는 각각 120°를 이룬다.

(대) 인접한 두 축 사이의 각이 120°이므로, 한 축이 수직일 때에는 나머지 두 축은 수평선과 30°가 되므로 T자와 삼각자를 이용하면 쉽게 등각 투상도를 그릴 수 있다.

② 부등각 투상도 : 수평선과 2개의 축선이 이루는 각을 서로 다르게 그린 것이다.

(2) 사투상법

투상면에 대해서 기울어진 평행광선에 의해서 투상하여 물체를 입체적으로 나타내는 도법이다.

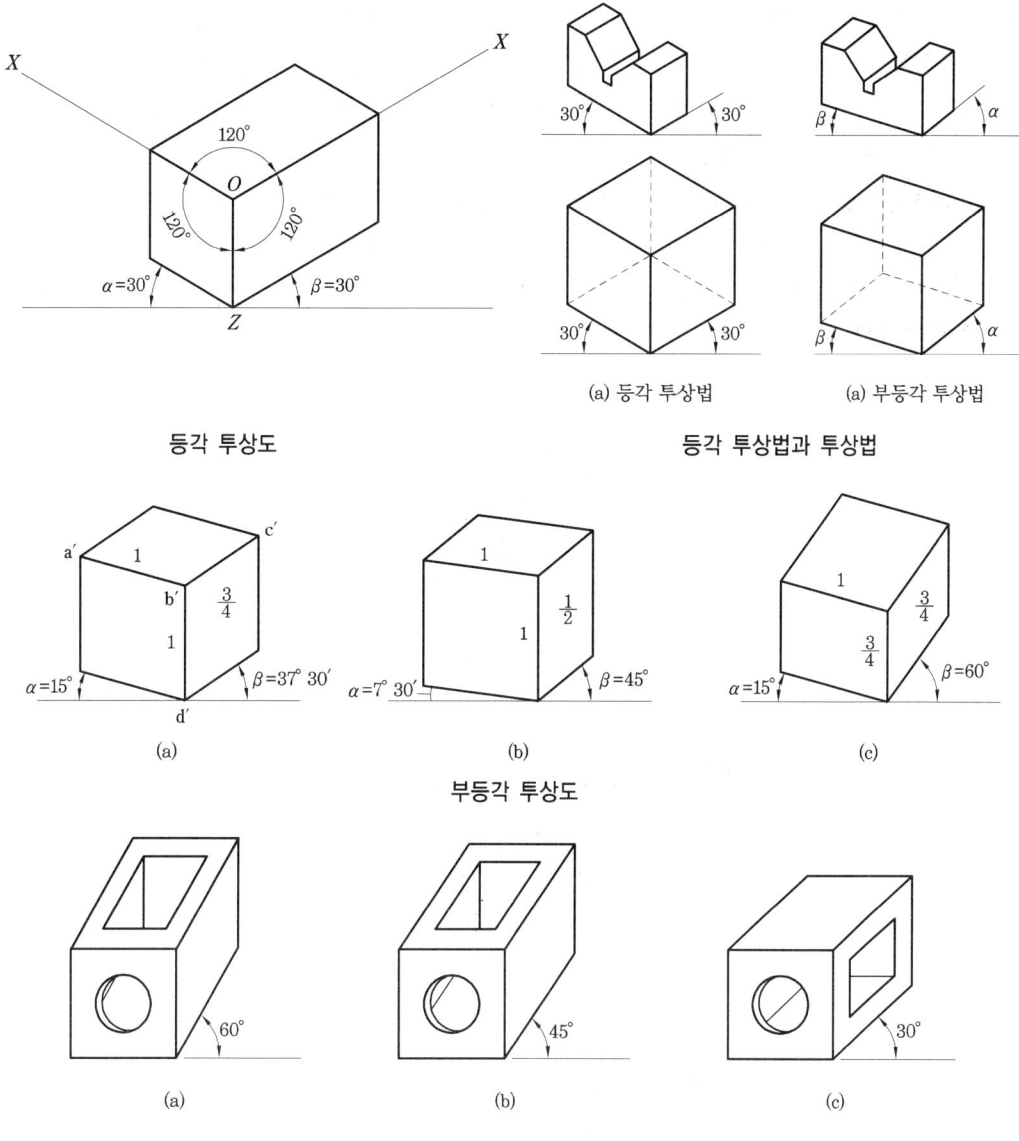

등각 투상도

등각 투상법과 투상법

부등각 투상도

사투상도의 경사각

2-4 투시도

(1) 시점 위치에 의한 분류

① 일반 투시도 : 보통 사람이 선 자세에서 건물을 보았을 경우의 투시도
② 조감도 : 시점이 매우 높이 있어서 건물을 내려다 본 경우의 투시도(광범한 지역을 나타내고자 할 때 사용한다).

(2) 소점수에 의한 분류

① 1소점 투시도(평행 투시도) : 화면에 그리려는 물체가 화면에 대하여 평행 또는 수직이

되게 놓여지는 경우로 소점이 1개가 된다. 주로 실내 투시도에 이용된다.
② 2소점 투시도(유각 투시도) : 2개의 수평면이 화면과 각을 가지도록 물체를 돌려놓은 경우로 소점이 2개가 생기고, 수직선은 투시도에서 그대로 수직으로 표현되는 것으로, 가장 많이 사용되는 방법이다.
③ 3소점 투시도(사각 투시도) : 물체가 돌려져 있고 화면에 대하여 기울어져 있는 경우로, 화면과 평행한 선이 없으므로 소점은 3개가 된다. 이 방법은 아주 높은 위치나 낮은 위치에서 물체의 모양을 표현하는 데 쓰이나 건축에서는 제도법이 복잡하여 자주 사용되지 않는다.

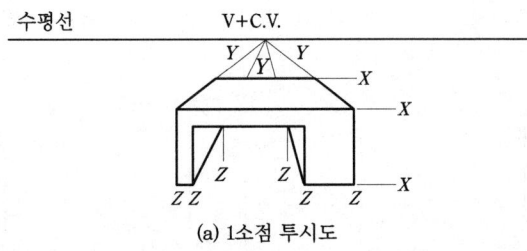

(a) 1소점 투시도

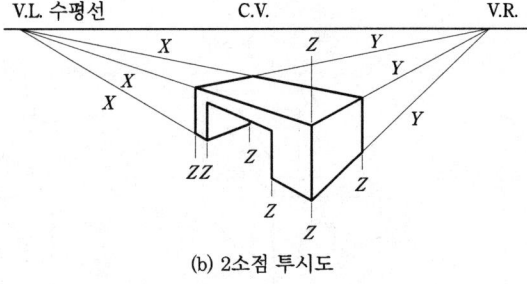

(b) 2소점 투시도

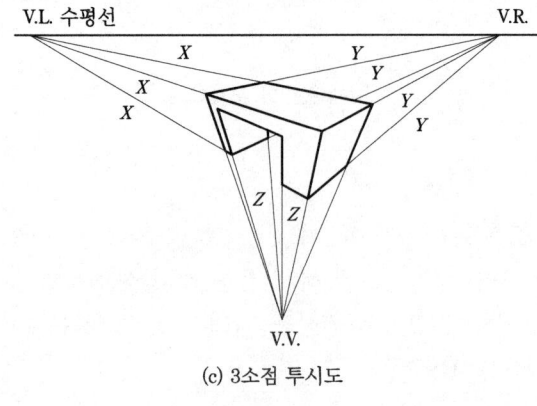

(c) 3소점 투시도

투시도의 형식

예 상 문 제

문제 1. 묘사도구에 대한 설명으로 틀린 것은?
㉮ 잉크는 농도를 정확하게 나타낼 수 있다.
㉯ 연필은 선명하게 보이기 때문에 도면이 깨끗하다.
㉰ 잉크는 다채로운 묘사방법의 연출이 가능하다.
㉱ 연필은 폭넓게 명암을 나타낼 수 있다.

문제 2. 다음 그림 중 직선의 투상에 있어서 두 화면에 나타난 것으로 옳은 것은?

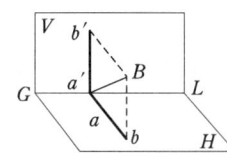

㉮ 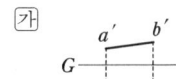 ㉯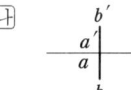

㉰ 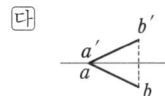 ㉱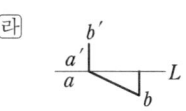

[해설] 평화면과 입화면 모두에서 투상된다.

문제 3. 입방체의 3개의 축 가운데 2개의 축선이 수평선과 등각을 이루고 하나의 축선이 수평선과 수직이 되게 그린 투상도는?
㉮ 등각 투상도   ㉯ 부등각 투상도
㉰ 이등각 투상도   ㉱ 경사 투상도
[해설] 등각 투상도에 대한 설명이다.

문제 4. 등각 투상도에서 세 변이 이루는 각도는?
㉮ 60°   ㉯ 90°
㉰ 120°   ㉱ 180°

[해설] • 등각 투상도 : 정면, 평면, 측면을 하나의 투상면 위에서 동시에 볼 수 있도록 그린 도법이다.

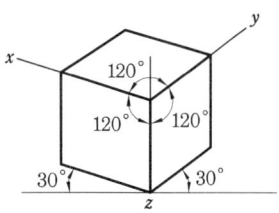

문제 5. 정육면체 등각 투상도에서 3개의 축선의 길이가 같아지면 축척 상호간의 각도는 얼마인가?
㉮ 120°   ㉯ 90°
㉰ 60°   ㉱ 45°
[해설] 120° 등각 투상도에서는 3개의 축선의 길이가 같다.

문제 6. 등각 투상도를 그리기 위하여 등각축을 만들기에 가장 편리한 방법은?
㉮ T자와 삼각자의 45°만 사용
㉯ T자와 삼각자의 90°만 사용
㉰ T자와 삼각자의 60°만 사용
㉱ T자와 삼각자의 45° 및 90°만 사용
[해설] 120°의 각을 구하기 위하여 삼각자의 60° 각을 사용한다.

문제 7. 투시도에서 수평선(H. L)을 높이면 어떻게 보이는가?
㉮ 조감도에 가까워 보인다.
㉯ 건물 형태가 기울게 보인다.
㉰ 건물이 웅장하게 보인다.
㉱ 건물이 확대되어 보인다.
[해설] 수평선을 높이면 조감도에 가깝다.

[해답] 1. ㉯ 2. ㉯ 3. ㉮ 4. ㉰ 5. ㉮ 6. ㉰ 7. ㉮

문제 8. 2소점 투시도 작성에 있어 관측자 눈의 높이를 연결하는 선은?
㉮ 화면선   ㉯ 수평선
㉰ 방사선   ㉱ 기선
해설 수평선 관측자의 눈의 높이

문제 9. 건축물의 단면도를 작성하기 위한 도법으로 적당한 것은?
㉮ 정투상도법   ㉯ 등각 투상도법
㉰ 2등각 투상도법   ㉱ 투시도법
해설 단면도, 평면도, 입면도 등의 도면은 정투상도법으로 작도한다.

문제 10. 시점이 가장 높은 투시도는?
㉮ 평행 투시도   ㉯ 입체 투시도
㉰ 조감 투시도   ㉱ 경사 투시도
해설 시점이 가장 높은 투시도는 조감 투시도이다.

문제 11. 투시도에서 가장 많이 쓰이고 있는 도법은?
㉮ 등각 투시도   ㉯ 2점 투시도
㉰ 3감 투시도   ㉱ 평행 투시도
해설 2소점 투시도

문제 12. 투시도 구성에 사용되는 명칭 중 서로 틀리는 것은?
㉮ P.P-화면   ㉯ H.L-수평선
㉰ S.P-심점   ㉱ V.P-소점
해설 S.P-정점(입점)

문제 13. 우리나라 건축제도 통칙에서는 투상도 중에서 몇 각법을 사용함을 원칙으로 하는가?
㉮ 제1각법   ㉯ 제2각법
㉰ 제3각법   ㉱ 제4각법
해설 한국 (제3각법), 영국 (제1각법)

문제 14. 정면, 평면, 측면을 하나의 투상면 위에서 동시에 볼 수 있도록 그린 도법은?
㉮ 제1각법   ㉯ 제3각법
㉰ 등각 투상도   ㉱ 정투상도
해설 등각 투상도 정면, 평면, 측면을 동시에 표현할 수 있다.

문제 15. 직육면체의 등각 투시도에서 직각으로 만나는 3개의 모서리는 각각 몇 도인가?
㉮ 30°
㉯ 60°
㉰ 90°
㉱ 120°
해설 120°

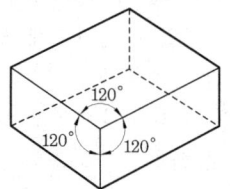

문제 16. 투시도의 성격에 관한 기술 중 틀린 것은?
㉮ 투시도에서 수평면은 시점 높이와 같은 평면 위에 있다.
㉯ 투시도에서 수평선 위에 있는 수평면은 천장 부분이 보이게 된다.
㉰ 투시도에서 수평선 아래의 수평면은 바닥이 보이게 된다.
㉱ 투시도에서 수평면 시점의 높이와 같아지면 4개의 선으로만 보인다.
해설 수평면 시점의 높이와 같아지면 1개의 선으로만 보인다.

문제 17. 투시도에서 소점 (V.P)의 위치는?
㉮ 수평선   ㉯ 기선
㉰ 시선축   ㉱ 화면선
해설 소점의 위치는 수평선 (H·L)에 있다.

문제 18. 투시도의 소점 (V.P)에 관한 기술 중 틀린 것은?
㉮ 화면에 평행하지 않은 선들은 소점에 모인다.
㉯ 소점은 관측자의 눈 높이인 수평선상에 놓인다.
㉰ 2소점 투시도가 가장 많이 사용된다.
㉱ 사각 투시도의 소점은 2개이다.

해답 8. ㉯ 9. ㉮ 10. ㉰ 11. ㉯ 12. ㉰ 13. ㉰ 14. ㉰ 15. ㉱ 16. ㉱ 17. ㉮ 18. ㉱

[해설] 사각 투시도의 소점은 3개이다.

[문제] 19. 실내 투시도 또는 기념 건축물과 같은 정적인 건축물의 표현에 효과적인 투시도는?
㉮ 평행 투시도 ㉯ 유각 투시도
㉰ 사각 투시도 ㉱ 2소점 투시도
[해설] 실내 투시도 기념 건축물은 1소점 투시도 (평행 투시도)로 그린다.

[문제] 20. 다음 중 아주 높은 위치나 낮은 위치에서 물체의 모양을 표현할 때 사용하는 투시도법은?
㉮ 1소점 투시도 ㉯ 평행 투시도
㉰ 3소점 투시도 ㉱ 유각 투시도
[해설] ① 평행 투시도 (1소점 투시도)
② 유각 투시도 (2소점 투시도)
③ 사각 투시도 (3소점 투시도)

[문제] 21. 아주 높은 위치에서 광범위한 지역을 나타내고자 할 때 사용하는 투시도법은?
㉮ 평행 투시도 ㉯ 유각 투시도
㉰ 1소점 투시도 ㉱ 조감도
[해설] 문제 10번 해설 참조

[문제] 22. 소점 (V. P)에 관한 기술 중 틀린 것은 어느 것인가?
㉮ 평행 투시도는 소점이 1개이다.
㉯ 경사 투시도는 소점이 3개이다.
㉰ 유각 투시도는 소점이 3개이다.
㉱ 사각 투시도는 소점이 3개이다.
[해설] 유각 투시도는 소점이 2개이다.

[문제] 23. 소점수가 1개인 투시도는?
㉮ 평행 투시도 ㉯ 유각 투시도
㉰ 사각 투시도 ㉱ 성각 투시도
[해설] 평행 투시도 (1소점 투시도)

[문제] 24. 소점수가 2개인 투시도는?
㉮ 평행 투시도 ㉯ 유각 투시도
㉰ 사각 투시도 ㉱ 사투상도
[해설] 문제 22번 해설 참조

[문제] 25. 유각 투시도의 특징에 대한 설명 중 틀린 것은?
㉮ 실내 투시도보다 외관 투시도에 적합하다.
㉯ 족선법은 작도 시 넓은 면을 차지한다.
㉰ 화면선에 30°, 60°를 유지하도록 평면도를 배치하는 것이 좋다.
㉱ 투시도 작도 시 평면도와 입면도를 배치할 때 입면도의 축척을 작게 하는 것이 좋다.
[해설] 입면도의 축척은 평면도와 같게 한다.

[문제] 26. 건축물을 표사함에 있어서 선의 간격에 변화를 주어 면과 입체를 표현하는 묘사방법은?
㉮ 단선에 의한 묘사방법
㉯ 여러 선에 의한 묘사방법
㉰ 단선과 명암에 의한 묘사방법
㉱ 명암 처리에 의한 묘사방법
[해설] 선의 간격에 변화를 주어 면과 입체를 표현한다.

[해답] 19. ㉮ 20. ㉰ 21. ㉱ 22. ㉰ 23. ㉮ 24. ㉯ 25. ㉱ 26. ㉯

CHAPTER 5. 설계도면의 작성방법

◈ 건축설계 도면의 종류
① 계획 설계도
- 계획 설계도 : 구상도, 조직도, 동선도, 면적도표
- 기본 설계도 : 배치도, 평면도, 입면도, 단면도, 설계 설명서

② 실시 설계도
- 일반도 : 배치도, 평면도, 입면도, 단면도, 단면상세도, 전개도, 각층 평면도
- 구조 설계도 : 골조도 등
- 설비 설계도 : 전기설비, 냉·난방설비, 위생설비, 환기설비도 등

1. 배치도

① 대지와 도로와의 관계, 도로의 넓이, 출입구 등의 위치를 표시한다.
② 인접 대지의 경계와 주변의 담장, 대문 등의 위치를 표시한다.
③ 부대설비, 즉 상·하수도, 정화조, 연못, 분수, 수목의 위치, 옥외조명 등을 표시한다.
④ 대지의 경계선과 건물과의 거리를 표시한다.
⑤ 축척은 1/100~1/600 정도로 하고 방위를 표시한다.
⑥ 도로와 대지와의 고저 등고선 또는 대지의 단면도를 그려서 대지의 상황을 이해하기 쉽게 한다.

2. 평면도

(1) 기준선(치수선, 중심선)
① 도면의 배치를 고려하고 북쪽을 도면의 위쪽으로 한다.
② 수평방향의 벽, 기둥 등의 기준선 위치를 정하고 가는선으로 표시한다.
③ 벽, 기둥 등의 중심선을 그리고 양단이 일치하도록 한다.

④ 수평·수직방향의 기준선을 긋고 치수선을 긋는다.
⑤ 치수선 위에 치수를 정확히 확인하고 치수를 기입한다.

(2) 벽, 기둥
① 기둥 또는 벽체의 두께를 가는 선으로 그린다.
② 마감재와 구조재를 구별하지 않고 마감 벽 두께는 $\frac{1}{100}$로 한다.

(3) 창 호
① 개구부의 치수를 필요한 곳에 기입하고 창틀, 문틀 등을 그린다.
② 창대와 문지방을 명시하고 보이는 선과 안 보이는 선을 구별하여 그린다.

(4) 벽, 기둥의 마감
① 목조인 경우에는 기둥, 샛기둥을 표시하고, 콘크리트조인 경우에는 구조재, 내력벽, 칸막이벽 등을 그린다.
② 바닥면에는 1.5 m 높이 정도의 절단면에 마감면의 윤곽선을 그린다.

(5) 축 척
$\frac{1}{100}$의 축척에서는 개구부를 단선으로 그리며, $\frac{1}{50}$의 축척에서는 개구부의 두께를 고려하여 두 선으로 그린다.

(6) 가구 배치
선반, 받침 등을 그리고 필요한 가구의 위치와 크기를 그린다.

(7) 마 감
① 재료의 표시와 그 밖의 부호를 그린다.
② 치수, 문자를 기입하고 도면의 표제, 축척, 방위 등을 그린다.

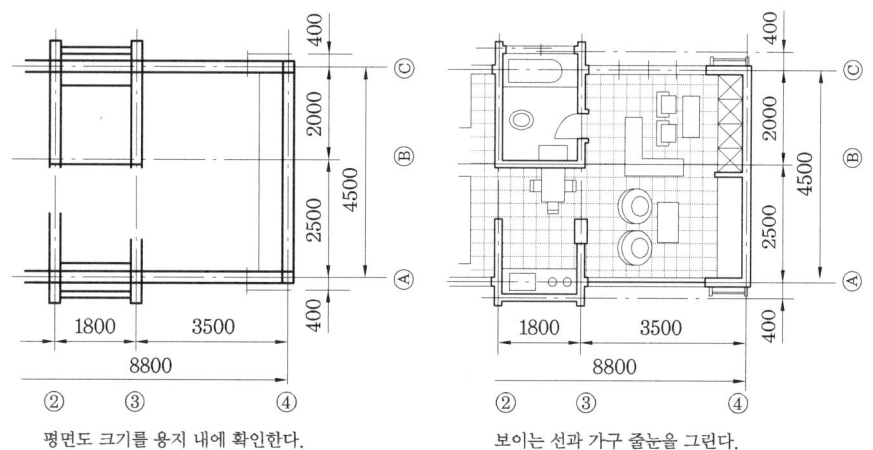

평면도 크기를 용지 내에 확인한다. 보이는 선과 가구 줄눈을 그린다.
벽, 기둥 등의 중심선을 긋는다.

평면도 그리기

3. 입면도

(1) 입면의 윤곽선
① 제도지의 배치도에 따라 위치를 정한 다음 굵은선으로 지반선(G.L.)을 그린다.
② 수평방향의 각 층 높이를 잡아 가는선으로 그린다.
③ 바닥면에서 창 높이를 잡아 가는선으로 그린다.
④ 기둥, 벽의 중심을 잡아 기둥, 벽의 두께를 가는선으로 그린다.
⑤ 외벽의 윤곽선을 진하게 그리고, 창틀, 창문 등은 선이 겹치지 않도록 간격을 정확히 한다.
⑥ 지붕, 옥상 등의 윤곽선을 정확히 그린다.

(2) 개구부
① 기둥벽의 중심에서 창호까지의 거리를 잡아 창호틀을 그린다.
② 창호의 모양에 따라 창호의 형태를 그린다.

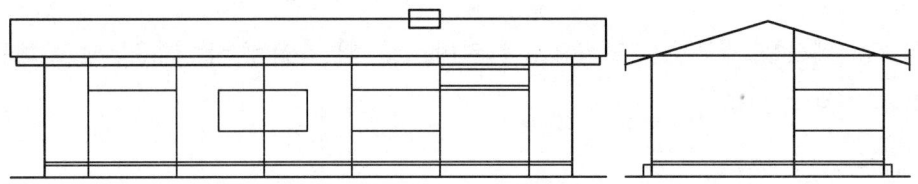

지붕면, 기둥 중심선, 마루높이, 처마높이, 용마루 높이의 선을 그린다.

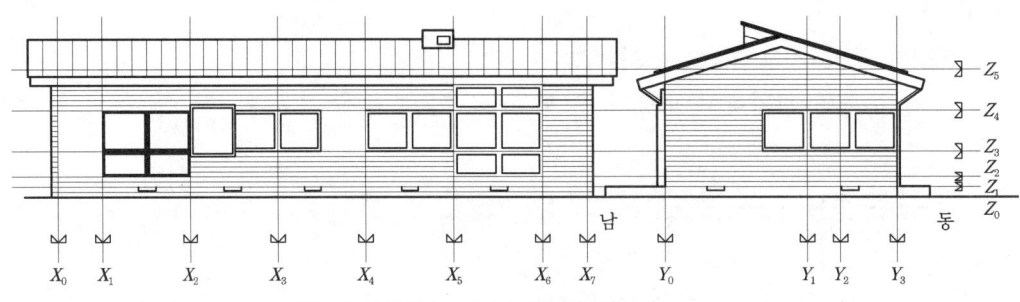

지붕, 벽 등의 선을 그리고 도면을 완성한다.

입면도 그리기

(3) 기 타
① 입면도에는 축척 이외의 치수는 기입할 필요가 없다.
② 도로, 인접지 등의 사선 제한을 표시한다.
③ 점경, 그 밖의 도면의 효과를 나타낼 때에는 미리 형태를 별지에 그려 놓았다가 마무리 단계에서 그려 넣는다.

4. 단면도

① 단면도의 크기를 고려하여 제도지에 표시한 다음에 지반선의 위치를 결정한다.
② 기둥의 중심선을 일점쇄선으로 그린다.
③ 지반선에서 각 높이를 차례로 잡아 그려 넣고, 바닥판의 두께(마감두께 포함)를 잡아 가는선으로 그린다.
④ 기둥 중심과 벽의 중심에서 기둥의 크기와 벽의 크기를 그리고, 창틀, 문틀 등의 위치를 결정한다.

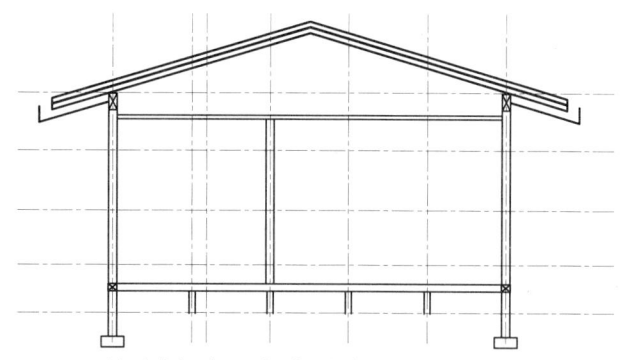

(a) 지반선, 마루높이, 개구부 안목높이, 천장높이, 처마높이의 선 및 지붕 중심선을 그린다.

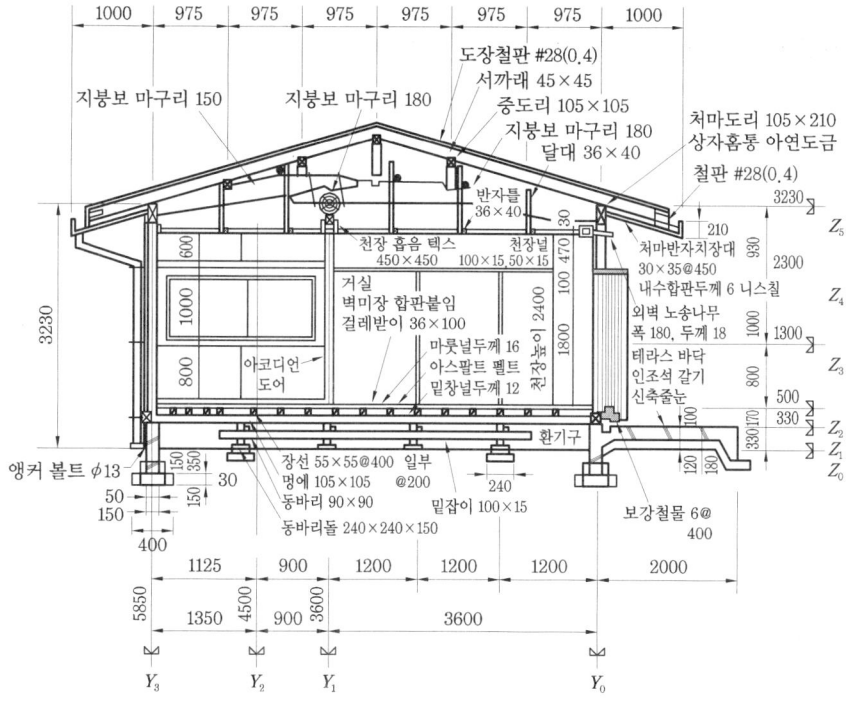

(b) 기초, 마루, 칸막이벽, 천장 지붕의 상세를 그려 도면을 완성한다.

주단면 상세도 그리기

⑤ 창대, 문 등의 내외벽을 그리고 지붕을 그린다.
⑥ 천장 높이를 잡고 천장면의 선을 그린다.
⑦ 필요한 치수를 기입한다.
　㈎ 지반선에서 건축물의 최고 높이와 지붕의 기울기를 잡는다.
　㈏ 지반선에서부터 처마 또는 처마의 돌출 길이를 나타낸다.
　㈐ 지반선에서 1층 바닥 높이와 천장 높이를 표시한다.
　㈑ 개구부의 크기와 기둥 간격, 벽 중심거리와 전체의 길이를 표시한다.
　㈒ 그 밖의 필요한 치수를 기입한다.
⑧ 그 밖의 필요한 재료의 이름과 기호 설명을 기입한다.

5. 기초 평면도

① 기초 부분을 평면도에 따라 표현하며, 방위와 평면도를 같은 방향으로 그린다.
② 기초의 위치와 지반선(G.L.)에서의 높이를 기입한다.
③ 기초의 모양과 크기를 그린다.
④ 앵커 볼트와 같은 기초 구조 매설물의 위치를 지정하고 표현한다.
⑤ 기초 복도는 일반적으로 축척 $\frac{1}{50} \sim \frac{1}{100}$ 로 그린다.
⑥ 기초선의 기입과 기둥심, 벽심과의 치수, 거리 등을 기입한다.

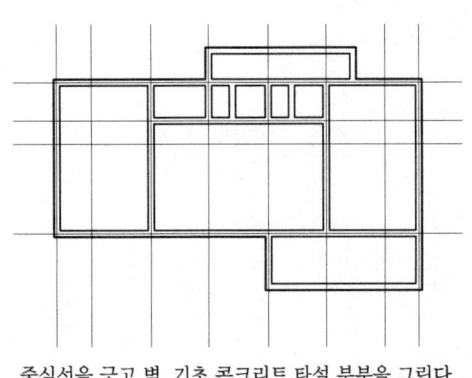

중심선을 긋고 벽, 기초 콘크리트 타설 부분을 그린다.

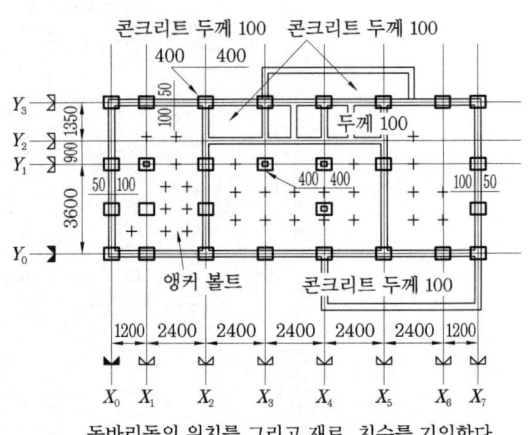

동바리돌의 위치를 그리고 재료, 치수를 기입한다.

기초 평면도 그리기

6. 바닥 평면도

① 마루 또는 바닥판 등의 바닥 골조 평면도를 그리는 것이다.
② 방위는 평면도와 같은 방위로 한다.
③ 축척은 $\frac{1}{50} \sim \frac{1}{100}$ 정도로 한다.
④ 기둥심과 벽심과의 치수와 거리를 기입하고 각 부재의 재질 및 크기 등을 기입한다.

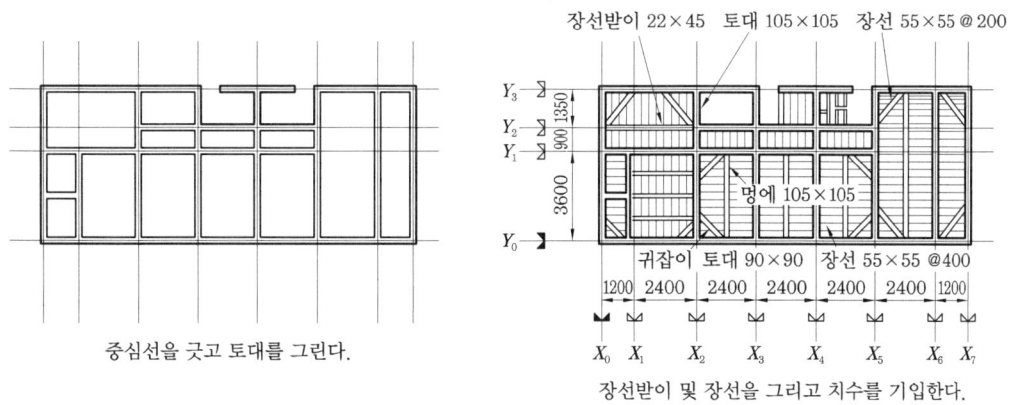

바닥 평면도 그리기

7. 천장 평면도

① 천장에서 천장면의 마감재의 형상을 내려다 본 그림이다.
② 방위는 평면도와 같게 한다.
③ 축척은 $\frac{1}{20} \sim \frac{1}{100}$ 정도로 한다.
④ 환기구, 조명 등의 설치기구의 위치를 표시하고 마감재의 이름과 재질을 기입한다.
⑤ 마감부의 치수와 규격을 기입한다.

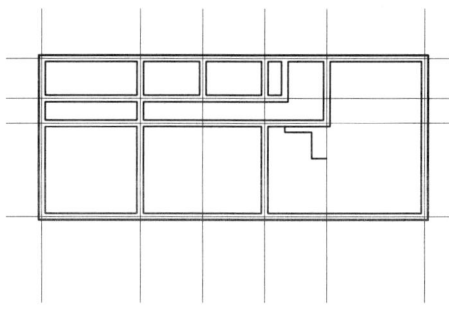

중심선을 긋고 벽의 윤곽선을 그린다.

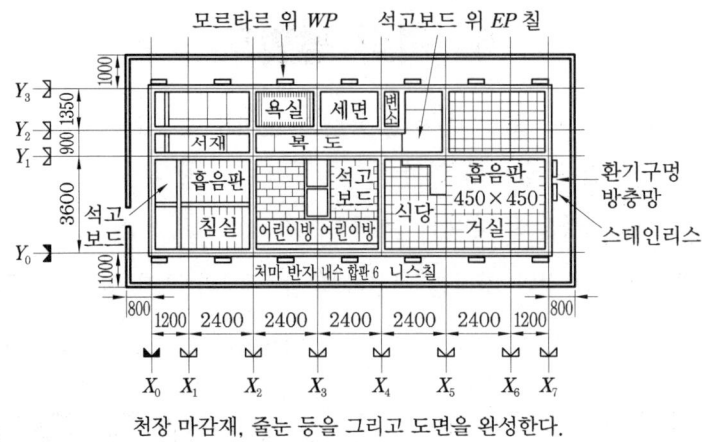

천장 마감재, 줄눈 등을 그리고 도면을 완성한다.

천장 평면도 그리기

8. 전개도

① 각 실 내부의 의장을 명시하기 위해 작성하는 도면이다.
② 각 실에 대하여 벽이나 문의 모양을 그려야 한다.
③ 축척은 $\frac{1}{20} \sim \frac{1}{50}$ 정도로 한다.
④ 벽면의 마감재료 및 치수를 기입한 다음, 창호의 종별과 창호의 치수를 기입한다.
⑤ 바닥면에서 천장 높이, 표준 바닥 높이 등을 기입한다.

9. 지붕 평면도

① 지붕의 모양을 수직방향으로 나타낸 그림으로 평면도와 같은 방위로 그린다.
② 축척은 $\frac{1}{20} \sim \frac{1}{100}$ 정도로 한다.
③ 벽체의 중심선과 처마끝 둘레를 그린다.
④ 외벽은 파선으로 그리고, 용마루의 선을 그린다.
⑤ 서까래를 거리간격에 맞추어 그리고, 서까래 재료의 이름과 치수를 기입한다.

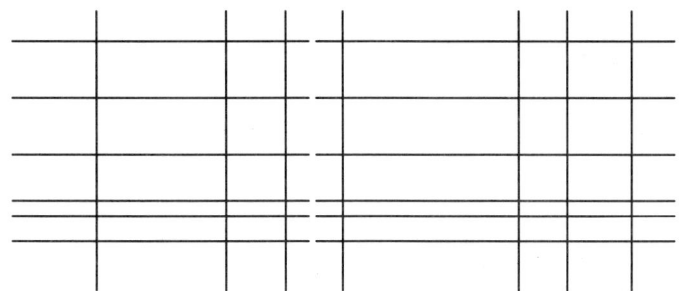

지반선, 마루높이, 개구부, 안목높이, 천장높이, 기둥의 중심선을 그린다.

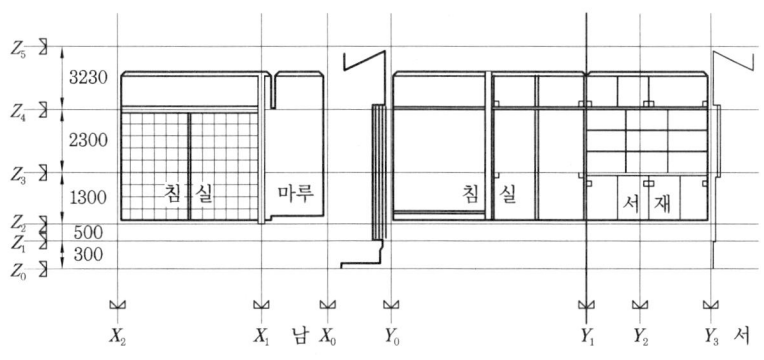

선반, 창호, 그외 각부를 그리고 도면을 완성한다.

전개도 그리기

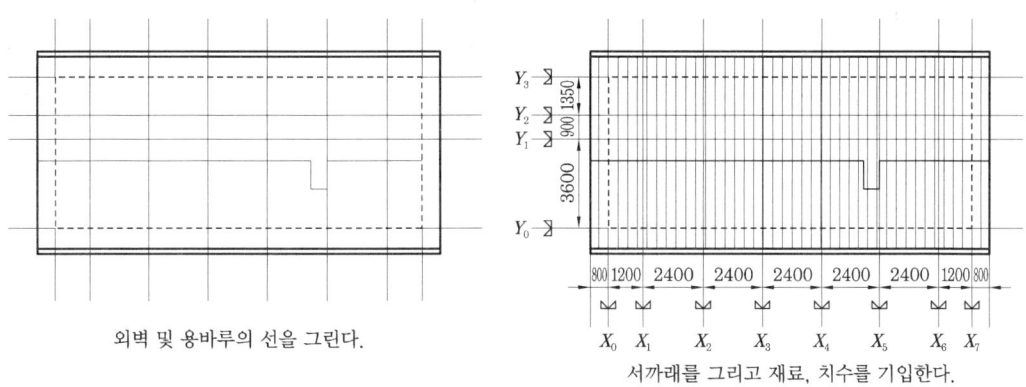

외벽 및 용바루의 선을 그린다.

서까래를 그리고 재료, 치수를 기입한다.

지붕 평면도

10. 창호도

① 사용하는 창호 전부에 대하여 종류별로 일람표를 작성한 것이다.
② 형태, 개폐방법, 재종, 치수, 개수, 사용장소 등의 항을 만들고 창호철물, 유리의 종류, 마무리 도장방법 등을 기입한다.

③ 축척은 $\dfrac{1}{50} \sim \dfrac{1}{100}$ 로 한다.
④ 창호의 위치표시는 평면도에 기입한다.
⑤ 창호를 설치하는 장소를 부호로 명시하고 모양에 따른 명칭을 기입한다.
⑥ 창호 재질의 종류를 기입하고 문틀 모양과 크기 등을 기입한다.

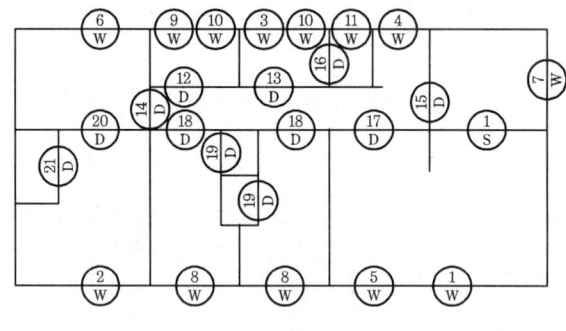

창호 위치도

기 호	①/W	②/W	③/W	④/W	⑤/W
형 태	(1800, 100, 450, H, W)	(W, H)	(W, H, 373, 750, 50, 50, 2050)	(W, H, 300, 1123)	(W, H)
형 식	미서기창	미서기 2중창	고창 : 미서기창 문 : 합판플러시문	고창 : 미서기창 문 : 합판플러시문	미서기창
재 료	목 재	목 재	목 재	목 재	목 재
유 리	3 mm 투명 유리	3 mm 투명 유리	3 mm 투명 유리	3 mm 투명 유리	3 mm 투명 유리
위 치	거 실	침 실	세탁실	현 관	식 당
개 수	1	1	1	1	1
마 감	클리어 래커	클리어 래커	클리어 래커	클리어 래커	클리어 래커

창호표의 예

예 상 문 제

문제 1. 배치도는 다음 중 어느 것을 기준으로 그리는가?
㉮ 지하층 평면도   ㉯ 1층 평면도
㉰ 2층 평면도   ㉱ 지붕 평면도
[해설] 배치도는 1층 평면도를 기초로 하여 작도한다.

문제 2. 평면도는 보통 지면에서 약 몇 m 높이의 수평으로 절단한 것으로 보는가?
㉮ 0.6 m   ㉯ 1.2 m   ㉰ 1.8 m   ㉱ 2.0 m
[해설] 약 1.2 m

문제 3. 건물의 외곽을 나타내는 입면도 중 정면도를 가장 잘 표현한 것은?
㉮ 현관이 있는 측의 외관
㉯ 방위에 따른 남쪽의 외관
㉰ 개구부가 많이 있는 측의 외관
㉱ 도로에 면한 측의 외관
[해설] 보통 입면도는 현관이 있는 주 출입구의 외관을 작도한다.

문제 4. 다음은 단면도에 관한 기술이다. 옳지 않은 것은?
㉮ 건물을 바깥벽선에 직각이 되게 수직면으로 절단하였을 때 보이는 입면도이다.
㉯ 단면도를 그리기 위해 절단되는 위치는 평면도상에 일점쇄선으로 표시한다.
㉰ 지반높이의 고저가 경사진 곳에 세워진 건물에 있어서의 단면도는 중요한 도면이 된다.
㉱ 건축물의 구조상 표준이 되는 도면은 단면 상세도면이다.
[해설] 일반적으로 평면도에서 단면도 절단표시는 굵은 실선이다.

문제 5. 단면도에 반드시 표시하지 않아도 좋은 것은?
㉮ 층높이 · 반자 높이
㉯ 각종 면적 및 단면적
㉰ 처마높이 및 처마길이
㉱ 지붕 물매
[해설] 각종 면적 및 단면적은 보통 평면도 또는 시방서 등에 기재한다.

문제 6. 철골조에서 강재의 치수 표시가 보기와 같을 때 이 강재의 단면의 모양은?

$2-L\,75 \times 75 \times 6 \times 3000$

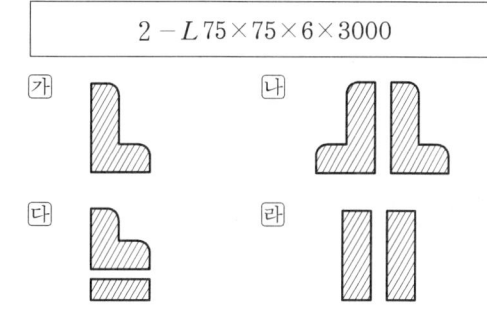

[해설] 2개의 L 형강이다.

문제 7. 구조도에 속하지 않는 것은?
㉮ 기초 평면도   ㉯ 바닥틀 평면도
㉰ 배근도   ㉱ 지붕 평면도
[해설] 지붕 평면도는 평면도에 속한다.

문제 8. 실제 거리 10 m를 $\frac{1}{200}$ 축척의 도면에 표기할 때 그 거리는?
㉮ 1 cm   ㉯ 2 cm   ㉰ 5 cm   ㉱ 10 cm
[해설] $1000 \text{ cm} \times \frac{1}{200} = 5 \text{ cm}$

문제 9. 건축공사에 있어서 간사이(span)가 10 m이고 $\frac{5}{10}$일 때 왕대공 높이로 적당한

[해답] 1. ㉯ 2. ㉯ 3. ㉮ 4. ㉯ 5. ㉯ 6. ㉯ 7. ㉱ 8. ㉰ 9. ㉰

것은?
㉮ 40 m   ㉯ 3.5 m   ㉰ 2.5 m   ㉱ 2.0 m

[해설] $10 : 5 = 5 : x$

$\therefore x = \dfrac{25}{10} = 2.5$ cm

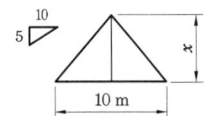

문제 10. 다음 중 설계자가 작도하는 도면이 아닌 것은?
㉮ 계획 설계도   ㉯ 기본 설계도
㉰ 허가신청용 도면   ㉱ 시공 계획도

[해설] 시공계획도는 시공자가 작성한다.

문제 11. 다음 중 주택 평면도 포함사항으로 틀린 것은?
㉮ 각 방의 면적 및 건축면적
㉯ 계단 표시선
㉰ 욕조 깊이
㉱ 기둥 위치

[해설] 욕조 깊이는 단면 상세도에 기입한다.

문제 12. 창호도에 관한 기술 중 틀린 것은?
㉮ 축척은 $\dfrac{1}{50} \sim \dfrac{1}{100}$ 정도로 한다.
㉯ 창호도의 위치 표시는 각부 단면 상세도에 표시한다.
㉰ 창호를 설치하는 장소를 부호로 명시하고 모양에 따른 명칭을 기입한다.
㉱ 창호재질의 종류를 기입하고 문틀 모양과 크기 등을 기입한다.

[해설] 창호도의 위치 표시는 평면도에 표시한다.

문제 13. 왕대공 지붕틀에서 각 부재의 중심선이 일치되지 않는 부분은?
㉮ ㄱ
㉯ ㄴ
㉰ ㄷ
㉱ ㄹ

[해설] 왕대공, 평보, 빗대공이 만나는 곳에는 중심선이 일치하지 않는다.

문제 14. 지름 13 mm의 철근이 200 mm 간격으로 배치된다는 뜻을 나타내는 표시기호는?
㉮ 200 @ 13 ϕ ㉯ 13 ϕ 200 @
㉰ ϕ 13 @ 200   ㉱ 13 ϕ - @ 200

[해설] ϕ 13 @ 200으로 표시한다.

문제 15. 철근 콘크리트 보의 단부 단면표시로 옳은 것은?

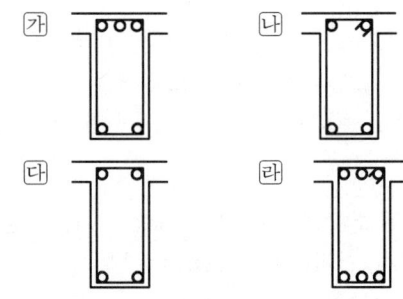

[해설] ㉮ 단부, ㉱ 중앙부

문제 16. 지름이 10 mm인 이형철근을 300 mm 간격으로 배치한 것을 옳게 표시한 것은?
㉮ 300 @ D10   ㉯ ϕ - 10 @ - 300
㉰ D10 @ 300   ㉱ 300 - @ ϕ - 10

[해설] 문제 14번 해설 참조

문제 17. 층높이가 3000 mm이고, 챌판 높이가 187.5 mm, 디딤판의 넓이를 270 mm로 할 경우 이 계단의 수평길이는?
㉮ 3080 mm   ㉯ 4050 mm
㉰ 4200 mm   ㉱ 4320 mm

[해설] 계단수 = $\dfrac{3000}{187.5} = 16$개

수평길이 = $(16 - 1) \times 270 = 4050$ mm

문제 18. 단면도를 설명한 것 중 옳은 것은?
㉮ 건축물을 바깥벽선에 직각이 되게 수직면으로 절단하였을 때 보이는 입면을 나

[해답] 10. ㉱   11. ㉰   12. ㉯   13. ㉱   14. ㉰   15. ㉮   16. ㉰   17. ㉯   18. ㉮

타낸 도면이다.
㉯ 건축물을 정투상도법에 의하여 수직으로 투상하여 외관을 나타낸 그림이다.
㉰ 건축물을 창높이에서 수평으로 절단하였을 때의 수평투상도이다.
㉱ 구조종별, 사용목적에 따라 $\frac{1}{50} \sim \frac{1}{300}$의 축척을 써서 단선 또는 복선으로 벽과 개구부를 표시한 도면이다.
[해설] ㉯ 입면도, ㉰ 평면도

[문제] **19.** 강재치수의 표시법 중 $2 - L \times 75 \times 75 \times 6 \times 3000$에서 6은 무엇을 나타낸 것인가?
㉮ 개수　　　　　㉯ 길이
㉰ 세로의 폭　　　㉱ 두께
[해설] $L - A \times B \times t \times$ 길이

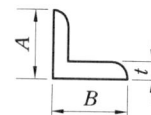

[문제] **20.** 평면도 작도 시 도면의 위쪽을 어느 방향으로 하는가?
㉮ 동쪽　　　　　㉯ 서쪽
㉰ 남쪽　　　　　㉱ 북쪽
[해설] 일반적으로 북쪽을 위로 하여 작도한다.

[문제] **21.** 축척 이외의 치수를 기입할 필요가 없는 도면은?
㉮ 단면도　　　　㉯ 평면도
㉰ 각부 단면 상세도　㉱ 입면도
[해설] 입면도에는 축척 이외의 치수는 기입하지 않는다.

[문제] **22.** 창호의 위치 표시는 어느 도면에 기입하는가?
㉮ 단면도　　　　㉯ 평면도

㉰ 배치도　　　　㉱ 입면도
[해설] 창호의 위치 표시는 평면도에 한다.

[문제] **23.** 각실 내부의 의장을 명시하기 위해 작성하는 도면은?
㉮ 전개도　　　　㉯ 지붕 평면도
㉰ 천장 평면도　　㉱ 기초 평면도
[해설] 전개도는 각실 내부의 마감 인테리어 (의장)을 명시하기 위해 작도한다.

[문제] **24.** 배치도에 표시되는 것이 아닌 것은?
㉮ 대지 경계선과 건물과의 거리를 표시한다.
㉯ 대지와 도로의 관계, 도로의 넓이를 표시한다.
㉰ 개구부의 높이를 표시한다.
㉱ 상·하수도, 연못, 분수, 수목의 위치 등을 표시한다.
[해설] 개구부의 높이는 입면도, 단면도에 표시된다.

[문제] **25.** 배치도의 축척으로 적절한 것은?
㉮ 실척　　　　　㉯ $\frac{1}{2}$
㉰ $\frac{1}{10}$　　　　　㉱ $\frac{1}{100}$
[해설] 배치도는 보통 $\frac{1}{100}$ 이상의 축척을 사용한다.

[문제] **26.** 기초 평면도 작도에 관한 기술 중 틀린 것은?
㉮ 기초 부분을 평면도에 따라 그린다.
㉯ 평면도의 방위와 반대방향이 되도록 한다.
㉰ 앵커 볼트와 같은 기초 구조 매설물의 위치를 지정하고 표현한다.
㉱ 기초의 모양과 크기를 그린다.
[해설] 기초 평면도의 방위는 평면도와 같은 방향으로 정한다.

[해답] 19. ㉱　20. ㉱　21. ㉱　22. ㉯　23. ㉮　24. ㉰　25. ㉱　26. ㉯

6 각 구조부의 제도

1. 구조부의 이해

(1) 기 초
기둥, 벽, 토대 및 동바리 등으로부터의 하중을 지반 또는 터다지기에 전하기 위해 두는 구조 부분으로 독립기초, 복합기초, 줄기초, 온통기초 등이 있다.

(2) 벽
실을 구분하는 기준과 내부, 외부를 구분하는 기준으로 내부이면 내벽, 외부이면 외벽이라고 한다.

(3) 기 둥
지붕, 바닥, 보 등의 하중을 지지하여 하부 구조로 전하는 수직 부재이다.

(4) 보
둘 이상의 지점 위에 걸쳐진 구조 부재, 혹은 한 끝이 고정된 캔틸레버 형식의 수평인 구조 부재이다.

(5) 바 닥
천장, 벽과 함께 건물 내부 공간을 구성하는 보통 평평한 부분이다.

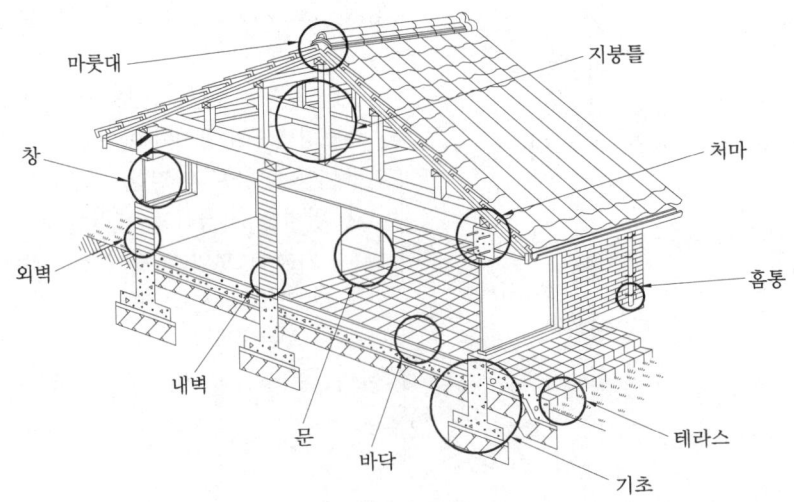

단층주택의 단면 형태

(6) 지 붕
건물의 상부를 덮어 외부와 차단하고, 비바람이나 직사 일광으로부터 내부를 보호하는 부분이다.

(7) 계 단
위층, 아래층 사이를 오르내리기 위한 단 모양의 통로이다.

2. 재료 표시기호

2-1 한국산업규격 표시기호
① 평면 표시기호, 재료 구조 표시기호 = KS F 1501
② 창호기호 = KS F 1502　　　　③ 용접기호 = KS B 0051
④ 배관 표시기호 = KS B 0051　　⑤ 옥내 배선용 표시기호 = KS C 0301

2-2 재료 표시기호

(1) 평면 표시기호

축척 정도별 구분표시 사항		축척 1/100 또는 1/200일 때	축척 1/20 또는 1/50일 때
벽 일 반			
철골 철근 콘크리트 기둥 및 철근 콘크리트벽			
철근 콘크리트 기둥 및 장막벽		재료 표시	재료 표시
철골기둥 및 장막벽			
블 록 벽			축척 1/20 축척 1/50
벽 돌 벽			
목조벽	양 쪽 심 벽		반쪽기둥 통재기둥
	안 심 벽		
	밖 평 벽		
	안 팎 평 벽		

(2) 단면 표시기호

표시사항 구분		원칙적으로 사용한다.	준용 사용	비 고
지 반				
잡 석 다 짐				
자 갈·모 래		자갈 모래	자갈, 모래 섞기	타재와 혼용될 우려가 있을 때에는 반드시 재료명을 기입한다.
석 재				
인 조 석				
콘 크 리 트		a b c		
벽 돌				a는 강자갈 b는 깬자갈 c는 철근 배근일 때
블 록				
목재	치장재		단면 직사각형 방향	
	구조재	구조재 보조재	합판	유심재 거심재

3. 기초와 바닥

3-1 기 초

(1) 기 초

건축물의 자체하중과 적재하중 및 풍력, 지진력 등의 외력을 지반에 전달하고, 건축물을 지반에 안정되게 정착시키는 건물의 최하부 구조 부분이다.

(2) 기초의 종류

① 독립기초 : 하나의 기초판에 하나의 기둥을 지지하는 것이다.

② 줄기초 : 벽체 하부에 연속해서 이어져 있는 기초이다.

③ 온통기초 : 지반이 연약하거나 기초판이 매우 커야 될 경우, 건축물의 바닥 전체를 기초판으로 만드는 것이다.

④ 복합기초 : 지반이 연약하거나 협소할 때, 상부 구조가 밀집되었을 때, 편심하중이 생길 때 사용한다.

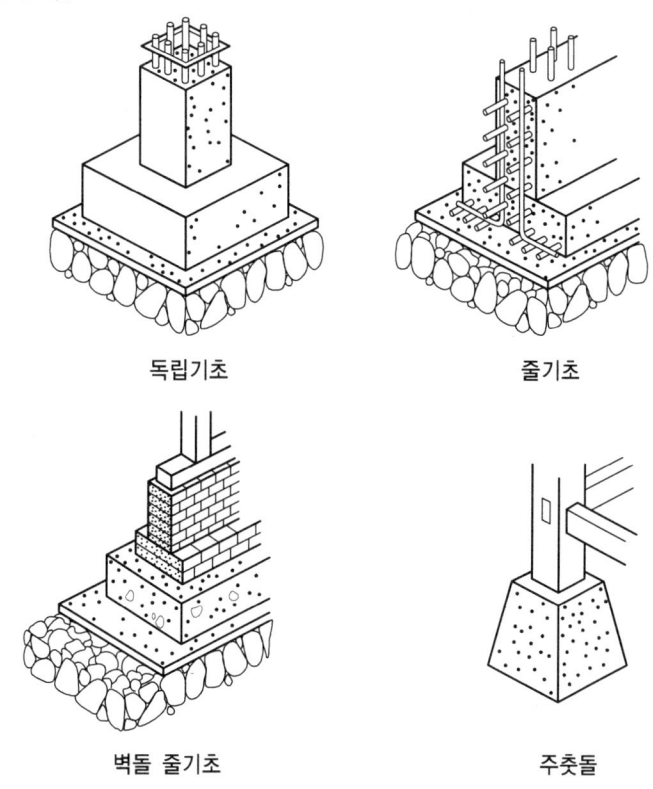

(3) 기초의 단면

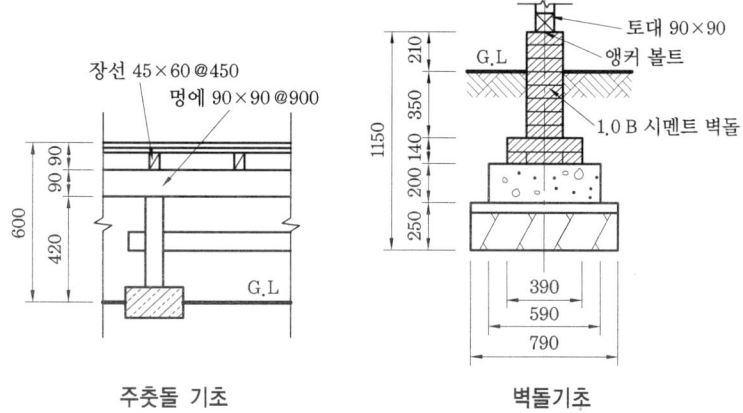

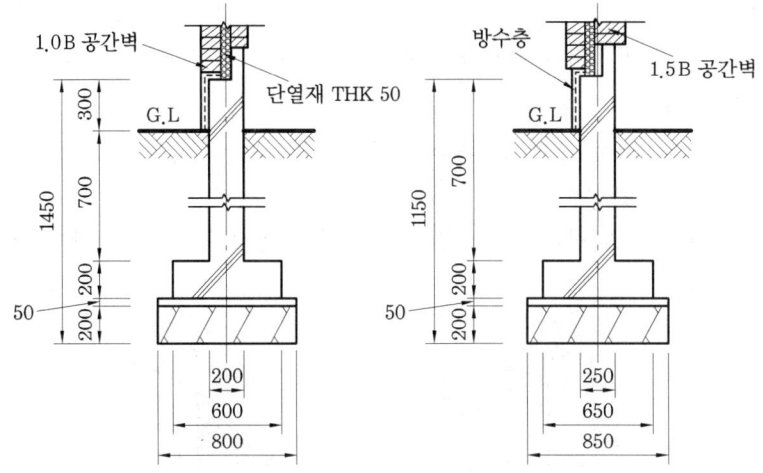

철근 콘크리트 줄기초

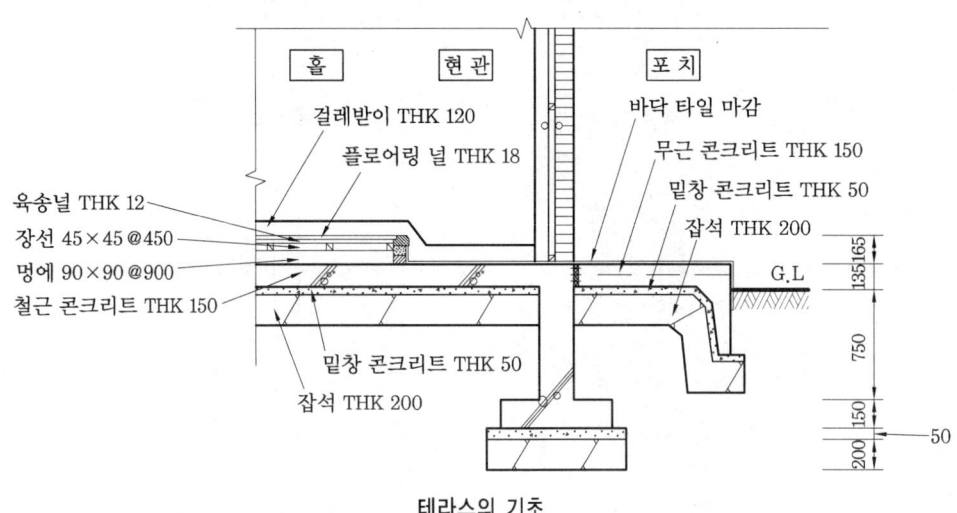

테라스의 기초

(4) 기초 그리기

① 기초 크기에 알맞게 축척을 정한다.
② 테두리선을 그리고 도면 위치를 정한다.
③ 지반선과 기초벽의 중심선을 일점쇄선으로 작도한다.
④ 지정과 기초판 각 부분의 두께와 너비를 작도한다.
⑤ 단면선과 입면선을 구분하여 작도한다.
⑥ 재료의 단면을 작도한다.
⑦ 치수선과 치수 보조선, 인출선을 가는선으로 작도한다.
⑧ 치수와 재료명을 기입한다.
⑨ 표제란을 작성하고 표시사항의 누락여부를 확인한다.

3-2 바 닥

(1) 바닥설계시 주의사항
① 목구조 : 변형의 방지와 통풍에 대비한다.
② 조적구조 : 벽체와 바닥의 연결이 용이하고 안전하게 설계한다.
③ 철근 콘크리트 구조 : 하중의 분포를 고려한다.
④ 바닥은 보온, 습성, 내구성, 내수성 등을 고려한다.
⑤ 각 실의 기능에 따라 적당히 재료를 선택한다.

(2) 바닥 그리기
① 온수 파이프 바닥난방
　㈎ 지반선과 벽체의 중심선을 일점쇄선으로 작도한다.
　㈏ 지반선에서 잡석(THK 200), 밑창 콘크리트 (THK 50), 무근 콘크리트 바닥 (THK 150)을 작도한다.
　㈐ 단열재(THK 50), 콩자갈 및 온수 파이프의 두께를 작도한다.
　㈑ 지름 20 mm, 간격 200 mm의 온수 파이프 (구리관)를 배치한다.
　㈒ 벽체의 공간벽(THK 50), 벽돌벽(THK 90＋THK 90)을 작도한다.
　㈓ 벽체의 방습층을 그리고, 벽돌(THK 67)을 간격으로 작도한다.
　㈔ 바닥 모르타르 마감선을 작도한다.
　㈕ 벽체의 해칭선과 마감선을 작도한다.
　㈖ 치수선과 인출선을 작도 후 치수와 재료명을 기입한다.

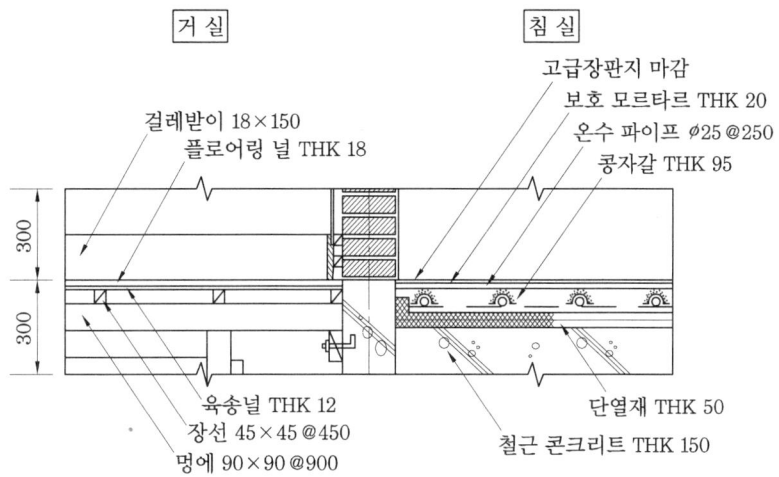

② 동바리 마루바닥 (거실)
　㈎ 지반선(실선)과 벽체의 중심선(일점쇄선)을 그리고, 동바리의 위치를 결정한다.
　㈏ 동바리 중심과 장선의 간격을 정하여 중심선을 작도한다.

(다) 각 부재의 중심과 장선의 간격을 정하여 중심선을 작도한다.
(라) 지반선에서 마룻바닥까지는 간격 450 mm 이상 띄우고 마루널(플로어링 널 THK 18), 밑창널(THK 12), 장선(45×60@450), 멍에(90×90@900), 동바리(90×90), 밑둥잡이(60×90), 가조석(300×500)을 작도한다.
(마) 각 부재의 규격에 알맞은 크기로 단면선과 입면선을 작도한다.
(바) 지반선, 벽체 해칭선, 장선과 멍에받이의 재료 표시, 동바릿돌의 재료 표시, 걸레받이의 치장재 표시를 단면선과 입면선을 구분하여 작도한다.

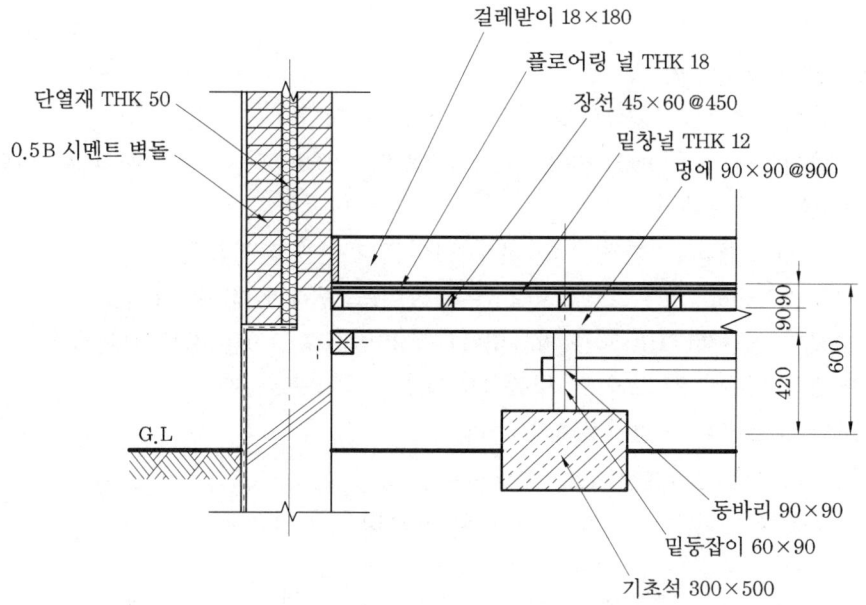

③ 인조석 물갈기 바닥
   (가) 지반선을 기준으로 현관 바닥의 높이를 정한다.
   (나) 현관과 거실의 위치와 각 재료의 두께를 정하여 작도한다.
   (다) 단면선과 입면선의 표시를 굵은선과 가는선으로 작도한다.
   (라) 치수선과 인출선을 작도 후 치수와 명칭을 기입한다.
④ 납작마루 바닥
   (가) 바닥 슬래브는 120 mm으로 한다.
   (나) 멍에(90×90@900) 및 장선(45×60@450)을 작도한다.
   (다) 장선 위에 18mm 이상의 널깔기를 작도한다.
   (라) 치수선과 인출선을 작도 후 치수와 명칭을 기입한다.

4. 벽체와 창호

4-1 벽 체

(1) 벽체 설계시 주의사항
① 각종 구조의 목적에 알맞게 표현한다.
② 벽돌, 블록의 기본 치수를 확인한다.
③ 나무구조, 조적구조, 철골구조의 양식을 이해한다.
④ 구성재료의 종류와 크기를 확인한다.

(2) 벽돌벽의 표현

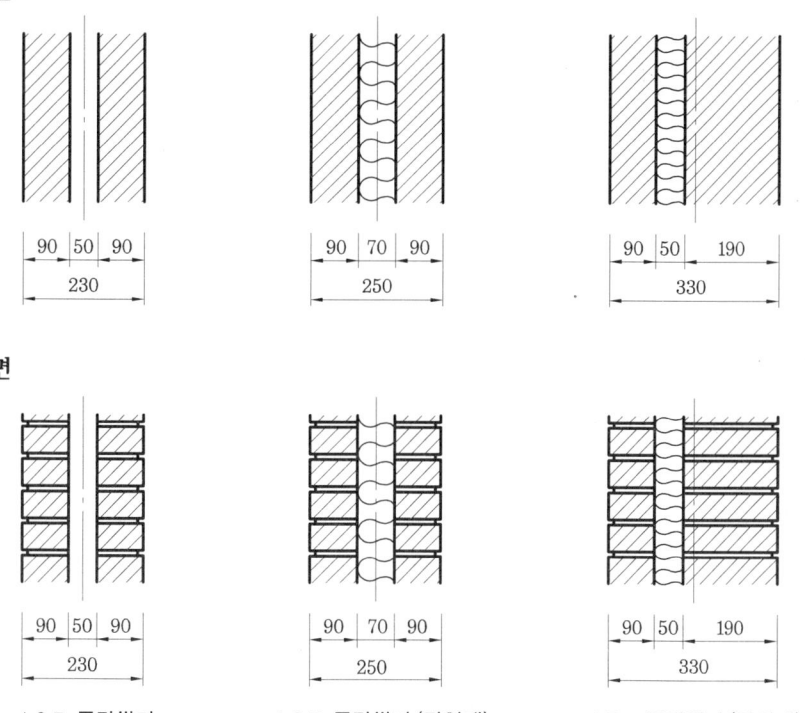

(3) 조적 벽체 단면 그리기
① 테두리선을 긋고, 구도를 잡는다.
② 지반선과 벽체의 중심선을 작도한다.
③ 기초의 깊이와 벽체의 너비를 정한다.
④ 바닥이나 마루, 처마 등의 위치를 정한다.
⑤ 단면선과 입면선을 구분하여 작도한다.
⑥ 치수선과 인출선을 작도 후 치수와 명칭을 기입한다.

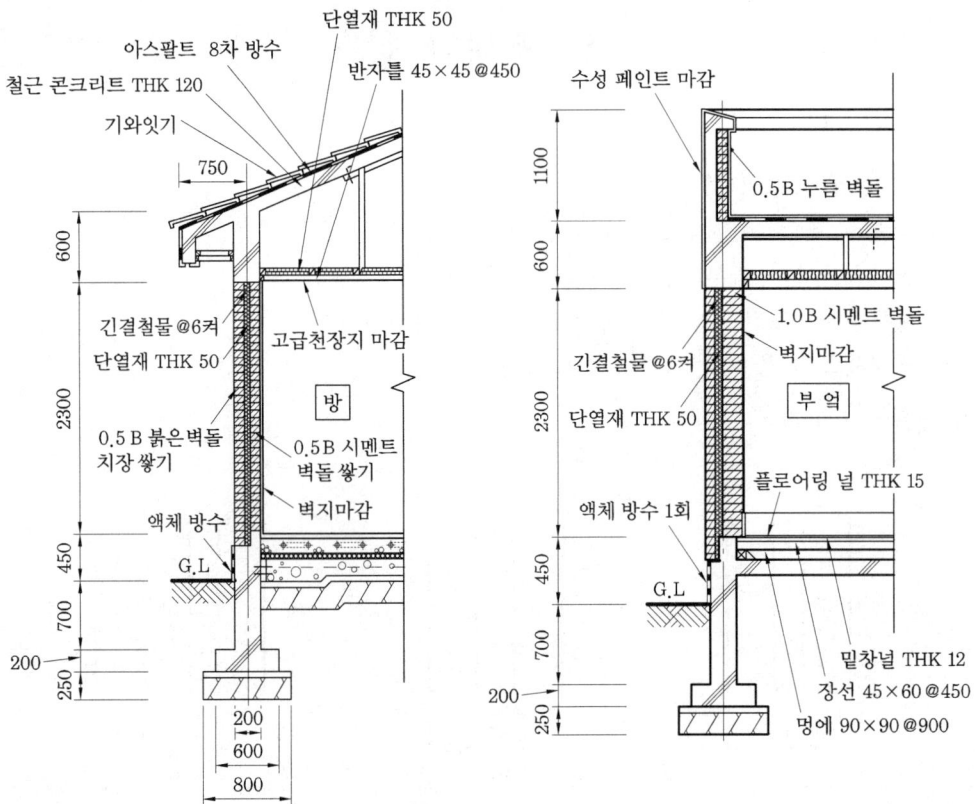

(4) 나무구조 벽체 그리기
① 테두리선을 긋고, 구도를 잡는다.
② 지반선과 벽체의 중심선을 작도한다.

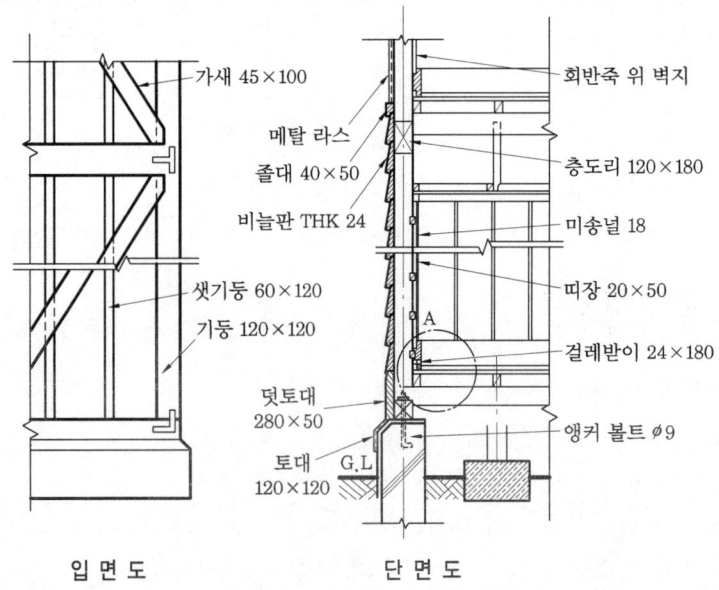

입 면 도   단 면 도

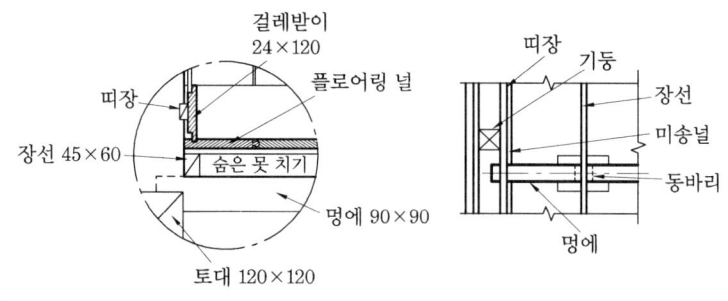

A부분 상세도 (축척 1/10)　　평 면 도

③ 지반선에 따라 기초의 각부 위치를 작도한다.
④ 벽체의 각부 위치를 정한다.
⑤ 기초벽의 두께와 기초를 작도한다.
⑥ 동바리는 입면으로 멍에는 단면으로 작도한다.
⑦ 기둥과 샛기둥을 작도 후 벽두께를 작도한다.
⑧ 바닥은 장선이 45×60, 450 간격으로 작도한다.
⑨ 인출선, 치수선을 작도 후 치수와 명칭을 기입한다.

4-2 창 호

(1) 창 호
채광과 환기가 주로 이루어지고, 문은 사람이나 물품의 이동의 목적으로 시공한다.

(2) 창호의 구성
문틀(선틀, 위틀, 밑틀), 중간틀, 중간 홈대, 중간 선대 등이 있다.

(3) 창호 표시기호

명 칭	평 면	입 면	명 칭	평 면	입 면
출입구 일반			미서기문		
회전문			미닫이문		
쌍여닫이문			셔터		

접는문			빈지문		
여닫이문			자재문		
주름문			방화벽과 쌍여닫이문		
빈지문			망사창		
창일반			여닫이창		
회전창 또는 돌출창			셔터창		
오르내리창			미세기창		
격자창			붙박이창		
쌍여닫이창					

(4) 창 그리기

① 도면의 크기에 알맞은 축척을 정하고, 균형있게 배치한다.
② 평면도를 작도한다.
　㈎ 개구부에 크기를 잡고 벽체의 중심선을 작도한다.
　㈏ 벽 두께를 정하여 작도한다.
　㈐ 창의 하부의 벽돌쌓기 방식을 정하여 작도한다.
　㈑ 창문 윗부분과, 아랫부분의 벽돌쌓기 방식을 정하여 작도한다.
　㈒ 단면선과 입면선을 구분하여 작도한다.
　㈓ 치수선과 인출선을 긋고, 개구부의 높이를 잡는다.

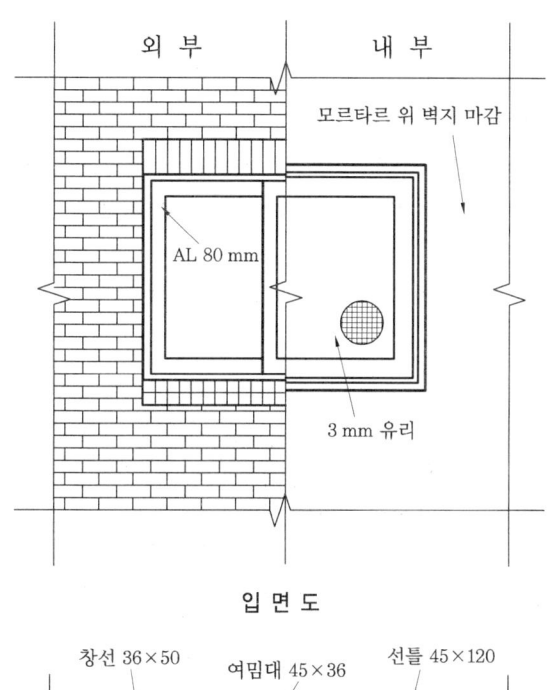

(5) 현관문 그리기

① 도면의 크기에 알맞은 축척을 정한다.
② 도면에 알맞게 도면의 위치를 정한다.
③ 평면도를 작도한다.
　㈎ 개구부의 크기를 잡고, 벽체의 중심선을 작도한다.
　㈏ 벽두께 및 형식을 정하여 작도한다.

(다) 문틀과 문선을 작도한다.
(라) 벽체 안쪽의 벽체 마감재를 작도한다.
(마) 선대와 벽돌의 평면표시, 치수선의 위치를 정하여 작도한다.
(바) 재료표시와 인출선, 치수선의 위치를 정하여 작도한다.
(사) 부재의 명칭과 규격, 치수를 기입한다.

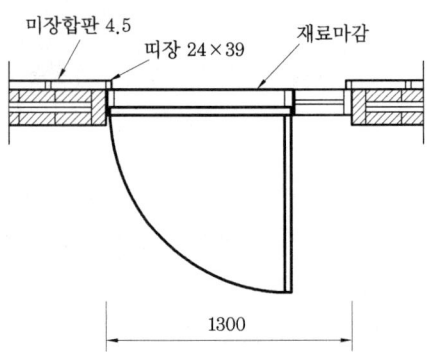

④ 단면도를 작도한다.
(가) 현관의 높이를 정하고 구도를 잡는다.
(나) 지반선과 벽체 중심선을 작도한다.
(다) 기초와 벽치를 작도 후, 현관 바닥을 작도한다.
(라) 문틀의 단면선과 입면선을 작도한다.
(마) 문의 너비를 정하고 밑마구리, 윗마구리, 띠장을 작도한다.
(바) 문 너비의 입면선과 유리 단면선과 손잡이를 작도한다.
(사) 재료 표시를 작도한다.
(아) 인출선, 치수선을 그은 후 명칭과 치수를 기입한다.

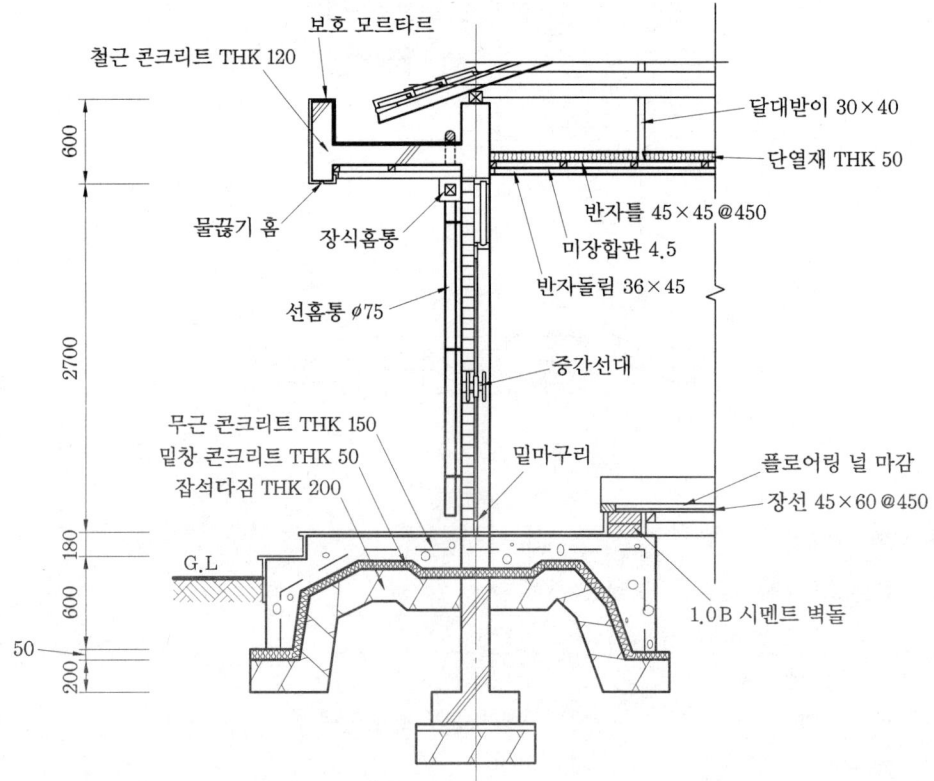

⑤ 입면도를 작도한다.
   ㈎ 평면도와 단면도에 따라 문의 입면선을 작도한다.
   ㈏ 현관문의 크기가 정해지면 현관문의 부재를 표시한다.
   ㈐ 벽면을 그린 후, 절단선의 위치를 기입한다.

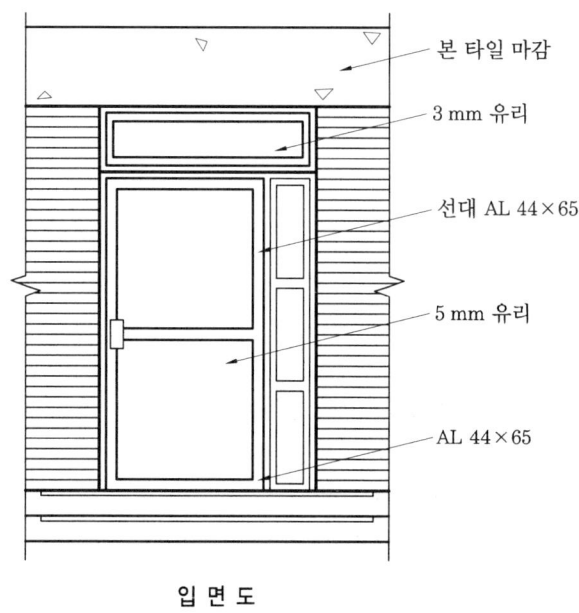

입 면 도

5. 계단과 지붕

5-1 계 단

(1) 계 단
위층과 아래층을 연결하는 통로이며, 안전하고 능률적인 구조로 설계해야 한다.

(2) 계단의 종류
곧은 계단, 나선 계단, 돌음 계단, 꺾은 계단 등이 있다.

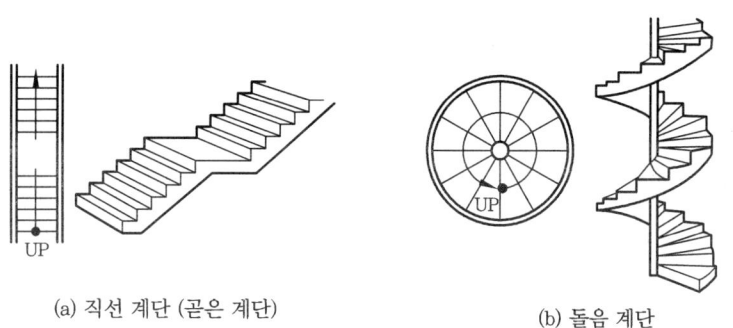

(a) 직선 계단 (곧은 계단)   (b) 돌음 계단

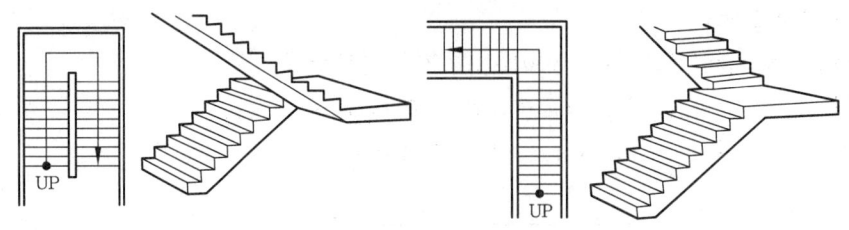

(c) 꺾은 계단

(3) 계단의 구조
계단 바닥 (디딤판, 챌판, 계단참, 옆판), 난간 (난간동자, 난간두겁, 엄지기둥 등)

(4) 목조 계단 그리기
① 테두리선을 작도 후 구도를 잡는다.
② 평면도를 작도한다.
 (가) 벽체의 중심선을 일점쇄선으로 작도한다.
 (나) 계단의 너비를 정하고 난간을 표현한다.
 (다) 단의 높이에 따라 디딤판을 나눈다.
 (라) 올라가는 방향을 표시하고, 단면 표시선을 작도한다.

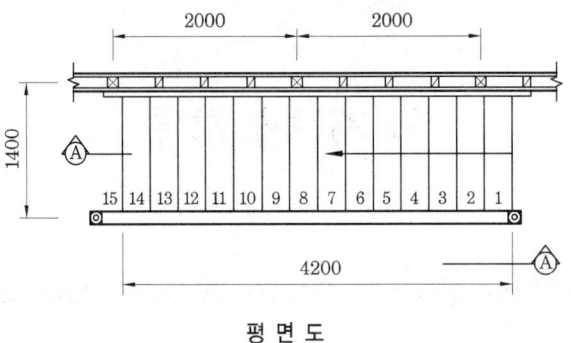

평 면 도

③ 단면도를 작도한다.
 (가) 거실바닥 높이를 정하고, 마루구조의 단면도를 작도한다.
 (나) 2층 높이를 정한 후, 층 높이를 챌판의 높이로 나눈다.
 (다) 평면에 따라 수직선을 그어 수평길이로 디딤판을 나눈다.
 (라) 챌판과 디딤판을 단면선으로 작도한다.
 (마) 단받이, 장선, 계단보, 계단멍에, 띠장, 반자를 작도한다.
 (바) 난간의 높이, 난간동자의 간격을 정한 후, 난간두겁을 작도한다.
 (사) 입면으로 나타나는 곳은 가는선으로 표시한다.
 (아) 인출선, 치수선을 그은 후 명칭과 치수를 기입한다.

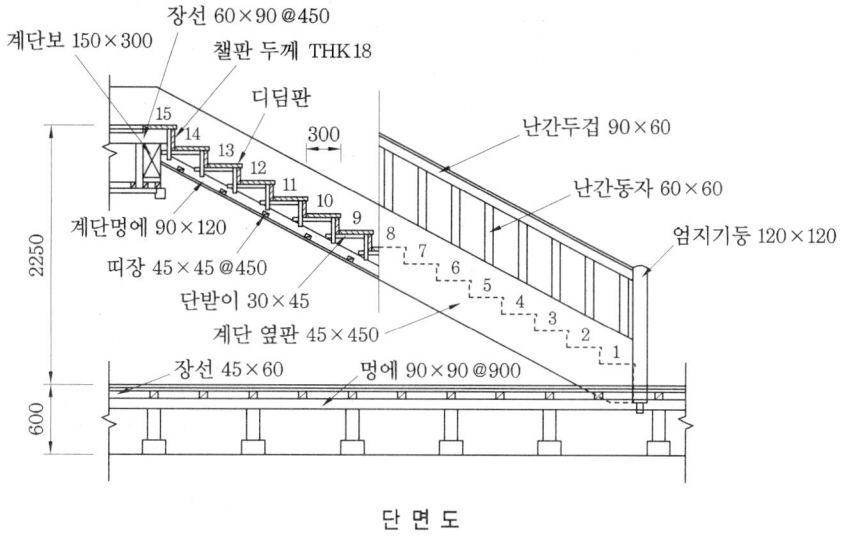

단 면 도

(5) 철근 콘크리트 계단 그리기

① 테두리선을 작도 후 구도를 잡는다.

② 평면도를 작도한다.

   (개) 벽체의 중심선을 일점쇄선으로 작도한다.

   (내) 개구부의 크기와 단열재의 두께를 작도한다.

   (대) 계단의 너비와 길이를 정한 후, 디딤판을 나눈다.

   (래) 계단의 오름 표시와 상층부, 하층부 절단 위치를 표시한다.

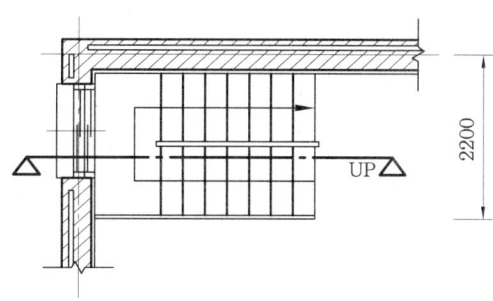

③ 단면도를 작도한다.

   (개) 중심선을 가는 일점쇄선으로 작도한다.

   (내) 계단 슬래브의 두께를 잡고 물매를 잡는다.

   (대) 기초 바닥판의 재료를 작도한다.

   (래) 납작 마룻바닥의 멍에, 장선, 마루널을 작도한다.

   (매) 철근 콘크리트 계단 위에 챌판과 디딤판을 작도한다.

   (배) 난간두겁의 높이는 900 mm으로 하고, 난간기둥과 난간동자를 작도한다.

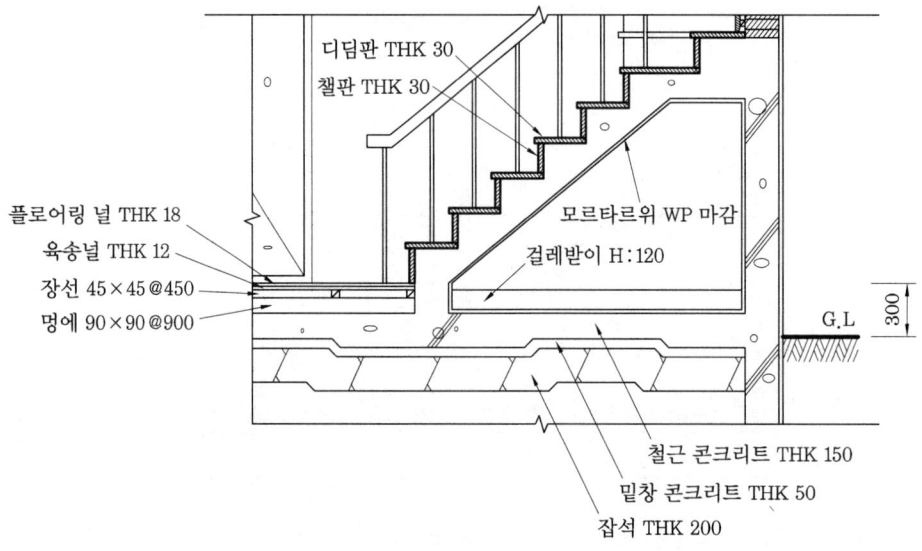

(사) 걸레받이를 단면과 입면을 구분하여 작도한다.
(아) 인출선과 치수선을 그은 후 명칭과 치수를 기입한다.

5-2 지 붕

(1) 지붕틀의 구조

① 절충식 지붕틀 : 보 위에 대공을 세우고, 그 위에 도리를 놓아 지붕의 하중을 받도록 한 구조이다.
   (가) 장점 : 짜임이 비교적 간단하여 전통적으로 많이 쓰여 온 구조이다.
   (나) 단점 : 부재의 단면치수가 커 시공 시 불편하다.
② 왕대공 지붕틀 : 양식지붕틀 중에서 가장 많이 사용한다.
   (가) 구성 : 왕대공, 빗대공, 달대공, 평보, ㅅ자보, 마룻대, 도리, 대공가새 등이 있다.
   (나) 특징 : 각 부재의 단면치수와 배치간격, 부재간의 접합방법 등을 알아야 작도가 가능하다.

(2) 절충식 지붕틀 그리기

① 지붕보의 중심선을 작도 후 지붕물매를 잡는다.
② 처마도리, 테두리보, 지붕보를 작도한다.
③ 기둥의 중심선을 작도 후 대공, 마룻대, 동자기둥, 중도리를 작도한다.
④ 서까래, 지붕널을 작도 후기와 걸이를 배치한 다음 기와를 작도한다.
⑤ 지붕마루를 작도한다.
⑥ 처마 반자, 지붕펠대, 베개보를 작도한다.
⑦ 인출선과 치수선을 그은 후 명칭과 치수를 기입한다.

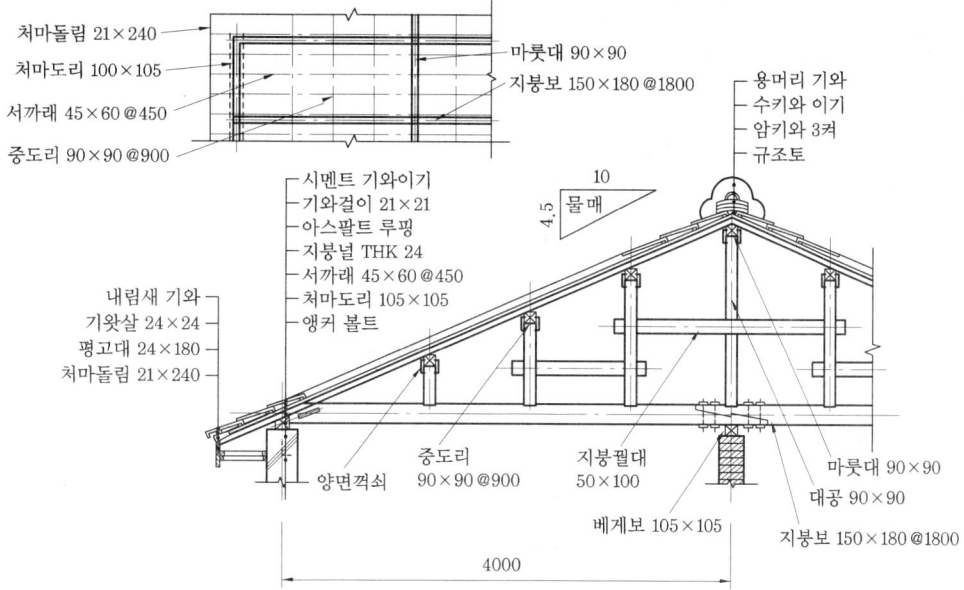

(3) 왕대공 지붕틀 그리기

① 벽체 중심선, 평보, ㅅ자보의 중심선을 작도한다.

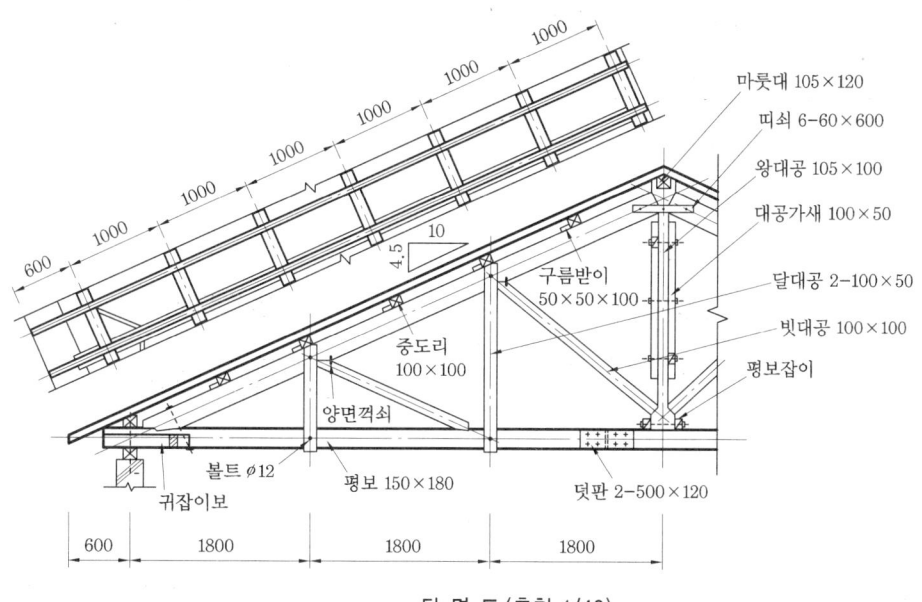

단 면 도 (축척 1/40)

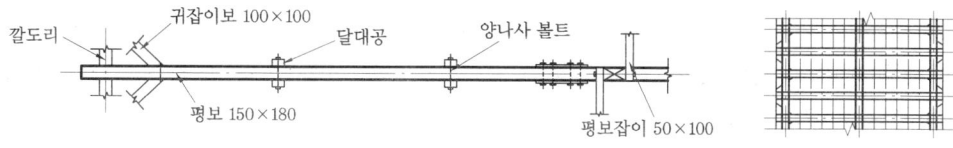

평 면 도   지붕틀 평면도

② 평보, 깔도리, 처마도리, 테두리보, ㅅ자보를 작도한다.
③ 왕대공, 달대공, 빗대공의 중심선을 작도 후 규격에 따라 작도한다.
④ ㅅ자보 위에 중도리 간격을 나누고, 중도리, 구름받이, 서까래를 작도한다.
⑤ 대공가새, 평보잡이, 귀잡이보, 보강철물을 작도한다.
⑥ 지붕틀의 각종 평면도를 작도한다.
⑦ 인출선과 치수선을 작도 후 명칭과 치수를 기입한다.

6. 보와 기둥

6-1 기둥의 배근

① 기둥주근의 밑부분은 기초판 철근에 방사형으로 벌려 정착시키고, 기둥머리는 아래와 같이 보의 일체가 되도록 조립한다.

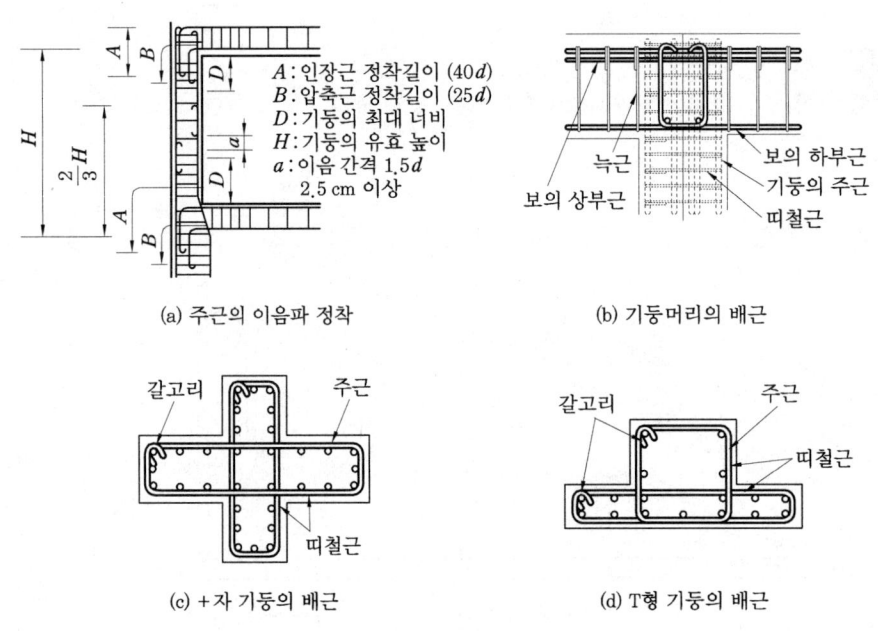

기둥의 배근

② 주근의 이음 위치는 기둥의 유효 높이의 2/3 이하에 두며, 이웃하는 주근의 이음 자리와 서로 엇갈리도록 하여 분산시킨다.
③ 상·하층 기둥의 단면 치수가 다를 경우 보의 주근은 완만하게 구부린다.
④ 기둥 단면의 위의 그림의 (c), (d)와 같이 복잡한 모양일 때 띠철근을 2개 이상 배치하여 주근과 결속한다.
⑤ 단면의 최소 치수는 20 cm 이상, 최소 단면적은 600 cm² 이상으로 한다.

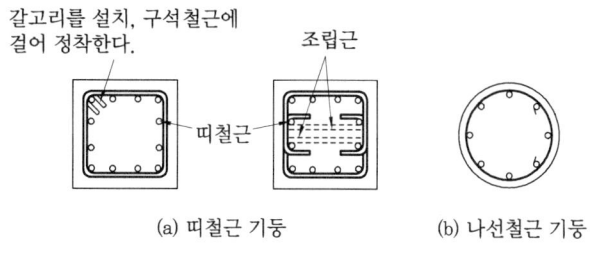

(a) 띠철근 기둥   (b) 나선철근 기둥

띠기둥 및 나선기둥 배근 상세

6-2 철근 콘크리트의 배근

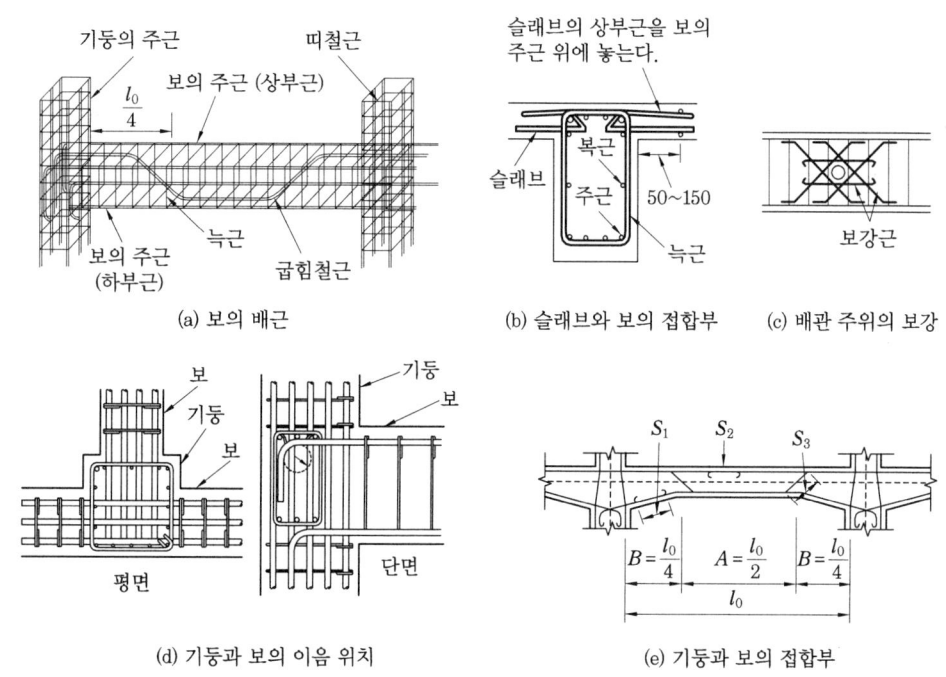

(a) 보의 배근   (b) 슬래브와 보의 접합부   (c) 배관 주위의 보강

(d) 기둥과 보의 이음 위치   (e) 기둥과 보의 접합부

6-3 철근 콘크리트 기둥과 보의 해석

(1) 평면도 및 라멘도

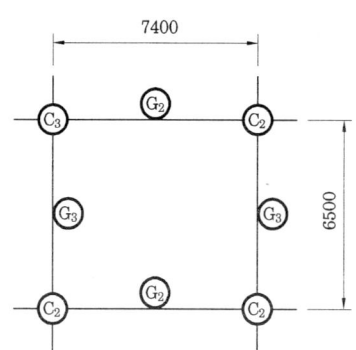

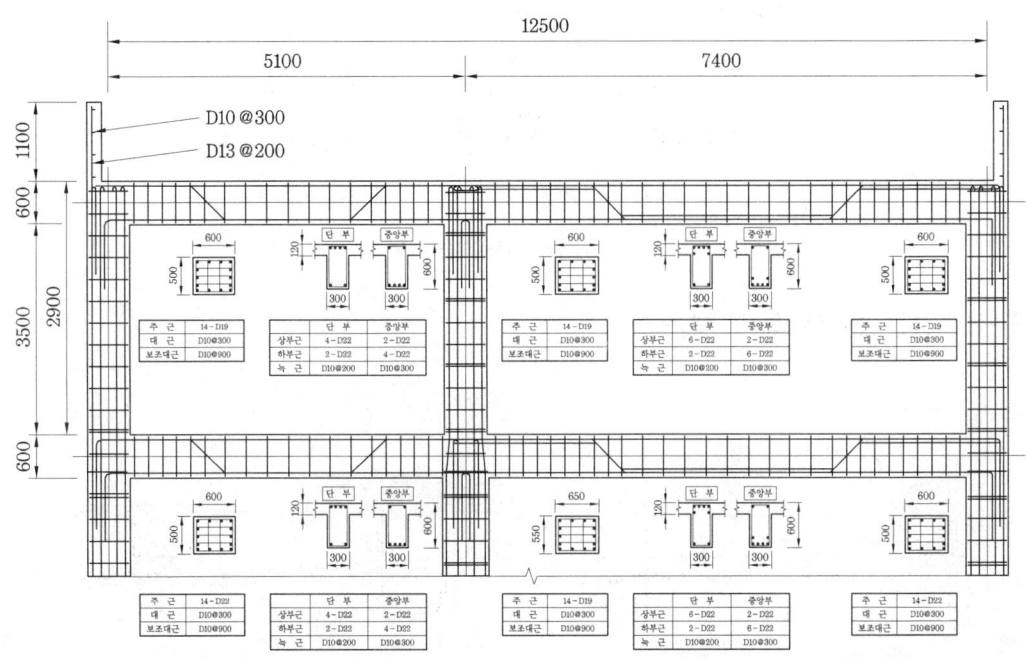

(2) 위 도면의 기둥 및 보의 해석

기둥				보				
기호 부분	2C₂	2C₃	3C₂ 3C₃	기호 부분	3G₁, RG₁,		3G₂, RG₂,	
					단부	중앙부	단부	중앙부
단면 치수	500×600	550×650	500×600	단 면	300×600	300×600	300×600	300×600
주근	14−D22	14−D22	14−D19	상부근	4−D22	2−D22	6−D22	2−D22
대근	D10@300	D10@300	D10@300	하부근	2−D22	4−D22	2−D22	6−D22
보조 대근	D10@900	D10@900	D10@900	늑 근	D10@200	D10@300	D10@200	D10@300

예 상 문 제

문제 1. 철근 콘크리트 도면에서 가새근을 표시하는 선은 무엇인가?
㉮ 파선 ㉯ 가는 실선
㉰ 굵은 실선 ㉱ 일점쇄선
[해설] 주근 : 굵은 실선, 가새근 : 파선

문제 2. 다음 그림은 단면 재료 표시기호이다. 구조용으로 쓰이는 목재의 표시방법은 무엇인가?

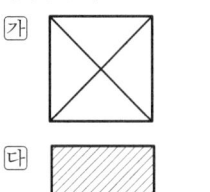

[해설] ㉯번 : 콘크리트 ㉰번 : 치장재 ㉱번 : 모르타르

문제 3. 재료 단면 표시기호로 틀린 것은 어느 것인가?

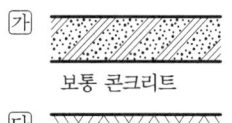

[해설] ㉮번은 철근 콘크리트

문제 4. 평면 표시기호 중 오르내리창의 기호 표시로 옳은 것은?

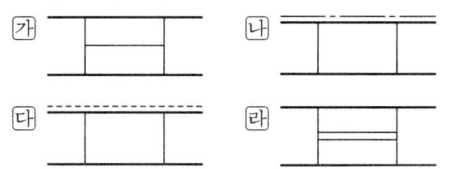

[해설] ㉮ 붙박이창, ㉰ 셔터 달린 창, ㉱ 망사창

문제 5. 붙박이창의 평면 표시기호는?

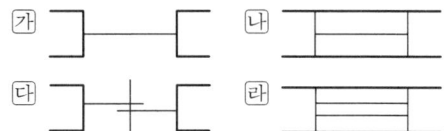

[해설] ㉮ 붙박이문, ㉰ 미서기문, ㉱ 오르내리창

문제 6. 쌍미닫이창의 평면 표시기호는?

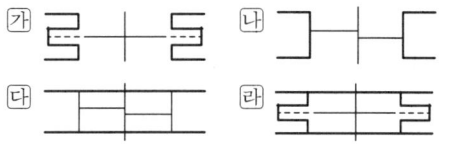

[해설] ㉮ 쌍미닫이문, ㉯ 미서기문, ㉰ 미서기창

문제 7. 출입구에 실내외 바닥차가 있는 평면 표시기호는?

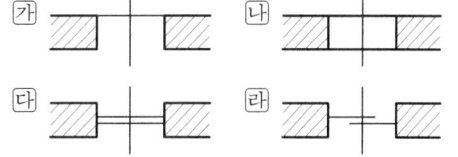

[해설] ㉮ 출입구 일반의 바닥차가 있을 때

문제 8. 미서기창의 평면 표시기호는?

[해설] 문제 4, 5, 6번 해설 참조

문제 9. 다음 그림의 재료 표시는 무엇을 나타내는 것인가?

[해답] 1. ㉮ 2. ㉮ 3. ㉮ 4. ㉱ 5. ㉯ 6. ㉱ 7. ㉮ 8. ㉮ 9. ㉱

㉮ 석재 ㉯ 벽돌
㉰ 자갈 ㉱ 모조석
[해설] 석재 표시기호

[문제] 10. 다음 그림의 재료표시는 무엇을 나타낸 것인가?

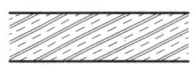

㉮ 석재 ㉯ 벽돌
㉰ 자갈 ㉱ 모조석
[해설] • 인조석(모조석) 표시기호 : 사선이 두 개일 경우와 한 개일 경우에 유의한다.

[문제] 11. 목재 구조재의 단면 표시기호가 아닌 것은?

 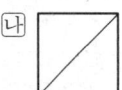

 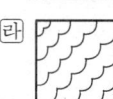

[해설] ㉱ 치장재

[문제] 12. 다음 중 여닫이문 평면 표시기호로 옳은 것은?

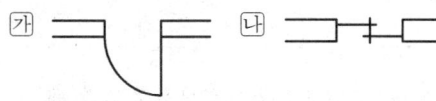

[해설] ㉯ 미서기문, ㉰ 미닫이문, ㉱ 회전문

[문제] 13. 쌍여닫이문 입면 표시기호로 옳은 것은? (단, 평면표시는 아래 그림과 같다.)

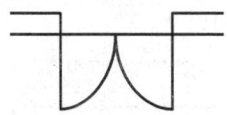

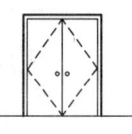 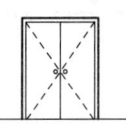

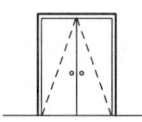 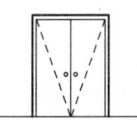

[해설] ㉮ 쌍여닫이문

[문제] 14. 미서기창의 평면 표시기호로 옳은 것은?

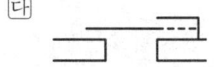 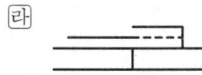

[해설] ㉮ 자재문, ㉯ 여닫이창, ㉰ 미서기창, ㉱ 미닫이창

[문제] 15. 벽돌 표시기호로 옳은 것은?

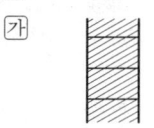 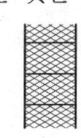

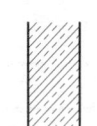 

[해설] ㉮ 벽돌, ㉯ 블록, ㉰ 석재, ㉱ 모조석

[문제] 16. 다음 중 석재 단면 표시기호는?

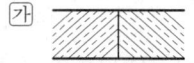 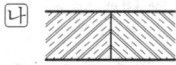

 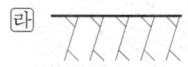

[해설] ㉮ 석재, ㉯ 모조석, ㉰ 지반, ㉱ 잡석다짐

[문제] 17. 철근 콘크리트 단면 표시기호는?

[해답] 10. ㉱ 11. ㉱ 12. ㉮ 13. ㉮ 14. ㉰ 15. ㉮ 16. ㉮ 17. ㉯

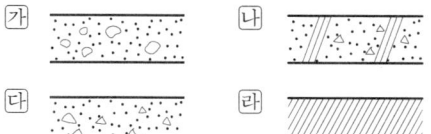

해설 ㉮ 강자갈 무근 콘크리트
㉯ 철근 콘크리트
㉰ 깬자갈 무근 콘크리트
㉱ 벽돌

문제 18. 목재의 구조재 단면 표시기호는?

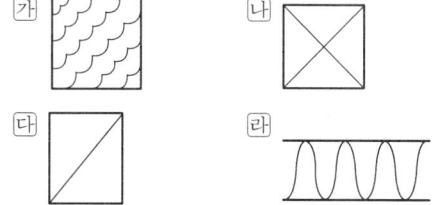

해설 ㉮ 치장재, ㉯ 구조재, ㉰ 보조 구조재,
㉱ 차단재 (보온, 흡음, 방수)

문제 19. 기초에서 지정 설치 시 밑창 콘크리트의 두께로 적당한 것은 어느 것인가?
㉮ 1~2 cm ㉯ 3~4 cm
㉰ 5~6 cm ㉱ 8~10 cm
해설 보통 잡석다짐은 200 mm, 밑창 콘크리트는 50 mm

문제 20. 철근 콘크리트 기초에서 철근에 대한 콘크리트의 피복두께는 얼마인가?
㉮ 2 cm ㉯ 3 cm
㉰ 4 cm ㉱ 6 cm
해설 흙에 접하는 기초의 피복두께는 6 cm로 함

문제 21. 건물 기초 단면의 제도순서를 옳게 기술한 것은 어느 것인가?
㉮ 기초의 배치-지반선과 기초 및 벽체의 중심선-두께-깊이-외형선
㉯ 지반선과 기초 및 벽체의 중심선-기초의 배치-두께-깊이-외형선
㉰ 기초의 배치-두께-깊이-지반선과 기초 및 벽체의 중심선-외형선
㉱ 지반선과 기초 및 벽체의 중심선-두께-깊이-기초의 배치-외형선

문제 22. 도면의 기호 표시에서 기초보를 나타내는 것은 어느 것인가?
㉮ G ㉯ WG ㉰ FG ㉱ ST

문제 23. 다음의 철근 콘크리트 줄기초 제도 순서에 관한 내용 중 가장 나중에 이루어지는 것은 어느 것인가?
㉮ 지반선과 기초벽의 중심선을 그린다.
㉯ 재료의 단면 표시를 한다.
㉰ 표제란의 작성하고, 표시사항의 누락여부를 확인한다.
㉱ 지정과 기초판 각 부분의 두께와 너비를 그린다.

문제 24. 조적조 내력벽에 적합한 기초는 무엇인가?
㉮ 줄기초 ㉯ 온통기초
㉰ 주춧돌 기초 ㉱ 독립기초
해설 • 기초의 구분
 ① 독립기초 : 단일 기둥을 받치는 구조
 ② 복합기초 : 2개 이상의 기둥을 한 개의 기초판으로 받치는 기초
 ③ 연속기초 (줄기초) : 벽 또는 1열 기둥을 받치는 기초로 조적조의 내력벽에 적합함
 ④ 온통기초 : 건물 전체를 받치는 기초

문제 25. 조적조 벽체에 있어서 1.0 B 공간쌓기의 벽두께로 옳은 것은 어느 것인가? (단, 벽돌은 표준형을 사용하고, 공간은 50 mm로 한다.)
㉮ 200 mm ㉯ 210 mm
㉰ 220 mm ㉱ 230 mm
해설 1.0 B 공간쌓기 : 90+50+90 = 230 mm

문제 26. 조적조 벽체에 있어서 1.0 B 공간쌓

해답 18. ㉯ 19. ㉰ 20. ㉱ 21. ㉮ 22. ㉰ 23. ㉰ 24. ㉮ 25. ㉱ 26. ㉰

기의 벽두께로 옳은 것은 어느 것인가? (단, 벽돌은 표준형을 사용하고, 공간은 75 mm로 한다.)

㉮ 180 mm ㉯ 265 mm
㉰ 255 mm ㉱ 285 mm

해설 1.0 B 공간쌓기 : 90+75+90 = 255 mm

문제 27. 조적조 벽체를 제도한 순서가 바른 것은 어느 것인가?

① 축척과 구도 정하기
② 지반선과 벽체 중심선 긋기
③ 치수와 명칭을 기입하기
④ 벽체와 연결부분 그리기
⑤ 재료 표시
⑥ 치수선과 인출선 긋기

㉮ ①-②-③-④-⑤-⑥
㉯ ①-②-④-⑥-⑤-③
㉰ ①-②-④-⑤-⑥-③
㉱ ①-⑥-②-③-④-⑤

해설 • 조적구조 벽체 그리기
① 제도용지에 테두리선을 긋고, 축척에 알맞게 구도를 잡는다.
② 지반선과 벽체의 중심선을 작도한다.
③ 기초의 깊이와 벽체의 나비를 정한다.
④ 벽체와 연결된 바닥이나 마루, 처마 등의 위치를 정한다.
⑤ 단면선과 입면선을 구분하여 그림을 그린다.
⑥ 각 부분에 재료 표시를 한다.
⑦ 치수선과 인출선을 긋고, 치수와 명칭을 기입한다.

문제 28. 내화 벽돌의 치수에 해당되는 것은 어느 것인가? (단위 : mm)

㉮ 200×100×50 ㉯ 230×114×65
㉰ 190×90×57 ㉱ 220×110×60

문제 29. 그림과 같은 벽돌조 단면에서 '가'

부분의 명칭은 무엇인가?

㉮ 듀벨
㉯ 긴결철물
㉰ 방수지
㉱ 홈통

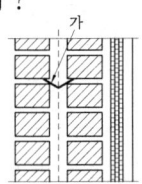

문제 30. 창호 표시기호 중 틀린 것은 어느 것인가?

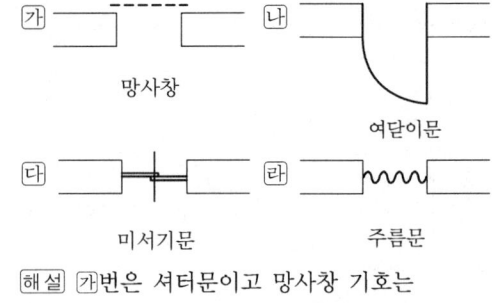

㉮   ㉯
        망사창
              여닫이문
㉰   ㉱
미서기문   주름문

해설 ㉮번은 셔터문이고 망사창 기호는

문제 31. 창호도에서 표시하지 않아도 되는 것은 어느 것인가?

㉮ 창호형태   ㉯ 개폐방법
㉰ 재료 및 치수 ㉱ 창호 단면도

해설 • 창호도 : 창호형태, 개폐방법, 재료 및 치수 등을 표기한다.

문제 32. 다음 중 단면도에 표시되는 사항은 무엇인가?

㉮ 슬래브의 철근 배치
㉯ 보철근 및 기둥철근
㉰ 창높이
㉱ 창호부호

해설 ㉮ 슬래브의 철근 배치, ㉯ 보철근 및 기둥철근 : 철근 배근도, ㉰ 창높이 : 단면도, ㉱ 창호부호 : 창호도

문제 33. 단면도의 표시사항으로 옳지 않은 것은 어느 것인가?

㉮ 건축물의 높이, 층높이

해답 27. ㉰ 28. ㉯ 29. ㉯ 30. ㉮ 31. ㉱ 32. ㉰ 33. ㉱

㉯ 처마높이, 창높이
㉰ 계단의 디딤판, 챌판치수
㉱ 지붕의 물매, 창의 개폐법
[해설] 창의 개폐방법은 창호도에 표기

[문제] 34. 다음 중 일반적으로 단면도에 표시할 사항은 무엇인가?
㉮ 슬래브의 철근배치
㉯ 보 철근 및 기둥철근
㉰ 창 높이
㉱ 창 부호

[문제] 35. 철근 콘크리트 계단 그리기의 순서로 바른 것은 어느 것인가?
㉮ 구도잡기 – 평면도 – 단면도
㉯ 구도잡기 – 단면도 – 평면도
㉰ 평면도 – 구도잡기 – 단면도
㉱ 평면도 – 단면도 – 구도잡기
[해설] • 철근 콘크리트 계단 그리기 순서
 ① 테두리선을 작도 후 구도를 잡는다.
 ② 평면도를 작도한다.
 ③ 단면도를 작도한다.

[문제] 36. 실내계단에서 난간두겁의 높이는 보통 어느 정도로 하는가?
㉮ 450 mm ㉯ 600 mm
㉰ 900 mm ㉱ 1200 mm
[해설] • 난간두겁의 높이 : 일반적으로 90 cm 정도

[문제] 37. 목조계단에서 계단 나비가 1.2 m 이상이 될 때 디딤판의 처짐, 보행진동 등을 막기 위하여 중간에 댄 보강재는 무엇인가?
㉮ 계단멍에 ㉯ 챌판
㉰ 엄지기둥 ㉱ 달대
[해설] • 계단멍에 : 목조계단 챌판의 중간부에 휨, 보행진동을 막기 위하여 댄 보강재이다.

[문제] 38. 계단에서 난간 위의 손스침이 되는 빗재의 명칭으로 옳은 것은 어느 것인가?

㉮ 챌판   ㉯ 난간동자
㉰ 계단참   ㉱ 난간두겁

[문제] 39. 건축도면에서 지붕의 물매를 표시한 것으로 옳은 것은?
㉮ 3/10   ㉯ 1/20
㉰ 2/30   ㉱ 6/50
[해설] 모를 10으로 표시한다.

[문제] 40. 목조 왕대공 트러스 ㅅ자보에 중도리를 걸칠 때의 보강철물은 무엇인가?
㉮ 띠쇠   ㉯ 꺾쇠
㉰ 볼트   ㉱ 안장쇠
[해설] ① 평보와 왕대공 : 감잡이쇠
 ② 큰보와 작은보 : 안장쇠
 ③ ㅅ자보와 평보 : 띠쇠
 ④ ㅅ자보와 중도리 : 꺾쇠

[문제] 41. 입면도에 표시하는 내용이 아닌 것은 어느 것인가?
㉮ 지붕물매   ㉯ 처마높이
㉰ 창문의 형태 ㉱ 바닥높이
[해설] 지붕물매는 단면도에 표시

[문제] 42. 목조 왕대공 지붕틀의 구성부재와 관련이 없는 것은 어느 것인가?
㉮ 빗대공   ㉯ 달대공
㉰ ㅅ자보   ㉱ 우미량
[해설] • 우미량 : 절충식 지붕틀에서 모임지붕 형태일 때 지붕보에서 도리에 짧게 댄 보

[문제] 43. 다음 그림의 지붕 평면도의 명칭은 무엇인가?
㉮ 박공지붕
㉯ 합각지붕
㉰ 모임지붕
㉱ 방형지붕

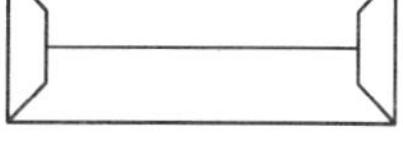

[문제] 44. 왕대공 지붕틀을 제도하는 과정의

[해답] 34. ㉯ 35. ㉮ 36. ㉰ 37. ㉮ 38. ㉱ 39. ㉮ 40. ㉯ 41. ㉮ 42. ㉱ 43. ㉯
44. ㉱

일부를 나열한 것으로 이 중에서 가장 나중에 해야 하는 과정은 무엇인가?
㉮ 테두리선을 긋고 축척에 따라 구도를 정한다.
㉯ 각종 보강철물을 그린다.
㉰ 대공가새, 평보잡이, 귀잡이보 등을 그린다.
㉱ 인출선과 치수선을 긋는다.

[해설] • 왕대공 지붕틀 제도 순서
① 벽체 중심선, 평보, ㅅ자보의 중심선을 작도한다.
② 평보, 깔도리, 처마도리, 테두리보, ㅅ자보를 작도한다.
③ 왕대공, 달대공, 빗대공의 중심선을 작도 후 규격에 따라 작도한다.
④ ㅅ자보 위에 중도리 간격을 나누고, 중도리, 구름받이, 서까래를 작도한다.
⑤ 대공가새, 평보잡이, 귀잡이보, 보강철물을 작도한다.
⑥ 지붕틀의 각종 평면도를 작도한다.
⑦ 인출선과 치수선을 작도 후 명칭과 치수를 기입한다.

문제 45. 다음은 지붕틀을 제도하는 과정의 일부를 나열한 것이다. 이 중에서 가장 나중에 하는 과정은 무엇인가?
㉮ 축척에 따라 구도를 정한다.
㉯ 각종 보강철물을 그린다.
㉰ 각부 부재를 작도한다.
㉱ 인출선과 치수선을 긋는다.

[해설] 지붕틀 제도 순서 : ㉮-㉰-㉯-㉱

문제 46. 다음의 각종 도면에 대한 설명 중 옳지 않은 것은 어느 것인가?
㉮ 각층 바닥복도의 축척은 보통 평면도와 같이 하고 상세를 필요로 하는 경우에는 1/50, 1/20로 한다.
㉯ 기초복도의 척도는 보통 1/100으로 한다.
㉰ 지붕복도는 지붕 마무리면의 의장이나 재료를 나타낸다.
㉱ 천장복도는 천장의 의장이나 마무리를 나타내기 위한 것으로, 천장밑에서 쳐다 본 그림이다.

[해설] • 천장복도 (천장 평면도) : 천장에서 천장면의 마감재 형상을 내려다 본 그림이다.

문제 47. 모임지붕 일부에 박공지붕을 같이 한 것으로, 화려하고 격식이 높으며 대규모 건물에 적합한 한식지붕 구조는 무엇인가?
㉮ 외쪽지붕   ㉯ 합각지붕
㉰ 솟을지붕   ㉱ 꺾인지붕

문제 48. 철근 콘크리트 보의 춤은 보통 기둥 간사이의 얼마 정도로 하는가?
㉮ 1/6   ㉯ 1/8
㉰ 1/12   ㉱ 1/16

[해설] 보의 춤은 간사이의 1/10~1/12

문제 49. 보 중앙부의 철근 배근에 적합한 것은 어느 것인가?

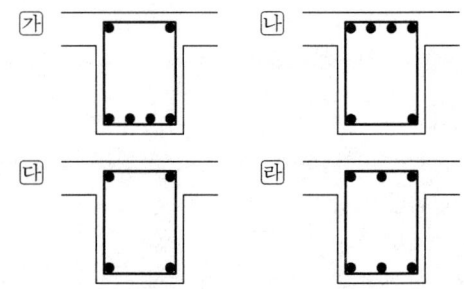

[해설] ㉮는 중앙부, ㉯는 단부이다.

[해답] 45. ㉱ 46. ㉱ 47. ㉯ 48. ㉰ 49. ㉮

일반구조

제1장 총 론
제2장 기 초
제3장 나무(목) 구조
제4장 조적 구조
제5장 철근 콘크리트 구조
제6장 철골 구조

1 CHAPTER 총 론

1. 서 론

건축구조의 3요소인 구조, 기능, 미(美 : 아름다움)를 갖춘 건축물의 구조체를 가장 경제적으로 이룩할 수 있는 건축적 구성 기술을 연구하는 학문이다.
① 건축구조의 3요소 : 구조, 기능, 미
② 4요소 : 3요소 + 경제성

2. 건축구조의 분류

2-1 구성양식에 의한 분류

① 가구식 : 부재를 이음과 맞춤에 의하여 뼈대 구성(나무구조, 철골구조)
② 조적식 : 개개의 재료를 접착제로 쌓아올려 구성(벽돌구조, 블록 구조, 돌구조)
③ 일체식 : 전 구조체가 일체가 되도록 한 것(철근 콘크리트 구조)

> **보충설명**
> • 각 구조의 장·단점
> ① 나무(목) 구조는 조적구조에 비하여 내진적으로 할 수 있다.
> ② 철골구조는 내구, 내진적이나 내화적이 못된다.
> ③ 조적구조는 내구, 내화적이나 지진, 횡력에 약하며, 실내면적이 줄어든다.
> ④ 철근 콘크리트 구조는 내진, 내화, 내구적이며, 형태를 자유롭게 구성할 수 있다.

2-2 시공과정에 의한 분류

① 습식구조 : 물을 사용하는 공정을 가진 구조로서, 조적식, 일체식 구조가 이에 속한다.
② 건식구조 : 기성재를 짜맞추어 구성하는 것으로서, 물은 거의 사용하지 않는다. 작업이 간단하고 공사기간을 단축하여 대량생산과 경제성을 고려한 것이다.

2-3 주체 재료에 의한 분류 및 장·단점

구 조 별	장 점	단 점
나무구조	1. 공사기간 단축 2. 구조방법 용이 3. 시공 용이 4. 외관 미려 경쾌	1. 내구력 부족 2. 부패 3. 화재 위험
벽돌구조	1. 내구 2. 방서 및 방한 3. 방화 4. 외관 장중	1. 습기가 침입하기 쉽다. 2. 횡력에 약하다.
블록 구조	1. 공사비 저렴 2. 방화적 3. 방한 및 방서	1. 균열이 발생 2. 횡력과 진동에 약하다.
돌구조	1. 내구 2. 내화 3. 미려 4. 방서 및 방한 5. 외관 장중	1. 고가 2. 공기가 길다. 3. 시공이 까다롭다. 4. 횡력에 약하다. 5. 재료의 동질화 곤란
철근 콘크리트 구조	1. 내구 2. 내진 3. 내화 4. 설계 자유 5. 부재 모양의 자유로운 축조 6. 고층 건물, 지하 및 수중 구축	1. 공사기간이 길다. 2. 비교적 고가 3. 균일 시공이 곤란하다. 4. 중량이 크다.
철골구조	1. 고층, 큰 간사이 구조 가능 2. 내진, 내풍적이다. 3. 대규모 구조에 유리하다. 4. 해체 이동 수리 가능	1. 공사비가 고가 2. 내구성, 내화성이 약하다. 3. 정밀 시공이 요구된다.
철골 + 철근 콘크리트 구조	1. 고층 건물, 대건축에 적합하다. 2. 내구, 내화, 내진적이다. 3. 저층부의 유효공간 확보 유리	1. 다리 부재의 중량이 크다. 2. 고가 3. 공기가 길다. 4. 시공이 복잡하다.
조립식 구조	1. 공기단축, 대량생산 2. 비계 절약, P.S 도입으로 철근량 절약	1. 접합부 강성에 난점 2. 운반거리 제한 3. 소규모 공사에 불리하다.

예 상 문 제

문제 1. 건축물의 구조물을 분류하여 짝지은 것 중 적당치 못한 것은?
㉮ 일체식 구조 – 철근 콘크리트조
㉯ 가구식 구조 – 목구조
㉰ 조적식 구조 – 벽돌조
㉱ 일체식 구조 – 철골구조
[해설] ① 구성양식에 의한 분류
　(개) 가구식 구조 : 목구조, 철골구조
　(내) 조적식 구조 : 돌구조, 벽돌구조, 블록구조
　(대) 일체식 구조 : 철근 콘크리트 구조, 철골 철근 콘크리트 구조
② 철골구조는 가구식 구조이다.

문제 2. 다음 기술 중 옳지 않은 것은?
㉮ 조적식 구조는 내구, 내화적이나 횡력에 약하다.
㉯ 철근 콘크리트 구조는 내구, 내화, 내진적인 구조이다.
㉰ 철골구조는 내구, 내화적이며 고층에 적합하다.
㉱ 철골구조는 가구식 구조이다.
[해설] ① 철골구조는 내구, 내진적이며, 고층에 적합하나 내화적이 못 된다.
② 철골구조는 열에 약하다.

문제 3. 각 구조에 대한 관련사항과 연결이 옳지 않은 것은?
㉮ 목조 – 2층 이하 – 방화, 내풍에 주의
㉯ 조적조 – 3층 이하 – 내진에 주의
㉰ 철골조 – 공장 – 내화적
㉱ 철근 콘크리트조 – 고층건물 – 내진적
[해설] 철골구조는 내화적이지 못하다.

문제 4. 가장 내진적인 구조는?
㉮ 돌구조　　㉯ 블록 구조
㉰ 목구조　　㉱ 벽돌구조
[해설] 조적구조(돌, 블록, 벽돌)는 횡력(지진력, 풍압력)에 가장 약하며, 목구조는 토대에 앵커 볼트, 가새, 버팀대 등을 배치하므로 조적구조에 비하여 횡력에 강하다.

문제 5. 각 구조의 특성을 설명한 기술 중 틀린 것은?
㉮ 조적구조는 내구, 내화적이고 외관이 장중, 횡력에 강하다.
㉯ 철근 콘크리트 구조는 내구, 내화적이고 자유로운 설계 축조가 가능하나 현장 시공의 어려움이 있다.
㉰ 철골구조는 내진적이고 구조 시공이 비교적 쉬우며 실용적이고 강력하다.
㉱ 나무구조는 내구적이고 시공이 용이하나 방부·방화가 곤란하다.
[해설] 조적구조는 내구, 내화적이나 횡력에 약하다.

문제 6. 건식구조에 관한 설명 중 옳지 않은 것은?
㉮ 구조재를 대량생산할 수 있다.
㉯ 공사비용을 절감할 수 있다.
㉰ 시공방법이 용이하다.
㉱ 공사기간이 습식구조에 비해 길어진다.
[해설] ① 건식구조 : 물을 사용하지 않는 구조로서 보양, 양생 등이 필요 없으므로 습식구조에 비하여 공사기간이 짧아진다.
② 습식구조 : 현장에서 물을 사용하는 공정을 갖는 구조

[해답] 1. ㉱　2. ㉰　3. ㉰　4. ㉰　5. ㉮　6. ㉱

문제 7. 구성양식에 의한 분류 중에서 가구식 구조인 것은?
㉮ 벽돌구조
㉯ 철근 콘크리트 구조
㉰ 돌구조
㉱ 철골구조
[해설] • 가구식 구조 : 나무구조, 철골구조

문제 8. 다음 중 일체식 구조에 대한 기술로 틀린 것은?
㉮ 전 구조를 일체가 되게 만든 구조이다.
㉯ 철골 철근 콘크리트 구조, 철골구조 등이 있다.
㉰ 내풍·내진·내화·내구적이며 형태를 자유롭게 구성할 수 있다.
㉱ 고층화할 수 있다.
[해설] ① 일체식 구조 : 철근 콘크리트, 철골 철근 콘크리트
② 철골구조는 가구식 구조이다.

문제 9. 내풍, 내진, 내화적이며 형태나 크기를 자유롭게 구성할 수 있는 구조는?
㉮ 철골구조
㉯ 철근 콘크리트 구조
㉰ 목구조
㉱ 벽돌구조
[해설] • 철근 콘크리트의 장점 : 내풍, 내진, 내화, 내구적, 설계 의장이 자유롭다.

문제 10. 내화, 내구적이나 수평력에 가장 약한 구조는?
㉮ 철골구조
㉯ 목구조
㉰ 철근 콘크리트 구조
㉱ 벽돌구조
[해설] 조적구조는 내화적이나 지진, 횡력(수평력)에 약하다.

문제 11. 내진, 내구적이나 열에 약한 구조는?
㉮ 철근 콘크리트 구조
㉯ 철골구조
㉰ 조적구조
㉱ 화강암 구조
[해설] 철골구조는 내화적이지 못하다.

해답 7. ㉱ 8. ㉯ 9. ㉯ 10. ㉱ 11. ㉯

2 기 초

1. 정 의

건축물의 자중, 적재하중, 풍력, 지진력, 그 밖의 외력을 받아 이것을 안전하게 지반에 전달하는 건축물 하부의 지중 구조 부분을 총칭하여 기초(基礎)라 한다.

① 기초판 : 상부 구조의 응력을 지반 또는 지정에 전달하고자 만든 구조의 부분
② 지 정 : 기초 자체나 지반의 지내력을 보강하는 구조의 부분

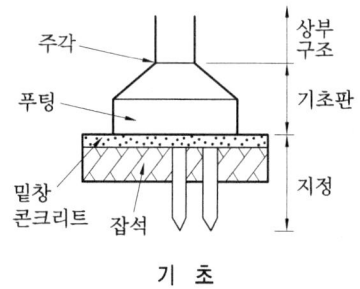

기 초

2. 기초의 분류

2-1 기초판의 형식에 의한 분류

(1) 독립기초

한 개의 기초판으로 한 개의 기둥을 받치는 것으로서, 동바리 기초, 주춧돌 기초, 긴 주춧돌 기초 등이 있다. 주로 목구조에 사용된다.

(2) 복합기초

한 개의 기초판으로 두 개 이상의 기둥을 받치는 기초

(3) 줄기초

벽 또는 일렬의 기둥을 대형(帶形)의 기초판으로 받치게 한 기초로서 벽돌기초, 콘크리트 기초, 장대돌 기초 등이 있다. 주로 조적식 구조에 적합하다.

(4) 온통기초

건물의 하부 전체를 기초판으로 형성한 기초로 가장 일반적인 구조이다.

> [참고] **벽돌기초**
> ① 벽체에서 2단씩 1/4 B 정도로 벌려 쌓되, 벽돌로 쌓은 맨 밑의 너비는 벽체 두께의 2배 정도가 되도록 한다.
> ② 푸팅을 넓히는 경사는 60° 이상으로 한다.
> ③ 기초판의 너비는 벽 두께의 2배에 20~30 cm 를 가한 너비로 한다.
> ④ 기초판의 두께는 기초판 너비의 1/3 정도로 한다.

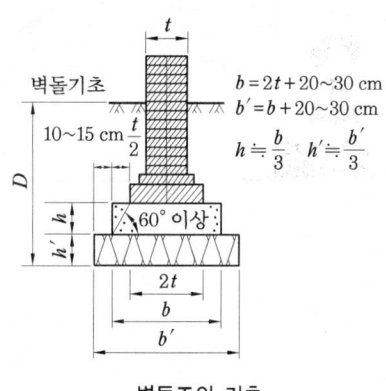

벽돌조의 기초

2-2 지정형식에 의한 분류

(1) 직접기초
잡석지정, 모래지정, 자갈지정

(2) 말뚝기초
나무 말뚝, 기성 콘크리트 말뚝, 제자리 콘크리트 말뚝, 철재 말뚝

(3) 피어기초
우물을 파는 식으로 하는 기초로서 우물기초라고도 한다.

(4) 잠함기초
① 개방잠함(open caisson) : 우물통 침하법, 지하실 침하법
② 용기잠함(pneumatic caisson)

2-3 용도 및 사용법

(1) 나무말뚝
① 땅속에서 잘 썩지 않는 소나무나 낙엽송의 생나무 껍질을 벗겨 사용한다.
② 말뚝머리는 상수면 이하에 둔다.
③ 말뚝의 중심선은 말뚝 내에 있어야 한다.
④ 말뚝 끝은 3~4면으로 말뚝 지름의 1.5배 정도로 빗깎기 한다.
⑤ 지반이 경질인 경우 말뚝 지름 머리는 쇠가락지 캡을 씌우고, 말뚝 끝은 쇠신을 씌운다.

(2) 기성 콘크리트 말뚝
공장에서 원심력을 이용하여 만든 속이 빈 말뚝이다.

(3) 제자리 콘크리트 말뚝
① 페디스탈 말뚝
② 컴프레솔 말뚝
③ 심플렉스 말뚝
④ 레이먼드 말뚝
⑤ 프랭키 말뚝

> [참고] • 말뚝 중심간격
> ① 나무말뚝 : 60 cm 이상
> ② 기성 콘크리트 말뚝 : 75 cm 이상
> ③ 제자리 콘크리트 말뚝 : 90 cm 이상
> ④ 말뚝의 종류와 관계없이 말뚝 지름의 2.5배 이상, 기초판 끝과 말뚝 중심간격은 말뚝 지름의 1.25배 이상으로 한다.

(4) 우물통식 (피어) 기초

우물 파는 식으로 하는 기초로서, 굳은 지층이 상당히 깊고, 말뚝으로는 지지할 수 없는 고층 중요 건물의 특수 지하 기초구조이다.

(5) 잠함기초

① 개방잠함
  (가) 지하실 침하법 : 지상에서 지하실을 구축하여 밑날을 달고, 자중에 의하여 침하시키는 방법이다.
  (나) 우물통 침하법 : 콘크리트 우물통에 밑날을 달고, 자중에 의하여 침하시키는 방법이다.
② 용기잠함 : 토압, 수압이 크고 굳은 지층이 깊이 있을 때 압축공기를 잠함 속에 넣어 그 압력으로 물의 유입을 방지하며, 흙파기 작업을 하는 공법이다.

2-4 지반조사

(1) 짚어보기

철봉을 꽂아 손의 감각으로 지반의 단단한 정도를 추정하는 것으로서, 상부의 지층이 무르고 굳은 층이 비교적 얕게 있을 때 사용하는 것이다.

(2) 시험파기

지층을 실제로 파보고 직접 지반을 관찰하는 것으로서 비교적 확실한 방법이다.

(3) 말뚝박기 시험

땅속에 말뚝을 박아서 그 침하량과 공이의 무게에 따라서 지내력을 산정하고, 지층의 구조를 추정하는 것이다.

(4) 보 링

굴착용 기계를 사용하여 지반에 구멍을 뚫어 지층 각 부분의 흙을 채취하여 지층 및 흙의 성질을 알아내는 방법으로서 수세식 보링, 충격식 보링, 회전식 보링 등이 있다.

(5) 표준관입 시험

보링 로드 선단에 스플릿 스푼 샘플러를 장치하여 63.5 kg의 추를 높이 76 cm에서 자유 낙하시켜 30 cm 관입하는 사이의 타격횟수 N을 구하고, 샘플러에 시료를 채취한다.
㈜ 모래 지반의 전단력 시험에 주로 쓰이는 시험이다.

(6) 베인 시험
보링 로드 선단에 금속제의 얇은 +자형 날개를 달아 지반에 박고 회전시키는 것으로서 연약한 점토질 지반의 전단 강도를 측정하는 것이다.

(7) 물리적 지하 탐사
① 탄성파 지하 탐사
② 전기저항 탐사
㈜ 지반조사의 순서 : 사전조사 → 예비조사 → 본조사 → 추가조사

2-5 지내력

(1) 지반의 내력

지반의 허용 지내력도 (단위 : tf/m²)

구 분	지 반	장기응력에 대한 허용 응력도	단기응력에 대한 허용 응력도
경암반	화강암, 섬록암, 편마암, 안산암 등의 화성암, 굳은 역암 등의 암반	400	장기응력에 대한 허용 응력도의 각각의 값의 2배로 한다.
연암반	판암, 편암 등 수성암의 암반	200	
	혈암, 토단반 등의 암반	100	
자갈		30	
자갈과 모래와의 혼합물		20	
모래섞인 점토 또는 롬토		15	
모래 또는 점토		10	

(2) 지내력 시험(재하판 시험)
기초 저면의 허용 지내력도를 구하기 위한 것이다.
① 예정기초 저면에서 행한다.
② 재하판의 크기는 원형 0.2 m², 정방형 45 cm 각을 표준으로 한다.
③ 매회 재하는 1 t 이하, 예정파괴 하중의 1/5 이하로 하고, 각각 재하에 의한 침하가 멎을 때 까지의 그 침하량을 측정한다.
㈜ 침하의 증가가 2시간에 0.1 mm의 비율 이하가 될 때 침하가 정지된 것으로 간주한다.
④ 총 침하량이 2 cm에 도달하였을 때, 또는 침하량이 2 cm 이하라도 침하곡선이 항복상태로 보일 때 이것을 단기하중에 대한 허용 내력으로 한다.
⑤ 장기하중에 대한 허용 지내력은 단기하중의 허용 지내력의 1/2이다.

예 상 문 제

문제 1. 지반의 장기응력에 대한 허용 응력도로서 가장 부적당한 것은?
㉮ 경암반 (화강암) : 200 tf/m²
㉯ 자갈 : 30 tf/m²
㉰ 모래 섞인 점토 : 15 tf/m²
㉱ 모래 또는 점토 : 10 tf/m²
[해설] ① 경암반 : 400 tf/m²
② 연암반 : 200 tf/m², 100 tf/m²

문제 2. 지반의 단기 허용 지내력도가 30 tf/m²일 때 가장 적당한 장기 허용 지내력도는 얼마인가?
㉮ 60 tf/m²　㉯ 45 tf/m²
㉰ 20 tf/m²　㉱ 15 tf/m²
[해설] ① 지반의 단기 허용 지내력도=장기 허용 지내력도×2
② 장기 허용 지내력도 = $\frac{30}{2}$ = 15 tf/m²

문제 3. 다음 중 지반의 허용 지내력도가 가장 좋은 것은? (단, 각 지반이 굳고 밀실하다고 생각함.)
㉮ 모래 섞인 진흙
㉯ 모래
㉰ 자갈, 모래 반 섞인 것
㉱ 진흙
[해설] ① 모래, 진흙 : 10 tf/m²
② 모래 섞인 점토 : 15 tf/m²
③ 자갈과 모래 혼합물 : 20 tf/m²

문제 4. 다음 중 지반의 허용 지내력도가 가장 큰 것은?
㉮ 밀실한 자갈층　㉯ 밀실한 모래층
㉰ 굳은 진흙층　㉱ 모래 섞인 진흙층

[해설] 자갈층 > 모래 섞인 진흙층 > 모래 또는 진흙층

문제 5. 벽돌 벽체의 기초쌓기에서 푸팅을 넓히는 경사는 몇 도 이상이 적당한가?
㉮ 30°　㉯ 45°
㉰ 50°　㉱ 60°
[해설] 푸팅을 넓히는 경사는 60° 이상으로 한다.

문제 6. 지반이 연약할 때 효과적인 대책이 될 수 없는 것은?
㉮ 상부구조에 대한 강성을 높인다.
㉯ 상부구조를 경량골조로 하여 가볍게 한다.
㉰ 건물의 길이를 늘인다.
㉱ 기초보를 설치하여 지내력을 보완한다.
[해설] ① 건물의 길이를 너무 길게 하지 않아야 한다.
② 건물을 강성구조로 하고 인동거리를 멀게 해야 한다.

문제 7. 다음 중 벽돌조 내력벽의 기초로 적합한 것은?
㉮ 독립기초　㉯ 복합기초
㉰ 연속기초　㉱ 동바리 기초
[해설] • 연속기초 : 벽 또는 1열의 기둥을 띠형으로 된 기초판으로 받치게 한 것

문제 8. 상부구조가 경미한 구조로서 굳은 지층이 다소 깊이가 있을 때 사용하는 기초는?
㉮ 잡석지정　㉯ 긴 주춧돌 기초
㉰ 자갈지정　㉱ 말뚝지정
[해설] • 긴 주춧돌 지정 : 지반이 깊어서 말뚝을 쓸 수 없을 때 긴 주춧돌 또는 콘크리트관을 깊이 묻고 그 속에 콘크리트를 채운 것

[해답] 1. ㉮　2. ㉱　3. ㉰　4. ㉮　5. ㉱　6. ㉰　7. ㉰　8. ㉯

문제 9. 벽돌조 기초에서 기초판 위에 있는 벽돌의 너비는?
㉮ 벽 두께의 2배
㉯ 벽 두께
㉰ 기초판 너비의 1/3
㉱ 기초판 두께의 2배
[해설] 벽체에서 2단씩 1/4 B 정도 벌려 쌓되, 벽돌로 쌓은 맨 밑의 너비는 벽체 두께의 2배 정도로 한다.

문제 10. 벽돌조 기초에 대한 설명 중 틀린 것은?
㉮ 푸팅을 넓히는 경사도는 60° 이상으로 한다.
㉯ 푸팅은 벽체에서 2단씩 1/4 B씩 벌려서 쌓는다.
㉰ 벽돌로 쌓는 맨 밑의 너비는 벽 두께의 2배 정도로 한다.
㉱ 기초판의 너비는 벽 두께의 1.5배 정도로 하고, 두께는 기초판 너비의 1/3 정도로 한다.
[해설] 기초판의 너비=벽 두께×2+20~30 cm

문제 11. 경암반의 장기 허용 지내력도로 옳은 것은?
㉮ 400 tf/m²
㉯ 200 tf/m²
㉰ 30 tf/m²
㉱ 10 tf/m²
[해설] ① 경암반 : 400 tf/m²
② 연암반 : 200 tf/m²
③ 자갈 : 30 tf/m²
④ 모래 또는 점토 : 10 tf/m²
⑤ 장기 허용 응력도×2 = 단기 허용 응력도

문제 12. 다음 중 나무 말뚝의 간격으로 적합한 것은 어느 것인가?
㉮ 60 cm 이상
㉯ 75 cm 이상
㉰ 90 cm 이상
㉱ 120 cm 이상
[해설] ① 나무 말뚝 : 60 cm 이상
② 기성 콘크리트 말뚝 : 75 cm 이상
③ 제자리 콘크리트 말뚝 : 90 cm 이상

문제 13. 나무 말뚝에 관한 기술 중 틀린 것은 어느 것인가?
㉮ 소나무, 낙엽송 등 생나무의 껍질을 벗겨서 사용한다.
㉯ 말뚝 머리는 상수면 이상에 둔다.
㉰ 말뚝 간격은 말뚝 머리 지름의 2.5배 이상으로 한다.
㉱ 말뚝은 휘지 않고 곧은 것이 좋다.
[해설] 나무 말뚝의 말뚝 머리는 상수면 이하에 둔다.

문제 14. 지내력 시험에서의 재하판 크기로 적합한 것은?
㉮ 3000 cm²
㉯ 2000 cm²
㉰ 1000 cm²
㉱ 500 cm²
[해설] 재하판의 크기는 2000 cm² (원형 0.2 m², 정방형 45 cm 각)를 표준으로 한다.

문제 15. 토압, 수압이 대단히 크고 지층을 깊이 굴착할 때 사용하는 것으로 작업실에 압축공기를 공급하여 지하수를 막아 흙을 퍼 올리는 공법은?
㉮ 용기잠함
㉯ 보링
㉰ 개방잠함
㉱ 샌드 드레인 공법
[해설] ㉰ 개방잠함 : 끝에 밀날이 있는 철근 콘크리트제의 통을 만들어 자중에 의해 침하시키며 콘크리트를 붓는다.
㉯ 보링 : 지반을 조사하기 위하여 지표면에서 구멍을 뚫는 방법
㉱ 샌드 드레인 공법 : 연약한 점토지반에 모래기둥을 형성하고 점토 지반을 압밀하여 모래기둥을 통하여 물을 탈수시켜 점토 지반의 전단력을 증가시키는 공법

문제 16. 다음 중 지반조사에 있어서 직접 지반을 관찰하는 것으로서 비교적 확실한 방법은?

㉮ 짚어보기 ㉯ 시험파기
㉰ 보링 ㉱ 베인 테스트
[해설] 시험파기란 지층을 실제로 파 보고 직접 지반을 관찰하는 것이다.

[문제] 17. 지내력 시험에 대한 기술 중 틀린 것은?
㉮ 매회 재하는 1 t 이하, 예정파괴 하중의 1/5 이하로 한다.
㉯ 총침하량이 30 cm에 도달하였을 때, 또는 침하량이 30 cm 이하라도 침하곡선이 항복상태로 보일 때의 하중을 단기 허용 지내력도라 한다.
㉰ 각 재하에 의한 침하가 멎을 때까지의 그 침하량을 측정한다.
㉱ 침하의 증가가 2시간에 0.1 mm의 비율 이하가 될 때 침하가 정지된 것으로 간주한다.
[해설] 총침하량이 2 cm에 도달하였을 때, 또는 침하량이 2 cm 이하라도 침하곡선이 항복상태를 보일 때 이것을 단기 허용 지내력도라 한다.

[문제] 18. 재하시험(지내력 시험)에 있어서 침하가 몇 cm에 도달하였을 때의 하중을 단기 허용 지내력도라 하는가?
㉮ 1 cm ㉯ 2 cm ㉰ 4 cm ㉱ 6 cm
[해설] 총침하량이 2 cm일 때 하중을 그 땅의 단기하중에 대한 허용지내력으로 한다.

[문제] 19. 표준관입 시험에 대한 기술 중 옳지 않은 것은?
㉮ 추의 높이는 76 cm이다.
㉯ 추의 무게는 63.5 kg으로 한다.
㉰ 30 cm 관입하는 사이의 타격횟수 N을 구한다.
㉱ 시료는 채취하지 않는다.

[해설] 샘플러에 시료를 채취하며, 주로 모래지반의 전단력 시험에 쓰인다.

[문제] 20. 말뚝 중심간격은 말뚝 지름의 몇 배 이상으로 하는가?
㉮ 4배 ㉯ 2.5배 ㉰ 1.0배 ㉱ 0.5배
[해설] 말뚝 지름의 2.5배 이상, 기초판 끝과 말뚝 중심간격은 말뚝 지름의 1.25배로 한다.

[문제] 21. 다음 중 지상에서 지하실을 구축하여 밑날을 달고 자중에 의하여 침하시키는 공법은?
㉮ 개방잠함 ㉯ 용기잠함
㉰ 주춧돌 지정 ㉱ 페디스탈 파일
[해설] · 용기잠함 : 용수량이 클 때 밀폐된 함을 지상에서 만들고 압축공기를 보내 수압에 저항하면서 하부를 파내려가는 방법이다.

[문제] 22. 다음 중 기성 콘크리트 말뚝 중심간격은?
㉮ 60 cm 이상 ㉯ 75 cm 이상
㉰ 90 cm 이상 ㉱ 120 cm 이상
[해설] ① 나무말뚝 (60 cm 이상)
② 기성 콘크리트 말뚝 (75 cm 이상)
③ 제자리 콘크리트 말뚝 (90 cm 이상)

[문제] 23. 다음 중 자갈의 장기 허용 지내력도는?
㉮ 200 tf/m² ㉯ 100 tf/m²
㉰ 30 tf/m² ㉱ 10 tf/m²
[해설] 자갈의 장기 허용 지내력도는 30 tf/m²이다.

[문제] 24. 벽돌조 기초에서 벽 두께가 1 B일 때 기초판의 너비는? (단, 벽돌은 기본형)
㉮ 60 cm ㉯ 30 cm ㉰ 20 cm ㉱ 10 cm
[해설] 기초판의 너비는 벽두께의 2배에 20~30 cm를 가한 너비로 한다.
∴ 19×2+20~30 cm = 58~68 cm

[해답] 17. ㉯ 18. ㉯ 19. ㉱ 20. ㉯ 21. ㉮ 22. ㉯ 23. ㉰ 24. ㉮

CHAPTER 3 나무(목) 구조

1. 개 설

1-1 나무구조의 특징

(1) 장 점
  ① 목재는 종류가 많고 가공이 쉽다.
  ② 무게가 가벼우며 강도가 크다.
  ③ 대량생산이 가능하며 외관이 아름답다.
  ④ 조적식 구조에 비하여 지진, 횡력에 강하게 할 수 있다.

(2) 단 점
  ① 불에 타기 쉽고, 썩기 쉽다.
  ② 습기에 대하여 수축변형이 잘 된다.
  ③ 접합부의 구성이 다른 구조에 비하여 곤란하다.

1-2 나무구조의 분류

(1) 구조양식에 의한 분류
  ① 동양 고전식 (전각, 사원 등)
  ② 한식구조
  ③ 절충식 구조 (일식구조)
  ④ 양식구조

(2) 골조재료에 의한 분류
  ① 순나무 구조
  ② 목골구조 : 나무구조 벽체를 모체로 하여 벽돌, 돌 등을 붙이거나 진흙을 두껍게 발라 나무 뼈대를 감추어 바깥벽을 구성한 것이다.

(3) 벽체 마무리에 의한 분류
  ① 심벽식 : 기둥 사이에 바름벽 벽체를 설치하여 보이게 하는 것이다.

㈎ 주로 한식에 사용한다.
㈏ 기둥이 보이므로 나뭇결이 고운 삼나무, 회나무, 낙엽송 등을 사용한다.
② 평벽식 : 기둥의 바깥쪽에 바름벽 벽체를 설치하여 기둥이 보이지 않게 한 것이다.
㈎ 주로 양식에 사용된다.
㈏ 기둥이 보이지 않으므로 강도 위주로 소나무를 사용한다.
㈐ 가새를 배치하기가 쉬우므로 심벽식에 비하여 내진적으로 할 수 있다.
㈑ 심벽식에 비하여 방한, 방습, 방음에 효과적이며, 실내의 기밀성도 좋다.
㈒ 심벽식에 비하여 방부가 불리하다.

2. 나무구조 벽체

나무구조 벽체는 토대, 기둥, 처마도리 등으로 구성되어 있으며, 지붕보는 간사이가 짧은방향으로 배치하고, 수평력에 저항하기 위해 갈고리 볼트로 토대와 기초를 긴결하고, 요소마다 가새, 귀잡이 토대, 버팀대를 설치한다.

2-1 토 대

① 나무구조 벽체의 최하부 기초 위에 가로놓아 기둥 밑을 연결하여 기둥의 부동침하를 막는다.
② 상부에서 오는 하중을 기초에 분포시키는 역할을 하는 부재로서 벽을 치는 뼈대가 된다.
③ 수평력에 대한 이동을 방지하기 위하여 기둥의 맞춤 위치나 토대의 이음 위치로부터 15 cm 정도 떨어진 곳에서 기초에 갈고리 볼트로 긴결한다.
④ 토대가 서로 만나는 모서리나 T자형, +자형의 주요한 칸막이 토대의 접합부분에는 수평력에 의한 토대의 각도 변형을 막기 위해 45° 각도로 길이 100 cm 정도의 귀잡이 토대를 설치한다.
⑤ 토대의 크기는 1층 건물인 경우 105 mm 각 정도의 것을 쓰고 2층 건물인 경우 120 mm 각 정도를 사용한다.
⑥ 귀잡이 토대는 90 mm×45 mm 이상의 것을 사용한다.
⑦ 토대는 될 수 있는 대로 지반에서 높게 설치하며, 기초에 닿는 면에는 방부제를 칠한다.

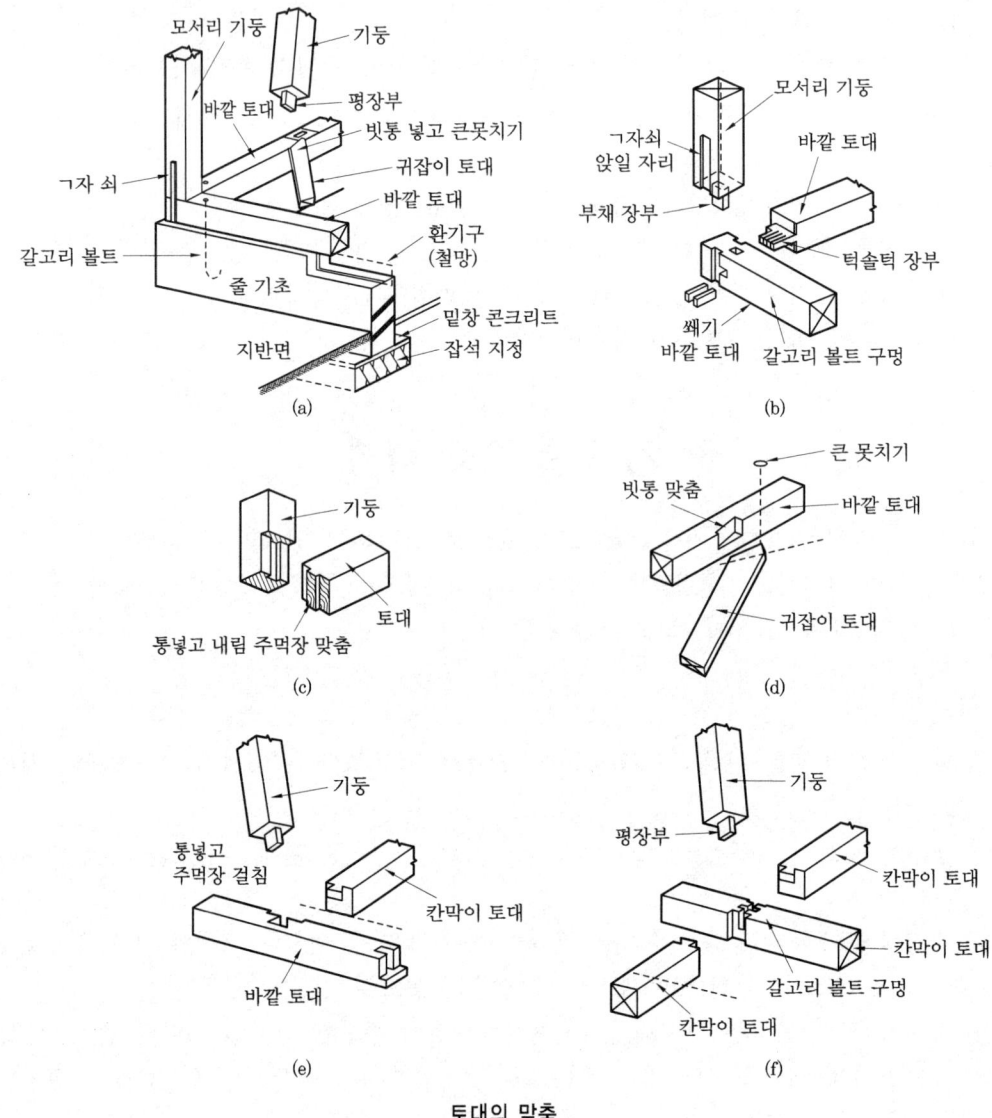

토대의 맞춤

2-2 기 둥

상부에서 오는 하중을 받아 토대에 전달시키는 수직재를 말한다.

① 통재기둥 : 밑층에서 위층까지 한 개의 부재로 되어 있는 기둥으로 뼈대의 조립이 튼튼하므로 건물의 모서리, 중간 요소에 배치한다.

② 평기둥 : 밑층과 위층의 기둥이 따로따로 되어 있어 층의 구분이 생긴다.

③ 단층에서 100 mm 각, 2층 건물에서는 120 mm 각 정도로 하고, 벽체의 중간기둥은 약 2 m 간격으로 배치하는 것을 표준으로 한다.

  [참고] 샛기둥 : 상부 하중과 관계없이 바름벽 벽체의 뼈대가 되는 것으로서 옆면 치수는 기둥과 같고, 앞면은 본 기둥의 1/2~1/3쪽으로 45~40 cm 간격으로 배치한다.

2-3 층도리

위층과 밑층 사이에서 기둥을 연결하여 상부에서 오는 하중을 받아 기둥에 전달시키는 역할을 하는 가로재이다.

2-4 도 리

① 깔도리 : 기둥 맨 위에서 기둥 머리를 연결하고 지붕틀을 받는 가로재
② 처마도리 : 깔도리 위에 지붕틀을 걸치고 지붕틀의 평보 위에 깔도리와 같은 방향으로 걸친 가로재
③ 베개보 : 간사이의 중간에서 지붕보를 받는 부재(칸막이벽 위에 걸쳐 댈 때에는 칸막이 도리라고 함)
④ ①, ②는 주로 양식구조에 쓰인다.
⑤ 절충식 구조에서는 처마도리가 깔도리를 겸하고 있다.
⑥ 단면의 크기는 기둥과 같은 정도 또는 다소 춤이 높은 것을 쓴다.
⑦ 기둥과 도리의 연결철물은 주걱 볼트를 써서 보강한다.

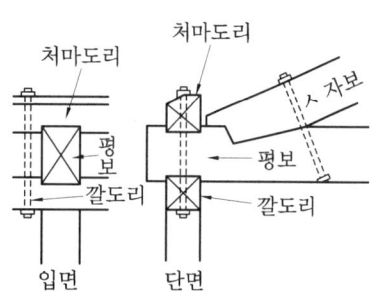

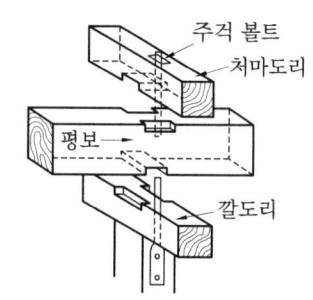

처마도리와 깔도리(양식)

2-5 가 새

토대, 기둥, 도리의 직사각형 뼈대가 수평력의 작용을 받아도 그 형태가 변하지 않게 대각선 방향에 빗재를 대는 것이다.

① 수직재와 수평재의 만나는 점과 일치가 되게 한다.
② 인장가새는 기둥의 1/5 쪽 정도의 얇은 목재나, 지름 9 mm 이상의 철근을 사용한다.
③ 압축가새는 기둥과 같은 치수 또는 기둥의 1/2~1/3쪽 정도의 것을 쓴다.
④ 가새의 배치
　㈎ 대칭이 되게 배치한다.
　㈏ X자형으로 배치한다.
　㈐ 가새는 수평재와 각도가 작을수록 좋다 (45°정도).
　㈑ 가새는 따내지 않는다.
　㈒ 가새를 기둥에 덧대지 않는다.

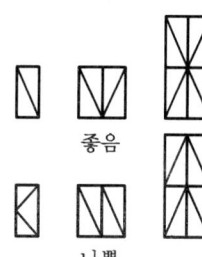

가새의 배치

2-6 버팀대

기둥과 깔도리, 기둥과 층도리, 보 등이 맞추어진 부분이 수평력에 의해 변형되는 것을 막기 위한 것으로서, 되도록 많이 쓰는 것이 좋다.

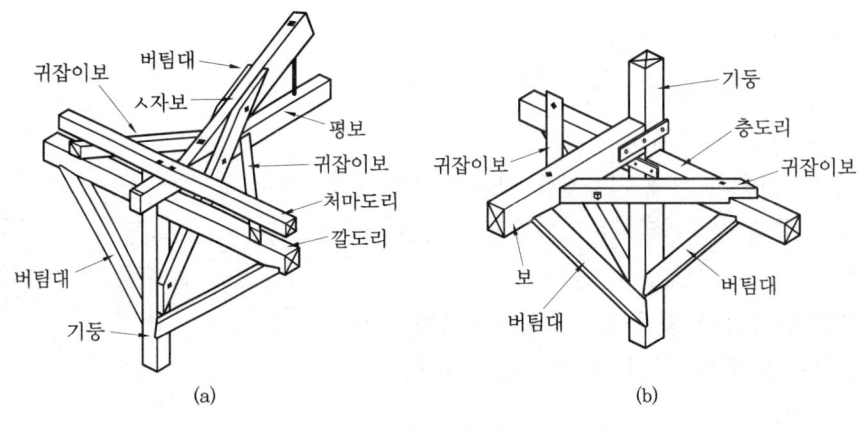

버 팀 대

2-7 덧기둥

가는 기둥에 큰 버팀대를 대면 기둥이 꺾어지려는 현상이 일어나므로 이 때에는 덧기둥을 대서 보강한다.

2-8 인방 및 창대

창, 출입구 등의 문골에 창문틀을 설치하기 위한 뼈대이다.

2-9 꿸대, 샛기둥

① 꿸대 : 심벽식 벽의 뼈대가 되는 것으로서 기둥과 기둥 사이에 100×20 mm 정도의 부재를 3~5개 가로로 꿰뚫어 넣어 외를 엮어 대는 힘살이 되게 한 것이다.

② 샛기둥 : 평벽식 벽의 뼈대가 되는 것으로서, 옆면은 본기둥과 같고, 앞면은 1/2~1/3쪽을 45~50 cm 간격으로 가로재에 짧은 장부맞춤으로 세운다.

3. 지붕틀

지붕은 비, 바람 등을 막아 건물 안을 보호하고 벽체도 보호한다.

3-1 물매 (물흐름 경사)

① 지붕은 빗물의 흐름이 잘 되도록 적당한 물매를 둔다.

② 단위 수평길이에 대한 수직높이 : AB 10 cm에 대해서 수직 높이 BC가 4 cm일 때, 4/10 물매 또는 4 cm 물매라고 한다(옆 그림 참조).
③ 지붕의 경사가 45°, 10 cm 물매를 되물매라 한다.
④ 되물매를 초과하는 경우를 된물매라 한다.

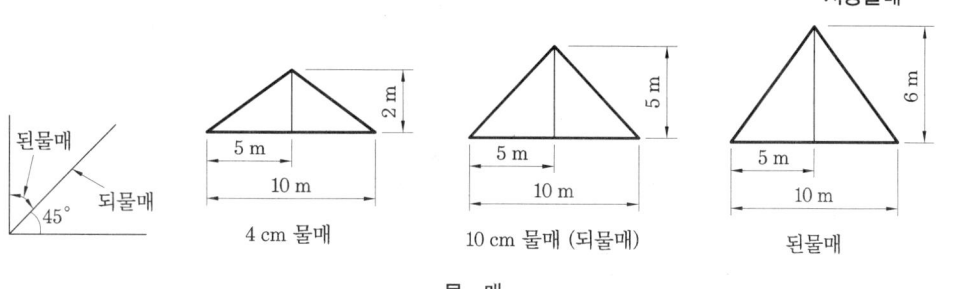

지붕물매

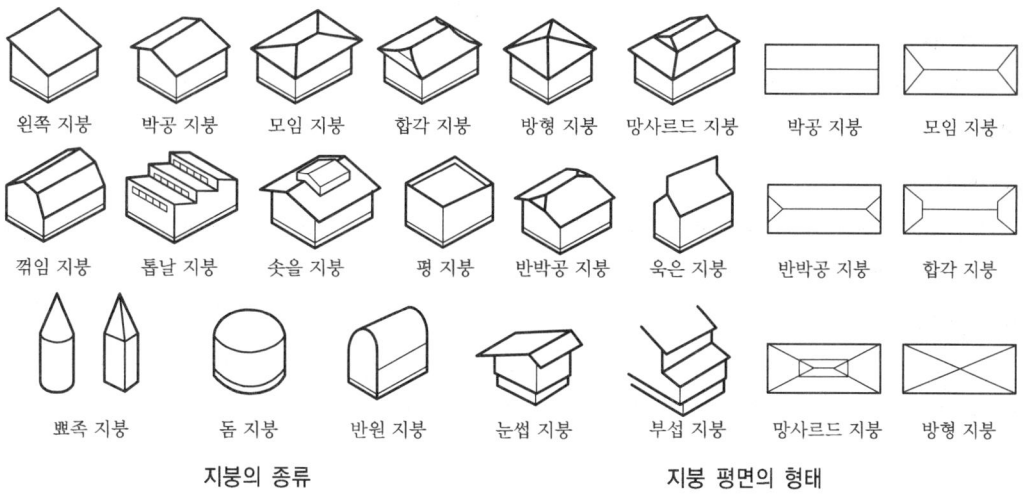

물 매

⑤ 지붕의 물매는 간사이의 크기, 건물의 용도, 강우량 등에 따라 정해진다.

지붕의 종류   지붕 평면의 형태

3-2 절충식 지붕틀

양식 지붕틀에 비하여 간사이가 작거나 칸막이 벽이 많을 때 쓰인다.

(1) 지붕보

① 지붕보의 크기 : 지붕의 간사이가 4 m, 6 m, 8 m일 때 끝마구리 지름은 180 mm, 240 mm, 300 mm 정도의 소나무를 쓴다.
② 지붕보의 간격 : 1.8~2 m 정도
③ 동자기둥이나 대공은 100~120 mm 각의 것을 약 90 cm 간격으로 배치하고, 중도리나 마룻대는 100~120 mm 각의 크기를 사용하며, 서까래는 5 cm 각을 45~50 cm 간격으로 배치한다.

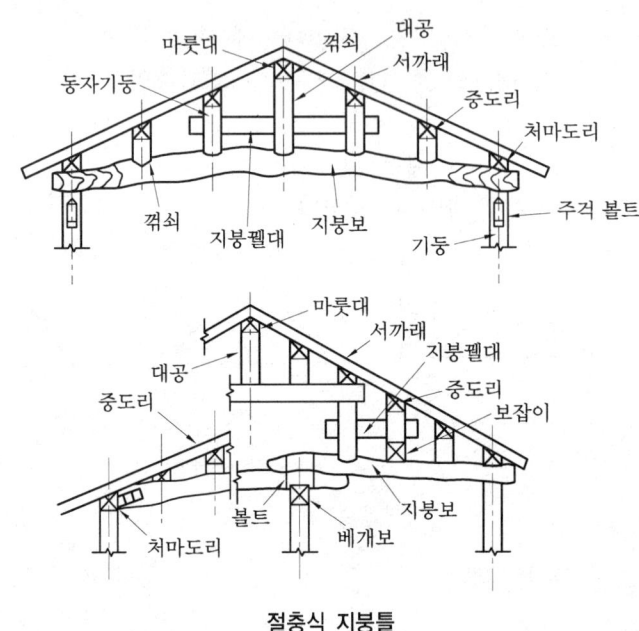

절충식 지붕틀

(2) 종 보
지붕이 클 때 이중으로 보를 설치하여 낮은 동자기둥, 낮은 대공을 세우기 위한 부재이다.

(3) 베개보
지붕보가 길어 중간에서 이어야 할 때 중간에 기둥을 세우고, 그 위에 직각으로 걸쳐 대는 부재(칸막이가 있을 때는 칸막이 도리라 한다.)

(4) 우미량
절충식 지붕틀이 모임 지붕일 때는 지붕귀에서 중도리, 마룻대 등을 받치는 동자기둥, 대공 등을 세울 수 있도록 지붕보에서 도리에 짧게 댄 보이다.

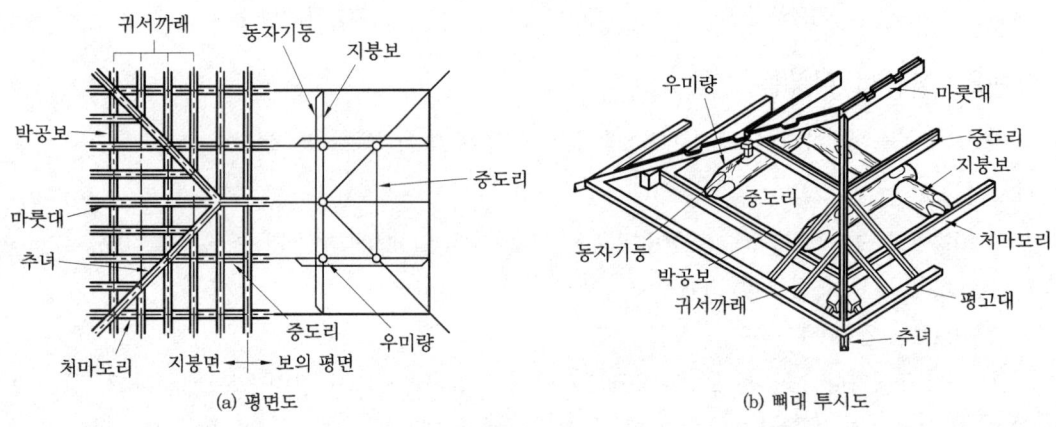

모임지붕의 구조

3-3 양식 지붕틀

양식 지붕틀에는 왕대공 지붕틀이 가장 많이 쓰인다.

(1) 왕대공 지붕틀

① 일반사항

- (가) 평보의 간격은 2~3 m 정도로 한다.
- (나) ㅅ자보 : 휨을 받는 압축재, 빗대공 : 압축재
   평보 : 휨을 받는 인장재, 달대공 : 인장재
- (다) 이음 및 맞춤은 철물로 보강한다.

② 왕대공
- (가) 왕대공은 평보에 짧은 장부맞춤으로 하여 평보 밑에서 감잡이쇠를 댄다.
- (나) 왕대공 머리와 마룻대의 맞춤은 가름장 장부맞춤으로 한다.

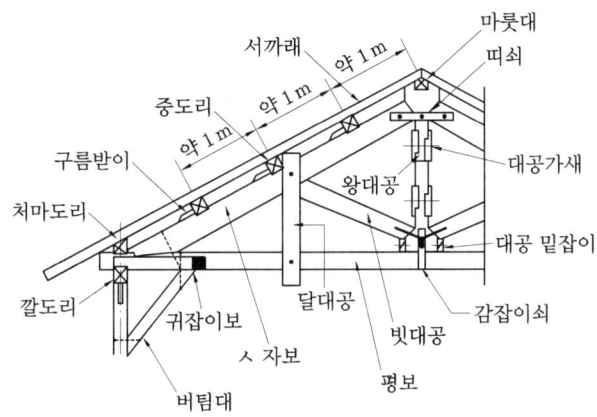

왕대공 지붕틀

③ ㅅ자보
- (가) ㅅ자보의 상부는 왕대공에 빗 짧은 장부맞춤으로 하고, 양쪽에 띠쇠를 대어 죈다.
- (나) ㅅ자보의 하부는 평보 위에 안장맞춤, 빗턱통을 넣고 장부맞춤으로 하여 볼트로 죈다.

④ 빗대공 : ㅅ자보와 왕대공, 평보에 빗턱통을 넣고 장부맞춤으로 하여 꺾쇠로 보강한다.

⑤ 달대공 : 소요 단면의 반쪽을 각각 평보와 ㅅ자보의 양쪽에 대고 볼트로 죈다.

⑥ 대공 밑잡이 : 지붕틀 상호간의 연결을 더욱 튼튼히 하고, 평보의 옆휨을 막기 위하여 왕대공 하부에서 평보에 걸침턱으로 왕대공 상호간을 연결한 것이다.

⑦ 대공가새 : 대공 상호간을 V자형, X자형으로 연결하여 수평력에 저항할 수 있게 한 것이다.

⑧ 평보
- (가) ㅅ자보의 하단에는 압축력이 크게 작용하여 평보의 끝을 전단하려 하므로 이 부분을 길게 내야 한다.

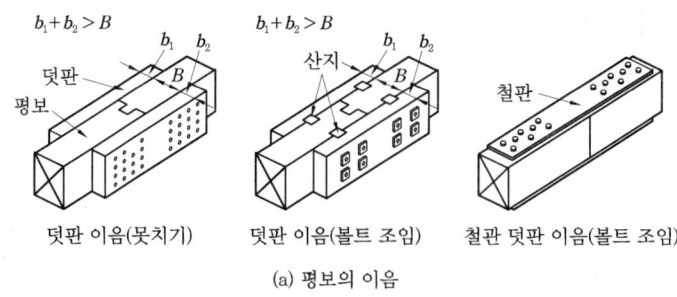

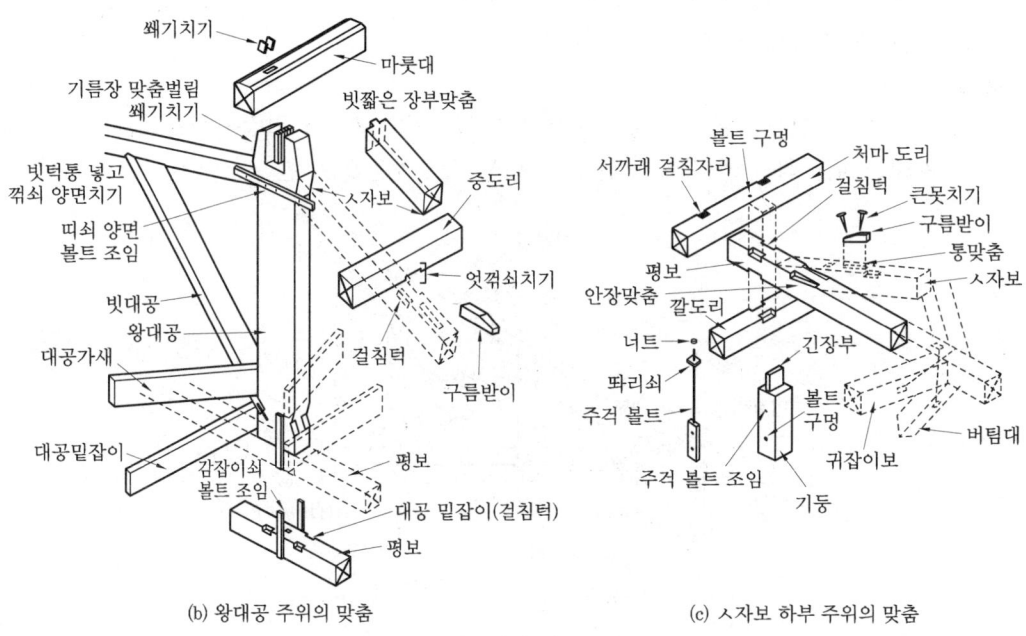

(b) 왕대공 주위의 맞춤   (c) ㅅ자보 하부 주위의 맞춤

왕대공 지붕틀의 각 부재의 이음과 맞춤

(내) 평보의 이음은 왕대공 근처에서 하며, 맞댄 이음(+ 턱솔 이음)의 양쪽에 덧판을 대고 산지를 끼워 볼트로 죈다.

⑨ 보강철물의 사용 개소
   (가) 처마도리와 깔도리 : 양나사 볼트   (나) 평보와 왕대공 : 감잡이쇠
   (다) ㅅ자보와 평보 : 볼트   (라) 보와 처마도리 : 주걱 볼트
   (마) 큰보와 작은보 : 안장쇠   (바) 토대와 기둥 : 감잡이쇠, 꺾쇠, 띠쇠

3-4 접합의 종류와 특징

(1) 개 요

① 접합의 종류
   (가) 이음   (나) 맞춤   (다) 쪽매

② 이음과 맞춤시 주의사항
　(가) 재는 될 수 있는 한 적게 깎아낼 것
　(나) 이음·맞춤은 응력이 가장 적은 곳에서 만들 것
　(다) 공작이 간단한 것을 쓰고 모양에 치중하지 말 것
　(라) 이음·맞춤의 끝부분은 응력이 균등히 전달되도록 할 것
　(마) 이음·맞춤의 단면은 응력의 방향에 직각으로 할 것
　(바) 맞춤면은 정확하게 가공하여 빈틈이 없게 할 것

(2) 이 음
① 맞댄 이음 : 덧판을 쓰고 큰 못 또는 산지나 듀벨을 써서 큰 압력 또는 평보와 같은 큰 인장을 받을 때 많이 쓰인다.
② 겹침 이음 : 2개의 부재를 단순히 겹쳐대고 산지, 큰 못, 볼트 등으로 보강한 이음으로 비교적 큰 인장을 받을 때 쓰인다.
③ 그 밖의 이음
　(가) 빗 이음 : 이음 길이는 재춤의 1.5~2배, 서까래, 장선, 띠장의 이음
　(나) 엇빗 이음 : 반자틀 이음
　(다) 은장 이음 : 난간두겁 등의 이음
　(라) 턱솔 이음 : 걸레받이, 난간두겁 이음
　(마) 토대의 이음 : 주먹장 이음

(3) 맞 춤
[각 위치의 중요 맞춤]
① 왕대공과 마룻대 : 가름장 맞춤
② 왕대공과 평보 : 짧은 장부맞춤
③ 왕대공과 ㅅ자보 : 빗턱통 맞춤
④ 평보와 ㅅ자보 : 안장맞춤
⑤ 평보와 깔도리 : 걸림턱 맞춤
⑥ 기둥과 가로재 : 짧은 장부맞춤
⑦ 토대의 모서리 : 연귀맞춤

4. 마 루

① 1층 마루 : 납작마루, 동바리 마루
② 2층 마루 : 홑마루 (장선 마루), 보마루, 짠마루, 합성보

4-1 동바리 마루

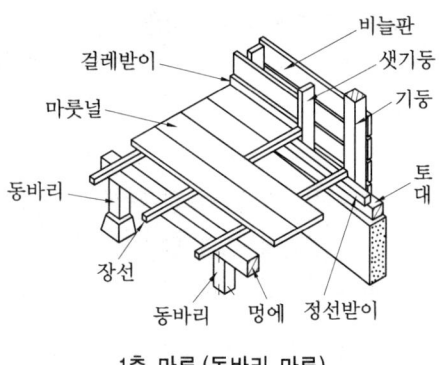

1층 마루 (동바리 마루)

① 동바리, 멍에 : 100~120 mm 각 (1~2 m 간격)
② 장선 : 45~60 mm 각 (40~50 cm 간격)
③ 마룻널 : 두께 18 mm 정도
④ 마루바닥은 직하의 지표면에서 45 cm 이상으로 한다.
⑤ 멍에는 내이음으로 주먹장 이음 또는 메뚜기장 이음으로 한다.

4-2 납작마루

콘크리트 바닥에 직접 멍에와 장선을 걸고 마룻널을 깔거나, 장선만을 깔고 마룻널을 까는 마루로서 사무실, 판매장 등과 같이 외부에서 직접 출입에 편하도록 하기 위하여 쓰인다.

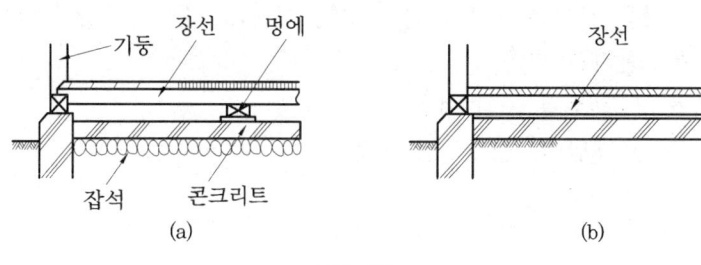

납작마루

4-3 홑마루 (장선마루)

① 층도리와 칸막이 도리에 직접 장선을 걸쳐 대고 마룻널을 깐다.
② 간사이가 2 m 이하일 때 쓰인다.
③ 복도와 같이 간사이가 좁을 때 많이 쓰인다.
④ 장선은 40~50 cm 간격으로 배치한다.

4-4 보마루

① 2 m 정도의 간격으로 보를 걸치고 이 위에 장선을 배치하여 마룻널을 깐다.
② 간사이가 2.5 m 이상일 때 쓰인다.

4-5 짠마루

① 큰 보를 간사이가 작은 쪽은 3~5 m 간격으로 걸쳐 대고 이 위에 직각방향으로 작은 보를 약 2 m 간격으로 걸쳐 댄 다음 장선을 걸치고 마룻널을 깐다.
② 간사이가 6 m 이상일 때 쓰인다.

4-6 합성보

비교적 작은 재를 여러 개로 구성한 합성보를 설치하며, 특히 간사이가 클 때 쓰인다.

5. 계 단

5-1 종 류

(1) 계단의 모양에 따른 분류
① 곧은계단　　② 꺾은계단　　③ 돎계단

(2) 계단의 재료에 따른 분류
① 목조계단 : 틀계단, 옆판계단, 따낸 옆판계단
② 철근 콘크리트조 계단
③ 철골조 계단
④ 석조계단

5-2 계단의 각 부분

① 계단의 물매는 단 높이와 단 너비의 비로 정해진다.
② 디딤 바닥 : 계단 한 단의 바닥
③ 챌판 : 계단 한 단의 수직면
④ 계단참 : 중간에 단이 없이 넓게 된 다리쉼의 면
　㈜ 높이 3~4 m 이내마다 계단참을 설치해야 한다.
⑤ 난간두겁 : 난간 위의 손스침이 되는 빗재
　㈜ 디딤 바닥의 중심에서 75~90 cm 정도의 높이로 한다.
⑥ 난간동자 : 난간두겁을 중간에서 받는 가는 기둥
⑦ 엄지기둥 : 난간 양끝의 굵은 기둥

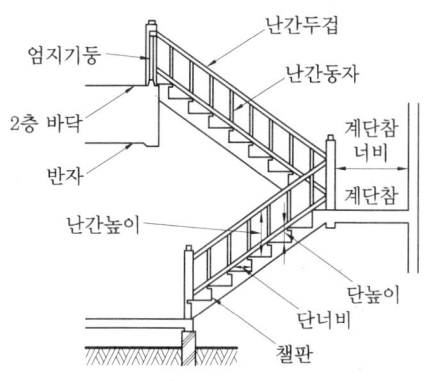

계단 각부의 명칭

5-3 계단의 구조

(1) 틀 계단
① 계단의 너비는 1 m 정도이며, 주택에 주로 많이 쓰인다.
② 옆판에 디딤판을 통 넣고 2~4단 걸러 통장부 맞춤 쐐기치기로 한다.

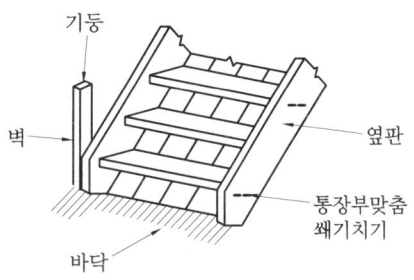

틀 계단

(2) 옆판 계단
① 계단 옆판, 디딤판, 챌판, 엄지기둥, 난간 등으로 되어 있는 계단이다.
② 옆판의 위끝은 계단받이보에 걸치고 주걱 볼트 죔으로 하며, 밑끝은 멍에에 걸쳐 댄다.
③ 디딤판은 옆판에 동파를 넣어 밑에서 쐐기를 치고 빠지지 않게 못을 박는다.
④ 챌판은 디딤판에 홈을 파 넣고 옆판에는 통 넣고 쐐기치기 한다.
⑤ 계단의 너비가 1 m 이상이 될 때 챌판의 중간부를 계단 멍에로 받친다.

(3) 따낸 옆판 계단
① 디딤판이 닿는 곳마다 옆판을 따내어 디딤판을 얹어 넣은 것이다.
　㈜ 옆판을 상당히 따내게 되므로 옆판 너비를 크게 하여야 한다.
② 챌판과 따낸 옆판과는 안촉 연귀맞춤으로 한다.

6. 외부 수장

6-1 처마, 박공, 차양

(1) 처 마
① 바깥 벽면의 문꼴을 비바람이나 햇빛으로부터 보호하는 역할을 한다.
② 처마 내밀기는 서까래를 처마도리 중심에서 45 cm 정도 내밀고 서까래 끝을 보이게 하거나, 처마 끝의 보강과 의장적으로 24×100 mm의 널(처마 돌림)을 댄다.
　㈜ 골함석, 골형 석면 슬레이트 지붕과 같이 서까래, 지붕널이 없는 것은 바람에 처마 끝이 날려 올라가는 것을 막기 위하여 처마도리 중심에서 30~35 cm 정도 내민다.
③ 24 mm×120 mm의 평고대를 처마돌림면에서 1 cm 정도 내어 서까래 위에 못을 박아 댄다.

> [참고] • 평고대 설치 목적
> ① 처마 끝의 서까래와 지붕널이 썩는 것을 막는다.
> ② 처마 끝을 구조적으로 튼튼하게 하기 위하여 설치한다.

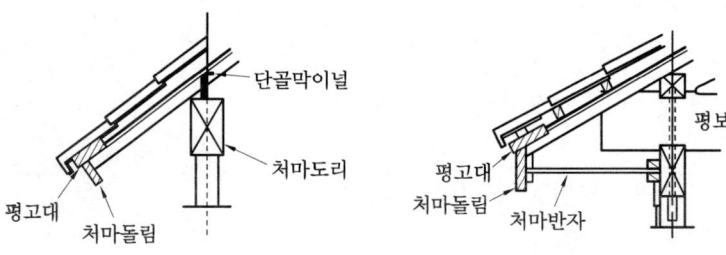

처 마

(2) 박 공
보의 중심에서 45 cm 정도 나오도록 박공처마를 만든다.

(3) 차 양
처마가 높고 처마 끝이 벽과의 거리가 가까울 때 비, 바람, 햇빛을 막기 위하여 출입구나 창 위에 설치한 것으로서, 외관에 영향을 주는 중요한 부분이다.

6-2 지붕이기

(1) 일반사항
지붕물매는 다음과 같다.
① 강우량이 많은 지방, 흡수성이 있는 재료를 쓸 때에는 물매를 급하게 한다.
② 강풍량이 많은 지방, 넓은 재료를 쓸 때에는 물매를 완만하게 한다.
③ 지붕물매의 최소 한도
    ㈎ 기와이기 : 4/10 (21° 48)
    ㈏ 골 슬레이트 이기 : 3/10 (16° 42)
    ㈐ 금속판 이기 : 3/10 (16° 42)
    ㈑ 금속판 기왓가락 이기 : 1.5/10 (8° 32)
    ㈒ 아스팔트 루핑 : 3/10 (16° 42)
    ㈓ 아스팔트 방수층 : 0.2/10 (1° 09)

(2) 한식기와 이기
① 기와의 종류
    ㈎ 암키와
    ㈏ 수키와
    ㈐ 내림새 : 암키와 끝을 내린 기와
    ㈑ 막새 : 수키와 끝을 내린 기와
    ㈒ 착고 : 수키와 끝이 맞닿는 용마루부 옆에 수키와를 옆세워 대는 기와
    ㈓ 부고 : 착고 위에 수키와를 옆세워 대는 기와
    ㈔ 머거볼 : 용마루 끝에 수키와를 옆세워 대는 기와
    ㈕ 보습장 : 추녀마루 끝에 암키와를 삼각형으로 잘라 댄 기와
    ㈖ 단골막이 : 착고 대신 수키와를 수키와골에 맞게 토막내어 쓴 것
    ㈜ 아귀토 : 처마 끝, 수키와 끝의 마구리에 6 cm 정도 물려 바른 회백토 (진흙+석회)

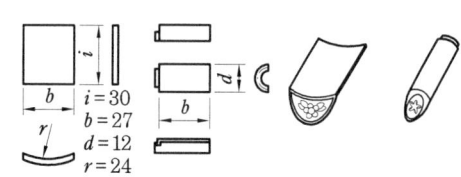
(a) 암키와   (b) 수키와   (c) 내림새   (d) 막새

(e) 착고막이   (f) 용머리   (g) 보습장

한식기와의 종류

② 기와 이기 바탕 : 서까래 위에 산자 (나뭇가지, 수수깡)를 엮어 대고 진흙을 이겨 바른다.

③ 기와 이기

(가) 암키와 깔기 : 암키와 또는 내림새 기와를 연암에서 9~12 cm 정도 내밀고, 암키와를 기와 길이의 1/2~1/3 정도 겹쳐서 알매흙 위에 진흙을 채워가며 줄바르게 잇는다.

(나) 수키와 깔기
- 처마 끝의 암키와 끝에서 6 cm 정도 들여 진흙을 암키와 사이에 홍두께 모양으로 뭉쳐놓고 수키와를 덮으며, 처마 끝 수키와 끝에는 6 cm 정도 둥글게 회백토(아귀토)를 바른다.
- 처마 끝의 내림새 사이에 진흙을 홍두께 모양으로 뭉쳐놓고 막새를 덮으며 수키와를 이어나간다.

(다) 지붕마루
- 수키와 끝에 맞추어 착고를 대고, 그 위에 부고를 옆세워 대며, 이 위에 암마룻장을 5장 정도 깔고 이 위에 수키와를 깐다.
- 용마루 끝은 머거볼로 막아 댄다.

(라) 추녀마루
- 기왓골 45° 방향으로 단골막이를 대고 암키와를 3장 정도 깐다.
- 추녀마루의 처마 끝은 보습장을 끼워 넣고 그 위에 수키와를 덮는다.

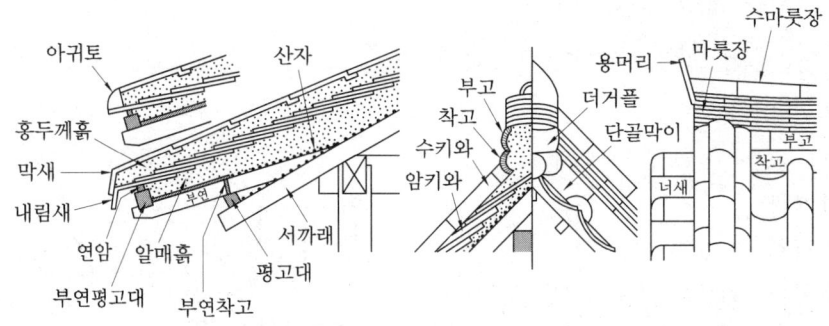

한식기와 이기

(3) **시멘트 기와 이기**
① 걸침턱이 없을 때는 지붕널 또는 산자 위에 알매흙을 깔고 줄바르게 이어나간다.
② 걸침턱이 있을 때는 걸침턱이 있는 기와를 20 mm 각재의 기왓살(걸침턱)에 걸치고 줄을 맞추어 깔아 나간다.
③ 처마 끝에는 내림새, 박공 쪽에는 감새를 박공널 위에 한 줄로 깔고, 박공처마 끝에는 감내림새 한 장을 깐다.

(4) **금속판 이기**
① 일반사항
(가) 금속판의 종류 : 아연도금 철판, 구리판, 알루미늄판

(나) 금속판의 특징
- 장점 : 무게가 가볍고 물매를 완만하게 하여도 빗물이 잘 새지 않으며, 형태를 자유롭게 이을 수 있다.
- 단점 : 열전도율이 크고, 온도에 대한 신축이 크며, 공중전화 또는 염류, 가스 부식, 기타 화학작용에 약하다.

② 금속판 이기 종류

(가) 평판 이기 : 금속판(보통 60 cm×90 cm)의 맞변을 서로 반대로 접고 거멀쪽의 한 끝을 감아 넣어 금속판과 같이 접어 누르고(거멀접기), 거멀쪽의 한 쪽은 지붕널에 아연도금 못으로 고정한다.

(나) 기왓가락 이기
- 평판 이기보다 빗물 막기를 할 수 있으며, 풍압에 강하다.
- 지붕널 위에 50 mm 각재를 서까래와 같은 간격으로 못으로 박아 대고, 평판을 기왓가락에서 꺾어 올려 기왓가락의 상단 좌우에서 거멀접기를 한다.

(다) 골판 이기
- 세로겹침은 10~15 cm 정도, 가로겹침은 1.5~2.5골 정도로 한다.
- 골판은 골형의 볼록한 부분에서 중도리에 철물로 고정한다.

(5) 골석면 슬레이트 이기

① 보통은 지붕틀의 중도리에 직접 이기를 하며, 지붕틀의 중도리는 골판 슬레이트의 길이를 생각하여 배치한다.

② 세로겹침은 10~15 cm, 가로겹침은 1.5~2.5골 정도로 한다.

6-3 홈 통

지붕면에서의 빗물을 땅으로 흘러내리기 위하여 설치하는 것으로 처마 홈통, 깔대기 홈통, 선홈통, 흘러내림 홈통 등으로 나뉘어진다.

(1) 처마 홈통

① 처마 끝 부분에 대는 홈통으로서, 물매는 보통 1/100 이상으로 한다.
② 홈통의 이음은 3 cm 이상 겹쳐 안팎을 납땜한다.
③ 처마 홈통걸이는 1 m 간격으로 서까래에 못을 대거나 마구리에 꽂아 댄다.

(2) 선홈통

① 이음은 3 cm 이상 위통을 밑통 안에 꽂아 넣어 납땜한다.
② 선홈통 받이 걸이의 간격은 1 m 정도로 한다.

(3) 깔대기 홈통

① 처마 홈통에서 선홈통까지 연결한 것이다.

② 기울기는 15° 정도이다.
③ 깔대기 하부는 선홈통 속에 꽂아 넣는다.

6-4 바깥벽

(1) 판 벽

- 분류 ┬ 가로 판벽 : 영국식 비늘판벽, 턱솔 비늘판벽, 누름대 비늘판벽
       └ 세로 판벽 : 평판벽, 틈막이 대판벽

㈜ 세로 판벽은 안벽에 많이 쓰이며, 비늘판벽에 비하여 빗물이 스며들기 쉬우므로, 바탕지에는 방수지를 까는 것이 좋다.

① 영국식 비늘판벽 : 두께 2 cm의 널을 다음 그림 (a)와 같이 못박아 대거나, 널 두께 위를 1 cm, 밑을 2 cm 정도로 비켜서 윗널 밑은 반턱쪽매로 하여 밑널과 15 mm 깊이 정도 겹쳐 물리게 한다.

② 턱솔 비늘판벽 : 너비 2 cm, 두께 2 cm 이상되는 널의 위아래, 옆을 반턱으로 하여 붙이고, 줄눈너비 6~18 mm 정도의 오목줄눈이 생기게 하며 모서리 부분은 연귀맞춤으로 한다.

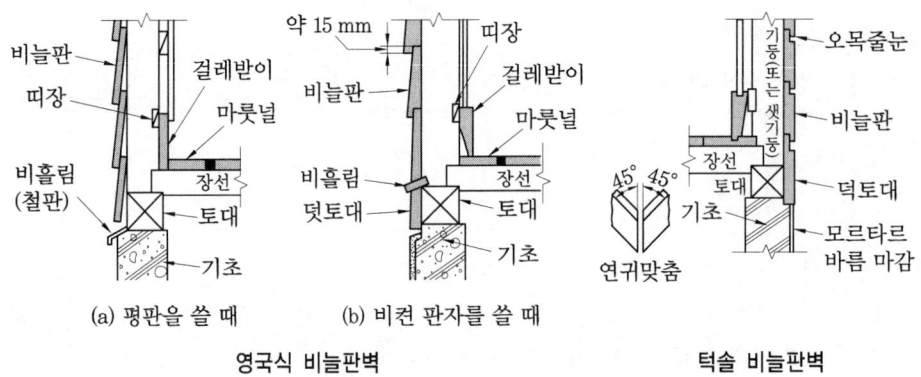

③ 누름대 비늘판벽
  ㈎ 빗물막이가 좋고 경제적이라서 일반적으로 많이 쓰인다.
  ㈏ 두께 9~18 mm, 너비 180~240 mm의 널을 위아래 15 mm 겹쳐대고, 이 위에 30 mm 각 정도의 누름대를 기둥, 샛기둥 맞이에 세워 못을 박아 댄다.

(2) 바름벽

① 모르타르 바름벽
  ㈎ 기둥, 샛기둥에 꿸대, 졸대 등의 바름벽 바탕에 방수지(아스팔트 펠트)를 깔고, 메탈 라스, 와이어 라스를 치고 모르타르를 바른다.
  ㈏ 모르타르 바름은 초벌, 재벌, 정벌바름을 하여 마무리하며, 마무리법은 흙손 마

무리, 시멘트 뿜칠 긁어내기, 모르타르 뿌림 등이 있다.
② 인조석 바름
    ㈎ 모르타르 정벌바름 대신에 시멘트(백시멘트와 안료), 종석(대리석, 화강석, 석회석 등의 자연석을 잘게 부순 것)을 섞어 반죽한 것을 두께 약 7 mm 정도로 바른 다음, 인조석 씻기, 잔다듬, 갈기 등을 거쳐 자연석 비슷하게 마무리한다.
    ㈏ 벽, 바닥, 계단 등에 널리 쓰인다.
③ 테라초 바름
    ㈎ 인조석에 비하여 고급제품으로서 고급재료를 쓰며, 현장갈기는 인조석 때보다 2~3회 더 갈고 왁스로 광내기를 한다.
    ㈏ 일반적으로 인조석의 종석보다 큰 9~12 mm 정도의 종석을 쓴다.

7. 내부 수장

7-1 바 닥

널깔기·마룻널의 재료는 미송, 나왕, 티크를 쓰며, 두께는 보통 18 mm 정도로 쓴다.

(1) 맞댐쪽매 널깔기, 턱솔쪽매 널깔기
① 가장 간단한 널깔기로서, 이중 널깔기를 할 때 밑창 널깔기에 많이 쓰인다.
② 널 두께 18 mm, 너비 150~180 mm 정도의 맞댐, 턱솔쪽매 등으로 못을 박아 깐다.

(2) 플로어링 널깔기
① 진동, 충격에 의한 못빠짐을 방지할 수 있으며, 뒤틀림이 적다.
② 두께 15 mm, 너비 100 mm 정도의 제혀 쪽매널 또는 딴혀 쪽매널을 숨은 못치기로 깐다.

(3) 쪽매널 깔기
밑바탕 마루 또는 장선 위에 쪽매널(30 cm 각의 플로어링 블록)을 접착제 또는 숨은 못으로 고정한다.

쪽매의 종류

종류	형상	종류	형상	종류	형상
맞댄쪽매		틈박이대쪽매		오니쪽매	
반턱쪽매		딴혀쪽매		빗 쪽 매	
				제혀쪽매	

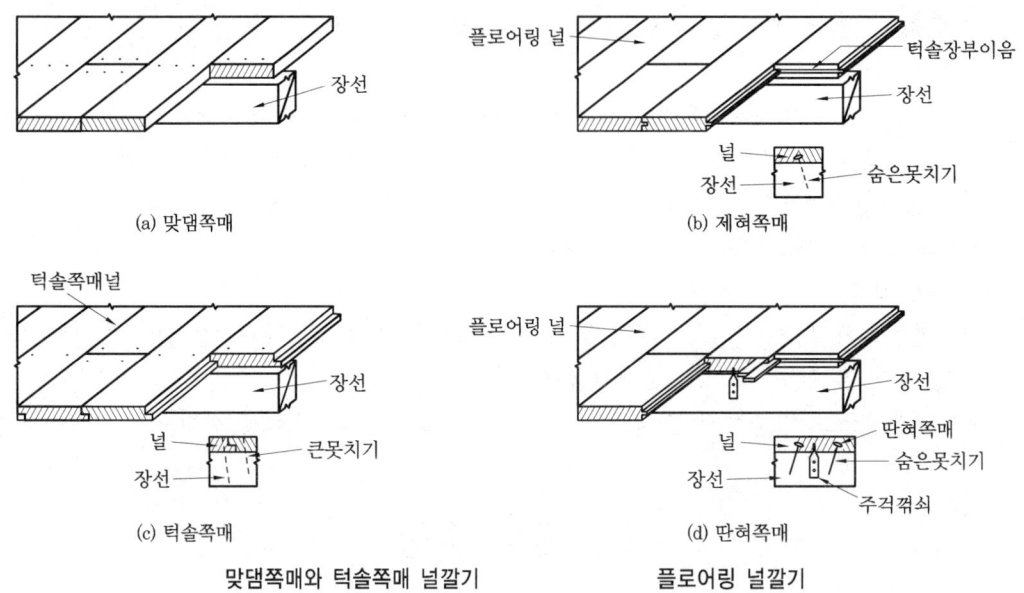

맞댐쪽매와 턱솔쪽매 널깔기 / 플로어링 널깔기

7-2 반 자

(1) 반자틀

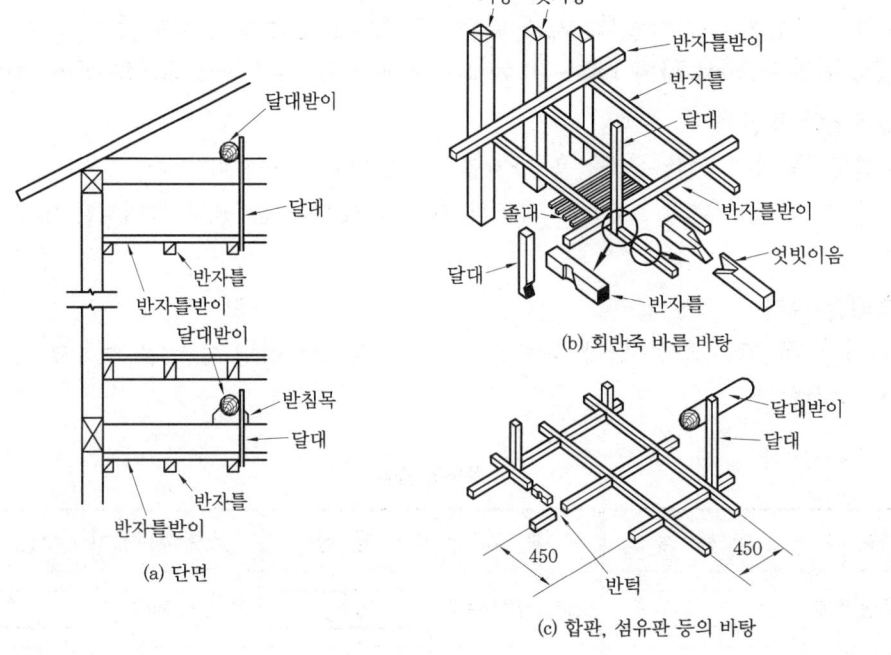

반 자 틀

① 45 mm 각의 반자틀을 45 cm 간격으로 건너 댄다.
② 반자틀의 직각방향에 45 mm 각의 반자틀 받이를 90 cm 간격으로 고정시킨다.

③ 40 mm 각 정도의 달대를 반자틀에 외주먹장 맞춤으로 한다.
④ 달대받이는 끝마구리 지름 75 mm 정도의 통나무 또는 죽각재를 지붕틀의 평보 또는 층보에 못을 받아 대거나 꺾쇠치기로 한다.

(2) 각종 반자

① 바름반자
　(가) 반자틀에 졸대를 못박아 대고 수염을 늘려 회반죽 또는 플라스터를 바른다.
　(나) 떨어지기 쉬운 면, 진동이 심한 곳, 빗물을 받기 쉬운 곳은 메탈 라스를 친 후에 바르면 안전하다.
　(다) 메탈 라스, 와이어 라스를 치고 모르타르를 바른다.
② 널반자 : 두께 9 mm, 너비 100~150 mm 정도의 널을 반자틀 밑에서 못을 박아 붙여 대는 반자로서 치받이 널반자라고도 한다.
③ 살대반자 : 반자틀에 붙여 댄 널 밑에 직각이 되게 기둥 사이에 30~60 cm 정도의 간격으로 살대를 박아 댄다.
④ 우물반자 : 반자틀을 반자 붙임재의 크기에 맞추어 바둑판 눈금 모양으로 네모 반듯하게 짜고, 널은 틀 위에 덮어 대거나 턱솔을 파서 끼우게 한다.

7-3 안 벽

(1) 습식벽

① 심벽 : 외새끼로 엮어 댄 외를 바탕으로 하여 진흙을 초벌바름, 고름질, 재벌바름, 정벌바름의 순서로 바른다. 정벌바름은 회반죽 등을 사용한다. 주로 한식구조에 쓰인다.
② 평벽 : 졸대를 밑바탕으로 한다.
　(가) 수염을 치고 회반죽으로 초벌, 재벌, 정벌바름을 한다.
　(나) 메탈 라스, 와이어 라스를 치고 모르타르를 초벌, 재벌, 정벌바름을 한다.

(2) 건식벽

합판, 섬유판류, 석면판, 석고 보드, 목조 시멘트판 등을 벽에 붙여 댄 붙임벽이다.

(3) 걸레받이, 반자돌림, 판벽

① 걸레받이
　(가) 바닥에 접한 벽 맨 밑 부분은 벽면의 보호와 장식을 겸하여 높이 100~200 mm 정도, 벽면에서 10~20 mm 정도 밀리게 하거나 들어가게 하여 만들어 댄다.
　(나) 재료에는 목재, 인조석, 타일, 금속판, 염화비닐판 등이 있다.
② 반자돌림 : 벽 맨 위쪽에서 벽 아물림으로 댄 가로재이며, 반자를 지지하는 동시에 장식의 역할도 한다.
③ 판벽
　(가) 징두리 판벽 : 벽면의 하부를 보호하고 장식을 겸하여 높이 1~1.2 m 정도로 판벽을 만드는 것이다.
　(나) 판벽 : 징두리 판벽 이상의 벽

8. 창문틀, 창호

8-1 문, 창 주위의 구조

① 창문틀은 좌우 선틀, 밑틀, 윗틀로 되어 있고, 필요에 따라 중간틀, 중간 홈대, 중간 선대 등을 대고 문소란을 만들어 견고하게 짜 댄다.
② 출입구의 밑틀은 문지방이라고도 하는데, 너비는 선틀보다 넓게 할 때가 있으며, 바닥면에서 1~2 cm 정도의 높이에 문소란을 만들거나 바닥면과 같게 한다.
③ 문지방은 마멸되기 쉬우므로 참나무, 느티나무 등 단단한 나무를 쓰기도 한다.
④ 외부에 접하는 창 또는 문의 밑틀에는 물돌림, 물흘림 물매, 물끊기 홈을 만들어 빗물 막이를 한다.

| 용어해설 | 문소란(門小欄) : 창문틀에 턱이 지게 만든 부분

(1) 여닫이문, 여닫이창

① 창, 문의 한쪽에 경첩을 달아서 여닫을 수 있도록 한 것이다.
② 문골의 너비가 1 m까지는 외여닫이로 하고, 그 이상일 때에는 쌍여닫이로 한다.

※ 특징
  (가) 장점
    • 가볍게 전부를 여닫을 수 있다.
    • 닫으면 기밀하여 문단속이 용이하다.
  (나) 단점 : 여닫을 때 면적을 차지하여 실내 유효면적을 감소시킨다.
③ 문짝 2개가 마주 닿는 선대에는 풍소란을 둔다.

| 용어해설 | 풍소란(風小欄) : 바람을 막기 위하여 선대(마중대)에 턱솔 변탕, 마중선을 설치한 것

(2) 미닫이문, 미닫이창

① 아래위의 문틀에 한 줄 홈을 파고 창, 문을 이 홈에 끼워 옆벽에 몰아 붙이거나, 벽 중간에 몰아 넣을 수 있게 한 것이다.
② 여닫이하는 면적이 필요하지 않으므로 문골이 넓을 때에는 유리하다.
③ 방음과 기밀한 점에서는 불리하다.

(3) 미서기창, 미서기문

① 윗틀과 밑틀에 두 줄로 홈을 파서 문이나 창 한 짝을 다른 한 짝 옆에 밀어붙이게 한 것으로, 두짝닫이 또는 네짝닫이가 보통이다.
② 미닫이와 비슷하나 문골 넓이의 전체를 열 수 없는 결점이 있고, 닫았을 때 문짝은 약 3~10 cm 겹치게 된다.

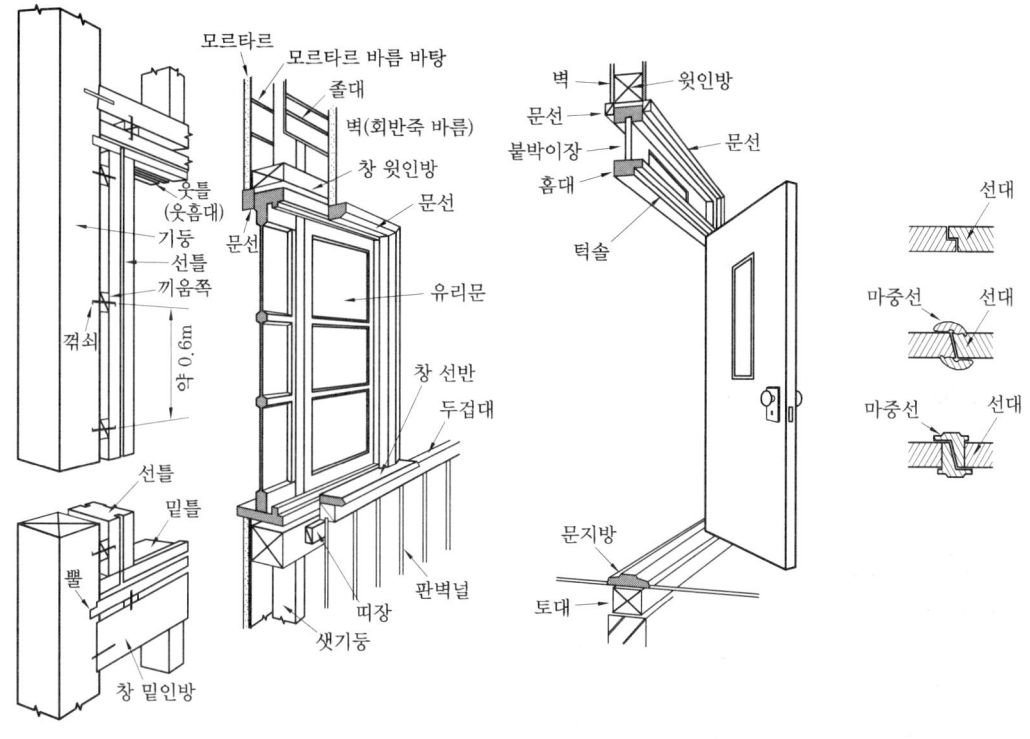

창문 주위의 구조 (미서기창)   여닫이문

(4) 오르내리창

① 아래위로 오르내릴 수 있도록 만든 것이다.

② 선틀의 옆은 상자모양으로 짜서 창 무게와 평형이 되는 추를 넣는다. 이 상자를 추갑이라 한다.

※ 특징

(가) 장점
- 취급이 편리하다.
- 빗물막이를 하기 쉽다.
- 개방을 적당히 할 수 있어 통풍의 조절이 편리하다.

(나) 단점
- 창 전체를 열 수 없다.
- 공작하기가 번거롭다.

(5) 접이문

① 칸막이를 문짝으로 만들어 2개의 방을 필요에 따라 하나의 큰 방으로 사용할 수 있게 한 것이다.

② 문골은 여러 장의 문짝을 서로 경첩으로 연결하여 문짝 위에 댄 도르래를 윗레일에 걸쳐 대고 접어 한 옆벽에 열어 붙이게 된 것이다.

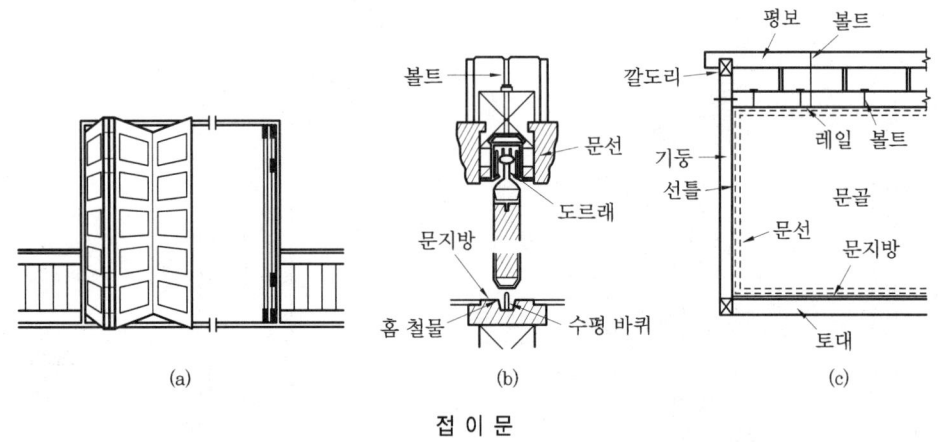

접 이 문

(6) 회전문, 회전창

① 회전문

   (가) 너비 0.8~1 m 정도의 문 네 짝을 +자로 짜서 심대를 중심으로 하여 회전하는 문이다.

   (나) 외풍, 먼지 등을 막는 것에는 편리하나, 큰 물건이나 많은 사람이 출입하는 곳에는 적당하지 않다.

② 회전창

   (가) 선대의 중앙부에 회전 지도리를 대고, 창 위는 안으로, 밑은 밖으로 돌려 여는 창이다.

   (나) 손이 미치지 못하는 높은 곳에 쓰일 때가 많으며, 여닫을 때에는 적당한 끈을 쓴다.

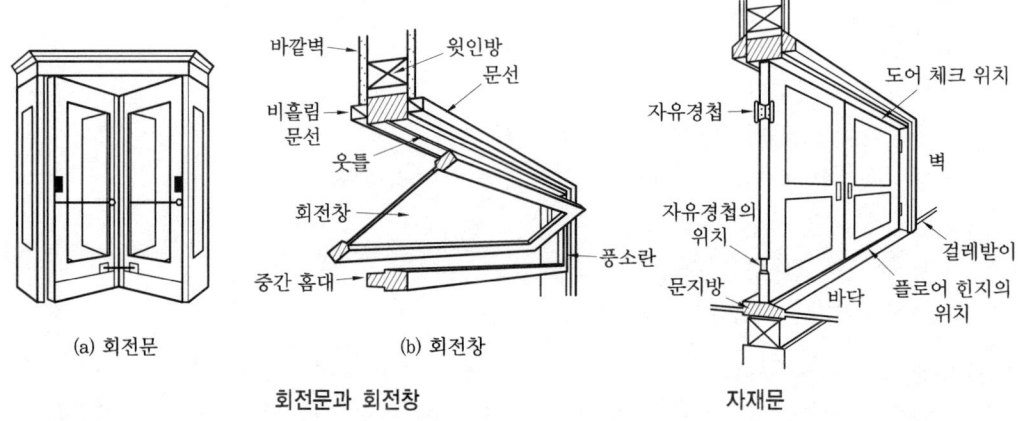

회전문과 회전창   자재문

(7) 자재문

① 자유경첩으로 문짝을 달아 안팎으로 자유롭게 여닫을 수 있는 문이다.

② 여닫기에는 편리하나 문틀에는 문받이턱이 없어 기밀하지 못하며, 문단속이 불완전하다.
③ 가볍게 닫기 위하여 플로어 힌지나 도어 체크를 장치한다.

(8) 내닫이창
① 창틀을 벽면에서 내밀어 짜 대고 창을 다는 것이다.
② 실내 공간을 넓히고 실용적인 면과 외관적인 면에서 효과가 크다.

(9) 붙박이창, 주마창, 비늘창
① 붙박이창 : 열지 못하게 고정된 창이다.
② 주마창 : 임시건물 등의 환기, 채광용으로 쓰이며, 너비는 널 한장 정도로 미닫이한다.
③ 비늘창 : 얇고 넓은 살을 간격 3 cm, 각도 45° 정도로 빗대어 차양과 통풍이 되게 하는 창이다.

8-2 목제 창호

(1) 널 문
가로 띠장에 널을 붙여 대는 것으로, 문짝이 일그러지는 것을 막기 위하여 가새를 대고 문 울거미를 짜기도 한다.

(2) 양판문
양판문은 울거미를 짜고, 그 울거미 사이에 양판을 끼워 넣은 문이다. 울거미의 두께는 30~60 mm이며, 선대의 너비는 90~120 mm이다. 윗막이 및 중간막이는 선대의 1~1.5배로 하고, 밑막이는 선대의 1.5~2.5배로 한다.

중간 띠장, 중간 선대는 선대의 0.8배 내외로 하는 것이 보통이다. 양판은 넓은 합판으로 하고, 울거미에 사방 홈을 파 끼운다. 맞춤은 윗막이는 내다지쌍장부로 하고, 밑막이 및 중간막이는 내다지두쌍장부로 하여

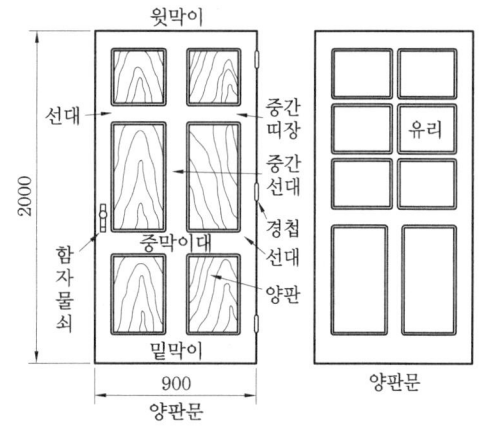

양 판 문

아교질 벌림쐐기치기로 한다. 쌍여닫이문의 마중대(서로 마주치는 선대)는 반턱, 빗턱으로 하거나, 또는 따로 풍소란을 대어 접착제로 붙이고 나사못 등으로 고정시킨다.

(3) 유리문
울거미를 짜고 그 중간에 유리를 끼운 문이다.

(4) 플러시문
울거미를 짜고 중간살을 30 cm 이내 간격으로 배치하여 양면에 합판을 접착제로 붙

인 것이다.

(5) 합판문
울거미 안에 두께 9 mm 정도의 합판 한 장을 끼운 것이다.

(6) 잔살합판문
합판문에 얇은 합판을 쓰고 그 한 면 중간에 가는 살을 2.5 cm 간격으로 댄 것이다.

(7) 널 도듬문
합판문 한 면에 종이를 바른 것이다.

(8) 도듬문
울거미를 짜고 그 중간에 가는 살을 약 20 cm 간격으로 가로, 세로로 짜 대고 종이를 두껍게 바른 것이다.

(9) 창호지문
울거미를 짜고 그 안에 가는 살을 짜 넣어 한 면에 창호지를 바른 문이다.
- 완자문 : 살을 완자(卍字)형으로 짠 것
- 아자문 : 살을 아자(亞字)형으로 짠 것
- 세살문 : 가는 살을 가로, 세로 좁게 댄 문

(10) 비늘살문 (갤러리문)
차양이 되며 통풍도 할 수 있는 문으로서, 넓은 살의 간격을 3 cm 정도로 하고 45°로 선대에 빗댄 것이다.

8-3 창호철물

(1) 경 첩
여닫이문에 설치하는 것으로서, 문짝과 문틀에 달아 여닫는 축이 되게 하는 것이다.

(2) 자유경첩
문을 안팎으로 개폐할 수 있게 된 경첩으로서, 자재문에 사용한다.

(3) 레버토리 힌지
공중화장실, 전화실 등의 출입구에 설치하여 문이 자동적으로 닫혀지면서 15 cm 정도는 열려 있게 되어 표시가 없어도 비어 있는 것을 알 수 있게 한 것이다.

(4) 플로어 힌지
① 플로어 힌지 : 자유경첩과 같이 문짝을 자동적으로 닫히게 하는 철물로서 무게가 큰 대형 자재문에 사용한다.
② 피벗 힌지 : 중심축 달기 경첩으로서 보통 경첩으로는 달 수 없는 문짝에 사용한다.

(5) 도어 클로저(도어 체크)

여닫이문 위에 설치하여 열린 문이 자동적으로 닫혀지게 하는 철물이다.

(6) 함자물쇠

보통 플러시 도어에 사용하며 실린더 로크, 라이트 래치 등이 있다.

8-4 창·문에 사용하는 창호철물

① 미서기창 : 레일, 문바퀴, 꽃이쇠, 도어 행어(door hanger), 크리센트(crescent)
② 오르내리창 : 크리센트
③ 여닫이문 : 경첩, 도어체크, 함자물쇠
④ 자재문 : 자유경첩, 플로어 힌지, 피벗 힌지
④ 접문 : 도어 행어

창호철물

명 칭	형 태	명 칭	형 태
경 첩 (hinge)		피벗 힌지 (pivot hinge)	상부 힌지 / 하부 힌지
자유경첩 (spring hinge)		도어 클로저 (door closer, door check)	니카나형 / H형
레버토리 힌지 (lavatory spring hinge)	상부 힌지 / 하부 힌지	손잡이볼	손잡이 볼 / 레버 핸들
플로어 힌지 (floor hinge)	힌지 / 톱 피벗 / 플로어 힌지	체인록	
호 차		크레센트 자물쇠	
스프링 캐치		도어 행어	

예상문제

문제 1. 가구식 구조물의 횡력에 대한 안전한 구조법으로서 가장 필요한 것은?
㉮ 샛기둥을 많이 댄다.
㉯ 가새를 유효하게 설치한다.
㉰ 축조부재의 단면을 크게 한다.
㉱ 기둥과 횡가재를 철물로 단단하게 연결한다.

해설 목구조에서는 토대에 앵커 볼트를 연결하고 벽체에 가새, 기둥과 보, 처마도리 등에 버팀대를 설치하여 횡력에 강하게 배치할 수 있다.

문제 2. 목조건축 토대에 관한 설명 중 잘못된 것은?
㉮ 토대는 간단한 건축물에서는 주춧돌이나 호박돌의 기초 위에 걸쳐 대기도 한다.
㉯ 토대는 외벽에 필요한 것으로 칸막이 벽에 설치하지 않는다.
㉰ 토대는 지반에서 될 수 있는 대로 높게 한다.
㉱ 낙엽송, 적송 등은 잘 썩지 않으므로 토대용으로 적합하다.

해설 ① 토대 : 바깥 토대, 칸막이 토대, 귀잡이 토대
② 귀잡이 토대 : 토대와 토대의 맞춤 부분의 변형 방지를 위해 설치
③ 칸막이 벽 밑에는 칸막이 토대를 설치한다.

문제 3. 다음 중 처마돌림의 두께, 너비가 적당한 것은?
㉮ 두께 14 mm, 너비 50 mm 이상
㉯ 두께 34 mm, 너비 150 mm 이상
㉰ 두께 24 mm, 너비 100 mm 이상
㉱ 두께 44 mm, 너비 200 mm 이상

해설 처마 끝의 보강과 의장적으로 24×100 mm의 처마돌림을 댄다.

문제 4. 목구조 벽체에서 기둥이 외부에 노출되지 않은 구조는?
㉮ 심벽식   ㉯ 안벽식
㉰ 평벽식   ㉱ 밖벽식

해설 ① 평벽식 : 기둥 밖에 바름벽 벽체를 설치하여 기둥이 보이지 않게 한 것으로 양옥 건물에 많이 쓰인다.
② 심벽식 : 기둥 안에 바름벽 벽체를 설치하여 기둥이 보이게 한 것으로 한옥건물에 많이 쓰인다.

문제 5. 목조기둥 기술 중 틀린 것은?
㉮ 본기둥에는 통재기둥과 평기둥이 있다.
㉯ 기둥의 간격은 1.8 m, 크기는 1층일 때 105 mm 각 정도가 좋다.
㉰ 기둥재료는 심벽식일 때 소나무가 좋고 평벽식일 때 나뭇결이 고운 삼나무가 좋다.
㉱ 샛기둥의 크기는 본 기둥의 1/2 또는 1/3로 한다.

해설 심벽식은 기둥이 보이므로 나뭇결이 고운 삼나무, 낙엽송, 회나무 등을 사용하며, 평벽식은 기둥이 보이지 않으므로 강도 위주의 소나무를 사용한다.

문제 6. 가새 설치 기술 중 틀린 것은?
㉮ 인장가새는 기둥의 1/5 이상의 단면적을 가지는 목재 또는 지름 9 mm 이상의 철근을 사용한다.
㉯ 압축가새는 이에 접하는 기둥의 1/3 이상의 단면적을 가진 목재를 사용한다.

해답 1. ㉯ 2. ㉯ 3. ㉰ 4. ㉰ 5. ㉰ 6. ㉱

㉰ 중요한 건물에서는 X형으로 가새를 대는 것이 이상적이다.
㉱ 가새와 샛기둥의 접합부는 가새를 따내어 접합시킨다.

해설 ① 가새 : 벽체가 수평력에 저항하기 위하여 수직재와 수평재가 만나는 점에 빗방향으로 배치하는 부재
② 가새의 배치
  ㈎ 대칭이 되게 배치한다.
  ㈏ X형으로 배치한다.
  ㈐ 가새는 따내지 않는다.

문제 7. 지붕간격이 2 m일 때 샛기둥 간격은 얼마인가?
㉮ 100 cm ㉯ 75 cm
㉰ 50 cm   ㉱ 25 cm

해설 · 샛기둥 : 바름벽 벽체의 뼈대가 되는 것으로서 45 mm 각의 단면 부재를 40~50 cm 정도로 배치한다. 단, 평벽식의 경우는 앞에서 볼 때는 기둥 단면의 1/2~1/3쪽, 옆에서 볼 때는 기둥과 같게 한다.

문제 8. 목조의 버팀대를 사용하는 주된 이유는?
㉮ 기둥의 좌굴을 막기 위하여
㉯ 횡력에 대한 변형을 방지하기 위하여
㉰ 기둥에 하중을 집중시키기 위하여
㉱ 보의 단면을 작게 하기 위하여

해설 · 버팀대 : 기둥과 깔도리, 기둥과 층도리, 보 등이 맞추어진 부분이 수평력에 의해 변형되는 것을 막기 위한 것

문제 9. 목조건물의 중요 부재를 건물의 상부에서부터 차례로 기술한 것은?
㉮ 처마도리, 평보, 깔도리, 기둥
㉯ 깔도리, 평보, 처마도리, 기둥
㉰ 평보, 처마도리, 깔도리, 기둥
㉱ 평보, 깔도리, 처마도리, 기둥

해설 목조건물의 중요 부재는 상부부터 처마도리, 평보, 깔도리, 기둥 순이며 기둥 밑에 토대가 온다.

문제 10. 절충식 지붕틀의 부재 설명 중 부적당한 것은?
㉮ 우미량은 박공지붕에 설치한다.
㉯ 벽체보는 내부 기둥의 상부와 지붕보에 정착되게 설치한다.
㉰ 보상부에는 종보가 설치된다.
㉱ 대공은 중도리를 받치기 위해서 설치된다.

해설 · 우미량 : 절충식 지붕들의 모임지붕에서 추녀 마루 부분의 중도리를 받쳐 주는 동자기둥을 대주기 위하여 벽체에서 지붕보에 짧게 대주는 보이다.

문제 11. 절충식 지붕틀에 관한 설명 중 옳지 않은 것은?
㉮ 지붕보 간격 1.8 m
㉯ 대공간격 1.5 m
㉰ 주걱 볼트로 지붕보에서 처마도리를 연결한다.
㉱ 지붕보는 빗걸이 이음으로 잇는다.

해설 대공간격은 90 cm 정도

문제 12. 절충식 지붕틀에서 지붕보의 배치간격으로 가장 적당한 것은?
㉮ 1.5 m ㉯ 1.8 m
㉰ 2.1 m ㉱ 2.4 m

해설 절충식 지붕틀의 지붕보 배치간격은 1.8~2 m 정도이다.

문제 13. 모임지붕의 귀에서 동자기둥을 받게 한 부재는?
㉮ 귀ㅅ자보   ㉯ 종보
㉰ 우미량   ㉱ 대공가새

해설 ㉯ 종보 : 지붕이 클 때 대공이 길어져 좌굴되는 것을 방지하기 위해 지붕보 위에 동자기둥을 설치하고 그 위에 종보를 걸쳐 짧은 대공을 받쳐 준다.
㉱ 대공가새 : 왕대공 지붕틀의 진동이나 전

해답 7. ㉰ 8. ㉯ 9. ㉮ 10. ㉮ 11. ㉯ 12. ㉯ 13. ㉰

도를 막기 위해 왕대공 상호간에 V자형, X자형으로 대주는 부재

문제 14. 인장응력과 휨 모멘트를 동시에 받을 수 있는 지붕틀의 부재는?
㉮ ㅅ자보   ㉯ 왕대공
㉰ 빗대공   ㉱ 평보
[해설] ① 휨을 받는 압축재 : ㅅ자보
압축재 : 빗대공
② 휨을 받는 인장재 : 평보
인장재 : 왕대공

문제 15. 목조 왕대공 지붕틀에서 각 부재에 대한 설명으로 부적당한 것은?
㉮ 달대공은 인장재이므로 경우에 따라서는 철근으로 대용할 수도 있다.
㉯ 빗대공은 압축재이므로 경사를 아주 완만하게 할수록 좋다.
㉰ ㅅ자보는 압축력과 휨 모멘트를 동시에 받으므로 단면을 타부재보다 크게 해야 한다.
㉱ 지붕가새는 지붕틀의 전도 방지를 목적으로 V자형이나 X자형으로 배치한다.
[해설] 빗대공은 단순한 압축재로서 경사를 급하게 할수록 좋다.

문제 16. 양옥 지붕틀의 왕대공과 마룻대와의 맞춤에 가장 적합한 것은?
㉮ 부성 장부맞춤   ㉯ 가름장 장부맞춤
㉰ 맞인장 장부맞춤   ㉱ 지옥 장부맞춤
[해설] ① 왕대공과 ㅅ자보 : 기름장 장부 (띠쇠로 보강)
② ㅅ자보와 평보 : 인장맞춤 (볼트로 보강)
③ 평보와 왕대공 : 감잡이쇠로 보강
④ ㅅ자보와 빗대공 : 빗턱맞춤

문제 17. 그림과 같은 왕대공의 지붕틀 ◎표의 부재가 받는 힘은?

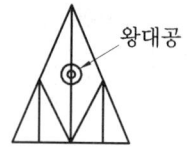
왕대공

㉮ 인장력(+)   ㉯ 전단력(-)
㉰ 압축력(-)   ㉱ 휨응력(+)
[해설] ① 인장재 : 평보, 왕대공, 달대공
② 압축재 : ㅅ자보, 빗대공

문제 18. 왕대공 지붕틀의 평보 이음을 왕대공 가까이 두는 이유로서 옳은 것은?
㉮ 이음을 짧게 할 수 있으므로
㉯ 응력이 적으므로
㉰ 시공이 편리하므로
㉱ 압축력이 적으므로
[해설] 평보는 인장재인데 왕대공에 가까이 갈수록 응력이 적어진다.

문제 19. 왕대공 지붕틀에서 ㅅ자보의 이음을 보통으로 하지 않는 이유는?
㉮ 휨 모멘트가 생기므로 좋지 않다.
㉯ 이음을 하지 않는 것이 일하기 좋다.
㉰ 인장력이 생겨 이음을 피하는 것이 좋다.
㉱ 어느 점이든 같은 휨 모멘트의 인장력이 생겨 이음할 적당한 장소가 없다.
[해설] ㅅ자보는 휨을 받는 압축재이므로 상부는 왕대공에 빗짧은 장부맞춤으로 하고 하부는 평보에 안장맞춤, 빗턱통을 넣고 장부맞춤으로 한다.

문제 20. 목조 왕대공 지붕틀에서 3개의 중심선이 일치되지 않는 것은?
㉮ 왕대공과 달대공과 빗대공
㉯ 평보와 ㅅ자보와 처마도리
㉰ 달대공과 ㅅ자보와 빗대공
㉱ 왕대공과 빗대공과 평보
[해설] 왕대공, 빗대공과 평보는 3개의 중심선이 일치되지 않는다.

[해답] 14. ㉱ 15. ㉯ 16. ㉯ 17. ㉮ 18. ㉯ 19. ㉮ 20. ㉱

문제 21. 각 접합부에서 부적당한 철물은?
  ㉮ 왕대공과 평보 : 감잡이쇠
  ㉯ 큰보와 작은보 : 안장쇠
  ㉰ 토대와 기둥 : 앵커 볼트
  ㉱ 평기둥과 층도리 : 띠쇠
  해설 ① 토대와 기둥 : ㄱ자쇠
    ② 토대와 기초 : 앵커 볼트

문제 22. 왕대공 지붕틀에서 각 부재의 중심선이 일치되지 않는 부분은?
  ㉮ ㄱ
  ㉯ ㄴ
  ㉰ ㄷ
  ㉱ ㄹ
  해설 왕대공, 빗대공과 평보의 중심선은 일치하지 않는다.

문제 23. 왕대공 지붕틀에서 보강철물 사용이 잘못된 것은?
  ㉮ 달대공과 평보 : 외나사 볼트
  ㉯ 빗대공과 ㅅ자보 : 꺾쇠
  ㉰ ㅅ자보와 평보 : 안장쇠
  ㉱ 왕대공과 평보 : 감잡이쇠
  해설 ① ㅅ자보와 평보 : 안장맞춤에 연결철물은 볼트를 사용
    ② 안장쇠 : 큰보와 작은보를 연결

문제 24. 감잡이쇠가 사용되는 것은?
  ㉮ 기둥과 보   ㉯ 기둥과 층도리
  ㉰ 평보와 왕대공   ㉱ 큰보와 작은보
  해설 평보와 왕대공은 짧은 장부맞춤에, 연결철물은 감잡이쇠를 사용한다.

문제 25. 목조에서 큰보와 작은보의 맞춤에 사용되는 철물은?
  ㉮ 감잡이쇠   ㉯ 안장쇠
  ㉰ 띠쇠   ㉱ 규격 볼트
  해설 큰보와 작은보는 안장쇠로 연결한다. 감잡이쇠 : 왕대공과 평보의 보강철물

문제 26. 목구조의 보강재가 아닌 철물은?
  ㉮ 가시못   ㉯ 엇꺾쇠
  ㉰ 외나사 볼트   ㉱ 인서트 철물
  해설 인서트 철물은 달대받이를 매달아 주기 위해 콘크리트에 매설하는 철물이다.

문제 27. 반자틀 구조에 관한 기술 중 옳지 않은 것은?
  ㉮ 반자틀 부재는 보통 45 mm 각재를 사용한다.
  ㉯ 달대는 반자틀에 외주먹장 맞춤을 한다.
  ㉰ 달대받이는 끝마구리 지름 75 mm 정도 통나무를 사용한다.
  ㉱ 반자틀의 간격은 보통 60 m 간격으로 함이 좋다.
  해설 반자틀의 간격은 보통 45 cm 간격으로 한다.

문제 28. 마룻널 깔기방법을 제혀쪽매로 하는 가장 옳은 이유는?
  ㉮ 가장 경제적이기 때문에
  ㉯ 보행진동으로 못이 솟아 오르지 않고 미려하기 때문에
  ㉰ 부재의 두께가 얇은 널재로 할 수 있기 때문에
  ㉱ 널 쪽매방법 중 시공이 가장 용이하기 때문에
  해설 제혀쪽매로 하면 못머리를 위에서 박지 않는다.

문제 29. 철근 콘크리트조 상점일 경우 지반에서 1층 마루까지의 높이로 적당한 것은?
  ㉮ 5 cm 정도   ㉯ 10 cm 정도
  ㉰ 15 cm 정도   ㉱ 20 cm 정도
  해설 철근 콘크리트조 상점의 경우는 납작마루를 사용

문제 30. 마루틀 설명 중 틀린 것은?
  ㉮ 마루틀은 보통 지반에서 45 cm 이상으

해답 21. ㉰ 22. ㉱ 23. ㉰ 24. ㉰ 25. ㉯ 26. ㉱ 27. ㉱ 28. ㉯ 29. ㉰ 30. ㉰

로 하며 상점이나 창고 등은 낮게 한다.
나 멍에는 10 cm 정도의 각재로 간격은 0.9~1.8 m 정도로 한다.
다 장선은 5~6 cm 각재를 쓰며, 방의 길이 방향으로 걸쳐 댄다.
라 마룻널은 1.8~2.4 cm 두께를 쓰며 제혀쪽매를 한다.
[해설] 장선은 45 cm 정도 간격으로 걸치되 방의 길이에 직각방향으로 댄다.

[문제] 31. 2층 마루에 보마루틀이 사용되는 경우는 간사이가 얼마 이상일 경우인가?
가 6.0 m 이상   나 2.5 m 이상
다 2.0 m 이상   라 1.5 m 이상
[해설] • 2층 마루
① 홀마루(장선 마루) : 간사이 2 m 이하인 복도에 사용
② 보마루 : 간사이 2.5~6 m 사이에 사용
③ 짠마루 : 간사이가 6 m 이상에 사용

[문제] 32. 납작마루 부재와 관련이 없는 것은?
가 장선   나 마룻널
다 멍에   라 밑둥잡이
[해설] 밑둥잡이는 동바리 마루구조에 사용하는 부재이다.

[문제] 33. 굽도리란 어느 부분을 말하는가?
가 중도리   나 난간두겁
다 벽의 하부 징두리   라 동자기둥
[해설] • 굽도리(징두리) : 바닥에서 1~1.2 m의 높이의 벽을 말한다.

[문제] 34. 바깥 징두리 부분의 마무리에 특히 고려할 사항은?
가 색채   나 내화성
다 내수성   라 모양
[해설] 징두리 판벽은 벽면의 하부를 보호하고 장식을 겸하여 높이 1~1.2 m의 판벽을 만드는 것이므로, 외부에 시공 시 내수성이 충분

히 고려되어야 한다.

[문제] 35. 반자틀 구조의 순서는?
가 달대-달대받이
나 반자틀-반자틀 받이-달대-달대받이
다 반자돌림-반자틀 받이-반자틀-달대-달대받이
라 달대-반자틀 받이
[해설] 45 mm 각의 반자틀을 45 cm 간격으로 대고 반자틀의 직각방향에 반자틀 받이를 90 cm 간격으로 고정한 후, 달대를 반자틀에 맞추고 달대받이를 못박아 댄다.

[문제] 36. 다음 그림은 일반 반자 뼈대를 나타낸 것이다. 틀린 것은?

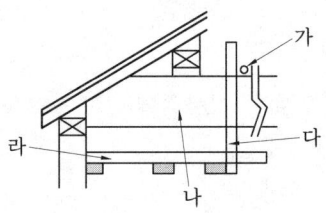

가 달대받이   나 지붕보
다 달대   라 반자틀
[해설] 라 반자틀 받이   다 달대
   나 지붕보   가 달대받이

[문제] 37. 다음 중 지붕의 되물매란?
가 2.5 cm 나 5 cm 다 10 cm 라 12 cm
[해설] ① 되물매 : 45°, 10 cm 물매
② 된물매 : 되물매를 초과하는 경우

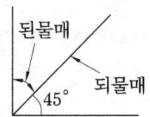

[문제] 38. 지붕물매 중 된물매는?
가 5 cm 물매   나 10 cm 물매
다 45° 물매   라 15 cm 물매
[해설] 된물매란 되물매(45°, 10 cm 물매)를 초과하는 물매이다.

[해답] 31. 나 32. 라 33. 다 34. 다 35. 나 36. 라 37. 다 38. 라

문제 39. 보통 서까래를 처마도리 중심에서 내밀어야 할 길이로 알맞은 것은?
㉮ 150 mm 정도 ㉯ 250 mm 정도
㉰ 350 mm 정도 ㉱ 450 mm 정도

해설 처마 내밀기는 서까래를 처마도리 중심에서 45 cm 정도 내밀고 서까래 끝을 보이게 하거나 24×100 mm 널(처마돌림)을 댄다.

문제 40. 목공사에서 평고대와 관계가 깊은 것은?
㉮ 오르내리창 ㉯ 창밑인방
㉰ 지붕 ㉱ 천장

해설 평고대는 처마끝의 서까래와 지붕널이 썩는 것을 막고 처마끝을 구조적으로 튼튼하게 하기 위해 설치한다.

문제 41. 다음 중 지붕틀의 서까래 간격이 적당한 것은?
㉮ 30~40 cm ㉯ 45~60 cm
㉰ 50~70 cm ㉱ 70~80 cm

해설 • 서까래 : 5 cm 각재를 45~50 cm 간격으로 배치

문제 42. 지붕평면도 중 반박공 지붕은?

㉮ 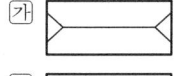   ㉯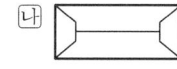
㉰ 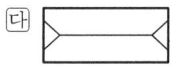   ㉱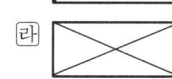

해설 ㉯ 합각지붕, ㉰ 모임지붕, ㉱ 방형지붕

문제 43. 한식지붕 기와 이기에서 추녀마루의 처마 끝에 암키와의 삼각형으로 다듬어 덮은 것을 무엇이라 하는가?
㉮ 보습장 ㉯ 회첨골
㉰ 착고 ㉱ 단골막이

해설 ① 보습장 : 추녀마루 옆에 까는 기와
② 착고, 단골막이 : 지붕마루를 틀 때 사용

문제 44. 골 슬레이트 이기에 대한 설명 중 부적당한 것은?

㉮ 지붕바탕은 중도리에 직접 거는 것이 보통이고 골 슬레이트 길이에 맞게 중도리를 배치한다.
㉯ 골 슬레이트 상하 겹침은 지붕물매가 급할수록 적게 겹치나 3/10 물매일 때는 15 cm 정도 겹친다.
㉰ 오목한 골 부분에 못을 친다.
㉱ 세로 걸침턱은 그 지붕방향을 고려하여 바람부는 쪽이 위로 가게 겹친다.

해설 볼록한 골 부분에 못을 친다.

문제 45. 아래 철물 중 문 윗틀과 문짝에 달아 열린 문이 자동적으로 달혀지게 한 철물은?
㉮ 도어 클로저 ㉯ 플로어 힌지
㉰ 자유경첩 ㉱ 레버토리 힌지

해설 ㉯ 플로어 힌지 : 대형 자재문에 설치하여 안팎으로 열리게 하며 열린 문이 자동적으로 닫힐 수 있게 한다.
㉰ 자유경첩 : 자재문에 설치하여 열린 문이 자동적으로 닫힐 수 있게 한다.
㉱ 레버토리 힌지 : 열린 문이 자동적으로 닫히면서 15 cm 정도는 열려 있게 한 것으로 공중전화박스, 화장실 등에 사용한다.

문제 46. 접문의 이동장치에 쓰는 것으로 문짝의 크기에 따라 사용하며 2개나 4개의 바퀴가 달린 창호철물은?
㉮ 도어 클로저(door closer)
㉯ 도어 훅(door hook)
㉰ 도어 홀더(door holder)
㉱ 도어 행어(door hanger)

해설 • 도어 클로저 (도어 체크) : 열린 문이 자동으로 닫혀지게 하는 장치

문제 47. 다음 중 기초에 토대를 긴결하는 연결철물은?
㉮ 갈고리 볼트 ㉯ 양나사 볼트
㉰ 띠쇠 ㉱ 꺾쇠

해설 ㉯ 띠쇠 : 평기둥과 층도리의 맞춤
㉰ 꺾쇠 : ㅅ자보와 빗대공의 맞춤
㉮ 갈고리 볼트 : 기초와 토대긴결(앵커 볼트)

문제 48. 목조 벽체에 대한 기술 중 틀린 것은 어느 것인가?
㉮ 기둥 사이에 바름벽 벽체를 구성한 것을 심벽식이라 하고 이것은 기둥이 보이므로 나뭇결이 고운 낙엽송, 삼나무, 회나무 등을 사용해야 한다.
㉯ 기둥 밖에 바름벽 벽체를 구성한 것을 평벽식이라 하고 심벽식에 비하여 내진, 방음, 방한, 방서, 방습적이라 할 수 있다.
㉰ 가새, 앵커 볼트, 버팀대, 귀잡이 토대를 배치하여 내진적으로 할 수 있다.
㉱ 압축가새는 기둥 단면의 1/5 쪽 정도의 목재 또는 9 mm 이상의 철근을 쓴다.
해설 ① 압축가새 : 평기둥 치수의 1/3 (꺾쇠로 보강)
② 인장가새 : 평기둥 치수의 1/5 (볼트 또는 못으로 보강)

문제 49. 목조에서 수평력에 의한 변형을 방지하기 위한 것과 관계가 먼 것은?
㉮ 기초 토대를 앵커 볼트로 연결한다.
㉯ 가새를 대각선으로 배치한다.
㉰ 토대와 칸막이 토대의 연결 부분에 귀잡이 토대를 배치한다.
㉱ 벽체를 심벽식으로 한다.
해설 심벽식은 기둥 사이에 바름벽을 설치하여 기둥을 보이게 하는 벽체의 마무리에 의한 분류로서 주로 한식에 사용한다.

문제 50. 목조기둥에 관한 기술 중 틀린 것은 어느 것인가?
㉮ 통재기둥은 밑층과 위층이 하나로 된 부재이다.
㉯ 평기둥은 밑층과 위층이 따로 된 부재이다.

㉰ 샛기둥은 바름벽 벽체의 뼈대가 된다.
㉱ 본기둥은 120 mm 각 정도, 샛기둥은 105 mm 각을 사용한다.
해설 샛기둥의 옆면 치수는 기둥과 같고, 앞면은 본 기둥의 1/2~1/3쪽으로 45~50 cm 간격으로 배치

문제 51. 심벽식에 비하여 평벽식의 장점이 아닌 것은?
㉮ 견고한 나무구조 벽체가 된다.
㉯ 실내의 기밀성이 좋다.
㉰ 부패방지
㉱ 방한, 방습, 방음의 효과가 크다.
해설 평벽식은 심벽식에 비해 방수가 불리하다.

문제 52. 기둥에 관한 기술 중 틀린 것은?
㉮ 통재기둥은 밑층에서 위층까지 한 개의 부재로 되어 있는 기둥이다.
㉯ 평기둥은 층의 구분이 생기게 한다.
㉰ 샛기둥은 바름벽 벽체의 뼈대가 된다.
㉱ 평벽식은 낙엽송, 삼나무, 회나무, 심벽식은 소나무 등을 사용하는 것이 적당하다.
해설 심벽식은 기둥이 보이므로 나뭇결이 고운 낙엽송, 회나무, 삼나무 등을 사용하고, 평벽식에서는 기둥이 보이지 않기 때문에 강도 위주로 소나무를 사용한다.

문제 53. 토대와 기둥의 단면 치수로 가장 적합한 것은?
㉮ 30~45 mm 각   ㉯ 50~60 mm 각
㉰ 105~120 mm 각   ㉱ 180~220 mm 각
해설 ① 토대의 크기 : 1층 (105 mm 각), 2층 (120 mm 각)
② 기둥의 크기 : 1층 (100 mm 각), 2층 (120 mm 각)

문제 54. 절충식 구조에서 깔도리를 겸하고 있는 부재는?
㉮ 베개보   ㉯ 처마도리

㉰ 지붕보　　㉱ 층도리

[해설] 절충식 지붕틀은 양식 지붕틀에 비하여 간사이가 작거나 칸막이 벽이 많을 때 쓰이며, 처마도리가 깔도리를 겸하고 있다.

[문제] 55. 절충식 지붕틀에서 처마도리, 지붕보, 기둥의 연결철물로 적합한 것은?

㉮ 앵커 볼트　　㉯ 주걱 볼트
㉰ 꺾쇠　　㉱ 띠쇠

[해설] 기둥과 도리, 보의 연결철물은 주걱 볼트를 써서 보강한다.

[문제] 56. 가새에 관한 기술 중 틀린 것은?

㉮ 수직재와 수평재가 만나는 점에 일치하지 않도록 빗방향으로 배치한다.
㉯ 수평력에 의한 변형을 방지하기 위하여 배치하는 것이다.
㉰ 인장가새는 기둥 단면적의 1/5쪽 또는 지름 9 mm 이상의 철근을 사용한다.
㉱ 압축가새는 기둥과 같은 치수 또는 1/2, 1/3쪽 정도의 것을 쓴다.

[해설] 수직재와 수평재가 만나는 점과 일치가 되게 하며, 수평재와 각도가 작을수록 좋다 (45° 정도).

[문제] 57. 목조 지붕틀의 처마에 관한 사항으로 옳지 않은 것은?

㉮ 서까래 끝을 처마도리 중심에서 45 cm 정도 내밀고, 골 슬레이트, 골함석의 경우에는 30~35 cm 정도로 한다.
㉯ 평고대는 서까래와 지붕널이 썩는 것을 방지하고 구조적으로 튼튼하게 하기 위해 설치한다.
㉰ 시멘트 기와 이기에서는 내림새 기와를 깐다.
㉱ 한식기와 이기에서는 머거볼을 깐다.

[해설] 한식기와 잇기는 주로 암키와와 수키와를 진흙에 이겨 만든 알매흙과 홍두께 흙을 사용하여 잇는다.
• 머거볼 : 지붕마루 끝면을 막아대는 수키와

[문제] 58. 다음 중 가새의 배치로 옳지 않은 것은?

㉮ 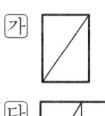　　㉯

㉰ 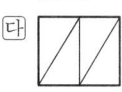　　㉱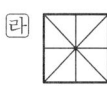

[해설] 가새는 대칭적으로 배치한다.

[문제] 59. 지붕의 물매를 결정하는 요소와 거리가 먼 것은?

㉮ 간사이의 크기　　㉯ 건물의 용도
㉰ 강우량　　㉱ 건물의 방위

[해설] 물매란 빗물의 흐름을 위해 두는 경사를 말하며, 지붕이음 재료의 성질, 개체 크기, 강우량과 기후조건에 따라 변하게 된다.

[문제] 60. 가새의 배치에 관한 기술 중 옳지 않은 것은?

㉮ 수평재, 수직재와 만나는 점에 일치하도록 배치한다.
㉯ X형이 되게 배치한다.
㉰ 대칭이 되게 배치한다.
㉱ 이음 및 맞춤에서는 가새를 따낸다.

[해설] 가새는 따내거나 기둥에 덧대지 않는다.

[문제] 61. 버팀대에 관한 기술 중 옳지 않은 것은?

㉮ 버팀대는 수평력에 의한 변형을 방지하기 위해 사용한다.
㉯ 버팀대는 많이 쓰는 것이 좋다.
㉰ 가는 기둥에 단면이 큰 버팀대를 배치하는 것이 유효하다.
㉱ 기둥의 맞춤에는 기둥을 적게 따내도록 한다.

[해설] 가는 기둥에 큰 버팀대를 대면기둥이 꺾

[해답] 55. ㉯　56. ㉮　57. ㉱　58. ㉰　59. ㉱　60. ㉱　61. ㉰

어지려는 현상이 일어나므로 덧기둥을 대서 보강을 하는 것이 좋다.

문제 62. 평벽식 벽의 샛기둥에 관한 기술 중 틀린 것은?
㉮ 샛기둥은 바람벽 벽체의 뼈대가 된다.
㉯ 샛기둥의 간격은 45~50 cm 간격이 적당하다.
㉰ 앞에서 본 단면은 기둥의 1/2~1/3쪽으로 한다.
㉱ 옆에서 본 단면은 기둥의 1/5쪽으로 한다.
해설 옆에서 본 단면은 기둥과 같은 치수로 한다.

문제 63. 지붕물매의 최소 한도로 옳지 않은 것은?
㉮ 기와지붕 이기 4/10
㉯ 금속판 기왓가락 이기 3/10
㉰ 골 슬레이트 3/10
㉱ 골함석 3/10
해설 ① 금속판 기왓가락 이기 : 1.5/10
② 금속판 이기 : 3/10
③ 아스팔트 루핑 : 3/10

문제 64. 지붕의 물매에 대한 기술 중 틀린 것은?
㉮ 물 흐름 경사를 물매라 한다.
㉯ 단위 수평길이에 대한 수직높이로 나타낸다.
㉰ 지붕의 경사가 45°일 때를 된물매라 한다.
㉱ 4/10 물매를 4 cm 물매라고 한다.
해설 지붕의 경사가 45°일 때를 된물매라 하고 된물매를 초과하는 경우를 된물매라 한다.

문제 65. 다음 그림에서 합각지붕은?

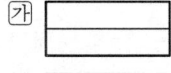 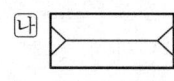
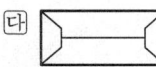 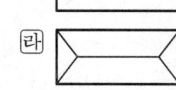

해설 ㉮ 박공지붕, ㉯ 반박공지붕, ㉰ 모임지붕

문제 66. 다음 그림의 물매는?
㉮ 3/10
㉯ 4/10
㉰ 5/10
㉱ 6/10

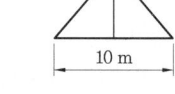

해설 $10 \div 2 = 5$ m $5 : 3 = 10 : X$
$X = \dfrac{30}{5} = 6$ cm ∴ 6 cm 물매

문제 67. 다음 중 된물매는?
㉮ 10 cm 물매 ㉯ 5 cm 물매
㉰ 4 cm 물매 ㉱ 3 cm 물매
해설 45°, 10 cm 물매를 된물매라 한다. 된물매보다 클 때를 된물매라 한다.

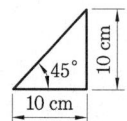

문제 68. 지붕틀의 물매에 대한 기술 중 틀린 것은?
㉮ 물매란 물 흐름 경사를 말한다.
㉯ 지붕물매는 간사이의 크기, 건물의 용도, 강우량 등에 따라 결정된다.
㉰ 지붕의 경사가 45°일 때, 또는 10 cm 물매를 된물매라 한다.
㉱ 아래 그림은 10 cm 물매이다.

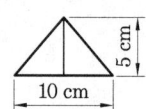

해설 지붕경사가 45°, 10 cm 물매는 된물매라 하고 이를 초과하는 경우 된물매라 한다.

문제 69. 왕대공 지붕틀에서 인장력을 받는 부재는?
㉮ ㅅ자보, 평보 ㉯ 평보, 왕대공
㉰ ㅅ자보, 빗대공 ㉱ 빗대공, 평보

해설 ① ㅅ자보, 빗대공 : 압축력을 받는 부재
② 왕대공, 평보 : 인장력을 받는 부재

문제 **70.** 지붕틀의 구조에 대한 기술 중 틀린 것은?
㉮ 절충식 지붕틀에서 지붕보의 간격은 1.8~2 m로 한다.
㉯ 절충식 지붕틀에서 지붕이 클 때에는 종보, 베개보, 칸막이 도리를 설치한다.
㉰ 우미량은 절충식 지붕틀의 박공지붕에 걸치는 보이다.
㉱ 왕대공 지붕틀에서 ㅅ자보와 빗대공은 압축력을, 왕대공과 평보는 인장력을 받는 부재이다.
해설 우미량은 모임지붕과 같은 지붕귀에 설치하는 보로서, 도리와 보에 걸쳐 동자기둥 또는 대공을 박는 보이다.

문제 **71.** 절충식 지붕틀에서 지붕보의 간격으로 가장 적합한 것은?
㉮ 0.8 m ㉯ 1.8 m ㉰ 4 m ㉱ 6 m
해설 기둥 또는 벽체 위의 처마도리에 약 1.8~2 m 정도 간격으로 걸쳐댄다.

문제 **72.** 절충식 지붕틀의 지붕이 클 때 사용하는 부재와 관계가 먼 것은?
㉮ 종보 ㉯ 베개보
㉰ 칸막이 도리 ㉱ 중도리
해설 ① 종보 : 지붕이 클 때 이중으로 보를 설치하여 낮은 동자기둥과 대공을 세우기 위한 부재
② 베개보 : 지붕보가 길어 중간에서 이어야 할 때 사용 (칸막이가 있을 때는 칸막이 도리라 한다.)

문제 **73.** 절충식 지붕틀에서 지붕보가 길어 중간에서 이음을 할 때에 사용하는 부재는?
㉮ 베개보 ㉯ 종보
㉰ 처마도리 ㉱ 중도리

해설 · 베개보 : 지붕보가 길어 중간에서 이어야 할 때 중간에 기둥을 세우고, 그 위에 직각으로 걸쳐대는 부재

문제 **74.** 절충식 지붕틀의 각 부재를 기술한 것 중 옳지 않은 것은?
㉮ 지붕보의 끝마구리 지름은 간사이 8 m일 때 300 mm 정도로 한다.
㉯ 동자기둥, 대공은 크기가 100~120 mm 각의 것을 사용한다.
㉰ 중도리, 마룻대는 100×120 mm 각의 것을 사용한다.
㉱ 서까래는 50 mm 각의 단면을 2~3 m 간격으로 배치한다.
해설 서까래는 50 mm 각재를 간격으로 45~50 mm 정도로 배치한다.

문제 **75.** 우미량을 사용하는 지붕의 형태는?
㉮ 모임지붕 ㉯ 반박공지붕
㉰ 박공지붕 ㉱ 외쪽지붕
해설 우미량은 모임지붕의 지붕귀의 부분에 사용

문제 **76.** 왕대공 지붕틀의 보의 간격으로 가장 적합한 것은?
㉮ 1~2 m ㉯ 2~3 m
㉰ 3~5 m ㉱ 5~6 m
해설 ① 왕대공 지붕틀의 보간격 : 2~3 m
② 절충식 지붕틀의 보간격 : 1.8~2 m

문제 **77.** 왕대공 지붕틀의 진동이나 전도를 막기 위해서 왕대공 상호간에 설치하는 부재는?
㉮ 평보 ㉯ 대공가새
㉰ 깔도리 ㉱ 달대공
해설 · 대공가새 : 대공 상호간을 V자형, X자형으로 연결해 수평력에 저항한다.

문제 **78.** 왕대공과 평보의 맞춤에 사용하는 연결철물은?

해답 70. ㉰ 71. ㉯ 72. ㉱ 73. ㉮ 74. ㉱ 75. ㉮ 76. ㉯ 77. ㉯ 78. ㉮

㉮ 감잡이쇠　　㉯ 띠쇠
㉰ 안장쇠　　㉱ 꺾쇠

[해설] 왕대공과 평보의 맞춤은 짧은 장부맞춤으로 하여 감잡이쇠를 대고 볼트 죔, 쐐기치기로 한다.

문제 79. 왕대공과 마룻대의 맞춤은?
㉮ 빗 짧은 장부맞춤
㉯ 안장맞춤
㉰ 빗턱통 넣고 장부맞춤
㉱ 가름장 장부맞춤

[해설] ① 왕대공과 마룻대 : 가름장 장부맞춤
② ㅅ자보와 평보 : 안장맞춤, 빗턱통 넣고 장부맞춤

문제 80. 다음 중 ㅅ자보와 평보의 맞춤과 연결 철물은?
㉮ 안장맞춤, 볼트
㉯ 짧은 장부맞춤, 볼트
㉰ 안장맞춤, 주걱 볼트
㉱ 짧은 장부맞춤, 주걱 볼트

[해설] ㅅ자보의 하부는 평보 위에 안장맞춤, 빗턱통을 넣고 장부맞춤으로 하여 볼트로 죈다.

문제 81. 평보의 이음과 연결철물은?
㉮ 맞댄 이음, 볼트
㉯ 걸침턱 이음, 볼트
㉰ 맞댄 이음, 꺾쇠
㉱ 걸침턱 이음, 꺾쇠

[해설] 평보의 이음을 왕대공 근처에서 하며, 맞댄이음의 양쪽에 덧판을 대고 산지를 끼워 볼트로 죈다.

문제 82. 평보의 이음에서 산지와 볼트의 역할로서 옳은 것은?
㉮ 산지－전단력 저항, 볼트－인장력 저항
㉯ 산지－인장력 저항, 볼트－전단력 저항
㉰ 산지－인장력 저항, 볼트－인장력 저항
㉱ 산지－전단력 저항, 볼트－전단력 저항

[해설] 볼트는 인장력에 대응하여 산지는 전단력에 대응한다. 듀벨을 사용했을 경우, 듀벨은 전단력에 대응한다.

문제 83. 동바리 마루구조에 관한 기술 중 옳지 않은 것은?
㉮ 동바리는 100~120 mm 각재를 1~2 m 간격으로 배치한다.
㉯ 멍에는 100~120 mm 각재를 1~2 m 간격으로 배치한다.
㉰ 장선은 45~60mm 각재를 1~2 m 간격으로 배치한다.
㉱ 마룻널의 두께는 18~24 mm 정도로 한다.

[해설] 장선의 간격은 40~50 cm가 적당하다.

문제 84. 왕대공 지붕틀의 맞춤과 연결철물에 대한 기술 중 틀린 것은?
㉮ 왕대공과 평보의 맞춤은 짧은 장부맞춤에 감잡이쇠로 연결한다.
㉯ ㅅ자보와 평보의 맞춤은 안장맞춤에 볼트로 연결한다.
㉰ 달대공은 ㅅ자보, 평보에 옆대고 볼트로 연결한다.
㉱ 빗대공은 ㅅ자보, 왕대공은 장부맞춤을 하고 감잡이쇠로 보강한다.

[해설] · 빗대공 : ㅅ자보와 왕대공, 평보에 빗턱통을 넣고 장부맞춤으로 하여 볼트로 죈다.

문제 85. 동바리 마루 직하의 지표면에서 마룻바닥까지의 높이는?
㉮ 10 cm 이상　　㉯ 45 cm 이상
㉰ 80 cm 이상　　㉱ 100 cm 이상

[해설] 마룻바닥은 직하의 지표면에서 45 cm 이상으로 한다.

문제 86. 2층 마루구조에 관한 기술 중 틀린 것은?
㉮ 홑마루는 간사이가 작은 2 m 정도의 복도에 사용한다.

[해답] 79. ㉱　80. ㉮　81. ㉮　82. ㉮　83. ㉰　84. ㉱　85. ㉯　86. ㉯

㉯ 장선마루는 비교적 적은 재를 여러 개로 구성한 합성보를 쓸 때가 있으며, 특히 간사이가 클 때 사용한다.
㉰ 보마루는 간사이가 2.5~6 m 정도인 마루에 사용한다.
㉱ 짠마루는 간사이가 6 m 이상의 경우 사용한다.
[해설] 장선마루는 복도와 같이 간사이가 좁을 때 많이 쓰인다 (간사이 2 m 이하일 때).

문제 87. 2층 마루가 아닌 것은?
㉮ 동바리 마루 ㉯ 홑마루
㉰ 보마루 ㉱ 짠마루
[해설] ① 1층 마루 : 납작마루, 동바리 마루
② 2층 마루 : 홑마루 (장선마루), 보마루, 짠마루, 합성보

문제 88. 2층에서 복도와 같이 간사이가 좁을 때 많이 사용하는 마루구조는?
㉮ 동바리 마루 ㉯ 장선마루
㉰ 보마루 ㉱ 짠마루
[해설] 장선마루는 홑마루라 한다.

문제 89. 2층에서 간사이가 2.5~6 m일 때 사용하는 마루구조는?
㉮ 동바리 마루 ㉯ 홑마루
㉰ 보마루 ㉱ 짠마루
[해설] • 보마루 : 2 m 간격으로 보를 걸치고 이 위에 장선을 배치하여 마룻널을 까는 마루로써 간사이가 2.5 m 이상일 때 쓰인다.

문제 90. 2층에서 간사이가 6 m 이상일 때 가장 적합한 마루구조는?
㉮ 동바리 마루 ㉯ 홑마루
㉰ 보마루 ㉱ 짠마루
[해설] ㉱ 짠마루 : 간사이가 6 m 이상일 때
㉯ 홑마루 : 간사이 2 m 이하일 때
㉰ 보마루 : 간사이 2.5 m 이상일 때

문제 91. 계단의 디딤바닥 중심에서 난간두겁까지의 수직 높이는?
㉮ 50~60 cm ㉯ 75~90 cm
㉰ 120~160 cm ㉱ 170~180 cm
[해설] 디딤바닥의 중심에서 75~90 cm 정도 높이로 한다.

문제 92. 골함석, 골형 석면 슬레이트 지붕의 처마도리 중심에서 처마 내밀기의 길이로 적합한 길이는?
㉮ 30~35 cm ㉯ 50~60 cm
㉰ 60~80 cm ㉱ 90~100 cm
[해설] 처마 끝이 바람에 날려 올라가는 것을 막기 위하여 처마 내밀기를 보통보다 짧게 한다.

문제 93. 기와 이기에서 처마도리 중심에서 서까래 끝까지의 처마 내밀기는?
㉮ 30 cm ㉯ 45 cm
㉰ 65 cm ㉱ 75 cm
[해설] 처마 내밀기는 서까래를 처마 중심에서 45 cm 정도 내밀어 서까래 끝이 보이게 한다.

문제 94. 평고대의 설치 목적으로 적합하지 않은 것은?
㉮ 서까래의 썩는 것을 방지한다.
㉯ 지붕널이 썩는 것을 방지한다.
㉰ 처마 끝 부분을 구조적으로 튼튼하게 하기 위하여 배치한다.
㉱ 처마 부분을 아름답게 하기 위하여 배치한다.
[해설] • 평고대 설치 목적 : 처마끝의 서까래, 지붕널이 썩는 것 방지, 구조적으로 튼튼하게 하기 위함이다.

문제 95. 지붕물매 결정사항에 대한 기술 중 틀린 것은?
㉮ 강우량이 많은 지방은 물매를 되게 한다.
㉯ 강풍이 많은 지방은 물매를 완만하게 한다.
㉰ 넓은 재료를 쓸 때에는 물매를 되게 한다.
㉱ 흡수성이 있는 재료를 쓸 때에는 물매를

[해답] 87. ㉮ 88. ㉯ 89. ㉰ 90. ㉱ 91. ㉯ 92. ㉮ 93. ㉯ 94. ㉱ 95. ㉰

되게 한다.
해설 작은 재료에 비하여 넓은 재료를 쓸 때에는 물매를 완만하게 할 수 있다.

문제 96. 기와 이기 물매의 최소 한도는?
㉮ 4/10   ㉯ 3/10
㉰ 2/10   ㉱ 1.5/10
해설 ① 기와 이기 물매 최소한도 : 4/10
② 금속판 기왓가락 이기 : 1.5/10

문제 97. 금속판 기왓가락 이기 물매의 최소 한도는?
㉮ 4/10   ㉯ 3/10
㉰ 2/10   ㉱ 1.5/10
해설 • 지붕 물매의 최소 한도
① 기와 이기 : 4/10
② 골 슬레이트 이기 : 3/10
③ 금속판 이기 : 3/10
④ 금속판 기왓가락 이기 : 1.5/10
⑤ 아스팔트 루핑 : 3/10

문제 98. 한식기와 처마 끝 부분의 마무리로서 옳지 않은 것은?
㉮ 암키와 끝에 내림새 기와를 배치한다.
㉯ 수키와 골 끝에 아귀토를 바른다.
㉰ 수키와 골 끝에 막새를 배치한다.
㉱ 암키와 끝에 감새를 배치한다.
해설 감새는 시멘트 기와의 박공 부분에 까는 것이다.

문제 99. 수키와 골의 지붕마루에서 맞닿는 부분에 수키와를 옆세워 대는 것을 무엇이라 하는가?
㉮ 착고   ㉯ 부고
㉰ 막새   ㉱ 내림새
해설 착고 위에 수키와를 옆세워 댄 것을 부고라고 한다.

문제 100. 목구조에서 50 mm 각재를 50 cm 간격으로 배치하지 않는 것은?

㉮ 지붕의 서까래   ㉯ 지붕의 샛기둥
㉰ 마루의 장선   ㉱ 마루의 멍에
해설 멍에는 105~120 mm 각재를 1~2 m 간격으로 배치한다.

문제 101. 한식기와 이기에 대한 기술 중 틀린 것은?
㉮ 암키와와 수키와를 진흙으로 이겨 붙여서 잇는 것이다.
㉯ 내림새는 처마 끝 연암에서 약 10 cm 내놓고, 기와 이음발은 기와 길이의 1/3~1/2 정도로 한다.
㉰ 처마 끝이 암키와의 경우는 수키와 마구리에 회백토를 물려 바른다.
㉱ 처마 끝의 수키와 마구리에 물려 바른 회백토를 보습장이라 한다.
해설 ① 아귀토 : 처마 끝의 수키와 마구리에 물려 바른 회백토
② 보습장 : 추녀 마루의 처마 끝에 암키와를 삼각형으로 다듬어 대는 기와

문제 102. 한식기와에서 추녀마루 처마 끝에 암키와를 삼각형으로 다듬어 대는 기와는?
㉮ 막새   ㉯ 내림새
㉰ 보습장   ㉱ 착고
해설 ㉮ 막새 : 수키와 끝을 내린 기와
㉯ 내림새 : 암키와 끝을 내린 기와
㉱ 착고 : 수키와 끝이 맞닿는 용마루 옆에 수키와를 옆세워 대는 기와

문제 103. 시멘트 기와 이기에서 박공쪽에 걸치는 기와는?
㉮ 감새   ㉯ 감내림새
㉰ 내림새   ㉱ 보습장
해설 ① 내림새 : 처마 끝에 걸치는 기와
② 감내림새 : 박공 처마 끝에 걸치는 기와

해답 96. ㉮ 97. ㉱ 98. ㉱ 99. ㉮ 100. ㉱ 101. ㉱ 102. ㉰ 103. ㉮

문제 104. 시멘트 기와 이기에서 박공 처마 끝에 걸치는 기와는?
㉮ 감새　　　　㉯ 감내림새
㉰ 내림새　　　㉱ 보습장
해설 처마끝에는 내림새, 박공쪽에는 감새, 박공처마 끝에는 감내림새 한 장을 깐다.

문제 105. 금속판 이기 중에서 빗물이 새는 것을 잘 막을 수 있으며 풍압에 강한 이기 방법은?
㉮ 평판 이기　　　㉯ 마름모 이기
㉰ 기왓가락 이기　㉱ 일자 이기
해설 금속판 기왓가락 이기는 평판이기보다 빗물막이를 할 수 있으며, 풍압에 강하다.

문제 106. 골 슬레이트 길이의 상하겹침 이음의 길이는?
㉮ 1~5 cm　　　㉯ 10~15 cm
㉰ 20~30 cm　　㉱ 40~45 cm
해설 세로겹침은 10~15 cm, 가로겹침은 1.5~2.5골 정도로 한다.

문제 107. 금속지붕 골판 이기에 관한 기술 중 틀린 것은?
㉮ 상하겹침 이음길이는 10~15 cm 정도로 한다.
㉯ 좌우 포갬은 1.5~2.5골 정도로 한다.
㉰ 못이나 볼트는 골형의 오목한 부분에서 박되 고무 벨트를 끼운다.
㉱ 못이나 볼트는 아연도금의 큰 못 또는 주걱 볼트로 죈다.
해설 골판은 골형의 볼록한 부분에서 중도리에 철물로 고정한다.

문제 108. 다음 중 빗물막이에 곤란하여 안벽에 많이 사용하는 판벽은?
㉮ 영국식 비늘판벽　㉯ 턱솔 비늘판벽
㉰ 누름대 비늘판벽　㉱ 세로 비늘판벽
해설 세로판벽은 빗물이 스며들기 쉬우므로 안벽에 많이 쓰인다.

문제 109. 가로 판벽이 아닌 것은?
㉮ 영국식 비늘판벽
㉯ 턱솔 비늘판벽
㉰ 누름대 비늘판벽
㉱ 틈막이 대판벽
해설 ① 가로판벽 : 영국식 비늘판벽, 턱솔 비늘판벽, 누름대 비늘판벽
② 세로판벽 : 평판벽, 틈박이대 판벽

문제 110. 턱솔 비늘판벽의 단면으로 옳은 것은?

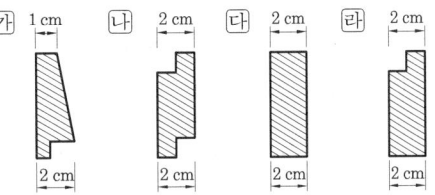

해설 ㉮ 영국식 비늘판벽
㉯ 턱솔 비늘판벽 (독일식 비늘판벽)

문제 111. 널 두께 위를 10 mm, 밑을 20 mm로 비켜서 윗널 밑을 반턱쪽매로 하여 밑널과 15 mm 깊이 정도 겹쳐 물리게 하여 기둥 또는 샛기둥에 못으로 박아 대는 판벽은?
㉮ 영국식 비늘판벽　㉯ 턱솔 비늘판벽
㉰ 누름대 비늘판벽　㉱ 세로판벽
해설 두께 2 cm의 널을 못박아 대거나, 널두께 위를 1 cm, 밑을 2 cm 정도로 비켜서 윗널 밑은 반턱쪽매로 해 밑널과 15 m 겹치게 하는 것은 영국식 비늘판벽이다.

문제 112. 홈통에 대한 기술 중 틀린 것은?
㉮ 처마 홈통의 물매는 1/100 이상으로 한다.
㉯ 처마 홈통의 이음은 맞댄 이음으로 안팎에 납땜한다.
㉰ 처마 홈통걸이는 1 m 간격으로 배치한다.
㉱ 선홈통의 연결은 5 cm 정도로 하고 납

해답 104. ㉯　105. ㉰　106. ㉯　107. ㉰　108. ㉱　109. ㉱　110. ㉯　111. ㉮　112. ㉯

땜한다.

[해설] 처마홈통의 이음은 3 cm 이상 겹쳐 안팎을 납땜한다.

[문제] **113.** 널판 상하 옆을 반턱으로 하여 기둥, 샛기둥에 가로 쪽매하여 붙이는 판벽은?
㉮ 영국식 비늘판벽 ㉯ 턱솔 비늘판벽
㉰ 얇은 널 비늘판벽 ㉱ 누름대 비늘판벽

[해설] ・턱솔 비늘판벽 : 너비 20 cm, 두께 2 cm 이상 되는 널 위아래, 옆을 반턱으로 하여 붙이는 벽이다.

[문제] **114.** 다음 중 테라초의 구성재료와 관계가 먼 것은?
㉮ 시멘트 ㉯ 모래 ㉰ 종석 ㉱ 안료

[해설] ・테라초 : 시멘트(백 시멘트, 안료), 종석(대리석을 잘게 부순 것)을 사용하여 바른 다음 인조석 씻기, 잔다듬, 갈기 등을 거쳐 자연석 비슷하게 마무리한다. 벽, 바닥, 계단 등에 널리 쓰인다.

[문제] **115.** 모르타르의 정벌바름 대신에 시멘트(백 시멘트, 안료), 종석 등을 사용하여 자연석 비슷하게 마무리하는 것은?
㉮ 인조석 ㉯ 테라코타
㉰ 트래버틴 ㉱ 시멘트 물 뿜칠

[해설] 인조석 바름의 종석에는 대리석, 화강석, 석회석 등을 잘게 부순 것이 사용된다. 트래버틴은 구멍이 있는 무늬를 가진 특수 대리석의 일종이다.

[문제] **116.** 인조석에 비하여 테라초에 관한 기술 중 틀린 것은?
㉮ 현장 갈기는 인조석 갈기와 거의 같으나 고급재료를 쓴다.
㉯ 인조석 때보다 2~3회 더 갈고 왁스 먹임으로 광내기한다.
㉰ 돌 알갱이는 9~12 mm 정도의 종석을 쓴다.
㉱ 종석의 돌 알갱이는 저급제품을 사용

한다.

[해설] 테라초 바름에는 일반적으로 인조석 종석보다 큰 종석이 쓰이며, 고급재료를 쓴다.

[문제] **117.** 제혀쪽매는 어느 것인가?

㉮ ㉯
㉰ ㉱

[해설] ㉮ 맞댐쪽매, ㉰ 딴혀쪽매, ㉱ 오늬쪽매

[문제] **118.** 가장 간단한 널깔기로서 이 중 널깔기의 밑창 널깔기에 많이 쓰이는 널깔기는 어느 것인가?
㉮ 맞댐쪽매 ㉯ 제혀쪽매
㉰ 딴혀쪽매 ㉱ 플로어링 널깔기

[해설] ㉯ 제혀쪽매 : 마룻널 쪽매로는 가장 유리
㉮ 맞댐쪽매 : 가장 간단한 널깔기(경미한 구조에 이용)

[문제] **119.** 숨은 못치기를 하여 못대가리가 감추어지고 마루의 진동으로 못이 솟아 올라오는 일도 없으며 뒤틀림이 적어 가장 좋은 마루 널깔기법은?
㉮ 맞댐쪽매 ㉯ 제혀쪽매
㉰ 반턱쪽매 ㉱ 빗쪽매

[해설] ㉮ 맞댐쪽매 : 경미한 구조에 이용
㉰ 반턱쪽매 : 거푸집 제작
㉱ 빗쪽매 : 지붕널 등에 이용

[문제] **120.** 다음 널깔기 중 숨은 못치기를 하여 진동에 의한 못 빠짐을 방지하는 것은?

㉮ ㉯
㉰ ㉱

[해설] 제혀쪽매로 하면 못머리를 위에서 박지 않으므로 못이 보행진동으로 솟아오르지 않고 미려하다.
㉮ 맞댐쪽매 ㉯ 빗쪽매 ㉱ 반턱쪽매

[해답] 113. ㉯ 114. ㉯ 115. ㉮ 116. ㉱ 117. ㉯ 118. ㉮ 119. ㉯ 120. ㉰

문제 **121.** 바닥 표면의 균열이나 얼룩이 지는 것을 막고, 보기 좋게 하기 위하여 사용하는 황동제 줄눈대의 가로, 세로간격으로 가장 적합한 것은?
㉮ 0.5 m   ㉯ 1.2 m
㉰ 2 m   ㉱ 3.2 m
해설 줄눈의 거리는 최대 2 m, 보통 60~120 cm로 하지만 보통 90 cm 각이 알맞다.

문제 **122.** 걸레받이 설치 목적으로 가장 적합한 것은?
㉮ 바닥에 접한 벽 맨 밑부분의 보호와 장식을 겸한다.
㉯ 벽 하부를 구조적으로 튼튼히 하기 위해 사용한다.
㉰ 벽 상부의 벽면 보호와 장식을 겸한다.
㉱ 벽 상부와 하부를 구별하기 위해 사용한다.
해설 ·걸레받이: 안벽과 바닥이 접하는 벽면에 더러움이 타는 것을 방지하기 위해 설치

문제 **123.** 징두리 판벽의 높이로 가장 적합한 것은?
㉮ 0.5 m   ㉯ 1~1.2 m
㉰ 1.8~2 m ㉱ 3~3.5 m
해설 ·징두리 판벽: 벽면 하부의 보호, 장식성을 위해 높이 1~1.2 m 정도로 판벽을 만드는 것

문제 **124.** 안벽에 관한 기술 중 틀린 것은?
㉮ 걸레받이는 바닥에 접한 벽 맨 밑부분의 벽면의 보호와 장식을 하기 위해서 사용하는 것이다.
㉯ 반자돌림은 반자틀을 매달기 위하여 설치하는 것이다.
㉰ 징두리 판벽은 벽에서 1~1.2 m의 하부이며 벽면의 하부를 보호하고 장식도 겸한다.

㉱ 굽도리 판벽은 징두리 판벽을 말한다.
해설 ① 달대: 반자틀을 매달기 위하여 설치하는 것이다.
② 반자돌림: 벽 맨 위쪽에서 벽 아물림으로 댄 가로재이며 반자를 지지하는 동시에 장식의 역할도 한다.

문제 **125.** 달대 하부와 외주먹장 맞춤을 하는 부재는?
㉮ 반자틀   ㉯ 반자틀 받이
㉰ 달대   ㉱ 달대받이
해설 40 mm 각 정도의 달대를 반자틀에 외주먹장 맞춤으로 한다.

문제 **126.** 다음 그림 중 부재의 명칭을 잘못 기술한 것은?

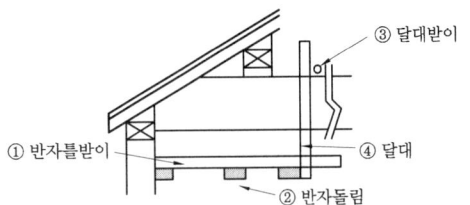

㉮ ①   ㉯ ②   ㉰ ③   ㉱ ④
해설 ② 반자틀

문제 **127.** 반자에 대한 기술 중 틀린 것은?
㉮ 반자틀은 45 mm 각재를 45 cm 간격으로 배치한다.
㉯ 반자틀 받이는 반자틀 밑에 45 mm 각재를 90 cm 간격으로 배치한다.
㉰ 달대는 반자틀을 매달기 위해 40 mm 각재를 반자틀에 외주먹장 맞춤으로 한다.
㉱ 달대받이는 달대를 매달기 위한 것으로 층보나 평보에 못을 박아 단다.
해설 반자틀의 직각방향에 45 mm 각의 반자틀 받이를 90 cm 간격으로 고정한다.

문제 **128.** 접문의 이동장치에 쓰이는 것으로 문짝의 크기에 따라 사용하며 2개나 4개의

해답 121. ㉯ 122. ㉮ 123. ㉯ 124. ㉯ 125. ㉮ 126. ㉯ 127. ㉯ 128. ㉱

바퀴가 달린 창호철물은?
㉮ 도어 클로저(door closer)
㉯ 도어 훅(door hook)
㉰ 도어 홀더(door holder)
㉱ 도어 행어(door hanger)
[해설] 접문의 도르래 철물은 도어 행어이다.

문제 129. 칸막이 겸 2실을 1실로 크게 사용할 때에 이용하는 문으로 가장 적합한 것은?
㉮ 외여닫이문　㉯ 오르내리문
㉰ 접문　㉱ 회전문
[해설] ·접문 : 여러 장의 문짝을 서로 경첩으로 연결하여 한 면으로 열어붙이게 된 것

문제 130. 자유경첩으로 문틀에 단 것으로 안팎 자유로 열어지고 저절로 닫혀지는 문은?
㉮ 자재문　㉯ 회전문
㉰ 접문　㉱ 미서기문
[해설] 자재문은 자유경첩을 달아 안팎 자유로이 열리게 만든 문이다.

문제 131. 은행, 호텔 등의 출입문에 통풍, 기류를 방지하고, 출입인원을 조절할 목적으로 쓰이는 문은?
㉮ 회전문　㉯ 자재문
㉰ 접문　㉱ 미서기문
[해설] ·회전문 : 외풍을 막고 기밀한 내부공간과 외부공간의 난방효과를 높인다.

문제 132. 문골 넓이 전체를 열 수 없는 문은?
㉮ 접문　㉯ 미서기문
㉰ 미닫이문　㉱ 자재문
[해설] ·미서기문 : 보통 문골 너비의 1/2를 열 수 있다.

문제 133. 울거미를 짜고 중간살을 30 cm 이내 간격으로 배치하여 양면에 합판을 접착제로 붙인 문은?
㉮ 플러시문　㉯ 양판문

㉰ 완자문　㉱ 널문
[해설] ·양판문 : 울거미를 짜고 그 중간에 중막이대, 중간선대를 맞추어 대고 양판을 끼워 댄 것이다.

문제 134. 도어 행어(door hanger)를 사용하는 문은?
㉮ 접문　㉯ 자재문
㉰ 미서기문　㉱ 미닫이문
[해설] ·도어 행어 : 접문의 이동장치, 문짝의 크기에 따라 2개나 4개의 바퀴가 달린 것이다.

문제 135. 창문과 창호철물에 관한 기술 중 옳지 않은 것은?
㉮ 자재문은 자유경첩을 달아 안팎 자유로 여닫을 수 있게 한 문이고, 무거운 대형 자재문의 경우에는 플로어 힌지를 부착한다.
㉯ 미닫이문의 경우에는 문을 완전히 개폐할 수 있다.
㉰ 여닫이문에 자동적으로 닫히게 하는 도어 체크를 단다.
㉱ 접문의 도르래 철물은 크레센트를 설치한다.
[해설] 접문의 도르래 철물은 도어 행어이다.

문제 136. 오르내리창을 잠그는 데 사용하는 철물은?
㉮ 크레센트　㉯ 자유경첩
㉰ 플로어 힌지　㉱ 도어 행어
[해설] ㉯ 자유경첩 : 자재문
㉰ 플로어 힌지 : 무거운 자재문을 열면 저절로 닫혀지게 하는 장치
㉱ 도어 행어 : 접문

문제 137. 창호에 사용하는 철물을 잘못 설명한 것은?
㉮ 오르내리창은 크레센트를 사용한다.
㉯ 외여닫이와 쌍여닫이문에는 도어 체크

[해답] 129. ㉰　130. ㉮　131. ㉮　132. ㉯　133. ㉯　134. ㉮　135. ㉱　136. ㉮　137. ㉰

를 사용한다.
㉰ 미서기창에는 경첩을 단다.
㉱ 접문에는 도어 행어를 사용한다.
[해설] 경첩은 여닫이문에 사용한다. 미서기창 또는 오르내리창에는 크레센트를 사용한다.

[문제] 138. 다음 중 무거운 자재문에 필요한 철물은?
㉮ 도어 행어 ㉯ 플로어 힌지
㉰ 도어 클로저 ㉱ 크레센트
[해설] ① 실린더 로크 : 손잡이 손에 장치한 버튼을 누르면 외부 손잡이가 움직이지 않게 되어 열지 못하게 된 것
② 도어 체크 : 도어 클로저라 하며 열려진 여닫이문을 저절로 닫히게 하는 장치

[문제] 139. 울거미를 짜고 그 중간에 중간막이대, 중간선대를 맞추어 대고 양판(넓은 판)을 끼워 댄 것은?
㉮ 플러시문 ㉯ 양판문
㉰ 완자문 ㉱ 널문
[해설] ㉮ 플러시문 : 울거미를 짜고 중간살을 배치하여 양면에 합판을 붙인 것
㉰ 완자문 : 한식문
㉱ 널문 : 가로띠장에 널을 붙여 대는 것

[문제] 140. 창문에 사용하는 철물을 잘못 연결한 것은?
㉮ 미서기창, 오르내리창-크레센트
㉯ 여닫이문-경첩, 도어 체크, 함자물쇠
㉰ 자재문-도어 클로저
㉱ 접문-도어 행어
[해설] • 자재문 : 자유경첩

[문제] 141. 목구조에 관한 기술 중 틀린 것은?
㉮ 접합부는 보강철물을 사용한다.
㉯ 부재의 이음방법은 응력 성질에 따라 정한다.
㉰ 부재의 홈이나 결손점은 인장측에 둔다.
㉱ 토대는 기초에 긴결한다.
[해설] 목구조에 있어서 부재의 홈이나 결손이 있는 부분은 압축측에 두는 것이 인장측에 두는 경우보다 유리하다.

[문제] 142. 목구조에 관한 기술 중 옳지 않은 것은?
㉮ 난간동자를 세우는 계단에는 두겁을 설치하지 않을 수 있다.
㉯ 가새를 유효하게 배치함으로써 내진, 내풍적인 구조의 효과를 볼 수 있다.
㉰ 인장력을 받는 가새는 목재 대신 철근을 사용할 수 있다.
㉱ 같은 재료로 지붕이기를 할 때 재료의 단위면적이 큰 것일수록 느린 물매로 할 수 있다.
[해설] 난간동자를 세우는 계단에는 난간두겁을 설치하여야 한다.

[문제] 143. 다음 중 잡석지정에 관한 설명으로 맞는 것은?
㉮ 잡석을 깐 후 사춤 자갈은 필요가 없다.
㉯ 잡석을 수평으로 까는 것이 좋다.
㉰ 잡석지정은 경암반일 때는 필요가 없다.
㉱ 잡석지정은 연질지반일 때 필요가 없다.
[해설] • 잡석지정의 순서와 특징
① 잡석지정의 순서
 ㈎ 기초파기를 한 밑바닥에 크기 120~200 mm 정도의 잡석을 세워 평평하게 깐다.
 ㈏ 틈서리에는 틈막이 자갈을 채워 놓고, 손달구 또는 뭉둥달구로 가장자리로부터 중앙으로 충분히 다져 간다.
② 잡석지정의 특징
 ㈎ 비교적 경제적이고 시공하기 어렵다.
 ㈏ 견실한 지정법으로 간단한 기초 밑 또는 콘크리트 바닥 밑의 지정에 쓰인다.

[문제] 144. 다음 중 지정과 관계없는 것은?
㉮ 연질-마찰 말뚝 ㉯ 경질-지지 말뚝

[해답] 138. ㉯ 139. ㉯ 140. ㉰ 141. ㉰ 142. ㉮ 143. ㉰ 144. ㉱

㉰ 연질－심초지정   ㉱ 연질－잡석지정

문제 145. 모래지정에 관한 사항 중 틀린 것은?
㉮ 두께는 1 m 정도로 한다.
㉯ 물을 뿌리며 다진다.
㉰ 방축널을 보강하고 다진다.
㉱ 지정 후 방축널을 빼낸다.
해설 • 모래지정: 지반이 약하고 건축물의 무게가 비교적 가벼운 경우에 사용하며, 약한 지반을 소요의 깊이까지 파내고 두께 30 mm씩 모래를 다져 넣고 물을 충분히 부어 젖어들게 한 다음, 재차 모래를 다져 넣어 1 m 정도의 모래층을 만든 것. 지정 후 방축널을 그대로 놓아둔다.

문제 146. 목구조의 기초로 쓰이는 것 중 독립기초가 아닌 것은?
㉮ 호박돌 기초   ㉯ 주춧돌 기초
㉰ 긴 주춧돌 기초   ㉱ 장대돌 기초
해설 • 목조건축의 기초
① 독립기초: 호박돌 기초, 주춧돌 기초, 긴 주춧돌 기초
② 줄기초: 벽돌기초, 콘크리트 기초, 장대돌 기초

문제 147. 말뚝지정에서 나무 말뚝을 지하수면 이하에 박는 이유는?
㉮ 지내력 증가   ㉯ 부동침하 방지
㉰ 썩는 것을 방지   ㉱ 말뚝의 강도 증가
해설 목재 부식의 원인에는 공기, 양분, 습도, 온도 등의 4가지 조건을 만족해야 한다. 그러므로 나무 말뚝의 부식을 방지하기 위해 4가지 요소 중 공기를 없애기 위한 방법으로 상수면 이하에 박아야 한다.

문제 148. 압축력을 부담하는 가새의 두께로 맞는 것은?
㉮ 2.5 cm 이상   ㉯ 3.5 cm 이상
㉰ 4.0 cm 이상   ㉱ 5.0 cm 이상
해설 • 압축력을 받는 가새: 두께 3.5 cm 이상이고, 골조기둥 1/3쪽에 해당하는 두께인 목재를 사용하며, 좌굴과 재단의 지압력을 고려하여 설계한다.

문제 149. 목조 벽체의 평면 표시기호에서 통재 기둥은 어느 것인가?

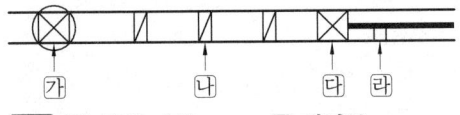

해설 ㉮ 통재 기둥   ㉯ 샛기둥
㉰ 평기둥   ㉱ 꿸대

문제 150. 목조 벽체에 관한 다음 설명 중 옳지 않은 것은?
㉮ 샛기둥의 간격은 50 cm 정도로 한다.
㉯ 심벽에서는 기둥이 노출된다.
㉰ 평벽은 양식구조에 많이 쓰인다.
㉱ 꿸대는 평벽에 사용한다.
해설 꿸대는 심벽의 뼈대로 기둥과 기둥 사이에 가로로 꿰뚫어 넣어 외를 엮어 대어 힘살이 되는 것을 말하며, 심벽식에 사용한다.

문제 151. 수평력을 주로 부담시키기 위하여 설치하는 부재는?
㉮ 도리   ㉯ 가새
㉰ 꿸대   ㉱ 기둥
해설 • 가새: 4각형으로 짠 뼈대에 대각선상으로 빗대는 경사재로서 수직, 수평재의 각도 변형을 막기 위하여 설치하는 부재를 말한다.

문제 152. 홈대에 대한 기술 중 옳지 않은 것은?
㉮ 홈대는 윗홈대, 중간홈대, 밑홈대로 나눈다.
㉯ 홈대의 크기는 보통 기둥의 크기를 쓴다.
㉰ 홈대의 홈의 너비는 보통 20 mm 정도가 알맞다.
㉱ 윗홈대의 홈의 깊이는 15 mm, 밑홈대의

해답 145. ㉱   146. ㉱   147. ㉰   148. ㉯   149. ㉮   150. ㉱   151. ㉯   152. ㉯

홈의 깊이는 3 mm 정도로 한다.

[해설] 윗홈대의 크기는 기둥의 반쪽을 사용하나, 중간홈대는 다소 큰 것을 사용한다.

[문제] 153. 목조 창 윗홈대의 깊이는 보통 어느 정도로 하는가?
- 가 5 mm
- 나 10 mm
- 다 15 mm
- 라 20 mm

[해설] 보통 홈의 깊이는 윗홈대는 15 mm, 밑홈대는 3 mm 정도이다.

[문제] 154. 다음 중 우미량은 어떤 부재를 직접 받치고 있는가?
- 가 지붕보
- 나 마룻대
- 다 중도리
- 라 동자기둥

[해설] · 우미량 : 도리와 보에 걸쳐 동자기둥을 받는 보 또는 처마도리와 동자기둥에 걸쳐 그 일단을 중도리로 쓰이는 보이고, 소꼬리 모양으로 휘어져 있으며, 중도리를 겸하게 될 때도 있다.

[문제] 155. 다음 그림과 같은 지붕 평면도의 명칭은?
- 가 합각지붕
- 나 모임지붕
- 다 솟을지붕
- 라 망사르드 지붕

[문제] 156. 절충식 지붕틀에 관한 사항 중 틀린 것은?
- 가 평보간격을 1.8 m로 하였다.
- 나 동자기둥 (대공)의 간격을 1.5 m로 하였다.
- 다 평보와 처마도리의 맞춤을 걸침턱 맞춤으로 하였다.
- 라 서까래의 이음을 빗이음으로 하였다.

[해설] 간사이에 따라서 지붕보를 처마도리 위에 1.8 m 간격으로 걸쳐댄다.

[문제] 157. 다음 중 왕대공 지붕틀은?

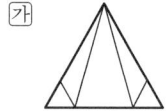 

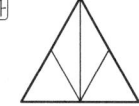 

[해설] 왕대공 지붕틀은 절충식 지붕과는 달리 부재를 삼각형으로 짜서 전체가 일체로 된 우수한 역학적인 구조이다.

[문제] 158. 화살표 A가 지시하는 부재의 명칭으로 옳은 것은?

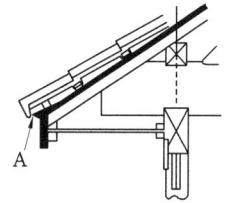

- 가 평고대
- 나 처마돌림
- 다 단골막이널
- 라 박공널

[문제] 159. 방직공장에 가장 적합한 지붕은?
- 가 꺾임지붕
- 나 솟을지붕
- 다 톱날지붕
- 라 망사르드 지붕

[해설] 톱날지붕은 균일한 조도를 필요로 하는 공장에 많이 사용한다.

[문제] 160. 인장응력과 휨 모멘트를 동시에 받을 수 있는 지붕틀의 부재는?
- 가 ㅅ자보
- 나 왕대공
- 다 빗대공
- 라 평보

[해설] · 평보 : 인장응력과 휨 모멘트를 동시에 받는다.

[문제] 161. 지붕이기 물매에 관한 기술 중 옳은 것은?
- 가 평기와 이기 : 4/10
- 나 석면 슬레이트 (소형판) 이기 : 3/10

㈐ 금속판 평판 이기 : 2/10
㈑ 금속판 기왓가락 이기 : 1/10
[해설] ① 석면 슬레이트 (소형판) 이기 : 5/10
② 금속판 평판 이기 : 3/10
③ 금속판 기왓가락 이기 : 2.5/10

[문제] 162. 목조 왕대공 지붕틀에서 압축력을 받는 부재는?
㈎ 왕대공   ㈏ 빗대공
㈐ 달대공   ㈑ 평보
[해설] 왕대공 지붕틀에서 수직(왕대공, 달대공) 부재와 수평(평보) 부재는 인장력을 받고, 경사(빗대공) 부재는 압축력을 받는다.

[문제] 163. 서까래의 치수로 적당한 것은?
㈎ 20~40 mm 각 정도
㈏ 40~60 mm 각 정도
㈐ 60~80 mm 각 정도
㈑ 80~100 mm 각 정도
[해설] 서까래는 40~60 mm 각 정도를 45~60 cm의 간격으로 중도리 위에 배치한다.

[문제] 164. 목구조에서 보꾹방을 꾸밀 수 있는 지붕틀은?
㈎ 왕대공 지붕틀   ㈏ 경골 지붕틀
㈐ 쌍대공 지붕틀   ㈑ 절충식 지붕틀
[해설] • 쌍대공 지붕틀 : 간사이가 큰 건축물일 때 지붕속 (보꾹방)을 이용할 때 또는 꺾임지붕틀로서 외관을 꾸밀 때에 쓰는 것으로서 지붕 속의 가운데가 사각형으로 되어 있다.

[문제] 165. 다음의 짝지어진 것 중에서 서로 관련이 없는 것은?
㈎ 단골막이 – 지붕   ㈏ 디딤판 – 계단
㈐ 비늘판 – 마루   ㈑ 고막이 – 벽
[해설] • 비늘판 : 비늘처럼 널의 한 옆을 조금 겹쳐대어 빗물이 흘러내리게 붙이는 널로서 벽에 이용한다.

[문제] 166. 목 (나무) 구조에서 외부 수장의 목적과 관계가 먼 것은?
㈎ 방풍   ㈏ 방습
㈐ 방동   ㈑ 방우
[해설] 외부 수장은 방우, 방습, 방음, 방서 및 방풍에 목적이 있으며, 사용재료를 잘 선택하여야 한다.

[문제] 167. 목재의 이음에 관한 기술 중 틀린 것은?
㈎ 큰 압축력 또는 인장력을 받는 부재에는 맞댄 이음이 많다.
㈏ 2개의 부재를 단순히 겹쳐대는 이음이 겹친 이음이다.
㈐ 두 부재를 서로 물려지도록 따내어 맞추어지게 한 것이 따낸 이음이다.
㈑ 중복 이음은 큰 간사이의 경골구조에는 부적당하다.
[해설] • 중복 이음 : 오림목을 겹쳐서 1개의 긴 부재로 만들 때 쓰이는 이음으로 각재 또는 널을 중합시켜 못, 꺾쇠, 듀벨 또는 볼트로 조이거나 교착제로 서로 붙이기도 하며, 큰 간사이의 경골구조에 쓰인다.

[문제] 168. 다음 중 목조 벽체 구성부재는?
㈎ 토대   ㈏ 중도리
㈐ 난간동자   ㈑ 장선
[해설] • 토대 : 기둥 밑을 연결하여 기초 위에 가로 놓아 상부에서는 하중을 기초에 분포시키는 역할을 하는 가로재로서 벽을 치는 뼈대가 된다.

[문제] 169. 다음 자재문에 관한 기술 중 옳지 않은 것은?
㈎ 자유경첩을 사용하여 안팎 자유로 여닫을 수 있는 문이다.
㈏ 자재문은 외여닫이, 쌍여닫이에 쓰인다.
㈐ 문틀에는 문받이 턱이 있어 기밀하다.
㈑ 플로어 힌지나 도어 체크 등을 장치하여도 좋다.

[해답] 162. ㈏ 163. ㈏ 164. ㈐ 165. ㈐ 166. ㈐ 167. ㈑ 168. ㈎ 169. ㈐

해설 문틀에는 문받이 턱이 없어 기밀하지 못하다.

문제 **170.** 두 부재를 간단히 이음하는 데 적합한 것은?
㉮ 엇걸이 이음 ㉯ 엇빗 이음
㉰ 겹친 이음 ㉱ 턱솔 이음
해설 • 겹친 이음 : 간단한 구조나 공사할 때 비계 통나무에 사용한다.

문제 **171.** 목공사에 있어서 이음과 맞춤에 관한 주의사항 중 부적당한 것은?
㉮ 이음과 맞춤의 공작은 모양에 치중해서는 안 된다.
㉯ 이음과 맞춤의 단면은 응력방향에 직각으로 해야 한다.
㉰ 이음과 맞춤의 끝부분은 될 수 있는 대로 응력이 균일하게 전달되게 한다.
㉱ 이음과 맞춤은 응력이 작은 곳을 피한다.
해설 • 이음과 맞춤 시 주의사항
① 나무는 되도록 적게 깎아내어 부재가 약하게 되지 않도록 한다.
② 복잡한 형태를 피하고 간단한 방법을 사용한다.
③ 적당한 철물을 써서 충분히 보강한다.
④ 되도록 응력이 적게 생기는 곳에서 접합하도록 한다. 특히, 휨 모멘트를 많이 받는 곳에는 접합하지 않도록 한다.
⑤ 접합되는 부재의 접촉면 및 따낸 면은 잘 다듬어서 응력이 고르게 작용하도록 한다.

문제 **172.** 목구조의 각 부분에 대한 기술 중 옳지 않은 것은?
㉮ 평보의 이음은 중앙 부근에 덧판을 대고 볼트로 긴결한다.
㉯ 중도리는 모서리 기둥에 빗턱통을 넣고 짧은 장부맞춤하여 감잡이쇠로 보강한다.
㉰ 가새는 수평 부재와 경사지게 60°로 하는 것이 가장 합리적이다.
㉱ 토대의 이음은 기둥과 앵커 볼트의 위치를 피하여 턱걸이 주먹장 이음으로 한다.
해설 가새는 수평력에 견디게 하고 안정한 구조로 하기 위한 목적으로 쓰이며, 버팀대보다 강하다. 특히, 가새의 경사는 45°에 가까울수록 유리하다.

문제 **173.** 난간두겁 등의 이음에 가장 적당한 것은?
㉮ 은장 이음 ㉯ 엇걸이촉 이음
㉰ 긴촉 이음 ㉱ 엇걸이 이음
해설 • 은장 이음 : 두 부재를 맞댄 다음 너비형으로 참나무의 은장을 만들어 끼워 이은 것으로 난간두겁에 쓰인다.

문제 **174.** 토대의 이음으로 쓸 수 없는 것은?
㉮ 엇걸이 이음
㉯ 반턱 이음
㉰ 턱솔 이음
㉱ 턱걸이 주먹장 이음
해설 • 턱솔 이음 : 가로방향으로 움직이는 것을 방지하기 위하여 턱솔을 지어 잇는 것으로 걸레 받이, 난간두겁 등에 쓰인다.

문제 **175.** 창호에 많이 사용되는 맞춤은?
㉮ 연귀맞춤 ㉯ 장부맞춤
㉰ 주먹장 맞춤 ㉱ 통맞춤
해설 연귀맞춤에는 큰연귀와 반연귀가 있는데 전자는 문선, 걸레받이, 판벽의 두겁대 등에 쓰이고, 후자는 토대의 모서리 등에 쓰이며, 다른 장부맞춤을 아울러 사용하는 경우도 있다.

문제 **176.** 반자틀과 달대의 맞춤에 사용되는 맞춤은?
㉮ 연귀맞춤 ㉯ 안장맞춤
㉰ 외주먹장 맞춤 ㉱ 통장부 맞춤
해설 주먹장 맞춤은 목조 맞춤의 하나로 토대의 맞춤, 2층보, 지붕보 등의 맞춤에 사용한다.

해답 170. ㉰ 171. ㉱ 172. ㉰ 173. ㉮ 174. ㉰ 175. ㉮ 176. ㉰

문제 177. 목구조에서 큰보와 작은보의 맞춤에 사용되는 철물은?
㉮ 감잡이쇠 ㉯ 안장쇠
㉰ 띠쇠 ㉱ 주걱 볼트
[해설] 안장쇠는 띠쇠를 구부려서 안장형으로 만든 것으로 큰보와 작은보의 맞춤에 사용되고, T자형 부분을 조이는 데 사용하는 보강철물을 말한다.

문제 178. 목재의 이음맞춤에서 틀린 것은?
㉮ 응력이 적은 곳에 한다.
㉯ 간단한 맞춤으로 한다.
㉰ 응력에 관계없이 시공이 쉽게 한다.
㉱ 재료를 적게 깎는다.
[해설] • 이음과 맞춤 시 주의사항 : 되도록 응력이 적게 생기는 곳에서 접합하도록 한다. 특히, 휨 모멘트를 많이 받는 곳에는 접합하지 않도록 한다.

문제 179. 목구조의 접합 보강철물인 주걱 볼트의 사용 용도로써 가장 부적당한 것은?
㉮ 보와 대공의 접합
㉯ 보와 처마도리의 접합
㉰ 기둥과 토대의 접합
㉱ 계단 멍에와 계단 받이보의 접합
[해설] 주걱 볼트는 구조재를 직각으로 맞출 때 보강용으로 사용하며 보와 대공의 접합에는 볼트를 사용한다.

문제 180. 다음의 보강철물과 서로 관계가 없는 것은?
㉮ 듀벨 : ㅅ자보와 빗대공
㉯ 안장쇠 : 큰보와 작은보
㉰ 갈구리 볼트 : 기초와 토대
㉱ 감잡이쇠 : 왕대공과 평보
[해설] ㅅ자보와 빗대공의 접합에는 평꺾쇠로 긴결하다.

[해답] 177. ㉯ 178. ㉰ 179. ㉮ 180. ㉮

4. 조적구조

CHAPTER

벽돌, 돌, 블록 등을 모르타르를 써서 하나하나 쌓아 올려 건물의 주체를 구성하는 것을 조적구조라 하며 벽돌구조, 블록 구조, 돌구조 등으로 분류된다.

1. 벽돌구조

1-1 일반사항

① 벽돌을 모르타르를 써서 쌓아 올려 건물의 주체를 구성하는 구조이다.
② 벽돌구조의 특징
  • 장점
    (가) 내화, 내구, 방화, 방한, 방서(防暑)적이다.
    (나) 외관이 중후하고 아름답다.
    (다) 시공법이 간단하다.
  • 단점
    (가) 목조건물에 비하여 벽체의 두께가 크기 때문에 실내면적이 좁아진다.
    (나) 벽체에 습기가 차기 쉽다.
    (다) 건물의 무게가 무겁다.
    (라) 풍압력, 지진력 등의 수평력에 약하다.
       ㈜ 벽돌구조는 외관이 장중하나 횡력에 매우 약하다.

1-2 재료 및 종류

(1) 벽돌의 규격

벽돌의 치수 및 허용값 (단위 : mm)

종류＼구분	길 이	너 비	두 께
기 존 형 (재래형)	210	100	60
기 본 형 (표준형, 장려형)	190	90	57
허 용 값 (±%)	3	3	4

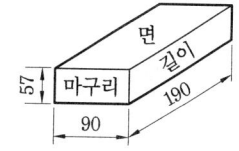

㈜ 너비는 길이에서 줄눈의 너비를 뺀 것의 반으로 되어 있다.

(2) 벽돌의 품질

강도가 크고 흡수율이 작으며, 모양이 바르고 갈라짐 등의 결함이 없어야 한다.

벽돌의 강도 및 흡수율

종 별	흡수율	압축강도	허용 압축강도	무 게
1급	20 % 이하	150 kgf/cm^2 이상	22 kgf/cm^2 이상	2.2 kgf/장
2급	23 % 이하	100 kgf/cm^2 이상	15 kgf/cm^2 이상	2.0 kgf/장

㈜ 1급은 소성이 양호하고 두드리면 금속성의 맑은 소리가 나며, 2급은 소성이 보통인 것이다.

(3) 벽돌의 종류

① 보통 벽돌 : 진흙을 빚어 구워서 만든 벽돌
  ㈎ 검정 벽돌 : 불완전 연소로 구운 것(흑색)
  ㈏ 붉은 벽돌 : 완전 연소로 구운 것(적색)

② 특수 벽돌 : 특수한 재료와 모양으로 만든 벽돌
  ㈎ 이형 벽돌 : 특별한 모양으로 만든 것
  ㈏ 경량 벽돌 : 중공 벽돌이 있으며, 가볍고 방음과 단열의 효과가 있다.
  ㈐ 포도용 벽돌 : 흡수율이 적고 내마멸성과 강도가 크다.
  ㈑ 내화 벽돌 : 고온에 견디는 벽돌

③ 기타 벽돌
  ㈎ 시멘트 벽돌 : 시멘트와 모래를 물로 반죽하여 만든 벽돌
  ㈏ 어드 벽돌 : 석탄재와 시멘트로 만든 벽돌
  ㈐ 광재 벽돌 : 광재를 주원료로 하여 만든 벽돌
  ㈑ 날 벽돌 : 굽지 아니한 흙 벽돌

(4) 벽돌의 마름질

벽돌은 온장을 쓰는 것이 원칙이지만 때에 따라 토막으로 만들어 사용할 때도 있다. 이런 것을 벽돌의 마름질이라 한다.

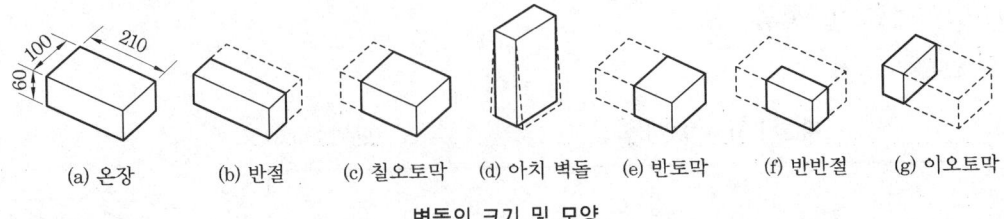

(a) 온장 (b) 반절 (c) 칠오토막 (d) 아치 벽돌 (e) 반토막 (f) 반반절 (g) 이오토막

벽돌의 크기 및 모양

(5) 모르타르

① 시멘트와 모래의 용적 배합비
  ㈎ 쌓기용 모르타르 : 1 : 3 ~ 1 : 5
    ㈜ 시멘트 : 석회 : 모래 = 1 : 1 : 3

(나) 아치 쌓기용 모르타르 : 1 : 2

(다) 치장용 모르타르 : 1 : 1

② 물을 부어 섞은 모르타르는 1시간 이내에 사용해야 한다.

1-3 벽돌쌓기

(1) 일반사항

① 벽돌을 쌓기 2~3일 전에 충분한 물축임을 한다.
② 1일 쌓기 높이는 1.2~1.5 m 정도(17~20켜)이다.
③ 내쌓기는 벽돌 두 켜일 때 1/4 B, 한 켜일 때 1/8 B로 하며 내미는 한도는 2 B이다.
④ 방습층은 지표면 위 마룻널 밑에 1~3 cm 두께로 한다.
⑤ 막힌 줄눈으로 쌓는 것을 원칙으로 한다.
⑥ 벽체를 튼튼하게 보강하기 위해서 테두리보를 설치한다.

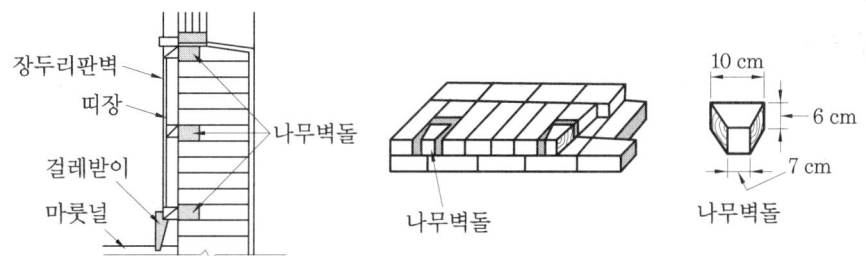

나무벽돌 넣고 쌓기

(2) 줄 눈

벽돌과 벽돌 사이의 모르타르 부분을 줄눈이라 한다.

① 통줄눈
  (가) 세로 줄눈의 아래 위가 통한 줄눈이다.
  (나) 상부에서 오는 힘을 밑으로 균등하게 전달하지 못하여 부동침하로 균열이 생기는 약한 벽이 된다.
  (다) 지반으로부터의 습기가 스며들기 쉽다.
    주 구조용 벽체는 통줄눈으로 쌓는 것을 피한다.
② 막힌 줄눈
  (가) 세로 줄눈의 아래 위가 통하지 않고 엇갈리어 막힌 것이다.
  (나) 벽돌벽에 실리는 힘이 골고루 널리 퍼져 전달하게 되어 안전하다.
③ 줄눈의 크기는 가로, 세로 모두 10 mm로 한다.
④ 제물 치장으로 할 때에는 벽돌쌓기가 끝난 직후에 벽돌벽에서 10 mm 정도의 깊이로 줄눈파기를 하고 치장용 모르타르로 마무리한다.

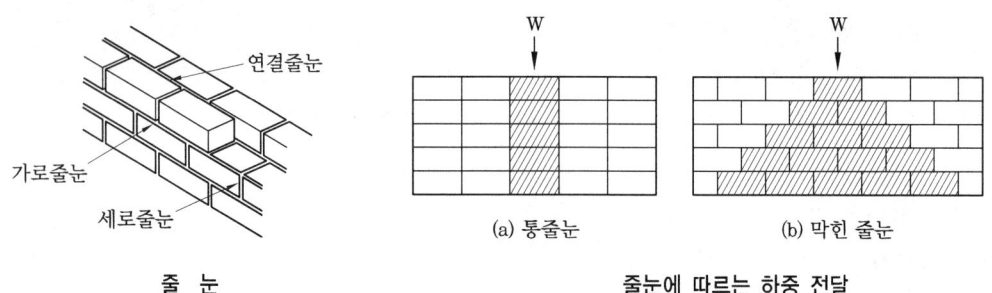

줄 눈	줄눈에 따르는 하중 전달
	(a) 통줄눈 (b) 막힌 줄눈

⑤ 줄눈의 종류

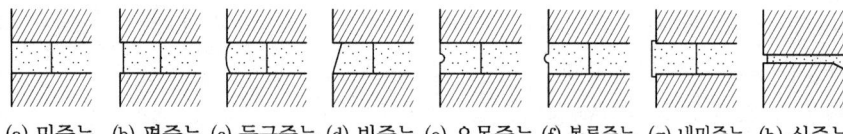

(a) 민줄눈 (b) 평줄눈 (c) 둥근줄눈 (d) 빗줄눈 (e) 오목줄눈 (f) 볼록줄눈 (g) 내민줄눈 (h) 실줄눈

(3) 벽돌쌓기의 두께 및 종류

① 벽돌벽의 두께

(단위 : cm)

종류 \ 두께	0.5 B	1.0 B	1.5 B	2.0 B	2.5 B
기 존 형	10	21	32	43	54
기 본 형	9	19	29	39	49

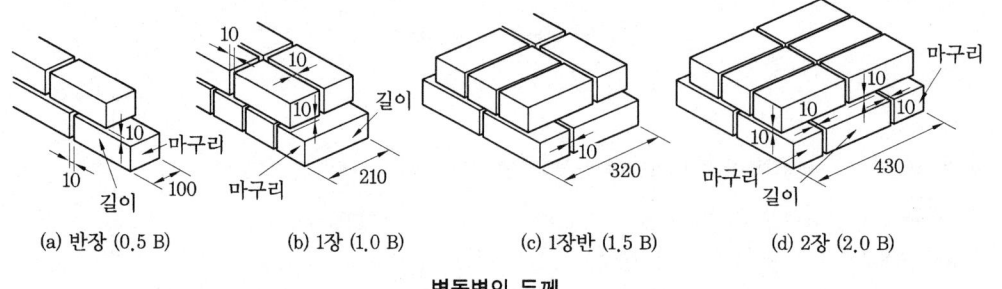

(a) 반장 (0.5 B)   (b) 1장 (1.0 B)   (c) 1장반 (1.5 B)   (d) 2장 (2.0 B)

벽돌벽의 두께

② 길이쌓기, 마구리 쌓기, 옆세워 쌓기, 세워쌓기

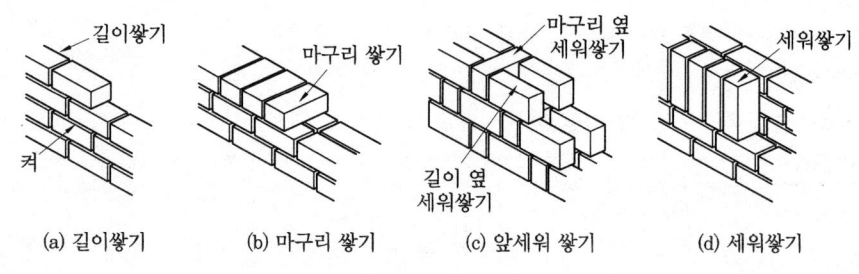

(a) 길이쌓기   (b) 마구리 쌓기   (c) 앞세워 쌓기   (d) 세워쌓기

쌓기 명칭

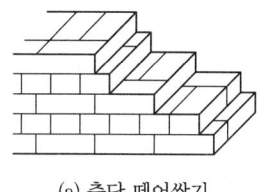
(a) 층단 떼어쌓기

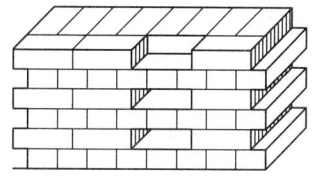
(b) 켜걸름 들여쌓기

벽돌쌓기

③ 층단 떼어쌓기 : 벽 중간의 일부를 다 쌓지 못하고 다음 날 이어서 쌓을 때는 그 부분을 계단으로 떼어놓는다.

④ 층단 들여쌓기 : 교차하는 벽을 한번에 쌓지 못할 때 층단 들여쌓기를 한다.

(4) 일반적인 쌓기 방법

양 식	쌓는 방법	사용 양식	특 징	역 할
영국식 쌓 기	마구리 쌓기와 길이쌓기를 교대로 하여 쌓는다. 가장 튼튼한 구조이다.	반절, 이오토막 사용	통줄눈이 생기지 않는다.	내력벽
미국식 쌓 기	앞면은 치장 벽돌로 길이쌓기로 하고 뒷면은 영국식으로 쌓는다.	치장 벽돌 사용	통줄눈이 생기지 않는다.	내력벽
프랑스식 쌓 기	한 켜에서 벽돌 마구리와 길이가 나타나도록 쌓는다. 치장용으로 많이 쓰인다.	많은 토막 벽돌 소요	통줄눈이 많이 생긴다.	장막벽이며, 의장적 효과
네덜란드식 쌓 기	한 면은 벽돌 마구리와 길이가 교대로 되고, 다른 면은 영국식으로 쌓는다. 작업하기가 쉬워 가장 많이 쓰인다.	모서리에 칠오 토막 사용	모서리가 다소 견고하다.	내력벽

㈜ 가장 일반적인 쌓기법은 네덜란드식이고, 가장 튼튼한 쌓기법은 영국식이다.

1-4 벽 체

(1) 일반사항

① 벽돌조 내력벽의 기초는 줄기초(연속기초)로 하여야 한다.

② 벽돌조의 벽은 높거나 긴 벽일수록 두께를 더욱 두껍게 한다.

③ 최상층의 내력벽 높이는 4 m를 넘지 않도록 한다.

④ 벽의 최대 길이는 10 m 이하로 한다. 10 m를 초과할 때는 중간에 붙임기둥 또는 붙임벽을 설치한다.

㈎ 벽의 길이는 대린벽, 붙임벽, 붙임 기둥의 중심 사이 거리를 말한다.

㈏ 대린벽 : 서로 이웃하여 교차하는 벽

⑤ 내력벽의 두께는 다음 표 이상으로 하여야 한다.

(단위 : cm)

건축물의 높이 / 벽의 길이 / 층 별	5 m 미만		5~11 m 미만		11 m 이상	
	8 m 미만	8 m 이상	8 m 미만	8 m 이상	8 m 미만	8 m 이상
1층	15	19	19	29	29	39
2층	–	–	19	19	19	29
3층	–	–	19	19	19	19

㈜ 내력벽의 두께는 그 벽 높이의 1/20 이상(단, 블록의 경우는 1/16 이상)

⑥ 조적조의 내력벽으로 둘러싸인 부분의 바닥면적은 80 m^2 이하로 한다(단 : 60 m^2 이상인 경우의 내력벽 두께는 다음 표 두께 이상으로 한다).

(단위 : cm)

층 수 / 층 별	1층	2층	3층
1층	19	29	39
2층	–	19	29
3층	–	–	19

⑦ 내력벽으로서 토압을 받는 부분의 높이가 2.5 m 이하일 때에는 벽돌조로 할 수 있다(단, 토압을 받는 높이가 1.2 m 이상일 때에는 그 내력벽 두께는 그 직상층의 벽 두께에 10 cm를 가산한 두께 이상으로 한다).

⑧ 내력벽을 이중벽으로 한 경우에는 이중벽의 어느 한쪽 벽은 내력벽의 규정에 준해야 한다.

⑨ 조적조 칸막이벽의 두께는 9 cm 이상으로 한다(단, 칸막이벽의 직상층에 조적조의 칸막이벽이나 중요 구조물을 설치할 때에는 그 칸막이벽의 두께를 19 cm 이상으로 한다).

(2) 벽체의 형식

① 내력벽 : 벽체 자체하중과 외력을 지지하는 벽이다.

② 비내력벽 : 벽체 자체하중만 지지하는 벽이다.

③ 속찬 조적벽 : 조적재 개체 사이를 모르타르로 채워서 만든 벽

④ 공간 조적벽

㈎ 방습, 방음, 단열을 목적으로 공간을 띄워서 쌓는 벽

㈏ 일반적으로 바깥벽은 0.5 B 두께이고, 안벽은 구조적인 요구에 따라 0.5~1.5 B 두께로 한다.

㈐ 공간은 5~12 cm 정도 띄운다(일반적으로 5 cm 정도로 하는 것이 보통이다).

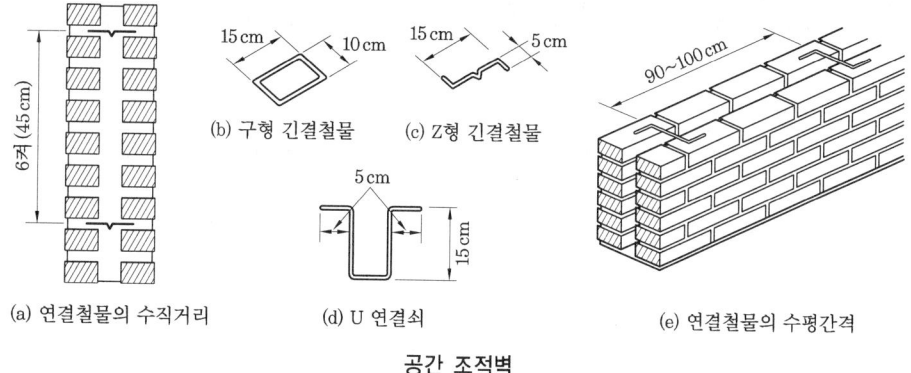

공간 조적벽

㈑ 바깥벽과 안벽의 연결철물은 0.4 m² 이내마다 1개씩 사용하고, 켜가 달라질 때마다 엇갈리게 배치한다.

㈒ 연결철물의 수평간격은 90~100 cm, 수직간격은 45 cm (6켜) 정도로 한다.

1-5 문골 및 문골 주위의 구조

(1) 문 골

① 건축물의 각 층 내력벽 위에는 춤이 벽 두께의 1.5배인 철골구조 또는 철근 콘크리트 구조의 테두리보를 설치해야 한다(단, 바닥판을 철근 콘크리트 구조로 할 때, 또는 1층 건물로서 벽두께가 벽 높이의 1/16 이상이 되거나 벽의 길이가 5 m 이하일 때에는 나무구조 테두리보로 대치할 수 있다).

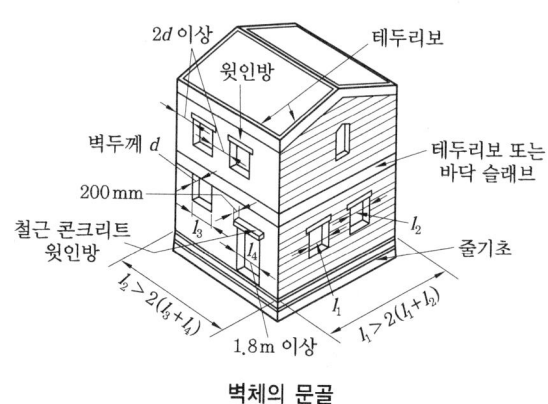

벽체의 문골

② 각 층의 대린벽으로 구획된 벽에서 문골 너비의 합계는 그 벽 길이의 1/2 이하로 한다.

③ 문골과 바로 위에 있는 문골과의 수직거리는 60 cm 이상으로 한다.

④ 문골 상호간, 문골과 대린벽 중심과의 수평거리는 그 벽 두께의 2배 이상으로 한다.

⑤ 문골의 너비가 1.8 m 이상 되는 문골의 상부에는 철근 콘크리트 구조의 윗인방을 설치하고, 양쪽 벽에 물리는 부분의 길이는 20 cm 이상으로 한다.

(2) 문골 주위의 구조

① 벽돌 벽체에 설치하는 창, 출입구의 위는 상부에서 오는 하중을 안전하게 지지하기 위하여 아치를 틀거나, 인방보를 설치한다.

② 아치는 상부에서 오는 수직압력이 아치 축선에 따라 좌우로 나누어져 밑으로 직압력만으로 전달되게 한 것으로서, 부재의 하부에 인장력이 생기지 않게 한 구조이다.

③ 아치의 형태 : 평 아치, 결원 아치, 반원 아치, 3심 아치, 뾰족 아치, 말굽 아치 등이 있다.
④ 아치 틀기
　㈎ 본 아치 : 아치 벽돌을 사용하여 줄눈의 너비를 일정하게 만든 것
　㈏ 거친 아치 : 보통 벽돌을 사용하여 줄눈을 쐐기모양으로 한 것
　㈐ 막만든 아치 : 보통 벽돌을 아치 벽돌모양으로 만들어 써서 줄눈의 너비를 일정하게 만든 것
　㈑ 층두리 아치 : 층을 지어 겹쳐 쌓는 것
　㈒ 창문의 너비가 1.2 m 정도일 때에는 평 아치로 할 수 있다.

1-6 벽돌벽에 홈파기

(1) 세로홈

층 높이의 3/4 이상 연속되는 홈을 세로로 팔 때에는 그 홈의 깊이는 벽 두께의 1/3 이하로 한다.

(2) 가로홈

길이는 3 m 이하, 홈의 깊이는 벽 두께의 1/3 이하로 한다.

1-7 백 화

(1) 백 화

벽돌 벽체에 물이 스며들면 벽돌의 성분과 모르타르 성분이 결합하여 벽돌 벽체에 흰 가루가 돋는 것을 말한다.

(2) 백화현상 방지법

① 파라핀 도료를 발라 염류가 나오는 것을 방지한다.
② 질이 좋은 벽돌, 모르타르를 사용하고, 빗물이 침입하지 않도록 한다.

2. 블록 구조

2-1 블록 구조의 특징

(1) 장 점

① 대량생산, 경량, 불연, 방음, 방서, 방한적인 구조이다.
② 시공이 간단하여 공기단축 및 경비가 절감된다.

(2) 단 점

① 부동침하가 작을 때에도 균열이 생기기 쉽다.

② 지진, 수평력에 약하다.

2-2 재료 및 종류

(1) 블록 제작
① 시멘트와 골재와의 용적 배합비는 1:5~1:7 정도로 한다.
② 물시멘트는 40 % 이하의 된비빔으로 한다.

(2) 블록의 규격 및 품질
① 블록의 규격

형 상	치 수			허 용 값	
	길 이	높 이	두 께	길이, 두께	높 이
기본형 블록	390	190	190 150 100	±2	±3

② 이형 블록의 길이, 높이, 두께의 최소 치수는 90 mm 이상으로 한다.
③ 기본형 블록의 전면 살의 두께는 25 mm 이상으로 하고, 빈속의 최소 지름은 60 mm 이상으로 한다.
④ 블록의 품질
  (가) 골재에 따른 분류
  • 중량 블록 : 기건상태의 체적비중이 1.8 이상
  • 경량 블록 : 기건상태의 체적비중이 1.8 이하
  (나) 블록의 등급 및 압축강도

종 류	전단면적에 대한 압축강도
1급 블록	60 kgf/cm^2
2급 블록	40 kgf/cm^2
3급 블록	25 kgf/cm^2

⑤ 블록의 종류
  (가) BI형, BM형, BS형 및 재래형으로 구분되나, 주로 쓰이는 것은 BI형이다.
  (나) 평마구리형은 한마구리 평블록과 양마구리 평블록이 있으며, 벽의 모서리나 창문 옆, 붙임기둥 등에 쓰인다.

(3) 모르타르
① 블록 쌓기용 모르타르 용적 배합비는 1:3~1:5
② 모르타르 강도는 블록 강도의 1.3~1.5배

③ 사춤 모르타르 용적 배합비는 1 : 3 정도
④ 사춤 콘크리트는 10 mm 체를 통과한 가는 골재를 쓰며, 배합비는 1 : 3 : 6으로 한다.

2-3 블록 쌓기

① 막힌 줄눈으로 쌓는 것을 원칙으로 한다.
② 줄눈의 너비는 가로, 세로 모두 10 mm로 한다.
③ 블록의 살 두께가 두꺼운 면이 위로 오게 한다.
④ 블록은 모르타르 접착면만 물축이기를 한다.
⑤ 블록의 1일 쌓기 높이는 1.2 m (6켜)에서 1.5 m (7켜) 이하로 한다.
⑥ 문골의 너비가 좁고 문골 위에 테두리보가 있을 때에는 철근을 배근한 다음 인방 블록 또는 가로근용 블록을 사용하고, 인방보의 양끝은 좌우에 있는 벽에 200 mm 이상 물리게 하여 주체벽과 튼튼하게 연결시킨다.

2-4 보강 블록조

(1) 벽체의 구조

① 벽체의 높이
  (가) 난간벽의 높이가 1.2 m 이상일 때는 초과하는 부분만 높이에 계산한다.
  (나) 2층 구조까지는 나무구조 지붕틀이나 바닥틀로 하여도 무방하지만, 3층 구조일 때에는 철근 콘크리트로 한다.

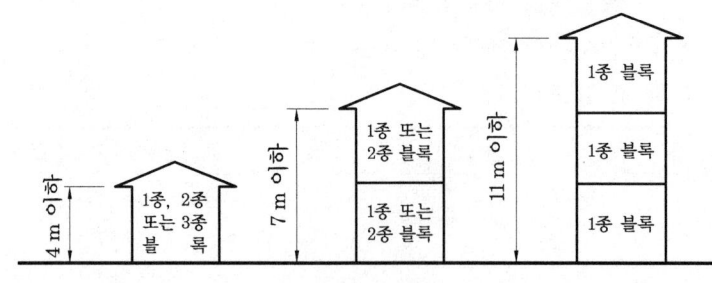

보강 블록조의 높이

② 내력벽의 길이 : 평면상의 내력벽 길이는 55 cm 이상(보통 60 cm)으로 하거나 벽의 양쪽에 있는 문골 높이의 평균값의 30 % 이상으로 한다.
③ 내력벽의 두께 : 보강 콘크리트 블록조의 내력벽 두께는 15 cm 이상으로 하며, 그 내력벽의 구조 내력상 주요한 지점간의 수평거리의 1/50 이상으로 한다.
④ 벽량
  (가) 보강 블록조에서는 벽 두께를 두껍게 하는 것보다 벽의 길이를 길게 하여 내력 벽의 양을 증가시킴이 바람직하다.

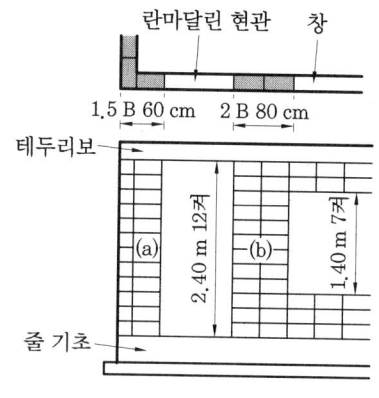

내력벽의 길이

(나) 벽량 : 내력벽의 전체길이(cm)를 합한 것을 그 층의 바닥면적(m²)으로 나누어 얻은 값을 말한다.

$$\text{벽량 (cm/m}^2\text{)} = \frac{\text{벽의 길이 (cm)}}{\text{바닥면적 (m}^2\text{)}}$$

⑤ 내력벽의 배치
  (가) 내력벽은 평면 전체에 균형 있게 배치한다.
  (나) 대린벽 중심간의 거리는 벽 두께의 50배 이하로 하며, 이를 초과할 때에는 $0.3\,h$ 이상의 부축벽을 설치한다.
  (다) 내력벽의 중심선으로 둘러싸인 부분의 면적은 80 m² 이하로 한다.

⑥ 보강근
  (가) 모서리부, T형 접합부, 문골부의 주위는 D 13 (ϕ 12) 이상의 철근을 넣는다.
  (나) 세로근, 가로근 모두 D 10 (ϕ 9) 이상의 것을 넣는 것이 보통이다.
  (다) 세로근은 400~800 mm 간격으로 기초벽 또는 기초보에서 이음하지 않은 철근을 위에 있는 테두리보 또는 바닥 슬래브에 양끝을 갈고리를 내어 철근 지름의 40배를 정착시킨다.
  (라) 가로근은 가로근용 블록을 써서 800 mm 간격으로 배치하고 양끝은 갈고리를 내어 내력벽 또는 기둥에 철근 지름의 25배 이상을 정착시킨다.

2-5 블록 구조의 형식

(1) 조적식 블록조

블록을 모르타르를 써서 쌓아 올려 벽체를 구성한 것으로서 1, 2층 정도의 소규모 건물에 쓰인다.

(2) 블록 장막벽

철근 콘크리트조 또는 철골조 등의 주체 구조에 단순히 칸막이벽을 쌓는 것이다.

(3) 보강 블록조

블록의 빈 속에 철근을 배근하고 콘크리트를 부어 넣어 수직하중과 수평하중에 안전하게 견딜 수 있도록 보강한 것으로 가장 이상적인 블록 구조이다.

(4) 거푸집 블록조

살 두께가 얇고 속이 없는 ㄱ자형, ㄷ자형, ㅜ자형, ㅁ자형 등의 블록을 콘크리트의 거푸집으로 써서, 그 안에 철근을 배근하여 콘크리트를 부어 넣어 벽체를 만들어 외력을 받게 한 내력벽이다.

> [참고] • 보강 블록조 내력벽
> ① 테두리보를 두어야 한다.
> ② 통줄눈으로 쌓는다.

3. 돌구조

3-1 돌구조의 특징

(1) 장 점
　① 내구적이고 내화적이다.
　② 내마멸적이고 내풍화적이다.
　③ 외관이 장중, 미려하고 방한, 방서적이다.

(2) 단 점
　① 자체 무게가 무겁고 수평력에 약하다.
　② 재료 가공이 어려운 결점이 있다.
　③ 벽체 두께가 커서 실내 유효면적이 작아진다.

3-2 석재의 종류 및 가공

(1) 석재의 종류
　① 화강암 : 구조용, 내외 장식재로 사용한다.
　② 안산암 : 구조용으로 쓰인다.
　③ 응회암, 사암 : 장식용으로 쓰인다.
　④ 점판암 : 지붕재료로 쓰인다.
　⑤ 대리석 : 조각용, 내부 장식용으로 쓰인다.

(2) 석재의 가공

① 표면 조밀에 의한 종류
- (가) 마름돌 : 채석장에서 채석한 다듬지 않은 돌
- (나) 메다듬 : 마름돌의 거친 면을 쇠메로 다듬는 것
- (다) 정다듬 : 메다듬한 돌을 정으로 쪼아 조밀한 흔적을 내어 평탄한 거친면으로 다듬는 것
- (라) 도드락 다듬 : 정다듬한 면을 도드락 망치로 더욱 평탄하게 다듬는 것
- (마) 잔다듬 : 도드락 다듬한 위를 날망치로 곱게 쪼아 표면을 더욱 평탄하고 균일하게 한 것이다.
- (바) 물갈기 : 잔다듬한 면에 금강사, 카보런덤, 모래, 숫돌 등으로 물을 주면서 갈아 광택이 나게 한 것이다.

② 표면 형상에 의한 종류
- (가) 혹두기 : 거친 돌을 약간 가공하여 심한 오목 블록이 없게 한 것이다.
- (나) 모치기 : 돌의 줄눈 부분의 모를 접어 다듬은 것이다.

(3) 돌쌓기

① 돌 나누기 도면은 축척을 보통 1/50로 한다.
② 돌은 세로 규준틀에 맞추어 수평실을 치고 줄눈의 두께로 목제, 납제, 철제(아연도금한 것)의 굄을 놓은 다음, 돌면이 수직, 수평이 되도록 정확하게 제자리에 앉혀 놓고 위에서 모르타르를 부어 넣는다.
③ 각 줄눈에는 헝겊을 대어 모르타르가 흘러나오지 않도록 해야 하며, 모르타르가 어느 정도 굳으면 헝겊과 굄을 빼내고 같은 방법으로 계속 쌓는다.

> [참고] • **석재의 용도**
> ① 트래버틴 – 특수실내장식재
> ② 응회암 – 내장 마감재
> ③ 점판암 – 지붕재
> ④ 대리석 – 장식재

예 상 문 제

문제 1. 1등품 벽돌의 허용 압축강도는?

㉮ 5 kgf/cm² 이상   ㉯ 15 kgf/cm² 이상
㉰ 22 kgf/cm² 이상 ㉱ 32 kgf/cm² 이상

해설 • 급수별 구분

구분 급수	흡수율 (%)	압축강도 (kgf/cm²)	허용 압축강도 (kgf/cm²)
1급	20 이하	150 이상	22 이상
2급	23 이하	100 이상	15 이상

문제 2. 신형(B형) 벽돌벽 1.5 B의 두께치수 중 옳은 것은?

㉮ 29 cm   ㉯ 30 cm
㉰ 31 cm   ㉱ 32 cm

해설 • 각 형태별 치수   (단위 : cm)

치수 형태	0.5B	1.0B	1.5B	2.0B	2.5B
재래형, 기존형	10	21	32	43	54
표준형, 기본형	9	19	29	39	49

문제 3. B형 벽돌(블록, 혼합형 벽돌) 1.5 B 의 벽 두께는?

㉮ 29 cm   ㉯ 30 cm
㉰ 31 cm   ㉱ 32 cm

해설 벽돌 두께-1.5 B : 29 cm (기본형), 32 cm (기존형)

문제 4. 벽돌벽 2.5 B 쌓기의 벽 두께로 알맞은 것은? (단, 벽돌 치수 210×100×60 mm)

㉮ 520 mm   ㉯ 530 mm
㉰ 540 mm   ㉱ 550 mm

해설 ① 기존형 2.5 B 두께 : 54 cm
② 기본형 2.5 B 두께 : 49 cm

문제 5. 다음은 조적조에 관한 규정이다. 옳지 않은 것은?

㉮ 단층으로 벽 두께가 벽 높이의 1/16 이상 또는 벽 길이가 5 m 이하는 목조 테두리보도 가능하다.
㉯ 대린벽으로 구획된 문골 너비의 합계는 그 벽 길이의 1/3 이하로 한다.
㉰ 문골 상호의 수직거리는 60 cm 이상으로 하여야 한다.
㉱ 문골 상호간 수평거리는 벽 두께의 2배 이상으로 한다.

해설 각층의 대린벽으로 구획된 벽에서 문골 너비의 합계는 그 벽길이의 1/2 이하로 한다.

문제 6. 벽돌조 중 통줄눈에 관한 기술이다. 옳지 않은 것은?

㉮ 지면으로부터 습기가 스며들기 쉽다.
㉯ 외관이 좋으므로 미관상으로 이용하기도 한다.
㉰ 상부의 집중하중이 균등하게 아래로 분포된다.
㉱ 벽체의 강도가 비교적 약하다.

해설 통줄눈은 상부에 하중이 밑으로 균등하게 전달하지 못하여 부동침하로 균열이 생기는 약한 벽이 된다.

문제 7. 조적조 내력벽에 관한 기술 중 옳지 않은 것은?

㉮ 토압을 받는 내력벽의 높이가 2.5 m 이하일 때에는 벽돌조로 할 수 있다.
㉯ 벽 두께는 벽돌벽인 경우 그 벽 높이의 1/16 이상, 블록벽인 경우는 1/20 이상으로 한다.
㉰ 토압을 받는 부분의 높이가 1.2 m 이상

해답 1. ㉰ 2. ㉮ 3. ㉮ 4. ㉰ 5. ㉯ 6. ㉰ 7. ㉯

일 때에는 그 직상층 벽 두께에 10 cm 이상을 가산한다.

라 이중벽인 경우 이중벽 어느 한쪽은 내력벽의 규정에 적합하여야 한다.

해설 • 벽두께
① 벽돌벽은 벽 높이의 1/20 이상
② 블록벽은 벽 높이의 1/16 이상

문제 8. 조적조 벽체의 길이는 얼마 이하로 하여야 하는가?
가 5 m 이하   나 10 m 이하
다 15 m 이하   라 17 m 이하

해설 벽의 최대 길이는 10 m 이하, 10 m 초과 시에는 중간에 붙임기둥 또는 붙임벽 설치

문제 9. 조적조 벽체 개구부 설치에 관한 기술 중 옳지 않은 것은?
가 문골 너비의 합계는 벽 길이의 1/3 이하로 한다.
나 문골과 문골과의 수직거리는 60 cm 이상으로 한다.
다 너비가 180 cm 이상 되는 문골의 상부에는 철근 콘크리트의 인방보를 설치한다.
라 문골과 문골 사이는 벽 두께의 2배 이상 띄운다.

해설 문골 너비의 합계는 벽 길이의 1/2 이하로 한다.

문제 10. 조적조의 내력벽에 관한 규정 중에서 옳지 않은 것은?
가 벽으로 둘러싸인 부분의 바닥면적은 80 m² 이하로 할 것
나 벽의 길이는 8 m 이하로 할 것
다 2층 또는 3층 건축물의 최상층 벽의 높이는 4 m 이하로 할 것
라 기초의 종류는 연속기초로 할 것

해설 벽의 길이는 10 m 이하로 해야 한다.

문제 11. 비내력벽의 설명 중 틀린 것은?
가 부축벽은 비내력벽, 보강용으로만 사용된다.
나 보강 조적 블록은 철강을 넣어 보강한 것이다.
다 철근 콘크리트 구조의 칸막이벽은 비내력벽이다.
라 비내력벽의 길이는 10 m 이상으로 해도 무방하다.

해설 부축벽은 주로 내력벽에 사용한다.

문제 12. 다음은 조적조의 규정이다. 부적당한 것은?
가 1층 건물로서 벽길이 10 m 이하, 벽 두께가 높이의 1/20 이상은 목조의 테두리보로 할 수 있다.
나 문골과 문골 사이는 벽 두께의 2배 이상 띄운다.
다 내력벽 위의 테두리보 춤은 벽 두께의 1.5배 이상으로 한다.
라 각 층 대린벽으로 구획된 벽에서 문골 너비의 합계는 그 벽 길이의 1/2 이하로 한다.

해설 1층 건물로서 벽 길이 5 m 이하, 벽 두께가 높이의 1/16 이상은 목조 테두리보를 설치할 수 있다.

문제 13. 연속되는 벽면의 벽돌쌓기 공사가 하루에 다 끝나지 않을 때 어떤 형태로 남겨두었다가 나중 쌓기를 하는가?
가 수직으로 남긴다.
나 수평으로 남긴다.
다 계단식으로 남긴다.
라 톱날형으로 남긴다.

해설 벽의 중간 일부를 다 쌓지 못하고 다음날 이어 쌓을 때는 그 부분을 계단으로 떼어 놓는다.

해답 8. 나   9. 가   10. 나   11. 가   12. 가   13. 다

문제 14. 공간 조적벽 쌓기의 설명으로 틀린 것은?
㉮ 공간을 0.5 B 또는 10 cm 이하가 되도록 벽을 2중으로 쌓은 것이다.
㉯ 공간 조적벽(고중벽) 중 어느 한쪽은 내력벽의 규정에 두께를 맞춘다.
㉰ 연결철물은 벽 면적 10 m² 이내마다 엇갈리게 배치한다.
㉱ 철물간의 수직거리는 60 cm 이내이다.
[해설] 연결철물은 벽 면적 0.4 m² 이내마다 1개씩 사용하고, 켜가 달라질 때마다 엇갈리게 배치한다.

문제 15. 벽돌 벽체를 보강하기 위하여 다음과 같은 것을 설치하였다. 잘못된 것은?
㉮ 부축벽 ㉯ 테두리보
㉰ 붙임기둥 ㉱ 캔틸레버
[해설] • 캔틸레버 : 한쪽만 고정시키고 다른 끝은 돌출시켜 그 위에 하중을 지지하도록 한 구조

문제 16. 벽돌쌓기에서 모서리 부분을 반절 또는 이오토막으로 쌓기를 하는 것은?
㉮ 미국식 쌓기 ㉯ 프랑스식 쌓기
㉰ 영국식 쌓기 ㉱ 네덜란드식 쌓기
[해설] • 영국식 쌓기 : 벽 끝이나 모서리에 이오토막 또는 반절을 사용한다.

문제 17. ㄱ자형, ㄷ자형, ㄹ자형, ㅁ자형 등으로 살 두께가 얇고 속이 없는 블록으로 쌓는 조적조는?
㉮ 거푸집 블록조 ㉯ 보강 블록조
㉰ 조적식 블록조 ㉱ 블록 장막벽
[해설] 살두께가 얇고 속이 없는 ㄱ, ㄷ, ㄹ, ㅁ 자형 등의 블록을 콘크리트의 거푸집으로 사용하는 벽구조는 거푸집 블록조이다.

문제 18. 조적벽의 외부에서 물이 스며드는 것을 방지하는 방법 중 맞지 않는 것은?
㉮ 구조적으로 비를 맞지 않고 흘러내리지 않도록 차양 등을 설치한다.
㉯ 바깥면은 수밀제를 사용한다.
㉰ 이질재의 접촉부를 좋게 한다.
㉱ 치장 줄눈은 치장에만 힘써야 한다.
[해설] • 조적벽의 방수처리 방법 : 차양설치, 바깥면에 수밀제 사용, 접촉부의 긴밀시공

문제 19. 방화적이고 공사비가 저렴한 구조 방법은?
㉮ 철골조 ㉯ 콘크리트 벽돌조
㉰ 목구조 ㉱ 철근 콘크리트
[해설] 철골조와 목구조는 방화적이지 못하다.

문제 20. 보강 블록조에 대한 설명으로 옳지 않은 것은?
㉮ 내력벽의 길이는 최소한 5 m 이상이다.
㉯ 내력벽의 중심선으로 둘러싸인 면적이 60 m²를 초과하지 않도록 한다.
㉰ 내력벽의 길이는 개구부 높이의 평균값의 30 % 이상이다.
㉱ 대린벽은 서로 직각으로 교차되는 내력벽을 말한다.
[해설] 내력벽의 길이는 55 cm 이상으로 하거나 벽의 양쪽에 있는 문골 높이의 평균값의 30 % 이상으로 한다.

문제 21. 시멘트 블록조가 철근 콘크리트에 비하여 좋지 않은 점은?
㉮ 내화성능 ㉯ 방한, 방서
㉰ 횡력에 대한 강도 ㉱ 공비절감
[해설] 블록조는 조적조이므로 횡력에 약하다. 철근으로 보강한다 해도 철근 콘크리트조와는 비교할 수 없이 약하다.

문제 22. 지붕이기 재료로 사용할 수 있는 석재는?
㉮ 점판암 ㉯ 석회암
㉰ 응회암 ㉱ 사문암
[해설] • 점판암, 이판암 : 층으로 되어 있고 얇은 판으로 치밀하여 내수성이 크다.

[해답] 14. ㉰ 15. ㉱ 16. ㉰ 17. ㉮ 18. ㉱ 19. ㉯ 20. ㉮ 21. ㉰ 22. ㉮

문제 23. 벽돌구조의 장·단점을 기술한 것 중 옳지 않은 것은?
㉮ 벽체에 습기가 차기 쉽다.
㉯ 내화, 내구, 방한 방서적이다.
㉰ 목구조에 비하여 실내면적이 줄어든다.
㉱ 풍압력, 지진력 등의 수평력에 강하다.
[해설] 벽돌구조는 풍압력, 지진력 등의 수평력에 약한 단점이 있다.

문제 24. 다음 그림의 마름질 벽돌 명칭은?
㉮ 칠오토막
㉯ 반절
㉰ 이오토막
㉱ 반토막
[해설] · 반절 : 벽돌을 길이방향으로 1/2 크기로 마름질할 것

문제 25. 마름질 벽돌 중에서 반반절은?
㉮ 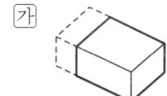 ㉯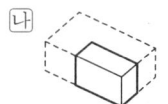
㉰ 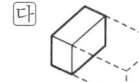 ㉱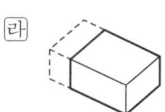
[해설] ㉮ 반토막, ㉰ 이오토막, ㉱ 칠오토막

문제 26. 마름질, 반반절, 벽돌의 치수로 적합한 것은?
㉮ 210×50×60 mm ㉯ 100×50×60 mm
㉰ 150×100×60 mm ㉱ 150×60×60 mm
[해설] · 반반절 벽돌 치수 : 100×50×60 mm

문제 27. 콘크리트 바닥판에서 기존형 벽돌 6켜 쌓기까지의 높이는? (단, 줄눈 10 mm일 경우)
㉮ 32 cm ㉯ 38 cm
㉰ 42 cm ㉱ 50 cm

[해설] 6×60 = 360 mm ∴ 360+60 = 420 mm

문제 28. 다음 중 1급 벽돌의 흡수율은?
㉮ 20 % 이하 ㉯ 23 % 이하
㉰ 25 % 이하 ㉱ 28 % 이하
[해설] · 급수별 구분

종별	흡수율 (%)	압축강도 (kgf/cm²)	허용 압축강도 (kgf/cm²)	무게 (kgf/장)
1급	20 이하	150 이상	22 이상	2.2
2급	23 이하	100 이상	15 이상	2.0

문제 29. 표준형 벽돌 2.5 B 쌓기의 벽 두께는?
㉮ 390 mm ㉯ 490 mm
㉰ 540 mm ㉱ 560 mm
[해설] · 각 형태별 치수 (단위 : mm)

형태 \ 치수	0.5B	1.0B	1.5B	2.0B	2.5B
재래형, 기존형	100	210	320	430	540
표준(기본)형 장려형	90	190	290	390	490

문제 30. 기존형 벽돌 1.5 B 쌓기의 벽 두께는?
㉮ 21 cm ㉯ 22 cm
㉰ 29 cm ㉱ 32 cm
[해설] · 기존형 벽돌 1.5 B 쌓기의 벽 두께
320 mm = 100+10 (줄눈)+210 mm

문제 31. 2급 벽돌의 압축강도는?
㉮ 300 kgf/cm² 이상 ㉯ 200 kgf/cm² 이상
㉰ 150 kgf/cm² 이상 ㉱ 100 kgf/cm² 이상
[해설] ① 1급 벽돌 압축강도 : 150 kgf/cm² 이상
② 2급 벽돌 압축강도 : 100 kgf/cm² 이상

문제 32. 벽돌 하루 쌓기의 최대 높이는?
㉮ 1 m ㉯ 1.2 m ㉰ 1.5 m ㉱ 1.8 m
[해설] 하루 쌓는 높이는 1.2 m, 최고 높이는 1.5 m이고, 17~20켜로 한다.

문제 33. 벽돌쌓기용 모르타르 (시멘트 : 모래)의 배합비로 가장 적합한 것은?

[해답] 23. ㉱ 24. ㉯ 25. ㉯ 26. ㉯ 27. ㉰ 28. ㉮ 29. ㉯ 30. ㉱ 31. ㉱ 32. ㉰
33. ㉰

㉮ 1 : 1 ㉯ 1 : 1~1 : 2
㉰ 1 : 3~1 : 5 ㉱ 1 : 5~1 : 7

[해설] • 벽돌쌓기용 모르타르 (시멘트 : 모래)의 배합비
 ① 시멘트 : 모래 = 1 : 3~1 : 5
 ② 시멘트 : 석회 : 모래 = 1 : 1 : 3
 ③ 아치 쌓기용 모르타르 = 1 : 2
 ④ 치장 줄눈용 = 1 : 1

문제 34. 다음 벽돌쌓기에 관한 기술 중 틀린 것은?
 ㉮ 벽돌은 쌓기 전에 물을 충분히 축여서 사용한다.
 ㉯ 통줄눈으로 쌓는 것을 원칙으로 한다.
 ㉰ 하루 쌓는 높이는 17켜를 표준으로 하고 최고 높이는 20켜로 한다.
 ㉱ 벽돌 벽체 상부에는 테두리보를 설치한다.
[해설] 벽돌은 막힌 줄눈으로 쌓는 것을 원칙으로 한다.

문제 35. 벽돌 벽체를 쌓을 때 나무 벽돌을 미리 묻어 쌓는 이유는?
 ㉮ 벽돌 벽체를 일체로 하고 튼튼하게 보강하기 위해서
 ㉯ 상부에서 오는 하중에 잘 견디게 하기 위해서
 ㉰ 통기나 진동에 대한 여유를 두기 위해서
 ㉱ 나무 벽체의 수장을 하기 위해서
[해설] 벽면에 목재 또는 목 제품으로 수장하려 할 때에는 벽돌 반토막 크기의 나무벽돌을 미리 묻어 쌓는다.

문제 36. 벽돌쌓기에서 모르타르 줄눈의 가로, 세로 두께는?
 ㉮ 5 mm, 10 mm ㉯ 10 mm, 5 mm
 ㉰ 10 mm, 7 mm ㉱ 10 mm, 10 mm
[해설] 줄눈의 크기는 가로, 세로 모두 10 mm로 한다.

문제 37. 벽돌쌓기에 있어서 줄눈에 관한 설명 중 틀린 것은?
 ㉮ 줄눈의 크기는 가로, 세로 모두 10 mm로 한다.
 ㉯ 막힌 줄눈은 벽체에 실리는 하중을 벽돌 벽 기초에 골고루 분포시킬 수 있어 안전하다.
 ㉰ 막힌 줄눈은 통줄눈에 비하여 지반으로부터 습기가 스며들기 쉽다.
 ㉱ 통줄눈은 부동침하에 의한 벽의 균열이 생기기 쉽다.

[해설]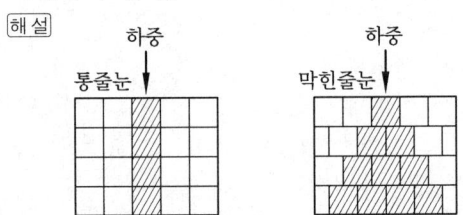

문제 38. 교차하는 벽을 한번에 쌓지 못할 때 쌓는 방법은?
 ㉮ 켜걸음 들여쌓기 ㉯ 세워쌓기
 ㉰ 공간쌓기 ㉱ 영롱쌓기
[해설] 교차하는 벽을 한번에 쌓지 못할 때는 층단 들여쌓기를 한다.

문제 39. 벽체의 중간 일부를 공사관계로 다 쌓지 못하고 다음날 다시 쌓을 수 있게 하는 방식은?
 ㉮ 엇모쌓기 ㉯ 세워쌓기
 ㉰ 공간쌓기 ㉱ 층단 떼어쌓기
[해설] 벽 중간의 일부를 다 쌓지 못하고 다음날 이어서 쌓을 때는 그 부분을 계단으로 떼어 놓는다.

문제 40. 영국식 쌓기에서 모서리, 교차부에 사용하는 벽돌은?
 ㉮ 반절 ㉯ 칠오토막
 ㉰ 반토막 ㉱ 반반절
[해설] ① 영국식 쌓기 : 이오토막, 반절

② 네덜란드식 쌓기 : 칠오토막

문제 41. 네덜란드식 쌓기에서 모서리, 교차부에 사용하는 벽돌은?
㉮ 반절   ㉯ 칠오토막
㉰ 반반절   ㉱ 반토막
[해설] • 네덜란드식 쌓기 : 영국식 쌓기와 유사, 벽의 끝과 모서리에 칠오토막 사용

문제 42. 매 켜에 길이 마구리가 번갈아 나오게 쌓은 것으로서 통줄눈이 많이 생겨 구조적으로 튼튼하지 못하나 외관이 좋은 쌓기 방식은?
㉮ 영국식 쌓기   ㉯ 미국식 쌓기
㉰ 프랑스식 쌓기   ㉱ 네덜란드식 쌓기
[해설] • 프랑스식 쌓기 : 통줄눈이 생겨 구조적으로는 약하나 의장을 요하는 벽체나 벽돌담에 주로 쓰인다.

문제 43. 다음은 벽돌쌓기를 기술한 것이다. 틀린 것은?
㉮ 영국식 쌓기는 길이쌓기와 마구리 쌓기를 한 켜씩 번갈아 쌓아 올린 것으로 벽의 끝이나 모서리에 반절 또는 이오토막을 사용하여 통줄눈이 생기지 않는 가장 튼튼한 구조이다.
㉯ 네덜란드식 쌓기는 영국식 쌓기와 외관이 거의 같으나 벽의 끝이나 모서리에 칠오토막을 사용하여 시공이 간편하고 튼튼하여 우리나라에서도 많이 사용한다.
㉰ 미국식 쌓기는 5~6켜는 마구리 쌓기, 1켜는 길이쌓기로 하여 뒷벽에 물려서 사용한다.
㉱ 프랑스식 쌓기는 매 켜에 길이쌓기와 마구리 쌓기를 번갈아 쌓은 것으로 통줄눈이 많이 나오므로 구조적으로 튼튼하지 못하나 의장 효과가 있다.

[해설] • 미국식 쌓기 : 5~6켜는 길이쌓기, 다음 1켜는 마구리 쌓기로 한다.

문제 44. 벽돌 내 쌓기의 1단, 2단의 내밀기 또는 내밀기의 최대 한도는?
㉮ 1단 : 1/8 B, 2단 : 1/4 B, 최대 한도 : 2 B
㉯ 1단 : 1/4 B, 2단 : 1/8 B, 최대 한도 : 2 B
㉰ 1단 : 1/2 B, 2단 : 1/4 B, 최대 한도 : 1 B
㉱ 1단 : 1 B, 2단 : 1/8 B, 최대 한도 : 1 B
[해설] • 내 쌓기 : 1단씩 1/8 B 정도, 2단씩 1/4 B 정도, 내미는 최대 한도는 2.0 B

문제 45. 벽돌벽 두께가 1.5 B일 때 기초판의 너비는?
㉮ 45 cm   ㉯ 60 cm   ㉰ 90 cm   ㉱ 120 cm
[해설] 1.5 B=기존형 : 32, 기본형 : 29
기초판의 너비=벽 두께×2+20~30 cm
32 cm×2+20~30 cm = 84~94 cm
29 cm×2+20~30 cm = 78~88 cm

문제 46. 벽돌조 내력벽의 기초는?
㉮ 동바리 기초   ㉯ 주춧돌 기초
㉰ 연속기초   ㉱ 호박돌 기초
[해설] 조적조의 기초는 벽 또는 일렬의 기둥이 받치는 기초인 줄기초(연속기초)를 원칙으로 한다.

문제 47. 벽돌벽의 최대 길이는?
㉮ 5 m   ㉯ 10 m   ㉰ 15 m   ㉱ 20 m
[해설] 벽돌벽의 최대 길이는 10 m 이하로 한다. 벽의 길이가 10 m를 초과할 때에는 중간에 붙임기둥, 붙임벽을 만들어 보강해야 한다.

문제 48. 벽돌벽의 벽돌조 기초에 대한 기술 중 틀린 것은?
㉮ 벽돌조 내력벽 기초는 줄기초로 한다.
㉯ 벽돌벽 푸팅을 넓히는 경사는 60° 이상으로 한다.
㉰ 벽돌의 밑은 벽 두께의 2배로 한다.
㉱ 기초판 두께는 너비의 1/3 정도로 하고

[해답] 41. ㉯   42. ㉰   43. ㉰   44. ㉮   45. ㉰   46. ㉰   47. ㉯   48. ㉱

기초판과 잡석의 끝을 일치시킨다.

해설 잡석은 기초판 양끝에서 각각 10~15 cm 길게 한다.

문제 49. 조적조의 내력벽으로 둘러싸인 부분의 바닥면적은 몇 m² 이하로 하는가?
㉮ 100 m² 이하 ㉯ 80 m² 이하
㉰ 60 m² 이하 ㉱ 40 m² 이하
해설 • 내력벽으로 둘러싸인 바닥면적 : 80 m² 이하

문제 50. 조적조 구조에 대한 기술 중 틀린 것은?
㉮ 조적조의 최상층 내력벽의 높이는 4 m를 넘지 않도록 한다.
㉯ 내력벽의 길이는 10 m 이하로 한다.
㉰ 조적조의 내력벽으로 둘러싸인 부분의 바닥면적은 60 m² 이하로 한다.
㉱ 토압을 받는 부분의 높이가 2.5 m 이하인 경우에는 벽돌조로 할 수 있다.
해설 조적조의 내력벽으로 둘러싸인 부분의 바닥면적은 80 m² 이하로 한다.

문제 51. 벽돌벽에 대한 기술 중 틀린 것은?
㉮ 벽돌벽의 두께는 상층 내력벽보다 하층 내력벽을 두껍게 한다.
㉯ 최상층 내력벽의 높이는 4 m를 넘지 않도록 한다.
㉰ 벽돌벽의 두께는 마감재료의 두께를 포함한다.
㉱ 벽돌벽의 길이는 대린벽의 중심 사이의 거리를 말한다.
해설 벽돌벽의 두께는 마감재료의 두께를 포함하지 않는 두께로 한다.
• 대린벽 : 붙임벽, 붙임기둥, 교차하는 벽

문제 52. 토압을 받는 부분의 내력벽을 벽돌조로 할 수 있는 높이는?
㉮ 5 m 이하 ㉯ 3 m 이하
㉰ 2.5 m 이하 ㉱ 1.2 m 이하

해설 내력벽으로서 토압을 받는 부분의 높이가 2.5 m 이하일 때에는 벽돌조로 할 수 있다.

문제 53. 조적조 칸막이벽의 직상층에 조적조 칸막이벽이나 중요 구조물을 설치할 때에 칸막이벽의 두께는?
㉮ 9 cm 이상 ㉯ 19 cm 이상
㉰ 29 cm 이상 ㉱ 39 cm 이상
해설 칸막이벽 두께는 9 cm 이상으로 하되, 직상층에 칸막이벽이나 중요 구조물 설치 시에는 19 cm 이상으로 한다.

문제 54. 보강 블록조에서 벽량의 단위는?
㉮ cm/m² ㉯ m²/cm
㉰ cm×m² ㉱ m²−cm
해설 • 벽량 단위 : cm/m²

문제 55. 다음 중 공간쌓기에 대한 기술로 틀린 것은 어느 것인가?
㉮ 방습, 방한, 방서, 방음을 얻기 위해서 설치한 것이다.
㉯ 2층의 경우 1층의 내력벽은 전체를 내력벽으로 간주할 수 없다.
㉰ 공간은 5~12 cm 정도로 한다.
㉱ 1.5 B 벽의 경우 전체 벽 두께는 290 mm로 한다.
해설 공간쌓기이므로 1.5 B 벽의 경우 전체 벽 두께에 공간치수(약 5 cm 정도)가 고려되어야 한다.

문제 56. 벽돌 벽체의 두께는 그 층 높이의 얼마 이상으로 하는가?
㉮ 1/40 ㉯ 1/20
㉰ 1/16 ㉱ 1/10
해설 내력벽의 두께는 그 벽높이의 1/20 이상으로 한다.

문제 57. 공간 조적벽으로 하는 이유로 적합하지 않은 것은?

해답 49. ㉯ 50. ㉰ 51. ㉰ 52. ㉰ 53. ㉯ 54. ㉮ 55. ㉱ 56. ㉯ 57. ㉱

㉮ 안벽에 습기 차는 것을 막기 위해서
㉯ 열을 차단하기 위해서
㉰ 소리를 차단하기 위해서
㉱ 벽체를 튼튼하게 하기 위해서
해설 · 공간 조적벽의 목적 : 방습, 방음, 단열

문제 58. 공간 조적벽에 관한 기술 중 틀린 것은?
㉮ 공간은 20 cm 이상 띄운다.
㉯ 방습, 방한, 방서, 방음효과가 있다.
㉰ 가로 연결철물의 간격은 90~100 cm로 한다.
㉱ 세로 연결철물의 간격은 6켜 이내마다 한다.
해설 공간을 5~12 cm 정도, 보통 5 cm 정도 띄운다.

문제 59. 벽돌 벽체의 벽 두께가 1 B일 때 테두리보의 춤은?
㉮ 33 cm 이상 ㉯ 28.5 cm 이상
㉰ 22 cm 이상 ㉱ 15 cm 이상
해설 1 B = 19 cm × 1.5배 = 28.5
벽돌조 내력벽의 위에는 벽 두께의 1.5배인 철근 콘크리트 또는 철골구조의 테두리보를 설치해야 한다.

문제 60. 벽돌조 문골에 대한 기술 중 틀린 것은?
㉮ 조적조의 내력벽 위에는 철골구조, 철근 콘크리트보의 춤이 벽두께의 1.5배인 테두리보를 설치한다.
㉯ 대린벽으로 구획된 벽에서 문골 너비의 합계는 그 벽의 길이의 1/2 이하로 한다.
㉰ 문골과 바로 위에 있는 문골과의 수직거리는 60 cm 이상으로 한다.
㉱ 문골 상호간의 수평거리는 문골 너비의 2배 이상으로 한다.
해설 문골 상호간, 문골과 대린벽 중심과의 수평거리는 그 벽두께의 2배 이상으로 한다.

문제 61. 벽돌조 문골에 철근 콘크리트 윗인방을 설치해야 하는 문골의 최소 너비는?
㉮ 1 m   ㉯ 1.8 m
㉰ 2.5 m   ㉱ 3 m
해설 문골의 너비가 1.8 m 이상 되는 문골 상부에는 철근 콘크리트 구조의 윗인방을 설치한다.

문제 62. 벽돌조 문골에 철근 콘크리트 윗인방을 설치할 때에 양쪽 벽에 물리는 부분의 길이는?
㉮ 10 cm 이상 ㉯ 20 cm 이상
㉰ 30 cm 이상 ㉱ 50 cm 이상
해설 양쪽으로 물리는 길이는 20 cm 이상으로 한다.

문제 63. 벽돌조 내력벽 위에 설치하는 테두리보의 춤은?
㉮ 벽 두께의 1.5배 이상
㉯ 벽 두께의 3배 이상
㉰ 테두리보 너비의 1.5배
㉱ 테두리보 너비의 3배
해설 · 테두리보 : 내력벽 위에는 춤이 벽두께의 1.5배 이상인 철골 또는 철근 콘크리트보를 설치한다.

문제 64. 보통 벽돌을 써서 줄눈을 쐐기형으로 하여 만든 아치는?
㉮ 본 아치   ㉯ 거친 아치
㉰ 막만든 아치   ㉱ 층두리 아치
해설 ㉮ 본 아치 : 아치 벽돌을 써서 줄눈너비를 일정하게 만든 것
㉰ 막만든 아치 : 온장을 아치 벽돌처럼 마름질하여 본 아치 쌓기와 동일하게 하는 것
㉱ 층두리 아치 : 몇 개의 층을 지어 겹쳐 쌓는 것

문제 65. 벽돌조 내력벽을 잘못 설명한 것은?

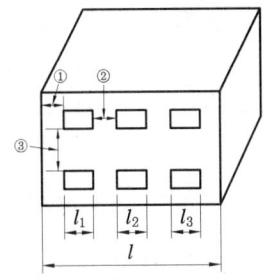

㉮ ① 벽 두께의 2배
㉯ ② 벽 두께의 2배
㉰ ③ 60 cm 이상
㉱ $l_1 + l_2 + l_3$ 는 벽 길이의 1/3 이상
해설 각 층의 대린벽으로 구획된 벽에서 문골 너비의 합계는 그 벽 길이의 1/2 이하로 한다.

문제 66. 벽돌조 내력벽의 가로 홈파기는 벽두께의 얼마 이하로 하는가?
㉮ 1배   ㉯ 3/4배
㉰ 1/2배   ㉱ 1/3배
해설 · 가로홈 : 길이는 3 m 이하, 홈의 깊이는 벽두께의 1/3 이하로 한다.

문제 67. 아치는 부재의 하부에 어떤 힘이 생기지 않게 한 구조인가?
㉮ 직압력   ㉯ 압축력
㉰ 횡력   ㉱ 인장력
해설 아치는 상부에서 오는 수직압력이 아치 축선에 따라 좌우로 나누어져 밑으로 직압력만 전달되게 한 것. 부재하는 데 인장력이 발생하지 않는 구조

문제 68. 블록에 관한 기술 중 옳지 않은 것은 어느 것인가?
㉮ 블록 제작 시 용적 배합비는 1 : 3~1 : 5 로 한다.
㉯ BI형 기본 블록의 치수는 길이 390 mm, 높이 190 mm, 두께는 190 mm, 150 mm, 100 mm이다.
㉰ BI형, BM형, BS형, 재래형으로 구분되고 주로 BI형이 쓰인다.
㉱ 블록의 1일 쌓기는 6켜에서 7켜로 한다.
해설 블록 제작시 용적 배합비는 1 : 5~1 : 7 정도로 한다.

문제 69. 다음 블록 구조에 대한 기술 중 틀린 것은?
㉮ 내화, 방한, 방서, 방음적이다.
㉯ 공사비가 저렴하다.
㉰ 횡력에 강하다.
㉱ 경량구조이다.
해설 조적구조 (돌, 벽돌, 블록 구조)는 횡력 (지진력, 풍압력)에 약하다.

문제 70. 블록 제작시 시멘트와 골재의 용적 배합비로 옳은 것은?
㉮ 1 : 1~1 : 2   ㉯ 1 : 2~1 : 3
㉰ 1 : 5~1 : 7   ㉱ 1 : 7~1 : 8
해설 블록 제작 시 용적 배합비는 1 : 5~1 : 7 정도로 한다.

문제 71. 가장 많이 사용되는 기본형 블록의 치수로 잘못된 것은? (단위 : mm)
㉮ 390×190×290   ㉯ 390×190×190
㉰ 390×190×150   ㉱ 390×190×100
해설 · 기본형 블록 치수 : 390×190×190 (150, 100)

문제 72. 다음 중 2급 블록의 전 단면적에 대한 압축강도는?
㉮ 60 kgf/cm² 이상   ㉯ 40 kgf/cm² 이상
㉰ 25 kgf/cm² 이상   ㉱ 10 kgf/cm² 이상
해설 · 전 단면적에 대한 압축강도

종 류	전 단면적에 대한 압축강도
1급 블록	60 kgf/cm² 이상
2급 블록	40 kgf/cm² 이상
3급 블록	25 kgf/cm² 이상

해답 66. ㉱ 67. ㉱ 68. ㉮ 69. ㉰ 70. ㉰ 71. ㉮ 72. ㉯

문제 73. 블록의 형식에 따른 분류 중 가장 많이 쓰이는 것은?
㉮ BI형　　　　㉯ BM형
㉰ BS형　　　　㉱ 재래형
해설 블록은 BI형, BM형, 재래형 등으로 분류되나, 주로 쓰이는 것은 BI형이다.

문제 74. 벽의 모서리, 창문 옆 또는 붙임기둥 등에 사용되는 블록은?
㉮ 평마구리 블록　　㉯ 인방 블록
㉰ 창식 블록　　　　㉱ 가로근용 블록
해설 · 평마구리형 : 한 마무리 평블록과 양 마구리 평블록이 있고, 벽의 모서리, 창문 옆, 붙임기둥 등에 쓰인다.

문제 75. 블록 쌓기용 모르타르의 용적 배합비는?
㉮ 1 : 1~1 : 3　　㉯ 1 : 3~1 : 5
㉰ 1 : 5~1 : 7　　㉱ 1 : 7~1 : 9
해설 블록 쌓기용 모르타르 용적 배합비는 1 : 3~1 : 5 정도이다.

문제 76. 블록 쌓기용 모르타르는 블록 강도의 몇 배 정도로 하는가?
㉮ 1.2배　　　　㉯ 1.3~1.5배
㉰ 3~5배　　　　㉱ 5~7배
해설 모르타르 강도는 블록 강도의 1 : 3~1 : 5 정도이다.

문제 77. 다음 블록 쌓기에 대한 기술 중 틀린 것은?
㉮ 줄눈의 너비는 가로, 세로 모두 10 mm를 표준으로 한다.
㉯ 블록의 살 두께가 두꺼운 쪽이 위로 오게 쌓는다.
㉰ 블록 1일 쌓기의 높이는 1.2~1.5 m를 표준으로 한다.
㉱ 블록의 구조용 내력벽은 통줄눈으로 쌓는 것을 원칙으로 한다.

해설 구조용 벽체는 통줄눈으로 쌓는 것을 피한다.

문제 78. 블록의 1일 쌓기 높이는?
㉮ 6~7켜　　　　㉯ 9~12켜
㉰ 15~17켜　　　㉱ 18~21켜

문제 79. 블록의 빈속에 철근을 배근하고 콘크리트를 부어 넣어 수직하중과 수평하중에 안전하게 견딜 수 있도록 보강한 형식은?
㉮ 조적식 블록조　　㉯ 블록 장막벽
㉰ 보강 블록조　　　㉱ 거푸집 블록조
해설 · 보강 블록조 : 블록의 빈속에 철근을 배근한 후 콘크리트를 부어 넣어 수직하중과 수평하중에 안전하게 견딜 수 있는 구조

문제 80. 보강 블록조의 내력벽 길이에 포함하지 않는 벽은?

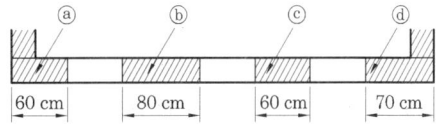
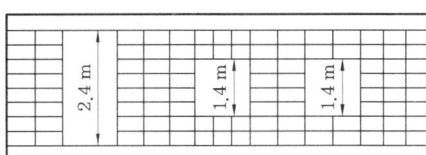

㉮ ⓐ　　　　㉯ ⓑ
㉰ ⓒ　　　　㉱ ⓓ
해설 평면상 내력벽 길이는 55 cm 이상으로 하거나 벽의 양쪽에 있는 문골 높이의 평균값의 30 % 이상으로 한다.
ⓐ 60 cm > 55 cm, 2.4 m×30 % = 72 cm
　∴ 72 cm 이상
ⓑ 80 cm > 55 cm, $\frac{2.4+1.4}{2} \times 30\% = 57$ cm
　∴ 57 cm 이상
ⓒ 60 cm > 55 cm, 1.4×30 % = 42 cm
　∴ 42 cm 이상
ⓓ 70 cm > 52 cm, 1.4×30 % = 42 cm
　∴ 42 cm 이상

해답 73. ㉮　74. ㉮　75. ㉯　76. ㉯　77. ㉱　78. ㉮　79. ㉰　80. ㉮

문제 81. 보강 블록조의 내력벽의 두께는?
㉮ 15 cm 이상   ㉯ 19 cm 이상
㉰ 29 cm 이상   ㉱ 39 cm 이상
[해설] 보강 블록조의 내력벽의 두께는 15 cm 이상으로 하며, 구조상 중요한 지점간의 수평거리의 1/50 이상이다.

문제 82. 보강 블록조에서 내력벽을 수평응력에 강하게 하는 방법으로 바람직한 것은?
㉮ 내력벽의 양을 감소시킨다.
㉯ 내력벽의 두께를 두껍게 한다.
㉰ 내력벽의 길이를 길게 한다.
㉱ 내력벽의 높이를 높게 한다.
[해설] 벽의 길이를 길게 하여 내력벽의 양을 증가시키는 것이 바람직하다.

문제 83. 보강 블록조의 내력벽에 관한 기술 중 옳지 않은 것은?
㉮ 내력벽의 길이는 55 cm 이상으로 한다.
㉯ 내력벽의 길이는 벽의 양쪽에 있는 문골 높이 평균값의 30 % 이상으로 한다.
㉰ 벽량이란 그 층의 바닥면적(m²)을 내력벽 전체 길이로 나눈 것이다.
㉱ 수평응력에 강하게 하려면 벽 두께를 두껍게 하는 것보다, 벽의 길이를 길게 하여 내력벽의 양을 증가시킴이 바람직하다.
[해설] • 벽량 : 내력벽의 전체 길이를 합한 것을 그 층의 바닥면적으로 나눈 값

문제 84. 보강 블록조에서 벽량이라 함은?
㉮ 단위면적에 대한 그 면적 내에 있는 벽 길이의 비
㉯ 개구부 면적의 벽 면적에 대한 비
㉰ 각 층의 개구부 면적을 제한 벽의 양
㉱ 건물면적에 대한 벽 면적의 비
[해설] 벽량 (cm/m²) = $\dfrac{벽의\ 길이\ (cm)}{바닥\ 면적\ (m^2)}$

문제 85. 돌구조에 관한 기술 중 옳지 않은 것은?
㉮ 내구・내화적이며, 외관이 장중 미려하고 방한・방서적이다.
㉯ 자체 무게가 무겁고 수평력에 약하다.
㉰ 실내 유효면적이 커진다.
㉱ 재료 가공이 어렵다.
[해설] 벽체 두께가 커서 실내 유효면적이 작아진다.

문제 86. 공간벽과 덧붙임벽에 많이 쓰이는 조적 방법은?
㉮ 길이쌓기   ㉯ 마구리 쌓기
㉰ 옆세워 쌓기 ㉱ 세워쌓기
[해설] 길이쌓기는 공간벽과 덧붙임벽, 칸막이벽 및 담쌓기 등에 사용한다.

문제 87. 신형 벽돌 1.5 B의 두께치수 중 옳은 것은?
㉮ 29 cm ㉯ 30 cm ㉰ 31 cm ㉱ 32 cm
[해설] • 벽돌의 두께

종류 \ 두께	0.5 B	1.0 B	1.5 B	2.0 B
장려형 (신형)	90	190	290	390
	계산식 (단, n : 벽 두께)			
	$90+[\{(n-0.5)/0.5\}\times100]$			
재래형 (구형)	100	210	320	430
	계산식 (단, n : 벽 두께)			
	$100+[\{(n-0.5)/0.5\}\times100]$			

∴ $90+[\{(1.5-0.5)/0.5\}\times100]=290$ mm

문제 88. 벽돌조에서 통줄눈으로 시공할 때 나타나는 현상이 아닌 것은?
㉮ 지면으로부터 습기가 올라온다.
㉯ 미관상 아름다워 때때로 사용한다.
㉰ 통줄눈은 상부 힘을 균등하게 전달한다.
㉱ 통줄눈은 비교적 강도가 약하다.
[해설] 통줄눈은 세로줄눈의 아래 위가 통한 줄

[해답] 81. ㉮ 82. ㉰ 83. ㉰ 84. ㉮ 85. ㉰ 86. ㉮ 87. ㉮ 88. ㉰

눈으로 하중의 집중현상이 일어나 균열이 발생하고, 지반에 습기가 차기 쉽다.

문제 89. 블록벽 쌓기에 있어 와이어 메시(wire mesh)를 줄눈에 묻어 쌓는 이유로 맞지 않은 것은?
㉮ 블록벽에 가해지는 횡력에 효과가 있다.
㉯ 블록벽의 균열을 방지하는 효과가 있다.
㉰ 블록벽의 수직하중을 경감하는 효과가 있다.
㉱ 블록벽의 교차부에 균열이 가는 것을 보강하는 효과가 있다.
[해설] 와이어 메시는 블록 구조에 있어서 벽면의 신축균열과 교차부 또는 횡력에 안전하도록 대는 철망을 말한다.

문제 90. 벽돌구조의 기초쌓기와 내쌓기에 대한 기술 중 옳지 않은 것은?
㉮ 푸팅을 넓히는 경사는 60° 이상으로 하고 벽체에서 두 단씩 벽돌길이의 1/4씩 벌려 쌓는다.
㉯ 콘크리트 기초판의 두께는 그 너비의 1/3 정도로 하고 벽돌조보다 50 mm 정도로 내민다.
㉰ 잡석다짐은 두께 200~300 mm, 너비는 콘크리트보다 100 mm 이상 넓힌다.
㉱ 내쌓기는 보통 B/8 한 단씩 또는 B/4 두 단씩 내쌓고 내미는 정도는 2 B이다.
[해설] 콘크리트 기초판의 두께는 그 너비의 1/3 정도로 하고, 벽돌면보다 10~15 cm 정도 내밀고 철근을 보강한다.

문제 91. 공간 조적벽 쌓기에는 표준형 벽돌로 벽돌 바깥벽 0.5 B, 공간 50 mm, 안벽 1.0 B로 할 때 벽체의 총 두께는?
㉮ 320 mm   ㉯ 290 mm
㉰ 330 mm   ㉱ 350 mm
[해설] 0.5 B=90 mm, 1.0 B=190 mm, 공간 : 50 mm
∴ 벽 두께 = 90+190+50 = 330 mm

문제 92. 수평 규준틀에서 수평 띠장 윗면은 지반에서 어느 정도를 두고 설치하는가?
㉮ 30 cm   ㉯ 45 cm
㉰ 50 cm   ㉱ 65 cm

문제 93. 조적조에 관한 규정 중 옳지 않은 것은?
㉮ 벽돌벽 두께는 벽 높이의 1/20 이상으로 한다.
㉯ 블록벽 두께는 벽 높이의 1/16 이상으로 한다.
㉰ 내력벽으로 둘러싸인 바닥면적은 최대 60 m² 이하로 한다.
㉱ 토압을 받는 부분의 높이가 2.5 m 이하일 때는 벽돌조 내력벽으로 할 수 있다.
[해설] 조적조에서 내력벽으로 둘러싸인 부분의 바닥면적은 80 m² 이하로 하고, 60 m²를 넘을 때에는 그 내력벽의 두께는 달리 정한다.

문제 94. 조적조의 기초를 잡석지정으로 할 때 어느 정도의 잡석을 사용하면 적당한가?
㉮ 1~10 cm   ㉯ 10~20 cm
㉰ 20~30 cm   ㉱ 30~40 cm
[해설] 벽돌조의 기초에서 잡석다짐의 두께는 20~30 cm, 너비는 콘크리트 기초판보다 10~15 cm 더 넓힌다.

문제 95. 벽돌구조에서 토압을 받는 부분의 벽 높이가 1.5 m이고 그 직상층의 벽 두께가 19 cm일 때 토압을 받는 벽 두께는 얼마 이상으로 해야 하는가?
㉮ 19 cm 이상   ㉯ 20 cm 이상
㉰ 25 cm 이상   ㉱ 29 cm 이상
[해설] 190 mm + 100 mm = 290 mm = 29 cm 이상

문제 96. 조적조의 벽에 관한 사항 중 틀린 것은?
㉮ 부축벽은 비내력 보강용으로만 쓴다.

[해답] 89. ㉰   90. ㉯   91. ㉰   92. ㉱   93. ㉰   94. ㉰   95. ㉱   96. ㉮

㉯ 공간쌓기의 공간은 10 cm 이하로 한다.
㉰ 벽 길이는 10 m 이하로 한다.
㉱ 벽 두께는 벽 높이의 1/20 이상으로 한다.
[해설] 부축벽은 길고 높은 벽돌의 벽체를 보강하기 위하여 벽돌벽에 붙여 만든 기둥 또는 벽체로서, 주로 내력벽에 사용한다.

[문제] 97. 조적조에서 보를 지지하는 벽돌기둥의 높이는 단면 최소 치수의 몇 배를 초과해서는 안 되는가?
㉮ 1.5배 ㉯ 2배 ㉰ 5배 ㉱ 10배
[해설] 독립기둥은 벽체와 일체가 되지 않게 영국식과 프랑스식으로 쌓은 내력 독립기둥을 말하며, 기둥의 높이는 기둥 단면 최소 치수의 10배를 넘지 않아야 한다.

[문제] 98. 벽돌 내력벽의 각층 높이의 얼마 이상으로 해야 하는가?
㉮ 1/10   ㉯ 1/16
㉰ 1/20   ㉱ 1/22
[해설] 벽돌벽인 경우는 벽 높이의 1/20 이상으로 한다.

[문제] 99. 다음 장막벽의 기술 중 옳은 것은?
㉮ 장막벽은 구조적으로 내력벽의 역할을 한다.
㉯ 장막벽은 단순히 칸막이의 역할을 하는 정도이다.
㉰ 철근 콘크리트 구조로 반드시 하여야 한다.
㉱ 나무구조, 블록 구조 등으로 해서는 안 된다.
[해설] 장막벽은 벽돌 벽체는 자체의 무게만 지지하는 벽으로서 단지 칸막이와 외·내부 의장의 의미를 띠는 구조체를 말한다.

[문제] 100. 보를 지지하는 벽돌 독립기둥의 높이가 6 m일 때 기둥 한 변의 크기는 얼마 이상으로 하는가?
㉮ 15 cm 이상   ㉯ 19 cm 이상
㉰ 43 cm 이상   ㉱ 60 cm 이상

[해설] 독립기둥 단면의 최소 치수의 10배를 넘지 않아야 하므로 600÷10=60 cm 이상으로 한다.

[문제] 101. 벽돌벽의 맨 위에 철근 콘크리트 구조의 테두리보를 반드시 설치해야 할 경우는?
㉮ 상부 바닥을 철근 콘크리트조로 할 때
㉯ 벽의 최대 길이를 15 m 이하로 할 때
㉰ 단층 건물로서 벽의 두께가 벽 높이의 1/16 이상일 때
㉱ 통줄눈 쌓기로 함을 원칙으로 한다.

[문제] 102. 다음 블록조에 관한 설명으로 옳지 않은 것은?
㉮ 테두리보의 유효너비는 대린벽 간 거리의 1/50 이상으로 한다.
㉯ 테두리보의 춤은 벽 두께의 1.5배 이상으로 한다.
㉰ 블록 속에 들어가는 철근의 피복두께는 블록 살두께를 포함하지 않고 2 cm 이상으로 한다.
㉱ 철근의 정착길이는 40 d 이상 정착해야 한다 (d : 철근의 지름).
[해설] 보의 유효폭은 일반적으로 대린벽 간거리의 1/20 이상이어야 한다.

[문제] 103. 벽돌 독립기둥의 높이가 3 m일 경우 정사각형 기둥 한 변의 최소치로 적당한 것은?
㉮ 20×20 cm   ㉯ 28×28 cm
㉰ 25×25 cm   ㉱ 32×32 cm
[해설] 독립기둥의 높이는 기둥 단면 최소 치수의 10배를 넘지 않아야 하므로 300÷10=30 cm이다.

[문제] 104. 벽 두께 1.5 B인 벽돌 벽체의 문골 상호간의 최소 수평거리는?

[해답] 97. ㉱ 98. ㉰ 99. ㉯ 100. ㉱ 101. ㉯ 102. ㉮ 103. ㉱ 104. ㉰

㉮ 32 cm ㉯ 48 cm
㉰ 64 cm ㉱ 80 cm

[해설] 문골 상호간의 거리는 그 벽 두께의 2배 이상이므로 320 mm×2=640 mm=64 cm

문제 105. 블록 구조의 기술 중 잘못된 것은?
㉮ 수직하중을 균일하게 부담시킨다.
㉯ 내력벽은 균등하게 배치시킨다.
㉰ 기초의 부동침하가 생기지 않도록 한다.
㉱ 통줄눈 쌓기로 함을 원칙으로 한다.

[해설] • 블록 구조의 특징
① 대량생산, 경량, 불연, 방음, 방서, 방한적인 구조이다.
② 시공이 간단하여 공사기간의 단축과 경비 절약이 된다.
③ 부동침하가 작은 경우에도 균열이 발생한다.
④ 지진, 수평력에 약하다.

문제 106. 보강 블록조의 내력벽 구조에 관한 기술 중 옳지 않은 것은?
㉮ 벽 두께는 층수가 많을수록 두껍게 하며, 최소 두께를 15 cm 이상으로 한다.
㉯ 수평응력에 강하게 하려면 벽량을 증가시킨다.
㉰ 위층의 내력벽과 아래층의 내력벽은 바로 위아래에 위치하게 한다.
㉱ 벽 길이의 합계가 같을 때 긴 벽이 연속되어 있는 것보다 짧은 벽이 많이 있는 것이 좋다.

[해설] 평면상의 내력벽 길이는 55 cm 이상 (보통 60 cm)으로 하거나, 벽의 양쪽에 있는 문골 높이의 평균값 30 % 이상으로 하여야 한다.

문제 107. 조적조의 개구부 설치에 관한 기술 중 옳은 것은?
㉮ 각 벽의 개구부 폭의 합계는 그 벽 길이의 1/3 이하로 한다.
㉯ 직상 개구부와의 수직거리는 55 cm 이상으로 한다.
㉰ 개구부와 대린벽의 중심과의 수평거리는 벽 두께의 2배 이상으로 한다.
㉱ 폭 1.2 m를 넘는 개구부의 상부에는 철근 콘크리트의 윗인방을 설치한다.

[해설] ① 문골 바로 위에 있는 문골과의 수직거리는 60 cm 이상으로 한다.
② 각 벽의 개구부 폭의 합계는 그 벽 길이의 1/2 이하로 한다.
③ 폭 1.8 m를 넘는 개구부의 상부에는 철근 콘크리트의 윗인방을 설치한다.

문제 108. 다음 중 라멘 구조체의 벽에 많이 사용되는 블록조는?
㉮ 블록 장막벽조 ㉯ 보강 블록조
㉰ 조적식 블록조 ㉱ 거푸집 블록조

[해설] 블록 구조의 형식으로는 조적식 블록조, 블록 장막벽, 보강 블록조, 거푸집 블록조가 있다.

문제 109. 압축강도가 가장 커서 주로 구조재료로 쓰이는 석재는?
㉮ 화강암 ㉯ 대리석
㉰ 점판암 ㉱ 석회석

[해설] 화강암은 석질이 견고하고 풍화작용이나 마멸에 강하며, 또 바탕색이나 반점이 아름다워서 토목의 구조재, 내·외장재로 많이 사용된다.

문제 110. 돌 접합에 관한 설명 중 부적당한 것은?
㉮ 꺾쇠나 은장을 묻어 납을 채운다.
㉯ 장부 이음으로 한다.
㉰ 엇걸이 이음으로 하여 산지를 꽂는다.
㉱ 맞댄 이음으로 하여 줄눈에 깔 모르타르와 사춤 모르타르로 채운다.

[해설] 돌 접합의 보강방법으로 꽂임촉, 꺾쇠·은장, 반턱, 제혀, 장부 이음, 접착 등이 있다.

문제 111. 콘크리트 블록 구조에서 부축벽의 길이로서 옳지 않은 기술은?

[해답] 105. ㉱ 106. ㉱ 107. ㉰ 108. ㉮ 109. ㉮ 110. ㉰ 111. ㉱

㉮ 층 높이의 1/3 정도
㉯ 단층에서는 1 m 이상
㉰ 2층의 밑층에서는 2 m 이상
㉱ 층수에 관계없이 1.5 m 이상

[해설] 부축벽의 길이는 층 높이의 1/3 정도, 또 단층에서는 1 m 이상, 2층의 밑층에서는 2 m 이상으로 한다.

[문제] 112. 보강 콘크리트 블록조의 벽량은 얼마 이상으로 하는가?

㉮ 10 cm/m²   ㉯ 15 cm/m²
㉰ 20 cm/m²   ㉱ 25 cm/m²

[해설] 보강 블록조의 벽량은 보통 15 cm/m² 이상으로 하고, 내력벽의 양이 증가할수록 횡력에 대항하는 힘이 커지므로 큰 건물일수록 벽량을 증가할 필요가 없다.

[문제] 113. 블록을 쌓을 때 보강 와이어 메시는 어디에 사용하는가?

㉮ 수평줄눈
㉯ 수직줄눈
㉰ 인방보 U자형 블록
㉱ 장식 블록

[해설] 와이어 메시는 속이 빈 시멘트 블록을 쌓을 때 수평줄눈에 묻어 놓아 벽면의 신축균열, 교차부 또는 횡력에 안전하도록 대는 철선으로 된 좁은 망형의 철물이다.

[문제] 114. 벽돌구조의 아치는 부재에 어떤 힘이 생기지 않게 된 구조인가?

㉮ 압축력   ㉯ 인장력
㉰ 직압력   ㉱ 수직력

[해설] 아치는 직압력을 개구부 양측으로 전달되게 하여, 하부에 인장력이 생기지 않게 한 구조이다.

[문제] 115. 조적식 구조에서 칸막이벽의 두께는 최소 얼마 이상으로 하는가?

㉮ 9 cm   ㉯ 12 cm
㉰ 15 cm   ㉱ 20 cm

[해설] 칸막이벽의 최소 두께는 9 cm이고 직상층에 또다른 칸막이벽이 있을 경우는 19 cm로 한다.

[해답] 112. ㉯   113. ㉮   114. ㉯   115. ㉮

5 철근 콘크리트 구조
CHAPTER

1. 철근 콘크리트 총론

(1) 개 요
철근 콘크리트는 철근으로 보강한 콘크리트(reinforced concrete)라는 뜻으로 콘크리트는 압축력에는 상당한 저항력을 가지고 있으나 인장력에는 극히 약하므로, 이 약점을 인장에 강한 철근으로 보강하여 형성한 합성 구조제이다.

(2) 철근 콘크리트의 구조 및 원리
① 콘크리트는 압축력에는 강하나 인장력에는 약하므로 인장부에는 철근으로 보강한다.
② 콘크리트는 철근이 녹스는 것을 방지한다.
③ 철근과 콘크리트의 선팽창 계수가 거의 같고 부착력이 크다.
④ 콘크리트는 내구·내화성이 있어 철근을 피복하여 구조제는 내구, 내화적이 된다.

(3) 철근 콘크리트 구조의 특징
① 장점
  (가) 내화성과 내구성이 크다.
  (나) 내풍, 내진성이 크다.
  (다) 재료의 구입이 용이하다.
  (라) 설계자유의 이점이 있다.
  (마) 건축물의 유지 및 관리가 용이하다.
② 단점
  (가) 건축물의 자중이 크다.
  (나) 시공의 좋고 나쁨에 의한 영향이 크다.
  (다) 시공방법이 습식이므로 공사기간이 길다.
  (라) 가설물의 비용이 많이 든다.
  (마) 균질한 시공을 하기가 어렵다.
  (바) 해체, 이전, 개조 등의 형태 변경을 하기가 어렵다.
  (사) 전음도가 크다.

2. 구조형식

(1) 라멘 구조
　기둥, 보를 강접합하고, 이것에 하중을 부담시키는 방식으로 벽, 슬래브도 기둥이나 보 등의 뼈대와 일체로 구성된다.

(2) 플랫 슬래브 구조
　실내공간을 크게 하기 위하여 보를 설치하지 않고 철근 콘크리트 슬래브가 보를 겸한 형식으로 창고, 공장 등에 많이 이용된다.

(3) 벽식구조
　벽체에 문골이 적고, 칸막이벽이 많은 저층의 공동주택 등에 많이 쓰이는 것으로서 판상의 벽체와 바닥 슬래브를 일체적으로 구성한 구조이다.

(4) 셸 구조
　아주 얇은 원통 셸로 된 구조로서, 압축력이나 휨 모멘트에 강한 역학적 특성이 있어, 큰 간사이의 지붕이나 벽면을 경량구조로 구성할 수 있다.

3. 사용재료

(1) 철 근
　① 원형철근 : ϕ로 표시한다.
　② 이형철근 : D로 표시한다.
　③ 용접철망 : 냉간 인발철선을 직교시켜 배치하고 그 교점을 용접한 것이다.
　　㈜ 철근 지름이 16 mm 인 경우 이형철근은 D16, 원형철근은 ϕ16으로 표시한다.
　④ 건설공사에서는 콘크리트와의 부착이 잘 되게 하기 위하여 이형철근이 많이 이용된다.
　⑤ 이형철근의 지름이나 단면적은 그 이형철근과 같은 단위중량의 둥근철근을 가상한 지름이나 단면적으로 표시한다.

(2) 콘크리트
　시멘트 풀의 접착력에 의하여 모래와 자갈 등의 골재를 결합시킨 것이다.
　① 시멘트, 물, 골재
　　㈎ 콘크리트에 사용되는 보통 포틀랜드 시멘트는 KS L 5201의 규격품을 사용한다.
　　㈏ 물은 깨끗하고 산, 알칼리, 기름이나 유해한 유기 불순물 등이 포함되어 있지 않는 수도물이나 우물물을 사용한다.
　　㈐ 바닷물은 사용하지 않는 것이 좋다.

㈐ 골재는 유해량의 먼지, 흙, 유기 불순물이 포함되지 않고 소요의 내화성, 내구성이 있어야 한다.

㈑ 모래는 되도록 알갱이가 견고한 것이 좋다.

㈒ 자갈은 철근과 철근 사이, 거푸집과 철근 사이를 자유롭게 통과할 수 있는 크기이어야 한다.

㈓ 골재의 강도는 시멘트 모르타르가 경화된 후의 강도보다 커야 한다.

② 배합 : 배합에 사용되는 물의 양은 콘크리트 작업을 하는 데 지장이 없는 범위에서 되도록 적게 사용하는 것이 콘크리트의 질을 높이게 되므로 좋다.

③ 중량, 강도

㈎ 철근 콘크리트 중량 : 2.4 tf/m^3

㈏ 무근 콘크리트 중량 : 2.3 tf/m^3

㈐ 철근 콘크리트의 4주 압축강도 : 150 kgf/cm^2 이상

(3) 특수 콘크리트

① 경량 콘크리트

㈎ 건축물의 경량, 단열, 방음 등의 효과를 얻기 위하여 쓰인다.

㈏ 구조용, 지붕 방수층, 보호층 등에 이용된다.

㈐ 경량골재 콘크리트는 화산석, 탄각, 질석 등의 경량골재가 쓰이며, 기포 콘크리트는 혼화제 등을 써서 유공질이 되게 만든 것이다.

㈑ 구조용으로 쓰일 때의 4주 압축강도는 110 kgf/cm^2 이상이어야 한다.

㈒ 비중은 2.0 이하이다.

② AE 콘크리트

㈎ 콘크리트를 비빌 때 AE제를 첨가하면 미세한 기포가 생겨 볼 베어링과 같은 역할을 하여 시공연도를 증진시키고, 단위수량을 감소할 수 있다.

㈏ AE제를 사용하면 콘크리트의 내구성, 내한성이 커지나 너무 많으면 콘크리트의 강도가 저하된다.

③ 중량 콘크리트 : X선, Y선 등의 방사선 차단용으로 황철광, 자철광 등과 같은 비중이 큰 중량골재를 사용한 콘크리트이다.

④ 레디믹스트(ready mixed) 콘크리트 : 공장에서 생산하여 트럭이나 혼합기로 현장에 공급하는 콘크리트이다.

(4) 혼화재료

① 콘크리트나 모르타르의 성질을 개선하기 위하여 포졸란, AE제, 분산제, 급결제, 방수제 등이 쓰인다.

② 응결경화 촉진제로 염화칼슘을 사용하나 철근 콘크리트에는 사용하지 않는다.

4. 뼈 대

(1) 구조계획
① 건축물의 형상 : 정방형이나 정방형에 가까운 장방형의 평면형이 좋다.
② 기둥배치
　㈎ 평면적으로는 같은 간격으로 배치하며, 입체적으로는 위층과 밑층의 기둥이 같은 선상에 있도록 하는 것이 중요하다.
　㈏ 기둥 1개가 지지하는 바닥면적은 각 층마다 30 m^2 정도를 기준으로 한다.
　㈐ 경제적인 기둥 간사이는 6 m 정도로 한다.

(2) 배 근
① 배근의 기본
　㈎ 콘크리트는 압축력에는 강하나 인장력에는 매우 약하므로 인장력에 강한 철근을 배치하여 보강한다.
　㈏ 다음 그림과 같이 휨 모멘트에 의하여 인장력이 일어나는 부분에는 반드시 철근을 배근하도록 한다.

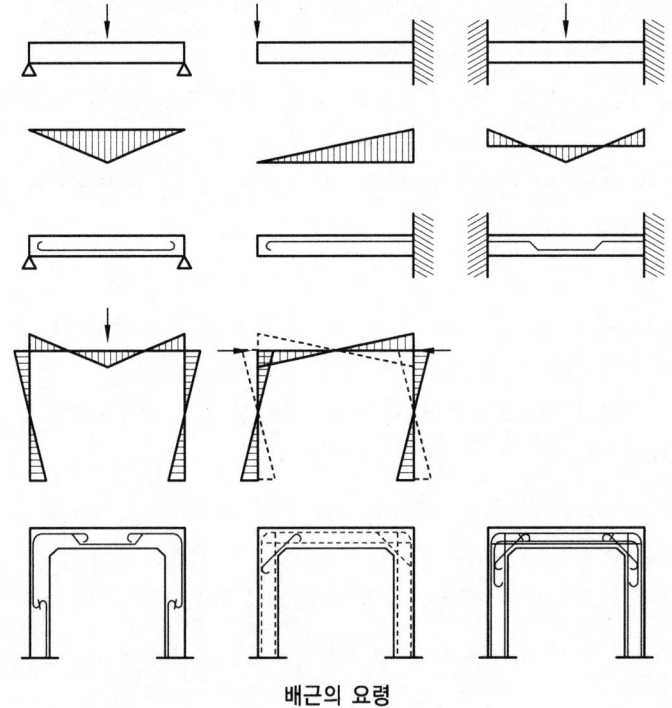

배근의 요령

② 부착
　㈎ 원형철근보다 이형철근이 부착강도가 크다.
　㈏ 철근의 단면적이 같은 경우 굵은 철근을 적게 넣은 것보다 가는 철근의 개수를 많이 넣는 편이 부착강도가 크다.

㈐ 철근 표면의 마디와 리브가 클수록 부착강도가 크다.
㈑ 콘크리트의 강도가 클수록 부착강도가 크다.
③ 이음 및 정착
　㈎ 이음 및 정착길이
　　• 큰 인장력을 받는 부분 : 철근 지름의 40배 이상
　　• 작은 인장력을 받는 부분, 압축력을 받는 부분 : 철근 지름의 25배 이상
　㈏ 이음 길이 : 갈고리 중심 사이의 거리
　㈐ 이음 및 정착 시 갈고리를 두어야 한다 (단, 이형철근의 경우는 갈고리를 두지 않아도 되나 기둥과 보 (기초보 제외)의 외곽 모서리 또는 굴뚝에 사용되는 이형철근의 경우는 갈고리를 두어야 한다).
　㈑ 철근의 이음 위치
　　• 휨 모멘트가 작게 작용하는 부분　　• 인장력이 작게 작용하는 부분
　　• 압축력이 작용하는 부분
　㈒ 철근 구부리기 기준

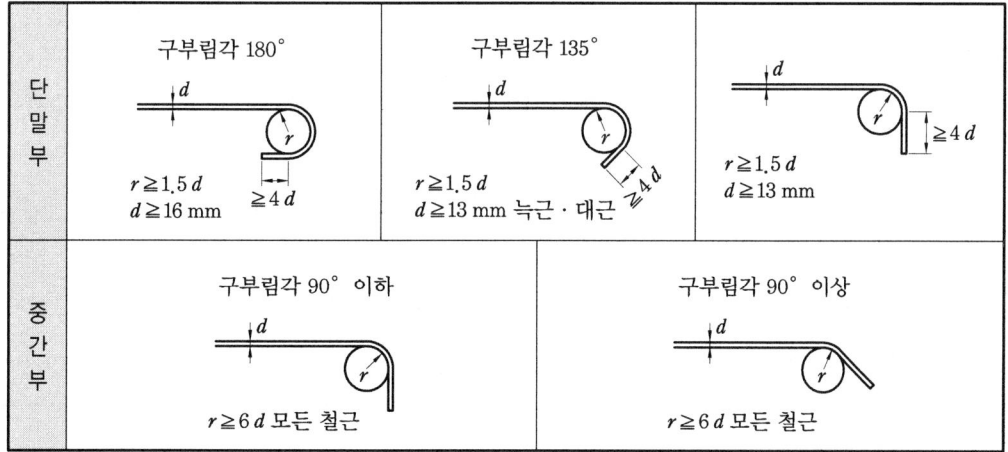

　㈓ 철근의 정착길이

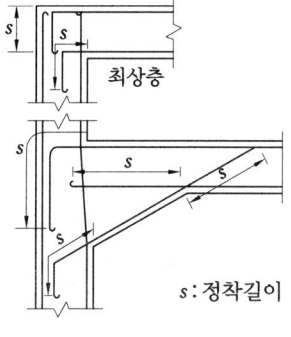

정착길이

④ 철근의 간격과 피복두께

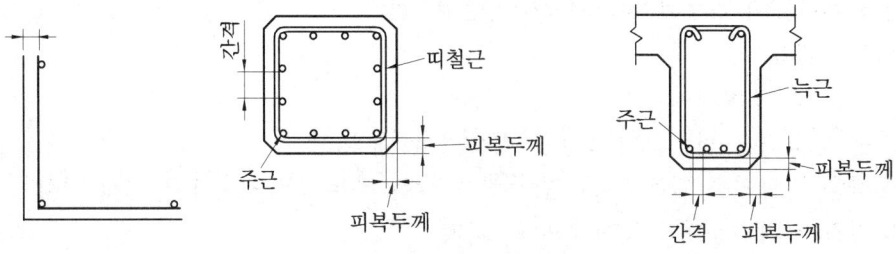

철근의 간격과 피복두께

(개) 주근의 간격은 다음 값 중 큰 값 이상으로 한다.
- 주근 지름의 1.5배
- 최대 자갈 지름의 1.25배
- 2.5 cm

(내) 철근 콘크리트 피복두께의 최소값

철근에 대한 콘크리트 피복두께의 최소값 (cm)

구조 부분의 종류		피복두께
흙에 접하지 않는 부분	바닥 슬래브, 비내력벽	2
	기둥, 보, 내력벽	3 (다만, 옥내에 면하는 부분으로서 철근의 내구성을 위한 마무리가 있을 경우는 2 cm 이상)
직접 흙에 접하는 부분	기둥, 보, 바닥 슬래브, 벽	4
	기초 (밑창 콘크리트 제외)	6

(3) 보

① 보의 형태

(개) 보의 춤은 보 간사이의 1/10~1/12 정도, 보의 너비는 춤의 1/2 정도로 하는 것이 일반적이다.

(내) 보의 양단부는 일반적으로 휨 모멘트가 크게 작용하므로 양단부의 단면을 크게 하여 저항 모멘트를 증대시키고, 층고를 유효하게 이용하기 위하여 헌치를 만든다.

② 보의 주근

(개) 주근은 D13, φ12 이상을 쓰고, 배근 단수는 2단 이하로 한다.

(내) 주근 간격은 다음 값 중 큰 값 이상으로 한다.
- 2.5 cm
- 주근 지름의 1.5배

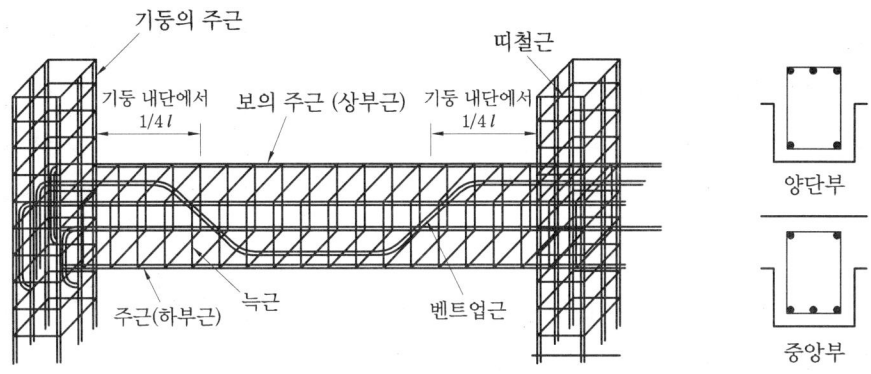

철근 콘크리트보의 배근

- 자갈 지름의 1.25배
- (다) 휨 모멘트에 의하여 보의 중앙에서는 아래쪽에, 양단부에서는 위쪽에 인장력이 일어난다. 따라서, 이 부분에 절곡근(굽힘철근)을 배치한다.
  - ㈜ 절곡근은 중앙부 아래쪽의 반곡점 부분에서 휘어 올린다.
- (라) 주근 이음 위치
  - 인장력이 작게 작용하는 부분
  - 압축력이 작용하는 부분
    - ㈜ 절곡근 : 인장력이 작게 작용하는 절곡 부분(기둥의 안쪽에서 보의 간사이의 약 1/4 되는 곳에서 이음을 한다.)

③ 늑근
  - (가) 늑근은 지름 6 mm 이상의 것을 쓰고, 늑근간격은 보 춤의 3/4 이하 또는 45 cm 이하로 배치한다.
  - (나) 늑근은 전단력에 저항한다.
  - (다) 양단부에서는 늑근을 베게 넣는다.
  - (라) 늑근의 끝에는 135° 이상으로 갈고리를 만들어 콘크리트 속에 충분히 정착시키거나 서로의 끝을 맞대어 용접한다.
  - (마) 보의 춤이 60 cm 이상일 때에는 늑근의 흔들림을 방지하기 위하여 중간에 보조근을 넣는다.

④ 헌치 : 보, 슬래브 단부의 단면을 중앙부와 단면보다 크게 한 부분으로 폭과 높이를 크게 하여 그 부분의 휨 모멘트나 전단력을 견디게 하기 위하여 단부의 단면을 증가한 부분으로서 헌치의 폭은 안목길이의 1/10~1/12 정도이며, 헌치의 춤은 헌치폭의 1/3 정도이다.

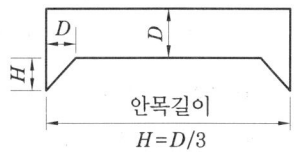

(4) 기둥

① 기둥의 형태

㈎ 기둥의 최소 단면치수는 20 cm 이상, 기둥 간사이의 1/15 이상으로 한다.

㈏ 기둥의 단면적은 600 cm² 이상이어야 한다.

② 주근

㈎ 주근은 D13, ∅12 이상의 것을 장방형, 정방형 기둥에서는 4개 이상, 원형기둥에서는 6개 이상을 사용한다.

㈏ 주근 간격

- 2.5 cm 이상
- 주근 지름의 1.5배 이상
- 자갈 지름의 1.25배 이상

㈐ 주근은 중심축에 대하여 대칭으로 배근한다.

㈑ 주근의 이음 위치는 기둥 유효 높이의 2/3 이내에 두어야 한다.

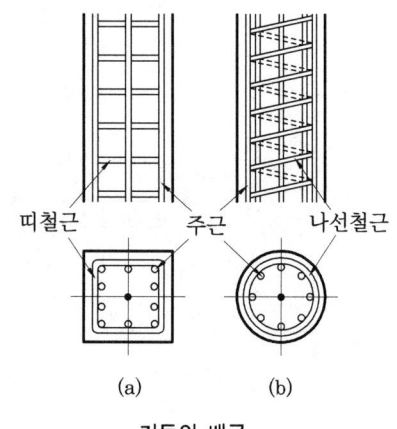

기둥의 배근

③ 띠철근

㈎ 띠철근, 나선철근은 지름 6 mm 이상의 것을 사용한다.

㈏ 띠철근의 간격 (다음 값 중 작은 값 이하로 한다.)

- 주근 지름의 16배 이하
- 띠철근 지름의 48배 이하
- 기둥의 최소 치수 이하
- 30 cm 이하

㈜ 기둥의 양단부에서는 조밀하게 넣는다.

㈐ 나선철근의 간격

- 최대 간격 : 8 cm 이하, 기둥 유효 지름의 1/6 이하
- 최소 간격 : 3 cm 이상, 굵은골재 지름의 1.5배 이상

㈑ 띠철근은 전단력에 대한 보강, 주근의 좌굴방지, 주근의 위치를 고정하는 역할을 한다.

(5) 바닥판

① 주근, 배력근

㈎ 주근 : 단변방향 (l_x)의 인장철근

㈏ 배력근 (부근) : 장변방향 (l_y)의 인장철근

㈐ 배력근 (부근)은 주근 안쪽에 배근한다.

㈑ 인장철근의 단면적은 콘크리트 전단면적에 대하여 이형철근인 경우 0.2 % 이상으로 한다.

㈒ 주근, 배력근 (부근)은 D10, ∅9 이상의 철근을 사용하거나 6 mm 이상의 용접

철망을 사용한다.

　㈕ 보의 안쪽에서 절곡 부분까지의 거리는 $l_x/4$로 한다.

② 주근, 배력근(부근)의 간격

　㈎ 주근은 20 cm 이하, 지름 9 mm 미만의 용접철망일 때는 15 cm 이하로 한다.

　㈏ 배력근(부근)은 30 cm 이하, 지름 9 mm 미만의 용접철망일 때는 20 cm 이하로 한다.

　　㈜ 단, 주변부(절곡 부분에서 보방향)에서는 중앙부의 2배로 하여도 좋다.

③ 바닥판의 두께는 8 cm 이상으로 한다.

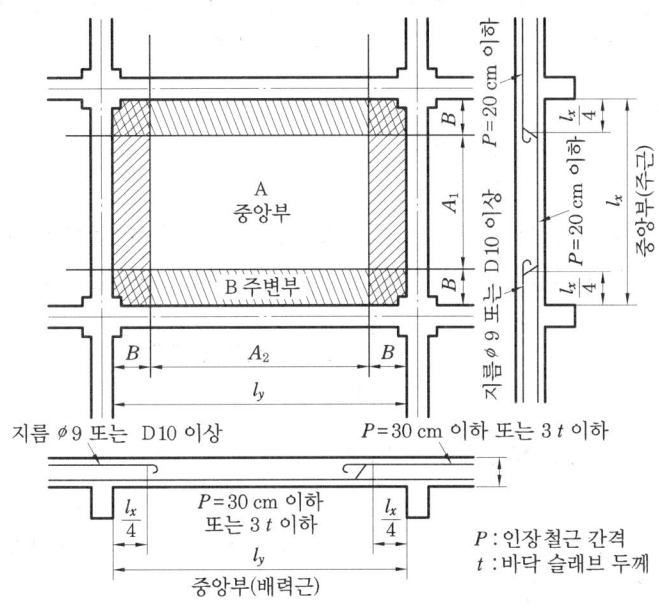

바닥 슬래브의 배근

(6) 계 단

배근방식은 바닥판과 같으며 바닥 슬래브 주위의 지지상태에 따라 다음과 같은 형식이 있다.

① 경사진 보의 형식　　② 경사진 바닥 슬래브의 형식

③ 캔틸레버보의 형식

(7) 벽 체

① 내진벽(내력벽) : 기둥과 보로 둘러싸인 벽으로 지진력, 바람 등의 수평하중을 받게 되므로 이러한 하중에 견딜 수 있어야 한다.

　㈎ 두께는 15 cm 이상으로 한다.

　㈏ 두께를 25 cm 이상으로 하는 경우는 복근으로 배근해야 한다.

　㈐ 철근은 $\phi 9$, D 10 이상의 것을 사용하고 배근간격은 45 cm 이하로 한다.

② 장막벽 : 단순히 공간을 막아주는 역할이므로 철근 콘크리트 구조로 할 필요가 없다.

5. 방 수

(1) 방수 종류
① 아스팔트 방수
② 모르타르 방수
③ 시트 방수 : 합성 고무계, 합성 수지계의 시트를 한 층만 붙여 방수효과를 얻는 방법이다.
④ 실(seal) 제에 의한 방수 : 건축물의 구성부재가 만나는 부분, 접합줄눈 부분, 창틀 주위 부분 등의 틈이 있거나 균열이 있는 장소로부터의 누수방지를 하기 위하여 각종 실제가 사용되며, 실제에는 코킹제, 실링제가 쓰인다.

(2) 아스팔트 방수
① 옥상 방수인 경우 : 물매는 1/100 정도
   ㈜ 시트 방수 1/100 정도, 모르타르 방수는 1/50 정도
② 바탕처리 : 모르타르 배합비 1 : 3 정도 두께 1.5 cm 이상으로 모체에 평탄하게 바르며 모서리, 구석부에는 방수층의 부착이 잘 되게 하기 위하여 둥글게 5 cm 정도 면접어 둔다.

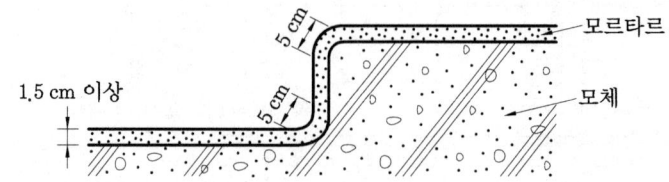

③ 아스팔트가 바탕면에 접착이 용이하도록 아스팔트 프라이머를 바탕면에 칠한다.
④ 아스팔트 펠트, 루핑의 겹침은 9 cm 이상으로 한다.
⑤ 패러핏(난간), 펜트하우스 (옥탑)의 방수층 치켜올림 높이는 30 cm 이상으로 한다.
⑥ 방수층 표면 보호층
   ㈎ 수평부 : 모르타르, 신더 콘크리트, 콘크리트 블록
   ㈏ 수직부 : 블록 벽돌쌓기

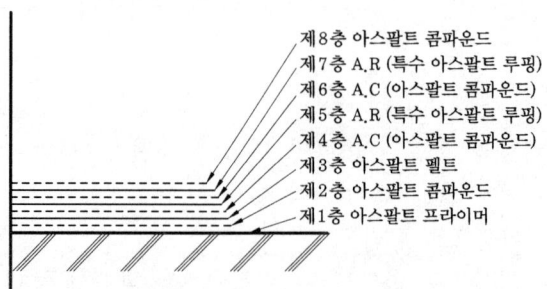

아스팔트 방수층

(3) 시멘트 방수
  ① 모체에 방수제 침투, 방수제를 혼입한 시멘트 풀, 방수 모르타르를 순차적으로 배열 반복하여 만든 방수층이다.
  ② 방수 모르타르 바름 : 모르타르에 방수제를 혼합하여 반죽한 후 2~3회 발라 총 두께를 1.5~2.5 cm 정도로 한 것이다.

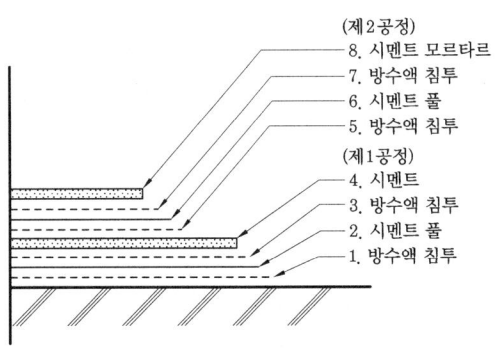

액체 방수층 만들기

(4) 시멘트 방수와 아스팔트 방수와의 비교

종 별	모재와의 관계	신뢰성	결함보수	온도에 의한 변화
아스팔트 방 수	영향이 적다.	높다.	발견이 곤란하고 보수비가 많이 든다.	크다.
시 멘 트 액체방수	영향이 크다.	낮다.	발견이 용이하고 보수비가 적다.	작다.

(5) 지하실의 방수
  ① 바깥방수
    ㈎ 지하실 구조 주체의 바깥쪽 주위를 방수층으로 둘러싸는 것이다.
    ㈏ 바닥의 밑창 콘크리트 위에 벽돌 또는 콘크리트의 방수층 누름벽을 만들고, 이 벽의 안쪽에 방수층을 구성한 다음 구조 주체를 시공하는 것이다.
    ㈐ 수압에 유리하나 시공 후의 보수가 거의 불가능하다.
  ② 안방수
    ㈎ 지하실 구조 주체의 안쪽에 방수층을 구성하는 것이다.
    ㈏ 시공이 용이하고 공비도 저렴하다.
    ㈐ 시공 후 수리도 쉬우나 수압에 대하여는 불리하다.

예 상 문 제

문제 1. 철근의 최소 피복두께로서 옳지 않은 것은?
㉮ 비내력벽 슬래브 : 2 cm 이상
㉯ 보 및 기둥 : 3 cm 이상
㉰ 직접 흙과 닿는 부분 : 4 cm 이상
㉱ 기초 : 8 cm 이상
[해설] • 기초 : 6 cm 이상 (밑창 콘크리트는 포함하지 않는다).

문제 2. 철근 콘크리트조에서 1개의 기둥으로 만들어진 적당한 바닥면적은?
㉮ 20 m²   ㉯ 30 m²
㉰ 40 m²   ㉱ 60 m²
[해설] 기둥 1개가 지지하는 바닥면적은 각 층마다 30 m² 정도를 기준으로 한다.

문제 3. 이형철근이 원형철근보다 일반적으로 우수하다고 생각되는 점은?
㉮ 압축응력   ㉯ 부착응력
㉰ 인장응력   ㉱ 전단응력
[해설] 원형철근보다 이형철근이 부착강도가 크다.

문제 4. 철근 콘크리트 구조에서 보의 춤으로 적당한 것은?
㉮ 스팬의 1/10 정도 ㉯ 스팬의 1/20 정도
㉰ 스팬의 1/30 정도 ㉱ 스팬의 1/40 정도
[해설] 보의 춤은 보 간사이의 1/10~1/12 정도, 보의 너비는 춤의 1/2 정도

문제 5. 철근 콘크리트 보의 유효 춤은 간사이의 얼마 정도가 적당한가?
㉮ 1/6~1/10   ㉯ 1/8~1/12
㉰ 1/10~1/12 ㉱ 1/16~1/20

문제 6. 철근 콘크리트 보의 단부 단면표시로 옳은 것은?

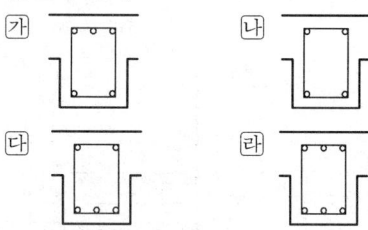

[해설] 휨 모멘트에 의해 보의 중앙부에서는 아래쪽에, 양단부에서는 위쪽에 인장력이 일어난다. 따라서, 이 부분에 절곡근을 배치한다.

문제 7. 철근 콘크리트 보에 늑근(stirrup)을 사용하는 가장 주된 이유는?
㉮ 전단력을 부담시키기 위해서
㉯ 압축력을 부담시키기 위해서
㉰ 콘크리트의 부착력을 크게 하기 위해서
㉱ 주근의 위치를 정확히 하기 위해서
[해설] 늑근은 전단력에 저항한다.

문제 8. 철근 콘크리트 기둥 단면의 최소 한도는?
㉮ 최소 치수 16 cm, 최소 단면적 600 cm²
㉯ 최소 치수 20 cm, 최소 단면적 600 cm²
㉰ 최소 치수 15 cm, 최소 단면적 900 cm²
㉱ 최소 치수 30 cm, 최소 단면적 900 cm²
[해설] 기둥의 최소 단면치수는 20 cm 이상, 단면적은 600 cm² 이상이어야 한다.

문제 9. 다음 중 철근 콘크리트 기둥의 설명으로 옳지 않은 것은?
㉮ 구형기둥 한 변의 크기는 30 cm 이상으로 한다.
㉯ 구형기둥 한 변의 크기는 최소 20 cm 이

[해답] 1. ㉱ 2. ㉯ 3. ㉯ 4. ㉮ 5. ㉰ 6. ㉮ 7. ㉮ 8. ㉯ 9. ㉮

상, 단면적은 600 cm² 이상으로 한다.
㉯ 주근은 φ13 mm 이상을 사용하고 4개 이상을 배근한다.
㉰ 원형기둥의 주근은 최소 6개 이상을 사용한다.
[해설] 구형기둥 한 변의 크기는 20 cm 이상으로 한다.

문제 10. 철근 콘크리트 기둥 단면적이 600 cm²일 때 최소 철근량은?
㉮ 36 cm²   ㉯ 4.8 cm²
㉰ 6 cm²   ㉱ 24 cm²
[해설] 기둥에서 최소 철근비는 0.8%로 한다.
∴ $600 \times \dfrac{0.8}{100} = 4.8$ cm²

문제 11. 철근 콘크리트 기둥의 최소 단면적은 얼마 이상으로 해야 하는가?
㉮ 100 cm²   ㉯ 300 cm²
㉰ 400 cm²   ㉱ 600 cm²
[해설] • 기둥의 단면적 : 600 cm² 이상

문제 12. 철근 콘크리트 기둥의 철근 배근에 대한 설명 중 부적당한 것은?
㉮ 주근은 φ16 mm 이상의 철근이 주로 쓰이는 형이고, 단면에는 4개 이상 배근한다.
㉯ 주근의 이음 중심은 층고의 2/3 범위 내에 있다.
㉰ 대근은 주근의 좌굴을 방지, 휨력에 저항한다.
㉱ 대근 간격은 30 cm 이하, 가장 가는 주근 지름의 1/16 이하로 한다.
[해설] 대근은 주근의 좌굴방지를 하고, 전단력에 저항한다.

문제 13. 철근 콘크리트조의 배근에 관한 다음 기술에서 옳지 않은 것은?
㉮ 기둥의 주근은 4개 이상이어야 한다.
㉯ 보의 주근은 단부에서는 상부에 많이 넣어야 한다.
㉰ 보의 주근은 중앙부에서는 하부에 많이 넣어야 한다.
㉱ 슬래브의 철근은 장변방향(길이방향)에 많이 넣어야 한다.
[해설] 슬래브 철근은 단변방향에 많이 넣어야 한다.

문제 14. 플랫 슬래브(flat slab) 구조에서 무량판의 두께는?
㉮ 8 cm 이상   ㉯ 12 cm 이상
㉰ 15 cm 이상 ㉱ 18 cm 이상
[해설] 플랫 슬래브 바닥판의 두께는 15 cm 이상으로 한다.

문제 15. 철근 콘크리트의 무량판 구조에 관한 기술 중 옳지 않은 것은?
㉮ 실내공간을 크게 하기 위한 이점이 있다.
㉯ 실내에 돌출되는 큰보를 없애고 작은보를 배치하였다.
㉰ 바닥판을 직접 기둥이 받치도록 하였다.
㉱ 기둥 상부를 받침판 대신 기둥머리를 이중으로 하였다.
[해설] • 무량판 구조 : 실내의 공간을 크게 하기 위하여 보를 설치하지 않고 바닥판이 보를 겸한 형식

문제 16. 그림과 같은 철근 콘크리트 독립기초에서 이론상 요구되는 주근의 배근범위 (b)의 값은?

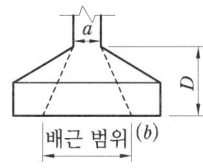

㉮ $b = 2a + D$ ㉯ $b = 2a + 2D$
㉰ $b = a + 2D$ ㉱ $b = a + D$
[해설] 휨 모멘트와 전단력에 대한 단면과 배근

[해답] 10. ㉯ 11. ㉱ 12. ㉰ 13. ㉱ 14. ㉰ 15. ㉯ 16. ㉰

산정하는 슬래브 유효너비 b는 $a+2D$이다.

문제 17. 다음은 무량판 구조의 설명이다. 부적당한 것은?

㉮ 바닥판 두께는 15 cm 이상으로 한다.
㉯ 기둥의 폭은 기둥 중심거리의 1/15 이상이며 30 cm 이상이다.
㉰ 단면형태는 바닥판, 받침판, 기둥머리, 기둥으로 만들어지는 것이 표준이다.
㉱ 철근 배근방법은 2방식, 3방식, 4방식, 원형식 등이 있다.

해설 • 무량판 구조의 기둥 폭 : 기둥 중심거리 l의 1/20 이상, 30 cm 이상 층고 h의 1/15 이상이다.

문제 18. 아스팔트 방수와 모르타르 방수를 비교하여 설명한 것 중 옳지 않은 것은?

㉮ 모르타르 방수는 아스팔트 방수보다 공사비가 비싸다.
㉯ 모르타르 방수는 아스팔트 방수보다 잘못된 곳을 발견하기가 쉽다.
㉰ 모르타르 방수는 아스팔트 방수보다 방수 품질의 지속성이 비교적 크다.
㉱ 모르타르 방수는 아스팔트 방수보다 바탕의 균열에 좌우되는 정도가 크다.

해설 아스팔트 방수는 방수층의 신축성이 크고, 균열이 덜 생기며 방수성능의 신용도가 모르타르 방수보다 좋다.

문제 19. 아스팔트 평지붕 방수공사의 표면보호 재료는 어느 것이 적당한가?

㉮ 모르타르   ㉯ 백지
㉰ 톱밥   ㉱ 가마니

해설 아스팔트 평지붕 방수공사의 표면보호 재료는 모르타르이다 (보통 콘크리트 시공).

문제 20. 평지붕의 패러핏 방수층의 치켜올림 높이로 적당한 것은?

㉮ 10 cm 이상   ㉯ 15 cm 이상
㉰ 20 cm 이상   ㉱ 30 cm 이상

해설 패러핏의 방수치켜 올림은 30 cm 이상으로 하고, 방수지의 겹침은 9 cm 이상으로 한다.

문제 21. 옥상 난간벽 안쪽의 방수처리에 관한 기술 중 옳지 못한 것은?

㉮ 방수층은 300~400 mm까지 치켜올려 주어야 한다.
㉯ 치켜올린 방수층은 난간 벽면에 작은 홈을 파서 꺾어 물린다.
㉰ 방수층 보호벽돌 쌓기는, 벽돌을 방수층에 밀착시켜 쌓아야 한다.
㉱ 난간벽 윗부분은 방수재료를 바른다.

문제 22. 철근 콘크리트의 장·단점에 대한 기술 중 틀린 것은?

㉮ 내구, 내화, 내풍, 내진적이다.
㉯ 공사기간이 길어진다.
㉰ 형태나 크기를 자유롭게 구성할 수 없다.
㉱ 건축물의 유지 및 관리가 용이하다.

해설 철근 콘크리트 구조는 형태나 크기를 자유로이 구성할 수 있다. (설계 의장이 자유롭다.)

문제 23. 철근 콘크리트 구조물의 경제적인 스팬(span)은?

㉮ 3 m 정도   ㉯ 6 m 정도
㉰ 12 m 정도   ㉱ 15 m 정도

해설 경제적인 기둥 간사이는 6 m 정도이다.

문제 24. 철근 콘크리트 구조물의 경제적인 스팬과 기둥 한 개가 지지하는 바닥면적은?

㉮ 6 m, 30 m²   ㉯ 12 m, 60 m²
㉰ 2 m, 80 m²   ㉱ 16 m, 120 m²

해설 기둥 1개가 지지하는 바닥면적은 각 층마다 30 m² 정도를 기준으로 하고, 경제적 간사이는 6 m 정도이다.

문제 25. 철근 콘크리트에 사용하는 철근에

해답 17. ㉯ 18. ㉰ 19. ㉮ 20. ㉱ 21. ㉱ 22. ㉰ 23. ㉯ 24. ㉮ 25. ㉮

관한 기술 중 틀린 것은?
㉮ 이형철근에 비하여 원형철근이 부착 응력이 크다.
㉯ 지름 16 mm인 경우 원형철근은 ϕ 16, 이형철근은 D 16으로 표시된다.
㉰ 원형철근보다 이형철근이 많이 쓰인다.
㉱ 용접철망은 냉간 인발철선을 직교시켜 배치하고 그 교점을 용접한 것이다.
[해설] 이형철근이 원형철근에 비해 부착강도가 더 크다.

[문제] 26. 철근 콘크리트의 특성에 대한 기술 중 틀린 것은?
㉮ 콘크리트는 재료의 성질상 인장력에는 강하나 압축력에는 약하다.
㉯ 콘크리트는 철근이 녹스는 것을 방지한다.
㉰ 철근과 콘크리트는 선팽창 계수가 거의 같다.
㉱ 콘크리트는 철근을 피복하여 내구, 내화적이 된다.
[해설] 콘크리트는 압축력에는 강하나 인장력에는 약하므로 인장부에 철근으로 보강한다.

[문제] 27. 콘크리트의 중량과 강도에 대한 기술 중 틀린 것은?
㉮ 철근 콘크리트의 중량 : 2.4 tf/m^3
㉯ 무근 콘크리트의 중량 : 2.3 tf/m^3
㉰ 철근 콘크리트의 4주 압축강도는 150 kgf/cm^2 이상이 되어야 한다.
㉱ 구조용 경량 콘크리트 4주 압축강도는 130 kgf/cm^2 이상이 되어야 한다.
[해설] 구조용 경량 콘크리트 4주 압축강도는 110 kgf/cm^2 이상이어야 한다.

[문제] 28. 철근 콘크리트에 사용하는 재료에 관한 기술 중 틀린 것은?
㉮ 골재의 강도는 시멘트 모르타르가 경화한 후의 강도보다 커야 한다.
㉯ 자갈은 철근과 철근 사이, 거푸집과 자갈 사이를 자유롭게 통과할 수 있는 크기여야 한다.
㉰ 물은 수돗물, 우물물 또는 바닷물을 사용하는 것이 좋다.
㉱ 골재의 대소 비율이 클수록 강도가 크고 경제적이다.
[해설] 물은 깨끗하고 유해물질 등이 없는 수돗물이나 우물물을 사용하며 해수는 좋지 않다.

[문제] 29. 물·시멘트비란?
㉮ 시멘트에 대한 물의 무게비
㉯ 물에 대한 시멘트의 무게비
㉰ 시멘트에 대한 물의 체적비
㉱ 물에 대한 시멘트의 체적비
[해설] 시멘트 속에 있는 물과 시멘트와의 중량비를 W/C라 한다.

[문제] 30. 콘크리트 수화작용에 의한 경화에 필요한 물·시멘트비는?
㉮ 10 %   ㉯ 30 %
㉰ 60 %   ㉱ 80 %
[해설] · 수화작용에 필요한 물·시멘트비 : 35~37 %

[문제] 31. 보를 설치하지 않고 철근 콘크리트 슬래브에 보를 겸한 형식으로 창고, 공장 등에 많이 이용되는 것은?
㉮ 플랫 슬래브   ㉯ 셸 구조
㉰ 벽식구조   ㉱ 일체식 구조
[해설] · 플랫 슬래브 : 실내 공간을 크게 하기 위해 보를 설치하지 않고 철근 콘크리트 슬래브가 보를 겸한 형식이다.

[문제] 32. 물·시멘트의 표시로 옳은 것은?
㉮ W/C ㉯ $W \times C$
㉰ C/W ㉱ $W - C$

[해답] 26. ㉮   27. ㉱   28. ㉰   29. ㉮   30. ㉯   31. ㉮   32. ㉮

해설 물(W)÷시멘트(C)의 백분율(%)로 표시한다.

문제 33. 철근 콘크리트의 중량은?
 ㉮ 2.0 tf/m³   ㉯ 2.3 tf/m³
 ㉰ 2.4 tf/m³   ㉱ 2.6 tf/m³
 해설 ① 철근 콘크리트 : 2.4 tf/m³
   ② 무근 콘크리트 : 2.3 tf/m³
   ③ 경량 콘크리트 : 2.0 tf/m³

문제 34. 철근 콘크리트의 4주 압축강도는?
 ㉮ 80 kgf/cm² 이상 ㉯ 110 kgf/cm² 이상
 ㉰ 150 kgf/cm² 이상 ㉱ 210 kgf/cm² 이상
 해설 철근 콘크리트 4주 압축강도는 150 kgf/cm² 이상, 경량 콘크리트 구조용 4주 압축강도는 110 kgf/cm² 이상이다.

문제 35. AE 콘크리트에 관한 기술 중 틀린 것은?
 ㉮ AE제에 의한 공기량이 증가할수록 콘크리트 강도가 증가한다.
 ㉯ 수량을 증가시키지 않고 시공연도를 증가하게 한 것이다.
 ㉰ 시공연도, 내구성, 내한성을 좋게 하기 위해 사용한다.
 ㉱ AE제에 의한 적절한 공기량은 3~5% 정도이다.
 해설 공기량이 많을수록 강도와 철근의 부착강도가 떨어진다.

문제 36. X선, Y선 등 방사선 차단용으로 사용하는 콘크리트는?
 ㉮ 중량 콘크리트   ㉯ AE제 콘크리트
 ㉰ 경량 콘크리트   ㉱ 한중 콘크리트
 해설 • 중량 콘크리트 : 방사선 차폐용 콘크리트로서 황철광, 자철광과 같은 비중이 큰 중량 골재가 사용된다.

문제 37. 응결경화 촉진제로 사용하는 혼합 재료는?
 ㉮ 염화칼슘   ㉯ 포졸란
 ㉰ AE제   ㉱ 플라이 애시
 해설 응결 촉진제로서 염화칼슘을 사용하나 철근을 부식시켜 철근 콘크리트에는 사용하지 않는다.

문제 38. 철근을 부식시키는 혼화재료는?
 ㉮ 포졸란   ㉯ AE제
 ㉰ 점토   ㉱ 염화칼슘
 해설 염화칼슘은 응결, 경화를 촉진시키나 철근을 부식시킨다.

문제 39. 철근 콘크리트 구조건물의 형상과 기둥의 배치에 관한 기술 중 틀린 것은?
 ㉮ 정방형 또는 정방형에 가까운 장방형이 좋다.
 ㉯ 위층과 밑층의 기둥이 같은 선상에 있는 것이 좋다.
 ㉰ 평면상으로의 기둥의 배치는 같은 선상에 있는 것이 좋다.
 ㉱ 기둥의 간격은 18~22 m가 적당하다.
 해설 기둥의 간격은 6 m 정도가 적당하다.

문제 40. 철근 콘크리트 구조에서 기둥 1개가 지지하는 바닥면적으로 적당한 것은?
 ㉮ 10 m²   ㉯ 30 m²
 ㉰ 60 m²   ㉱ 90 m²
 해설 • 기둥 1개가 지지하는 바닥면적 : 30 m²

문제 41. 철근 콘크리트 보에서 그림과 같이 휨 모멘트가 생길 때의 주근의 배근으로 옳은 것은?

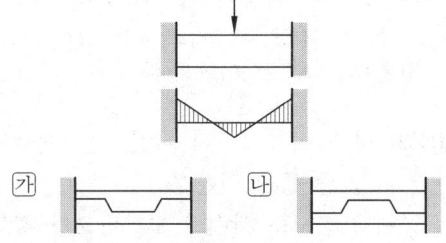

해답 33. ㉰ 34. ㉰ 35. ㉮ 36. ㉮ 37. ㉮ 38. ㉱ 39. ㉱ 40. ㉯ 41. ㉮

[해설] 보의 중앙부에서는 아래쪽에, 양단부에서는 윗쪽에 인장력이 일어나므로 ㉮와 같이 그 부분에 절곡근을 배치한다.

[문제] 42. 휨 모멘트와 축방향을 받기 위하여 배치한 철근은?
㉮ 주근   ㉯ 띠철근
㉰ 대근   ㉱ 늑근
[해설] 주근은 휨 모멘트와 축방향을 받으며, 단변방향의 인장철근이다.

[문제] 43. 철근 콘크리트 구조에서 그림과 같이 휨 모멘트가 생길 때 주근의 배근을 잘못한 것은?

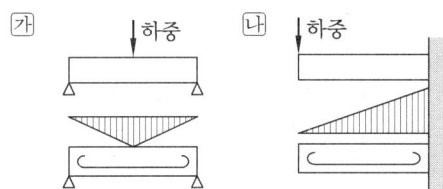

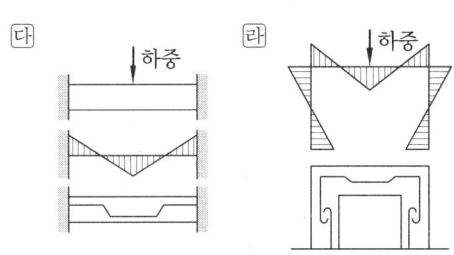

[해설] 캔틸레버보의 주근은 보의 상단에 배근

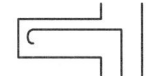

[문제] 44. 전단력을 받기 위하여 보에 설치하는 철근은?
㉮ 주근   ㉯ 대근   ㉰ 배력근   ㉱ 늑근
[해설] • 늑근 : 전단력을 받기 위한 철근

[문제] 45. 철근 콘크리트에 사용하는 철근의 저항하는 힘을 잘못 기술한 것은?
㉮ 주근 : 압축력   ㉯ 늑근 : 전단력
㉰ 대근 : 전단력   ㉱ 띠철근 : 전단력
[해설] • 주근 : 단변방향의 인장철근

[문제] 46. 철근의 주근은 어느 힘이 일어나는 부분에 배치하는가?
㉮ 전단력   ㉯ 압축력
㉰ 인장력   ㉱ 횡력
[해설] 주근은 인장력이 발생하는 곳에 배치한다.

[문제] 47. 이음 및 정착 시 갈고리를 두지 않고 사용할 수 있는 것은?
㉮ 원형철근
㉯ 기둥, 보의 연결부분에 사용하는 이형철근
㉰ 굴뚝에 사용하는 이형철근
㉱ 바닥판에 사용하는 이형철근
[해설] 이형철근은 갈고리를 만들지 않아도 되나 기둥과 보의 외곽 모서리 또는 굴뚝에서의 이형철근은 갈고리를 만들어 사용해야 한다.

[문제] 48. 철근과 콘크리트 사이의 부착강도가 큰 것을 기술한 것 중 틀린 것은?
㉮ 이형철근보다 원형철근이 크다.
㉯ 콘크리트의 강도가 클수록 크다.
㉰ 이형철근에서는 표면의 마디와 리브가 클수록 크다.
㉱ 철근의 단면적이 같을 경우 굵은 철근보다 가는 철근의 개수를 많이 넣는 것이 좋다.
[해설] 원형철근보다 이형철근의 부착강도가 크다.

[문제] 49. 철근 이음 위치를 기술한 것 중 틀린 것은?
㉮ 휨 모멘트가 작은 곳에서 이음한다.
㉯ 휨 모멘트가 0이 되는 부분에서 이음한다.
㉰ 인장력이 큰 곳에서 이음한다.
㉱ 압축력을 받는 곳에서 이음한다.

[해답] 42. ㉮   43. ㉯   44. ㉱   45. ㉮   46. ㉰   47. ㉱   48. ㉮   49. ㉰

해설 인장력이 작은 곳에서 이음한다.

문제 50. 철근 콘크리트 보의 춤은 간사이의 얼마 정도로 하는가 ?
- 가 1/2~1/3
- 나 1/5~1/7
- 다 1/10~1/12
- 라 1/24~1/30

해설 보의 춤은 간사이의 1/10~1/12, 보의 너비는 춤의 1/2 정도이다.

문제 51. 바닥판의 최소 피복두께는 ?
- 가 2 cm
- 나 3 cm
- 다 4 cm
- 라 6 cm

해설 • 종류별 피복두께

구 분	피복두께
바닥판, 비내력벽	2 cm 이상
기둥, 보, 내력벽	3 cm 이상
흙에 접하는 기둥, 바닥, 보, 슬래브, 벽	4 cm 이상
기 초	6 cm 이상

문제 52. 다음 그림과 같은 보에서 x의 길이는 얼마인가 ?
- 가 5 m
- 나 4 m
- 다 2 m
- 라 1 m

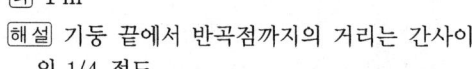

해설 기둥 끝에서 반곡점까지의 거리는 간사이의 1/4 정도

문제 53. 다음 그림에서 보의 피복두께는 ?

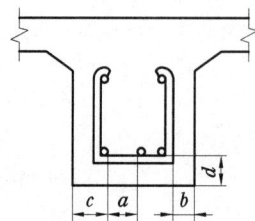

- 가 a
- 나 b
- 다 c
- 라 d

해설 • 피복두께 : 철근 콘크리트의 철근 표면에서 이를 피복하는 콘크리트 표면간의 최단거리(두께)

문제 54. 보 기둥에서 주근간격으로 옳지 않은 것은 ?
- 가 2.5 cm 이상
- 나 최대 자갈 지름의 1.25배 이상
- 다 주근 지름의 1.5배 이상
- 라 늑근 지름의 2배 이상

해설 • 주근간격 : 2.5 mm 이상, 주근 지름의 1.5배 이상, 자갈 지름의 1.25배 이상

문제 55. 철근 콘크리트 보의 중앙 부분을 절단하였을 때 굽힌철근(bent up bar)의 위치로 옳은 것은 ?
- 가 보의 하부
- 나 보의 상부
- 다 보의 중앙
- 라 보의 중앙 위

해설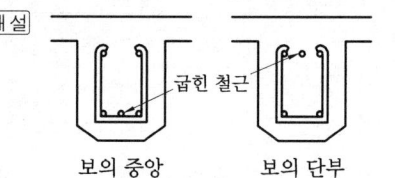

문제 56. 철근 콘크리트 보의 그림에서 절곡근의 이음 위치로 적합한 부분은 ?

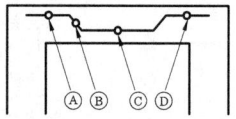

- 가 Ⓐ
- 나 Ⓑ
- 다 Ⓒ
- 라 Ⓓ

해설 절곡근(굽힘철근)은 인장력이 작게 작용하는 절곡부분(기둥 안쪽에서 보 간사이의 약 1/4 되는 곳)에서 이음을 한다.

문제 57. 철근 콘크리트 보에 관한 기술 중 틀린 것은 ?
- 가 보에서 헌치는 층고에 유효하게 이용하기 위하여 또는 단부에 휨 모멘트를 많이 받기 때문에 설치한다.

㉯ 주근의 이음은 인장력이 작은 부분 압축력이 작용하는 곳이 되도록 한다.
㉰ 주근의 간격은 자갈 지름의 1.25배, 2.5 cm, 늑근 지름의 1.5배 이상으로 한다.
㉱ 주근은 D 13, ϕ 12, 늑근은 6 mm 이상을 사용한다.
[해설] 주근의 간격은 자갈 지름의 1.25배, 2.5 cm, 주근 지름의 1.5배 이상이다.

[문제] 58. 철근 콘크리트 보에 관한 기술 중 틀린 것은?
㉮ 보의 춤은 간사이의 1/10∼1/12 정도
㉯ 주근의 지름은 D 13, ϕ 12를 사용하고 2단 이하로 한다.
㉰ 전단력에 저항하기 위하여 늑근을 사용하고 지름은 6 mm 이상으로 한다.
㉱ 늑근의 간격은 춤의 1/2, 20 cm 이하로 한다.
[해설] 늑근의 간격은 춤의 3/4 이하, 45 cm 이하로 한다.

[문제] 59. 보에 사용하는 늑근에 관한 기술 중 틀린 것은?
㉮ 늑근은 전단력에 저항한다.
㉯ 늑근은 보의 중앙에 베게 넣는다.
㉰ 늑근의 끝은 135° 이상으로 굽힌 갈고리를 만든다.
㉱ 보의 춤이 60 cm 이상일 경우에는 보조근을 넣는다.
[해설] 늑근은 보의 양단부에 베게 넣는다.

[문제] 60. 슬래브에 묻어 두고 달대받이를 죄어댈 수 있게 한 장치는?
㉮ 논 슬래브   ㉯ 코너 비드
㉰ 인서트   ㉱ 서포트
[해설] ・인서트 : 콘크리트 타설 후 달대를 달기 위해 사전에 매설시키는 부품이다.

[문제] 61. 철근 콘크리트 기둥의 주근 개수는?
㉮ 사각기둥은 4개 이상, 원형기둥은 6개 이상
㉯ 사각기둥은 2개 이상, 원형기둥은 4개 이상
㉰ 사각기둥은 6개 이상, 원형기둥은 8개 이상
㉱ 사각기둥은 4개 이상, 원형기둥은 2개 이상
[해설] 주근은 D 13, ϕ 12 이상의 것을 장방형, 정방형 기둥에서는 4개 이상, 원형기둥에서는 6개 이상 사용한다.

[문제] 62. 철근 기둥의 대근간격으로 틀린 것은?
㉮ 주근 지름의 16배 이하
㉯ 대근 지름의 48배 이하
㉰ 기둥 최소폭 이하
㉱ 45 cm 이하
[해설] 대근간격은 30 cm 이하

[문제] 63. 철근 콘크리트 기둥에 관한 기술 중 틀린 것은?
㉮ 주근의 이음은 기둥 유효 높이의 2/3 이상에 둔다.
㉯ 기둥의 양단부에는 대근을 베게 넣는다.
㉰ 띠철근은 주근의 좌굴방지, 전단력에 대한 보강
㉱ 주근의 지름 D 13, ϕ 12 이상, 대근은 6 mm 이상
[해설] 주근의 이음 위치는 기둥 유효 높이의 2/3 이내에 둔다.

[문제] 64. 철근 콘크리트 기둥구조의 제한사항에 대한 기술 중 틀린 것은?
㉮ 기둥의 단면적은 600 cm² 이상, 최소 단면 치수는 20 cm 이상, 기둥 간사이의 1/15 이상이어야 한다.

[해답] 58. ㉱   59. ㉯   60. ㉰   61. ㉮   62. ㉱   63. ㉮   64. ㉱

㈐ 주근은 사각기둥에서 4개 이상, 원형기둥에서 6개 이상으로 한다.
㈑ 콘크리트 단면적에 대한 주근 총단면적의 비율은 0.8% 이상으로 한다.
㈒ 띠철근은 지름 6 mm 이상의 것을 사용하고, 띠철근의 간격은 주근 지름의 48배 이하, 기둥의 최소 치수 이하, 30 cm 이하로 한다.

[해설] · 띠철근의 간격 : 주근 지름의 16배, 띠철근 지름의 48배, 기둥의 최소 치수 30 cm 중 작은 값 이하

[문제] 65. 철근 콘크리트 바닥판의 최소 두께는 얼마인가?

㈎ 5 cm   ㈏ 8 cm
㈐ 12 cm ㈑ 15 cm

[해설] 바닥판의 두께는 8 cm 이상으로 한다.

[문제] 66. 바닥판에서 단변방향의 인장철근을 무엇이라 하는가?

㈎ 주근   ㈏ 배력근
㈐ 부근   ㈑ 늑근

[해설] 단변방향의 인장철근은 주근이다 (배력근 : 장변방향의 인장철근).

[문제] 67. 철근 콘크리트 바닥판에 관한 기술 중 틀린 것은?

㈎ 짧은방향의 인장철근은 부근이다.
㈏ 긴 방향의 인장철근은 배력근이다.
㈐ 콘크리트 전단면적에 대하여 철근의 전단면적은 이형철근의 경우 0.2% 이상으로 한다.
㈑ 배력근은 성질상 반드시 주근 안쪽에 배치한다.

[해설] ㈎ 짧은방향 (단변방향)의 인장철근을 주근이라 한다.
㈏ 긴 방향 (장변방향)의 인장철근을 배력근, 부근이라 한다.

[문제] 68. 철근 콘크리트 바닥판에서 이형철근을 사용할 때 배력근의 최대 간격은?

㈎ 10 cm ㈏ 20 cm
㈐ 30 cm ㈑ 40 cm

[해설] ① 지름이 φ9, D10 이상의 철근을 사용하는 경우
  ㈎ 주근의 간격 : 20 cm 이하
  ㈏ 부근 (배력근) 의 간격 : 30 cm 이하
② 지름 9 mm 미만인 용접철망을 사용하는 경우
  ㈎ 주근의 간격 : 15 cm 이하
  ㈏ 부근 (배력근)의 간격 : 20 cm 이하

[문제] 69. 철근 콘크리트 바닥판에서 단변방향 (l_x)이 4 m, 장변방향 (l_y)이 6 m일 때 기둥 안쪽에서 철근 굽힘까지의 거리는?

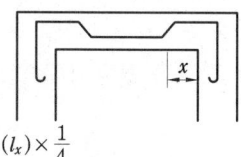

㈎ 4 m   ㈏ 2 m
㈐ 3 m   ㈑ 1 m

[해설] 거리 = 단변방향 (l_x) × $\frac{1}{4}$
∴ $\frac{4}{4}$ m = 1 m

[문제] 70. 철근 콘크리트 구조 제한사항에 대한 기술 중 잘못된 것은?

㈎ 보의 춤은 간사이의 1/10~1/12 정도로 하고 너비는 춤의 1/2 정도로 한다.
㈏ 보의 늑근간격은 춤의 3/4 이하, 45 cm 이하로 한다.
㈐ 배력근의 간격은 30 cm 이상으로 한다.
㈑ 바닥판의 주근은 배력근 밑에 배근한다.

[해설] 배력근은 30 cm 이하 간격으로 배근한다.

[문제] 71. 지하실의 습기방지와 채광, 통풍의 목적으로 하는 구조는?

㉮ 2중벽 ㉯ 내쌓기
㉰ 공간쌓기 ㉱ 드라이 에어리어
[해설] · dry area : 간접방수의 일종으로 지하실 외벽과 흙을 직접 닿지 않게 하여 지하수가 침입하는 것을 방지

문제 72. 아스팔트 옥상 방수층에 관한 기술 중 옳지 않은 것은?
㉮ 패러핏, 펜트하우스의 옥상 방수층의 치켜올림 부분을 3~4 cm 정도 올린다.
㉯ 루핑, 펠트의 겹침은 9 cm 이상으로 한다.
㉰ 물매는 1/100 정도로 한다.
㉱ 바탕 모르타르에 아스팔트의 접착을 용이 하게 하는 것은 아스팔트 프라이머이다.
[해설] 치켜올림 높이는 30 cm 이상으로 한다.

문제 73. 시멘트 액체 방수에 비하여 아스팔트 방수법을 기술한 것 중 틀린 것은?
㉮ 시멘트 방수에 비하여 방수가 확실하다.
㉯ 보수 시에 결함 부분의 발견이 곤란하다.
㉰ 수리할 때 범위가 광대해지며 공사비가 높다.
㉱ 콘크리트 등의 모체에 결함이 있을 때는 시멘트 액체 방수가 유리하다.
[해설] 밑바탕 콘크리트에 균열이 생길 염려가 있을 경우에는 방수 모르타르보다는 아스팔트 방수 또는 시트 방수로 하는 것이 좋다.

문제 74. 아스팔트 방수에서 아스팔트를 바탕 모르타르에 접합이 용이하게 하는 것은?
㉮ 아스팔트 루핑
㉯ 아스팔트 펠트
㉰ 아스팔트 프라이머
㉱ 보호 모르타르
[해설] · 아스팔트 프라이머 : 아스팔트와 휘발성액을 혼합하여 만든 아스팔트액(부착력 증진 시킴.)

문제 75. 다음 중 건축물의 구성부재가 만나는 부분, 접합되는 부분, 창틀 설치주의 부분 등의 틈이 있거나 균열이 있는 장소의 누수방지를 위해 사용하는 것으로 가장 적합한 것은?
㉮ 시멘트 방수 ㉯ 아스팔트 방수
㉰ 시트 방수 ㉱ 실재에 의한 방수
[해설] · 실(seal) 방수 : 실(seal)재는 스틸, 새시 등과 같은 줄눈과 이질재의 접촉부 등에 다져 넣어 방수성을 갖는 것이다.

문제 76. 실 (seal)재의 방수로 적합하지 않은 것은?
㉮ 건축물의 구성부재가 만나는 부분
㉯ 창틀 주위 부분의 틈 또는 균열의 부분
㉰ 옥상 바닥 방수
㉱ 접합줄눈 부분
[해설] 옥상바닥 방수로는 아스팔트 방수나 모르타르 방수가 유리하다.

문제 77. 아스팔트 방수공사에서 난간, 펜트 하우스의 옥상 방수 치켜올림 길이로 적합한 것은?
㉮ 3~5 cm ㉯ 7~9 cm
㉰ 30~40 cm ㉱ 90~100 cm
[해설] 패러핏(난간), 펜트하우스(옥탑)의 방수 치켜올림 높이는 30 cm 이상

문제 78. 옥상 방수에서 평지붕을 모르타르로 방수할 때의 물매는?
㉮ 1/50 이상 ㉯ 1/200 이상
㉰ 1/300 이상 ㉱ 1/400 이상
[해설] 아스팔트 방수에 비하여 시멘트 방수는 방수가 확실하지 못하므로 물 흐름 경사를 급하게 한다.

문제 79. 지하실의 방수층에서 안방수와 바깥 방수의 차이점을 기술한 것 중 틀린 것은?
㉮ 바깥방수는 수압에 유리하다.
㉯ 바깥방수는 보수가 어렵다.

[해답] 72. ㉮ 73. ㉱ 74. ㉰ 75. ㉱ 76. ㉰ 77. ㉰ 78. ㉮ 79. ㉰

㉰ 안방수는 시공이 불리하고 공비가 비싸다.
㉱ 안방수는 수압에 불리하다.
[해설] 안방수는 시공이 용이하고 공비도 저렴하다.

문제 80. 철근 콘크리트 기둥의 단면 치수와 최소 단면적은?
㉮ 10 cm, 300 cm² ㉯ 20 cm, 600 cm²
㉰ 30 cm, 900 cm² ㉱ 40 cm, 1200 cm²

문제 81. 지하실 방수에서 바깥 방수에 비하여 안방수를 기술한 것 중 틀린 것은?
㉮ 시공이 유리하고 공비가 저렴하다.
㉯ 시공 후 수리가 쉽다.
㉰ 수압이 클 때 사용한다.
㉱ 비교적 얕은 위치의 지하실을 구축할 때 사용한다.
[해설] 지하실 안방수는 수압이 작을 때 사용한다.

문제 82. 그림과 같은 철근 말단부의 갈고리 A부분의 길이로서 옳은 것은?

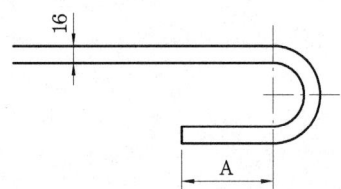

㉮ 24 mm 이상 ㉯ 48 mm 이상
㉰ 64 mm 이상 ㉱ 80 mm 이상
[해설] 철근 말단부의 갈고리 부분은 철근 지름의 4배이다.

문제 83. 다음 중 콘크리트에 관한 기술로 틀린 것은?
㉮ 물·시멘트비는 강도에 영향을 준다.
㉯ AE제는 시공연도를 좋게 한다.
㉰ 압축강도에 강하고 인장강도에 약하다
㉱ 화재 시에도 강도는 변함이 있다.
[해설] 콘크리트가 고온이 되면 시멘트 풀의 경화체와 골재와의 열팽창 차이로 조직이 무너진다.

문제 84. 콘크리트의 허용 압축강도가 60 kgf/cm²일 때 28일 허용 압축응력도는 얼마인가?
㉮ 90 kgf/cm² ㉯ 135 kgf/cm²
㉰ 180 kgf/cm² ㉱ 225 kgf/cm²
[해설] 콘크리트의 허용 압축강도는 설계기준 강도의 1/3이다. 그러므로 설계기준 강도는 허용 압축강도의 3배이다.

문제 85. 철근 콘크리트조에서 4개의 기둥으로 만들어지는 적당한 바닥면적은?
㉮ 20 m² ㉯ 30 m²
㉰ 50 m² ㉱ 60 m²
[해설] 기둥이 규칙적이고 직사각형의 상태로 배치될 때 4개의 기둥으로 만들어지는 바닥면적은 20~40 m²의 범위로 하는 것이 좋고, 가장 적당한 바닥면적은 30 m²이다.

문제 86. 철근 콘크리트 구조에서 철근의 말단부 구부림의 길이 A의 최소값은?

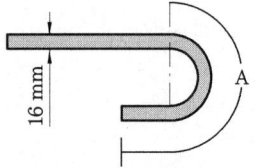

㉮ 64 mm 이상 ㉯ 96 mm 이상
㉰ 140 mm 이상 ㉱ 160 mm 이상
[해설] 철근의 구부림 반지름이 지름의 4배이므로 반원의 길이는 $3.14 \times 4d \times 1/2 = 6.3d$이고 갈고리 부분은 $4d$이므로 전체는 $6.3d + 4d = 10.3d$이다. 즉, 철근 부분은 철근 지름의 10.3배이므로 10.3×16 mm $= 164.8$ mm이다.

문제 87. 다음 그림에서 철근의 정착길이를 바르게 나타낸 것은?

[해답] 80. ㉯ 81. ㉰ 82. ㉰ 83. ㉱ 84. ㉰ 85. ㉯ 86. ㉱ 87. ㉮

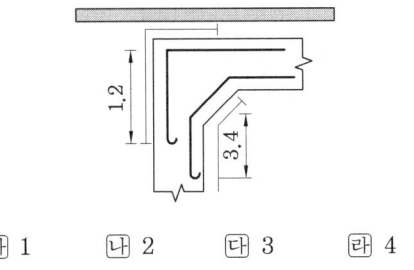

㉮ 1　　㉯ 2　　㉰ 3　　㉱ 4

문제 88. 다음 그림 중 철근의 정착길이로 알맞게 표시된 것은?

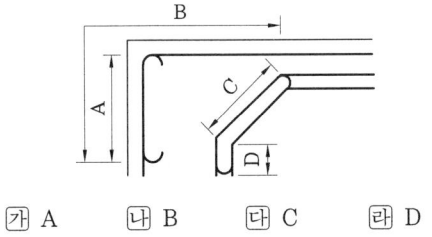

㉮ A　　㉯ B　　㉰ C　　㉱ D

문제 89. 다음 중 보의 춤 결정으로 부적당한 것은?
㉮ 철골 트러스보 : 간사이의 1/10~1/12
㉯ 철근 콘크리트보 : 간사이의 1/10~1/12
㉰ 철근 라멘보 : 간사이의 1/15~1/16
㉱ 형강보 : 간사이의 1/15~1/60

[해설] · 철골 형강보 : 간사이의 1/30~1/15 정도

문제 90. 보, 철근 배근에 대한 설명 중 부적당한 것은?
㉮ 주요한 보는 전 스팬 복근보로 한다.
㉯ 주근은 φ13 mm 이상으로 하고 보통 2단 이하로 배근한다.
㉰ 주근 간격은 2.5 cm 이상 또는 그 지름의 1.25배 이상으로 한다.
㉱ 굽힌철근은 주로 사장력에 저항한다.

[해설] 주근의 간격은 배근된 철근의 표면과 표면의 최단거리를 말하며, 2.5 cm 이상, 주근 지름의 1.5배 이상, 자갈 최대 지름의 1.25배 이상으로 한다.

문제 91. 금속제 창호에 대한 기술 중 옳지 않은 것은?
㉮ 보통 강제와 알루미늄제 창호가 있다.
㉯ 목재에 비하여 내구적이며 기밀하고 문단속이 잘된다.
㉰ 녹이 슬지 않고 경쾌하다.
㉱ 뒤틀리지 않고 큰 창문도 풍압에 견딜 수 있다.

[해설] 녹이 슬기 쉬우므로 녹막이 칠을 하여야 한다.

문제 92. 그림과 같은 철근 콘크리트보의 중앙부 단면에 대한 철근 배근표의 작성요령 중 적당한 것은? (단, 주근 φ19, 늑근 φ9)

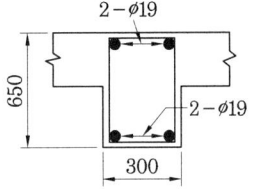

㉮ 상부근 2−φ19, 하부근 3−φ19, 늑근 φ9 @ 250
㉯ 상부근 2−φ19, 하부근 2−φ19, 늑근 φ9 @ 250
㉰ 상부근 4−φ19, 하부근−φ19, 늑근 φ9 @ 300
㉱ 상부근 2−φ19, 보조근−φ19, 늑근 φ9 @ 300

문제 93. 철근 콘크리트 부재에서 철근간의 순간격은 철근 지름에 대하여 얼마인가?
㉮ 1.2배　　㉯ 1.5배
㉰ 2.0배　　㉱ 2.5배

[해설] 주근의 간격은 배근된 철근의 표면과 표면의 최단거리를 말하며, 2.5 cm 이상, 주근 지름의 1.5배 이상, 자갈 최대 지름의 1.25배 이상으로 한다.

문제 **94.** 철근 콘크리트의 설계제도에 관한 기술 중 부적당한 것은?
㉮ 보의 늑근은 양쪽 단부에서 좁게 하고, 중앙부에서는 그 간격을 다소 넓히도록 한다.
㉯ 굽힌철근의 굽힌 위치는 보 양단에서 중앙부 쪽으로 1/4 위치에서 한다.
㉰ 일반층의 보와 지중보에 대한 굽힌철근의 배근현상은 일반적으로 같다.
㉱ 슬래브 배근 보는 중앙 경계선을 중심으로 위쪽과 아래쪽 배근을 각각 절반씩 나타낸다.
[해설] 일반층의 보의 배근은 양단부에서 상부에, 중앙부에서는 하부에 철근을 배근하나, 지중보에 수압이 작용하는 경우에는 철근의 배근을 일반보와 반대로 배근한다.

문제 **95.** 철근 콘크리트에서 늑근과 대근에 관한 기술 중 옳지 못한 것은?
㉮ 대근간격은 주근 지름의 16배 이하로 한다.
㉯ 대근간격은 상부와 하부에서 중간보다 많이 배치한다.
㉰ 늑근의 간격은 보춤의 1/4 또는 40 cm 이내로 한다.
㉱ 늑근은 전단력이 큰 곳에 많이 배치한다.
[해설] 늑근은 지름 6 mm 이상의 철근을 사용하며, 그 간격은 전단 보강철근이 필요하지 않은 경우에는 (3/4)×보의 춤 이하 또는 450 mm 이하로 한다.

문제 **96.** 철근 콘크리트보의 늑근의 최대 간격에 대한 규정은?
㉮ 1/2×(보의 춤) 이하 또는 보폭 이하
㉯ 3/4×(보의 춤) 이하 또는 30 cm 이하
㉰ 2/3×(보의 춤) 이하 또는 30 cm 이하
㉱ 3/4×(보의 춤) 이하 또는 45 cm 이하

문제 **97.** 옥상의 보강벽 안쪽의 방수에 대한 설명 중 틀린 것은?
㉮ 방수층은 300~400 mm까지 치켜 올린다.
㉯ 치켜올림 방수층은 난간벽에 작은 홈을 파서 꺾어 물린다.
㉰ 방수층 보호벽돌 쌓기는 벽돌을 방수층에 밀착시킨다.
㉱ 난간벽 윗부분은 수밀재료로 붙인다.
[해설] 방수층 보호를 위하여 벽돌을 쌓을 경우에는 방수층에서 20 mm 정도 떨어져서 벽돌을 쌓는다.

문제 **98.** 슬래브에 관한 기술 중 옳지 않은 것은?
㉮ 판 두께는 8 cm 이상으로 한다.
㉯ 주근은 20 cm, 배력근은 30 cm 이내로 한다.
㉰ 슬래브 양단부 하부에서는 많이, 상부에서는 적게 배근한다.
㉱ 중앙부에서는 슬래브 하부에만 배근한다.
[해설] 슬래브의 양단부에서는 상부에 많이 배근하고 하부에는 적게 배근한다.

문제 **99.** 철근 콘크리트 기둥에 대한 설명 중 틀린 것은?
㉮ 대근은 몇 단마다 보조 대근을 설치한다.
㉯ 대근의 지름은 보통 6 mm 이상을 사용한다.
㉰ 구형 단면일 때는 주근을 4개 이상 배근한다.
㉱ 대근의 간격은 400 mm를 원칙으로 한다.

문제 **100.** 철근 콘크리트 기둥의 최소 단면적은 얼마 이상인가?
㉮ 100 cm² ㉯ 300 cm²
㉰ 400 cm² ㉱ 600 cm²
[해설] 기둥의 최소 단면적은 600 cm² 이상이다.

해답 94. ㉰ 95. ㉰ 96. ㉱ 97. ㉰ 98. ㉰ 99. ㉱ 100. ㉱

문제 101. 구형 단면의 철근 콘크리트 기둥에서 대근의 주된 역할은?
㉮ 콘크리트의 수축변형을 방지하기 위하여
㉯ 콘크리트의 압축강도를 증가시키기 위하여
㉰ 주근 단면을 보강하기 위하여
㉱ 주근의 좌굴을 방지하기 위하여
해설 · 띠 철근의 역할
① 전단력에 대한 보강이 된다.
② 주근의 위치를 고정한다.
③ 압축력에 의한 주근의 좌굴을 방지한다.

문제 102. 경제적인 보를 배치하기 위해서 보 끝 양단에 헌치(hunch)를 만들었다. 적당한 H의 값은?

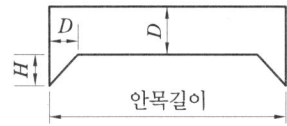

㉮ $H = D/2$
㉯ $H = D/3$
㉰ $H = D/4$
㉱ $H = D/5$
해설 단부의 단면을 증가한 부분의 헌치의 폭은 안목길이의 1/10~1/12 정도이며, 헌치의 춤은 헌치 폭의 1/3 정도이다.

문제 103. 철근 콘크리트 구조의 계단 종류가 아닌 것은?
㉮ 계단 도리식 계단
㉯ 경사 바닥판식 계단
㉰ 무량판식 계단
㉱ 캔틸레버식 계단
해설 철근 콘크리트 구조의 계단 종류로는 계단 도리식 계단, 경사 바닥식 계단, 캔틸레버식 계단이 있다.

문제 104. 무량판 철근 콘크리트 구조의 배근방법 중 가장 많이 사용되는 것은?
㉮ 2방식 또는 4방식
㉯ 3방식
㉰ 원형식
㉱ 5방식
해설 배근방법에는 2방식, 3방식, 4방식, 원형식이 있으며, 이 중에서 2방식 또는 4방식이 많이 쓰인다.

문제 105. 드라이 에어리어의 철근 콘크리트의 벽체두께는 얼마 이상인가?
㉮ 6 cm
㉯ 10 cm
㉰ 15 cm
㉱ 20 cm
해설 드라이 에어리어의 철근 콘크리트의 벽체 두께는 10 cm 이상의 철근 콘크리트 벽이나 벽돌 반장의 벽에 모르타르 고르기를 한다.

문제 106. 철근 콘크리트 구조의 독립기초에 있어서 주각 고정의 상태에 가깝게 하기 위한 방법 중 가장 적당한 것은?
㉮ 기초판을 두껍게 한다.
㉯ 기초판에 충분히 철근을 배근한다.
㉰ 최하층에 기둥을 크게 한다.
㉱ 지중보를 크게 한다.
해설 철근 콘크리트의 독립기초에 있어서 주각 고정의 상태에 가깝게 하려면 지중보를 크게 하여야 한다.

문제 107. 철근 콘크리트보에서 늑근을 쓰는 주된 이유는?
㉮ 주근의 위치를 보존
㉯ 콘크리트의 부착력 증대
㉰ 축방향력의 증대
㉱ 전단력에 의한 균열방지
해설 늑근은 전단력에 의한 균열을 방지하기 위하여 배근한다.

문제 108. 다음 중 대리석 접착제로 가장 적합한 것은?
㉮ 석고
㉯ 시멘트 모르타르
㉰ 점토

해답 101. ㉱ 102. ㉯ 103. ㉰ 104. ㉮ 105. ㉯ 106. ㉱ 107. ㉱ 108. ㉮

㉣ 콘크리트

[해설] 대리석은 시멘트에 침식되기 쉬우므로 석고로 붙이고, 시멘트 모르타르로 붙이는 경우에는 대리석면에 아스팔트를 발라 시멘트에 의한 침식으로부터 보호를 해야 한다.

[문제] 109. 기초에서 나무말뚝의 최소 간격은? (D : 말뚝의 지름)

㉮ 1.25 D ㉯ 1.5 D
㉰ 2.5 D ㉱ 3.5 D

[해설] 말뚝 중심간의 최소 간격은 말뚝 끝마구리 지름의 2.5배 이상으로 한다.

[문제] 110. 다음 말뚝에 관한 기술 중 적당하지 않은 것은?

㉮ 나무말뚝의 굵기는 끝마구리 지름으로 호칭한다.
㉯ 생나무 말뚝은 썩기 쉬우므로 완전건조 후 박아야 한다.
㉰ 끝마구리와 밑마구리의 중심을 연결한 선이 재 안에 들어야 한다.
㉱ 나무말뚝 박기 간격은 말뚝 지름의 2.5배 이상으로 한다.

[해설] 말뚝의 재료는 소나무, 낙엽송, 밤나무 등으로 곧고 긴 생통나무의 껍질을 벗겨서 사용한다.

[문제] 111. 말뚝지정에서 나무말뚝을 지하수면 이하에 박는 이유는?

㉮ 지내력 증가 ㉯ 부동침하 방지
㉰ 썩는 것을 방지 ㉱ 말뚝의 강도증가

[해설] 목재가 부패하기 위해서는 온도, 습도, 공기, 양분이 있어야 한다. 그러므로, 나무 말뚝을 상수면 이하로 박으면 공기를 차단하므로 부패를 방지할 수 있다.

[문제] 112. 말뚝머리의 지름이 270 mm일 때 말뚝 중심간의 거리의 최소값은?

㉮ 810 mm ㉯ 675 mm
㉰ 540 mm ㉱ 405 mm

[해설] 말뚝 중심간의 최소 간격은 말뚝 끝마구리 지름의 2.5배이므로 270 mm×2.5=675 mm 이상으로 하여야 한다.

[해답] 109. ㉰ 110. ㉯ 111. ㉰ 112. ㉯

6 철골구조

1. 개 요

(1) 철골구조의 특징

① 장점

  ㈎ 강재는 다른 재료에 비해 재질이 균일하므로 신뢰성이 있다.

  ㈏ 철근 콘크리트 구조보다 건물의 무게를 가볍게 할 수 있다.

  ㈐ 큰 간사이의 구조물이나 고층 구조물에 적합하다.

  ㈑ 인성이 커서 상당한 변위에 대하여서도 견디어 낸다.

  ㈒ 현장상태나 기상조건, 시공기술에 크게 관계없이 정밀도가 높은 구조물을 얻을 수 있다.

② 단점

  ㈎ 단면에 비하여 부재길이가 비교적 길고 두께가 얇아서 좌굴하기 쉽다.

  ㈏ 열에 약하여 고온에서는 강도가 저하되고 변형되기 쉽다.

  ㈐ 일반적으로 녹슬기 쉽다.

  ㈑ 용접하는 이외에는 일체식 구조로 보기 어렵다.

(2) 구조의 형식

① 트러스 구조 : 3각형으로 조립하여 각 부재에 작용하는 힘이 축 방향력이 되도록 한 구조로서, 라멘 구조에 비하여 역학적 취급이 간단하며 가는 부재로 큰 간사이를 지지할 수 있으므로 강재의 절약은 되지만 가공, 조립하는 데 수공이 많이 드는 것이 결점이다.

② 라멘 구조 : 부재를 견고하게 접합하여, 각 부재가 접합부에서 일체가 되도록 한 구조로서 트러스에 비하여, 많은 강재가 필요하게 되므로 큰 스팬의 건축물에는 불리하다.

2. 강재와 그 접합법

(1) 구조용 압연 형강의 종류와 표시법
① 형강 : L형강, I형강, ㄷ형강, H형강
② 강판
   (개) 박강판 : 두께 4 mm 이하 (두께는 게이지 번호로 표시한다.)
   (내) 후강판 : 두께 4 mm 이상 (두께는 mm로 표시한다.)
③ 봉강 : 철근 콘크리트 구조에 많이 이용되고 있으나, 철골구조에는 가새 등의 경미한 인장재로 사용되고 있다.

(2) 강재의 성질

구조용 강재의 F_y 값

두께	강재종별	일반 구조용			용접 구조용		
		SB 41 SPS 41 SBC 41	SB 50	SB 55	SWS 41 SPS 41	SWS 50 SPS 50	(SM 53) SPS 51
F_y	두께 38 mm 이하	2.4	2.8	3.8	2.4	3.3	3.6
	두께 38 mm 초과한 것	2.2	2.6	—	2.2	3.0	3.4

① 구조용 강재의 허용 응력도 : 강재의 응력도는 강재의 항복점 강도와 인장강도의 70 % 중 작은 값을 기준으로 한 F_y 값에 따라 계산한다.
② 온도에 대한 영향 : 0℃ 이하의 저온에서는 취약해지며, 1000℃ 정도가 되면 강도가 거의 소멸된다.
③ 녹과 방청 : 강은 공기 중에서 산화되어 녹이 생기므로 모르타르 피복, 콘크리트 피복, 아연도금, 페인트칠 등의 방청조치가 필요하다.

(3) 접합법
① 리벳 접합
   (개) 800~1000℃ 정도로 가열한 리벳을 박고 리벳터로 머리를 만든다.
   (내) 리벳 접합의 특징
   • 시공이 좋고 나쁨에 따른 강도에 미치는 영향이 적다.
   • 신뢰도가 높은 반면에 부재의 구멍을 뚫게 되므로, 부재의 단면이 결손된다.
   • 접합부의 시공이 불가능한 곳도 있다.
   • 시공할 때 소음이 난다.

(다) 리벳 구멍의 크기

(리벳 지름)

리벳 지름	리벳 구멍의 크기
16 mm 이하	$d+1.0$ mm 이하
19~28 mm	$d+1.5$ mm 이하
32 mm 이상	$d+2.0$ mm 이하

② 리벳의 종류

리벳의 종류와 표시

종류		둥근 리벳	접시머리 리벳				납작 리벳		
약도	공장리벳	○	◎	◌	⌀	⌀	⌀	⌀	⌀
	현장리벳	●	⊙	⊙	⌀	⌀	⌀	⊙	⌀

㈜ 둥근머리 리벳이 많이 쓰인다.

③ 리벳 배치
  (가) 게이지 라인 : 리벳 중심선
  (나) 게이지 : 게이지 라인과 게이지 라인간의 거리 또는 게이지 라인과 L형강, ㄷ형강까지의 거리
  (다) 피치 : 게이지 라인상의 리벳 상호간의 중심간격
  • 최소 피치 : 리벳 지름의 2.5배 이상
  • 표준 피치 : 리벳 지름의 3~4배 이상
  (라) 클리어런스 : 리벳 중심과 수직재 면까지의 거리(리벳치기 여유)
  (마) 부재 끝에 가까운 리벳 중심과 부재 끝과의 거리를 끝남기, 힘의 직각방향에 대하여 간사이를 옆남기라 한다.
  (바) 주의사항
  • 게이지 라인 1열 상에는 리벳을 8개 이하로 배열한다.
  • 리벳을 박는 재의 총두께를 클립이라 하며, 리벳 지름의 5배 이하로 한다.

(4) 볼트 접합

볼트의 구멍 지름은 볼트의 지름보다 0.5 mm 이내의 한도 내에서 크게 뚫을 수 있으며, 피치나 게이지 등은 리벳과 같다.

(5) 고장력 볼트 접합

인장내력이 매우 큰 고장력 볼트를 사용하여 토크 렌치나 임팩트 렌치 등으로 접합할 강재를 강력하게 연결함으로써, 부재에 힘이 작용할 때에는 강재 간에 생기는 마찰력에 의하여 저항하는 접합법이다.

㈜ 볼트를 강하게 죄어 볼트에 강한 인장력이 생기게 한 것이다.

[장·단점]

 (개) 리벳 접합과 같은 소음도 없고, 시공도 비교적 용이하다.
 (내) 인력의 절약, 공기의 단축이 가능하다.
 (대) 강재 접촉면의 상태나 볼트류의 재질, 긴결작업 등에 대하여 주의하여야 하는 단점이 있다.

(6) 교절(핀) 접합

교절 접합은 핀으로 부재를 연결한 것으로, 접합부에서 회전은 하나 이동은 못하게 되어 있다.

(7) 용 접

① 일반사항 : 건축공사에서는 아크 용접봉에 의한 전기용접을 쓴다.

[장점]

 (개) 리벳 접합에 비하여 부재의 단면 결손이 없으며, 경량이 된다.
 (내) 접합부의 연속성, 강성을 얻을 수 있으며, 소음의 발생도 없다.

[단점]

 (개) 재료시공에 대한 주의가 필요하다.
 (내) 시공불량에 의한 결함이 생기기 쉽다.
 (대) 용접부의 시공양부 검사가 용이하지 않다.

② 용접표시

용접의 종류		기본기호	비 고
맞댐용접	I형	‖	
	V형, X형	V	X형은 기선에 대칭으로 표시한다.
	⋎형, K형	⋎	K형은 기선에 대칭으로 표시하고 기호의 수직선은 왼쪽에 둔다.
	J형, 양면 J형	⋎	양면 J형은 기선에 대칭으로 표시하고 기호의 수직선은 왼쪽에 둔다.
	U형, H형	Y	H형은 기선에 대칭으로 표시한다.
모살용접	연 속	⊿	기호의 수직선은 왼쪽에 둔다. 병렬용접일 때는 기선에 대칭으로 기호를 표시한다. 단, 엇모용접일 때는 ⟋ 기호를 사용할 수 있다.
	단 속	⊿	
플러그 또는 슬롯 용접		⊓	

③ 용접의 형식
   (개) 맞댐용접 : 접합재를 동일 평면으로 유지하며 그 끝을 적당한 모양 또는 각도로 가공하여 앞벌림 홈에 용접하는 것이다.
   (내) 모살용접 : 두 접합재의 면을 직각 또는 60~120°로 맞추어 그 모서리 구석부를 용접하는 것이다.

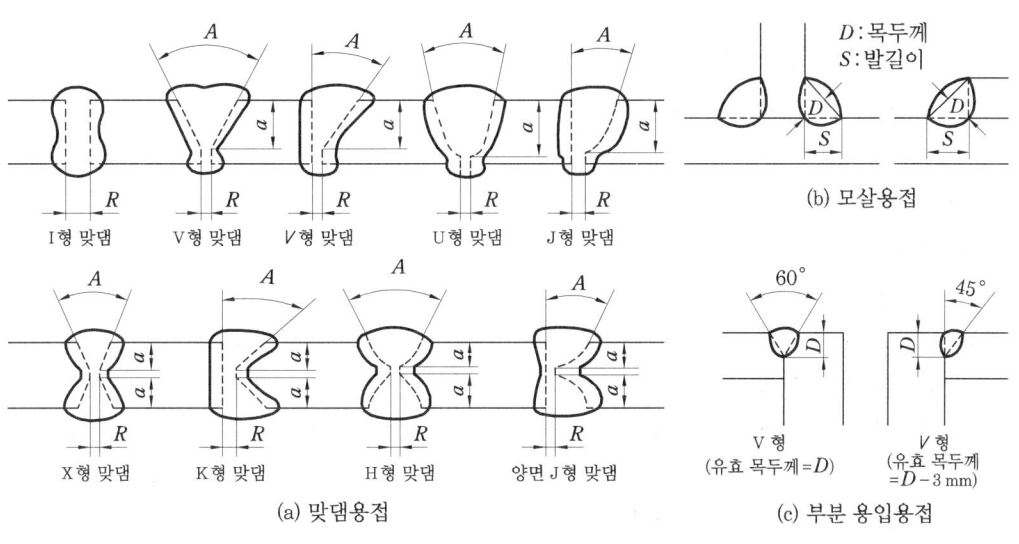

용접의 형상

3. 뼈 대

(1) 보

① 형강 보
   (개) I형강, H형강이 사용되며, 단면이 부족한 경우에는 플레이트(flange plate, cover plate)를 덧붙이기도 한다.
   (내) 보의 춤은 간사이의 1/30~1/15 정도로 한다.
   (대) H형강의 웨브를 엇갈리게 절단하여 육각형의 구멍이 열이 지어지도록 용접을 구성하여 보의 춤을 높인 허니콤 보(honeycomb beam)는 고층건물에 널리 쓰이고 있다.

② 플레이트 보
   (개) L형강과 강판을 리벳 접합이나 용접으로 하여 I형 모양으로 조립한 것이다.
   (내) 임의의 크기의 단면을 얻을 수 있으며 설계제작도 용이하고 전단력이나 충격, 진동에도 강하므로, 형강보로는 감당하기 어려운 큰 하중이나 간사이가 큰 구조물에 많이 쓰인다.

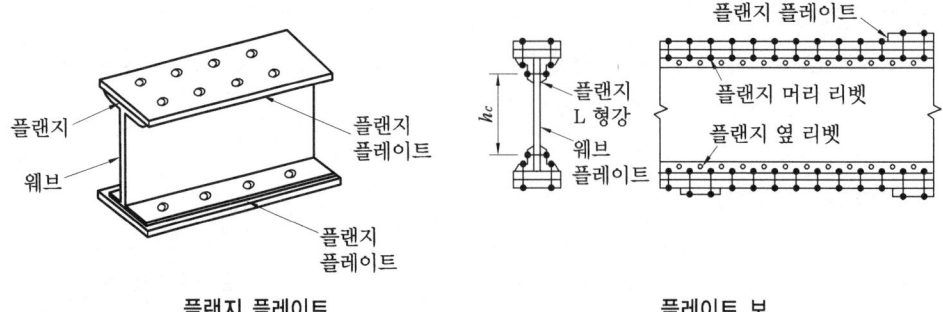

플랜지 플레이트   플레이트 보

(다) 플랜지 플레이트 : 크기는 휨 모멘트에 따라 결정되며 플랜지 플레이트 매수는 4매 이하로 한다.

(라) 웨브 플레이트 : 전단력에 따라 단면이 결정되며 두께는 6 mm 이상으로 한다.

(마) 스티프너 : 웨브 플레이트의 좌굴을 방지하기 위하여 스티프너를 설치한다.

③ 트러스 보

(가) 플레이트 보의 웨브재로서 빗재, 수직재를 사용하고, 거싯 플레이트(gusset plate)에 의하여 플랜지 부분과 조립된 것으로 플랜지 부분의 부재를 현재라고 한다.

(나) 휨 모멘트는 현재가 부담하고, 전단력은 웨브재의 축방향력으로 작용하게 되므로 부재는 모두 인장재 또는 압축재로 설계한다.

(다) 간사이가 큰 구조물에 사용된다.

④ 래티스 보, 사다리 보

(가) 상하 플랜지에 T형강을 쓰고 웨브재로 평강을 플랜지에 90°로 댄 것을 사다리 보라 하며, 경사로 어긋매기하여 접합한 것을 래티스 보라 한다.

(나) 규모가 작거나 철근 콘크리트로 피복할 때 많이 쓰인다.

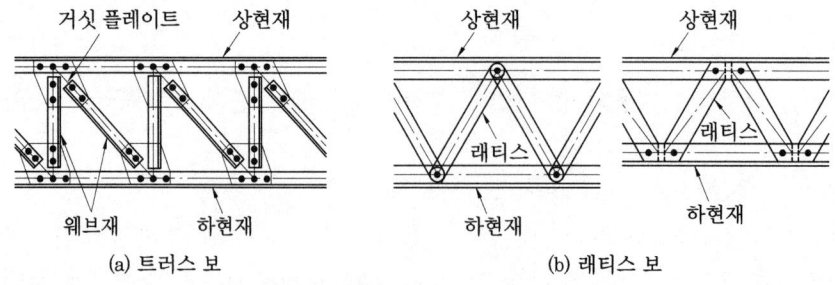

(a) 트러스 보   (b) 래티스 보

트러스 보와 래티스 보

(2) 기 둥

① 형강기둥

(가) 형강을 단독으로 사용한 것으로서 I형강이나 H형강 등이 쓰인다.

(나) 맞대어 쓸 때에는 ㄷ형강을 쓴다.

(다) 저항력을 크게 하기 위하여 플랜지부 및 웨브부에 플레이트를 댈 때도 있다.

② 플레이트 기둥 : 플랜지 부분에 L형강을 웨브 부분에 강판을 써서 I자형으로 만든 것과, 또 플랜지 플레이트를 대서 휨 모멘트에 대한 저항력을 크게 한 것 등이다.
③ 트러스 기둥 : 플레이트 보의 웨브재로 빗재, 수직재를 사용하고, 거싯 플레이트에 의하여 플랜지 부분과 조립된 것으로서 간사이가 큰 구조물에 사용된다.
④ 래티스 기둥, 사다리 기둥
  (가) 래티스의 각도는 단 래티스에서는 30°, 복 래티스에서는 약 45°로 한다.
  (나) 경미한 구조물에서는 단독으로 쓰이기도 하며, 철골·철근 콘크리트 구조물에 주로 많이 쓰인다.

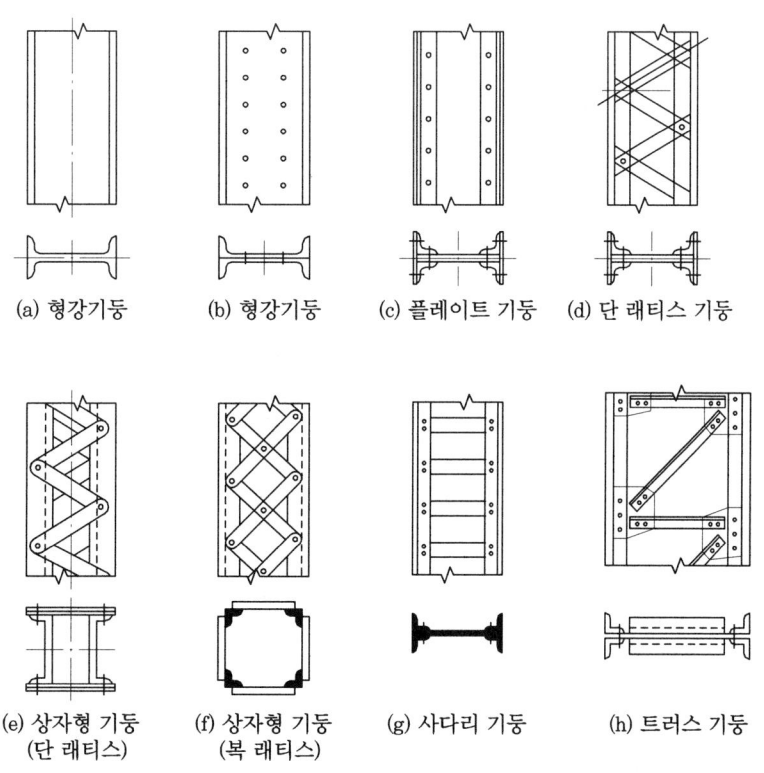

각종 기둥

⑤ 주각
  (가) 주각은 기둥이 받는 힘을 기초에 전달하는 부분인데, 기초는 일반적으로 철근 콘크리트 구조로 되어 있으며, 주각부는 철골과 철근 콘크리트 구조를 결합시킨다.
  (나) 단면이 작은 강재의 기둥에 작용하는 힘을 콘크리트 기초에 전달하려면 그 접착부는 충분한 면적이 필요하므로 윙 플레이트를 대서 힘을 분산시키고, 베이스 플레이트를 통하여 힘을 기초에 전달시킨다.
  (다) 베이스 플레이트의 두께는 15 mm 정도가 많이 쓰이며, 앵커 볼트의 굵기는 지름 16~32 mm의 것이 많이 쓰인다.

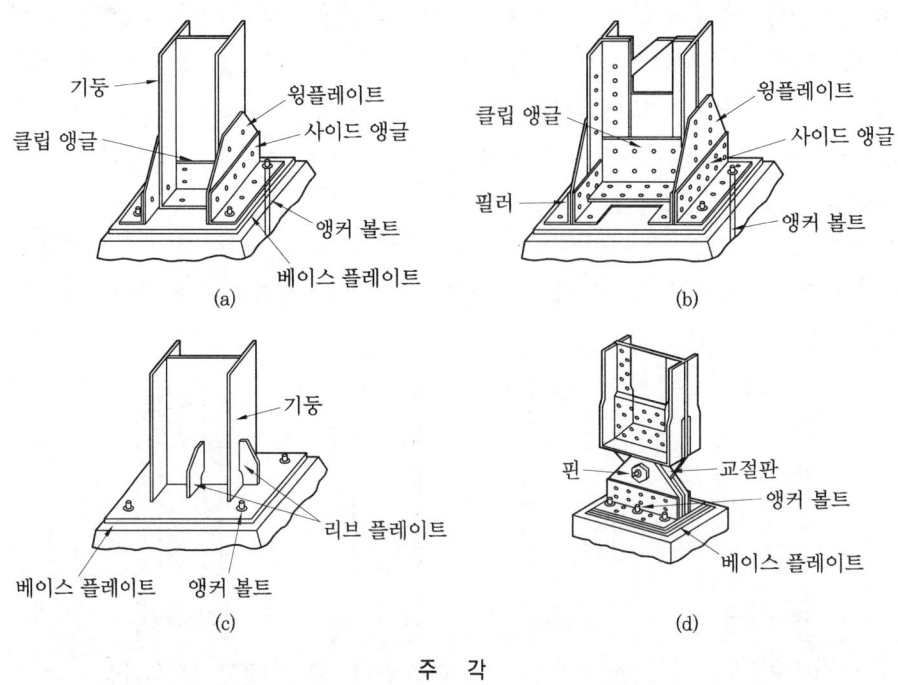

주 각

4. 기타 구조

(1) 철골 철근 콘크리트 구조

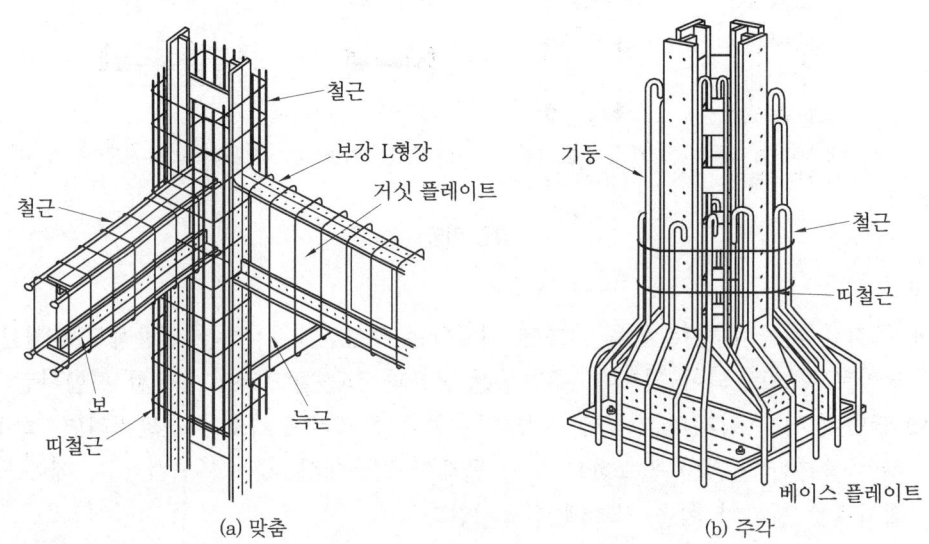

철골 철근 콘크리트 구조의 구성

철골구조와 철근 콘크리트 구조를 일체로 한 철골 철근 콘크리트 구조는 서로의 이점을 동시에 가지는 내진, 내화, 내구적인 구조이고, 단면이 작은 것에 비하여 튼튼한 것이 특징이며 건축물의 내진성을 중요 시 하는 곳에서는 가장 우수한 구조이다.

(2) 철근 콘크리트 기성재 조립공사
철근 콘크리트의 기성재를 제작하여 각 부재를 조립하는 식으로 한 구조체이다.
① 프리캐스트 콘크리트 (precast concrete ; PCC)
   ※ 제작방법의 종류
   ㈎ 각 부재를 견고하고 밀실한 거푸집을 짜서 콘크리트는 진동다짐으로 밀실하게 한 다음, 수중 또는 증기 보양한 것이다.
   ㈏ 보통 현장 콘크리트 제품과 같이 만든 것이 있다.
   ㈐ 철근, 배근, 기타는 모두 보통 철근 콘크리트 공사에 의한다.
   ㈑ 소규모 공사에 쓰인다.
② 프리스트레스트 콘크리트 (prestressed concrete ; PSC)
   ※ 제작방법의 종류
   ㈎ 프리텐션법 : 미리 삽입한 P.C 강선을 당겨 두고 콘크리트를 부어 넣어 충분히 경화한 다음 P.C 강선의 양끝을 절단하면 그 복원력에 의하여 콘크리트에 원응력을 주는 방법이다.
   ㈏ 포스트텐션법 : 콘크리트를 부어 넣기 전 강현재가 관통할 수 있는 구멍을 두고 부어 넣어 경화한 다음, 그 구멍에 강현재를 끼워 당겨 양끝을 쐐기 또는 워셔로 긴장시키는 방법이다.

보통 콘크리트 구조에 비하여 큰 간사이로 할 수 있고, 하중에 비하여 부재의 단면을 적게 쓸 수가 있으므로 건축물의 자중을 경감하는 특징이 있다.

(3) 옹벽 및 석축
토사의 붕괴를 막기 위하여 축조된 구조물이다.
① 옹벽 : 석재, 무근 콘크리트, 철근 콘크리트
② 석축 (돌쌓기에의 옹벽) : 견치돌 쌓기가 주로 이용된다.
   ㈎ 메쌓기 (건성쌓기) : 모르타르나 콘크리트를 쓰지 않고 맞대어 쌓는 잡석, 자갈 등을 채워다지는 것이다.
   ㈏ 찰쌓기 (사춤쌓기) : 모르타르를 사용하여 쌓은 뒤 모르타르 또는 콘크리트로 다짐하는 것이다.

(4) 조립식 구조
① 개요 : 조립식 구조란 문자 그대로 건축물의 대부분을 현장에서 생산하지 않고 공장 또는 현장에서 생산, 제작된 부품을 조립하여 건설하는 구조를 뜻한다. 조립식이란 영어로 prefabri-cation이라고 하는데 그 의미도 먼저 제작한다는 뜻이다.

여기에서 조립하는 부품의 대상, 즉 먼저 제작된 조립부품을 어느 수준으로 정의하는가에 따라 정확한 조립식 구조의 의미가 결정된다. 엄밀하게 말하면 현대건축은 모든 건설행위가 현장에서 이루어지는 고전적 형태의 건축과는 달리 그 정도가 아주 미미할지라도 어느 정도의 조립식 구조의 의미를 내포하고 있다고 할 수 있다.

최근에 와서는 조립식 공법의 확대된 의미로서 공업화(industrialized) 건축이라는 용어를 사용하고 있다. 공업화 건축은 조립식 공법에서 한 단계 더 발전한 것으로서 조립식 공법이 단순한 prefabrication의 의미를 갖고 있는 데 반하여, 양산화, 규격화 및 고품질 관리의 의미를 내포하고 있다. 근래에 국내에서 건설되는 조립식 아파트는 이러한 공업화 건축의 범주에 속한다고 할 수 있다.

② 조립식 구조의 특성 : 조립식 구조공법은 공장에서 제작된 부품을 현장에서 조립하여 건축물을 완성하기 때문에 다음과 같이 그 특성이 사회 경제적인 요구에 부합하는 것으로써 미래의 건축구조를 주도하게 될 것이다.

㈎ 장점
- 공기단축
- 품질향상과 감독관리의 용이
- 공사비 절감
- 가설공사의 최소화
- 해체, 증·개축의 편리

㈏ 단점
- 초기 투자비 증대
- 설계상의 제약
- 운송과 강성문제
- 운송과 적재문제
- 기타 양중, 획일성, 시공기술의 문제

예 상 문 제

문제 1. 철골 철근 콘크리트 건물로서 가장 잘 선택된 것은?
㉮ 5층의 병원 ㉯ 기계공장
㉰ 30층의 사무소 ㉱ 체육관
해설 철골 철근 콘크리트 구조는 내진, 내화, 내구적 구조로서 큰 간사이 구조물이나 고층 건물에 유리하다.

문제 2. ϕ 19 mm 리벳의 표준 피치의 값으로 적당한 것은?
㉮ 48 mm ㉯ 57 mm
㉰ 66 mm ㉱ 95 mm
해설 ・피치 : 게이지 라인 선상의 리벳 간격
  ① 최소 피치 : 2.5 d
  ② 표준 피치 : 3~4 d (여기서 d : 리벳 지름)

문제 3. 철골공사에서 리벳 지름이 32 mm일 때 리벳 구멍의 최대 지름은?
㉮ 33 mm ㉯ 33.5 mm
㉰ 34 mm ㉱ 35 mm
해설 ① 16 mm 이하 : $d+1.0$ mm
  ② 19~28 mm 이하 : $d+1.5$ mm
  ③ 32 mm 이상 : $d+2.0$ mm

문제 4. 철골구조의 플레이트 보의 구성 요소에 해당되는 것은?
㉮ 래티스 (lattice)
㉯ 스티프너 (stiffener)
㉰ 거싯 플레이트 (gusset plate)
㉱ 트러스 (truss)
해설 ・스티프너 : 웨브의 좌굴방지를 위해 설치

문제 5. 보의 춤 결정에 대한 설명 중 부적당한 것은?
㉮ 철골 트러스 보 – 간사이의 1/10~1/12
㉯ 철근 콘크리트 보 – 간사이의 1/10~1/12
㉰ 철골 라멘 보 – 간사이의 1/15~1/16
㉱ 형강 보 – 간사이의 1/15~1/60
해설 형강 보의 춤은 간사이의 1/30~1/15 정도이다.

문제 6. 그림과 같은 철골 보의 명칭은?

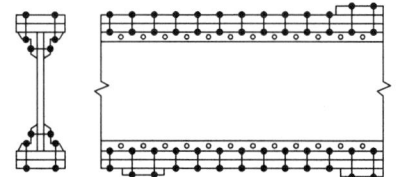

㉮ 형강 보 ㉯ 래티스 보
㉰ 플레이트 보 ㉱ 트러스 보
해설 ・플레이트 보 : L형강과 강판을 I형 모양으로 조립한 것으로 큰 하중과 큰 간사이 구조물에 많이 쓰인다.

문제 7. 철골구조에 대한 기술 중 옳지 않은 것은?
㉮ 철근 콘크리트 구조에 비해 경량이다.
㉯ 큰 간사이의 구조물, 고층 건물에 적합하다.
㉰ 내진・내구적이며 내화적이다.
㉱ 좌굴하기가 쉽다.
해설 철골구조는 열에 약하여 고온에서는 강도가 저하되고 변형되기 쉽다.

문제 8. L형강의 표시기호로 옳은 것은?

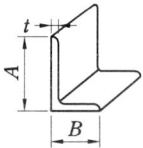

해답 1. ㉰ 2. ㉰ 3. ㉰ 4. ㉯ 5. ㉱ 6. ㉰ 7. ㉰ 8. ㉮

㉮ $L-A\times B\times t$ ㉯ $L-t\times B\times A$
㉰ $L-A\times t\times B$ ㉱ $L-B\times t$

해설 · 강재표시법 : 모양−높이×폭×웨브 두께 (t_1)×플랜지 두께(t_2)×길이

문제 9. 박강판의 두께의 표시는?
㉮ 게이지 번호 ㉯ mm
㉰ 피치 ㉱ cm

해설 · 강 판
① 박강판(4 mm 이하)의 두께는 게이지 번호로 표시한다.
② 후강판(4 mm 초과)의 두께는 mm로 표시한다.

문제 10. 리벳 접합 시 리벳 가열온도는?
㉮ 400~600℃ ㉯ 800~1000℃
㉰ 1100~1300℃ ㉱ 1500~1700℃

해설 리벳 가열온도는 800~1000℃ 정도

문제 11. 구조용 강재의 허용 응력도는?
㉮ 강재의 항복점 강도로 한다.
㉯ 강재의 항복점 강도와 인장강도의 70% 중 작은 값을 기준으로 한 F_y값이다.
㉰ 강재의 인장강도로 한다.
㉱ 강재의 항복점 강도와 인장강도의 50% 중 큰 값을 기준으로 한 F_y값이다.

해설 모든 허용응력도 (f)는 강재의 기준 항복점 강도 (F_y)에 안전율을 고려해서 구하며, 강재의 항복점 강도와 인장강도의 70% 중 적은 값을 기준값 F_y라 한다.

문제 12. 리벳으로 접합하는 판의 총두께는 리벳 지름의 몇 배 이하로 규정하는가?
㉮ 2배 ㉯ 3배
㉰ 5배 ㉱ 7배

해설 · 클립 : 리벳으로 박게 되는 재의 총두께, 클립은 리벳 지름의 5배 이하

문제 13. 지름이 28 mm인 리벳에 대한 리벳 구멍의 최대 크기는?

㉮ 28 mm ㉯ 29 mm
㉰ 29.5 mm ㉱ 30 mm

해설 · 리벳 구멍 지름(d : 리벳 지름)

리벳 지름	리벳 구멍 지름
16 mm 이하	$d+1$ mm
19~28 mm	$d+1.5$ mm
32 mm 이상	$d+2.0$ mm

문제 14. 리벳의 배치에 대한 기술 중 틀린 것은?
㉮ 게이지 라인은 리벳 중심선이다.
㉯ 게이지는 게이지 라인과 게이지 라인과의 거리이다.
㉰ 피치는 게이지 라인상의 리벳 상호간의 중심간격이다.
㉱ 클리어런스는 부재 끝에 가까운 리벳 중심과 부재 끝과의 거리를 말한다.

해설 · 클리어런스 : 리벳 중심에서 수직재 면까지의 거리(리벳치기 여유)

문제 15. 형강에 리벳을 박는 위치는?
㉮ 강재의 중심선 ㉯ 게이지 라인
㉰ 게이지 ㉱ 피치

해설 게이지 라인은 리벳 중심선이므로 이곳에 리벳을 박는다.

문제 16. 리벳의 최소 피치는?
㉮ 리벳 지름의 1배
㉯ 리벳 지름의 2.5배
㉰ 리벳 지름의 4배
㉱ 리벳 지름의 6배

해설 ① 피치 : 게이지 라인상의 리벳 상호간의 중심간격
② 게이지 라인 : 리벳의 중심선
③ 최소 피치 : 리벳 지름의 2.5배
④ 표준 피치 : 리벳 지름의 3~4배

문제 17. 고장력 볼트의 장점이 아닌 것은?
㉮ 시공이 비교적 용이하다.

해답 9. ㉮ 10. ㉯ 11. ㉯ 12. ㉰ 13. ㉰ 14. ㉱ 15. ㉯ 16. ㉯ 17. ㉰

㈐ 인력이 절약된다.
㈑ 공사기간이 길어진다.
㈒ 리벳 집합과 같은 소음이 없다.
해설 공사기간이 짧아진다.

문제 18. 리벳 지름이 16 mm일 때, 리벳 구멍, 피치의 최소치와 최대 클립은?
㈎ 17 mm, 4.0 mm, 80 mm
㈏ 17.5 mm, 55 mm, 60 mm
㈐ 17 mm, 60 mm, 90 mm
㈑ 17.5 mm, 60 mm, 90 mm
해설 리벳 지름이 16 mm 이하일 때 리벳 구멍 크기는 $d+10$ mm 이하 (16+1 mm)이며, 최소 피치는 리벳 지름의 2.5배 이상 (16×2.5), 최대 클립은 리벳 지름의 5배 이하 이다 (16×5).

문제 19. 리벳 접합에 비하여 용접에 대한 기술 중 틀린 것은?
㈎ 강성을 얻을 수 있다.
㈏ 소음의 발생이 없다.
㈐ 시공 결합부의 발견이 쉽다.
㈑ 부재단면의 결손이 적다.
해설 결함부의 발견이 어렵다.

문제 20. 플레이트 보에서 전단력에 따라 단면이 결정되는 것은?
㈎ 플랜지 플레이트   ㈏ 웨브 플레이트
㈐ 스티프너   ㈑ 플랜지 앵글
해설 ① 플랜지 플레이트: 크기는 휨 모멘트로 결정
② 웨브 플레이트: 전단력에 따라 단면결정, 두께 6 mm 이상

문제 21. 플레이트 보에서 플랜지 플레이트의 최대 매수는?
㈎ 1장   ㈏ 2장
㈐ 4장   ㈑ 6장
해설 플랜지 플레이트의 최대 매수는 4매 이하로 한다.

문제 22. 플레이트 보에서 웨브 플레이트 좌굴방지를 위하여 설치하는 것은?
㈎ 플랜지 플레이트   ㈏ 스티프너
㈐ 플랜지 앵글   ㈑ 거싯 플레이트
해설 • 스티프너: 웨브 플레이트의 좌굴을 방지하기 위해 설치한다.

문제 23. 플레이트 보에 대한 기술 중 틀린 것은?
㈎ 플랜지 플레이트의 크기는 휨 모멘트에 따라 결정된다.
㈏ 웨브 플레이트는 전단력에 따라 단면이 결정되며, 두께는 6 mm 이상으로 한다.
㈐ 플랜지 플레이트의 좌굴을 방지하기 위해 스티프너를 설치한다.
㈑ 플랜지 플레이트의 매수는 4장 이하로 한다.
해설 웨브 플레이트의 좌굴을 방지하기 위해 스티프너를 설치한다.

문제 24. 플레이트 (plate) 보 그림의 명칭을 기술한 것 중 틀린 것은?

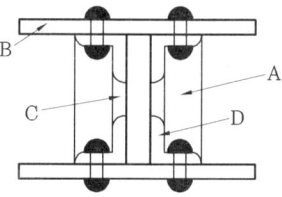

㈎ A: 스티프너
㈏ B: 플랜지 플레이트
㈐ C: 웨브 플레이트
㈑ D: 거싯 플레이트
해설 D: 플랜지 앵글

문제 25. 플레이트 보에서 플랜지 플레이트의 설치 목적은?
㈎ 전단력의 부족을 보안하기 위해서
㈏ 웨브의 좌굴을 방지하기 위해서

㉰ 휨 내력의 부족을 보완하기 위해서
㉱ 리벳 간격을 넓게 하기 위해서

해설 • 플랜지 플레이트 : 크기는 휨 모멘트에 의해 정해지며 휨 내력 부족을 보완한다.

문제 26. L형강과 강판을 리벳 접합이나 용접으로 하여 I형 모양으로 조립한 보는?
㉮ 형강 보   ㉯ 플레이트 보
㉰ 래티스 보   ㉱ 트러스 보

해설 • 플레이트 보 : L형과 강판을 I형 모양으로 조합한 것으로 전단력에 강하다.

문제 27. 철골구조의 주각에 사용되는 부재 그림의 명칭 중 틀린 것은?

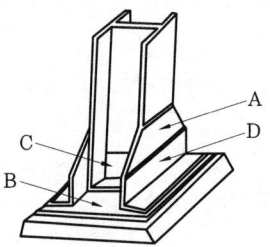

㉮ A : 윙 플레이트
㉯ B : 베이스 플레이트
㉰ C : 클립 앵글
㉱ D : 스티프너

해설 D : 사이드 앵글

문제 28. 철골구조의 보에 대한 기술 중 틀린 것은?
㉮ 플레이트 보는 L형강과 강판을 리벳 접합이나 용접으로 하여 I형 모양으로 조립한 것이다.
㉯ 트러스 보는 현재와 빗재, 수직재의 웨브재를 거싯 플레이트에 의하여 조립된 것으로 간사이가 큰 구조물에 사용한다.
㉰ 래티스 보나 사다리 보는 트러스 보의 웨브재를 평강으로 사용한 것으로 규모가 적거나 철근 콘크리트로 피복할 때 많이 쓰인다.
㉱ 허니콤 보는 플레이트 보의 단면을 크게 한 것으로 저층 건축에 널리 쓰인다.

해설 H형강의 웨브를 엇갈리게 절단하여 육각형의 구멍이 열이 지도록 용접구성에 보의 춤을 높인 허니콤 보는 고층 건물에 널리 쓰인다.

문제 29. 철골구조 기둥에 대한 기술 중 틀린 것은?
㉮ 단 래티스의 각도는 30°, 복 래티스의 각도는 45°
㉯ 사다리 기둥은 철골 철근 콘크리트 구조물에는 사용하지 않는다.
㉰ 트러스 기둥은 큰 구조물에 주로 쓰인다.
㉱ 형강기둥을 맞대어 쓸 때에는 ㄷ형강을 사용한다.

해설 • 래티스 기둥, 사다리 기둥 : 경미한 구조물에 단독으로 쓰이기도 하며 철골, 철근 구조물에 많다.

문제 30. $L-100 \times 50 \times 20$에서 두께는?
㉮ 150 ㉯ 100 ㉰ 50 ㉱ 20

해설 L (모양) = 100 (높이) × 50 (폭) × 20 〔웨브 두께 (t)〕

문제 31. 철골구조의 주각에 사용하는 부재가 아닌 것은?
㉮ 베이스 플레이트 ㉯ 윙 플레이트
㉰ 클립 앵글   ㉱ 거싯 플레이트

해설 • 거싯 플레이트 : 철골구조의 절점에 있어 부재의 접합에 덧대는 연결보강용 강판, 절점 형성재료

문제 32. 그림과 같은 ㄷ형강의 강재 표시법으로 옳은 것은?
㉮ ㄷ $-A \times t \times B$
㉯ $A-B \times t \times$ ㄷ
㉰ ㄷ $-A \times B \times t$

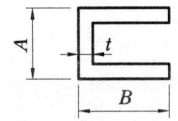

라 ㄷ－$t \times A \times B$
해설 모양＝높이×폭×웨브 두께

문제 33. 플레이트 보와 관계없는 부재는?
가 플랜지 플레이트 나 웨브 플레이트
다 스티프너 라 카세트 플레이트
해설 • 플레이트 보와의 관련부재 : 웨브 플레이트, 플랜지 플레이트, 스티프너

문제 34. 볼트 접합에서 볼트 지름이 19 mm인 경우 볼트의 최대 구멍 지름은?
가 19.5 mm 나 20 mm
다 21.5 mm 라 22 mm
해설 볼트 구멍 지름은 볼트 지름보다 0.5 mm 이내 한도에서 뚫는다.

문제 35. 철골 주각에 앵커 볼트를 묻어 두는 길이는 볼트 지름의 얼마 정도가 적당한가?
가 20배 나 25배 다 35배 라 40배
해설 묻어두는 길이는 볼트 지름의 40배 정도가 필요하다.

문제 36. 철골구조의 리벳치기에서 적당치 않은 것은?
가 리벳치기 표준은 3.0~4.0 D로 하고 부득이한 경우 2.5 D로 한다.
나 게이지가 리벳 지름의 3배일 때는 병렬 리벳치기가 가능하다.
다 힘의 방향으로 많은 리벳을 배열하면 중앙에 전단력이 커진다.
라 리벳치기판의 총두께는 리벳구멍 지름의 5배 이하로 한다.
해설 힘의 방향으로 많은 리벳을 배열하면 리벳이 받는 전단력은 끝의 리벳일수록 커지므로 한 줄로 8개 이상 배열하지 않도록 한다.

문제 37. 철골조의 건물에 가장 많이 이용되는 기초는?
가 독립기초 나 줄기초
다 복합기초 라 온통기초
해설 철골구조의 기초에는 철근 콘크리트의 각종 기초가 사용되나, 강도가 큰 강재를 주체로 하므로 독립기초를 많이 사용한다.

문제 38. ϕ 16 mm 리벳으로 칠 수 있는 판의 총두께는 최고 얼마인가?
가 80 mm 이하 나 85 mm 이하
다 90 mm 이하 라 95 mm 이하
해설 리벳으로 치는 판의 총두께는 리벳 지름의 5배 이하로 하며, 그 이상으로 하면 리벳 지지력이 감소한다. 그러므로 16 mm×5＝80 mm 이하이다.

문제 39. 하중점 스티프너와 관계가 먼 것은?
가 기둥 밑 나 보를 지지하는 곳
다 보의 끝부분 라 보의 중간
해설 하중점 스티프너는 기둥 밑, 보를 지지하는 곳 및 보의 끝부분에 설치한다.

문제 40. 중도리 부재의 강재를 사용할 경우 강재 트러스 간격으로 좋은 것은?
가 3.6 m 이하 나 5 m 이하
다 8 m 이하 라 9 m 이하
해설 트러스의 간격은 중도리 부재에 따라 다르며, 목재를 사용할 경우에는 3.6 m 이하, 강재를 사용하는 경우에는 5 m 까지로 한다.

문제 41. 다음 모살 용접기호의 표시에 관한 설명 중 틀린 것은?

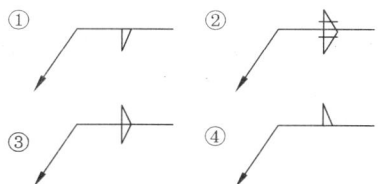

가 ①은 지시하는 곳에 용접한다.
나 ②는 양쪽을 용접한다.
다 ③은 양면을 연속해서 용접한다.

해답 33. 라 34. 가 35. 라 36. 다 37. 가 38. 가 39. 라 40. 나 41. 라

라 ④는 지시하는 곳의 반대쪽을 연속해서 용접한다.

문제 42. 철골구조의 보에 사용되는 스티프너의 기술 중 옳지 않은 것은?
가 하중점 스티프너는 집중하중에 대한 보강용으로 쓰인다.
나 중간 스티프너는 웨브의 좌굴을 막기 위해 쓰인다.
다 보통 4개의 형강으로 사용하나 하중이 작을 때에는 2개의 형강으로 만든다.
라 대개 I자 형강으로 만든다.
[해설] · 하중점 스티프너 : 보통은 4개의 L형강, 평강을 사용해서 만들지만, 하중이 작은 경우에는 2개의 형강을 사용하기도 한다.

문제 43. 철골구조에서 I자 형강보에 플레이트를 사용하며 보강시키는 목적은?
가 중요 부분의 플랜지를 보호하기 위하여
나 집중하중에 의한 전단력을 감소하기 위하여
다 휨 내력의 부족을 보충하기 위하여
라 휨 좌굴방지를 위해서
[해설] 형강보는 ㄷ자 형강을 단독으로 또는 I자 형강에 플레이트를 대서 쓰거나, ㄷ자형을 두 개 합쳐서 쓰는 보를 말한다. 보통 I자 형강보는 휨모멘트에 대한 저항력을 크게 하기 위해서 보강한다.

문제 44. 이동하중을 받는 경우 가장 많이 쓰이는 철골구조 건축물의 보의 형태는?
가 형강보　　　나 플레이트보
다 트러스보　　라 래티스보
[해설] 플레이트보는 L형강과, 또는 강판막을 조립하여 만드는 보를 말하며, 플랜지 부분은 휨 모멘트를, 웨브 부분은 전단력에 저항하도록 설계되어 있다. 제작하기 쉽고 유지, 보수, 보강하기가 간단하며 가장 많이 사용한다.

문제 45. 그림의 용접기호에 대한 설명으로 부적당한 것은?

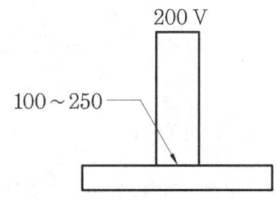

가 맞댐용접이다.
나 용접과 용접중심과의 간격은 250 mm 이다.
다 화살쪽에 용접한다.
라 20 mm의 강판이다.

문제 46. 다음 그림과 같은 평리벳의 현장 기호로 옳은 것은?

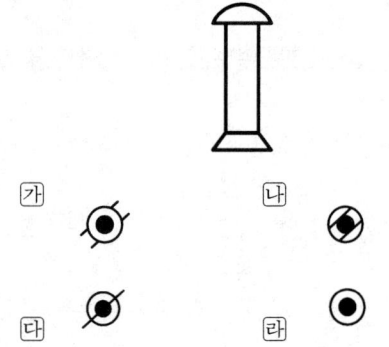

문제 47. 철골구조 기둥의 이음 위치는 바닥 위 얼마 높이가 적당한가?
가 0.5 m 정도　　나 1.0 m 정도
다 2.0 m 정도　　라 3.0 m 정도
[해설] 철골구조의 기둥은 바닥 위에서 1 m 정도의 위치에서 이음을 하는 것이 시공이 편리하며, 플랜지 이음판이나 웨브 이음판을 사용하여 힘이 충분히 전달되도록 한다.

[해답] 42. 라　43. 다　44. 나　45. 가　46. 가　47. 나

문제 48. 다음 철골조에 대한 기술 중 옳은 것은?
㉮ 웨브재를 플랜지에 경사로 댄 것을 격자보라 한다.
㉯ 웨브재를 플랜지에 90°로 댄 것을 래티스보라 한다.
㉰ 래티스보의 웨브판을 두께 6~12 mm로 한다.
㉱ 격자보는 콘크리트에 피복되지 않고 단독으로 쓰일 때가 많다.
[해설] 격자보는 상하 플랜지에 ㄱ자 형강을 대고 플랜지에 웨브재를 직각으로 접합한 보를 말하며 철골 철근 콘크리트 구조물에 주로 쓰이고, 콘크리트에 피복되지 아니하고 단독으로 사용되는 경우는 거의 없다.

문제 49. 경량 철골구조에 대한 다음 기술 중 옳지 않은 것은?
㉮ 경량 형강은 보통 두께를 4 mm 이하로 한다.
㉯ 도장은 보통 철골조에 비하여 어렵다.
㉰ 용접은 일반 철골조에 비해 어렵다.
㉱ 가새가 일반 철골조에 비해 적게 든다.
[해설] 일반 철골조에 비해서 가새가 많이 든다.

문제 50. 두께 1~2 mm 정도의 강판을 구부려 강성을 높여 철골구조의 바닥용 콘크리트 치기에 사용되는 재료명은?
㉮ 덱 플레이트   ㉯ 턴버클
㉰ 베니션 블라인드 ㉱ 스티프너
[해설] 덱 플레이트는 얇은 강판에 골 모양을 내어서 만든 재료로서 지붕이기, 벽널 및 콘크리트 바닥과 거푸집의 대용으로 사용한다.

문제 51. 강재치수의 표시법 중 $2L-75 \times 75 \times 6$에서 6은 무엇을 나타낸 것인가?
㉮ 개수   ㉯ 길이
㉰ 세로의 폭   ㉱ 두께

[해설] 강재의 표시는 다음과 같이 한다.
$$2L - A \times B \times t$$
여기서, $2L$: L형강 2개, A : 형강의 폭
B : 형강의 춤, t : 형강의 두께

문제 52. 철골조 주각부에 관계 없는 부재는?
㉮ 클립 앵글   ㉯ 윙 플레이트
㉰ 사이드 앵글   ㉱ 거싯 플레이트
[해설] ① 철골의 주각부 : 주각은 기둥이 받는 외력을 기초에 전달하는 부분이고 기초는 보통 철근 콘크리트 구조이므로, 철골구조와 철근 콘크리트 구조를 결합시키는 하나의 이음 부분이므로 철골과 콘크리트를 연결시키는 앵커 볼트의 강도는 충분해야 한다.
② 거싯 플레이트 : 주로 절점에 있어 부재의 접합에 덧대는 연결 보강용 강판이다.

문제 53. ㄱ자형이나 T자형의 단면을 가지는 테두리 보의 유효 너비는 플랜지 부분의 두께가 얼마 이상인 부분인가?
㉮ 10 cm   ㉯ 15 cm
㉰ 18 cm   ㉱ 20 cm
[해설] 보강 블록조의 테두리보가 ㄱ자형이나 T자형 단면을 가지는 테두리 보의 유효 너비는 플랜지 두께가 150 mm (단층인 경우에는 120 mm) 이상인 부분을 말한다.

문제 54. 일반적으로 철골 부재의 단부에 박은 리벳의 최소 개수는?
㉮ 1개   ㉯ 2개
㉰ 3개   ㉱ 4개
[해설] 철골 부재 단부의 접합에는 최소한 2개 이상의 리벳을 박아야 한다.

문제 55. 소방 대상물의 화재발생을 자동적으로 소방기관에 통보하는 설비는?
㉮ 전기 화재경보 설비
㉯ 자동 화재경보기
㉰ 자동 화재속보 설비

[해답] 48. ㉱ 49. ㉱ 50. ㉮ 51. ㉱ 52. ㉱ 53. ㉯ 54. ㉯ 55. ㉯

㉻ 자동 화재탐지 설비

해설 자동 화재경보기는 화재발생 시 자동으로 소방서나 수위실에 통보해 주는 설비이고, 자동화재 탐지설비는 화재발생 시 자동적으로 정보를 방송해 준다.

문제 56. 하강방향을 고려한 에스컬레이터의 전격속도는 얼마인가?

㉮ 10 (m/min)　㉯ 30 (m/min)
㉰ 60 (m/min)　㉱ 120 (m/min)

문제 57. 다음 중 에스컬레이터의 선정기준으로 잘못된 것은 어느 것인가?

㉮ 백화점, 쇼핑 스토어 : 연속적인 대량수송이 요구되며 손잡이 하부조명을 설치 시 고급스러워 보인다.

㉯ 극장 : 1층 로비는 혼잡하므로 설치장소는 주로 2층에 위치한다.

㉰ 사무소, 호텔, 은행 : 빌딩 내부 동선 정리가 우선이며 설치면적이 넓어지는 경향이 있다.

㉱ 공항시설, 도시 교통시설 : 일시적인 대량수송이 요구된다.

해설 ·극장 : 승객의 집중에 대비해야 하고 설치장소는 주로 1층에 위치한다.

문제 58. 장기 허용 지내력도가 큰 순서로 나열된 것은?

① 경암반
② 연암반
③ 자갈
④ 자갈과 모래와의 혼합물
⑤ 모래 섞인 점토 또는 점토
⑥ 모래 또는 점토

㉮ ①-②-③-④-⑤-⑥
㉯ ①-②-④-③-⑥-⑤
㉰ ①-②-⑤-④-⑥-③
㉱ ②-①-⑥-④-⑤-③

해설 경암반 > 연암반 > 자갈 > 자갈과 모래 혼합물 > 모래 섞인 점토 > 모래 또는 점토

문제 59. 연약한 모래지반의 전단력 시험에 주로 이용되는 시험은?

㉮ 표준관입 시험
㉯ 베인시험
㉰ 컴프레솔 파일
㉱ 샌드 드레인 공법

해설 ㉮ 표준관입 시험 : 사질지반의 전단력 시험
　　㉯ 베인 테스트 : 점토질 지반의 접착력 측정
　　㉰ 컴프레솔 파일 : 제자리 콘크리트 말뚝의 일종
　　㉱ 샌드 드레인 공법 : 지반경화 개량방법

해답 56. ㉯　57. ㉯　58. ㉮　59. ㉮

5

구조 시스템 및 건축재료 일반

제1장 일반 구조 시스템(평면구조)
제2장 특수 구조(입체구조)
제3장 건축재료 일반

CHAPTER 1. 일반구조 시스템(평면구조)

1. 골조구조

(1) 골조구조 (= 라멘 구조)
강접합된 기둥과 보가 함께 이동하고, 회전하여 수직하중 및 바람, 지진하중과 같은 수평하중에서 큰 저항력을 가진 구조이다. 예 반포대교

반포대교

(2) 트러스 구조
컴퍼스 두 다리처럼 부재끼리 핀으로 연결되어 서로 떨어지지 않지만, 자유롭게 회전할 수 있도록 연결된 구조이다. 예 동호대교

동호대교

(3) 커튼월 구조
하중이나 외력을 받는 골조를 선시공 후 외장재료인 벽을 미리 공장에서 제작, 현장에서 판을 부착하여 외벽을 형성하는 구조이다.

(4) 골조구조의 장점(린텔 구조와 비교)
① 수직하중이 작용하는 경우에 보에 작용하는 휨 모멘트가 적다.
   ※ 기둥과 보가 강절점으로 연결되어 있다.
② 횡력이 작용하는 경우에 휨 모멘트가 적다.

2. 벽식구조

(1) **벽식구조**
벽체나 바닥판을 평면적인 구조체만으로 구성한 구조물(보나 기둥 없이 판으로 바닥 슬래브와 벽으로 연결)이다.

(2) **벽식구조의 특징**
① 면 부재로 이루어지므로 선 부재보다 더 효율적인 구조 부재로 작용
   ※ 면 부재는 두 방향으로 힘을 전달하여 같은 힘을 전달할 때 더 얇은 부재를 사용한다.
② 우리나라 철근 콘크리트 아파트는 벽식구조로 형성되어 있어 기둥이나 보가 없다.
③ 넓은 공간을 확보하기 위하여 벽을 허물어서는 안 된다.

3. 아치 구조

(1) **아 치**
개구부 상부의 하중을 지지하기 위하여 돌이나 벽돌을 곡선형으로 쌓아올린 구조이다.

(2) **아치 구조**
상부에서 오는 수직압력이 아치의 축선을 따라 좌우로 나누어져 밑으로 압축력만을 전달하게 한 것, 또는 부재의 하부에 인장력이 생기지 않게 구조화 한 것이다.

콜로세움

(3) **아치 구조의 특징**
① 아치가 높으면 지점에서 수평성분이 작아지고, 아치가 낮으면 수평성분이 커진다.
② 아치의 추력(아치 구조의 지점을 수평방향으로 이동시키려는 힘)을 저항하기 위한 방법이다.
   ㈎ 직접 저항할 수 있는 하부구조를 설치한다.
   ㈏ 아치를 서로 연결하여 교점에서 추력을 상쇄한다.
   ㈐ 버트레스(토압이나 수압 등의 횡력을 받는 벽을 지지하기 위하여 벽체의 전면에 설치하는 지지벽)를 설치한다.
   ㈑ 타이 바(아치에서 양쪽으로 벌어지려는 힘을 잡아 주기 위한 인장 부재)를 설치한다.

예 상 문 제

문제 1. 기둥과 보가 없이 판으로만 구조체를 형성하는 구조 시스템은 무엇인가?

㉮ 셸 구조 ㉯ 아치 구조
㉰ 벽식구조 ㉱ 현수구조

해설 • 벽식구조
① 보나 기둥 없이 판으로 바닥 슬래브와 벽으로 연결한다.
② 면 부재로 이루어지므로 선 부재보다 더 효율적인 구조 부재로 작용한다.
③ 우리나라 철근 콘크리트 아파트는 벽식 구조로 형성되어 있어 기둥이나 보가 없다.
④ 넓은 공간을 확보하기 위하여 벽을 허물어서는 안 된다.

문제 2. 구조물을 분류하는 방법에는 여러 가지가 있으나, 사용 재료별로 분류할 수 있다. 사용 재료별로 분류한 구조 시스템이 아닌 것은 어느 것인가?

㉮ 돌구조
㉯ 벽식구조
㉰ 철근 콘크리트 구조
㉱ 철골구조

해설 벽식구조는 힘의 전달측면에서 분류한 구조이다.

문제 3. 아치 구조의 추력을 저항하기 위한 방법이 아닌 것은 어느 것인가?

㉮ 직접 저항할 수 있는 하부구조를 설치
㉯ 아치를 서로 연결하여 교점에서 추력을 상쇄
㉰ 버트레스 설치
㉱ 직접 저항할 수 있는 상부 구조를 설치

해설 • 아치 구조의 추력을 저항하기 위한 방법
① 직접 저항할 수 있는 하부 구조를 설치

② 아치를 서로 연결하여 교점에서 추력을 상쇄시킴
③ 버트레스 설치
④ 타이 바 설치

문제 4. 아치 구조에서 하중이 작용하면, 단부에서 벌어지려는 힘이 발생한다. 이를 무엇이라 하는가?

㉮ 인장력 ㉯ 압축력
㉰ 추력   ㉱ 전단력

해설 ㉮ 인장력 : 물체에 작용하는 외력이 서로 당기는 방향으로 작용했을 때 물체 내에 생기는 축 방향력
㉯ 압축력 : 물체에 작용하는 외력이 서로 미는 방향으로 작용했을 때 물체 내에 생기는 축 방향력
㉰ 추력 : 지점에 생기는 수평방향의 힘 또는 축 방향으로 미는 힘
㉱ 전단력 : 부재의 축방향에 대하여 수직방향으로 절단하려는 힘

문제 5. 압축력을 받는 부재의 길이가 커질수록 내력이 급격히 떨어지게 된다. 이를 무엇이라 하는가?

㉮ 면 내력 ㉯ 좌굴
㉰ 접합부   ㉱ 전단력

해설 ㉮ 면 내력 : 면내 응력을 판 두께방향으로 합산한 합 응력, 중심면 단위길이당으로 나타낸다.
㉯ 좌굴 : 가늘고 긴 막대, 얇은 판 등을 압축하면 어느 하중에서 갑자기 가로방향으로 휨이 발생하고, 이후 휨이 급격히 증대하는 현상
㉰ 접합부 : 둘 이상의 부재를 어느 각도로 접합하는 부분
㉱ 전단력 : 크기가 같고 방향이 서로 반대가 되도록 면을 따라 평행하게 작용하는 힘

해답 1. ㉰ 2. ㉯ 3. ㉱ 4. ㉰ 5. ㉯

2. 특수구조 (입체구조)

1. 절판구조

(1) 절판구조

수평형태의 슬래브는 수직하중에 의한 휨력에 약하고, 수직형태의 슬래브는 수평하중에 의한 횡력에 약하므로 이 두 구조의 장점만 합친 구조이다.

(2) 절판구조의 활용

철골 공사 시 바닥 슬래브를 타설하기 이전에 철골보 위에 설치하는 데크 플레이트이다.

(3) 데크 플레이트 특징

얇은 판으로 되어 있고, 휨에 저항할 수 있는 저항거리가 커져 부재의 강성이 커진다.

2. 셸 구조와 돔 구조

(1) 셸 구조

곡률을 가진 얇은판으로 주변을 충분히 지지시키면, 면에 분포되는 하중을 인장·압축과 같은 면 내력으로 전달시키는 역학적 특성을 가진 구조로 큰 공간을 덮는 지붕이나 액체를 담는 용기 등에 널리 사용한다.

　예 시드니 오페라 하우스

오페라 하우스

(2) 셸 구조의 특징

① 구조체가 가볍고 큰 힘을 받을 수 있어, 넓은 공간을 필요로 할 때에 이용한다.

② 재료는 철근 콘크리트를 많이 쓰지만 강재를 이용하기도 한다.

③ 아치 구조와 달리 상부에 작용하는 압축력이나 하부에 작용하는 인장력을 서로 상호 보완하는 형태로 저항한다.

(3) 래티스 돔 구조

셀 구조의 일종이지만 셀 구조는 면으로 구성되어 있는 반면, 래티스 돔은 직선 부재로 구성되어 면 내력에 저항한다.

 예 장충 체육관

장충 체육관

(4) 리브 돔 구조 힘 전달과정
① 주요 골재는 트러스이다.
② 돔의 상부에서 여러 부재가 만날 때 접합부가 조밀해지는 것을 방지하기 위해 압축링을 설치한다.
③ 하부에는 밖으로 퍼져 나가는 힘에 저항하기 위한 인장링을 설치한다.
④ 전체적인 힘은 수직과 수평방향으로 힘의 평형을 갖춘다.

3. 입체 트러스 구조

(1) 트러스 구조
축방향만으로 힘을 받는 직선재를 핀으로 결합하여 효율적으로 힘을 전달하는 구조 시스템이다.

(2) 스페이스 트러스 (=스페이스 프레임)
2차원 트러스를 평면 또는 곡면의 2방향으로 확장시킨 형태이다.

(3) 입체 트러스의 특징
① 평면 트러스보다 큰 하중을 지지할 수 있다.
② 입체 트러스의 최소 유닛은 삼각형 또는 사각형, 그리고 삼각형+사각형도 있다.
③ 체육관이나 공연장과 같은 대형 공간의 지붕 구조물로 많이 쓰인다.

4. 현수구조

구조물의 주요 부분을 매달아서 인장력으로 저항하는 구조물로 하중은 상부에 있는 거대한 트러스에 의해 지지되고, 트러스는 케이블의 지지점에서 안으로 모아지려는 압축력에 저항, 최종적으로 각 층에 작용하는 수직력은 양단부에 있는 코어에 의해 지반으로 전달한다.

 예 금문교, 남해대교

남해대교

(1) 현수구조 특징
① 장 스팬 구조물에 효율적으로 이용되는 구조물이기 때문에 다리나 경기장 또는 공장 등에 이용된다.
② 구조물의 무게를 케이블에 지지하게 되고, 케이블은 인장력을 받게 되므로, 압축력을 받도록 설계된 구조물과 비교하여 부재의 좌굴을 고려할 필요가 없다.
③ 재료의 강도를 최대한 발휘할 수 있어, 적은 구조 물량으로 큰 힘을 발휘할 수 있다.

5. 막구조

(1) 막구조
지붕의 재료로 막을 사용하며, 막을 잡아당겨 인장력을 주면, 막 자체에 강성이 생겨 구조체로 힘을 받을 수 있다.
[예] 월드컵 경기장

인천문학 경기장

(2) 막구조의 특징
① 자연경관과 잘 조화되어, 국립공원 내의 공연장이나 휴게소 등에서 사용된다.
② 막 자체는 거의 무게가 없어서, 넓은 공간의 지붕 구조체로서 효율성이 뛰어나다.
③ 자연 친화성, 구조미, 공사기간, 채광 등에서 유리하다.

(3) 막구조의 종류
① 골조막 구조 : 막의 무게를 골조가 부담하는 구조이다.
② 현수막 구조 : 막의 무게를 케이블로 당겨 지지하는 구조이다.
③ 공기막 구조 : 공기압으로 막의 형태를 유지하는 구조이다.
　(가) 단막 구조 : 막 내부의 기압을 조절하여 낙하산에서와 같은 형태를 유지하는 형식
　(나) 이중막 구조 : 풍선과 같이 막 안에 공기를 불어 넣어 구조물을 형성
④ 하이브리드막 구조 : 골조막, 현수막, 공기막 구조를 복합적으로 채용한다.

> [참고] • 막구조
> ① 서귀포 월드컵 경기장
> ② 상암동 월드컵 경기장
> ③ 인천 월드컵 경기장

예 상 문 제

문제 1. 다음 중 데크 플레이트의 특징이 아닌 것은 어느 것인가?
㉮ 얇은 판으로 되어 있다.
㉯ 시공이 간편하나 재료비 단가가 고가이다.
㉰ 휨에 저항할 수 있는 저항거리가 커져 부재의 강성이 커진다.
㉱ 건축물의 하중을 감소시킨다.
[해설] 데크 플레이트는 시공이 간편하고 공사비나 공사기간을 줄일 수 있다.

문제 2. 힘의 전달측면에서 구조물을 평면구조와 입체구조로 분류할 수 있다. 다음 중 그 구조형식이 나머지와 다른 것은 어느 것인가?
㉮ 막구조   ㉯ 셸 구조
㉰ 돔 구조   ㉱ 라멘 구조
[해설] 막구조, 셸 구조, 돔 구조는 일반구조 시스템(평면구조)에 속하나 라멘 구조는 특수구조(입체구조) 중 골조구조에 속한다.

문제 3. 다음의 설명 중 ( ) 안에 들어갈 말로 적당한 것은 어느 것인가?

> 돔구조는 주요 골조가 트러스로 구성되어 있으며, 돔의 상부에서 여러 부재가 만날 때 접합부가 조밀해지는 것을 방지하기 위하여 (　)를 설치한다.

㉮ 핀 접합   ㉯ 압축 링
㉰ 인장 링   ㉱ 타이 바

문제 4. 다음 중 현수구조의 특징이 아닌 것은 어느 것인가?

㉮ 장 스팬 구조물에 효율적으로 이용되는 구조물이기 때문에 다리나 경기장 또는 공장 등에 이용된다.
㉯ 압축력을 받도록 설계된 구조물과 비교하면 부재의 좌굴을 고려할 필요가 없다.
㉰ 적은 구조의 물량으로 큰 힘을 발휘할 수 있다.
㉱ 면 부재로 이루어지므로 선 부재보다 더 효율적인 구조부재로 이용할 수 있다.
[해설] ㉱번은 벽식구조의 특징이다.

문제 5. 구조체 자체의 무게가 거의 없어 넓은 공간의 지붕 구조체로 효율성이 뛰어나며, 자연경관과도 잘 조화되어 국립공원 공연장이나 휴게소 등에 많이 이용되는 구조 시스템은 어느 것인가?
㉮ 막구조   ㉯ 현수구조
㉰ 골조구조   ㉱ 트러스 구조
[해설] • 막구조의 특징
① 자연경관과 잘 조화되어, 국립공원 내의 공연장이나 휴게소 등에서 사용
② 막 자체는 거의 무게가 없어, 넓은 공간의 지붕 구조체로서 효율성이 뛰어남
③ 자연 친화성, 구조미, 공사기간, 채광 등에서 유리

문제 6. 다음 중 구조의 종류가 다른 것은 어느 것인가?
㉮ 골조막 구조
㉯ 현수막 구조
㉰ 하이브리드막 구조
㉱ 래티스 돔 구조
[해설] 래티스 돔 구조는 돔 구조의 한 종류이다.

[해답] 1. ㉯ 2. ㉱ 3. ㉯ 4. ㉱ 5. ㉮ 6. ㉱

3 CHAPTER 건축재료 일반

1. 건축재료의 구성과 발달

1-1 건축재료

(1) 지정, 기초, 구조체, 지붕 외벽, 내벽, 바닥 등의 건축물 각 부위에 쓰이는 것으로 철, 목재, 유리, 시멘트, 골재, 도료 등이 있다.

(2) 공사과정에서 사용되는 가설 공사용의 자재, 위생기구, 배관 등의 건축설비 및 장치에 이용되고 있는 기재를 포함하는 광의적인 의미이다.

(3) **건축재료에 요구되는 성질**
① 구조재료
   - 재질이 균일하고 강도가 큰 것으로 사용한다.
   - 내화, 내구성이 큰 것으로 한다.
   - 가볍고 큰 재료를 용이하게 얻을 수 있는 것이어야 한다.
   - 가공이 용이한 것이어야 한다.
② 마무리 재료
   (가) 지붕재료
   - 재료가 가볍고, 방수, 방습, 내화, 내수성이 큰 것이어야 한다.
   - 열전도율이 작은 것이어야 한다.
   - 외관이 좋은 것이어야 한다.
   (나) 벽, 천장, 재료
   - 열전도율이 작은 것이어야 한다.
   - 차음이 잘되고 내화, 내구성이 커야 한다.
   - 좋은 것이어야 한다.
   - 시공이 용이한 것이어야 한다.
   (다) 바닥, 마무리 재료
   - 탄력성이 있고, 마멸이나 미끄럼이 작으며 청소하기가 용이한 것이어야 한다.
   - 외관이 좋은 것이어야 한다.
   - 내화, 내구성이 큰 것으로 한다.

㈘ 창호, 수장재료
- 외관이 좋은 것이어야 한다.
- 변형이 작고, 가공이 용이한 것이어야 한다.
- 내화, 내구성이 큰 것으로 한다.

1-2 건축재료의 생산과 발달과정

(1) 건축재료 발달에 따른 요구사항
① 재료의 품질 신뢰도
② 의장 및 품질의 표준화
③ 대량생산을 위한 형상 및 치수의 규격통일

(2) 건축재료 생산기술 발전에 따른 변화
① 건축재료의 다양화　　　② 재료의 생산기술의 변화
③ 시공방법의 변화　　　　④ 생산조직의 변화
⑤ 관리방식의 변화

(3) 건축재료의 방향
① 고성능화　　　　　　　② 에너지 절약화
③ 근대화

(4) 건축재료의 발전방향
① 자원의 유효 이용　　　② 미사용 자원의 활용과 산업폐기물 재이용
③ 에너지 절약적 생산과 이용

2. 건축재료의 분류와 요구성능

2-1 건축재료의 분류

(1) 재료분야별 분류
① 천연재료(자연재료) : 석재, 목재, 토벽 등
② 인공재료(공업재료) : 금속제품, 요업제품, 석유제품 등

(2) 사용목적에 의한 분류
① 구조재료 : 목재, 석재, 콘크리트, 철강 등
② 마감재료 : 타일, 도벽(塗壁), 유리, 금속판, 보드류, 도료 등
③ 차단재료 : 아스팔트, 실링재, 페어글라스, 유리섬유 등
④ 방화·내화재료 : 방화문, PC부재, 석면 시멘트판, 규산 칼슘판, 암면 등

(3) 화학조성에 의한 분류

① 무기재료
  ㈎ 비금속 : 석재, 토벽, 시멘트, 콘크리트, 도자기류
  ㈏ 금속 : 철강, 알루미늄, 구리, 합금류
② 유기재료
  ㈎ 천연재료 : 목재, 대나무, 아스팔트, 섬유판, 옻나무
  ㈏ 합성수지 : 플라스틱재, 도료, 실링재, 접착제

(4) 건물부위에 의한 분류

구조체·지붕·바닥·외벽·내벽·천장 등과 같이 사용되는 각 부위의 특징이나 요구성능 등에 기초를 두어 분류한다.

(5) 건물의 공사구분에 의한 분류

목공사, 철근 콘크리트 공사, 창호공사, 도장공사 등 공사별 체계에 기초를 두어 관련되는 자재를 포함하여 분류한다.

(6) 제조공정에 의한 분류

소재, 1차 제품, 2차 제품 등으로 분류한다. 이러한 분류법은 장·단점이 있지만, 일반적으로 이용되고 있는 분류법은 화학조성에 의한 분류에 제조분야별 및 공사별 분류를 적당히 사용하고 있는 경우가 많고 또한 실용적이다.

2-2 건축재료의 요구성능

건축재료에 요구되는 성질 또는 성능을 사용하는 재료의 종류, 목적, 장소 등에 따라 다르다. 다음 표는 일반적으로 요구되는 성질을 7가지로 분류하였다. 이 성질의 중요도는 일정하지 않고, 사용하는 목적에 따라 차이가 있다. 또한 재료구분에 따라 건축재료의 요구성능을 구분할 수 있다.

재료\성질	역학적 성능	물리적 성능	내구성능	화학적 성능	방화 및 내화성능	감각적 성능	생산 성능
구조 재료	강도, 강성, 내피로도	비수축성	냉해 변질 내부후성	발 부 중성화	불연성, 내열성		가공성 시공성
마감 재료		열·음·빛의 투과, 반사		청 식	비발연성 비유독 가스	색체 촉감	
차단 재료		열·음·빛·수분의 차단					
내화 재료	고온 강도 고온 변형	고 용 점		화학적 안 정	불연성		

3. 건축재료의 일반적 성질

3-1 역학적 성질

(1) 응력과 변형률
① 응력: 재료에 외력이 작용하면 재료의 내부에 저항력이 생기는 힘(단위: kgf/cm, N/m²)이다.
② 응력의 종류
　(가) 압축응력　　　　(나) 인장응력　　　　(다) 전단응력　　　　(라) 휨 응력
③ 변형률: 외력 작용 시 단위길이에 대한 변형이다.

(2) 탄성과 소성
① 탄성: 재료가 외력을 받아 변형이 생겼을 때, 외력을 제거하면 원상태로 되돌아가는 성질이다.
② 소성: 재료가 외력을 받아 변형이 생겼을 때, 외력을 제거해도 원상태로 되돌아가지 못하고 변형된 상태로 남아있는 성질이다.
③ 재료의 탄성과 소성: 보통재료는 외력의 어느 한도까지는 탄성변형을 하고, 탄성변형 한계가 지나면 소성변형을 일으킨다.
④ 탄성한도: 물체가 탄성을 나타낼 때 그 한계점이다.

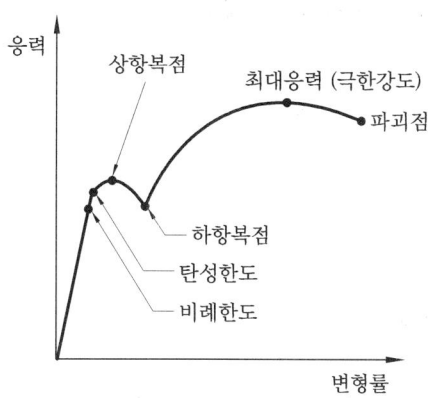

⑤ 항복점: 연강을 인장 시 탄성한도를 넘어서 갑자기 변형이 증가하여 곡선이 포화상태로 되는 점이다.

(3) 탄성계수 (영계수)

$$E = \frac{\sigma}{\varepsilon} = \frac{\frac{N}{A}}{\frac{\Delta l}{l}} = \frac{N \times l}{A \times \Delta \times l}$$

ε : 변형률　　σ : 응력
A : 단면적　　N : 하중
l : 원래의 길이　　Δl : 늘어난 길이

(4) 강 도
재료에 하중이 작용할 때, 그 하중에 견디어 낼 수 있는 재료의 세기 정도(단위 : kgf/cm², N/m²)이다.
- ① 정적강도 : 재료에 비교적 느린 속도로 일정하게 하중을 가해 파괴에 이를 때, 파괴 시의 응력이다.
- ② 정적강도의 종류
  - (개) 압축강도
  - (내) 인장강도
  - (대) 전단강도
  - (래) 휨 강도
- ③ 충격강도 : 재료에 충격적인 하중이 작용할 때, 이것에 대한 저항성을 나타내는 강도이다.

(5) 강 성
재료가 외력을 받을 때 변형에 저항하는 성질이다.

(6) 인 성
재료가 외력을 받아 파괴될 때까지 큰 응력에 견디며, 변형이 크게 일어나는 성질이다.

(7) 취 성
재료가 외력을 받을 때 작은 변형에도 파괴되는 성질이다.

(8) 연 성
재료가 인장력을 받을 때 잘 늘어나는 성질이다.

(9) 전 성
재료를 두드릴 때 얇게 퍼지는 성질이다.

3-2 물리적 성질

(1) 무게에 관한 성질
- ① 비중 : 어떤 물체의 무게와 같은 체적의 4℃, 표준 대기압에서의 물의 무게와의 비이다.
- ② 함수율 : 어떤 용적의 흙에 포함되는 물의 중량 W_W의 흙의 정중량 W에 대한 비율을 백분율로 나타낸 값이다.

(2) 열에 관한 성질
- ① 비열 : 어떤 물질 1g의 온도를 1℃만큼 높이는데 필요한 열량이다.
- ② 열전도율 : 물질의 열전도 특성을 나타내는 비례상수, 단위면적, 단위두께의 열전도체에 대하여 단위 온도차일 때 단위시간에 전도하는 열량이다.
- ③ 열팽창 : 온도가 높아짐에 따라 물체의 체적이 팽창하는 것이다.

(3) 그 밖의 성질

① 흡음률 : 벽면에 사용한 건축재료에 음이 흡수되어 반사되지 않는 비율이다.
② 차음률 : 벽면에 사용한 건축재료에 음이 차단되게 하는 비율이다.
③ 전기 전도 : 전기가 통하기 쉬운 정도이다.

3-3 화학적 성질과 내구성, 내후성

(1) 내식성
금속의 녹, 목재의 부식 등의 작용에 견디는 성질이다.

(2) 내약품성
산, 알칼리, 기름 등의 작용에 견디는 성질이다.

(3) 내구성
재료의 건습, 동결과 융해, 마모 등의 물리적 작용이나 산, 알칼리 등의 화학적 작용에 견디는 성질이다.

예 상 문 제

문제 1. 다음 응력 중 외력의 작용방법에 따른 종류가 아닌 것은 어느 것인가?
㉮ 압축응력 ㉯ 전단응력
㉰ 휨 응력 ㉱ 모멘트 응력
[해설] • 외력의 작용방법에 따른 응력
 ① 압축응력 ② 인장응력
 ③ 전단응력 ④ 휨 응력

문제 2. 건축구조 재료에 요구되는 성질과 가장 거리가 먼 것은 어느 것인가?
㉮ 재질이 균일하고 강도가 커야 한다.
㉯ 내화·내구성이 커야 한다.
㉰ 가공이 쉬워야 한다.
㉱ 외관이 미려해야 한다.
[해설] 외관이 미려해야 하는 것(미관성)은 마무리 재료이다.

문제 3. 건축재료의 발전방향으로 적합하지 않는 것은 어느 것인가?
㉮ 고성능화 ㉯ 에너지 절약화
㉰ 근대화 ㉱ 서양화
[해설] • 건축재료의 발전방향
 ① 고성능화, 근대화
 ② 자원의 유효이용
 ③ 미사용 자원의 활용과 산업폐기물 재이용
 ④ 에너지 절약적 생산과 이용

문제 4. 다음의 건축재료의 재료별 분류 중 인공재료에 속하지 않는 것은 어느 것인가?
㉮ 금속제품 ㉯ 요업제품
㉰ 석재제품 ㉱ 석유제품
[해설] • 재료별 분류
 ① 천연재료 (자연재료) : 석재, 목재, 토벽 등
 ② 인공재료 (공업재료) : 금속제품, 요업제품, 석유제품 등

문제 5. 다음 중 구조재료에 속하지 않는 것은 어느 것인가?
㉮ 목재 ㉯ 타일
㉰ 콘크리트 ㉱ 철강
[해설] ㉯번은 사용목적에 의한 분류로 마감재료에 속한다.

문제 6. 건축재료의 분류 중 사용목적에 의한 분류가 아닌 것은 어느 것인가?
㉮ 구조재료 ㉯ 마감재료
㉰ 무기재료 ㉱ 차단재료
[해설] • 화학 조성에 의한 분류 : 무기재료, 유기재료

문제 7. 구조재료의 역학적 성능으로 틀린 것은 어느 것인가?
㉮ 강도 ㉯ 강성
㉰ 내피로도 ㉱ 고온변형
[해설] 고온변형은 내화재료의 역학적 성능에 속한다.

문제 8. 마감재료의 물리적 성능에 속하지 않는 것은 어느 것인가?
㉮ 열의 투과 ㉯ 빛의 투과
㉰ 음의 반사 ㉱ 고용점
[해설] 고용점은 내화재료의 물리적 성능에 속한다.

문제 9. 다음 중 구조재료와 마감재료의 성능 중 동일성능을 요하는 것은 어느 것인가?
㉮ 내구성, 화학성
㉯ 방화 및 내화성
㉰ 물리적 성능, 화학적 성능
㉱ 내구성, 감각적 성능
[해설] • 구조재료와 마감재료의 동일성능 : 내구성능

[해답] 1. ㉱ 2. ㉱ 3. ㉱ 4. ㉰ 5. ㉯ 6. ㉰ 7. ㉱ 8. ㉱ 9. ㉮

(냉해, 변질, 내부후성) 및 화학적 성능 (부식, 중성화)

문제 10. 다음 중 건축재료의 요구성능 중 틀린 것은 어느 것인가?
- ㉮ 구조재료 : 강도, 비수축성, 냉해, 불연성
- ㉯ 마감재료 : 열·음·빛의 투과 및 반사, 변질, 비발연성, 촉감
- ㉰ 차단재료 : 열·음·빛·수분의 차단, 비유독성 가스, 가공성
- ㉱ 내화재료 : 고온강도, 고온변형, 중성화, 불연성

해설 • 내화재료 요구성능 : 고온강도, 고온변형, 고용점, 화학적 안정, 불연성, 가공성, 시공성

문제 11. 다음 설명에 알맞은 용어는 무엇인가?

> 재료에 외력이 작용하면 내부에 저항력이 생기는 힘이다.

- ㉮ 응력
- ㉯ 변형률
- ㉰ 탄성한도
- ㉱ 강도

해설 ㉯ 변형률 : 외력 작용 시 단위길이에 대한 변형률
㉰ 탄성한도 : 물체가 탄성을 나타낼 때 그 한계점
㉱ 강도 : 재료에 하중이 작용할 때, 그 하중에 견디어 낼 수 있는 재료의 세기

문제 12. 다음 중 응력의 단위는 무엇인가?
- ㉮ kgf/cm^2
- ㉯ kgf/m^2
- ㉰ kg/cm^2
- ㉱ kgf/cm

해설 • 응력 : 재료에 외력이 작용하면 재료의 내부에 저항력이 생기는 힘(단위 : kgf/cm^2, N/m^2)

문제 13. 다음 설명 중 ( ) 안에 들어갈 말은 무엇인가?

> 보통재료는 외력의 어느 한도까지는 (①)을 하고, (①)이 지나면 (②)을 일으킨다.

- ㉮ ① 탄성변형 ② 소성변형
- ㉯ ① 연성변형 ② 전성변형
- ㉰ ① 취성변형 ② 강성변형
- ㉱ ① 인성변형 ② 취성변형

해설 보기의 설명은 재료의 탄성과 소성의 성질을 나타낸 것이다.

문제 14. 유리와 같이 적은 변형의 힘을 주어도 변형으로 인하여 파괴되는 성질은 무엇인가?
- ㉮ 취성
- ㉯ 강성
- ㉰ 인성
- ㉱ 연성

해설 ㉯ 강성 : 재료가 외력을 받을 때 변형에 저항하는 성질이다.
㉰ 인성 : 재료가 외력을 받아 파괴될 때까지 큰 응력에 견디며, 변형이 크게 일어나는 성질이다.
㉱ 연성 : 재료가 인장력을 받을 때 잘 늘어나는 성질이다.

문제 15. 다음 중 탄성계수를 구하는데 필요하지 않은 값은 어느 것인가?
- ㉮ 단면적
- ㉯ 늘어난 길이
- ㉰ 변형률
- ㉱ 물체의 강도

해설 • 탄성계수
$$E = \frac{\sigma}{\varepsilon} = \frac{\frac{N}{A}}{\frac{\Delta l}{l}} = \frac{N \times l}{A \times \Delta \times l}$$
ε : 변형률 σ : 응력
A : 단면적 N : 하중
l : 원래의 길이 Δl : 늘어난 길이

문제 16. 다음 중 정적강도의 종류가 아닌 것은 어느 것인가?
- ㉮ 압축강도
- ㉯ 인장강도
- ㉰ 전단강도
- ㉱ 모멘트 강도

해설 • 정적강도의 종류 : 압축강도, 인장강도, 전단강도, 휨 강도

문제 17. 다음 중 건축재료의 역학적 성질이 아닌 것은 어느 것인가?

해답 10. ㉱ 11. ㉮ 12. ㉮ 13. ㉮ 14. ㉮ 15. ㉱ 16. ㉱ 17. ㉱

㉮ 응력　㉯ 강성　㉰ 전성　㉱ 비중

해설 • 건축재료의 성질
① 역학적 성질 : 응력, 변형률, 탄성, 소성, 강도, 강성, 인성, 취성, 연성, 전성 등
② 물리적 성질 : 비중, 함수율, 비열, 열 전도율, 열팽창, 흡음률, 차음률, 전기 전도 등
③ 화학적 성질 : 내식성, 내약품성

문제 18. 어떤 물체의 무게와 같은 체적의 4℃, 표준 대기압에서의 물의 무게와 비를 나타내는 용어는 무엇인가?

㉮ 비중　　　　　㉯ 함수율
㉰ 비열　　　　　㉱ 흡음률

해설 ㉯ 함수율 : 어떤 용적의 흙에 포함되는 물의 중량 W_w의 흙의 정중량 W에 대한 비율을 백분율로 나타낸 값
㉰ 비열 : 어떤 물질 1g의 온도를 1℃만큼 높이는데 필요한 열량
㉱ 흡음률 : 벽면에 사용한 건축재료에 음이 흡수되어 반사되지 않는 비율

문제 19. 단위질량의 물질을 온도 1℃ 올리는데 필요한 열량을 그 물체의 무엇이라 하는가?

㉮ 열용량　　　　㉯ 비열
㉰ 열전도율　　　㉱ 연화점

문제 20. 열전도율이 가장 적은 재료는 무엇인가?

㉮ 유리　　　　　㉯ 대리석
㉰ 타일　　　　　㉱ 콘크리트

해설 열전도율 : 콘크리트 < 유리 < 목재

문제 21. 파티클 보드에 대한 설명 중 옳지 않은 것은 어느 것인가?

㉮ 변형이 극히 적다.
㉯ 방부, 방화제를 첨가하여 방화성을 높일 수 있다.
㉰ 흡음성과 열의 차단성이 적다.
㉱ 내장재, 가구재, 창호재 등에 쓰인다.

해설 파티클 보드는 흡음성과 열의 차단성이 우수하다.

문제 22. 재료의 강도로 나타내는 단위로 맞는 것은 어느 것인가?

㉮ kg/m　　　　㉯ kgf/m^2
㉰ kg/cm^2　　 ㉱ kgf/cm

해설 • 재료의 강도 : kg/cm^2, tf/m^2

문제 23. 콘크리트 구조물에서 하중의 증가 없이도 시간과 더불어 변형이 증대되는 현상은 어느 것인가?

㉮ 영계수　　　　㉯ 소성
㉰ 탄성　　　　　㉱ 크리프

해설 • 크리프 : 지속된 하중에 의한 시간에 따른 변형의 증가

해답　18. ㉮　19. ㉯　20. ㉮　21. ㉰　22. ㉰　23. ㉱

6

각종 건축재료

제1장 목 재(木材)
제2장 석 재(石材)
제3장 점토 제품
제4장 시멘트
제5장 콘크리트
제6장 금속재료
제7장 유 리
제8장 미장재료
제9장 방수재료
제10장 합성수지
제11장 도장재료 및 기타재료
제12장 단열재료
제13장 실내건축 재료

CHAPTER 1. 목 재(木材)

1. 서 론

1-1 건축재료의 성질

건축재료의 성질

재료		재료에 요구되는 성질
구조재료		• 재질이 균일하고 강도가 큰 것이어야 한다. • 내화, 내구성이 큰 것이어야 한다. • 가볍고 큰 재료를 용이하게 얻을 수 있는 것이어야 한다. • 가공이 용이한 것이어야 한다.
마무리 재료	지붕재료	• 재료가 가볍고, 방수, 방습, 내화, 내수성이 큰 것이어야 한다. • 열전도율이 작은 것이어야 한다. • 외관이 좋은 것이어야 한다.
	벽, 천장재료	• 열전도율이 작은 것이어야 한다. • 흡음이 잘 되고 내화, 내구성이 큰 것이어야 한다. • 외관이 좋은 것이어야 한다. • 시공이 용이한 것이어야 한다.
	바닥, 마무리 재료	• 탄력성이 있고, 마멸이나 미끄럼이 작으며, 청소가 용이한 것이어야 한다. • 외관이 좋은 것이어야 한다. • 내화, 내구성이 큰 것이어야 한다.
	창호, 수장재료	• 외관이 좋은 것이어야 한다. • 변형이 작고, 가공이 용이한 것이어야 한다. • 내화, 내구성이 큰 것이어야 한다.

1-2 건축재료와 규격

(1) 한국산업규격(KS : Korean Industrial Standards)

제품의 품질, 모양, 치수, 시험법 등에 관하여 규정한 것이다.

  예) KS F 3201 연질 섬유판
  - F : 분류기호 (생산 또는 소비의 주요 부분을 나타낸 것)
  - 3201 : 규격번호

(2) 한국산업규격(KS)의 분류

부 문	기본	기계	전기	금속	광산	토건	일용품
분류기호	A	B	C	D	E	F	G

부 문	식료품	섬유	요업	화학	의료	항공
분류기호	H	K	L	M	P	W

㈜ 건축은 KS F

2. 목 재

2-1 개 설

(1) 목재의 특징

① 장점
  (개) 가볍고 가공이 용이하며, 감촉이 좋다.
  (내) 비중에 비하여 강도가 크다.
  (대) 열전도율과 열팽창률이 작다.
  (래) 종류가 많고, 각각 외관이 다르며 우아하다.
  (매) 산성약품 및 염분에 강하다.

② 단점
  (개) 착화점이 낮아 내화성이 작다.
  (내) 흡수성이 크며, 변형하기 쉽다.
  (대) 습기가 많은 곳에서는 부식하기 쉽다.
  (래) 충해나 풍화로 내구성이 저하된다.

(2) 목재의 분류

• 외장수 { 침엽수 : 소나무, 전나무, 잣나무, 낙엽송
          활엽수 : 참나무, 느티나무, 오동나무, 밤나무

• 내장수 : 나무, 야자수

① 침엽수는 일반적으로 목질이 무른 것이 많으므로 연목재라 한다.
② 활엽수는 일반적으로 목질이 단단하므로 견목재라 하나, 이 중에는 오동나무와 같이 침엽수보다 무른 것도 있다.

2-2 목재의 조직

목재는 세포로 구성된 수피, 목질부, 수심의 세 부분으로 되어 있다.

(1) 조직

① 섬유 세포
  - ㈎ 수목의 견고성을 주는 역할을 한다 (단, 섬유의 길이와 강도는 무관).
  - ㈏ 침엽수에서는 헛물관(가도관)이라고 하며, 수목 전 용적의 90~97%(활엽수 : 40~74%)이다.
  - ㈐ 수액의 통로

② 도관 세포
  - ㈎ 활엽수에만 있는 것으로 양분과 수분의 통로가 된다.
  - ㈏ 섬유 세포보다 크고 길며 줄기방향으로 배치되어 있다.

③ 수선 세포
  - ㈎ 줄기방향에 직각방향이다.
  - ㈏ 침엽수에서는 잘 보이지 않고 활엽수에 잘 나타나며 아름다운 무늬가 나타난다.

④ 수지선(수지구)
  - ㈎ 수지의 이동이나 저장을 하는 곳으로 주로 침엽수재에 많다.
  - ㈏ 수지선이 많은 목재는 가공이나 용도면에 지장이 많다.
  - ㈐ 송진이 뭉쳐있는 것이다.

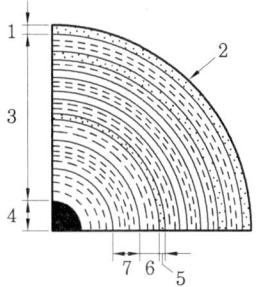

1. 수피 2. 겉껍질 3. 목질부 4. 수심
5. 추재 6. 춘재 7. 나이테

나무줄기의 횡단면

(2) 결

① 나이테 : 나이테는 수목의 성장 연수를 나타내는 동시에 강도의 표준이 된다.
  - ㈎ 춘재 : 봄, 여름에 생긴 세포로서 세포는 크며 세포막은 얇고 유연하다.
  - ㈏ 추재 : 가을, 겨울에 생긴 세포로서 세포는 작으며 세포막은 두껍고 견고하다.
    [참고] 춘재와 추재의 1쌍의 너비를 합친 것을 한 나이테라 한다.

② 무늬
  - ㈎ 곧은결 : 절단선이 마구리면의 수심을 통하여 나이테에 직각방향이 되게 한 것으로서 구조재로 쓰인다.
  - ㈏ 무늬결 : 절단선이 마구리면의 나이테에 접선방향이 되게 한 것으로서 장식재로 사용한다.

③ 심재와 변재
  - ㈎ 심재 : 목재의 수심에 가까이 위치하고 있는 암색 부분으로서 심재 부분의 세포는 견고성을 높여 준다.
  - ㈏ 변재 : 목재의 겉껍질에 가까이 위치하며, 담색 부분이다.
    - 변재 부분의 세포는 수액의 유통과 저장역할을 한다.
    - 변재는 심재에 비하여 건조됨에 따라 수축변형이 심하고, 또 내구성이 부족하여 충해를 받기 쉽다.

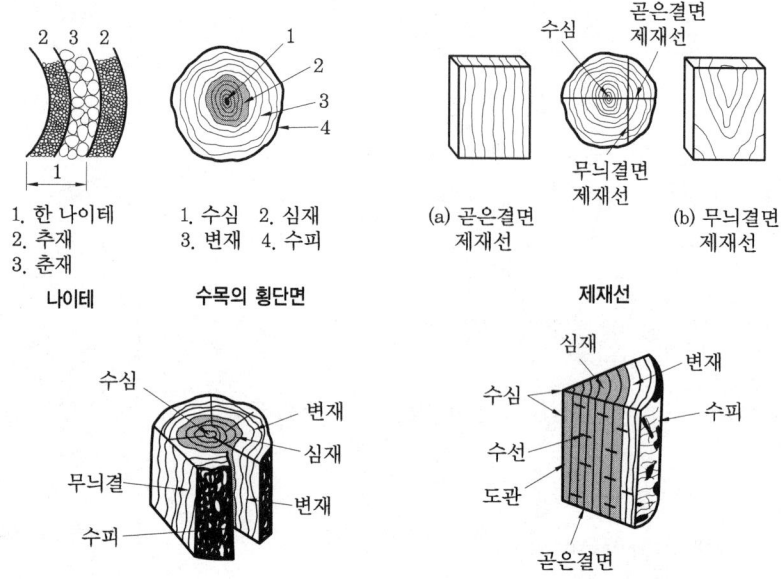

목재의 조직

(3) 흠

① 갈래 : 수목이 성장할 때 심재부의 나무 섬유 세포가 죽으면 함수량이 줄면서 수축되므로 생기는 것이다.
② 옹이 : 산 옹이, 죽은 옹이, 썩은 옹이, 옹이구멍 등이 있다.
③ 썩정이 : 부패균이 목재 내부에 침입하여 섬유를 파괴시킴으로써 갈색이나 백색으로 변색 또는 부패되어 무게, 강도 등이 감소된 것이다.

2-3 제재와 건조

(1) 벌 목

① 가을, 겨울의 벌목 : 수액이 가장 적으므로 건조가 빠르고 목질도 견고하다. 산속에서 운반하기도 쉬우며, 노임도 싸다.
㊟ 벌목의 계절로 가장 적합하다.
② 봄, 여름의 벌목 : 수목의 성장기이므로 수액이 많아 재질이 무르다. 함수율이 높아 건조가 잘 되지 않는다.
㊟ 벌목의 계절에는 적합하지 않다.
③ 벌목의 적령기 : 가지가 썩고 죽은 것이 없는 장년기에 해당하는 장목기의 수목을 벌목하는 것이 좋다.

(2) 제 재

① 제재계획 : 원목 끝마구리에 필요한 형상과 치수로 제재 계획선을 먹줄로 긋고, 그 계획선에 따라 제재기로 켜낸다.

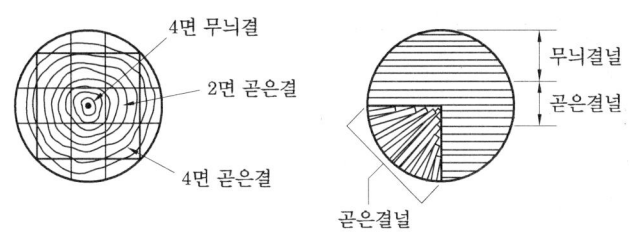

제재의 계획

[제재계획선을 그을 때 주의사항]

(개) 취재율을 최대한으로 높여야 하며, 침엽수에서는 70 % 이상, 활엽수에서는 50 % 이상의 취재율이 되게 한다.

(내) 건조에 대한 수축을 고려하여 여유있게 계획선을 긋는다.

(다) 나뭇결을 고려하여 효과적인 목재면을 얻도록 계획선을 그어야 한다.

| 용어설명 | **취재율** : 원목 재적에 비하여 목재를 얻을 수 있는 비율

② 목재 규격

(개) 각재 : 너비는 두께의 4배 미만인 것
  - 정척물 : 1.8 m, 2.7 m, 3.6 m
  - 장척물 : 4.5 m, 5.4 m, 6.3 m 등으로 0.9 m 씩 증가

(내) 판재 : 너비는 두께의 4배 이상인 것

목재취급 단위 환산표

명 칭	내 용	단 위	m³	才	bf
입방미터	1 m×1 m×1 m	m³	1 m³	299.475 才	438.596 bf
才 (사이)	1치×1치×12자	才	0.00324 m³	1 才	1.421 bf
보드피트	1인치×1인치×12피트	bf	0.00228 m³	0.703 才	1 bf

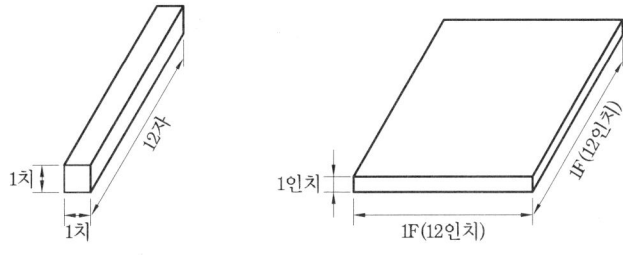

목재의 재적 단위

(3) 건 조

기초말뚝으로 사용하는 생통나무 이외에는 반드시 건조시켜야 한다. 건조시키는 정도는 생나무 무게의 1/3 이상이 경감될 때까지로 하나, 구조 용재는 함수율 15 %, 수장재

및 가구용재는 10 %까지 건조시키는 것이 바람직하다.
  ① 건조가 잘된 목재
    ㈎ 수축균열이나 변형이 일어나지 않는다.
    ㈏ 부패균이 생기는 것을 방지할 수 있다.
    ㈐ 강도가 커지고 가공하기도 쉽다.
  ② 목재의 건조법
    ㈎ 수액 건조법 : 원목은 현지에 1년 이상 방치해 두면 비와 이슬에 의하여 수액이 빠지고 건조가 빨라진다.
      • 원목을 뗏목으로 하여 강물에 띄워 약 6개월쯤 물에 담궈 두면 수액이 제거된다.
      • 목재를 열탕으로 삶으면 수액이 빨리 제거되어 건조가 빨라진다.
    ㈏ 자연 건조법 : 제재한 목재를 옥내에 쌓아 놓거나 옥외에 쌓아 두어 직사광선과 비를 막고 통풍만으로 건조시킨다.
    [옥외 건조법]
    흡수를 막기 위해 지상으로부터 30 cm의 굄목을 대고 목재를 쌓는다. 목재의 마구리는 유성 페인트를 칠하여 균열을 방지하도록 한다. 목재를 쌓는 위는 짚으로 덮어 직사광선을 피하고 무거운 하중을 가하여 변형되는 것을 막는다.
      • 건조시간은 침엽수 3 cm 두께 널이면 약 6개월, 활엽수는 1년 정도가 걸린다.
      • 자연건조법은 건조비가 적게 들고 재질도 변질이 적어서 좋으나 건조시간이 길고 변형이 생기기 쉽다.
    ㈐ 인공 건조법 : 인공 건조는 건조가 빠르고 변형도 적으나 시설비, 가공비가 많이 들어 가격이 비싸진다.
    [인공 건조법]
      • 증기법 : 건조실을 증기로 가열하여 건조시키는 방법(제일 많이 쓰인다.)
      • 열기법 : 건조실 내의 공기를 가열하거나 가열 공기를 넣어 건조시키는 방법
      • 훈연법 : 짚이나 톱밥 등을 태운 연기를 건조실에 도입하여 건조시키는 방법
      • 진공법 : 원통형 탱크 속에 목재를 넣고 밀폐하여 고온, 저압상태에서 수분을 없애는 방법

2-4 목재의 성질

(1) 함수율과 그 영향
  ① 함수율 : 목재의 함수율은 목재에 포함되어 있는 수분을 완전히 건조한 목재 무게에 대한 백분율로 나타낸다.
    ㈎ 섬유 포화점 : 세포 내의 빈 부분 또는 세포 사이의 공간 부분의 수분이 증발하고 세포막에 흡수되어 있는 수분의 상태를 말하며, 생나무가 건조하여 함수율이

30 %가 된 상태이다.
  (나) 기건재 : 대기 중의 습도와 균형상태의 함수율이 15 %가 된 상태이다.
  (다) 전건재 : 기건재가 더욱 건조되어 함수율이 0 %가 된 상태이다.
 ② 함수율 증감에 따른 변형
  (가) 팽창, 수축은 섬유 포화점 이상에서는 생기지 않으나, 그 이하가 되면 거의 함수율에 비례하여 신축한다.
  (나) 팽창, 수축률은 같은 목재일지라도 변재는 심재보다 크고 비중이 클수록 크다.
  (다) 목재의 휨, 뒤틀림 등의 변형은 특히 섬유가 곧게 뻗어 있지 않을수록 심하고, 활엽수는 침엽수보다 심하다.

(2) 비 중

 목재의 비중은 실용적으로는 기건재의 단위용적 무게(g/cm³)에 상당하는 값으로 나타낸다. 세포 자체의 비중은 나무의 종류에 관계없이 1.54이고, 목재의 비중은 대체로 0.3~1.0 정도이다.
 ① 목재의 비중은 공극률에 의해 결정된다 (동일수종이라도 연륜, 밀도, 생육지, 심재, 변재에 따라 다소 다르다).

$$V = 1 - \frac{W}{1.54} \times 100$$

   여기서, V : 공극률 (%)
       W : 전건비중
       1.54 : 목재를 구성하고 있는 섬유질의 비중

 ② 공극률이 크면 강도는 작아진다.

(3) 강 도

 목재의 강도는 다음 사항들과 관계가 있다.
 ① 비중과 강도 : 비중이 클수록 강도는 크다.
 ② 함수율과 강도 : 섬유 포화점 이상의 함수상태에서는 강도가 일정하나 그 이하에서는 함수율이 작을수록 강도가 커진다.
   ㈜ 생나무 강도에 대하여 기건재의 강도는 약 1.5배, 전건재의 강도는 3배 이상이 된다.
 ③ 심재 및 변재의 강도 : 심재가 변재에 비하여 강도가 크다.
 ④ 흠과 강도 : 목재에 옹이, 갈래, 썩정이 등의 흠이 있으면 강도가 떨어진다.
 ⑤ 가력방향과 강도
  (가) 섬유방향에 평행하게 가한 힘에 대해서는 가장 강하고, 이에 직각으로 가한 힘에 대해서는 가장 약하다.
  (나) 섬유방향에 대하여 직각방향의 강도를 1이라 할 때, 섬유방향의 강도의 비는 압축강도가 5~10, 인장강도가 10~30, 휨강도가 7~15이다.

⑥ 섬유포화점 이상에서는 강도의 변화가 없다.
　(가) 일반적인 강도비교
　　• 목재 : 인장강도 > 휨강도 > 압축강도 > 전단강도
　　• 콘크리트 : 압축 > 전단 > 휨 > 인장
　(나) 비강도 (강도를 비중으로 나눈 값) 비교
　　• 소나무 > 알루미늄 > 강 > 비닐 > 유리 > 콘크리트
⑦ 목재의 허용강도는 최고 강도의 1/7~1/8 : 목재의 인장강도 중 직각방향의 전단강도는 압축강도에 비해 70~80%이다.

(4) 내구성

① 부패 : 균에서 분비되는 효소에 의하여 목재의 섬유질을 용해, 감소시켜 목질이 분해되어 부패하며, 부패한 목재는 무게나 강도가 감소되고 건습의 속도가 빨라지며, 착화점도 낮아진다.

　부패균의 번식은 온도, 습도, 산소, 양분 등과 밀접한 관계가 있으며, 이 중 하나라도 없으면 생존할 수 없다.

　(가) 온도 : 부패균은 25~30℃에서는 가장 활동이 왕성하고 4℃ 이하에서는 발육하지 못하며, 55℃ 이상에서는 거의 사멸된다.
　(나) 습도 : 80% 정도가 성육에 가장 적당하며, 20% 이하에서는 번식이 중단된다.
　(다) 산소가 없으면 성육할 수 없다. 공기를 차단한 목재는 부패되지 않는다.

② 풍화 : 목재가 오랜 세월 동안 햇볕, 비바람, 기온의 변화 등을 받으면 수지 성분이 증발하여 광택이 없어지고, 표면이 변색, 변질되는데 최초에는 갈색이 되며, 더 진행되면 은백색이 된다.

③ 충해 : 흰개미와 굼벵이 같은 곤충류가 목재의 밑에서부터 내부로 침입하여 추재부를 그대로 두고 춘재부를 주로 갉아 먹어서 구멍을 만드는 경우가 많다.

④ 연소
　(가) 인화점 : 온도가 100℃에서 수분이 증발하고, 160℃ 이상으로 가스가 발생하고 보통 180℃ 전후가 인화점의 온도이다.
　(나) 착화점 : 온도 260~270℃로 가연성 가스의 발생이 많아지고 불꽃에 의하여 불이 붙는다. 화재의 위험온도이다.
　(다) 발화점 : 온도가 400~450℃가 되면 스스로 발화한다.

2-5 목재의 보존법

(1) 방부, 방충법

① 일광직사 : 30시간 이상 햇볕에 직접 쬐면 자외선의 살균력에 의해서 죽는다.
② 침지 : 완전히 물속에 잠기면 공기가 차단되므로 균류가 발생하지 않는다.
　㈜ 지정에 쓰이는 소나무 말뚝은 이 방법에 의한 것이다.

③ 표면 탄화 : 목재의 표면을 약간 태워서 탄화시키는 방법이며, 수분이 없어져 부패, 충해 등을 방지할 수 있다.
④ 표면 피복 : 옻, 페인트, 바니시 등의 도료로 표면을 피복하여 공기를 차단하고, 방습, 방수가 되게 하여 부패균이나 해충의 침입을 방지하는 것으로서, 일반적으로 많이 쓰이는 것이다.
⑤ 약제 처리
　㈎ 콜타르 (coaltar) : 방부력이 약하고, 흑색이어서 사용장소가 제한된다. 상온에서 침투가 잘 되지 않으며, 도포용으로만 쓰인다.
　㈏ 크레오소트 (creosote) : 흑갈색 용액으로 방부력이 우수하고 내습성도 있으며, 침투성이 좋아서 목재에 깊게 주입할 수 있고, 값이 싸므로 미관을 고려하지 않는 외부에 많이 쓰인다. 그러나 페인트를 그 위에 칠할 수 없고, 또 좋지 못한 냄새가 나서 실내에서는 쓸 수 없다.
　㈐ PCP (penta chloro phenol) : 무색이고 방부력이 가장 우수하며, 그 위에 페인트 칠도 할 수 있으나 크레오소트에 비하여 가격이 비싸다.
⑥ 방부제의 종류
　㈎ 방부제 사용방법 : 도포법, 침지법, 주입법, 표면탄화
　㈏ 방화법의 약품 : 제 2 인산 암모늄, 물유리와 붕사, 황산암모늄

구 분	방부제의 종류
유 성	콜타르, 아스팔트, 크레오소트 오일, 페인트
수용성	황산동, 염화아연, 염화 제 2 수은 불화소다

(2) 방화법
① 목재의 표면에 불연성 도료를 칠하여 불꽃의 접촉을 막는 동시에 가연성 가스의 발산을 막는다.
② 목재에 방화제를 주입시켜 인화점을 높인다.
　㈎ 불연성 도료 : 방화 페인트, 규산 나트륨 (물유리)
　㈏ 방화제 : 인산암모늄, 황산암모늄, 탄산칼륨, 탄산나트륨, 붕사
　㈐ 목재의 표면을 시멘트 모르타르, 벽돌 등으로 둘러싼다.

2-6 죽 재

대나무는 건축용재로는 심벽 바탕의 펠대로 쓰이고, 기타 장식용으로 쓰인다.

(1) 성 질
① 대나무는 나이테가 없다.
② 줄기가 곧고 탄력성이 크며, 강도도 크다.
③ 쪼개지기 쉽고 썩기 쉽다.

(2) 벌목과 건조
① 벌목은 용재로 쓸 수 있는 3년생 정도가 좋고, 서까래, 장대 등과 같이 강도를 필요로 하는 것은 5년생 정도가 좋으며 벌목 시기는 10~11월경이 좋다.
② 대나무는 조직상 건조가 빠르며 쪼갠 것은 10~20일, 통재는 3~4개월이면 담황갈색이 된다.
③ 건조 중에 습기를 받으면 곰팡이가 생기기 쉽고, 색깔도 좋지 않다.

(3) 가공성
대나무는 쪼개기 쉽고 탄성, 인성, 강도가 크며, 속이 비고 가벼우며, 건습에 따른 신축 변형이 적은 점 등의 장점이 있어 여러 방면에 많이 이용된다.

2-7 목재제품

(1) 합 판
얇은 판을 1장마다 섬유방향과 직교되게 3, 5, 7, 9 등의 홀수겹으로 겹쳐 붙여 댄 것을 합판이라 하고, 1장의 얇은 판을 단판이라 한다.

① 단판제법
  (가) 로터리 베니어(rotary veneer) : 단판이 쪼개지기 쉬운 결점은 있으나 얼마든지 넓은 단판을 얻을 수 있으며, 원목은 낭비가 없고 생산능률이 높으므로 합판 제조의 90% 이상이 이 방법에 의하고 있다.
  (나) 슬라이스드 베니어(sliced veneer) : 합판 표면에 아름다운 무늬를 장식적으로 이용하려고 할 때 쓰인다.
  (다) 소드 베니어(sawed veneer) : 현재 공업적으로 거의 쓰이지 않는다.

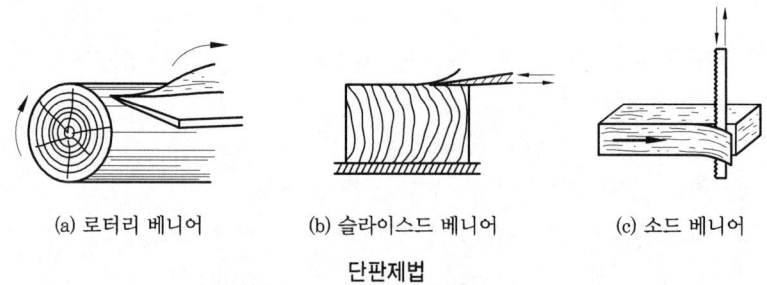

(a) 로터리 베니어   (b) 슬라이스드 베니어   (c) 소드 베니어
단판제법

② 합판의 특성
  (가) 판재에 비하여 균질이며, 유리한 재료를 많이 얻을 수 있다.
  (나) 단판을 서로 직교시켜 붙인 것이므로 잘 갈라지지 않으며, 방향에 따른 강도의 차이가 적다.
  (다) 단판은 얇아서 건조가 빠르고 뒤틀림이 없으므로 팽창, 수축을 방지할 수 있다.
  (라) 아름다운 무늬가 되도록 얇게 벗긴 단판을 합판 양표면에 사용하면, 값싸게 무늬가 좋은 판을 얻을 수 있다.

㈑ 너비가 큰 판을 얻을 수 있고, 쉽게 곡면판으로 만들 수 있다.
③ 합판 접착제
  ㈎ 1류 합판 : 페놀수지 접착제(내수용 합판)
  ㈏ 2류 합판 : 요소수지 접착제(준내수용 합판)
  ㈐ 3류 합판 : 카세인, 소맥분 접착제(보통용 합판)

(2) 집성 목재
두께 15~50 mm의 판재를 여러 장 겹쳐서 접착시켜 만든 것이다.
① 합판과의 차이점
  ㈎ 집성 목재는 모두 섬유방향에 평행하게 붙인다.
  ㈏ 붙이는 매수는 홀수가 아니라도 된다.
  ㈐ 보, 기둥에 사용할 수 있는 큰 단면으로 만들 수 있다.
② 집성 목재의 장점
  ㈎ 목재의 강도를 인공적으로 자유롭게 조절할 수 있다.
  ㈏ 응력에 따라 필요한 단면을 만들 수 있다.
  ㈐ 필요에 따라 아치와 같은 굽은 용재를 만들 수 있다.
  ㈑ 길고 단면이 큰 부재를 간단히 만들 수 있다.

(3) 인조 목재
톱밥, 대팻밥, 나무 부스러기 등을 원료로 쓰며, 이것을 적당히 처리한 다음 고열, 고압을 가하여 원료가 가진 리그닌(lignin) 단백질을 이용하여 목재 섬유를 고착시켜 만든 견고한 판이다.

(4) 플로어링류
바닥의 마루판에 사용하는 것으로서, 참나무, 미송, 나왕, 아피톤, 벚나무 등을 공장에서 가공하여 생산되는 제품들이 쓰인다.
① 플로어링 보드(flooring board) : 두께 15~21 mm이고, 너비가 비교적 좁은 6~9 cm 정도의 긴 널의 양측면에 제혀와 홈을 파 넣고, 밑쪽에 얕게 홈을 파 놓으면 장선이나 이중판의 위판에 대기가 편리하다.
② 플로어링 블록(flooring block) : 플로어링 널을 3~5장씩 옆으로 붙여 대어서 각 넓이를 30 cm 정도로 만든 것으로서 목조 바닥용, 콘크리트 바닥용이 있다.

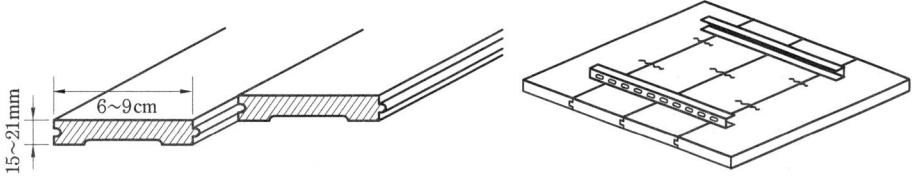

플로어링류

(5) 벽, 천장재

① 코펜하겐 리브 : 두께 5 cm, 너비 10 cm 정도로 긴 판에 표면을 자유곡면으로 깎아 수직평행선이 되게 리브(rib)를 만든 것으로서, 면적이 넓은 강당, 극장 등의 안벽에 붙이면 음향조절 효과도 있고 장식효과도 있다.

② 코르크판 : 코르크 나무껍질에서 채취한 알갱이에 톱밥, 삼, 접착제 등을 혼합하고 열압하여 만든 것으로서, 음악 감상실, 방송실 등의 천장, 안벽의 흡음판으로 쓰일 뿐 아니라 냉장고, 냉동실, 제빙공장 등의 단열판으로도 쓰인다.

2-8 섬유판

(1) 섬유판

① 연질 섬유판 : 초목의 섬유를 원료로 하여 펄프로 만든 것에 접착제, 방수제 등을 첨가하여, 이것을 원통 사이에 통하여 가압 탈수시켜 성형, 건조한 것이다.

※ 특징
  (개) 표면은 황갈색 또는 회갈색이며, 가볍고 흡음성, 단열성이 우수하다.
  (내) 휨 강도가 약하고 흡수성이 크므로, 넓은 판으로 만들면 습기로 인하여 휘어져 처지기 쉽다.
  (대) 내장재 또는 벽이나 지붕 밑 바탕재로 쓰인다.
  (래) 인슐레이션 보드(insulation board) 또는 텍스(tex)라고도 한다.

② 경질 섬유판 및 반경질 섬유판 : 원목에서 2 cm 정도의 칩(chip)을 만들어 정선 → 섬유화 → 방수제 등의 첨가 → 교반 → 가압, 가열 성형 → 양생 → 재단 → 끝마감 등의 순서를 거쳐 제조된다.
  (개) 실내의 벽 수장재, 천장판으로 쓰이는 것 외에 두꺼운 것은 바닥재료로도 쓰인다.
  (내) 경질 섬유판을 하드 보드(hard board), 반경질 섬유판을 세미 하드 보드(semi-hard-board)라고 한다.

> **보충설명** 칩(chip) : 깎아낸 나뭇조각

(2) 파티클 보드

칩 보드(chip board)라 하며, 목재를 두께 0.1~0.5 mm, 너비 2~10 mm, 길이 1~5 cm로 깎은 나뭇조각(chip)에 합성수지계 접착제를 섞어서 고열, 고압으로 성형, 제판한 판이다.

※ 특징
  (개) 강도와 섬유방향에 따른 방향성이 없고, 변형도 극히 적다.
  (내) 방부, 방화제의 첨가에 따라 방부, 방화성을 높일 수 있다.
  (대) 흡음성과 열의 차단성도 좋다.
  (래) 강도가 크므로 구조용으로도 적합하며 선박, 마룻널, 칸막이, 가구 등에 쓰인다.

예 상 문 제

문제 1. 목재에 관한 기술 중 옳지 않은 것은?
㉮ 열전도율이 크다.
㉯ 비중이 작으면서 압축·인장강도가 크다.
㉰ 타 재료에 비하여 손쉽게 가공할 수 있다.
㉱ 재질이 부드럽고, 탄성이 있으며, 인체에 대한 접촉감이 좋다.
[해설] • 목재의 장점 : 열팽창률, 열전도율이 작다.

문제 2. 다음 세포 중에서 활엽수에만 있는 것으로 주로 양분과 수분의 통로로 쓰이는 것은?
㉮ 수선세포
㉯ 물관
㉰ 수지선
㉱ 나무섬유 세포
[해설] 물관은 활엽수에만 있는 것으로 섬유세포보다 크고 길다.

문제 3. 목재의 취급단위에 관한 사항 중 틀린 것은?
㉮ 미터제로라면 그 체적단위를 m³로 취급한다.
㉯ 1치각 12자 길이를 체적단위로 1재(才)라 한다.
㉰ 1자각 12자 길이를 1석(石)이라 하여 큰 단위로 쓰인다.
㉱ 1인치 두께 1평방 피트, 즉 1인치각 12피트 길이를 1보드 피트(B.F)라 한다.
[해설] 1석 = 1자×1자×10자 (1자각에 10자 길이의 나무 부피)

문제 4. 목재의 함수율에서 섬유 포화점일 경우의 함수율은?
㉮ 약 15 %
㉯ 약 30 %
㉰ 약 45 %
㉱ 약 60 %
[해설] ① 섬유 포화점 : 30 %
② 기건재 : 15 %
③ 전건재 : 0 %

문제 5. 다음 중 목재의 허용 인장강도가 가장 큰 것은?
㉮ 참나무
㉯ 낙엽송
㉰ 전나무
㉱ 소나무
[해설] • 참나무의 허용강도
압축강도 90 kg/cm², 인장강도 125 kg/cm²

문제 6. 다음은 목조의 성질에 관한 기술이다. 옳지 않은 것은?
㉮ 최고 압축강도는 허용 압축강도의 7~8배 정도이다.
㉯ 함수율이 낮아질수록 강도도 낮아진다.
㉰ 지름방향이 축방향보다 건조 수축률이 크다.
㉱ 전건비중이 큰 목재일수록 공극률도 커진다.
[해설] 함수율이 낮아질수록 강도가 커진다.

문제 7. 목재의 강도에 관한 설명이다. 옳지 않은 것은?
㉮ 함수율이 낮을수록 강도는 증가한다.
㉯ 목재에서 강도의 크기 순으로 보면 인장강도, 압축강도, 전단강도의 순이다.
㉰ 목재의 허용강도는 최대 강도의 1/7~1/8 이다.
㉱ 목재의 홈 중에서 강도에 가장 큰 영향을 미치는 것은 죽은 옹이이다.

[해답] 1. ㉮ 2. ㉯ 3. ㉰ 4. ㉯ 5. ㉮ 6. ㉯ 7. ㉱

[해설] 강도에 가장 큰 영향을 미치는 것은 썩은 옹이이며, 죽은 옹이는 수목이 성장하는 도중에 가지를 잘라버린 자국으로서 목질부가 단단히 굳어 있어 가공이 어려워 용재로는 적당하지 않다.

[문제] 8. 목재의 섬유방향에 따른 강도 중 그 값이 가장 큰 것은?
㉮ 섬유 직각방향의 압축강도
㉯ 섬유 직각방향의 인장강도
㉰ 섬유 평행방향의 압축강도
㉱ 섬유 평행방향의 인장강도
[해설] ① 섬유방향에 평행방향의 강도가 섬유 직각방향의 강도보다 크다.
② 섬유방향의 강도 크기의 순서 : 인장강도 > 휨강도 > 압축강도 > 전단강도

[문제] 9. 목재의 섬유방향에 대한 강도 중 가장 약한 것은?
㉮ 인장강도 ㉯ 전단강도
㉰ 휨강도   ㉱ 압축강도
[해설] 섬유방향의 강도 크기는 인장강도가 가장 크고, 전단강도가 가장 약하다.

[문제] 10. 어느 목재의 전건비중이 0.54일 때 목재의 공극률은 얼마인가?
㉮ 약 65%   ㉯ 약 54%
㉰ 약 35%   ㉱ 약 46%
[해설] • 목재의 공극률(공극률 V, 전건비중 W)

$$V = \left(1 - \frac{W}{1.54}\right) \times 100$$
$$= \left(1 - \frac{0.54}{1.54}\right) \times 100 = 64.94\%$$

[문제] 11. 목재의 허용강도는 파괴강도의 얼마 정도인가?
㉮ 1/2~1/3   ㉯ 1/7~1/8
㉰ 1/4~1/5   ㉱ 1/10~1/12
[해설] 함수율이 낮을수록 강도는 증가한다.

[문제] 12. 원목을 미리 적당한 각재로 만든 다음 상하로 이동하는 넓은 대팻날로 얇게 절단하여 만든 단판은?
㉮ 슬라이스드 베니어(sliced veneer)
㉯ 로터리 베니어(rotary veneer)
㉰ 소드 베니어(sawed veneer)
㉱ 단판 베니어
[해설] 슬라이스드 베니어는 합판 표면에 아름다운 무늬를 장식적으로 이용하려고 할 때 사용한다.

[문제] 13. 무색이고 방부력이 가장 우수하며 페인트칠도 할 수 있고, 석유 등의 용제로 녹여 쓰는 목재 방부제는?
㉮ 콜타르
㉯ 크레오소트유
㉰ PCP
㉱ 플루오르화 나트륨

[문제] 14. 집성목재에 관한 기술 중 옳지 않은 것은?
㉮ 아치와 같은 굽은 용재는 만들 수 없다.
㉯ 목재의 강도를 인공적으로 조절할 수 있다.
㉰ 길고 단면이 큰 부재를 간단히 만들 수 있다.
㉱ 응력에 따른 필요한 단면을 만들 수 있다.
[해설] • 집성목재 : 두께 15~50 mm의 판자를 여러 장 겹쳐서 만든 것으로, 아치와 같은 굽은 용재를 만들 수 있는 장점이 있다.

[문제] 15. 강당, 영화관, 극장 등의 내벽에 붙여 음향조절 효과를 내는 것은?
㉮ 플로어링판   ㉯ 합판
㉰ 코펜하겐 리브 ㉱ 코르크판
[해설] 코펜하겐 리브는 자유곡면으로 깎아 만든 것으로 장식효과도 있다.

[해답] 8. ㉱ 9. ㉯ 10. ㉮ 11. ㉯ 12. ㉮ 13. ㉰ 14. ㉮ 15. ㉰

제1장 목 재(木材) **371**

문제 16. 코펜하겐 리브에 관한 설명 중 옳지 않은 것은?
㉮ 보통 두께 5 cm, 너비 10 cm 정도로 만든 건축 내장재이다.
㉯ 표면을 자유곡선으로 깎아 수직평행선이 되게 리브(rib)를 만든 것이다.
㉰ 면적이 넓은 강당, 극장 등의 바닥재로 많이 사용된다.
㉱ 음향조절 효과도 있고, 장식효과도 있다.
해설 넓은 강당, 극장 등에서 음향조절 효과, 장식효과를 얻기 위해 안벽에 붙인다.

문제 17. 파티클 보드의 재료는?
㉮ 유리면   ㉯ 석면
㉰ 나뭇조각   ㉱ 합성수지
해설 나뭇조각 + 합성수지계 접착제 → 고열 · 고압으로 성형

문제 18. 용도에 따른 재료의 조합 중 맞지 않는 것은?
㉮ 방부-크레오소트
㉯ 방열-석면
㉰ 방수-광명단
㉱ 흡음-코르크판
해설 · 방청 : 광명단

문제 19. 한국산업규격(KS)의 분류기호 중 F는?
㉮ 토건   ㉯ 기본   ㉰ 전기   ㉱ 요업
해설 ㉯ 기본 : A, ㉰ 전기 : C, ㉱ 요업 : L

문제 20. 목재의 장 · 단점에 관한 기술 중 틀린 것은?
㉮ 비중에 비하여 강도가 크다.
㉯ 열전도율과 열팽창률이 작다.
㉰ 습기가 많은 곳에서는 부식하기 쉽다.
㉱ 착화점이 낮아 내화성이 크다.
해설 착화점이 낮아 내화성이 작다.

문제 21. 목재의 나이테에 관한 기술 중 틀린 것은?
㉮ 봄, 여름에 생긴 세포는 춘재라 하며 유연하다.
㉯ 가을, 겨울철에 생긴 세포는 추재라 하며 견고하다.
㉰ 나이테란 춘재와 추재의 1쌍의 너비를 합친 것을 말한다.
㉱ 나이테는 수목의 연수를 나타내지만 강도에는 전혀 관계가 없다.
해설 수목의 연수를 나타내는 동시에 강도의 표준이 된다.

문제 22. 목재에 관한 기술 중 옳지 않은 것은?
㉮ 곧은결은 완성면이 아름답고 질이 좋아 구조재로 사용한다.
㉯ 무늬결은 무늬가 아름다우며 장식재로 사용한다.
㉰ 수심에 가까이 위치하고 있는 암색 부분을 변재라 한다.
㉱ 심재는 견고하고 내수성이 크다.
해설 수심 가까이에 위치하고 세포가 죽어서 광물질만 고착되어 견고하고 암갈색인 부분은 심재이다.

문제 23. 목재의 벌목 시기로 가장 좋은 계절은?
㉮ 봄 · 여름   ㉯ 여름 · 가을
㉰ 가을 · 겨울   ㉱ 겨울 · 봄
해설 수액이 가장 적으므로 가을 · 겨울이 적합하다.

문제 24. 벌목하는 데 가장 좋은 계절을 가을과 겨울로 정하는 이유로 옳지 않은 것은?
㉮ 수액이 적으므로 건조가 빠르다.
㉯ 수액이 적으므로 목질도 견고하다.
㉰ 산속에서 운반하기 쉬우므로 노임도

해답 16. ㉰ 17. ㉰ 18. ㉰ 19. ㉮ 20. ㉱ 21. ㉱ 22. ㉰ 23. ㉰ 24. ㉱

라 수액이 적으므로 부패하기가 쉽다.
해설 추재는 수액이 적으므로 부패가 잘 안 된다.

문제 25. 목재의 제재 시 침엽수와 활엽수의 취재율은 각각 얼마 이상인가?
가 50 %, 70 %   나 70 %, 50 %
다 50 %, 50 %   라 70 %, 70 %
해설 • 취재율 : 원목 재적에 비하여 목재를 얻을 수 있는 비

문제 26. 원목 제재 시 고려해야 할 사항 중 옳지 않은 것은?
가 원목 끝마구리에 제재 계획선을 먹줄로 긋는다.
나 취재율을 최대한 높여야 한다.
다 건조에 대한 수축을 고려할 필요는 없다.
라 나뭇결을 고려하여 효과적인 목재면을 얻도록 계획선을 그어야 한다.
해설 건조에 대한 수축을 고려하여 여유 있게 계획선을 긋는다.

문제 27. 다음 중 정척재의 길이로 옳지 않은 것은?
가 182 cm (6자)   나 273 cm (9자)
다 364 cm (12자) 라 485 cm (16자)
해설 ① 1자 = 30.303 cm ② 1치 = 3.03 cm
③ 1푼 = 0.303 cm

문제 28. 1사이라 함은?
가 1치각 12자 길이의 나무 부피
나 1치각 12자 길이의 나무 무게
다 1치각 10자 길이의 나무 부피
라 1치각 12자 길이의 나무 면적
해설

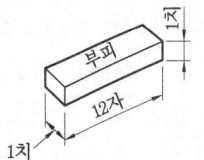

문제 29. 1보드 피트 (bf)라 함은?
가 1치각 12자 길이의 나무 부피
나 1치각 10자 길이의 나무 부피
다 1인치 두께 1피트 각의 나무 부피
라 1인치 두께 1인치 각의 나무 부피
해설

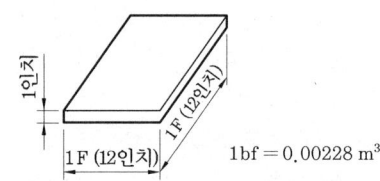

1bf = 0.00228 m³

문제 30. 목구조에서 생통나무를 사용해야 하는 부재는?
가 기초말뚝   나 토대
다 기둥   라 마룻널
해설 기초말뚝으로 사용하는 생통나무 이외에는 반드시 건조시켜야 한다.

문제 31. 목재의 구조 용재는 함수율 몇 % 이하가 적절한가?
가 45 %   나 30 %
다 15 %   라 10 %
해설 • 구조용재의 함수율 : 15 %

문제 32. 목재의 수장재 및 가구 용재는 몇 % 이하까지 건조시키는 것이 바람직한가?
가 30 %   나 15 %
다 10 %   라 45 %
해설 • 수장재 및 가구재 : 10 %

문제 33. 자연 건조법 중 옥외 건조 쌓기법을 기술한 것 중 옳지 않은 것은?
가 지면에서부터 목재를 쌓아 올린다.
나 쌓은 목재에 무거운 하중을 가한다.
다 균열을 방지하기 위해 마구리면에 유성 페인트칠을 한다.
라 쌓은 목재에 짚을 덮는다.
해설 목재는 지면에서의 흡수를 막기 위해 30 cm

해답 25. 나 26. 다 27. 라 28. 가 29. 다 30. 가 31. 다 32. 다 33. 가

정도의 굄나무를 지면에 놓고 쌓는다.

문제 34. 자연건조를 할 때 유의할 사항 중 틀린 것은?
㉮ 수분의 흡수를 막아야 한다.
㉯ 건조 시 목재 위에 건조변형을 방지하기 위해 무거운 하중을 가한다.
㉰ 일광과 통풍으로 건조해야 한다.
㉱ 비를 막기 위해 짚으로 덮는다.
[해설] 일광과 비를 막아야 균열이 생기지 않는다.

문제 35. 목재의 함수율에 관한 기술 중 옳지 않은 것은?
㉮ 섬유 포화점 : 세포 내의 빈 부분 또는 세포 사이에 공간 부분의 수분이 증발하고 세포막에 흡수되어 있는 수분의 상태
㉯ 기건재 : 대기 중의 습도와 균형상태의 함수율이 15 %가 된 상태
㉰ 함수율 : $\dfrac{\text{목재에 포함되어 있는 수분}}{\text{전건재의 중량}} \times 100$
㉱ 전건재 : 섬유 포화점이 더욱 건조되어 함수율이 20 %가 된 상태
[해설] ① 목재에 포함되어 있는 수분 = 목재의 함수중량 ÷ 전건재의 중량
② 기건재가 건조되어 함수율이 0 %가 된 것을 전건재라 한다.

문제 36. 집성 목재의 장점에 관한 기술 중 틀린 것은?
㉮ 집성 목재의 강도를 인공적으로 자유롭게 조절할 수 있다.
㉯ 기둥, 보의 구조재로 사용할 수 없다.
㉰ 필요에 따라 아치와 같은 굽은 재를 사용할 수 있다.
㉱ 길고 단면이 큰 부재를 간단히 만들 수 있다.
[해설] 보, 기둥에 사용할 수 있는 큰 단면으로 만들 수 있다.

문제 37. 목재 세포 자체의 비중은 수종에 관계없이 대체로 얼마 정도인가?
㉮ 1.0   ㉯ 1.54
㉰ 2.5   ㉱ 3.5
[해설] 세포막의 실질 부분의 비중을 진비중이라 하며 진비중은 1.54 정도이다.

문제 38. 목재의 가력방향에 대한 강도를 기술한 것 중 옳지 않은 것은?
㉮ 섬유방향 강도에 비하여 섬유방향의 직각방향에 대한 강도가 약하다.
㉯ 섬유방향 강도에서 압축강도가 가장 크다.
㉰ 옹이가 있는 목재에 인장력을 가할 경우 강도가 많이 떨어진다.
㉱ 옹이가 있는 목재에 압축력을 가할 경우 강도에 이상은 없다.

문제 39. 목재의 가력방향에 대한 강도가 큰 순서로 옳은 것은?

① 섬유방향의 직각방향에 대한 강도
② 섬유방향의 평행방향에 대한 압축강도
③ 섬유방향의 평행방향에 대한 인장강도
④ 섬유방향의 평행방향에 대한 휨강도

㉮ ①-②-③-④   ㉯ ③-④-②-①
㉰ ③-④-①-②   ㉱ ①-④-③-②
[해설] 섬유방향에 평행하게 가한 힘에 대해서 가장 강하고, 이에 직각으로 가한 힘에 대해서는 가장 약하다.

문제 40. 다음 중 연소에 관한 기술로 옳지 않은 것은?
㉮ 100℃ 정도의 열을 가하면 목재의 수분이 증발한다.
㉯ 인화점 : 160℃ 정도의 열을 가하면 연소된다.
㉰ 착화점 : 260~270℃가 되면 불꽃에 의

[해답] 34. ㉰ 35. ㉱ 36. ㉯ 37. ㉯ 38. ㉯ 39. ㉯ 40. ㉯

하여 불이 붙는다.
라 발화점 : 400~450℃가 되면 자연히 발화한다.
[해설] 온도가 100℃에서 수분이 증발하고, 160℃ 이상으로 가스가 발생하는 온도이다.

[문제] 41. 목재의 부패에 관한 기술 중 옳지 않은 것은?
가 부패균은 4℃ 이하에서는 발육하지 못하고 55℃ 이상에서는 사멸된다.
나 부패균은 습도 20 % 이하에서 사멸된다.
다 부패균은 산소가 없어야 성육한다.
라 공기를 차단하기 위해 물속에 잠기게 한다.
[해설] 부패균은 산소가 없으면 발육하지 못한다.

[문제] 42. 목재의 건조 시 자연 건조법은 대기 현상 중에서 어느 것을 이용하는가?
가 통풍, 직사광선   나 직사광선
다 직사광선, 비   라 통풍
[해설] 제재한 목재를 쌓아 직사광선과 비를 막고 통풍만으로 건조시킨다.

[문제] 43. 합판의 단판 제조 시 로터리 베니어 (rotary veneer) 공법에 관한 기술 중 옳지 않은 것은?
가 넓은 단판을 얻을 수 있다.
나 원목의 낭비가 많다.
다 단판이 쪼개지기 쉽다.
라 생산능률이 높으므로 합판 제조의 90 % 이상이 이 방법에 의한다.
[해설] 원목의 낭비가 적다.

[문제] 44. 방부력이 우수하고 값이 싸나 냄새가 강하여 실내에서 사용하지 못하는 방부재는?
가 콜타르   나 크레오소트
다 PCP   라 수성 페인트

[해설] · 크레오소트 : 미관을 고려하지 않는 외부에 많이 쓰인다.

[문제] 45. 섬유 포화점의 함수율은?
가 50 %   나 30 %
다 15 %   라 0 %
[해설] ① 섬유 포화점 : 30 %
② 기건재 : 15 %
③ 전건재 : 0 %

[문제] 46. 목재의 비중은 어느 정도인가?
가 0.01~0.1   나 0.3~1.0
다 2~4   라 6~1
[해설] 목재의 비중은 실용적으로는 기건재의 단위용적 무게(g/cm³)에 상당하는 값으로 나타낸다.

[문제] 47. 다음 중 세포에 관한 설명으로 옳지 않은 것은?
가 나무 섬유 세포는 목재의 대부분을 차지하고 있는 복잡한 세포이다.
나 도관 세포는 대개 활엽수에 있고 도관이 많은 목재는 내구성이 높다.
다 수선 세포는 수목 줄기의 중심에서 껍질 방향으로 복사상으로 들어있는 세포이다.
라 도관 세포는 대개 침엽수에 있고 활엽수에는 없다.
[해설] · 물관 : 도관이라고 하며, 활엽수에만 있는 것으로 섬유 세포보다 크고 길며, 줄기방향으로 배치되어 있어 주로 양분과 수분의 통로가 된다.

[문제] 48. 목재의 성질 중 맞는 것은?
가 함수율이 낮을수록 강도는 증가된다.
나 함수율과는 관계가 없다.
다 섬유 포화상태에서 강도가 최대이다.
라 함수율이 증가할수록 강도가 증가된다.
[해설] 함수율이 증가할수록 강도가 저하된다.

[문제] 49. 수지선을 많이 함유하는 나무의 종

[해답] 41. 다   42. 라   43. 나   44. 나   45. 나   46. 나   47. 라   48. 가   49. 다

류로 볼 수 없는 것은?
㉮ 소나무   ㉯ 전나무
㉰ 미송   ㉱ 잣나무
해설 • 미송 : 수지선이 매우 미미하다.

문제 50. 나무 세포 중 활엽수에만 있고 침엽수에는 없는 것은?
㉮ 수지선   ㉯ 도관 세포
㉰ 섬유 세포 ㉱ 나이테
해설 ① 수지선 : 침엽수재에는 많고, 활엽수재에는 극히 드물다.
② 섬유 세포 : 침엽수재와 활엽수재에 있다.

문제 51. 잎의 모양으로 구분하는 침엽수는?
㉮ 참나무   ㉯ 소나무
㉰ 밤나무   ㉱ 느티나무
해설 ① 외장수
   ㈎ 침엽수 : 소나무, 전나무, 잣나무, 낙엽송
   ㈏ 활엽수 : 참나무, 느티나무, 오동나무, 밤나무
② 내장수 : 대나무, 야자수

문제 52. 다음 그림은 목재 마구리의 제재 계획선을 표시한 것이다. A 부분은 제재 후 어떤 나뭇결의 목재가 되는가?

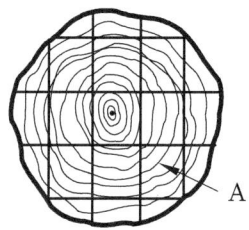

㉮ 2면 무늬결   ㉯ 4면 무늬결
㉰ 2면 곧은결   ㉱ 4면 곧은결
해설 4면 곧은결

문제 53. 목재에 대한 설명 중 부적당한 것은 어느 것인가?
㉮ 함수율 30 % 이하로 감소하면 강도는 증가된다.
㉯ 섬유 포화점일 때 그 비중을 그 목재의 비중으로 한다.
㉰ 목재의 강도는 인장강도가 압축강도보다 크다.
㉱ 목재의 풍화는 내구성을 감소시키는 요소가 된다.
해설 목재의 비중은 실용적으로는 기건재의 단위용적 무게에 상당하는 값으로 나타내며, 목재를 구성하고 있는 세포막의 두께, 즉 섬유나 도관막의 두께에 따라 다르다. 또, 세포 자체의 비중은 1.54이다.

문제 54. 다음 중 목재에 관한 기술로 옳지 않은 것은?
㉮ 비중이 작은 반면에 인장강도와 압축강도가 크다.
㉯ 낮은 온도에서도 타기 쉬워 화재의 우려가 있다.
㉰ 재면의 아름다운 색채는 장식적 효과가 있다.
㉱ 변재는 담색부분의 목질부로서 함수율은 적다.
해설 • 변 재
① 목재의 표피 가까이에 위치하고 있는 담색 부분을 말한다.
② 세포가 살아 있으므로 양분을 함유한 수액을 보내어 수목을 자라게 하거나 양분을 저장한다.
③ 수분을 많이 함유하므로 건조가 느리고, 제재 후에 부패하기 쉽다.

문제 55. 목재의 성질에 관한 기술 중 옳지 않은 것은?
㉮ 함수율이 적어질수록 목재는 수축하며, 수축률은 방향에 따라 다르다.
㉯ 함수율의 변동에 따라 목재의 강도에 변동이 있다.
㉰ 절건상태에서의 비중을 그 목재의 비중

으로 표시한다.
라 부패방지를 위해 섬유포화점 이하로 건조시켜 두어야 한다.
해설 목재의 부패를 방지하기 위해서는 기건상태 이하의 함수율을 갖도록 하여야 한다.

문제 56. 옹이의 종류 중에서 가공이 가능하며 목재로 사용할 수 있는 것은?
  가 산 옹이   나 죽은 옹이
  다 썩은 옹이   라 옹이 구멍
  해설 · 산 옹이 : 벌목할 때까지 붙어 있는 산가지의 흔적이며, 이 부분은 다른 목질부보다는 약간 굳고 단단한 부분이 되어 가공이 좀 불편하며 미관상 좋지 않으나 목재로 사용하는 데에는 별로 지장이 없다.

문제 57. 함수율의 측정법은 무엇인가?
  가 물리적 시험   나 파괴 시험
  다 금속 시험   라 화학적 시험
  해설 함수율의 측정방법은 물리적인 방법이다.

문제 58. 나무의 종류에 관계없이 목재를 구성하고 있는 섬유질의 비중은?
  가 0.5   나 0.67
  다 1.54   라 2.4
  해설 목재의 비중은 실용적으로는 기건재의 단위용적 무게에 상당하는 값으로 나타내며, 목재를 구성하고 있는 세포막의 두께, 즉 섬유나 도관막의 두께에 따라 다르나, 세포 자체의 비중은 1.54이다.

문제 59. 목재의 섬유방향에 대한 강도 중 약한 것은?
  가 인장강도   나 전단강도
  다 휨강도   라 압축강도
  해설 목재의 강도는 인장강도, 휨강도, 압축강도, 전단강도의 순이다.

문제 60. 목재 6 사이는 몇 m 인가?
  가 0.01368 m³   나 0.01944 m³
  다 0.04218 m³   라 0.0268 m³

해설 1사이 = 1치×1치×12자 = 0.00324 m³
0.00324×6 = 0.01944 m³

문제 61. 활엽수의 적당한 취재율은?
  가 30 %   나 50 %   다 70 %   라 80 %
  해설 원목의 재적에 비하여 목재를 얻을 수 있는 비율, 즉 취재율은 침엽수에 있어서는 70 % 이상, 활엽수에 있어서는 50 % 이상의 취재율이 되어야 한다.

문제 62. 2치×4치×6자 되는 목재 5본과 1치×1치×6자가 되는 목재 10본은 모두 몇 사이인가?
  가 25 사이   나 40 사이
  다 60 사이   라 70 사이
  해설 1사이 = 1치×1치×12자이다.
  $\frac{2\times4\times6}{12} \times 5 = 4\times5 = 20$ 사이
  $\frac{1\times1\times6}{12} \times 10 = 0.5\times10 = 5$ 사이
  ∴ 20+5 = 25 사이

문제 63. 플로라고도 하며 열을 가하여 점성 액체상태로 된 것에 하중을 가하면 무제한 변형되는 것은?
  가 크리프   나 인성
  다 취약성   라 연성
  해설 ① 인성 : 재료가 외력을 받아 파괴될 때까지의 흡수능력이 큰 성질을 말한다.
  ② 연성 : 어떤 재료에 인장력을 가했을 때 파괴되기 전의 큰 느름 상태를 말한다.

문제 64. 크리프(creep) 현상이 가장 빨리 일어나는 재료는?
  가 Pb (납)   나 Fe (철)
  다 Sn (주석)   라 Zn (아연)
  해설 납의 용융온도가 가장 낮다.

문제 65. 목재에 주입시켜 발염성을 적게 하고 인화점을 높이는 방화제로서 적당하지 않은 것은?

해답 56. 가   57. 가   58. 다   59. 나   60. 나   61. 나   62. 가   63. 가   64. 가   65. 라

㉮ 인산암모늄　　㉯ 탄산칼륨
㉰ 탄산나트륨　　㉱ 물유리

[해설] ・방화제 : 인산암모늄, 황산암모늄, 탄산칼륨, 탄산나트륨, 붕사 등

문제 66. 플로어링 판으로 부적당한 것은?
㉮ 나왕　　㉯ 아피톤
㉰ 참나무　　㉱ 미루나무

[해설] 강도가 약한 미루나무는 마루판으로는 부적당하다.

문제 67. 코펜하겐 리브에 대한 설명으로 틀린 것은?
㉮ 벽면에 붙이는 벽판으로서 자유곡면으로 파내어 수직 평행선이 되게 리브를 만든 것이다.
㉯ 흡음・단열효과가 크다.
㉰ 강당, 영화관의 내부에 쓰인다.
㉱ 음향조절 효과가 있다.

[해설] 단열효과는 극히 미미하다.

문제 68. 다음 설명 중 집성목재의 장점에 속하지 않는 것은?
㉮ 목재의 강도를 인공적으로 조절할 수 있다.
㉯ 응력에 따라 필요한 단면을 만들 수 있다.
㉰ 길고 단면이 큰 부재를 간단히 만들 수 있다.
㉱ 톱밥, 대팻밥, 나무 부스러기를 이용하므로 경제적이다.

[해설] ㉱는 파티클 보드이다.

문제 69. 다음 중 마루판에 적합치 않은 것은?
㉮ 플로어링 보드 (flooring board)
㉯ 플로어링 블록 (flooring block)
㉰ 파키트리 블록 (parquetry block)
㉱ 코펜하겐 리브 (copenhagen rib)

[해설] 코펜하겐 리브는 벽에 사용하는 음향조절용 장식재이다.

문제 70. 인슐레이션 보드란 무엇을 말하는가?
㉮ 경질 섬유판　　㉯ 연질 섬유판
㉰ 반경질 섬유판　　㉱ 파티클 보드

[해설] 인슐레이션 보드 = 연질 섬유판

문제 71. 합판에 대한 설명 중 적당하지 못한 것은?
㉮ 단판을 서로 직교되게 붙인다.
㉯ 단판을 짝수 겹으로 붙인다.
㉰ 단판 제조에는 로터리(rotary veneer)법이 쓰인다.
㉱ 값싸게 무늬가 좋은 판을 얻을 수 있다.

[해설] 단판을 홀수 겹으로 붙인다.

[해답] 66. ㉱　67. ㉯　68. ㉱　69. ㉱　70. ㉯　71. ㉯

석 재(石材)

1. 조직과 분류

1-1 석재의 장·단점

(1) 장 점
① 강도가 다른 재료에 비하여 크다.
② 불연성, 내화학성, 내마모성, 내구성
③ 외관이 장중하고 미려하다.
④ 종류가 다양하다.

(2) 단 점
① 가공이 불편하다.
② 내화도가 낮다.
③ 인장강도가 작다 (압축강도의 1/10~1/20).
④ 장재를 얻기 힘들다.

1-2 분 류

① 화성암 : 화산작용으로 암장이 응결된 것
② 수성암 : 자갈, 모래, 점토 등의 무기물, 유기물이 해저에서 응결된 것
③ 변성암 : 수성암, 화성암이 2차적으로 지열, 지압을 받아 변질된 것
④ 용도에 의한 분류
　㈎ 구조용 : 하중을 받는 곳에 쓰이는 것(기초돌, 장석)
　㈏ 마감용
　　• 외장용 : 화강암, 안산암, 점판암
　　• 내장용 : 대리석, 사문암, 응회암, 트래버틴

석재의 종류

성인에 의한 종별		암질에 의한 종별		건축용 석재로서의 종별
화성암	심성암	화강암 (花崗巖) 섬록암 (閃綠岩) 반려암 (班糲岩)		화강암
	화산암	안산암	휘석 안산암 (輝石安山岩) 각섬 안산암 (角閃安山岩) 운모 안산암 (雲母安山岩) 석영 안산암 (石英安山岩)	안산암
		석영 조면암 (石英組面岩)		부석 (浮石)
수성암	쇄설암	이판암 (泥板岩) 점판암 (粘板岩)		점판암
		사암 (砂岩) 역암 (礫岩)		사 암
		응회암	응회암 (凝灰岩) 사질 응회암 각력질 응회암	응회암
	유기암	석회암 (石灰岩)		석회석
	침적암	석고 (石膏)		석 고
변성암	수성암계	대리석 (大理石)		대리석
	화성암계	사문암 (蛇紋岩)		사문암

2. 채석과 가공

2-1 채 석

① 화강암이나 안산암과 같이 단단한 암석은 절리나 석목을 잘 가려, 채취 계획선에 따라 작은 구멍을 뚫고 폭약을 채워 폭파하여 큰 덩어리로 채석하거나, 정 또는 드릴로 채취 계획선에 따라 구멍을 차례로 뚫고 철쐐기를 때려 박아 구멍의 줄에 따라 쪼개어 채석한다.
② 응회암, 사암, 대리석 등 연한 석재는 곡괭이, 철쐐기 등으로 암석 둘레에 작은 홈을 파서 석재를 떼어 낸다.

2-2 가 공

① 혹두기 : 쇠메로 돌의 거친 면을 대강 다듬는 것
② 정다듬 : 혹두기 면을 정으로 곱게 쪼아 표면에 미세하고 조밀한 흔적을 내어 평탄하고 거친 면으로 만든 것

③ 도드락 다듬 : 거친 정다듬한 면을 도드락 망치로 더욱 평탄하게 다듬는 것
④ 잔다듬 : 정다듬 면을 양날망치로 평행방향으로 치밀하고 곱게 쪼아 표면을 더욱 평탄하게 만든 것
⑤ 물갈기 : 화강암, 대리석과 같은 치밀한 돌을 잔다듬한 면에 금강사를 뿌려 철판, 숫돌 등으로 물을 주어 간 다음, 산화주석을 헝겊에 묻혀서 잘 문지르면 광택이 난다.

3. 각종 석재

3-1 화성암

(1) 화강암
① 석질이 견고 (압축강도 1500 kg/cm² 정도) 하고 풍화작용이나 마멸에 강하다.
② 바탕색과 반점이 아름답다.
③ 건축, 토목의 구조재, 내·외장재로 많이 사용된다.
④ 내화도가 낮아서 고열을 받는 곳에는 적당하지 않다.
⑤ 세밀한 조각이 필요한 곳에는 가공이 불편하여 적당하지 않다.

(2) 안산암
① 종류
　(가) 휘석 안산암 : 회색 또는 암흑색으로 구조재, 판석, 비석 등에 많이 쓰인다.
　(나) 각섬 안산암 : 화강암과 비슷한 색으로, 휘석 안산암보다 담색이어서 장식재로 이용된다.
　(다) 석영 안산암 : 백색으로서 생산량이 극히 적다.
② 화강암 다음으로 가장 많은 석재이다.
③ 안산암은 가공이 용이하여 조각을 필요로 하는 곳에 적합하다.
④ 표면은 갈아도 광택이 나지 않으므로, 거친 돌 또는 잔다듬한 정도로 사용한다.
⑤ 내화성은 높다.

(3) 부 석
① 마그마가 급속히 냉각될 때 가스가 방출되면서 다공질의 파리질로 된 것이다.
② 석재 중에서 가장 가벼워 경량 콘크리트 골재로 쓰이거나, 내산성이 강하고 열전도율이 작아서 화학공장의 특수 장치용이나 방열용 등에 쓰인다.

3-2 수성암

(1) 점판암 (clay stone)
① 점토가 강물에 녹아 바다 밑에 침전, 응결된 것을 점판암이라고도 하며, 점판암은 이것이 다시 오랜 세월 동안 지열, 지압으로 인하여 변질되어 층상으로 응고된 것이다.

② 치밀한 판석으로 떼어낼 수 있어 얇은 판으로 만들 수 있다.
③ 기와 대신 지붕재로 쓸 수 있다.
④ 석질이 치밀하여 방수성이 있다.

(2) **사 암** (sand stone)
① 석영질의 모래가 압력을 받아 규산질, 산화철, 탄산석회질, 점토질 등의 교착재에 의하여 응고, 경화된 것이다.
② 내화성, 흡수성이 크고 가공하기 쉽다.
③ 규산질 사암은 구조재로 사용을 하기도 하나, 연질사암은 일반적으로 장식재로 사용한다.

(3) **응회암** (tuff)
① 화산재, 화산 모래 등이 퇴적, 응고되거나 이것이 물에 의하여 운반되어 암석 분쇄물과 혼합되어 침전된 것이다.
② 다공질이며, 강도, 내구성이 작아 구조재로는 적합하지 않다.
③ 내화성이 있으며, 외관이 좋고 조각하기 쉬워 내화재, 장식재로 이용한다.

(4) **석회암** (lime stone)
① 화강암이나 동식물의 잔해 중에 포함되어 있는 석회분이 물에 녹아 바닷속에 침전되어 퇴적, 응고한 것이다.
② 암석의 주성분은 탄산석회($CaCO_3$)로서 회백색이다.
③ 석질은 치밀, 견고하나 내산성, 내화성이 부족하므로 석재로 쓰기에는 부적당하다.
④ 석회나 시멘트의 원료로 이용된다.

3-3 변성암

(1) **대리석**(marble)
① 석회암이 오랜 세월 동안 땅속에서 지열, 지압으로 변질되어 결정화된 것으로, 주성분은 탄산석회($CaCO_3$) 이다.
② 치밀, 견고하고, 포함된 성분에 따라 경도, 색채, 무늬 등이 매우 다양하여 아름답고, 갈면 광택이 나므로 장식용 석재 중에서는 가장 고급재로 쓰인다.
③ 열, 산 등에 약하다 (600~800℃에서 생석회로 변하므로 내화도가 낮다).

(2) **트래버틴**(travertine)
대리석의 일종으로 다공질이며, 특수한 실내 장식재로 이용된다.

(3) **사문암** (serpentine)
물갈기를 하여 대리석 대용으로 이용할 수 있다.

3 – 4 기타 석재

(1) 석면(asbestos)
① 사문암 또는 각석암이 열과 압력을 받아 변질되어 섬유상으로 된 변성암의 일종이다.
② 단열재가 되는 석면포에 쓰인다.
③ 석면을 분쇄해서 시멘트 등과 혼합하여 석면 시멘트판이나 관 등을 만드는 데 쓰인다.

(2) 활석(talc)
① 마그네시아(MgO)를 포함하는 여러 가지 암석이 변질된 것으로 대개 석회암 중에서 산출되거나, 사문암 등의 암석에 접하여 산출된다.
② 페인트의 혼화제, 아스팔트, 루핑 등의 표면 정활제, 유리의 연마제 등으로 쓰인다.

4. 석재의 성질

(1) 물리적 성질
① 석재의 비중은 기건상태의 것을 표준으로 한다.
② 압축강도는 비중이 큰 것일수록 크며, 공극이나 흡수율이 많은 것일수록 작다.
③ 인장강도는 압축강도의 $\frac{1}{20} \sim \frac{1}{40}$ 정도이다.

(2) 내화성
① 석재가 고온에서 강도가 저하되는 이유
　㈎ 열전도율이 작아 열응력이 생기기 쉽다.
　㈏ 조암 광물의 종류에 따라 팽창계수가 다르다.
　㈐ 용융된다.
② 내화성과 압축강도
　㈎ 안산암, 응회암, 사암은 1000℃ 이하에서는 압축강도의 저하가 극히 적고, 어느 정도까지는 강도가 상승하는 경향이 있다.
　㈏ 화강암은 600℃ 정도에서 강도가 갑자기 저하된다.
　㈐ 석회암, 대리석 등은 600~800℃의 온도에서 완전히 생석회로 변화되므로 내화성이 극히 낮다.

(3) 내구성
① 석재가 풍화, 변질되어 내구성이 감소되는 이유
　㈎ 빗물 속의 산소, 이산화탄소 등에 의하여 석재 표면이 침해된다.
　㈏ 온도의 변화에 따라 암석을 구성하는 광물이 팽창과 수축을 반복한다.
　㈐ 동결과 융해작용을 반복한다.

② 석회암, 대리석, 운모질 사암 등은 채석이나 가공 과정에서 석재에 준 충격, 대기나 빗물 속의 산소, 이산화탄소 등의 작용으로 가장 심한 침해를 받는다.
③ 동결, 융해작용으로 인한 피해는 공극이 많은 석재일수록, 또 흡수율이 큰 석재일수록 크다.

5. 석재제품

(1) 암 면
① 안산암, 사문암 등을 원료로 하여, 이를 고열로 녹여 작은 구멍을 통하여 분출시킨 것을 고압공기로 불어 날리면 솜모양의 것이 된다. 이것을 암면이라 한다.
② 흡음, 단열, 보온성 등이 우수한 불연재로서, 열이나 음향의 차단재로 널리 쓰인다.

(2) 질 석
① 운모계와 사문암계 광석이며, 800~1000℃로 가열하면 부피가 5~6배로 팽창되어 비중이 0.2~0.4인 다공질 경석이 된다.
② 단열, 흡음, 보온, 내화성이 우수하므로 질석 모르타르, 질석 플라스터로 만들어 바름벽 재료, 뿜칠 재료 등으로 쓴다.
③ 질석제품으로는 질석을 혼합하여 만든 콘크리트 블록, 콘크리트판, 벽돌 등이 있다.

(3) 펄라이트
① 진주석, 흑요석을 분쇄하여 가루로 한 것을 가열, 팽창시키면 백색 또는 회백색의 경골재인 펄라이트가 된다.
② 성질, 용도 등은 질석과 거의 같다.

(4) 인조석
시멘트(백색 시멘트와 안료), 종석, 돌가루분 등을 물로 반죽하여 색조나 성질이 천연 석재와 비슷하게 만든 것이다.
① 종석 : 대리석, 석회석, 화강암을 잘게 부순 것
② 테라초 : 대리석의 종석을 써서 대리석 계통의 색조가 나게 표면을 물갈기한 것
  ㈜ 인조석과 테라초의 차이점
  • 테라초는 인조석에 비하여 고급 재료를 사용하고 물갈기를 2~3회 더하며, 왁스로 광내기 마무리를 한다.
  • 종석(잘게 부순 돌)에 의한 비교

구 분	종 류	크 기
인 조 석	화강석·석회석	6~7.5 mm
테 라 초	대 리 석	9~12 mm

예 상 문 제

문제 1. 다음 석재 중 장식재가 아닌 것은?
㉮ 대리석 ㉯ 감람석
㉰ 트래버틴 ㉱ 석회석
해설 • 석회석 : 석회, 시멘트의 원료로 이용된다.

문제 2. 다음 석재 중 얇은 판으로 떼어 내어 기와 대신 지붕재로 사용할 수 있는 것은?
㉮ 점판암 (clay stone)
㉯ 사암 (sand stone)
㉰ 석회암 (lime stone)
㉱ 응회암 (tuff)
해설 • 점판암 : 석질 치밀, 방수성, 지붕재, 바닥재

문제 3. 석재의 가공순서에서 가장 먼저 하는 것은?
㉮ 정다듬 ㉯ 외관시험
㉰ 물갈기 ㉱ 혹떼기
해설 혹떼기-정다듬-도드락 다듬-잔다듬-물갈기

문제 4. 압축강도가 가장 커서 주로 구조재로 쓰이는 석재는?
㉮ 화강암 ㉯ 대리석
㉰ 점판암 ㉱ 석회석
해설 • 화강암의 특징
① 석질이 견고 (압축강도 1500 kg/cm² 정도) 하고 풍화작용이나 파멸에 강하다.
② 건축 토목의 구조재, 내·외장재로 많이 사용된다.
③ 내화도가 낮아서 고열을 받는 곳에 적당하지 않다.
④ 세밀한 조각이 필요한 곳에는 가공이 불편하여 적당하지 않다.

문제 5. 석재 가공용 공구가 아닌 것은?
㉮ 쇠메 ㉯ 연마기
㉰ 댐퍼 ㉱ 와이어 톱
해설 댐퍼(damper)는 유량을 조절하는 판이다.

문제 6. 대리석에 대한 설명 중 옳지 않은 것은 어느 것인가?
㉮ 열과 산에 강한 석재이다.
㉯ 실내 장식재료로 적당하다.
㉰ 주성분은 탄산칼슘이다.
㉱ 내화도는 760℃ 정도이다.
해설 열, 산 등에는 약하다.

문제 7. 다음 중 운모계 사문암계 광석이며, 800~1000℃로 가열하면, 부피가 5~6배로 팽창되어 비중이 0.2~0.4인 다공질 경석으로 단열, 흡음, 보온효과가 있는 것은?
㉮ 부석 ㉯ 탄각
㉰ 질석 ㉱ 펄라이트
해설 • 질석 : 내화성이 우수하므로 바름벽 재료, 뿜칠 재료로 사용한다.

문제 8. 페인트의 혼화제, 아스팔트 루핑 등 표면 정활제, 유리 연마 등에 쓰이는 석재는?
㉮ 활석 ㉯ 트래버틴
㉰ 질석 ㉱ 펄라이트
해설 • 활석 : 석회암이나 사문암 등의 암석에서 산출한다.

문제 9. 석재의 절리와 석목에 관한 기술 중 옳지 않은 것은?
㉮ 암석 중에 갈라져 있는 금을 절리라 하며 화강암의 특성이다.
㉯ 절리 이외에 작게 쪼개기 쉬운 면을 석목이라 하며 점판암의 특성이다.

해답 1. ㉱ 2. ㉮ 3. ㉱ 4. ㉮ 5. ㉰ 6. ㉮ 7. ㉰ 8. ㉮ 9. ㉯

㉰ 절리에 따라 채취 계획선을 결정한다.
㉱ 석재의 가공은 석목을 이용한다.
해설 석목은 화강암에서 분명히 나타난다.

문제 10. 석재 가공순서로 옳은 것은?

① 혹두기 ② 도드락 다듬 ③ 잔다듬
④ 물갈기 ⑤ 정다듬

㉮ ①-②-③-④-⑤   ㉯ ①-⑤-②-③-④
㉰ ②-①-⑤-④-③   ㉱ ⑤-④-③-②-①
해설 쇠메, 망치-정-도드락 망치-양날망치-글라인더

문제 11. 인조석의 재료가 아닌 것은?
㉮ 백색 시멘트   ㉯ 종석
㉰ 모래   ㉱ 안료
해설 종석+백시멘트+안료

문제 12. 석재의 인장강도는 압축강도의 어느 정도인가?
㉮ 5~10배   ㉯ 1~2배
㉰ $\frac{1}{5} \sim \frac{1}{7}$배   ㉱ $\frac{1}{20} \sim \frac{1}{40}$배
해설 인장강도가 극히 약하다.

문제 13. 다음 중 기와 대신 지붕재로 사용하는 석재는?
㉮ 안산암   ㉯ 화강암
㉰ 석회암   ㉱ 점판암
해설 ·점판암: 얇은 판으로 만들 수 있어 기와 대용으로 쓰인다.

문제 14. 물갈기하여 대리석 대용으로 사용하는 석재는?
㉮ 점판암   ㉯ 안산암
㉰ 화강암   ㉱ 사문암
해설 사문암은 물갈기하면 광택이 나서 대리석 대용으로 사용한다.

문제 15. 다음 중 석재의 용도로서 적합하지 않은 것은?
㉮ 화강암: 구조재, 내·외 장식재
㉯ 대리석: 내부 장식재
㉰ 응회암: 구조재
㉱ 안산암: 구조재, 조각을 필요로 하는 곳에 적합
해설 응회암은 구조재로는 적합하지 않으며 내화재, 장식재로 이용된다.

문제 16. 화강암에 관한 기술 중 옳지 않은 것은?
㉮ 압축강도, 풍화작용, 마멸에 강하다.
㉯ 건축, 토목의 구조재, 내·외장재로 사용한다.
㉰ 고열을 받는 곳에 가장 적합하다.
㉱ 세밀한 조각이 필요한 곳에는 적합하지 않다.
해설 화강암은 내화도가 낮다.

문제 17. 대리석에 대한 설명 중 옳지 않은 것은?
㉮ 암석의 주성분은 탄산석회($CaCO_3$)이다.
㉯ 장식용 석재로 이용된다.
㉰ 열, 산 등에 강하다.
㉱ 트래버틴은 대리석의 한 종류로서 다공질이다.
해설 대리석은 열, 산 등에 약하다.

문제 18. 흡음, 단열, 보온성 등이 우수한 불연재로서 열이나 음향의 차단재로 널리 쓰이는 것은?
㉮ 화강암   ㉯ 석회암
㉰ 암면   ㉱ 인조석
해설 암면은 안산암, 사문암 등을 원료로 하여 분출시킨다.

문제 19. 단열재에 이용되는 석재는?
㉮ 화강암   ㉯ 응회암

해답 10. ㉯ 11. ㉰ 12. ㉱ 13. ㉱ 14. ㉱ 15. ㉰ 16. ㉰ 17. ㉰ 18. ㉰ 19. ㉰

㉰ 석면 ㉱ 트래버틴
[해설] 석면은 단열재가 되는 석면포에 쓰인다.

문제 20. 석재 중에서 가벼워 경량 콘크리트 골재로 쓰이며, 내산성이 강하고 열전도율이 작아서 화학공장의 특수 장치용이나 방열용으로 쓰이는 석재는?
㉮ 부석 ㉯ 안산암
㉰ 대리석 ㉱ 석회암
[해설] · 부석 : 비중이 0.7~0.8로서 석재 중 가장 가볍다.

문제 21. 진주석, 흑요석을 분쇄하여 가루로 한 것을 가열, 팽창시켜 만든 것으로 경량 골재에 이용되는 것은?
㉮ 질석 ㉯ 펄라이트
㉰ 인조석 ㉱ 암면
[해설] · 펄라이트 : 성질, 용도 등은 질석과 유사하다.

문제 22. 시멘트(백시멘트와 안료), 종석, 돌가루분을 물로 반죽하여 색조나 성질이 천연석재와 비슷하게 만든 것은?
㉮ 사문암 ㉯ 트래버틴
㉰ 인조석 ㉱ 테라코타
[해설] 인조석 = 종석 + 백시멘트 + 안료

문제 23. 다음 중 화강암의 성분이 아닌 것은?
㉮ 석영 ㉯ 장석
㉰ 탄산석회 ㉱ 운모
[해설] 화강암의 성분은 석영, 운모, 장석, 휘석, 각감석 등으로 되어 있다.

문제 24. 석재의 표면 마무리의 종류 중 가장 고운면으로 다듬는 것은?
㉮ 혹두기 ㉯ 잔다듬
㉰ 정다듬 ㉱ 도드락 다듬
[해설] · 석재의 가공순서 : 혹두기 → 정다듬 → 도드락 다듬 → 잔다듬 → 물갈기

문제 25. 다음 기술 중 옳지 않은 것은?
㉮ 화산암은 경량골재나 내화재로 한다.
㉯ 경질사암은 외벽재나 경구조재로 한다.
㉰ 이판암은 슬레이트, 비석, 숫돌을 사용한다.
㉱ 응회암은 장식재나 조각용으로 한다.
[해설] 이판암은 기와 대용으로 지붕재 및 바닥재로 쓰인다.

문제 26. 백색 시멘트, 대리석, 종석, 안료 등을 사용하여 표면을 물갈기한 인조대리석 판은 무엇인가?
㉮ 테라초 ㉯ 인조석
㉰ 테라코타 ㉱ 자기타일
[해설] · 테라초 : 대리석의 종석을 써서 대리석 계통의 색조가 나게 표면을 물갈기한 것

문제 27. 기와 대용품으로 사용될 수 있는 석재는?
㉮ 이판암 ㉯ 석회암
㉰ 응회암 ㉱ 사문암
[해설] 기와 대용품인 점판암은 이판암이 오랜 세월 동안 지열, 지압 등으로 인하여 변질되어 층상으로 응고된 것을 말한다.

문제 28. 다음 중 석재의 내화도가 가장 높은 것은?
㉮ 대리석 ㉯ 화산암
㉰ 석회암 ㉱ 화강암
[해설] ① 대리석, 석회암 : 600~800℃
② 안산암, 응회암, 사암, 화산암 : 1000℃
③ 화강암 : 600℃

문제 29. 페인트의 혼화제, 아스팔트, 루핑 등의 표면 정활제, 유리의 연마제 등에 쓰이는 석재는 무엇인가?
㉮ 활석 ㉯ 트래버틴
㉰ 질석 ㉱ 펄라이트

문제 30. 지붕물매가 가장 커야 하는 지붕 이

[해답] 20. ㉮ 21. ㉯ 22. ㉰ 23. ㉰ 24. ㉯ 25. ㉰ 26. ㉮ 27. ㉮ 28. ㉯ 29. ㉮
30. ㉮

기 재료는?
㉮ 토기와 ㉯ 시멘트 기와
㉰ 천연 슬레이트 ㉱ 석면 슬레이트
[해설] 토기와 4~5/10

문제 31. 다음 석재 중 탄산석회분이 결정화한 변성암이고 실내 장식용, 조각용 등으로 사용되며 열, 산 등에 약한 석재는?
㉮ 인조석 ㉯ 석회석
㉰ 대리석 ㉱ 안산암

문제 32. 테라초 반죽에 필요한 재료는?
㉮ 백색 시멘트, 돌가루, 종석, 안료, 물
㉯ 백색 시멘트, 종석, 강모래, 안료, 물
㉰ 백색 시멘트, 돌가루, 안료, 강모래, 물
㉱ 백색 시멘트, 강자갈, 강모래, 종석, 물
[해설] • 테라초 : 인조석의 종석을 대리석의 쇄석으로 사용하여 대리석 계통의 색조가 나도록 표면을 물갈기한 것을 말하며, 테라초의 원료에는 대리석의 쇄석, 백색 시멘트, 강모래, 안료, 물 등이다.

문제 33. 석재의 특성에 관한 기술 중 옳지 않은 것은?
㉮ 대리석은 광택, 빛깔, 무늬가 곱고 내장용으로 주로 쓰인다.
㉯ 화강암은 강도, 내화, 내구성 등이 우수하나 빛깔, 광택이 좋지 않다.
㉰ 안산암은 빛깔이 좋지 않고 갈아도 광택이 나지 않는 편이다.
㉱ 점판암은 얇게 쪼개지므로 지붕재료로 쓰인다.
[해설] 화강암은 내화도가 낮다.

문제 34. 대리석에 관한 설명 중 맞지 않은

것은?
㉮ 연마하면 고운 무늬가 생긴다.
㉯ 내화도는 1500℃이다.
㉰ 주로 내장재에 사용된다.
㉱ 주성분은 석회석과 같다.
[해설] 대리석의 내화도는 600~800℃ 정도이다.

문제 35. 암석의 종류에 있어 화성암에 속하지 않는 것은?
㉮ 화강암 ㉯ 안산암
㉰ 대리석 ㉱ 부석
[해설] • 대리석 : 변성암

문제 36. 콘크리트 계단의 디딤면이나 도로면 등, 특히 마멸되기 쉬운 곳에 사용되는 재료 중 가장 좋은 것은?
㉮ 카보런덤 ㉯ 응회암
㉰ 카올린 ㉱ 블라인드
[해설] 카보런덤은 내마모성이 커서 미끄럼을 막는 성질이 있다.

문제 37. 다음 석재 중 내화성이 가장 좋지 않은 것은?
㉮ 화강암 ㉯ 응회암
㉰ 안산암 ㉱ 사암
[해설] ① 대리석, 석회암 : 600~800℃
② 안산암, 응회암, 사암, 화산암 : 1000℃
③ 화강암 : 600℃

문제 38. 석재의 가공에서 쪼개기 쉬운 면을 석목이라고 하는데 석재 가공에는 이 면을 이용한다. 다음 중 가장 분명한 것은?
㉮ 대리석 ㉯ 화강암
㉰ 사문암 ㉱ 석회암
[해설] 석목은 화강암에서 잘 나타난다.

[해답] 31. ㉰ 32. ㉮ 33. ㉯ 34. ㉯ 35. ㉰ 36. ㉮ 37. ㉮ 38. ㉯

3 점토제품

1. 일반사항

(1) 점토의 생성
  암석, 특히 화성암이 지표상에서 오랜 세월을 거치면서 비바람과 대기 중의 각종 가스 등에 의해 조금씩 분해되어 점토가 된다.

(2) 점토의 일반적인 성질
  ① 점토의 비중은 2.5~2.6이다 (불순 점토일수록 작다).
  ② 점토의 화학성분은 내화성, 소성변형, 색채 등에 영향을 준다.
  ③ 점토는 물에 젖으면 가소성이 생기고 건조하면 굳어지며, 높은 온도로 구웠다가 식히면 그 강도가 더욱 커진다.

(3) 점포의 화학성분
  ① 내화성, 소성변형, 색채 등에 영향을 준다.
  ② 자기류 등의 고급제품을 만드는 데 쓰이는 점토는 대부분이 함수규산 알루미나 (일명 고령토 또는 카올린, 주성분 : Al_2O_3, $2SiO_2$, $2H_2O$)이다.
    ㈜ 카올린은 고온에서 구우면 흰색이 된다.
  ③ 산화철, 석회, 산화마그네슘, 산화칼슘, 산화나트륨 등을 많이 포함되고 있는 점토는 소성온도는 낮아지나, 소성변형이 커서 양질의 제품을 얻을 수 없다.
    ㈜ 산화철은 제품의 색(붉은색)과 관계되는 성분이다.
  ④ 소성온도를 표시하는 방법 : 제게르 각추법의 약자인 S.K번호 표시, 그 온도는 곧 내화도를 의미한다.

내화 벽돌의 구분

구 분	소 성 온 도	용 도
저급	SK 26 (1580℃)~SK 29 (1650℃)	굴뚝, 페치카
보통	SK 30 (1670℃)~SK 33 (1730℃)	가마
고급	SK 34 (1750℃)~SK 42 (2000℃)	고열가마

2. 점토제품

2-1 분류 및 제법

(1) 분 류

점토제품의 분류 및 특징

종 류	특 징	흡수율(%)	소성온도(℃)	제 품
토기 (저급 점토)	• 전답토를 원료로 한다. • 불투명한 회색 또는 적갈색 • 흡수성이 크고 깨지기 쉽다.	20 이상 크다.	700~1000	기와 벽돌 토관
석기 (석암 점토)	• 화강암 등의 풍화물 • 점성은 적으나 소성, 내화성 • 경도 높고 유색 불투명	3~10 작다.	1160~1350	작은 도관 경질기와 바닥용 타일
도기 (도 토)	• 석영과 운모의 풍화물 • 백색 불투명한 경질제품 • 흡수성 막기 위해 시유	10 이상 약간 크다.	1100~1230	타일 위생도기
자기 (자 토)	• 석영의 풍화물 • 흡수성이 적고, 경도, 강도 크다. • 백색의 반투명질 제품	0~1 아주 작다.	1230~1460	고급 타일 자기질 타일

[참고] • 제게르(Seger)추 : 점토소성 온도 측정기기이다.

(2) 제 법

원토처리 → 원료배합 → 반죽 → 성형 → 건조 → $\begin{cases} 소성 → 시유 → 소성 \\ (시유) → 소성 \end{cases}$

2-2 점토제품

(1) 벽 돌

① 벽돌의 치수

(단위 : mm)

종류 \ 구분	길 이	너 비	두 께
기 존 형(일반형)	210	100	60
기본형(표준형, 장려형)	190	90	57
허 용 값(±%)	3	3	4

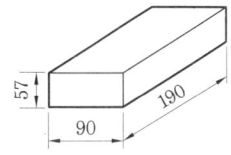

② 벽돌의 압축강도 및 흡수율

종 별	압축강도	흡수율	타격음	용 도	비 고	무 게
1급품	150 kg/cm²	20 % 이하	청음	구조재 수장재	외관, 치수정확 균열적음	2.2 kg/장
2급품	100 kg/cm²	23 % 이하	탁음	내력벽 간이구조재	소성온도 부족 보통형태	2.0 kg/장
과소품	200 kg/cm²	15 % 이하	금속음	기초 쌓기 특수 장치용	소성온도 과도	

③ 종류

  (가) 마름질 벽돌

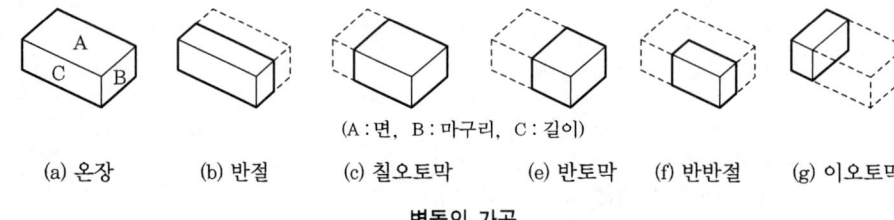

(A:면, B:마구리, C:길이)

(a) 온장 (b) 반절 (c) 칠오토막 (e) 반토막 (f) 반반절 (g) 이오토막

벽돌의 가공

  (나) 이형 벽돌 : 특수한 모양으로 처음부터 만들어져 나오는 벽돌

  (다) 과소품 : 모양이 나쁘고 색이 짙은 것
- 지나치게 높은 온도로 구워 만든 것이다.
- 흡수율은 매우 적고 압축강도는 매우 크다.
- 모양이 바르지 않아 기초 쌓기나 특수 장식용으로 이용된다.

④ 특수 벽돌

  (가) 공동 벽돌 : 시멘트 블록과 비슷하게 속을 비게 하여 만든 벽돌

  (나) 다공질 벽돌 : 점토에 톱밥 등 유기질 가루를 혼합해서 성형, 소성한 것으로서 보통 벽돌보다 비중이 작다. 톱질과 못박기가 가능하며 단열 및 방음성이 있으나 강도는 약하다.

  (다) 내화 벽돌 : 내화 점토를 구워서 만든 것으로서 높은 온도를 요하는 장소에 쓰이는 벽돌

  (라) 기타
- 시멘트 벽돌
- 슬래그 벽돌 : 용광로에서 나오는 광재를 원료로 하여 만든 벽돌

(2) 타 일

① 도토나 자토 또는 양질의 점토 등을 원료로 하여 두께 5 mm 정도의 판형으로 만든 것이다.

② 종류
  ㈎ 스크래치 타일 : 표면에 거친 무늬를 넣은 것으로 외장용에 쓰인다.
  ㈏ 모자이크 타일(mosaic tile) : 크기가 작은 것을 1자각의 크기로 짜맞추어 붙이는 것으로 벽, 천장, 바닥 등에 아름다운 모양을 만들기에 편리하다.
  ㈐ 클링커 타일 : 평지붕, 현관 등에 적합, 주로 외장 바닥재
  ㈑ 보더 타일 : 현관, 벽난로 등에 쓰이는 최고급 장식타일
  ㈒ 논슬립 타일 : 계단 디딤판의 미끄럼 방지용
  ㈓ 타일 바탕의 질에 따른 분류
   • 자기질 타일 : 외부에 많이 사용된다.
   • 석기질 타일 : 외부에 많이 사용된다.
   • 도기질 타일 : 실내에 많이 사용된다.
③ 타일의 강도 크기 순서 : 자기 > 석기 > 도기 > 토기

(3) 기 와
① 일반사항
  ㈎ 논밭에서 나는 저급 점토를 790~1000°C로 소성하여 만든다.
  ㈏ 기와의 색깔은 바르는 유약의 종류에 따라 달라진다.
② 종류
  ㈎ 한식기와 : 우리나라의 재래식 기와
  ㈏ 일식기와 : 암키와와 수키와의 구별이 없으며, 걸침기와라고도 한다.
  ㈐ 양식기와 : 유럽 각국에서 발달된 기와로서 영국식, 프랑스식, 에스파니아식, 그리스식, 이탈리아식 등이 있다.

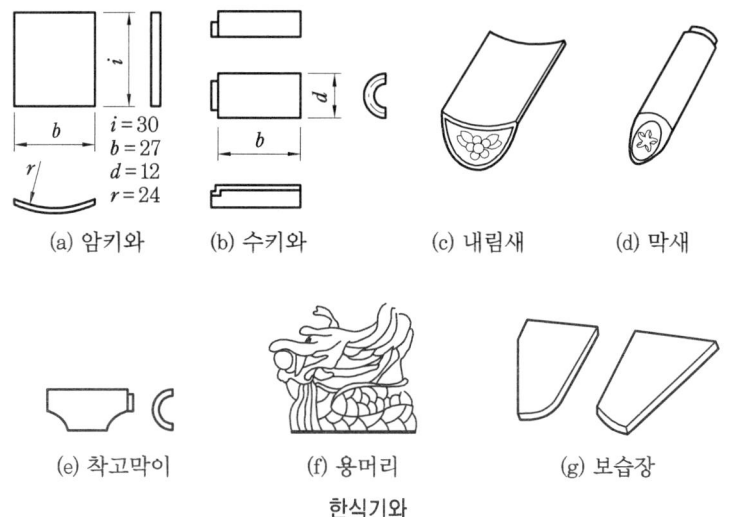

한식기와

일식기와

(4) **테라코타**
① 점토제품 중 가장 미술적인 것으로 색도 석재보다 자유롭다.
② 일반 석재보다 가볍고 화강암의 1/2 정도이다.
③ 압축강도는 800~900 kg/cm²이다.
④ 화강암보다 내화력이 강하다.
⑤ 대리석보다 풍화가 강하므로 외장에 적당하다.

(5) **토관 및 도관**
① 토관은 논밭의 저급 점토를 원료로 하여 1000℃ 이하의 온도로 구워 만든 관으로서 흡수성이 커서 대부분 배수용, 하수도용으로 쓰인다.
② 도관은 양질의 점토를 유약을 발라 1000℃ 이상의 온도로 구워낸 관이다.
 ㈎ 토관에 비하여 흡수성이 작고 강도가 커서 급수용으로도 사용한다.
 ㈏ 주로 배수관 또는 케이블을 묻는 데 사용된다.

(6) **위생도기**
① 욕조, 대변기, 소변기, 세면기, 세척기 등 위생기구는 자토, 내화 점토 등 고급 원료를 사용하여 만든 것이다.
② 위생도기는 표면에 흠이 없고 깨끗하며, 또 아름답고 흡수성이 적으며 내산, 내알칼리성이어야 한다.

예 상 문 제

문제 1. 카올린(kaolin)에 대하여 옳게 기술한 것은?
㉮ 콘크리트의 혼화제
㉯ 점토의 성분
㉰ 인조 목재
㉱ 회반죽 균열방지제
[해설] 점토의 성분은 내화성, 소성변형, 색채 등에 영향을 준다.

문제 2. 점토제품에 관한 설명 중 옳지 않은 것은?
㉮ 1등품 벽돌은 외관 및 치수가 정확하고 압축강도는 100 kg/cm², 흡수율은 23 % 이하이다.
㉯ 토관은 저급점토를 원료로 하여 유약을 칠하지 않고 1000℃ 정도로 소성한 것이다.
㉰ 내화 벽돌의 표준형 크기는 230 m×114 m×65 m이다.
㉱ 타일은 도토나 자토를 원료로 하여 표면만 유약을 칠하여 1200℃ 정도로 소성한 것이다.
[해설] • 흡수율과 압축강도

구 분	흡수율	압축강도
1급품	20 % 이하	150 kg/cm² 이상
2급품	23 % 이하	100 kg/cm² 이상

문제 3. 다음 중 비중이 1.5 정도로 톱질과 못박기가 가능한 벽돌은?
㉮ 다공질 벽돌   ㉯ 공동 벽돌
㉰ 내화 벽돌   ㉱ 시멘트 벽돌
[해설] • 다공질 벽돌 : 원료인 점토에 톱밥 등 유기질 가루를 혼합해서 성형 소성한 것으로써 톱질과 못박기가 가능하며, 단열 및 방음성이 있으나 강도는 약하다.

문제 4. 테라코타는 어떤 목적으로 건축물에 사용되는가?
㉮ 방수를 목적으로 사용
㉯ 장식을 목적으로 사용
㉰ 보온을 목적으로 사용
㉱ 주조제의 보강을 목적으로 사용
[해설] 속을 비게 하여 경량→버팀벽, 주두, 돌림띠 등에 사용한다.

문제 5. 다음 중 점토제품이 아닌 것은?
㉮ 테라코타 (terra-cotta)
㉯ 타일(tile)
㉰ 테라초(terrazzo)
㉱ 내화 벽돌
[해설] ① 테라초 : 모조석(자연석과 근사하게 만든 시멘트 제품)의 일종으로서 시멘트 (벽시멘트+안료), 종석을 배합하여 만든다.
② 테라코타 : 점토 소성 제품으로서 속을 비게 만들어 가볍게 하여 버팀벽, 주둑, 돌림띠에 장식적으로 사용한다.

문제 6. 테라코타의 용도는?
㉮ 보온재   ㉯ 방수재
㉰ 장식재   ㉱ 내장재
[해설] 버팀벽, 주두, 돌림띠 등에 장식용으로 사용한다.

문제 7. 자토, 도토를 1250℃~1450℃에서 소성하여 만든 것은?
㉮ 토기   ㉯ 석기
㉰ 도기   ㉱ 자기

[해답] 1. ㉯ 2. ㉮ 3. ㉮ 4. ㉯ 5. ㉰ 6. ㉰ 7. ㉱

해설 • 점토제품 바탕의 투명도, 흡수율 등에 의한 분류
① 토기 : 전답의 흙을 원료로 하여 790~1000 ℃에서 소성한 것이다.
② 석기 : 양질의 점토를 원료로 하여 1000~1300℃에서 소성한 것이다.
③ 도기 : 도토를 원료로 하여 1100~1250℃에서 소성한 것이다.
④ 자기 : 양질의 도토, 자토 등을 원료로 하여 1250~1435℃에서 소성한 것이다.

문제 8. 점토에 톱밥 등 유기질 가루를 혼합하여 성형 소성한 것으로 비중이 1.5 정도로 톱질과 못박기가 가능한 벽돌은?
㉮ 보통 벽돌　　㉯ 과소품 벽돌
㉰ 공동 벽돌　　㉱ 다공질 벽돌
해설 • 다공질 벽돌 : 단열, 방음, 강도는 약하다.

문제 9. 다음은 점토제품에 있어 1등품 벽돌을 설명한 것이다. 옳지 않은 것은?
㉮ 압축강도가 150 kg/cm² 이상이다.
㉯ 흡수율이 25 % 이하이다.
㉰ 외관 및 치수가 정확하고 적갈색의 색조를 띠며 두드리면 쇳소리가 난다.
㉱ 구조재, 수장재로 모두 쓸 수 있다.
해설 흡수율은 20 % 이하이다.

문제 10. 저급점토를 1000℃ 이하의 온도로 소성한 것으로 배수용, 하수도용에 이용되는 점토제품은?
㉮ 토관　　㉯ 도관
㉰ 테라초　　㉱ 테라코타
해설 • 저급점토 : 기와, 벽돌, 토관

문제 11. 도토를 원료로 하여 1100~1250℃에서 소성하여 만든 점포제품은?
㉮ 토기　　㉯ 석기
㉰ 도기　　㉱ 자기
해설 • 도토 : 타일, 위생도기

문제 12. 벽돌 온장을 그림과 같이 마름질 하였을 때의 명칭은?

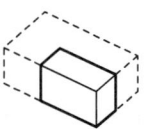

㉮ 칠오토막　　㉯ 이오토막
㉰ 반토막　　㉱ 반반절
해설

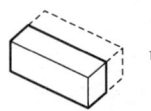 반절

문제 13. 장려형 벽돌 치수로 옳은 것은?
㉮ 210×100×60　　㉯ 190×90×57
㉰ 190×100×60　　㉱ 210×90×57
해설 ① 기존형 : 210 mm×100 mm×60 mm
② 표준형 : 190 mm×90 mm×57 mm

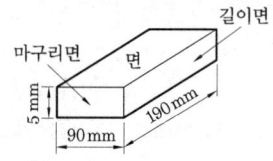

문제 14. 점토제품의 사용용도를 기술한 것 중 틀린 것은?
㉮ 테라코타 : 버팀벽, 주두, 돌림띠 등에 장식용으로 이용된다.
㉯ 토관 : 저급점토를 1000℃ 이하의 온도로 소성한 것으로 배수용 하수도용으로 사용된다.
㉰ 도관 : 양질의 점토를 1000℃ 이상의 온도로 구워낸 관으로 급수용에 이용하기도 한다.
㉱ 도기질 타일 : 실외의 벽, 지붕
해설 • 도토 : 타일, 위생도기

문제 15. 1급품 벽돌의 흡수율과 압축강도로 옳은 것은?

해답 8. ㉱　9. ㉯　10. ㉮　11. ㉰　12. ㉱　13. ㉯　14. ㉱　15. ㉮

구 분	흡수율	압축강도
가	20 % 이하	150 kg/cm² 이상
나	23 % 이하	100 kg/cm² 이상
다	20 % 이상	150 kg/cm² 이하
라	23 % 이상	100 kg/cm² 이하

해설 ① 1급품 : 흡수율 20 % 이하
　　　　압축강도 150 kg/cm² 이상
　　② 2급품 : 흡수율 23 % 이하
　　　　압축강도 100 kg/cm² 이상

문제 16. 다음 중 점토 제품의 소성온도 측정에 쓰이는 것은?
㉮ 샤모트(Chamotte)추
㉯ 머플(Muffle)추
㉰ 호프만(Hoffman)추
㉱ 제게르(Seger)추
해설 · 제게르(Seger)추 : 점토소성 온도 측정기로서 노 내 온도를 측정하는 기기이며 보통 590~2030℃까지 측정이 가능하다. 온도계로서의 정밀도는 낮지만, 일반적으로 많이 사용하고 있다.

문제 17. 일식기와가 아닌 것은?
㉮ 감내림새　　㉯ 감새
㉰ 수키와　　　㉱ 내림새
해설 · 수키와 : 한식기와

문제 18. 다음은 벽돌 중에서 과소품을 설명한 것이다. 틀린 것은?
㉮ 낮은 온도로 구워진 벽돌을 말한다.
㉯ 흡수율이 매우 적다.
㉰ 압축강도가 매우 크다.
㉱ 모양이 바르지 않아 기초 쌓기나 특수 장식용으로 이용된다.
해설 · 과소품 : 지나치게 높은 온도로 구워진 벽돌

문제 19. 다공질 벽돌에 관한 기술 중 옳지 않은 것은?
㉮ 점토에 톱밥 등 유기질 가루를 혼합해서 성형 소성한 것이다.
㉯ 톱질, 못박기가 가능하다.
㉰ 단열 및 방음성이 있다.
㉱ 강도가 크다.
해설 다공질 벽돌은 강도가 작다.

문제 20. 일식기와와 한식기와와의 차이점으로 옳은 것은?
㉮ 일식기와에서는 수키와가 많다.
㉯ 한식기와에서는 수키와가 없다.
㉰ 일식기와에서는 암키와와 수키와의 구별이 없다.
㉱ 한식기와에서는 암키와와 수키와의 구별이 없다.
해설 · 일식기와 : 암키와와 수키와의 구별이 없고 걸침기와라 한다.

문제 21. 점토에 톱밥 등 유기질 가루를 혼합해서 성형 소성한 것으로 톱질과 못박기가 가능한 벽돌은?
㉮ 공동 벽돌　　㉯ 다공질 벽돌
㉰ 내화 벽돌　　㉱ 슬래그 벽돌
해설 ① 슬래그 벽돌 : 용광로에서 나오는 광재를 원료로 하여 만든 벽돌
　　② 내화 벽돌 : 높은 온도를 요하는 장소에 쓰이는 벽돌

문제 22. 타일에 관한 기술로 옳지 않은 것은?
㉮ 표면에 거친 무늬를 넣은 것을 스크래치 타일이라 한다.
㉯ 모자이크 타일은 크기가 작은 것으로 아름다운 모양을 만들기에 편리하다.
㉰ 도기질 타일을 외부에 많이 사용한다.
㉱ 자기질, 석기질 타일은 외부에 많이 사용한다.
해설 도기질 타일은 흡수성이 있기 때문에 내부에 주로 사용한다.

문제 23. 석재 조각물 대신에 사용하는 장식용 점토 소성제품은?
㉮ 테라초 ㉯ 테라코타
㉰ 트래버틴 ㉱ 사문암
[해설] ㉰ 트래버틴 : 대리석의 일종
  ㉮ 테라초 : 인조석의 일종으로 종석(돌알)을 대리석 부스러기로 사용
  ㉱ 사문암 : 물갈기를 하여 대리석 대용으로 사용

문제 24. 테라코타에 관한 기술 중 옳지 않은 것은?
㉮ 석재 조각물 대신에 사용되는 장식용 점포제품이다.
㉯ 버팀벽, 주두, 돌림띠 등의 장식용으로 사용된다.
㉰ 속을 비게 하여 가볍게 만든다.
㉱ 물갈기를 하여 사용하면 대리석 대용으로 사용할 수 있다.
[해설] ・사문암 : 물갈기를 하여 사용하면 대리석 대용으로 사용할 수 있다.

문제 25. 다음 중 2급품 벽돌의 압축강도로 옳은 것은?
㉮ 150 kg/cm² 이상
㉯ 100 kg/cm² 이상
㉰ 200 kg/cm² 이상
㉱ 50 kg/cm² 이상
[해설] ・2급품 : 내력벽, 간이 구조재

문제 26. 1급 벽돌의 허용 압축강도는?
㉮ 150 kg/cm² 이상 ㉯ 100 kg/cm² 이상
㉰ 22 kg/cm² 이상 ㉱ 15 kg/cm² 이상
[해설] ・2급 : 15 kg/cm² 이상

문제 27. 용광로에서 나오는 광재를 원료로 하여 만든 벽돌은?
㉮ 다공질 벽돌 ㉯ 과소품
㉰ 슬래그 벽돌 ㉱ 내화 벽돌
[해설] ・광재 벽돌 : 광재에 10~20 % 석회를 가하여 성형건조, 성질 양호

문제 28. 다음 그림은 한식기와이다. 이 중 막새는?

㉮ 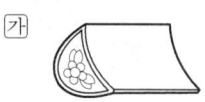 ㉯

㉰  ㉱

[해설] ㉮ 내림새, ㉯ 막새, ㉰ 보습장, ㉱ 착고막이

문제 29. 다음 중 전답의 흙을 원료로 하여 790~1000℃로 가열하여 기와, 벽돌, 토관 등을 만드는 것은?
㉮ 토기 ㉯ 석기
㉰ 도기 ㉱ 자기
[해설] ・저급점토 (토기) : 기와, 벽돌, 토관

문제 30. 다음 재료의 사용 용도를 연결한 것으로 옳지 않은 것은?
㉮ 테라코타 : 버팀벽, 주두, 돌림띠
㉯ 토관 : 배수용, 하수용
㉰ 도관 : 급수용, 배수관, 케이블을 묻는 데 이용
㉱ 과소품 벽돌 : 높은 온도를 요하는 장소에 이용
[해설] 높은 온도를 요하는 장소에는 내화 벽돌을 사용한다.

문제 31. 다음 그림의 명칭은?
㉮ 감새
㉯ 감내림새
㉰ 막새
㉱ 보습장

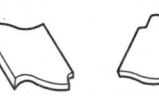

[해답] 23. ㉯ 24. ㉱ 25. ㉯ 26. ㉰ 27. ㉰ 28. ㉯ 29. ㉮ 30. ㉱ 31. ㉮

해설
감내림새   막새   보습장

문제 32. 벽돌의 종류에 대한 기술로 옳지 않은 것은?
㉮ 과소품 : 지나치게 높은 온도로 구워 만든 것으로 모양이 나쁘고 색이 짙다.
㉯ 공동 벽돌 : 속이 비게 만든 벽돌
㉰ 내화 벽돌 : 내화 점토를 구워서 만든 것
㉱ 슬래그 벽돌 : 점토에 톱밥 등 유기질 가루를 혼합하여 만든 것
해설 ㉱ 다공질 벽돌에 대한 설명이다.

문제 33. 점토 벽돌에 붉은색을 갖게 하는 성분은?
㉮ 산화철   ㉯ 석회
㉰ 산화나트륨   ㉱ 산화마그네슘
해설 • 산화철 : 붉은색

문제 34. SK란 무엇을 나타내는가?
㉮ 소성온도   ㉯ 소풍온도
㉰ 가마온도   ㉱ 내구도

문제 35. 다음 재료 중 소성제품인 것은 어느 것인가?
㉮ 후형 슬레이트   ㉯ 테라코타
㉰ 리노타일   ㉱ 흄관
해설 • 테라코타
① 일반 석재보다 가볍다.
② 압축강도는 800~900 kg/cm²로서 화강암의 1/2 정도이다.
③ 화강암보다 내화력이 강하고, 대리석보다 풍화에 강하므로 외장에 적당하다.

문제 36. 다음 중 벽돌이 반반절일 때의 치수로 옳게 표시된 것은?
㉮ 210×50×60 mm
㉯ 100×50×60 mm
㉰ 150×100×60 mm
㉱ 50×100×60 mm
해설 • 반반절 : 100×50×60 mm

문제 37. 석면 보온토의 재료는?
㉮ 석면섬유＋규조토
㉯ 석회석＋규산질물
㉰ 석면토＋규산소다
㉱ 소석회＋규산백토
해설 • 보온토 : 석면 섬유와 규조토 분말을 혼합한 것으로 특성은 다음과 같다.
① 비중은 0.5~0.6이고, 최대 흡수율은 150~250 % 이다.
② 열전도율은 0.09 cal/cm·s·℃이다.

문제 38. 벽돌, 기와, 토관 등을 만드는 데 이용되는 점토는?
㉮ 석암 점토   ㉯ 자토
㉰ 저급점토   ㉱ 도토
해설 • 저급점토(토기) : 소성온도는 790~1000℃이며, 제품은 벽돌, 기와, 토관 등이다.

문제 39. 기와의 용도에 관한 설명 중 적당하지 않은 것은?
㉮ 용머리 기와는 용머리 끝에 쓴다.
㉯ 암키와는 지붕면 끝이 되는 부분에 쓴다.
㉰ 원 감새기와는 박공 왼쪽 처마 끝에 쓴다.
㉱ 내림새 기와는 지붕끝 처마 끝에 쓴다.
해설 • 암키와 : 지붕면의 골이 되는 부분에 쓰이는 약간 평평한 기와

문제 40. 위생기구의 기능시험으로 볼 수 없는 것은?
㉮ 내온시험   ㉯ 외관시험
㉰ 세척시험   ㉱ 내압시험
해설 • 위생기구의 기능시험 : 배수시험, 누수시험, 세척시험, 내온시험, 외관시험 등이 있다.

해답 32. ㉱ 33. ㉮ 34. ㉮ 35. ㉯ 36. ㉯ 37. ㉮ 38. ㉰ 39. ㉯ 40. ㉱

문제 41. 내화점토 등 유기 불순물이 섞여 있지 않은 양질의 점토를 원료로 하여 1160~1350℃에서 소성을 한 것으로 경질 기와, 바닥 타일, 도관을 만드는 데 사용되는 것은?
㉮ 토기 ㉯ 석기 ㉰ 도기 ㉱ 자기

문제 42. 다음 재료들의 주 용도로서 맞지 않는 것은?
㉮ 테라코타는 흡음재
㉯ 테라초는 벽, 바닥면의 수장재
㉰ 트래버틴은 내벽 등의 특수 수장재
㉱ 타일은 내외벽, 바닥면의 수장재
해설 • 테라코타 : 석재 조각물 대신에 사용되는 장식용 점토제품이다.

문제 43. 테라코타(terra cotta)에 대한 설명으로 옳지 않은 것은?
㉮ 무게가 무겁고 석재보다 값이 비싸다.
㉯ 자토를 반죽한 것을 조각의 형틀로 찍어내어 소성한다.
㉰ 부벽(parapet), 주두(carnice), 돌림띠(cornic)등의 조각물로 쓰인다.
㉱ 조각이 복잡한 것은 석고형을 써서 주조하여 구워낸다.
해설 다공질 벽돌은 비중이 1.5 정도이고 톱질과 못박기가 가능하며, 단열성과 방음성이 있으나, 강도가 약한 결점이 있다.

문제 44. 다음은 과소품 벽돌에 대한 설명이다. 잘못된 것은?
㉮ 강도가 크다.
㉯ 흡수율이 매우 높다.
㉰ 모양이 나쁘고 색이 짙다.
㉱ 지나치게 높은 온도로 구워낸 것이다.
해설 • 과소품 벽돌 : 지나치게 높은 온도로 구워진 것으로서 흡수율이 매우 적고 압축도가 매우 크나, 모양이 바르지 않아 기초 쌓기나 특수 장식용으로 사용된다.

문제 45. 보통 사용하는 토관 중 굽은관, 가지관의 구부러진 각 또는 갈라진 각 등에서 관계가 적은 것은?
㉮ 30° ㉯ 45°
㉰ 60° ㉱ 90°
해설 • 굽은관 : 관형이 30°, 60°, 90° 등으로 구부린 것을 말한다.

문제 46. 기와의 용도에 관한 설명 중 적당하지 않은 것은?
㉮ 용머리 기와는 용머리 끝에 쓴다.
㉯ 암키와는 지붕면 끝이 되는 부분에 쓴다.
㉰ 왼 감새기와는 박공 왼쪽 처마 끝에 쓴다.
㉱ 내림새 기와는 지붕끝 처마 끝에 쓴다.
해설 • 암키와 : 지붕면의 골이 되는 부분에 쓰이는 약간 평평한 기와

해답 41. ㉯ 42. ㉮ 43. ㉮ 44. ㉯ 45. ㉯ 46. ㉯

4. 시멘트

1. 분류와 제법

1-1 분 류

우리나라에서는 대부분 포틀랜드 시멘트를 생산하고 있으며, 단순히 시멘트라 하면 보통 포틀랜드 시멘트를 의미한다.

(1) **포틀랜드 시멘트**
  ① 보통 포틀랜드 시멘트　② 중용열 포틀랜드 시멘트
  ③ 조강 포틀랜드 시멘트　④ 백색 포틀랜드 시멘트

(2) **혼합 시멘트**
  ① 슬래그(slag) 시멘트　② 플라이 애시(fly ash) 시멘트
  ③ 포졸란 시멘트

(3) **특수 시멘트**
  ① 알루미나 시멘트
  ② AE 포틀랜드 시멘트, 초조강 포틀랜드 시멘트, 팽창 시멘트

1-2 제 법

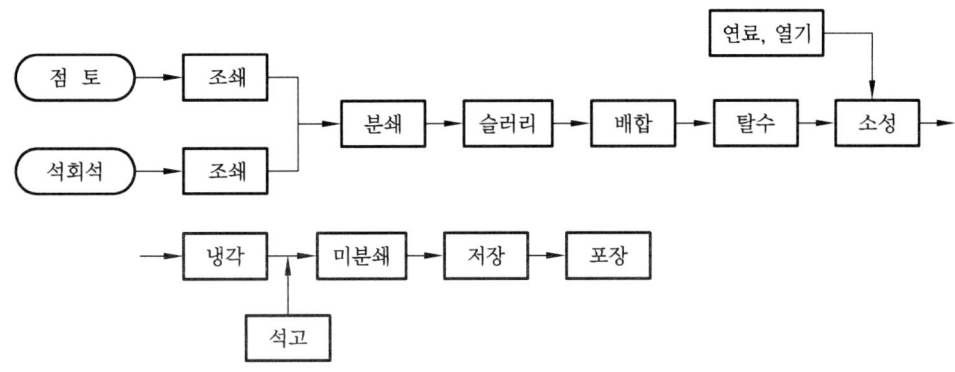

시멘트의 제조공정

① 포틀랜드 시멘트는 석회석과 점토를 4 : 1로 배합한다.
② 응결시간 조정제로 3 % 이하의 석고를 넣는다.

2. 성분 및 반응

(1) 화학성분

포틀랜드 시멘트의 주요 화학성분 (단위 : %)

성분 종류	실리카 (SiO_2)	알루미나 (Al_2O_3)	석회 (CaO)	산화철 (Fe_2O_3)	마그네시아 (MgO)	무수황산 (SO_3)
보통 포틀랜드 시멘트	21~23	5~6	63~66	3~4	1~2	1~1.6
조강 포틀랜드 시멘트	20~22	4~6	65~67	2~3	1~2	1~1.7
중용열 포틀랜드 시멘트	23~24	4~5	63~65	4~5	1~2	1~1.4

(2) 수화반응

① 수화작용 : 시멘트 구성 화합물들은 물과 접촉하면 각각 특유한 화학반응을 일으켜 다른 화합물이 되는 것을 수화작용이라 한다.
② 응결 : 시멘트에 적당한 양의 물을 부어 뒤섞으면 유동성이 점점 없어지고 차차 굳어지는 상태이다.
③ 경화 : 응결된 시멘트가 시간이 경과됨에 따라 차차 조직이 굳어져 강도가 커지게 되는 것을 경화라 한다.
④ 수화열 : 시멘트 풀이 수화작용에 의해 상당한 열을 발생하는데 이것을 수화열이라 하며, 이 열은 응결이나 경화를 촉진시키는 데 유효한 역할을 한다.

3. 성 질

(1) 비 중

① 시멘트의 비중은 3.05~3.15 정도이다.
② 시멘트는 풍화한 것일수록 비중이 작아진다.

| 용어해설 | 시멘트의 풍화 : 시멘트가 공기 중의 습기를 흡수하여 천천히 수화반응을 일으켜서 굳어지는 현상

③ 시멘트의 단위용적 무게는 1500 kg/m³로 한다.
④ 시멘트의 비중측정에는 르 샤틀리에(Le Chatelier) 비중병이 사용되며, 시험법은 한국산업규격(KS L 5110)에 규정되어 있다.

(2) 분말도

① 시멘트 입자의 굵고 가늚을 나타내는 것으로 "분말도가 높다" 함은 일정한 중량 속에 입자가 많다는 뜻이다 (단위 : cm^2/g).

② 분말도가 높은 것일수록 수화작용이 빠르고 조기강도가 크나, 공기 중의 습기를 받아 풍화되기 쉽고, 수화작용에 의한 열의 발생이 많아서 균열이 생기기 쉽다.

(3) 응 결

① 시멘트의 응결시간은 석고의 혼입량이 많아짐에 따라 응결이 늦어지다가 어떤 한도를 지나면 다시 빨라지며, 적당한 혼입량은 1~3 % 정도이다.

② 시멘트의 응결시간이 단축되는 요인
 ㈎ 시멘트가 새로운 것일수록
 ㈏ 분말도가 클수록
 ㈐ 수량이 적을수록
 ㈑ 온도가 높을수록
 ㈒ 혼화제를 많이 넣을수록 빠르다.

(4) 안정성

① 시멘트가 경화하는 도중 또는 경화 후에 팽창, 균열, 뒤틀림의 변형 등이 생겨 불안정하게 되는데 이 이유는 다음과 같다.
 ㈎ 시멘트 원료의 성분이나 배합방법이 불완전한 경우
 ㈏ 소성온도가 낮아 유리 석회분이 많아진 경우
 ㈐ 클링커가 냉각되기 전에 석고를 넣거나 석고분이 많은 경우
  ㈜ 시멘트 보존 도중의 부주의에서 오는 급격한 건조로 인하여 수축균열은 시멘트가 불안정해서 생기는 것이 아니다.

> **숨어해설** **클링커** : 시멘트 제조 시 점토와 석회석을 적당한 비율로 섞어서 용융한 것

② 시멘트의 안정성 시험에는 오토클레이브 팽창도 시험법과 침수법이 있다.

(5) 강 도

① 시멘트의 강도는 그 종류와 분말도에 따라 다르며, 같은 시멘트일지라도 다음 조건에 따라 다르다.
 ㈎ 시멘트에 대한 물의 양과 성질
 ㈏ 골재의 성질과 입도
 ㈐ 시험체의 형상과 크기
 ㈑ 양생방법과 재령
 ㈒ 시험방법

풍화되기 쉬운 곳에 저장한 시멘트는 저장기간 1개월에 약 15 %, 3개월에 약 30 %,

1년이 되면 약 50 %나 강도가 저하된다.
② 시멘트 강도는 시멘트에 모래를 섞어 물로 반죽한 모르타르를 만들어 이 모르타르의 강도를 시험하여 조사한다.

시멘트의 압축강도 (단위 : kg/cm²)

규격	종류		재령			
			1일	3일	7일	28일
KS L 5201	포틀랜드 시멘트	보 통	—	110 이상	175 이상	245 이상
		중용열	—	105 이상	175 이상	245 이상
		조 강	125 이상	245 이상	—	—
KS L 5204	백색 포틀랜드 시멘트		—	125 이상	195 이상	245 이상

(6) 시멘트의 저장
① 13포대 이상 쌓으면 안 된다 (장기간일 경우는 7포대 이상 쌓으면 안 됨).
② 지상 30 cm 이상에 적재한다.
③ 3개월 이상 저장한 시멘트는 사용 전에 재시험한다.
④ 입하 순서대로 사용한다.
⑤ 필요한 출입구 채광창 이외는 통풍을 위한 개구부를 두어서는 안 된다.

(7) 시멘트 풍화
① 시멘트는 대기 중에 저장하면 풍화된다.
② 공기 중의 습도와 탄산가스가 시멘트와 결합 변질한다.
③ 풍화에 의한 강도 저하는 재령 초기에 크고 수량이 많을 때 크다.
④ 휨 강도보다 압축강도 쪽이 크다.
⑤ 모르타르보다 콘크리트 쪽이 영향이 많다.
⑥ 풍화된 시멘트는 비중이 저하된다.

4. 각종 시멘트의 특징

(1) 포틀랜드 시멘트
① 보통 포틀랜드 시멘트 : 다른 시멘트에 비하여 공정이 비교적 간단하고 품질이 좋으므로 가장 많이 사용되며, 생산량도 가장 많다.
② 중용열 포틀랜드 시멘트
㈎ 원료 중의 석회, 알루미나, 마그네시아의 양을 적게 하고, 실리카와 산화철을 많

이 넣어서 수화작용을 할 때 발열량을 적게 한 시멘트이다.
  (내) 조기강도는 작으나 장기강도는 크며, 체적의 변화가 적어서 균열발생이 적다.
  (대) 댐 축조, 콘크리트로 된 큰 구조물 시공에 사용된다.
③ 조강 포틀랜드 시멘트
  (개) 보통 포틀랜드 시멘트에 비하여 경화가 빠르고, 조기강도가 커서 보통 포틀랜드 재령 28일 강도를 재령 7일만에 나타나게 한다.
  (내) 원료 속에 석회분이 약간 많아서 품질이 향상된다.
  (대) 분말도가 커서 수화열이 크다.
  (라) 공기를 단축할 수 있고, 한중 콘크리트와 수중 콘크리트를 시공하기에 적합하다.
④ 백색 포틀랜드 시멘트
  (개) 철분이 거의 없는 백색 점토를 써서 시멘트에 포함되는 산화철, 마그네시아의 함유량을 제외한 시멘트이다.
  (내) 건축물의 표면 마무리 및 도장에 사용한다.

(2) 혼합 시멘트

① 고로(슬래그) 시멘트
  (개) 포틀랜드 시멘트 클링커와 슬래그(slag)에 적당량의 석고를 넣어 가루로 만든 것이다.
  (내) 보통 포틀랜드 시멘트에 비하여 응결이 늦고 조기강도는 낮으나, 화학작용에 대한 저항성, 수밀성이 크고, 발열량이 적어서 균열발생이 적다.
  (대) 해수를 받는 곳이나 큰 구조체 공사에 적합하다.
② 플라이 애시 시멘트
  (개) 시멘트 클링커에 플라이 애시를 혼합하고 약간의 석고를 넣어 분쇄해서 만든 것이다.
  (내) 수화열이 적고 조기강도는 낮으나 장기강도는 커진다.
  (대) 콘크리트의 워커빌리티가 좋고 수밀성이 크며, 단위수량을 감소시킬 수 있어 하천, 해안, 해수공사 등에 많이 사용된다.
  (라) 기초, 매스 콘크리트용으로도 유리하다.

> **용어해설** **플라이 애시** : 미분탄을 연료로 하는 보일러의 연도에서 집진기로 채취한 미립자의 재

③ 포졸란 시멘트 : 포틀랜드 시멘트의 클링커와 포졸란(pozzolan)에 적당량의 석고를 넣어 혼합해서 분말로 만든 것으로 특징, 용도 등은 슬래그 시멘트와 거의 같다.

> **용어해설** **포졸란** : 화산재, 규조토, 규산백토 등의 실리카(silica) 질 혼화제

(3) 특수 시멘트

① 알루미나 시멘트

㈎ 알루미나(Al_2O_3)를 많이 함유하고 있는 보크사이트(bauxite)와 석회석을 혼합하여 가루로 만든 시멘트이다.

㈏ 조기강도가 커서 재령 1일로 보통 포틀랜드 시멘트의 28일 강도가 나타난다.

㈐ 수화열이 크고 화학작용에 대한 저항이 크며, 수축이 적고 내화성이 큰 것이 특징이다.

㈑ 동기공사, 해수공사, 긴급공사 등에 쓰인다.

② 팽창 시멘트 : 칼슘 클링커($Ca_4Al_6O_{12}SO_4$)에 슬래그 및 포틀랜드 클링커의 혼합물을 넣어 만든 시멘트로서, 보통 시멘트는 경화 후 건조하면 수축하는데, 이것은 팽창하는 특징이 있다.

> [참고] ① 블록의 형상에 따른 분류
> ㈎ 판상제품　　㈏ 봉상제품　　㈐ 관상제품　　㈑ 블록제품
> ② 치수에 따른 분류
> ㈎ 대형　　㈏ 중형　　㈐ 소형

예 상 문 제

문제 1. 포틀랜드 시멘트 재료 중 맞는 것은?
㉮ 석고+석회석+점토
㉯ 석고+석회석+슬래그
㉰ 석고+석회석+포촐란
㉱ 석회석+점토+플라이 애시
해설 • 포틀랜드 시멘트 : 보통 포틀랜드 시멘트, 중용열 포틀랜드 시멘트, 조강 포틀랜드 시멘트, 백색 포틀랜드 시멘트

문제 2. 보통 포틀랜드 시멘트의 일반적 성질 중 옳지 않은 것은?
㉮ 비중은 3.05~3.15이다.
㉯ 분말도가 높은 것 일수록 수화작용이 높고 조기강도가 낮다.
㉰ 석고의 혼합량은 1~3%이다.
㉱ 시멘트 단위용적 무게는 편의상 1 m³당 1500 kg으로 한다.
해설 분말도가 높을수록 수화작용이 빠르고 조기강도가 크다.

문제 3. 다음 중 방사선 차단효과가 있는 시멘트는?
㉮ 고로 시멘트
㉯ 조강 포틀랜드 시멘트
㉰ 중용열 포틀랜드 시멘트
㉱ 알루미나 시멘트
해설 • 중용열 포틀랜드 시멘트 : 댐 축조, 콘크리트 포장, 방사능 차폐용

문제 4. 안정성이 제일 좋은 시멘트는?
㉮ 보통 포틀랜드 시멘트
㉯ 중용열 포틀랜드 시멘트
㉰ 알루미나 시멘트
㉱ 조강 포틀랜드 시멘트

해설 ㉯ 수화작용 시 발열량을 적게 한 시멘트

문제 5. 보통 포틀랜드 시멘트의 비중으로서 적당한 것은?
㉮ 2.05~2.15   ㉯ 2.6~2.75
㉰ 3.05~3.15   ㉱ 3.25~3.4
해설 시멘트는 풍화한 것일수록 비중이 작아진다.

문제 6. 한중(寒中) 또는 수중(水中) 긴급공사 시공에 가장 적합한 시멘트는?
㉮ 보통 포틀랜드 시멘트
㉯ 중용열 포틀랜드 시멘트
㉰ 조강 포틀랜드 시멘트
㉱ 백색 포틀랜드 시멘트
해설 ㉰ 경화가 빠르고 조기강도가 크다.

문제 7. 다음은 석고 보드에 대한 설명이다. 잘못된 것은?
㉮ 방부성, 방화성이 크다.
㉯ 팽창 및 수축의 변형이 크다.
㉰ 열전도율이 작고 난연성이다.
㉱ 유성 페인트로 마감할 수 있다.
해설 팽창 및 수축의 변형이 적고, 벽이나 천장의 마감재, 흡음판 등에 사용한다.

문제 8. 테라초 바름재료 중 맞는 것은?
㉮ 백색 시멘트+돌가루+안료+종석+물
㉯ 백색 시멘트+강모래+안료+종석+물
㉰ 백색 시멘트+돌가루+모래+안료+물
㉱ 백색 시멘트+강모래+강자갈+종석+물
해설 • 테라초 : 대리석 조각에 사용한다.

문제 9. 포틀랜드 시멘트 제조 시 응결시간 조정제는 어느 것인가?

해답 1. ㉮ 2. ㉯ 3. ㉱ 4. ㉯ 5. ㉰ 6. ㉰ 7. ㉯ 8. ㉮ 9. ㉰

㉮ 점토　　　㉯ 석회석
㉰ 석고　　　㉱ 실리카
해설 응결시간 조정제로 3 % 이하의 석고를 넣는다.

문제 10. 포틀랜드 시멘트 제조 시 원료의 배합비로 적합한 것은?

구 분	석회석	점 토
㉮	4	1
㉯	1	4
㉰	2	1
㉱	1	2

해설 석회석＋점토＋석고

문제 11. 포틀랜드 시멘트 제조 시 클링커에 응결시간 조정제로 몇 % 이하의 석고를 첨가하는가?
㉮ 3 %　　　㉯ 6 %
㉰ 8 %　　　㉱ 12 %
해설 · 클링커(clinker) : 점토와 석회석을 적당한 비율로 섞어서 용융한 것

문제 12. 조기강도가 큰 시멘트는?
㉮ 플라이 애시 시멘트
㉯ 중용열 포틀랜드 시멘트
㉰ 조강 포틀랜드 시멘트
㉱ 백색 포틀랜드 시멘트
해설 ㉰ 경화가 빠르다. 한중공사, 수중공사, 긴급공사용

문제 13. 수화열의 발생이 적은 시멘트는?
㉮ 중용열 포틀랜드 시멘트
㉯ 조강 포틀랜드 시멘트
㉰ 알루미나 시멘트
㉱ 초조강 포틀랜드 시멘트
해설 ㉮ 균열이 적어 안정성이 높다.

문제 14. 다음 중 시멘트의 비중으로 적당한 것은?
㉮ 2.0～2.1　　　㉯ 3.05～3.15
㉰ 4.5～4.6　　　㉱ 7.1～7.2
해설 시멘트의 비중은 3.05～3.15 정도이다.

문제 15. 시멘트의 단위용적 무게로서 적절한 값은?
㉮ 1000 kg/m³　　　㉯ 1500 kg/m³
㉰ 2300 kg/m³　　　㉱ 3000 kg/m³
해설 시멘트의 단위용적 무게는 1500 kg/m³로 한다.

문제 16. 시멘트의 분말도에 관한 기술 중 옳지 않은 것은?
㉮ 분말도가 높은 것일수록 수화작용이 빠르다.
㉯ 분말도가 높아야 풍화가 이루어지지 않는다.
㉰ 분말도가 높으면 시멘트의 풍화균열이 생기기 쉽다.
㉱ 분말도가 높은 것일수록 조기강도가 크다.
해설 · 분말도 : 시멘트 입자의 굵고 가늠을 나타내는 것으로 "분말도가 높다"함은 일정한 중량 속에 입자가 많다는 뜻이다 (단위 : cm²/g). 분말도가 높으면 공기 중의 습기를 받아 풍화하기 쉽고, 수화작용에 의한 열발생이 많아서 균열이 생기기 쉽다.

문제 17. 시멘트의 응결시간이 단축되는 요인을 기술한 것 중 옳지 않은 것은?
㉮ 시멘트가 새로운 것일수록 응결이 빠르다.
㉯ 분말도가 클수록 응결이 빠르다.
㉰ 수량이 적을수록 응결이 빠르다.
㉱ 온도가 낮을수록 응결이 빠르다.
해설 · 응결 : 시멘트에 적당한 양의 물을 부어 뒤섞으면 시멘트 풀의 유동성이 없어지고 굳어지는 상태로, 온도가 높을수록 응결이 빠르다.

해답 10. ㉮　11. ㉮　12. ㉰　13. ㉮　14. ㉯　15. ㉯　16. ㉯　17. ㉱

문제 18. 중용열 포틀랜드 시멘트에 관한 기술 중 옳지 않은 것은?
㉮ 수화작용을 할 때 발열량을 적게 한 시멘트이다.
㉯ 댐 또는 거대한 콘크리트 공사에 사용한다.
㉰ 경화 후 균열발생이 크다.
㉱ 조기강도는 작으나 장기강도는 크다.
해설 중용열 포틀랜드 시멘트는 보통 포틀랜드 시멘트에 비해 실리카 산화철을 적게 첨가하여 수화열 발생을 적게 한 것으로 수화열에 의한 팽창수축이 적으므로 균열도 적다.

문제 19. 조강 포틀랜드 시멘트에 관한 기술 중 옳지 않은 것은?
㉮ 조기강도가 작다.
㉯ 분말도가 커서 수화열이 크다.
㉰ 공기를 단축할 수 있다.
㉱ 한중 콘크리트 또는 수중 콘크리트에 사용한다.
해설 보통 시멘트에 비해 조기강도가 커지도록 한 것으로 보통 포틀랜드 시멘트의 재령 28일 강도를 재령 7일만에 나타낸다.

문제 20. 조강 포틀랜드 시멘트의 사용장소로 적합하지 않는 곳은?
㉮ 공기를 단축해야 하는 장소
㉯ 한중 콘크리트
㉰ 수중 콘크리트
㉱ 댐 또는 거대한 콘크리트 공사
해설 조강 포틀랜드 시멘트는 수화열의 발생이 크므로 댐 및 거대한 콘크리트 공사에는 중용열 포틀랜드 시멘트 사용이 적합하다.

문제 21. 보통 포틀랜드 시멘트의 재령 28일 강도를 재령 7일만에 나타나게 하는 시멘트는?
㉮ 중용열 포틀랜드 시멘트
㉯ 조강 포틀랜드 시멘트
㉰ 보통 포틀랜드 시멘트
㉱ 백색 포틀랜드 시멘트
해설 ㉯ 공기단축, 한중 콘크리트와 수중 콘크리트를 시공하기에 적합하다.

문제 22. 화학작용에 대한 저항성 발열량이 적어서 물과 접촉되는 수중이나 해수공사 또는 큰 구조제 공사에 가장 적합한 시멘트는?
㉮ 백색 포틀랜드 시멘트
㉯ 슬래그 시멘트
㉰ 조강 포틀랜드 시멘트
㉱ 알루미나 시멘트
해설 · 슬래그 (고로) 시멘트 : 응결이 늦고 조기강도가 낮고, 균열의 발생이 적다.

문제 23. 알루미나 시멘트에 관한 기술 중 옳지 않은 것은?
㉮ 조기강도가 작다.
㉯ 동기공사, 해수공사, 긴급공사 등에 사용한다.
㉰ 수화열이 크고, 수축이 적다.
㉱ 화학작용에 대한 저항이 크다.
해설 · 알루미나 시멘트 : 보크사이트와 석회석을 혼합하여 가루로 만든 시멘트로서 조기강도가 커서 재령 1일로 보통 포틀랜드 시멘트의 28일 강도가 나타난다.

문제 24. 재령 1일로 보통 포틀랜드 시멘트의 28일 강도가 나타나는 시멘트는?
㉮ 조강 포틀랜드 시멘트
㉯ 중용열 포틀랜드 시멘트
㉰ 알루미나 시멘트
㉱ 팽창 포틀랜드 시멘트
해설 ㉰ 동기공사, 해수공사, 긴급공사에 사용한다.

문제 25. 다음 중 조기강도가 가장 큰 것은

해답 18. ㉰ 19. ㉮ 20. ㉱ 21. ㉯ 22. ㉯ 23. ㉮ 24. ㉰ 25. ㉮

어느 것인가?
㉮ 알루미나 시멘트
㉯ 중용열 포틀랜드 시멘트
㉰ 조강 포틀랜드 시멘트
㉱ 슬래그 시멘트

[해설] • 알루미나 시멘트 : 수화열이 크고 알칼리에 강하며, 해안공사, 긴급공사에 사용된다.

문제 26. 다음 시멘트 중 해수에 대한 저항성이 가장 좋은 것은?
㉮ 고로 시멘트
㉯ 알루미나 시멘트
㉰ 보통 포틀랜드 시멘트
㉱ 백색 포틀랜드 시멘트

[해설] • 알루미나 시멘트
① 성분 중에 Al_2O_3가 많이 함유되어 있어 조기강도가 높다.
② 수화열이 높아서 대형 단면 부재에는 사용이 힘들다.
③ 염분이나 화학작용에 대한 저항성이 크다.
④ 수축이 적고 내화성이 높다.
⑤ 동기, 해수, 긴급공사에 쓰인다.

문제 27. 보통 포틀랜드 시멘트의 비중이 감소하는 원인이 아닌 것은?
㉮ 풍화로 인하여
㉯ 소성온도가 부족할 때
㉰ 성분 중에 SiO_2, Fe_2O_3가 많을 때
㉱ 시멘트 중에 혼화제를 혼합할 때

[해설] 보통 포틀랜드 시멘트의 비중이 감소하는 원인 중의 성분 중에 SiO_2, Fe_2O_3가 부족할 때 비중은 감소한다.

문제 28. 시멘트 제품의 양생방법 중 가장 이상적인 것은?
㉮ 일광직사를 피하고, 통풍이 잘되게 한다.
㉯ 가열을 해서 속히 건조시킨다.
㉰ 그대로 자연상태로 놓아 둔다.
㉱ 적당한 온도와 습도를 가해서 수중양생을 한다.

[해설] 시멘트의 강도는 양생온도 30℃까지는 온도가 높을수록 커지고 재령의 증가에 따라서 커지며, 특히, 초기에 있어서 양생온도의 영향은 매우 크다. 또, 공기 중의 습기에 의한 양생보다는 수중양생의 것이 매우 좋으므로 시멘트 제품의 양생은 온도와 습도를 가해서 수중양생을 하는 것이 매우 좋다.

문제 29. 수화작용 시 발열량을 적게 한 시멘트로 조기강도는 적으나 장기강도가 크며, 경화수축이 적어 댐 축조나 큰 구조물에 사용하는 시멘트는?
㉮ 보통 포틀랜드 시멘트
㉯ 중용열 포틀랜드 시멘트
㉰ 조강 포틀랜드 시멘트
㉱ 백색 포틀랜드 시멘트

[해설] • 중용열 포틀랜드 시멘트 (석회석+점토+석고) : 원료 중의 석회, 알루미나, 마그네시아의 양을 적게 하고, 실리카와 산화철을 다량으로 넣어서 수화작용을 할 때 발열량을 적게 한 시멘트이다. 조기강도는 작으나, 장기강도는 크다.

문제 30. 제품의 원료에 시멘트가 들어 있지 않은 것은?
㉮ 테라코타   ㉯ 흄관
㉰ 테라초   ㉱ 인조 슬레이트

[해설] • 테라코타 : 석재 조각물 대신에 사용되는 점포제품으로서 속을 비게 하여 가볍게 만들고 버팀벽, 주두, 돌림띠 등에 사용한다.

문제 31. 포틀랜드 시멘트 (portland cement)에 대한 기술 중 옳지 않은 것은?
㉮ 콘크리트는 수화작용을 하면서 경화수축 현상을 일으킨다.
㉯ 수화작용은 표면에서부터 내부로 진행한다.
㉰ 수화작용이 끝나는 데는 오랜 세월이 걸

[해답] 26. ㉯   27. ㉰   28. ㉱   29. ㉯   30. ㉮   31. ㉱

린다.

㉣ 재령 20일 강도를 실용강도의 표준으로 본다.

해설 28일이면 강도는 90% 이상을 낼 수 있으므로, 재령 28일 강도를 실용강도의 표준으로 한다.

문제 32. 우리나라 건축공사에 가장 많이 사용되고 있는 시멘트의 종류는?

㉮ 보통 포틀랜드 시멘트
㉯ 슬래그 시멘트
㉰ 플라이 애시 시멘트
㉱ 포졸란 시멘트

해설 • 보통 포틀랜드 시멘트 (석회석 + 점토 + 석고)
① 공정이 비교적 간단하고, 생산량이 많다.
② 품질이 우수하고, 일반적으로 많이 사용한다.

문제 33. 다음 콘크리트의 성질 중 잘못된 것은?

㉮ 콘크리트의 탄성계수는 압축변형보다 인장변형이 크다.
㉯ 콘크리트의 건조 수축률은 물·시멘트비가 높을수록 크다.
㉰ 수밀성은 일반적으로 불충분하다.
㉱ 화재 시에는 내부 균열로 강도가 저하된다.

해설 콘크리트의 탄성계수는 압축강도가 150~250 kg/cm²인 경우에 있어서는 $(2.2~2.6) \times 10^5$ kg/cm²가 되며, 인장강도일 때에도 압축강도일 때와 거의 같다고 본다. 그리고 콘크리트의 최대 변형량은 압축일 때 0.14~0.2%, 인장일 때 0.01~0.013%이다.

문제 34. 보통 무근 콘크리트의 중량은?

㉮ 2.1 tf/m³ ㉯ 2.2 tf/m³
㉰ 2.3 tf/m³ ㉱ 2.4 tf/m³

해설 무근 콘크리트 2.3 tf/m³, 철근 콘크리트 2.4 tf/m³

문제 35. 포틀랜드 시멘트의 비중에 영향을 주는 조건이 아닌 것은?

㉮ 소성이 불충분하면 비중이 적어진다.
㉯ 혼화제를 사용하면 비중이 적어진다.
㉰ 시멘트가 풍화되면 비중이 적어진다.
㉱ 실리카(SiO_2), 산화철(Fe_2O_3)이 많으면 비중이 적어진다.

해설 • 포틀랜드 시멘트의 비중이 적어지는 요인
① 소성이 불충분한 경우
② 혼화제를 사용한 경우
③ 풍화로 인하여
④ 성분 중에 SiO_2, Fe_2O_3가 부족한 경우

문제 36. 골재의 계량방법 중 모래의 팽창률에 있어서 단위용적 중량의 최대값은 표면수량이 몇 % 정도인가?

㉮ 0%   ㉯ 5%
㉰ 15% ㉱ 30%

해설 표면의 수량이 5~10%에서 부피가 최대로 되어 건조상태보다 25%(아주 가는 모래는 50%)정도 증가한다. 그러나, 수분이 더 많아지면 부피가 점차 작아져서 포수상태(약 30%)가 되면 건조상태의 부피와 동일하다.

문제 37. 물·시멘트비는 다음 중 어느 것으로 하는가?

㉮ 콘크리트 혼합재료 중에서 물과 시멘트의 중량비
㉯ 콘크리트 혼합재료 중에서 시멘트와 골재
㉰ 콘크리트 혼합재료 중에서 물과 골재
㉱ 콘크리트 혼합재료 중에서 물과 시멘트의 용적비

문제 38. 철근 콘크리트용 골재에 관한 설명 중 옳지 않은 것은?

㉮ 골재의 알 모양은 구형에 가까운 것이 좋다.

해답 32. ㉮ 33. ㉮ 34. ㉰ 35. ㉱ 36. ㉯ 37. ㉮ 38. ㉯

대 골재의 표면은 매끈한 것이 좋다.
댜 골재는 크고 작은 알이 골고루 섞여 있는 것이 좋다.
랴 골재에는 염분이 섞여 있지 않은 것이 좋다.

해설 골재의 형태는 거칠고 구형에 가까운 것이 좋으며, 평편하거나 세장한 것은 좋지 않다.

문제 39. 보통 철근 대신 고강도 피아노선을 사용하여 단면을 작게 하면서 큰 응력을 받게 한 콘크리트는 무엇인가?
갸 프리스트레스트 콘크리트 (prestressed concrete)
냐 프리캐스트 콘크리트 (precast concrete)
댜 레디믹스트 콘크리트 (ready-mixed concrete)
랴 프리팩트 콘크리트 (prepacked concrete)

해설 · 프리스트레스트 콘크리트 : 고강도의 강재나 피아노선과 같은 특수 선재를 사용하여 재축방향으로 콘크리트에 미리 압축력을 준 콘크리트로서, 시공하는 방법에는 프리텐셔닝법과 포스트텐셔닝법의 두 가지가 있다.

문제 40. 포촐란을 사용한 콘크리트의 특징 중 적당하지 않은 것은?
갸 수밀성이 높아진다.
냐 수화열량이 적다.
댜 경화작용이 늦어지므로 조기강도가 낮아진다.
랴 건조 수축률이 감소된다.

해설 · 포촐란
① 워커빌리티가 좋아지고, 블리딩이 감소하며, 수밀성이 증가한다.
② 경화작용이 늦어지므로 조기강도가 낮아진다.
③ 수화열량이 적으므로 대형 단면 부재에 쓸 수 있다.
④ 염분에 대한 저항성이 있으므로 해안공사에 유리하다.
⑤ 건조 수축률이 증가된다.
⑥ 조기강도는 작으나 장기간 습윤양생하면 장기강도가 커진다.
⑦ 콘크리트의 단위수량을 증가시킨다.

문제 41. 콘크리트의 슬럼프 시험에 관한 설명 중 옳지 않은 것은?
갸 시공연도를 측정하는 데 사용한다.
냐 시료를 4회로 나누어 다지면서 채운다.
댜 시료를 채울 경우 각 회마다 25회씩 다짐봉으로 다진다.
랴 슬럼프 테스트 콘을 제거하고 콘크리트가 내려앉은 값이 슬럼프값이다.

해설 · 슬럼프 시험의 순서
① 슬럼프 테스트 콘을 수밀성 평판 위에 설치한다.
② 콘크리트를 3개의 층으로 나누어 다짐막대로 각 층마다 25회씩 다진다.
③ 슬럼프 테스트 콘을 가만히 연직방향으로 들어올려 콘크리트가 가라앉은 길이를 측정한다.
④ 시험은 2회 실시하여 평균치로 확정한다.

문제 42. 다음 중 경량 콘크리트 $3.5\ m^3$의 무게로 맞는 것은?
갸 5000 kg   냐 5950 kg
댜 6230 kg   랴 6650 kg

해설 소성점토 질석의 비중을 0.8~1.7로 생각하면 $3.5\ m^3 \times 1.7\ tf/m^3 = 5.95\ t = 5950\ kg$

문제 43. 다음은 콘크리트 제품들이다. 원심력 가공품이 아닌 것은?
갸 철근 콘크리트 기둥
냐 철근 콘크리트 말뚝
댜 철근 콘크리트 관
랴 프리스트레스트 콘크리트

해설 원심력 가공제품에는 철근 콘크리트 관 (흄관), 철근 콘크리트 말뚝, 철근 콘크리트 기

해답 39. 갸 40. 랴 41. 냐 42. 냐 43. 랴

문제 44. 콘크리트의 경화를 촉진시키는 가장 좋은 혼화제는?
㉮ AE제　　㉯ 플라이 애시
㉰ 포졸란　　㉱ 염화칼슘
[해설] AE제 시멘트의 경화작용을 촉진시키기 위하여 쓰이는 혼화제

문제 45. 다음 중 무기질 섬유재인 것은?
㉮ 암면　　㉯ 코르크판
㉰ 코펜하겐 리브　　㉱ 플로어링 판
[해설] 무기질 섬유재에는 석면, 암면, 광재면, 유리면 등이 있다.

문제 46. 다음 중 시멘트를 사용하지 않는 재료는?
㉮ 후형 슬레이트　　㉯ 테라코타
㉰ 흄관　　㉱ 테라초

문제 47. 다음 시멘트의 화학성분 중 함유량이 가장 많은 것은?
㉮ SiO_2　　㉯ Al_2O_3
㉰ Fe_2O_3　　㉱ CaO
[해설] · CaO : 약 63~67 %

문제 48. 건축물의 표면 마무리, 인조석 제조 등에 사용되며 구조체의 축조에는 거의 사용되지 않는 시멘트는?
㉮ 조강 포틀랜드 시멘트
㉯ 플라이 애시 시멘트
㉰ 백색 포틀랜드 시멘트
㉱ 고로 슬래그 시멘트
[해설] · 백색 포틀랜드 시멘트 : 장식용, 미장용, 도장용으로 사용한다.

문제 49. 시멘트 및 콘크리트 제품의 형상에 따른 분류에 속하지 않는 것은?

㉮ 판상제품　　㉯ 블록제품
㉰ 봉상제품　　㉱ 대형제품
[해설] ① 블록의 형상에 따른 분류
　㈎ 판상제품
　㈏ 봉상제품
　㈐ 관상제품
　㈑ 블록 제품
② 치수에 따른 분류
　㈎ 대형
　㈏ 중형
　㈐ 소형

문제 50. 포틀랜드 시멘트 클링커에 철용광로로부터 나온 슬래그를 급랭한 급랭슬래그를 혼합하여 이에 응결시간 조정용 석고를 혼합하여 분쇄한 것으로 수화열량이 적어 매스콘크리트용으로 사용할 수 있는 시멘트는?
㉮ 백색 포틀랜드 시멘트
㉯ 조강 포틀랜드 시멘트
㉰ 고로 시멘트
㉱ 알루미나 시멘트
[해설] ① 매스 콘크리트(mass concrete)는 댐(dam) 공사 등의 큰 구조물에 사용하는 콘크리트를 말한다. 수화열 발생이 많은 시멘트를 사용하면 팽창 균열이 발생할 우려가 있기 때문에 수화열 발생이 작은 시멘트나 혼화재 등을 사용한다.
② 수화열 발생을 작게 하는 시멘트
　㈎ 중용열 포틀랜드 시멘트
　㈏ 고로 시멘트
　㈐ 실리카 시멘트
　㈑ 플라이 애시 시멘트
③ 수화열 발생을 작게 하는 혼화재
　㈎ 규조토　　㈏ 규산백토
　㈐ 화산재　　㈑ 플라이 애시
　㈒ 규산질 미분말　　㈓ 실리카겔 미분말
　㈔ 고로 슬래그 미분말

[해답] 44. ㉱　45. ㉮　46. ㉯　47. ㉱　48. ㉰　49. ㉱　50. ㉰

CHAPTER 5 콘크리트

1. 골재와 물

1-1 골 재

(1) 골재의 종류

① 크기에 따른 종류
  (가) 잔골재 : 5 mm 체를 90 % 이상 통과하는 것(모래)
  (나) 굵은골재 : 5 mm 체에 90 % 이상 걸리는 것(자갈류)

② 형상 원인에 따른 종류
  (가) 천연골재 : 강모래, 강자갈, 바다모래, 산모래, 산자갈
  (나) 인공골재 : 깬자갈, 슬래그를 깬자갈

③ 비중에 따른 종류
  (가) 보통골재 : 전건비중이 2.5~2.7 정도의 것(강모래, 강자갈, 깬자갈)
  (나) 경량골재 : 전건비중이 2.0 이하의 것(경석, 인조 경량골재)
  (다) 중량골재 : 전건비중이 2.8 이상의 것(철광석 등에서 얻은 골재)
    ㈜ 콘크리트용 골재로는 강모래와 강자갈이 많이 쓰인다.

(2) 좋은 골재의 조건

① 골재의 강도는 시멘트 풀이 경화했을 때 시멘트의 최대 강도 이상이어야 한다.
② 형태는 거칠고 구형에 가까운 것이 가장 좋으며, 편평하거나 세장한 것은 좋지 않다.
③ 진흙이나 유기 불순물 등의 유해물이 포함되지 않아야 한다.
④ 골재는 잔 것과 굵은 것이 적당히 혼합된 것이 좋다.
⑤ 운모가 다량으로 포함된 골재는 콘크리트의 강도를 저하시키고, 풍화되기 쉽다.
⑥ 골재의 염분 함유량은 0.01 % 이하로 하고, 염분이 0.04 % 초과 시에는 철근에 방청조치를 하여야 한다.

(3) 비 중

① 골재의 비중은 표건상태에서의 골재의 비중을 말한다.
② 골재의 비중으로 골재가 어느 정도의 경도, 강도, 내구성 등을 지니고 있는지를 알 수가 있다.

③ 골재의 비중은 2.5~2.7 정도이고, 일반적으로 비중이 큰 것일수록 치밀하고 흡수량이 적으며 내구성이 크다.

(4) 공극률과 실적률
① 잔골재 및 굵은골재의 공극률은 보통 30~40% 정도이다.
② 잔골재와 굵은골재를 혼합하면 단위 용적당 무게가 커지며, 적당히 혼합될 때에는 공극률이 20%까지 줄어든다.

- 공극률 (%) : $\left(1-\dfrac{\omega}{\rho}\right) \times 100$
- 실적률 (%) : $\dfrac{\omega}{\rho} \times 100$

여기서, ρ : 비중, ω : 단위용적 무게 (kg/L)

(5) 입 도

크고 작은 알갱이가 혼합되어 있는 정도를 말하며 소요품질의 콘크리트를 경제적으로 만드는 데 필요한 성질이다. 좋은 입도라는 것은 크고 작은 골재의 알갱이가 고루 섞여 있어, 공극률이 작아서 시멘트풀이 적게 든다.

(6) 골재의 수분

비빈 콘크리트 속의 골재는 표면건조 포화상태로 본다.

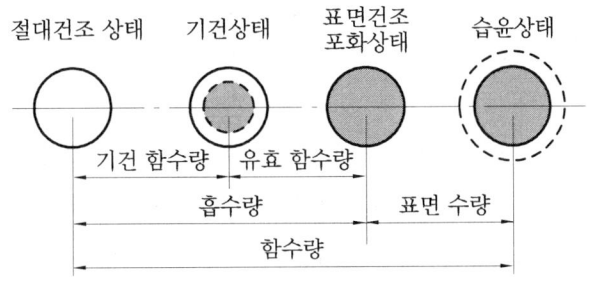

골재의 함수상태

| 보충설명 | 표면건조 포화상태 : 표면은 건조되어 있으나 내부는 물로 꽉 차 있는 상태

1-2 물

① 물은 깨끗하고 기름, 산, 알칼리, 염류, 유기물 등 콘크리트의 품질에 영향을 끼치는 물질을 함유해서는 안 된다.
② 당분은 시멘트 무게의 0.1~0.2%가 함유되어도 응결이 늦고, 그 이상이면 강도가 저하된다.
③ 염분이 있는 물은 철근을 녹슬게 한다.

1-3 시멘트의 장·단점

(1) 장 점
① 압축강도가 크다 (인장, 전단, 휨강도는 압축강도의 1/10~1/5 정도).
② 내화, 내수, 내구적이다.
③ 강과 접착이 잘 되고 방청력이 크다.
④ 열팽창계수 (선팽창계수)가 철근 (강)과 거의 같다.

(2) 단 점
① 중량이 크다.

콘크리트의 종류	경량 콘크리트	무근 콘크리트	철근 콘크리트	철근 철골 콘크리트
콘크리트의 중량 (tf/m³)	2.0	2.3	2.4	2.5

② 경화 시 수축균열이 크다.
③ 보수, 제거가 곤란하다.
④ 내산성이 부족하다.
⑤ 인장강도가 매우 약하다.

2. 배 합

2-1 일반사항

① 배합비는 시멘트 : 잔골재 : 굵은골재 또는 시멘트 : 골재의 형식으로 표시한다.
② 시멘트에 대한 물의 무게비를 물·시멘트비라고 한다.
③ 물·시멘트비 = $\dfrac{\text{물의 무게}}{\text{시멘트의 무게}}$, W/C의 기호로 나타낸다.

2-2 배합을 표시하는 방법

배합은 보통 시멘트, 잔골재, 굵은골재의 비를 용적 또는 무게비로 $1 : m : n$으로 표시하거나, 시멘트와 골재와의 비로 $1 : m + n$으로 표시하기도 한다.
물의 양은 항상 시멘트 무게에 대한 백분율로 표시한다.

(1) 무게 배합
각 재료의 무게비에 의해서 배합하는 방법이다. 계측상의 오차는 거의 없어 정확하나, 특별한 계량장치가 없는 현장에서는 적합하지 않다. 따라서, 실험실에서 주로 많이 쓰인다.

(2) 용적 배합
① 시멘트 및 골재를 용적비에 의해서 배합하는 방법이다.

② 배합방법의 종류
  (가) 절대용적 배합 : 절대용적이란 빈틈이 없는 상태의 용적으로서, 실제로는 정확히 측정할 수 없으므로 무게 배합에 의한 각 재료의 무게를 그 재료의 비중으로 나누어 값을 구한다.
  (나) 표준계량 용적배합 : 시멘트 1.5 kg/L, 골재는 표준 계량방법에 따라 얻은 단위 용적 무게를 가진 용적의 비율로 표시하는 것이다.
  (다) 현장계량 용적배합 : 현장에서 운반기구에 재료를 담는 것과 같은 간단한 용기의 용적으로 비율을 나타내는 방법으로, 가장 실용적인 것이다.

(3) **표준 배합표에 의한 방법**

건축공사 표준 시방서에 따르면, 배합은 표준 배합에 보인 다음 4종의 배합 중 하나로 표시하게 되어 있다.
① 절대용적 배합 : 각 재료를 콘크리트 비벼내기 $1 m^3$ 당의 절대용적(L)으로 나타내는 배합이다.
② 무게배합 : 각 재료를 콘크리트 비벼내기 $1 m^3$ 당의 무게(kg)로 나타내는 방법이다.
③ 표준계량 배합 : 각 재료를 콘크리트 비벼내기 $1 m^3$ 당의 표준계량 용적(m^3)으로 나타내는 방법이다. 다만, 시멘트는 1500 kg을 $1 m^3$으로 친다.
④ 현장계량 용적배합 : 콘크리트 비벼내기 $1 m^3$ 당의 재료를, 시멘트는 포대 수로, 골재는 보통 현장 계량에 의한 용적(m^3)으로 나타내는 배합이다. 단, 시멘트는 40 kg을 1포대로 하고 37.5 포대를 1500 kg으로 친다.

2-3 워커빌리티(시공연도)

① 콘크리트를 시공하기에 적당한 묽기를 워커빌리티(workability) 또는 시공연도라 한다.
② 워커빌리티가 좋은 콘크리트는 재료가 분리되지 않고, 질이 고른 콘크리트가 만들어져 내구성이 좋고, 기타 성질이 향상된다.
③ 시공연도 측정시험에는 슬럼프 시험(slump test), 플로 시험(flow test) 등이 있다.
④ 건축공사 표준 시방서의 슬럼프의 표준 범위

슬럼프의 표준 범위

장 소	슬 럼 프(cm)	
	진동 다지기일 때	진동 다지기가 아닐 때
기초, 바닥판	5~10	15~19
보, 기둥, 벽	10~15	19~22

3. 강 도

콘크리트의 강도 중에서는 압축강도가 가장 크고, 그 밖의 인장강도, 휨강도, 전단강도는 압축강도의 1/10~1/15에 불과하다. 따라서, 콘크리트의 강도라 함은 압축강도를 말하는 것으로 보아도 된다.

3-1 강도와 내화성

(1) 강 도
① 콘크리트의 강도는 압축강도를 말한다.
② 압축강도는 보통 180~300 kg/cm² 정도이며 반죽 후 28일의 강도이다.
③ 콘크리트의 강도는 물·시멘트비로 결정된다.
④ 시멘트의 양을 변화시키면 시멘트의 양에 정비례하여 강도가 변한다.
⑤ 콘크리트는 압축강도가 가장 크고 인장, 휨, 전단강도는 압축강도의 1/10~1/13 (1/15)이다.

(2) 내화성
① 건축구조 재료 중 내화성이 가장 우수하다.
② 260℃ 이상이 되면 콘크리트의 강도가 저하하고, 500℃가 되면 상온강도의 약 4 % 이하로 감소(500℃ 이상으로 가열된 것은 재사용 금지)한다.

(3) 콘크리트 배합강도를 얻기 위한 물·시멘트 산정식
① 포틀랜드 시멘트

$$x(\%) = \frac{61}{\frac{F}{K} + 0.34}$$

② 조강 포틀랜드 시멘트

$$x(\%) = \frac{41}{\frac{F}{K} + 0.03}$$

③ 중용열 포틀랜드 시멘트, 고로 시멘트

$$x(\%) = \frac{110}{\frac{F}{K} + 1.09}$$

여기서, $x: W/C$, K: 시멘트 강도, F: 배합강도

3-2 강도에 영향을 주는 수량 이외의 사항

(1) 재료의 품질
물·시멘트비가 일정한 콘크리트의 강도는 시멘트, 물, 골재의 품질에 따라 달라진다.

(2) 시공방법

① **비빔방법** : 비빔시간이 1분 이하이면 강도는 현저하게 떨어지며, 약 10분까지는 오래 비빌수록 강도가 커진다.

② **부어넣기 방법** : 콘크리트를 부어 넣고 내부에 빈틈이 생기지 않도록 진동기나 막대로 충분히 다진다.

(3) 보양 및 재령

① 보양을 할 때는 온도와 습도가 강도에 가장 큰 영향을 준다. 즉, 온도가 높으면 시멘트의 수화반응이 빠르므로 콘크리트의 강도가 빨리 나타난다. 따라서, 시공 중이나 시공 후의 어느 기간 동안은 저온(5℃ 이하)을 피하고, 또 거적이나 가마니를 덮어 주거나 수시로 물을 뿌려주어야 한다. 또, 수화작용에 필요한 수분을 충분히 주면 강도는 증진된다.

② 온도 20℃, 습도 80% 이상으로 보양된 콘크리트는 28일(4주일) 이상만 경과되면 충분한 강도를 가지게 된다.

> **|용어해설|** • **블리딩** : 콘크리트 타설 후 콘크리트 표면에 수분이 상승하는 현상
> • **레이턴스** : 블리딩에 의하여 콘크리트 표면에 올라온 미세한 물질

4. 배합의 결정

실험에 의한 방법과 표준 배합표에 의한 방법 중에서 어느 방법을 쓰거나 배합된 콘크리트는 다음의 세 조건을 갖추어야 한다.

첫째, 적당한 워커빌리티가 있어야 한다. 둘째, 가장 경제적이어야 한다. 셋째, 소요 강도가 있고, 내구적이어야 한다.

4-1 실험에 의한 방법

① 소요 강도에 적합한 물·시멘트비(W/C)를 결정한다.

② 잔골재와 굵은골재와의 비를 결정한다.

③ ①에서 결정한 골재비로 된 골재에 ②의 (W/C)의 시멘트 풀을 소요연도가 될 때까지 넣는다.

④ 시멘트 : 모래 : 자갈 = 1 : m : n의 무게비를 구하고, 그 적당한 양에 소요 (W/C)에 상당하는 물을 가해서 시험 비비기를 하여 연도, 균일성, 점성 등을 조사한다.

4-2 표준 배합표에 의한 방법

(1) 설계 기준강도 (F_0)와 배합강도 (F)의 결정

① F_0는 장기 허용 응력도의 3배 (단기 허용 응력도×1.5배)가 되도록 정한다.

② $F = F_0 + d[\text{kg/cm}^2]$가 되도록 정한다. σ는 시공설비, 관리 및 그 밖의 조건에 따라 25~50 kg/cm²으로 한다.

(2) 시멘트 강도 K의 결정

시험에 의한 압축강도가 다음 ①, ②의 값보다 크거나 작고 20 kg/cm² 이상 차이가 나지 않을 때에는 ①, ② 중 어느 하나를 시멘트 강도 K로 하고 20 kg/cm² 이상 차이가 날 때에는 재시험을 하거나 작은 대로 쓴다.

① 권위 있는 연구소, 시험소의 최근의 통계값
② 시멘트 제조회사의 시험성적에서 40 kg/cm²를 뺀 값

(3) 물·시멘트, $W/C = x$의 결정

① 사용하는 시멘트의 종류에 따라 각각 다음 식을 써서 결정한다.

㈎ 포틀랜드 시멘트

$$x(\%) = \frac{61}{\dfrac{F}{K} + 0.34}$$

㈏ 조강 포틀랜드 시멘트

$$x(\%) = \frac{41}{\dfrac{F}{K} + 0.03}$$

㈐ 중용열 포틀랜드 시멘트, 고로 시멘트

$$x(\%) = \frac{110}{\dfrac{F}{K} + 1.09}$$

② AE제를 사용할 때에는 수량을 8% 줄이고, 깬자갈을 사용할 때에는 수량을 8% 더한다.

(4) 배합의 결정

① 잔골재, 굵은골재의 최대 치수, W/C 및 소요 슬럼프에 따라 표준 배합표에서 배합비 및 단위수량을 구한다.
② ①의 배합으로 콘크리트를 시험적으로 비벼 보아, 예정한 슬럼프가 얻어지지 않을 때에는 골재의 양을 가감하여 배합의 보정을 한다.

5. 강도 이외의 성질

(1) 탄성적 성질

① 콘크리트의 응력과 변형률과의 관계는 응력이 작을 때에는 응력과 변형률이 비례하나, 응력이 커지면 응력에 비하여 변형이 더욱 커져, 응력이 그렇게 증가하지 않아

도 변형은 급격히 증가하여 파괴된다.
② 영률은 압축강도가 150∼250 kg/cm² 에서는 2.2∼2.6×10⁵ kg/cm² 가 된다.
③ 최대 변형량은 압축때에는 0.14∼0.2 %, 인장 때에는 0.01∼0.013 %이다.

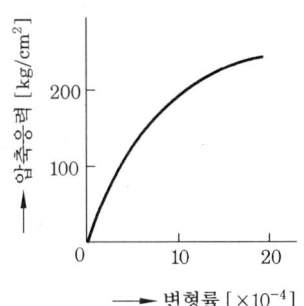

(2) 체적 변화
① 모르타르 및 콘크리트는 흡수하면 팽창하고 건조하면 수축한다. 그 수축량은 콘크리트 중의 시멘트 풀의 양이 많을수록, 물·시멘트비가 클수록 크다.
② 온도가 변화하면 콘크리트의 체적이 변화하며, 그것은 사용하는 골재의 석질에도 관계가 있다.
③ 시멘트 풀의 경화체는 약 100℃까지 팽창하나 그 이상의 고온이 되면 수축되며, 골재는 온도상승에 따라 계속 팽창한다.

(3) 내화적 성질
① 콘크리트는 건축구조 재료 중에서 가장 내화성이 우수한 재료이다.
② 콘크리트는 260℃ 이상이 되면 강도가 저하되고, 300∼350℃ 이상이 되면 강도의 저하가 현저하여 500℃가 되면 상온강도의 약 40 % 이하로 떨어진다. 따라서, 500℃ 이상으로 가열된 콘크리트는 구조재로 다시 사용하는 것을 피한다.
③ 콘크리트 내화성은 사용 골재의 석질에 크게 관계된다.

(4) 수밀성
① 콘크리트의 W/C 를 65 %로 볼 때 그 중에서 수화작용에 쓰이는 수량은 35 % 정도가 되고, 나머지 수량은 남아 있다가 건조하여 증발하면 콘크리트 내부에 공간이 생겨 유공질 물질이 되므로, 결국은 투수성 물질이 된다.
② 수밀성을 증가시키려면 W/C 를 50∼55 % 정도로 하고 시멘트 사용량을 증가시키며, 또 골재 입도의 배열과 혼합을 잘하여 진동을 가하면서 균질 콘크리트를 만들면 된다.

6. 특수 콘크리트

(1) 경량 콘크리트
경량 골재를 쓰거나 발포제를 써서 기건비중 2.0 이하의 콘크리트를 만들어 경량, 단열, 방음 등의 효과를 얻는다. 그러나, 내부에 공간이 생겨 강도가 저하되는 결점이 있다.

(2) AE 콘크리트
① 콘크리트를 비빌 때 AE제를 넣어 인공적으로 미세한 기포가 생기게 하여 다공질

로 만든 콘크리트이다.
② 콘크리트 중의 미세한 기포는 볼 베어링(ball bearing)의 역할을 하여 다음과 같은 효과를 얻을 수 있다.
　㈎ 워커빌리티가 좋아지며, 단위수량을 감소할 수 있다.
　㈏ 수장 겸용 콘크리트(exposed concrete)로 쓸 수 있다.
　㈐ 내구, 내한성이 증대되어 겨울철의 방동을 요하는 공사 등에 쓰인다.
　㈑ 화학작용에 대한 저항성이 크다.

(3) PS (프리스트레스트) 콘크리트
① 고강도의 강재나 피아노선을 사용하여 단면을 작게 하면서 큰 응력을 받게 한다.
② 탄성이 높고, 가소성이 크며 자중이 적다.
③ 강과 콘크리트의 양이 절약된다.
④ 숙련공이 필요하며 작업비가 많이 드는 단점이 있다.
　㈎ 프리텐션(pretension) : 인장 측에 고장도 PC 강선을 넣어 인장력을 가하면서 제작
　㈏ 포스트텐션(posttension) : 콘크리트 속에 파이프를 통하여 PC 강선을 삽입 후 인장력을 가한 다음 파이프 속을 그라우팅하는 방법

(4) PC(프리캐스트) 콘크리트
소요 부재를 철제 거푸집에 의해 제작하며, 고온 다습한 증기보양실에서 보양하여 제품으로 만들어낸다. 현장에서 조립구조로 시공한다.

(5) 레디믹스트 (rerady-mixed) 콘크리트 (보통 레미콘이라고 함)
① 고정된 믹서에서 혼합한 콘크리트를 트럭으로 운반, 현장투입
② 고정된 믹서에서 반혼합한 것을 트럭 믹서로 계속 혼합
③ 계량된 재료가 운반 도중 가수 혼합

(6) 프리팩트 (prepacked) 콘크리트
거푸집에 미리 자갈을 넣고 골재 사이에 모르타르를 압입한다. 내수성, 내구성, 동해 및 융해에 강하다.

(7) 중량 콘크리트
비중이 큰 골재(철광석, 중정석 등)를 사용하며, 방파제, 방사선 차단공사에 사용한다.

(8) 카보런덤
계단의 디딤면 또는 도로면 등, 특히 마멸되기 쉬운 곳에 사용한다.

7. 혼화재료

(1) 경화촉진제
  ① 염화칼슘이 많이 쓰인다.
  ② 응결시간이 촉진된다 (시공을 빨리 해야 함).
  ③ 건조수축이 증가
  ④ 동기공사, 수중공사
  ⑤ 사용량이 많으면 흡수성이 커지고 철물을 부식시킨다.

(2) AE제(공기 연행제)
  ① 독립된 작은 기포를 콘크리트 속에 균일하게 분포시키기 위해
  ② 시공연도가 좋아지므로 재료분리 방지
  ③ 수밀성이 증가하고 동해에 대한 저항
  ④ 강도가 감소하고, 흡수율이 커져서 수축량이 많아짐
  ⑤ 제물치장 콘크리트로 사용
  ⑥ 콘크리트 체적의 2~5% 정도 사용

(3) 포졸란 (성질 개량제 및 중량제)
  ① 시멘트 이외의 무기질 분말 (화산재, 규조토, 규산백토, 슬래그, 플라이 애시 등)
  ② 시공연도가 좋아지고, 블리딩 감소, 수밀성 증대
  ③ 수화열량이 적으므로 대형 단면 부재로 사용
  ④ 해수에 대한 저항성이 있으므로 해안공사에 유리
  ⑤ 건조 수축률 증가, 초기강도 증진은 늦으나 장기강도 커짐
  ⑥ 인장강도와 신장능력이 큼

(4) 방수제
  ① 모르타르나 콘크리트를 방수적으로 하기 위해 사용
  ② 화학적 변화로 수밀성 증가
  ③ 방수제를 도료로 사용, 콘크리트가 물에 접촉하는 것을 방지
  ④ 주성분은 염화칼슘, 지방산 비누, 규산나트륨

(5) 착색제
  ① 안료 또는 금속 산화물 가루 사용
  ② 물을 붓기 전, 잘 혼합하여 사용
  ③ 안료 : 제2산화철(빨강), 크롬산바륨 (노랑), 산화크롬 (초록), 이산화망간 (갈색), 카본블랙(검정)
  ④ 염료 : 푸살시아닌블루

예 상 문 제

문제 1. AE제를 사용한 콘크리트에 대한 설명 중 잘못 기술된 것은?
㉮ 콘크리트의 수화 발열량이 높아진다.
㉯ 시공연도가 좋아지므로 재료 분리가 적어진다.
㉰ 제치장 콘크리트로 쓸 수 있다.
㉱ 공기량이 증가되어 경량 콘크리트로 쓸 수 있다.

문제 2. AE제를 사용한 콘크리트의 성질 설명 중 옳지 않은 것은?
㉮ 시공연도가 좋아진다.
㉯ 콘크리트의 수밀성과 내구성이 커진다.
㉰ 동결작용에 대한 저항력이 커진다.
㉱ 흡수율이 커서 수축량이 적어진다.
[해설] 흡수율이 커서 수축량이 많아진다.

문제 3. AE제에 대한 설명이 잘못된 것은?
㉮ 워커빌리티가 개선된다.
㉯ 단위수량이 많아진다.
㉰ 수밀성과 내구성이 커진다.
㉱ 강도가 감소되고 흡수율이 커진다.
[해설] 시공연도를 좋게 하여 단위수량을 감소시킬 수 있다.

문제 4. 시멘트 혼화재 중 발열량을 가장 높이는 것은?
㉮ 경화 촉진제 ㉯ AE제
㉰ 포촐란 ㉱ 방수제
[해설] 보통 염화칼슘($CaCl_2$)이 쓰인다.

문제 5. 콘크리트의 강도를 변화시키지 않고 워커빌리티(workability)를 조절하는 방법 중 옳은 것은?
㉮ 물의 사용량을 증가한다.
㉯ 시멘트의 사용량을 증가한다.
㉰ 모래를 증감한다.
㉱ 모래와 자갈을 증감한다.

문제 6. 크기에 따른 골재의 분류 중에서 굵은 골재란?
㉮ 5 mm 체를 90 % 이상 통과하는 것
㉯ 5 mm 체를 90 % 이상 걸리는 것
㉰ 5 mm 체를 90 % 이하 통과하는 것
㉱ 5 mm 체를 90 % 이하 걸리는 것
[해설] · 잔골재 (모래) : 5 mm체를 90 % 이상 통과하는 것

문제 7. 콘크리트를 경제적으로 만드는 데 필요한 성질 중 가장 중요한 것은?
㉮ 입도 ㉯ 분말도
㉰ 비중 ㉱ 블리딩
[해설] ① 분말도 : 시멘트 입자의 크고 작은 정도를 나타내는 것
② 입도 : 크고 작은 알갱이가 혼합되어 있는 정도
※ 골재와 골재 사이에 공극률이 생기는데 공극률이 작을수록 시멘트 풀이 적게 들어 경제적이다.

문제 8. 골재의 비중을 측정하는 기준은?
㉮ 기건상태 ㉯ 절건상태
㉰ 표건상태 ㉱ 습윤상태
[해설] 골재의 비중은 표건상태를 기준으로 한다 (표건상태 : 표면은 건조하고 내부는 포수상태).

문제 9. 콘크리트를 경제적으로 사용하기 위한 방법이 아닌 것은?
㉮ 골재를 적당한 입도로 하였을 때

[해답] 1. ㉮ 2. ㉱ 3. ㉯ 4. ㉮ 5. ㉮ 6. ㉯ 7. ㉮ 8. ㉰ 9. ㉯

㈏ 공극률을 크게 하였을 때
㈐ 실적률을 크게 하였을 때
㈑ 골재의 크고 작은 알갱이가 고루 섞여 있을 때

[해설] ① 공극률 : 단위용적 내의 공간율

$$공극률(\%) = \left(1 - \frac{단위용적 무게}{비중}\right) \times 100$$

② 실적률 : 단위용적 내의 골재율

$$실적률(\%) = \left(\frac{단위용적 무게}{비중}\right) \times 100$$

※ 좋은 입도는 공극률이 작아서 시멘트 풀이 적게 든다 (경제적이다).

[문제] 10. 물 – 시멘트비의 표시기호로 옳은 것은?
㈎ W/C ㈏ C/W
㈐ $W \times C$ ㈑ $W - C$

[해설] 시멘트 중량에 대한 물의 중량의 비

[문제] 11. 물 – 시멘트비에서 물의 양은 무엇에 대한 백분율로 표시하는가?
㈎ 시멘트 무게 ㈏ 시멘트 용적
㈐ 골재 무게 ㈑ 골재 용적

[해설] 물의 양은 시멘트 무게에 대한 백분율로 표시한다.

[문제] 12. 시멘트 1500 kg은 약 몇 포대에 해당하는가?
㈎ 20포대 ㈏ 38포대
㈐ 45포대 ㈑ 50포대

[해설] 1500 kg ÷ 40 kg = 37.5포대

[문제] 13. 시공연도 측정시험으로 옳은 것은?
㈎ 슬럼프 시험
㈏ 르 샤틀리에 비중병
㈐ 블레인(blaine)법
㈑ 침수법

[해설] ① 블레인법 : 분말도 시험방법
② 르 샤틀리에 비중병 : 시멘트 비중의 측정
③ 침수법 : 시멘트 안정성 시험 시공연도 측정시험에는 슬럼프 시험 외에 플로 시험이 있다.
④ 시공연도 : 워커빌리티라 하며 시공하기에 적당한 묽기를 말한다.

[문제] 14. 콘크리트의 강도 중 가장 큰 것은?
㈎ 압축강도 ㈏ 인장강도
㈐ 휨강도 ㈑ 전단강도

[해설] 인장강도 · 휨강도 · 전단강도는 압축강도의 $\frac{1}{10} \sim \frac{1}{15}$ 정도이다.

[문제] 15. 콘크리트에 사용하는 골재의 요구성능으로 옳지 않은 것은?
㈎ 내구성과 내화성이 큰 것이어야 한다.
㈏ 유해한 불순물과 화학적 성분을 함유하지 않은 것이어야 한다.
㈐ 입형은 각이 구형이나 입방체에 가까운 것이어야 한다.
㈑ 흡수율이 높은 것이어야 한다.

[해설] · 콘크리트 골재의 요구조건 : 골재의 흡수율이 높으면 수분을 흡수하여 콘크리트의 워커빌리티를 급격히 떨어뜨린다.

[문제] 16. 건축공사 표준 시방서에 의한 보, 기둥, 벽의 슬럼프 표준 범위는? (단, 진동 다지기일 때이다.)
㈎ 5~10 cm ㈏ 15~19 cm
㈐ 10~15 cm ㈑ 19~22 cm

[해설] · 슬럼프의 표준 범위

장 소	슬럼프	
	진동 다지기 일 때	진동 다지기 가 아닐 때
기초 바닥판	5~10	15~19
보 · 기둥 · 벽	10~15	19~22

[문제] 17. 콘크리트에서 인장, 휨, 전단강도는 압축강도의 얼마 정도인가?
㈎ 5~10배 ㈏ $\frac{1}{10} \sim \frac{1}{15}$배

[해답] 10. ㈎ 11. ㈎ 12. ㈏ 13. ㈎ 14. ㈎ 15. ㈑ 16. ㈐ 17. ㈏

다 $\frac{1}{20} \sim \frac{1}{30}$ 배   라 10~15배

[해설] 인장강도, 휨강도, 전단강도는 압축강도의 $\frac{1}{10} \sim \frac{1}{15}$ 에 불과하다.

[문제] **18.** 콘크리트 강도에 관한 기술 중 옳지 않은 것은?
가 콘크리트 강도는 W/C 가 클수록 크다.
나 시멘트 양에 정비례하여 강도도 변한다.
다 보양 시 수분을 충분히 주면 강도가 증가한다.
라 보양 시 온도를 높일수록 강도가 빨리 난다.

[해설] 콘크리트 강도는 물-시멘트 비가 클수록 강도가 작다.

[문제] **19.** 콘크리트의 강도에 영향이 가장 큰 것은? (단, 시멘트의 품질이 동일하고 콘크리트의 물-시멘트비가 50~70%일 때)
가 물-시멘트비   나 골재의 입도
다 분말도   라 조립률

[해설] Abram의 시험결과에 의하면 시멘트의 물-시멘트의 품질이 동일하고 콘크리트의 물-시멘트비가 50~70%일 때에는 콘크리트의 강도가 물-시멘트비의 영향이 가장 크다.

[문제] **20.** 콘크리트 배합강도를 얻기 위한 물-시멘트비의 산정식은? (단, 포틀랜드 시멘트의 경우이고 F : 배합강도, K : 시멘트 강도, $x = W/C$ 일 때)

가 $x = \dfrac{61}{\dfrac{F}{K} + 0.34}$ 나 $x = \dfrac{41}{\dfrac{F}{K} + 0.03}$

다 $x = \dfrac{110}{\dfrac{F}{K} + 1.09}$ 라 $x = \dfrac{110}{\dfrac{F}{K} + 0.31}$

[해설] 나 조강 포틀랜드 시멘트의 경우
다 중용열 포틀랜드 시멘트, 고로 시멘트의 경우

[문제] **21.** 콘크리트 보양에 관한 기술 중 옳지 않은 것은?
가 시공 중이나 시공 후의 어느 기간 동안은 저온(5℃ 이하)은 피해야 한다.
나 온도 20℃, 습도 80% 이상으로 28일 이상 경과하면 충분한 강도를 가지게 된다.
다 보양 시 수분을 주어서는 안 된다.
라 직사광선을 피하기 위해 거적이나 가마니를 덮어 주어야 한다.

[해설] 보양 시 충분한 수분을 주어야 강도가 많이 나가기 때문에 물을 뿌려 준다.

[문제] **22.** 콘크리트의 설계기준 강도 (F_0)는 장기 허용 응력도의 몇 배가 되도록 정하는가?
가 1.5배   나 2배   다 3배   라 4배

[해설] 설계기준 강도는 시공상 콘크리트에 요구되는 강도로서 콘크리트 구조계산에 재령 28일의 콘크리트 압축강도를 뜻한다.
① F_0 = 단기 허용 응력도 × 1.5배
② F_0 = 장기 허용 응력도 × 3배

[문제] **23.** 콘크리트 배합의 결정 시 단위수량에 관한 기술 중 옳지 않은 것은?
가 AE제를 사용할 때에는 수량을 8% 줄인다.
나 깬자갈을 사용할 때에는 수량을 8% 더한다.
다 골재가 기건상태일 때에는 흡수량을 더한다.
라 골재가 습윤상태일 때에는 표면수량과 흡수량을 뺀다.

[해설] 표준 배합의 단위수량은 표건상태의 골재를 사용했을 때의 배합강도와 슬럼프를 나타내는 수량이므로 골재가 습윤상태일 때에는 표면수량을 뺀다.

[문제] **24.** 수밀성을 증가시키기 위한 콘크리트의 W/C로 적절한 값은?

[해답] 18. 가   19. 가   20. 가   21. 다   22. 다   23. 라   24. 라

⑦ 70~75 %　　㉯ 65~75 %
㉰ 60~65 %　　㉱ 50~55 %
해설 보통 콘크리트에서는 W/C가 55 % 이상이 되면 콘크리트의 투수성이 급격히 증가한다.

문제 25. 경량 콘크리트의 사용효과를 기술한 것 중 적합하지 않은 것은?
㉮ 건축물의 경량화
㉯ 단열효과
㉰ 방음
㉱ 높은 강도를 요구하는 건축물
해설 경량골재를 쓰거나 발포제를 사용하면 내부에 공간이 생겨 강도가 저하되는 결점이 있다.

문제 26. 다음 중 경량골재가 아닌 것은?
㉮ 화산석　　㉯ 탄각
㉰ 질석　　　㉱ 철광석
해설 철광석, 사철은 중량골재이다.

문제 27. 레디믹스트 콘크리트를 사용하는 이유로 옳지 않은 것은?
㉮ 도심지, 지하부 등 공지가 좁은 공사장
㉯ 긴급공사
㉰ 양질의 콘크리트를 공급하여야 할 때
㉱ 높은 강도를 얻고자 할 때
해설 운반도중 비벼 현장에 직접공급, 긴급공사

문제 28. AE제 콘크리트에 관한 기술 중 옳지 않은 것은?
㉮ 시공연도가 좋다.
㉯ 표면이 평활하여 수장 겸용 콘크리트로 사용한다.
㉰ 내구, 내한성이 증대된다.
㉱ 동일 물-시멘트 AE제를 많이 첨가할수록 강도는 증가한다.
해설 AE제의 공기량(3~5 %)이 적절할 때 강도가 증가한다.

문제 29. 방파제나 방사선 차단용으로 사용되는 콘크리트는?
㉮ 경량 콘크리트　　㉯ 중량 콘크리트
㉰ AE제 콘크리트　　㉱ 수밀 콘크리트
해설 ㉮ 경량, 단열, 방음
㉰ 제물치장 콘크리트
㉱ 물침투 방지용

문제 30. 경량 콘크리트를 만드는 방법이 아닌 것은?
㉮ 발포제를 넣어 미세한 기포를 생기게 한다.
㉯ 화산석, 탄각, 질석 등의 경량골재를 사용한다.
㉰ 크기가 같은 둥근골재를 사용한다.
㉱ 골재로 철광석과 사철을 사용한다.
해설 철광석, 사철과 같은 비중이 큰 골재를 사용한 것은 중량 콘크리트이다.

문제 31. 포졸란 재가 아닌 것은?
㉮ 화산재　　㉯ 규조토
㉰ 염화칼슘　　㉱ 규산백토
해설 포졸란의 종류에는 화산재, 규조토, 규산백토, 슬래그, 플라이 애시 등이 있다. 염화칼슘은 경화 촉진제로 사용

문제 32. AE제를 사용할 경우 공기량은 콘크리트 체적의 몇 %가 적절한가?
㉮ 2~5 %　　㉯ 6~10 %
㉰ 10~12 %　　㉱ 15~16 %

해답 25. ㉱　26. ㉱　27. ㉱　28. ㉱　29. ㉯　30. ㉱　31. ㉰　32. ㉮

금속재료

1. 철 강

(1) 탄소의 함유량에 따른 분류

종 류	탄소 함유량
선 철(주철)	1.7 % 이상
강	0.04~1.7 %
순 철(연철)	0.04 % 이하

(2) 주성분에 의한 분류
① 탄소강 : 철과 탄소가 주성분
② 합금강 : 철과 탄소 이외에 니켈(Ni), 코발트(Co), 몰리브덴(Mo) 등의 합금원소를 첨가한 것이다.

2. 제철공정

(1) 슬래그
용광로에서 광석 중의 암석이나 코크스의 재 등의 불순물이 석회석과 결합하여 생긴다.

(2) 단 조

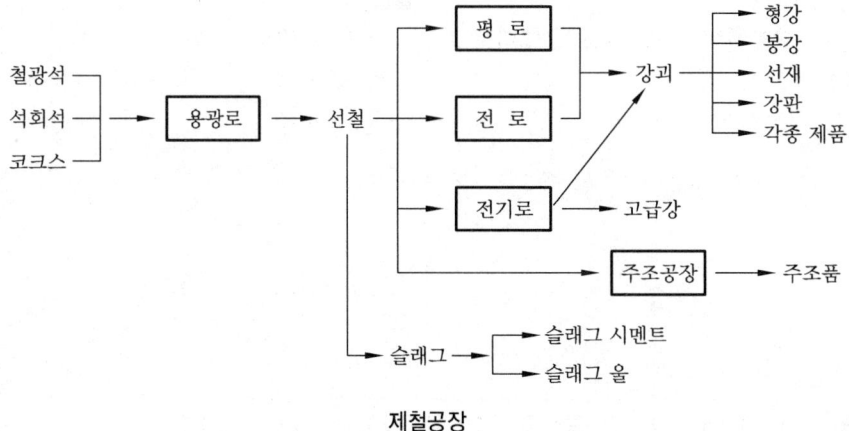

제철공장

강괴(ingot)를 약 1200℃로 가열하여 기계 해머나 수압 프레스 등으로 불순물을 제거하여 질을 치밀하게 만드는 작업이다.

3. 일반적 성질

(1) 물리적 성질

강의 물리적 성질

비 중	융 점 (℃)	비 열	열전도율 (cal/cm·s·℃)	열팽창 계수 (0~100℃)
7.87~7.83	1425~1530	0.115~0.117	0.142~0.057	0.0000126~0.0000106

㈜ 강의 열팽창 계수는 콘크리트의 열팽창 계수와 거의 같다.

(2) 역학적 성질
① 비례한도 : 응력이 작을 때에는 응력에 비례하여 커진다.
② 탄성한도 : 외력이 제거되었을 때 변형이 완전히 0으로 돌아가는 최대 한도이다.
③ 상·하위 항복점 : 외력이 더욱 작용되어 상위 항복점이 변형되면 응력은 별로 증가하지 않으나 변형은 증가하여 하위 항복점에 도달한다.
④ 최대응력 : 응력과 변형이 비례하지 않는 상태이다.
⑤ 파괴응력 : 응력은 증가하지 않아도 저절로 변형이 커져서 파괴된다.

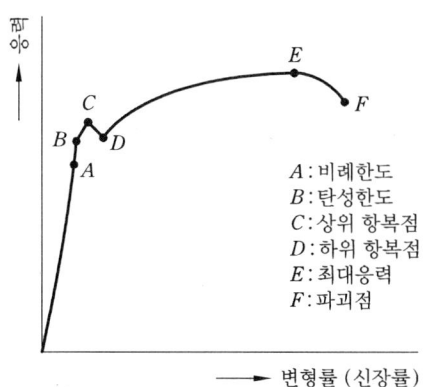

응력-변형률 곡선

(3) 재료의 기계적 성질
① 취성 : 재료가 외력을 받아도 변형되지 않거나, 극히 미비한 변형을 수반하고 파괴되는 성질
② 소성 : 외력이 작용하면 변형이 생기고, 외력을 제거하면 원상태로 되지 않고 변형 그대로 있는 성질

③ 강성 : 외력을 받아도 잘 변형되지 않는 성질
④ 탄성 : 외력을 받으면 변형되어도 복원되는 성질

(4) 온도와 강도의 관계
① 0~25℃ 사이에서 강도가 증가하여 250℃에서 최대가 된다.
② 250℃ 이상이 되면 강도가 감소되는데, 500℃에서는 0℃일 때 강도의 1/2로 감소되고, 900℃에서는 1/10이 된다.

(5) 열처리

방 법	가열온도(℃)	냉각장소	특 징
불 림	800~1000	공기 중에서 서서히 냉각	강철의 결정 입자가 미세 변형 제거, 조직의 균일화
풀 림	800~1000	노 속에서 서서히 냉각	강의 결정이 미세화 동시에 연화
담금질	800~1000	찬물, 따뜻한 물, 기름에 급랭	강도와 경도가 증가 탄소함유량이 클수록 담금질의 효과가 크다.
뜨 임	200~600	공기 중에서 서서히 냉각	내부 잔류 응력이 없어짐 인성 증대, 강인한 강

4. 주철 및 합금강

4-1 주 철

탄소 함유량이 1.7% 이상인 철을 주철이라 하며, 단조, 압연 등의 기계적 가공은 할 수 없으나 복잡한 모양으로 쉽게 주조할 수 있는 특징이 있다.

(1) 보통 주철
① 선철에서 만든 주철을 편의상 보통 주철이라 한다.
② 용도로는 강도보다 수장을 주로 하는 장식 철물, 방열기, 주철관 등에 널리 사용된다.

(2) 가단 주철
① 백선을 700~1000℃의 고온으로 오랜 시간 풀림하여 전성과 연성을 증가시킨 것을 가단 주철이라 한다.
② 듀벨, 창호의 철물, 파이프 이음 등에 사용된다.

(3) 주 강
① 탄소량이 1% 이하인 용융강을 필요한 모양과 치수로 만든 것이다.
② 구조 용재로서 철골구조의 주각, 기둥과 보와의 접합부 등에 많이 쓰인다.

4-2 합금강

탄소강에 니켈(Ni), 크롬(Cr), 망간(Mn), 몰리브덴(Mo), 텅스텐 그 밖의 원소를 한 가지 이상 혼합한 것을 말한다.

(1) 구조용 합금강
① 니켈, 크롬, 몰리브덴 등의 여러 가지 원소를 약간 첨가한 저합금, 고장력강은 PC 강선으로 쓰인다.
② 망간을 12~14 % 첨가하여 담금질한 망간강은 마멸저항이 커서 특수 레일 등에 사용된다.

(2) 특수용 합금강
① 스테인리스강 : 공기 중이나 수중에서 녹이 잘 나지 않게 만든 강이다.
  (개) 크롬의 양이 13 % 이상부터는 크롬의 양이 증가함에 따라 내식성, 내열성이 좋고 니켈의 첨가에 따라 기계적 성질이 개선된다.
  (내) 크롬 18~20 %, 니켈 7~12 %의 강은 1000℃의 열에 견디고 초산에도 침해되지 않으므로, 강판으로서 화학약품을 취급하는 기구, 개수기, 식기, 건축장식 등에 쓰인다.
② 황동강 : 구리를 0.2~0.3 % 포함하는 연강으로서, 상당한 내식성이 있고 강도도 비교적 크며, 스테인리스강보다 저렴하며, 널말뚝으로 사용된다.

5. 비철금속

5-1 구리와 구리합금

(1) 구리의 성질
① 구리는 연성과 전성이 커서 선재나 판재로 만들기 쉽다.
② 열이나 전기의 전도율이 크다.
③ 습기를 받으면 이산화탄소의 작용으로 부식하여 녹청색을 나타내는데, 내부까지는 부식하지 않는다.
④ 암모니아 등의 알칼리성 용액에는 침식이 잘 되고, 초산, 진한 황산 등에 잘 용해된다.
⑤ 건축재료로는 지붕이기, 홈통, 철사, 못, 철망 등의 제조에 사용된다.

(2) 구리 합금
① 황동
  (개) 놋쇠라고도 하며, 구리에 아연(Zn) 10~45 % 정도를 가하여 만든 합금이다.

(나) 황동은 구리보다 단단하고 주조가 잘 되며, 가공이 용이하다.

(다) 기계적 내식성이 크고, 외관이 아름다워 창호철물에 많이 쓰인다.

② 청동

(가) 구리와 주석과의 합금이다 (주석의 함유량 : 4~12 % 정도).

(나) 청동은 황동보다 내식성이 크고 주조하기 쉬우며, 표면이 아름다운 청록색으로 되어 장식철물, 공예재료 등에 많이 쓰인다.

청동의 종류

종 류	성 분	성질·용도
포 금	구리+주석+아연	강도, 경도가 크므로 기계, 톱니바퀴, 건축용 철물 등에 쓰인다.
인청동	구리+주석+인	판성, 내마멸성이 커서 금속재 창호의 가동 부분에 쓰인다.
알루미늄 청동	구리+알루미늄	황금색으로 오랫동안 광택이 유지되므로 장식철물로 쓰인다.

5-2 알루미늄과 알루미늄 합금

(1) 알루미늄

① 원광석인 보크사이트 (bauxite) 로 순수한 알루미나 (Al_2O_3)를 만들고, 이것을 전기 분해하여 만든 은백색의 금속이다.

② 열이나 전기의 전도율이 높고, 전성과 연성이 풍부하며 가공이 용이하다.

③ 가벼운 정도에 비하면 강도가 크다.

④ 공기 중에서 표면에 산화막이 생겨 내부를 보호하는 역할을 하므로 내식성이 크다.

⑤ 산, 알칼리에 약하므로, 콘크리트에 접할 때에는 방식처리를 해야 한다.

⑥ 100℃ 이상이 되면 연화되어 강도가 저하되므로, 내화성은 강에 비하여 훨씬 못하다.

⑦ 방식법으로는 알루마이트 (alumite) 처리를 한다.

⑧ 알루미늄의 용도는 지붕이기, 실내장식, 가구의 창호, 커튼의 레일 등에 쓰인다.

| 보충설명 | **알루마이트 (alumite)** : 전해법에 의하여 알루미늄 표면에 산화 알루미늄의 치밀한 피막을 만드는 것

(2) 알루미늄 합금

① 알루미늄 합금의 대표적인 것은 두랄루민(duralumin)이다.

② 두랄루민의 성질

(가) 열처리로 성질이 개선되고, 시일이 경과함에 따라 강도와 경도가 커지는 성질이 있다.

(나) 염분이 있는 바닷물에 부식이 잘 되는 것이 결점이다.
③ 비행기, 자동차 등에 사용되었으나, 근래에는 건축용 판재로 많이 사용되고 있다.

5-3 주석, 납, 아연 및 그 합금

(1) 주 석
　① 주석은 단독으로 사용하는 경우는 드물며 철판에 도금을 할 때 쓰이거나 동과 혼합하여 청동을 만든다.
　② 공기 중이나 수중에서는 녹슬지 않고, 묽은 산이나 알칼리에는 서서히 침해된다.

(2) 납
　① 납은 금속 중에서 가장 비중이 크고 연하다.
　② 주조 가공성 및 단조성이 풍부하며, 열전도율이 작으나 온도의 변화에 따른 신축이 크다.
　③ 공기 중에서는 표면에 피막이 생겨 내부가 보호되며, 내산성은 크나 알칼리에는 침식된다.
　④ 송수관, 가스관, X선실 안벽 붙임 등에 쓰인다.

(3) 아 연
　① 아연은 강도가 상당히 있으며, 연성 및 내식성도 양호하다.
　② 습기 및 이산화탄소에는 표면에 피막이 생겨 내부가 보호된다.
　③ 철강의 방식용 피복제로 철사에 도금하거나 얇은 강판에 도금하여 함석판으로 만들어, 지붕이기 재료나 홈통 등에 쓰인다.
　④ 단독으로는 얇은 판, 선, 못 등에 쓰인다.

5-4 그 밖의 금속과 합금

(1) 니 켈
　① 전성과 연성이 좋고 청백색의 광택이 있으며 내식성이 크다.
　② 단독으로 사용할 때에는 도금하여 장식용으로 쓰이며 대부분은 합금하여 사용한다.

(2) 양 은
　① 구리, 니켈, 아연의 합금이며, 화이트 브론즈(white bronze)라고도 한다.
　② 색깔이 아름답고 내산, 내알칼리성이 있어 문짝, 손스침, 전기기구 등에 쓰인다.

6. 금속의 부식과 그 방지

6-1 부식작용

(1) 대기에 의한 부식
① 공기 중에는 산화물, 탄산염, 그 밖의 화합물로 된 피막이 금속면에 생겨 변색된다.
② 대도시나 공장부근의 공기 중에는 황, 암모니아 산화물과 먼지, 매연 등이 포함되어 있어 부식작용에 큰 영향을 준다.
③ 바닷가의 공기 중에는 염분이 많으므로 금속에 대한 피해가 크다.

(2) 물에 의한 부식
① 연수는 경수에 비하여 부식성이 크다.
② 오수에서 발생하는 이산화탄소, 메탄가스(CH_4) 등은 금속을 부식시키는 촉진제가 된다.

(3) 흙속에서의 부식
산성이 강한 흙속에서는 대부분의 금속재료는 부식된다.

(4) 전기작용에 의한 부식
서로 다른 금속이 접촉하고, 그 곳에 수분이 있으면 전기분해가 일어나 이온화 경향이 큰 쪽이 음극이 되어 전기부식 작용을 받는다.

6-2 방식법

① 다른 종류의 금속을 서로 잇대어 쓰지 않는다.
② 균질한 재료를 쓴다.
③ 표면은 깨끗하게 하고, 물기나 습기가 없도록 한다.
④ 도료나 내식성이 큰 금속으로 표면에 피막을 만들어 보호한다. 그 방법에는 다음과 같은 것이 있다.
　㈎ 도료, 특히 방청도료를 칠한다.
　㈏ 법랑을 올린다.
　㈐ 아스팔트, 콜타르를 칠한다.
　㈑ 금속 표면을 화학적으로 방식처리를 한다.
　㈒ 내식, 내구성이 있는 금속으로 도금한다.
　㈓ 모르타르나 콘크리트로 강철을 피복한다.
　㈔ 산화 피막을 표면에 형성하게 한다.
　　㉑ • 알루미늄 – 알루마이트
　　　 • 철재 – 사삼산화철

7. 금속제품

7-1 구조용 강재

구조용 강재에는 주로 탄소강이 쓰인다.

(1) 형 강

철골 구조물, 철골 철근 콘크리트 구조물 등에 사용된다.

형강의 규격치수의 보기 (단위 : mm)

종 류	$A \times B$	t	t_1	t_2
등 변 L 형 강	$40 \times 40 \sim 250 \times 250$	$3 \sim 35$		
부등변 L 형 강	$90 \times 75 \sim 150 \times 100$	$7 \sim 15$		
I 형 강	$100 \times 75 \sim 600 \times 190$		$5 \sim 16$	$8 \sim 35$
ㄷ 형 강	$75 \times 40 \sim 380 \times 100$		$5 \sim 13$	$7 \sim 20$
T 형 강	$40 \times 40 \sim 100 \times 150$	$6 \sim 12.5$		
H 형 강	$100 \times 50 \sim 912 \times 302$		$4.5 \sim 45$	$7 \sim 70$

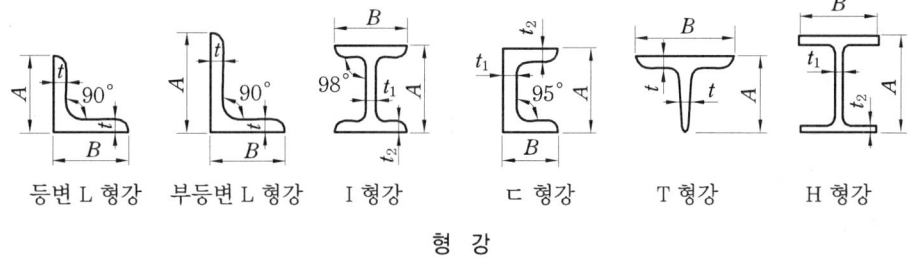

형 강

(2) 봉 강

① 원형, 사각, 육각 등이 있다.
② 철근 콘크리트 구조에 쓰이는 봉강에는 원형철근과 이형철근이 있다. 이형철근은 철근의 부착강도를 높이기 위하여 표면에 마디를 만든 것이다.

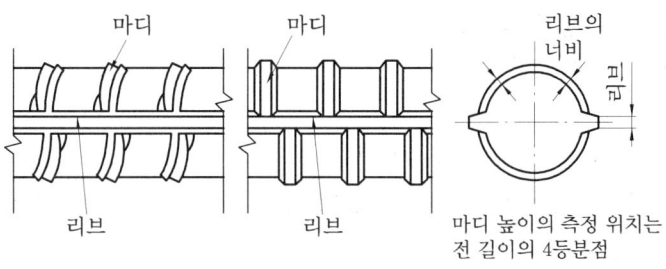

이형철근

(3) 강 판
① 박판(두께 3 mm 이하) : 아연철판, 경량형강 등에 많이 쓰인다.
② 후판(두께 3 mm 이상) : 철골 건축물, 교량, 기계 등에 많이 쓰인다.

(4) 강 관
① 분류

(개) 제조방법 { 인발강관 : 이은 자리가 없는 강관
    용접강관 : 후판을 관(pipe) 모양으로 구부려서 용접을 한 강관

(내) 용　도 { 배관용 탄소강관
    일반 구조용 탄소강 강관

② 건축용으로는 급·배수, 난방, 전기공사 등의 건축설비 공사 및 강관비계, 받침기둥 등의 가설용재로 쓰인다.

(5) 주철관
주철관은 강관에 비하여 저항력이 약하여 구부릴 수는 없으나, 내식성은 강관보다 크므로 급·배수관에 사용된다.

(6) 경량 형강
① 단면적에 비하여 단면 2차 모멘트가 크므로 휨내력이 유리하고 강재량이 절약되나, 두께가 얇아서 국부좌굴이나 녹막이에 주의할 필요가 있다.
② 경량철골 구조, 해체 운반에서 다시 이용이 예상되는 구조물, 콘크리트 거푸집의 띠장 등에 사용된다.

(7) PC 강재
① 프리스트레스트(prestressed) 콘크리트에 쓰이는 특수 성상의 강재를 총칭한 것이다.
② 종류

(개) 피아노선
- 철근에 비하여 4~6배의 강도를 가진 고인장강이며, 신장률이 적다.
- 항복점을 높이기 위하여는 저온처리를 해야 한다.
- 단면에 의한 분류
  - PC 강선 : 단선 원형으로 되어 있는 것
  - PC 강연선 : 부착력을 높이기 위하여 2줄 이상으로 꼬아서 만든 선

(내) PC 강봉
- 재질 : 실리콘(Si), 망간(Mn) 성분이 포함되어 있다.
- 10 mm 이상의 강재를 팽팽하게 당겨 두고, 콘크리트에 프리스트레스트를 주게 한 특수 강봉

7-2 구조용 긴결철물

(1) 리 벳
① 형강, 평강 등의 긴결용으로 쓰이는 리벳(rivet)의 종류
  (개) 둥근머리 리벳   (내) 남비머리 리벳
  (대) 접시머리 리벳   (래) 둥근접시머리 리벳
  (매) 나사 리벳
② 창호, 가구, 전기공사 등에 쓰이는 나사 리벳

(2) 볼트 및 듀벨
① 갈고리 볼트(가시 볼트) : 한쪽 끝을 콘크리트나 석재 속에 묻고 다른 재료를 붙여 댈 때 쓰이는 볼트 (예 기초에 토대를 긴결할 때)
② 양나사 볼트, 외나사 볼트 : 달대공, 가새 등을 긴결할 때 많이 쓰인다.
③ 고장력 볼트 : 철골 접합 시 리벳 대신 사용한다.
④ 듀벨(dowel) : 목재 이음할 때 전단력에 저항하기 위하여 사용한다.

(3) 못
① 목공사에서는 못의 길이가 널 두께의 2.0~2.5배 이상의 것을 쓴다.
② 슬레이트, 함석이기 지붕과 같이 빗물을 받는 곳에는 쇠못에 아연도금을 한 것을 사용한다.

(4) 나사못
① 모양에는 -자형과 +자형이 있으며, 진동을 받는 곳에 쓰면 유효하다.
② 코치 스크루(coach screw) : 못 머리가 각형으로 되어 큰 힘을 받는 데 쓰인다.

(5) 꺾 쇠
목 구조의 부재접합 또는 보강용으로 쓰이는 철물이다.

(6) 접합부의 보강철물
목 구조에서 이음, 맞춤부분에 쓰이는 보강철물로서 띠쇠, ㄱ자쇠, T자쇠, 감잡이쇠, 안장쇠 등이 있다.

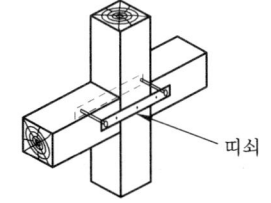 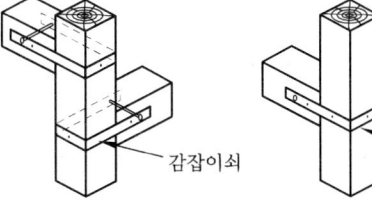 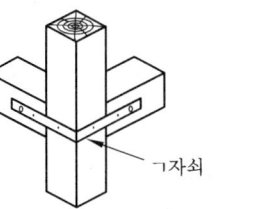 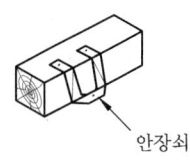

띠쇠   감잡이쇠   ㄱ자쇠   안장쇠

접합부의 보강철물

7-3 박판, 선재 및 그 가공품

(1) 박강판
① 흑판 : 압연판
② 마판 : 냉간 압연하여 표면을 평활하게 마무리한 것

(2) 아연철판
박강판에 용융 아연도금을 한 것이며, 보통 함석판이라 한다.

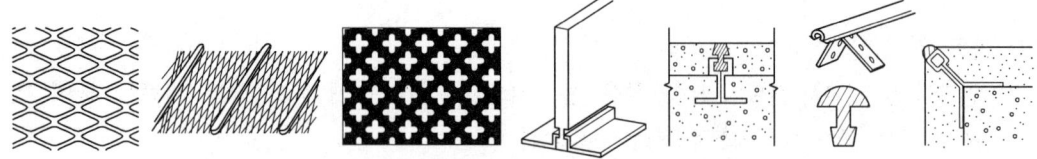

박강판 가공품

(3) 메탈 라스 (metal lath)
박강판에 일정한 간격으로 자르는 자국을 많이 내어 이것을 옆으로 잡아당겨 그물코 모양으로 만든 것으로, 바름벽 바탕에 쓰인다.

(4) 펀칭 메탈 (punching metal)
두께 1.2 mm 이하의 박강판을 여러 가지 모양으로 구멍을 만든 것이며, 환기구멍, 방열기 덮개 등에 쓰인다.

(5) 코너 비드 (corner bead)
미장공사에서 기둥이나 벽의 모서리 부분을 보호하기 위하여 쓰는 철물이다.

(6) 조이너
아연철판, 황동판을 여러 가지 모양으로 프레스하여 만든 것으로서, 바닥, 벽, 천장 등에 인조석, 보드류를 붙여 댈 때 이음 줄눈으로 쓰인다.

(7) 선재와 그 가공품
① 선재
  ㈎ 보통 철선 : 연강 선재를 상온에서 제선기에 넣어서 뽑아낸다.
  ㈏ 열처리 철선 : 보통 철선을 열처리한 것으로서, 비계의 조립이나 철근을 결속할 때 쓰인다.
  ㈐ 아연도금 철선 : 보통 철선에 아연도금을 한 것이다.
  ㈑ 쇠못용 철선
② 와이어 메시 (wire mash) : 굵은 보통 철선을 격자형으로 짜서 격점을 전기용접한 것으로서 콘크리트 보강용으로 많이 쓰인다.

③ 와이어 라스(wire lath) : 지름 0.9~1.2 mm의 철선 또는 아연도금 철선을 가공하여 그물처럼 만든 것으로서, 모르타르 바름 바탕에 쓰인다.

7-4 가설용재

(1) 강관비계
① 건축공사 현장에서 강관과 조립철물을 사용하여 현장에서 조립하는 비계이다.
② 틀비계에 대하여 단관 비계라 한다.

(2) 강관틀 비계
기본틀, 띠장재, 장선대, 가새 및 이음철물, 받침철물, 버팀철물 등의 부속철물로 구성되어 있다.

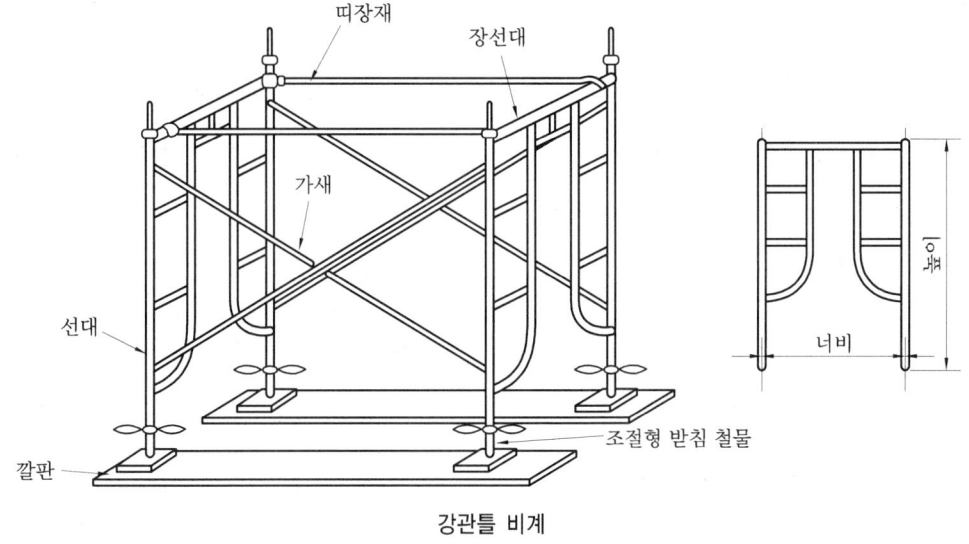

강관틀 비계

> [참고] • 인서트(insert)
> ① 연결 철물이 아닌 고정철물로서 주철재용과 철판 가공품용이 있다.
> ② 콘크리트 슬래브에 묻어 천장 달대를 고정시키는 철물이다.

예 상 문 제

문제 1. 철골로 쓰이는 형강의 가공법은?
㉮ 인발법   ㉯ 단련법
㉰ 주조법   ㉱ 압연법
[해설] • 압연법 : 단조 작업한 강괴(ingot)를 롤러 사이에 여러 번 통과시켜서 정해진 치수로 눌러 늘이는 방법으로 형강, 강판, 봉강 등은 이 방법을 사용한다.

문제 2. 금속제품 중 목재의 이음 철물로 사용되지 않는 것은?
㉮ 안장쇠   ㉯ 꺾쇠   ㉰ 인서트   ㉱ 띠쇠
[해설] • 인서트(insert) : 콘크리트 슬래브에 묻어 천장 달대를 고정시키는 철물이다.

문제 3. 다음 철재 중 탄소의 함량이 0.04~1.7% 정도 함유하고 있는 것은?
㉮ 주철   ㉯ 순철
㉰ 강철   ㉱ 연철
[해설] • 철강
① 선철(주철) : 탄소의 함유량 1.7% 이상
② 강철 : 탄소의 함유량 0.04~1.7%
③ 순철(연철) : 탄소의 함유량 0.04% 이하

문제 4. 다음 알루미늄의 성질 중 옳지 않은 기술은?
㉮ 전기나 열의 전도율이 높다.
㉯ 전성, 연성이 풍부하여 가공이 용이하다.
㉰ 산, 알칼리에 강하다.
㉱ 공기 중에서 표면에 산화막이 생겨 내식성이 크다.
[해설] 산, 알칼리에 약하다.

문제 5. 창호철물 중 오르내리창용 철물로서 쓰이는 것은?
㉮ 나이트 래치(night latch)
㉯ 도어 스톱(door stop)
㉰ 모노 로크(mono lock)
㉱ 크레센트(crecent)
[해설] 크레센트는 초생달 모양으로 된 것으로 오르내리창용 철물을 말한다.

문제 6. 목재를 이음할 때 전단력에 저항하기 위하여 사용하는 것은?
㉮ 듀벨   ㉯ 고장력 볼트
㉰ 갈고리 볼트   ㉱ 양나사 볼트
[해설] 듀벨은 전단력을 보강하기 위해 사용한다.

문제 7. 이형철근이 원형 철근보다 일반적으로 우수하다고 생각되는 점은?
㉮ 압축응력   ㉯ 부착응력
㉰ 인장응력   ㉱ 전단응력
[해설] 이형철근은 철근의 부착강도를 높이기 위하여 표면에 마디를 만든 것이다.

문제 8. 주철은 탄소 함유량이 몇 % 정도 포함된 것을 말하는가?
㉮ 1.7% 이상   ㉯ 0.04~1.7%
㉰ 0.04% 이하   ㉱ 1.7% 이하
[해설] 탄소 함유량이 1.7% 이상인 철을 주철이라고 한다.

문제 9. 알루미늄의 합금재는?
㉮ 두랄루민   ㉯ 모넬메탈
㉰ 포금   ㉱ 퓨터
[해설] 두랄루민 = 알루미늄 + 구리(4%) + 마그네슘(0.5%) + 망간(0.5%)

문제 10. 접문의 이동장치에 쓰는 것으로, 문짝의 크기에 따라 사용하며, 2개나 4개의 바퀴가 달린 창호철물은?

[해답] 1. ㉱   2. ㉰   3. ㉰   4. ㉰   5. ㉱   6. ㉮   7. ㉯   8. ㉮   9. ㉮   10. ㉱

㉮ 도어 클로저(door closer)
㉯ 도어 훅 (door hook)
㉰ 도어 홀더(door holder)
㉱ 도어 행어(door hanger)
[해설] 도어 홀더는 여닫이 창호를 열어서 고정시켜 놓는 창호철물을 말한다.

[문제] **11.** 철강에 철 이외의 화합물 중 가장 많이 포함되어 있는 것은?
㉮ 탄소 (C)   ㉯ 규소 (Si)
㉰ 망간 (Mn) ㉱ 황 (S)
[해설] 철강은 탄소 (C) 함유량에 따라 분류한다.

[문제] **12.** 철강을 탄소 함유량에 따라 분류할 때 강의 탄소 함유량으로 적절한 값은?
㉮ 1.7 % 이상   ㉯ 0.04~1.7 %
㉰ 0.04 % 이하 ㉱ 6.7 % 이상
[해설] ① 선철(주철) : 탄소의 함유량 1.7 % 이상
② 강철 : 탄소의 함유량 0.04~1.7 %
③ 순철(연철) : 탄소의 함유량 0.04 % 이하

[문제] **13.** 건축재료로 가장 많이 사용하는 강은?
㉮ 탄소강   ㉯ 합금강
㉰ 순철   ㉱ 연철
[해설] 합금강은 탄소강에 니켈, 크롬, 망간

[문제] **14.** 선철을 제조할 때 연소되어 일산화탄소를 발생하여 철을 환원시키는 재료는?
㉮ 석회석   ㉯ 코크스
㉰ 탄화규소 ㉱ 유황
[해설] ① 환원제 : 코크스
② 조재제 : 석회석

[문제] **15.** 선철 제조 시 광석 중의 암석이나 코크스재 등의 불순물이 석회석과 결합하여 유출되는 것을 무엇이라 하는가?
㉮ 슬래그   ㉯ 용선
㉰ 합금강   ㉱ 탄소강
[해설] ① 용선 : 용광로에서 얻어진 용융상의 선철
② 탄소강 : 철과 탄소 (C)를 주성분으로 하는 강
③ 합금강 : 철과 탄소 외에 니켈(Ni), 몰리브덴(Mo) 을 첨가한 강
④ 슬래그 : 경량 콘크리트의 골재 또는 슬래그 시멘트, 슬래그 울 (slag-wool) 등의 원료로 쓰인다.

[문제] **16.** 제강법 중에서 도가니법을 기술한 것이다. 틀린 것은?
㉮ 점토와 흑연으로 만든 도가니를 사용한 것으로, 옛날에 많이 사용하던 방법이다.
㉯ 질이 좋은 강을 얻을 수 있다.
㉰ 대량생산에 적합하다.
㉱ 고급 특수강 및 공구강의 제조에 이용한다.
[해설] 대량생산이 부적합하다.

[문제] **17.** 다음 중 합금강의 제조에 적합한 제강 방법은?
㉮ 전로법   ㉯ 평로법
㉰ 전기로법 ㉱ 도가니법
[해설] • 전기로법 : 불순물이 충분히 제거되므로 합금강 등의 제조에 적합하다.

[문제] **18.** 단조에 관한 설명 중 옳은 것은?
㉮ 강괴(ingot)를 노에 넣어 약 1200 ℃로 가열하여 기계 해머나 수압 프레스 등으로 조직을 치밀하게 하며 압연작업에 적합하게 두꺼운 판 또는 각봉형으로 만드는 작업이다.
㉯ 기계적 공법에 의하여 소요의 형상으로 만드는 방법이다.
㉰ 상온에서 다이스를 통하여 뽑아내어 가공한다.
㉱ 산소를 불어넣어 용선 속에 포함된 철 이외의 불순물을 산화 연소시켜 제거시키는 법이다.
[해설] ㉰ 견인

[문제] **19.** 강괴(ingot) 조직을 치밀하게 하며

[해답] 11. ㉮ 12. ㉯ 13. ㉮ 14. ㉯ 15. ㉮ 16. ㉰ 17. ㉰ 18. ㉮ 19. ㉮

압연 작업에 적합하게 두꺼운 판 또는 각 봉형으로 만드는 작업은?
㉮ 단조　　㉯ 인발
㉰ 압연　　㉱ 평로법
[해설] 단조는 강괴를 노에 넣어 약 1200°C로 가열, 압연작업을 한다.

문제 20. 강의 물질적 성질에 관한 기술 중 옳지 않은 것은?
㉮ 강의 성질은 탄소 함유량 이외에 가공 온도에 따라 다르다.
㉯ 강의 열팽창 계수는 콘크리트의 열팽창 계수와 거의 같다.
㉰ 강의 경도는 브리넬 경도로 표시한다.
㉱ 강의 강도는 900°C에서 최대가 된다.
[해설] 0~250°C 사이에서 강도가 증가하여 250°C 에서 최대가 되고, 900°C에서는 상온 시 강도의 1/10 정도로 떨어진다.

문제 21. 다음 중 강을 가열하여 물속에서 급히 식히는 것으로서 강도, 경도가 증가되는 열처리는?
㉮ 불림　　㉯ 풀림
㉰ 담금질　　㉱ 뜨임
[해설] 탄소 함유량이 클수록 담금질의 효과가 크다.

문제 22. 담금질한 강을 200~600°C 정도로 다시 가열한 다음 공기 중에서 서서히 냉각시키는 열처리는?
㉮ 불림　　㉯ 풀림
㉰ 담금질　　㉱ 뜨임
[해설] 담금질한 강은 경도가 커서 내부 변형이 있는 수가 많으므로 뜨임을 하면 변형이 없어지고 강인한 강이 된다.

문제 23. 청동의 주성분으로 옳은 것은?
㉮ 구리, 아연　　㉯ 구리, 주석
㉰ 구리, 알루미늄　　㉱ 구리, 텅스텐
[해설] 내식성이 크고 구조하기 쉬우며, 장식철물, 공예재료 등에 사용한다.

문제 24. 공기 중이나 수중에서 녹이 잘 나지 않으며 크롬과 니켈을 첨가함에 따라 내식성, 내열성이 좋고 기계적 성질이 개선되어 화학약품을 취급하는 기구, 개수기, 식기 건축장식 등에 쓰이는 합금강은?
㉮ 구조용 합금강　　㉯ 스테인리스강
㉰ 황동강　　㉱ 가단 주철
[해설] ① 합금강 : 탄소강에 니켈(Ni), 크롬(Cr), 망간(Mn), 몰리브덴(Mo), 텅스텐 등의 원소를 한 가지 이상 혼합한 것
② 가단 주철 : 용광로 속의 선철이 급냉하여 생긴 백선을 700~1000°C의 고온으로 오랜 시간 풀림하여 전성과 연성을 증가시킨 것

문제 25. 탄소강에 구리를 포함하는 연강으로 상당한 내식성이 있고 강도도 비교적 커서 널말뚝으로 이용되는 합금강은?
㉮ 구조용 합금강　　㉯ 스테인리스강
㉰ 황동강　　㉱ 주강
[해설] · 황동강 : 구리를 0.2~0.3% 포함하는 연강

문제 26. 구리의 특성에 관한 기술 중 옳지 않은 것은?
㉮ 열이나 전기의 전도율이 크다.
㉯ 건조한 공기 중에서는 변화하지 않으나 습기를 받으면 내부까지 부식된다.
㉰ 암모니아 등의 알칼리성 용액에는 침식이 잘 된다.
㉱ 구리는 연성과 전성이 있다.
[해설] 습기를 받으면 이산화탄소의 작용으로 부식하여 녹청색을 나타내는데, 내부까지는 부식하지 않는다.

문제 27. 황동의 주성분으로 옳은 것은?
㉮ 구리, 아연　　㉯ 구리, 주석

[해답] 20. ㉱　21. ㉰　22. ㉱　23. ㉯　24. ㉯　25. ㉰　26. ㉯　27. ㉮

㉰ 구리, 알루미늄 ㉱ 구리, 텅스텐
[해설] 놋쇠라고도 하며 가공이 용이, 창호철물에 사용한다.

[문제] 28. 알루미늄의 특징에 관한 기술 중 옳지 않은 것은?
㉮ 가벼운 정도에 비하여 강도가 크다.
㉯ 산, 알칼리에 강하다.
㉰ 내화성은 강에 비하여 약하다.
㉱ 공기 중에서 표면에 산화막이 생겨 내부를 보호하는 역할을 하므로 내식성이 크다.
[해설] 알루미늄은 산·알칼리에 약하므로 콘크리트에 접할 때에는 방식처리를 해야 한다.

[문제] 29. 알루미늄의 방식법으로 옳은 것은?
㉮ 보크사이트   ㉯ 사삼산화철
㉰ 두랄루민   ㉱ 알루마이트
[해설] ㉮ 보크사이트 : 알루미늄의 원광석
㉯ 사삼산화철 : 철재의 방식법으로서 표면에 치밀한 산화피막을 형성하게 한다.
㉰ 두랄루민 : 알루미늄 합금의 대표적인 것이다.
㉱ 알루마이트 : 전해법에 의하여 알루미늄 표면에 산화알루미늄(Al_2O_3)의 치밀한 피막을 만들어 산·알칼리에 강하게 한다.

[문제] 30. 금속의 부식방지법으로 옳지 않은 것은?
㉮ 다른 종류의 금속을 서로 잇대어 쓰지 않는다.
㉯ 표면은 깨끗하게 하고, 물기나 습기가 없도록 한다.
㉰ 도료나 내식성이 큰 금속으로 표면에 피막을 만들어 보호한다.
㉱ 모르타르나 콘크리트로 강철을 피복할 경우는 부식이 많이 생기므로 주의해야 한다.
[해설] 모르타르나 콘크리트로 강철을 피복한다.

[문제] 31. 한쪽 끝을 콘크리트나 석재 속에 묻고 다른 재료를 붙여댈 때 쓰이는 볼트는?
㉮ 양나사 볼트   ㉯ 외나사 볼트
㉰ 갈고리 볼트   ㉱ 주걱 볼트
[해설] ㉱ 기초에 토대를 긴결할 때

[문제] 32. 프리스트레스트(prestressed) 콘크리트에 사용하는 강재가 아닌 것은?
㉮ PC 강선
㉯ PC 강연선(strand)
㉰ PC 강봉
㉱ 용접철망
[해설] ① 피아노선
  ㉮ PC 강선 : 단선 원형
  ㉯ PC 강연선(strand) : 단선 원형을 2중 이상 꼬아서 만든 것
② PC 강봉 : 실리콘, 망간 성분이 포함되어 있는 10 mm 이상의 특수 강봉
③ 용접철망 : 철선을 서로 직교하여 용접한 것

[문제] 33. 프리스트레스트(prestressed) 콘크리트에 쓰이는 피아노선의 강도는 보통 철근의 몇 배 정도인가?
㉮ $\frac{1}{10}$ 배 ㉯ 1배 ㉰ 5배 ㉱ 12배
[해설] 고탄소강을 반복해서 냉간, 인발 가공하여 가는 줄로 만든 것으로 철근에 비하여 4~6배의 강도를 가진 고인장강이다.

[문제] 34. 나사못과 못에 관한 기술 중 옳지 않은 것은?
㉮ 못의 길이는 널 두께의 2.0~2.5배 이상의 것을 쓴다.
㉯ 슬레이트, 함석이기 지붕과 같이 빗물을 받는 곳에 사용하는 못은 아연도금을 해서는 안 된다.
㉰ 나사못은 진동을 받는 곳에 쓰면 유효하다.
㉱ 코치 스크루는 큰 힘을 받는 데 사용한다.

[해답] 28. ㉯ 29. ㉱ 30. ㉱ 31. ㉰ 32. ㉱ 33. ㉰ 34. ㉯

해설 빗물을 받는 곳에는 아연도금을 해야 한다.

문제 35. 박강판에 아연도금한 것은?
㉮ 함석판 ㉯ 동판
㉰ 알루미늄판 ㉱ 황동판
해설 아연철판을 보통 함석이라 한다.

문제 36. 큰 보와 작은 보의 이음에 사용하는 철물로 적합한 것은?
㉮ 띠쇠 ㉯ 감잡이쇠
㉰ ㄱ자쇠 ㉱ 안장쇠
해설 • 접합부의 보강철물

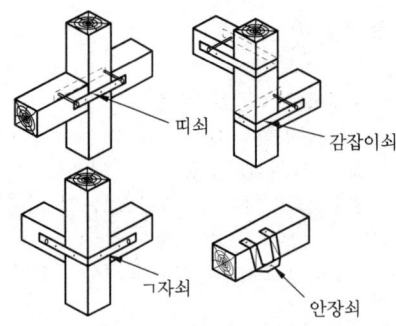

문제 37. 미장공사에서 기둥이나 벽의 모서리 부분을 보호하기 위하여 쓰는 철물은?
㉮ 코너 비드 (cornner bead)
㉯ 메탈 라스 (metal lath)
㉰ 조이너 (joiner)
㉱ 인서트 (insert)
해설 ① 조이너 (joiner) : 바닥, 벽, 천장 등에 인조석, 보드류를 붙여댈 때 이음줄눈으로 쓰인다.
② 메탈 라스 : 박강판에 자국을 내어 짚으로 잡아당겨 그물코 모양으로 만든 것으로 바름벽 바탕에 쓰인다.

문제 38. 강철의 비중은?
㉮ 7.85 ㉯ 5.2 ㉰ 3.15 ㉱ 2.6

문제 39. $H-100 \times 50 \times 20 \times 30$에서 웨버의 두께는?
㉮ 100 ㉯ 50 ㉰ 30 ㉱ 20

해설 $H-A \times B \times t_1 \times t_2$
여기서, A : 높이, B : 너비
t_1 : 웨버의 두께, t_2 : 플랜지의 두께

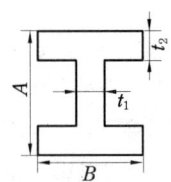

문제 40. 철분을 99.9 % 이상 포함한 순철의 성질로 옳지 못한 것은?
㉮ 단면이 은백색이다.
㉯ 비중이 8.78이다.
㉰ 용융점이 1.535℃이다.
㉱ 인장강도는 2500 kg/cm²이다.
해설 • 순철

비 중	용융점	비등점	비 열	열팽창 계수
7.87	1535℃	2450℃	0.11	0.0000115
경 도	인장강도	연 율	열전도율	
5	2500 kg/cm²	40 %	0.172	

문제 41. 철에 함유된 탄소가 철에 끼치는 영향 중 잘못된 것은?
㉮ 압축강도의 증가 ㉯ 연율의 증가
㉰ 경도의 증가 ㉱ 내식성의 증가
해설 • 탄소 : 압축강도, 경도 등을 증가시키고 내식성도 좋게 하지만 연율은 감소시킨다.

문제 42. 철에 함유된 성분 중 가장 유해한 것은 어느 것인가?
㉮ 탄소 ㉯ 규소
㉰ 황 ㉱ 망간
해설 황은 유해한 성분이므로 함유량을 0.1 % 이내로 줄여야 하고, 망간이나 철의 황화물이 되어 응고온도를 낮게 하므로 주조할 때 균열의 원인이 된다.

문제 43. 강을 800~1000℃로 가열한 후 공

해답 35. ㉮ 36. ㉱ 37. ㉮ 38. ㉮ 39. ㉱ 40. ㉯ 41. ㉯ 42. ㉰ 43. ㉮

기 중에서 냉각시켜 열처리하는 방법은?

㉮ 불림 ㉯ 풀림
㉰ 담금질 ㉱ 뜨임

[해설] 뜨임의 가열온도는 200~600℃이다.

문제 44. 다음 중 비철금속에 속하지 않는 것은?

㉮ 니켈 ㉯ 백주철
㉰ 알루미늄 ㉱ 구리

[해설] 비철금속의 종류에는 구리(청동, 황동), 아연, 납, 주석, 알루미늄 니켈 등이 있다.

문제 45. 철골로 쓰이는 형강, 강판의 기계적 가공법은?

㉮ 주조법 ㉯ 압연법
㉰ 단련법 ㉱ 인발법

[해설] ① 압연법 : 철골로 쓰이는 형강재를 만들 때에는 강괴를 작은 분괴로 나누어 적열상 태로 가열(1000~1200℃)한 후에 롤러에 여러 번 통과시켜 소요의 형상으로 만드는 방법을 말하며, 형강, 강판, 봉강 등을 만드는 데 사용한다.
② 단련법 : 강괴를 적열한 후에 큰 해머로 반복해서 타격을 가하여 소요의 형상으로 만드는 방법을 말한다.
③ 인발법 : 단면적이 작은 제품인 선재 등을 소요 단면의 구멍을 가진 바이스로 잡아당겨서 만드는 것으로 못이나 철사를 만드는 데 사용한다.
④ 주조법 : 주철이나 주강을 용융시켜 소요의 주형에 부어 제품을 만드는 방법이다.

문제 46. 철강은 0~250℃ 사이에서는 강도가 증가하여 약 250°에서 최대가 되고 250℃ 이상이 되면 강도가 감소된다. 약 500℃에서는 0℃일 때 강도의 몇 분의 1로 감소되는가?

㉮ 1/2 ㉯ 1/3 ㉰ 1/4 ㉱ 1/5

[해설] • 강재의 온도에 의한 영향
① 0~250℃ : 강도가 증가하여 약 250℃에서 최대가 되며, 250℃ 이상이 되면 강도가 감소된다.
② 500℃에서는 0℃일 때 강도의 1/2로 감소된다.
③ 600℃에서는 0℃일 때 강도의 1/3로 감소된다.
④ 900℃에서는 0℃일 때 강도의 1/10로 감소된다.

문제 47. 금속재료는 온도에 따라 강도의 변화가 많다. 강도가 최대일 때의 온도는 약 섭씨 몇 도일 때인가?

㉮ 100℃ ㉯ 150℃
㉰ 250℃ ㉱ 350℃

[해설] 강재의 온도에 의한 영향은 강도가 증가하여 약 250℃에서 최대가 되며, 250℃ 이상이 되면 강도가 감소한다.

문제 48. 알루미늄에 관한 기술 중 부적당한 것은?

㉮ 비중이 2.77인 경금속이다.
㉯ 인장강도 2350 kg/cm²이다.
㉰ 용융점은 620℃이다.
㉱ 지붕재, 물탱크 등에 사용한다.

[해설] ① 알루미늄은 비중 : 2.77
② 인장강도 : 1700 kg/cm² 이상
③ 용융점 : 620℃
④ 대기중에서 내식성이 있고 표면이 은백색인 경금속이다.

문제 49. 함석은 어떤 금속을 연강판에 도금한 것인가?

㉮ 구리(Cu) ㉯ 주석(Sn)
㉰ 알루미늄(Al) ㉱ 아연(Zn)

[해설] 아연은 철강의 방식용 피복제로서 철사를 도금하거나, 얇은 강판에 아연을 도금하여 함석판으로 만들어 지붕이기 재료나 홈통 등에 쓰이며, 또 단독으로는 얇은 판, 선, 못 등에 쓰인다.

문제 50. 다음 중 계단 논슬립에 사용되지 않는 금속은?

㉮ 알루미늄 ㉯ 스테인리스 스틸
㉰ 주철 ㉱ 황동

[해설] • 금속의 사용처
① 알루미늄 : 지붕이기, 실내 장식, 가구, 창호, 커튼의 레일 등에 사용한다.
② 스테인리스강 : 화학약품을 취급하는 기구, 개수기, 식기, 건축장식 등에 사용한다.
③ 주철
  (가) 보통 주철 : 장식철물, 방열기, 주철관 등에 사용한다.
  (나) 가단 주철 : 듀벨, 창호철물, 파이프의 이음 등에 사용한다.
④ 황동 : 창호철물로 주로 사용한다.
※ 논슬립은 철제, 황동제, 포금제, 스테인리스제 등이 주로 사용된다.

문제 51. 다음 비철금속 중에서 비중이 가장 큰 것은?

㉮ 구리(Cu) ㉯ 주석(Sn)
㉰ 알루미늄(Al) ㉱ 아연(Zn)

[해설] 구리는 비중이 약 8.9로서 가장 크다.

문제 52. 다음 중 이형 철근에서 마디와 리브를 만드는 이유는?

㉮ 압축력 증대 ㉯ 부착력 증대
㉰ 전단력 증대 ㉱ 인장력 증대

[해설] 이형 철근은 콘크리트용 철근의 일종으로서, 철근의 부착력을 증가시키기 위하여 표면에 마디와 리브를 두어 콘크리트와의 부착을 증가시키므로 부착력은 원형 철근의 2배 이상이다.

문제 53. 암모니아 가스에 침식되므로 변소 등에 사용하기 곤란한 금속은?

㉮ 구리(Cu) ㉯ 스테인리스(SS)
㉰ 주석(Sn) ㉱ 아연(Zn)

[해설] 구리는 알칼리성에 침식이 잘 된다.

문제 54. 산저장 탱크에 이용되는 비중이 가장 큰 금속은?

㉮ 아연(Zn) ㉯ 니켈(Ni)
㉰ 주석(Sn) ㉱ 납 (Pb)

[해설] • 납 : 송수관, 가스관, X선실의 안벽 붙임, 화학공장의 배수관 및 산저장 탱크에 사용된다.

문제 55. 철재의 부식을 방지하는 표면처리 방법 중 옳지 않은 것은?

㉮ 유성 페인트, 광명단 등의 도포
㉯ 아연, 주석, 알루미늄 등의 도금
㉰ 수선화, 염화, 탄화 등의 화학적 처리
㉱ 시멘트 제품에 의한 피복

[해설] • 금속의 방식법
① 다른 종류의 금속을 서로 잇대어 쓰지 않는다.
② 가공 중에 생긴 변형은 풀림, 뜨임 등에 의해서 제거하여 균일한 재료를 사용한다.
③ 표면은 깨끗하게 하고, 물기나 습기가 없도록 한다.
④ 도료나 내식성이 큰 금속으로 표면에 피막을 만들어 보호한다.

문제 56. 천장, 내벽 등 회반죽 바탕의 균열 방지재로 가장 적당한 철망류는?

㉮ 와이어 라스 (wire lath)
㉯ 메탈 라스 (metal lath)
㉰ 와이어 메시(wire mesh)
㉱ 리브 라스 (rib lath)

[해설] ㉮ 와이어 라스 : 모르타르 바름 바탕의 보강재로서, 주로 목조벽의 바탕에 붙이고 미장공사를 한다.
㉯ 메탈 라스 : 천장, 내벽의 회반죽 바탕에 균열 방지재로 쓰인다.
㉰ 와이어 메시 : 울타리 및 콘크리트의 철근 보강용으로 쓰인다.
㉱ 리브 라스 : 경량 벽체의 바탕으로 대고 모르타르 받이로 사용한다.

문제 57. 와이어 메시(wire mesh)의 사용 용도로서 가장 적합한 것은?

[해답] 51. ㉮ 52. ㉯ 53. ㉮ 54. ㉱ 55. ㉰ 56. ㉯ 57. ㉯

㉮ 외벽 모르타르 바탕 보강재로 주로 목조 벽 미장공사에 사용한다.
㉯ 울타리 및 도로용 콘크리트의 보강 철근용으로 사용한다.
㉰ 반자 및 내벽 등의 회반죽 바탕에 사용한다.
㉱ 경량 벽체 바탕으로 모르타르 바탕 받이재로 사용한다.

[해설] 4.19 mm (#8) 철선 정도의 굵은 철선을 사각형으로 교차시켜 그물처럼 만들고, 교차점은 전기용접을 하여 고정시킨 것으로 울타리, 콘크리트의 철근 보강용으로 쓴다. 즉, 도로나 슬래브 등의 철근을 대신한다.

[문제] 58. 다음의 가설용 강재비계에 관한 설명 중 틀린 것은?
㉮ 강관의 지름은 50~60 mm이다.
㉯ 지주는 2중관을 쓰며 내관을 뽑아 핀을 구멍에 고정시켜 사용한다.
㉰ 길이는 보통 2.40~4.00 mm 정도이다.
㉱ 지지 안전 하중은 3~5 t이다.

[해설] 지지 안전 하중은 1.55~2.0 t이다.

[문제] 59. PC 강재 피아노선에 대한 설명이다. 잘못된 것은?
㉮ 철근에 비해 4~6배의 강도를 가진 고인장강이다.
㉯ 신장률이 크다.
㉰ 2줄 이상으로 꼬아서 만든 PC 강연선이다.
㉱ 고탄소강을 반복 냉간, 인발 가공하여 가는 줄로 만든다.

[해설] • 피아노선 : 고탄소강을 반복해서 냉간, 인발 가공하여 가는 줄로 만든 것으로 특징은 다음과 같다.
① 철근에 비하여 4~6배의 강도를 가진 고인장강이며, 신장률이 작다.
② 항복점을 높이기 위하여 저온 처리를 한다.
③ 단선으로 된 PC 강선과 2줄 이상으로 꼬아서 만든 PC 강연선이 있다.

[문제] 60. 평보와 왕대공의 보강철물은?
㉮ 감잡이쇠   ㉯ 띠쇠
㉰ 주걱 볼트   ㉱ 안장쇠

[해설] • 감잡이쇠 : 평보와 왕대공, 토대와 기둥을 조이는 데 사용하는 보강철물을 말한다.

[문제] 61. 여닫이문을 자동적으로 닫을 수 있게 한 철물은?
㉮ 도어 클로저(door closer)
㉯ 플로어 힌지(floor hinger)
㉰ 도어 홀더(door holder)
㉱ 도어 행어(door hanger)

[해설] • 도어 클로저 : 여닫이문을 자동적으로 개폐할 수 있게 하는 철물로써, 재료는 강철, 청동 등의 주조물이며, 스프링이나 피스톤의 장치로서 개폐속도를 조절한다.

[문제] 62. 창호철물 중 오르내리창용 철물로서 쓰이는 것은?
㉮ 나이트 래치(night latch)
㉯ 도어 스톱(door stop)
㉰ 모노로크(mono-lock)
㉱ 크레센트(crescent)

[해설] 초생달 모양으로 된 것으로 오르내리창의 윗막이대 윗면에 대어 다른 창의 밑막이에 걸리게 되는 걸쇠이다.

[문제] 63. 창호철물이 아닌 것은?
㉮ 나이트 래치   ㉯ 모노로크
㉰ 논슬립   ㉱ 도어 클로저

[해설] • 논슬립 : 계단에 쓰이는 논슬립은 철제 이외에 놋쇠, 황동, 스테인리스 강재 등이 있고, 미끄럼을 방지하기 위하여 홈파기, 고무 삽입 등의 방식이 있다.

CHAPTER 7 유 리(glass)

1. 유리의 성분과 분류

1-1 주성분

① 산성분 : 규산, 붕산, 인산
② 염기성분 : 소다, 산화칼륨, 석회, 중토, 고토, 산화납, 번토, 산화제이철
③ 착색요소 : Fe_2O_3 (0.2 % 미만이어야 유리의 원료로 사용)

1-2 성질

① 비중 : 보통 2.2~6.3 (판유리는 2.5 정도)
② 강도 : 온도가 높아질수록 강도가 저하 (500℃에서는 상온강도의 20 % 정도)
③ 열전도율 : 대리석, 타일보다 작고, 콘크리트의 1/2 정도, 보온효과 (0.48 kcal/h·m·℃)
④ 연화점 : 보통 유리는 약 740℃, 칼리 유리는 1000℃ 정도
⑤ 내열성 : 열팽창 계수가 작고, 열전도율이 큰 유리일수록 양호하며, 두께에 따라 달라진다.
⑥ 자외선 : 보통 유리는 자외선이 잘 투과되지 않고 자외선 투과유리는 50~90 % 이상까지 투과된다. 산화제이철은 자외선을 차단해주는 성분이다.

1-3 종류

(1) 서리 유리

반투명하게 만든 유리이다.

(2) 스테인드글라스

착색제로 여러 가지 색을 가지게 하여 납테를 둘러 장식창에 쓰인다. 건축 채광용으로 많이 사용되는 판유리는 일반적으로 소다 석회 유리가 사용된다.

> [참고] • **색유리** : 유성 성분에 산화 금속류의 착색제를 넣은 것으로 스테인드글라스의 제작에 사용되는 유리 제품이다.

유리의 분류

주성분	종류	용도	비고
규산	석영 유리	이화학용 기구	내열성이 크고, 열팽창률이 작고 융해점이 높다.
	소다 유리	창유리, 병 및 일반 기구 등	용도가 가장 많다.
규산과 알칼리의 1종 및 그 밖의 염기 성분	플린트 유리	렌즈, 고급 식기, 모조 보석 등	크리스탈 유리라고도 한다. 열 및 산에 약하나 굴절률이 크다.
	칼리 유리	이화학용 기구, 프리즘, 공예품 등	보헤미아 유리라고도 한다. 약품에 침식되지 않는다.
규산과 붕산 및 알칼리	붕규산 유리	이화학용 기구, 광학용 기구	
규산을 함유하지 않는 것	붕산 유리	이화학용 기구	
규산과 1종의 알칼리	물 유리	방수제, 방화제 및 접착제	규산나트륨이 대표적이다.

2. 유리제품

2-1 판유리

(1) 박판 유리
① 두께 6 mm 이하의 채광용 유리이다.
② 두께에 따라 2 mm, 3 mm, 5 mm, 6 mm 등의 종류가 있다.
③ 1상자로 포장된 유리의 표면적은 9.29 m^2 (100 ft^2)로 일정하다.

(2) 후판 유리
① 두께 6 mm 이상의 판유리이다.
② 용도는 진열창, 일광욕창, 고급 창문, 출입문, 유리 선반 등에 사용된다.

(3) 가공판 유리
① 서리 유리 : 빛을 확산시키며, 투시성이 적으므로 들여다보이는 것이 좋지 않은 장소에서 채광용으로 쓰이게 된다.
② 무늬 유리 : 강도는 낮아지나 광선을 산란시키고 투시방지 효과가 있으며, 장식효과가 크다.
③ 표면 연마 유리 : 고급 창유리, 거울용 유리 등에 사용된다.

(4) 특수 판유리

① 접합 유리 : 투명 판유리 2장 사이에 아세테이트, 부틸 셀룰로오스 등 합성수지막을 넣어 합성수지 접착제로 접착시킨 것으로써, 깨어지더라도 유리 파편이 합성수지막에 붙어 있게 하여 파편으로 인한 위험을 방지하도록 한 것이다. 보통 판유리에 비해 투광성은 약간 떨어지나 차음성, 보온성이 좋은 편이다.

② 강화판 유리
   (개) 강화판 유리 강도는 보통 유리의 3~4배 정도 크다.
   (내) 파괴되면 열처리에 의한 내응력 때문에 모래처럼 잘게 부서지므로 유리 파편에 의한 부상이 적다.
   (대) 자동차의 창유리, 통유리문 등 깨어지면 그 파편이 위험한 곳에 쓰인다.
   (래) 열처리를 한 후에는 절단 등 가공을 할 수가 없다.

③ 복층 유리
   (개) 2장 혹은 3장의 판유리를 일정한 간격으로 띄어 금속테로 기밀하게 하여, 유리 사이의 내부를 진공으로 하거나 특수한 기체를 넣은 것이다.
   (내) 방음, 단열효과가 크고, 결로방지용으로서도 우수하다.

④ 망유리
   (개) 용융 유리 사이에 금속 그물을 넣어 롤러로 압연하여 만든 판유리이다.
   (내) 도난방지, 화재방지 등의 목적에 사용한다.

⑤ 자외선 투과 유리
   (개) 산화제이철의 함유율을 극히 줄인 유리이다. 유리에 함유되어 있는 성분 가운데 산화제이철 (Fe_2O_3)은 자외선을 차단하는 주성분이다.
   (내) 온실, 병원의 일광욕실 등에 이용된다.

⑥ 자외선 흡수 유리
   (개) 자외선 투과 유리와는 반대로 약 10 %의 산화제이철을 함유시키고 기타 크롬, 망간 등의 금속 산화물을 포함시킨 유리이다.
   (내) 상점의 진열창, 용접공의 보안경, 박물관의 진열장 등에 쓰인다.

⑦ 열선 흡수 유리
   (개) 단열 유리라고도 하며, 철, 니켈, 크롬 등을 가하여 만든 유리로, 흔히 엷은 청색을 띤다.
   (내) 서향의 창, 차량의 창 등에 이용된다.

2-2 유리의 2차 제품

(1) 유리 블록

① 속이 빈 상자모양의 유리 둘을 맞대어 저압공기를 넣고 녹여 붙인 것이다.
② 칸막이벽을 쌓는 데 이용되며, 채광, 방음, 보온, 장식효과를 얻을 수 있다.

(2) 프리즘 타일 (prism tile)
① 입사광선의 방향을 바꾸거나 확산 또는 집중시킬 목적으로 프리즘의 원리를 이용해서 만든 유리이다.
② 지하실 천장의 채광용으로 사용한다.

(3) 폼 글라스 (form glass)
① 가루로 만든 유리에 발포제를 넣어 가열하면 미세한 기포가 생겨 다포질의 흑갈색 유리판이 된다.
② 광선투과가 안 되며 방음, 보온성이 좋은 경량재료이나 압축강도가 작으며, 충격에 매우 약하다.
㈜ 톱질·못질이 가능하다.

(4) 유리 섬유
① 용융된 유리를 압축공기를 사용하여 가는 구멍을 통과시킨 다음 냉각시킨 것이다.
② 환기장치의 먼지 흡수용이나 화학공장의 산 여과용으로 쓰이며, 또 유리 섬유판을 만들어 보온판, 보냉판, 흡음판 등으로 이용하며, 합성수지 제품의 보강용으로도 쓰인다.

(5) 물유리
점성 있는 액체상태의 유리로서 도료, 방수제, 보색제 등으로 쓰인다.

> [참고]
> • **강화유리** : 판유리 종류를 600℃ 이상의 연화점 근처까지 가열한 후 표면에 냉기에 내뿜어 급랭시켜 제조하며, 담금유리라고도 하는 유리를 말한다.
> • **산화납** : 유리의 X선 차단성을 증가시킨다.

(6) 포도 블록
지하실 채광용으로 사용된다.

> [참고]
> • **지하실 채광용으로 사용되는 것** : 유리 블록, 프리즘 타일, 포도 블록

예 상 문 제

문제 1. 다음 유리 중 채광용 판유리는?
㉮ 프린트 유리
㉯ 칼리석회 유리
㉰ 알루미나 붕사 유리
㉱ 소다석회 유리
[해설] • 소다 유리 : 크라운 유리라고도 하고 용도가 가장 많다.

문제 2. 건축 채광용으로 많이 사용되는 판유리는?
㉮ 소다석회 유리 ㉯ 석영 유리
㉰ 프린트 유리   ㉱ 붕산 유리

문제 3. 유리의 종류 중에서 결로방지에 가장 유리한 것은?
㉮ 접합 유리   ㉯ 복층 유리
㉰ 망입 유리   ㉱ 후판 유리
[해설] • 복층 유리 : 방음, 단열효과가 크고 결로방지용으로서도 우수하다.

문제 4. 유리에 함유되어 있는 성분 가운데 자외선을 차단하는 주성분이 되는 것은?
㉮ 황산나트륨 (Na_2SO_4)
㉯ 탄산나트륨 (Na_2CO_3)
㉰ 산화제이철 (Fe_2O_3)
㉱ 산화제일철 (FeO)
[해설] • 자외선 투과유리 : 산화제이철(Fe_2O_3)의 함유율을 극히 줄인 유리이다.

문제 5. 폼 글라스(form glass)에 관한 설명 중 부적당한 것은?
㉮ 투광률이 좋다.   ㉯ 보온성이 좋다.
㉰ 방음이 좋다.   ㉱ 비중이 작다.
[해설] 광선이 투과가 안 된다.

문제 6. 유리의 종류 중에서 방수제, 접착제, 보색제 등으로 쓰이는 것은?
㉮ 크라운 글라스   ㉯ 보헤미안 글라스
㉰ 플린트 글라스   ㉱ 물유리
[해설] 물유리 성분 = 규산과 1종의 알칼리

문제 7. 다음 판의 각도를 조정하여 직사광선을 차단하면서 채광량도 높이고 통풍도 잘 되게 하는 것은?
㉮ 드레이프   ㉯ 베니션 블라인드
㉰ 루버   ㉱ 레이스
[해설] • 블라인드 : 빛과 공기의 유입을 날개의 각도로 조절

문제 8. 착색제로 여러 가지 색을 가지게 한 유리로 납테를 둘러 장식창에 쓰는 유리는?
㉮ 불투명 유리   ㉯ 서리 유리
㉰ 스테인드 유리 ㉱ 젖빛 유리
[해설] • 서리 유리 : 빛을 확산시키며 투시성이 적으므로 들여다 보이는 것이 좋지 않은 장소의 채광용으로 쓰인다.

문제 9. 1상자로 포장된 유리의 표면적은?
㉮ $9.29 m^2$ ㉯ $200 ft^2$
㉰ $20.3 m^2$ ㉱ $400 ft^2$
[해설] • 유리 1상자의 표면적 : $9.29 m^2$ ($100 ft^2$)

문제 10. 강화 판유리에 관한 기술 중 틀린 것은?
㉮ 강도가 일반 유리의 3~4배 정도
㉯ 파괴되면 잘게 부서지므로 유리 파편에 의한 부상이 적어진다.
㉰ 열처리한 후에는 절단 및 가공이 쉽다.
㉱ 유리를 500~600℃로 가열한 후 급격히

[해답] 1. ㉱ 2. ㉮ 3. ㉯ 4. ㉰ 5. ㉮ 6. ㉱ 7. ㉯ 8. ㉰ 9. ㉮ 10. ㉰

냉각시킨 유리

[해설] 자동차의 유리, 통유리문에 사용하며 열처리 후에는 절단 및 가공이 어렵다.

[문제] **11.** 복층 유리의 특성으로 옳지 않은 것은?
㉮ 파편이 위험한 곳에 사용
㉯ 방음효과
㉰ 단열효과
㉱ 결로방지

[해설] • 복층 유리 : 유리 사이의 내부를 진공으로 하거나 특수한 기체를 넣은 것으로서 방음, 단열효과, 결로방지용으로서도 우수하다.

[문제] **12.** 유성 성분에 산화 금속류의 착색제를 넣은 것으로 스테인드글라스의 제작에 사용되는 유리 제품은?
㉮ 색유리   ㉯ 복층유리
㉰ 강화판유리   ㉱ 망입유리

[해설] ① 접합 유리 : 유리 2장 사이에 합성수지 필름을 끼워 고열로 접착한 유리이다.
② 스테인드글라스 : 색유리를 사용하여 그림을 나타낸 판유리로서 색유리 조각을 도안에 맞추어 절연해서 조립한다. H형 납제로 끼워 맞추어 모양을 낸 것으로 성당의 창·상업건축의 장식용으로 사용한다.
③ 복층 유리(pair glass) : 판유리를 2장 또는 3장을 일정간격으로 띄어 금속테로 기밀하게 한 후, 유리 사이의 내부를 진공으로 하거나 특수한 기체를 넣은 것으로 단열, 방음, 방습 효과가 있는 유리이다.
④ 유리 블록(glass block) : 유리를 절단, 블록 형태로 만들어 블록처럼 모르타르를 사용하여 접착한 유리로서 부드러운 광선이 들어오고, 균일한 확산광이 얻어지며 열전도가 작아 냉·난방 효과가 있다.

[문제] **13.** 입사광선의 방향을 바꾸거나 확산 또는 집중시킬 목적으로 지하실 옥상의 채광용으로 사용하는 유리는?
㉮ 프리즘 타일   ㉯ 유리 섬유
㉰ 물유리   ㉱ 유리 블록

제 7 장 유 리 (glass) **451**

[해설] ① 유리 섬유 : 용융된 유리를 압축공기를 사용하여 가는 구멍을 통과시킨 다음 냉각시킨 것
• 용도 : 환기장치의 먼지 흡수용, 화학공장의 산여과용 보음판, 보냉판, 흡음판
② 유리 블록 : 칸막이 벽을 쌓는 데 이용
• 용도 : 실내가 보이지 않게 채광, 방음, 보온효과, 장식효과

[문제] **14.** 약 10 %의 산화제이철을 함유시키고 크롬, 망간 등의 금속 산화물을 포함시킨 유리로서 상점의 진열창, 용접공의 보안경, 박물관의 진열장 등에 쓰는 유리는?
㉮ 자외선 투과유리   ㉯ 자외선 흡수유리
㉰ 열선 흡수유리   ㉱ 단열 유리

[문제] **15.** 특수 판유리와 사용장소를 잘못 연결한 것은?
㉮ 스테인드글라스 : 장식창
㉯ 강화판 유리 : 거울용 유리
㉰ 망입 유리 : 도난방지, 화재방지
㉱ 복층 유리 : 결로방지용

[해설] ① 표면 연마 유리 : 고급창 유리, 거울용 유리
② 강화판 유리 : 깨어지면 그 파편이 위험한 곳 (통유리문, 자동차의 창유리)

[문제] **16.** 산화제이철의 함유율을 극히 줄인 것으로 온실, 병원의 일광욕실 등에 이용하는 유리는?
㉮ 자외선 흡수유리   ㉯ 자외선 투과유리
㉰ 열선 흡수유리   ㉱ X선 차단유리

[해설] 유리의 성분에서 산화제이철(Fe_2O_3)은 자외선을 차단하는 주성분이므로 이것을 환원제로 산화제일철(FeO)로 환원시키면 적외선이 투과된다.

일광 ┬ 적외선(열선) : 열적 효과가 크다.
     ├ 자외선(화학선) : 사진 화학작용 생물에 대한 생육작용, 살균작용
     └ 가시광선 : 낮의 밝기를 지배하는 요소

[해답] 11. ㉮ 12. ㉮ 13. ㉮ 14. ㉯ 15. ㉯ 16. ㉯

문제 17. 용융 유리 사이에 금속 그물을 넣어 롤러로 압연하여 만든 판유리는?
㉮ 폼 글라스   ㉯ 유리 섬유
㉰ 망유리   ㉱ 스테인드 유리
[해설] • 망유리 : 도난방지, 화재방지

문제 18. 자외선 흡수 유리의 사용처를 기술한 것 중 옳지 않은 것은?
㉮ 상점의 진열창   ㉯ 용접공의 보안경
㉰ 박물관의 진열창 ㉱ 병원의 일광욕실
[해설] ㉱ 자외선 투과 유리

문제 19. 특수 판유리의 사용장소로 적합하지 않은 것은?
㉮ 자외선 흡수 유리 : 온실, 병원의 일광욕실
㉯ 열선 흡수 유리 : 서향의 창, 차량의 창
㉰ 망입 유리 : 도난방지, 화재방지 목적
㉱ 접합 유리 : 파편으로 인한 위험을 방지하는 장소
[해설] 자외선 흡수 유리는 자외선의 화학작용을 방지할 필요가 있는 상점의 진열창 또는 용접공의 보안경 등에 쓰인다.

문제 20. 지하실 채광용으로 사용되는 것을 기술한 것이다. 이 중 옳지 않은 것은?
㉮ 유리 블록   ㉯ 프리즘 타일
㉰ 보도 블록   ㉱ 물유리
[해설] 물유리는 점성 있는 액체상태의 유리로서 도료, 방수제, 보색제 등으로 쓰인다.

문제 21. 폼 글라스에 대한 설명으로 옳지 않은 것은?
㉮ 다포질의 흑갈색 유리판이다.
㉯ 가루로 만든 유리에 발포제를 넣어 가열하여 만든 것이다.
㉰ 광선 투과가 잘 되며, 방음 · 보온성이 좋은 경량재료이다.
㉱ 압축강도가 작으며, 충격에 매우 약하다.
[해설] 폼 글라스는 광선 투과율이 좋지 않다.

문제 22. 유리 파편으로 인한 위험을 방지하기 위해 사용하는 것과 관계가 먼 것은?
㉮ 접합 유리   ㉯ 강화판 유리
㉰ 망유리   ㉱ 프리즘 타일
[해설] ㉱ 입사광선의 방향을 바꾸거나 확산 또는 집중

문제 23. 유리제품의 사용 용도를 잘못 기술한 것은?
㉮ 유리 섬유판 : 보온판 · 보냉판 · 흡음판
㉯ 프리즘 타일 : 지하실 천장의 채광용
㉰ 물유리 : 도료 · 방수제 · 보색제
㉱ 포도 블록 : 박물관의 진열장 · 일광욕실
[해설] • 포도 블록 : 지하실 채광용

문제 24. 유리섬유에 가장 많이 포함된 성분은 어느 것인가?
㉮ MgO   ㉯ CaO   ㉰ SiO_2 ㉱ Ma
[해설] $SiO_2 > Na_2O > CaO$

문제 25. 다음 중 유리에 관한 기술로 부적당한 것은?
㉮ 보통 판유리 한 상자는 표면적 $9.29\ m^2$ ($100\ ft^2$) 들이로 판매된다.
㉯ 유리의 절단은 호일 커터로 한다.
㉰ 포도 유리는 지하층의 채광용으로 사용한다.
㉱ 유리를 고정하는 퍼티는 백토에 산화아연 또는 연백을 배합하고 아마인유 등으로 반죽한다.
[해설] ① 1상자로 포장된 유리의 표면은 $9.29\ m^2$로 일정하다.
② 유리의 절단은 호일 커터로 한다.
③ 포도 유리는 지하층의 채광용으로 이용한다.
④ 유리의 고정 퍼티는 석고, 산화아연, 연백, 석면 등을 아마인유와 어유를 혼합하여 점성이 있는 액체로 만든다.

문제 26. 유리에 관한 기술 중 틀린 것은?

⑦ 칼리 석회 유리는 건축물의 채광용으로 쓰인다.
㈕ 물유리는 접착제, 방화제로서 보색 도료에 사용한다.
㈐ 알루미나 붕사 유리는 온도계의 원료로 사용한다.
㈑ 석영 유리는 이화학 기구의 원료로 사용한다.

[해설] 칼리석회 유리는 이화학용 기구로 사용되며, 건축용 채광재로는 크라운 유리가 사용된다.

[문제] 27. 창유리로 쓰는 투광률이 가장 높은 유리는?
⑦ 크라운 유리   ㈕ 보헤미아 유리
㈐ 플린트 유리   ㈑ 물유리

[해설] 크라운 유리는 투광률이 커서 채광창 판유리로 사용된다.

[문제] 28. 유리원료에 납을 섞어 유리에 산화납 성분을 포함시킨 유리의 특징은?
⑦ X선 차단성이 커진다.
㈕ 태양광선중 열선을 흡수한다.
㈐ 자외선을 차단시키는 효과가 크다.
㈑ 자외선을 흡수하는 성질이 커진다.

[해설] • X선 차단 유리 : 유리의 원료에 납을 섞어 유리에 산화납 성분을 포함시키면 X선의 차단성이 커진다. 산화납의 포함한도는 6 % 이다.

[문제] 29. 유리의 열적 성질에 대한 기술 중 옳지 않은 것은?
⑦ 물의 비열이 1이므로 물보다 유리는 늦게 더워지는 재료이다.
㈕ 온도가 높아질수록 유리의 강도는 저하된다.
㈐ 철재보다 유리는 보온효과가 있다.
㈑ 열팽창 계수가 작은 유리는 비교적 내열성이 좋다.

[해설] 유리는 일반적으로 열전도율이 작고, 열팽창 계수나 비열이 크기 때문에 유리를 부분적으로 가열하면 비틀림이 발생한다. 그러므로 유리의 인장강도보다 큰 인장력이 작용하면 유리는 파괴된다. 조직상으로 규산, 중토, 붕산을 많이 포함하고 있으며, 알칼리를 줄이면 내열성이 증대된다.

[문제] 30. 유리의 열전도율은 콘크리트의 몇 배인가?
⑦ 1/2배   ㈕ 1/3배   ㈐ 1/4배   ㈑ 1/5배

[해설] 보통 유리의 열전도율은 0.48 kcal/h·m·℃ 로서, 이는 대리석 타일보다 작고 또 콘크리트의 1/2 정도이며, 철재와 비교하면 상당히 적은 편이므로 보온효과가 있다.

[문제] 31. 사무실 건축물의 맨 위층 창에 200 kg/m²의 풍압이 작용하면 창의 크기가 57 cm×57 cm일 때 사용하여야 할 유리의 두께로 적당한 것은?
⑦ 2 mm   ㈕ 3 mm   ㈐ 4 mm   ㈑ 5 mm

[해설] 풍압이 200 kg/m²일 때 창의 크기가 57 cm×57 cm이면 3 mm를 사용한다.

[문제] 32. 다음 유리 중 채광용 판유리는?
⑦ 플린트 유리
㈕ 칼리 석회 유리
㈐ 알루미나 붕사 유리
㈑ 소다 석회 유리

[해설] ⑦ 플린트 유리 : 칼리 납 유리로서 인조보석에 이용된다.
㈕ 칼리 석회 유리 : 고급용품에 이용된다.
㈐ 알루미나 붕사 유리 : 온도계의 원료로 이용된다.
㈑ 소다 석회 유리 : 일반 건축물의 채광용으로 이용된다.

[문제] 33. 2장 또는 3장의 유리를 일정한 간격을 두고 결합하며 둘레에는 틀을 끼워 내부는 기밀하게 하고 건조공기를 넣어서 방서, 단열, 방음용으로 쓰이는 유리는?

[해답] 27. ⑦   28. ⑦   29. ⑦   30. ⑦   31. ㈕   32. ㈑   33. ㈐

㉮ 강화 유리　㉯ 접합 유리(합유리)
㉰ 이중 유리　㉱ 방탄 유리

[해설] • 복층 유리(이중 유리) : 2장 또는 3장의 판유리를 일정한 간격으로 띄어 금속테로 기밀하게 테두리를 한 다음, 유리 사이의 내부를 진공으로 하거나 특수기체를 넣은 것으로써 방음과 단열효과가 크고 결로방지용으로도 우수하다.

[문제] 34. 결로현상 방지에 좋은 유리는?
㉮ 접합 유리　㉯ 강화판 유리
㉰ 복층 유리　㉱ 망입 유리

[해설] 복층 유리는 결로방지에 좋다.

[문제] 35. 유리섬유(glass fiber)의 안전사용 최고 온도는?
㉮ 100℃ 정도　㉯ 300℃ 정도
㉰ 500℃ 정도　㉱ 700℃ 정도

[해설] 유리 섬유의 안전 사용온도는 300℃, 비중은 0.1 정도이다.

[문제] 36. 보통 유리의 3~5배의 강도를 가지며, 자동차의 창유리에 이용되는 것은?
㉮ 망입 유리　㉯ 강화 유리
㉰ 복층 유리　㉱ 물유리

[해설] • 강화 유리 : 유리를 500~600℃로 가열한 다음 특수장치를 이용하여 균등하게 급격히 냉각시킨 유리로서 열처리에 의하여 강도가 보통 유리의 3~5배 정도이다.

[문제] 37. 철망 유리에 쓰이는 금속의 종류로 볼 수 없는 것은?
㉮ 니켈선　㉯ 아연선
㉰ 구리선　㉱ 알루미늄선

[해설] 망입 유리는 용융 유리 사이에 금속의 그물을 넣어 롤러로 압연하여 만든 판유리로서 지름 0.4 mm 이상의 철선, 놋쇠선, 아연선, 구리선, 알루미늄 등으로 만든 직사각형, 마름모꼴, 귀갑형으로 꼰 것 등의 금속 그물이 판유리 속에 들어 있는 것을 말한다.

[문제] 38. 자외선 투과 유리를 사용해야 될 곳은?
㉮ 지하실 채광용　㉯ 장식용
㉰ 흡습용　㉱ 병원의 일광욕실

[해설] • 자외선 투과 유리 : 유리에 함유되어 있는 성분 중에서 산화제이철은 자외선을 차단하는 주성분이다.

[문제] 39. 1 m×1 m의 문에 유리를 끼울 때 몇 평이 필요한가?
㉮ 8평　㉯ 9평
㉰ 10평　㉱ 11평

[해설] 유리의 한 평은 1자×1자이므로 1자×1자= 30.3 cm×30.3 cm이다.

[문제] 40. 유리에 함유되어 있는 성분 가운데 자외선을 차단하는 주성분이 되는 것은?
㉮ 황산나트륨　㉯ 탄산나트륨
㉰ 산화제 2 철　㉱ 산화제 1 철

[해설] 자외선을 차단하는 유리의 주성분은 산화제 2 철이므로 보통의 판유리는 자외선을 차단시키는 효과가 있다.

[문제] 41. 유리제품에서 강도가 가장 큰 것은?
㉮ 프리즘 유리
㉯ 강화 유리
㉰ 접합 유리
㉱ 망입 유리

[해설] • 강화 판유리 : 판유리 종류를 600℃ 이상의 연화점 근처까지 가열한 후 표면에 냉기에 내뿜어 급랭시켜 제조하며, 담금유리라고도 하는 유리를 말한다. 이와 같은 열처리로 인하여 그 강도가 보통 유리의 3~4배에 이르며, 특히 충격강도는 7~8배나 된다. 또, 파괴되면 열처리에 의해 내응력 때문에 모래처럼 잘게 부서지므로 유리 파편에 의한 부상이 적어진다. 이 성질을 이용하여 자동차의 창유리, 통유리문 등 깨어지면 그 파편이 위험한 곳에 쓰인다. 열처리를 한 후에는 절단 등의 가공을 할 수가 없다.

[해답] 34. ㉰　35. ㉯　36. ㉯　37. ㉮　38. ㉱　39. ㉱　40. ㉰　41. ㉯

8 CHAPTER 미 장 재 료

미장재료란 건축물의 바닥, 내·외벽, 천장 등에 적당한 두께로 발라 마무리하는 재료를 말한다.

[미장재료의 분류]
① 기경성(수축성) : 공기 중에서만 고화하고 수중에서는 고화하지 않는 것(진흙질, 석회질, 진흙, 새벽흙, 회반죽, 회사벽, 마그네시아 석회)
② 수경성(팽창성) : 공기 중에서 뿐만 아니라 수중에서도 고화하는 것(석고질, 혼합석고 플라스터, 순석고 플라스터, 경석고(무수석고), 킨즈 시멘트, 마그네시아 콘크리트, 고토질, 시멘트질)

응결경화 방식		분 류
수 경 성	시멘트계	시멘트 모르타르 인조석, 테라초 현장 바름
	석고계 플라스터	혼합 석고 플라스터 보드용 석고 플라스터 크림용 석고 플라스터, 킨즈 시멘트
기 경 성	석회계 플라스터	회반죽, 회사벽, 돌로마이트 플라스터
		흙반죽, 섬유벽
특수 재료		합성수지 플라스터 마그네시아 시멘트

1. 회반죽

(1) 소석회
  ① 천연 석회석, 조개 껍데기를 900~1300℃로 가열하면 생석회가 된다.
  ② 생석회에 물을 가하면 소석회가 된다.
(2) 여 물
  ① 건조수축에 의한 균열을 방지할 목적으로 여물을 첨가한다.

② 재료의 종류
　(가) 삼여물
　(나) 짚여물
　(다) 종이 여물
　(라) 털여물
　(마) 종려 여물

(3) 해초풀
① 해초풀(파래, 청각, 풀가사리) 이외에 합성풀, 녹말풀, 단백질풀도 사용된다.
② 소석회는 점성이 없으므로 점성을 가지게 하기 위하여 해초풀을 혼합한다.
③ 해초는 봄철에 채취하여 2~3년 묵힌 것이 좋다.

2. 돌로마이트 석회

(1) 재 료
① 여물
② 모래
③ 물
④ 백운석 : 탄산마그네슘을 상당량 함유하고 있는 석회석

(2) 특 징
① 점도가 높아 해초풀이 필요 없고 시공이 용이하다.
② 경화에 의한 수축률이 커서 균열발생이 쉽다.
③ 변색, 냄새, 곰팡이가 없다.

3. 석고 보드

① 화학공장에서 부산물로 나오는 석고에 톱밥을 85 : 15의 비율로 혼합하여 롤러로 눌러 붙인 것이다.
② 특징
　(가) 방부성, 방화성이 크고 팽창, 수축의 변형이 적으며, 열전도율이 작고 난연성이다.
　(나) 가공이 쉬우며 유성 페인트로 마감할 수 있다. 비바람을 맞는 곳에는 사용하지 않는다.
③ 벽이나 천장의 마감재로 이용되며 흡음판, 미장 바탕재로 사용된다.

4. 모르타르

(1) 마그네시아 시멘트 모르타르

① 산화마그네슘(MgO, 마그네시아)에 염화마그네슘($MgCl_2$, 간수)의 수용액을 가한 것이 마그네시아 시멘트이다.

② 마그네시아 시멘트, 모래, 한수석분, 목분, 규조토, 규산백토, 안료 등을 배합하여 모르타르를 만들어 사용한다.

※ 특징

㈎ 강도가 크고 경화가 빠르다.

㈏ 아름답고 광택이 있으며 착색이 잘 된다.

㈐ 흡수성이 있고 물이 침투하면 약해지기 쉬우며, 공기 및 습기에 의해 광택이 없어지고 철을 부식시킨다.

㈑ 백화가 생기기 쉬우며, 경화 수축도 큰 편에 속한다.

(2) 시멘트 모르타르

① 일반 시멘트 모르타르 : 포틀랜드 시멘트에 모래를 혼합하여 물로 반죽한 것

② 특수 시멘트 모르타르

㈎ 방수 모르타르 : 방수제(염화칼슘, 물유리, 규산질 광물의 가루, 파라핀, 아스팔트)를 시멘트 모르타르에 섞어 넣어 간단한 방수공사 등에 쓰인다.

㈏ 경량 모르타르 : 시멘트 모르타르의 골재를 비중이 작은 모래를 쓰거나 시멘트 모르타르에 발포제를 혼합하면 보온, 흡음성이 있는 미장재료가 된다.

㈐ 백색 시멘트 모르타르 : 백색 시멘트 모르타르에 무기 안료를 넣어 치장줄눈, 인조석 바름 등에 사용된다.

(3) 인조석 바름

① 백색 시멘트+돌가루+종석+안료+물

② 인조석 씻어내기 : 분무기로 뿌리면서 브러시로 씻어낸다.

③ 인조석 물갈기 : 숫돌, 그라인더로 갈아 표면 광내기

④ 인조석 정다듬 : 반죽 후 7~8일 경화 후 표면을 쪼아낸다.

(4) 테라초

고급 인조석의 일종이며 종석으로 대리석을 사용한 것이다.

(5) 석 회

① 기경성 분말로 비중은 1.28이다.

② 점도가 거의 없다 (해초풀로 반죽하여 점도 조절).

③ 미세한 수축균열이 생겨 풍화하기 쉽다 (여물로 균열방지).
④ 경화시간이 늦다.
⑤ 가소성이 크다.
⑥ 습기에 약하므로 내부에만 사용한다.

5. 플라스터

(1) 순석고 플라스터

　석고 플라스터를 현장에서 소화하여 석회죽을 혼합한 것이다.

(2) 혼합 석고 플라스터

　석고 플라스터와 석회가 혼합되어 제품화된 것이다.

(3) 경석고 플라스터

　킨즈 시멘트라고도 하며 경도가 높은 재료이나, 철제를 녹슬게 하는 성질을 가지고 있다.

예상문제

문제 1. 돌로마이트 석회의 특징과 관계가 먼 것은?
㉮ 백운석을 원료로 하여 소석회와 같은 방법으로 갠다.
㉯ 마그네슘 석회라고도 한다.
㉰ 소석회보다 비중이 작다.
㉱ 소석회보다 비중이 크다.

해설 • 돌로마이트 석회
① 백운석, 여물, 모래 등을 배합하여 미장바름을 하는 것으로 소석회에 비하여 비중이 크고 강도가 크며, 점성이 높아 해초풀을 넣을 필요가 없으나, 건조수축이 커서 균열이 가기 쉬우며, 물에 약한 결점이 있다.
② 소석회와 같이 기경성이다.
  ㈎ 기경성 : 공기 중의 이산화탄소에 의하여 경화되는 것
  ㈏ 백운석 : 탄산나트륨을 다량 함유하고 있는 석회석

문제 2. 중성화(中性化)가 빨라서 유성 페인트를 곧 바를 수 있는 재료는?
㉮ 돌로마이트 플라스터
㉯ 시멘트 모르타르
㉰ 소석고
㉱ 소석회

해설 • 소석고 : 강도가 크고 응결속도가 빠르며 응결 시 약간 팽창, 백색 벽면에 사용한다.

문제 3. 석회에 관한 기술 중 옳지 않은 것은?
㉮ 석회는 천연 석회석이나 조개 껍데기를 구워서 만든 것이다.
㉯ 탄산칼슘이 주성분인 석회석을 가열하여 생석회를 만든다.
㉰ 생석회에 물을 가하면 팽창하여 미세한 가루가 되는데 이를 소석회라 한다.
㉱ 석회는 수중에서 경화가 잘 된다.

해설 석회는 기경성이므로 수중에서는 경화되지 않고 탄산가스를 함유한 공기 중에서 탄산화 및 건조됨으로써 경화된다.

문제 4. 탄산마그네슘을 상당량 함유하고 있는 석회석을 원료로 하여 제조한 것은?
㉮ 돌로마이트 석회   ㉯ 회반죽
㉰ 석고   ㉱ 시멘트

해설 ① 돌로마이트 석회 : 백운석을 원료로 하여 소석회와 같은 방법으로 제조한다.
② 백운석 ($CaCO_3MgCO_3$) : 탄산마그네슘을 상당량 함유하고 있는 석회석이다.

문제 5. 돌로마이트 석회에 관한 기술 중 옳지 않은 것은?
㉮ 소석회에 비해 강도가 크다.
㉯ 점성이 낮아 풀을 많이 첨가해야 한다.
㉰ 건조수축이 커서 균열이 가기 쉽다.
㉱ 물에 약하다.

해설 점성이 높아 풀을 넣을 필요가 없다.

문제 6. 돌로마이트 석회의 재료(첨가물)로 옳지 않은 것은?
㉮ 백운석   ㉯ 모래
㉰ 물   ㉱ 해초풀

해설 백운석을 사용한 돌로마이트 석회는 점성이 높아 해초풀을 넣을 필요가 없다.

문제 7. 석회 제조원료로서 옳지 않은 것은?
㉮ 탄산칼슘이 주성분인 석회석
㉯ 여물
㉰ 녹말풀, 해초풀
㉱ 무수 석고 ($CaSO_4$)

해답 1. ㉰   2. ㉰   3. ㉱   4. ㉮   5. ㉯   6. ㉱   7. ㉱

해설 무수 석고를 주원료로 해서 만든 제품을 킨즈 시멘트라 한다.

문제 8. 회반죽에 사용하는 물과 여물에 관한 기술 중 옳지 않은 것은?
㉮ 풀의 원료인 해초는 봄철에 채취하여 2~3년 묵은 것이 좋다.
㉯ 석고나 돌로마이트 석회는 풀을 혼합하지 않는다.
㉰ 여물은 회반죽의 점성을 가지도록 한다.
㉱ 여물은 회반죽의 균열을 미세하게 한다.
해설 건조수축에 의한 균열을 방지할 목적으로 여물을 첨가한다.

문제 9. 다음 중 회반죽 수염재료로 부적당한 것은?
㉮ 삼여물   ㉯ 짚여물
㉰ 바닷여물 ㉱ 털여물
해설 짚여물은 진흙의 벽토에 사용하는 여물이다.

문제 10. 돌로마이트 플라스터에 관한 설명 중 틀린 것은?
㉮ 경화가 느리다.
㉯ 해초를 섞지 않아도 된다.
㉰ 수축률이 적다.
㉱ 공기 중의 탄산가스와 화합하여 굳어진다.
해설 · 돌로마이트 플라스터의 특징
 ① 돌로마이트 석회는 소석회보다 점성이 커서 풀이 필요 없다.
 ② 마감 표면의 경도가 회반죽보다 크다.
 ③ 변색, 냄새, 곰팡이가 없다.
 ④ 물에 약하고 수축률이 크다.
 ⑤ 경화가 느리다.

문제 11. 다음 중 석고에 대한 설명으로 옳은 것은?
㉮ 소석회보다 강도가 적다.
㉯ 경화시간이 극히 짧다.
㉰ 미장재료 중 점성도가 가장 적다.
㉱ 석고를 180~190℃ 정도 가열하면 소석고가 된다.
해설 · 석고의 일반적인 특징
 ① 경화시간이 빠르고, 강도가 크다.
 ② 경화할 때 팽창하는 경향이 있다.
 ③ 회반죽의 수축균열을 방지하기 위하여 석고를 혼합하면 효과가 있고, 경화속도, 강도 등이 증가한다.

문제 12. 돌로마이트 석회에 대한 설명 중 틀린 것은?
㉮ 수축균열이 일어난다.
㉯ 비중이 2.35~2.45 정도이다.
㉰ 점도가 없어 해초풀물로 반죽한다.
㉱ 마그네시아 석회라고도 한다.
해설 돌로마이트 석회는 소석회보다 점성이 커서 풀이 필요 없다.

문제 13. 무수석고가 주재료이며 경화한 것은 강도와 표면경도가 큰 재료로서 킨즈 시멘트라고도 불리우는 것은?
㉮ 돌로마이트 플라스터
㉯ 질석 모르타르
㉰ 경석고 플라스터
㉱ 순석고 플라스터
해설 · 경석고 플라스터
 ① 회반죽의 수축균열을 방지하기 위하여 석고를 혼합하면 효과가 있고 경화속도, 강도 등이 증가한다.
 ② 킨즈 시멘트라고도 하며 경도가 높은 재료이나 철제를 녹슬게 하는 성질을 가지고 있다.

해답 8. ㉰ 9. ㉯ 10. ㉰ 11. ㉱ 12. ㉰ 13. ㉰

9 CHAPTER 방 수 재 료

1. 아스팔트 방수재료

1-1 아스팔트 제품

(1) 아스팔트 펠트 및 루핑

① 아스팔트 펠트
  ㈎ 펠트상으로 만든 원지에 가열 용융한 침투용 아스팔트를 함침시킨 것이다.
  ㈏ 흑색 시트상으로 방수, 방습성이 좋고 가볍다.
② 아스팔트 루핑 : 원지에 아스팔트를 침투시킨 다음 그 양면에 아스팔트를 도포하고, 광물질 분말을 살포하여 마무리한 시트상의 제품이다.

(2) 구멍뚫린 아스팔트 루핑

① 루핑 시트 전면에 일정한 크기의 관통한 구멍을 일정한 간격으로 만든 것이다.
② 콘크리트 바탕이 함유하고 있는 수분증발로 기인하는 수증기압을 분산시켜 방수층의 부풀림 현상을 억제시킨다.

(3) 개량 아스팔트 방수 시트

① 아스팔트를 이용하여 만든 것으로 루핑의 보강재료는 폴리에스테르 부직포를 사용한다.
② 토치 버너의 가열에 의해 공사가 이루어지므로 용융 아스팔트 사용에 따른 냄새, 화상 등의 피해가 없고, 작업인력이 절약된다.

(4) 단열재

① 방수층과 조합하여 외단열 방수를 형성하는 것이다.
② 거주성의 향상, 에너지 절약, 구조체의 보호 등의 역할을 한다.

(5) 기타 재료

① 보강용 테이프 : 프리캐스트 콘크리트 패널 및 ALC 패널 등의 접합부를 보강하여 방수층의 파손을 막기 위해 사용한다.
② 누름고정 철물 : 방수층의 적절한 강성과 내구성을 가지고 말단부를 확실히 고정시켜 준다.
③ 마감도료 : 방수층의 내후성을 강화하여 품질을 저하방지한다.

1-2 방수공사용 아스팔트

(1) 분 류
특징에 따라 1종, 2종, 3종, 4종으로 나뉜다.

(2) 특 징
① 원유를 증류하여 제조한 것이다.
② 연화점을 조정하기 위해 기름이나 콤파운드를 혼합하지 않은 것이다.

1-3 아스팔트 프라이머

(1) 아스팔트 프라이머
아스팔트를 휘발성 용제에 용해한 비교적 저점도의 액체로서 방수시공의 첫째 공정에 쓰이는 바탕 처리재이다.

(2) 특 징
① 침투성이 양호하다.
② 바탕재와 용융 아스팔트의 접착성이 양호하다.
③ 재료 : 침입도 10~20 정도의 블론 아스팔트가 많이 사용된다.
④ 용제 : 아스팔트 프라이머가 상온에서 8시간 이내에 건조하는 비속건성 타입인 솔벤트 나프타 등이 있다.

2. 시트 방수재료

(1) 시트 방수재
① 가황 고무계 시트
   (가) 원료 : 에틸렌프로필렌고무, 부틸고무 등의 합성고무+보강제+고온의 황성분
   (나) 특징 : 감온성이 작고, 내피로성이 강하다.
② 비가황 고무계 시트
   (가) 원료 : 에틸렌프로필렌고무, 부틸고무 등의 합성고무+보강제+연화제
   (나) 특징 : 시트 상호간의 접착성이 우수하다.
③ 염화비닐 수지계 시트
   (가) 원료 : 염화비닐+충전제+가소제+안정제 등
   (나) 특징 : 시트 상호간의 용제 접착 및 열융착성이 우수하며, 노출상태에서도 통행이 가능하다.

(2) 프라이머
내구성을 가지고, 바탕면에 일부 침투함과 동시에 건조한 피막을 형성, 접착제의 접

착력을 보조한다.

(3) 접착제
 ① 접착제 : 시트 방수의 접착공법에 사용되는 것이다.
 ② 특징 : 프라이머 및 시트의 품질을 저하시키지 않아야 한다.
 ③ 종류 : 클로로프렌고무계, 부틸고무계, 에폭시 수지계, 아크릴계, 고무 아스팔트계 등

(4) 기타재료
 ① 실링재   ② 고정철물   ③ 기타 단열재
 ④ 보강 테이프   ⑤ 마감 도료

3. 도막 방수재료

(1) 도막 방수재료
 ① 우레탄계 도막재
  (가) 사용장소 : 지붕 및 일반 바닥, 벽 및 치켜 올림부
  (나) 종류 : 2성분형(현장에서 주제와 경화제를 혼합), 1성분형 방수재(주제와 경화제의 구분 없이 사용)
 ② 아크릴고무계 도막재
  (가) 아크릴고무계 도막재 : 아크릴레이트를 주원료로한 아크릴 고무 에멀션에 충전제, 안정제 및 착색제 등을 배합한 1성분형의 제품이다.
  (나) 특징 : 온도, 습도, 풍속, 바탕의 함습상태 및 도막두께 등 여러 가지 인자에 의해 건조시간이 변화된다.
 ③ 고무 아스팔트계 도막재
  (가) 아스팔트와 합성고무를 수중에 유화 분산한 에멀션으로 용융제는 포함하지 않는다.
  (나) 응고제는 고무 아스팔트 성분을 응고시켜 수분을 분리시키는 것으로 3~5% 농도의 염화칼슘 수용액이 쓰이며, 뿜칠기에 의한 압송성에 우수하다.
 ④ 시멘트 혼입 폴리머계 도막 방수재(무기질 탄성 도막)
  (가) 시멘트 혼입 폴리머계 도막 방수재 : 합성수지 등의 폴리머에 수경성 시멘트를 혼합하여 만든 방수재이다.
  (나) 특징 : 폴리머 시멘트의 비가 기존의 수지 모르타르나 시멘트 액체 방수재보다 크게 증가하여, 방수 바탕재의 습윤상태에 영향을 받지 않고, 바탕에 균열이 발생할 때 어느 정도 대응이 가능하다.

(2) 프라이머
 합성수지, 합성고무 및 고무 아스팔트의 용제형 또는 에멀션형으로 솔, 롤러, 뿜칠기 등으로 용이하게 도포할 수 있는 비교적 저점도의 액체로, 시공의 제 1 공정에 사용하는

바탕 처리재이다.

(3) 보강재
방수재와 친화성이 좋고, 일체화하여 보강효과를 가지며, 치수 안정성이 우수하며, 시공상 지장이 없는 것을 사용한다.

4. 시멘트계 방수재료

(1) 시멘트 액체 방수재
유기질 성분이 포함되어, 방수 모르타르의 입자 사이에 유기질막을 형성하여 방수효과를 가진다(물의 침투를 방지).

(2) 무기질 침투성 방수재
물과 혼합하며 바탕면의 공극 속으로 침투해 들어간 활성 실리카가 공극을 감소시킴으로 조직을 치밀하게 하며 수밀성이 향상된다.

5. 실링(sealing)재 방수재료

(1) 실랭재 방수
접합부나 이음부에 부정형 또는 정형재를 채워서 방수효과를 얻는 것이다.

(2) 실링재의 구분
① 형상에 따른 구분
  (가) 부정형   (나) 정형
② movement에 따른 구분
  (가) working joint : movement가 큰 경우
  (나) non working joint : movement가 작게 작용하거나 거의 생기지 않는 경우
    주 • movement : 지진, 풍압, 온도변화, 부동침하 등으로 인하여 건축부재의 접합부 또는 이음부에 생기는 각종 움직임
      • working joint : movement가 크게 작용하는 접합부 또는 이음부
      • non working joint : movement가 작게 작용하거나 거의 생기지 않는 접합부 또는 이음부

(3) 실링재의 하자 요인
① 실링재의 파단
② 접착면과 실링재의 박리
③ 실링재의 오염
④ 구조물의 균열

예 상 문 제

문제 1. 다음 중 구성부재에 흡수 또는 부재를 통하여 투수현상이 일어날 경우 생기는 영향이 아닌 것은 어느 것인가?
㉮ 강도가 저하된다.
㉯ 단열성이 저하된다.
㉰ 부식으로 인한 부재의 중량이 감소된다.
㉱ 콘크리트에서 동결융해로 인한 내구성이 저하된다.
[해설] 부식으로 인하여 철근의 부피증대로 중량은 증가하게 된다.

문제 2. 다음 중 구성부재에 흡수 또는 부재를 통하여 투수현상이 일어날 경우 건물에 미치는 영향이 아닌 것은 어느 것인가?
㉮ 누수현상이 나타난다.
㉯ 건물에 필요한 용수를 절약할 수 있다.
㉰ 벽, 천장 등의 마감재를 오염시킨다.
㉱ 건물 및 생활용구의 내구성이 저감되어, 경제적 가치가 감소한다.

문제 3. 다음 중 멤브레인 방수공법이 아닌 것은 어느 것인가?
㉮ 아스팔트 방수
㉯ 규산염화합물 방수
㉰ 합성고분자 시트 방수
㉱ 도막방수
[해설] ㉯번은 규산질 침투성 도포방수이다.

문제 4. 아스팔트 프라이머의 품질(건조시간, 가열잔분, 비중)의 기준으로 맞는 것은 어느 것인가?
㉮ 8시간 이내, 35 % 이상, 1.0 미만
㉯ 8시간 이내, 30 % 이상, 2.0 미만
㉰ 7시간 이내, 35 % 이상, 1.0 미만
㉱ 7시간 이내, 30 % 이상, 2.0 미만

[해설]

항목	품질	비 고
건조시간	8시간 이내	KS M 5000 (시험방법 2511, 도료의 건조시간 시험방법 (4.1) 지촉건조)에 따른다. (단, 시험온도는 20±2℃)
가열잔분	35 % 이상	KS M 5000 (시험방법 2113, 도료의 휘발분 및 불휘발분 함량 시험방법)에 따른다.
비중	1.0 미만	KS M 5000 (시험방법 2131, 도료의 비중시험 방법)에 따른다.

문제 5. 평지붕 방수공사에 잘 사용되지 않는 것은 다음 중 어느 것인가?
㉮ 스트레이트 아스팔트
㉯ 블론 아스팔트
㉰ 아스팔트 콤파운드
㉱ 아스팔트 펠트
[해설] • 스트레이트 아스팔트 : 공업용, 도로포장 및 수리를 위한 구조물용으로 많이 쓰인다.

문제 6. 염화비닐 수지계 시트 방수의 특징으로 적절하지 못한 것은 어느 것인가?
㉮ 내후성, 내약품성이 우수하다.
㉯ 노출방수로 경보행할 수 있다.
㉰ 냄새, 화상 등의 피해가 없다.
㉱ 시트의 착색이 자유롭다.
[해설] ㉰번은 개량 아스팔트 방수 시트의 설명이다.

문제 7. 아스팔트 펠트에 대한 설명으로 맞는 것은 어느 것인가?

[해답] 1. ㉰ 2. ㉯ 3. ㉯ 4. ㉮ 5. ㉮ 6. ㉰ 7. ㉰

㉮ 원유를 증류하여 제조한 것이다.
㉯ 감온성이 작다.
㉰ 천연유기 섬유를 원료로 한 원지에 스트레이트 아스팔트를 함침시킨 것이다.
㉱ 지붕 및 일반 바닥, 벽 및 치켜 올림부에 사용한다.

[해설] ㉮ 방수공사용 아스팔트, ㉯ 가황고무계 시트, ㉱ 우레탄계 도막재

문제 8. 아스팔트 방수공사에서 아스팔트 프라이머를 도포하는 이유로 맞는 것은 어느 것인가?

㉮ 콘크리트면과 아스팔트 방수층의 접착력을 향상시키기 위하여
㉯ 방수층의 적절한 강성과 내구성을 가지고 말단부를 고정시켜 주기 위하여
㉰ 방수층의 내후성을 강화하여 품질저하 방지를 위하여
㉱ 바닥에 균열이 발생할 때 어느 정도 대응하기 위하여

[해설] ㉯ 누름고정 철물, ㉰ 마감도료, ㉱ 시멘트 혼입 폴리머계, 도막 방수재

문제 9. 아스팔트의 품질을 판별하는 항목과 거리가 먼 것은?

㉮ 신도   ㉯ 침입도
㉰ 감온비   ㉱ 압축강도

[해설] • 아스팔트 재료의 품질 시험 항목 : 침입도, 인화점, 이황화탄소 가용분, 감온비, 신도, 비중, 가열감량, 인화점, 고정타소 등이 있다.

문제 10. 아스팔트 방수재료 중 보강용 테이프의 사용 목적은 무엇인가?

㉮ 접합부를 보강하여 방수층의 파손을 막기 위하여
㉯ 방수층의 적절한 강성과 내구성을 가지고 말단부를 확실히 고정시키기 위하여
㉰ 방수층의 내후성을 강화하여 품질을 저하시키지 않도록 하기 위하여
㉱ 표면을 끈적거리지 않게 하기 위하여

[해설] • 보강용 테이프 : 프리캐스트 콘크리트 패널 및 ALC 패널 등의 접합부를 보강하기 위하여 사용

문제 11. 아스팔트 프라이머의 재료로 적당한 것은 어느 것인가?

㉮ 침입도 1~10 정도의 블론 아스팔트
㉯ 침입도 10~20 정도의 블론 아스팔트
㉰ 침입도 20~30 정도의 블론 아스팔트
㉱ 침입도 30~40 정도의 블론 아스팔트

[해설] • 아스팔트 프라이머의 특징
① 방수바탕에 도포하면 표면에 침투하여 강력한 피막을 형성하여 바탕과 방수층의 접착성을 향상시킨다.
② 재료 : 침입도 10~20 정도의 블론 아스팔트가 많이 사용된다.
③ 용제 : 아스팔트 프라이머가 상온에서 8시간 이내에 건조하는 비속건성 타입인 솔벤트 나프타 등이 있다.

문제 12. 염화비닐 수지계의 원료로 알맞은 것은 어느 것인가?

㉮ 에틸렌프로필렌고무, 부틸고무 등의 합성고무＋보강제＋고온의 황 성분
㉯ 에틸렌프로필렌고무, 부틸고무 등의 합성고무＋보강제＋연화제
㉰ 염화비닐＋충전제＋가소제＋안정제 등
㉱ 에틸렌프로필렌고무, 부틸고무 등의 합성고무＋보강제＋연화제＋가소제

[해설] • 염화비닐 수지계의 특징 : 시트 상호간의 용제 접착 및 열융착성이 우수, 노출상태에서도 통행이 가능하다.

[해답] 8. ㉮ 9. ㉱ 10. ㉮ 11. ㉯ 12. ㉰

10 합성수지

합성수지는 석탄, 석유, 유지, 녹말, 섬유소, 고무 등의 원료를 인공적으로 합성시켜 만든 고분자 물질이다. 가소성이 있으므로 플라스틱이라 불리기도 한다.

| 용어해설 | 가소성 : 어떤 온도 범위 안에서 여러 가지 모양의 물체를 만들기 쉬운 성질

1. 일반적 성질과 용도

① 투과성이 큰 것은 유리 대신 채광판으로 쓰인다. 아크릴 수지의 투과율은 90 %, 비닐수지의 투과율은 85~90 %에 이른다.
② 고체 성형품은 경량이며 강도가 큰 것이 있으나 (압축강도 : 페놀 수지 3000 kg/cm^2, 멜라민 수지 2100 kg/cm^2, 폴리에스테르 수지 2500 kg/cm^2), 탄성이 강철의 1/10 정도이며, 강성도 작아서 구조재로서 불리한 점이 있다.
③ 내열, 내화성이 부족하여 150℃ 이상의 온도에 견디는 것이 드물다.
④ 경도가 낮아서 잘 긁히며 마멸되기 쉽다.

2. 종 류

(1) 열가소성 수지

중합반응에 의해 만들어진 수지로서, 열을 받아 어떤 온도에 이르면 녹거나 연화되어 가소성이 커졌다가 식으면 다시 굳어지는 성질이 있으므로 열가소성 수지라 한다.

① 비닐계 수지
 ㈎ 염화비닐
  • 내알칼리성, 전기절연성, 내후성이 크다.
  • 값이 싸서 판, 타일, 시트, 파이프, 도료, 필름 등에 사용된다.
 ㈏ 초산비닐 : 강도 및 내후성이 떨어지나 접착성 및 광택이 좋으므로, 염화비닐과 중합시켜 도료를 만드는 일이 많다.
 ㈐ 염화 비닐리덴 : 값은 비싸지만 내열성, 내화학성이 커서 염화비닐과 중합시켜 섬유제품을 만드는 데 쓰인다.

② 아크릴 수지
　(가) 무색 투명판은 광선 및 자외선의 투과성이 크고 내약품성, 전기절연성이 크며 내충격 강도는 무기 유리보다 8~10배 정도나 크다.
　(나) 유기 유리라 하여 비행기의 방풍 유리로 사용한다.
　(다) 평판, 골판 등으로 만들어 스크린, 칸막이판, 창유리, 문짝, 조명기구 등을 만드는 데 쓰이고, 최근에는 건물, 내·외장용, 스프레이 코팅 재료로도 쓰인다.

③ 폴리에틸렌 수지
　(가) 내충격성이 보통 수지의 4~6배에 이르고 전기절연성 및 내약품성이 크며, 취하온도는 -60℃이다.
　(나) 광·공업용 배관, 수도관, 포장 필름, 전선피복 및 일용품 또는 에멀션화하여 도료나 접착제로 만들어 쓴다.

④ 폴리스티롤 수지
　(가) 무색 투명하고 착색하기 쉬우며, 내화학성, 전기절연성, 가공성이 우수하고 단단하나 부서지기 쉬운 결점이 있다.
　(나) 타일, 천장재, 블라인드 및 도료, 발포제품은 저온 단열재로 쓰인다.

⑤ 플루오르 수지
　(가) 사플루오르화 에틸렌 수지와 삼플루오르화 염화에틸렌 수지가 있다.
　　• 사플루오르화 에틸렌 수지
　　　-물리적, 화학적 성질이 우수하여 만능 수지라고도 한다.
　　　-내수성, 내열성, 내약품성, 내전기성이 좋으며, 사용온도는 -100~250℃이다.
　　• 삼플루오르화 염화에틸렌 수지 : 사플루오르화 에틸렌 수지에 비하여 내약품성이 약간 떨어진다.
　(나) 유기성 용제의 취급장치인 캐스케이트, 패킹, 튜브, 파이프 등의 원료로 사용되며, 수명이 반영구적이다.

> **용어해설**
> • **열가소성 수지** : 아크릴 수지, 염화비닐 수지, 초산비닐 수지, 비닐 아세틸렌 수지
> • **열경화성 수지** : 페놀 수지, 요소수지, 멜라민 수지, 알키드 수지

(2) 열경화성 수지

가열하면 가소성이 되었다가 어떤 온도에서 굳어지고 다시 가열하여도 가소성이 되지 않는 합성수지이다.

① 페놀 수지
　(가) 페놀(석탄산), 포름알데히드를 원료로 하고 산이나 알칼리를 촉매로 하여 만든다.
　(나) 합판 대용으로 쓰이는 판류(board), 유성 용제로 액화한 내수 합판용 접착제, 내알칼리성 도장재, 다공질로 만든 단열재, 포장재 등이 있다.
　　[참고] 페놀 수지는 열가소성 수지에도 속한다.

② 폴리에스테르 수지
  (가) 다가 알코올 (글리세린 등)과 다염기산 (무수프탈산 등)의 축합으로 만들어지는 에스테르 수지이며 FRP라고도 불리운다.
  (나) 포화 폴리에스테르 수지와 불포화 폴리에스테르 수지가 있다.
- 불포화 폴리에스테르 수지
  - 유리섬유로 보강한 것
  - 강철의 강도와 비슷한 강도를 냄
  - 비중이 강철의 1/3 정도로 가벼우면서 강도가 크므로 항공기, 선박차량 등의 구조재, 창호, 칸막이, 루버 등에 쓰인다.
  - 유리 섬유, 석면, 운모 등을 액체 수지에 혼합하여 수지 모르타르를 만들어 쓰기도 한다.
  - $-90 \sim 150 ℃$ 온도 범위에서 사용할 수 있다.
- 포화 폴리에스테르 수지 : (알키드 수지)

[참고] 폴리에스테르 수지도 페놀 수지와 함께 열가소성이 있다.

③ 요소 수지
  (가) 요소를 포르말린과 반응시켜 만든다.
  (나) 내수 합판의 접착제로 쓰이며, 펄프, 목분, 착색제 등을 혼합하여 굳힌 것은 주로 일용품, 장식품을 만드는 데 쓰인다.

④ 멜라민 수지
  (가) 멜라민과 포르말린을 반응시켜 만든 것으로 무색 투명하여 착색이 자유롭고, 내수성, 내약품성, 내용제성이 좋다.

[참고] 요소수지보다 내열성, 기계적 강도, 전기적 성질이 우수하다.

  (나) 멜라민 화장판 (착색제와 무늬를 인쇄한 종이를 멜라민 접착제로 여러 겹 붙여 만든 적층재)은 천장, 안벽, 카운터판, 조리대, 냉장고, 실험대 등을 만드는 데 쓰인다.

⑤ 실리콘 수지
  (가) 제법에 따라 액체, 고무, 수지 등이 만들어진다.
  (나) 내알칼리성, 전기절연성, 내후성, 특히 내열, 내한성이 극히 우수하며, 발수성이 있어 방수제로도 쓰인다.
  (다) 액체인 실리콘 오일은 펌프유, 절연유, 방수제 등으로 쓰인다.
  (라) 실리콘 고무는 $-60 \sim 260 ℃$의 범위에서 탄성이 유지되므로 패킹재로 쓰인다.

⑥ 푸란 수지
  (가) 푸란을 알코올로 처리한 것으로 광택이 있는 검은색이다.
  (나) 내열성, 내알칼리성이 우수하고 접착성이 커서 목재, 금속, 유리, 도자기, 가죽, 고무, 천, 종이를 붙일 수 있고 공업시설의 접착재료로도 쓰인다.

⑦ 에폭시 수지
　(가) 에피클로로히드린과 비스페놀에이를 알칼리로 반응시켜 만든 접착성이 가장 좋은 수지이다.
　(나) 목재, 금속, 유리, 플라스틱, 도자기, 고무 등에 뛰어난 접착성을 나타내며, 특히 알루미늄과 같은 경금속의 접착에 좋다.
　(다) 200℃ 이상에서 견딜 수 있는 내열성이 있으며 내약품성도 크다.
　(라) 항공기 공업, 전기공업 등에 이용되며 건축용재로는 내·외장 스프레이 코팅재, 방수재 및 벽, 바닥, 천장재로 쓰인다.

(3) 섬유소계 수지

식물성 물질의 구성 성분으로, 자연계에 많이 있는 고분자 물질을 질산, 초산 등의 화학약품에 의해 변성한 것으로서 반합성 수지이다.

① 셀룰로이드
　(가) 솜, 펄프 등의 셀룰로오스를 질산 및 황산으로 처리하여 질화면을 만들고, 이것을 에스테르, 알콜로 녹인 다음 가소제를 넣어 형상을 만든다.
　(나) 순수한 셀룰로이드는 무색 투명하고 투광률은 80~85%이며, 자외선을 대부분 투과시키나 적외선은 차단한다.
　(다) 질화면은 셀룰로이드를 만드는 외에 도료로도 사용되는데, 이것은 흡습성이 없고 광택이 있으며, 견고하게 밀착되므로 금속, 가죽, 목재 등의 접착제로도 사용한다.

② 초산섬유소 수지
　(가) 린터 펄프를 원료로 하며 초산, 황산 등으로 처리하여 가수 분해시킨 것이다.
　(나) 셀룰로이드에 비하여 우수한 제품으로서 판, 파이프, 시트, 도료, 사진 필름 등의 제조에 사용된다.

(4) 고무 및 합성고무

① 고무
　(가) 생고무 : 라텍스를 정제한 것을 말하며, 생고무를 그대로 쓰는 경우는 별로 없다.
　(나) 가황고무
　　• 고무나무에서 채취한 라텍스에 황을 혼합하여 가공한 것이다.
　　• 일반적으로 고무라 하면 가황고무를 말한다.

용어해설
- **라텍스** : 고무나무의 수피에서 분비되는 유상의 즙액이다.
- **고무 유도체** : 생고무에 염소나 염산을 작용시키면 염화고무, 염산고무가 되어 가황고무와는 다른 성질을 갖게 되는 것을 말한다.

② 합성고무
  ㈎ 합성수지 제품으로서 부나에스, 부나엔, 네오프렌의 세 가지가 많이 쓰인다.
  ㈏ 가황고무에 비하여 내광성, 내구성, 내열성 및 내유성이 뛰어나 공업시설의 주요한 재료이다.

3. 합성수지 제품

(1) 판 재
  ① 경질판 : 강도가 커서 합판 대용으로 쓰이며, 다음과 같은 종류가 있다.
    ㈎ 유리섬유로 보강한 폴리에스테르 강화판
    ㈏ 페놀 수지를 석면, 유리 섬유, 목재 펄프, 종이, 목분 등의 충전재로 강화한 베이클라이트 강화판
    ㈐ 얇은 나무판을 페놀 수지로 강화, 적층한 적층판
  ② 수장판 : 표면이 깨끗하고 아름다운 무늬와 광택이 있는 폴리에스테르 수장판, 멜라민 수장판, 염화비닐 수장판 등이 있다.
  ③ 투명판 : 아크릴 투명판, 염화비닐 투명판, 폴리스틸렌 투명판, 초산 셀룰로오스 투명판 등이 있다. 특히, 아크릴 투명판과 염화비닐 투명판은 우수한 채광재이다.

(2) 바닥재료
  ① 수지 타일 : 아름다운 무늬, 광택 등이 있고 탄성이 있는 우수한 바닥재료로서, 염화비닐 타일, 아스팔트 타일 등이 있다.
  ② 시트 (sheet) : 아름다운 색채와 무늬가 있는 바닥재료로서 염화비닐 시트, 초산 비닐 시트 등이 있다.

    [참고] 염화비닐 스펀지 시트 : 염화비닐에 가소제, 충전제, 발포제 등을 넣어서 만든 스펀지 위에 얇은 착색 염화비닐을 붙여 만든 것으로서 탄력성이 크며 내마멸성, 난연성이 있는 바닥재료이다.

예 상 문 제

문제 1. 보통 F.R.P판으로 알려져 있고 내·외장재, 가구 등으로 쓰이고 장차 구조재로 사용 가능한 재료는?
㉮ 강화 폴리에스테르판
㉯ 아크릴판
㉰ 페놀 수지판
㉱ 경질 염화비닐판
해설 • 강과 비슷한 강도

문제 2. 비중이 강철의 1/3 정도로 가벼우면서 강철과 같은 강도를 가지고 있어서 창호, 칸막이, 루버 등에 사용되는 것은?
㉮ 알키드 수지
㉯ 요소 수지
㉰ 폴리에스테르 수지
㉱ 실리콘 수지
해설 • 사용온도 : −90~150℃

문제 3. 내알칼리성, 전기절연성, 내후성이 우수하며 방수성이 있어 방수제로 쓰이는 수지는?
㉮ 실리콘 수지
㉯ 푸란 수지
㉰ 요소 수지
㉱ 폴리에스테르 수지
해설 • 사용온도 : −80~250℃

문제 4. 합성수지의 일반적인 성질을 기술한 것 중 틀린 것은?
㉮ 투과성이 큰 것은 유리 대신 채광판으로 사용한다.
㉯ 가공하기 쉽고 착색이 자유롭다.
㉰ 경량이며 강도가 큰 것이 있으나 구조재료는 불리하다.
㉱ 내열·내화성이 커서 500℃ 이상에서 견디는 것이 많다.
해설 • 합성수지의 성질
① 내열·내화성이 작아서 150℃ 이상의 온도에 견디기가 어렵다.
② 경량에 비해 강도가 큰 것이 있으나 탄성이 1/10 정도이며 강성이 작아 구조재로써 불리한 점이 있다.
  ㈎ 가소성 : 물질에 어떤 힘을 가하여도 깨지지 아니하고 형체만이 변하는 성질
  ㈏ 열가소성 수지 : 가열하면 가소성이 되고, 냉각하면 굳어지며 다시 가열하면 가소성이 되는 합성수지
  ㈐ 열경화성 수지 : 가열하면 가소성이 되었다가 냉각하면 어떤 온도에서 굳어지고 다시 가열했을 때 가소성이 되지 않는 합성 수지

문제 5. 충격강도는 아크릴 수지가 유리보다 몇 배 더 큰가?
㉮ 2~4
㉯ 5~7
㉰ 8~10
㉱ 10~12
해설 • 아크릴 수지 : 비행기의 방풍 유리로 사용해 왔으며, 투명판은 광선 및 자외선의 투과성이 크고 내약품성 전기절연성이 크며, 내충격강도는 무기 유리보다 8~10배 정도나 크다.

문제 6. 물리적, 화학적 성질이 우수하여 만능 수지라 하며 내수성, 내열성, 내약품성, 내전기성이 좋고 사용온도는 −100~250℃인 수지는?
㉮ 플루오르 수지
㉯ 폴리에스테르 수지
㉰ 페놀 수지

해답 1. ㉮ 2. ㉰ 3. ㉮ 4. ㉱ 5. ㉰ 6. ㉮

라 에폭시 수지
해설 수명이 반영구적이다.

문제 7. 다음 재료 중 열경화성 수지에 속하지 않는 것은?
가 페놀 수지 나 알키드 수지
다 초산비닐 수지 라 멜라민 수지
해설 ・초산비닐 수지 : 열가소성 수지

문제 8. 다음 재료 중 열가소성 수지가 아닌 것은?
가 염화비닐 수지 나 아크릴 수지
다 플루오르 수지 라 폴리에스테르 수지
해설 ・열경화성 수지 : FRP, 요소수지, 실리콘 수지, 푸란 수지 등

문제 9. 아크릴(acryl) 수지의 특성에 관한 기술 중에서 옳지 않은 것은?
가 광선의 투과율이 작다.
나 내충격 강도는 보통 유리의 8~10배 정도이다.
다 내약품성, 전기절연성이 크다.
라 채광판, 칸막이판, 문짝, 건물 내・외장용, 스프레이 코팅 재료로 사용한다.
해설 광선의 투과율은 85~90 % 정도이다.

문제 10. 유리 섬유로 보강하여 비중이 강철의 1/3 정도로 가볍고 강도가 비슷한 수지는?
가 불포화 폴리에스테르 수지
나 초산비닐 수지
다 실리콘 수지
라 염화비닐 수지
해설 항공기, 선박, 차량, 창호, 칸막이, 루버용

문제 11. 합판 대용으로 사용하는 합성수지 제품이 아닌 것은?
가 유리 섬유로 보강한 폴리에스테르 강화판
나 베이클라이트 강화판
다 강화목재 적층판
라 염화비닐 시트(sheet)
해설 나 베이클라이트 강화판 : 종이에 페놀 수지를 침지시켜 석면, 유리 섬유, 목재 펄프, 종이, 목분 등의 충전재를 첨가하여 열압으로 만든 것
다 강화목재 적층판 : 얇은 나무판에 페놀 수지를 침지시켜 열압한 것
라 염화비닐 시트(sheet) : 염화비닐에 석면, 목분 등의 충전재와 안료를 가하여 롤러로 성형한 것으로 두께 2.5 mm 이하, 너비 90 cm의 두루마리로써 목조 마루, 온돌, 콘크리트 바닥면에 사용한다.

문제 12. 반합성 수지로서 무색 투명하고 투광률은 80~85 %이며, 자외선을 대부분 투과시키나 적외선을 차단하는 것은?
가 아크릴 수지
나 비닐 수지
다 셀룰로이드 수지
라 가황고무
해설 금속, 가죽, 목재 등의 접착제로도 사용한다.

문제 13. 아크릴 수지의 내충격 강도는 유리의 몇 배나 되는가?
가 1~4배 나 5~7배
다 8~10배 라 11~15배
해설 ・아크릴 수지 : 유기 유리라고도 하며, 방풍 유리로 사용해 왔다. 무색 투명판은 광선과 자외선의 투광성이 크다.

문제 14. 열경화성 수지 중 베이클라이트란 이름으로 알려져 있는 것은?
가 페놀 수지 나 요소 수지
다 멜라민 수지 라 알키드 수지
해설 합성수지는 1869년에 셀룰로이드의 발명과 1909년의 베이클라이트(페놀 수지)가 발명됨에 따라 일상생활 용품으로 이용하기 시작했다.

해답 7. 다 8. 라 9. 가 10. 가 11. 라 12. 다 13. 다 14. 가

문제 15. 합성수지 중 안전 사용온도가 가장 높은 것은?
㉮ 페놀 수지 ㉯ 멜라민 수지
㉰ 실리콘 수지 ㉱ 염화비닐 수지

해설 • 합성수지의 안전 사용온도

수지의 종류	안전 사용온도
페놀 수지	60℃
멜라민 수지	120℃
염화비닐 수지	−10∼60℃
실리콘 수지	−80∼250℃

문제 16. 알칼리로 반응시켜 만든 접착성이 매우 우수하고 목재, 금속, 유리, 플라스틱, 고무 등에 뛰어난 접착성과 200℃ 이상에 견딜 수 있는 내열성과 내약품성을 가진 수지재료는?
㉮ 요소 수지 ㉯ 페놀 수지
㉰ 에폭시 수지 ㉱ 아크릴 수지

해설 • 에폭시 수지 : 에피클로로히드린과 비스페놀에이를 알칼리로 반응시켜서 만든 접착성이 가장 우수한 수지로서 목재, 금속, 유리, 플라스틱, 도자기, 고무 등에 뛰어난 접착성을 나타내며, 특히 알루미늄과 같은 경금속의 접착에 좋다.

문제 17. 합성수지의 특성에 대한 설명 중 옳지 않은 것은?
㉮ 비중이 작으며 내식성이 강하다.
㉯ 흡수변형되기 쉽고 온도와 관계가 있다.
㉰ 경도는 비교적 높은 편으로 유리의 3배 정도이다.
㉱ 제작 후 시간이 경과함에 따라 약간씩 수축되는 경향이 있다.

문제 18. 시트 방수의 재료 중 맞지 않은 것은 어느 것인가?
㉮ 실링제 ㉯ 고정철물
㉰ 보강 테이프 ㉱ 아스팔트 펠트

해설 아스팔트 펠트는 아스팔트 방수의 재료이다.

문제 19. 우레탄계 도막재의 사용 부분이 아닌 것은 어느 것인가?
㉮ 지붕 ㉯ 바닥
㉰ 벽 ㉱ 철골의 피막

해설 • 우레탄계 도막재 : 지붕 및 일반 바닥, 벽 및 치켜 올림부

문제 20. 무기질 침투성 방수재의 특징으로 옳은 것은 어느 것인가?
㉮ 조직을 치밀하게 하여 수밀성이 향상되는 효과가 있다.
㉯ 방수 바탕재의 습윤상태에 영향을 받지 않는다.
㉰ 시트 상호간의 접착성이 우수하다.
㉱ 감온성이 적고, 내피로성이 강하다.

해설 • 무기질 침투성 방수재 : 물과 혼합하며 바탕면의 공극 속으로 침투해 들어간 활성 실리카가 공극을 감소시킴으로 조직을 치밀하게 하며 수밀성이 향상된다.

해답 15. ㉰ 16. ㉰ 17. ㉰ 18. ㉱ 19. ㉱ 20. ㉮

CHAPTER 11 도장재료 및 기타재료

1. 도료의 분류

도장재료는 물체의 표면에 칠하여 부식을 방지하고 표면을 보호하여 광택, 색채, 무늬 등을 이용하여 아름답게 하는 데 쓰이는 재료이다.

(1) **페인트**
 ① 유성 페인트 : 보일드유 + 안료 + 건조제 + 희석제
 ② 수성 페인트
  ㈎ 아교, 카세인, 녹말 + 물 + 안료
  ㈏ 시멘트질 수성 페인트 : 백색 페인트, 마그네시아 시멘트 + 광물성 안료 + 물
  ㈐ 에멀션 수성 페인트 (건성유, 알키드 수지, 초산비닐, 스티렌, 아크릴산 등을 에멀션화하여 물에 분산시킨 것)
 ③ 수지성 페인트 : 합성수지 + 안료 + 휘발성 용제
 ④ 특수 페인트
  ㈎ 녹막이 페인트
  ㈏ 알루미늄 페인트 : 보일드유 (건성유 + 건조제) + 희석제 + 안료 (알루미늄 박편을 미세한 가루로 만든 안료)
  ㈐ 에나멜 페인트 : 유성 니스 + 안료

(2) **니스 (varnish)**
 ① 휘발성 니스 : 천연 수지성 니스 (lacquer : 수지 + 휘발성 용제) 합성 수지성 니스
 ② 유성 니스 : 수지 + 건성유 + 희석제

(3) **칠**
 ① 생칠 : 칠나무에서 채취된 그대로의 칠
 ② 정칠 : 생칠을 가열 정제한 것

> [참고] ① 수성 페인트 : 콘크리트면, 모르타르면의 바름에 가장 적합한 도료이다.
> ② 유성 페인트 : 경도가 낮고 건조속도가 늦은 편이다.

2. 도료의 사용재료

(1) **보일(boil)유, 건성유**
  ① 보일(boil)유 : 건성유를 가열처리한 것
  ② 건성유 : 아마인유, 대마유, 들기름, 동유 콩기름

(2) **건조제**
  건조의 속도를 촉진 또는 조절하기 위해 사용하는 것으로서 나프텐산염(코발트, 망간, 납)이 있다.

(3) **용 제**
  귀얄질을 쉽게 하는 등 시공을 용이하게 하기 위하여 사용하는 것으로서, 테레핀유, 벤젠, 물 등이 있다.

(4) **안 료**
  도료를 불투명하게 하고 색을 넣기 위하여 가하는 분말이다.
  [안료를 선택할 때 주의사항]
  • 지방유, 테레핀유, 알코올, 물 등에 녹지 않아야 한다.
  • 미세한 균질가루로서 불투명하며, 색이 선명해야 한다.
  • 햇빛 또는 비바람에 변색, 변질되지 않는 것이어야 한다.

3. 도료의 성질 및 특성

(1) **유성 페인트**
  ① 보일(boil)유+건조제(코발트, 망간, 납 등의 나프텐산염)+안료+용제(테레핀유, 벤젠)
  ② 값이 싸고 밀착성, 내후성이 좋다.
  ③ 경도가 낮고 건조속도가 늦은 편이며, 광택 내화학성이 나쁘고 도장한 후에 귀얄 자국이 남기 쉽다.

(2) **수성 페인트**
  ① 아교, 카세인, 녹말 + 안료 + 물을 혼합한 수성 페인트
    (가) 내수성이 나쁘고 풀기가 약해서 사람의 몸 등이 닿으면 쉽게 닳아 벗겨지나 값이 싸다.
    (나) 거실, 사무실, 복도의 높은 곳, 천장 등 습기가 없는 곳에 사용한다.
  ② 시멘트질 수성 페인트
    (가) 백색 시멘트, 마그네시아 시멘트 + 광물성 안료 + 물

(나) 내수성 및 접착성이 크므로 실내나 실외에 모두 사용할 수 있다.
③ 에멀션 수성 페인트
(가) 건성유, 알키드 수지, 초산비닐, 스티렌, 아크릴산 등을 에멀션화하여 물에 분산시킨 것이다.
(나) 실내외에 모두 사용하는 것으로 우수한 도료이다.
(다) 시멘트 모르타르, 콘크리트 바탕에 도장하기가 쉽다.

(3) 수지성 페인트
① 합성수지 + 안료 + 휘발성 용제를 혼합한 페인트이다.
② 유성 페인트에 비하면 내알칼리성, 내산성, 내구성이 우수하고, 광택 및 건조성이 좋다.
③ 콘크리트용 도료로서도 적당할 뿐 아니라, 녹막이 도료, 방수도료로서도 좋은 성질을 가지고 있다.
④ 도료로 많이 사용하는 합성수지는 염화비닐 수지, 초산비닐 수지, 요소수지, 멜라민 수지 등이 있다.

(4) 특수 유성 페인트
① 녹막이 페인트
(가) 금속 바탕에 녹이 나는 것을 막기 위하여 사용하는 도료로서, 주로 바탕칠에 쓰인다.
(나) 종류
  • 수분의 통과를 막는 페인트 : 연단(광명단) 페인트, 연백 페인트 등이 있다.
  • 수분을 비활성화시키는 페인트 : 징크 크로메이트계 도료, 징크 더스트계 도료 등이 있다.
  • 오일 프라이머를 주원료로 한 유성 페인트
② 알루미늄 페인트
(가) 유성 페인트의 안료는 알루미늄 박편을 미세한 가루로 만들어 사용한 것이다.
(나) 광선 및 열선을 잘 반사하여 열의 차단효과가 있고, 도장면의 풍화를 방지하기도 한다.
③ 에나멜 페인트 : 유성 니스에 안료를 혼합한 도료로서 색이 선명하고 광택이 매우 좋다.

(5) 니스 (varnish)
① 휘발성 니스
(가) 천연수지성 니스
(나) 합성수지성 니스
  • 흑 니스 : 역청 물질(아스팔트, 피치) + 휘발성 용제
  • 래커(lacquer) : 섬유소계 합성수지(니트로 셀룰로이드) + 휘발성 용제(시너)

- 건조가 빠르고 도막이 단단하다.
- 바르기 쉬우며 광택이 있고 값이 싸다.
- 건축, 차량, 가구 등의 실내, 특히 목재 부분 도장에 많이 쓰인다.

② 유성 니스
  (가) 수지+건성유+희석제
  (나) 유성 페인트보다 건조가 약간 빠른 편이고 광택이 있으며, 투명하고 단단한 도막을 만들지만 내화학성이 나쁘고, 시간이 지나면 누렇게 변하는 단점도 있다.
  (다) 건축 차량의 내부 도장에 많이 쓰인다.

4. 퍼티 및 코킹재

(1) **퍼 티**
  ① 유지, 수지+충전제(탄산칼슘, 연백, 티탄백)
  ② 창유리를 끼우는 데 주로 사용되며, 도장 바탕을 고르는 데도 사용된다.

(2) **유성 코킹재**
  ① 유지, 수지+석면, 탄산칼슘
  ② 새시(창틀) 주위의 균열보수, 줄눈 등의 틈을 메우는 데 쓰인다.

(3) **합성수지 코킹재**
  ① 합성수지(폴리술파이프, 실리콘, 폴리우레탄)+충전제, 경화제
  ② 유성 코킹재와 같은 용도에 쓰이는데 접착성, 탄성 등이 더욱 우수하다.

5. 접착제

(1) **단백질계 접착제**
  ① 카세인 : 접착성이 좋고 내수성, 목재 접합, 수성 페인트와 혼합
  ② 아교 : 빨리 교차되며 접착성이 양호 (60℃ 이상에서는 감소), 내수성 부족, 목재용
  ③ 알부민 : 내수성, 접착성이 좋다. 70℃ 이상 가열하여 접착, 목재용
  ④ 대두유 : 전분질계 접착제
  ⑤ 고무계
    (가) 아라비아 고무 : 아카시아 수액을 건조, 시간이 경과할수록 점도 증가
    (나) 천연고무 : 생고무를 녹여서 이용 (가죽, 고무)

(2) **합성수지계 접착제**
  ① 에폭시 수지 접착제
    (가) 거의 모든 제품을 접착

(나) 특히 금속접합에 좋다 (항공기, 차량, 기계).
(다) 가열 접착하면 더욱 효과적
② 페놀 수지 접착제
   (가) 접착성, 내열성, 내수성이 우수
   (나) 가열하여 접착
   (다) 주로 목재에 사용
③ 요소 수지 접착제
   (가) 접착력이 좋으나 내수성, 내후성이 부족
   (나) 상온에서 경화하므로 가열 불필요
   (다) 무색 투명, 염가
④ 멜라민 수지 접착제
   (가) 접착성, 내열성, 내수성 우수 (페놀보다는 부족)
   (나) 무색 투명
   (다) 고가
     [참고] 접착력 비교 : 페놀 > 멜라민 > 요소 수지
⑤ 실리콘 수지 접착제
   (가) 접착력, 내열성, 내수성 우수
   (나) 거의 모든 제품 (가죽제품 제외)
⑥ 푸란 수지
   (가) 접착층이 두꺼워도 강도가 떨어지지 않음
   (나) 내산성, 내알칼리성 강, 내열성 → 공장의 벽돌, 타일 붙이기
⑦ 아스팔트 프라이머
   (가) 접착성, 내수성, 내산성, 내약품성 우수
   (나) 유연한 접착면, 염가
   (다) 용도 : 아스팔트 타일, 아스팔트 시트

[참고] • 클리어 래커(clear lacquer)
  ① 목재 바탕의 무늬를 살리기 위한 도장재료이다.
  ② 투명 래커로서 안료가 들어가지 않으며, 목재면의 투명도장에 쓰인다.
  ③ 내후성이 떨어져 외부에 사용하지 않고 내부용을 사용한다.

• 우드 실러(wood sealer) : 목부 바탕에 바탕칠을 한 다음 재벌칠의 흡수를 방지하기 위하여 쓰이는 투명한 도료이다.

예 상 문 제

문제 1. 시멘트 콘크리트면에 도장하고자 한다. 다음 중 어느 도료를 사용함이 좋은가?
㉮ 합성 페인트
㉯ 아미노 알키드 도료
㉰ 아크릴 수지 에멀션 페인트
㉱ 래커 에나멜
[해설] 아크릴 수지 에멀션 페인트는 시멘트 모르타르, 콘크리트 바탕에 도장하기 좋다.

문제 2. 광명단과 관계가 있는 것은?
㉮ 방청제　　㉯ 방부제
㉰ 희석제　　㉱ 공기연행제
[해설] • 방청제 : 금속바탕에 녹이 나는 것을 막기 위해 사용되는 도료
① 연단 (광명단) 페인트
② 연백 페인트
③ 징크 크로메이트계 도료
④ 징크 더스트계 도료
⑤ 오일 프라이머를 주원료로 한 유성 페인트

문제 3. 철재 창호의 부식 방지제는?
㉮ 유성 페인트　　㉯ 니스
㉰ 광명단　　㉱ 래커

문제 4. 유성 페인트를 제조할 때 첨가물로 옳지 않은 것은?
㉮ 건성유를 가열 처리한 보일드유
㉯ 기름 용제에 녹지 않는 착색 분말의 안료
㉰ 코발트, 망간, 납의 건조제
㉱ 물의 용제
[해설] ① 유성 페인트 : 보일드유+안료+건조제+용제
② 보일드유 : 아마인유, 대마유, 들기름, 동유 등 건성유를 가열처리한 것
③ 용제 : 시공을 용이하게 하기 위하여 테레핀유를 사용한다.

문제 5. 실외에 적합하지 않는 도료는?
㉮ 유성 페인트
㉯ 아교, 카세인, 녹말+안료+물을 혼합한 수성 페인트
㉰ 시멘트질 수성 페인트
㉱ 에멀션 수성 페인트
[해설] ㉯ 내수성이 부족하여 실내에 사용한다.

문제 6. 유성 니스에 안료를 혼합한 도료로서 색이 선명하고 광택이 매우 좋은 도료는?
㉮ 유성 페인트
㉯ 시멘트질 수성 페인트
㉰ 에나멜 페인트
㉱ 유성 니스
[해설] 유성 페인트보다 도막이 두껍고, 광택이 있으며 피막이 견고하다.

문제 7. 다음 중 콘크리트 바탕칠에 가장 적합하지 않는 도료는?
㉮ 유성 페인트
㉯ 에멀션 수성 페인트
㉰ 수지성 페인트
㉱ 시멘트질 수성 페인트
[해설] 유성 페인트=보일유+건조제+안료+용제

문제 8. 수성 페인트의 용제로서 옳은 것은?
㉮ 테레핀유　　㉯ 벤젠
㉰ 알콜　　㉱ 물
[해설] ① 수성 페인트 : 안료+수용성 교착제+물
② 수용성 교착제 : 카세인, 전분, 아교

문제 9. 도장재료의 제조 시 첨가재료의 사용 목적을 기술한 것 중 옳지 않은 것은?

[해답] 1. ㉰　2. ㉮　3. ㉰　4. ㉱　5. ㉯　6. ㉰　7. ㉮　8. ㉱　9. ㉯

㉮ 수지와 건성유는 도장재료의 주성분이다.
㉯ 안료는 도료의 높은 강도가 주목적이다.
㉰ 건조제는 건조속도를 촉진 또는 조절하기 위하여 사용한다.
㉱ 용제는 시공을 용이하게 하기 위하여 사용한다.

[해설] 안료는 착색이 주목적이다.

문제 10. 금속바탕에 녹이 나는 것을 막기 위해 사용하는 도료가 아닌 것은?
㉮ 연단 페인트
㉯ 연백 페인트
㉰ 징크 크로메이트계 도료
㉱ 수성 페인트

[해설] · 녹막이 페인트 : 연단(광명단) 페인트, 연백 페인트, 징크 크로메이트계 도료, 징크 더스트계 도료

문제 11. 에나멜 페인트의 혼합원료로 옳은 것은?
㉮ 보일드유+안료+건조제+용제
㉯ 안료+수용성 교착제+물
㉰ 합성수지+안료+휘발성 용제
㉱ 유성 니스+안료

[해설] ㉮ 유성 페인트, ㉯ 수성 페인트, ㉰ 수지성 페인트
· 유성 니스 : 수지와 건성유를 가열처리한 것에 용제를 넣어 녹인 것

문제 12. 도료의 사용용도 중 틀린 것은?
㉮ 수성 페인트 : 외부 시멘트 마감한 곳
㉯ 니스 : 나뭇결이 아름다운 목재부
㉰ 수지성 페인트 : 콘크리트용 도료
㉱ 녹막이 페인트 : 금속표면

[해설] 수성 페인트는 내수성이 약하므로 실내용으로 사용한다.

문제 13. 유성 페인트의 첨가물 중 건조의 속도를 촉진 또는 조절하기 위해 사용하는 것은?
㉮ 보일드유
㉯ 안료
㉰ 건조제
㉱ 용제

[해설] · 건조제 : 건성유의 건조를 촉진시키기 위하여 사용한다.

문제 14. 셀룰로오스 수지에 관한 기술 중 맞는 것은?
㉮ 투광률은 크나 열선을 통과시키지 않는다.
㉯ 도료로 사용할 수가 없다.
㉰ 착색이 어렵고 광택이 없다.
㉱ 내알칼리, 내열성이 크다.

[해설] · 셀룰로오스 수지
① 무색 투명하고, 비중은 0.3 정도이다.
② 투광률은 높지만 (약 85 %) 열선을 통과시키지 않는다.
③ 내산, 내알칼리, 내열성이 부족하다.

문제 15. 래커에 안료를 혼합하여 착색 도막을 만든 내외장 도료는?
㉮ 래커 에나멜(lacquer enamel)
㉯ 우드 실러(wood sealer)
㉰ 에나멜 페인트(enamel paint)
㉱ 오일 스테인(oil stain)

[해설] · 래커 에나멜 : 래커에 안료를 혼합하여 착색 도막을 만든 것으로 내장 및 외장에 모두 쓸 수 있으며, 도막은 얇으나 광택이 좋고, 부착력이 강하며 착색, 광택이 우수하다.

문제 16. 건성유는 건조하는 데 많은 시간이 걸리므로 여기에 건조제를 넣어 공기를 흡입하면서 100℃로 가열하여 만든 것은?
㉮ 보일드 오일
㉯ 스텐드 오일
㉰ 미네랄 스피릿
㉱ 테레핀 오일

[해설] · 보일드유 : 건성유는 공기 중에서 산화하여 탄력성이 있는 단단한 막을 만드나, 건조에 많은 시간이 걸리므로 기름에 건조제를 넣어 공기를 흡입하면서 100℃로 가열하여 보일드유를 만든다.

[해답] 10. ㉱ 11. ㉱ 12. ㉮ 13. ㉰ 14. ㉮ 15. ㉮ 16. ㉮

12 CHAPTER 단 열 재 료

1. 무기질 단열재료

(1) 유리면
  ① 유리섬유 사이의 공기를 이용하여 단열하고, 경량이며 단열성과 흡음성이 있다.
  ② 특징
   ㈎ 경량이며 불연재료로 많이 사용한다.
   ㈏ 온도변화에 따른 변질이 없다.
   ㈐ 절단 및 가공이 편리하다.
   ㈑ 피부에 자극을 줄 수 있다.

(2) 암 면
  ① 암석으로부터 인공적으로 만들어진 내열성이 높은 광물섬유를 이용하여 만든 제품이다.
  ② 특징
   ㈎ 단열, 내화, 흡음의 특성을 겸비하였다.
   ㈏ 안전 사용온도가 1000℃ 이상이다.
   ㈐ 이음매 부분이 없어 최신 건축공법에 많이 사용된다.

(3) 세라믹 파이버
  ① 공업용 가열로의 내화 단열재로 사용되었으나 철골의 내화피복재로 많이 사용된다.
  ② 원료 : 실리카+알루미나 (함유량 높이면 내열성이 상승)

(4) 펄라이트 판
  ① 천연암석을 원료로 한, 일종의 천연 유리질의 펄라이트 입자를 무기 바인더로 하여 프레스를 성형한다.
  ② 내열성이 높아 주로 배관용 단열재로 많이 사용한다.

(5) 규산 칼슘판
  ① 규산질 분말과 석회 분말을 오토클레이브 중에서 반응시켜 얻은 겔에 보강섬유를 첨가하여 프레스를 성형한다.
  ② 내열성과 기계강도가 뛰어나 철골 내화피복재로 주로 사용한다.

(6) 경량 기포 콘크리트
① 일종의 규산칼슘으로 조성되며 독립기포로 되어 있다.
② 경량 블록 또는 패널로 건축물의 각 부위에서 사용되나 단독으로 단열재 사용은 안 한다.

2. 유기질 단열재료

(1) 셀룰로이드 섬유판
천연 목질섬유 등을 원료로 하여, 내구성, 발수성 등을 위한 약품을 첨가한다.

(2) 연질 섬유판
A급 (목재 편)과 B급 (면조각, 볏짚, 펄프 등)을 높은 열에 가열 후 내수제를 첨가한다.

(3) 폴리스틸렌 폼
가격이 저렴하고 이용율이 크다. 그러나 자외선 노출 시 노화되고 화재 시 유독 가스가 발생한다.

(4) 경질 우레탄 폼
열전도율이 낮고 방수성, 내투습성이 뛰어나 방습층을 겸한 단열재로 사용한다.

예 상 문 제

문제 1. 다음 중 단열성능이 좋은 재료는 무엇인가?
㉮ 작은 구멍이 많으며, 열전도율이 높은 것
㉯ 작은 구멍이 많으며, 열전도율이 낮은 것
㉰ 작은 구멍이 없고, 열전도율이 높은 것
㉱ 작은 구멍이 없고, 열전도율이 낮은 것
[해설] • 단열재의 조건
① 다공질 ② 열전도율이 낮은 것 ③ 같은 두께일 경우는 경량

문제 2. 다음 중 단열재가 가져야 할 전열의 3요소에 포함되지 않는 것은 어느 것인가?
㉮ 전도 ㉯ 대류 ㉰ 복사 ㉱ 방출
[해설] • 전열의 3요소
① 전도 : 분자의 열진동으로 열이 전해지는 현상
② 대류 : 분자가 열을 가진 상태에서 이동하는 현상
③ 복사 : 물체의 표면으로부터 광파와 같은 성질의 파장이 주위로 전파하는 현상

문제 3. 10 cm 두께의 콘크리트 벽 양쪽 표면의 온도가 각각 5℃, 15℃로 일정할 때, 벽을 통과하는 열량은 얼마인가? (단, 콘크리트의 열전도율 = 1.4 kcal/h·m·℃)
㉮ 140 kcal/h·m² ㉯ 14 kcal/h·m²
㉰ 100 kcal/h·m² ㉱ 10 kcal/h·m²
[해설] • 열전도 열량
$$Q = \lambda \frac{(\theta_1 - \theta_2)}{d} \times F \times T$$
$$= 1.4 \times \frac{(15-10)}{0.1} \times 1 \times 1$$
$$= 140 \text{ kcal/h·m}^2$$

문제 4. 다음 설명 중 ( ) 안에 들어갈 말로 알맞은 것은 어느 것인가?

물의 열전도율은 약 0.52 kcal/h·m·℃로 동일 온도의 공기가 약 ( )배, 얼음에서는 1.9 kcal/h·m·℃ (0℃)로 약 ( )배가 된다.

㉮ 25, 90   ㉯ 24, 90
㉰ 90, 24   ㉱ 90, 25

문제 5. 단열재료 중 유리섬유의 최고 사용온도는 몇 ℃인가?
㉮ 400~650℃   ㉯ 650~800℃
㉰ 150~300℃   ㉱ 300~450℃
[해설] • 단열재료의 최고 사용온도

단열재료	최고 사용온도(℃)
유리섬유	300~450
암면	400~650
셀룰로이드 파이버	100
인슐레이션 보드	120
폼 폴리스틸렌	70
압출발포 폴리스틸렌	70
경질 우레탄폼	일반적으로 100
고발포 폴리에틸렌	가교품 80, 무가교품
우레아폼	80

문제 6. 유리면에 대한 설명 중 옳지 않은 것은 어느 것인가?
㉮ 경량이며 단열성과 흡음성이 우수하다.
㉯ 결로수가 부착하면 단열성이 크게 높아진다.
㉰ 암면과 비교하여 내열온도가 낮다.
㉱ 열전도율은 저밀도역에서 크게 변화하여 비중이 0.03 이하 시 급상승한다.
[해설] 결로수가 부착하면 단열성이 크게 저하되

[해답] 1. ㉯ 2. ㉱ 3. ㉮ 4. ㉯ 5. ㉱ 6. ㉯

므로 방습성이 있는 시트로 감싼 상태에서 사용한다.

문제 7. 유리면의 열전도율이 급상승하는 비중은 얼마인가?
- ㉮ 0.01
- ㉯ 0.02
- ㉰ 0.03
- ㉱ 0.04

문제 8. 암면의 특징이 아닌 것은 어느 것인가?
- ㉮ 불에 타지 않음
- ㉯ 단열성
- ㉰ 내구성
- ㉱ 원료 부족으로 인한 공급 불안정

해설 암면은 공급이나 가격 등이 다른 단열재료에 비해 안정되어 있다.

문제 9. 주로 철골의 내화피복재로 사용되는 단열재료는 무엇인가?
- ㉮ 암면
- ㉯ 유리면
- ㉰ 세라믹 파이버
- ㉱ 펄라이트 판

해설 · 세라믹 파이버 : 공업용 가열로의 내화 단열재로 사용되나 요즘은 철골 내화피복재로 많이 사용

문제 10. 다음 중 천연암석을 원료로 한 단열재는 무엇인가?
- ㉮ 암면
- ㉯ 세라믹 파이버
- ㉰ 규산 칼슘판
- ㉱ 펄라이트 판

해설 · 펄라이트 판 : 천연암석(일종의 천연유리질의 펄라이트 입자)을 무기 바인더로 하여 프레스 성형으로 제작

문제 11. 규산 칼슘판에 대한 설명 중 옳은 것은 무엇인가?
- ㉮ 규산질 분말과 석회 분말을 오토클레이브 중에서 반응시켜 얻은 겔에 보강섬유를 첨가하여 프레스로 성형한다.
- ㉯ 일종의 규산칼슘으로 조성되며 독립기포로 되어있다.
- ㉰ 암석으로부터 인공적으로 만들어진 내열성이 높은 광물섬유를 이용해서 만든다.
- ㉱ 천연 목질섬유 등을 원료로, 내구성, 방수성 등을 위한 약품을 첨가한다.

해설 · 규산 칼슘판 : 내열성이 높아 주로 배관용 단열재로 많이 쓰인다.

문제 12. 다음 중 유기질 단열재료가 아닌 것은 어느 것인가?
- ㉮ 셀룰로이드 섬유판
- ㉯ 폴리스틸렌 폼
- ㉰ 경질 우레탄 폼
- ㉱ 펄라이트 판

해설 · 유기질 단열재 : 셀룰로이드 섬유판, 연질 섬유판, 폴리스틸렌 폼, 경질 우레탄 폼

문제 13. 다음 중 열전도율이 낮고 방수성, 내투습성이 뛰어나 방습층을 겸한 단열재로 사용되는 단열재로는 무엇인가?
- ㉮ 셀룰로이드 섬유판
- ㉯ 연질 섬유판
- ㉰ 폴리스틸렌 폼
- ㉱ 경질 우레탄 폼

해답 7. ㉰ 8. ㉱ 9. ㉰ 10. ㉱ 11. ㉮ 12. ㉱ 13. ㉱

CHAPTER 13 실내건축 재료

1. 바닥 마감재

1-1 바닥 마감재의 특성

(1) 내구성

사람의 활동, 가구의 이동 등을 고려해야 한다.
① 내마모성 ② 내열성 ③ 내수성
④ 내산성 ⑤ 내알칼리성 ⑥ 내해수성

(2) 거주성능

색조, 질감, 표면평활도 등의 감각적 요소를 고려해야 한다.

(3) 방화성능

① 내화성 ② 불연성 ③ 난연성

(4) 유지관리

① 보수의 편리성 ② 교체의 용이성 ③ 난연성
④ 줄눈부위의 처리

(5) 방수, 방습, 방음 및 흡음, 방열성

1-2 바닥 마감재의 종류와 선택

(1) 재종별

① 목질재 ② 석재 : 값이 비싼 고급재료이다.
③ 요업제품 ④ 금속제품 ⑤ 플라스틱
⑥ 고무 ⑦ 아스팔트 ⑧ 식물섬유 등

(2) 공법별

① 붙임 바닥재
　(개) 공장에서 대량생산되어 균일한 치수의 좋은 제품이 생산 가능하다.
　(내) 공법은 못을 박거나 접착제에 의한 붙임으로 공기가 짧다.

㈐ 내구성이나, 단열, 차음 등의 성능향상을 도모한다.
㈑ 박리나 이음매에 공극이 생기기 쉽다.
② 바름 바닥재
㈎ 이음매가 없고 평활하게 마감이 가능하다.
㈏ 공기가 길고 재료에 따라 균열이 발생한다.

2. 벽 마감재

(1) 벽 마감재 결정
구조 및 방의 배치결정 후 지붕·창호·바닥·천장의 재료와 조화가 되는 것을 결정한다.

(2) 벽 마감재의 중요성
① 건축물의 마감 중 벽면이 가장 넓은 면적을 차지하고 재료도 풍부하므로 신중한 선택이 필요하다.
② 인간의 눈이 위나 아래가 아니고 앞으로 향하므로 영향이 가장 크다.
③ 벽 마감은 디자인상 공간적인 효과를 기대할 수 있다.

3. 천장 마감재

(1) 천장 마감재의 기능
① 상부 구조재를 감추고 실내의 미관을 높인다.
② 불·열의 차단, 빛·음의 반사 등의 역할을 한다.

(2) 천장 마감재의 필요성
① 열(熱)
㈎ 천장만으로는 단열성이 적으므로 단열재가 항상 필요하다.
㈏ 실내 측, 천장 뒷면에 단열재를 붙이는 것이 재료도 적게 들고 냉·난방효과가 크다.
② 음(音)
㈎ 경량의 천장에 차음을 기대할 수는 없으나 실내면의 흡음효과에 의해 발생하는 실내 소음은 낮게 된다.
㈏ 상층으로부터 고체 전달음이나 공조기기의 진동음 등에 의해 천장면이 증폭될 위험이 있을 때에는 천장면의 강성을 증가할 필요가 있으나, 달대를 장선으로부터 떼어내는 일은 피한다.
③ 광(光)
㈎ 천장면은 개구부, 기타 면으로부터 빛을 받아 반사하여 실내에 확산시키므로 독

서나 작업에 필요한 부분의 조도에 기여한다.
(내) 일반적으로 바닥보다, 경우에 따라서 벽보다 더욱 명도를 크게 하나 특수한 전시나 조명을 할 때 필요한 부분을 국부적으로 밝게 하기 위해 천장면을 어둡게 한다.

④ 화(火)
(개) 실내의 천장면에 스프링클러를 설치하므로 감촉이 좋고, 따뜻한 느낌을 주는 마감재에는 가연재료가 많으므로 충분한 방화설비에 의해 내장 제한을 완화해야 한다.
(내) 부엌 등은 천장을 준불연 또는 불연재료로 마감해야 한다.

⑤ 수·습분
(개) 지붕이 경형강으로 구성되어 있는 경우 결로한 후 부식으로 진행되게 쉬우므로 천장 마감재료의 선택이 중요하다.
(내) 욕실의 천장은 투습성이 적은 재료로 기밀하게 하고, 실내 및 지붕 속의 환기를 도모할 필요가 있으므로 바탕 및 마감조건이 가장 까다롭다.

⑥ 내구성
(개) 천장 마감재는 충격성이 가장 작고 오손도 심하므로 재료의 운반, 보존, 시공 시의 취급에 유의해야 한다.
(내) 양생이 어려우므로 벽과 맞춤, 창호 끼워넣기 등 나중 공사를 주의깊게 행한다.

4. 기타 마감재

(1) 지붕 마감재
지붕 마감재는 비, 바람, 지진에 의한 피해를 방지해야 하고 단열, 차음 등에도 특별한 주의를 기울여야 한다.

(2) 개구부 마감재
① 요구성능
(개) 기능 : 편리하며 저항이 적고, 투과 차단효과를 고려한다.
(내) 내구성 : 풍우, 한설 등의 자연현상에 대한 대비, 도난·화재방지 등에 안전해야 한다.
(다) 장식성 : 건물에 잘 어울리고 부재의 구성, 배치, 크기 등 모양이나 형태가 아름다워야 한다.

예 상 문 제

문제 1. 다음 중 바닥 마감재의 특성이 아닌 것은 어느 것인가?
㉮ 내용성능   ㉯ 기계적 성능
㉰ 설계성능   ㉱ 풍우에 대비한 성능
[해설] • 바닥 마감재의 특성
① 내용성능 ② 기계적 성능 ③ 감각적 성능
④ 설계 · 시공성능

문제 2. 다음의 설명 중 바닥 마감재의 감각적 성능에 대한 설명으로 맞는 것은 어느 것인가?
㉮ 색채, 경연, 조골 등 피부에 닿았을 때의 느낌 등과 같은 인간의 감각에 대한 성능
㉯ 단열, 차음 등 주로 인간의 생리에 영향을 주는 거주성에 대한 성능
㉰ 외력 · 물 · 불 등 외부로부터의 작용에 대하여 저항하는 성능
㉱ 가격, 공비, 공법, 공기 등의 생산이나 시공에 관계하는 성능
[해설] ① 감각적 성능 ② 기계적 성능 ③ 내용성능 ④ 설계 · 시공성능

문제 3. 바닥 마감재의 종류 중 제종별 분류로 잘못된 것은 어느 것인가?
㉮ 목재질   ㉯ 금속제품
㉰ 플라스틱   ㉱ 붙임바닥재
[해설] • 바닥 마감재의 분류
① 제종별: 목재질, 석재, 요업제품, 금속제품, 플라스틱, 고무, 아스팔트, 식물섬유 등
② 공법별: 붙임마감재, 바름 마감재

문제 4. 바닥 마감재의 설명 중 붙임바닥재의 특성으로 알맞지 않은 것은 어느 것인가?

㉮ 공장에서 대량생산되어 균일한 치수의 좋은 제품이 생산 가능하다.
㉯ 박리나 이음매에 공극이 생기기 쉽다.
㉰ 공기가 길고 재료에 따라 균열이 발생되기 쉽다.
㉱ 내구성이나, 단열, 차음 등의 성능향상을 도모할 수 있다.
[해설] ㉰번은 바름 바닥재에 대한 설명이다.

문제 5. 다음 중 벽 마감재의 고려사항이 아닌 것은 어느 것인가?
㉮ 상부 구조체를 감추고 실내의 미관을 높이므로 신중하게 결정해야 한다.
㉯ 가장 넓은 면적을 차지하고 재료도 풍부한 마감이므로 충분한 사전조사 후 결정해야 한다.
㉰ 인간의 눈이 항상 앞으로 향하므로 시각적으로 신중한 결정이 필요하다.
㉱ 건물 내부의 디자인상 공간적인 효과를 기대할 수 있으므로 계획수립 후 수정을 통하여 적절한 재료를 선택해야 한다.
[해설] ㉮번은 천장 마감재에 대한 설명이다.

문제 6. 다음 중 천장 마감재의 기능이 아닌 것은 어느 것인가?
㉮ 상부 구조재를 감추고 실내의 미관을 높인다.
㉯ 빛 · 음의 반사기능을 한다.
㉰ 불 · 열의 차단기능을 한다.
㉱ 인간의 시각에 가장 영향이 크다.
[해설] 인간의 시각에 가장 영향이 큰 마감재는 벽 마감재이다.

[해답] 1. ㉱   2. ㉮   3. ㉱   4. ㉰   5. ㉮   6. ㉱

문제 7. 다음 설명 중 천장 마감재의 필요성에 대한 설명 중 성격이 다른 것은 어느 것인가?
㉮ 천장에는 차음을 기대할 수 없다.
㉯ 달대를 장선으로부터 떼어내서는 안 된다.
㉰ 실내면의 흡음효과에 의해 발생되는 소음은 낮아질 수 있다.
㉱ 천장만으로는 단열효과가 적으므로 단열재가 항상 필요하다.
[해설] ㉱번은 열에 대한 필요성이고, ㉮, ㉯, ㉰번은 음에 대한 필요성이다.

문제 8. 다음의 설명은 천장 마감재의 수·습분에 대한 설명이다. ( )안에 들어갈 말로 적당한 것은 어느 것인가?

지붕이 경형강으로 구성되어 있는 경우 결로한 후 ( )이 진행되기 쉬우므로 천장 마감재료의 선택이 중요하다.

㉮ 부식   ㉯ 투습성
㉰ 충격성   ㉱ 오손

문제 9. 다음 중 지붕 마감재의 고려사항 중 가장 영향이 낮은 것은 어느 것인가?
㉮ 단열   ㉯ 차음
㉰ 자연적 영향   ㉱ 공간적인 효과
[해설] 공간적인 효과는 벽 마감재의 고려사항이다.

문제 10. 개구부 마감재의 요구사항에 대한 설명 중 옳지 않은 것은 어느 것인가?
㉮ 풍우, 한설 등의 자연현상에 대한 대비를 해야 한다.
㉯ 투습성이 적은 재료를 사용한다.
㉰ 편리하며 저항이 적고, 투과 차단효과를 고려해야 한다.
㉱ 건물에 잘 어울리고 부재의 구성, 배치 등 모양이나 형태가 아름다워야 한다.
[해설] ㉯번은 천장 마감재에 대한 설명이다.

해답 7. ㉱ 8. ㉮ 9. ㉱ 10. ㉯

부록

과년도 출제 문제

2008년도 시행문제

□ 전산응용 건축제도 기능사 ▶ 2008. 2. 3 시행

문제 1. 다음 중 건물 전체의 무게가 비교적 가벼우면서 강도가 커서 고층이나 간 사이가 큰 대규모 건축물에 적합한 구조는?
㉮ 철근콘크리트 구조
㉯ 철골구조
㉰ 목구조
㉱ 블록 구조

[해설] 철골구조의 주체인 철은 강도가 크고 가벼운 편이므로 고층 구조나 간 사이가 큰 대규모 건축물에 적당하다.

문제 2. 다음 그림과 같은 문의 명칭은?

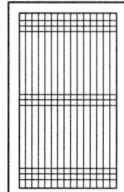

㉮ 완자문
㉯ 아자문
㉰ 세살문
㉱ 비늘살문

[해설] ① 완자문 : 살을 완(卍)자형 형태로 배치한 문
② 아자문 : 살을 아(亞)자형 형태로 배치한 문
③ 범살문 : 살을 튼튼하게 짜맞춘 문
④ 세살문 : 가는 살을 가로·세로로 짜맞춘 문
⑤ 교살문 : 가는 살을 빗방향으로 짜맞춘 문

문제 3. 구조물 지점의 종류 중 이동과 회전이 불가능한 지점 상태로 반력은 수평반력과 수직반력 그리고 모멘트 반력이 생기는 것은?
㉮ 회전 절점
㉯ 이동 지점
㉰ 회전 지점
㉱ 고정 지점

[해설] • 지점의 종류

종 류	명 칭	반력의 형태
△	이동 지점	수직반력
△←	회전 지점	수직반력 수평반력
⌇←	고정 지점	수직반력 수평반력 모멘트 반력

문제 4. 목재의 접합에서 두 재가 직각 또는 경사로 짜여지는 것을 의미하는 용어는?
㉮ 이음 ㉯ 맞춤 ㉰ 벽선 ㉱ 쪽매

[해설] • 목재의 접합
① 이음 : 길이 방향으로 접합
② 맞춤 : 직각 또는 경사 방향으로 접합
③ 쪽매 : 평행 방향으로 접합

문제 5. 현장치기 콘크리트에서 최소 피복두께를 가장 크게 하여야 하는 경우는?
㉮ 수중에서 타설하는 콘크리트
㉯ 흙에 접하여 콘크리트를 친 후 영구히 흙에 묻혀 있는 콘크리트
㉰ 흙에 접하거나 옥외의 공기에 직접 노출되는 콘크리트
㉱ 옥외의 공기나 흙에 직접 접하지 않는 콘크리트

[해설] • 피복두께(단, 현장치기 콘크리트의 경우)

[해답] 1. ㉯ 2. ㉰ 3. ㉱ 4. ㉯ 5. ㉮

환경조건과 부재의 종류		피복두께
수중에 타설하는 콘크리트		100 mm
흙에 접하여 콘크리트를 친 후 영구히 흙에 묻혀 있는 콘크리트		80 mm
흙에 접하거나 옥외의 공기에 직접 노출되는 콘크리트	D29 이상의 철근	60 mm
	D25 이하의 철근	50 mm
	D16 이하의 철근, 지름 16 mm 이하의 철선	40 mm
옥외의 공기나 흙에 직접 접하지 않는 콘크리트	슬래브, 벽체, 장선 D35 초과하는 철근	40 mm
	D35 이하인 철근	20 mm
	보, 기둥	40 mm
	셸, 절판부재	20 mm

문제 6. 철근 콘크리트 보에 배근하는 주근의 지름은 최소 얼마 이상을 사용하는가?
㉮ D 6   ㉯ D 8
㉰ D 10   ㉱ D 13
해설 보의 주근 지름은 D 13 이상이다.

문제 7. 철근 콘크리트 구조에서 철근과 콘크리트의 부착력에 대한 설명 중 옳지 않은 것은?
㉮ 철근에 대한 콘크리트의 피복두께가 얇으면 얇을수록 부착력이 감소된다.
㉯ 철근의 표면상태와 단면모양에 따라 부착력이 좌우된다.
㉰ 콘크리트의 부착력은 철근의 주장에 비례한다.
㉱ 압축강도가 작은 콘크리트일수록 부착력은 커진다.
해설 콘크리트의 압축강도가 클수록 콘크리트의 부착력이 강하다.

문제 8. 다음 중 나무구조에 대한 설명으로 틀린 것은?

㉮ 내화성이 좋다.
㉯ 철근 콘크리트조, 벽돌조와 비교하여 자중이 가볍다.
㉰ 고층 건축이나 큰 간사이의 건축이 곤란하다.
㉱ 구조 공작이 쉽고 공사기간을 단축할 수 있다.
해설 나무구조(목구조)는 내화성이 약하다.

문제 9. 벽면을 보호하고 장식하기 위해 벽의 하부에 붙이는 마감재는?
㉮ 걸레받이   ㉯ 반자돌림대
㉰ 문선   ㉱ 반자대

문제 10. 목재 왕대공 지붕틀에서 압축력과 휨모멘트를 동시에 받는 부재는?
㉮ ㅅ자보   ㉯ 빗대공
㉰ 평보   ㉱ 중도리
해설

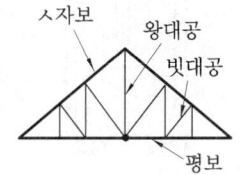

① ㅅ자보 : 압축력과 휨모멘트를 받음
② 왕대공 : 인장력을 받음
③ 빗대공 : 압축력을 받음
④ 평보 : 인장력과 휨모멘트를 받음

문제 11. 축방향 하중을 받는 철근 콘크리트 벽체의 두께는 최소 얼마 이상이어야 하는가?
㉮ 100 mm   ㉯ 150 mm
㉰ 200 mm   ㉱ 300 mm
해설 • 철근 콘크리트 벽
① 내력벽체의 최소 두께
  (가) 수직·수평간 거리의 $\frac{1}{25}$ 이상 중 작은 값. 또한, 100 mm 이상
  (나) 지하실 외벽 및 기초 벽체의 두께는 200 mm 이상
② 비내력벽의 두께는 100 mm 이상

해답 6. ㉱ 7. ㉱ 8. ㉮ 9. ㉮ 10. ㉮ 11. ㉮

문제 12. 공간 조적벽 쌓기에서 표준형 벽돌로 바깥벽은 0.5 B, 공간 80 mm, 안벽 1.0 B로 할 때 총 벽체 두께는?
㉮ 290 mm ㉯ 310 mm
㉰ 360 mm ㉱ 380 mm
해설 0.5 B + 80 mm + 1.0 B
= 90 mm + 80 mm + 190 mm
= 360 mm

문제 13. 돌쌓기의 1켜의 높이는 모두 동일한 것을 쓰고 수평줄눈이 일직선으로 통하게 쌓는 돌쌓기 방식은?
㉮ 바른층쌓기 ㉯ 허튼층쌓기
㉰ 층지어쌓기 ㉱ 허튼쌓기
해설 바른층쌓기는 돌 한 켜의 높이를 동일하게 하여 수평줄눈을 직선이 되도록 하는 줄눈이다.

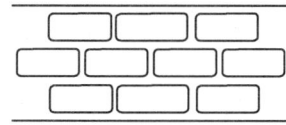
바른층쌓기

문제 14. 블록의 빈 속에 철근과 모르타르를 부어넣은 것으로, 수직하중·수평하중에 견딜 수 있는 가장 이상적인 블록 구조는?
㉮ 보강 블록조
㉯ 거푸집 블록조
㉰ 조적식 블록조
㉱ 블록 장막벽
해설 ① 보강 블록조 : 블록의 빈 속을 철근으로 보강하고, 모르타르을 채워 수직하중과 수평하중에 견딜 수 있게 하는 이상적인 구조이다.
② 거푸집 블록조 : ㄱ, ㄷ, ㅁ형의 블록을 배치하여 적당한 간격으로 철근을 배근하여 콘크리트를 타설하는 공법이다. 블록이 거푸집 역할을 하여 거푸집 블록조라 한다.
③ 조적식 블록조 : 블록을 벽돌 쌓듯이 쌓는 방식으로 내력벽의 한 종류이다.

문제 15. 강구조의 조립보 중 웨브에 철판을 쓰고 상하부에 플랜지 철판을 용접하거나 ㄱ형강을 리벳 접합한 것은?
㉮ 형강보 ㉯ 래티스 보
㉰ 격자보 ㉱ 판보
해설
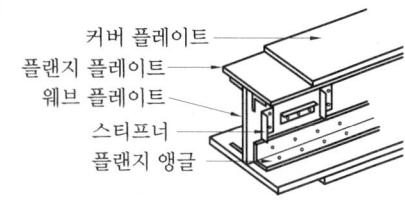
판보(plate girder)

문제 16. 기성 콘크리트 말뚝을 타설할 때 그 중심간격은 말뚝머리 지름의 최소 몇 배 이상으로 하여야 하는가?
㉮ 1.5 ㉯ 2.5 ㉰ 3.5 ㉱ 4.5

문제 17. 다음 중 강구조의 주각 부분에 사용되지 않는 것은?
㉮ 윙 플레이트
㉯ 데크 플레이트
㉰ 베이스 플레이트
㉱ 클립 앵글

문제 18. 초고층 구조의 건물에서 사용하는 구조 시스템의 하나로, 관과 같이 하중에 저항하는 수직부재가 대부분 건물의 바깥쪽에 배치되어 있어 횡력에 효율적으로 저항하도록 계획된 것은?
㉮ 튜브 구조 ㉯ 절판구조
㉰ 현수구조 ㉱ 공기막구조
해설 ① 튜브 구조 : 외곽 기둥을 1~4 m 사이로 좁게 배치하고, 큰 보(deep beam)를 설치하는 초고층 구조
② 절판구조 : 간 사이를 크게 할 수 있다.

해답 12. ㉰ 13. ㉮ 14. ㉮ 15. ㉱ 16. ㉯ 17. ㉯ 18. ㉮

③ 현수구조

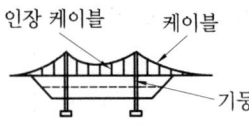

④ 공기막구조(풍선구조)

문제 19. 다음 중 철근 콘크리트 구조의 내진벽에 관한 설명으로 틀린 것은?
㉮ 내진벽은 수평하중에 대하여 저항할 수 있도록 설계된 벽체이다.
㉯ 평면상으로 둘 이상의 교점을 가지도록 배치한다.
㉰ 하중을 벽체가 고르게 부담할 수 있도록 배치한다.
㉱ 내진벽은 상부층에 많이 배치하는 것이 바람직하다.
[해설] 내진벽은 하부층에 많이 설치해야 한다.

문제 20. 건축구조의 구성형식에 의한 분류의 하나로 기둥과 보, 슬래브 등의 뼈대를 강접합하여 하중에 대하여 일체로 저항하도록 하는 구조는?
㉮ 플랫 슬래브 구조
㉯ 라멘 구조
㉰ 벽식 구조
㉱ 셸 구조
[해설] ① 보가 없는 구조
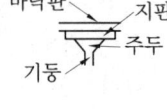
　(가) flat slab(무량판 구조): 바닥판, 지판, 주두, 기둥으로 구성
　(나) flat plate slab(평판구조): 바닥판과 기둥으로 구성
② 라멘 구조: 기둥, 보, 바닥을 완전 일체로 하는 구조
③ 벽식 구조: 벽과 바닥판을 일체로 하여 벽이 기둥과 보의 역할을 하는 구조
④ 셸 구조: 곡면구조로서 얇은 판이 면내응력으로 저항하는 구조

문제 21. 다음 중 콘크리트의 배합설계 순서에서 가장 늦게 이루어지는 것은?
㉮ 계획배합의 설정
㉯ 현장배합의 결정
㉰ 시험배합의 실시
㉱ 요구성능의 설정
[해설] • 배합설계 순서: 설계기준 강도 → 배합강도 → 시멘트 강도 → 물시멘트비 → 슬럼프값 결정 → 굵은 골재의 최대치수 → 잔골재율 → 단위수량 → 시험배합 → 현장배합

문제 22. 미장재료의 구성재료 중 그 자신이 물리적 또는 화학적으로 고체화하여 미장바름의 주체가 되는 재료는?
㉮ 골재　　　　　㉯ 혼화재
㉰ 보강재　　　　㉱ 결합재
[해설] • 결합재: 물질을 결합하는 재료로서 시멘트, 진흙, 석회석, 석고 등이 있다.

문제 23. 실을 뽑아 직기에 제직을 거친 벽지는?
㉮ 직물벽지　　　㉯ 비닐벽지
㉰ 종이벽지　　　㉱ 발포벽지
[해설] • 직물벽지: 실로 직기에 제직을 거친 후 종이에 배정시킨 벽지이다.

문제 24. 다음 중 창호철물이 아닌 것은?
㉮ 도어 클로저　　㉯ 플로어 힌지
㉰ 실린더　　　　㉱ 듀벨
[해설] ① 도어 클로저(도어 체크): 여닫이문 상단에 설치하여 열린 문을 자동으로 닫히게 하는 철물이다.
② 플로어 힌지: 자재문에 설치하면 열린 문이 자동으로 닫히게 하는 철물, 특히 강화유리(현관문)에 많이 사용한다.
③ 실린더: 여닫이문의 잠금장치 높이는 0.9 m이다.
④ 듀벨: 목재의 전단접합에 사용한다.

문제 25. 블론 아스팔트를 휘발성 용제로 희

[해답] 19. ㉱　20. ㉯　21. ㉯　22. ㉱　23. ㉮　24. ㉱　25. ㉮

석한 흑갈색의 액체로서 콘크리트, 모르타르 바탕에 아스팔트 방수층 또는 아스팔트 타일 붙이기 시공을 할 때에 사용되는 초벌용 도료는?
㉮ 아스팔트 프라이머
㉯ 타르
㉰ 아스팔트 펠트
㉱ 아스팔트 루핑

[해설] ① 아스팔트 공사에서 제일 먼저 시공하는 것이 아스팔트 프라이머이다.
② 시공순서 : 아스팔트 프라이머 → 아스팔트 → 아스팔트 펠트 → 아스팔트 → 아스팔트 루핑 → 아스팔트 → 아스팔트 루핑 → 아스팔트

문제 26. 유성 바니시의 일반적인 성질에 대한 설명 중 틀린 것은?
㉮ 목재부 도장에 쓰인다.
㉯ 내후성이 작아 옥외에서는 별로 쓰이지 않는다.
㉰ 강인하나 내구, 내수성이 작다.
㉱ 무색 또는 담갈색의 투명 도료로서 광택이 있다.

[해설] • 유성 바니시 : 수지 + 건성유 + 희석제이며, 강인하고 내구성 · 내수성이 큰 편이다.

문제 27. 목재의 건조방법 중 인공건조에 속하는 것은?
㉮ 송풍건조 ㉯ 태양열건조
㉰ 열기건조 ㉱ 천연건조

[해설] • 목재의 건조법
① 자연건조법
   ㈎ 공기건조법   ㈏ 침수법
② 인공건조법
   ㈎ 열연건조(열기건조)
   ㈏ 전열건조(고주파 건조)
   ㈐ 연소가스
   ㈑ 진공건조
   ㈒ 약품건조

문제 28. 시멘트 및 콘크리트 제품의 형상에 따른 분류에 속하지 않는 것은?
㉮ 판상제품 ㉯ 블록 제품
㉰ 봉상제품 ㉱ 대형제품

[해설] (1) 블록의 형상에 따른 분류
① 판상제품   ② 봉상제품
③ 관상제품   ④ 블록 제품
(2) 치수에 따른 분류
① 대형   ② 중형   ③ 소형

문제 29. 석회석이 변화되어 결정화한 것으로 석질이 치밀하고 견고할 뿐 아니라 외관이 미려하여 실내장식재 또는 조각재로 사용되는 석재는?
㉮ 점판암   ㉯ 사문암
㉰ 대리석   ㉱ 안산암

[해설] • 대리석(marble)
① 석회암이 변성작용에 의하여 결정질이 뚜렷하게 된 변성암의 대표적인 석재
② 내부장식재 또는 조각재로 많이 사용

문제 30. 다음 중 지붕재료에 요구되는 성질과 가장 관계가 먼 것은?
㉮ 외관이 좋은 것이어야 한다.
㉯ 부드러워 가공이 용이한 것이어야 한다.
㉰ 열전도율이 작은 것이어야 한다.
㉱ 재료가 가볍고, 방수, 방습, 내화, 내수성이 큰 것이어야 한다.

[해설] 부드러워 가공이 용이한 것과는 관계가 없다.

문제 31. 다음 중 시공현장에서 절단 가공할 수 없는 유리는?
㉮ 보통판 유리 ㉯ 무늬 유리
㉰ 망입 유리   ㉱ 강화 유리

[해설] 강화 유리는 절단하면 파손되어 깨져나가므로 절단이 가능하지 않으며, 주문 제작해야 한다.

[해답] 26. ㉰   27. ㉰   28. ㉱   29. ㉰   30. ㉯   31. ㉱

문제 32. 창유리의 강도란 일반적으로 어떤 것을 말하는가?
㉮ 압축강도 ㉯ 인장강도
㉰ 휨강도 ㉱ 전단강도
[해설] 창유리의 강도는 휨강도가 중요하다.

문제 33. 콘크리트 배합에 사용되는 물에 대한 설명으로 옳지 않은 것은?
㉮ 산성이 강한 물에 사용하면 콘크리트의 강도가 증가한다.
㉯ 기름, 알칼리, 그 밖에 유기물이 포함된 물은 사용하지 않는 것이 좋다.
㉰ 당분은 시멘트 무게의 0.1~0.2%가 함유되어도 응결이 늦고, 그 이상이면 강도도 떨어진다.
㉱ 염분은 철근 부식의 원인이 되므로 철근 콘크리트에는 사용하지 않는 것이 좋다.
[해설] 콘크리트 배합에 사용되는 물을 산성이 강한 물에 사용하면 콘크리트의 강도가 감소된다.

문제 34. 고로 시멘트에 관한 설명 중 옳지 않는 것은?
㉮ 바닷물에 대한 저항성이 크다.
㉯ 초기강도가 작다.
㉰ 수화열량이 작다.
㉱ 매스 콘크리트용으로는 사용이 불가능하다.
[해설] ① 매스 콘크리트(mass concrete)는 댐(dam) 공사 등의 큰 구조물에 사용하는 콘크리트를 말한다. 수화열 발생이 많은 시멘트를 사용하면 팽창 균열이 발생할 우려가 있기 때문에 수화열 발생이 작은 시멘트나 혼화재 등을 사용한다.
② 수화열 발생을 작게 하는 시멘트
㉮ 중용열 포틀랜드 시멘트
㉯ 고로 시멘트
㉰ 실리카 시멘트
㉱ 플라이 애시 시멘트
③ 수화열 발생을 작게 하는 혼화재
㉮ 규조토 ㉯ 규산백토
㉰ 화산재 ㉱ 플라이 애시
㉲ 규산질 미분말 ㉳ 실리카겔 미분말
㉴ 고로 슬래그 미분말

문제 35. 다음 중 건축생산에 사용되는 건축재료의 발전방향과 가장 관계가 먼 것은?
㉮ 비표준화 ㉯ 고성능화
㉰ 에너지 절약화 ㉱ 공업화
[해설] • 건축재료의 발전방향
① 표준화 ② 고성능화
③ 에너지 절약화 ④ 공업화

문제 36. 점토의 물리적 성질에 대한 설명으로 옳지 않은 것은?
㉮ 점토의 비중은 일반적으로 2.5~2.6 정도이다.
㉯ 입자의 크기가 클수록 가소성이 좋다.
㉰ 양질의 점토는 습윤상태에서 현저한 가소성을 나타낸다.
㉱ 점토의 압축강도는 인장강도의 약 5배 정도이다.
[해설] 입자의 크기가 클수록 가소성이 나쁘다.

문제 37. 다음의 목재제품 중 일반건물의 벽 수장재로 사용되는 것은?
㉮ 플로링 보드
㉯ 코펜하겐 리브
㉰ 파키트 패널
㉱ 파키트 블록
[해설] ① 바닥 마감재
㉮ 플로링 보드 ㉯ 파키트 블록
㉰ 파키트 패널
② 코펜하겐 리브 : 표면에 곡면을 둔 장식재로서 벽 등에 사용하여 음향조절 효과와 장식재로 사용한다.

[해답] 32. ㉰ 33. ㉮ 34. ㉱ 35. ㉮ 36. ㉯ 37. ㉯

문제 38. 다음 중 포틀랜드 시멘트의 제조 원료에 속하지 않는 것은?
- ㉮ 석회석
- ㉯ 점토
- ㉰ 석고
- ㉱ 종석

[해설] ① 시멘트 원료 : 석회석+점토+석고
② 테라초(인조석 물갈기) : 백시멘트+종석+안료
※ 종석 : 대리석의 알갱이(대리석을 잘게 부순 돌)

문제 39. 소석회에 모래, 해초풀, 여물 등을 혼합하여 바르는 미장재료로서 목조 바탕, 콘크리트 블록 및 벽돌 바탕 등에 사용되는 것은?
- ㉮ 돌로마이트 플라스터
- ㉯ 회반죽
- ㉰ 석고 플라스터
- ㉱ 시멘트 모르타르

[해설] ① 회반죽 : 소석회+모래+해초풀+여물
② 기경성 재료 : 대기 중의 탄산가스에 의해서 경화
※ 회반죽, 진흙, 돌로마이트 플라스터
③ 수경성 재료 : 물에 의하여 경화
※ 순석고, 배합석고, 무수석고(킨즈 시멘트), 시멘트 모르타르

문제 40. 다음 중 외장용으로 사용할 수 없는 타일은?
- ㉮ 석기질 타일
- ㉯ 자기질 타일
- ㉰ 모자이크 타일
- ㉱ 도기질 타일

[해설] 도기질 타일은 습기에 약하므로 외장용으로는 적합하지 못하다.

문제 41. 다음의 온수난방에 대한 설명 중 옳지 않는 것은?
- ㉮ 한랭시 난방을 정지하였을 경우 동결의 우려가 있다.
- ㉯ 현열을 이용한 난방이므로 증기난방에 비해 쾌감도가 높다.
- ㉰ 난방을 정지하여도 난방효과가 잠시 지속된다.
- ㉱ 열용량이 작기 때문에 온수순환 시간이 짧다.

[해설] 온수난방은 열용량이 크기 때문에 온수순환 시간이 길다. (열용량이 크면 잘 식지 않으므로, 온수순환 시간이 긴 편이다.)

문제 42. 다음의 건축도면에 대한 설명 중 옳지 않은 것은?
- ㉮ 평면도는 건축물을 각 층마다 일정한 높이에서 수평으로 자른 수평 단면도이다.
- ㉯ 입면도는 건축물을 수직으로 잘라 그 단면을 나타낸 것이다.
- ㉰ 전개도는 건물 내부의 입면을 정면에서 바라보고 그린 것이다.
- ㉱ 배치도는 대지 안에 건물이나 부대시설을 배치한 도면이다.

[해설] 건물을 정면에서 보이는 대로 그린 도면이다.

문제 43. 다음 중 교내 교환설비의 구성 요소와 관련이 없는 것은?
- ㉮ 구내 전화기
- ㉯ 전력설비
- ㉰ 단자함
- ㉱ 안테나

[해설] 안테나는 공동수신 설비에 속한다.

문제 44. 도면작성 시 고려해야 할 사항이 아닌 것은?
- ㉮ 도면의 인지도를 높이기 위하여 선의 굵기를 고려하여 그린다.
- ㉯ 표제란에는 작성자 성명, 축척, 도면명 등을 기입한다.

㉰ 도면의 글씨는 깨끗하게 자연스러운 필기체로 쓰는 것이 좋다.
㉱ 도면상의 배치를 고려하여 작도한다.
[해설] 도면의 글씨는 고딕체로 쓰는 것이 원칙이다.

문제 45. 벽체의 단열에 대한 설명 중 옳지 않은 것은?
㉮ 단열은 구조체를 통한 열손실 방지와 보온 역할을 한다.
㉯ 열관류 저항값이 작을수록 단열효과는 크다.
㉰ 열관류율이 클수록 단열성이 낮다.
㉱ 조적벽과 같은 중공 구조의 내부에 위치한 단열재는 난방 시 실내 표면온도를 신속히 올릴 수 있다.
[해설] ① 열관류 : 고체의 벽 사이로 높은 온도에서 낮은 온도로 기체나 액체가 흐르는 현상
② 열관류 저항 : 열관류율의 역수로서 열관류 저항이 커지면 단열효과는 크다.

문제 46. 투상도의 종류 중 X, Y, Z의 기본축이 120도씩 화면으로 나누어 표시되는 것은?
㉮ 등각 투상도
㉯ 이등각 투상도
㉰ 부등각 투상도
㉱ 유각 투시도

문제 47. 트랩의 봉수가 파괴되는 원인으로 옳지 못한 것은?
㉮ 자기 사이펀 작용
㉯ 환기 작용
㉰ 증발
㉱ 모세관 현상
[해설] • 봉수 파괴 원인의 종류
① 자기 사이펀 작용 ② 증발
③ 모세관 현상 ④ 분출작용

⑤ 유인 사이펀 작용(흡인 작용)
⑥ 운동량에 의한 관성

문제 48. 자동화재 탐지설비 중 온도상승에 의한 감지기 작동 방식이 아닌 것은?
㉮ 광전식 ㉯ 차동식
㉰ 정온식 ㉱ 보상식

문제 49. 다음의 주택 대지에 대한 설명 중 옳지 않은 것은?
㉮ 대지의 모양은 정사각형이나 직사각형에 가까운 것이 좋다.
㉯ 경사지일 경우 기울기는 $\frac{1}{10}$ 정도가 적당하다.
㉰ 대지가 작으면 일조, 통풍, 독립성 등의 확보가 용이하고 평면계획에 제약을 받지 않는다.
㉱ 대지의 방위는 지방에 따라 다르지만, 남향이 좋다.
[해설] 대지가 작으면 일조, 통풍, 독립성 등의 확보가 어렵고, 평면 계획에 제약을 받는다.

문제 50. 다음은 어떤 묘사방법에 대한 설명인가?

> 묘사하고자 하는 내용 위에 사각형의 격자를 그리고 한번에 하나의 사각형을 그릴 수 있도록 다른 종이에 같은 형태로 옮기며, 사각형의 원본보다 크거나 작다면, 완성된 그림은 사각형의 크기에 따라 규격이 정해진다.

㉮ 모눈종이 묘사
㉯ 투명용지 묘사
㉰ 복사용지 묘사
㉱ 보고 그리기 묘사

[해답] 45. ㉯ 46. ㉮ 47. ㉯ 48. ㉮ 49. ㉰ 50. ㉮

문제 51. 목조벽 중 벽체 양면이 평벽을 나타내는 표시법은?

㉮ ▭ ㉯ ▭
㉰ ▭ ㉱ ▭

[해설] 평벽식은 외부에서 보았을 때 기둥이 보이지 않게 마무리한 구조를 말한다.

문제 52. 다음 그림에서 치수기입 방법이 잘 못된 것은?

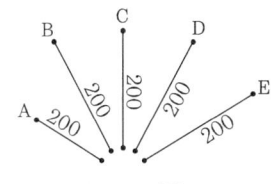

㉮ A ㉯ B
㉰ C ㉱ D

[해설] 치수기입은 치수선에 따라 도면에 평행하게 쓰고, 아래에서 위로, 왼쪽에서 오른쪽으로 읽을 수 있도록 한다.

문제 53. 다음의 대규모 건축물이나 복잡한 공공건축물 등에 대한 기능분석 중 가장 선행되어져야 하는 것은?

㉮ 현상의 기술
㉯ 다른 사례, 문헌의 검토
㉰ 현상의 조사, 관찰
㉱ 현상의 조건 또는 원인이라고 생각되는 것을 조사

문제 54. 다음 중 오염 가능성이 가장 작은 급수 방식은?

㉮ 수도직결방식
㉯ 고가 탱크 방식
㉰ 압력 탱크 방식
㉱ 탱크가 없는 부스터 방식

[해설] 수도직결방식은 배수관에서 급수관과 수도꼭지가 바로 연결되어 있으므로 오염 가능성이 가장 작다.

문제 55. 다음 중 철근 콘크리트 줄기초 그리기에서 순서가 가장 늦은 것은?

㉮ 기초 크기에 알맞게 축척을 정한다.
㉯ 치수와 재료명을 기입한다.
㉰ 재료의 단면 표시를 한다.
㉱ 지반선과 기초벽의 중심선을 일점쇄선으로 그린다.

[해설] ㉮ → ㉱ → ㉰ → ㉯

문제 56. 다음 중 건축물의 묘사에 있어서 트레싱지에 칼라를 표현하기에 가장 적합한 도구는?

㉮ 연필   ㉯ 수채물감
㉰ 포스터 칼라 ㉱ 유성 마커펜

[해설] 트레싱지에 연필로 표현하면 잘 나타나지 않는다. 수채물감이나 포스터 칼라를 사용하면 물이 있어 트레싱지가 오그라진다.

문제 57. 다음 중 주택지의 단위인 인보구의 주택 호수로 가장 적당한 것은?

㉮ 20~40호   ㉯ 50~100호
㉰ 200~300호 ㉱ 400~500호

[해설] • 인보구 : 주택 호수 50호 이하
　　　　　 인구 수 100~200명

문제 58. 주택의 색채계획에 대한 설명 중 옳지 않은 것은?

㉮ 건물의 외벽은 일반적으로 밝은 색으로 하는 것이 원칙이며, 부분적으로는 어두운 색을 써서 대비감을 주기도 한다.
㉯ 현관의 색은 대체적으로 외부에서 들어오는 사람들이 서먹서먹한 기분이 들지 않도록 부드러운 엷은 색이 무난하다.
㉰ 응접실은 일반적으로 격조 있는 밝은 저채도의 색상을 기초로 하면 무난하다.
㉱ 거실 천장은 조명효과를 고려할 경우에는 저명도의 색이 적당하다.

[해답] 51. ㉮ 52. ㉰ 53. ㉰ 54. ㉮ 55. ㉯ 56. ㉱ 57. ㉮ 58. ㉱

해설 거실의 천장은 조명효과를 고려할 경우 높은 명도의 색이 적당하다.

문제 59. 다음의 창호기호 표시가 의미하는 것은?

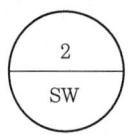

㉮ 철재창　　　　㉯ 알루미늄문
㉰ 목재창　　　　㉱ 플라스틱문

해설 S : 철재(steel), W : 창(window)

문제 60. 건축형태의 구성원리 중 건축물에서 공통되는 요소에 의해 전체를 일관되게 보이도록 하는 것은?

㉮ 리듬　㉯ 통일　㉰ 대칭　㉱ 조화

해설 ① 리듬 : 시각적으로 강한 힘과 약한 힘이 규칙적으로 연속되어 이루어지는 것
② 통일 : 전체를 일관되게 하는 것
③ 대칭 : 축 또는 점을 중심으로 같은 형태를 배치하는 것으로 질서를 부여하기 쉽고 통일성과 안정성을 부여
④ 조화 : 밸런스와 리듬에 의해서 성립되며, 유사성과 대비성이 있다.

□ 전산응용 건축제도 기능사　　▶ 2008. 7. 13 시행

문제 1. 한식공사에서 종도리를 얹는 것을 의미하는 것은?

㉮ 열초　　　　㉯ 치목
㉰ 상량　　　　㉱ 입주

해설 ① 종도리 : 마룻대를 말하는 것으로 종도리를 얹는 것은 상량식에 해당한다.
② 상량 : 보를 올리는 것으로서 마룻대를 올려 골조 마무리를 하는 공사를 말한다.

문제 2. 말뚝기초에서 말뚝머리 지름이 300 mm인 기성 콘크리트 말뚝을 타설할 때 말뚝중심 간의 최소 간격은?

㉮ 300 mm　　　　㉯ 450 mm
㉰ 750 mm　　　　㉱ 900 mm

해설 • 말뚝중심 간의 최소 간격 : 기성 콘크리트 말뚝간격(다음 중 큰 값)
① 지름의 2.5배 = 300 × 2.5 = 750 mm 이상
② 750 mm 이상　∴ 750 mm

문제 3. 다음 중 목재 왕대공 지붕틀에 사용되는 부재와 연결철물의 연결이 옳지 않은 것은?

㉮ ㅅ자보와 평보 - 안장쇠
㉯ 달대공과 평보 - 볼트
㉰ 빗대공과 왕대공 - 꺾쇠
㉱ 대공 밑잡이와 왕대공 - 볼트

해설 ① ㅅ자보와 평보 : 안장맞춤, 볼트

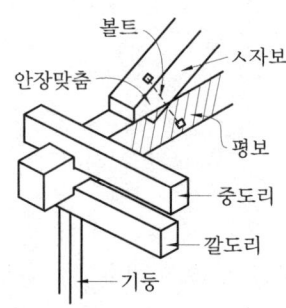

② 큰보와 작은보 : 감잡이쇠

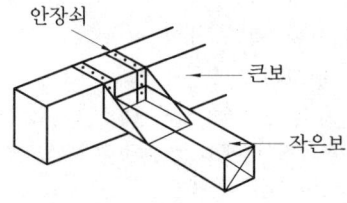

해답　59. ㉮　60. ㉯　1. ㉰　2. ㉰　3. ㉮

문제 4. 다음 중 보강 블록조 내력벽에서 벽량의 최소 값은?
㉮ 10 cm/m² ㉯ 13 cm/m²
㉰ 15 cm/m² ㉱ 18 cm/m²

[해설] 벽량 = $\dfrac{벽의\ 길이(cm)}{바닥면적(m^2)} \geq 15\ cm/m^2$

문제 5. 조적식 구조에 대한 설명 중 옳지 않은 것은?
㉮ 조적식 구조인 각 층의 벽은 편심하중이 작용하도록 설계하여야 한다.
㉯ 조적식 구조인 내력벽의 길이는 10 m를 넘을 수 없다.
㉰ 조적식 구조인 내력벽으로 둘러쌓인 부분의 바닥면적은 80 m²을 넘을 수 없다.
㉱ 조적식 구조인 내력벽의 두께는 바로 윗층의 내력벽의 두께 이상이어야 한다.

[해설] 조적식 구조인 각 층의 벽은 편심하중이 작용하지 않도록 한다.

문제 6. 석구조에서 창문 등의 개구부 위에 걸쳐대어 상부에서 오는 하중을 받는 수평 부재는?
㉮ 창대돌 ㉯ 문지방돌
㉰ 쌤돌 ㉱ 인방돌

[해설]
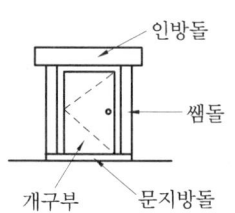

문제 7. 다음 중 건축구조의 재료에 따른 분류에 속하지 않는 것은?
㉮ 목구조 ㉯ 돌구조
㉰ 아치 구조 ㉱ 강구조

[해설] 아치 구조는 구조 형태에 따른 분류에 해당된다.

문제 8. 수직 및 수평철근을 벽면에 평행하게 양면으로 배치하여야 하는 철근 콘크리트 벽체의 최소 두께는?
㉮ 150 mm ㉯ 200 mm
㉰ 250 mm ㉱ 300 mm

[해설] 지하실 벽체의 두께가 250 mm 이상일 경우 수직 및 수평철근을 양면에 배치한다. 즉, 복배근을 해야 한다.

문제 9. 철근 콘크리트 구조에서 보의 춤은 간 사이의 얼마 정도로 하는가?
㉮ $\dfrac{1}{6} \sim \dfrac{1}{7}$ ㉯ $\dfrac{1}{8} \sim \dfrac{1}{10}$
㉰ $\dfrac{1}{10} \sim \dfrac{1}{15}$ ㉱ $\dfrac{1}{15} \sim \dfrac{1}{18}$

[해설] 철근 콘크리트 구조의 보의 춤은 간 사이의 $\dfrac{1}{10} \sim \dfrac{1}{15}$ 정도로 한다.

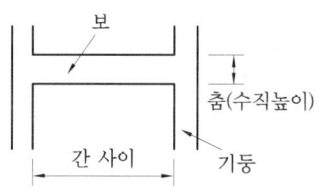

문제 10. 철근 콘크리트 구조에 사용되는 철근에 관한 설명 중 틀린 것은?
㉮ 인장력이 약한 부분에 철근을 배근한다.
㉯ 철근의 합산한 총 단면적이 같을 때 가는 철근을 사용하는 것이 부착에 좋다.
㉰ 철근과 콘크리트의 부착강도는 콘크리트의 강도만이 중요하게 작용한다.
㉱ 철근의 이음은 인장력이 작은 곳에서 한다.

[해설] 철근과 콘크리트의 부착강도는 콘크리트의 강도, 철근의 주장, 춤 등과 관계가 있다.

문제 11. 다음 그림의 조적조에서 콘크리트 기초판(footing)의 두께(AB)로 가장 알맞은 것은?

[해답] 4. ㉰ 5. ㉮ 6. ㉱ 7. ㉰ 8. ㉰ 9. ㉰ 10. ㉰ 11. ㉮

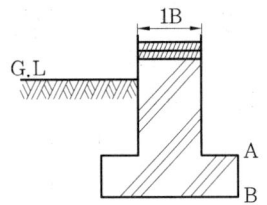

㉮ 200 mm ㉯ 150 mm
㉰ 100 mm ㉱ 50 mm

[해설] ① 기초판의 너비
  = 벽두께×2 + 20~30 cm
  = 19 cm×2 + 20~30 cm
  = 38 + 20~30 cm = 58~68 cm
② 기초판의 두께
  = 기초판의 너비 × $\frac{1}{3}$
  = 58~68 × $\frac{1}{3}$ ≒ 20~23 cm
  ∴ 200 mm 이상

[문제] 12. 강구조에 대한 다음 설명 중 옳지 않은 것은?
㉮ 고층 건물이나 장스팬 구조에 적합하다.
㉯ 내화성이 우수하여 별도의 조치가 필요 없다.
㉰ 부재가 세장하므로 좌굴의 위험성이 높다.
㉱ 소성변형 능력이 크다.
[해설] 강구조는 열에 약하여 내화성이 작으므로 별도의 조치가 필요하다.

[문제] 13. 건축구조에서 중간에 기둥을 두지 않고, 직사각형의 면적에 지붕을 씌우는 형식으로 교량 시스템을 응용한 것은?
㉮ 절판구조 ㉯ 공기막구조
㉰ 셸 구조   ㉱ 현수구조

[문제] 14. 다음 중 목구조에서 토대와 기둥의 맞춤으로 가장 알맞은 것은?
㉮ 짧은 장부맞춤 ㉯ 빗턱 맞춤
㉰ 턱솔 맞춤   ㉱ 걸침턱 맞춤

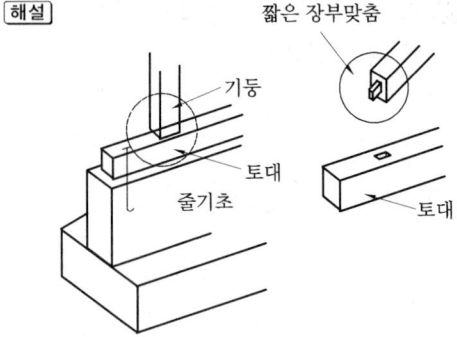

[문제] 15. 다음 중 합성골조에 대한 설명으로 적합하지 않은 것은?
㉮ CFT(콘크리트 충전 강관기둥)에서는 내부 콘크리트가 강관의 급격한 국부좌굴을 방지한다.
㉯ 코어(core)의 전단벽에 횡력에 대한 강성을 증대시키기 위하여 철골빔을 설치한다.
㉰ 데크 플레이트(deck plate)는 합성 슬래브의 한 종류이다.
㉱ 스터드 볼트(stud bolt)는 철골기둥을 연결하는 데 사용한다.
[해설] 스터드 볼트(stud bolt)는 형강보와 철근 콘크리트 바닥판 또는 형강기둥과 철근 콘크리트 벽을 연결하여 전단력을 받는 전단 연결재이다.

[문제] 16. 다음 중 철근 콘크리트 구조에서 거푸집이 갖추어야 할 조건과 가장 거리가 먼 것은?
㉮ 콘크리트를 부어 넣었을 때 변형되거나 파괴되지 않을 것
㉯ 반복 사용할 수 없을 것
㉰ 운반과 가공이 쉬울 것
㉱ 모르타르나 시멘트 풀이 누출되지 않을 것
[해설] 거푸집은 반복 사용해야 경제적이다.

[문제] 17. 다음 중 막구조의 대표적인 구조물은?

[해답] 12. ㉯ 13. ㉱ 14. ㉮ 15. ㉱ 16. ㉯ 17. ㉱

㉮ 금문교
㉯ 장충체육관
㉰ 시드니 오페라 하우스
㉱ 상암동 월드컵 경기장

[해설] ① 막구조 : 상암동 월드컵 주경기장, 제주도 월드컵 주경기장
② 돔(dome) 구조 : 장충체육관
③ 셸(shell) 구조 : 시드니 오페라 하우스
④ 현수구조(suspension stricture) : 금문교 (남해대교)

[참고] • 막구조
① 골조막 구조 : 골조로 구성하여 골조가 막을 지탱하는 구조
② 현수막 구조 : 막의 무게를 케이블을 당겨 지지
③ 공기막 구조 : 공기압으로 막의 형태를 유지
 ㈎ 단막 구조 : 낙하산과 같은 형태
 ㈏ 이중막 구조 : 풍선과 같은 형태
④ 하이브리드 막구조 : 여러 형태를 조합한 구조

[문제] 18. 강구조 트러스에 대한 설명 중 옳지 않은 것은?
㉮ 접합 시의 거싯 플레이트는 직사각형에 가까운 모양이 좋다.
㉯ 지점의 중심선과 트러스 절점의 중심선은 가능한 일치시켜 편심 모멘트가 생기지 않도록 한다.
㉰ 헌재란 수직으로 배치된 복재를 말한다.
㉱ 지점은 지지점이라고도 하며 트러스가 놓이는 점을 말한다.

[해설] 수직으로 배치된 복재는 web 재이다.

[문제] 19. 강구조의 기둥 종류 중 앵글, 채널 등으로 대판을 플랜지에 직각으로 접합한 것은?
㉮ H형강 기둥 ㉯ 래티스 기둥
㉰ 격자 기둥 ㉱ 강관 기둥

[해설]

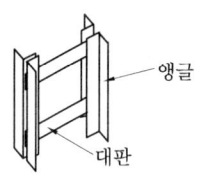

격자기둥

[문제] 20. 부재에 하중이 작용하면 각 부재의 내부에는 외력에 저항하는 힘인 응력이 생기는 데, 다음 중 부재를 직각으로 자를 때에 생기는 것은?
㉮ 인장응력 ㉯ 압축응력
㉰ 전단응력 ㉱ 휨모멘트

[해설] • 전단응력 : 축방향에 대하여 수직방향으로 절단하려는 힘에 의해 발생하는 응력

[문제] 21. 베니어가 널결만이어서 표면이 거친 결점이 있으나, 넓은 베니어를 얻기 쉽고 원목의 낭비가 적어 많이 사용되는 베니어 제조법은?
㉮ 소드 베니어
㉯ 반소드 베니어
㉰ 슬라이스드 베니어
㉱ 로터리 베니어

[해설] • 로터리 베니어(rotary veneer) : 통나무를 필요한 크기로 절단하여, 절단한 통나무를 회전시키면서 얇은 판으로 연속적으로 만드는 방식
① 넓은 판을 얻을 수 있다.
② 원목(통나무)의 낭비가 없고, 생산능률이 높다.
③ 면은 널결만 나타난다.
④ 표면은 거친편이다.

[문제] 22. 다음 중 석유계 아스팔트가 아닌 천연 아스팔트에 해당하는 것은?
㉮ 레이크 아스팔트
㉯ 스트레이트 아스팔트
㉰ 블론 아스팔트
㉱ 용제추출 아스팔트

[해답] 18. ㉰ 19. ㉰ 20. ㉰ 21. ㉱ 22. ㉮

[해설] • 천연 아스팔트
① 아스팔트 타이트(asphalt tight)
② 록 아스팔트(rock asphalt)
③ 레이크 아스팔트(lake asphalt)

문제 23. 돌로마이트 석회에 관한 다음 설명 중 옳지 않은 것은?
㉮ 회반죽에 비해 조기강도 및 최종강도가 크다.
㉯ 소석회에 비해 점성이 높고 작업성이 좋다.
㉰ 점성이 거의 없어 해초풀로 반죽한다.
㉱ 수축균열이 많이 발생한다.
[해설] 점성이 거의 없어 해초풀로 반죽하는 것은 회반죽이다.

문제 24. 무색이고 방부력이 가장 우수하며 석유 등의 용제로 녹여 쓰는 목재 방부제는?
㉮ 콜타르
㉯ 크레오소트유
㉰ P.C.P
㉱ 플로화나트륨
[해설] • 목재의 방부제
① 콜타르 : 방부력이 약하다.
② 크레오소트 : 방부력이 우수하며 값이 싸다. 냄새가 고약하다.
③ P.C.P : 방부력이 가장 우수하나 값이 비싸다.

문제 25. 각종 유리제품의 용도 및 특징에 관한 기술 중 옳은 것은?
㉮ 프리즘 타일(prism-tile) : 입사광선을 확산 또는 집중시킬 목적으로 지하실 또는 옥상의 채광용으로 사용
㉯ 폼 글라스(foam glass) : 보온 및 방음성이 좋고, 음향조절에 이용, 투광률 90%
㉰ 유리 섬유(glass wool) : 전기절연성이 작고 특히 인장강도가 작음
㉱ 유리 블록(glass block) : 장식 및 보온 방음벽에 이용, 투광률이 전혀 없음
[해설] ① 폼 글라스(foam glass) : 유리가루 분말에 발포제를 혼입하여 가열·발포한 다음 서서히 냉각시킨 유리로서 단열성, 흡음성이 좋으나 투광률이 나쁘다.
② 유리 섬유(glass wool) : 용융된 유리를 압축공기를 사용하여 가는 구멍을 통과시킨 다음 냉각시킨 것으로 전기절연성이 크고, 인장강도가 큰 편이다.
③ 유리 블록(glass block) : 유리판을 이용하여 블록처럼 만든 것으로 장식적이며, 방음벽에 이용, 투광률도 있는 편이다.

문제 26. 다음 중 표준형 내화벽돌의 규격 치수는?
㉮ 190×90×57 mm
㉯ 210×100×60 mm
㉰ 210×100×57 mm
㉱ 230×114×65 mm
[해설] • 벽돌의 크기
① 일반벽돌

기존형	210×100×60
기본형 (표준형, 장려형, 블록 혼용 벽돌)	190×90×57

② 내화벽돌 : 230×114×65

문제 27. 보통 포틀랜드 시멘트의 응결시간에 대한 설명 중 옳은 것은?
㉮ 초결 30분 이상, 종결 10시간 이하
㉯ 초결 30분 이상, 종결 20시간 이하
㉰ 초결 60분 이상, 종결 20시간 이하
㉱ 초결 60분 이상, 종결 10시간 이하
[해설] 보통 포틀랜드의 응결시간은 처음 1시간(60분)에 시작하여 10시간 이내에 종결된다.

문제 28. 점토에 대한 다음 설명 중 옳지 않은 것은?
㉮ 제품의 색깔과 관계 있는 것은 규산성분이다.
㉯ 점토의 주성분은 실리카, 알루미나이다.
㉰ 각종 암석이 풍화, 분해되어 만들어진 가는 입자로 이루어져 있다.
㉱ 점토를 구성하고 있는 점토광물은 잔류점토와 침적점토로 구분된다.

[해답] 23. ㉰ 24. ㉰ 25. ㉮ 26. ㉱ 27. ㉱ 28. ㉮

해설 ① 점토의 주성분은 SiO₂(실리카 : 규산), Al₂O₃(알루미나)이며, Fe₂O₃(산화제2철), CaO(산화칼슘), MgO(산화마그네슘), Na₂O₃(산화나트륨) 등이 있다.
② 점토의 색상과 관련이 있는 성분은 Fe₂O₃(산화제2철)이 있다.

문제 29. 비철금속 중 구리에 대한 설명으로 옳지 않은 것은?
㉮ 알칼리성에 대해 강하므로 콘크리트 등에 접하는 곳에 사용이 용이하다.
㉯ 건조한 공기 중에서는 산화하지 않으나, 습기가 있거나 탄산가스가 있으면 녹이 발생한다.
㉰ 연성이 뛰어나고 가공성이 풍부하다.
㉱ 건축용으로는 박판으로 제작하여 지붕 재료로 이용된다.

해설 • 구리(Cu ; 동)
① 암모니아와 알칼리성에 침식이 잘 된다.
② 암모니아 가스를 발생하는 화장실, 알칼리성의 모르타르나 콘크리트 등을 피하여 사용해야 한다.

문제 30. 다음 중 보통 무근 콘크리트의 단위중량은?
㉮ 1.5 t/m³   ㉯ 1.8 t/m³
㉰ 2.3 t/m³   ㉱ 2.8 t/m³

해설 ① 무근 콘크리트 단위용적 중량 : 2.3 t/m³
② 철근 콘크리트 단위용적 중량 : 2.4 t/m³

문제 31. 19세기 중엽 철근 콘크리트의 실용적인 사용법을 개발한 사람은?
㉮ 모니에(Monier)   ㉯ 케오프스(Cheops)
㉰ 애습딘(Aspdin)   ㉱ 안토니오(Antonio)

문제 32. 콘크리트 구조물에서 하중을 지속적으로 작용시켜 놓을 경우 하중의 증가가 없음에도 불구하고 지속하중에 의해 시간과 더불어 변형이 증대하는 현상은?

㉮ 영계수   ㉯ 점성
㉰ 탄성   ㉱ 크리프

해설 • 크리프(creep) 현상 : 하중의 증가없이 시간의 증가에 따라 변형이 지속적으로 발생하는 현상이다.

문제 33. 석고 보드에 대한 다음 설명 중 옳지 않은 것은?
㉮ 부식이 안되고 충해를 받지 않는다.
㉯ 팽창 및 수축의 변형이 크다.
㉰ 흡수로 인해 강도가 현저하게 저하된다.
㉱ 단열성이 높다.

해설 • 석고 보드 : 소석고를 주원료로 하며 톱밥·섬유 등을 혼합하여 성형한 판상의 제품이다. 벽이나 천장 등에 쓰이고 있으며, 팽창 또는 수축의 변형이 작다.

문제 34. 다음 중 구조재료에 요구되는 성질과 가장 관계가 먼 것은?
㉮ 재질이 균일하여야 한다.
㉯ 강도가 큰 것이어야 한다.
㉰ 탄력성이 있고 자중이 커야 한다.
㉱ 가공이 용이한 것이어야 한다.

해설 구조의 재료로 쓰이는 재료는 탄력성이 작아야 하고, 자중이 작아야 한다.

문제 35. 보통 포틀랜드 시멘트보다 C₃S나 석고가 많고 분말도가 높아 조기에 강도발휘가 높은 시멘트는?
㉮ 고로 시멘트
㉯ 백색 포틀랜드 시멘트
㉰ 중용열 포틀랜드 시멘트
㉱ 조강 포틀랜드 시멘트

해설 ① 조강 포틀랜드 시멘트는 보통 포틀랜드 시멘트보다 C₃S나 석고가 많고, 분말도가 커서 초기 강도가 크다.
② C₃S는 3CaO, SiO₂를 갖는 조성을 의미한다. CaO는 산화칼슘(생석회), SiO₂는 산화규소(실리카)이다.

해답 29. ㉮ 30. ㉰ 31. ㉮ 32. ㉱ 33. ㉯ 34. ㉰ 35. ㉱

문제 36. 다음에서 설명하는 목재의 제품은?

> 강당, 극장, 집회장 등에 음향조절용으로 쓰이며, 단면형은 설계자의 의도에 따라 선택할 수 있고 두께가 3 cm이며 넓이가 10 cm 정도의 긴 판에 가공한 것

㉮ 합판 ㉯ 집성재
㉰ 플로어링 보드 ㉱ 코펜하겐 리브

[해설] • 코펜하겐 리브판 : 표면에 곡면(rib)을 만든 판으로서 음향조절 효과와 장식효과가 있어 극장, 강당, 집회장의 벽 등에 사용된다.

문제 37. 다음 중 혼화제인 A.E제에 대한 설명으로 옳은 것은?

㉮ 사용 수량을 줄여 블리딩(bleeding)이 감소한다.
㉯ 화학작용에 대한 저항성을 저감시킨다.
㉰ 탄성을 가진 기포의 동결융해 및 건습 등에 의한 용적변화가 크다.
㉱ 철근의 부착강도를 증가시킨다.

[해설] A.E제는 콘크리트의 시공연도를 증가시키는 시공연도 증진제이다.
① 시공연도를 증진시키므로 단위수량을 절감할 수 있다.
② 화학작용에 대한 저항심이 증가된다.
③ 동결융해 및 건습에 의한 용적변화가 적다.
④ 철근에 대한 부착강도가 작아진다.

문제 38. 다음 중 바닥 비닐 타일에 대한 설명으로 틀린 것은?

㉮ 일반사무실이나 점포 등의 바닥에 널리 사용된다.
㉯ 염화비닐 수지에 석면, 탄산칼슘 등의 충전제를 배합해서 성형된다.
㉰ 반경질 비닐 타일, 연질 비닐 타일, 퓨어 비닐 타일 등이 있다.
㉱ 의장성, 내마모성은 양호하나 경제성, 시공성은 떨어진다.

[해설] 바닥 비닐 타일은 의장성, 내마모성, 경제성, 시공성이 좋은 편이다.

문제 39. 평균적으로 압축강도가 가장 큰 석재부터 순서대로 나열된 것은?

> ── <보기> ──
> a. 화강암 b. 사문암
> c. 사암 d. 대리석

㉮ a-d-b-c ㉯ a-b-c-d
㉰ a-c-d-b ㉱ d-c-b-a

[해설] • 압축강도가 큰 순서
화강암 > 대리석 > 사문암 > 사암

문제 40. 미리 거푸집 속에 적당한 입도배열을 가진 굵은 골재를 채워 넣은 후, 모르타르를 펌프로 압입하여 굵은 골재의 공극을 충전시켜 만드는 콘크리트는?

㉮ 소일 콘크리트
㉯ 레디믹스트 콘크리트
㉰ 쇄석 콘크리트
㉱ 프리팩트 콘크리트

[해설] • 프리팩트 콘크리트 : 거푸집에 자갈을 미리 채우고, 주입관을 통하여 모르타르를 압입하여 자갈 주위를 채우는 방식으로 주로 수중공사에 사용한다.

문제 41. 근린주구의 중심이 되는 시설은?

㉮ 초등학교 ㉯ 중학교
㉰ 고등학교 ㉱ 대학교

[해설] 근린주구는 초등학교를 중심으로 하는 근린생활권을 말한다.

문제 42. 다음의 건축공간에 대한 설명 중 옳지 않은 것은?

㉮ 공간을 편리하게 이용하기 위해서는 실의 크기와 모양, 높이 등이 적당해야 한다.
㉯ 내부공간은 일반적으로 벽과 지붕으로 둘러싸인 건물 안쪽의 공간을 말한다.
㉰ 인간은 건축공간을 조형적으로 인식한다.

[해답] 36. ㉱ 37. ㉮ 38. ㉱ 39. ㉮ 40. ㉱ 41. ㉮ 42. ㉱

라 외부공간은 자연 발생적인 것으로 인간에 의해 의도적으로 만들어지지 않는다.

[해설] 건축공간의 외부공간도 인위적으로 발생하는 것이며, 인간에 의해 의도적으로 만들어진다.

문제 43. 한식주택과 양식주택에 대한 설명 중 옳지 않은 것은?

가 한식주택의 각 실들은 다용도 형식으로 되어 있어 융통성이 많다.
나 양식주택은 개인의 생활공간이 보호되는 유리한 점이 있는 만큼 많은 주거면적이 소요된다.
다 양식주택의 가구는 부차적 존재이며, 한식주택의 가구는 주요한 내용물이다.
라 한식주택은 좌식생활이며, 양식주택은 입식생활이다.

[해설] 양식주택의 가구는 중요한 내용물이고, 한식주택의 가구는 부차적이다. 즉, 한식주택의 가구는 소요실의 크기를 결정하는 데 필요하지 않은 대상물이다.

문제 44. 건축물의 묘사 및 표현에 관한 설명 중 옳지 않은 것은?

가 음영은 건축물의 입체적인 표현을 강조하기 위해 그려 넣는 것으로 실시설계도나 시공도에 주로 사용된다.
나 건축 도면에 사람의 그림을 그려 넣는 목적은 스케일감을 나타내기 위해서이다.
다 건축도면에서 수목의 배치와 표현을 통해 건물 주변 대지의 성격을 나타낼 수 있다.
라 여러 선에 의한 건축물의 표현방법은 선의 간격을 달리함으로써 면과 입체를 결정한다.

[해설] 음영은 건축물의 입체적인 표현을 강조하기 위해 그려 넣는 것으로 투시도에서 주로 사용된다.

문제 45. 다음 중 도면 작도 시 유의사항으로 옳지 않은 것은?

가 축척과 도면의 크기에 관계 없이 글자의 크기는 같아야 한다.
나 용도에 따라서 선의 굵기를 구분하여 사용한다.
다 숫자는 아라비아 숫자를 원칙으로 한다.
라 글자체는 수직 또는 15° 경사의 고딕체로 쓰는 것을 원칙으로 한다.

[해설] 글자의 크기는 축척과 도면의 크기에 따라 비례해야 한다.

문제 46. 묘사 용구 중 지울 수 있는 장점 대신 번질 우려가 있는 단점을 지닌 재료는?

가 잉크 나 연필
다 매직 라 물감

[해설] 연필은 지울 수 있으나 번질 우려가 있다.

문제 47. 다음 중 열환경의 4요소(온열요소)에 속하지 않는 것은?

가 공기의 습도
나 공기 중의 산소의 함량
다 공기의 온도
라 주위 벽의 복사열

[해설] • 열환경의 4가지 요소(온열요소) : 기류, 습도, 온도, 복사열(주위벽의 복사열)

문제 48. 문서 등의 철을 위하여 도면을 접을 때 접는 크기는 얼마를 원칙으로 하는가?

가 A2 나 A3
다 A4 라 A6

[해설] ① A4 크기 : 297×210 mm
② 공문서 또는 복사용지 크기로 접어서 철하는 크기를 의미한다.

문제 49. 건축설계 시 가장 먼저 생각해야 할 사항은?

가 건물 외관

[해답] 43. 다 44. 가 45. 가 46. 나 47. 나 48. 다 49. 라

㉯ 구조계획
㉰ 시공계획
㉱ 대지 및 주위환경 분석
[해설] 건축설계 시 가장 먼저 고려해야 할 사항은 대지 및 주위환경 분석이다.

문제 50. 다음의 건축법상 정의에 해당되는 주택의 종류는?

| 주택으로 쓰이는 1개 동의 바닥면적(지하 주차장 면적을 제외한다)의 합계가 660 m² 이하이고, 층수가 4개 층 이하인 주택 |

㉮ 아파트　　　㉯ 연립주택
㉰ 기숙사　　　㉱ 다세대주택
[해설] • 공동주택

종류	내용
아파트	주택으로 쓰이는 용도가 5개 층 이상인 주택
연립주택	주택으로 쓰이는 1개 층의 연면적(지하 주차장, 면적 제외)이 660 m²을 초과하고 4개 층 이하인 주택
다세대주택	주택으로 쓰이는 1개 층의 연면적(지하 주차장 면적 제외)이 660 m² 이하인 4개 층 이하인 주택
기숙사	학교, 공장 등의 학생, 종업원 등을 위해 사용하는 것으로서 공동취사를 할 수 있는 구조이되, 독립된 주거형태를 갖추지 않는 것

문제 51. 다음의 평면표시 기호가 아닌 것은?

㉮ 미닫이창　　㉯ 셔터 달린창
㉰ 이중창　　　㉱ 망사창
[해설] ① 미닫이창 :
② 셔터 열린창 :
③ 이중창 :
④ 망사창 :

문제 52. 다음 중에서 시기적으로 가장 먼저 이루어지는 도면은?
㉮ 기본설계도　㉯ 실시설계도
㉰ 계획설계도　㉱ 시공계획도
[해설] 계획설계도가 가장 먼저 이루어져야 한다.

문제 53. 다음 색채계획 중 가장 부적당한 것은?
㉮ 교실의 벽 - 담록색
㉯ 수영풀 수조 내부 - 녹색
㉰ 암실 - 흑색
㉱ 병원의 수술실 - 백색
[해설] 병원의 수술실 - 초록색

문제 54. 수송설비의 종류 중 계단식으로 된 컨베이어로서, 30° 이하의 기울기를 가지는 트러스에 발판을 부착시켜 레일로 지지한 것은?
㉮ 엘리베이터
㉯ 에스컬레이터
㉰ 이동 보도
㉱ 버킷 컨베이어
[해설] • 에스컬레이터(계단식 컨베이어)

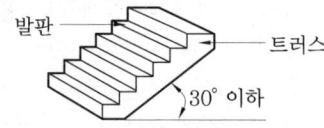

문제 55. 철근 도면에서 늑근이나 띠철근을 표현하는 선은?
㉮ 파선　　　　㉯ 가는 실선
㉰ 일점쇄선　　㉱ 굵은 실선
[해설] 늑근이나 띠철근은 축철근에 직각으로 배치하는 철근으로서 가는 실선으로 표현된다.

문제 56. 지역난방(district heating)에 대한 설명으로 옳지 않은 것은?
㉮ 각 건물에서는 위험물을 취급하지 않으

[해답] 50. ㉱　51. ㉯　52. ㉰　53. ㉱　54. ㉯　55. ㉯　56. ㉱

므로 화재위험이 적다.
㉰ 각 건물마다 보일러 시설을 할 필요가 없다.
㉱ 설비의 고도화에 따라 도시의 매연을 경감시킬 수 있다.
㉲ 각 건물의 설비면적이 증가된다.
[해설] 지역난방은 어느 한 위치에서 각 건물에 보내지는 난방으로서 각 건물의 설비면적이 감소된다.

[문제] 57. 소방대 전용 소화전인 송수구를 통하여 실내로 물을 공급하여 소화활동을 하는 것으로, 지하층의 일반화재 진압을 위한 소방시설은?
㉮ 연결살수 설비 ㉯ 스프링클러 설비
㉰ 드렌처 설비   ㉱ 옥외소화전 설비
[해설] • 연결살수 설비
① 지하층의 구조에 사용되는 소화설비
② 구조 형태(송수구, 밸브, 배관, 살수 헤드로 구성)

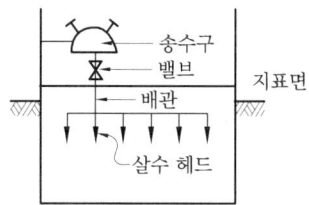

[문제] 58. 부엌용 개수기류에 사용하는 경우가 많으며, 관 트랩에 비하여 봉수의 파괴가 적은 트랩은?
㉮ S 트랩   ㉯ P 트랩
㉰ 드럼 트랩 ㉱ 벨 트랩

[해설] • 드럼 트랩 : 부엌용 개수기(싱크대)의 오수처리관에 부착하여 사용하는 트랩으로서 드럼처럼 생겨서 드럼 트랩이라 한다. 드럼 트랩은 관트랩에 비하여 봉수의 파괴가 적다.

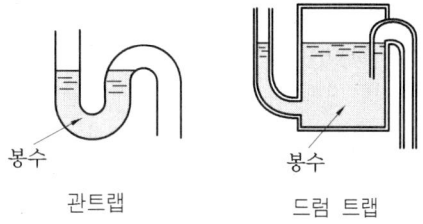

관트랩   드럼 트랩

[문제] 59. 주택 식사실의 종류 중 부엌의 일부분에 식사실을 두는 형태로, 부엌과 식사실을 유기적으로 연결시켜 노동력을 절감하기 위한 형태는?
㉮ 리빙 키친
㉯ 리빙 다이닝
㉰ 다이닝 키친
㉱ 다이닝 포치
[해설] 다이닝 키친은 부엌의 일부 식사실을 설치한 방식이다.

[문제] 60. 증기, 가스, 전기, 석탄 등을 열원으로 하는 물의 가열장치를 설치하여 온수를 만들어 공급하는 설비는?
㉮ 급수설비
㉯ 공기조화설비
㉰ 방재설비
㉱ 급탕설비
[해설] • 급탕설비 : 물을 가열하여 배관 등을 통하여 온수를 공급하는 설비

[해답] 57. ㉮ 58. ㉰ 59. ㉰ 60. ㉱

□ 전산응용 건축제도 기능사 ▶ 2008. 10. 5 시행

문제 1. 목조계단의 폭이 1.2 m 이상일 때 디딤판의 처짐, 보행진동 등을 막기 위하여 계단 뒷면에 보강하는 부재는?
㉮ 계단멍에 ㉯ 엄지기둥
㉰ 난간두겁 ㉱ 계단참
해설 • 계단멍에 : 목조계단 챌판의 중간부에 휨, 보행진동을 막기 위하여 댄 보강재이다.

문제 2. 트러스 구조에 대한 설명으로 옳지 않은 것은?
㉮ 지점의 중심선과 트러스 절점의 중심선은 가능한 한 일치시킨다.
㉯ 항상 인장력을 받는 경사재의 단면이 가장 크다.
㉰ 트러스의 부재중에는 응력을 거의 받지 않는 경우도 생긴다.
㉱ 트러스 부재의 절점은 핀접합으로 본다.
해설 트러스의 경사재는 인장력을 받는 부재도 있고, 압축력을 받는 부재도 있다. 인장력을 받는 부재의 단면은 압축력을 받는 부재의 단면보다 단면부재가 작다.

문제 3. 바닥면적이 40 m²일 때 보강 콘크리트 블록조의 내력벽 길이의 총 합계는 최소 얼마 이상이어야 하는가?
㉮ 4 m ㉯ 6 m ㉰ 8 m ㉱ 10 m
해설 ① 보강 블록조의 벽량
벽량 = $\dfrac{벽의\ 길이(cm)}{바닥면적(m^2)} \geq 15\ cm/m^2$
② 1 m²당 15 cm 이상이므로 40 m²일 때는
40 × 15 cm = 600 cm
∴ 벽의 길이는 6 m 이상

문제 4. 철골공사 시 바닥 슬래브를 타설하기 전에, 철골보 위에 설치하여 바닥판 등으로 사용하는 절곡된 얇은 판의 부재는?

㉮ 윙 플레이트 ㉯ 데크 플레이트
㉰ 베이스 플레이트 ㉱ 메탈 라스

문제 5. 벽돌구조에서 줄눈의 종류가 아닌 것은?
㉮ 가로줄눈 ㉯ 세로줄눈
㉰ 통줄눈 ㉱ 경사줄눈
해설 경사줄눈이 아니라 빗줄눈이다.

문제 6. 다음 중 지반의 허용지내력도가 가장 큰 것은?
㉮ 자갈 ㉯ 모래
㉰ 연암반 ㉱ 모래섞인 점토
해설 • 지반 허용지내력도의 순서
경암반 > 연암반 > 자갈 > 모래섞인 점토 > 모래

문제 7. 다음 그림과 같이 벽돌을 쌓는 방식은?

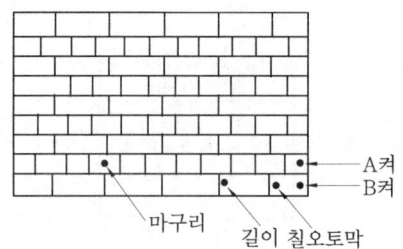

㉮ 영국식 쌓기 ㉯ 네덜란드식 쌓기
㉰ 프랑스식 쌓기 ㉱ 미국식 쌓기
해설 한 켜에 길이, 다음 한 켜에 마구리 쌓기를 하면 막힌줄눈이 나오며, 모서리 또는 교차부에 칠오토막이 있는 경우는 네덜란드식(화란식) 쌓기라 한다.

문제 8. 평기와로 지붕잇기 공사를 하려면 지붕의 경사는 최소 얼마 이상으로 하여야 하는가?
㉮ $\dfrac{1}{10}$ ㉯ $\dfrac{2}{10}$

해답 1. ㉮ 2. ㉯ 3. ㉯ 4. ㉯ 5. ㉱ 6. ㉰ 7. ㉯ 8. ㉱

㉰ $\dfrac{3}{10}$　　　㉱ $\dfrac{4}{10}$

[해설] 평기와 지붕이기의 지붕경사는 $\dfrac{5}{10} \sim \dfrac{4}{10}$ 이므로 최소는 $\dfrac{4}{10}$ 이다.

문제 9. 다음 중 철근 콘크리트 구조의 특성으로 옳지 못한 것은?
㉮ 부재의 크기와 형상을 자유자재로 제작할 수 있다.
㉯ 내화성이 우수하다.
㉰ 작업방법, 기후 등에 영향을 받지 않으므로 균질한 시공이 가능하다.
㉱ 철골조에 비해 철거 작업이 곤란하다.

[해설] 철근 콘크리트 구조는 기후에 영향을 받으며, 균질한 시공이 어려운 편이다.

문제 10. 철근 콘크리트 슬래브에서 단변길이가 3 m일 때 2방향 슬래브가 되기 위한 장변길이는 최대 얼마 이하여야 하는가?
㉮ 4.5 m　　　㉯ 5.0 m
㉰ 6.0 m　　　㉱ 6.5 m

[해설] • 2방향 슬래브
$\lambda = \dfrac{장변}{단변} \leq 2$ 이므로
장변 = 2×단변 = 2×3 = 6 m

문제 11. 다음의 각 건축구조에 대한 설명으로 옳지 않은 것은?
㉮ 건식구조는 기성재를 짜맞추어 구성하는 구조로서 물은 거의 쓰이지 않는다.
㉯ 일체식 구조는 철근 콘크리트 구조 등을 말한다.
㉰ 조립식 구조는 경제적이나 공기(工期)가 길다.
㉱ 비내력벽 구조는 상부하중을 받지 않는 구조로서 장막벽 등을 말한다.

[해설] • 조립식 구조
① 장점 : 대량생산, 공기단축, 경제적
② 단점 : 절점의 강성이 적다.

문제 12. 건물의 하부 전체 또는 지하실 전체를 하나의 기초판으로 구성한 기초로서 매트 슬래브 기초 또는 매트 기초라고 불리는 것은?
㉮ 독립기초　　　㉯ 줄기초
㉰ 복합기초　　　㉱ 온통기초

[해설] ① 독립기초 : 하나의 기초판으로 하나의 기둥을 받치는 기초
② 줄기초(연속기초) : 벽 또는 일렬의 기둥을 받치는 기초
③ 복합기초 : 하나의 기초판으로 두 개 이상의 기둥을 받치는 기초
④ 온통기초 : 지하실 하부 전체를 철근 콘크리트로 일정한 두께로 시공하는 구조로 매트(mat) 기초라고도 한다.

문제 13. 다음 중 철골구조에서 사용되는 접합방법에 속하지 않는 것은?
㉮ 용접　　　㉯ 듀벨 접합
㉰ 고력 볼트 접합　　　㉱ 핀접합

[해설] ① 철골구조의 접합방법
　㈎ 용접접합　　㈏ 고력 볼트 접합
　㈐ 리벳 접합　　㈑ 핀 또는 볼트 접합
② 듀벨은 목재의 전단 접합에 쓰인다.

문제 14. 블록의 빈 속에 철근과 콘크리트를 부어넣은 것으로서 수직하중·수평하중에 견딜 수 있는 구조로 가장 이상적인 블록구조는?
㉮ 거푸집 블록조　　　㉯ 보강 블록조
㉰ 조적식 블록조　　　㉱ 블록 장막벽

[해설] ① 거푸집 블록조 : 블록을 ㄱ, ㄷ, ㅁ자 형태로 만들고, 거푸집 블록 속에 적당한 간격으로 세로철근을 배근하여 콘크리트를 부어넣는 방식으로서 주로 내력벽으로 사용된다.
② 보강 블록조 : 블록을 통줄눈쌓기를 하면서 세로 방향, 가로 방향으로 적당한 간격으로 철근으로 보강하는 방식
③ 조적식 블록조 : 일반 블록을 모르타르를

[해답] 9. ㉰　10. ㉰　11. ㉰　12. ㉱　13. ㉯　14. ㉯

이용하여 쌓아 나가는 방식
④ 블록 장막벽 : 블록을 조적 블록조처럼 블록을 모르타르로 벽을 구성하지만 상부에서 하중과 관계 없는 단순히 칸을 막아 주는 비내력벽이다.

문제 15. 다음 ( )에 알맞은 말은?

> 아치 구조는 상부에서 오는 수직하중이 아치의 축선에 따라 좌우로 나누어져 밑으로 ( ) 만을 전달하게 한 것이다.

㉮ 인장력　　　㉯ 압축력
㉰ 휨모멘트　　㉱ 전단력

해설

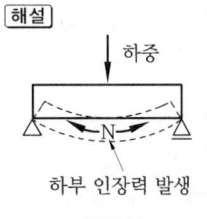
일반보

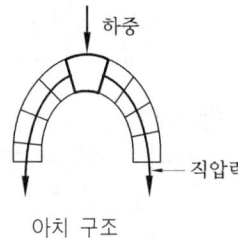
아치 구조

문제 16. 다음 중 목재에 대한 설명으로 옳지 않은 것은?

㉮ 강재에 비해 열전도율이 작다.
㉯ 비강도가 크다.
㉰ 가공이 비교적 용이하다.
㉱ 습기에 따른 신축이 거의 없다.

해설 ① 목재는 습기에 따른 수축이 크다.
② 비강도(比强度, specific strength)
　㈎ 비강도(mm)
$$= \frac{강도(kg/mm^2)}{단위부피당\ 무게(kg/mm^2)}$$
　㈏ 비강도는 재료의 강도를 비중량으로 나눈 값으로서 가벼우면서 튼튼한 재료가 요구되는 분야에서 그 척도를 나타내기 위한 값이다.
　※ 비중량 : 물질의 단위 부피양 무게

문제 17. 창호 종류 중 방풍을 목적으로 풍소란을 설치하는 것은?

㉮ 플러시문　　㉯ 미서기문
㉰ 회전문　　　㉱ 양판문

해설 ① 풍소란 : 바람을 막아 주는 작은 난간
② 풍소란을 설치하는 부위
　㈎ 미서기 창문 또는 오르내리기 창문의 여밑대
　㈏ 쌍여닫이 창문 또는 미닫이 창문의 마중대

문제 18. 돌구조에서 창문 등의 개구부 위에 걸쳐대어 상부에서 오는 하중을 받는 수평 부재는?

㉮ 문지방돌　　㉯ 인방돌
㉰ 창대돌　　　㉱ 쌤돌

해설
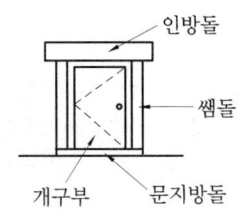

문제 19. 다음 중 콘크리트 설계기준 강도를 의미하는 것은?

㉮ 콘크리트 타설 후 7일 인장강도
㉯ 콘크리트 타설 후 7일 압축강도
㉰ 콘크리트 타설 후 28일 인장강도
㉱ 콘크리트 타설 후 28일 압축강도

해설 ・콘크리트의 설계기준 강도 : 콘크리트를 부어넣은 지 28일이 경과하는 시기의 압축강도를 말한다.

문제 20. 다음 석재 중 내화성이 가장 우수한 것은?

㉮ 응회암　　　㉯ 화강암
㉰ 대리석　　　㉱ 석회석

해설 응회암, 사암 등이 내화성이 우수하다.

문제 21. 철골조의 판보에서 웨브판의 좌굴을 방지하기 위해 설치하는 보강재는?

해답　15. ㉯　16. ㉱　17. ㉯　18. ㉯　19. ㉱　20. ㉮　21. ㉱

㉮ 스터드   ㉯ 덮개판
㉰ 끼움판   ㉱ 스티프너

[해설]

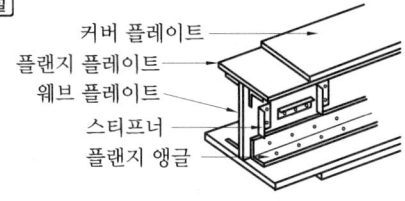

판보(plate girder)

※ 스티프너(stiffner)는 웨브(web)의 좌굴방지용이다.

문제 22. 다음 중 실험실이나 레미콘 생산배합과 같이 정밀한 배합을 요구할 때 사용되는 콘크리트 배합 방법은?
㉮ 절대 용적배합
㉯ 현장계량 용적배합
㉰ 표준계량 용적배합
㉱ 중량배합

[해설] ① 중량배합 : 정밀한 배합을 요구할 때 사용되는 콘크리트 배합이다.
② 현장계량 용적배합 : 현장에서 질통에 의해 배합하는 방법으로서 시멘트 1포를 기준으로 하는 배합이다.

문제 23. 다음 중 코르크판(cork board)의 사용 용도로 옳지 않은 것은?
㉮ 방송실의 흡음재
㉯ 제빙공장의 단열재
㉰ 전산실의 바닥재
㉱ 내화 건물의 불연재

[해설] ① 코르크판은 잘 타지 않으나 불연재로 사용하지 않는다.
② 코르크판(cork board)은 잘게 부순 코르크에 접착제를 섞어 압착한 널판지로서, 경량이면서 보온성이 좋고 쉽게 타거나 썩지 않는다.

문제 24. 미장재료에 여물을 첨가하는 이유로 가장 적절한 것은?

㉮ 방수효과를 높이기 위해
㉯ 균열을 방지하기 위해
㉰ 착색을 위해
㉱ 수화반응을 촉진하기 위해

[해설] 미장재료 중 회반죽은 균열발생이 크므로 균열을 막기 위해 여물을 사용한다.

문제 25. 재료의 응력-변형도 관계에서 가해진 외부의 힘을 제거하였을 때 잔류변형 없이 원형으로 되돌아오는 경계점은?
㉮ 인장강도점   ㉯ 탄성한계점
㉰ 상위항복점   ㉱ 하위항복점

[해설] • 강재의 응력-변형도 곡선

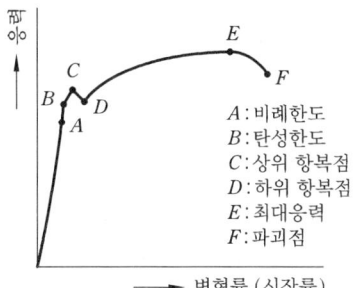

A : 비례한도
B : 탄성한도
C : 상위 항복점
D : 하위 항복점
E : 최대응력
F : 파괴점

• 탄성한계점 : 재료에 하중을 가했다가 놓으면 원래상태로 돌아가는 한계점. 이 점을 넘어서 하중을 가하면 원래상태로 돌아가지 않는다.

문제 26. 다음 소지의 질에 의한 타일의 구분에서 흡수율이 가장 큰 것은?
㉮ 자기질   ㉯ 석기질
㉰ 도기질   ㉱ 클링커 타일

[해설] ① 흡수율이 가장 큰 타일 : 도기질 타일
② 흡수율이 가장 작은 타일 : 자기질 타일

문제 27. 점토에 톱밥이나 분탄 등을 혼합하여 소성시킨 것으로 절단, 못치기 등의 가공성이 우수하며 방음·흡음성이 좋은 경량 벽돌은?
㉮ 이형 벽돌   ㉯ 포도 벽돌
㉰ 다공 벽돌   ㉱ 내화 벽돌

[해답] 22. ㉱ 23. ㉱ 24. ㉯ 25. ㉯ 26. ㉰ 27. ㉰

[해설] ① 이형 벽돌 : 특수한 형태의 벽돌, 원형 벽돌, 아치 벽돌 등
② 포도 벽돌 : 도로포장용 벽돌
③ 다공 벽돌 : 점토에 톱밥, 분탄을 혼합하여 소성한 벽돌로서 절단이나 못치기가 쉽다.
④ 내화 벽돌 : 고온에 견디는 벽돌

[문제] 28. 밤에 빛을 비추면 잘 볼 수 있도록 도로 표지판 등에 사용되는 도료는?
㉮ 방화 도료 ㉯ 에나멜 래커
㉰ 방청 도료 ㉱ 형광 도료

[해설] ① 방화 도료 : 화재를 차단하는 도료
② 에나멜 래커 : 천연재료로 만든 재료로서 가구, 문짝, 장난감 등에 사용한다.
③ 방청 도료 : 강재 등이 녹슬지 않도록 강재의 표면에 칠하는 도료
④ 형광 도료 : 밤에 빛을 비추면 빛을 발하도록 한 도료로서 도로표지판 등에 사용한다.

[문제] 29. 다음 중 댐공사나 방사능 차폐용 콘크리트에 가장 적당한 시멘트는?
㉮ 조강 포틀랜드 시멘트
㉯ 중용열 포틀랜드 시멘트
㉰ 팽창 시멘트
㉱ 알루미나 시멘트

[해설] 중용열 포틀랜드 시멘트는 수화열 발생이 작고, 방사선 차단효과가 있는 시멘트이다.

[문제] 30. 다음 중 콘크리트의 크리프에 영향을 미치는 요인으로 가장 거리가 먼 것은?
㉮ 작용하중의 크기 ㉯ 물-시멘트비
㉰ 부재 단면치수 ㉱ 인장강도

[해설] ① 크리프(creep) 현상은 시간의 경과에 따라 변형이 지속적으로 발생하는 현상
② 크리프는 작용하중의 크기가 크면 커지고, 물-시멘트비가 크면 강도가 크므로 작아진다. 또한 부재 단면치수가 커지면 크리프 변형이 작아진다.

[문제] 31. 다음 중 아스팔트 방수층을 만들 때 콘크리트 바탕에 제일 먼저 사용되는 것은?

㉮ 아스팔트 프라이머
㉯ 아스팔트 펠트
㉰ 아스팔트 컴파운드
㉱ 아스팔트 루핑

[해설] ① 아스팔트 방수층 시공 순서(8층 방수) : 아스팔트 프라이머-아스팔트-아스팔트 펠트-아스팔트-아스팔트 루핑-아스팔트-아스팔트 루핑-아스팔트
② 아스팔트 프라이머 : 아스팔트가 바탕 모르타르에 접착이 용이하게 하기 위해 칠하는 것

[문제] 32. 회반죽 바름이 공기 중에서 경화하는데 필요한 것은?
㉮ 탄산가스 ㉯ 수소
㉰ 질소 ㉱ 염소

[해설] 대기 중의 탄산가스(이산화탄소)에 의해서 경화되는 것은 기경성 미장재료이고, 기경성 미장재료는 돌로마이트 플라스터, 진흙, 회반죽이 있다.

[문제] 33. 각종 색유리의 작은 조각을 도안에 맞추어 절단, 조합하여 모양을 낸 것으로 성당의 창, 상업건축의 장식용으로 사용되는 것은?
㉮ 접합 유리 ㉯ 스테인드 글라스
㉰ 복층 유리 ㉱ 유리 블록

[해설] ① 접합 유리 : 유리 2장 사이에 합성수지 필름을 끼워 고열로 접착한 유리이다.
② 스테인드 글라스 : 색유리를 사용하여 그림을 나타낸 판유리로서 색유리 조각을 도안에 맞추어 절연해서 조립한다. H형 납제로 끼워 맞추어 모양을 낸 것으로 성당의 창·상업건축의 장식용으로 사용한다.
③ 복층 유리(pair glass) : 판유리를 2장 또는 3장을 일정간격으로 띄어 금속테로 기밀하게 한 후, 유리 사이의 내부를 진공으로 하거나 특수한 기체를 넣은 것으로 단열, 방음, 방습 효과가 있는 유리이다.
④ 유리 블록(glass block) : 유리를 절단, 블록 형태로 만들어 블록처럼 모르타르를 사용하여 접착한 유리로서 부드러운 광선이

[해답] 28. ㉱ 29. ㉯ 30. ㉱ 31. ㉮ 32. ㉮ 33. ㉯

들어오고, 균일한 확산광이 얻어지며 열전도가 작아 냉·난방 효과가 있다.

문제 34. 금속 또는 목재에 적용되는 것으로서, 지름 10 mm의 강구를 시편 표면에 500~3000 kg의 힘으로 압입하여 표면에 생긴 원형 흔적의 표면적을 구한 후 하중을 그 표면적으로 나눈 값을 무엇이라 하는가?

㉮ 브리넬 경도
㉯ 모스 경도
㉰ 푸아송 비
㉱ 푸아송 수

[해설] ① 브리넬 경도 : 강재 표면의 굳기 정도
② 푸아송 비

$$\frac{\beta}{\varepsilon} = \frac{1}{m}$$

여기서, ε : 세로변형률 $\left(\frac{\Delta l}{l}\right)$
β : 가로변형률 $\left(\frac{\Delta d}{d}\right)$
m : 푸아송 수

문제 35. 화력발전소와 같이 미분탄을 연소할 때 석탄재가 고온에 녹은 후 냉각되어 구상이 된 미립분을 혼합재로 사용한 시멘트로서, 콘크리트의 워커빌리티를 좋게 하며 수밀성을 크게 할 수 있는 시멘트는?

㉮ 플라이 애시 시멘트
㉯ 고로 시멘트
㉰ 백색 포틀랜드 시멘트
㉱ AE 포틀랜드 시멘트

[해설] ① 플라이 애시 : 보일러의 미분탄이 연소할 때의 폐가스에 부유하는 회분 중 채집한 미세한 입자
② 플라이 애시 시멘트 : 플라이 애시를 혼입한 시멘트
  ㈎ 워커빌리티가 좋아지나, 블리딩 및 재료분리가 감소
  ㈏ 수밀성이 증대
  ㈐ 발열량이 감소
  ㈑ 초기강도가 적으나 장기강도가 크다.

문제 36. 시멘트 저장 시 유의해야 할 사항을 설명한 것으로 옳지 않은 것은?

㉮ 시멘트는 지상 30 cm 이상 되는 마루 위에 적재하는 것이 좋다.
㉯ 시멘트는 방습적인 구조로 된 창고에 품종별로 구분하여 저장하여야 한다.
㉰ 3개월 이상 저장한 시멘트는 반드시 사용 전에 재시험을 실시해야 한다.
㉱ 시멘트를 쌓아올리는 높이는 10포대를 넘지 않도록 해야 한다.

[해설] 시멘트를 쌓기올리는 높이는 13포대(1.5 m) 이하로 해야 한다.

문제 37. 유지 및 수지 등의 충전제를 혼합하여 만든 것으로 창유리를 끼우거나 도장 바탕을 고르는 데 사용하는 것은?

㉮ 형광 도료   ㉯ 에나멜 페인트
㉰ 퍼티   ㉱ 래커

[해설] • 퍼티(putty) : 벽면에 도장(페인트) 전에 균열이나 홈 등에 반죽된 재료로 메우는 재료

문제 38. 크고 작은 모래, 자갈 등이 혼합되어 있는 정도를 나타내는 골재의 성질은?

㉮ 입도   ㉯ 실적률
㉰ 공극률   ㉱ 단위용적 중량

[해설] • 입도 : 크고 작은 알갱이가 혼입되어 있는 정도

문제 39. 20 kg의 골재가 있다. 5 mm 표준망체에 중량비로 몇 kg 이상 통과하여야 모래라고 할 수 있는가?

㉮ 10 kg   ㉯ 12 kg
㉰ 15 kg   ㉱ 17 kg

[해설] • 모래(세골재, 잔골재) : 10 mm 체를 전부 통과하고 5 mm 체에 중량비로 85 % 이상 통과, 0.08 mm 체에 거의 남는 골재로서 5 mm 체에 중량비로 85 % 이상 통과하는 것이 모래이므로

∴ 20 kg × 0.85 = 17 kg

[해답] 34. ㉮ 35. ㉮ 36. ㉱ 37. ㉰ 38. ㉮ 39. ㉱

문제 40. 파티클 보드의 특성에 관한 설명으로 옳지 않은 것은?
㉮ 칸막이·가구 등에 이용된다.
㉯ 열의 차단성이 우수하다.
㉰ 가공성이 비교적 양호하다.
㉱ 강도에 방향성이 있어 뒤틀림이 거의 일어나지 않는다.
[해설] • 파티클 보드 : 목재를 생산하고 남은 조각을 잘게 부수어 합성수지 접착제를 첨가, 압착 성형시킨 것으로서 강도에 대한 방향성이 거의 없다.

문제 41. 직접조명에 관한 기술 중 옳지 않은 것은?
㉮ 작업면에서 높은 조도를 얻을 수 있다.
㉯ 조명률이 좋고, 먼지에 의한 감광이 적다.
㉰ 실내 전체적으로 볼 때, 밝고 어두움의 차이가 거의 없다.
㉱ 설비비가 일반적으로 싸다.
[해설] • 직접조명과 간접조명
① 직접조명 : 빛을 비추고자 하는 면을 직접 비추는 방식
② 간접조명 : 벽이나 천장면을 비추어 반사된 빛으로 밝혀 주는 방식
※ 실내 전체적으로 볼 때 밝고 어두움의 차이가 거의 없는 것은 간접조명이다.

문제 42. 주거단지의 단위 중 초등학교를 중심으로 한 단위는?
㉮ 근린지구   ㉯ 인보구
㉰ 근린분구   ㉱ 근린주구

[해설]

구 분	중심기본 시설
인보구	유아 놀이터, 구멍가게
근린분구	유치원, 아동공원, 파출소
근린주구	초등학교, 유치원, 놀이터

문제 43. 다음 중 아파트의 남북 인동간격을 계획할 때 가장 우선하여 고려할 사항은?
㉮ 통풍
㉯ 일조시간의 확보
㉰ 독립성 보장
㉱ 화재 예방
[해설] 공동주택(아파트, 다세대 주택, 연립주택)의 남북 인동간격은 일조시간의 확보에 의해서 결정된다.

문제 44. 제도용지 A2의 크기는 A0 용지의 얼마 정도의 크기인가?
㉮ $\frac{1}{2}$ ㉯ $\frac{1}{4}$ ㉰ $\frac{1}{8}$ ㉱ $\frac{1}{16}$

[해설] A2 크기의 용지는 A0 용지의 $\frac{1}{4}$이다.

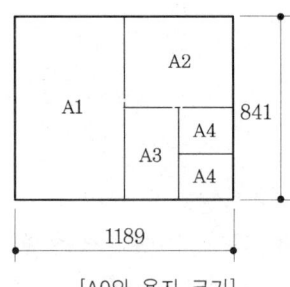

[A0의 용지 크기]

① A0 : 1189×841   ② A1 : 841×594
③ A2 : 594×420   ④ A3 : 420×297
⑤ A4 : 297×210

문제 45. 용적률 산정 시 연면적에서 제외되는 것은?
㉮ 지상 1층 주차장(당해 건축물의 부속용도)
㉯ 지상 1층 근린생활시설
㉰ 지상 2층 사무실
㉱ 지상 3층 병원
[해설] ① 연면적은 각 층 바닥면적의 합계
② 용적률은 대지면적에 대한 연면적의 비율
$$용적률 = \frac{연면적}{대지면적} \times 100\%$$
※ 연면적 산정 시 지하층과 지상층 중 주차장으로 사용되는 부분은 연면적에서 제외된다.

[해답] 40. ㉱ 41. ㉰ 42. ㉱ 43. ㉯ 44. ㉯ 45. ㉮

문제 46. 건축제도에서 불규칙한 곡선을 그릴 때 사용하는 제도 용구는?
㉮ 삼각자 ㉯ 자유곡선자
㉰ 지우개판 ㉱ 만능제도기
[해설] 납속에 플라스틱 또는 고무 등으로 덮어 씌워 자유롭게 그릴 수 있는 자

문제 47. 다음 중 천장 평면도 작성 시 표시사항과 가장 거리가 먼 것은?
㉮ 환기구 개구부
㉯ 조명기구 및 설비기구
㉰ 천장높이
㉱ 반자틀재료 및 규격
[해설] 천장높이는 단면도에서 표시된다.

문제 48. 조적조 벽체 그리기를 할 때 순서로 옳은 것은?

> ㉠ 제도용지에 테두리선을 긋고, 축척에 알맞게 구도를 잡는다.
> ㉡ 단면선과 입면선을 구분하여 그리고, 각 부분에 재료표시를 한다.
> ㉢ 지반선과 벽체의 중심선을 긋고, 기초의 깊이와 벽체의 너비를 정한다.
> ㉣ 치수선과 인출선을 긋고, 치수와 명칭을 기입한다.

㉮ ㉠-㉡-㉢-㉣
㉯ ㉢-㉠-㉡-㉣
㉰ ㉠-㉢-㉡-㉣
㉱ ㉡-㉠-㉢-㉣

문제 49. 다음 중 주택의 침실에 대한 설명으로 옳지 않은 것은?
㉮ 침실의 위치는 소음원이 있는 쪽을 피하고, 정원 등의 공지에 면하도록 하는 것이 좋다.
㉯ 어린이 침실은 주간에는 공부를 할 수 있고 놀이 공간을 겸하는 것이 좋다.
㉰ 침실의 크기는 사용인원 수, 침구의 종류, 가구의 종류, 통로 등의 사항에 따라 결정된다.
㉱ 방위상 직사광선이 없는 북쪽이 이상적이다.
[해설] 침실은 방위상 직사광선이 있는 남측이 가장 이상적이다.

문제 50. 건축형태의 구성원리 중 일반적으로 규칙적인 요소들의 반복으로 디자인에 시각적인 질서를 부여하는 통제된 운동감각을 의미하는 것은?
㉮ 리듬 ㉯ 균형
㉰ 강조 ㉱ 조화
[해설] 건축계획의 구조원리 중 규칙적인 요소들의 반복은 리듬이다.

문제 51. 다음 중 색채가 가지는 느낌을 잘못 설명한 것은?
㉮ 면적이 큰 색은 밝게 보이고 채도도 높아 보인다.
㉯ 채도가 높으면 진출, 낮으면 후퇴해 보인다.
㉰ 보는 사람에 따라서는 일반적으로 좋아하는 색, 유쾌한 색은 가볍게 느껴지는 것이 보통이다.
㉱ 명도가 높은 것은 멀리 있는 것처럼 보인다.
[해설] 명도가 높은 색은 가까운 것처럼 보인다.

문제 52. 도면에서 상상선을 나타낼 때 또는 일점쇄선과 구별할 필요가 있을 때 사용되는 선은?
㉮ 점선 ㉯ 파선
㉰ 파단선 ㉱ 이점쇄선
[해설] 이점쇄선 : ———

[해답] 46. ㉯ 47. ㉰ 48. ㉰ 49. ㉱ 50. ㉮ 51. ㉱ 52. ㉱

문제 53. 건축제도의 치수 및 치수선에 관한 설명 중 옳지 않은 것은?
㉮ 치수기입은 치수선에 평행하게 도면의 왼쪽에서 오른쪽으로, 아래로부터 위로 읽을 수 있도록 기입한다.
㉯ 협소한 간격이 연속될 때에는 인출선을 사용하여 치수를 쓴다.
㉰ 치수선의 양 끝 표시는 화살 또는 점을 사용할 수 있으며 같은 도면에서 혼용할 수 있다.
㉱ 치수는 특별히 명시하지 않는 한 마무리 치수로 표시

해설 치수선의 양 끝 표시는 화살 또는 점을 사용할 수 있으나 같은 도면에서는 혼용하지 않는다.

|—3000—|—3000—|
화살표 표시방법   점 표시방법

문제 54. 다음 중 지붕의 경사 표시법으로 가장 알맞은 것은?
㉮ 경사 $\frac{2}{7}$
㉯ 경사 $\frac{2.5}{10}$
㉰ 경사 $\frac{3}{100}$
㉱ 경사 $\frac{3}{1000}$

해설 ① 지붕물매는 단위 수평길이 10 cm에 대한 수직높이의 비이다.
② 지붕경사도(물매) : $\frac{2.5}{10}$ 또는 2.5/10 으로 표현한다.

문제 55. 급기와 배기에 모두 기계장치를 사용한 환기방식으로 실내외의 압력차를 조정할 수 있는 것은?
㉮ 중력환기법
㉯ 제 1 종 환기법
㉰ 제 2 종 환기법
㉱ 제 3 종 환기법

해설 • 환기방식
① 자연환기 : 공기의 압력차·온도차에 의한 환기방식
② 기계환기 : 기계의 힘에 의해서 환기를 하는 방식

제 1 종 기계환기법	급기→송풍기	배기→송풍기
제 2 종 기계환기법	급기→송풍기	배기→자연
제 3 종 기계환기법	급기→자연	배기→송풍기

문제 56. 실내환경에서 실감온도(유효온도)의 3요소가 아닌 것은?
㉮ 온도   ㉯ 습도
㉰ 기류   ㉱ 열복사

해설 실내환경에서 실감온도(유효온도) 3요소는 온도, 습도, 기류이다.

문제 57. 건축도면에서 각종 배경과 세부 표현에 대한 설명 중 옳지 않은 것은?
㉮ 건축도면 자체의 내용을 해치지 않아야 한다.
㉯ 건물의 배경이나 스케일, 그리고 용도를 나타내는 데 꼭 필요할 때에만 적당히 표현한다.
㉰ 공간과 구조, 그리고 그들의 관계를 표현하는 요소들에게 지장을 주어서는 안된다.
㉱ 가능한 한 현실과 동일하게 보일 정도로 디테일하게 표현한다.

해설 건축도면에서 각종 배경(조경 및 주변건물 등)은 적당히 표현한다.

문제 58. 도시가스 배관 시 가스관과 전기 콘센트의 이격거리는 최소 얼마 이상으로 하는가?
㉮ 30 cm   ㉯ 50 cm

해답 53. ㉰ 54. ㉯ 55. ㉯ 56. ㉱ 57. ㉱ 58. ㉱

㉰ 60 cm ㉱ 90 cm

[해설] 도시가스의 가스배관과 전기 콘센트의 간격은 30 cm 이상으로 해야 한다.

문제 59. 다음과 같은 특징을 갖는 급수방식은?

- 대규모의 급수수요에 쉽게 대응할 수 있다.
- 급수압력이 일정하다.
- 단수 시에도 일정량의 급수를 계속할 수 있다.

㉮ 수도직결방식
㉯ 리버스 리턴 방식
㉰ 옥상 탱크 방식
㉱ 압력 탱크 방식

[해설] • 옥상 탱크 방식 : 옥상 탱크 방식은 옥상에 물을 저장하여 내려보내는 방식으로 대규모 급수에 적합, 급수압력이 일정, 단수 시에도 일정기간 사용할 수 있는 장점이 있다.

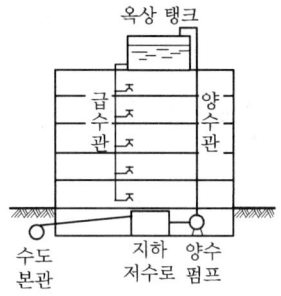

옥상 탱크식

문제 60. 아파트의 단위주거 단면구성에 따른 종류 중 하나의 주거단위가 복층형식을 취하는 것은?

㉮ 메조넷형   ㉯ 탑상형
㉰ 플랫형   ㉱ 집중형

[해설] 메조넷형은 복층형으로 아파트에서 하나의 주거가 2개층으로 구성되어 주로 하부층에는 거실과 부엌이 있고, 상부층에는 침실로 구획되었다.

[해답] 59. ㉰   60. ㉮

2009년도 시행문제

□ 전산응용 건축제도 기능사　　▶ 2009. 1. 18 시행

문제 1. 한켜는 길이쌓기로 하고 다음은 마구리쌓기로 하며 모서리에 칠오토막을 써서 아무리는 벽돌 쌓기법은?
㉮ 영식 쌓기　　㉯ 화란식 쌓기
㉰ 불식 쌓기　　㉱ 미식 쌓기

[해설] • 화란식(네덜란드식) 쌓기
① 모서리 또는 끝부분에는 칠오토막을 사용하며 한 면은 벽돌 마구리와 길이가 교대로 되고 다른 면은 영국식으로 쌓는다.
② 작업하기 쉬워 일반적으로 가장 많이 사용하는 벽돌 쌓기법이다.

문제 2. 다음 중 테두리보에 대한 설명으로 옳지 않은 것은?
㉮ 철근콘크리트 블록조에 있어서 벽체를 일체화하기 위해 설치한다.
㉯ 테두리보의 너비는 보통 그 밑의 내력벽의 두께보다는 작아야 한다.
㉰ 최상층의 경우 지붕 슬래브를 철근콘크리트 바닥판으로 할 경우에는 테두리보를 따로 쓰지 않아도 좋다.
㉱ 테두리보는 폐쇄된 수평면의 골조를 구성해야 한다.

[해설] • 테두리보의 설치 기준
① 테두리보의 춤(높이)은 내력벽 두께의 1.5배 이상이고 30 cm 이상일 것
② 테두리보의 유효폭(두께 또는 너비)은 대력벽 간 거리의 1/20 이상일 것
③ 테두리보의 너비(폭)는 보통 그 밑의 내력벽의 두께보다 커야 한다.

문제 3. 철근콘크리트 사각형 기둥에는 주근을 최소 몇 개 이상 배근해야 하는가?
㉮ 2개　㉯ 4개　㉰ 6개　㉱ 8개

[해설] • 주근
① 기둥, 대들보 또는 재의 길이 방향으로 넣은 철근이다.
② 장방형, 정방형 기둥 : 주근 4개 이상 사용
③ 원형 기둥 : 주근 6개 이상 사용
④ 주근 간격 : 2.5 cm 이상, 자갈 지름의 1.25배 이상

문제 4. 다음 중 내민보(cantilever beam)에 대한 설명으로 옳은 것은?
㉮ 연속보의 한 끝이나 지점에 고정된 보의 한 끝이 지지점에서 내민 형태로 달려있는 보를 말한다.
㉯ 보의 양단이 벽돌, 블록, 석조벽 등에 단순히 얹혀있는 상태로 된 보를 말한다.
㉰ 단순보와 동일하게 보의 하부에 인장주근을 배치하고 상부에는 압축철근을 배치한다.
㉱ 전단력에 대한 보강의 역할을 하는 늑근은 사용하지 않는다.

[해설] • 내민보 : 연속보의 한 끝이나 지점의 받침대에 고정된 보의 한 끝이 지지점에서 내민 형태로 공중에 자유롭게 들려 있는 보를 말한다.

문제 5. 다음 중 목조 벽체를 수평력에 견디게 하고 안정한 구조로 하는데 필요한 부재는?
㉮ 멍에　㉯ 가새　㉰ 장선　㉱ 동바리

[해설] • 가새 : 토대, 기둥, 도리의 직사각형 뼈대가 수평력의 작용을 받아도 그 형태가 변하지 않게 대각선 방향으로 빗재를 대어 구조를 안정시켜 주는 보강 부재이다.

[해답] 1. ㉯　2. ㉯　3. ㉯　4. ㉮　5. ㉯

문제 6. 다음 중 철골조에서 기둥과 기초의 접합부에 사용되는 것이 아닌 것은?
㉮ 기초판(base plate)
㉯ 사이드 앵글(side angle)
㉰ 클립 앵글(clip angle)
㉱ 거싯 플레이트(gusset plate)
해설 거싯 플레이트(gusset plate)는 트러스보에 필요한 철판이다.

문제 7. 다음 중 건물의 부동침하 원인과 가장 관계가 먼 것은?
㉮ 연약층
㉯ 경사 지반
㉰ 지하실을 강성체로 설치
㉱ 건물의 일부 증축
해설 • 부동침하 원인
① 기초 지반에 연약 지반층이 존재할 경우
② 지하 수위가 변경되어 기초가 기울어질 경우
③ 건물이 이질 지층에 있을 경우
④ 건물이 낭떠러지 주변에 있을 경우
⑤ 건물의 무리한 일부 증축
⑥ 지하에 매설물, 홀(hole)이 있을 경우
⑦ 되메우기를 한 지반이 있을 경우
⑧ 기초 구조가 서로 다른 구조일 때
⑨ 건물 일부만 지정하였을 때
⑩ 각 독립 기초판의 지내력 여유의 차가 클 때

문제 8. 프리스트레스트 콘크리트(prestressed concrete) 구조의 특징으로 옳지 않은 것은?
㉮ 간 사이를 길게 할 수 있어서 넓은 공간을 설계할 수 있다.
㉯ 부재 단면의 크기를 작게 할 수 있으며 진동이 없다.
㉰ 공기를 단축할 수 있고 시공 과정을 기계화할 수 있다.
㉱ 고강도 재료를 사용하므로 강도와 내구성이 큰 구조물을 만들 수 있다.

해설 강성이 약하여 하중에 의한 처짐 및 충격으로 진동이 크다.

문제 9. 다음 건축 구조의 분류 중 라멘 구조에 해당하는 것은?
㉮ 철근콘크리트 구조
㉯ 조적조
㉰ 벽식 구조
㉱ 트러스 구조
해설 라멘 구조는 슬래브→작은보→큰보→기둥→기초의 순으로 하중을 전달하는 구조로서 철근콘크리트 구조, 철골철근콘크리트 구조가 있다.

문제 10. 다음 중 철근의 정착길이의 결정요인과 가장 관계가 먼 것은?
㉮ 철근의 종류
㉯ 콘크리트의 강도
㉰ 갈고리의 유무
㉱ 물-시멘트 비
해설 • 철근의 정착길이 결정요인
① 철근의 종류
② 콘크리트의 구조설계 기준 강도
③ 철근의 항복강도
④ 철근의 공칭직경
⑤ 갈고리의 유무

문제 11. 다음 중 철계단에 대한 설명으로 옳지 않은 것은?
㉮ 피난계단에 적당하다.
㉯ 철계단의 접합은 보통 볼트조임, 용접 등으로 한다.
㉰ 구조가 복잡하여 형태가 자유롭지 못하다.
㉱ 공장, 창고 등에 널리 사용된다.
해설 철계단은 불연성, 경량 구조로서 구조 형태가 단순하며 자유롭다.

문제 12. 다음 중 돌구조에 대한 설명으로 옳지 않은 것은?

해답 6. ㉱ 7. ㉰ 8. ㉯ 9. ㉮ 10. ㉱ 11. ㉰ 12. ㉱

㉮ 외관이 장중, 미려하다.
㉯ 내화적이다.
㉰ 내구성, 내마멸성이 우수하다.
㉱ 목구조에 비해 가공이 용이하다.
[해설] 목구조에 비해 재료 가공이 어렵다.

[문제] 13. 다음 중 주택에 일반적으로 사용되는 지붕이 아닌 것은?
㉮ 모임지붕 ㉯ 박공지붕
㉰ 평지붕   ㉱ 톱날지붕
[해설] • 톱날지붕 : 톱날 모양으로 균일한 조도를 필요로 하는 공장건물 등에 채광용으로 사용된다.

[문제] 14. 다음 중 목구조에 대한 설명으로 옳지 않은 것은?
㉮ 전각·사원 등의 동양 고전식 구조법이다.
㉯ 가구식 구조에 속한다.
㉰ 친화감이 있고, 미려하나 부패에 약하다.
㉱ 큰 단면이나 긴 부재를 얻기 쉽다.
[해설] 목구조는 고층건물 또는 건축물의 큰 구조 뼈대에는 부적합하다.

[문제] 15. 다음 중 거푸집 상호 간의 간격을 유지하는데 쓰이는 긴결재는?
㉮ 꺾쇠   ㉯ 컬럼밴드
㉰ 세퍼레이터 ㉱ 듀벨
[해설] 세퍼레이터(separator)는 거푸집과 거푸집 사이에 넣어서 거푸집 상호 간격 및 측벽 간 간격을 일정하게 유지시켜 줄 때 사용하는 격리재이다.

[문제] 16. 다음 중 지붕 및 바닥 등을 인장력을 가한 케이블로 지지하는 구조양식은?
㉮ 커튼월 구조 ㉯ 일체식 구조
㉰ 조적식 구조 ㉱ 현수 구조
[해설] • 현수 구조 : 구조물의 주요 부분을 매달아서 인장력으로 저항하는 구조물로 상부는 거대한 트러스에 의해 지지되고, 트러스는 기중에 전달되는 하중을 케이블로 지지하는 구조양식이다.

[문제] 17. 다음 중 흙막이벽 공사 시 토질에 생기는 현상과 거리가 먼 것은?
㉮ 보일링   ㉯ 파이핑
㉰ 언더피닝 ㉱ 히빙
[해설] • 언더피닝 공법(underpining method) : 기존 건물 가까이에 신축공사를 할 때 기존 건물의 기초 및 지반을 보강하거나 새로 지반과 기초를 세우는 공법을 말한다.

[문제] 18. 다음 중 용접 결함에 속하지 않는 것은?
㉮ 언더컷(under cut)
㉯ 엔드탭(end tab)
㉰ 오버랩(overlap)
㉱ 블로홀(blowhole)
[해설] • 엔드탭 : 양단에 부착하는 보조철물을 말하며 용접 후 제거한다.

[문제] 19. 다음 중 철골구조에 대한 설명으로 옳지 않은 것은?
㉮ 벽돌구조에 비하여 수평력에 강하다.
㉯ 장스팬 구조가 가능하다.
㉰ 화재에 대비하기 위해서 적당한 내화피복이 필요하다.
㉱ 철근콘크리트 구조에 비하여 동절기 기후의 영향을 많이 받는다.
[해설] 철골 구조는 현장 상태나 기상 조건, 시공 기술에 관계없이 정밀도가 높은 구조물을 얻을 수 있다.

[문제] 20. 다음 중 아치(arch)에 대한 설명으로 옳지 않은 것은?
㉮ 조적벽체의 출입문 상부에서 버팀대 역할을 한다.

[해답] 13. ㉱ 14. ㉱ 15. ㉰ 16. ㉱ 17. ㉰ 18. ㉯ 19. ㉱ 20. ㉰

㉯ 아치 내에는 압축력만 작용한다.
㉰ 아치 벽돌을 특별히 주문 제작하여 쓴 것을 층두리 아치라 한다.
㉱ 아치의 종류에는 평 아치, 반원 아치, 결원 아치 등이 있다.

[해설] • 아치 시공 방법에 따른 분류
① 본 아치 : 공장에서 사다리꼴 모양의 아치 벽돌을 특별히 주문 제작하여 줄눈의 너비를 일정하게 아치 벽돌로 쌓은 것
② 층두리 아치 : 아치 너비가 넓을 때 층을 지어 겹쳐 쌓는 것
③ 거친 아치 : 보통 벽돌을 사용하여 줄눈을 쐐기 모양으로 한 것
④ 막만든 아치 : 보통 벽돌을 아치 벽돌모양으로 만들어 써서 줄눈의 너비를 일정하게 만든 것

문제 21. 건축재료의 성질에 관한 용어로서 어떤 재료에 외력을 가했을 때 작은 변형만 나타나도 곧 파괴되는 성질을 나타내는 것은?
㉮ 전성 ㉯ 취성 ㉰ 탄성 ㉱ 연성

[해설] • 재료의 기계적 성질
① 소성 : 외력이 작용하면 변형이 생기고, 외력을 제거하면 원상태로 되지 않고 변형 그대로 있는 성질이다.
② 강성 : 외력을 받아도 잘 변형되지 않는 성질이다.
③ 탄성 : 외력을 받으면 변형되지만 복원되는 성질이다.
④ 취성 : 외력을 받았을 때 극히 미비한 변형을 수반하고 파괴되는 성질이다.

문제 22. 2장 또는 3장의 유리를 일정한 간격을 띄우고 둘레에는 틀을 끼워 내부는 기밀하게 하고 건조공기를 넣어 방서, 단열, 방음용으로 쓰이는 유리는?
㉮ 강화 유리 ㉯ 무늬 유리
㉰ 복층 유리 ㉱ 망입 유리

[해설] • 복층 유리
① 2장 혹은 3장의 판유리를 일정한 간격으로 띄어 금속테로 기밀하게 하여, 유리 사이의 내부를 진공으로 하거나 특수한 기체를 넣은 것이다.
② 사용 용도 : 방음, 단열효과가 크고, 결로 방지용으로서도 우수하다.

문제 23. 다음 중 석고 보드에 대한 설명으로 옳지 않은 것은?
㉮ 시공이 용이하고 표면가공이 다양하다.
㉯ 부식이 안되고 충해를 받지 않는다.
㉰ 단열성이 높다.
㉱ 내수성이 높아서 흡수로 인한 강도 저하가 거의 없다.

[해설] 석고 보드는 방부성, 방화성이 크고 팽창, 수축의 변형이 적으며, 열전도율이 작고 난연성이 있는 반면 내수성, 취급성, 보관성의 단점이 있다.

문제 24. A.E제를 사용한 콘크리트에 대한 설명 중 옳지 않은 것은?
㉮ 물−시멘트 비가 일정한 경우 공기량을 증가시키면 압축강도가 증가한다.
㉯ 시공연도가 좋아지므로 재료분리가 적어진다.
㉰ 동결융해작용에 의한 마모에 대하여 저항성을 증대시킨다.
㉱ 철근에 대한 부착강도가 감소한다.

[해설] ① 공기량이 적을수록 슬럼프 값은 감소한다.
② 공기량이 많을수록 강도는 저하되며 공기량 1%에 대하여 압축강도가 3~5% 감소한다.
③ A.E 콘크리트는 무수한 기포를 발생시켜 볼 베어링 역할을 하도록 하여 시공연도를 증진시킨다.
④ A.E제에 의한 공기량이 약 5%인 경우는 내구성, 염류 및 동결융해 작용에 대한 저항력이 향상된다.

[해답] 21. ㉯ 22. ㉰ 23. ㉱ 24. ㉮

문제 25. 다음 중 현대 건축 재료의 발전방향에 대한 설명으로 옳지 않은 것은?
㉮ 고성능화, 공업화
㉯ 프리패브화의 경향에 맞는 재료 개선
㉰ 수작업과 현장시공에 맞는 재료 개발
㉱ 에너지 절약화와 능률화
[해설] 현장에서는 대량 생산에 의해 미리 가공된 재료를 가지고 나머지 공정 작업을 하는 작업의 공정화(프리패브화)로 발전함에 따라 그에 맞는 재료 개선이 필요하다.

문제 26. 건축물의 내외면 마감, 각종 인조석 제조에 주로 사용되는 시멘트는?
㉮ 실리카 시멘트
㉯ 조강 포틀랜드 시멘트
㉰ 팽창 시멘트
㉱ 백색 포틀랜드 시멘트
[해설] 백색 포틀랜드 시멘트는 장식용, 미장용, 도장용으로 사용한다.

문제 27. 다음 중 요소수지에 대한 설명으로 옳지 않은 것은?
㉮ 착색이 용이하지 못하다.
㉯ 마감재, 가구재 등에 사용된다.
㉰ 내수성이 약하다.
㉱ 열경화성 수지이다.
[해설] 요소수지는 열에 의해 무색투명해지므로 착색을 간단하고 용이하게 할 수 있으며 내수성이 없어 물에 약하다.

문제 28. 다음 중 천연 아스팔트가 아닌 것은?
㉮ 레이크 아스팔트
㉯ 록 아스팔트
㉰ 스트레이트 아스팔트
㉱ 아스팔타이트
[해설] • 천연 아스팔트의 종류
① 레이크(lake) 아스팔트
② 록(rock) 아스팔트
③ 샌드(sand) 아스팔트
㉮ 아스팔타이트(aspaltite)
㉯ 길소나이트(gilsonite)
㉰ 그라하마이트(grahamite)
㉱ 글랜스 피치(glance pitch)

문제 29. 다음 중 점토의 물리적 성질에 대한 설명으로 옳은 것은?
㉮ 점토의 비중은 일반적으로 3.5~3.6 정도이다.
㉯ 양질의 점토일수록 가소성은 나빠진다.
㉰ 미립점토의 인장강도는 3~10 MPa 정도이다.
㉱ 점토의 압축강도는 인장강도의 약 5배이다.
[해설] ① 점토의 비중은 일반적으로 2.5~2.6 정도이다.
② 양질의 점토일수록 가소성은 좋아진다.
③ 미립점토의 인장강도는 0.3~1 MPa이고, 모래가 포함된 것은 0.1~0.2 MPa이다.
④ 점토의 압축강도는 인장강도의 약 5배이다.

문제 30. 건축 재료의 사용 목적에 의한 분류에 속하지 않는 것은?
㉮ 구조 재료   ㉯ 인공 재료
㉰ 마감 재료   ㉱ 차단 재료
[해설] • 건축 재료 사용 목적에 의한 분류
① 구조 재료 : 목구조용 재료, 철근콘크리트 구조용 재료
② 수장 재료 : 내외장 마감 재료, 차단 재료, 채광 재료, 방화 및 내화 재료
③ 설비 재료 : 급배수 재료, 전기 재료, 냉난방 재료
④ 기타 재료 : 장식 재료, 긴결 재료, 접착 재료, 가구 재료

문제 31. 다음 점토 제품 중 흡수성이 가장 큰 것은?

[해답] 25. ㉰ 26. ㉱ 27. ㉮ 28. ㉰ 29. ㉱ 30. ㉯ 31. ㉮

㉮ 토기　㉯ 도기　㉰ 석기　㉱ 자기
해설 • 토기 : 흡수성이 크고 깨지기 쉽다.

문제 32. 황동은 구리와 무엇을 주성분으로 하는 합금인가?
㉮ 주석　　　　㉯ 아연
㉰ 알루미늄　　㉱ 납
해설 ① 청동 : 구리 + 주석(4~12 %)
② 황동 : 구리 + 아연(10~45 %)

문제 33. 다음 중 건물의 외부 벽체 마감용으로 적당하지 않은 석재는?
㉮ 화강암　　㉯ 안산암
㉰ 점판암　　㉱ 대리석
해설 • 대리석의 용도
① 다듬으면 아름답고 광택이 나므로 장식용 석재 중에서 고급재로 많이 사용된다.
② 실내 마감재(바닥재, 벽재)
③ 장식재(조각, 몰딩)

문제 34. 보기의 목재 강도에 대하여 그 강도가 큰 순으로 옳게 나열한 것은?
―〈보 기〉―
A. 섬유방향의 압축강도
B. 섬유방향의 인장강도
C. 섬유방향의 휨강도
D. 섬유직각방향의 인장강도

㉮ A-B-C-D　　㉯ D-C-B-A
㉰ A-D-B-C　　㉱ B-C-A-D
해설 인장강도 > 휨강도 > 압축강도 > 전단강도
① 섬유방향의 압축강도 : 5~10
② 섬유방향의 인장강도 : 10~30
③ 섬유방향의 휨강도 : 7~15
④ 섬유직각방향의 인장강도 : 1

문제 35. 경량콘크리트에 관한 기술 중 옳지 않은 것은?
㉮ 일반적으로 기건 단위 용적중량이 2.0 ton/m³ 이하인 것을 말한다.

㉯ 동일한 물-시멘트 비에서는 보통콘크리트보다 일반적으로 강도가 약간 크다.
㉰ 흡수율이 커서 동해에 대한 저항성이 약하다.
㉱ 경량콘크리트는 직접 흙 또는 물에 상시 접하는 부분에는 쓰지 않도록 한다.
해설 기건 비중 2.0 이하의 콘크리트를 만들어 경량, 단열, 방음 등의 효과를 얻을 수 있지만 비중이 작고 내부에 공간이 생겨 강도가 저하되는 결점이 있다.

문제 36. 콘크리트에 염화칼슘($CaCl_2$)을 사용할 때 일어나는 현상으로 옳지 않은 것은?
㉮ 철근의 부식을 방지한다.
㉯ 방동효과가 있다.
㉰ 과도하게 사용할 경우 콘크리트의 내구성을 저하시킬 수 있다.
㉱ 콘크리트의 경화가 촉진된다.
해설 ① 경화 촉진제로서 발열량을 증가시킨다.
② 응결시간이 촉진된다.
③ 사용량이 많으며 흡수성이 커지고 철물을 부식시킨다.

문제 37. 20 kg의 골재가 있다. 5 mm 체에 몇 kg 이상 통과하여야 잔골재라 할 수 있는가?
㉮ 3 kg　㉯ 10 kg　㉰ 12 kg　㉱ 17 kg
해설 잔골재는 5 mm 체를 85 % 이상 통과하는 모래를 말한다.
∴ 20 kg × 0.85 = 17 kg

문제 38. 다음 시멘트, 콘크리트 제품 가운데 벽체를 구성하는 구조재로 사용할 수 있는 것은?
㉮ 석면 시멘트판
㉯ 목모 시멘트판
㉰ 펄라이트 시멘트판
㉱ 속 빈 시멘트 블록

해답 32. ㉯ 33. ㉱ 34. ㉱ 35. ㉯ 36. ㉮ 37. ㉱ 38. ㉱

해설 ① 속 빈 시멘트 블록 : 벽체 구조재
② 석면 시멘트판 : 지붕, 외벽, 천장
③ 목모 시멘트판 : 내벽 마감재, 천장 마감재, 지붕의 단열재

문제 39. 다음 중 바닥 마감재인 비닐 타일에 대한 설명으로 옳지 않은 것은?
㉮ 아스팔트, 석면, 안료 등을 혼합·가열하고 시트형으로 만들어 절단한 판이다.
㉯ 착색이 자유롭다.
㉰ 내마멸성, 내화학성이 우수하다.
㉱ 아스팔트 타일보다 가열변형의 정도가 크다.
해설 ① 아스팔트 타일보다 가열변형의 정도가 작다.
② 요리실의 부엌이나 세면장과 같이 물을 많이 사용하는 곳에 사용한다.

문제 40. 다음 중 돌로마이트 플라스터에 대한 설명으로 옳지 않은 것은?
㉮ 수축 균열이 발생한다.
㉯ 표면 경도가 회반죽보다 크다.
㉰ 점성이 적어서 풀로 반드시 반죽한다.
㉱ 마그네시아 석회라고도 하며 비중이 2.4 정도이다.
해설 • 돌로마이트 플라스터(석회) 특징
① 소석회보다 점성이 커서 해초풀이 필요 없고 시공이 용이하다.
② 마감 표면의 경도가 회반죽보다 크다.
③ 변색, 냄새, 곰팡이가 없다.
④ 물에 약하고 경화에 의한 수축률이 커서 균열이 발생되기 쉽다.
⑤ 경화가 느리다.

문제 41. KS D 3503에서 강재의 종류를 나타내는 기호인 SS490의 첫 번째 S가 의미하는 것은?
㉮ 재질   ㉯ 형상   ㉰ 강도   ㉱ 지름
해설 • SS : steel structural(일반구조용 강재)

문제 42. 다음의 단면용 재료 표기 기호 중 석재에 해당되는 것은?

해설 ㉮ : 구조재(목재), ㉯ : 보조 구조재(목재).
㉰ : 치장재(목재), ㉱ : 석재

문제 43. 다음 중 건축제도의 치수 기입에 관한 설명으로 옳은 것은?
㉮ 치수 기입은 치수선을 중단하고 선의 중앙에 기입하는 것이 원칙이다.
㉯ 치수 기입은 치수선에 평행하게 도면의 오른쪽에서 왼쪽으로 읽을 수 있도록 기입한다.
㉰ 치수의 단위는 밀리미터(mm)를 원칙으로 하고, 반드시 단위 기호를 명시하여야 한다.
㉱ 치수는 특별히 명시하지 않는 한 마무리 치수로 표시한다.
해설 ① 치수 기입은 치수선 중앙 윗부분에 기입하는 것이 원칙이다. 다만 치수선을 중단하고 선의 중앙에 기입할 수도 있다.
② 치수선에 따라 도면에 평행하게 쓰고 도면의 아래부터 위로 또는 왼쪽에서 오른쪽으로 읽을 수 있도록 윗부분에 기입한다.
③ 치수의 단위는 mm를 원칙으로 하고 단위 기호는 기입하지 않는다.

문제 44. 다음과 같은 특징을 갖는 투시도 묘사 용구는?

• 밝은 상태에서 어두운 상태까지 폭넓게 명암을 나타낼 수 있다.
• 다양한 질감 표현이 가능하다.
• 지울 수 있는 장점이 있는 반면에 번지거나 더러워지는 단점이 있다.

해답 39. ㉱ 40. ㉰ 41. ㉮ 42. ㉱ 43. ㉱ 44. ㉯

㉮ 포스터 칼라   ㉯ 연필
㉰ 잉크   ㉱ 파스텔

[해설] 연필은 제도용 연필을 많이 사용하며 명암을 폭넓게 표현한다.

문제 45. 건축도면 중 건물벽 직각 방향에서 건물의 외관을 그린 것은?

㉮ 입면도   ㉯ 전개도
㉰ 배근도   ㉱ 평면도

[해설] 입면도는 건물벽에 대해 직각으로 수평투영한 도면으로 건물의 외형을 그려 건축물의 외관을 표현하는 도면이다.

문제 46. 조적조 벽체에서 1.5 B 쌓기의 두께로 옳은 것은? (단, 표준형 벽돌 사용)

㉮ 190 mm   ㉯ 220 mm
㉰ 280 mm   ㉱ 290 mm

[해설] 1.5 B = 0.5 B + 1.0 B
     = 0.5 B + 10 mm(시멘트 모르타르 부분) + 1.0 B
     = 90 mm + 10 mm + 190 mm
     = 290 mm

문제 47. 다음의 건축물의 묘사와 표현 방법에 대한 설명 중 옳지 않은 것은?

㉮ 윤곽선을 강하게 묘사하면 공간상의 입체를 돋보이게 하는 효과가 있다.
㉯ 각종 배경 표현은 건물의 배경이나 스케일, 그리고 용도를 나타내는데 꼭 필요할 때만 적당히 표현한다.
㉰ 일반적으로 건물의 그림자는 건물 표면의 그늘보다 밝게 표현한다.
㉱ 그늘과 그림자는 물체의 위치, 보는 사람의 위치, 빛의 방향, 그림자가 비칠 바닥의 형태에 의하여 표현을 달리한다.

[해설] • 건물의 묘사와 표현 : 일반적으로 건물의 음양 및 거리에 대비하여 가까운 거리는 먼 거리보다 가깝게 묘사하고 밝은 부분은 더 밝게, 어두운 부분은 더 어둡게 표현한다. 건물의 그림자는 건물 표면의 그늘보다 더 어둡게 표현한다.

문제 48. 건축계획과정 중 평면계획에 대한 설명으로 옳지 않은 것은?

㉮ 평면계획은 일반적으로 동선계획과 함께 진행된다.
㉯ 평면계획은 2차원적인 공간의 구성이지만, 입면 설계의 수평적 크기를 나타내기도 한다.
㉰ 실의 배치는 상호 유기적인 관계를 가지도록 계획한다.
㉱ 평면계획 시 공간 규모와 치수를 결정한 후 각 공간에서의 생활행위를 분석한다.

[해설] 평면계획은 공간에서의 생활행위를 분석 후 건축주의 주무 및 요구를 조화롭게 한 다음 공간 규모와 치수를 결정한다.

문제 49. 다음 설명에 알맞은 아파트 평면 형식은?

> • 프라이버시가 양호하다.
> • 통행부 면적이 작아서 건물의 이용도가 높다.
> • 좁은 대지에서 집약형 주거 등이 가능하다.

㉮ 편복도형   ㉯ 중복도형
㉰ 계단실형   ㉱ 집중형

[해설] ① 편복도형
  ㈎ 계단이나 엘리베이터에 의하여 1대당 단위 주거를 많이 둘 수 있다.
  ㈏ 각 단위 주거에 접하여 복도가 있으므로 프라이버시를 유지하기 힘들다.
② 중복도형
  ㈎ 계단 또는 엘리베이터를 통하여 각 층에 올라가서 중복도를 따라 양측에 나란히 배치되어 각 단위 주거를 이루는 형식이다.
  ㈏ 대지에 대한 밀도는 높으나 복도 측 방의 프라이버시를 유지하기 힘들다.

[해답] 45. ㉮ 46. ㉱ 47. ㉰ 48. ㉱ 49. ㉰

③ 계단실형
  ㈎ 계단 혹은 엘리베이터가 있는 홀로부터 단위 주거에 들어가는 형식이다.
  ㈏ 양면에 개구를 설치할 수 있어 채광, 통풍이 좋다.
④ 집중형
  ㈎ 중앙에 엘리베이터와 계단을 배치하고 그 주위에 많은 단위 주거를 배치하는 형식이다.
  ㈏ 단위 주거의 수가 적을 때 탑 모양으로 계단실형(홀형)에 가까운 모양이 된다.
⑤ 스킵 플로어형
  계단실형의 장점과 편복도형의 장점을 복합한 것이다.

문제 50. 다음 중 근린생활권의 주택지의 단위에 속하지 않는 것은?

㉮ 인보구   ㉯ 가로 구역
㉰ 근린 분구   ㉱ 근린 주구

해설 • 근린 주구의 주택 단위 구성 단위
① 인보구
  ㈎ 주택 호수 15~40호
  ㈏ 인구 100~200명
② 근린 분구
  ㈎ 주택 호수 400~500호
  ㈏ 인구 2000명
③ 근린 주구
  ㈎ 주택 호수 1600~2000호
  ㈏ 인구 8000~10000명

문제 51. 다음 설명에 알맞은 주택의 실구성 형식은?

• 소규모 주택에서 많이 사용된다.
• 거실 내에 부엌과 식사실을 설치한 것이다.
• 실을 효율적으로 이용할 수 있다.

㉮ K형   ㉯ DK형   ㉰ LD형   ㉱ LDK형

해설 • 단위 주거의 평면 구성
① D(dining)형 : 거실과 주방 사이에 식사실을 분리한다.
② DK(dining kitchen)형 : 주방 겸 식사실과 거실 겸 취침실과는 분리한다.
③ LD(living dining)형 : 거실과 식사실이 겹친다.
④ LDK(living dining kitchen)형 : 거실 겸 식사실과 취침실과는 분리한다.

문제 52. 다음 중 같은 색상의 청색 중에서 가장 채도가 높은 색은?

㉮ 순색   ㉯ 명청색   ㉰ 암청색   ㉱ 탁색

해설 • 색의 종류
① 청색 : 무채색으로 여러 색 중에서 채도가 가장 높은 색이다.
② 명청색 : 순색과 흰색의 혼합으로 청색 중에서 채도가 낮고 명도가 높은 색이다.
③ 암청색 : 순색과 검정의 혼합으로 채도, 명도가 낮은 색이다.
④ 탁색 : 순색, 청색과 회색의 혼합으로 채도가 낮은 색이다.
⑤ 순색 : 같은 색상의 청색 계열 중에서 가장 채도가 높은 색을 말한다.

문제 53. 건축물의 외벽, 창, 지붕 등에 설치하여 인접 건물에 화재가 발생하였을 때 수막을 형성함으로써 화재의 연소를 방지하는 설비는?

㉮ 스프링클러 설비   ㉯ 연결 살수 설비
㉰ 옥내 소화전 설비   ㉱ 드렌처 설비

해설 ① 드렌처 설비 : 인접 건물에 화재 발생 시 수막을 형성하여 화재 번짐을 방지하는 설비이다.
② 옥외 소화전 설비 : 건물이나 옥외 화재를 소화하기 위해 옥외에 설치하는 고정식 소화설비이다.

문제 54. 주택의 단위 공간계획에 대한 설명 중 옳지 않은 것은?

㉮ 거실의 형태는 일반적으로 직사각형의 형태가 정사각형의 형태보다 가구의 배치나 실의 활용상 유리하다.

해답 50. ㉯   51. ㉱   52. ㉮   53. ㉱   54. ㉰

㉯ 식당의 위치는 기본적으로 부엌과 근접 배치시키는 것이 이용상 편리하다.
㉰ 거실은 통로로 쓰이는 면적을 줄이기 위해 현관에서 먼 곳이나 평면상 중앙에 위치시키는 것이 바람직하다.
㉱ 침실은 소음원이 있는 쪽은 피하고, 정원 등의 공지에 면하도록 하는 것이 좋다.

[해설] 거실은 주택 내 중심의 위치에 있어야 하며 가급적 현관에서 가까운 곳에 위치하여 방위상으로 남쪽 또는 남동, 남서쪽에 면하는 것이 바람직하다.

문제 55. 증기, 가스, 전기, 석탄 등을 열원으로 하는 물의 가열장치를 설치하여 온수를 만들어 공급하는 설비는?
㉮ 변전설비   ㉯ 배수설비
㉰ 급수설비   ㉱ 급탕설비

[해설] 급탕설비는 증기, 가스, 전기, 석탄 등을 열원으로 하는 물에 가열장치를 설치하여 온수를 만들어 공급하는 설비이고, 급수설비는 건축물에서 사용하는 물을 공급하기 위한 설비이다.

문제 56. 다음 중 온수난방에 대한 설명으로 옳은 것은?
㉮ 예열 시간이 증기난방에 비해 짧다.
㉯ 증기난방에 비해 방열면적과 배관이 작다.
㉰ 한랭 시 난방을 정지하였을 경우 동결의 우려가 없다.
㉱ 현열을 이용한 난방이므로 증기난방에 비해 쾌감도가 높다.

[해설] • 온수난방의 특징
① 예열 시간이 오래 걸린다.
② 한랭 시 난방을 정지하였을 경우 동결의 우려가 있다.
③ 증기난방에 비해 방열면적과 배관이 크고 설비비가 고가이다.
④ 현열을 이용한 난방이므로, 증기난방에 비해 쾌감도가 높다.

문제 57. 건축 계획 단계에서 설계자의 머릿속에서 이루어진 공간의 구상을 종이에 형상화하여 그린 다음, 시각적으로 확인하는 것은?
㉮ 에스키스   ㉯ 스킵
㉰ 캡처   ㉱ 덧상

[해설] 에스키스란 건축 계획 단계에서 건축의 형상이 없는 공허한 상태에서 머릿 속에 순간적으로 구상된 것을 빠르게 종이에 그린 것을 말한다.

문제 58. 잔향 시간에 대한 설명으로 옳은 것은?
㉮ 음 에너지의 밀도가 최초 값보다 30 dB 감소하는데 걸리는 시간이다.
㉯ 잔향 시간은 실의 용적에 비례하고 흡음력에 반비례한다.
㉰ 잔향 시간이 길면 음량이 적어지고, 잔향 시간이 없으면 음이 명료하지 않아 음을 듣기 어렵게 된다.
㉱ 잔향 시간은 실의 형태에 크게 영향을 받는다.

[해설] • 잔향 시간의 특징
① 잔향은 음 발생이 중지된 후에 소리가 실내에 남아 있는 현상이다.
② 음 에너지의 밀도가 최초 값보다 60 dB 감소하는데 걸리는 시간이다.
③ 실의 형태와 관련이 없다.
④ 잔향 시간이 길면 음이 명료하지 않으며 잔향 시간이 없으면 음이 명료해진다.
⑤ 잔향 시간은 실의 용적에 비례하고 흡음력에 반비례한다.
⑥ 실의 부피와 벽면의 흡음도에 따라 결정된다.

문제 59. 액화석유가스(LPG)에 대한 설명으로 옳지 않은 것은?
㉮ 용기(bomb)에 넣을 수 있다.
㉯ 가스 절단 등 공업용으로 사용된다.

[해답] 55. ㉱   56. ㉱   57. ㉮   58. ㉯   59. ㉱

㉰ 프로판 가스(propane gas)라고도 한다.
㉱ 공기보다 가볍다.
[해설] 무색, 무취이며 누설 시 눈으로 식별이 불가능하고 공기보다 무겁다.

[문제] 60. 다음은 건축법에 따른 지하층의 정의이다. ( ) 안에 알맞은 내용은?

> "지하층"이란 건축물의 바닥이 지표면 아래에 있는 층으로서 바닥에서 지표면까지 평균높이가 해당 층 높이의 ( ) 이상인 것을 말한다.

㉮ 2분의 1　　㉯ 3분의 1
㉰ 4분의 1　　㉱ 5분의 1

□ 전산응용 건축제도 기능사　　▶ 2009. 3. 29 시행

[문제] 1. 강재가 항복강도 이하의 강도를 유발하는 반복하중을 장기간 받을 때, 균열이 심화되는 경우를 의미하는 용어는?
㉮ 취성　㉯ 피로　㉰ 변형도　㉱ 인성
[해설] • 피로 : 여러 번 반복하여 하중이 장기간 가해지면 강재가 작은 하중에도 균열이 심화되어 파괴되는 현상이다.

[문제] 2. 다음 중 라멘구조에 대한 설명으로 옳지 않은 것은?
㉮ 기둥과 보의 절점이 강접합되어 있다.
㉯ 기둥과 보에 휨응력이 발생한다.
㉰ 내부 벽의 설치가 자유롭다.
㉱ 예로는 조적조나 목구조 등이 있다.
[해설] • 라멘구조
① 기둥, 보, 바닥판을 일체로 한 구조이다.
② 수직, 수평하중에 대하여 큰 저항력을 가진다.
③ 기둥, 보의 절점이 강접합으로 된 구조이다.
④ 철근콘크리트 구조, 철골철근콘크리트 구조가 있다.

[문제] 3. 벽돌조 내력벽의 두께는 당해 벽높이의 최소 얼마 이상으로 하여야 하는가?
㉮ 1/10　㉯ 1/15　㉰ 1/20　㉱ 1/25
[해설] • 벽돌구조의 내력벽 두께
① 내력벽의 두께는 그 벽 높이의 1/20 이상으로 한다.

② 조적재가 블록인 경우 그 벽 높이의 1/16 이상으로 한다.

[문제] 4. 기초 구조를 정할 때 고려할 점 중 옳지 않은 것은?
㉮ 인접건물의 기초에 주의하고 손상을 주지 않도록 한다.
㉯ 지내력이 좋은 지반에 설치한다.
㉰ 기초 밑면을 동결선 밑에 놓는다.
㉱ 한 건물의 기초형식은 여러 형식을 혼용한다.

[문제] 5. 4변에 의해 지지되는 철근콘크리트 슬래브 중 장변의 길이가 단변 길이의 몇 배를 넘으면 1방향 슬래브로 해석하는가?
㉮ 2배　㉯ 3배　㉰ 4배　㉱ 5배
[해설] ① 2배를 초과하면 1방향 슬래브로 한다.
② 1방향 슬래브
$$\lambda = \frac{\text{장변 방향 길이}}{\text{단변 방향 길이}} = \frac{l_y}{l_x} > 2$$
③ 1방향 슬래브는 단변 방향 쪽으로 하중이 전달되는 슬래브이다.

[문제] 6. 다음 중 철골조 플레이트보(plate girder)의 구성부재에 해당되지 않는 것은?
㉮ 래티스　　　㉯ 스티프너
㉰ 플랜지 앵글　㉱ 커버 플레이트

[해답] 60. ㉮　1. ㉯　2. ㉱　3. ㉰　4. ㉱　5. ㉮　6. ㉮

해설 플레이트 보의 구성부재는 플랜지 플레이트, 웨브 플레이트, 스티프너 등으로 구성되어 있다.

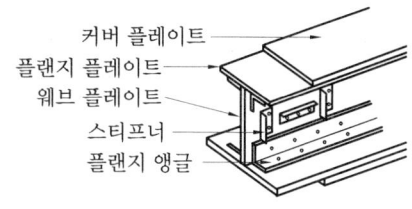

판보(plate girder)

문제 7. 왕대공 지붕틀에서 중도리를 직접 받쳐주는 것은?
㉮ 처마도리 ㉯ ㅅ자보
㉰ 깔도리   ㉱ 평보

해설 ① 중도리는 ㅅ자보를 직접 받쳐 준다.
② 서까래가 중도리를 직접 받쳐 준다.

문제 8. 현장치기 콘크리트 중 수중에서 타설하는 콘크리트의 최소 피복두께는 얼마인가?
㉮ 60 mm   ㉯ 80 mm
㉰ 100 mm ㉱ 120 mm

해설 ① 수중에서 타설하는 콘크리트 : 100 mm
② 흙에 접하여 콘크리트를 친 후 영구히 흙에 묻혀 있는 콘크리트 : 80 mm

문제 9. 다음 중 건축물에 수평으로 작용하는 하중은?
㉮ 적설하중 ㉯ 고정하중
㉰ 적재하중 ㉱ 지진하중

해설 ① 수평 하중 작용 : 지진하중, 풍하중
② 수직 하중 작용 : 적설하중, 고정하중, 적재하중

문제 10. 철골구조 형식 중 삼각형 뼈대를 하나의 기본형으로 조립하여 각 부재에는 축방향력만 생기도록 한 구조는 무엇인가?
㉮ 트러스 구조   ㉯ PC 구조
㉰ 플랫 슬래브 구조 ㉱ 조적 구조

해설 트러스 구조는 삼각형으로 조립하여 각 부재에 작용하는 힘이 축방향력이 되도록 한 구조로서 라멘 구조에 비하여 역학적 취급이 간단하다.

문제 11. 축방향 하중을 받는 지하실 외벽 및 기초 벽체의 두께는 최소 얼마 이상이어야 하는가?
㉮ 100 mm ㉯ 150 mm
㉰ 200 mm ㉱ 300 mm

해설 철근콘크리트 구조의 지하실 외벽 및 기초 벽체의 두께는 최소 200 mm 이상을 한다.

문제 12. 견고한 지반이 깊이 있을 경우 지상에서 원형통, 사각형통의 밑 없는 상자를 만들고 그 속에서 토사를 파내어 상자를 내리앉히고 저부에 콘크리트를 부어 기초로 하는 것으로 케이슨 기초라고도 불리우는 것은?
㉮ 주춧돌 기초 ㉯ 잠함 기초
㉰ 말뚝 기초   ㉱ 직접 기초

해설 • 잠함 기초 : 케이슨 기초라고도 하며 토압, 수압이 크고 굳은 지층이 깊이 있을 때 압축공기를 잠함 속에 넣어 그 압력으로 물의 유입을 방지하며 흙파기 작업을 하는 공법이다.

문제 13. 보강블록조에서 내력벽의 두께는 최소 얼마 이상이어야 하는가?
㉮ 90 mm   ㉯ 120 mm
㉰ 150 mm ㉱ 200 mm

해설 보강블록구조인 내력벽의 두께(마감재료의 두께를 포함하지 아니한다. 이하 이 절에서 같다)는 150 mm 이상으로 하되, 그 내력벽의 구조내력에 주요한 지점 간의 수평거리의 50분의 1 이상으로 하여야 한다.

문제 14. 마름돌의 거친면의 돌출부를 쇠메 등으로 쳐서 면을 보기 좋게 다듬는 것을 무엇이라 하는가?

해답 7. ㉯ 8. ㉰ 9. ㉱ 10. ㉮ 11. ㉰ 12. ㉯ 13. ㉰ 14. ㉮

㉮ 메다듬 ㉯ 정다듬
㉰ 도드락다듬 ㉱ 잔다듬
[해설] • 메다듬(혹따기) : 쇠메로 돌의 거친면을 대강 다듬는 것을 말한다.

[문제] 15. 사각형이나 원형 띠철근으로 둘러싸인 압축부재의 축방향 주철근의 최소 개수는?
㉮ 2개 이상 ㉯ 4개 이상
㉰ 5개 이상 ㉱ 6개 이상
[해설] 주근은 D 13, φ 12 이상의 것을 장방형, 정방형 기둥에서는 4개 이상, 원형 기둥에서는 6개 이상 사용한다.

[문제] 16. 목구조에서 가새에 대한 설명으로 옳은 것은?
㉮ 목조 벽체를 수평력에 견디게 하고 안정한 구조로 하기 위한 것이다.
㉯ 가새의 경사는 30°에 가까울수록 유리하다.
㉰ 기초와 토대를 고정하는데 설치한다.
㉱ 가새에는 인장응력만 발생한다.
[해설] ① 가새의 경사는 45°에 가까울수록 좋다.
② 수평력에 의한 변형을 방지하기 위하여 배치하는 것이다.
③ 수직재와 수평재가 만나는 점이 일치되게 하며, 수평재와 각도가 작을수록 좋다.

[문제] 17. 다음 중 건물 하부의 지하실 바닥 전체를 1개의 일체식 기초로 축조하는 기초 형식은?
㉮ 독립 기초 ㉯ 복합 기초
㉰ 줄 기초 ㉱ 온통 기초
[해설] • 기초판 형식에 의한 분류
① 독립 기초 : 한 개의 기초판으로 한 개의 기둥을 받치는 것으로서 동바리 기초, 주춧돌 기초, 긴주춧돌 기초 등이 있다. 주로 목구조에 사용된다.

② 복합 기초 : 한 개의 기초판으로 두 개 이상의 기둥을 받치는 기초이다.
③ 줄 기초 : 벽 또는 일렬의 기둥을 대형 기초 판으로 받치게 한 기초로서 벽돌 기초, 콘크리트 기초, 장대돌 기초 등이 있다. 주로 조적식 구조에 적합하다.
④ 온통 기초 : 건물의 하부 전체를 기초 판으로 하는 형성판기초로 가장 일반적인 구조이다.

[문제] 18. 돌쌓기의 1켜의 높이는 모두 동일한 것을 쓰고 수평줄눈이 일직선으로 통하게 쌓는 돌쌓기 방식은?
㉮ 바른층 쌓기 ㉯ 허튼층 쌓기
㉰ 층지어 쌓기 ㉱ 허튼 쌓기
[해설] 바른층 쌓기는 돌 1켜의 높이를 동일하게 하여 수평줄눈을 일직선이 되도록 하는 방식이다.

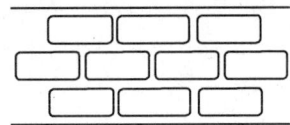

바른층 쌓기

[문제] 19. 미서기문의 마중대는 서로 턱솔 또는 딴혀를 대어 방풍적으로 물려지게 하는데 이것을 무엇이라 하는가?
㉮ 지도리 ㉯ 풍소란
㉰ 접문 ㉱ 문선
[해설] 풍소란은 창호가 닫아졌을 때 바람을 막으려고 문지방의 아래, 위나 문의 양 옆에 댄 바람막이를 말하며 네 짝 미서기문에서 사용한다.

[문제] 20. 하중전달과 지지방법에 따른 막구조의 종류에 해당하지 않는 것은?
㉮ 골조막구조 ㉯ 현수막구조
㉰ 공기지지구조 ㉱ 절판막구조
[해설] • 막구조의 종류 : 골조막구조, 현수막구조, 공기막구조, 하이브리드 막구조

[해답] 15. ㉯ 16. ㉮ 17. ㉱ 18. ㉮ 19. ㉯ 20. ㉱

문제 21. 다음 중 석재의 사용 시 유의사항으로 옳은 것은?
㉮ 석재를 구조재로 사용 시 인장재로만 사용해야 한다.
㉯ 가공 시 되도록 예각으로 한다.
㉰ 외벽 특히 콘크리트 표면 첨부용 석재는 연석을 피해야 한다.
㉱ 중량이 큰 것은 높은 곳에 사용하도록 한다.
[해설] ① 석재를 구조재로 사용 시 취약하므로 직압력재로 사용한다.
② 가공 시 되도록 예각은 피한다.
③ 중량이 큰 것은 높은 곳에 사용하지 않는다.

문제 22. 고로 시멘트의 특징에 대한 설명으로 옳지 않은 것은?
㉮ 건조 수축이 많으므로 시공에 유의해야 한다.
㉯ 내열성이 크고 수밀성이 양호하다.
㉰ 응결시간이 빠르고 초기 강도가 크다.
㉱ 화학저항성이 높아 하수 등에 접하는 콘크리트에 적합하다.
[해설] 보통포틀랜드 시멘트에 비하여 응결이 늦고 초기 강도가 작다.

문제 23. 점토의 압축강도는 인장강도의 약 얼마 정도인가?
㉮ 1배 ㉯ 2배 ㉰ 3배 ㉱ 5배
[해설] 압축강도는 인장강도의 약 5배이다.

문제 24. 다음 중 목재의 함수율과 역학적 성질에 관한 설명으로 옳은 것은? (단, 섬유포화점 이하인 경우)
㉮ 함수율이 낮을수록 강도가 증가한다.
㉯ 함수율이 높을수록 강도가 증가한다.
㉰ 함수율과는 관계없이 강도는 일정하다.
㉱ 함수율이 낮을수록 인성은 증가한다.

[해설] 섬유포화점 이하에서는 함수율이 증가할수록 강도가 저하되며 팽창수축은 섬유포화점 이상에는 생기지 않으나 그 이하가 되면 거의 함수율에 비례하여 신축한다.

문제 25. 표준형 점토 벽돌의 크기는? (단, 단위는 mm)
㉮ 190×90×57 ㉯ 200×90×60
㉰ 210×100×57 ㉱ 210×120×60
[해설] ① 기존형 벽돌 210×100×60
② 표준형 벽돌 190×90×57
③ 내화 벽돌 230×114×65

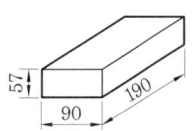
표준형 벽돌

문제 26. 전기절연성, 내후성이 우수하며 발수성이 있어 방수제로 쓰이는 수지는?
㉮ 실리콘 수지 ㉯ 푸란 수지
㉰ 요소 수지 ㉱ 멜라민 수지
[해설] 내알칼리성, 전기절연성, 내후성, 내열, 내한성(추위)이 우수하며 절연유, 방수제로 사용한다.

문제 27. 시멘트를 구성하는 주요 화학성분으로 가장 거리가 먼 것은?
㉮ 실리카 ㉯ 산화알루미늄
㉰ 일산화탄소 ㉱ 석회
[해설] • 시멘트 구성 성분 : 석회석, 실리카, 산화알루미늄, 산화제이철, 무수황산

문제 28. 블리딩(bleeding)과 크리프(creep)에 대한 설명으로 옳은 것은?
㉮ 블리딩이란 굳지 않은 모르타르나 콘크리트에 있어서 윗면에 물이 스며 나오는 현상을 말한다.
㉯ 블리딩이란 콘크리트의 수화작용에 의하여 경화하는 현상을 말한다.
㉰ 크리프란 하중이 일시적으로 작용하면

[해답] 21. ㉰ 22. ㉰ 23. ㉱ 24. ㉮ 25. ㉮ 26. ㉮ 27. ㉰ 28. ㉮

콘크리트의 변형이 증가하는 현상을 말한다.
라 크리프란 블리딩에 의하여 콘크리트 표면에 떠올라 침전된 물질을 말한다.
해설 ① 블리딩 : 콘크리트 타설 후 콘크리트 표면에 수분이 상승하는 현상이다.
② 레이턴스 : 블리딩에 의하여 콘크리트 표면에 올라온 미세한 물질이다.
③ 크리프 : 콘크리트에 일정하중이 지속적으로 작용하여 시간의 경과에 따라 부재에 변형이 증가되는 현상을 말한다.

문제 29. 파티클 보드에 대한 설명 중 옳지 않은 것은?
가 변형이 아주 적다.
나 합판에 비해 휨강도는 떨어지나 면내 강성은 우수하다.
다 흡음성과 열의 차단성이 작다.
라 칸막이벽, 가구 등에 이용된다.
해설 파티클 보드는 흡음성과 열의 차단성이 우수하며 방음 및 단열재로 사용한다.

문제 30. 다음 중 지하실이나 옥상의 채광용으로 가장 적당한 유리는?
가 폼 글라스(foam glass)
나 프리즘 타일(prism tile)
다 글라스 블록(glass block)
라 글라스 울(glass wool)
해설 • 프리즘 타일 : 입사광선의 방향을 바꾸거나 확산 또는 집중시킬 목적으로 프리즘의 원리를 이용해서 만든 유리로 지하실이나 옥상 채광용으로 사용한다.

문제 31. 계단의 미끄럼을 방지하기 위하여 놋쇠 또는 황동, 스테인리스강제 등에 홈파기, 고무 삽입 등의 처리를 한 것은?
가 와이어 메시
나 코너 비드
다 논슬립
라 경첩

해설 ① 논슬립 : 계단에서의 미끄럼 방지 철물
② 경첩 : 여닫이문에 설치하는 것으로 문짝과 문틀에 달아 여닫는 축이 되게 하는 것
③ 코너 비드 : 미장 바름질 보호용 철물
④ 와이어 메시 : 콘크리트 바닥 포장용

문제 32. 다음 중 건축 재료용으로 가장 많이 이용되는 철강은?
가 탄소강
나 니켈강
다 크롬강
라 순철
해설 • 탄소강 : 철과 탄소의 주성분이다.

문제 33. 점성이나 침투성은 작으나 온도에 의한 변화가 적어서 열에 대한 안전성이 크며 아스팔트 프라이머의 제작에 사용되는 것은?
가 록 아스팔트
나 스트레이트 아스팔트
다 블로운 아스팔트
라 아스팔타이트
해설 아스팔트 프라이머의 재료는 침입도 10~20 정도의 블로운 아스팔트가 사용된다.

문제 34. 다음 중 골재의 체가름 시험에서 사용하는 체가 아닌 것은?
가 0.15 mm
나 1.2 mm
다 5 mm
라 35 mm
해설 ① 잔골재용 : NO. 4(5 mm), NO. 8(2.5 mm), NO. 16, NO. 30, NO. 50, NO. 100
② 굵은 골재용 : 0.15 mm, 0.3 mm, 0.6 mm, 1.2 mm, 2.5 mm, 5 mm, 10 mm

문제 35. 다음 석재 중 화성암계에 속하는 것은?
가 응회암
나 안산암
다 대리석
라 점판암
해설 • 화성암계 : 화강암, 안산암, 화산암

문제 36. 다음 중 벽 및 천장재료에 요구되는 성질로 옳지 않은 것은?

해답 29. 다 30. 나 31. 다 32. 가 33. 다 34. 라 35. 나 36. 가

⑦ 열전도율이 큰 것이어야 한다.
④ 차음이 잘 되어야 한다.
④ 내화·내구성이 큰 것이어야 한다.
㉣ 시공이 용이한 것이어야 한다.
[해설] 열전도율이 작아야 한다.

문제 37. 다음 중 수화열 발생이 적은 시멘트로서 원자로의 차폐용 콘크리트 제조에 가장 적합한 시멘트는?
⑦ 중용열포틀랜드 시멘트
④ 조강포틀랜드 시멘트
④ 보통포틀랜드 시멘트
㉣ 알루미나 시멘트
[해설] • 중용열포틀랜드 시멘트
① 댐 축조, 콘크리트 포장, 방사능 차폐용으로 사용한다.
② 안전성이 제일 좋다.

문제 38. AE제를 사용한 콘크리트의 특징이 아닌 것은?
⑦ 워커빌리티가 좋아진다.
④ 단위 수량이 감소된다.
④ 수밀성, 내구성이 커진다.
㉣ 강도가 증가된다.
[해설] 공기량이 증가할수록 강도는 감소한다.

문제 39. 다음 중 회반죽에 관한 설명으로 옳지 않은 것은?
⑦ 경화건조에 의한 수축률은 미장바름 중 가장 작은 편이다.
④ 여물을 사용하여 균열을 분산, 경감시킨다.
④ 건조에 시일이 오래 걸린다.
㉣ 소석회에 모래, 해조풀 등을 혼합하여 만든다.
[해설] 회반죽은 미장재료 중 수축률이 크며 건조 수축에 의한 균열을 방지하기 위하여 삼 여물을 첨가한다.

문제 40. 그림은 콘크리트의 슬럼프시험(slump test) 결과이다. 슬럼프 값은 얼마인가?

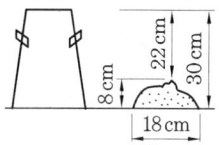

⑦ 8 cm ④ 18 cm ④ 22 cm ㉣ 30 cm
[해설] 슬럼프 시험은 콘크리트 시공의 난이도를 측정하는 시험으로서 흘러내린 높이를 중앙 부분에서 측정한 값이다.

문제 41. 건축물의 계획과 설계 과정 중 계획 단계에 해당하지 않는 것은?
⑦ 세부 결정 도면 작성
④ 형태 및 규모의 구상
④ 대지 조건 파악
㉣ 요구 조건 분석
[해설] • 건축물 설계 순서 : 대지 조건 파악, 요구 조건 분석 → 형태 및 규모 구상, 대안 제시 → 세부 결정, 도면 작성

문제 42. 다음 중 봉수의 파괴 원인과 가장 관계가 먼 것은?
⑦ 모세관 현상 ④ 증발
④ 유도 사이펀 작용 ㉣ 간접 배수
[해설] • 트랩의 봉수 파괴 원인
① 자기 사이펀 작용
② 흡출 작용
③ 토출 작용
④ 모세관현상
⑤ 증발

문제 43. 건축물의 묘사에 있어서 묘사 도구로 사용하는 연필에 대한 설명 중 틀린 것은?
⑦ 폭이 넓은 명암을 나타낸다.
④ 다양한 질감 표현이 가능하다.
④ 지울 수 있으나 번지거나 더러워질 수 있다.

㉣ 일반적으로 H의 수가 많을수록 무르다.
[해설] ① 일반적으로 H의 수가 많을수록 굳기(딱딱한 정도)가 강하다.
② 일반적으로 B의 수가 많을수록 무르다.

문제 44. 다음 중 공동주택 배치에서 인동 간격의 결정 요소와 가장 거리가 먼 것은?
㉮ 일조 ㉯ 경관
㉰ 채광 ㉱ 통풍
[해설] • 인동 간격 결정 요소 : 일조, 통풍, 채광, 프라이버시, 재해 방지, 소음, 건물의 높이, 태양의 방위각 및 고도 등이 있다.

문제 45. 건축도면 작성 시 사용되는 투상법의 원칙은?
㉮ 제 1 각법 ㉯ 제 2 각법
㉰ 제 3 각법 ㉱ 제 4 각법
[해설] 제 3 각법은 제 3 면각에 물체를 놓고 투상하는 방법으로서 한국산업규격의 건축제도는 제 3 각법을 기준으로 한다.

문제 46. 건물의 주요 부분을 수직 절단한 것을 상상하여 그린 것으로서 건물의 높이, 지붕 구조 등을 알 수 있는 도면은?
㉮ 단면도 ㉯ 평면도
㉰ 전개도 ㉱ 입면도
[해설] • 단면도 : 건물의 구조를 알기 위해 수직으로 절단한 것으로 층높이, 반자높이, 처마높이, 처마길이, 지붕물매, 지붕구조의 정보를 표시한 도면이다.

문제 47. 연립주택의 형식 중 경사지를 이용하거나 상부층으로 갈수록 약간씩 뒤로 후퇴하는 형식은?
㉮ 타운 하우스 ㉯ 테라스 하우스
㉰ 중정형 주택 ㉱ 로 하우스
[해설] 테라스 하우스는 위층으로 갈수록 건물의 내부가 작아지며 뒤로 후퇴하여 테라스가 되는 형태이다.

문제 48. 다음 중 건축법이 적용되는 건축물은?
㉮ 고속도로 통행료 징수시설
㉯ 문화재보호법에 따른 지정문화재
㉰ 철도의 선로 부지에 있는 플랫폼
㉱ 문화 및 집회시설 중 동·식물원
[해설] • 건축법 적용 제외 대상
① 문화재보호법에 따른 지정문화재나 가지정문화재
② 철도나 궤도의 선로 부지에 있는 다음 각 목의 시설
 ㈎ 운전보안시설
 ㈏ 철도 선로의 위나 아래를 가로지르는 보행시설
 ㈐ 플랫폼
 ㈑ 해당 철도 또는 궤도사업용 급수·급탄 및 급유 시설
③ 고속도로 통행료 징수시설
④ 컨테이너를 이용한 간이창고(이동 용이)

문제 49. 아파트 단위 주거의 단면 형식 중 플랫형에 대한 설명으로 옳은 것은?
㉮ 1개의 단위 주거가 2개 층에 걸쳐 있는 경우를 말한다.
㉯ 단위 주거가 1층만으로 되어 있는 것으로 평면계획과 구조가 단순하다.
㉰ 편복도형에 쓰이는 경우가 많으며, 복도는 1층 걸러서 설치된다.
㉱ 엘리베이터의 정지층이 매 층마다 있지 않으며, 단위 주거의 평면 계획에 변화를 줄 수 있다.
[해설] 플랫(flat)형은 단위 주거가 1층으로만 되어 있는 것으로 공동주택의 가장 대표적인 형식이다.

문제 50. 철근콘크리트 줄기초 부분의 제도에 관한 설명 중 옳지 않은 것은?
㉮ 지반에서 기초의 길이를 고려하여 지반선을 그린다.

[해답] 44. ㉯ 45. ㉰ 46. ㉮ 47. ㉯ 48. ㉱ 49. ㉯ 50. ㉯

㉯ 축척은 1/100로만 하며, 단면선과 입면선을 구분하여 그린다.
㉰ 중심선을 기준으로 하여 좌우에 기초벽의 두께, 콘크리트 기초판의 너비 등을 양분하여 그린다.
㉱ 재료의 단면표시를 하고, 치수선과 치수 보조선, 인출선을 가는 선으로 긋고, 부재의 명칭과 치수를 기입한다.
[해설] 축척은 기초 크기에 알맞게 축적을 정하는 것이 원칙이다.

문제 51. 부엌의 일부분에 식사실을 두는 형태로 부엌과 식사실을 유기적으로 연결하여 노동력 절감이 가능한 것은?
㉮ D(dining)
㉯ DK(dining kitchen)
㉰ LD(living dining)
㉱ LK(living kitchen)
[해설] • 단위 주거의 평면 구성
① D(dining)형 : 거실과 주방 사이에 식사실을 분리한다.
② DK(dining kitchen)형 : 주방 겸 식사실과 거실 겸 취침실과는 분리한다.
③ LD(living dining)형 : 거실과 식사실이 겹친다.
④ LDK(living dining kitchen)형 : 거실 겸 식사실과 취침실과는 분리한다.

문제 52. 같은 계통의 색상이라도 색의 밝고 어두운 정도의 차가 있는데, 이처럼 색채의 밝기를 나타내는 성질과 밝음의 감각을 척도화한 것을 무엇이라 하는가?
㉮ 조도 ㉯ 휘도
㉰ 명도 ㉱ 채도
[해설] ① 명도 : 색채가 가지고 있는 밝고 어두운 정도를 감각적으로 나타낸 것이다.
② 채도 : 순수한 정도로서 색의 선명하고 탁한 정도를 나타낸 것이다.
③ 조도 : 조명의 밝기를 나타낸 것으로 조명도라고도 한다.
④ 휘도 : 광원의 밝기 정도를 나타낸 것이다.

문제 53. 도면의 표시기호로 옳지 않은 것은?
㉮ L : 길이   ㉯ H : 높이
㉰ W : 너비   ㉱ A : 용적
[해설] V : 용적, A : 면적

문제 54. 단지계획에서 근린 분구에 해당되는 주택 호수 규모는?
㉮ 100~200호
㉯ 400~500호
㉰ 1000~1500호
㉱ 1600~2000호
[해설] • 근린 분구 : 주택 호수 400~500호, 인구 2000명

문제 55. 난방방식의 종류 중 방열기가 필요치 않으며, 바닥면의 이용도가 높은 것은?
㉮ 증기 난방   ㉯ 온수 난방
㉰ 복사 난방   ㉱ 배관 난방
[해설] • 복사 난방의 특징
① 실내의 온도 분포가 균등하여 쾌감도가 높다.
② 대류가 적어 바닥의 먼지가 상승하지 않는다.
③ 방열기가 필요치 않으며 바닥면적 이용도가 높다.
④ 설비비가 고가이다.

문제 56. 다음 중 물체의 절단한 위치를 표시하거나, 경계선으로 사용되는 선은?
㉮ 굵은 실선   ㉯ 가는 실선
㉰ 일점 쇄선   ㉱ 파선
[해설] ① 일점 쇄선은 절단선, 경계선, 기준선으로 사용한다.
② 가는 실선은 중심선, 대칭축을 표시하는 데 사용한다.

[해답] 51. ㉯   52. ㉰   53. ㉱   54. ㉯   55. ㉰   56. ㉰

문제 57. 부하 전류를 개폐함과 동시에 단락 및 지락 사고 발생 시 각종 계전기와의 조합으로 신속히 전로를 차단하여 기기 및 전선을 보호하는 장치는?
㉮ 변압기 ㉯ 콘덴서 ㉰ 분전반 ㉱ 차단기
해설 전기설비의 단락, 과부하, 접지 등으로 이상 전류가 흐르면 자동적으로 이상전류를 차단하여 전선 및 기구의 보호와 손상을 방지하는 보호장치로서 퓨즈(fuse), 배선용차단기(MCCB)가 있다.

문제 58. 주택의 평면 계획에 관한 설명 중 옳지 않은 것은?
㉮ 주택의 평면계획은 먼저 주택의 규모를 결정해야 하고, 다음에 각 실의 크기 등을 결정해야 한다.
㉯ 건축공간의 계획은 전체에서 부분으로, 부분에서 전체로 반복하여 검토하면서 정리한다.
㉰ 각 실의 상호관계는 관계가 깊은 것은 격리시키고, 상반되는 성질의 것은 인접시킨다.
㉱ 주택 내에서 공동 공간은 거실 및 식사실을 말한다.
해설 건축공간의 평면계획에서 각 실의 상호관계가 깊은 것은 인접시키고 상반되는 성질의 것은 분리시켜 배치한다.

문제 59. 피뢰설비를 설치해야 하는 건축물의 높이 기준은?
㉮ 20 m 이상 ㉯ 25 m 이상
㉰ 30 m 이상 ㉱ 35 m 이상
해설 높이가 20 m 이상의 건축물은 반드시 피뢰설비를 해야 한다.

문제 60. 건축물과 관련된 각종 배경의 표현 방법으로 가장 올바른 것은?
㉮ 표현을 항상 섬세하게 하도록 한다.
㉯ 건물을 이해할 수 있도록 배경을 다소 크게 표현한다.
㉰ 배경을 다양하게 표현한다.
㉱ 건물보다 앞쪽의 배경은 사실적으로, 뒤쪽의 배경은 단순하게 표현한다.
해설 ① 각종 배경 표현은 건물의 배경이나 스케일, 그리고 용도를 나타내는 데 꼭 필요할 때만 적당히 표현한다.
② 그늘과 그림자는 물체의 위치, 보는 사람의 위치, 빛의 방향, 그림자가 비칠 바닥의 형태에 의하여 표현을 달리한다.
③ 스티프너 : 웨브 플레이트의 좌굴 방지가 목적이다.

전산응용 건축제도 기능사 ▶ 2009. 7. 12 시행

문제 1. 띠철근 기둥에서 축방향 철근의 최소 간격은 철근 지름의 몇 배 이상인가?
㉮ 1배 ㉯ 1.5배
㉰ 2배 ㉱ 2.5배
해설 철근 지름의 1.5배 이상으로 한다.

문제 2. 철근콘크리트 보에서 동일 평면에서 평행한 철근 사이의 수평 순간격은 최소 얼마 이상이어야 하는가?
㉮ 12.5 mm ㉯ 15 mm
㉰ 20 mm ㉱ 25 mm
해설 • 보의 주근 설치 기준 : 주근 간격은 다음 값 중 큰 값 이상으로 한다.
① 주근 간격 2.5 cm 이상
② 주근 지름의 1.5배 이상
③ 자갈 지름의 1.25배 이상

해답 57. ㉱ 58. ㉰ 59. ㉮ 60. ㉱ 1. ㉯ 2. ㉱

문제 3. 철골구조의 판보에서 웨브의 좌굴을 방지하기 위하여 사용되는 것은?
㉮ 거싯 플레이트
㉯ 플랜지
㉰ 스티프너
㉱ 래티스

해설 • 철골조 플레이트 보(plate girder)의 구성 부재
① 플랜지 앵글 : 주로 휨모멘트에 저항하며 커버 플레이트로 보강한다.
② 웨브 플레이트 : 전단력에 저항하며 두께는 6 mm 이상으로 스티프너로 보강한다.

문제 4. 압축 이형철근의 정착에 대한 설명으로 옳은 것은?
㉮ 정착길이는 철근의 항복강도가 클수록 길어진다.
㉯ 정착길이는 콘크리트 강도가 클수록 길어진다.
㉰ 정착길이는 항상 200 mm 이하로 한다.
㉱ 정착길이는 철근의 지름과는 무관하다.

해설 • 철근의 정착길이 결정 요인
① 철근의 종류에 따라 달라진다.
② 콘크리트의 구조설계 기준 강도가 작을수록 길어진다.
③ 철근의 항복강도가 강할수록 길어진다.
④ 철근의 공칭직경이 클수록 길어진다.
⑤ 갈고리의 유무에 따라 달라진다.

문제 5. 다음 건물 중 그 건물의 지붕에 적용된 대표적인 구조형식이 옳게 연결된 것은?
㉮ 시드니 오페라 하우스 – 돔구조
㉯ 도쿄돔 – 현수구조
㉰ 판테온 신전 – 볼트구조
㉱ 상암 월드컵 경기장 – 막구조

해설 ① 상암 월드컵 경기장 – 막구조
② 시드니 오페라 하우스 – 셸구조
③ 도쿄돔 – 트러스 구조
④ 판테온 신전, 성소피아 성당 – 돔구조
⑤ 금문교, 남해대교 – 현수구조

문제 6. 다음 중 여닫이 창호에 대한 설명으로 옳지 않은 것은?
㉮ 여닫이 창호의 종류에는 외여닫이와 쌍여닫이 등이 있다.
㉯ 밖여닫이는 빗물 막기가 편리하지만 열렸을 때 바람에 손상되기 쉽다.
㉰ 경첩 등을 축으로 개폐되는 창호를 말한다.
㉱ 열고 닫을 때 실내 유효면적이 증가되는 장점이 있다.

해설 ① 여닫이문은 열고 닫을 때 면적을 차지하여 실내 유효면적을 감소시킨다.
② 미닫이문은 열고 닫을 때 면적을 차지하지 않아 실내 유효면적을 증가시킨다.

문제 7. 철근콘크리트 기둥에서 띠철근의 수직 간격으로 옳지 않은 것은?
㉮ 기둥 단면의 최소 치수 이하
㉯ 종방향 철근 지름의 16배 이하
㉰ 띠철근 지름의 48배 이하
㉱ 기둥 높이의 0.1배 이하

해설 • 띠철근의 수직 간격 : 띠철근의 간격은 다음 값 중 작은 값으로 한다.
① 주근 지름의 16배 이하
② 띠철근 지름의 48배 이하
③ 기둥의 최소 치수 이하
④ 30 cm 이하

문제 8. 다음 중 부동침하의 원인과 가장 관계가 먼 것은?
㉮ 건물의 위치가 이질 지층일 경우
㉯ 일부 지정을 하였을 경우
㉰ 건물을 경량화하였을 경우
㉱ 지반이 연약한 경우

해답 3. ㉰ 4. ㉮ 5. ㉱ 6. ㉱ 7. ㉱ 8. ㉰

해설 건물을 가볍게 경량화하는 것은 부동침하 방지대책이다.

문제 9. 블록구조에서 벽의 보강 철근 배근 방법으로 옳지 않은 것은?
㉮ 철근의 장착이음은 기초보나 테두리보에 한다.
㉯ 철근은 가는 것을 많이 넣는 것보다 굵은 것을 조금 넣는 것이 좋다.
㉰ 철근을 배치한 곳에는 모르타르 또는 콘크리트를 채워 넣어 빈틈이 없게 한다.
㉱ 세로근은 기초에서 보까지 하나의 철근으로 하는 것이 좋다.
해설 가는 철근을 많이 넣어야 블록 구조가 강화된다.

문제 10. 다음 중 철근콘크리트 구조에 대한 설명으로 옳은 것은?
㉮ 철근콘크리트 부재는 철골 부재에 비해 가벼우면서 강도가 크다.
㉯ 균질한 시공은 가능하지만 부재의 형상과 치수가 자유롭지 못하다.
㉰ 콘크리트의 약한 압축력을 보강하기 위해서 보의 하부에 철근을 배근한다.
㉱ 철골 구조에 비해 내화성이 뛰어난 편이다.
해설 철근콘크리트는 철골 구조보다 열전도율이 낮으므로 내구·내화성이 뛰어나며 철근을 피복하여 내구·내화적이 된다.

문제 11. 보강블록조에서 내력벽 두께의 최소값은?
㉮ 150 mm   ㉯ 250 mm
㉰ 350 mm   ㉱ 450 mm
해설 내력벽의 두께는 15 cm 이상으로 하며 그 내력벽의 구조 내력상 주요한 지점 간 수평거리의 1/50 이상으로 한다.

문제 12. 목제 플러시 문에 대한 설명으로 옳지 않은 것은?
㉮ 울거미를 짜고 중간살을 25 cm 이내의 간격으로 배치한 것이다.
㉯ 양면에 합판을 교착한 것이다.
㉰ 차양이 되며 통풍에 유리하다.
㉱ 뒤틀림 변형이 적다.
해설 울거미를 짜고 중간살을 25 cm 이내 간격으로 배치하여 양면에 합판을 접착제로 붙인 것이다.

문제 13. 2층 마루 중에서 큰 보 위에 작은 보를 걸고 그 위에 장선을 대고 마루널을 깐 것은?
㉮ 동바리마루   ㉯ 짠마루
㉰ 홑마루   ㉱ 납작마루
해설 2층 마루로서 큰 보 위에 직각방향으로 작은 보를 걸고 그 위에 장선을 대고 마루널을 깐다.

문제 14. 흙막이 부재 중 토압과 수압을 지탱하기 위해 널말뚝 벽면에 수평으로 대는 것은?
㉮ 어미 말뚝   ㉯ 멍에
㉰ 규준틀   ㉱ 띠장
해설 ① 띠장은 흙막이 공법에서 널말뚝 벽면에 가로대는 것을 말한다.
② 버팀대는 마주보는 널말뚝이 밀리지 않게 직각으로 대는 것을 말한다.

문제 15. 규격화된 기성제품을 가구식으로 짜 맞추어 물을 거의 사용하지 않고 축조하는 구조는?
㉮ 건식 구조
㉯ 습식 구조
㉰ 조적 구조
㉱ 철근콘크리트 구조
해설 •건식 구조 : 미리 뼈대를 받쳐 놓고 제작

해답 9. ㉯ 10. ㉱ 11. ㉮ 12. ㉰ 13. ㉯ 14. ㉱ 15. ㉮

하여 공사현장에서는 기타 공정만 시공하며 물을 거의 사용하지 않고 축조하는 구조 방식이다.

문제 16. 목조 구조물에서 수평력을 주로 부담시키기 위하여 설치하는 목재는?
㉮ 깔도리　　㉯ 가새
㉰ 토대　　　㉱ 기둥
해설 • 가새 : 토대, 기둥, 도리의 직사각형 뼈대가 수평력의 작용을 받아도 그 형태가 변하지 않게 대각선 방향에 빗재를 대는 것으로 안정한 구조로 만드는 보강부재이다.

문제 17. 철골 구조에서 간 사이가 15 m를 넘거나, 보의 춤이 1 m 이상되는 보를 판보로 하기에는 비경제적일 때 사용하는 것으로 접합판(gusset)을 대서 접합한 조립보는?
㉮ 허니컴 보　　㉯ 래티스 보
㉰ 상자형 보　　㉱ 트러스 보
해설 트러스 보는 플레이트 보의 웨브재로서 빗재, 수직재를 사용하고 거싯 플레이트에 의하여 플랜지 부분과 조립된 것을 말한다.

문제 18. 표준형 점토벽돌로 1.5 B (공간 75 mm) 공간 쌓기를 할 경우 벽체 두께는 얼마인가?
㉮ 475 mm　　㉯ 455 mm
㉰ 375 mm　　㉱ 355 mm
해설 1.5 B 공간 쌓기 두께
　= 1.0 B + 75 mm(단열재 및 공간) + 0.5 B
　= 190 mm + 75 mm + 90 mm
　= 355 mm

문제 19. 석재의 표면가공에 관한 설명으로 옳지 않은 것은?
㉮ 혹따기는 쇠메로 쳐서 따내어 다듬는 정도로 마감한다.
㉰ 정다듬은 정으로 쪼아 평평하게 다듬은 것이다.

㉰ 잔다듬은 카보런덤을 써서 윤이 나게 다듬는다.
㉱ 도드락다듬에 사용되는 도드락 망치의 망치날의 면은 돌출된 이로 구성되어 있다.
해설 잔다듬은 도드락다듬을 한 위에 양날망치로 곱게 쪼아 표면을 더욱 평탄하고 균일하게 한 것이다.

문제 20. 다음 중 철근가공에서 표준갈고리의 구부림 각도를 135°로 할 수 있는 것은?
㉮ 기둥 주근　　㉯ 보 주근
㉰ 늑근　　　　㉱ 슬래브 주근
해설 늑근은 지름이 6 mm 이상의 철근을 사용하며 갈고리 구부림 각도를 135°로 한다.

문제 21. 다음 점토제품 중 흡수율이 가장 적은 것은?
㉮ 토기　㉯ 자기　㉰ 도기　㉱ 석기
해설 • 흡수율의 크기 : 토기(20 % 이상) > 도기(10 % 이상) > 석기(3~10 %) > 자기(0~1 %)

문제 22. 다음 중 수성 페인트에 대한 설명으로 옳지 않은 것은?
㉮ 내알칼리성이 약해 콘크리트면에 사용하기 부적합하다.
㉯ 건조가 빠르며 작업성이 좋다.
㉰ 희석제로 물을 사용하므로 공해 발생 위험이 적다.
㉱ 수성페인트의 일종으로 에멀션페인트가 있다.
해설 수성페인트는 내알칼리성, 내수성, 접착성이 크므로 실내나 실외에 모두 사용이 가능하다.

문제 23. 시멘트 혼합제인 AE제에 대한 설명으로 옳지 않은 것은?
㉮ 콘크리트 내부에 독립된 미세기포를 발생시켜 콘크리트의 워커빌리티를 개선한다.

해답 16. ㉯　17. ㉱　18. ㉱　19. ㉰　20. ㉰　21. ㉯　22. ㉮　23. ㉰

㉯ AE제를 사용한 콘크리트의 강도는 물시멘트 비가 일정할 경우 공기량 증가에 따라 압축강도가 저하된다.
㉰ AE제를 사용하면 콘크리트 내부의 물의 이동이 활발해져 블리딩이 증가한다.
㉱ 경화 죽에 건조수축을 감소시킨다.
[해설] 워커빌리티가 좋아지며 단위수량을 감소할 수 있다.

문제 24. 다음 중 화성암에 속하지 않는 석재는?
㉮ 부석 ㉯ 사암
㉰ 안산암 ㉱ 화강암
[해설] • 화성암 : 화강암, 안산암, 부석 등이 있다.

문제 25. 아스팔트의 물리적 성질 중 온도에 따른 견고성 변화의 정도를 나타내는 것은?
㉮ 침입도 ㉯ 감온성
㉰ 신도 ㉱ 비중
[해설] 온도와 아스팔트의 경도·점도와의 관계를 나타내는 것을 감온성이라 한다.

문제 26. 인조석에 사용되는 각종 안료로서 적절하지 않은 것은?
㉮ 트래버틴 ㉯ 황토
㉰ 주토 ㉱ 산화철
[해설] 트래버틴은 대리석의 일종이다.

문제 27. 점토에 톱밥이나 분탄 등의 가루를 혼합하여 소성한 것으로 절단, 못치기 등의 가공성이 우수한 것은?
㉮ 이형 벽돌 ㉯ 다공질 벽돌
㉰ 내화 벽돌 ㉱ 포도 벽돌
[해설] 다공질 벽돌은 비중이 1.5로 작고 절단 및 못치기 등이 가능하다.

문제 28. 다음 중 건축 재료의 일반적인 성질로 옳은 것은?

㉮ 탄성 – 재료에 작용하는 외력이 어느 한도에 도달하면 외력의 증감 없이 변형만이 증대하는 성질
㉯ 소성 – 물체에 외력이 작용하면 순간적으로 변형이 생기나 외력을 제거하면 순간적으로 원래의 형태로 회복되는 성질
㉰ 취성 – 작은 변형만 나타나면 파괴되는 재료의 성질
㉱ 연성 – 외력에 의해 얇게 펴지는 성질
[해설] • 취성 : 외력을 받았을 때 극히 미비한 변형을 수반하고 파괴되는 성질이다.

문제 29. 다음 중 목재의 강도에 대한 설명으로 옳지 않은 것은?
㉮ 섬유의 평행방향의 인장강도가 목재의 제강도 중 가장 크다.
㉯ 함수포화점 이상에서는 일정하다.
㉰ 비중에 비례한다.
㉱ 심재보다는 변재가 크다.
[해설] ① 심재가 변재에 비하여 강도가 크다.
② 비중이 클수록 강도가 크다.
③ 목재에 옹이, 갈래, 썩정이 등의 흠이 있으면 강도가 떨어진다.

문제 30. 다음 중 재료명과 그 주용도의 연결이 옳지 않은 것은?
㉮ 테라코타 – 구조재, 흡음재
㉯ 테라조 – 벽, 바닥면의 수장재
㉰ 시멘트 모르타르 – 외벽용 마감재
㉱ 타일 – 내, 외벽 바닥면의 수장재
[해설] 테라코타는 점토제품 중 가장 미술적인 것으로 외장의 장식용으로 사용한다.

문제 31. 다음 중 초기강도 발현이 가장 큰 시멘트는?
㉮ 보통포틀랜드 시멘트
㉯ 고로 시멘트
㉰ 중용열포틀랜드 시멘트

[해답] 24. ㉯ 25. ㉯ 26. ㉮ 27. ㉯ 28. ㉰ 29. ㉱ 30. ㉮ 31. ㉱

㉣ 알루미나 시멘트
[해설] 알루미나 시멘트는 조기 강도가 커서 재령 1일로 강도가 나타나며 수화열이 크고 수축이 적으며 내화성이 크다.

문제 32. 다음 미장바름 재료 중 수경성인 것은?
㉮ 진흙
㉯ 회반죽
㉰ 돌로마이트 플라스터
㉱ 경석고 플라스터
[해설] ① 수경성(팽창성) 미장 재료 : 석고질, 혼합석고 플라스터, 경석고·순석고 플라스터
② 기경성(수축성) 미장 재료 : 석회질, 진흙, 회반죽, 마그네시아 석회

문제 33. 다음 중 점토제품의 소성온도 측정에 쓰이는 것은?
㉮ 샤모트추   ㉯ 머플추
㉰ 호프만추   ㉱ 제게르추
[해설] • 제게르(seger)추 : 점토소성 온도 측정기로서 노 내 온도를 측정하는 기기이며 보통 590~2030℃까지 측정이 가능하다. 온도계로서의 정밀도는 낮지만, 일반적으로 많이 사용하고 있다.

문제 34. 탄소함유량이 증가함에 따라 철에 끼치는 영향으로 옳지 않은 것은?
㉮ 항복강도의 증가   ㉯ 연신율의 증가
㉰ 경도의 증가   ㉱ 용접성의 증가
[해설] 철에 탄소가 증가하면 항복강도 및 경도는 증가하고 연신율, 감면수축률, 용접성은 감소한다.

문제 35. 지하실이나 옥상의 채광용으로 사용하며 입사 광선의 방향을 바꾸거나 확산 또는 집중시킬 목적으로 만든 일종의 유리 제품은?
㉮ 폼 글라스   ㉯ 망입 유리
㉰ 복층 유리   ㉱ 프리즘 글라스

[해설] 프리즘 글래스(prism glass)는 입사 광선의 방향을 바꾸거나 확산 또는 집중시킬 목적으로 프리즘의 원리를 이용해서 만든 유리이다.

문제 36. 다음 중 흡수율이 가장 큰 석재는?
㉮ 화강암   ㉯ 대리석
㉰ 안산암   ㉱ 점판암
[해설] 안산암(1.83~3.2%) > 화강암(0.33~0.5%) > 대리석(0.09~0.12%)

문제 37. 다음 중 콘크리트의 시멘트 페이스트 속에 AE제, 알루미늄 분말 등을 첨가하여 만든 경량 콘크리트는?
㉮ 경량골재 콘크리트
㉯ 경량기포 콘크리트
㉰ 무세골재 콘크리트
㉱ 무근 콘크리트
[해설] • 경량골재 콘크리트 : 구조물의 무게를 가볍게 또는 단열성능을 높이기 위해서 사용하며 강도가 작은 것이 특징이다.

문제 38. 다음 중 시멘트에 대한 설명으로 옳지 않은 것은?
㉮ 시멘트의 분말도는 단위 중량에 대한 표면적, 즉 비표면적에 의하여 표시할 수 있다.
㉯ 분말도가 큰 시멘트일수록 수화반응이 지연되어 응결 및 강도의 증진이 작다.
㉰ 시멘트의 풍화란 시멘트가 습기를 흡수하여 경미한 수화반응을 일으켜 생성된 수산화칼슘과 공기 중의 탄산가스가 작용하여 탄산칼슘을 생성하는 작용을 말한다.
㉱ 시멘트의 안정성 측정은 오토클레이브 팽창도 시험방법으로 행한다.
[해설] 분말도가 큰 시멘트일수록 수화반응이 급격히 진행되며 응결 및 강도가 증가하고 시공연도가 빨라진다.

[해답] 32. ㉱ 33. ㉱ 34. ㉯ 35. ㉱ 36. ㉰ 37. ㉯ 38. ㉯

문제 39. 콘크리트의 배합에서 물-시멘트 비와 가장 관계 깊은 것은?
㉮ 콘크리트의 공기량
㉯ 콘크리트의 골재 품질
㉰ 콘크리트의 재령
㉱ 콘크리트의 강도
해설 물-시멘트 비(W/C)가 클수록 강도가 작아진다.

문제 40. 다음 중 골재의 입도를 구하기 위한 시험은?
㉮ 파쇄시험 ㉯ 체가름시험
㉰ 단위용적중량시험 ㉱ 슬럼프시험
해설 •체가름시험 : 골재의 입도 분포 상황을 분석하는 시험이다.

문제 41. 단독주택의 평면계획에 대한 설명 중 옳지 않은 것은?
㉮ 침실은 다른 실의 통로가 되지 않도록 한다.
㉯ 각 실의 상호관계가 깊은 것은 격리시키는 것이 좋다.
㉰ 내부 공간과 외부 공간을 합리적으로 연결시킨다.
㉱ 평면 모양은 복잡하지 않도록 하고, 대지는 충분한 여유가 있어야 한다.
해설 •평면계획의 방침 : 일조, 통풍, 소음, 조망, 도로와의 관계, 인접주택에 대한 독립성 등을 고려하여 각 실의 상호관계가 비슷한 경우 인접시키고 상반되는 경우에는 격리시킨다.

문제 42. 생활행위에 따른 동작을 가능하게 하며, 주거 공간을 구성하는 기본적인 것은?
㉮ 인체 동작 공간 ㉯ 개인 공간
㉰ 공동 공간 ㉱ 주거 집합 공간
해설 인체 동작 공간은 생활행위에 따른 동작을 가능하게 하며 주거공간을 설계하는 데 있어 중요한 기초 자료가 된다.

문제 43. 태양광선 중 자외선의 작용이 아닌 것은?
㉮ 빛(밝음)의 작용
㉯ 화학적 작용
㉰ 생물에 대한 생육 작용
㉱ 살균 작용
해설 •태양광선 중 자외선의 역할
① 생물에 대한 생육 작용
② 살균 작용
③ 화학적 작용
④ 혈압강화 작용
⑤ 공기 소독 작업

문제 44. 조적조 벽체에서 1.5 B 쌓기의 두께로 옳은 것은?
㉮ 190 mm ㉯ 220 mm
㉰ 280 mm ㉱ 290 mm
해설 표준형 벽돌 1.5 B
= 0.5 B + 1.0 B
= 0.5 B + 10 mm(시멘트 모르타르 부분) + 1.0 B
= 90 mm + 10 mm + 190 mm = 290 mm

문제 45. 대지면적에 대한 연면적의 비율을 의미하는 것은?
㉮ 건폐율 ㉯ 용적률
㉰ 건축면적 ㉱ 바닥면적
해설 ① 용적률은 대지면적에 대한 건축물의 연면적 비율이다.
② 용적률 = $\frac{연면적}{대지면적} \times 100\%$

문제 46. 건축제도에 석재의 재료 표시 기호(단면용)로 옳은 것은?

㉮ 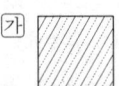 ㉯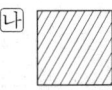

㉰ 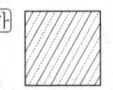 ㉱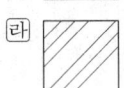

해설 ㉮ : 석재, ㉯ : 치장재, ㉰ : 블록, ㉱ : 콘크리트

해답 39. ㉱ 40. ㉯ 41. ㉯ 42. ㉮ 43. ㉮ 44. ㉱ 45. ㉯ 46. ㉮

문제 47. 묘사 도구 중 연필에 대한 설명으로 옳지 않은 것은?
㉮ 연필은 9H부터 6B까지 15종류에 F, HB를 포함하여 17단계로 구분한다.
㉯ 밝은 상태에서 어두운 상태까지 폭넓게 명암을 나타낼 수 있다.
㉰ 선명하게 보이고, 도면이 더러워지지 않는다.
㉱ 다양한 질감 표현이 가능하며, 지울 수 있는 장점이 있다.

해설 • 묘사의 도구
① 연필 : 연필은 9H부터 6B까지 15종류와 F, HB를 포함하여 17단계로 구분한다.
② 물감 : 신선한 느낌을 주며 부드럽고 밝은 특징이 있다.
③ 색연필 : 간단하며 도면을 채색하여 실제와 같은 느낌을 표현하는데 사용한다.
④ 잉크 : 농도를 정확하게 표현하며 선명하게 보이기 때문에 도면이 깨끗하다.

문제 48. 제도 용지에 대한 설명으로 옳지 않은 것은?
㉮ 제도 용지의 가로와 세로의 비는 $\sqrt{2} : 1$이다.
㉯ A0 용지의 넓이는 약 $1\,m^2$이다.
㉰ A2 용지의 크기는 A0의 $\dfrac{1}{4}$이다.
㉱ 큰 도면을 서류철용으로 접을 때에는 A3의 크기로 접는 것을 원칙으로 한다.

해설 ① 큰 도면을 서류철용으로 접을 때는 A4의 크기로 접는다.
② 도면을 접을 때에는 A4가 표준이 된다.

문제 49. 건축도면에 사용되는 글자에 대한 설명 중 옳은 것은?
㉮ 문자의 높이가 크기의 기준이다.
㉯ 글자체에 대한 규정은 없다.
㉰ 문장은 가로쓰기가 원칙이며 세로쓰기는 어떠한 경우에도 할 수 없다.
㉱ 4자리의 수는 3자리에 휴지부를 찍거나 간격을 반드시 두어야 한다.

해설 • 건축도면 문자 표기 기준
① 글자체는 고딕체로 하고 수직 또는 15°의 경사로 쓰는 것을 원칙으로 한다.
② 숫자는 아라비아 숫자를 원칙으로 한다.
③ 글자는 명백히 쓴다.
④ 문장은 왼쪽에서부터 가로쓰기를 원칙으로 한다.
⑤ 4자리 수 이상은 3자리마다 자릿점(휴지부)를 찍든지 간격을 둠을 원칙으로 한다. (단, 4자리 수 이하는 이에 따르지 않는다. 소점은 밑에 친다.)

문제 50. 증기난방의 응축수 환수방식에 의한 분류에 속하지 않는 것은?
㉮ 중력 환수식
㉯ 기계 환수식
㉰ 진공 환수식
㉱ 습식 환수식

해설 • 증기난방 응축수 환수 방식에 따른 분류
① 중력 환수식 : 응축수가 중력에 환수된다.
② 기계 환수식 : 응축수를 펌프로 보일러에 송수한다.
③ 진공 환수식 : 진공펌프로 응축수와 공기를 흡인하는 방식이다.

문제 51. LPG에 대한 설명 중 옳지 않은 것은?
㉮ 석유정제 과정에서 채취된 가스를 압축 냉각해서 액화시킨 것이다.
㉯ 주성분은 프로판, 프로필렌, 부탄 등이다.
㉰ 액화석유가스이다.
㉱ 공기보다 가볍다

해설 • LPG(액화석유가스) : 무색, 무취이므로 누설 시 눈으로 식별이 불가능하며 공기보다 무겁다.

문제 52. 다음 중 건축화 조명에 속하지 않는 것은?

해답 47. ㉰ 48. ㉱ 49. ㉮ 50. ㉱ 51. ㉱ 52. ㉱

㉮ 코브 조명
㉯ 광천장 조명
㉰ 루버 조명
㉱ 전반 확산 조명

해설 • 건축화 조명의 종류
① 천장 매설형 조명 : 부드럽고 깨끗한 조명을 얻기 위하여 유리 및 플라스틱의 확산 투과재료를 천장 전면에 재료로 사용하여 그 속에 전구나 형광램프를 사용하는 것이다.
② 루버(louver) 조명 : 천장에 루버 기구를 설치하여 광원을 매입하여 건물내장의 표면 반사에 의해 나타나는 밝은 직사광 조명이다. 광원이 보이지 않은 것이 특징이다.
③ 코브(cove) 조명 : 광원을 천장 또는 벽면에 달고, 그 직접광을 반사한다.
④ 코너(corner) 조명 : 천장과 벽면과의 경계가 되는 구석에 조명기구를 배치한다.
⑤ 광천장 조명 : 천장면을 확산투과 재료로 마감하고 그 속에 광원을 배치한다.

문제 53. 주택을 설계하여 건축할 때, 다음 중에서 가장 먼저 이루어지는 것은?
㉮ 평면 계획
㉯ 도면 작성
㉰ 동선 계획
㉱ 대지 조사

해설 • 건축물 설계 순서 : 대지 조건 파악, 요구 조건 분석 → 형태 및 규모 구상, 대안 제시 → 세부 결정, 도면 작성

문제 54. 트랩의 봉수를 보호하고 배수관 내의 흐름을 원활하게 하기 위하여 설치하는 것은?
㉮ 스위블 조인트
㉯ 팽창관
㉰ 넘침관
㉱ 통기관

해설 • 통기관 : 봉수파괴 방지가 목적이다.

문제 55. 다음의 주택 침실에 관한 설명 중 옳지 않은 것은?
㉮ 침실의 위치는 소음의 원인이 되는 도로 쪽은 피하고, 정원 등의 공지에 면하도록 하는 것이 좋다.
㉯ 침실의 크기는 사용인원 수, 침구의 종류, 가구의 종류, 통로 등의 사항에 따라 결정된다.
㉰ 부부 침실은 주택 내의 공동 공간으로서 가족 생활의 중심이 되도록 한다.
㉱ 어린이 침실은 주간에는 공부를 할 수 있고, 유희실을 겸하는 것이 좋다.

해설 ① 부부 침실 : 부부 생활의 장소가 되기 때문에 독립성을 확보하고 사적인 생활공간으로서 조용한 곳에 위치한다.
② 거실 : 주택 내의 공동 공간으로서 가족생활의 중심이 되도록 한다.

문제 56. 형태를 구성하는 요소에 대한 설명 중 옳은 것은?
㉮ 공간에 하나의 점을 둘 경우 관찰자의 시선을 집중시킨다.
㉯ 고딕건물의 고결하고 종교적인 표정은 수평선이 주는 감정표현이다.
㉰ 공간에 크기가 같은 두 개의 점이 있을 때 주의력은 하나의 점에만 작용한다.
㉱ 곡선은 약동감, 생동감 넘치는 에너지와 운동감, 속도감을 주며 사선은 우아함, 여성적인 느낌을 준다.

해설 • 형태의 구성 요소
① 고딕건물의 고결하고 종교적인 표정은 수직선이 주는 감정 표현이다.
② 공간에 크기가 같은 두 개의 점이 균등하게 배치하면 주의력이 작용한다.
③ 곡선은 우아함, 여성적인 느낌을 표현한다.

해답 53. ㉱ 54. ㉱ 55. ㉰ 56. ㉮

문제 57. 건축물 표현의 방법에 관한 설명으로 잘못된 것은?
㉮ 단선에 의한 표현방법은 종류와 굵기에 유의하여 단면선, 윤곽선, 모서리선, 표면의 조직선 등을 표현한다.
㉯ 여러 선에 의한 표현방법은 평면은 같은 간격의 선으로, 곡면은 선의 간격을 달리하여 표현한다.
㉰ 단선과 명암에 의한 표현방법은 선으로 공간을 한정시키고 명암으로 음영을 넣는 방법으로 농도에 변화를 주어 표현한다.
㉱ 명암처리만으로의 표현방법에서 면이나 입체를 한정시키고 돋보이게 하기 위하여 공간상 입체의 윤곽선을 굵은 선으로 명확히 그린다.
해설 • 묘사 방법의 종류
① 명암 처리에 의한 묘사 방법 : 명암의 상태를 면과 입체로 표현한다.
② 단선에 의한 묘사 방법 : 윤곽선을 굵은 선으로 표시하여 공간상의 입체를 강하게 표현한다.
③ 단선과 명암에 의한 묘사 방법 : 공간을 선으로 표현하며 명암으로 음양을 넣어 표현한다.

문제 58. 입면도에 표시되는 내용이 아닌 것은 어느 것인가?
㉮ 외벽의 마감재료
㉯ 처마 높이
㉰ 창문의 형태
㉱ 바닥 높이
해설 • 입면도 : 건물의 전체 높이, 처마 높이, 건물바닥 마감선, 창문의 위치를 표시한다.

문제 59. 공동주택에 관한 설명 중 옳지 않은 것은?
㉮ 토지 이용의 효율을 높일 수 있다.
㉯ 설비를 집중화하기 쉽다.
㉰ 프라이버시가 양호하며 생활의 변화에 대해 자유롭게 대응할 수 있다.
㉱ 동일면적의 단독주택에 비하여 유지 관리비를 절감할 수 있다.
해설 • 공동주택 : 프라이버시 보호가 어렵다.

문제 60. 다음 중 주택지의 단위인 인보구의 주택 호수로 가장 적당한 것은?
㉮ 20~40호
㉯ 50~100호
㉰ 200~300호
㉱ 400~500호
해설 • 인보구 : 주택 호수 15~40호, 인구 100~200명

해답 57. ㉱ 58. ㉱ 59. ㉰ 60. ㉮

□ 전산응용 건축제도 기능사 ▶ 2009. 9. 27 시행

문제 1. 벽돌구조의 내력벽 두께를 결정하는 요소와 가장 관계가 먼 것은?
㉮ 벽의 높이 ㉯ 지붕 물매
㉰ 벽의 길이 ㉱ 건축물의 층수
해설 내력벽은 벽체의 자체하중과 외력을 지지하는 벽으로서 벽의 높이, 벽의 길이, 건축물의 층수에 의해 두께가 결정된다.

문제 2. 목조구조에서 외벽의 기둥머리를 연결하고 지붕보를 받아 하중을 기둥에 전달하는 가로재는?
㉮ 층도리 ㉯ 처마도리
㉰ 대공 ㉱ ㅅ자보
해설 • 처마도리 : 깔도리 위에 지붕틀을 걸치고 지붕틀의 평보 위에 깔도리와 같은 방향으로 걸친 가로재로서 지붕보를 받아 하중을 기둥에 전달한다.

문제 3. 한식 건축에서 추녀 뿌리를 받치는 기둥의 명칭은?
㉮ 평기둥 ㉯ 누주
㉰ 활주 ㉱ 통재기둥
해설 • 활주 : 팔각형 또는 원형으로 추녀 뿌리를 받치는 가는 기둥이다.

문제 4. 다음 그림은 케이블을 이용한 구조 시스템 중 하나이다. 서해대교에서 볼 수 있는 그림과 같은 다리의 구조 형식을 무엇이라 하는가?

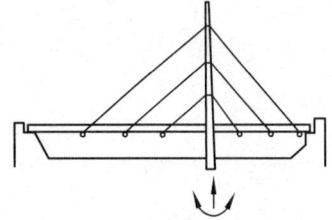

㉮ 현수교 ㉯ 사장교
㉰ 아치교 ㉱ 게르버교
해설 • 다리의 구조 형식
① 현수교 : 주탑에 케이블을 설치하여 트러스는 기중에 전달되는 하중을 상부 슬래브에 걸친 케이블로 지지하는 구조양식이다.
② 아치교 : 힘의 방향을 옆에 있는 기둥이나 벽으로 타원을 따라 압축력만 받고 인장력을 받지 않게 분산시키는 구조 형식
③ 사장교 : 현수교와 비슷하지만 슬래브를 주탑에 직접 연결한 구조이다. 즉 긴 장경간을 직선형 케이블로 경사지게 탑기둥에 연결한 것을 말한다.

문제 5. 다음과 같은 조건에서 철근콘크리트 보의 중량은?

• 보의 단면 너비 : 40 cm
• 보의 높이 : 60 cm
• 보의 길이 : 900 cm
• 철근콘크리트보의 단위 중량 : 2400 kg/m³

㉮ 5184 kg ㉯ 518.4 kg
㉰ 2592 kg ㉱ 259.2 kg
해설 중량 = 체적 × 단위용적 중량
 $= (40 \times 10^{-2}) \times (60 \times 10^{-2}) \times (900 \times 10^{-2}) \times 2400$
 $= 5184$ kg

문제 6. 철근 콘크리트 띠철근 기둥에서 종방향 철근의 순간격은 철근 공칭지름에 대하여 최소 얼마 이상으로 하는가?
㉮ 1.2배 ㉯ 1.5배 ㉰ 2.0배 ㉱ 2.5배
해설 철근의 간격은 배근된 철근의 표면과 표면의 최단거리를 말하며 주근의 공칭지름에 대하여 1.5배 이상이다.

문제 7. 다음 중 벽돌 쌓기법과 사용 벽돌의 연결이 잘못된 것은?

해답 1. ㉯ 2. ㉯ 3. ㉰ 4. ㉯ 5. ㉮ 6. ㉯ 7. ㉯

㉮ 영국식 쌓기 – 이오토막
㉯ 네덜란드식 쌓기 – 이오토막
㉰ 플레미시 쌓기 – 반반절
㉱ 미국식 쌓기 – 치장벽돌

[해설] • 네덜란드식 쌓기 : 모서리 또는 끝부분에는 칠오토막을 사용하며 한켜는 길이 쌓기로 한 다음 마구리 쌓기로 하여 마무리하는 벽돌 쌓기법이다.

[문제] 8. 목조 지붕틀에서 ㅅ자보와 중도리 맞춤 시 보강 철물은?
㉮ 띠쇠 ㉯ 안장쇠 ㉰ 꺾쇠 ㉱ 듀벨

[해설] • 보강 철물 사용 개소
① ㅅ자보와 왕대공은 평보에 빗턱통을 넣고 장부맞춤으로 하여 꺾쇠로 보강한다.
② 감잡이쇠, 꺾쇠, 띠쇠는 토대와 기둥에 사용한다.
③ 안장쇠는 큰보와 작은보에 사용한다.

[문제] 9. 절판 구조의 장점으로 가장 거리가 먼 것은?
㉮ 강성을 얻기 쉽다.
㉯ 슬래브의 두께를 얇게 할 수 있다.
㉰ 음향 성능이 우수하다.
㉱ 철근 배근이 용이하다.

[해설] 절판 구조는 절대적인 판구조로 1/2 이상이 판구조로 기둥의 간격이 좁아 넓은 실을 가질 수 없으며 공사기간이 길다.

[문제] 10. 다음 중 목구조에서 토대와 기둥의 맞춤으로 가장 알맞은 것은?
㉮ 짧은 장부 맞춤 ㉯ 빗턱 맞춤
㉰ 턱솔 맞춤 ㉱ 걸침턱 맞춤

[해설] • 짧은 장부 맞춤
① 토대와 기둥 맞춤 ② 왕대공과 평보
③ 기둥과 가로재

[문제] 11. 다음 중 건축구조의 재료에 따른 분류에 속하지 않는 것은?

㉮ 목구조 ㉯ 돌구조
㉰ 아치구조 ㉱ 강구조

[해설] 아치구조는 힘의 전달 측면에서 분류한 구조이다.

[문제] 12. 다음 중 왕대공 지붕틀에서 평보와 ㅅ자보의 맞춤으로 알맞은 것은?
㉮ 걸침턱 맞춤 ㉯ 안장 맞춤
㉰ 사개 맞춤 ㉱ 턱솔 맞춤

[문제] 13. 다음 중 건축구조에 관한 기술로 옳은 것은?
㉮ 나무구조는 친화감이 있으나 부패되기 쉽다.
㉯ 돌구조는 횡력과 진동에 강하다.
㉰ 철근콘크리트 구조는 타 구조에 비해 공사기간이 월등히 짧다.
㉱ 철골 구조는 공사비가 싸고 내화적이다.

[해설] ① 철근콘크리트 구조는 공사기간이 길다.
② 철골 구조는 내구·내진적이며 고층에 적합하나 열에 약하고 내화성이 약하다.
③ 돌 구조는 내구·내화적이나 횡력에 약하다.

[문제] 14. 철골 구조에 쓰이는 접합방법이 아닌 것은?
㉮ 고력볼트 접합 ㉯ 핀 접합
㉰ 듀벨 접합 ㉱ 용접 접합

[해설] • 접합법의 종류
① 리벳 접합 : 800~1000℃ 정도로 가열한 리벳을 박고 리베터로 머리를 만든다.
② 볼트 접합 : 볼트 구멍 지름은 볼트 지름보다 0.5 mm 이내 한도에서 뚫는다.
③ 고장력 접합 : 볼트를 강하게 죄어 볼트에 강한 인장력이 생기게 한 것이다.
④ 교절(핀) 접합 : 교절 접합은 핀으로 부재를 연결한 것이다.
⑤ 용접 접합 : 접합부의 연속성, 강성을 얻을 수 있으며 소음의 발생도 없다.

[해답] 8. ㉰ 9. ㉱ 10. ㉮ 11. ㉰ 12. ㉯ 13. ㉮ 14. ㉰

문제 15. 창의 하부에 건너 댄 돌로 빗물을 처리하고 장식적으로 사용되는 것으로 윗면·밑면에 물끊기·물돌림 등을 두어 빗물의 침입을 막고, 물흐름이 잘 되게 하는 것은?
㉮ 인방돌 ㉯ 창대돌 ㉰ 쌤돌 ㉱ 돌림띠

해설 ① 창대돌(window sill stone) : 빗물이 벽면에 흘러내림을 막기 위한 하나의 방수돌을 의미한다.
② 인방돌(lintel stone) : 석구조에서 창문 등의 개구부 위에 걸쳐대어 상부에서 오는 하중을 받는 수평 부재이다.
③ 쌤돌(jamb stone) : 창문의 벽두께 면에 사용한다.

문제 16. 블록의 빈 속에 철근과 콘크리트를 부어 넣은 것으로, 수직하중·수평하중에 견딜 수 있는 가장 이상적인 블록구조는?
㉮ 보강 블록조 ㉯ 거푸집 블록조
㉰ 조적식 블록조 ㉱ 블록 장막벽

해설 ① 보강 블록조 : 수직하중·수평하중에 안전하게 견딜 수 있는 가장 이상적인 블록구조이다.
② 거푸집 블록조 : ㄱ, ㄴ, ㄷ, ㄹ, ㅁ자형 등의 살두께가 얇고 속이 없는 블록으로 쌓는 조적조이다.
③ 조적식 블록조 : 1, 2층 정도의 소규모 건물에 사용한다.
④ 블록 장막벽 : 철근콘크리트, 철골조 구조에 단순히 칸막이벽을 쌓는 것이다.

문제 17. 아치 벽돌을 특별히 주문 제작하여 만든 아치는?
㉮ 층두리 아치 ㉯ 거친 아치
㉰ 막만든 아치 ㉱ 본아치

해설 • 아치 시공 방법에 따른 분류
① 본아치 : 공장에서 사다리꼴 모양의 아치벽돌을 특별히 주문 제작하여 줄눈의 너비를 일정하게 아치벽돌로 쌓은 것

② 층두리 아치 : 아치 너비가 넓을 때 층을 지어 겹쳐 쌓는 것
③ 거친 아치 : 보통벽돌을 사용하여 줄눈을 쐐기 모양으로 한 것
④ 막만든 아치 : 보통벽돌을 아치벽돌 모양으로 만들어서 줄눈의 너비를 일정하게 만든 것

문제 18. 다음 중 계단의 모양에 따른 분류에 속하지 않는 것은?
㉮ 곧은 계단 ㉯ 돌음 계단
㉰ 꺾인 계단 ㉱ 옆판 계단

해설 • 계단의 종류 : 곧은 계단, 돌음 계단, 꺾인 계단, 나선 계단

문제 19. 바닥 슬래브 전체가 기초판 역할을 하는 것은?
㉮ 매트기초 ㉯ 복합기초
㉰ 독립기초 ㉱ 줄기초

해설 • 기초의 종류
① 매트기초 : 건축물이나 구조물의 평면 전체가 건물 전체에 걸쳐 있는 기초판 역할을 한다.
② 복합기초 : 편심하중이 발생하였을 경우 사용한다.
③ 독립기초 : 하나의 기초판에 하나의 기둥을 지지하는 것이다.
④ 줄기초 : 벽체 하부에 연속해서 이어져 있는 기초이다.

문제 20. 다음 중 플레이트 보와 가장 관계가 적은 것은?
㉮ 커버 플레이트 ㉯ 웨브 플레이트
㉰ 스티프너 ㉱ 거싯 플레이트

해설 • 플레이트 보
① L형강과 강판을 리벳 접합이나 용접으로 하여 I형 모양으로 조립한 것이다.
② 스티프너 : 웨브 플레이트의 좌굴을 방지하기 위해 설치한다.
③ 웨브 플레이트 : 전단력에 따라 단면이 결정되며 두께는 6 mm 이상으로 한다.

해답 15. ㉯ 16. ㉮ 17. ㉱ 18. ㉱ 19. ㉮ 20. ㉱

문제 21. 다음 중 점토제품이 아닌 것은?
- ㉮ 테라조
- ㉯ 자기질 타일
- ㉰ 테라코타
- ㉱ 위생도기

[해설] • 점토제품 : 벽돌, 기와, 타일, 테라코타, 토관 및 도관, 위생도기

문제 22. 다음 중 강당, 집회장 등의 음향 조절용으로 쓰이거나 일반건물의 벽 수장재로 사용하여 음향 효과를 거둘 수 있는 목재제품은?
- ㉮ 플로링 블록
- ㉯ 코펜하겐 리브
- ㉰ 플로링 보드
- ㉱ 파키트 패널

[해설] • 코펜하겐 리브 : 두께 5 cm, 너비 10 cm 정도의 판에 표면을 자유곡면으로 깎아 수직 평행선이 되게 리브(rib)를 만든 것이다.

문제 23. 금속의 부식작용에 대한 설명으로 옳지 않은 것은?
- ㉮ 동판과 철판을 같이 사용하면 부식방지에 효과적이다.
- ㉯ 산성인 흙 속에서는 대부분의 금속재가 부식된다.
- ㉰ 습기 및 수중에 탄산가스가 존재하면 부식작용은 한층 촉진된다.
- ㉱ 철판의 자른 부분 및 구멍을 뚫은 주위는 다른 부분보다 빨리 부식된다.

[해설] 다른 종류의 금속을 서로 잇대어 쓰지 않는다.

문제 24. 보통 재료에서는 축방향에 하중을 가할 경우 그 방향과 수직인 횡방향에도 변형이 생기는데, 횡방향 전형도와 축방향 변형도의 비를 무엇이라고 하는가?
- ㉮ 탄성계수비
- ㉯ 경도비
- ㉰ 푸아송비
- ㉱ 강성비

[해설] • 푸아송비(Poisson's ratio) : 횡방향 전형도와 축방향 변형도의 비를 말한다.

문제 25. 다음 중 건축의 발전 방향으로 옳지 않은 것은?
- ㉮ 수작업 → 기계화
- ㉯ 공장시공 → 현장시공
- ㉰ 비표준화 → 표준화
- ㉱ 단일 기능의 건축물 → 고층화 다기능성 건축물

[해설] • 건축재료의 발전 방향
① 의장 및 품질의 표준화
② 건물의 고층화, 대형화에 따른 고성능화
③ 건축 수요 증가와 노동력 부족 및 비용 상승에 따른 생산성 향상 및 합리화
④ 건축의 생산 및 작업의 공업화(프리패브화), 기계화
⑤ 습식 공법에서 건식 공법화로 발전
⑥ 친환경적 재료, 국제화

문제 26. 다음 중 방수공사용 아스팔트의 품질을 판별하는 기준과 가장 거리가 먼 것은?
- ㉮ 연화점
- ㉯ 마모도
- ㉰ 침입도
- ㉱ 가열 안정성

[해설] 아스팔트는 KS F 4502 시험을 합격한 제품을 사용해야 하며 시험 기준은 연화점, 침입도, 가열안정성, 인화점, 침입도지수 등이 있다.

문제 27. 석고 보드에 대한 설명으로 옳지 않은 것은?
- ㉮ 단열성이 높다.
- ㉯ 흡수로 인한 강도의 변화가 거의 없다.
- ㉰ 시공이 용이하고 표면 가공이 다양하다.
- ㉱ 부식이 안되고 충해를 받지 않는다.

[해설] 석고 보드는 방부성, 방화성이 크고 팽창, 수축의 변형이 적으며, 열전도율이 작고 난연성이 있는 반면 내수성, 취급성, 보관성의 단점이 있다.

문제 28. 화강암에 대한 설명 중 옳지 않은 것은?

㉮ 심성암에 속하고 주성분은 석영, 장석, 운모, 각섬석 등으로 형성되어 있다.
㉯ 질이 단단하고 내구성 및 강도가 크다.
㉰ 고열을 받는 곳에 적당하며 석영이 많은 것이 가공이 쉽다.
㉱ 용도로는 외장, 내장, 구조재, 도로포장 재, 콘크리트 골재 등에 사용된다.
[해설] • 화강암의 성질
① 내화도가 낮아서 고열을 받는 곳에는 적당하지 않다.
② 세밀한 조각이 필요한 곳에는 가공이 불편하여 적당하지 않다.
③ 건축 토목의 구조재, 내·외장재로 많이 사용된다.
④ 바탕색과 반점이 아름답다.

[문제] 29. 건축물의 내외벽이나 바닥, 천장 등에 흙손이나 스프레이건 등을 이용하여 일정한 두께로 발라 마무리하는 데에 사용되는 재료는?
㉮ 접착제   ㉯ 미장재료
㉰ 도장재료   ㉱ 금속재료
[해설] • 미장재료 : 건축물의 바닥, 내·외벽, 천장 등에 적당한 두께로 발라 마무리하는 재료를 말한다.

[문제] 30. 다음 중 굳지 않은 콘크리트가 구비해야 할 조건이 아닌 것은?
㉮ 워커빌리티가 좋을 것
㉯ 시공 시 및 그 전후에 있어서 재료분리가 클 것
㉰ 거푸집에 부어 넣은 후, 균열 등 유해한 현상이 발생하지 않을 것
㉱ 각 시공 단계에 있어서 작업을 용이하게 할 수 있을 것
[해설] 워커빌리티가 좋고 시공 시 및 그 전후에 있어서 재료분리가 되지 않고 내구성이 좋으며 기타 성질이 향상된 것으로 한다.

[문제] 31. 시멘트 제품의 양생방법 중 가장 이상적인 것은?
㉮ 통풍을 막고 직사광선을 피하여 건조시킨다.
㉯ 가열을 해서 속히 건조시킨다.
㉰ 영하의 저온환경에서 건조시킨다.
㉱ 적당한 온도와 습도를 위해서 수중양생을 한다.
[해설] 수축균열을 방지하기 위하여 적당한 온도와 습도를 공급하는 수중양생이 가장 이상적이다.

[문제] 32. 한중 또는 수중, 긴급공사를 시공할 때 가장 적합한 시멘트는?
㉮ 보통포틀랜드 시멘트
㉯ 중용열포틀랜드 시멘트
㉰ 백색포틀랜드 시멘트
㉱ 조강포틀랜드 시멘트
[해설] • 조강포틀랜드 시멘트
① 보통포틀랜드 시멘트에 비하여 경화가 빠르고 조기강도가 크다.
② 공기를 단축할 수 있고, 한중 콘크리트와 수중 콘크리트를 시공하기에 적합하다.

[문제] 33. 어느 목재의 중량을 달았더니 50 g이었다. 이것을 건조로에서 완전히 건조시킨 후 달았더니 중량이 35 g이었을 때 이 목재의 함수율은?
㉮ 약 25 %   ㉯ 약 33 %
㉰ 약 43 %   ㉱ 약 50 %
[해설] 함수율
$= \dfrac{\text{목재에 포함되어 있는 수분}}{\text{전건재의 중량}} \times 100\%$
$= \dfrac{50-35}{35} \times 100\% = 42.85\%$

[문제] 34. 토기에 대한 설명으로 옳지 않은 것은?
㉮ 기와, 벽돌, 토관 등의 건축재료로 사용된다.

⨯ 소성온도는 790~1000℃ 정도이다.
⨯ 흡수성이 크고 강도가 약하다.
⨯ 양질의 도토를 원료로 한다.

[해설] • 토기의 특징
① 불투명한 회색 또는 적갈색이다.
② 흡수성이 크고 깨지기 쉽다.
③ 전답토를 원료로 한다.

문제 35. 시멘트를 재료로 사용하는 시멘트 제품으로 볼 수 없는 것은?
㉮ 석면 슬레이트　　㉯ 테라코타
㉰ 후형 슬레이트　　㉱ 듀리졸

[해설] 테라코타는 점토 제품 중 가장 미술적인 것으로 색에 있어서도 석재보다 자유롭다.

문제 36. 다음 중 유성페인트와 직접 관계가 없는 것은?
㉮ 보일유　　　　　㉯ 테레빈유
㉰ 카세인　　　　　㉱ 안료

[해설] ① 유성페인트=보일유+안료+건조제
　　　　　　　　　+용제(테레빈유, 벤젠)
② 카세인은 수성페인트의 첨가제이다.

문제 37. 복층 유리(pair glass)의 주된 사용 목적은?
㉮ 건물의 경량화
㉯ 광선의 투과를 차단
㉰ 유리의 착색
㉱ 단열 및 방음

[해설] • 복층 유리
① 사용 용도 : 방음 및 단열효과가 크고, 결로방지용으로서도 우수하다.
② 2장 혹은 3장의 판유리를 일정 간격으로 띄어 금속테로 기밀하게 하여, 유리 사이의 내부를 진공으로 하거나 특수한 기체를 넣은 것이다.

문제 38. 다음 중 회반죽 바름이 공기 중에서 경화되는 과정을 가장 옳게 설명한 것은?

㉮ 물이 증발하여 굳어진다.
㉯ 물과의 화학적인 반응을 거쳐 굳어진다.
㉰ 공기 중 산소와의 화학작용을 통해 굳어진다.
㉱ 공기 중 탄산가스와의 화학작용을 통해 굳어진다.

[해설] ① 소석회는 공기 중의 탄산가스와 반응하여 탄산석회가 생성된다.
$Ca(OH)_2 + CO_2 \rightarrow CaCO_3$(탄산석회)
② 생석회에 물을 가하면 소석회가 생성된다.

문제 39. 미장재료의 구성재료 중 그 자신이 물리적 또는 화학적으로 고체화하여 미장바름의 주체가 되는 재료는?
㉮ 골재　㉯ 혼화재　㉰ 보강재　㉱ 결합재

[해설] 미장재료는 경화에 따라 분류하는데 그 자신이 물리적 또는 화학적으로 고체화하여 미장바름의 주체가 되는 재료이며 시멘트, 점토, 석회 등이 있다.

문제 40. 콘크리트 배합설계의 기준이 되는 골재의 함수상태는?
㉮ 절건상태
㉯ 기건상태
㉰ 표면건조 내부포수상태
㉱ 습윤상태

[해설] • 골재의 표면건조 내부포수상태 : 골재 입자의 표면은 수분이 없어 건조하고, 내부는 물로 가득 차 있는 상태로서 배합설계 시 기준이 되며 배합설계의 강도에 많은 영향을 준다.

문제 41. 공동주택의 종류가 아닌 것은?
㉮ 아파트　　　　㉯ 연립주택
㉰ 다세대주택　　㉱ 다가구주택

[해설] • 공동주택 : 아파트, 연립주택, 다세대주택, 기숙사

문제 42. 조적조 벽체를 제도하는 순서가 바른 것은?

[해답] 35. ㉯　36. ㉰　37. ㉱　38. ㉱　39. ㉱　40. ㉰　41. ㉱　42. ㉰

① 축적과 구도 정하기
② 지반선과 벽체 중심선 긋기
③ 치수와 명칭을 기입하기
④ 벽체와 연결부분 그리기
⑤ 재료 표시
⑥ 치수선과 인출선 긋기

㉮ ①-②-③-④-⑤-⑥
㉯ ①-②-④-⑥-⑤-③
㉰ ①-②-④-⑤-⑥-③
㉱ ①-⑥-②-③-④-⑤

해설 • 조적구조 벽체 그리기
① 제도용지에 테두리선을 긋고, 축척에 알맞게 구도를 잡는다.
② 지반선과 벽체의 중심선을 작도한다.
③ 기초의 깊이와 벽체의 너비를 정한다.
④ 벽체와 연결된 바닥이나 마루, 처마 등의 위치를 정한다.
⑤ 단면선과 입면선을 구분하여 그림을 그린다.
⑥ 각 부분에 재료 표시를 한다.
⑦ 치수선과 인출선을 긋고, 치수와 명칭을 기입한다.

문제 43. 다음 중 동선의 3요소에 포함되지 않는 것은?
㉮ 길이 ㉯ 교차 ㉰ 빈도 ㉱ 하중

해설 • 동선의 3요소
① 길이 : 최단거리로 한다.
② 빈도 : 빈도가 높은 곳은 동선을 짧게 한다.
③ 하중

문제 44. 가스계량기는 전기개폐기로부터 최소 얼마 이상 떨어져 설치하여야 하는가?
㉮ 20 cm ㉯ 30 cm ㉰ 45 cm ㉱ 60 cm

해설 ① 가스설비는 인입전기 설비와는 60 cm 이상의 거리를 유지한다.
② 차량이 많은 간선도로에서는 1.2 m 이상 유지한다.

문제 45. 직경 13 mm의 이형철근을 200 mm 간격으로 배치할 때 도면표시 방법으로 옳은 것은?
㉮ D3 #200 ㉯ D13 @200
㉰ φ13 #200 ㉱ φ13 @200

해설 ① 원형철근 직경 : φ
② 이형철근 직경 : D
③ 간격 : @

문제 46. 일조를 고려할 경우 우리나라의 기후 환경상 가장 유리한 건축물 방위는?
㉮ 동향 ㉯ 서향 ㉰ 남향 ㉱ 북향

해설 남쪽은 계절과 관계없이 평균 8시간의 일조시간을 가지므로 건물배치에 유리하다.

문제 47. 주택에서 옥내배선도에 기입하여야 할 사항과 가장 관계가 먼 것은?
㉮ 전등의 위치
㉯ 가구의 배치표시
㉰ 콘센트의 위치 및 종류
㉱ 배선의 상향, 하향의 표시

해설 • 주택의 옥내배선도 기입 사항
① 전등의 위치
② 스위치, 콘센트의 위치 및 종류
③ 배선의 상승, 인하, 소통의 표시

문제 48. 다음 중 오염 가능성이 가장 적은 급수 방식은?
㉮ 수도 직결 방식
㉯ 고가 탱크 방식
㉰ 압력 탱크 방식
㉱ 탱크가 없는 부스터 방식

해설 • 수도 직결 방식 : 오염가능성이 적으며 1, 2층의 낮은 건축물이나 소규모 건축물에 주로 이용한다.

문제 49. 투시도에 관한 설명 중 틀린 것은?
㉮ 투시도에 있어서 투사선은 관측자의 시선으로서, 화면을 통과하여 시점에 모이게 된다.

해답 43. ㉯ 44. ㉱ 45. ㉯ 46. ㉰ 47. ㉯ 48. ㉮ 49. ㉯

㉯ 투사선이 한 점으로 모이기 때문에 물체의 크기는 화면 가까이 있는 것보다 먼 곳에 있는 것이 커 보인다.
㉰ 투시도에서 수평면은 시점높이와 같은 평면 위에 있다.
㉱ 화면에 평행하지 않은 평행선들은 소점으로 모인다.
[해설] 건물의 크기를 인식하면서 그리며 거리상 먼 곳에 있는 것이 작아 보인다.

[문제] 50. 건축물을 묘사함에 있어서 선의 간격에 변화를 주어 면과 입체를 표현하는 묘사 방법은?
㉮ 단선에 의한 묘사 방법
㉯ 여러 선에 의한 묘사 방법
㉰ 단선과 명암에 의한 묘사 방법
㉱ 명암 처리에 의한 묘사 방법
[해설] ① 여러 선에 의한 묘사 방법 : 선의 간격에 변화를 주어 면과 입체를 표현
② 명암 처리에 의한 묘사 방법 : 명암의 상태로 면과 입체를 표현
③ 단선에 의한 묘사 방법 : 윤곽선을 굵은 선으로 표시하여 공간상의 입체를 강하게 표현하는 방법
④ 단선과 명암에 의한 묘사 방법 : 공간을 선으로 표현하며 명암으로 음양을 넣어 표현

[문제] 51. 공동주택의 단위 주거의 단면 형식에 의한 분류에서 1개의 단위주거가 복층 형식을 취하는 것은?
㉮ 플랫형 ㉯ 메조넷형
㉰ 계단실형 ㉱ 탑상형
[해설] • 공동주택의 단위주거의 단면 형식
① 플랫(flat)형 : 단위 주거가 1층만으로 되어 있는 것으로 공동주택의 가장 대표적인 형식이다.
② 스킵 플로어(skip floor)형 : 한층 또는 두 층을 걸러 복도를 설치하거나 복도 없이 계단실에서 단위 주거에 도달하는 형식이다.
③ 메조넷(maisonette, 복층)형 : 1개의 단위 주거가 2개 층에 걸쳐 있는 경우를 말한다.

[문제] 52. 다음의 증기난방에 대한 설명 중 옳지 않은 것은?
㉮ 한랭지에 있어서 난방운전을 멈추었을 때의 동결에 의한 파손의 위험이 적다.
㉯ 증기의 유량 제어가 어려우므로 실온 조절이 곤란하다.
㉰ 스팀 해머가 발생할 수 있다.
㉱ 예열시간이 길어 간헐운전에 부적합하다.
[해설] • 증기난방의 특징
① 방열면적을 온수난방보다 작게 할 수 있다.
② 설비비와 유지비가 저렴하다.
③ 증기순환이 빠르다.
④ 온도조절이 온수난방에 비해 어렵다.

[문제] 53. T자 위치에 놓인 삼각자를 사용하여 선을 그을 때, 작도방향이 잘못된 것은?

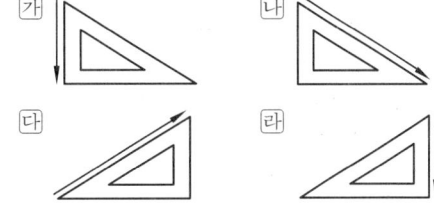

[해설] ㉮는 밑에서 위로 긋는다.

[문제] 54. 다음 중 황금비로 옳은 것은?
㉮ $1 : \sqrt{2}$ ㉯ $1 : 1.618$
㉰ $1 : 2$ ㉱ $1 : \sqrt{3}$
[해설] ① 하나의 선을 둘로 나누었을 때 길이 비를 말한 것이다.
② 전체 길이 : 긴 길이=긴 길이 : 작은 길이
③ 황금비=$1 : 1.618$

[문제] 55. 부엌 작업대의 높이로 가장 적당한 것은?
㉮ 45 cm ㉯ 65 cm ㉰ 85 cm ㉱ 105 cm
[해설] • 작업대의 높이 : 82~86 cm가 적당하다.

[해답] 50. ㉯ 51. ㉯ 52. ㉱ 53. ㉮ 54. ㉯ 55. ㉰

문제 56. 다음 중 사용되는 선의 종류가 실선이 아닌 것은?
㉮ 치수선 ㉯ 치수보조선
㉰ 단면선 ㉱ 경계선
[해설] 경계선은 일점쇄선을 사용한다.

문제 57. KS에서 규정한 제도 용지의 세로와 가로의 길이의 비는 얼마인가?
㉮ 1 : 1 ㉯ 1 : √2
㉰ 1 : 2 ㉱ 1 : 3
[해설] A4 = 210 × 297
∴ 210 : 297 = 1.414 : 1($\sqrt{2}$)

문제 58. 주택단지 계획에서 근린 주구에 해당되는 주택 호수로 알맞은 것은?
㉮ 10~20호 ㉯ 400~500호
㉰ 1600~2000호 ㉱ 6000~12000호
[해설] • 근린 주구의 주택 단위 구성 단위
① 인보구
  ㉮ 주택 호수 15~40호
  ㉯ 인구 100~200명
② 근린 분구
  ㉮ 주택 호수 400~500호
  ㉯ 인구 2000명
③ 근린 주구
  ㉮ 주택 호수 1600~2000호
  ㉯ 인구 8000~10000명

문제 59. 거실의 평면 계획에 대한 설명 중 옳은 것은?

㉮ 거실은 현관, 식당, 화장실, 부엌의 위치와 멀수록 좋다.
㉯ 주부활동의 장소를 될 수 있는 대로 거실과 멀어지게 한다.
㉰ 거실의 전체적인 형태는 정방향보다는 장방향이 공간 활용의 융통성이 크다.
㉱ 거실은 가족의 단란을 위해 평면계획상 통로나 홀로 사용될 수 있도록 하는 것이 좋다.
[해설] 거실의 전체적인 형태는 정방향(정사각형)보다는 장방향(직사각형)이 가구의 배치나 활용면에서 유리하다.

문제 60. 건축 공간에 대한 설명 중 옳지 않은 것은?
㉮ 건축 공간을 계획할 때 시각뿐만 아니라 그 밖의 감각분야까지도 충분히 고려하여 계획한다.
㉯ 일반적으로 건축물이 많이 있을 때 건축물에 의해 둘러싸인 공간 전체를 내부공간이라고 한다.
㉰ 인간은 건축 공간을 조형적으로 인식한다.
㉱ 외부 공간은 자연 발생적인 것이 아니라 인간에 의해 의도적, 인공적으로 만들어진 외부의 환경을 말한다.
[해설] 일반적으로 건축물이 많이 있을 때, 건축물에 의해 둘러싸인 공간 전체를 건축공간이라 한다. 즉 건축공간은 인간 생활의 질을 높여준다.

2010년도 시행문제

□ 전산응용 건축제도 기능사 ▶ 2010. 1. 31 시행

문제 1. 철근콘크리트 단순보의 철근에 관한 설명 중 옳지 않은 것은?
㉮ 인장력에 저항하는 재축방향의 철근을 보의 주근이라 한다.
㉯ 중요한 보로서 압축측에도 철근을 배근하 것을 단근보라 한다.
㉰ 전단력을 보강하여 보의 주근 주위에 둘러감은 철근을 늑근이라 한다.
㉱ 늑근은 단부에서는 촘촘하게 중앙부에서는 성기게 배치하는 것이 원칙이다.
해설 • 주근의 배근 형태에 따른 분류
① 단근보 : 보의 주근을 인장측에만 배근한 것을 말한다.
② 복근보 : 보의 주근을 인장측 및 압축측에 철근을 배근한다.

문제 2. 휨모멘트나 전단력을 견디게 하기 위해 사용되는 것으로 보의 단부의 단면을 중앙부의 단면보다 크게 한 부분은?
㉮ 헌치   ㉯ 슬래브
㉰ 래티스 ㉱ 지중보
해설 • 헌치(haunch) : 단부의 단면을 증가한 부분으로서 헌치의 폭은 안목길이의 $\frac{1}{10} \sim \frac{1}{12}$ 정도이며 헌치의 춤은 헌치폭의 $\frac{1}{3}$ 정도이다.

문제 3. 철골 구조에 대한 설명으로 옳지 않은 것은?
㉮ 구조체의 자중이 내력에 비해 작다.
㉯ 강재는 인성이 커서 상당한 변위에도 견디어 낼 수 있다.
㉰ 열에 강하고 고온에서 강도가 증가한다.
㉱ 단면에 비해 부재가 세장하므로 좌굴하기 쉽다.

해설 • 철골구조의 특징
① 단점 : 열에 약하여 고온에서는 강도가 저하되고 변형되기 쉽다.
② 장점
㈎ 강재는 다른 재료에 비해 재질이 균일하므로 신뢰성이 있다.
㈏ 철근 콘크리트 구조보다 건물의 무게를 가볍게 할 수 있다.
㈐ 큰 간사이의 구조물이나 고층 구조물에 적합하다.
㈑ 인성이 커서 상당한 변위에 대하여서도 견디어 낸다.

문제 4. 철근콘크리트구조에 사용되는 철근에 관한 설명 중 옳지 않은 것은?
㉮ 인장력이 약한 부분에 철근을 배근한다.
㉯ 철근의 합산한 총 단면적이 같을 때 가는 철근을 사용하는 것이 부착력 향상에 좋다.
㉰ 철근과 콘크리트의 부착강도는 콘크리트의 강도로만 결정된다.
㉱ 철근의 이음은 인장력이 작은 곳에서 한다.
해설 • 철근콘크리트 부착강도
① 철근의 단면적이 같은 경우 굵은 철근을 적게 넣은 것보다 가는 철근의 개수를 많이 넣는 편이 부착강도가 크다.
② 철근 표면의 마디와 리브가 클수록 부착강도가 크다.

문제 5. 재질이 가볍고 투명성이 좋아 채광을 필요로 하는 대공간 지붕 구조로 가장 적합한 것은?
㉮ 막구조   ㉯ 셸구조
㉰ 절판구조   ㉱ 케이블구조

해답 1. ㉯ 2. ㉮ 3. ㉰ 4. ㉰ 5. ㉮

[해설] • 막구조의 특징
  ① 자연경관과 잘 조화되어 국립공원 내의 공연장이나 휴게소 등에서 사용된다.
  ② 넓은 공간의 지붕 구조체로서 효율성이 뛰어나다.
  ③ 자연 친화성, 구조미, 채광, 공사기간 등에서 유리하다.

[문제] 6. 부재에 하중이 작용하면 각 부재의 내부에는 외력에 저항하는 힘인 응력이 생기는데, 다음 중 부재를 직각으로 자를 때에 생기는 것은?
  ㉮ 인장응력   ㉯ 압축응력
  ㉰ 전단응력   ㉱ 휨모멘트

[해설] • 응력 및 변형률
  ① 전단응력(shear stress) : 부재의 내부에 외력에 저항하는 힘인 응력이 생기며 부재를 직각으로 자를 때 전단면에 평행하게 전단응력이 작용한다.
  ② 외력의 작용방법에 따른 분류
    ㈎ 압축응력
    ㈏ 인장응력
    ㈐ 전단응력
    ㈑ 휨응력
  ③ 변형률 : 외력 작용 시 단위길이에 대한 변형률이다.

[문제] 7. 자중도 지지하기 어려운 평면체를 아코디언과 같이 주름을 잡아 지지하중을 증가시킨 구조형태는?
  ㉮ 절판구조   ㉯ 셸구조
  ㉰ 돔구조   ㉱ 입체트러스

[해설] • 특수구조(입체구조)의 특징
  ① 절판구조 : 수평형태의 슬래브는 수직하중에 의한 휨력에 약하고, 수직형태의 슬래브는 수평하중에 의한 횡력에 약하므로 이 두 구조의 장점만 합친 구조이다.
  ② 셸구조 : 구조체가 가볍고 큰 힘을 받을 수 있어 넓은 공간을 필요로 할 때에 이용한다.
  ③ 입체트러스 구조 : 평면트러스보다 큰 하중을 지지할 수 있다.

[문제] 8. 반원 아치의 중앙에 들어가는 돌의 이름은?
  ㉮ 쌤돌   ㉯ 고막이돌
  ㉰ 두겁돌   ㉱ 이맛돌

[해설] • 아치 이맛돌(key stone) : 반원 아치의 중앙부분에 끼는 돌이다.

[문제] 9. 철근콘크리트 구조의 형식 중 층고 문제를 해결하기 위해 주상복합이나 지하 주차장 등에 사용하는 것은?
  ㉮ 벨트트러스 구조
  ㉯ 다이아그리드 구조
  ㉰ 막구조
  ㉱ 플랫슬래브 구조

[해설] • 플랫슬래브 구조(mushroom construction) : 층고 및 실내공간을 크게 하기 위하여 보를 설치하지 않고 철근 콘크리트 슬래브에 보를 겸한 형식으로 보(beam)가 없으며 기둥과 슬래브(slab)로 구성되며 창고, 공장 등에 많이 사용된다.

[문제] 10. 다음 중 고력볼트의 접합 원리에 해당하는 것은?
  ㉮ 휨모멘트   ㉯ 압축력
  ㉰ 전단력   ㉱ 마찰력

[해설] 접촉면 저항, 즉 마찰력으로 힘이 전달되는 접합 원리이다.

[문제] 11. 다음 중 철근콘크리트구조에서 거푸집이 갖추어야 할 조건으로 가장 거리가 먼 것은?
  ㉮ 콘크리트를 부어 넣었을 때 변형되거나 파괴되지 않을 것
  ㉯ 반복 사용할 수 없을 것
  ㉰ 운반과 가공이 쉬울 것
  ㉱ 시멘트 페이스트가 누출되지 않을 것

[해설] • 거푸집 시공 주의사항
  ① 형상 치수가 정확하고 콘크리트를 부어 넣었을 때 변형되거나 파괴되지 않게 한다.

[해답] 6. ㉰ 7. ㉮ 8. ㉱ 9. ㉱ 10. ㉱ 11. ㉯

② 외력에 안전하게 견딜 수 있게 한다.
③ 반복 사용되도록 하여 거푸집 자재가 절약될 수 있게 한다.
④ 쪽매가 수밀하게 되어 시멘트 페이스트가 누출되지 않도록 한다.

문제 12. 블록구조에 대한 설명 중 옳지 않은 것은?

㉮ 블록 장막벽은 라멘 구조에서 내부 칸막이로 사용하는 비내력벽 구조이다.
㉯ 창쌤용 블록은 창문틀의 하부에 설치하며 물끊기홈이 설치되어 있다.
㉰ 보강블록조는 블록의 빈 속에 철근과 콘크리트를 부어넣어 보강한 것이다.
㉱ 창대용 블록은 문틀이 맞추어지고 물흘림·물끊기가 달린 것이다.

[해설] ① 특수용 블록: 물흘림, 물끊기가 달린 것이며 문틀이 특수용 블록에 맞추어진다.
② 창쌤용 블록: 문틀 옆에 잘 맞게 된 블록이다.

문제 13. 조적 구조에 대한 설명으로 옳지 않은 것은?

㉮ 수평력에 약하다.
㉯ 내력벽의 두께는 바로 위층의 내력벽 두께 이상이어야 한다.
㉰ 인방보는 출입구 하단에 설치하는 문틀의 일부이다.
㉱ 내력벽 상단에 테두리보를 설치하는 것이 유리하다.

[해설] • 인방보(lintel): 창, 문꼴 위에 가로질러 설치하며 상부의 하중을 좌우 벽체로 분산시켜 전달하는 보이다.

문제 14. 목구조의 특징에 관한 설명 중 옳지 않은 것은?

㉮ 부재의 함수율에 따른 변형이 크다.
㉯ 부패 및 충해가 크다.
㉰ 열전도율이 크다.
㉱ 고층건물에 부적당하다.

[해설] • 목구조의 특징
① 열전도율이 작다.
② 목재는 종류가 많고 가공 시 쉽다.
③ 무게가 가벼우며 강도가 크다.
④ 조적식 구조에 비하여 지진, 횡력에 강하게 할 수 있다.

문제 15. 인접건물의 화재에 의해 연소되지 않도록 하는 구조는?

㉮ 흡음벽   ㉯ 보온벽
㉰ 방습벽   ㉱ 방화벽

[해설] • 방화벽: 화재가 발생 시 화재확산을 방지하는 것을 목적으로 하는 벽이다.

문제 16. 재료가 인장되거나 압축될 때, 세로 변형도와 가로 변형도와의 관계를 무엇이라 하는가?

㉮ 푸아송 비   ㉯ 영계수
㉰ 응력도   ㉱ 탄성계수

[해설] • 푸아송 비: 재료가 인장력 및 압축력에 작용에 의해 세로방향 변형도와 가로방향 변형도 사이의 비율를 말한다.

문제 17. 다음 중 기둥과 보가 없이 평면적인 구조체만으로 구성된 구조시스템은?

㉮ 막구조   ㉯ 셸구조
㉰ 벽식구조   ㉱ 현수구조

[해설] ① 벽식구조: 벽체나 바닥판을 평면적인 구조체만으로 구성한 구조물(보나 기둥 없이 판으로 바닥 슬래브와 벽으로 연결)이다.
② 셸구조: 구조체가 가볍고 큰 힘을 받을 수 있어 넓은 공간을 필요로 할 때에 이용한다.
③ 막구조: 지붕의 재료로 막을 사용하며 막을 잡아당겨 인장력을 주면 막 자체에 강성이 생겨 구조체로 힘을 받을 수 있다.
④ 현수구조: 장 스팬 구조물에 효율적으로 이용되는 구조물이기 때문에 다리나 경기장 또는 공장 등에 이용된다.

[해답] 12. ㉯   13. ㉰   14. ㉰   15. ㉱   16. ㉮   17. ㉰

문제 18. 채광만을 목적으로 하고 환기를 할 수 없는 밀폐된 창은?
㉮ 미서기창　　㉯ 오르내리창
㉰ 붙박이창　　㉱ 미닫이창

해설 • 창문틀, 창호
① 붙박이창 : 열지 못하게 고정된 창으로 채광용으로 쓰인다.
② 미닫이창 : 방음과 기밀한 점에서는 불리하다.
③ 미서기창 : 미닫이와 비슷하나 문골 넓이의 전체를 열 수 없는 결점이 있다.

문제 19. 벽돌벽 쌓기에서 표준형 벽돌을 사용해서 1.5 B 쌓기할 때 벽두께는?
㉮ 270 mm　　㉯ 290 mm
㉰ 320 mm　　㉱ 390 mm

해설 벽돌 1.5 B = 0.5 B + 1.0 B
= 0.5 B + 10 mm(시멘트 모르타르 부분) + 1.0 B
= 90 mm + 10 mm + 190 mm = 290 mm

문제 20. 절충식 지붕틀에서 동자기둥이 받는 부재는?
㉮ 중도리와 마루대
㉯ 서까래와 벼개보
㉰ 대공과 지붕보
㉱ 깔도리와 처마도리

해설 • 동자기둥 : 대들보 위에 세우는 짧은 부재로 중도리나 마룻대는 100~120 mm 각의 크기를 사용한다.

문제 21. 복층 유리에 대한 설명 중 옳지 않은 것은?
㉮ 방음효과가 있다.
㉯ 단열효과가 크다.
㉰ 결로방지용으로 우수하다.
㉱ 유리 사이에 합성수지 접착제를 채워 제작한 것이다.

해설 • 복층유리
① 사용 용도 : 방음, 단열효과가 크고 결로방지용으로서도 우수하다.
② 2장 혹은 3장의 판유리를 일정한 간격으로 띄어 금속테로 기밀하게 하여 유리 사이의 내부를 진공으로 하거나 특수한 기체를 넣은 것이다.

문제 22. 소석회에 도래, 해초풀, 여물 등을 혼합하여 바르는 미장재료로서 목조바탕, 콘크리트 블록 및 벽돌 바탕 등에 사용되는 것은?
㉮ 돌로마이트 플라스터
㉯ 회반죽
㉰ 석고 플라스터
㉱ 시멘트 모르타르

해설 • 회반죽
① 공기 중에서만 고화하고 수중에서는 고화되지 않는 기경성 미장재료이다.
② 회반죽은 소석회, 모래, 여물을 해초풀로 반죽하여 만든 미장재료로서 욕조바탕, 콘크리트 블록 및 벽돌바탕 등에 사용된다.

문제 23. 목재의 벌목 시기로 겨울철이 가장 좋은 이유는?
㉮ 목질이 연약하여 베어내기 쉽기 때문
㉯ 사람의 왕래가 적기 때문
㉰ 수액이 적어 건조가 빠르기 때문
㉱ 옹이가 적기 때문

해설 • 벌목
① 겨울철이 벌목의 가장 적합한 계절이다.
② 겨울, 가을의 벌목 : 수액이 가장 적으므로 건조가 빠르고 목질도 견고하다.
③ 산속에서 운반하기도 쉬우며 노임도 싸다.

문제 24. 공사현장 등의 사용장소에서 필요에 따라 만드는 콘크리트가 아니고, 주문에 의해 공장생산 또는 믹싱카로 제조하여 사용현장에 공급하는 콘크리트는?
㉮ 레디믹스트 콘크리트
㉯ 프리스트레스트 콘크리트
㉰ 한중 콘크리트
㉱ AE 콘크리트

해답 18. ㉰　19. ㉯　20. ㉮　21. ㉱　22. ㉯　23. ㉰　24. ㉮

해설 • 레디믹스트(reready-mixed)콘크리트 : 고정된 믹서에서 반혼합한 것을 트럭 믹서로 계속 혼합하여 사용현장에 공급한다.

문제 25. 다음 중 소성 온도가 가장 높은 것은 어느 것인가?
㉮ 토기 ㉯ 석기 ㉰ 자기 ㉱ 도기
해설 • 소성 온도
① 토기 : 700∼1000℃
② 석기 : 1160∼1350℃
③ 도기 : 1100∼1230℃
④ 자기 : 1230∼1460℃

문제 26. 다음 건축재료와 원료와의 관계가 적절하지 않은 것은?
㉮ 유리 – 규사
㉯ 시멘트 – 석회석
㉰ 테라코타 – 점토
㉱ 테라초 – 마그네시아 석회
해설 • 테라초 : 대리석의 종석을 써서 대리석 계통의 색조가 나게 표면을 물갈기한 것으로 원료는 대리석의 쇄석, 백색시멘트, 강모래, 안료, 물 등이 있다.

문제 27. 콘크리트 내부에 미세한 독립된 기포를 발생시켜 콘크리트의 작업성 및 동결융해 저항성능을 향상시키기 위해 사용되는 화학혼화제는?
㉮ 응결, 경화조정제 ㉯ 방청제
㉰ 기포제   ㉱ AE제
해설 • AE제(공기 연행제)
① 독립된 작은 기포를 콘크리트 속에 균일하게 분포시킨다.
② 시공연도가 좋아지므로 재료분리를 방지한다.
③ 수밀성이 증가하고 동해에 대한 저항력을 증가시킨다.
④ 강도가 감소하고 흡수율이 커져서 수축량이 많아진다.
⑤ 제물치장 콘크리트 용도로 사용한다.
⑥ 공기량은 콘크리트 체적의 2∼5% 정도가 알맞다.

문제 28. 다음의 건축물의 용도와 바닥 재료의 연결 중 적합하지 않은 것은?
㉮ 유치원의 교실 – 인조석 물갈기
㉯ 아파트의 거실 – 플로어링 블록
㉰ 병원의 수술실 – 전도성 타일
㉱ 사무소 건물의 로비 – 대리석
해설 ① 유치원 교실 바닥재료 : 목재(소나무)
② 인조석 물갈기 : 학교 계단 및 복도, 일반 사무실 바닥 및 계단 부위

문제 29. 건축물의 내구성에 영향을 주는 인자에 해당하지 않는 것은?
㉮ 바람 ㉯ 지진 ㉰ 화재 ㉱ 광택
해설 건축물의 내구성은 바람, 지진, 화재, 환경오염 등에 따라서 내구성이 증가하거나 감소한다.

문제 30. 동에 대한 설명을 옳은 것은?
㉮ 전·연성이 크다.
㉯ 열전도율이 작다.
㉰ 건조한 공기 중에서도 산화된다.
㉱ 산, 알칼리에 강하다.
해설 • 동(구리)의 성질
① 구리는 연성과 전성이 커서 선재나 판재로 만들기 쉽다.
② 열이나 전기의 전도율이 크다.
③ 암모니아 등의 알칼리성 용액에는 침식이 잘 되고 초산, 진한 황산 등에 잘 용해된다.

문제 31. 석회석이 변화되어 결정화한 것으로 석질이 치밀하고 견고할 뿐 아니라 외관이 미려하여 실내 장식재 또는 조각재로 사용되는 석재는?
㉮ 점판암   ㉯ 사문암
㉰ 대리석   ㉱ 안산암
해설 • 대리석의 용도
① 아름답고 갈면 광택이 나므로 장식용 석재 중에서 고급재로 많이 사용된다.
② 실내 마감재(바닥재, 벽재)
③ 장식재(조각, 몰딩)

해답 25. ㉰ 26. ㉱ 27. ㉱ 28. ㉮ 29. ㉱ 30. ㉮ 31. ㉰

문제 **32.** 다음 중 콘크리트의 장점에 해당하지 않는 것은?
㉮ 인장강도가 크다. ㉯ 내화적이다.
㉰ 내구적이다. ㉱ 방청력이 크다.

해설 • 콘크리트의 장점
① 압축강도가 크다.
② 내화, 내수, 내구적이다.
③ 강과 접착이 잘 되고 방청력이 크다.
④ 열팽창 계수가 철근과 거의 같다.

문제 **33.** 점토에 대한 다음 설명 중 옳지 않은 것은?
㉮ 제품의 색깔과 관계있는 것은 규산성분이다.
㉯ 점토의 주성분은 실리카, 알루미나이다.
㉰ 각종 암석이 풍화, 분해되어 만들어진 가는 입자로 이루어져 있다.
㉱ 점토를 구성하고 있는 점토광물은 잔류점토와 침적점토로 구분된다.

해설 점토 제품의 색깔과 관계있는 것은 산화철이다.

문제 **34.** 실(seal)재에 대한 설명으로 옳지 않은 것은?
㉮ 실(seal)재란 퍼티, 코킹, 실링재, 실런트 등의 총칭이다.
㉯ 건축물의 프리패브 공법, 커튼월 공법 등의 공장 생산화가 추진되면서 더욱 주목받기 시작한 재료이다.
㉰ 일반적으로 수밀, 기밀성이 풍부하지만, 접착력이 작아 창호, 조인트의 충전재로서는 부적당하다.
㉱ 옥외에서 태양광선이나 풍우의 영향을 받아도 소기의 기능을 유지할 수 있어야 한다.

해설 실링재는 접착력이 강하여 창호 조인트의 충전재료로 적당하다.

문제 **35.** 물의 밀도가 $1\,g/cm^3$이고 어느 물체의 밀도가 $1\,kg/m^3$라 하면 비중은 얼마인가?
㉮ 1 ㉯ 1000 ㉰ 0.001 ㉱ 0.1

해설 • 비중(specific volume)
① 비중 $S = \dfrac{\text{상대 물질의 무게}}{\text{기본 물질에 대한 무게}} = \dfrac{\rho}{\rho_w}$

② $S = \dfrac{\rho}{\rho_w} = \dfrac{1\,kg/m^3}{1\,g/cm^3}$
$= \dfrac{0.001\,g/cm^3}{1g/cm^3} = 0.001$

③ $1\,kg = 1000\,g = 10^3\,g$
$1\,m^3 = 1\,m \times 1\,m \times 1\,m$
$= 100\,cm \times 100\,cm \times 100\,cm = 10^6\,cm^3$
$1\,kg/m^3 = 10^3\,g/m^3 = 10^3 \times 10^{-6}\,g/cm^3$
$= 0.001\,g/cm^3$

문제 **36.** 급경성으로 내알칼리성 등의 내화학성이나 접착력이 크고 금속, 석재, 도자기, 글라스, 콘크리트, 플라스틱재의 접착에 모두 사용되는 합성수지 접착제는?
㉮ 에폭시수지 접착제
㉯ 요소수지 접착제
㉰ 페놀수지 접착제
㉱ 멜라민수지 접착제

해설 • 에폭시수지
① 알칼리로 반응시켜 만든 접착성이 매우 우수하고 목재, 금속, 유리, 플라스틱, 고무 등에 뛰어난 접착성과 200℃ 이상에 견딜 수 있는 내열성과 내약품성을 가진 수지재료이다.
② 목재, 금속, 유리, 플라스틱, 도자기, 고무 등에 뛰어난 접착성을 나타내며 특히 알루미늄과 같은 경금속의 접착에 좋다.

문제 **37.** 시멘트 저장 시 유의해야 할 사항을 설명한 내용으로 옳지 않은 것은?
㉮ 시멘트는 지상 30 cm 이상 되는 마루 위에 적재하는 것이 좋다.
㉯ 시멘트는 방습적인 구조로 된 창고에 품종별로 구분하여 저장하여야 한다.

해답 32. ㉮ 33. ㉮ 34. ㉰ 35. ㉰ 36. ㉮ 37. ㉱

㉢ 3개월 이상 저장한 시멘트는 사용 전에 재시험을 실시해야 한다.
㉣ 시멘트를 쌓아올리는 높이는 7포대를 넘지 않도록 해야 한다.

[해설] • 시멘트 저장법
① 시멘트는 저장 시 13포 이상 쌓지 않는다 (장기간일 경우에는 7포대 이상 쌓으면 안 된다).
② 시멘트는 통풍이 잘 되지 않는 곳에 저장한다.
③ 창고의 바닥높이는 지면에서 30 cm 이상 떨어진 위치에 쌓는다.

문제 38. 다음 중 코르크판(cork board)의 사용 용도로 옳지 않은 것은?
㉮ 방송실의 흡음재
㉯ 제빙 공장의 단열재
㉰ 전산실의 바닥재
㉱ 내화 건물의 불연재

[해설] • 코르크판(cork board) : 내구성이 있고 단열, 흡음, 방습성이 풍부하여 용도가 다양하며 방송실의 흡음재, 제빙공장의 단열재로 사용되며, 전기 절연성이 있어 전산실의 바닥재 등으로도 사용된다.

문제 39. 콘크리트, 모르타르 바탕에 아스팔트 방수층 또는 아스팔트 타일붙이기 시공을 할 때의 초벌용 재료를 무엇이라 하는가?
㉮ 아스팔트 프라이머
㉯ 아스팔트 컴파운드
㉰ 블로운 아스팔트
㉱ 아스팔트 루핑

[해설] • 아스팔트 프라이머 : 아스팔트를 휘발성 용제에 용해한 비교적 저점도의 액체로서 아스팔트 방수층 또는 아스팔트 타일 붙이기 시공을 할 때 첫째 공저에 쓰이는 바탕 처리재이다.

문제 40. 각종 시멘트의 특성에 관한 설명 중 옳지 않은 것은?

㉮ 중용열 포틀랜드 시멘트에 의한 콘크리트는 수화열이 작다.
㉯ 실리카 시멘트에 의한 콘크리트는 초기 강도가 크고 장기 강도는 낮다.
㉰ 조강 포틀랜드 시멘트에 의한 콘크리트는 수화열이 크다.
㉱ 플라이 애쉬 시멘트에 의한 콘크리트는 내해수성이 크다.

[해설] • 실리카 시멘트 : 화학적 작용에 대한 저항력이 크며 콘크리트의 초기 강도는 작고 장기 강도가 높으며 수밀성이 크다.

문제 41. 다음 중 건축법상 용어의 정의가 옳지 않은 것은?
㉮ 건축이란 건축물을 신축, 증축, 재축, 개축하거나 건축물을 이전하는 것을 말한다.
㉯ 내수선이란 건축물의 기둥, 보, 주계단, 장막벽의 구조 또는 외부형태를 수선하는 것을 말한다.
㉰ 리모델링이란 건축물의 노후화를 억제하거나 기능 향상 등을 위하여 대수선하거나 일부 증축하는 행위를 말한다.
㉱ 거실이라 건축물 안에서 거주, 집무, 작업, 집회, 오락, 그밖에 이와 유사한 목적을 위하여 사용되는 방을 말한다.

[해설] • 대수선 : 건축물의 주요구조부 (기둥, 보, 내력벽, 주계단 등)를 형태상의 변화 또는 구조안전상 위험할 정도의 수준으로 증축 또는 개축에 해당되지 않는 수선 행위를 말한다.

문제 42. 단면도에 표시할 사항과 가장 거리가 먼 것은?
㉮ 건축물의 높이, 층높이
㉯ 처마높이, 창높이
㉰ 난간높이
㉱ 지붕의 물매, 창의 개폐법

해답 38. ㉱ 39. ㉮ 40. ㉯ 41. ㉯ 42. ㉱

해설 • 단면도 : 건물의 구조를 알기 위하여 수직으로 절단한 것으로 층높이, 반자높이, 처마높이, 처마길이, 지붕물매 등의 정보를 표시한 도면이다.

문제 43. 투상도의 종류 중 X, Y, Z의 기본축이 120°씩 화면으로 나누어 표시되는 것은?
㉮ 등각 투상도 　㉯ 이등각 투상도
㉰ 부등각 투상도 　㉱ 유각 투시도
해설 • 등각 투상도
① 입방체의 3개의 축 가운데 2개의 축선이 수평선과 등각을 이루고 하나의 축선이 수평선과 수직이 되게 그린 투상도이다.
② 직육면체의 등각 투상도에서 직각으로 만나는 3개의 모서리는 각각 120°를 이룬다.

문제 44. 주거 단지의 단위 중 초등학교를 중심으로 한 단위는?
㉮ 근린 지구 　㉯ 인보구
㉰ 근린 분구 　㉱ 근린 주구
해설 • 근린주구
① 규모 : 주택호수 1600~2000호
② 인구 : 8000~10000명
③ 면적 : 100 ha
④ 반지름 : 약 400~800 m
⑤ 초등학교 하나를 중심으로 하는 단위이다.

문제 45. 다음 중 주택 출입구에서 현관의 바닥면과 실내 바닥면의 높이차로 가장 알맞은 것은?
㉮ 5 cm　㉯ 15 cm　㉰ 30 cm　㉱ 45 cm
해설 • 출입구(연결공간)
① 출입구 구조 : 현관 바닥면에서 실내 바닥면의 높이차를 15~21 cm 정도 확보한다.
② 위치 : 시선을 차단하며 답답함을 느끼지 않도록 다소 여유 있는 형태로 구성한다.

문제 46. 수송설비인 컨베이어 벨트 중 수평용으로 사용되며 기물을 굴려 운반하는 것은?
㉮ 버킷 컨베이어
㉯ 체인 컨베이어
㉰ 롤러 컨베이어
㉱ 에이프런 컨베이어
해설 • 롤러 컨베이어 : 여러 개의 롤러를 회전시켜 물건을 수평으로 이동시킨다.

문제 47. 다음 중 건축계획의 과정에서 계획 조건의 설정 시 고려하여야 할 사항과 가장 거리가 먼 것은?
㉮ 건축의 용도　㉯ 건축주의 요구
㉰ 규모 및 예산　㉱ 구조 계획
해설 • 건축 계획조건의 설정
① 건축의 용도
② 건축주의 요구
③ 사용자의 분석
④ 규모 및 예산
⑤ 건축 대지의 조건
⑥ 건설의 시기 및 공사기간

문제 48. 실내공간을 형성하는 주요 기본구성요소 중 천장과 함께 공간을 구성하는 수평적 요소로서 생활을 지탱하는 역할을 하는 것은?
㉮ 벽　㉯ 보　㉰ 기초　㉱ 바닥
해설 • 실내공간 구성 요소
① 바닥 : 공간을 구성하는 수평적 요소로서 공간의 기준면이며 대지의 냉기와 습기로부터 보호하여 인간생활을 지탱하는 역할을 한다.
② 벽 : 공간을 구성하는 수직적 2차 공간 요소로서 자연 재해 및 외부로부터 방어하여 인간생활을 지탱하는 역할을 한다.
③ 천장 : 공간을 구성하는 수평적 요소. 외부의 자연적 재해를 방어하고 인간생활을 지탱하는 역할을 한다.
④ 창과 문 : 출입, 통제, 채광, 환기를 목적으로 하며 인간생활을 지탱하는 역할을 한다.
⑤ 통로 : 공간에서 보행과 물체의 이동을 위한 목적이며 인간생활을 지탱하는 역할을 한다

해답 43. ㉮　44. ㉱　45. ㉯　46. ㉰　47. ㉱　48. ㉱

문제 49. 부엌 작업대의 배치 유형 중 양 벽면에 인접한 작업대를 붙여서 배치한 형태로 여유공간에 식탁을 배치하여 식당 겸 부엌으로 사용하는 경우에 적합한 것은?
㉮ 일렬형 ㉯ 병렬형 ㉰ ㄱ자형 ㉱ ㄷ자형
해설 • 부엌의 계획
① 부엌의 작업대 시설 : 냉장고, 작업대, 싱크 작업대, 냉장고 작업대, 레인지 작업대
② 배치형태
  ㈎ ㄱ자형 : 동선이 가장 짧고 여유공간에 식탁을 배치하여 식당 겸 부엌으로 사용
  ㈏ 일자형 : 좁고 동선의 길이가 긴 부엌의 형태이다.
  ㈐ 병렬형 : 통로 너비 폭이 최소 80 cm 이상으로 사이의 간격이 넓다.
  ㈑ ㄷ자형 : 큰 부엌형태에 알맞다.

문제 50. 다음 중 주택의 입면도 그리기 순서에서 가장 먼저 이루어져야 할 사항은?
㉮ 처마선을 그린다.
㉯ 지반선을 그린다.
㉰ 개구부 높이를 그린다.
㉱ 재료의 마감 표시를 한다.
해설 • 입면도 그리기 순서
① 제도지의 배치도에 따라 위치를 정한 다음 굵은선으로 지반선(G.L)을 그린다.
② 수평방향의 각 층 높이를 잡아 가는선으로 그린다.
③ 바닥면에서 창 높이를 잡아 가는선으로 그린다.
④ 기둥, 벽의 중심을 잡아 기둥, 벽의 두께를 가는선으로 그린다.
⑤ 외벽의 윤곽선을 진하게 그리고 창틀, 창문 등은 선이 겹치지 않도록 간격을 정확히 한다.
⑥ 지붕, 옥상 등의 윤관선을 정확히 그린다.

문제 51. 제도 용구에 관한 설명 중 옳은 것은 어느 것인가?
㉮ T자는 단독으로 평행선, 수직선, 사선을 긋는다.
㉯ 선을 그릴 때 T자 머리를 제도판에서 약간 띄운다.
㉰ T자로 수평선을 그을 때는 오른쪽에서 왼쪽으로 긋는다.
㉱ 삼각자 1개 또는 2개를 가지고 여러 가지 위치를 바꾸면 여러 가지 각도의 선을 그을 수 있다.
해설 ① T 자 : 제도판에 수평선을 긋거나 T 자의 삼각자를 대고 수직선, 사선을 그을 때 사용한다.
② 삼각자 : 여러 가지 각도의 선을 그을 수 있다.

문제 52. 자동화재 탐지설비의 감지기 중 열 감지기에 해당하지 않는 것은?
㉮ 광전식   ㉯ 차동식
㉰ 정온식   ㉱ 보상식
해설 ① 열감지기 : 열감지 센서에 의해 작동하여 화재신호를 보낸다.
② 연기감지기 : 연기 센서에 의해 작동하여 화재 신호를 보내며 광전식 연기감지기, 이온화식 연기감지기가 있다.

문제 53. 높이에 의한 수압 차이로 급수하는 방식으로 항상 일정한 수압을 유지하며 대규모 급수설비에 적합한 급수방식은?
㉮ 부스터 방식   ㉯ 압력 탱크 방식
㉰ 고가 탱크 방식   ㉱ 수도 직결 방식
해설 • 고가 탱크 방식
① 높이차에 의한 수압을 이용하여 수압의 과다에 따른 밸브류, 급수관 등 배관 부품의 파손이 적다.
② 대규모 급수설비에 적합하다.
③ 항상 일정한 수압으로 급수할 수 있다.

문제 54. 실내 공기오염도의 척도로 주로 이용되는 것은?
㉮ 공기 중의 산소 농도
㉯ 공기 중의 이황산가스 농도
㉰ 공기 중의 이산화탄소 농도

해답 49. ㉰ 50. ㉯ 51. ㉱ 52. ㉮ 53. ㉰ 54. ㉰

라 공기 중의 질소 농도

해설 실내 공기 오염의 척도는 공기 중의 이산화탄소 농도를 기준으로, 1000 ppm 이하를 유지하도록 규정하고 있다.

문제 55. 다음의 창호기호 표시가 의미하는 것은?

가 철재창
나 알루미늄문
다 목재창
라 플라스틱문

해설 철재창 2번을 의미한다.
① W : 창 ② D : 문 ③ S : 셔터

문제 56. 다음 중 지붕 경사의 표시로 가장 알맞은 것은?

가 $\frac{4}{10}$ 나 $\frac{4}{100}$ 다 $\frac{4}{50}$ 라 $\frac{2}{100}$

해설 지붕물매는 단위 수평길이 10 cm에 대한 수직높이의 비이다.

문제 57. 자연환기에 대한 설명 중 옳지 않은 것은?

가 개구부를 통해 급기와 배기가 이루어진다.
나 일정한 환기량을 유지할 수 있다.
다 풍향, 풍속 및 실내·외의 온도차와 공기 밀도차에 의한 방법이다.
라 온도차에 의한 자연 환기는 중력 환기라고도 한다.

해설 ① 자연 환기 설비 : 풍향, 풍속 및 실내, 실외 온도차와 공기 밀도차에 의한 방법으로 환기가 불안전하다.
② 기계 환기 설비 : 송풍기를 사용, 공기를 유입하거나 배출하는 것으로 환기가 안정적이다.

문제 58. 한식주택과 양식주택에 대한 설명 중 옳지 않은 것은?

가 한식주택은 좌식이고, 양식주택은 입식이다.
나 한식주택의 가구는 부차적 존재이며, 양식주택의 가주는 주요한 내용물이다.
다 한식주택의 방은 단일용도이나, 양식주택의 방은 다용도이다.
라 한식주택은 은폐적이며, 양식주택은 개방형이다.

해설 • 주거생활 양식의 종류와 차이점

구 분	한식주택	양식주택	비고
구조적	목조 가구식	벽돌조	창과 개구부는 지역적인 기후의 영향을 받아 그 형태와 크기가 달라진다.
용도	다용도	단일 용도	

문제 59. 제도용지의 가로길이와 세로길이의 비는?

가 2 : 1 나 $\sqrt{2}$: 1 다 3 : 1 라 $\sqrt{3}$: 1

해설 • 제도용지 길이의 비
$A_4 = 210 \times 297$ ∴ $210 : 297 = 1.414 : 1(\sqrt{2})$

문제 60. 전동기 직결의 소형 송풍기, 냉·온수 코일 및 필터 등을 갖춘 실내형 소형 공조기를 각 실에 설치하여 중앙 기계실로부터 냉수 또는 온수를 공급받아 공기조화를 하는 방식은?

가 2중덕트 방식   나 멀티존유닛 방식
다 팬코일유닛 방식   라 단일덕트 방식

해설 ① 팬코일유닛 방식 : 전동기 직결의 소형 송풍기, 냉수 및 온수 코일 및 필터 등으로 구성된 실내형 소형 공조기를 각 실에 설치하여 중앙에서 냉수 또는 온수를 받아 송풍, 호텔 객실, 아파트, 주택 및 사무실에 적용시키는 방식이다.
② 단일덕트 방식 : 저속덕트 방식은 소음장치를 설치할 필요가 없다.

해답 55. 가 56. 가 57. 나 58. 다 59. 나 60. 다

전산응용 건축제도 기능사 ▶ 2010. 3. 28 시행

문제 1. H형강, 판보 또는 래티스보 등에서 보의 단면의 상하에 날개처럼 내민 부분을 지칭하는 용어는?
㉮ 웨브 ㉯ 플랜지
㉰ 스티프너 ㉱ 거셋 플레이트

해설 ① 플랜지 : H형강, 판보, 래티스보의 상하에 날개처럼 내민 부분을 말한다.
② 스티프너 : 철골 구조의 판보에서 웨브의 좌굴방지

문제 2. 블록구조의 기초 및 테두리보에 대한 설명으로 옳지 않은 것은?
㉮ 기초보는 벽체 하부를 연결하고 집중 또는 국부적 하중을 균등히 지반에 분포시킨다.
㉯ 테두리보의 너비를 크게 할 필요가 있을 때에는 경제적으로 ㄱ자형, T자형으로 한다.
㉰ 테두리보는 분산된 벽체를 일체로 연결하여 하중을 균등히 분포시키는 역할을 한다.
㉱ 기초보의 두께는 벽체의 두께보다 더 두껍게 해서는 안 된다.

해설 기초보의 두께는 벽체의 두께와 같거나 크게 한다.

문제 3. 블록의 빈 속에 철근과 콘크리트를 부어넣은 것으로서 수직하중·수평하중에 견딜 수 있는 구조로 가장 이상적인 블록구조는?
㉮ 거푸집블록조 ㉯ 보강블록조
㉰ 조적식블록조 ㉱ 블록장막벽

해설 ① 보강블록조 : 수직하중·수평하중에 안전하게 견딜 수 있는 가장 이상적인 블록구조이다.

② 거푸집블록조 : 살 두께가 얇고 속이 없는 ㄱ, ㄴ, ㄷ, ㄹ, ㅁ자형 등으로 살 두께가 얇고 속이 없는 블록으로 쌓는 조적조이다.
③ 조적식블록조 : 1, 2층 정도의 소규모 건물에 사용한다.
④ 블록장막벽 : 철근콘크리트, 철골조 구조에 단순히 칸막이벽을 쌓는 것이다.

문제 4. 벽돌구조의 아치(arch)는 부재의 하부에 어떤 힘이 생기지 않도록 의도된 구조인가?
㉮ 압축력 ㉯ 인장력
㉰ 수평반력 ㉱ 수직반력

해설 • 아치(arch)
① 벽돌 벽체에 설치하는 창, 출입구의 위는 상부에서 오는 하중을 안전하게 지지하기 위하여 아치를 틀거나 인방보를 설치한다.
② 아치는 상부에서 오는 수직압력이 아치 축선에 따라 좌우로 나누어져 밑으로 직압력만으로 전달되게 한 것으로서 부재의 하부에 인장력이 생기지 않게 한 구조이다.

문제 5. 건물의 부동침하의 원인으로 옳지 않은 것은?
㉮ 지반이 동결작용을 받을 때
㉯ 지하수위가 변경될 때
㉰ 이웃건물에서 깊은 굴착을 할 때
㉱ 기초를 크게 할 때

해설 • 부동 침하의 원인
① 지반이 연약층일 경우
② 이질지층일 경우
③ 지하수위가 변경될 때
④ 이웃건물에서 깊은 굴착을 할 때

문제 6. 조적조에서 창문의 틀 옆에 세워대는 돌 또는 벽돌벽의 중간중간에 설치한 돌을 무엇이라 하는가?

해답 1. ㉯ 2. ㉱ 3. ㉯ 4. ㉯ 5. ㉱ 6. ㉱

㉮ 인방돌 ㉯ 창대돌
㉰ 문지방돌 ㉱ 쌤돌

[해설] • 쌤돌(jamb stone) : 창문의 틀 옆에 대는 돌로서 벽돌조로 쓰인다.

[문제] 7. 입체 구조 시스템의 하나로서, 축방향만으로 힘을 받는 직선재를 핀으로 결합하여 효율적으로 힘을 전달하는 구조 시스템을 무엇이라 하는가?
㉮ 막구조   ㉯ 셸구조
㉰ 현수구조 ㉱ 입체트러스 구조

[해설] • 입체트러스 구조 : 축방향만으로 힘을 받는 직선재를 핀으로 결합하여 효율적으로 힘을 전달하는 구조 시스템이다.

[문제] 8. 높이가 다른 바닥의 상호 간에 단을 만들어 연결하는 구조체로서 세로 방향의 통로로 중요한 역할을 하는 것은?
㉮ 수장 ㉯ 기초 ㉰ 계단 ㉱ 창호

[해설] • 계단(stair)
① 높이가 다른 바닥의 상호 간을 연결하는 세로 방향의 통로이다.
② 인간 생활의 편리함을 위해서 만들고 건축설비의 절감을 가져 온다.

[문제] 9. 철골구조의 구조형식상 분류에 속하지 않는 것은?
㉮ 트러스 구조   ㉯ 현수구조
㉰ 아치구조   ㉱ 경량철골 구조

[해설] • 철골구조의 형식상 분류
① 라멘식 구조   ② 트러스식 구조
③ 아치구조   ④ 입체구조
⑤ 현수구조

[문제] 10. 철골구조에 대한 설명 중 옳지 않은 것은?
㉮ 내구, 내화, 내진적이다.
㉯ 장 스팬 (span)이 가능하다.
㉰ 해체 수리가 가능하다.
㉱ 철근콘크리트 구조물에 비하여 중량이 가볍다.

[해설] • 철골구조의 특징
① 단점 : 열에 약하여 고온에서는 강도가 저하되고 변형되기 쉽다.
② 장점
㉮ 강재는 다른 재료에 비해 재질이 균일하므로 신뢰성이 있다.
㉯ 철근콘크리트 구조보다 건물의 무게를 가볍게 할 수 있다.
㉰ 큰 간사이의 구조물이나 고층 구조물에 적합하다.
㉱ 인성이 커서 상당한 변위에 대하여서도 견디어 낸다.

[문제] 11. 철근콘크리트구조의 원리에 대한 설명으로 옳지 않은 것은?
㉮ 콘크리트와 철근이 강력히 부착되면 철근의 좌굴이 방지된다.
㉯ 콘크리트는 인장력에 강하므로 부재의 인장력을 부담한다.
㉰ 콘크리트와 철근의 선팽창 계수가 거의 같다.
㉱ 콘크리트는 내구성과 내화성이 있어 철근을 피복·보호한다.

[해설] 콘크리트는 압축력에는 강하나 인장력에는 약하므로 인장부에는 철근으로 보강한다.

[문제] 12. 벽돌구조에서 개구부 위와 그 바로 위의 개구부와 최소 수직거리는?
㉮ 10 cm ㉯ 20 cm ㉰ 40 cm ㉱ 60 cm

[해설] •개구부와 직상 개구부와 최소 수직거리 : 60 cm

[문제] 13. 그림 중 꺾인지붕(curb roof)의 평면 모양은?

㉮ 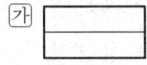 ㉯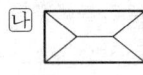

㉰ 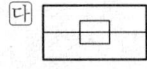 ㉱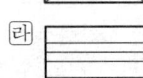

[해설] ㉮ 박공지붕, ㉯ 모임지붕, ㉱ 꺾인 지붕

[해답] 7. ㉱ 8. ㉰ 9. ㉱ 10. ㉮ 11. ㉯ 12. ㉱ 13. ㉱

문제 14. 흙의 붕괴를 방지하기 위한 벽의 일종으로, 수평방향으로 작용하는 수압과 토압에 저항하도록 만들어진 것은?
㉮ 벽돌벽   ㉯ 블록벽
㉰ 옹벽   ㉱ 장막벽

해설 • 옹벽 : 절토, 성토한 비탈면의 흙의 붕괴를 방지하기 위한 벽의 일종으로 수평방향으로 작용하는 수압과 토압에 저항하도록 하여 지반 붕괴를 막기 위한 구조물이다.

문제 15. 다음 중 강구조의 주각부분에 사용되지 않는 것은?
㉮ 윙 플레이트   ㉯ 데크 플레이트
㉰ 베이스 플레이트 ㉱ 클립 앵글

해설 • 주각 : 철근콘크리트 기초에 기둥의 응력을 전달하는 부분으로 윙프레이트, 베이스플레이트, 클립앵글. 접합앵글, 리브 등을 사용하여 변형을 방지하였다.

문제 16. 목재 미서기문에서 윗홈대의 홈의 깊이는 보통 얼마 정도로 하는가?
㉮ 0.3 cm   ㉯ 1.5 cm
㉰ 3 cm   ㉱ 4 cm

해설 ① 윗홈대 깊이 : 1.5 cm
② 밑홈대 깊이 : 0.5 cm

문제 17. 목조 벽체에 사용되는 가새에 대한 설명으로 옳지 않은 것은?
㉮ 목조 벽체를 수평력에 견디게 하고 안정한 구조로 하기 위해 사용된다.
㉯ 가새는 일반적으로 네모구조를 세모구조로 만든다.
㉰ 주요건물에서는 한 방향 가새로만 하지 않고 X자형으로 하여 인장과 압축을 겸비하도록 한다.
㉱ 가새의 경사는 60°에 가까울수록 횡력 저항에 유리하다.

해설 • 가새의 경사 : 45°

문제 18. 벽돌쌓기 중 모서리 또는 끝부분에 칠오토막을 사용하는 것은?
㉮ 영국식 쌓기   ㉯ 프랑스식 쌓기
㉰ 네덜란드식 쌓기 ㉱ 미국식 쌓기

해설 • 벽돌 쌓기법 종류
① 영국식 쌓기
 ㈎ 모서리에 반절, 이오토막을 사용하며 통줄눈이 생기지 않는 것이 특징이며 한켜는 마구리 쌓기로 하고 다음은 길이 쌓기로 하며 교대로 하여 쌓는다.
 ㈏ 가장 튼튼한 구조이며 내력벽 쌓기에 사용되며 가장 튼튼한 쌓기법이다.
② 프랑스식 쌓기
 ㈎ 끝부분에는 이오토막을 사용하며 한켜는 길이 쌓기로 하고 다음은 마구리 쌓기로 하며 교대로 하여 쌓는다.
 ㈏ 치장용으로 많이 사용되며 많은 토막벽돌이 사용된다.
③ 미국식 쌓기
 ㈎ 앞면 5켜까지는 치장벽돌로 길이 쌓기로 하고 다음은 마구리 쌓기로 하고 뒷면은 영국식으로 쌓는다.
 ㈏ 치장 벽돌을 사용한다.
④ 화란식(네덜란드식) 쌓기
 ㈎ 모서리 또는 끝부분에는 칠오토막을 사용하며 한켜는 길이 쌓기로 하고 다음은 마구리 쌓기로 하며 마무리하는 벽돌 쌓기법이다.
 ㈏ 한 면은 벽돌 마구리와 길이가 교대로 되고 다른 면은 영국식으로 쌓는다.
 ㈐ 작업하기 쉬워 일반적으로 가장 많이 사용하는 벽돌 쌓기법이다.

문제 19. 철근콘크리트 보에서 전단력을 보강하기 위해 사용하는 철근은?
㉮ 띠철근   ㉯ 주근
㉰ 나선철근 ㉱ 늑근

해설 • 늑근 : 균열을 방지하기 위해서 보에서 전단력을 보강하기 위해서 사용하는 철근이다.

문제 20. 철근콘크리트구조에서 철근과 콘크

리트의 부착력에 대한 설명 중 옳지 않은 것은?

㉮ 철근에 대한 콘크리트의 피복두께가 얇으면 얇을수록 부착력이 감소된다.
㉯ 철근의 표면상태와 단면모양에 따라 부착력이 좌우된다.
㉰ 콘크리트의 부착력은 철근의 주장에 비례한다.
㉱ 압축강도가 작은 콘크리트일수록 부착력은 커진다.

[해설] 압축강도가 큰 콘크리트일수록 부착력은 커진다.

문제 21. 미장재료 중 회반죽은 공기 중의 무엇과 반응하여 경화하는가?

㉮ 이산화탄소 ㉯ 수소
㉰ 산소 ㉱ 질소

[해설] • 회반죽 : 생석회에 물을 가하면 소석회가 되며 공기 중에서 이산화탄소와 반응하여 경화하고 수중에서는 경화되지 않은 기경성 재료이다.

문제 22. 현장에서 가공절단이 불가능하므로 사전에 소요치수대로 절단 가공하고 열처리를 하여 생산되는 유리이며 강도가 보통 유리의 3~5배에 해당되는 유리는?

㉮ 유리블록 ㉯ 복층유리
㉰ 강화유리 ㉱ 자외선차단유리

[해설] • 강화유리 : 열처리한 후에는 절단 등 가공할 수 없으며 자동차 유리, 통유리문 등 깨지면 파편이 위험한 곳에 쓰인다.

문제 23. 천연 골재의 종류에 해당되지 않는 것은?

㉮ 강모래 ㉯ 강자갈
㉰ 산모래 ㉱ 깬자갈

[해설] ① 천연 골재 : 강모래, 강자갈, 바다모래, 산모래, 산자갈
② 인공 골재 : 깬자갈, 슬래그를 깬자갈

문제 24. 시멘트 분말도에 대한 설명으로 옳지 않은 것은?

㉮ 분말도가 클수록 수화작용이 빠르다.
㉯ 분말도가 클수록 초기강도의 발생이 빠르다.
㉰ 분말도가 클수록 강도증진율이 높다.
㉱ 분말도가 클수록 초기균열이 적다.

[해설] 분말도가 높은 것일수록 수화작용이 빠르고 조기강도가 크나, 공기 중의 습기를 받아 풍화되기 쉽고 수화작용에 의한 열의 발생이 많아서 균열이 생기기 쉽다.

문제 25. 다음 중 점토제품이 아닌 것은?

㉮ 타일 ㉯ 테라코타
㉰ 내화벽돌 ㉱ 테라초

[해설] • 테라초(미장재료) : 고급 인조석의 일종이며 종석으로 대리석을 사용한 것이다.

문제 26. 건축재료 중 구조재로 사용할 수 없는 것끼리 짝지어진 것은?

㉮ H형강·벽돌 ㉯ 목재·벽돌
㉰ 목재·콘크리트 ㉱ 유리·모르타르

[해설] ① 구조재료 : 목재, 석재, 콘크리트, 철강 등
② 마감재료 : 타일, 도벽, 유리, 금속판, 도료, 보드류 등

문제 27. 참나무의 절대건조 비중이 0.95일 때 공극률로 옳은 것은?

㉮ 10.0 % ㉯ 23.4 %
㉰ 38.3 % ㉱ 52.4 %

[해설] • 목재의 공극률

$$V = \left(1 - \frac{W}{1.54}\right) \times 100\%$$
$$= \left(1 - \frac{0.95}{1.54}\right) \times 100\% = 38.3\%$$

여기서, V : 공극률(%)
W : 전건비중
1.54 : 목재를 구성하고 있는 섬유질의 비중

해답 21. ㉮ 22. ㉰ 23. ㉱ 24. ㉱ 25. ㉱ 26. ㉱ 27. ㉰

문제 28. 다음에서 설명하는 목재의 제품은?

> 강당, 극장, 집회장 등에 음향 조절용으로 쓰이며, 단면형은 설계자의 의도에 따라 선택할 수 있고 두께가 3 cm이고 폭이 10 cm 정도의 긴 판에 가공한 것

㉮ 합판　　　　　㉯ 집성재
㉰ 플로어링 보드　㉱ 코펜하겐 리브

해설 • 코펜하겐 리브
① 두께 3 cm, 너비 10 cm 정도의 긴 판에 표면을 자유곡면으로 깎아 수직평행선이 되게 리브(rib)를 만든 것이다.
② 음향조절 효과, 장식효과가 있다.

문제 29. 내열성·내한성이 우수한 수지로 −60~260℃ 정도의 범위에서는 안정하고 탄성을 가지며 내후성 및 내화학성 등이 아주 우수하기 때문에 접착제, 도료로서 주로 사용되는 것은?

㉮ 페놀수지　　　㉯ 멜라민수지
㉰ 실리콘수지　　㉱ 염화비닐수지

해설 • 실리콘수지
① 내알칼리성, 전기절연성, 내후성, 특히 내열, 내한성이 극히 우수하며 발수성이 있어 방수재료로도 쓰인다.
② 팩킹재, 접착제, 도료로 사용된다.

문제 30. 화성암 중 점판암과 같이 퇴적층이 쌓여 지표면에 생긴 것으로 얇게 떼어 낼 수 있는 것을 무엇이라 하는가?

㉮ 층리　㉯ 절목　㉰ 도리　㉱ 조암

해설 • 층리 : 퇴적층과 퇴적층이 쌓인 사이

문제 31. 시멘트 및 콘크리트 제품의 형상에 따른 분류에 속하지 않는 것은?

㉮ 판상제품　　㉯ 블록제품
㉰ 봉상제품　　㉱ 대형제품

해설 ① 형상의 분류 : 판상, 블록, 관상, 봉상 제품
② 치수의 분류 : 대형, 소형, 중형제품

문제 32. 다음 중 점토제품의 제법순서를 옳게 나열한 것은?

> 〈보기〉
> ① 반죽　② 성형　③ 건조
> ④ 원토처리　⑤ 원료배합　⑥ 소성

㉮ ④-⑤-①-②-③-⑥
㉯ ①-②-③-④-⑤-⑥
㉰ ②-③-⑥-④-⑤-①
㉱ ③-⑥-⑤-②-④-①

해설 원토처리 → 원료배합 → 반죽 → 성형 → 건조 → 시유 → 소성

문제 33. 중용열 포틀랜드 시멘트에 대한 설명으로 옳은 것은?

㉮ 초기강도 증진을 위한 시멘트이다.
㉯ 급속 공사, 동기 공사 등에 유리하다.
㉰ 발열량이 적고 경화가 느린 것이 특징이다.
㉱ 수화속도가 빨라 한중 콘크리트 시공에 적합하다.

해설 • 중용열 포틀랜드 시멘트
① 수화작용을 할 때 발열량을 적게 한 시멘트이다.
② 체적의 변화가 적어서 균열발생이 적다.

문제 34. 보통 포틀랜드 시멘트의 응결시간(비카 시험)에 대한 KS규정(KS L 5201)으로 옳은 것은?

㉮ 초결 10분 이상, 종결 1시간 이하
㉯ 초결 20분 이상, 종결 4시간 이하
㉰ 초결 30분 이상, 종결 6시간 이하
㉱ 초결 60분 이상, 종결 10시간 이하

해설 • 보통 포틀랜드 시멘트
① 공정이 간단하고 품질이 좋으므로 가장 많이 사용되며 생산량도 가장 많다.
② 비중 : 3.05~3.15
③ 응결시간 : 초결 60분 이상, 종결 10시간 이하

해답 28. ㉱　29. ㉰　30. ㉮　31. ㉱　32. ㉮　33. ㉰　34. ㉱

문제 35. 블로운 아스팔트의 성능을 개량하기 위해 동식물성 유지와 광물질 분말을 혼입한 것으로 일반지붕 방수공사에 이용되는 것은?

㉮ 아스팔트 유제
㉯ 아스팔트 펠트
㉰ 아스팔트 루핑
㉱ 아스팔트 컴파운드

해설 • 아스팔트 컴파운드(asphalt compound) : 블로운 아스팔트의 성능을 개량하기 위해 동식물성 유지와 광물질 분말을 혼입한 것으로 방수재, 전기재, 전기절연재로 사용한다.

문제 36. 건축 재료에서 물체에 외력이 작용하면 순간적으로 변형이 생겼다가 외력을 제거하면 원래의 상태로 되돌아가는 성질은?

㉮ 탄성 ㉯ 소성 ㉰ 점성 ㉱ 연성

해설 ① 탄성 : 재료가 외력을 받아 변형이 생겼을 때 외력을 제거하면 원상태로 되돌아가는 성질
② 소성 : 재료가 외력을 받아 변형이 생겼을 때 외력을 제거해도 원상태로 되돌아가지 못하고 변형된 상태로 남아 있는 성질이다.
③ 연성 : 재료가 인장력을 받을 때 잘 늘어나는 성질이다.

문제 37. 금속망을 유리 가운데 넣은 것으로 비상통로의 감시창 및 진동이 심한 장소에 사용되는 유리는?

㉮ 접합유리 ㉯ 망입유리
㉰ 반사유리 ㉱ 무늬유리

해설 • 망입유리
① 용융유리 사이에 금속 그물을 넣어 롤러로 압연하여 만든 판유리이다.
② 도난방지, 화재방지, 비상통로의 감시창

문제 38. 도장의 목적과 관계하여 도장재료에 요구되는 성능과 가장 거리가 먼 것은?

㉮ 방음 ㉯ 방습 ㉰ 방청 ㉱ 방식

해설 • 도장재료 : 물체의 표면에 칠하여 부식을 방지하고 표면을 보호하며 광택, 색채, 무늬 등을 이용하여 아름답게 하는 데 쓰이는 재료로서 방습, 방청, 방식 성능이 요구되어진다.

문제 39. 다음 중 콘크리트 혼화재로 사용되는 물질이 아닌 것은?

㉮ 알루미늄옥사이드 ㉯ 플라이애시
㉰ 고로슬래그 ㉱ 실리카 흄

해설 • 혼화재의 종류
① 콘크리트의 워커빌리티 향상, 알칼리성의 감소, 수화열 감소를 목적으로 사용하는 재료이다.
② 플라이애시
③ 고로슬래그
④ 실리카 흄

문제 40. 금속판에 여러 가지 무늬의 구멍을 펀칭한 것으로, 환기구나 라디에이터 커버 등에 쓰이는 철판가공품을 무엇이라 하는가?

㉮ 코너비드 ㉯ 메탈실링
㉰ 펀칭메탈 ㉱ 메탈라스

해설 • 펀칭메탈(punching metal) : 두께 1.2 mm 이하의 박강판을 여러 가지 모양으로 구멍을 만든 것이며 환기구멍, 방열기 덮개 등에 쓰인다.

문제 41. 다음 중 잔향이론에 대한 설명으로 옳지 않은 것은?

㉮ 실의 용도에 따라 적절한 잔향시간을 결정할 수 있도록 설계가 이루어져야 한다.
㉯ 잔향시간이 길면 음이 명료하지 않다.
㉰ 잔향시간은 실용적에 비례하고 흡음력에 반비례한다.
㉱ 잔향시간은 음원에서 소리가 끝난 후, 실내에 음의 에너지가 그 천만분의 일이 될 때까지의 시간을 의미한다.

해답 35. ㉱ 36. ㉮ 37. ㉯ 38. ㉮ 39. ㉮ 40. ㉰ 41. ㉱

해설 • 잔향시간의 특징
① 음 에너지의 밀도가 최초 값보다 60 dB 감소하는 데 걸리는 시간이다.
② 실의 형태와 관련이 없다.
③ 잔향시간이 길면 음이 명료하지 않으며 잔향시간이 없으면 음이 명료해진다.
④ 잔향시간은 실의 용적에 비례하고 흡음력에 반비례한다.
⑤ 실의 부피와 벽면의 흡음도에 따라 결정된다.
⑥ 잔향 : 음발생이 중지된 후에 소리가 실내에 남아 있는 현상이다.

문제 42. 홀(hall)형 아파트에 관한 설명 중 옳지 않은 것은?
㉮ 통행부의 면적이 작으므로 건물의 이용도가 높다.
㉯ 프라이버시가 양호하다.
㉰ 집중형에 비해 대지의 이용도가 높다.
㉱ 홀에서 직접 각 주거단위로 연결된다.

해설 • 주동의 평면형식
① 편복도형
  ㈎ 계단이나 엘리베이터에 의하여 1대당 단위주거를 많이 둘 수 있다.
  ㈏ 각 단위주거에 접하여 복도가 있으므로 프라이버시를 유지하기 힘들다.
② 중복도형
  ㈎ 계단 또는 엘리베이터를 통하여 각 층에 올라가서 중복도를 따라 양측에 나란히 배치되어 각 단위주거를 이루는 형식이다.
  ㈏ 대지에 대한 밀도는 높으나 복도 측 방의 프라이버시를 유지하기 힘들다.
③ 집중형
  ㈎ 중앙에 엘리베이터와 계단을 배치하고 그 주위에 많은 단위주거를 배치하는 형식이다.
  ㈏ 단위주거의 수가 적을 때 탑 모양으로 계단실형(홀형)에 가까운 모양이 된다.
④ 스킵 플로어형 : 계단실형의 장점과 편복도형의 장점을 복합한 것이다.
⑤ 계단실형(홀형)
  ㈎ 계단 혹은 엘리베이터가 있는 홀로부터 단위주거에 들어가는 형식이다.
  ㈏ 양면에 개구를 설치할 수 있어 채광, 통풍이 좋다.
  ㈐ 집중형에 비해 대지의 이용도가 낮다.

문제 43. 건축도면에 사용하는 투상법 작도의 원칙은?
㉮ 제 1 각법   ㉯ 제 2 각법
㉰ 제 3 각법   ㉱ 제 4 각법
해설 ① 제 3 각법 : 제 3 면각에 물체를 놓고 투상하는 방법이다.
② 한국 : 제3 각법, 영국 : 제 1 각법

문제 44. 건축도면에서 물체의 보이지 않는 부분을 나타내는 선은?
㉮ 파선   ㉯ 가는 실선
㉰ 일점 쇄선   ㉱ 이점 쇄선
해설 ① 파선 : 보이지 않는 부분을 표시한다.
② 가는 실선 : 치수선, 치수 보조선, 지시선
③ 일점쇄선 : 중심선, 절단선, 기준선, 경계선
④ 이점쇄선 : 가상선

문제 45. 건축 도면 중 건물 내부의 입면을 정면에서 바라보고 그리는 내부 입면도는?
㉮ 구상도   ㉯ 조직도
㉰ 전개도   ㉱ 창호도
해설 • 전개도 : 각 실 내부의 의장을 명시하기 위해 작성하는 도면으로 내부의 정면을 바라보고 그리는 내부 입면도이다.

문제 46. 철근 도면에서 늑근이나 띠철근을 표현하는데 일반적으로 사용되는 선은?
㉮ 파선   ㉯ 가는 실선
㉰ 일점 쇄선   ㉱ 굵은 실선
해설 • 가는 실선 : 치수선, 치수 보조선, 지시선으로 그리며 철근 도면에서 늑근이나 띠철근을 표현한다.

문제 47. 다음의 건축공간에 대한 설명 중 옳지 않은 것은?

해답 42. ㉰ 43. ㉰ 44. ㉮ 45. ㉰ 46. ㉯ 47. ㉱

㉮ 공간을 편리하게 이용하기 위해서는 실의 크기와 모양, 높이 등이 적당해야 한다.
㉯ 내부공간은 일반적으로 벽과 지붕으로 둘러싸인 건물 안쪽의 공간을 말한다.
㉰ 인간은 건축공간을 조형적으로 인식한다.
㉱ 외부공간은 자연 발생적인 것으로 인간에 의해 의도적으로 만들어지지 않는다.

[해설] 건축공간은 인간이 생활하는 공간으로서 인간이 계획하고 사고하는 것으로 만들어진다.

문제 48. 건물 또는 옥외 화재를 소화하기 위하여 옥외에 설치하는 고정식 소화 설비로, 대규모의 화재 또는 이웃 건물로 연소할 우려가 있을 때 소화하기 위해 설치하는 것은?

㉮ 스프링클러 설비 ㉯ 연결 살수 설비
㉰ 옥내소화전 설비 ㉱ 옥외소화전 설비

[해설] • 옥외소화전 설비
① 건물이나 옥외 화재를 소화하기 위해 옥외에 설치하는 고정식 소화설비이다.
② 물을 소화약제로 사용하는 설비이다.

문제 49. 묘사 용구 중 지울 수 있는 장점 대신 번질 우려가 있는 단점을 지닌 재료는?

㉮ 잉크 ㉯ 연필 ㉰ 매직 ㉱ 물감

[해설] • 연필
① 다양한 질감 표현이 가능하다.
② 맑은 상태에서 어두운 상태까지 폭넓게 명암을 나타낼 수 있다.
③ 지울 수 있는 장점이 있는 반면에 번지거나 더러워지는 단점이 있다.

문제 50. 모듈 적용에 대한 설명으로 옳지 않은 것은?

㉮ 건축구성재의 대량 생산이 용이하다.
㉯ 설계 작업이 복잡하다.
㉰ 현장작업이 단순하므로 공기가 단축된다.
㉱ 생산 코스트가 내려간다.

[해설] • 모듈 적용 장점 : 건축구성재의 대량 생산이 가능하며 설계와 시공이 빠르고 시간이 단축된다.

문제 51. 다음 설명에 알맞은 건축물의 입체적 표현 방법은?

선의 간격을 달리 함으로써 면과 입체를 결정하는 방법으로, 평면은 같은 간격의 선으로, 곡면은 선의 간격을 달리하여 표현하며, 선의 방향은 면이나 입체의 수직, 수평의 방위에 맞추어 그린다.

㉮ 단선에 의한 표현
㉯ 여러 선에 의한 표현
㉰ 명암 처리만으로의 표현
㉱ 단선과 명암에 의한 표현

[해설] ① 명암 처리에 의한 묘사 방법 : 명암의 상태로 면과 입체를 표현한다.
② 단선에 의한 묘사 방법 : 윤곽선을 굵은선으로 표시하여 공간상의 입체를 강하게 표현하는 방법이다.
③ 단선과 명암에 의한 묘사 방법 : 공간을 선으로 표현하며, 명암으로 음양을 넣어 표현한다.
④ 여러 선에 의한 묘사 방법 : 선의 간격에 변화를 주어 면과 입체를 표현한다.

문제 52. 건축물의 용도 분류상 단독주택에 속하지 않는 것은?

㉮ 다중주택 ㉯ 다가구주택
㉰ 공관 ㉱ 다세대주택

[해설] ① 단독주택
㈎ 1인 소유의 주거 형태이다.
㈏ 단독주택
㈐ 다중주택
㈑ 다가구주택 : 소유자 1인이다.
㈒ 공관
② 공동주택
㈎ 아파트
㈏ 연립주택

해답 48. ㉱ 49. ㉯ 50. ㉯ 51. ㉯ 52. ㉱

(다) 다세대 주택 : 분양이 목적이며 구분등기가 가능하다.
(라) 기숙사

문제 53. 복사 난방에 대한 설명 중 옳지 않은 것은?
㉮ 실내의 온도 분포가 균등하고 쾌감도가 높다.
㉯ 대류가 적으므로 바닥면의 먼지가 상승하지 않는다.
㉰ 방열기가 필요하며, 바닥면의 이용도가 낮다.
㉱ 방을 개방 상태로 하여도 난방 효과가 있다.
해설 • 복사난방의 특징
① 실내의 온도 분포가 균등하여 쾌감도가 높다.
② 대류가 적어 바닥면의 먼지가 상승하지 않는다.
③ 방열기가 필요치 않으며 바닥면적 이용도가 높다.
④ 설비비가 고가이다.

문제 54. 다음 창호의 평면 표시 기호의 명칭으로 옳은 것은?

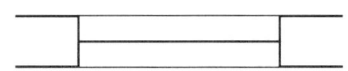

㉮ 외여닫이창 ㉯ 회전창
㉰ 망사창   ㉱ 붙박이창
해설 • 붙박이창
① 평면 :
② 입면 : FIX

문제 55. 배수관 속의 악취, 유독 가스 및 해충 등이 실내로 침투하는 것을 방지하기 위하여 배수 계통의 일부에 봉수가 고이게 하는 기구는?

㉮ 트랩   ㉯ 슬리브
㉰ 플러시 밸브 ㉱ 팽창관
해설 • 트랩
① 배관 속 악취, 유독가스 및 벌레 등이 실내로 침투하는 것을 방지하기 위하여 배수 시설 일부에 봉수가 고이게 하는 기구이다.
② 봉수 : 냄새의 침입을 방지하기 위하여 트랩의 봉수부에 담겨진 물이다.

문제 56. 주택의 세면실에서 세면기의 높이로 가장 적당한 것은?
㉮ 500 mm   ㉯ 750 mm
㉰ 900 mm   ㉱ 1050 mm
해설 거울 아래에 세면기가 위치해야 하며 높이는 75 cm(750 mm)가 적당하다.

문제 57. 에스컬레이터 설치 시 주의사항으로 옳지 않은 것은?
㉮ 지지보나 기둥에 하중이 균등하게 걸리게 한다.
㉯ 사람 흐름의 중심에 배치한다.
㉰ 일반적으로 경사도는 30도 이하로 한다.
㉱ 주행거리는 가능한 길게 한다.
해설 ① 에스컬레이터 구성
(가) 상·하부에 기계실
(나) 상부 기계실에는 전동기와 직결된 감속기
(다) 발판은 4개의 롤러로 회전
(라) 핸드 레일
② 에스컬레이터 설치 기준
(가) 주행거리가 짧도록 할 것
(나) 교통이 연속되도록 할 것
(다) 승객의 시야를 막지 않을 것
(라) 건물 내의 교통의 중심에 설치하되 엘리베이터와 현관의 위치를 고려하여 결정할 것

문제 58. 침실의 위치에 대한 설명 중 옳지 않은 것은?
㉮ 현관에서 떨어진 곳이 좋다.

해답 53. ㉰ 54. ㉱ 55. ㉮ 56. ㉯ 57. ㉱ 58. ㉱

⑭ 도록 쪽은 피하고 독립성이 있는 곳이 좋다.
⑮ 일조, 통풍이 좋은 남쪽이나 동남쪽이 좋다.
㉠ 정원 등의 공지에 면하지 않는 것이 좋다.

[해설] • 침실의 위치
① 침실은 평면계획상 거실, 식당, 부엌 등의 공간과 구분하여 현관에서 떨어진 곳으로 한다.
② 도로 쪽은 피하고 독립성이 있는 곳이 좋다.
③ 안전하고 기밀성 있는 공지 쪽이나 상층에 배치하는 것이 좋다.
④ 침실의 방위는 일조, 통풍이 좋은 남쪽이나 동남쪽이 좋다.
⑤ 침실에서 대문을 바라볼 수 있게 한다.

[문제] 59. 주택단지의 구성에서 근린분구를 이루는 주택호수의 규모는?
㉮ 20~40호 ㉯ 400~500호
㉰ 1600~2000호 ㉱ 2500~10000호

[해설] • 근린주구의 주택단위 구성단위
① 인보구 : 주택호수 15~40호, 인구 100~200명
② 근린분구 : 주택호수 400~500호, 인구 2000명
③ 근린주구 : 주택호수 1600~2000호, 인구 8000~10000명

[문제] 60. 건축 평면 계획에 대한 설명 중 옳지 않은 것은?
㉮ 동선 계획과 동시에 진행되는 것이 보통이다.
㉯ 주어진 기능의 어떤 건물 내부에서 일어나는 모든 활의 종류, 규모 및 그 상호관계를 합리적으로 평면상에 배치함을 말한다.
㉰ 입면 설계의 수직적 크기를 나타낸다.
㉱ 소음 및 악취 등의 환경적 문제를 해결해야 한다.

[해설] • 평면계획
① 평면에 대한 수평적 크기의 분할을 나타낸다.
② 생활 내부에 따라 여러 가지 성격의 공간들을 일정한 방법으로 분리, 통합해서 주생활의 욕구를 충족할 수 있도록 각 실의 배치를 결정하는 작업이다.

□ 전산응용 건축제도 기능사   ▶ 2010. 7. 11 시행

[문제] 1. 막구조 중 막의 무게를 케이블로 지지하는 구조는?
㉮ 골조막구조 ㉯ 현수막구조
㉰ 공기막구조 ㉱ 하이브리드 막구조

[해설] • 막구조의 종류
① 골조막구조 : 막의 무게를 골조가 부담하는 구조이다.
② 현수막구조 : 막의 무게를 케이블로 당겨 지지하는 구조이다.
③ 공기막구조 : 공기압으로 막의 형태를 유지하는 구조이다.
④ 하이브리드 막구조 : 골조막, 현수막, 공기막구조를 복합적으로 채용한다.

[문제] 2. 다음 중 셸구조의 대표적인 구조물은?
㉮ 장충체육관
㉯ 시드니 오페라하우스
㉰ 금문교
㉱ 상암동 월드컵경기장

[해설] ① 셸구조 : 곡률을 가진 얇은 판으로 주변을 충분히 지지시키면 면에 분포되는 하중을 인장, 압축과 같은 면 내력으로 전달시키

[해답] 59. ㉯ 60. ㉰ 1. ㉯ 2. ㉯

는 역학적 특성을 가지는 구조로 큰 공간을 덮는 지붕이나 액체를 담는 용기 등에 널리 사용한다.
② 시드니 오페라하우스 : 셸구조
③ 래티스 돔구조 : 장충체육관
④ 현수구조 : 금문교, 남해대교
⑤ 막구조 : 상암동 월드컵경기장

문제 3. 다음 중 그림과 같은 철근콘크리트 연속보의 배근법으로 가장 옳은 것은? (단, 하중은 연직 아래 방향 등분포하중임)

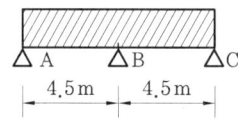

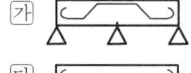   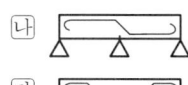

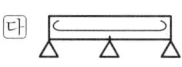   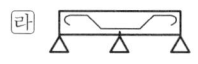

해설 인장력이 발생하는 곳에는 인장력에 강한 철근을 배근한다.

문제 4. 벽돌 구조에서 방음, 단열, 방습을 위해 벽돌벽을 이중으로 하고 중간을 띄어 쌓는 법은?
㉮ 들여쌓기 ㉯ 공간쌓기
㉰ 내쌓기   ㉱ 기초쌓기

해설 • 공간 쌓기
① 방습, 방음, 단열을 목적으로 공간을 띄워서 쌓는 벽을 말한다.
② 바깥벽과 안벽의 연결철물은 $0.4 m^2$ 이내마다 1개씩 사용하고 켜가 달라질 때마다 엇갈리게 배치한다.

문제 5. 다음 중 철골구조의 구조형식상 분류에 속하지 않는 것은?
㉮ 트러스 구조 ㉯ 입체 구조
㉰ 라엘 구조   ㉱ 강관 구조

해설 • 철골구조의 형식상 분류
① 라멘식 구조   ② 트러스식 구조
③ 아치구조   ④ 입체구조

문제 6. 프리스트레스트 콘크리트(prestressed concrete) 구조의 특징으로 옳지 않은 것은?
㉮ 간 사이를 길게 할 수 있어서 넓은 공간을 설계할 수 있다.
㉯ 부재 단면의 크기를 작게 할 수 있으며 진동이 없다.
㉰ 공기를 단축할 수 있고 시공과정을 기계화할 수 있다.
㉱ 고강도 재료를 사용하므로 강도와 내구성이 큰 구조물을 만들 수 있다.

해설 • PS(prestressed concrete)콘크리트의 특징
① 고강도의 강재나 피아노선을 사용하여 단면적을 작게 하여 큰 응력을 받게 된다.
② 내구성과 복원성이 크다.
③ 고강도의 강재나 각종 보조재료 및 그라우딩 비용 등이 소요되어 단가가 비싸다.
④ 제작에 고도의 기술과 세심한 주의가 요구된다.
⑤ 숙련공이 필요하며 작업비가 많이 드는 단점이 있다.
⑥ 강성이 약하여 하중에 의한 처짐 및 충격에 의한 진동이 크다.

문제 7. 건물의 하부 전체 또는 지하실 전체를 하나의 기초판으로 구성한 기초로서 매트 슬래브 기초 또는 매트 기초라고 불리우는 것은?
㉮ 독립기초   ㉯ 줄기초
㉰ 복합기초   ㉱ 온통기초

해설 • 기초판 형식에 의한 분류
① 독립기초 : 한 개의 기초판으로 한 개의 기둥을 받치는 것으로서 동바리 기초, 주춧돌 기초, 긴주춧돌 기초 등이 있다. 주로 목구조에 사용된다.
② 복합기초 : 한 개의 기초판으로 두 개 이상의 기둥을 받치는 기초
③ 줄기초 : 벽 또는 일렬의 기둥을 대형 기초판으로 받치게 한 기초로서 벽돌 기초, 콘크리트 기초, 장대돌 기초 등이 있다. 주로 조적식 구조에 적합하다.

④ 온통기초 : 건물의 하부 전체를 기초판으로 형성판 기초로 가장 일반적인 구조이다.

문제 8. 다음 중 철골구조에 대한 설명으로 옳지 않은 것은?
㉮ 벽돌구조에 비하여 수평력에 강하다.
㉯ 장스팬 구조가 가능하다.
㉰ 화재에 대비하기 위해서 적당한 내화피복이 필요하다.
㉱ 철근콘크리트구조에 비하여 동절기 기후의 영향을 많이 받는다.

해설 • 철골구조의 특징
① 철근 콘크리트 구조보다 건물의 무게를 가볍게 할 수 있다.
② 인성이 커서 상당한 변위에 강하다.
③ 단면에 비하여 부재길이가 비교적 길고 두께가 얇아서 좌굴하기 쉽다.
④ 철골구조는 현장상태나 기상조건, 시공기술에 크게 관계없이 정밀도가 높은 구조물을 얻을 수 있다.

문제 9. 보링 방법 중 속이 빈 강철재의 절단기를 회전하여 구멍을 뚫고 지층을 그대로 원통모양으로 채취하는 것은?
㉮ 회전식 보링
㉯ 충격식 보링
㉰ 수세식 보링
㉱ 탄성파식 지하탐사

해설 • 회전식 보링 : 지층을 그대로 원통모양으로 채취하여 지층의 변화를 정확히 알고자 할 때 사용하는 보링 방식이다.

문제 10. 다음 중 거푸집 상호 간의 간격을 유지하는 데 쓰이는 긴결재는?
㉮ 꺾쇠   ㉯ 컬럼밴드
㉰ 세퍼레이터   ㉱ 듀벨

해설 • 세퍼레이터 : 거푸집과 거푸집 사이에 넣어서 거푸집 상호간격을 일정하게 유지할 때 사용하는 긴결재이며 방수턱에 사용한다.

문제 11. 보강블록조에 대한 설명으로 옳지 않은 것은?
㉮ 내력벽의 길이의 합계는 그 층의 바닥면적 1 m²당 0.15 m 이상이 되어야 한다.
㉯ 내력벽으로 둘러싸인 부분의 바닥 면적은 80 m²를 넘지 않아야 한다.
㉰ 내력벽의 두께는 100 mm 이상으로 한다.
㉱ 내력벽은 그 끝부분과 벽의 모서리 부분에 12 mm 이상의 철근을 세로로 배치한다.

해설 보강블록 구조인 내력벽의 두께(마감재료의 두께를 포함하지 아니한다. 이하 이 절에서 같다)는 150 mm 이상으로 하되, 그 내력벽의 구조내력에 주요한 지점 간의 수평거리의 50분의 1 이상으로 하여야 한다.

문제 12. 다음 중 목구조에 대한 설명으로 옳지 않은 것은?
㉮ 토대는 기초 위에 가로놓아 상부에서 오는 하중을 기초에 전달한다.
㉯ 토대와 토대의 이음은 턱걸이주먹장이음 또는 엇걸이산지이음 등으로 한다.
㉰ 평기둥은 밑층에서 위층까지 한 개의 부재로 되어 있다.
㉱ 간사이의 중간에서 지붕보를 받는 부재를 베개보라 한다.

해설 평기둥은 밑층에서 위층의 기둥이 따로따로 되어 있어 층의 구분이 생긴다.

문제 13. 압축력을 받는 기둥의 길이가 길어질수록 내력이 급격히 떨어지게 되는 것을 무엇이라 하는가?
㉮ 좌굴   ㉯ 연성파괴
㉰ 취성파괴   ㉱ 피로파괴

해설 • 좌굴 : 보통 기둥의 압축력이 가해졌을 때 내력이 급격히 떨어져 기둥이 휘어져서 파괴되는 것을 말한다.

해답 8. ㉱ 9. ㉮ 10. ㉰ 11. ㉰ 12. ㉰ 13. ㉮

문제 14. 다음 중 한옥 구조에서 다락기둥이 의미하는 것은?

㉮ 고주   ㉯ 누주   ㉰ 찰주   ㉱ 활주

해설 • 누주
① 다락기둥
② 한옥에서 보통 2층 다락에 사용하고 누마루에 쓰이는 기둥을 말한다.

문제 15. 바닥마감판과 바탕 사이에 암면 등의 완충재를 넣어 판의 진동을 감소시키는 바닥 구조는?

㉮ 방부바닥구조   ㉯ 방음바닥구조
㉰ 방충바닥구조   ㉱ 전도바닥구조

해설 • 방음바닥구조 : 바닥마감판과 바탕 사이에 암면 등의 완충재를 넣어 판의 진동을 감소시키며 재료가 밀실하지 않으면 방음이 높고 강도가 낮다.

문제 16. 조적조에서 하나의 층에 있어서의 개구부와 그 바로 위층에 있는 개구부와의 최소 수직거리는 얼마 이상인가?

㉮ 20 cm   ㉯ 40 cm
㉰ 60 cm   ㉱ 80 cm

해설 • 개구부와 직상개구부와 최소 수직거리 : 60 cm

문제 17. 돌쌓기의 1켜의 높이는 모두 동일한 것을 쓰고 수평 줄눈이 일직선으로 통하게 쌓는 돌쌓기 방식은?

㉮ 바른층 쌓기   ㉯ 허튼층 쌓기
㉰ 층지어 쌓기   ㉱ 허튼 쌓기

해설 ① 바른층 쌓기 : 1켜의 높이가 동일하고 수평 줄눈이 일직선으로 통하게 쌓는 돌쌓기 방식을 말한다.
② 1켜 : 돌을 가로줄눈이 수평이 되도록 수평 한줄로 이어 쌓는 것을 말한다.
③ 허튼층 쌓기 : 수평줄눈이 일직선이 되지 않으며 막 쌓는 방식을 말한다.

문제 18. 철골구조에서 판보(plate girder)의 구성부재 명칭과 관계가 없는 것은?

㉮ 플랜지 앵글   ㉯ 스티프너
㉰ 웨브 플레이트   ㉱ 메탈 터치

해설 • 철골조 플레이트보(plate girder)의 구성부재
① 플랜지 앵글 : 주로 휨모멘트에 저항하며 커버 플레이트로 보강한다.
② 웨브 플레이트 : 전단력에 저항하며 두께는 6 mm 이상으로 스티프너로 보강한다.
③ 스티프너 : 웨브 플레이트의 좌굴을 방지가 목적이다.
④ 스티프너(stiffener)는 웨브 플레이트의 좌굴을 방지가 목적이며 스티프너로 보강하다.

문제 19. 철근의 정착에 대한 설명 중 옳지 않은 것은?

㉮ 철근의 부착력을 확보하기 위한 것이다.
㉯ 정착 길이는 콘크리트의 강도가 클수록 짧아진다.
㉰ 정착 길이는 철근의 지름이 클수록 짧아진다.
㉱ 정착길이는 철근의 항복 강도가 클수록 길어진다.

해설 • 철근의 정착 길이 결정요인
① 철근의 종류
② 콘크리트의 구조설계 기준강도가 작을수록 길어진다.
③ 철근의 항복강도가 강할수록 길어진다.
④ 철근의 공칭직경이 클수록 길어진다.
⑤ 갈고리의 유무
⑥ 정착길이 : 철근의 강도를 발휘하기 위해 콘크리트 속에 들어가는 길이
⑦ 철근의 정착 길이 : 철근의 지름(다면적)이 클수록 길어진다.

문제 20. 다음의 각 건축구조에 대한 설명으로 옳지 않은 것은?

㉮ 건식 구조는 기성재를 짜맞추어 구성하는 구조로서 울은 거의 쓰이지 않는다.
㉯ 일체식 구조는 철근콘크리트 구조 등을 말한다.

해답 14. ㉯   15. ㉯   16. ㉰   17. ㉮   18. ㉱   19. ㉰   20. ㉰

㈐ 조립식 구조는 경제적이나 공기(工期)가 길다.
㈑ 비내력벽 구조는 상부하중을 받지 않는 구조로서 장막벽 등을 말한다.
[해설] • 조립식 구조 : 공사기간이 짧아진다.

문제 21. 수화속도를 지연시켜 수화열을 작게 한 시멘트로 매스콘크리트에 사용되는 것은?
㈎ 조강 포틀랜드 시멘트
㈏ 중용열 포틀랜드 시멘트
㈐ 백색 포틀랜드 시멘트
㈑ 폴리머 시멘트
[해설] • 중용열 포틀랜드 시멘트
① 수화작용을 할 때 발열량을 적게 한 시멘트이다.
② 조기 강도는 작으나 장기 강도는 크며 체적의 변화가 적어서 균열발생이 적다.
③ 댐 축조, 콘크리트로 된 큰 구조물 시공에 사용된다.

문제 22. 목재를 건조시킬 경우 구조용재는 함수율을 얼마 이하로 건조시키는 것이 가장 적정한가?
㈎ 15 %   ㈏ 25 %   ㈐ 35 %   ㈑ 45 %
[해설] ① 구조용재 : 함수율 15 %
② 수장재 및 가구용재 : 함수율 10 %
③ 함수율 : 목재의 함수율은 목재에 포함되어 있는 수분을 완전히 건조한 목재 무게에 대한 백분율로 나타낸다.

문제 23. 벤젠과 에틸렌으로부터 만든 것으로 벽, 타일, 천장재, 블라인드, 도료, 전기용품으로 쓰이며 특히, 발포제품은 저온 단열재로 널리 쓰이는 수지는?
㈎ 아크릴수지   ㈏ 염화비닐수지
㈐ 폴리스티렌수지   ㈑ 폴리프로필렌수지
[해설] • 폴리스티렌수지 : 무색 투명하고 착색하기 쉬우며 내화학성, 전기절연성, 가공성이 우수하며 단단하나 부서지기 쉬운 결점이 있다.

문제 24. 벽체 도장 작업 중 페인트칠의 경우 초벌과 재벌 등을 바를 때마다 그 색을 약간씩 다르게 하는 가장 주된 이유는?
㈎ 희망하는 색을 얻기 위해서
㈏ 다음 칠을 하였는지 안하였는지를 구별하기 위해서
㈐ 색이 진하게 되는 것을 방지하기 위해서
㈑ 착색안료를 낭비하지 않고 경제적으로 하기 위해서
[해설] • 벽체 도장 작업 순서 : 초벌과 재벌 과정을 구별하기 위하여 색을 약간씩 다르게 한다.
① 이물질 제거
② 공기 환기
③ 벽체가 평탄하게 퍼디 작업
④ 초벌 작업
⑤ 재벌 작업

문제 25. 아스팔트 펠트의 양면에 아스팔트 피복을 하고 밀착방지를 위해 활석, 운모, 석회석, 규조토의 미분말을 뿌린 것으로 방수층의 주층으로 쓰이거나 지붕바탕깔기로 쓰이는 것은?
㈎ 아스팔트 프라이머
㈏ 아스팔트 루핑
㈐ 아스팔트 유제
㈑ 아스팔트 컴파운드
[해설] • 아스팔트 루핑 : 원지에 아스팔트를 침투시킨 다음 그 양면에 아스팔트를 도포하고 광물질 분말을 살포하여 마무리한 시트상의 제품이며 지붕, 지하실의 방수층의 보강재로 쓰인다.

문제 26. 미리 거푸집 속에 적당한 입도배열일을 가진 굵은 골재를 채워 넣은 후, 모르타르를 펌프로 압입하여 굵은 골재의 공극을 충전시켜 만드는 콘크리트는?
㈎ 소일 콘크리트
㈏ 레디믹스트 콘크리트
㈐ 쇄석 콘크리트

[해답] 21. ㈏   22. ㈎   23. ㈐   24. ㈏   25. ㈏   26. ㈑

라 프리플레이스트 콘크리트

[해설] • 프리플레이스트 콘크리트 : 굵은 골재를 먼저 채워 넣은 후 모르타르를 펌프로 압압하여 시공하는 콘크리트이며 재료분리와 다짐 문제가 존재한다.

문제 27. 주로 실내 목재 내장재의 투명마감에 사용하는 도료로서 광택 및 작업성이 좋고, 천연수지가 들어 있어 건조가 빠른 도료는?

가 래커
나 바니시
다 에나멜페인트
라 워시프라이머

[해설] • 바니시(휘발성 니스)
① 건조가 빠르고 도막이 단단하다.
② 바르기 쉬우며 광택이 있고 값이 싸다.
③ 건축, 차량, 가구 등의 실내, 특히 목재 부분 도장에 많이 쓰인다.

문제 28. 점토의 물리적 성질에 대한 설명으로 옳지 않은 것은?

가 비중은 일반적으로 2.5~2.6 정도이다.
나 입자의 크기가 클수록 가소성이 좋다.
다 양질의 점토는 습윤 상태에서 현저한 가소성을 나타낸다.
라 압축강도는 인장강도의 약 5배 정도이다.

[해설] 점토는 물에 젖으면 가소성이 생기고 건조하면 굳어지며 입자가 작을수록 가소성이 좋다.

문제 29. 재료의 응력-변형도 관계에서 가해진 외부의 힘을 제거하였을 때 잔류변형 없이 원형으로 되돌아오는 경계점은?

가 인장강도점
나 탄성한계점
다 상위항복점
라 하위항복점

[해설] • 탄성한계점 : 외부의 힘을 제거하였을 때 원형으로 되돌아오는 힘을 탄성한계라 한다.

문제 30. 다음 중 시멘트 응결시간이 단축되는 경우는?

가 풍화된 시멘트를 사용할 때
나 수량이 많을 때
다 온도가 낮을 때
라 시멘트 분말도가 클 때

[해설] • 시멘트의 응결시간이 단축되는 요인
① 시멘트가 새로운 것일수록 빠르다.
② 분말도가 클수록 빠르다.
③ 수량이 적을수록 빠르다.
④ 온도가 높을수록 빠르다.
⑤ 혼화제를 많이 넣을수록 빠르다.

문제 31. 파티클 보드에 대한 설명 중 옳지 않은 것은?

가 변형이 아주 적다.
나 합판에 비해 휨강도는 떨어지나 면내 강성은 우수하다.
다 흡음성과 열의 차단성이 작다.
라 칸막이벽, 가구 등에 이용된다.

[해설] 파티클 보드는 흡음성과 열의 차단성이 우수하며 방음 및 단열재로 사용한다.

문제 32. 점토를 한번 소성하여 분쇄한 것으로서 점성 조절재로 이용되는 것은?

가 질석
나 샤모트
다 돌로마이트
라 고로슬래그

[해설] • 점토 점성(가소성) 조절재 : 샤모트(chamotte)

문제 33. 대리석에 대한 설명 중 옳지 않은 것은 어느 것인가?

가 외부 장식재로 적당하다.
나 내화성이 낮고 풍화되기 쉽다.
다 석회석이 변질되어 결정화한 것이다.
라 물갈기 하면 고운 무늬가 생긴다.

[해설] • 대리석의 용도
① 아름답고 갈면 광택이 나므로 장식용 석재 중에서 고급재로 많이 사용된다.
② 실내 마감재(바닥재, 벽재)
③ 내부 장식재(조각, 몰딩)로 적합하다.

문제 34. 다음 중 결로(結露)현상 방지에 가장 적합한 유리는?
㉮ 무늬유리 ㉯ 강화판유리
㉰ 복층유리 ㉱ 망입유리

해설 • 복층유리
① 사용 용도 : 방음, 단열효과가 크고 결로 방지용으로서도 우수하다.
② 2장 혹은 3장의 판유리를 일정한 간격으로 띄어 금속테로 기밀하게 하여, 유리 사이의 내부를 진공으로 하거나 특수한 기체를 넣은 것이다.

문제 35. 다음 중 콘크리트 혼화재의 첨가 목적이 아닌 것은?
㉮ 워커빌리티(workability) 개량
㉯ 펌퍼빌리티(pumpability) 개량
㉰ 수화열 증가 및 알칼리골재반응 형성
㉱ 장기강도 및 초기강도 증진

해설 • 콘크리트 혼화재의 첨가 목적
① 수화초기 발열량(수화열) 감소
② 장기 강도 증가
③ 알칼리 골재 반응에 의한 팽창 억제
④ 해수에 대한 저항성 증가

문제 36. 얇은 강판에 마름모꼴의 구멍을 연속적으로 뚫어 만든 것으로 천장, 내벽 등의 회반죽 바탕에 균열 방지의 목적으로 쓰이는 금속 제품은?
㉮ 코너비드 ㉯ 메탈라스
㉰ 펀칭메탈 ㉱ 와이어메시

해설 • 메탈라스(metal lath) : 박강판에 일정한 간격으로 자르는 자국을 많이 내어 이것을 옆으로 잡아당겨 그물코 모양으로 만든 것으로 바름벽 바탕에 쓰이며 균열을 방지한다.

문제 37. 돌로마이트 플라스터에 대한 설명 중 옳지 않은 것은?
㉮ 소석회보다 점성이 작다.
㉯ 풀이 필요 없다.
㉰ 변색, 냄새, 곰팡이가 없다.
㉱ 건조수축이 커서 균열이 생기기 쉽다.

해설 • 돌로마이트 플라스터(석회) 특징
① 소석회보다 점성이 커서 해초풀이 필요 없고 시공이 용이하다.
② 마감 표면의 경도가 회반죽보다 크다.
③ 변색, 냄새, 곰팡이가 없다.
④ 물에 약하고 경화에 의한 수축률이 커서 균열발생이 쉽다.
⑤ 경화가 느리다.

문제 38. 다음 중 서로 관계있는 것끼리 짝지어지지 않은 것은?
㉮ 테라초 – 점토   ㉯ 방수재 – 아스팔트
㉰ 창유리 – 소다석회 ㉱ 섬유판 – 펄프

해설 • 테라초 : 고급 인조석의 일종이며 종석으로 대리석을 사용한 것이다.

문제 39. 콘크리트의 경화촉진제로 사용되는 염화칼슘에 대한 설명 중 옳지 않은 것은?
㉮ 한중콘크리트의 초기 동해방지를 위해 사용된다.
㉯ 시공연도가 빨리 감소되므로 시공을 빨리 실시하는 것이 좋다.
㉰ 염화칼슘을 많이 사용할수록 콘크리트의 압축강도는 증가한다.
㉱ 강재의 발청을 촉진시키므로 RC부재에는 사용하지 않는 것이 좋다.

해설 • 경화촉진제(염화칼슘)
① 경화촉진제로서 발열량을 증가시킨다.
② 응결시간이 촉진된다.
③ 사용량이 많으며 흡수성이 커지고 철물을 부식시킨다.
④ 과도하게 사용할 경우 콘크리트의 내구성을 저하시킬 수 있다.

문제 40. 단면이 $0.3\,m \times 0.6\,m$이고, 길이가 $10\,m$인 철근 콘크리트보의 중량은?
㉮ $1.8\,t$ ㉯ $3.6\,t$ ㉰ $4.14\,t$ ㉱ $4.32\,t$

해설 • 보의 중량
$2.4\,t/m^3 \times 0.3\,m \times 0.6\,m \times 10\,m = 4.32\,t$

해답 34. ㉰ 35. ㉰ 36. ㉯ 37. ㉮ 38. ㉮ 39. ㉰ 40. ㉱

문제 **41.** 건축도면 중 건물벽 직각 방향에서 건물의 외관을 그린 것은?
㉮ 입면도 ㉯ 전개도
㉰ 배근도 ㉱ 평면도

해설 • 입면도 : 건물벽 직각 방향에서 건물의 외관(측면)을 그린 도면이다.

문제 **42.** 트렌처 설비에 관한 설명으로 옳은 것은?
㉮ 인접건물에 화재가 발행하였을 때 수막을 형성함으로써 화재의 연소를 방재하는 설비이다.
㉯ 소방대 전용 소화전인 송수구를 통하여 실내로 물을 공급하여 소화 활동을 하는 설비이다.
㉰ 화재의 발생을 신속하게 알리기 위한 설비이다.
㉱ 소화전에 호스와 노출을 접속하여 건물 각 층 내부의 소정 위치에 설치한다.

해설 ① 드렌처 설비 : 인접건물에 화재발생 시 수막을 형성하여 화재번짐을 방지하는 설비이다.
② 옥외 소화전 설비 : 건물의 옥외화재를 소화하기 위해 옥외에 설치하는 고정식 소화 설비이다.

문제 **43.** 주택의 거실에 관한 설명 중 옳지 않은 것은?
㉮ 다목적 공간으로서 활용되도록 한다.
㉯ 주택의 단부에 위치시킬 경우, 개인적인 공간과 구분을 명확히 할 수 있다.
㉰ 안정된 거실 분위기를 위해 동선에 유의하고 출입구 수를 가능한 줄이는 것이 좋다.
㉱ 가족구성원이 많고 주택의 규모가 큰 경우에는 리빙 키친을 적용하는 것이 좋다.

해설 • Living Kitchen(리빙 키친)
① 실을 효과적으로 이용할 수 있다.
② 소규모 주택에서 많이 사용된다.
③ 거실 내에 부엌과 식사실을 설치한 것이다.
④ 동선이 단축된다.

문제 **44.** 한식주택과 양식주택의 차이에 대한 설명 중 옳지 않은 것은?
㉮ 한식주택은 은폐적이나, 양식주택은 개방형이다.
㉯ 한식주택의 실은 단일용도이나, 양식주택의 실은 혼용도이다.
㉰ 한식주택에서 가구는 부차적 존재이나, 양식주택에서 가구는 중요한 내용물이다.
㉱ 한식주택은 실의 조합으로 되어 있으나, 양식주택은 실의 분화로 되어있다.

해설 • 주거생활 양식의 종류와 차이점

구 분	한식 주택	양식 주택	비고
구조적	목조 가구식	벽돌조	창과 개구부는 지역적인 기후의 영향을 받아 그 형태와 크기가 달라진다.
용도	다용도	단일 용도	

문제 **45.** 다음 중 일교차에 대한 설명으로 옳은 것은?
㉮ 하루 중의 최고 기온과 최저 기온의 차이
㉯ 월평균 기온의 연중 최저와 최고의 차이
㉰ 기온의 역전 형상
㉱ 일평균 기온의 연중 최저와 최고의 차이

해설 • 일교차 : 하루 중 최고 기온과 최저 기온의 차로 위도와 관계없이 내륙지방이 크고 해안지방이 작다.

문제 **46.** 조적조 벽체에 있어서 1.0 B 공간쌓기의 벽두께로 옳은 것은?(단, 벽돌은 표준형을 사용하고, 공간은 75 mm로 한다.)
㉮ 180 mm ㉯ 255 mm
㉰ 265 mm ㉱ 285 mm

해답 41. ㉮ 42. ㉮ 43. ㉱ 44. ㉯ 45. ㉮ 46. ㉯

해설 •벽돌 규격
  ① 벽돌 1.0 B = 0.5 B + 0.5 B
    = 0.5 B + 75 mm(시멘트 모르타르 부분)
    + 0.5 B = 90 mm + 75 mm + 90 mm = 255 mm
  ② 벽돌 한 장의 규격
    190 mm(길이) × 90 mm(폭) × 57 mm(높이)
  ③ 0.5 B 벽체 두께
    벽돌 한 장의 폭인 90 mm

문제 47. 제도용지 중 A4의 규격으로 맞는 것은 어느 것인가?
  ㉮ 594 × 841 mm ㉯ 420 × 594 mm
  ㉰ 297 × 420 mm ㉱ 210 × 297 mm
해설 A4 = a × b = 210 × 297

문제 48. 증기난방 방식에 대한 설명 중 옳지 않은 것은?
  ㉮ 난방의 쾌감도가 낮다.
  ㉯ 예열시간이 온수난방에 비해 길다.
  ㉰ 방열면적을 온수난방보다 작게 할 수 있다.
  ㉱ 난방부하의 변동에 따라 방열량 조절이 곤란하다.
해설 •증기난방의 특징
  ① 방열면적을 온수난방보다 작게 할 수 있다.
  ② 설비비와 유지비가 저렴하다.
  ③ 증기순환이 빠르다.
  ④ 온도조절이 온수난방에 비해 어렵다.

문제 49. 경사 지붕의 경사를 표시하는 방법으로 옳은 것은?
  ㉮ $\frac{6}{100}$ ㉯ $\frac{2}{3}$ ㉰ $\frac{4}{10}$ ㉱ $\frac{40}{50}$
해설 지붕물매는 단위 수평길이 10 cm에 대한 수직높이의 비이다.

문제 50. 경사지를 적절하게 이용할 수 있으며, 각 호마다 전용의 정원을 갖는 주택형식은?
  ㉮ town house ㉯ row house
  ㉰ courtyard house ㉱ terrace house

해설 •테라스 하우스(terrace house) : 비탈진 경사도에 맞추어 지붕이 올라가는 형태로 계단식 건물형태이다.

문제 51. 다음의 통기방식 중 가장 이상적인 통기방식은?
  ㉮ 각개통기방식 ㉯ 도피통기방식
  ㉰ 회로통기방식 ㉱ 습윤통기방식
해설 •각개통기방식 : 각 위생기구마다 통기관을 세우는 방식으로 항상 통기가 되어 청결하고 안정도가 높으나 공사비가 증가하는 점이 있다.

문제 52. 건축원리의 3대 요소 중 견실, 견고, 축조, 논리에 대한 개념이 내포되어 있는 것은?
  ㉮ 구조 ㉯ 형태 ㉰ 기능 ㉱ 환경
해설 •구조 : 기능 + 구조 + 미 + 경제성

문제 53. 건축계획에서 치수 조정(modular coordination)의 이점으로 옳지 않은 것은?
  ㉮ 설계작업이 간편화된다.
  ㉯ 현장작업이 단순해지고 공기가 단축된다.
  ㉰ 대량생산이 용이하고 생산비를 절약할 수 있다.
  ㉱ 사용자의 개성에 맞는 다양한 공간의 구성이 용이하다.
해설 •치수 조정 : 효율성이 중대되고 미적인 가치를 갖게 할 수 있다.

문제 54. 계단식으로 된 컨베이어로서, 일반적으로 30° 이하의 기울기를 가지는 트러스에 발판을 부착시켜 레일로 지지한 구조체를 무엇이라 하는가?
  ㉮ 엘리베이터 ㉯ HA 시스템
  ㉰ 이동보도 ㉱ 에스컬레이터
해설 •에스컬레이터 구성
  ① 상·하부에 기계실
  ② 상부 기계실에는 전동기와 직결된 감속기

해답 47. ㉱ 48. ㉯ 49. ㉰ 50. ㉱ 51. ㉮ 52. ㉮ 53. ㉱ 54. ㉱

③ 발판은 4개의 롤러로 회전
④ 핸드 레일
⑤ 주행거리가 짧도록 한다.

문제 55. 건축 제도에서 불규칙한 곡선을 그릴 때 사용하는 제도 용구는?
㉮ 삼각자   ㉯ 자유곡선자
㉰ 지우개판   ㉱ 만능제도기
[해설] • 자유곡선자 : 여러 가지 곡선을 자유롭게 그릴 수 있다.

문제 56. 건축형태의 구성원리 중 인간의 주의력에 의해 감지되는 시각적 무게의 평형 상태를 의미하는 것은?
㉮ 균형   ㉯ 리듬   ㉰ 비례   ㉱ 강조
[해설] • 균형 : 구성 중 밸런스가 잘 이루어진 상태로 질서를 부여하기 쉬우며 통일과 안정감을 준다.

문제 57. 건축법상 층수 산정의 원칙으로 옳지 않은 것은?
㉮ 지하층은 건축물의 층수에 산입하지 않는다.
㉯ 건축물이 부분에 따라 그 층수가 다른 경우에는 그 중 가장 많은 층수를 그 건축물의 층수로 본다.
㉰ 층의 구분이 명확하지 아니한 건축물은 그 건축물의 높이 4 m 마다 하나의 층으로 보고 그 층수를 산정한다.
㉱ 옥탑은 그 수평투영면적의 합계가 해당 건축물 건축면적의 3분의 1 이하인 경우 건축물의 층수에 산입하지 않는다.
[해설] • 층수 산정의 원칙 : 옥탑은 그 수평투영면적의 합계가 해당 건축물 건축 면적의 8분의 1 이하인 경우 건축물의 층수에 산입하지 않는다.

문제 58. 다음 중 건축도면에 사람을 그려 넣는 목적과 가장 거리가 먼 것은?
㉮ 스케일감을 나타내기 위해
㉯ 공간의 깊이와 높이를 나타내기 위해
㉰ 공간내 질감을 나타내기 위해
㉱ 공간의 용도를 나타내기 위해
[해설] • 질감 : 건축재료나 색채조절로 표현한다.

문제 59. 압력탱크식 급수방식에 관한 설명 중 옳지 않은 것은?
㉮ 탱크의 설치 위치에 제한을 받지 않는다.
㉯ 소규모 급수에 적합하며 급수압이 항상 일정하다.
㉰ 국부적으로 고압을 필요로 하는 경우에 적합하다.
㉱ 취급이 곤란하며 다른 방식에 비해 고장이 많다.
[해설] • 압력탱크 방식
① 탱크설치 위치에 제한을 받지 않는다.
② 급수압이 일정하지 않다.
③ 저수량이 적으므로 정전 시나 펌프가 고장이 나면 즉시 급수가 중단된다.

문제 60. 건축도면에서 다음과 같은 단면용 재료 표시 기호가 나타내는 것은?
㉮ 목재 구조재
㉯ 목재 치장재
㉰ 벽돌
㉱ 석재
[해설] • 목재 치장재

① 석재 : 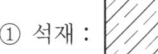   ② 치장재 :

③ 블록 :   ④ 콘크리트 :

[해답] 55. ㉯   56. ㉮   57. ㉱   58. ㉰   59. ㉯   60. ㉯

전산응용 건축제도 기능사 ▶ 2010. 10. 3 시행

문제 1. 바닥 면적이 40 m² 일 때 보강콘크리트 블록조의 내력벽 길이의 총합계는 최소 얼마 이상이어야 하는가?

㉮ 4 m   ㉯ 6 m   ㉰ 8 m   ㉱ 10 m

해설 • 보강콘크리트 블록조의 내력벽 길이 합계
① 1 m² → 15 cm 이상, 15 cm/1 m² 이상
② 40 m² → 15×4 = 60 cm, 60 cm = 6 m

문제 2. 거푸집에 대한 일반적인 설명으로 옳지 않은 것은?

㉮ 강재 거푸집은 콘크리트 오염의 가능성이 없지만, 목재 거푸집은 오염의 가능성이 높다.
㉯ 거푸집은 콘크리트의 형태를 유지시켜 주며 외기로부터 굳지 않은 콘크리트를 보호하는 역할을 한다.
㉰ 지반이 무르고 좋지 않을 때, 기초 거푸집을 사용한다.
㉱ 보 거푸집은 바닥거푸집과 함께 설치하는 경우가 많다.

해설 • 거푸집
① 강재 거푸집(steel form) : 변형 및 강도에 강하며 콘크리트에 오염된다.
② 목재 거푸집(wooden form) : 변형되기 쉬우며 강도에 약하며 콘크리트에 잘 오염되지 않는다.

문제 3. 철골조의 보에 대한 설명으로 옳지 않은 것은?

㉮ 형강보에는 L형강이 가장 많이 사용된다.
㉯ 트러스보에는 모든 하중이 압축력과 인장력으로 작용한다.
㉰ 플레이트보는 형강보다 큰 단면 성능을 가지도록 만들 수 있다.
㉱ 래티스보는 힘을 많이 받는 곳에는 잘 쓰이지 않는다.

해설 • 보(철골구조)
① 형강보 : I 형, H형강이 사용되며 단면이 부족한 경우에는 플레이트를 덧붙이기도 한다.
② H형강의 웨브를 엇갈리게 절단하여 육각형의 구멍이 열이 지어지도록 용접을 구성하여 보의 춤을 높인 허니콤 보(honeycomb beam)는 고층건물에 널리 사용한다.

문제 4. 목구조에서 통재기둥에 한편맞춤이 될 때 통재 기둥과 층도리의 맞춤 방법으로서 가장 적합한 것은?

㉮ 쌍장부 넣고 띠쇠를 보강한다.
㉯ 빗턱통 넣고 내다지장부 맞춤·벌림 쐐기치기로 한다.
㉰ 걸침턱맞춤으로 하고 감잡이쇠로 보강한다.
㉱ 통재넣기로 하고 주걱볼트로 보강한다.

해설 • 층도리(girth)
① 2층 구조의 마루바닥 부분의 수평으로 대는 가로재로서 기둥에 연결한다.
② 접합 : 통재기둥에 한편 맞춤이 될 때(모서리기둥)에는 빗턱통 넣고 내다지장부 맞춤, 벌림 쐐기치기로 하며 또는 빗턱통 넣고 짧은 장부 맞춤 ㄱ자쇠를 쓰고 가시 못치기 볼트 조임으로 한다.

문제 5. 다음 중 막구조에 대한 설명으로 옳지 않은 것은?

㉮ 넓은 공간을 덮을 수 있다.
㉯ 힘의 흐름이 명확하여 구조해석이 쉽다.
㉰ 막재에는 항시 인장응력이 작용하도록 설계하여야 한다.
㉱ 응력이 집중되는 부위는 파손되지 않도록 조치해야 한다.

해설 • 막구조 : 지붕의 재료로 막을 사용하며 막을 잡아당겨 인장력을 주면 막 자체에 강성

해답 1. ㉯   2. ㉮   3. ㉮   4. ㉯   5. ㉯

이 생겨 구조체로 힘을 받을 수 있으며 지지점을 잘 잡아야 하며 힘의 흐름이 명확하지 않아 구조해석이 어렵다.

문제 6. 철근콘크리트 구조에서 동일 평면에서 평행하게 배치된 철근의 순간격은 최소 몇 mm 이상이어야 하나?
- ㋑ 20 mm
- ㋺ 25 mm
- ㋻ 35 mm
- ㋼ 40 mm

해설 ① 철근의 순간격 : 철근 바깥쪽과 철근 바깥쪽 사이의 간격이다.
② 수평 순간격 : 2.5 cm 이상

문제 7. 다음 중 압축력이 발생하지 않는 구조 시스템은?
- ㋑ 케이블구조
- ㋺ 트러스구조
- ㋻ 절판구조
- ㋼ 철골구조

해설 ① 트러스구조 : 축방향만으로 힘을 받는 직선재를 핀으로 결합하여 효율적으로 힘을 전달하는 구조 시스템이다.
② 절판구조 : 힘에 저항할 수 있는 저항거리가 커져 부재의 강성이 커진다.
③ 케이블 구조 : 압축력이 발생하지 않고 케이블에 의한 인장력이 발생한다.

문제 8. 한식 공사에서 종도리를 얹는 것을 의미하는 것은?
- ㋑ 열초
- ㋺ 치목
- ㋻ 상량
- ㋼ 입주

해설 • 상량 : 기둥에 종도리 얹는 것을 말하며 이 때 대들보에 년, 월, 시를 적는 행위를 말한다.

문제 9. 다음 건물 중 그 건물의 지붕에 적용된 대표적인 구조형식이 옳게 연결된 것은?
- ㋑ 시드니 오페라하우스 - 돔구조
- ㋺ 도쿄돔 - 현수구조
- ㋻ 판테온신전 - 볼트구조
- ㋼ 상암 월드컵경기장 - 막구조

해설 ① 상암 월드컵경기장, 제주도 월드컵경기장 : 막구조
② 시드니 오페라하우스 : 셸구조

문제 10. 다음 중 철근콘크리트 부재에서 주근의 이음 위치로 가장 알맞은 것은?
- ㋑ 큰 인장력이 생기는 곳
- ㋺ 경미한 인장력이 생기는 곳 또는 압축측
- ㋻ 단순보의 경우 보의 중앙부
- ㋼ 단부에서 1 m 떨어진 곳

해설 ① 인장력이 작은 곳에서 이음한다.
② 압축력을 받는 곳에서 이음한다.
③ 휨 모멘트가 작은 곳에서 이음한다.

문제 11. 기초의 분류 중 지정형식에 의한 분류가 아닌 것은?
- ㋑ 연속기초
- ㋺ 직접기초
- ㋻ 피어기초
- ㋼ 말뚝기초

해설 • 지정형식에 의한 분류
① 직접기초   ② 말뚝기초
③ 피어기초   ④ 잠함기초

문제 12. 다음 각 구조에 대한 설명으로 옳지 않은 것은?
- ㋑ PC의 접합 응력을 향상시키기 위하여 기둥에 CFT를 적용하였다.
- ㋺ 초고층 골조 강성을 증가시키기 위하여 아웃리거(out Rigger)를 설치하였다.
- ㋻ 프리스트레스트구조(prestressed)에서 강성을 향상시키기 위해 강선에 미리 인장을 작용시켰다.
- ㋼ 가구식 목구조의 횡력에 대한 저항성을 향상시키기 위하여 가새를 설치하였다.

해설 • PC 접합 : 부재와 부재 사이의 접합부 설계가 필요하며 철근 접합 개소를 감소시킨다.

문제 13. 반자에 관한 설명으로 옳지 않은 것은 어느 것인가?
- ㋑ 지붕 밑 또는 윗층 바닥 밑을 가리어 장식적, 방온적으로 꾸민 구조 부분을 말한다.
- ㋺ 반자틀은 반자돌림대, 반자틀받이, 달대, 달대받이로 짜 만든다.

㉰ 널반자에는 치받이널반자, 살대반자, 우물반자가 있다.
㉱ 달반자는 바닥판 밑을 제물로 또는 직접 바르는 반자이다.

[해설] ① 제물반자 : 바닥판 밑을 제물로 또는 직접 바르는 반자를 말한다.
② 달반자 : 반자틀, 지붕틀, 상층바닥판 매달은 반자를 말한다.

[문제] 14. 목조 벽체의 토대에 대한 설명으로 옳은 것은?
㉮ 기초 위에 가로놓아 상부로부터 오는 하중을 기초에 전달하고 기둥 밑을 고정한다.
㉯ 지붕, 마루 등의 하중을 전달하는 수직구조재이다.
㉰ 본기둥 사이의 벽체를 이루는 것으로 가새의 옆휨을 막는 데 유효하다.
㉱ 모서리나 칸막이벽과의 교차부 또는 집중하중을 받는 위치에 설치한다.

[해설] • 토대
① 나무구조 벽체의 최하부 기초 위에 가로놓아 기둥 밑을 연결하여 기둥의 부동침하를 막는다.
② 상부에서 오는 하중을 기초에 분포시키는 역할을 하는 부재로서 벽을 치는 뼈대가 된다.

[문제] 15. 블록의 빈 속에 철근과 콘크리트를 부어 넣어 보강한 수직하중·수평하중에 견딜 수 있는 구조로 가장 이상적인 블록구조는?
㉮ 조적식 블록조   ㉯ 거푸집 블록조
㉰ 보강 블록조   ㉱ 장막벽 블록조

[해설] ① 보강 블록조 : 수직하중·수평하중에 안전하게 견딜 수 있는 가장 이상적인 블록구조이다.
② 거푸집 블록조 : 살 두께가 얇고 속이 없는 ㄱ, ㄴ, ㄷ, ㄹ, ㅁ자형 등으로 살 두께가 얇고 속이 없는 블록으로 쌓는 조적조이다.
③ 조적식 블록조 : 1, 2층 정도의 소규모 건물에 사용한다.
④ 블록 장막벽 : 철근콘크리트, 철골조 구조에 단순히 칸막이벽을 쌓는 것이다.

[문제] 16. 조적식 벽체의 길이가 10 m를 넘을 때, 벽체를 보강하기 위해 사용되는 것이 아닌 것은?
㉮ 부축벽   ㉯ 칸막이벽
㉰ 붙임벽   ㉱ 붙임기둥

[해설] • 벽체
① 벽의 최대 길이는 10 m 이하로 한다. 10 m를 초과할 때는 중간에 붙임기둥 또는 붙임벽, 부축벽, 대린벽을 설치한다.
② 벽의 길이 : 대린벽, 붙임벽, 붙임기둥의 중심 사이 거리를 말한다.
③ 대린벽 : 서로 이웃하여 교차하는 벽

[문제] 17. 철골구조에서 간사이가 15 m를 넘거나, 보의 층이 1m 이상 되는 보를 판보로 하기에는 비경제적일 때 사용하는 것으로 접합판(guesst plate)을 대서 접합한 조립보는?
㉮ 허니콤 보   ㉯ 래티스 보
㉰ 상자형 보   ㉱ 트러스 보

[해설] • 트러스 보
① 간 사이가 15 m를 넘거나 보의 층이 1 m 이상되는 보를 판보로 하기에는 비경제적일 때 사용하는 것으로 접합판을 대서 접합한 조립보이다.
② 플레이트 보의 웨브재로서 빗재, 수직재를 사용하고 거싯 플레이트에 의하여 플랜지 부분과 조립된 것으로 플랜지 부분의 부재를 현재라고 한다.

[문제] 18. 외관이 중요시되지 않은 아치는 보통벽돌을 쓰고 줄눈을 쐐기모양으로 하는데 이러한 아치를 무엇이라 하는가?
㉮ 본아치   ㉯ 거친아치
㉰ 막만든아치 ㉱ 층두리아치

[해답] 14. ㉮ 15. ㉰ 16. ㉯ 17. ㉱ 18. ㉯

해설 ① 거친 아치 : 보통 벽돌을 사용하여 줄눈을 쐐기 모양으로 한 것
② 본 아치 : 아치 벽돌을 사용하여 줄눈의 너비를 일정하게 만든 것
③ 층두리 아치 : 층을 지어 겹쳐 쌓는 것
④ 창문의 너비가 1.2 m 정도일 때에는 평아치로 할 수 있다.

문제 19. 철근콘크리트구조에서 옥외의 공기나 흙에 직접 접하지 않는 현장치기 콘크리트 보의 최소피복두께는?
㉮ 20 mm ㉯ 40 mm
㉰ 50 mm ㉱ 60 mm
해설 옥외의 공기나 흙에 직접 접하지 않는 콘크리트의 경우,
① 보, 기둥 : 40 mm 이상
② 슬래브, 벽체 : 20 mm 이상

문제 20. 건물의 하부 전체 또는 지하실 전체를 하나의 기초판으로 구성한 기초는?
㉮ 독립기초 ㉯ 줄기초
㉰ 온통기초 ㉱ 복합기초
해설 • 기초판 형식에 의한 분류
① 독립기초 : 한 개의 기초판으로 한 개의 기둥을 받치는 것으로서 동바리 기초, 주춧돌 기초, 긴주춧돌 기초 등이 있다. 주로 목구조에 사용된다.
② 복합기초 : 한 개의 기초판으로 두 개 이상의 기둥을 받치는 기초이다.
③ 줄기초 : 벽 또는 일렬의 기둥을 대형 기초판으로 받치게 한 기초로서 벽기초, 콘크리트 기초, 장대돌 기초 등이 있다. 주로 조적식 구조에 적합하다.
④ 온통기초 : 건물의 하부 전체를 기초판으로서 형성판 기초로 가장 일반적인 구조이다.

문제 21. 다음 중 소성온도가 1250~1430℃이며 흡수성이 가장 낮아 내장벽 타일 등에 적합한 것은?
㉮ 자기질 ㉯ 석기질
㉰ 도기질 ㉱ 클링커

해설 • 자기(자토) : 자기질 타일, 고급타일
① 석영의 풍화물
② 흡수성이 적고 경도, 강도가 크다.
③ 백색의 반투명질 제품
④ 소성온도 : 1230~1460℃

문제 22. 콘크리트의 워커빌리티에 영향을 주는 요소가 아닌 것은?
㉮ 골재의 입도 ㉯ 비빔 시간
㉰ 단위 수량 ㉱ 콘크리트 강도
해설 • 콘크리트의 워커빌리티 영향 주는 요소
① 골재의 입도와 모양
② 혼화재료의 종류와 양
③ 물 – 시멘트 비
④ 비빔시간
⑤ 콘크리트의 온도

문제 23. 시멘트의 응결과 관련된 설명으로 옳지 않은 것은?
㉮ 분말도가 낮을수록 응결이 빠르다.
㉯ 온도가 높을수록 응결이 빠르다.
㉰ 알루민산 3석회가 많을수록 응결이 빠르다.
㉱ 용수가 적을수록 응결이 빠르다.
해설 • 시멘트의 응결시간이 단축되는 요인
① 시멘트가 새로운 것일수록 빠르다.
② 분말도가 클수록 빠르다.
③ 수량이 적을수록 빠르다.
④ 온도가 높을수록 빠르다.
⑤ 혼화제를 많이 넣을수록 빠르다.

문제 24. 다음 중 바닥 마감재인 비닐 타일에 대한 설명으로 옳지 않은 것은?
㉮ 석면, 안료 등을 혼합·가열하고 시트형으로 만들어 절단한 판이다.
㉯ 착색이 자유롭다.
㉰ 내마멸성, 내화학성이 우수하다.
㉱ 아스팔트 타일보다 가열변형의 정도가 크다.
해설 아스팔트 타일은 내열성이 없어 열에 약하다.

해답 19. ㉯ 20. ㉰ 21. ㉮ 22. ㉱ 23. ㉮ 24. ㉱

문제 25. 다음 중 흡음재로 사용하기에 가장 적합한 것은?
㉮ 코르크판 ㉯ 유리
㉰ 콘크리트 ㉱ 모자이크 타일

[해설] • 코르크판(cork board) : 내구성이 있고 단열, 흡음, 방습성이 풍부하여 용도가 다양하다. 방송실의 흡음재, 제빙공장의 단열재로 쓰이고 전기 절연성이 있어 전산실의 바닥재 등으로도 사용된다.

문제 26. 유리의 일반적인 성질을 설명한 것으로 옳지 않은 것은?
㉮ 보통 유리의 비중은 2.5 내외이다.
㉯ 보통 유리의 모스경도로 약 6 정도이다.
㉰ 납, 아연, 알루미나 등의 금속 산화물을 포함하면 비중은 커진다.
㉱ 창유리의 강도는 인장강도를 의미한다.

[해설] 창유리의 강도는 보통 휨강도를 말한다.

문제 27. 장기에 걸친 강도의 증진은 없지만 조기의 강도발생이 커서 긴급공사에 사용되는 시멘트는?
㉮ 중용열 포틀랜드 시멘트
㉯ 고로 시멘트
㉰ 알루미나 시멘트
㉱ 보통 포틀랜드 시멘트

[해설] 알루미나 시멘트는 조기 강도가 커서 재령 1일로 강도가 나타나며 수화열이 크고 수축이 적으며 내화성이 크다.

문제 28. 다음 중 구조 재료에 요구되는 성질과 가장 관계가 먼 것은?
㉮ 재질이 균일하여야 한다.
㉯ 강도가 큰 것이어야 한다.
㉰ 탄력성이 있고 자중이 커야 한다.
㉱ 가공이 용이한 것이어야 한다.

[해설] ① 구조 재료의 성질
㈎ 자중(무게)이 가볍고 큰 재료를 용이하게 얻을 수 있는 것이어야 한다.
㈏ 재질이 균일하고 강도가 큰 것을 사용한다.
㈐ 내화, 내구성이 큰 것으로 한다.
㈑ 가공이 용이한 것이어야 한다.
② 마무리 재료의 성질
〈바닥, 마무리 재료〉
㈎ 탄력성이 있고 마멸이나 미끄럼이 작으며 청소하기가 용이한 것이어야 한다.
㈏ 외관이 좋은 것이어야 한다.
㈐ 내화, 내구성이 큰 것으로 한다.

문제 29. 목재의 신축과 관련된 설명 중 옳지 않은 것은?
㉮ 목재의 팽창·수축률은 변재가 심재보다 크다.
㉯ 일반적으로 널결 쪽의 신축이 곧은결 쪽보다 크다.
㉰ 일반적으로 비중이 큰 목재일수록 강도가 작다.
㉱ 목재의 팽창·수축은 함수율이 섬유 포화점 이상의 범위에서는 증감이 거의 없다.

[해설] • 목재의 강도
① 비중이 클수록 강도는 크다.
② 섬유 포화점 이상의 함수 상태에서는 강도가 일정하나 그 이하에서는 함수율이 작을수록 강도가 커진다.
③ 심재가 변재에 비하여 강도가 크다.
④ 목재 강도
　인장강도 > 휨강도 > 압축강도 > 전단강도
⑤ 콘크리트 강도 : 압축 > 전단 > 휨 > 인장

문제 30. 점토제품 제조법의 일반적인 순서로 가장 알맞은 것은?
㉮ 원료 배합 – 반죽 – 성형 – 건조 – 소성
㉯ 원료 배합 – 성형 – 반죽 – 건조 – 소성
㉰ 원료 배합 – 소성 – 반죽 – 성형 – 건조
㉱ 원료 배합 – 반죽 – 건조 – 성형 – 소성

[해설] • 점토제품 제조법 : 원토 처리 → 원료 배합 → 반죽 → 성형 → 건조 → 시유 → 소성

[해답] 25. ㉮ 26. ㉱ 27. ㉰ 28. ㉰ 29. ㉰ 30. ㉮

문제 31. 실을 뽑아 직기에 제직을 거친 벽자는 어느 것인가?
㉮ 직물벽지 ㉯ 비닐벽지
㉰ 동이벽지 ㉱ 발포벽지

해설 • 직물 벽지 : 실을 뽑아 직기에서 제직을 거친 벽지로 천연섬유(견, 모, 면, 마)와 합성섬유(레이온, 나일론, 아크릴)로 만들어졌으며 변형되는 단점이 있으나 흡음·단열효과와 통기성이 뛰어나다.

문제 32. 골재의 비중 시험을 할 때 일반적으로 사용되는 비중은?
㉮ 진비중 ㉯ 표건 비중
㉰ 절건 비중 ㉱ 기건 비중

해설 • 절건 비중 : 절건 상태의 골재 중량을 표면건조 골재 용적으로 나눈 값을 말한다.

문제 33. 거푸집에 미리 자갈을 채워 넣고 시멘트 모르타르를 주입시켜 만든 콘크리트는 무엇인가?
㉮ 유동화 콘크리트 ㉯ 프리팩트 콘크리트
㉰ 매스 콘크리트 ㉱ 진공 콘크리트

해설 • 프리팩트 콘크리트(prepacked)
① 거푸집에 미리 자갈을 넣고 골재 사이에 모르타르를 압입한다.
② 내수성, 내구성, 동해 및 융해에 강하다.

문제 34. 최대강도를 안전율로 나눈 값을 무엇이라 하는가?
㉮ 허용강도 ㉯ 파괴강도
㉰ 전단강도 ㉱ 휨강도

해설 허용강도(응력) = $\dfrac{\text{최대강도(인장강도)}}{\text{안전율}}$

문제 35. ㄷ자형으로 구부려 만든 띠쇠로서, 평보를 대공에 달아 맬 때나 평보와 ㅅ자보의 밑, 기둥과 들보를 걸쳐대어 못을 박을 때 사용되는 것은?
㉮ 감잡이쇠 ㉯ ㄱ자쇠
㉰ 안장쇠 ㉱ 꺾쇠

해설 • 감잡이쇠 : ㄷ자형으로 만든 쇠로서 평보와 왕대공을 걸쳐대어 못을 박을 때 사용하는 쇳조각이다.

문제 36. 10 cm × 10 cm인 목재를 400 kN의 힘으로 잡아당겼을 때 끊어졌다면, 이 목재의 최대 강도는 얼마인가?
㉮ 4 MPa ㉯ 40 MPa
㉰ 400 MPa ㉱ 4000 MPa

해설 • $Pa\,[N/m^2]$

$$Pa\,[N/m^2] = \dfrac{400\,kN}{0.1\,m \times 0.1\,m} = \dfrac{400 \times 10^3}{0.01\,m^2}$$
$$= 40 \times 10^6\,[N/m^2] = 40\,[MPa]$$
$$1\,[N/m^2] = 1\,[Pa] = 1 \times 10^{-3}\,[kPa]$$
$$= 1 \times 10^{-6}\,[MPa]$$

문제 37. 다음 석재 중 내화성이 가장 우수한 것은?
㉮ 응회암 ㉯ 화강암
㉰ 대리석 ㉱ 석회석

해설 • 응회암(tuff)
① 내화성이 있으며 외관이 좋고 조각하기 쉬워 내화재, 장식재로 이용한다.
② 다공질이며 강도, 내구성이 작아 구조재로는 적합하지 않다.
③ 대리석, 석회암 내화도 : 600~800℃
④ 안산암, 응회암, 사암, 화산암 : 1000℃
⑤ 화강암 : 600℃

문제 38. 다음 중 점토의 성질에 대한 설명으로 옳지 않은 것은?
㉮ 불순물이 많을수록 점토의 강도가 놓아진다.
㉯ 인장강도는 점토의 종류, 입자크기 등에 영향을 받는다.
㉰ 양질의 점토일수록 가소성이 좋다.
㉱ 가소성이 과대할 때는 모래 또는 샤모트를 섞는다.

해답 31. ㉮ 32. ㉰ 33. ㉯ 34. ㉮ 35. ㉮ 36. ㉯ 37. ㉮ 38. ㉮

해설 • 점토의 일반적인 성질
① 점토의 비중은 일반적으로 2.5~2.6 정도이다.
② 양질의 점토일수록 가소성은 좋아진다.
③ 미립점토의 인장강도는 0.3 MPa(3 kg/cm²) ~1 MPa(10 kg/cm²)
④ 모래가 포함된 것은 0.1 MPa(1 kg/cm²)~ 0.2 MPa(2 kg/cm²)
⑤ 압축강도는 인장강도의 약 5배이다.
⑥ 불순물이 많을수록 점토의 강도가 낮아진다.

문제 39. 테라초(terrazzo)에 대한 설명으로 옳은 것은?
㉮ 대리석의 쇄석을 종석으로 하여 시멘트를 사용. 콘크리트판의 한쪽 면에 타설한 후 가공연마하여 대리석과 같이 미려한 광택을 갖도록 마감한 것을 말한다.
㉯ 운모계 광석을 고열로 가열 팽창시켜 체적이 5~6배로 된 다공질 경석을 말한다.
㉰ 화성암 중의 석회분이 물에 녹아 바닷속에 침전되어 퇴적, 응고된 것이다.
㉱ 대리석과 동일하나 석질이 불균일하고 다공질이며 특수 실내 장식재로 사용된다.
해설 • 테라초 : 고급 인조석의 일종이며 종석으로 대리석을 사용한 것이다.

문제 40. 열경화성수지 중 건축용으로는 글라스섬유로 강화된 평판 또는 판상제품으로 주로 사용되는 것은?
㉮ 아크릴수지   ㉯ 폴리에스테르수지
㉰ 염화비닐수지 ㉱ 폴리에틸렌수지
해설 • 폴리에스테르수지
① 글린세린과 다염기산의 축합으로 만들어지는 에스테르수지이며 FRP라고도 부른다.

② 비중이 강철의 1/3 정도로 가벼우며 강도가 크므로 항공기, 선박차량 등의 구조재, 창호, 칸막이, 루버 등에 쓰인다(불포화 폴리에스테르수지).
③ 열경화성수지 중 글라스섬유로 강화된 평판, 판상제품으로 사용되며 -90~150℃ 온도 범위에서 이용된다.

문제 41. 다음 설명이 나타내는 표색계는?

> 이 표색계의 원리는 물체 표면의 색지각을 색상, 명도, 채도와 같은 색의 3속성에 따라 3차원 공간의 한 점에 대응시켜 세 방향으로 배열하되, 배열하는 방법은 지각적으로 고른 감도가 되도록 측도를 정한 것이다.

㉮ 먼셀 표색계
㉯ 오스트발트 표색계
㉰ 2차원 표색계
㉱ 3차원 표색계
해설 • 먼셀 표색계
① 색상, 명도, 채도의 기호로 나열한다.
② 먼셀의 색상환은 빨강(R), 노랑(Y), 초록(G), 파랑(B), 보라(M)의 5가지 기본색과 주황, 연두, 청록, 청보라, 붉은보라의 5가지 중간색을 더해서 10색상으로 구성하고 각기 10단계로 분류하여 100색상을 만들었다.

문제 42. 동선의 3대 요소에 해당되지 않는 것은?
㉮ 방향   ㉯ 하중
㉰ 빈도   ㉱ 속도
해설 • 동선의 3요소
① 길이 : 최단거리로 한다.
② 빈도 : 빈도가 높은 곳은 동선을 짧게 한다.
③ 하중

문제 43. 다음 중 단면도에 표시되는 사항은?
㉮ 슬래브의 철근 배치

해답 39. ㉮ 40. ㉯ 41. ㉮ 42. ㉮ 43. ㉰

㉯ 보 철근 및 기둥 철근
㉰ 창 높이
㉱ 창호 부호

[해설] 건물의 구조를 알기 위하여 수직으로 절단한 것으로 창높이, 층높이, 반자높이, 처마높이, 처마길이, 지붕물매의 정보를 표시한 도면이다.

문제 44. 복사난방 방식에 대한 설명 중 옳지 않은 것은?
㉮ 실내의 온도 분포가 균등하고 쾌감도가 높다.
㉯ 방이 개방 상태인 경우에도 난방 효과가 있다.
㉰ 방열기 설치면적이 크므로 바닥면의 이용도가 낮다.
㉱ 시공, 수리와 방의 모양을 바꿀 때 불편하며, 매설배관이 고장났을 때 발견하기가 어렵다.

[해설] • 복사 난방의 특징
① 실내의 온도분포가 균등하여 쾌감도가 높다.
② 대류가 적어 바닥 먼지가 상승하지 않는다.
③ 방열기가 필요치 않으며 바닥면적 이용도가 높다.
④ 설비비가 고가이다.
⑤ 복사난방은 방열기가 필요치 않으며 바닥면 이용도가 높다.

문제 45. 건물의 남북 간의 인동간격을 결정할 때 하루 동안에 필요한 최소한도의 4시간 일조를 얻기 위해서는 어느 때 일영 곡선을 사용하는가?
㉮ 춘분   ㉯ 추분
㉰ 하지   ㉱ 동지

[해설] • 일영 곡선
① 일조계획에서 인동간격은 겨울철에 일영 곡선을 이용하여 결정한다.
② 일영곡선 : 태양의 이동에 따라 생기는 그림자의 끝을 연결한 선이다.

③ 일영 : 지평면 상에 있는 수직막대를 세워 햇빛을 받게 했을 때 그 막대로 인하여 생기는 그림자

문제 46. 창호의 재질별 기호가 옳지 않은 것은 어느 것인가?
㉮ A : 알루미늄   ㉯ P : 합성수지
㉰ W : 목재   ㉱ SS : 강철

[해설] ① SS : 스테인리스강
② P : 플라스틱(합성수지)
③ A : 알루미늄
④ G : 유리
⑤ S : 강철
⑥ W : 목재

문제 47. 다음 설명이 나타내는 법칙은?

> 회로의 저항에 흐르는 전류의 크기는 인가된 전압의 크기와 비례하며 저항과는 반비례한다.

㉮ 키르히호프의 제 1 법칙
㉯ 키르히호프의 제 2 법칙
㉰ 옴의 법칙
㉱ 플레밍의 왼손의 법칙

[해설] • 옴(ohm)의 법칙
$$I = \frac{V}{R}$$
전류의 크기는 도체의 저항에 반비례한다.

문제 48. 조적 구조 벽체의 제도 시 요구되는 사항이 아닌 것은?
㉮ 구성 재료의 치수
㉯ 토대의 크기
㉰ 구성 재료의 종류
㉱ 벽체의 두께

[해설] • 조적 구조 벽체의 제도
① 각종 구조의 목적에 알맞게 표현한다.
② 구성 재료의 종류와 구성 재료의 크기를 확인한다.
③ 벽체의 두께를 확인한다.

[해답] 44. ㉰   45. ㉱   46. ㉱   47. ㉰   48. ㉯

문제 49. 주택 계획에서 다이닝 키친(dining kitchen)에 관한 설명으로 옳지 않은 것은 어느 것인가?
㉮ 공간 활용도가 높다.
㉯ 주부의 동선이 단축된다.
㉰ 소규모 주택에 적합하다.
㉱ 거실의 일단에 식탁을 꾸며 놓은 것이다.
해설 • 단위주거의 평면구성
① D : dining형으로 거실과 주방 사이에 식사실을 분리한다.
② DK : dining kitchen형으로 주방 겸 식사실과 거실 겸 취침실과는 분리한다.
③ LD : living dining형으로 거실과 식사실이 겹친다.
④ LDK : living dining kitchen형으로 거실 겸 식사실과 취침실과는 분리한다.

문제 50. 도시가스 배관 시 가스관과 전기 콘센트의 이격거리는 최소 얼마 이상으로 하는가?
㉮ 30 cm ㉯ 50 cm
㉰ 60 cm ㉱ 90 cm
해설 도시가스 배관 시 가스관과 전기 콘센트, 전기점멸기, 전기접속기의 이격거리는 30 cm 이상이다.

문제 51. 다음의 건축물의 묘사와 표현 방법에 대한 설명 중 옳지 않은 것은?
㉮ 윤곽선을 강하게 묘사하면 공간상의 입체를 돋보이게 하는 효과가 있다.
㉯ 각종 배경 표현은 건물의 배경이나 스케일 그리고 용도를 나타내는 데 꼭 필요할 때만 적당히 표현한다.
㉰ 일반적으로 건물의 그림자는 건물 표면의 그늘보다 밝게 표현한다.
㉱ 그늘과 그림자는 물체의 위치, 보는 사람의 위치, 빛의 방향, 그림자가 비칠 바닥의 형태에 의하여 표현을 달리한다.

해설 • 건물의 묘사와 표현
① 일반적으로 건물의 그림자는 건물 표면의 그늘보다 더 어둡게 표현한다.
② 일반적으로 건물의 음양 및 거리에 대비하여 가까운 거리는 먼 거리보다 가깝게 묘사하며, 밝은 부분은 더 밝게 표현하고 어두운 부분은 더 어둡게 표현한다.

문제 52. 한식주택과 양식주택에 대한 설명 중 옳지 않은 것은?
㉮ 양식주택은 입식이고 한식주택은 좌식이다.
㉯ 양식주택에서는 각 실이 단일용도로 이용된다.
㉰ 한식주택은 가구의 종류와 형태에 따라 각 방의 크기와 너비가 결정된다.
㉱ 각 실의 관계에서 한식은 실의 조합식이고 양식은 실의 분화식이다.
해설 • 주거 생활 양식의 차이점
① 한식주택 : 가구와 관계없이 각 소요실의 크기와 설비가 결정된다.
② 양식주택 : 가구의 종류와 형에 따라 실내의 크기가 결정된다.

문제 53. 건축제도에 사용되는 글자에 관한 설명 중 옳지 않은 것은?
㉮ 숫자는 아라비아 숫자를 원칙으로 한다.
㉯ 문장은 왼쪽에서부터 가로쓰기를 원칙으로 한다.
㉰ 글자체는 수직 또는 15° 경사의 명조체로 쓰는 것을 원칙으로 한다.
㉱ 글자의 크기는 각 도면의 상황에 맞추어 알아보기 쉬운 크기로 한다.
해설 • 건축도면 문자 표기 기준
① 글자체는 고딕체로 하고 수직 또는 15° 경사로 쓰는 것을 원칙으로 한다.
② 숫자는 아라비아 숫자를 원칙으로 한다.
③ 글자는 명백히 쓴다.
④ 문장은 왼쪽에서부터 가로쓰기를 원칙으로 한다.

해답 49. ㉱ 50. ㉮ 51. ㉰ 52. ㉰ 53. ㉰

⑤ 4자리수 이상은 3자리마다 자릿점(휴지부)를 찍든지 간격을 둠을 원칙으로 한다 (단, 4자리수 이하는 이에 따르지 않는다. 소수점은 밑에 친다).
⑥ 문자의 높이가 크기의 기준이다.

문제 54. 건축공간의 차단적 구획에 사용되는 요소가 아닌 것은?
㉮ 조명   ㉯ 열주
㉰ 수납장 ㉱ 커튼

해설 • 건축 공간의 분할 : 칸막이, 커튼, 블라인드, 유리창, 열주, 수납장 등으로 공간의 차단적 구획을 한다.

문제 55. 건축물의 대지면적에 대한 연면적의 비율을 무엇이라고 하는가?
㉮ 체적률   ㉯ 건폐율
㉰ 입체율   ㉱ 용적률

해설 • 용적률
① 대지면적에 대한 연면적의 비율
② 용적률 = $\dfrac{연면적}{대지면적} \times 100\%$

문제 56. 제도에서 묘사에 사용되는 도구에 관한 설명 중 옳지 않은 것은?
㉮ 잉크는 농도를 정확하게 나타낼 수 있고, 선명하게 보이기 때문에 도면이 깨끗하다.
㉯ 연필은 지울 수 있는 장점이 있는 반면에 폭넓은 명암이나 다양한 질감 표현이 불가능하다.
㉰ 잉크는 여러 가지 모양의 펜촉 등을 사용할 수 있어 다양한 묘사가 가능하다.
㉱ 물감으로 채색할 때 불투명 표현은 포스터 물감을 주로 사용한다.

해설 • 연필
① 다양한 질감 표현이 가능하다.
② 맑은 상태에서 어두운 상태까지 폭넓게 명암을 나타낼 수 있다.

③ 지울 수 있는 장점이 있는 반면에 번지거나 더러워지는 단점이 있다.

문제 57. 건축제도에서 치수를 표기하는 요령으로 옳지 않은 것은?
㉮ 치수는 특별히 명시하지 않는 한 마무리 치수로 표시한다.
㉯ 협소한 간격이 연속될 때에는 인출선을 사용하여 치수를 쓴다.
㉰ 치수의 단위는 밀리미터(mm)를 원칙으로 하고, 이때 단위 기호는 쓰지 않는다.
㉱ 치수 기입은 치수선을 중단하고 선의 중앙에 기입하는 것이 원칙이다.

해설 • 치수 기입 원칙
① 치수 기입은 치수선 중앙 윗부분에 기입하는 것이 원칙이며 다만 치수선을 중단하고 선의 중앙에 기입할 수도 있다.
② 치수선에 따라 도면에 평행하게 쓰고 도면의 아래부터 위로 또는 왼쪽에서 오른쪽으로 읽을 수 있도록 윗부분에 기입한다.
③ 치수의 단위는 mm를 원칙으로 하고 단위 기호는 기입하지 않는다.

문제 58. 주택의 침실계획에 대한 설명 중 옳지 않은 것은?
㉮ 침실의 독립성 확보에 있어서 출입문과 창문의 위치는 매우 중요하다.
㉯ 문이 두 개인 경우 분산되는 것이 가구 배치와 독립성 확보를 위해 효과적이다.
㉰ 입구에서 옷장 등 수납공간까지 동선을 짧게 하는 것이 좋다.
㉱ 문이 옷을 갈아입는 공간과 똑바로 일치되지 않는 것이 프라이버시 확보에 유리하다.

해설 • 침실계획
① 침실은 휴식과 수면의 장소이며 실의 성격에 따라 독서, 화장실, 탈의, 바느질 및 음악감상 등이 포함된다.

해답 54. ㉮ 55. ㉱ 56. ㉯ 57. ㉱ 58. ㉯

② 기밀성이 있는 공지 쪽이나 상층에 배치하는 것이 좋다.
③ 침실에 가구를 함께 배치하는 것이 독립성 확보를 위해 효과적이다.

문제 59. 통기관의 설치 목적과 가장 관계가 먼 것은?
㉮ 트랩의 봉수를 보호한다.
㉯ 배수관 내의 흐름을 원활하게 한다.
㉰ 배수 중에 발생되는 유해물질을 배수관으로부터 분리한다.
㉱ 신선한 공기를 유통시켜 배수관 계통의 환기를 도모한다.

해설 • 통기관의 설치 목적
① 자기 사이펀 작용으로부터 봉수를 보호한다.
② 배수관 내의 흐름을 원활하게 한다.
③ 신선한 공기를 유통시켜 배수관 계통의 환기를 돕고 관내를 청결히 보존한다.

문제 60. 다음 급수방식 중 가장 위생적인 급수방식은?
㉮ 고가탱크방식
㉯ 수도직결방식
㉰ 압력탱크방식
㉱ 진공펌프방식

해설 • 급수 방식
① 고가탱크방식
 ㉮ 높이차에 의한 수압을 이용하며 배관부품의 파손이 적다.
 ㉯ 대규모 급수설비에 적합하다.
② 압력탱크방식
 ㉮ 압력차가 크므로 급수압이 일정하지 않고 설비비가 비싸다.
 ㉯ 다른 방식에 비해 고장이 크다.
③ 탱크가 없는 부스터 방식 : 급수펌프만으로 급수하는 방식
④ 수도직결방식 : 오염 가능성이 가장 적으며 1, 2층의 낮은 건축물이나 소규모 건축물에 주로 이용한다.

해답 59. ㉰ 60. ㉯

2011년도 시행문제

□ 전산응용 건축제도 기능사 ▶ 2011. 2. 13 시행

문제 1. 다음 중 벽식구조로 적합하지 않은 공법은?
㉮ PC (precast concrete)
㉯ RC (reinforced concrete)
㉰ masonry
㉱ membrane

[해설] ① 벽식구조: 벽체나 바닥판을 평면적인 구조체만으로 구성한 구조물(보나 기둥 없이 판으로 바닥 슬래브와 벽으로 연결)이다.
② 우리나라 철근콘크리트 아파트는 벽식구조로 형성되어 있어 기둥이나 보가 없다.
③ PC (precast concrete): 부재를 철제 거푸집에 의해 공장에서 제작하여 현장에서 조립구조로 시공한다.
④ RC (reinforced concrete): 철근콘크리트로서 철근과 콘크리트를 사용한 일체식 구조이다.
⑤ masonry: 조적재이다.
⑥ membrane: 스테인리스제의 얇은 철판이다.
⑦ 면부재는 두 방향으로 힘을 전달하여 같은 힘을 전달할 때 더 얇은 부재를 사용한다.

문제 2. 플레이트보에 사용되는 부재의 명칭이 아닌 것은?
㉮ 커버 플레이트   ㉯ 웨브 플레이트
㉰ 스티프너   ㉱ 베이스 플레이트

[해설] • 플레이트보에 사용되는 부재
① 커버 플레이트
② 웨브 플레이트: 전단력에 저항하며 두께는 6 mm 이상으로 스티프너로 보강한다.
③ 스티프너: 웨브 플레이트의 좌굴을 방지하는 것이 목적이다.

문제 3. 압축력을 받는 세장한 기둥 부재가 하중의 증가 시 내력이 급격히 떨어지게 되는 현상을 무엇이라 하는가?
㉮ 버클링   ㉯ 모멘트
㉰ 코어   ㉱ 전단파괴

[해설] • 버클링: 부재가 길고 얇을수록 발생하기 쉬우며, 부재에 하중 증가 시 내력이 급격히 떨어져 부재가 휘청하고 구부러지는 현상으로서 부재의 변형 및 파괴가 일어난다.

문제 4. 철근콘크리트 부재에서 철근 피복두께 확보의 직접적인 목적이 아닌 것은?
㉮ 철근의 부식 방지
㉯ 철근의 내화성 유지
㉰ 철근의 강도 증가
㉱ 철근의 부착력 확보

[해설] • 콘크리트에서의 최소피복두께의 목적
① 구조물의 내화성을 유지하기 위하여
② 철근과의 부착력 확보를 위하여
③ 구조물의 내구성 확보를 위하여
④ 철근의 부식 방지를 위하여
⑤ 시공 시 유동성 확보를 위하여

문제 5. 건물의 지붕에 적용된 공기막구조에 대하여 옳게 설명한 것은?
㉮ 구조재의 자중이 무거워 대스팬구조에 불리하다.
㉯ 내외부의 기압의 차를 이용하여 공간을 확보한다.
㉰ 아치를 양방향으로 확장한 형태이다.
㉱ 얇은 두께의 콘크리트 내부에 섬유막이 함유되었다.

[해설] • 막구조
① 지붕의 재료로 막을 사용하며 막을 잡아당겨 인장력을 주면 막 자체에 강성이 생겨 구조체로 힘을 받을 수 있다.
② 공기막구조: 공기압으로 막의 형태를 유지하는 구조이다.

[해답] 1. ㉱   2. ㉱   3. ㉮   4. ㉰   5. ㉯

문제 6. 목구조에서 가새에 대한 설명으로 옳은 것은?
㉮ 목조 벽체를 수평력에 견디게 하고 안정한 구조로 하기 위한 것이다.
㉯ 가새의 경사는 30°에 가까울수록 유리하다.
㉰ 기초와 토대를 고정하는 데 설치한다.
㉱ 가새에는 인장응력만 발생한다.
해설 • 가새 : 토대, 기둥, 도리의 직사각형 뼈대가 수평력의 작용을 받아도 그 형태가 변하지 않게 대각선 방향에 빗재를 대는 것으로 안전한 구조로 만드는 보강부재이다.

문제 7. 지붕의 골슬레이트 잇기에 관한 사항 중 옳지 않은 것은?
㉮ 직접 중도리 위에 이을 때가 많다.
㉯ 골판의 크기에 맞추어 중도리 간격을 정한다.
㉰ 도리 방향의 겹침은 한골 반이나 두골 겹친다.
㉱ 못이나 볼트는 골형의 오목한 곳에 박는다.
해설 지붕이므로 누수에 조심해야 하며 못이나 볼트는 골형의 볼록한 곳에 고무패킹과 함께 시공한다.

문제 8. 벽식구조에서 횡력에 대한 보강방법으로 적합하지 않는 것은?
㉮ 벽 상부의 슬래브 두께를 증가시킨다.
㉯ 벽 상부에 테두리보를 설치한다.
㉰ 벽량을 증가시킨다.
㉱ 부축벽(buttress)을 설치한다.
해설 • 벽식구조 횡력 보강
 ① 벽체에 문골이 적고 칸막이벽이 많은 저층의 공동주택 등에 많이 쓰이는 것으로서 판상의 벽체와 바닥 슬래브를 일체적으로 구성한 구조이다.
 ② 횡력 보강 방법 : 우선 벽량을 증가시키는 것이 가장 좋으며 부축벽과 벽 상부에 테두리보를 설치한다.

문제 9. 돔의 상부에서 여러 부재가 만날 때 접합부가 조밀해지는 것을 방지하기 위해 설치하는 것은?
㉮ 인장링   ㉯ 압축링
㉰ 트러스리브 ㉱ 트러스
해설 • 압축링 (compression ring truss)
 ① 돔의 상부에는 압축링을 설치하고, 하부에는 밖으로 퍼져 나가는 힘에 저항하기 위한 인장링을 설치한다.
 ② 압축링과 인장링을 설치하여 수직과 수평으로 힘의 평형을 갖춘다.

문제 10. 다음 중 라멘구조에 대한 설명으로 옳지 않은 것은?
㉮ 기둥 위에 보를 단순히 얹어놓은 구조이다.
㉯ 수직하중에 대하여 큰 저항력을 가진다.
㉰ 수평하중에 대하여 큰 저항력을 가진다.
㉱ 하중 작용 시 기둥 또는 보 부재의 변형으로 외부에너지를 흡수한다.
해설 • 라멘구조 (골조구조)
 ① 벽, 슬래브보 기둥, 뼈대와 일체 구성으로 강접합된 기둥과 보가 함께 이동한다.
 ② 회전하여 수직하중 및 바람, 지진하중과 같은 수평하중에서 큰 저항력을 가진 구조이다.

문제 11. 커튼월의 부재 중 구조 용도로 사용되는 것과 관련이 가장 적은 것은?
㉮ 노턴 테이프
㉯ 간봉
㉰ 수직 알루미늄바 (mullion bar)
㉱ 파스너 (fastener)
해설 • 커튼월의 부재 용도
 ① 수직 알루미늄바 (mullion bar) : 수직 부재
 ② 파스너 (fastener) : 커튼월 앙카에서 볼트, 너트, 와셔, 스크루 등 고정철물이다.
 ③ 노턴 테이프 : 접착제로서 양면 테이프이다.

문제 12. 다음 중 철근 가공에서 표준갈고리의 구부림 각도를 135°로 할 수 있는 것은?
㉮ 기둥 주근   ㉯ 보 주근
㉰ 늑근   ㉱ 슬래브 주근
해설 • 늑근 : 늑근의 끝에 135° 이상으로 갈고리를 만들어 콘크리트 속에 충분히 정착시키거나 서로의 끝을 맞대어 용접한다.

문제 13. 다음 중 철골부재의 용접 접합과 관계 없는 것은?
㉮ 엔드탭   ㉯ 뒷댐재
㉰ 필러 플레이트   ㉱ 스캘럽
해설 • 철골부재 용접 접합
① 뒷댐재 : 배면부에 대는 판재이다.
② 엔드탭 : 임시로 붙이는 보조판으로 아크의 시작부에 결함이 없도록 하기 위함이다.
③ 스캘럽(scallop) : 용접 부재의 노치를 말하며 교차 용접에 의해 응력의 집중을 막는 것이다.
④ 노치 : 재료에 생긴 국부적인 요철 부분으로 용접 언더컷 용입 불량이다.

문제 14. 대표적인 구조물로 시드니 오페라 하우스가 있으며 간 사이가 넓은 건축물의 지붕을 구성하는데 많이 쓰이는 구조는?
㉮ 셸구조   ㉯ 벽식구조
㉰ 현수구조   ㉱ 라멘구조
해설 • 셸구조 : 곡률을 가진 얇은 판으로 주변을 충분히 지지시키면서 면에 분포되는 하중을 인장, 압축과 같은 면 내력으로 전달시키는 역학적 특성을 가진 구조로 큰 공간을 덮는 지붕이나 액체를 담는 용기 등에 널리 사용한다 (예 : 시드니 오페라 하우스).
① 래티스 돔구조 : 장충 체육관
② 현수구조 : 금문교, 남해대교
③ 막구조 : 상암동 월드컵 경기장

문제 15. 건축물 구성 부분 중 구조재에 속하지 않는 것은?
㉮ 기둥   ㉯ 기초
㉰ 슬래브   ㉱ 천장

해설 ① 구조재료 : 기초, 기둥, 보, 바닥 등 건물의 뼈대로서 블록, 철근콘크리트, 목재, 석재, 콘크리트, 철강 등이 있다.
② 마감재료 : 천장, 바닥, 타일, 도벽, 유리, 금속판, 도료, 보드류 등

문제 16. 다음 중 석재의 가공 시 가장 나중에 하는 작업은?
㉮ 메다듬   ㉯ 도드락다듬
㉰ 잔다듬   ㉱ 정다듬
해설 • 석재의 가공 순서
혹두기 → 정다듬 → 도드락다듬 → 잔다듬

문제 17. 창의 하부에 건너댄 돌로 빗물을 처리하고 장식적으로 사용되는 것으로, 윗면·밑면에 물끊기·물돌림 등을 두어 빗물의 침입을 막고, 물흘림이 잘 되게 하는 것은?
㉮ 인방돌   ㉯ 창댓돌
㉰ 쌤돌   ㉱ 돌림띠
해설 • 창댓돌
① 창문의 아래틀에 받는 수평 부재로 빗물 처리하는 방수용 및 장식용으로 사용한다.
② 물끊기·물돌림 등을 두어 빗물의 침입을 막고, 물흘림이 잘 되게 하며, 창댓돌의 중간을 비워두는 것이 좋다.

문제 18. 블록쌓기의 원칙으로 옳지 않은 것은?
㉮ 블록은 살 두께가 두꺼운 쪽이 아래로 향하게 된다.
㉯ 블록의 하루 쌓기 높이는 1.2~1.5 m 정도로 한다.
㉰ 막힌 줄눈을 원칙으로 한다.
㉱ 인방보는 좌우 지지벽에 20 cm 이상 물리게 한다.
해설 • 블록쌓기의 원칙
① 블록은 살 두께가 두꺼운 면이 위로 오게 한다.
② 줄눈의 너비는 가로, 세로 모두 10 mm로 한다.

해답 12. ㉰ 13. ㉰ 14. ㉮ 15. ㉱ 16. ㉰ 17. ㉯ 18. ㉮

③ 블록은 모르타르 접착면만 물축이기를 한다.
④ 블록의 하루 쌓기 높이는 1.2~1.5 m 정도로 한다.
⑤ 막힌 줄눈을 원칙으로 한다.
⑥ 인방보는 좌우 지지벽에 20 cm 이상 물리게 한다.

문제 19. 아치에 대한 설명으로 옳은 것은?
㉮ 압축력을 주로 받는 구조이다.
㉯ 개구부 폭은 넓을수록 구조적으로 안전하다.
㉰ 셸은 아치를 공간적으로 확장한 형태이다.
㉱ 하단에 온도에 의한 수축팽창에 저항하기 위한 힌지를 설치한다.
해설 상부에서 오는 수직압력이 아치의 축선을 따라 좌우로 나누어져 밑으로 압축력만을 전달한 것으로, 여기서 압축력이란 부재의 하부에 인장력이 생기지 않게 한 구조이다.

문제 20. 벽 또는 일련의 기둥으로부터의 응력을 띠모양으로 하여 지반 또는 지정에 전달하도록 하는 기초형식으로 연속 기초라고 하는 것은?
㉮ 복합 기초   ㉯ 줄기초
㉰ 독립 기초   ㉱ 온통 기초
해설 • 기초판 형식에 의한 분류
① 독립 기초 : 한 개의 기초판으로 한 개의 기둥을 받치는 것으로서 동바리 기초, 주춧돌 기초, 긴주춧돌 기초 등이 있다. 주로 목구조에 사용된다.
② 복합 기초 : 한 개의 기초판으로 두 개 이상의 기둥을 받치는 기초이다.
③ 줄기초 (연속 기초) : 벽 또는 일렬의 기둥을 대형 기초판으로 받치게 한 기초로서 벽돌 기초, 콘크리트 기초, 장댓돌 기초 등이 있다. 주로 조적식 구조에 적합하다.
④ 온통 기초 : 건물의 하부 전체를 기초판으로 형성한 기초로 가장 일반적인 구조이다.

문제 21. 점토제품 중 도기의 소성온도로 옳은 것은?
㉮ 790~1000℃   ㉯ 1100~1230℃
㉰ 1160~1350℃   ㉱ 1230~1460℃
해설 • 점토제품의 소성온도
① 도기 (타일, 위생도기)의 소성온도 : 1100~1230℃
② 자기 : 1230~1460℃
③ 석기 : 1160~1350℃

문제 22. 앞으로 요구되는 건축재료의 발전방향이 아닌 것은?
㉮ 고품질   ㉯ 합리화
㉰ 프리패브화   ㉱ 현장시공화
해설 • 건축재료의 발전방향
① 프리패브화 (prefabrication)
② 고품질
③ 합리화 (에너지 절약적 생산과 이용)
④ 재료의 생산기술 변화

문제 23. 여닫이 창호 철물 중 개폐 조정기가 아닌 것은?
㉮ 도어체크   ㉯ 도어클로저
㉰ 도어스톱   ㉱ 모노로크
해설 ① 모노로크 (monolock) : 문 손잡이 속에 실린더 시스템으로 이루어진 자물쇠이다.
② 도어클로저 (도어체크) : 여닫이문 위에 설치하여 열린문이 자동적으로 닫혀지게 하는 철물이다.
③ 도어스톱 (doorstop) : 도어홀더 (doorholder), 도어큐션 등으로 말하며 여닫이문, 아파트 현관문과 같이 문이 더 이상 열리지 않게 정지하거나, 열어놓은 문이 바람에 닫히지 않도록 하는 철물이다.

문제 24. 수화열이 작고 단기강도가 보통 포틀랜드 시멘트보다 작으나, 내침식성과 내수성이 크고 수축률도 매우 작아서 댐공사나 방사능 차폐용 콘크리트로 사용되는 것은?
㉮ 백색 포틀랜드 시멘트
㉯ 조강 포틀랜드 시멘트

해답 19. ㉮ 20. ㉯ 21. ㉯ 22. ㉱ 23. ㉱ 24. ㉰

㉰ 중용열 포틀랜드 시멘트
㉱ 내황산염 포틀랜드 시멘트

해설 ① 중용열 포틀랜드 시멘트
 ㈎ 실리카와 산화철을 많이 넣어서 수화작용을 할 때 발열량을 적게 한 시멘트로 수화열에 의한 팽창수축이 적으므로 균열도 적다.
 ㈏ 조기강도는 작으나 장기강도는 크다.
② 내황산염 포틀랜드 시멘트(sulfate resistant portland cement)
 ㈎ 알칼리 성분(알루민산3석회 C_3A)이 적어서 황산염에 강하고 (알루민산철4석회 C_4AF) 수화열이 낮은 시멘트이다.
 ㈏ 황산염을 함유한 해수, 폐수, 산성용액에 의한 피해를 방어해야 할 원자력 발전소, 화력 발전소, 해안구조 시설, 화학 약품 생산시설, 폐수처리시설 등에 적당한 시멘트이다.
③ 조강 포틀랜드 시멘트
 ㈎ 보통 포틀랜드 시멘트에 비하여 경화가 빠르고 조기강도가 크다.
 ㈏ 공기를 단축할 수 있고, 한중 콘크리트와 수중 콘크리트를 시공하기에 적합하다.
④ 백색 포틀랜드 시멘트 : 건축물의 표면 마무리 및 도장에 사용한다.

문제 25. 타일 나누기에 대한 설명으로 옳지 않은 것은?
 ㉮ 기준 치수는 타일 치수와 줄눈 치수를 합하여 산정한다.
 ㉯ 시공면의 높이, 중간 문꼴부 등은 정수배로 나누어지도록 한다.
 ㉰ 타일의 세로줄눈은 통줄눈 또는 막힌 줄눈으로 한다.
 ㉱ 수도, 전등의 위치는 타일 한가운데 위치하도록 한다.

해설 • 타일 나누기 : 입면상의 줄눈과 평면 바닥의 줄눈, 수도, 전등이 타일 한가운데가 아니라 일치하도록 해야 한다. 타일 한가운데 오면 시공상 타일을 나누는 오차가 발생한다.

문제 26. 목재의 심재를 변재와 비교하여 옳게 설명한 것은?
 ㉮ 색깔이 연하다. ㉯ 함수율이 높다.
 ㉰ 내구성이 작다. ㉱ 강도가 크다.

해설 • 목재의 강도
 ① 비중이 클수록 강도가 크다.
 ② 심재가 변재에 비하여 강도가 크다.
 ③ 목재에 옹이, 갈래, 썩정이 등의 홈이 있으면 강도가 떨어진다.

문제 27. 콘크리트 구조물에서 하중을 지속적으로 작용시켜 놓을 경우, 하중의 증가가 없음에도 불구하고 지속하중에 의해 시간과 더불어 변형이 증대하는 현상은?
 ㉮ 영계수   ㉯ 점성
 ㉰ 탄성   ㉱ 크리프

해설 • 크리프(creep)
 ① 물-시멘트비가 클수록 시멘트 강도가 약해져 건조수축과 크리프 변형이 커진다.
 ② 콘크리트 구조물에서 하중을 일정하게 지속적으로 작용시켜 놓을 경우 하중의 증가가 없음에도 시간의 흐름에 따라 콘크리트 변형이 증가하는 현상이다.

문제 28. 보통 재료에서는 축방향에 하중을 가할 경우 그 방향과 수직인 횡방향에도 변형이 생기는데, 횡방향 변형도와 축방향 변형도의 비를 무엇이라 하는가?
 ㉮ 탄성계수비 ㉯ 경도비
 ㉰ 푸아송비   ㉱ 강성비

해설 • 푸아송비(Poisson's ratio)
 ① 재료에 길이방향 변형률(세로 변형 ε_y)에 대한 지름방향(가로 변형 ε_x)의 비율을 말하며, 즉 부재에 인장력이 작용하면 부재폭이 줄어들고 압축력이 작용하면 부재가 굵어지게 된다.
 ② 푸아송비 $V = -\dfrac{\varepsilon_x}{\varepsilon_y}$
 세로 변형 ε_y, 가로 변형 ε_x, 푸아송비 V

해답 25. ㉱ 26. ㉱ 27. ㉱ 28. ㉰

문제 29. 바닥재료에 대한 설명으로 옳지 않은 것은?

㉮ 비닐 타일 : 가격이 저렴하고 착색이 자유로우며 약간의 탄력성, 내마멸성, 내약품성을 가진다.

㉯ 아스팔트 타일 : 비닐 타일에 비해 가열 변형의 정도가 작은 편으로 기름 용제를 취급하는 건물 바닥에 적당하다.

㉰ 비닐 시트 : 여러 가지 부가재료를 혼합하여 가능성 있는 제품이 많이 출시되고 있다.

㉱ 바름 바닥 : 모르타르 바닥에 바름으로 아름다운 표면이 유지되고, 먼지가 덜 나며, 바닥 강도가 강화된다.

[해설] • 아스팔트 타일 (asphalt tile) : 탄력성 바닥재로서 염화비닐 타일에 비해 내열성이 없어 가열 변형의 정도가 큰 편이다. 기름 용제인 유지에 경화되는 성질이 있어 기름 용제를 취급하는 건물에는 부적당하다.

문제 30. 화산암에 대한 설명 중 옳지 않은 것은?

㉮ 다공질로 부석이라고도 한다.

㉯ 비중이 0.7~0.8로 석재 중 가벼운 편이다.

㉰ 화강암에 비하여 압축강도가 크다.

㉱ 내화도가 높아 내화재로 사용된다.

[해설] • 화산암
① 화강암에 비하여 압축강도가 작다.
② 압축강도 크기 : 화강암 > 대리석 > 화산암 > 사암 > 응회암
③ 흡수율 크기 : 응회암 > 사암 > 안산암 > 점판암, 화강암 > 대리석
④ 내화도 : 화산암 > 응회암, 사암 > 화산암 화강암, 대리석

문제 31. 미장재료 중 회반죽에 여물을 혼입하는 가장 주된 이유는?

㉮ 변색을 방지하기 위해서

㉯ 균열을 분산, 경감하기 위하여

㉰ 경도를 크게 하기 위하여

㉱ 굳는 속도를 빠르게 하기 위하여

[해설] • 회반죽의 여물 : 건조수축에 의한 균열을 방지할 목적으로 여물을 첨가한다.

문제 32. 다음 중 벽 및 천장재료에 요구되는 성질로 옳지 않은 것은?

㉮ 열전도율이 큰 것이어야 한다.

㉯ 차음이 잘 되어야 한다.

㉰ 내화·내구성이 큰 것이어야 한다.

㉱ 시공이 용이한 것이어야 한다.

[해설] • 천장재료의 성질
① 열전도율이 작을 것, 즉 열축적률이 커야 한다.
② 천장만으로는 단열성이 적으므로 단열재가 항상 필요하다.

문제 33. 유리제품과 용도와의 연결 중 옳지 않은 것은?

㉮ 유리 블록 (glass block) - 결로 방지용

㉯ 프리즘 타일 (prism tile) - 채광용

㉰ 폼글라스 (foam glass) - 보온재

㉱ 유리 섬유 (glass fiber) - 흡음재

[해설] • 유리 블록 : 칸막이벽을 쌓는데 이용되며 채광, 방음, 보온, 장식효과를 얻을 수 있다.

문제 34. 미장재에서 결합재에 대한 설명 중 옳지 않은 것은?

㉮ 풀은 접착성이 적은 소석회에 필요하다.

㉯ 돌로마이트 석회는 점성이 작아 풀이 필요하다.

㉰ 수축균열이 큰 고결재에는 여물이 필요하다.

㉱ 결합재는 고결재의 성질에 적합한 것을 선택하여 사용해야 한다.

[해설] • 돌로마이트 플라스터 (석회) 특징
① 소석회보다 점성이 커서 해초풀이 필요 없고 시공이 용이하다.

[해답] 29. ㉯ 30. ㉰ 31. ㉯ 32. ㉮ 33. ㉮ 34. ㉯

② 마감 표면의 경도가 회반죽보다 크다.
③ 변색, 냄새, 곰팡이가 없다.
④ 물에 약하고 경화에 의한 수축률이 커서 균열 발생이 쉽다.
⑤ 경화가 느리다.

문제 35. 유리를 열처리하여 충격강도를 5 ~ 10배 증대시킨 유리는?
㉮ 복층유리   ㉯ 착색유리
㉰ 강화유리   ㉱ 접합유리

[해설] • 강화유리
① 강화판 유리강도는 보통 유리의 3 ~ 4배 정도이며 충격강도는 5 ~ 10배 정도이다.
② 파괴되면 열처리에 의한 내응력 때문에 모래처럼 잘게 부서지므로 유리 파편에 의한 부상이 적다.

문제 36. 다음 중 콘크리트의 시멘트 페이스트 속에 AE제, 알루미늄 분말 등을 첨가하여 만든 경량 콘크리트는?
㉮ 경량골재 콘크리트
㉯ 경량기포 콘크리트
㉰ 무세골재 콘크리트
㉱ 무근 콘크리트

[해설] • 경량기포 콘크리트 (autoclaved lightweight concrete)
① 중량 경감이 목적이며 콘크리트의 시멘트 페이스트 속에 AE제, 알루미늄 분말 등을 첨가하여 무수한 기포를 골고루 형성시킨 것을 경량기포 콘크리트라 한다.
② 비구조 용도로 피복용, 열차단용으로 사용한다.

문제 37. 다음 중 단열재에 대한 설명으로 옳지 않은 것은?
㉮ 단열재는 역학적인 강도가 작기 때문에 건축물의 구조체 역할에는 사용하지 않는다.
㉯ 단열재는 흡습 및 흡수율이 좋아야 한다.
㉰ 단열재의 열전도율은 낮을수록 좋다.
㉱ 단열재는 공사현장까지의 운반이 용이하고 현장에서의 가공과 설치도 비교적 용이한 것이 좋다.

[해설] • 단열재의 조건
① 흡수율이 낮고 비중이 작아야 한다.
② 내화성 부식성이 좋아야 한다.
③ 유독성 가스가 발생하지 않아야 한다.
④ 단열재는 역학적인 강도가 작기 때문에 건축물의 구조체 역할에는 사용하지 않는다.
⑤ 단열재는 공사현장까지의 운반이 용이하고 현장에서의 가공과 설치도 비교적 용이한 것이 좋다.

문제 38. 아스팔트의 물리적 성질 중 온도에 따른 견고성 변화의 정도를 나타내는 것은?
㉮ 침입도   ㉯ 감온성
㉰ 신도   ㉱ 비중

[해설] • 감온성 : 온도에 따라 물리적 성질이 변화하는 정도를 말한다.

문제 39. 다음 중 실리콘(silicon)과 가장 관계 깊은 것은?
㉮ 방수 도료   ㉯ 신전제
㉰ 회석제   ㉱ 미장재

[해설] • 실리콘 방수 도료 : 유기질 성분으로 물의 침투를 방지한다.

문제 40. 콘크리트 제조공장에서 주문자가 요구하는 품질의 콘크리트를 소정의 시간에 원하는 수량을 현장까지 배달·공급하는 굳지 않은 콘크리트는?
㉮ 프리팩트 콘크리트
㉯ 수밀 콘크리트
㉰ AE 콘크리트
㉱ 레디믹스트 콘크리트

[해설] • 레디믹스트 (ready-mixed) 콘크리트 : 고정된 믹서에서 반혼합한 것을 트럭 믹서로 계속 혼합하여 사용현장에 공급한다.

문제 41. 다음 중 아파트의 평면형식에 의한 분류에 속하지 않은 것은?

㋐ 홀형 ㋑ 탑상형
㋒ 집중형 ㋓ 편복도형

[해설] ① 아파트 외관형식 : 판상형, 탑상형, 복합형
② 아파트 평면형식 : 홀형 (계단실형), 편복도형, 중복도형, 스킵 플로어형, 집중형

문제 42. 온수난방과 비교한 증기난방의 특징에 속하지 않는 것은?

㋐ 설비비와 유지비가 싸다.
㋑ 열의 운반능력이 크다.
㋒ 예열시간이 짧다.
㋓ 난방의 쾌감도가 높다.

[해설] • 증기난방의 특징
① 방열면적을 온수난방보다 작게 할 수 있다.
② 설비비와 유지비가 저렴하다.
③ 증기순환이 빠르다.
④ 온도조절이 온수난방에 비해 어렵다.
⑤ 예열시간이 온수난방에 비해 짧다.

문제 43. 표준형 벽돌을 사용한 벽체 1.5 B의 두께는? (단, 공간 쌓기 아님)

㋐ 290 mm ㋑ 300 mm
㋒ 320 mm ㋓ 380 mm

[해설] 표준형 벽돌 1.5 B = 0.5 B + 1.0 B
= 0.5B + 10 mm (시멘트 모르타르 부분) + 1.0 B
= 90 mm + 10 mm + 190 mm
= 290 mm

문제 44. 다음 중 주택에서 각 실의 방위가 가장 부적절한 것은?

㋐ 거실 – 남쪽 ㋑ 부엌 – 서쪽
㋒ 침실 – 동남쪽 ㋓ 화장실 – 북쪽

[해설] • 부엌 : 쾌하고 일광에 의한 건조 소독을 할 수 있는 남쪽 또는 동쪽이 좋다.
발코니 : 북쪽, 노인방 : 동남쪽, 침실 : 동남쪽, 거실 : 남쪽

문제 45. A3 도면에 테두리를 만들 경우, 도면의 여백은 최소 얼마 이상으로 하여야 하는가? (단, 묶지 않을 경우)

㋐ 5 mm ㋑ 10 mm
㋒ 15 mm ㋓ 20 mm

[해설] • 제도지의 크기(단위 : mm)

제도지의 치수	$a \times b$	c (최소)	d (최소) 철하지 않을 때	d (최소) 철할 때
A0	841×1189	10	10	25
A1	594×841	10	10	25
A2	420×594	10	10	25
A3	297×420	5	5	25
A4	210×297	5	5	25
A5	148×210	5	5	25
A6	105×148	5	5	25

문제 46. 건물의 외벽, 지붕 등에 설치하여 인접 건물에 화재가 발생하였을 때 수막을 형성함으로써 화재의 연소를 방지하는 설비는?

㋐ 스프링클러 설비 ㋑ 드렌처 설비
㋒ 연결살수 설비 ㋓ 옥내 소화전 설비

[해설] • 드렌처 설비 : 인접 건물에 화재발생 시 수막을 형성하여 화재번짐을 방지하는 설비이다.

문제 47. 주택지의 단위 분류에 속하지 않는 것은?

㋐ 인보구 ㋑ 근린분구
㋒ 근린주구 ㋓ 근린지구

[해설] • 근린주구의 주택 단위구성 분류
① 인보구 : 주택호수 15 ~ 40호, 인구 100 ~ 200명
② 근린분구 : 주택호수 400 ~ 500호, 인구 2000명
③ 근린주구 : 주택호수 1600 ~ 2000호, 인구 8000 ~ 10000명

[해답] 41. ㋑ 42. ㋓ 43. ㋐ 44. ㋑ 45. ㋐ 46. ㋑ 47. ㋓

문제 48. 다음과 같은 특징을 갖는 투시도 묘사 용구는?

- 밝은 상태에서 어두운 상태까지 폭넓게 명암을 나타낼 수 있다.
- 다양한 질감 표현이 가능하다.
- 지울 수 있는 장점이 있는 반면에 번지거나 더러워지는 단점이 있다.

㉮ 포스터 컬러 ㉯ 연필
㉰ 잉크 ㉱ 파스텔

[해설] 연필은 심의 종류에 따라서 무른 것과 딱딱한 것이 있다.

문제 49. 다음 중 건축계획 및 설계과정에서 가장 선행되는 사항은?
㉮ 기본계획 ㉯ 조건파악
㉰ 기본설계 ㉱ 실시설계

[해설] 조건파악 → 기본계획 → 기본설계 → 실시설계

문제 50. 다음 중 도면에서 가장 굵은 선으로 표현되는 것은?
㉮ 치수선 ㉯ 경계선
㉰ 기준선 ㉱ 단면선

[해설] ① 단면선 : 물체의 보이는 부분을 나타내는 선으로 굵은 실선으로 표시한다.
② 가는 실선 : 치수선, 치수 보조선, 지시선, 해칭선

문제 51. 실내 공기오염의 종합적 지표가 되는 것은?
㉮ 먼지 ㉯ 이산화탄소
㉰ 일산화탄소 ㉱ 산소

[해설] • 실내 공기오염의 종합적 지표
① 인간에게 유해하므로 이산화탄소 농도가 종합적 지표의 기준이다.
② 이산화탄소 허용농도 : 1000 ppm (0.1 %)이다.

문제 52. 급수설비에서 수격작용을 방지하기 위해 설치하는 것은?
㉮ 플러시 밸브 ㉯ 공기실
㉰ 신축곡관 ㉱ 배수 트랩

[해설] • 수격작용 방지법 (워터 해머) : 공기실을 설비한다.

문제 53. 교류 엘리베이터에 대한 설명 중 옳지 않는 것은?
㉮ 기동토크가 적다.
㉯ 부하에 의한 속도 변동이 있다.
㉰ 직류 엘리베이터에 비해 착상오차가 크다.
㉱ 속도를 선택할 수 있고, 속도 제어가 가능하다.

[해설] • 교류 엘리베이터
① 엘리베이터로 승강 속도가 75 m/min 이하일 때 사용한다.
② 속도 제어가 불가능하다.
③ 직류 엘리베이터
④ 속도 조정이 자유로우나 설비비가 고가이다.

문제 54. 주택의 현관에 관한 설명 중 옳지 않은 것은?
㉮ 주택 외부와 내부의 연결기능을 갖는다.
㉯ 현관의 위치는 대지의 형태 및 도로와의 관계 등에 의하여 결정된다.
㉰ 현관의 크기는 접객의 용무 외에 다양한 활동이 가능하도록 가급적 크게 하는 것이 좋다.
㉱ 현관 바닥에서 홀 (hall)의 단높이는 일반적으로 10 ~ 20 cm 정도로 한다.

[해설] 현관의 크기는 주택의 규모와 가족 수, 방문객의 예상 인원 등을 고려하여 결정한다.

문제 55. 건축도면에서 각종 배경과 세부 표현에 대한 설명 중 옳지 않은 것은?
㉮ 건축도면 자체의 내용을 해치지 않아야 한다.

[해답] 48. ㉯ 49. ㉯ 50. ㉱ 51. ㉯ 52. ㉯ 53. ㉱ 54. ㉰ 55. ㉱

㉯ 건물의 배경이나 스케일, 그리고 용도를 나타내는데 꼭 필요할 때에만 적당히 표현한다.

㉰ 공간과 구조, 그리고 그들의 관계를 표현하는 요소들에게 지장을 주어서는 안된다.

㉱ 가능한 현실과 동일하게 보일 정도로 디테일하게 표현한다.

해설 • 건축 도면에서 각종 배경과 세부 표현
① 설계도만으로는 건축물을 건축주, 공사 관계자, 일반인들에게 충분히 이해시키기 어렵기 때문에 입체적으로 표현하는 것이 좋다.
② 가능한 단순하게 표현한다.

문제 56. 다음 설명이 나타내는 건축 형태의 구성원리는?

일반적으로 규칙적인 요소들의 반복으로 디자인에 시각적인 질서를 부여하는 통제된 운동감각을 말한다.

㉮ 통일   ㉯ 균형
㉰ 강조   ㉱ 리듬

해설 • 리듬
① 요소들의 반복으로 디자인에 시각적인 질서를 부여하는 통제된 운동감각을 말한다.
② 반복, 점층, 억양 등이 있다.

문제 57. 다음 중에서 시기적으로 가장 먼저 이루어지는 도면은?

㉮ 기본 설계도   ㉯ 실시 설계도
㉰ 계획 설계도   ㉱ 시공 설계도

해설 ① 계획 설계도 → ② 기본 설계도 → ③ 실시 설계도 → ④ 시공 설계도

문제 58. 다음은 건축법상 지하층의 정의와 관련된 기준 내용이다. ( ) 안에 알맞은 것은?

"지하층"이란 건축물의 바닥이 지표면 아래에 있는 층으로서 바닥에서 지표면까지 평균높이가 해당 층 높이의 ( ) 이상인 것을 말한다.

㉮ $\frac{1}{2}$ ㉯ $\frac{1}{3}$ ㉰ $\frac{2}{3}$ ㉱ $\frac{1}{4}$

문제 59. 도면에서 창호의 재질별 기호로 옳지 않은 것은?

㉮ 알루미늄 합금 : A
㉯ 합성수지 : P
㉰ 강철 : S
㉱ 목재 : T

해설 • W : 목재

문제 60. 주택에서 독립성이 가장 확보되어야 할 공간은?

㉮ 거실   ㉯ 부엌
㉰ 침실   ㉱ 다용도실

해설 • 개인공간 (독립성) : 침실

해답 56. ㉱ 57. ㉰ 58. ㉮ 59. ㉱ 60. ㉰

전산응용 건축제도 기능사 ▶ 2011. 4. 17 시행

문제 1. 다음 중 기초에 대한 설명으로 옳지 않은 것은?
㉮ 매트기초는 부동침하가 염려되는 건물에 유리하다.
㉯ 파일기초는 연약지반에 적합하다.
㉰ 기초에 사용된 콘크리트의 두께가 두꺼울수록 인장력에 대한 저항성능이 우수하다.
㉱ BCD 파일은 현장타설 말뚝기초의 하나이다.

해설 • 기초와 콘크리트 두께
① 콘크리트는 압축력에 강하나 인장력에 약하므로 인장부에는 철근으로 보강한다.
② 콘크리트의 두께는 기초 구조물의 휨모멘트 및 전단력에 의해 증가하는 원인이며, 콘크리트의 두께가 증가하면 휨모멘트 및 전단력이 증가한다.

문제 2. 철골구조에서 축방향력, 전단력 및 모멘트에 대해 모두 저항할 수 있는 접합은?
㉮ 롤러접합   ㉯ 전단접합
㉰ 핀접합   ㉱ 강접합

해설 • 강접합 : 모멘트 접합이라 하며 기둥과 보의 접합에 사용되고 이때 수직, 수평방향의 힘 (축방향력), 전단력 및 모멘트에 대해 모두 저항할 수 있는 접합이다.

문제 3. 철근콘크리트 보 부재의 보강에 대한 설명 중 적절하지 않은 것은?
㉮ 보의 휨 보강을 위해 중앙부 하부면에 탄소섬유를 부착한다.
㉯ 보의 전단보강을 위해 단부 측면에 탄소섬유를 부착한다.
㉰ 탄소섬유는 방향성이 없어 시공 시 편리함이 있다.
㉱ 철판보강은 구조체와의 일체성 확보를 위해 접합면에 에폭시 주입을 한다.

해설 • 탄소섬유
① 내마모성의 향상, 휨내력의 향상, 균열의 보강, 원형 구조물의 보강 등을 하여 우수한 효과를 얻는다.
② 방향성을 가지고 있어 필요로 하는 방향으로 보강할 수 있으며 시공이 편리하다.

문제 4. 축방향력만을 받는 직선재를 핀으로 결합하여 힘을 전달하는 구조는?
㉮ 트러스구조   ㉯ 돔구조
㉰ 절판구조   ㉱ 막구조

문제 5. 벽돌벽체의 내쌓기에서 내미는 정도의 한도는?
㉮ 1.0 B   ㉯ 1.5 B   ㉰ 2.0 B   ㉱ 3.0 B

해설 • 벽돌쌓기 : 내쌓기는 벽돌 두 켜일 때 $\frac{1}{4}$ B, 한 켜일 때 $\frac{1}{8}$ B로 하며 내미는 한도는 2.0 B 이다.

문제 6. 구조체 자체의 무게가 거의 없어 넓은 공간의 지붕 구조체로 효율성이 뛰어나며, 자연경관과도 잘 조화되어 많이 사용되고 있는 구조 시스템은?
㉮ 막구조   ㉯ 셸구조
㉰ 현수구조   ㉱ 입체 트러스구조

해설 • 막구조 : 지붕의 재료로 막을 사용하며 막을 잡아당겨 인장력을 주면 막 자체에 강성이 생겨 구조체로 힘을 받을 수 있다.

문제 7. 벽돌조 내력벽의 두께는 당해 벽 높이의 최소 얼마 이상으로 하여야 하는가?
㉮ $\frac{1}{10}$ ㉯ $\frac{1}{15}$ ㉰ $\frac{1}{20}$ ㉱ $\frac{1}{25}$

해설 • 벽돌구조의 내력벽 두께

해답 1. ㉰ 2. ㉱ 3. ㉰ 4. ㉮ 5. ㉰ 6. ㉮ 7. ㉰

① 내력벽의 두께는 그 벽 높이의 $\frac{1}{20}$ 이상으로 한다.
② 조적조의 내력벽으로 둘러싸인 부분의 바닥 면적이 60 m² 이하일 때 내력벽의 두께는 건물의 층수에 따라 결정된다.
③ 토압을 받는 부분의 높이가 1.2 m 이상일 때에는 그 직상층 벽두께에 10 cm 이상을 가산한다.

문제 8. 다음 중 개구부 설치에 가장 많은 제약을 받는 구조는?
㉮ 목구조 ㉯ 블록구조
㉰ 철근콘크리트구조 ㉱ 철골구조
해설 • 블록구조 : 개구부 설치에 가장 많은 제약을 받는 구조로 시공이 간단하여 공기단축 및 경비가 절감된다.

문제 9. 나무구조의 홀마루틀에 대한 설명으로 옳은 것은?
㉮ 1층 마루의 일종으로 마루 밑에는 동바리돌을 놓고 그 위에 동바리를 세운다.
㉯ 큰 보 위에 작은 보를 걸고 그 위에 장선을 대고 마룻널을 깐 것이다.
㉰ 보를 걸어 장선을 받게 하고 그 위에 마룻널을 깐 것이다.
㉱ 보를 쓰지 않고 층도리와 간막이도리에 직접 장선을 걸쳐대고 그 위에 마룻널을 깐 것이다.
해설 • 홀마루틀(장선마루) : 복도와 같이 간 사이가 좁을 때 많이 쓰이며, 보를 쓰지 않고 층도리와 간막이도리에 직접 장선을 걸쳐 대고 마룻널을 깐다.

문제 10. 일반적으로 한식 목조 주택에 사용되는 벽의 형식은?
㉮ 심벽식 ㉯ 평벽식
㉰ 옹벽식 ㉱ 판벽식
해설 • 심벽식
① 주로 한식에 사용되며 기둥 사이에 바름벽을 설치하여 보이게 하는 것이다.
② 기둥이 보이므로 나뭇결이 고운 삼나무, 회나무, 낙엽송 등을 사용한다.

문제 11. 석재의 이음 시 연결철물 등을 이용하지 않고 석재만으로 된 이음은?
㉮ 꺾쇠이음 ㉯ 은장이음
㉰ 촉이음 ㉱ 제혀이음
해설 • 석재의 제혀이음 : 석재이음 시 철물 등을 이용하지 않고 홈을 파서 다른 쪽에 제혀 부착하여 이음한 것을 말한다.

문제 12. 벽돌 쌓기에서 세로 규준틀에의 표시 사항이 아닌 것은?
㉮ 벽돌 한 켜의 높이
㉯ 창문틀의 위치
㉰ 각 층 바닥 높이
㉱ 개구부의 폭
해설 • 벽돌 쌓기 세로 규준틀
① 볼트, 벽돌의 위치, 벽돌의 단수, 각 층 바닥 높이, 줄눈의 위치, 재료 나누기, 창문틀의 위치 등을 정확하게 표시하여 튼튼하게 설치한다.
② 내외 내력벽의 상호접합부에 수직으로 설치한다.

문제 13. 조적구조에서 테두리보의 역할과 거리가 먼 것은?
㉮ 벽체를 일체화하여 벽체의 강성을 증대시킨다.
㉯ 개구부 상부의 하중을 좌우측 벽체로 전달한다.
㉰ 기초의 부동침하나 지진발생 시 지반 반력의 국부집중에 따른 벽의 직접피해를 완화시킨다.
㉱ 수직균열을 방지하고, 수축균열 발생을 최소화한다.
해설 • 인방보의 역할
① 개구부 상부하중을 분산하여 좌우측에 균등하게 벽체에 전달한다.

해답 8. ㉯ 9. ㉱ 10. ㉮ 11. ㉱ 12. ㉱ 13. ㉯

② 창·문꼴의 처짐 방지
③ 벽체의 강성을 확보(증대)한다.

문제 14. 트러스에서 상현재와 하현재 내에서 연결부 역할을 하는 부재는?
㉮ lower chord member
㉯ web member
㉰ upper chord member
㉱ supporting point

해설 • 웨브재(web member, 경사재) : 트러스에 있어서 상현재와 하현재 사이에 있는 부재 (수직재, 경사재)

문제 15. 절충식 지붕틀에서 동자기둥을 서로 연결하기 위하여 수평 또는 빗방향으로 대는 부재는?
㉮ 대공   ㉯ 지붕꿸대
㉰ 서까래   ㉱ 중도리

해설 • 지붕꿸대 : 동자기둥과 기둥 사이를 꽝 뚫어 넣은 다음 엮어 힘살이 되게 하는 수평부재이다.

문제 16. 철근콘크리트구조의 배근에 대한 설명으로 옳지 않은 것은?
㉮ 기둥 하부의 주근은 기초판에 크게 구부려 깊이 정착한다.
㉯ 압축 측에도 철근을 배근한 보를 복근보라고 한다.
㉰ 단순보의 주근은 중앙부에서는 하부에 많이 넣어야 한다.
㉱ 슬래브의 철근은 단변방향보다 장변방향에 많이 넣어야 한다.

해설 ① 슬래브 철근 : 장변방향보다 단변방향에 더 많이 넣는다.
② 대근 : 기둥의 상하부보다 중앙부에 더 많이 넣는다.
③ 보의 주근 : 단부에서는 상부에 많이 넣는다.

문제 17. 옆에서 산지치기로 하고 중간은 빗물리게 한 이음으로 토대, 처마도리, 중도리 등에 주로 쓰이는 것은?
㉮ 엇걸이 산지이음   ㉯ 빗이음
㉰ 엇빗이음   ㉱ 겹친이음

문제 18. 철골구조에서 각 게이지 라인 간의 거리 또는 게이지 라인과 재면과의 거리를 의미하는 용어는?
㉮ 게이지   ㉯ 클리어런스
㉰ 피치   ㉱ 그립

문제 19. 보강 콘크리트 블록조 단층에서 내력벽의 벽량은 최소 얼마 이상으로 하는가?
㉮ 10 cm/m²   ㉯ 15 cm/m²
㉰ 20 cm/m²   ㉱ 25 cm/m²

해설 보강 콘크리트 블록조의 내력벽 두께는 15 cm/m²이다.

문제 20. 창 면적이 클 때에는 스틸바만으로는 약하며, 또한 여닫을 때의 진동으로 유리가 파손될 우려가 있으므로 이것을 보강하고 외관을 꾸미기 위해 사용하는 것은?
㉮ 멀리온   ㉯ 풍소란
㉰ 코너비드   ㉱ 마중대

해설 • 멀리온(mullion) : 층과 층 사이에 수직으로 설치하며 풍하중을 견디는 수직 부재이다.

문제 21. 다음 중 마루판에 가장 적합한 것은?
㉮ 플로어링 블록
㉯ 탄화 코르크판
㉰ 코펜하겐 리브
㉱ 연질섬유판

해설 • 플로어링 블록 : 마루(floor)의 재료가 되는 나무판이 플로어링(flooring) 블록이다. 즉 임목재인 마루 마감재료이다.

문제 22. 다음 중 점토의 물리적 성질에 대한 설명으로 옳은 것은?

해답 14. ㉯ 15. ㉯ 16. ㉱ 17. ㉮ 18. ㉮ 19. ㉯ 20. ㉮ 21. ㉮ 22. ㉱

㉮ 점토의 비중은 일반적으로 3.5~3.6 정도이다.
㉯ 양질의 점토일수록 가소성이 나빠진다.
㉰ 미립점토의 인장강도는 3~10 MPa 정도이다.
㉱ 점토의 압축강도는 인장강도의 약 5배이다.

해설 • 점토의 성질
① 점토의 비중 : 2.5~2.6이다.
② 양질의 점토일수록 가소성은 좋아진다.
③ 점토의 압축강도 인장강도의 약 5배이다.

문제 23. 다음 중 점토제품이 아닌 것은?
㉮ 내화벽돌   ㉯ 위생도기
㉰ 모자이크 타일   ㉱ 아스팔트 타일

해설 • 합성수지 제품의 바닥재료
① 수지 타일 : 염화비닐 타일, 아스팔트 타일
② 시트(sheet) : 염화비닐 시트, 초산비닐 시트

문제 24. 다음 중 강을 사용하여 만든 긴결철물 및 고정철물이 아닌 것은?
㉮ 고력 볼트   ㉯ 리벳
㉰ 스크루 앵커   ㉱ 조이너

해설 • 조이너(joiner) : 접착제를 사용하여 조인트 부분에 붙치는 가는 막대 모양의 줄눈재이다.

문제 25. 세라믹 계열의 재료가 아닌 것은?
㉮ 강섬유 보강 콘크리트
㉯ 유리섬유 보강 콘크리트
㉰ 고내구성 고분자계 도료
㉱ 탄소섬유 보강 콘크리트

해설 • 고내구성 고분자계 도료 : 합성고분자계의 재료이다.

문제 26. 물을 가한 후 24시간 내에 보통 포틀랜드 콘크리트 시멘트의 4주 강도가 발현되는 시멘트는?
㉮ 고로 시멘트   ㉯ 알루미나 시멘트
㉰ 팽창 시멘트   ㉱ 플라이 애시 시멘트

해설 • 알루미나 시멘트
① 조기 강도가 커서 재령 1일로 강도가 나타며 수화열이 크고, 수축이 적고, 내화성이 크다.
② 수화열이 크고, 화학작용에 대한 저항이 크며, 수축이 적고, 내화성이 큰 것이 특징이다.
③ 동기공사, 해수공사, 긴급공사 등에 쓰인다.

문제 27. 안전유리의 일종으로 유리평면 및 곡면의 판유리를 약 600℃까지 가열하였다가 양면을 냉각공기로 급랭한 유리는?
㉮ 보통판유리   ㉯ 복층유리
㉰ 무늬유리   ㉱ 강화유리

해설 • 강화유리
① 강화판 유리강도는 보통 유리의 3~4배 정도이며 충격강도는 5~10배 정도이다.
② 파괴되면 열처리에 의한 내응력 때문에 모래처럼 잘게 부서지므로 유리 파편에 의한 부상이 적다.

문제 28. 함수율에 따른 강도가 큰 것부터 순서대로 나열된 것은?
㉮ 생나무 > 전건재 > 기건재
㉯ 전건재 > 기건재 > 생나무
㉰ 생나무 > 기건재 > 전건재
㉱ 기건재 > 전건재 > 생나무

해설 ① 기건재 : 대기 중의 습도와 균형상태의 함수율이 15%가 된 상태이다.
② 전건재 : 기건재가 더욱 건조되어 함수율이 0%가 된 상태이다.

문제 29. 돌로마이트 플라스터에 대한 설명으로 옳지 않은 것은?
㉮ 반죽하는 물은 뜨거운 것이 좋다.
㉯ 반죽 후 보통 2시간 이내에 사용해야 한다.
㉰ 초벌 바름 후 10일 정도 경과하여 고름질을 한다.
㉱ 경화가 늦고 수축성이 작다.

해설 • 돌로마이트 플라스터(석회) 특징

해답 23. ㉱   24. ㉱   25. ㉰   26. ㉯   27. ㉱   28. ㉯   29. ㉱

① 소석회보다 점성이 커서 해초풀이 필요 없고 시공이 용이하다.
② 마감 표면의 경도가 회반죽보다 크다.
③ 변색, 냄새, 곰팡이가 없다.
④ 물에 약하고 경화에 의한 수축률이 커서 균열 발생이 쉽다.
⑤ 경화가 느리다.

문제 30. 콘크리트 배합에 사용되는 수질에 대한 설명으로 옳지 않은 것은?
㉮ 산성이 강한 물을 사용하면 콘크리트의 강도가 증가한다.
㉯ 수질이 콘크리트의 강도나 내구력에 미치는 영향은 크다.
㉰ 당분은 시멘트 무게의 일정 이상이 함유되었을 경우 콘크리트의 강도에 영향을 끼친다.
㉱ 염분은 철근 부식의 원인이 된다.
해설 산성물질은 철근 부식의 원인이 되므로 콘크리트에 산성물을 사용하지 말아야 한다.

문제 31. 크고 작은 모래, 자갈 등이 혼합되어 있는 정도를 나타내는 골재의 성질은?
㉮ 입도   ㉯ 실적률
㉰ 공극률   ㉱ 단위용적중량

문제 32. 경도가 너무 커서 내부에 변형을 일으킬 가능성이 있는 경우 인성을 부여하기 위하여 200~600℃ 정도로 다시 가열한 다음 공기 중에서 천천히 식혀 변형이 없어지고 강인한 강이 되게 하는 강재의 열처리 방법은?
㉮ 불림   ㉯ 풀림   ㉰ 뜨임   ㉱ 담금질
해설 • 뜨임 : 가동이 너무 큰 것을 보완하기 위해서 가열하고 서서히 냉각. 그 다음 담금질하여 외부의 충격에도 강하게 만든 작업을 말한다.

문제 33. 재료명과 그 주 용도의 연결이 옳지 않은 것은?

㉮ 테라코타 : 구조재, 흡음재
㉯ 테라초 : 바닥면의 수장재
㉰ 시멘트 모르타르 : 외벽용 마감재
㉱ 타일 : 내·외벽, 바닥면의 수장재
해설 • 테라코타 : 점토 소성 제품으로서 속을 비게 만들어 가볍게 하여 버팀벽, 주둑, 돌림띠에 장식적으로 사용한다.

문제 34. 창호 철물 중 열린 문이 자동적으로 닫히게 하는 개폐 조정기의 명칭은?
㉮ 크레센트   ㉯ 도어클로저
㉰ 경첩   ㉱ 모노로크
해설 ① 모노로크(monolock) : 문 손잡이 속에 실린더 시스템으로 이루어진 자물쇠이다.
② 도어클로저(도어체크) : 여닫이문 위에 설치하여 열린문이 자동적으로 닫혀지게 하는 철물이다.
③ 도어스톱(doorstop) : 도어홀더(doorholder), 도어큐션 등을 말하며 여닫이문, 아파트 현관문과 같은 문이 더 이상 열리지 않게 정지하거나, 열어놓은 문이 바람에 닫히지 않도록 하는 철물이다.

문제 35. 다음 중 시멘트의 저장 방법으로 옳지 않은 것은?
㉮ 시멘트는 지면으로부터 30 cm 위 마루 위에 저장한다.
㉯ 시멘트는 13포대 이상 쌓지 않는다.
㉰ 약간이라도 굳은 시멘트는 사용하지 않는다.
㉱ 창고에서는 약간의 수화작용이 일어나도록 저장해야 한다.
해설 • 시멘트 저장법
① 시멘트는 저장 시 13포 이상 쌓지 않는다(장기간일 경우에는 7포대 이상 쌓으면 안 됨).
② 시멘트는 통풍이 잘 되지 않는 곳에 저장한다.
③ 창고의 바닥 높이는 지면에서 30 cm 이상 떨어진 위치에 쌓는다.

해답 30. ㉮ 31. ㉮ 32. ㉰ 33. ㉮ 34. ㉯ 35. ㉱

④ 시멘트는 대기 중에 저장하면 풍화, 수화 작용이 일어나지 않도록 하여야 한다.

문제 36. 합성수지에멀션 도료의 특징 중 옳지 않은 것은?
㉮ 접착성이 좋다.
㉯ 내알칼리성이 우수하다.
㉰ 내화성이 부족하다.
㉱ 착색이 자유롭다.

해설 • 합성수지에멀션 도료
① 실내외 모두 사용하는 것으로 우수한 도료이다.
② 시멘트 모르타르, 콘크리트 바탕에 도장하기가 쉽다.
③ 물에 사용하므로 화재 및 폭발의 위험성이 없다.

문제 37. 다음 중 모자이크 타일의 재질로 가장 좋은 것은?
㉮ 토기질   ㉯ 자기질
㉰ 석기질   ㉱ 도기질

해설 모자이크 타일 중 자기질 타일은 재질이 좋아 외부에 많이 사용한다.

문제 38. 다음 미장재료 중 기경성 재료는?
㉮ 회반죽   ㉯ 킨즈 시멘트
㉰ 석고 플라스터 ㉱ 시멘트 모르타르

해설 ① 수경성 (팽창성) 미장재료 : 석고질, 혼합석고 플라스터, 경석고, 순석고 플라스터
② 기경성 (수축성) 미장재료 : 석회질, 진흙, 회반죽, 마그네시아 석회

문제 39. 각종 건축용 유리에 대한 설명 중 옳지 않은 것은?
㉮ 복층유리는 열관류율이 작아 단열창 등에 사용된다.
㉯ 강화유리는 강도가 보통유리의 3~5배 정도이며, 파괴될 때도 안전하다.
㉰ 보통판유리는 자외선의 투과율이 크고 가시광선 영역을 강하게 흡수한다.
㉱ 열선흡수유리는 단열유리라고도 하며 적외선을 잘 흡수한다.

해설 • 보통판유리 : 가시광선 투과율이 좋다.

문제 40. 방수 시트에 관한 설명 중 옳지 않은 것은?
㉮ 시공은 접착제로 한다.
㉯ 공기가 길어지는 단점이 있다.
㉰ 상온에서 시공이 가능하다.
㉱ 지붕 방수의 경량화라는 장점이 있다.

해설 • 방수 시트 : 방수층이 경량이고 시공도 간편하여 공기가 짧아진다.

문제 41. 주택단지 계획에서 근린주구에 해당하는 주택호수로 알맞은 것은?
㉮ 10~20호   ㉯ 400~500호
㉰ 1600~2000호   ㉱ 6000~12000호

해설 • 근린주구의 주택단위 구성 분류
① 인보구 : 주택호수 15~40호, 인구 100~200명
② 근린분구 : 주택호수 400~500호, 인구 2000명
③ 근린주구 : 주택호수 1600~2000호, 인구 8000~10000명

문제 42. 건축도면을 보관, 정리 또는 취급상 접을 때에 얼마의 크기로 접는 것을 표준으로 하는가?
㉮ A1   ㉯ A2   ㉰ A3   ㉱ A4

문제 43. 건축도면에 선을 그을 때 유의사항에 관한 설명 중 옳지 않은 것은?
㉮ 선과 선이 각을 이루어 만나는 곳은 정확하게 작도가 되도록 한다.
㉯ 선의 굵기를 조절하기 위해 중복하여 여러 번 긋지 않도록 한다.
㉰ 파선이나 점선은 선의 길이와 간격이 일정해야 한다.
㉱ 선 굵기는 도면의 축척이 다르더라도 항

해답 36. ㉰   37. ㉯   38. ㉮   39. ㉰   40. ㉯   41. ㉰   42. ㉱   43. ㉱

상 일정해야 한다.
[해설] 건축도면의 축척에 따라 선의 굵기는 다르게 한다.

문제 44. 다음 설명이 나타내는 건축법상의 용어는?

> 기존 건축물의 전부 또는 일부를 철거하고 그 대지에 종전과 같은 규모의 범위에서 건축물을 다시 축조하는 것을 말한다.

㉮ 신축 ㉯ 재축 ㉰ 개축 ㉱ 증축

[해설] • 재축 : 기존 건축물이 재해로 인하여 멸실된 경우 종전과 동일한 규모의 범위 안에서 건축물을 축조한다.

문제 45. 급기와 배기에 모두 기계장치를 사용한 환기 방식으로 실내외의 압력차를 조정할 수 있는 것은?

㉮ 제1종 환기법 ㉯ 제2종 환기법
㉰ 제3종 환기법 ㉱ 제4종 환기법

[해설] ① 제1종 환기법 : 급기 댐퍼, 배기 댐퍼
② 제2종 환기법 : 급기 댐퍼, 자연 배기
③ 제3종 환기법 : 자연 급기, 배기 댐퍼

문제 46. 디자인 요소 중 수직선의 조형효과와 가장 거리가 먼 것은?

㉮ 상승감 ㉯ 존엄성
㉰ 엄숙함 ㉱ 우아함

[해설] • 수직선 : 존엄성, 하늘, 엄숙함, 적극성, 긴장감, 남성, 능동감

문제 47. 건축공간에 대한 설명으로 옳지 않은 것은?

㉮ 인간은 건축공간을 조형적으로 인식한다.
㉯ 외부 공간은 자연발생된 건축 고유의 공간이며 기능과 구조, 그리고 아름다움의 측면에서 무엇보다도 중요하다.
㉰ 공간의 가장 기본적인 치수는 실내에 필요한 가구를 배치하고 기능을 수행하는 데 있어 사람의 움직임을 적절하게 수용할 수 있는 크기이다.
㉱ 건축물을 만들기 위해서는 여러 가지 재료와 방법을 이용하여 바닥, 벽, 지붕과 같은 구조체를 구성하는데 이 뼈대에 의하여 이루어지는 공간을 건축공간이라 한다.

[해설] • 건축공간
① 내부공간 : 건축 고유의 공간이며 기능과 구조, 아름다움이 조화되어야 한다.
② 외부공간 : 내부공간을 둘러싼 공간으로 건축물이 많이 있을 때 건축물에 의해 둘러싸인 공간 전체이다.

문제 48. 건축설계도면의 배치도에 일반적으로 나타내는 사항과 가장 거리가 먼 것은?

㉮ 우편함의 위치
㉯ 인접 도로의 폭 및 길이
㉰ 건물 내 실의 배치와 넓이
㉱ 대지 내 건물과 인접 경계선과의 거리

[해설] • 배치도
① 대지와 도로와의 관계, 도로의 넓이, 출입구 등의 위치를 표시한다.
② 인접 대지의 경계와 주변의 담장, 대문 등의 위치를 표시한다.
③ 부대설비 즉 상하수도, 정화조, 연못, 분수, 수목의 위치, 옥외조명 등을 표시한다.

문제 49. 다음의 평면표시기호가 의미하는 것은?

㉮ 미닫이창 ㉯ 셔터달린창
㉰ 이중창 ㉱ 망사창

문제 50. 부엌용 개수기류에 사용되는 트랩으로, 관트랩에 비하여 봉수의 파괴가 적은 것은?

㉮ S 트랩 ㉯ P 트랩
㉰ U 트랩 ㉱ 드럼 트랩

[해답] 44. ㉰ 45. ㉮ 46. ㉱ 47. ㉯ 48. ㉰ 49. ㉯ 50. ㉱

[해설] • 트랩 : 배관 속 악취, 유독가스 및 벌레 등이 실내로 침투하는 것을 방지하기 위하여 배수시설 일부에 봉수가 고이게 하는 기구이다.
① 드럼 트랩(drum trap) : 주방의 개수기 및 그 밖의 개수기류에 쓰이는 트랩으로 다량의 봉수를 가지고 있으므로 트랩보다 봉수가 안전하다.
② S 트랩 : 세면기 등에 쓰이는 트랩으로 사이펀 작용에 의해 봉수가 파괴되는 경우가 많다.
③ P 트랩 : 위생기구에 가장 많이 쓰이는 트랩으로 S 트랩보다 봉수가 안전하다.
④ U 트랩 : 가로배관에 사용하고 유속을 저해하는 결점이 있으며 공공하수관에서 하수 가스 역류에 쓰이는 트랩이다.

문제 51. 스트럽 (늑근)이나 띠철근을 철근 배근도에서 표시할 때 일반적으로 사용하는 선은?
㉮ 가는 실선
㉯ 파선
㉰ 굵은 실선
㉱ 이점 쇄선

문제 52. 주택의 실내공간 중 가족의 휴식, 대화, 단란한 공동생활의 중심이 되는 곳은?
㉮ 거실
㉯ 응접실
㉰ 침실
㉱ 서재

[해설] • 거실 : 생활환경이 다른 가족 개개인의 요구를 최대한 충족시킬 수 있는 공간으로 계획되어야 한다.

문제 53. 복층형 아파트에 대한 설명으로 옳지 않은 것은?
㉮ 프라이버시의 확보가 용이하다.
㉯ 엘리베이터의 정지층 수를 적게 할 수 있다.
㉰ 단위 주거의 평면계획에 변화를 줄 수 없다.
㉱ 복도가 없는 층은 남북면이 모두 외기에 면할 수 있다.

[해설] • 복층형 아파트
① 일조, 통풍, 전망, 프라이버시가 보장되어 단위 주거의 평면계획에 변화를 줄 수 있다.
② 변화를 주어 경제성을 높일 수 있다.

문제 54. 건축화 조명에 대한 설명으로 옳지 않은 것은?
㉮ 조명이 건축물과 일체가 되고, 건물의 일부가 광원의 역할을 하는 것을 건축화 조명이라 한다.
㉯ 건축화 조명은 건축공간의 조명적 디자인이므로 천장이나 벽면의 크기, 재료, 색채 등의 전체적인 조화가 필요하다.
㉰ 코브 조명은 천장면을 확산 투과재료로 마감하고, 그 속에 광원을 넣어 조명하는 방식이다.
㉱ 코니스 조명은 벽면의 상부에 위치하여 모든 빛이 아래로 직사하도록 하는 조명 방식이다.

[해설] • 건축화 조명의 종류
① 천장 매설형 조명 : 부드럽고 깨끗한 조명을 얻기 위하여 유리 및 플라스틱의 확산 투과재료를 천장 전면에 재료로 사용하여 그 속에 전구나 형광램프를 사용하는 것이다.
② 루버(louver) 조명 : 천장에 루버기구를 설치하고 광원을 매입하여 건물내장의 표면반사에 의해 나타나는 밝은 직사광 조명이다. 광원이 보이지 않는 것이 특징이다.
③ 코브(cove) 조명 : 광원을 천장 또는 벽면에 달고, 그 직접광을 반사한다.
④ 코너(corner) 조명 : 천장과 벽면과의 경계가 되는 구석에 조명기구를 배치한다.
⑤ 광천장 조명 : 천장면을 확산 투과재료로 마감하고 그 속에 광원을 배치한다.

문제 55. 묘사도구 중 연필에 대한 설명으로 옳지 않은 것은?

해답 51. ㉮ 52. ㉮ 53. ㉰ 54. ㉱ 55. ㉮

㉮ 선명하게 보이고, 도면이 더러워지지 않는다.
㉯ 다양한 질감 표현이 가능하며, 지울 수 있는 장점이 있다.
㉰ 밝은 상태에서 어두운 상태까지 폭넓게 명암을 나타낼 수 있다.
㉱ 연필은 심의 종류에 따라서 진한 것과 흐린 것으로 나누어지며, 무른 것과 딱딱한 것으로도 나누어진다.

[해설] 연필은 지울 수 있으나 번지거나 더러워질 수 있다.

문제 56. 설계과정 중에서 가장 선행되어야 할 사항은?
㉮ 조건파악 ㉯ 실시설계
㉰ 기본설계 ㉱ 기본계획

[해설] 조건파악 → 기본계획 → 기본설계 → 실시설계

문제 57. 주택의 침실계획에 대한 설명으로 옳지 않은 것은?
㉮ 방위는 일조와 통풍이 좋은 남쪽이나 동남쪽이 이상적이다.
㉯ 침실의 크기는 사용인원 수, 침구의 종류, 가구의 종류, 통로 등의 사항에 따라 결정된다.
㉰ 노인 침실의 경우, 바닥이 고저차가 없어야 하며 위치는 가급적 2층 이상이 좋다.
㉱ 침실 환기 시 통풍의 흐름이 직접 침대 위를 통과하지 않도록 한다.

[해설] • 노인 침실 : 구조는 바닥 높낮이가 없어야 하고 위치는 1층이며 일조와 통풍이 양호하고 조용한 장소, 뜰을 바라볼 수 있는 곳이 좋으며 정신적 안정과 보건에 편리한 위치가 좋다.

문제 58. 다음은 건축도면에 사용하는 치수의 단위에 대한 설명이다. ( ) 안에 공통으로 들어갈 내용은?

> 치수의 단위는 ( )를 원칙으로 하고, 이때 단위 기호는 쓰지 않는다. 치수 단위가 ( )가 아닌 때에는 단위 기호를 쓰거나 그 밖의 방법으로 그 단위를 명시한다.

㉮ cm ㉯ mm ㉰ m ㉱ Nm

[해설] • 건축도면 단위 기입방법 : 치수의 단위는 mm이며, mm 단위는 생략한다.

문제 59. 다음 중 LP가스의 특성이 아닌 것은?
㉮ 비중이 공기보다 크다.
㉯ 발열량이 크며 연소 시에 필요한 공기량이 많다.
㉰ 누설이 된다 해도 공기 중에 흡수되기 때문에 안전성이 높다.
㉱ 석유 정제과정에서 채취된 가스를 압축 냉각해서 액화시킨 것이다.

[해설] LP가스는 무색, 무취이어서 구별하기 어렵고, 공기보다 무거워 바닥 하면에 채류하여 화재 및 폭발 위험성이 존재한다.

문제 60. 열의 이동 방법에 속하지 않는 것은?
㉮ 회절 ㉯ 복사
㉰ 대류 ㉱ 전도

[해설] • 열의 전달 3요소
① 전도 : 분자의 이동으로 열이 전달되는 현상이다.
② 대류 : 분자가 열을 가진 상태에서 밀도차에 의해 열이 전달되는 현상이다.
③ 복사 : 물체의 표면으로부터 광파와 같은 성질의 복사에너지가 주위로 전파되는 현상이다.

전산응용 건축제도 기능사 ▶ 2011. 7. 31 시행

문제 1. 계단 난간의 웃머리에 가로대는 가로재로 손스침이라고도 하는 것은?
㉮ 챌판 ㉯ 난간동자
㉰ 계단참 ㉱ 난간두겁대
해설 • 난간두겁대 : 난간동자 난간 위에 가로로 대어 일정한 간격으로 칸막이한 짧은 기둥으로 손스침이 되는 부재이다.

문제 2. 목재 접합 시에 쓰이는 금속 보강재 중에서 큰 보를 따내지 않고 작은 보를 걸쳐 받게 하는 철물은?
㉮ 꺾쇠 ㉯ 안장쇠
㉰ 감잡이쇠 ㉱ 띠쇠
해설 ① 안장쇠 : 작은 보와 큰 보를 연결하는 철물이다.
② 감잡이쇠 : 평보와 왕대공을 연결하는 철물이다.

문제 3. 다음 중 열려진 여닫이문을 저절로 닫히게 하는 장치는?
㉮ 문버팀쇠 ㉯ 도어스톱
㉰ 도어체크 ㉱ 크레센트
해설 ① 모노로크(monolock) : 문 손잡이 속에 실린더 시스템으로 이루어진 자물쇠이다.
② 도어클로저(도어체크) : 여닫이문 위에 설치하여 열린 문이 자동적으로 닫혀지게 하는 철물이다.
③ 도어스톱(doorstop) : 도어홀더(doorholder), 도어큐션 등을 말하며 여닫이문, 아파트 현관문과 같이 문이 더 이상 열리지 않게 정지하거나, 열어놓은 문이 바람에 닫히지 않도록 하는 철물이다.

문제 4. 목구조에서 토대와 기둥에 가장 적합한 맞춤은?
㉮ 반턱 맞춤 ㉯ 메뚜기장 맞춤
㉰ 짧은 장부 맞춤 ㉱ 통 맞춤

해설 • 짧은 장부 맞춤 : 평기둥과 층도리와의 맞춤에 짧은 장부 맞춤을 하고 ㄱ자쇠를 가지고 가시못치기, 볼트조임으로 한다.

문제 5. 지붕의 물매를 결정하는데 있어 가장 영향이 적은 사항은?
㉮ 지붕의 종류
㉯ 지붕의 크기와 형상
㉰ 지붕재료의 성질
㉱ 강수량
해설 • 지붕물매
① 지붕의 물매는 간 사이의 크기, 건물의 용도, 강우량 등에 따라 정해진다.
② 빗물이 흐르게 하는 것이 물매, 즉 경사도이며 지붕물매는 지붕의 크기와 향상, 지붕재료의 성질, 강수량과 상호연관이 있다.

문제 6. 다음 그림은 지붕의 평면도를 나타낸 것이다. 박공지붕에 해당하는 것은?
㉮ ㉯
㉰ ㉱
해설 ㉯ 모임지붕, ㉰ 합각지붕, ㉱ 반박공 지붕

문제 7. 다음 중 막구조로 이루어진 구조물은?
㉮ 금문교
㉯ 장충 체육관
㉰ 시드니 오페라 하우스
㉱ 상암동 월드컵 경기장
해설 ① 상암동 월드컵 경기장 : 막구조
② 시드니 오페라 하우스 : 셸구조
③ 도쿄돔 : 트러스 구조
④ 판데온 신전, 성 소피아 성당 : 돔구조
⑤ 금문교, 남해대교 : 현수구조

문제 8. 뒷면은 영국식 쌓기로 하고 표면은

해답 1. ㉱ 2. ㉯ 3. ㉰ 4. ㉰ 5. ㉮ 6. ㉮ 7. ㉱ 8. ㉮

치장 벽돌을 싸서 5켜 또는 6켜는 길이 쌓기로 하며, 다음 1켜는 마구리 쌓기로 하여 뒷벽돌에 물려서 쌓는 방식은?
㉮ 미국식 쌓기 ㉯ 네덜란드식 쌓기
㉰ 프랑스식 쌓기 ㉱ 영롱 쌓기

[해설] • 벽돌 쌓기법 종류
① 영국식 쌓기
  ㈎ 모서리에 반절, 이오토막을 사용하며 통줄눈이 생기지 않는 것이 특징이다. 한켜는 마구리 쌓기로 하고 다음은 길이 쌓기로 하며 교대로 하여 쌓는다.
  ㈏ 가장 튼튼한 구조이며 내력벽 쌓기에 사용되고 가장 튼튼한 쌓기법이다.
② 프랑스식 쌓기
  ㈎ 끝부분에는 이오토막을 사용하며 한 켜는 길이 쌓기로 하고 다음은 마구리 쌓기로 하며 교대로 하여 쌓는다.
  ㈏ 치장용으로 많이 사용되며 많은 토막 벽돌이 사용된다.
③ 미국식 쌓기
  ㈎ 앞면 5켜까지는 치장벽돌로 길이 쌓기로 하고 다음 마구리 쌓기로 하고, 뒷면은 영국식으로 쌓는다.
  ㈏ 치장벽돌을 사용한다.
④ 화란식 (네덜란드식) 쌓기
  ㈎ 모서리 또는 끝부분에는 칠오토막을 사용하며 한 켜는 길이 쌓기로 하고 다음은 마구리 쌓기로 하며 마무리하는 벽돌 쌓기법이다.
  ㈏ 한 면은 벽돌 마구리와 길이가 교대로 되고 다른 면은 영국식으로 쌓는다.
  ㈐ 작업하기 쉬워 일반적으로 가장 많이 사용하는 벽돌 쌓기법이다.

[문제] 9. 목재 거푸집과 비교한 강재 거푸집의 특성 중 옳지 않은 것은?
㉮ 변형이 적다.
㉯ 정밀하다.
㉰ 콘크리트 표면이 매끄럽다.
㉱ 콘크리트 오염도가 적다.
[해설] • 강재 거푸집 : 콘크리트의 오염도가 높다.

[문제] 10. 다음 중 모살용접이 쓰이지 않는 이음은?
㉮ 플러그이음 ㉯ 덧판이음
㉰ 겹침이음 ㉱ T형 이음

[문제] 11. 목재의 이음 및 맞춤에서 서로 빠지는 것을 방지하기 위해 원형 또는 각형의 가늘고 긴 일종의 나무못을 사용하는데, 이 보강재를 무엇이라 하는가?
㉮ 촉 ㉯ 산지 ㉰ 쐐기 ㉱ 쪽매

[문제] 12. 조적식 구조에서 내력벽으로 둘러싸인 부분의 최대 바닥면적은 얼마를 넘을 수 없는가?
㉮ 40 m² ㉯ 60 m²
㉰ 80 m² ㉱ 100 m²
[해설] 조적의 내력벽으로 둘러싸인 부분의 바닥면적은 80 m² 이하로 한다.

[문제] 13. 그림과 같은 양식 지붕틀의 명칭은?

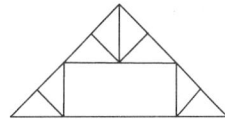

㉮ 왕대공 지붕틀 ㉯ 쌍대공 지붕틀
㉰ 평하우 트러스 ㉱ 핑크 트러스
[해설] • 쌍대공 지붕틀 : ㅅ자 보, 평보, 빗대공 종보, 쌍대공으로 짜서 만든 양식 지붕의 뼈대이다.

[문제] 14. 횡력을 받는 벽을 지지하기 위해서 설치하는 구조물은?
㉮ 버트레스 ㉯ 커튼월
㉰ 타이 바 ㉱ 컬럼밴드
[해설] • 버트레스 : 횡력을 받는 벽을 외부에서 지지하기 위해서 설치하는 부벽을 말한다.

[문제] 15. 벽량에 대한 설명으로 옳지 않은 것은?

[해답] 9. ㉱ 10. ㉮ 11. ㉯ 12. ㉰ 13. ㉯ 14. ㉮ 15. ㉰

㉮ 내력벽 길이의 총합계를 그 층의 건물면적으로 나눈 값을 의미한다.
㉯ 보강블록구조의 내력벽의 벽량은 15 cm/m² 이상이 되도록 한다.
㉰ 큰 건물에 비해 작은 건물일수록 벽량을 증가할 필요가 있다.
㉱ 벽량을 증가시키면 횡력에 대항하는 힘이 커진다.

[해설] • 벽량 : 작은 건물에 비해 큰 건물일수록 벽량의 증가가 필요하다.

문제 16. 직선부재가 서로 한 점에서 만나고 그 형태가 삼각형인 구조물로서 인장력과 압축력의 축력만을 지지하는 구조는?
㉮ 셸구조 ㉯ 아치구조
㉰ 린텔구조 ㉱ 트러스구조

[해설] • 트러스구조 : 3각형으로 조립하여 각 부재에 작용하는 힘이 축방향력이 되도록 한 구조이다.

문제 17. 용접결합 중 용접부분 안에 생기는 기포를 무엇이라 하는가?
㉮ 언더컷 (undercut)
㉯ 블로홀 (blowhole)
㉰ 피드 (pit)
㉱ 피시아이 (fish eye)

[해설] • 블로홀 : 용접결합 중 금속 주물이 응고할 때 남아 있는 가스에 의해 생긴 내부의 작은 기공을 말한다.

문제 18. 다음 중 케이블을 이용한 구조로만 연결된 것은?
㉮ 절판구조 – 사장구조
㉯ 현수구조 – 셸구조
㉰ 현수구조 – 사장구조
㉱ 막구조 – 돔구조

[해설] • 현수구조의 특징
① 구조물의 주요 부분을 매달아서 인장력으로 저항하는 구조물로 상부는 거대한 트러스에 의해 지지되고 트러스는 기중에 전달되는 하중을 케이블로 지지하는 구조양식이다.
② 구조물의 무게를 케이블에 지지하게 되고 케이블은 인장력을 받게 되므로 압축력을 받도록 설계된 구조물과 비교하여 부재의 좌굴을 고려할 필요가 없다.
③

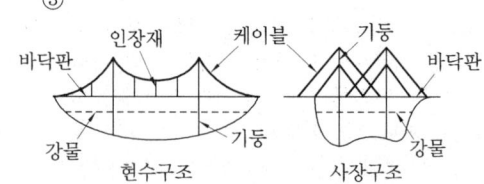

문제 19. 내면에 균일한 인장력을 분포시켜 얇은 합성수지 계통의 천을 지지하여 지붕을 구성하는 구조는?
㉮ 입체트러스구조 ㉯ 막구조
㉰ 절판구조 ㉱ 조적식 구조

[해설] • 막구조 : 지붕의 재료로 막을 사용하며 막을 잡아당겨 인장력을 주면 막 자체에 강성이 생겨 구조체로 힘을 받을 수 있다.

문제 20. 조적조에서 창문의 틀 옆에 세워 대는 돌 또는 벽돌벽의 중간중간에 설치한 돌을 무엇이라 하는가?
㉮ 인방돌 ㉯ 창대돌
㉰ 문지방돌 ㉱ 쌤돌

[해설] • 쌤돌 (jamb stone) : 창문 주위의 벽두께면에 대는 것으로 벽돌벽 중간중간에 설치하며 벽돌조에 사용하는 돌이다.

문제 21. 다음 중 3종 점토 벽돌의 압축강도는 최소 얼마 이상인가?
㉮ 20.59 N/mm²
㉯ 10.78 N/mm²
㉰ 22.54 N/mm²
㉱ 24.58 N/mm²

[해답] 16. ㉱ 17. ㉯ 18. ㉰ 19. ㉯ 20. ㉱ 21. ㉯

[해설] • 3종 점토 벽돌 압축 강도

종류	압축 강도 (N/mm²)
1종 점토 벽돌	20.59 이상
2종 점토 벽돌	15.69 이상
3종 점토 벽돌	10.78 이상

[문제] 22. 목재의 벌목 시기로 겨울철이 가장 좋은 이유는?
㉮ 목질이 연약하여 베어내기 쉽기 때문
㉯ 사람의 왕래가 적기 때문
㉰ 수액이 적어 건조가 빠르기 때문
㉱ 옹이가 적기 때문
[해설] 겨울, 가을의 벌목은 수액이 가장 적으므로 건조가 빠르고 목질도 견고하다. 또한 산 속에서 운반하기도 쉽고 노임도 싸다.

[문제] 23. 다음 중 광명단(光明丹)과 관계있는 것은?
㉮ 방청제 ㉯ 방부제
㉰ 희석제 ㉱ 공기연행제
[해설] • 방청제
① 금속 바탕에 녹이 나는 것을 막기 위해 사용되는 도료이다.
② 광명단 (연단 페인트)
③ 연백 페인트
④ 징크 크로메이트계 도료
⑤ 징크 더스트계 도료
⑥ 오일 프라이머를 주원료로 한 유성 페인트

[문제] 24. 모르타르 또는 콘크리트가 유동적인 상태에서 겨우 형태를 유지할 수 있을 정도로 엉키는 초기작용을 의미하는 것은?
㉮ 풍화   ㉯ 응결
㉰ 블리딩 ㉱ 중성화
[해설] • 응결 : 시멘트에 적당한 물을 부어 뒤섞으면 유동성이 점점 없어지고 차차 굳어지는 상태이다.

[문제] 25. 콘크리트 타설 후 수분 상승과 함께 미세한 물질이 상승하는 현상은?
㉮ 블리딩 ㉯ 풍화
㉰ 응결   ㉱ 경화
[해설] ① 블리딩 : 콘크리트 타설 후 콘크리트 표면에 수분이 상승하는 현상이다.
② 풍화 : 시멘트가 공기 중의 습기를 흡수하여 천천히 수화반응을 일으켜서 굳어지는 현상이다.

[문제] 26. 미장용 혼화재료 중 응결시간을 단축시키는 것을 목적으로 하는 급결제에 속하는 것은?
㉮ 카본블랙 ㉯ 점토
㉰ 염화칼슘 ㉱ 이산화망간

[문제] 27. 다음 중 목재의 흠에 해당되지 않는 용어는?
㉮ 옹이   ㉯ 껍질박이
㉰ 연륜   ㉱ 혹
[해설] • 목재의 흠 : 옹이, 갈래, 썩정이, 껍질박이, 송진구멍, 혹 등이 있다.

[문제] 28. 목재의 원소 조성 중 가장 많이 포함하고 있는 원소는?
㉮ 탄소 ㉯ 산소 ㉰ 수소 ㉱ 질소
[해설] • 목재 구성 원소 : 탄소 50 %, 산소 40 %, 수소 6 %, 질소 1 %로 구성되어 있다.

[문제] 29. 속이 빈 상자모양의 유리 둘을 맞대어 저압공기를 넣고 녹여 붙인 것으로, 옆면은 모르타르가 잘 부착되도록 합성수지 풀로 돌가루를 붙여 놓은 유리 제품은?
㉮ 유리 블록 ㉯ 프리즘 타일
㉰ 유리 섬유 ㉱ 결정화 유리
[해설] • 유리 블록 (glass block) : 사각형이나 원형의 상자 2개를 각각 맞대어 저압의 건조공기를 넣고 녹여 붙인 것으로 속이 빈 유리 블록, 데크 유리 등이 있다.

[문제] 30. 아스팔트 방수층을 만들 때 콘크리

[해답] 22. ㉰ 23. ㉮ 24. ㉯ 25. ㉮ 26. ㉰ 27. ㉰ 28. ㉮ 29. ㉮ 30. ㉯

트 바탕에 제일 먼저 사용되는 재료로 바탕과 방수층의 접착성을 향상시키는 것은?
㉮ 아스팔트 펠트
㉯ 아스팔트 프라이머
㉰ 블론 아스팔트
㉱ 아스팔트 루핑

해설 • 아스팔트 프라이머(asphalt primer) : 아스팔트 등의 접착력을 증대시키는 방수 접착제로 사용한다.

문제 31. 얇은 금속판에 여러 가지 모양으로 도려낸 철물로서 환기공·라디에이터 커버 등에 이용되는 것은?
㉮ 코너비드   ㉯ 듀벨
㉰ 논슬립   ㉱ 펀칭메탈

문제 32. 백색 포틀랜드 시멘트와 종석, 안료를 섞어서 반죽하여 만든 것은?
㉮ 코킹(caulking)
㉯ 테라코타(terra cotta)
㉰ 테라초(terrazzo)
㉱ 트래버틴(travertine)

해설 ㉯ 테라코타 : 점토소성 제품으로서 속을 비게 만들어 가볍게 하여 버팀벽, 주두, 돌림띠에 장식적으로 사용한다.
㉰ 테라초 : 모조석(자연석과 근사하게 만든 시멘트 제품)의 일종으로서 시멘트(백색 시멘트＋안료), 종석을 배합하여 만든다.

문제 33. 시멘트의 분말도가 높은 경우의 특징으로 옳지 않은 것은?
㉮ 수화작용이 빠르다.
㉯ 시공연도가 좋다.
㉰ 조기강도가 크다.
㉱ 재료분리가 크다.

해설 • 분말도
① 시멘트 입자의 굵고 가늠을 나타내는 것으로 분말도가 높다 함은 일정한 중량 속에 입자가 많다는 뜻이다.
② 분말도가 높은 것일수록 수화작용이 빠르고 조기강도가 크다.
③ 분말도가 클수록 응결시간이 단축된다.

문제 34. 회반죽이 공기 중에서 굳어질 때 필요한 성분은?
㉮ 탄산가스   ㉯ 산소
㉰ 질소   ㉱ 수증기

해설 • 회반죽 : 석회석은 기경성이므로 수중에서는 경화되지 않고 탄산가스를 함유한 공기 중에서 탄산가스와 반응하여 (탄산화) 건조되면서 경화된다.

문제 35. 유리의 광학적 성질 중 흡수율에 대한 설명으로 옳지 않은 것은?
㉮ 깨끗한 창유리의 흡수율은 2～6％이다.
㉯ 두께가 두꺼울수록 광선의 흡수율은 커진다.
㉰ 불순물이 많을수록 광선의 흡수율은 작아진다.
㉱ 착색된 색깔이 짙을수록 광선 흡수율은 커진다.

해설 불순물이 많을수록 광선의 흡수율이 커지고 광선의 파장이 짧으면 투과율이 감소한다.

문제 36. 다음 미장재료 중 수경성 재료는?
㉮ 회사벽
㉯ 돌로마이트 플라스터
㉰ 회반죽
㉱ 시멘트 모르타르

해설 • 수경성(팽창성) 미장재료
① 석고질, 혼합석고 플라스터, 경석고, 순석고 플라스터
② 시멘트계 : 시멘트 모르타르, 인조석, 테라초 현장 바름
③ 석고계 플라스터 : 혼합석고 플라스터, 보드용 석고 플라스터, 크림용 석고 플라스터

문제 37. 알루미늄의 특성에 대한 설명으로 옳지 않은 것은?

해답 31. ㉱ 32. ㉰ 33. ㉱ 34. ㉮ 35. ㉰ 36. ㉱ 37. ㉯

㉮ 전기나 열전도율이 높다.
㉯ 압연, 인발 등의 가공성이 나쁘다.
㉰ 가벼운 정도에 비하면 강도가 크다.
㉱ 해수, 산, 알칼리에 약하다.

[해설] • 알루미늄 : 열이나 전기의 전도율이 높고 전성과 연성이 풍부하며 가공이 용이하다. 원광석인 보크사이트 (bauxite)로 순수한 알루미나 (Al_2O_3)를 만들고 이것을 전기분해하여 만든 은백색의 금속이다.

[문제] 38. 금속 중에서 비교적 비중이 크고 연하며 방사선을 잘 흡수하므로 X선 사용 개소의 천장 바닥에 방호용으로 사용되는 것은?
㉮ 황동   ㉯ 알루미늄
㉰ 구리   ㉱ 납

[해설] • 납 (Pb)
① 주조 가공성 및 단조성이 풍부하며 열전도율이 작으나 온도의 변화에 따른 신축이 크다.
② 송수관, 가스관, X선실 안벽 붙임 (방호용) 등에 쓰인다.
③ 공기 중에서 표면에 피막이 생겨 내부가 보호되며 내산성은 크나 알칼리에는 침식된다.

[문제] 39. 목재에 대한 설명 중 옳지 않은 것은?
㉮ 심재는 목재의 수심에 가까이 위치하고, 암색 부분을 띠고, 나무 줄기에 견고성을 준다.
㉯ 제재 시는 건조에 대한 수축을 고려하여 여유있게 계획선을 긋는다.
㉰ 인공건조법은 다습적온의 열기를 통과시켰다가 점차로 고온저습으로 조절하여 건조한다.
㉱ 목재의 전수축률은 무늬결 방향이 가장 적고 길이방향이 가장 크다.

[해설] • 목재 수축률
① 수축률 크기 : 널결 방향 > 곧은결 방향 > 섬유방향

② 동일 나뭇결 수축률 크기 : 변재 > 심재
③ 비중이 적은 목재일수록 수축과 팽창이 적다.

[문제] 40. 다음 중 같은 조건일 때 내구성이 가장 큰 석재에 해당하는 것은?
㉮ 사암   ㉯ 석회암
㉰ 대리석   ㉱ 화강암

[해설] • 석재의 내구성
① 화강암 : 75 ~ 200년
② 대리석 : 60 ~ 100년
③ 석회암 : 20 ~ 40년
④ 사암 : 15 ~ 100년

[문제] 41. 조적조 벽체를 제도하는 순서로 가장 알맞은 것은?

① 축척과 구도 정하기
② 지반선과 벽체 중심선 긋기
③ 치수와 명칭을 기입하기
④ 벽체와 연결부분 그리기
⑤ 재료 표시
⑥ 치수선과 인출선 긋기

㉮ ① - ② - ③ - ④ - ⑤ - ⑥
㉯ ① - ② - ④ - ⑥ - ⑤ - ③
㉰ ① - ② - ④ - ⑤ - ⑥ - ③
㉱ ① - ⑥ - ② - ③ - ④ - ⑤

[해설] • 조적구조 벽체 그리기
① 제도용지에 테두리선을 긋고, 축척에 알맞게 구도를 잡는다.
② 지반선과 벽체의 중심선을 작도한다.
③ 기초의 깊이와 벽체의 너비를 정한다.
④ 벽체와 연결된 바닥이나 마루, 처마 등의 위치를 정한다.
⑤ 단면선과 입면선을 구분하여 그림을 그린다.
⑥ 각 부분에 재료를 표시한다.
⑦ 치수선과 인출선을 긋고, 치수와 명칭을 기입한다.

[문제] 42. LPG에 대한 설명 중 옳지 않은 것은?
㉮ 공기보다 가볍다.

[해답] 38. ㉱ 39. ㉱ 40. ㉱ 41. ㉰ 42. ㉮

㉯ 액화석유가스이다.
㉰ 주성분은 프로판, 프로필렌, 부탄 등이다.
㉱ 석유정제 과정에서 채취된 가스를 압축 냉각해서 액화시킨 것이다.
[해설] LP가스는 무색, 무취이어서 구별하기 어렵고, 공기보다 무거워 바닥 하면에 체류하여 화재 및 폭발 위험성이 존재한다.

문제 43. 다음 중 단면도에 관한 설명으로 옳은 것은?
㉮ 건축물의 주요 부분을 수직 절단한 것을 상상하여 그린 도면이다.
㉯ 건물 내부의 입면을 정면으로 바라보고 그리는 내부 입면도이다.
㉰ 건축물의 창 높이에서 수평으로 절단하였을 때의 수평투상도이다.
㉱ 건축물을 정투상법에 의하여 수직투상하며 외관을 나타낸 도면이다.
[해설] • 단면도
① 건물의 구조를 알기 위하여 수직으로 절단한 것으로 층 높이, 반자 높이, 처마 높이, 처마 길이, 지붕 물매 등 정보를 표시한 도면이다.
② 바닥에서 높이 1~1.5 m 정도에서 수평 절단하여 수평투상한 도면이다.

문제 44. 다음과 같은 특징을 갖는 배선공사는?

• 열적 영향이나 기계적 외상을 받기 쉬운 곳이 아니면 금속배관과 같이 광범위하게 사용 가능하다.
• 관 자체가 절연체이므로 감전의 우려가 없다.

㉮ 목재몰드 공사   ㉯ 금속몰드 공사
㉰ 합성수지관 공사   ㉱ 가요전선관 공사
[해설] • 합성수지관 공사
① 관 전체가 절연체이므로 감전의 우려가 없다.

② 대부분 경질비닐관으로 중량이 가볍고, 시공이 간단하며, 내식성 우수하다.
③ 압력, 외력은 금속관보다 약하다.

문제 45. 다음 중 일조의 직접적인 효과로 볼 수 없는 것은?
㉮ 광효과   ㉯ 열효과
㉰ 환기 효과   ㉱ 생리적 효과
[해설] • 일조 효과 : 광효과, 열효과, 광합성 효과, 건강 효과 등이 있다. 가시광선의 이용에 의한 채광과 자외선에 의한 보건적 효과이다.

문제 46. 명시도는 색의 3연속성의 차가 커질수록 높아지는데, 색의 3연속성 중 특히 명시도에 가장 영향을 많이 주는 것은?
㉮ 색상   ㉯ 채도
㉰ 명도   ㉱ 잔상
[해설] • 명시도 (visibility) : 두 색을 대비시켜 멀리서 바라보았을 때 잘 보이는 색이 명시성이 높으며, 즉 물체색이 얼마나 잘 보이는가를 나타낸 것이다.

문제 47. 건축물의 입체적인 표현에 관한 설명 중 옳지 않은 것은?
㉮ 같은 크기라도 명암이 진한 것이 돋보인다.
㉯ 윤곽이나 명함을 그려넣으면 크기와 방향을 느끼게 된다.
㉰ 같은 크기와 농도로 된 점들은 동일한 평면상에 위치한 것으로 보인다.
㉱ 굵기가 다르고 크기가 같은 직사각형 중 굵은 선의 직사각형이 후퇴되어 보인다.
[해설] • 건축물의 묘사 및 표현 : 음영은 건축물의 입체적인 표현을 강조하기 위해 그려넣는 것으로 투시도나 계획도에 주로 사용된다.

문제 48. 기계환기방식 중 송풍기에 의하여 실내로 송풍되고, 배기는 배기구 및 틈새 등으로 배출되는 환기방식은?

[해답] 43. ㉮ 44. ㉰ 45. ㉰ 46. ㉰ 47. ㉱ 48. ㉯

㉮ 제1종   ㉯ 제2종
㉰ 제3종   ㉱ 제4종

해설 ① 제1종 환기법 : 급기 댐퍼, 배기 댐퍼
② 제2종 환기법 : 급기 댐퍼, 자연 배기 (배기구 및 틈새)
③ 제3종 환기법 : 자연 급기, 배기 댐퍼

문제 49. 단지계획에서 근린분구에 해당하는 주택호수 규모는?

㉮ 100 ~ 200호   ㉯ 400 ~ 500호
㉰ 100 ~ 1500호   ㉱ 1600 ~ 2000호

해설 • 근린주구의 주택단위 구성 분류
① 인보구 : 주택호수 15 ~ 40호, 인구 100 ~ 200명
② 근린분구 : 주택호수 400 ~ 500호, 인구 2000명
③ 근린주구 : 주택호수 1600 ~ 2000호, 인구 8000 ~ 10000명

문제 50. 한식주택과 양식주택에 대한 설명 중 옳지 않은 것은?

㉮ 한식주택은 좌식생활이며, 양식주택은 입식생활이다.
㉯ 한식주택의 각 실들은 다용도 형식으로 되어 있고 융통성이 많다.
㉰ 양식주택의 가구는 부차적 존재이며, 한식주택의 가구는 주요한 내용물이다.
㉱ 양식주택은 개인의 생활공간이 보호되는 유리한 점이 있는 만큼 많은 주거면적이 소요된다.

해설 • 주거 생활 양식 (한식주택, 양식주택)
① 양식주택은 입식이고 한식주택은 좌식이다.
② 양식주택에서는 각 실이 단일용도로 이용된다.
③ 한식주택 : 가구와 관계 없이 각 소요실의 크기와 설비가 결정된다.
④ 양식주택 : 가구의 종류와 형에 따라 실내의 크기가 결정된다.
⑤ 각 실의 관계에서 한식은 실의 조합식이고, 양식은 실의 분화식이다.
⑥ 한식주택은 은폐적이나, 양식주택은 개방형이다.
⑦ 한식주택에서 가구는 부차적 존재이나, 양식주택에서 가구는 중요한 내용물이다.
⑧ 한식주택의 실은 다용도이나, 양식주택의 실은 단일용도이다.

문제 51. 배수관 속의 악취, 유독가스 및 벌레 등이 실내로 침투하는 것을 방지하기 위하여 배수 계통의 일부에 봉수가 고이게 하는 것은?

㉮ 사이펀   ㉯ 플랜지
㉰ 트랩   ㉱ 통기관

해설 • 트랩
① 드럼 트랩 (drum trap) : 주방의 개수기 및 그 밖의 개수기류에 쓰이는 트랩으로 다량의 봉수를 가지고 있으므로 트랩보다 봉수가 안전하다.
② S 트랩 : 세면기 등에 쓰이는 트랩으로 사이펀 작용에 의해 봉수가 파괴되는 경우가 많다.
③ P 트랩 : 위생기구에 가장 많이 쓰이는 트랩으로 S 트랩보다 봉수가 안전하다.
④ U 트랩 : 가로배관에 사용하고 유속을 저해하는 결점이 있으며 공공하수관에서 하수 가스역류에 쓰이는 트랩이다.

문제 52. 주택에서 거실의 한 부분에 식탁을 설치하는 형식은?

㉮ 리빙 키친   ㉯ 다이닝 키친
㉰ 다이닝 포치   ㉱ 리빙 다이닝

해설 • 단위주거의 평면구성
① D (dining)형 : 거실과 주방 사이에 식사실을 분리한다.
② DK (dining kitchen)형 : 주방 겸 식사실과 거실 겸 취침실과는 분리한다.
③ LD (living dining)형 : 거실과 식사실이 겹친다.
④ LDK (living dining kitchen)형 : 거실 겸 식사실과 취침실과는 분리한다.

해답 49. ㉯   50. ㉰   51. ㉰   52. ㉱

문제 53. 다음 그림에서 세면기의 높이를 나타내는 A의 치수로 가장 알맞은 것은?

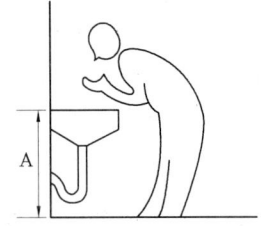

㉮ 600 mm ㉯ 750 mm
㉰ 900 mm ㉱ 1000 mm

해설 • 세면기 높이
① 일반용 : 72 cm 정도
② 노인용 : 67 cm 정도
③ 유아용 : 55 cm 정도

문제 54. 건축 척도 조정(MC : modular coordination)의 기본 고려사항으로 옳지 않은 것은?
㉮ 우리나라의 지역성을 최대한 고려한다.
㉯ MC화가 되더라도 설계의 자유도는 낮춘다.
㉰ 가능한 국제적 MC의 합의사항에 맞도록 한다.
㉱ 건물의 종류에 따라 그 성격에 맞추어 계획 모듈을 정한다.

해설 • 건축척도 조정
① 설계 작업이 단순화되어 용이하다.
② 구성재의 다량생산이 용이해지고, 생산비용이 낮아질 수 있다.
③ 구성재의 수송이나 취급이 편리해진다.
④ 현장작업이 단순하므로 공사기간이 단축될 수 있다.
⑤ 국제적인 MC를 사용하면 건축 구성재의 국제교역이 용이해 진다.

문제 55. 단위공간 및 평면요소에 관한 설명 중 옳지 않은 것은?
㉮ 건축공간은 개개의 단위공간이 모여서 전체를 구성한다.
㉯ 단위공간 안에서는 인간의 동작에 필요한 공간이 요구조건은 아니다.
㉰ 어린이 방의 평면요소에는 취침, 공부, 수납 등의 공간이 요구된다.
㉱ 부엌의 평면요소에는 개수대, 조리대, 가열대, 배선대 등 조리작업 공간이 요구된다.

해설 • 단위공간 : 인간의 단순한 생활동작에 의해서 요구되며 기능과 성격의 분석으로 각 실들을 구체화시켜야 한다.

문제 56. 건축법상 다음과 같이 정의되는 것은?

건축물의 각 층 또는 그 일부로서 벽, 기둥, 그 밖에 이와 비슷한 구획의 중심선으로 둘러싸인 부분의 수평투영면적

㉮ 바닥면적 ㉯ 연면적
㉰ 대지면적 ㉱ 지상면적

해설 • 바닥면적 : 건축물의 규모를 나타내는 지표로 건축물의 각 층 또는 그 일부로서 벽, 기둥 기타 이와 유사한 구획의 중심선으로 둘러싸인 부분의 수평투영면적이다.

문제 57. 건축제도에 사용되는 선에 대한 설명 중 옳지 않은 것은?
㉮ 굵은 실선은 단면의 윤곽 표시에 사용된다.
㉯ 파선은 보이는 부분의 윤곽 표시에 사용된다.
㉰ 1점 쇄선은 중심선, 절단선, 기준선 등의 표시에 사용된다.
㉱ 2점 쇄선은 상상선 또는 1점 쇄선과 구별할 필요가 있을 때 사용된다.

해설 • 파선 : 숨은 선으로 물체의 보이지 않는 부분의 모양을 표시하는 데 사용한다.

문제 58. 다음 중 동선의 3요소에 해당하지 않는 것은?
㉮ 길이 ㉯ 빈도 ㉰ 하중 ㉱ 넓이

해설 • 동선의 3요소 : 길이, 빈도, 하중

해답 53. ㉯ 54. ㉯ 55. ㉯ 56. ㉮ 57. ㉯ 58. ㉱

문제 59. 다음 그림과 같은 평면기호 명칭은?

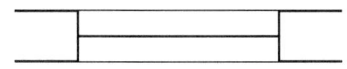

㉮ 오르내리창 ㉯ 붙박이문
㉰ 붙박이창 ㉱ 격자문

문제 60. 다음의 단면용 재료 표시기호가 의미하는 것은?

㉮ 석재
㉯ 인조석
㉰ 벽돌
㉱ 목재 치장재

□ 전산응용 건축제도 기능사 ▶ 2011. 10. 9 시행

문제 1. 복도 또는 간 사이가 적을 때에 보를 쓰지 않고 층도리와 간막이도리에 직접 장선을 걸쳐 대고 그 뒤에 마룻널을 깐 마루는?
㉮ 동바리 마루 ㉯ 보마루
㉰ 짠마루 ㉱ 홀마루

해설 • 홀마루 (장선마루)
① 복도와 같이 간 사이가 좁을 때 많이 쓰인다.
② 간 사이가 2 m 이하일 때 쓰인다.
③ 장선은 40 ~ 50 cm 간격으로 배치한다.

문제 2. 플레이트 보에 사용되는 부재와 명칭이 아닌 것은?
㉮ 커버 플레이트 ㉯ 웨브 플레이트
㉰ 스티프너 ㉱ 베이스 플레이트

해설 • 플레이트 보의 구성 부재 : 플레이트 보의 구성 부재는 플랜지 플레이트, 웨브 플레이트, 스티프너 등으로 구성된다.

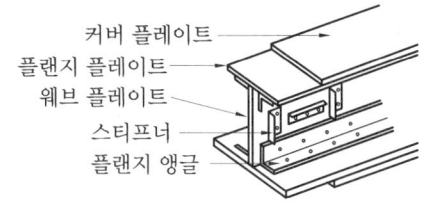

문제 3. 블록구조의 종류 중 블록의 빈 속에 철근과 모르타르를 부어 넣은 것으로서 수직하중, 수평하중에 견딜 수 있는 구조는?
㉮ 조적식 블록조 ㉯ 보강 블록조
㉰ 장막벽 블록조 ㉱ 거푸집 블록조

해설 • 보강 블록조 : 블록의 빈 속에 철근을 배근하고 콘크리트를 부어 넣어 수직하중과 수평하중에 안전하게 견딜 수 있도록 보강한 구조이다.

문제 4. 벽의 종류와 역할에 대하여 가장 바르게 연결된 것은?
㉮ 지하 외벽 – 결로방지
㉯ 실내의 간막이벽 – 슬래브 지지
㉰ 옹벽의 부축벽 – 벽의 횡력 보강
㉱ 코어의 전단벽 – 기둥 수량 감소

해설 ① 실내의 간막이벽 : 자중을 지지하는 비내력벽
② 코어의 전단벽 : 전단벽으로 수평력, 지지력 증가

문제 5. 평면형상으로 시공이 쉽고 구조적 강성이 우수하여 대공간 지붕구조로 적합한 것은?
㉮ 돔구조 ㉯ 셸구조
㉰ 절판구조 ㉱ PC구조

해설 • 절판구조 : 수평형태의 슬래브는 수직하중에 의한 휨력에 약하고, 수직형태의 슬래브는 수평하중에 의한 횡력에 약하므로 이 두 구조의 장점만 합친 구조이다.

문제 6. 2방향 슬래브는 슬래브의 장변/단변

해답 59. ㉰ 60. ㉮ 1. ㉱ 2. ㉱ 3. ㉯ 4. ㉰ 5. ㉰ 6. ㉰

의 비가 얼마 이하이어야 하는가?

㉮ $\frac{1}{2}$ ㉯ 1 ㉰ 2 ㉱ 3

해설 • 2방향 슬래브(two way slab)
① 하중이 슬래브 주위와 2방향으로 배분되는 슬래브를 말한다.
② 2방향 슬래브는 슬래브의 장변이 단변에 대해 길이의 비가 2.0 이하인 슬래브를 말한다.
③ $\lambda = \frac{장변}{단변} \leq 2.0$, 장변 = 단변×2

문제 7. 문짝을 상하문틀에 홈파 끼우고, 옆벽에 문짝을 몰아붙이거나 이중벽 중간에 몰아넣는 형태의 문은?

㉮ 회전문 ㉯ 미서기문
㉰ 여닫이문 ㉱ 미닫이문

해설 • 미닫이문
① 아래위 문틀에 한 줄 홈을 파고 창, 문을 이 홈에 끼워 옆벽에 몰아붙이거나 벽 중간에 몰아넣을 수 있게 한 것이다.
② 방음과 기밀한 점에서 불리하다.

문제 8. 다음 중 철근의 접착 길이 결정요인과 가장 관계가 먼 것은?

㉮ 철근의 종류 ㉯ 콘크리트의 강도
㉰ 갈고리의 유무 ㉱ 물 - 시멘트비

해설 • 철근의 접착 길이 결정요인
① 철근의 종류
② 콘크리트의 구조설계 기준 강도가 작을수록 길어진다.
③ 철근의 항복강도가 강할수록 길어진다.
④ 철근의 공칭직경이 클수록 길어진다.
⑤ 갈고리의 유무

문제 9. 처음 한 켜는 마구리 쌓기, 다음 한 켜는 길이 쌓기를 교대로 쌓는 것으로, 통줄눈이 생기지 않으며 내력벽을 만들 때 많이 이용되는 벽돌 쌓기법은?

㉮ 미국식 쌓기 ㉯ 프랑스식 쌓기
㉰ 영국식 쌓기 ㉱ 영롱 쌓기

해설 • 벽돌 쌓기법 종류
① 영국식 쌓기
(가) 모서리에 반절, 이오토막을 사용하며 통줄눈이 생기지 않는 것이 특징이다. 한 켜는 마구리 쌓기로 하고 다음은 길이 쌓기로 하며 교대로 하여 쌓는다.
(나) 가장 튼튼한 구조이며 내력벽 쌓기에 사용되며 가장 튼튼한 쌓기법이다.
② 프랑스식 쌓기
(가) 끝부분에는 이오토막을 사용하며 한 켜는 길이 쌓기로 하고 다음은 마구리 쌓기로 하며 교대로 하여 쌓는다.
(나) 치장용으로 많이 사용되며 많은 토막 벽돌이 사용된다.
③ 미국식 쌓기
(가) 앞면 5켜까지는 치장벽돌로 길이 쌓기로 하고, 다음은 마구리 쌓기로 하며, 뒷면은 영국식으로 쌓는다.
(나) 치장벽돌을 사용한다.
④ 화란식(네덜란드식) 쌓기
(가) 모서리 또는 끝부분에는 칠오토막을 사용하며 한 켜는 길이 쌓기로 하고 다음은 마구리 쌓기로 하며 마무리하는 벽돌 쌓기법이다.
(나) 한 면은 벽돌 마구리와 길이가 교대로 되고 다른 면은 영국식으로 쌓는다.
(다) 작업하기 쉬워 일반적으로 가장 많이 사용하는 벽돌 쌓기법이다.

문제 10. 목재접합의 종류가 아닌 것은?

㉮ 이음 ㉯ 맞춤 ㉰ 촉 ㉱ 쪽매

해설 맞댄이음, 겹친이음, 따냄이음, 맞춤, 쪽매

문제 11. 인접 건물의 화재에 의해 연소되지 않도록 하는 구조는?

㉮ 흡음벽 ㉯ 보온벽
㉰ 방습벽 ㉱ 방화벽

해설 • 방화벽 : 화재발생 시 화재가 확산하는 것을 방어한다.

문제 12. 목조 반자틀의 구성 부재와 관계 없는 것은?

해답 7. ㉱ 8. ㉱ 9. ㉰ 10. ㉰ 11. ㉱ 12. ㉱

㉮ 반자틀   ㉯ 반자틀받이
㉰ 달대   ㉱ 밑잡이

[해설] • 반자틀 : 달대, 바름반자, 널반자, 살대반자, 우물반자, 반자틀받이, 반자틀

[문제] 13. 부재를 휘게 하려는 힘을 무엇이라 하는가?
㉮ 강성   ㉯ 인장력
㉰ 압축력   ㉱ 휨모멘트

[해설] • 휨모멘트 : 보에 하중을 가하면 전단력 외에 보를 휘게 하려는 힘을 말한다.

[문제] 14. 목구조에서 수평력을 견디기 위해 설치하는 구조재로 거리가 먼 것은?
㉮ 토대   ㉯ 가새
㉰ 귀잡이보 ㉱ 버팀대

[해설] 가새, 귀잡이보, 버팀대 등은 수평력에 의한 변형을 방지하기 위하여 배치하는 것이다.

[문제] 15. 보가 없어 바닥판을 기둥이 직접 지지하는 슬래브는?
㉮ 헌치   ㉯ 플랫 슬래브
㉰ 장선 슬래브 ㉱ 워플 슬래브

[해설] • 플랫 슬래브 : 보가 없어 철근콘크리트 기둥에 직접 지지하는 슬래브이다.

[문제] 16. 모임지붕 일부에 박공지붕을 같이 한 것으로, 화려하고 격식이 높으며 대규모 건물에 적합한 한식 지붕구조는?
㉮ 외쪽지붕 ㉯ 합각지붕
㉰ 솟을지붕 ㉱ 꺾인지붕

[해설] • 합각지붕 (gambrel roof) : 상부를 박공지붕으로 하고 하부의 지붕을 사방으로 이어내린 한식 지붕구조이다.

[문제] 17. 벽돌 쌓기법 중 모서리 또는 끝부분에 칠오토막을 사용하는 것은?
㉮ 영국식 쌓기 ㉯ 프랑스식 쌓기
㉰ 네덜란드식 쌓기 ㉱ 미국식 쌓기

[해설] • 화란식 (네덜란드식) 쌓기
① 모서리 또는 끝부분에는 칠오토막을 사용하고 한 켜는 길이 쌓기로 하며, 다음은 마구리 쌓기로 하여 마무리하는 벽돌 쌓기법이다.
② 한 면은 벽돌 마구리와 길이가 교대로 되고 다른 면은 영국식으로 쌓는다.
③ 작업하기 쉬워 일반적으로 가장 많이 사용하는 벽돌 쌓기법이다.

[문제] 18. 아치의 추력에 적절히 저항하기 위한 방법이 아닌 것은?
㉮ 아치를 서로 연결하여 교점에서 추력을 상쇄
㉯ 버트레스 (buttress) 설치
㉰ 타이 바 (tie bar) 설치
㉱ 직접 저항할 수 있는 상부구조 설치

[해설] • 아치의 추력을 저항하기 위한 방법
① 직접 저항할 수 있는 하부구조를 설치한다.
② 아치를 서로 연결하여 교점에서 추력을 상쇄한다.
③ 버트레스(토압이나 수압 등의 횡력을 받는 벽을 지지하기 위하여 벽체의 전면에 설치하는 지지벽)를 설치한다.
④ 타이 바 (아치에서 양쪽으로 벌어지려는 힘을 잡아주기 위한 인장부재)를 설치한다.

[문제] 19. 석구조에서 창문 등의 개구부 위에 걸쳐대어 상부에서 오는 하중을 받는 수평 부재는?
㉮ 창대돌 ㉯ 문지방돌
㉰ 쌤돌   ㉱ 인방돌

[해설] • 인방돌

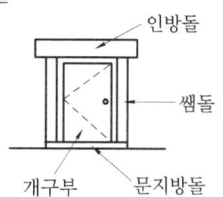

[문제] 20. 연약지반에 건축물을 축조할 때 부동침하를 방지하는 대책으로 옳지 않은 것은?

[해답] 13. ㉱ 14. ㉮ 15. ㉯ 16. ㉯ 17. ㉰ 18. ㉱ 19. ㉱ 20. ㉰

㉮ 건물의 강성을 높일 것
㉯ 지하실을 강성체로 설치할 것
㉰ 건물의 중량을 크게 할 것
㉱ 건물은 너무 길지 않게 할 것

해설 • 부동침하 방지 대책
① 건물을 가볍게 경량화한다.
② 건물의 길이를 너무 길게 하지 말 것
③ 건물의 구조를 튼튼한 강성구조로 한다.
④ 건물과 건물의 사이의 인동거리를 크게 한다.
⑤ 경질지반에 기초판을 지지한다.

문제 21. 다음 미장재료 중 균열발생이 가장 적은 것은?
㉮ 돌로마이트 플라스터
㉯ 회반죽
㉰ 점토
㉱ 경석고 플라스터

해설 • 경석고 플라스터
① 회반죽의 수축균열을 방지하기 위하여 석고를 혼합하면 효과가 있고 경화속도, 강도 등이 증가한다.
② 킨즈 시멘트라고도 하며 경도가 높은 재료이나 철제를 녹슬게 하는 성질을 가지고 있다.

문제 22. 콘크리트의 강도 중에서 가장 큰 것은?
㉮ 인장강도   ㉯ 전단강도
㉰ 휨강도   ㉱ 압축강도

해설 • 콘크리트의 강도 : 압축강도가 가장 크고 인장, 휨, 전단강도는 압축강도의 $\frac{1}{10} \sim \frac{1}{13}$ 이다.

문제 23. 모래붙임루핑을 사각형, 육각형으로 잘라 만든 것으로 주택 등의 경사지붕에 사용하는 아스팔트 제품은?
㉮ 아스팔트 펠트
㉯ 아스팔트 블록
㉰ 아스팔트 싱글
㉱ 아스팔트 타일

해설 • 아스팔트 싱글(asphalt shingle) : 아스팔트 루핑을 사각형, 육각형으로 절단한 지붕재(shingle)이다. 합성수지 접착제로 손쉽게 접착이 가능하여 지붕재료로 많이 사용한다.

문제 24. 점토 벽돌에 붉은색을 갖게 하는 성분은?
㉮ 산화철   ㉯ 석회
㉰ 산화나트륨   ㉱ 산화마그네슘

해설 • 점토 벽돌 화학성분 : 산화철은 제품의 색(붉은색)과 관계되는 성분이다.

문제 25. 다음 중 탄소 함유량이 가장 적은 것은?
㉮ 주철   ㉯ 반경강
㉰ 순철   ㉱ 최경강

해설 ① 주철(선철) : 탄소 함유량 1.7 % 이상
② 강철 : 탄소 함유량 0.04 ~ 1.7 %
③ 순철(연철) : 탄소 함유량 0.04 % 이하

문제 26. 스프링 힌지의 일종으로서, 저절로 닫혀지지만 15 cm 정도로 열려있게 되는 것은?
㉮ 플로어 힌지   ㉯ 피벗 힌지
㉰ 레버토리 힌지 ㉱ 경첩

해설 • 레버토리 힌지 : 공중화장실, 전화실 등의 출입구에 설치하여 문이 자동적으로 닫혀지면서 15 cm 정도는 열려있게 되어 표시가 없어도 비어있는 것을 알 수 있게 한 것이다.

문제 27. 다음 도료 중 안료가 포함되어 있지 않은 것은?
㉮ 유성 페인트   ㉯ 수성 페인트
㉰ 합성수지 도료 ㉱ 유성 바니시

해설 • 유성 바니시 (oil varnish)
① 유용성 수지를 건성유 가열, 용해하여 휘발성 용제로 희석하여 만든 것이다.
② 무색 또는 담갈색 투명도료로 내수성, 내마모성이 우수하고 나뭇결이 아름답게 보이게 한다.

해답 21. ㉱ 22. ㉱ 23. ㉰ 24. ㉮ 25. ㉰ 26. ㉰ 27. ㉱

문제 28. 목재를 구성하는 섬유의 배열상태 및 목재의 외관적 상태를 말하는 것으로 외관상 중요할 뿐만 아니라 건조수축에 의한 변형에도 관계가 깊은 것은?
㉮ 옹이 ㉯ 나뭇결 ㉰ 심재 ㉱ 변재
해설 • 나뭇결 (wood grain) : 나뭇결은 목재면을 깎았을 때 여러 가지 무늬의 외관상 상태이다.

문제 29. 심재와 변재에 대해 비교 설명한 것 중 옳지 않은 것은?
㉮ 신축성은 심재가 작고, 변재가 크다.
㉯ 강도는 심재가 크고, 변재가 작다.
㉰ 비중은 심재가 크고, 변재가 작다.
㉱ 내구성은 심재가 작고 변재가 크다.
해설 ① 변재는 심재에 비해 건조됨에 따라 수축변형이 심하고, 내구성이 부족하여 충해를 받기 쉽다.
② 심재는 목재의 수심에 가까이 위치하고 있는 암색부분으로 심재부분의 세포는 견고성을 높여 준다.

문제 30. 석재 표면을 구성하고 있는 조직을 무엇이라 하는가?
㉮ 석목 ㉯ 석리 ㉰ 층리 ㉱ 도리
해설 • 석리 (texture) : 암석의 표면을 구성하는 조직

문제 31. 콘크리트용 골재로서 요구되는 성질에 대한 설명으로 옳지 않은 것은?
㉮ 강도는 콘크리트 중에 경화 시멘트 페이스트의 강도 이상이어야 한다.
㉯ 표면이 매끄럽고, 모양은 편평하거나 가늘고 긴 것이 좋다.
㉰ 입도는 조립에서 세립까지 연속적으로 균등히 혼합되어 있어야 한다.
㉱ 유해량 이상의 염분이나 기타 유기 불순물이 포함되지 않아야 한다.
해설 • 콘트리트 골재의 조건
① 형태는 거칠고 구형에 가까운 것이 가장 좋으며 편평하거나 세장한 것은 좋지 않다.
② 골재는 잔 것과 굵은 것이 적당히 혼합된 것이 좋다.
③ 진흙이나 유기 불순물 등의 유해물이 포함되지 않아야 한다.

문제 32. 금속 또는 목재에 적용되는 것으로서, 지름 10 mm의 강구를 시편 표면에 500 ~ 3000 kg의 힘으로 압입하여 표면에 생긴 원형 흔적의 표면적을 구한 후 하중을 그 표면적으로 나눈 값을 무엇이라 하는가?
㉮ 브리넬 경도 ㉯ 모스 경도
㉰ 푸아송비 ㉱ 푸아송수
해설 ① 브리넬 경도 : 강재 표면의 굳기 정도를 말한다.
② 푸아송비 = $\dfrac{\beta(\text{가로 변형률})}{\varepsilon(\text{세로 변형률})} = \dfrac{1}{m}$
m : 푸아송수

문제 33. 녹막이 페인트로 방청제 역할을 하는 것은?
㉮ 광명단 ㉯ 수성 페인트
㉰ 바니시 ㉱ 유성 페인트
해설 • 방청제
① 금속 바탕에 녹이 나는 것을 막기 위해 사용되는 도료이다.
② 광명단 (연단 페인트)
③ 연백 페인트
④ 징크 크로메이트계 도료
⑤ 징크 더스트계 도료
⑥ 오일 프라이머를 주원료로 한 유성 페인트

문제 34. 페어 글라스라고도 불리우며 단열성, 차음성이 좋고 결로방지에 효과적인 유리 제품은?
㉮ 접합유리 ㉯ 강화유리
㉰ 무늬유리 ㉱ 복층유리
해설 • 복층유리
① 사용 용도 : 방음, 단열효과가 크고 결로 방지용으로서도 우수하다.

해답 28. ㉯ 29. ㉱ 30. ㉯ 31. ㉯ 32. ㉮ 33. ㉮ 34. ㉱

② 2장 혹은 3장의 판유리를 일정한 간격으로 띄어 금속태로 기밀하게 하여, 유리사이의 내부를 진공으로 하거나 깨끗한 공기 등의 건조기체 또는 특수한 기체를 넣은 것으로 페어 글라스(pair glass), 이중유리, 겹유리라고도 한다.

문제 35. 테라코타의 주용도로 옳은 것은?
㉮ 방수 ㉯ 보온 ㉰ 장식 ㉱ 구조재
[해설] • 테라코타(terra-cotta) : 구운 흙으로서 대형의 점토 제품으로 난간벽, 돌림대, 창대, 주두 등 장식용 및 구조용으로도 사용한다.

문제 36. 목재에서 힘을 받는 섬유소 간의 접착제 역할을 하는 것은?
㉮ 도관세포 ㉯ 헤미셀룰로오스
㉰ 리그닌 ㉱ 타닌
[해설] • 목재의 주요 성분
① 섬유소 : 50 ~ 60 %
② 리그닌(lignin) : 20 ~ 30 %

문제 37. 철과 비교한 목재의 특징으로 옳지 않은 것은?
㉮ 열전도율이 크다.
㉯ 내화성이 작다.
㉰ 열팽창률이 작다.
㉱ 가공이 쉽다.
[해설] • 목재의 특징
① 열전도율과 열팽창률이 작다.
② 산성약품 및 염분에 강하다.
③ 가볍고 가공이 용이하며 감촉이 좋다.
④ 비중에 비하여 강도가 크다.

문제 38. 주성분이 탄산석회이고 연마하면 광택이 나며, 산과 열에 약한 석재는?
㉮ 사문암 ㉯ 사암 ㉰ 대리석 ㉱ 화강암
[해설] • 대리석의 용도
① 아름답고 같면 광택이 나므로 장식용 석재 중에서 고급제로 많이 사용된다.
② 실내 마감재(바닥재, 벽재)
③ 장식재(조각, 몰딩)

문제 39. 보통 포틀랜드 시멘트보다 C_3S나 석고가 많고 분말도가 높아 조기에 강도발휘가 높은 시멘트는?
㉮ 고로 시멘트
㉯ 백색 포틀랜드 시멘트
㉰ 중용열 포틀랜드 시멘트
㉱ 조강 포틀랜드 시멘트
[해설] • 조강 포틀랜드 시멘트
① 규산삼칼슘(C_3S), 석회분이 많아서 품질이 향상된다.
② 공기를 단축할 수 있다.

문제 40. 유리섬유로 보강한 섬유보강 플라스틱으로서 일명 F.R.P.라 불리어지는 제품을 만드는 합성수지는?
㉮ 아크릴 수지
㉯ 폴리에스테르 수지
㉰ 실리콘 수지
㉱ 에폭시 수지
[해설] • 폴리에스테르 수지
① 글리세린과 다염기산의 축합으로 만들어지는 에스테르 수지이며 F.R.P.라고도 불린다.
② 비중이 강철의 $\frac{1}{3}$ 정도로 가벼우며 강도가 크므로 항공기, 선박차량 등의 구조재, 창호, 칸막이, 루버 등에 쓰인다(불포화 폴리에스테르 수지).
③ 열경화성 수지 중 글라스섬유로 강화된 평판, 판상제품으로 사용되며 -90 ~ 150℃ 온도 범위에서 이용된다.

문제 41. 다음 설명에 알맞은 통기방식은?

• 각 기구의 트랩마다 통기관을 설치한다.
• 트랩마다 통기되기 때문에 가장 안정도가 높은 방식으로, 자기 사이펀 작용의 방지에도 효과가 있다.

㉮ 각개 통기방식 ㉯ 루프 통기방식
㉰ 회로 통기방식 ㉱ 신정 통기방식

해설 ① 각개 통기관 : 각 위생기구마다 통기관을 세우는 방식이다.
② 루프 통기관 : 2~8개의 트랩의 통기를 보호하기 위하여 여러 기구에 1개의 통기관을 빼내어 통기 수직관에 연결하는 방식이다.

문제 42. 다음 중 주택공간의 배치계획에서 다른 공간에 비하여 프라이버시 유지가 가장 요구되는 것은?
㉮ 현관 ㉯ 거실 ㉰ 식당 ㉱ 침실
해설 • 개인공간 (독립성) : 침실

문제 43. 주택에서 부엌의 일부에 간단한 식탁을 설치하거나 식당과 부엌을 하나의 공간에 구성한 형태는?
㉮ 다이닝 포치   ㉯ 리빙 다이닝
㉰ 다이닝 키친   ㉱ 다이닝 테라스
해설 • 단위주거의 평면 구성
① D (dining)형 : 거실과 주방 사이에 식사실을 분리한다.
② DK (dining kitchen)형 : 주방 겸 식사실과 거실 겸 취침실과는 분리한다.
③ LD (living dining)형 : 거실과 식사실이 겹친다.
④ LDK (living dining kitchen)형 : 거실 겸 식사실과 취침실과는 분리한다.

문제 44. 근린주구의 중심이 되는 시설은?
㉮ 초등학교   ㉯ 중학교
㉰ 고등학교   ㉱ 대학교
해설 • 근린주구의 주택단위 구성단위
① 인보구 : 주택호수 15~40호, 인구 100~200명
② 근린분구 : 주택호수 400~500호, 인구 2000명
③ 근린주구 : 주택호수 1600~2000호, 인구 8000~10000명

문제 45. 색의 지각적 효과에 대한 설명 중 옳지 않은 것은?

㉮ 명시도에 가장 영향을 끼치는 것은 채도차이다.
㉯ 일반적으로 고명도, 고채도의 색이 주목성이 높다.
㉰ 명도가 높은 색은 외부로 확산되려는 현상을 나타낸다.
㉱ 고명도, 고채도, 난색계의 색은 진출·팽창되어 보인다.
해설 • 명시도 (visibility)
① 두 색을 대비시켜 멀리서 바라보았을 때 잘 보이는 색이 명시성이 높으며, 즉 물체의 색이 얼마나 잘 보이는가를 나타낸 것이다.
② 명시도에 가장 영향을 끼치는 것은 명도 차이다.

문제 46. 바닥에서 높이 1~1.5 m 정도에서 수평절단하여 수평투상한 도면은?
㉮ 평면도   ㉯ 입면도
㉰ 단면도   ㉱ 전개도
해설 ① 단면도
㈎ 건물의 구조를 알기 위하여 수직으로 절단한 것으로 층높이, 반자 높이, 처마 높이, 처마 길이, 지붕물매 등의 정보를 표시한 도면이다.
㈏ 바닥에서 높이 1~1.5 m 정도에서 수평 절단하여 수평투상한 도면이다.
② 입면도
㈎ 건물의 전체 높이, 처마 높이, 건물바닥 마감선, 창문의 위치, 창문의 형태 및 개폐방향, 외장재 및 외벽의 마감재료 등의 정보를 표시하는 도면이다.
㈏ 입면도는 건물벽에 대해 직각으로 수평투영한 도면으로 건물의 외형을 그린 것으로 건축물의 외관을 표현하는 도면이다.
③ 전개도 : 각 실 내부의 의장을 명시하기 위해 작성하는 도면이다.
④ 평면도 : 해당 층 바닥으로부터 1.5 m 높이의 하늘에서 아래를 내려 본 상태로 평면의 구획, 구획된 실의 출입관계, 재료의 구성 상태, 개구부 등의 정보를 표시한 도면이다.

해답 42. ㉱ 43. ㉰ 44. ㉮ 45. ㉮ 46. ㉮

문제 47. 다음 중 건축계획 및 설계과정에서 가장 선행되는 작업은?
㉮ 기본계획   ㉯ 조건파악
㉰ 기본설계   ㉱ 실시설계
해설 조건파악 → 기본계획 → 기본설계 → 실시설계

문제 48. 주택의 생활공간을 개인생활공간, 공동생활공간, 가사생활공간으로 구분할 경우, 다음 중 공동생활공간에 속하지 않는 것은?
㉮ 거실   ㉯ 서재
㉰ 식당   ㉱ 응접실
해설 ① 공동생활공간 : 거실, 식당, 응접실
② 개인공간 : 침실, 서재, 작업실

문제 49. 건축도면을 작도할 때 원칙으로 하는 투상법은?
㉮ 제1각법   ㉯ 제2각법
㉰ 제3각법   ㉱ 제4각법
해설 ① 정투상법에 의하여 평면도, 측면도, 정면도 등으로 나타낸다.
② 제3각법 : 제3면각에 물체를 놓고 투상하는 방법이다.

문제 50. 건축법령에 따른 초고층 건축물의 기준은?
㉮ 층수가 20층 이상이거나 높이가 50 m 이상인 건축물
㉯ 층수가 30층 이상이거나 높이가 100 m 이상인 건축물
㉰ 층수가 50층 이상이거나 높이가 200 m 이상인 건축물
㉱ 층수가 100층 이상이거나 높이가 400 m 이상인 건축물
해설 • 초고층 건축물 : 층수가 50층 이상이거나 높이가 200 m 이상인 건축물이다.

문제 51. 다음 중 건축물의 묘사에 있어서 트레싱지에 컬러(color)를 표현하기에 가장 적합한 도구는?
㉮ 연필   ㉯ 수채물감
㉰ 포스터 컬러   ㉱ 유성 마커펜
해설 • 건축도면 컬러 표현 : 유성 마커펜

문제 52. 건축모형에 대한 설명으로 옳지 않은 것은?
㉮ 건물 완성 시 결과를 예측할 수 있다.
㉯ 투시도보다 다각적인 관측이 어렵다.
㉰ 음영효과, 색채대비의 확인이 용이하다.
㉱ 설계 검토 시 평면만으로 부족할 때 유용하다.
해설 건축모형은 투시도보다 다각적인 관측을 할 수 있다.

문제 53. 다음 중 도면 표시 사항과 기호의 연결이 옳지 않은 것은?
㉮ 길이 – A   ㉯ 지름 – D
㉰ 너비 – W   ㉱ 높이 – H
해설 길이 : L, 면적 : A

문제 54. 심리적으로 존엄성, 엄숙함, 위엄, 절대 등의 느낌을 주는 선의 종류는?
㉮ 수평선   ㉯ 수직선
㉰ 사선   ㉱ 곡선
해설 • 수직선 : 존엄성, 하늘, 엄숙함, 적극성, 긴장감, 남성, 능동감

문제 55. 온도, 습도, 기류의 3요소를 어느 범위 내에서 여러 가지로 조합하면 인체의 온열감에 감각적인 효과를 나타낸다는 것과 가장 관계가 먼 것은?
㉮ 실감온도   ㉯ 유효온도
㉰ 감각온도   ㉱ 외기온도
해설 • 실감온도 : 유효온도, 감각온도

문제 56. 복사난방에 대한 설명으로 옳지 않은 것은?

㉮ 실내의 온도분포가 균등하고 쾌감도가 높다.
㉯ 방열기가 필요하지 않으며, 바닥면의 이용도가 높다.
㉰ 열용량이 크기 때문에 방열량 조절에 시간이 걸린다.
㉱ 천장고가 높은 공장이나 외기침입이 있는 곳에서는 난방감을 얻을 수 없다.

[해설] • 복사난방
① 방이 개방상태에서도 난방효과가 있고, 평균온도가 낮아 동일 발열량에 대해서 손실열량이 적다.
② 천장고가 높은 공장이나 외기침입이 있는 곳도 복사열에 의해 난방하는 방식이므로 가능하다.

[문제] 57. 다음 중 건축법상 공동주택에 해당하지 않는 것은?
㉮ 기숙사   ㉯ 연립주택
㉰ 다가구주택   ㉱ 다세대주택

[해설] ① 단독주택 : 다중주택, 다가구주택, 공관
② 공동주택 : 아파트, 연립주택, 다세대주택, 기숙사

[문제] 58. 다음 중 건축화 조명의 종류에 속하지 않는 것은?
㉮ 코브 조명   ㉯ 코니스 조명
㉰ 밸런스 조명   ㉱ 펜던트 조명

[해설] • 건축화 조명의 종류
① 천장 매설형 조명 : 부드럽고 깨끗한 조명을 얻기 위하여 유리 및 플라스틱의 확산 투과재료를 천장 전면에 재료로 사용하여 그 속에 전구나 형광램프를 사용하는 것이다.
② 루버(louver) 조명 : 천장에 루버기구를 설치하고 광원을 매입하여 건물내장의 표면 반사에 의해 나타나는 밝은 직사광 조명이다. 광원이 보이지 않는 것이 특징이다.
③ 코브(cove) 조명 : 광원을 천장 또는 벽면에 달고, 그 직접광을 반사한다.
④ 코너(corner) 조명 : 천장과 벽면과의 경계가 되는 구석에 조명기구를 배치한다.
⑤ 광천장 조명 : 천장면을 확산 투과재료로 마감하고 그 속에 광원을 배치한다.

[문제] 59. 사람이나 차, 또는 화물 등의 흐름을 도식화하여 나타낸 계획 설계도는?
㉮ 동선도   ㉯ 구상도
㉰ 조직도   ㉱ 면적도표

[해설] • 계획 설계도의 동선도 : 사람, 차, 화물 등의 흐름을 나타낸 도면이다.

[문제] 60. 건축제도에 사용되는 선의 용도에 관한 설명으로 옳지 않은 것은?
㉮ 실선은 단면의 윤곽표시에 사용된다.
㉯ 파선은 치수 보조선, 인출선, 격자선에 사용된다.
㉰ 점선은 보이지 않는 부분의 모양을 표시하는데 사용된다.
㉱ 1점 쇄선은 중심선, 절단선, 기준선, 경계선 등에 사용된다.

[해설] • 가는 실선 : 치수선, 치수 보조선, 지시선, 해칭선, 인출선

[해답] 57. ㉮   58. ㉱   59. ㉮   60. ㉯

❋ 2012년도 시행문제 ❋

□ 전산응용 건축제도 기능사 ▶ 2012. 2. 12 시행

문제 1. 철근콘크리트 구조의 경사보식 계단에 대한 설명 중 옳지 않은 것은?
㉮ 4번이 지지된 계단으로 본다.
㉯ 좌우벽이나 측보로 지지한다.
㉰ 단변방향에는 배력근, 장변방향에는 주근을 배치한다.
㉱ 계단의 너비와 간 사이가 큰 경우에 많이 사용된다.
해설 • 철근콘크리트 구조의 경사보식 계단의 배근방식
  ① 주근 : 단변방향(l_x)의 인장철근 (단변과 평행하게 배근한다.)
  ② 배력근 (부근) : 장변방향(l_y)의 인장철근
  ③ 짧은 방향 : Y (주근 배치)
  ④ 긴 방향 : X

문제 2. 부재축에 직각으로 설치되는 전단철근의 간격은 철근콘크리트 부재의 경우 최대 얼마 이하로 하여야 하는가?
㉮ 300 mm ㉯ 450 mm
㉰ 600 mm ㉱ 700 mm
해설 • 콘크리트 구조 설계기준
  ① 부재축에 직각으로 배치된 전단철근(shear reinforcement)의 간격
    ㈎ 철근콘크리트 부재일 경우 $\frac{d}{2}$ 이하, 또 어느 경우든 600 mm 이하로 하여야 한다.
    ㈏ 프리스트레스트 콘크리트 부재일 경우는 0.75 h 이하여야 하고, 또 어느 경우든 600 mm 이하로 하여야 한다.
  ② 전단철근(shear reinforcement) : 전단, 사인장력 등 구조물의 갑작스런 파괴를 방지하기 위하여 설계된 철근이다.

문제 3. 다음 재해방지 성능상의 분류 중 지진에 의한 피해를 방지할 수 있는 구조는?

㉮ 방화구조 ㉯ 내화구조
㉰ 방공구조 ㉱ 내진구조
해설 • 내진구조 (earthquake proofing construction) : 지진에 피해를 방지할 수 있도록 설계된 구조이다.

문제 4. 보강블록구조에 대한 설명 중 옳지 않은 것은?
㉮ 내력벽의 양이 많을수록 횡력에 대항하는 힘이 커진다.
㉯ 철근은 굵은 것을 조금 넣는 것보다 가는 것을 많이 넣는 것이 좋다.
㉰ 철근의 정착이음은 기초보와 테두리보에 둔다.
㉱ 내력벽의 벽량은 최소 20 cm/m² 이상으로 한다.
해설 • 보강블록구조 내력벽의 벽량
  ① 내력벽의 전체 길이(cm)를 합한 것이 그 층의 바닥면적(m²)으로 나누어 얻은 값을 말한다.
  ② 벽량 (cm/m²) = $\frac{벽의\ 길이\ (cm)}{바닥면적\ (m^2)}$
  ③ 내력벽의 두께는 15 cm 이상으로 하며 그 내력벽의 구조 내력상 주요한 지점 간의 수평거리의 $\frac{1}{50}$ 이상으로 한다.

문제 5. 목조 벽체에서 기둥 맨 위 처마부분에 수평으로 거는 가로재로써 기둥머리를 고정하는 것은?
㉮ 처마도리 ㉯ 샛기둥
㉰ 깔도리   ㉱ 꿸대
해설 ① 깔도리 : 기둥 맨 위에서 기둥머리를 연결하고 지붕틀을 받는 가로재이다.

해답 1. ㉰ 2. ㉰ 3. ㉱ 4. ㉱ 5. ㉰

② 처마도리 : 깔도리 위에 지붕틀을 걸치고 지붕틀의 평보 위에 깔도리와 같은 방향으로 걸친 가로재이다.

문제 6. 2방향 슬래브는 슬래브의 장변이 단변에 대해 길이의 비가 얼마 이하일 때부터 적용할 수 있는가?

㉮ $\frac{1}{2}$ ㉯ 1 ㉰ 2 ㉱ 3

[해설] • 2방향 슬래브 (two way slab)
① 하중이 슬래브 주위와 2방향으로 배분되는 슬래브를 말한다.
② 2방향 슬래브는 슬래브의 장변이 단변에 대해 길이의 비가 2.0 이하인 슬래브를 말한다.
③ $\lambda = \frac{장변}{단변} \le 2.0$, 장변 = 단변×2

문제 7. 다음 중 철골부재의 용접과 거리가 먼 용어는?

㉮ 윙 플레이트 ㉯ 엔드탭
㉰ 뒷댐재 ㉱ 스캘럽

[해설] ① 윙 플레이트 (wing plate) : 철골 주각부에 사용되는 부재로 사이드 앵글을 거쳐서 베이스 플레이트 기둥으로부터 힘을 기초에 전달 한다.
② 뒷댐재 : 배면부에 대는 판재이다.
③ 엔드탭 : 임시로 붙이는 보조판으로 아크의 시작부에 결함이 없도록 하기 위함이다.
④ 스캘럽 : 용접 부재에 노치를 말하며 교차 용접에 의해 응력의 집중을 막는 것이다.
⑤ 노치 : 재료에 생긴 국부적인 요철 부분으로 용접 언더컷 용입 불량이다.

문제 8. 벽돌구조에서 통줄눈을 피하는 가장 중요한 이유는?

㉮ 내부구조상 하중의 분산을 위하여
㉯ 외관의 미적 표현을 위하여
㉰ 벽체의 습기 방지를 위하여
㉱ 시공의 편의를 위하여

[해설] • 벽돌구조 : 막힌 줄눈으로 쌓은 것을 원칙으로 한다.
① 막힌 줄눈 : 벽돌벽에 실리는 힘이 골고루 널리퍼져 안전하다.
② 통줄눈 : 상부에서 오는 힘을 밑으로 균등하게 전달하지 못하여 부동침하로 균열이 생기는 약한 벽이다.

문제 9. 다음 중 철골부재접합에 대한 설명으로 옳지 않은 것은?

㉮ 고장력 볼트는 상호부재의 마찰력으로 저항한다.
㉯ 용접은 품질관리가 볼트보다 어렵다.
㉰ 메탈터치 (metal touch)는 기둥에서 각 부재면을 맞대는 접합방식이다.
㉱ 초음파탐상법은 사용 방법과 판독이 어려워 거의 사용되지 않고 있다.

[해설] • 초음파탐상법 : 검사 속도가 빠르다.

문제 10. 조립식 구조물(P.C)에 대하여 옳게 설명한 것은?

㉮ 슬래브의 부재는 크고 무거워서 P.C로 생산이 불가능하다.
㉯ 접합의 강성을 높이기 위하여 접합부는 공장에서 일체식으로 생산한다.
㉰ P.C는 현장 콘크리트 타설에 비해 결과물의 품질이 우수한 편이다.
㉱ P.C는 장비를 사용하므로 공사기간이 많이 소요된다.

[해설] • 조립식 구조물 (P.C)
① 소요 부재를 철재 거푸집에 의해 제작하며 현장에서는 조립구조로 시공한다.
② 공사기간 단축, 공사비 절감, 현장 여건에 맞는 구조물 제작이 가능하다.

문제 11. 다음 중 주택에 일반적으로 사용되는 지붕이 아닌 것은?

㉮ 모임지붕 ㉯ 박공지붕
㉰ 평지붕 ㉱ 톱날지붕

[해설] ① 톱날지붕 : M 톱날 모양으로 대규모 공

[해답] 6. ㉰ 7. ㉮ 8. ㉮ 9. ㉱ 10. ㉰ 11. ㉱

장의 채광에 사용한다.
② 박공지붕 : 八 모형으로 지붕이 양쪽 방향으로 경사진 지붕이다.
③ 모임지붕 : 지붕 정상에 용마루와 추녀마루가 합쳐진 형태이다.

문제 12. 연속 기초라고도 하며 조적조의 벽기초 또는 콘크리트 연결기초로 사용되는 것은?
㉮ 줄기초   ㉯ 독립 기초
㉰ 온통 기초   ㉱ 캔틸레버푸팅 기초

해설 • 기초판 형식에 의한 분류
① 독립 기초 : 한 개의 기초판으로 한 개의 기둥을 받치는 것으로서 동바리 기초, 주춧돌 기초, 긴주춧돌 기초 등이 있다. 주로 목구조에 사용된다.
② 복합 기초 : 한 개의 기초판으로 두 개 이상의 기둥을 받치는 기초
③ 줄기초 (연속 기초) : 벽 또는 일렬의 기둥을 대형 기초판으로 받치게 한 기초로서 벽돌 기초, 콘크리트 기초, 장댓돌 기초 등이 있다. 주로 조적식 구조에 적합하다.
④ 온통 기초 : 건물의 하부 전체를 기초판으로 형성한 기초로 가장 일반적인 구조이다.

문제 13. 콘크리트에서의 최소피복두께의 목적에 해당되지 않는 것은?
㉮ 철근의 부식방지
㉯ 철근의 연성감소
㉰ 철근의 내화
㉱ 철근의 부착

해설 • 콘크리트에서의 최소피복두께의 목적
① 구조물의 내화성을 유지하기 위하여
② 철근과의 부착력 확보를 위하여
③ 구조물의 내구성 확보를 위하여
④ 철근의 부식방지를 위하여
⑤ 시공 시 유동성 확보를 위하여

문제 14. 구조물에 작용하는 외력을 곡면판의 면내력으로 전달시키는 특성을 가진 구조는?

㉮ 절판구조   ㉯ 셸 (shell)구조
㉰ 현수구조   ㉱ 다이아그리드구조

해설 ① 셸구조 : 곡률을 가진 얇은 판으로 주변을 충분히 지지시키면 면에 분포되는 하중을 인장, 압축과 같은 면내력으로 전달시키는 역학적 특성을 가진 구조로 큰 공간을 덮는 지붕이나 액체를 담는 용기 등에 널리 사용한다 (예 : 시드니 오페라 하우스).
② 래티스 돔구조 : 장충 체육관
③ 현수구조 : 금문교, 남해대교
④ 막구조 : 상암동 월드컵 경기장

문제 15. 철골구조의 플레이트 보에서 웨브의 두께가 춤에 비해서 얇을 때, 웨브의 국부좌굴을 방지하기 위해 사용하는 것은?
㉮ 덱 플레이트 (deck plate)
㉯ 턴 버클 (turn buckle)
㉰ 베니션 블라인드 (venetion blind)
㉱ 스티프너 (stiffener)

해설 • 스티프너 (stiffener) : 플레이트 거더, 박스 기둥의 플랜지, 웨브의 좌굴방지를 하기 위한 보강재이다.

문제 16. 벤딩모멘트나 전단력을 견디게 하기 위해 보 단부의 단면을 중앙부의 단면보다 증가시킨 부분은?
㉮ 헌치 (haunch)   ㉯ 주두 (capital)
㉰ 스터럽 (stirrup)   ㉱ 후프 (hoop)

해설 ① 헌치 (haunch)
   ㈎ 벤딩모멘트나 보 단부의 전단력과 강성을 높이기 위하여 설치한다.
   ㈏ 헌치의 폭은 안목길이의 $\frac{1}{10} \sim \frac{1}{12}$ 정도이며 헌치의 춤은 헌치 폭의 $\frac{1}{3}$ 정도이다.
② 후프 (hoop) : 대근이라 하며 기둥의 좌굴방지이다.
③ 스터럽 (stirrup) : 철근 배근의 늑근을 말하며 균열에 대비하여 보강한 전단보강 철근으로 전단력에 저항한다.

해답 12. ㉮   13. ㉯   14. ㉯   15. ㉱   16. ㉮

④ 주두(capital) : 플랫 슬래브의 기둥과 슬래브 사이에서 발생하는 뚫림전단에 저항하기 위하여 설치한다.

문제 17. 목재의 이음과 맞춤을 할 때 주의해야 할 사항으로 옳지 않은 것은?
㉮ 이음과 맞춤은 응력이 큰 곳에서 하여야 한다.
㉯ 맞춤면은 정확히 가공하여 서로 밀착되어 빈틈이 없게 한다.
㉰ 공작이 간단하고 튼튼한 접합을 선택하여야 한다.
㉱ 목재는 될 수 있는 한 적게 깎아내어 약하게 되지 않도록 한다.
[해설] • 이음과 맞춤 시 주의사항
① 이음과 맞춤은 응력이 가장 적은 곳에서 만들 것
② 이음과 맞춤은 끝부분 응력이 균등히 전달되도록 할 것
③ 이음과 맞춤은 단면의 응력방향에 직각으로 할 것

문제 18. 강구조 트러스에 대한 설명 중 옳지 않은 것은?
㉮ 접합 시의 거싯 플레이트는 직사각형에 가까운 모양이 좋다.
㉯ 지점의 중심선과 트러스 절점의 중심선은 가능한 일치시켜 편심모멘트가 생기지 않도록 한다.
㉰ 현재란 수직으로 배치된 복재를 말한다.
㉱ 지점은 지지점이라고도 하며 트러스가 높이는 점을 말한다.
[해설] • 강구조 트러스 : 현재란 수평으로 위쪽은 상현재, 아래쪽은 하현재로 배치된 복재를 말한다.

문제 19. 다음 중 내구적, 방화적이나 횡력과 진동에 약하고 균열이 생기기 쉬운 구조는?
㉮ 철골구조 ㉯ 목구조
㉰ 벽돌구조 ㉱ 철근콘크리트 구조

[해설] • 벽돌구조
① 풍압력, 지진력 등의 수평력에 약하다.
② 벽체에 습기가 차기 쉽다.
③ 외관이 중후하고 아름답다.
④ 시공법이 간단하다.
⑤ 내화, 내구, 방화적이다.

문제 20. 다음 중 구조 부재를 보호하는 방법으로 옳은 것은?
㉮ 철근콘크리트 기둥의 파손을 방지하기 위하여 내부에 알루미늄을 삽입하였다.
㉯ 서해대교 케이블의 보호를 위하여 염소를 발랐다.
㉰ 목조 지붕틀의 방식을 위하여 광명단을 칠했다.
㉱ 화재로부터 철골 부재를 보호하기 위하여 내화뿜칠을 하였다.
[해설] • 구조부재 보호 : 일반적으로 기둥, 보, 내력벽 등 기초를 구성하는 부재이며 화재로부터 철골 부재를 보호한다.

문제 21. 벽 및 천장재로 사용되는 것으로 강당, 집회장 등의 음향조절용으로 쓰이거나 일반 건물의 벽 수장재로 사용하여 음향효과를 거둘 수 있는 목재 가공품은?
㉮ 파키트리 패널
㉯ 플로어링 합판
㉰ 코펜하겐 리브
㉱ 파키트리 블록
[해설] • 코펜하겐 리브(Copenhagen Rib) : 벽 및 천장재로 시공하며 강당, 집회장 등의 공음 현상 및 음향조절에 탁월한 효과가 있는 목재 가공품이다.

문제 22. 아스팔트의 견고성 정도를 침의 관입저항으로 평가하는 방법은?
㉮ 수축률 ㉯ 침입도
㉰ 경도   ㉱ 갈라짐
[해설] • 침입도 : 아스팔트의 견고성 정도를 평가하는 방법으로 침입도가 작을수록 경질이다.

[해답] 17. ㉮ 18. ㉰ 19. ㉰ 20. ㉱ 21. ㉰ 22. ㉯

문제 23. 다음 중 시멘트를 구성하는 3대 주성분이 아닌 것은?
㉮ 산화칼슘 ㉯ 실리카
㉰ 염화칼슘 ㉱ 산화알루미늄

[해설] • 시멘트 3대 주성분
① 산화칼슘 (CaO) : 석회석
② 실리카 (SiO_2) : 점토
③ 산화알루미늄 (Al_2O_3) : 점토

문제 24. 도료의 원료 중 건조된 도막에 탄성·교착성을 부여함으로써 내구력을 증가시키는 데 쓰이는 것은?
㉮ 가소제 ㉯ 용제
㉰ 안료 ㉱ 수지

문제 25. 다음 중 목부에 사용되는 투명도료는?
㉮ 유성 페인트 ㉯ 클리어 래커
㉰ 래커 에나멜 ㉱ 에나멜 페인트

[해설] • 클리어 래커(clear lacquer)
① 니트로셀룰로오스 + 수지 + 가소제 + 휘발성 용제
② 내유성, 내산성, 내알칼리성이 우수하며 목부에 사용하는 투명 도료이다.

문제 26. 건축재료의 생산방법에 따른 분류 중 1차적인 천연재료가 아닌 것은?
㉮ 흙 ㉯ 모래
㉰ 석재 ㉱ 콘크리트

[해설] • 콘크리트
시멘트 : 모래 : 자갈 = 1 : 3 : 6의 비율로 혼합한 인공재료이다.
• 천연재료 : 목재, 석재, 점토, 모래, 골재, 흙
• 인공재료 : 콘크리트, 금속제품, 석유제품

문제 27. 화력발전소와 같이 미분탄을 연소할 때 석탄재가 고온에 녹은 후 냉각되어 구상이 된 미립분을 혼합재로 사용한 시멘트로서, 콘크리트의 워커빌리티를 좋게 하며 수밀성을 크게 할 수 있는 시멘트는?
㉮ 플라이 애시 시멘트
㉯ 고로 시멘트
㉰ 백색 포틀랜드 시멘트
㉱ AE 포틀랜드 시멘트

[해설] • 플라이 애시 시멘트
① 미분탄을 연료로 하는 보일러의 연도에서 집진기로 채취한 미립자의 재를 혼합재로 사용한 시멘트이다.
② 워커빌리티를 좋게 하며 수밀성이 크고 단위수량을 감소시킬 수 있어 하천, 해안, 해수공사 등에 많이 사용한다.
③ 수화열이 적고 조기 강도는 낮으나 장기 강도는 커진다.

문제 28. 창유리의 강도란 일반적으로 어떤 것을 말하는가?
㉮ 압축강도 ㉯ 인장강도
㉰ 휨강도 ㉱ 전단강도

[해설] 창유리는 일반적으로 휨강도가 중요하며 강도는 조성과 열처리에 따라 다르다.

문제 29. 유리와 같이 어떤 힘에 대한 작은 변형으로도 파괴되는 재료의 성질을 나타내는 용어는?
㉮ 연성 ㉯ 전성
㉰ 취성 ㉱ 탄성

[해설] • 취성 : 재료가 외력을 받을 때 잘 늘어나는 성질이다.

문제 30. 목재의 방부제 중 수용성 방부제에 속하는 것은?
㉮ 크레오소트 오일
㉯ 불화소다 2% 용액
㉰ 콜타르
㉱ PCP

[해설] ① 수용성 방부제 : 황산구리(동) 1% 용액, 염화아연 3~4% 용액, 염화 제2수은 1% 용액, 불화소다 2% 용액
② 유성 방부제 : 크레오소트 오일, 콜타르, 아스팔트, 페인트
③ 유용성 방부제 : PCP, 캐로신

[해답] 23. ㉰ 24. ㉮ 25. ㉯ 26. ㉱ 27. ㉮ 28. ㉰ 29. ㉰ 30. ㉯

문제 31. 난간벽, 돌림대, 창대, 주두 등에 장식용으로 사용되는 공동(空胴)의 대형 점토 제품은?

㉮ 콘크리트 ㉯ 인조석
㉰ 테라초   ㉱ 테라코타

해설 • 테라코타(terra-cotta) : 구운 흙으로서 대형의 점토 제품으로 난간벽, 돌림대, 창대, 주두 등 장식용 및 구조용으로도 사용한다.

문제 32. 석고보드에 대한 다음 설명 중 옳지 않은 것은?

㉮ 부식이 안 되고 충해를 받지 않는다.
㉯ 팽창 및 수축의 변형이 크다.
㉰ 흡수로 인해 강도가 현저하게 저하된다.
㉱ 단열성이 높다.

해설 • 석고보드의 성질
① 석고보드는 방부성, 방화성이 크고 팽창, 수축의 변형이 적으며 열전도율이 작고 난연성이 있으며 내수성, 취급성, 보관성이 단점이다.
② 가공이 쉽고 유성 페인트로 마감할 수 있으며 비바람을 맞는 곳에는 사용하지 않는다.
③ 벽이나 천장의 마감재료로 이용되며 흡음판, 미장 바탕재료로 사용한다.

문제 33. 다음 중 혼합 시멘트에 해당하지 않는 것은?

㉮ 고로 시멘트
㉯ 플라이 애시 시멘트
㉰ 포졸란 시멘트
㉱ 중용열 포틀랜드 시멘트

해설 ① 혼합 시멘트 : 슬래그 시멘트, 플라이 애시 시멘트, 포졸란 시멘트
② 포틀랜드 시멘트 : 중용열 포틀랜드 시멘트

문제 34. 석회석이 변화되어 결정화한 것으로 실내 장식재 또는 조각재로 사용되는 것은?

㉮ 대리석   ㉯ 응회암
㉰ 사문암   ㉱ 안산암

해설 • 대리석(marble)
① 석회암이 오랜 세월 동안 땅속에서 지열, 지압으로 변질되어 결정화된 것이다.
② 치밀, 견고하며 경도, 무늬, 색채 등이 매우 다양하여 아름답고 광택이 나며 실내 장식용 석재 중에서 가장 고급재료이다.

문제 35. 철판에 도금하여 양철판으로 쓰이며 음료수용 금속재료의 방식 피복재료로도 사용되는 금속은?

㉮ 니켈   ㉯ 아연
㉰ 주석   ㉱ 크롬

해설 • 주석
① 철판에 도금을 할 때 쓰이거나 동과 혼합하여 청동을 만든다.
② 공기 중이나 수중에서는 녹슬지 않고, 묽은 산이나 알칼리에 서서히 침해된다.

문제 36. 다음 중 콘크리트 보양에 관련된 내용으로 옳지 않은 것은?

㉮ 콘크리트 타설 후 완전히 수화가 되도록 살수 또는 침수시켜 충분하게 물을 공급하고 또 적당한 온도를 유지하는 것이다.
㉯ 콘크리트 비빔 후 습기가 공급되면 재령이 작아지며 강도가 떨어진다.
㉰ 보양온도가 높을수록 수화가 빠르다.
㉱ 보양은 초기 재령 때 강도에 큰 영향을 준다.

해설 콘크리트 비빔 후 습기가 공급되면 강도가 증가된다.

문제 37. 점토 제품에서 SK의 번호는 무엇을 나타내는 것인가?

㉮ 제품의 크기를 표시한다.
㉯ 점토의 구성 성분을 표시한다.
㉰ 제품의 용도를 나타낸다.
㉱ 소성온도를 나타낸다.

해답 31. ㉱ 32. ㉯ 33. ㉱ 34. ㉮ 35. ㉰ 36. ㉯ 37. ㉱

해설 ① 점토 제품 소성온도 표시 방법으로 내화온도를 말한다.
② SK 30 (1670℃) ~ SK 33 (1370℃)

문제 38. AE제를 사용한 콘크리트의 특징이 아닌 것은?
㉮ 동결 융해 작용에 대하여 내구성을 갖는다.
㉯ 작업성이 좋아진다.
㉰ 수밀성이 좋아진다.
㉱ 압축강도가 증가한다.
해설 공기량이 증가할수록 강도는 감소하며 공기량 1%에 대하여 압축강도는 3~5% 감소한다.

문제 39. 바닥재료를 타일로 마감할 때의 내용으로 옳지 않은 것은?
㉮ 접착력을 높이기 위해 타일 뒷면에 요철을 만든다.
㉯ 바닥 타일은 미끄럼 방지를 위해 유약을 사용하지 않는다.
㉰ 보통 클링커 타일은 외부 바닥용으로 사용한다.
㉱ 외장 타일은 내장 타일보다 강도가 약하고 흡수율이 높다.
해설 • 바닥 마감재 타일 시공 : 외장 타일은 내장 타일보다 강도가 강하고 흡수율이 낮다.

문제 40. 건축용 접착제가 필히 갖추어야 할 요건이 아닌 것은?
㉮ 접착면의 유동성이 작아야 한다.
㉯ 독성이 없어야 하고 접착강도를 유지해야 한다.
㉰ 진동, 충격 등의 반복에 잘 견딜 수 있어야 한다.
㉱ 경화 시 체적수축 등의 변형을 일으키지 않아야 한다.
해설 • 건축용 접착제 요건

① 적당한 유동성을 가지면서 접합면을 잘 적실 수 있고, 접착력을 잃지 않는 특성을 가져야 한다.
② 경화 시 체적수축 등의 변형을 일으키지 않아야 한다.

문제 41. 열의 이동 방법에 해당되지 않는 것은 어느 것인가?
㉮ 복사   ㉯ 회절
㉰ 전도   ㉱ 대류
해설 • 열의 전달 3요소
① 전도 : 분자의 이동으로 열이 전달되는 현상이다.
② 대류 : 분자가 열을 가진 상태에서 밀도차에 의해 열이 전달되는 현상이다.
③ 복사 : 물체의 표면으로부터 광파와 같은 성질의 복사에너지가 주위로 전파되는 현상이다.

문제 42. 건축물의 묘사 및 표현에 관한 설명으로 옳지 않은 것은?
㉮ 건축도면에 사람을 그려넣는 목적은 스케일 감을 나타내기 위해서이다.
㉯ 건축도면에서 수목의 배치와 표현을 통해 건물 주변 대지의 성격을 나타낼 수 있다.
㉰ 여러 선에 의한 건축물의 표현 방법은 선의 간격을 달리함으로써 면과 입체를 결정한다.
㉱ 음영은 건축물의 입체적인 표현을 강조하기 위해 그려넣는 것으로 실시 설계도나 시공도에 주로 사용된다.
해설 • 건축물의 묘사 및 표현 : 음영은 건축물의 입체적인 표현을 강조하기 위해 그려넣는 것으로 투시도나 계획도에 주로 사용된다.

문제 43. 주거공간을 주행동에 따라 개인공간, 사회공간, 노동공간 등으로 구분할 때 다음 중 사회공간에 해당되지 않는 것은?

해답 38. ㉱ 39. ㉱ 40. ㉮ 41. ㉯ 42. ㉱ 43. ㉰

㉮ 거실 ㉯ 식당
㉰ 서재 ㉱ 응접실

해설 ① 공동생활공간 : 거실, 식당, 응접실
② 개인공간 : 침실, 서재, 작업실

문제 44. 건축제도용지 중 A0 용지의 크기는?
㉮ 591×841 mm
㉯ 841×1189 mm
㉰ 1189×1090 mm
㉱ 1090×1200 mm

해설 ① A0 : 841×1189 mm
② A3 : 297×420 mm

문제 45. 직경 13 mm의 이형철근을 200 mm 간격으로 배치할 때 도면 표시방법으로 옳은 것은?
㉮ D13 #200 ㉯ D13 @200
㉰ φ13 #200 ㉱ φ13 @200

해설 ① 원형철근 : φ표시 → φ13 : 지름 13 mm 원형철근
② 이형철근 : D 표시 → D16 : 직경 16 mm 이형철근
③ @200 : 간격 200 mm

문제 46. 소방대 전용 소화전인 송수구를 통해 실내로 물을 공급하여 소화 활동을 하는 것으로, 지하층의 일반 화재진압 등에 사용되는 소방시설은?
㉮ 드렌처 설비
㉯ 연결살수 설비
㉰ 스프링클러 설비
㉱ 옥외 소화전 설비

문제 47. 건축도면 중 평면도에 관한 설명으로 옳은 것은?
㉮ 계획 설계도에 해당된다.
㉯ 실의 배치 및 크기가 표현된다.
㉰ 건축물의 외관을 나타낸 직립 투상도이다.

㉱ 천장높이, 지붕물매, 처마길이 등이 표현된다.

해설 • 평면도 : 방의 위치, 넓이, 개구부 등의 배치 및 크기가 표현된다.

문제 48. 건축도면에서 굵은 실선으로 표시하여야 하는 것은?
㉮ 해칭선 ㉯ 절단선
㉰ 단면선 ㉱ 치수선

해설 ① 단면선 : 물체의 보이는 부분을 나타내는 선으로 굵은 실선으로 표시한다.
② 가는 실선 : 치수선, 치수 보조선, 지시선, 해칭선

문제 49. 부엌과 식당을 겸용하는 다이닝 키친(dining kitchen)의 가장 큰 장점은?
㉮ 침식분리가 가능하다.
㉯ 주부의 동선이 단축된다.
㉰ 휴대, 접대장소로 유리하다.
㉱ 이상적인 식사 분위기 조성에 유리하다.

해설 부엌의 일부분에 설치하며 노동력을 절감하기 위한 형태로 부엌에서 조리할 때 냄새나 음식 찌꺼기 등에 의해 식사실 공기 오염이 우려된다.

문제 50. 전개도에 표현되는 사항에 해당되지 않는 것은?
㉮ 반자 높이 ㉯ 가구의 입면
㉰ 기초의 형태 ㉱ 걸레받이 형태

해설 • 전개도 : 각 실 내부의 의장을 명시하기 위해 작성한 도면으로 반자의 높이, 개구의 높이, 가구의 입면 등을 나타낸다.

문제 51. 전압의 종류에서 저압에 해당하는 기준은?
㉮ 직류 100 V 이하, 교류 220 V 이하
㉯ 직류 350 V 이하, 교류 420 V 이하
㉰ 직류 750 V 이하, 교류 600 V 이하
㉱ 직류 900 V 이하, 교류 1000 V 이하

해답 44. ㉯ 45. ㉯ 46. ㉯ 47. ㉯ 48. ㉰ 49. ㉯ 50. ㉰ 51. ㉰

해설 ① 저압
　　(가) AC 600 V 이하
　　(나) DC 750 V 이하
② 고압
　　(가) AC 600 V 이상, 7000 V 이하
　　(나) DC 750 V 이상, 7000 V 이하
③ 특고압 : 7000 V 초과

문제 52. 배수 트랩의 봉수 파괴 원인과 가장 거리가 먼 것은?
㉮ 증발
㉯ 통기 작용
㉰ 모세관 현상
㉱ 자기 사이펀 작용

해설 • 배수 통기관의 목적
① 봉수의 파괴를 방지한다.
② 배수관 내의 흐름을 원활하게 한다.
③ 신선한 공기를 유통시켜 배수관 계통의 환기를 보호한다.

문제 53. 건축물의 묘사에 있어서 묘사도구로 사용하는 연필에 관한 설명으로 옳지 않은 것은?
㉮ 다양한 질감 표현이 가능하다.
㉯ 밝고 어두움의 명암 표현이 불가능하다.
㉰ 지울 수 있으나 번지거나 더러워질 수 있다.
㉱ 심의 종류에 따라서 무른 것과 딱딱한 것으로 나누어진다.

문제 54. 증기난방에 관한 설명으로 옳지 않은 것은?
㉮ 예열시간이 온수난방에 비해 짧다.
㉯ 난방의 쾌감도가 온수난방보다 높다.
㉰ 방열면적을 온수난방보다 작게 할 수 있다.
㉱ 증발잠열을 이용하기 때문에 열의 운반 능력이 크다.

해설 • 증기난방의 특징
① 난방의 쾌감도가 낮다.
② 난방부하의 변동에 따라 방열량 조절이 곤란하다.
③ 소음이 많다.
④ 보일러 취급기술이 필요하다.

문제 55. 다음 건축물의 생산과정 중 가장 마지막 단계는?
㉮ 시공　㉯ 기획　㉰ 제도　㉱ 설계

해설 • 건축물 생산과정
제도 → 기획 → 설계 → 시공

문제 56. 실내 색채 계획에 관한 설명으로 옳지 않은 것은?
㉮ 주가 되는 색을 명확히 선정한다.
㉯ 사용되는 색의 수는 되도록 많게 한다.
㉰ 각 실의 위치, 밝기, 조명 등의 영향을 고려한다.
㉱ 색의 팽창과 수축성에 따른 실의 확대 축소감에 유의한다.

해설 사용되는 색의 수는 되도록 적게 배열한다.

문제 57. 대지면적에 대한 건축면적의 비율을 의미하는 것은?
㉮ 용적률　　　㉯ 건폐율
㉰ 점유율　　　㉱ 수용률

해설 ① 건폐율 = $\frac{건축면적}{대지면적} \times 100\%$
② 용적률 = $\frac{연면적}{대지면적} \times 100\%$

문제 58. 계단실(홀)형 아파트에 관한 설명으로 옳지 않은 것은?
㉮ 프라이버시 확보가 좋다.
㉯ 동선이 짧아 출입이 용이하다.
㉰ 엘리베이터 효율이 가장 우수하다.
㉱ 통행부분(공용 면적)의 면적이 작다.

해답 52. ㉯　53. ㉯　54. ㉯　55. ㉮　56. ㉯　57. ㉯　58. ㉰

[해설] • 계단실형
① 계단 혹은 엘리베이터가 있는 홀로부터 단위주거에 들어가는 형식이다.
② 양면에 개구를 설치할 수 있어 채광, 통풍이 좋다.
③ 엘리베이터를 설치할 경우 이용률이 나빠지므로 저층에 적당하다.

[문제] 59. 주거단지의 단위 중 초등학교를 중심으로 한 단위는?
㉮ 근린지구　　㉯ 인보구
㉰ 근린분구　　㉱ 근린주구

[해설] • 근린주구
① 규모 : 주택호수 1600 ~ 2000호
② 인구 : 8000 ~ 10000명
③ 면적 : 100 ha
④ 반지름 : 약 400 ~ 800 m
⑤ 초등학교 하나를 중심으로 하는 단위이다.

[문제] 60. 다음 설명에 알맞은 부엌 가구의 배치 유형은?

- 양쪽 벽면에 작업대가 마주보도록 배치한 것으로 부엌의 폭이 길이에 비해 넓은 부엌의 형태에 적당한 형식이다.
- 작업 동선은 줄일 수 있지만 몸을 앞뒤로 바꾸는데 불편하다.

㉮ 일자형
㉯ L자형
㉰ 병렬형
㉱ 아일랜드형

[해설] • 병렬형
① 통로 너비 폭이 최소 80 cm 이상으로 사이의 간격이 넓다.
② 사이 간격이 너무 넓으면 동선이 길어져서 불편하다.

□ 전산응용 건축제도 기능사　　▶ 2012. 4. 8 시행

[문제] 1. 다음 중 여닫이 창호에 쓰이는 철물이 아닌 것은?
㉮ 도어 클로저　　㉯ 경첩
㉰ 레일　　㉱ 함자물쇠

[해설] • 목재 미서기창 : 레일, 호차, 도아 볼트(꽃이되)

[문제] 2. 울거미를 짜고 중간에 살을 25 cm 이내 간격으로 배치하여 양면에 합판을 교착하여 만든 문은?
㉮ 접문　　㉯ 플러시문
㉰ 띠장문　　㉱ 도듬문

[해설] • 목재 플러시문
① 울거미를 짜고 중간살을 25 cm 이내 간격으로 배치하여 양면에 합판을 접착제로 붙인 것이다.
② 뒤틀림 변형이 적다.
③ 차양이 되며 통풍에 유리하다.

[문제] 3. 표준형 점토벽돌로 1.5B (1.0B + 75 mm + 0.5B) 공간쌓기를 할 경우 벽체의 두께는 얼마인가?
㉮ 475 mm　　㉯ 455 mm
㉰ 375 mm　　㉱ 355 mm

[해설] 1.5B 공간쌓기 두께
= 1.0B + 75 mm (단열재 및 공간) + 0.5B
= 190 mm + 75 mm + 90 mm
= 355 mm

[문제] 4. 보강 콘크리트 블록조에서 내력벽의 벽량은 최소 얼마 이상으로 하여야 하는가?
㉮ 10 cm/m²　　㉯ 15 cm/m²

[해답] 59. ㉱　60. ㉰　1. ㉰　2. ㉯　3. ㉱　4. ㉯

㉰ 18 cm/m² ㉱ 21 cm/m²

해설 • 보강 블록조
① 벽량 = $\frac{벽의 길이(cm)}{바닥면적(m^2)} \geq 15 \, cm/m^2$
② 보강 콘크리트 블록조의 내력벽의 두께 : 15 cm/m²

문제 5. 목조 반자틀의 구성 부재와 관계없는 것은?
㉮ 반자틀   ㉯ 반자틀받이
㉰ 달대   ㉱ 펠대

해설 ① 반자틀은 반자돌림대, 반자틀받이, 달대, 달대받이로 짜 만든다.
② 제물반자 : 바닥판 밑을 제물로 또는 직접 바르는 반자를 말한다.
③ 달반자 : 반자틀, 지붕틀, 상층바닥판 매달은 반자를 말한다.

문제 6. 바닥 등의 슬래브를 케이블로 매단 특수구조는?
㉮ 공기막 구조   ㉯ 쉘 구조
㉰ 커튼월 구조   ㉱ 현수 구조

해설 • 현수 구조
① 지붕 및 바닥 등을 인장력을 가한 케이블로 지지한 구조양식이다.
② 구조물의 주요 부분을 매달아서 인장력으로 저항하는 구조물로 상부는 거대한 트러스에 의해 지지되고 트러스는 기주에 전달되는 하중을 케이블로 지지하는 구조양식이다.

문제 7. 기둥 맨 위 처마의 부분에 수평으로 거는 것으로 기둥머리를 고정하여 지붕틀을 받아 기둥에 전달하는 역할을 하는 것은 어느 것인가?
㉮ 깔도리   ㉯ 충보
㉰ 허리잡이   ㉱ 처마도리

해설 ① 깔도리 : 기둥 맨 위에서 기둥머리를 연결하고 지붕틀을 받는 가로재이다.
② 처마도리 : 깔도리 위에 지붕틀을 걸치고 지붕틀의 평보 위에 깔도리와 같은 방향으로 걸친 가로재이다.

문제 8. 다음 중 철근의 정착 길이의 결정 요인과 가장 관계가 먼 것은?
㉮ 철근의 종류   ㉯ 콘크리트의 강도
㉰ 갈고리의 유무 ㉱ 물-시멘트비

해설 • 철근의 이음 및 정착
① 이음 및 정착 길이
  ㈀ 큰 인장력을 받는 부분 : 철근 지름의 40배 이상
  ㈁ 작은 인장력을 받는 부분, 압축력을 받는 부분 : 철근 지름의 25배 이상
② 이음 길이 : 갈고리 중심 사이의 거리
③ 이음 및 정착 시 갈고리를 두어야 한다. 단, 이형철근의 경우는 갈고리를 두지 않아도 되나 기둥과 보 (기초보 제외)의 외곽 모서리 또는 굴뚝에 사용되는 이형철근의 경우는 갈고리를 두어야 한다.

문제 9. 창의 하부에 건너댄 돌로 빗물을 처리하고 장식적으로 사용되는 것으로, 윗면·밑면에 물끊기·물돌림 등을 두어 빗물의 침입을 막고, 물흘림이 잘 되게 하는 것은?
㉮ 인방돌   ㉯ 쌤돌
㉰ 창대돌   ㉱ 돌림띠

해설 ① 창대돌(window sill stone) : 빗물이 벽면에 흘러내림을 막기 위한 하나의 방수돌을 의미한다.
② 인방돌(lintel stone) : 석구조에서 창문 등의 개구부 위에 걸쳐대어 상부에서 오는 하중을 받는 수평 부재이다.
③ 쌤돌(jamb stone) : 창문의 벽두께 면에 사용한다.

문제 10. 토대에 대한 설명으로 옳지 않은 것은 어느 것인가?
㉮ 기둥에서 내려오는 상부의 하중을 기초에 전달하는 역할을 한다.

해답 5. ㉱ 6. ㉱ 7. ㉮ 8. ㉱ 9. ㉰ 10. ㉱

⑤ 토대에는 바깥토대, 칸막이토대, 귀잡이토대가 있다.
⑥ 연속기초 위에 수평으로 놓고 앵커볼트로 고정시킨다.
⑦ 이음으로 사개 연귀 이음과 주먹장 이음이 사용된다.

[해설] 토대와 토대의 이음은 턱걸이 주먹장 이음 또는 엇걸이 산지 이음 등으로 한다.

문제 11. 목구조 각 부분에 대한 설명으로 옳지 않은 것은?
㉮ 평보의 이음은 중앙 부근에서 덧판을 대고 볼트로 긴결한다.
㉯ 보잡이는 평보의 옆휨을 막기 위해 설치한다.
㉰ 가새는 수평 부재와 60°로 경사지게 하는 것이 합리적이다.
㉱ 토대의 이음은 기둥과 앵커 볼트의 위치를 피하여 턱걸이 주먹장 이음으로 한다.

[해설] • 가새
① 목조 벽체를 수평력에 견디게 하고 안정한 구조로 하기 위해 사용된다.
② 가새의 경사도는 45°가 유리하다.
③ 주요 건물에서는 한 방향 가새로만 하지 않고 X자형으로 하여 인장과 압축을 겸비하도록 한다.

문제 12. 철근 콘크리트 기둥에 관한 설명 중 옳지 않은 것은?
㉮ 철근으로 보강된 콘크리트 기둥은 동일 단면의 무근 콘크리트 기둥보다 수평력에 의한 휨에 유효하게 저항할 수 있다.
㉯ 기둥에서는 축방향철근이 주근이다.
㉰ 원형기둥에서 나선형으로 둘러감은 철근을 나선철근이라 한다.
㉱ 각각 철근의 이음 위치는 동일 위치가 좋다.

[해설] • 철근 콘크리트 기둥 철근의 이음 위치 가장 모멘트가 적게 받는, 즉 응력이 작은 곳에 이음을 해야 한다.

문제 13. 다음 중 철골구조에서 사용되는 접합방법에 속하지 않는 것은?
㉮ 용접 접합   ㉯ 듀벨 접합
㉰ 고력 볼트 접합   ㉱ 핀접합

[해설] • 접합법의 종류
① 리벳 접합 : 800~1000℃ 정도로 가열한 리벳을 박고 리베터로 머리를 만든다.
② 볼트 접합 : 볼트 구멍 지름은 볼트 지름보다 0.5 mm 이내 한도에서 뚫는다.
③ 고장력 접합 : 볼트를 강하게 죄어 볼트에 강한 인장력이 생기게 한 것이다.
④ 교절(핀) 접합 : 교절 접합은 핀으로 부재를 연결한 것이다.
⑤ 용접 접합 : 접합부의 연속성, 강성을 얻을 수 있으며 소음의 발생도 없다.

문제 14. 목구조의 마루에 대한 설명 중 옳지 않은 것은?
㉮ 1층 마루에는 동바리마루, 납작마루가 있다.
㉯ 2층 마루 중 보마루는 보를 걸어 장선을 받게 하고 그 위에 마루널을 깐 것이다.
㉰ 동바리는 동바리돌 위에 수평재로 설치한다.
㉱ 동바리마루는 동바리돌, 동바리, 멍에, 장선 등으로 구성된다.

[해설] 동바리는 동바리돌 위에 수직으로 세우는 부재이다.

문제 15. 철근 콘크리트 구조의 슬래브에서 단변을 l_x, 장변을 l_y라 할 때 2방향 슬래브에 해당되는 기준은?
㉮ $\dfrac{l_x}{l_y} \geq 1$ ㉯ $\dfrac{l_x}{l_y} \leq 1$
㉰ $\dfrac{l_x}{l_y} \geq 2$ ㉱ $\dfrac{l_x}{l_y} \leq 2$

[해답] 11. ㉰   12. ㉱   13. ㉯   14. ㉰   15. ㉱

해설 • 2방향 슬래브

$$\lambda = \frac{장변}{단변} \leq 2$$

문제 16. 곡면판의 역학적 잇점을 살려서 큰 간사이의 지붕을 만들 수 있는 구조는 어느 것인가?
㉮ 절판구조
㉯ 셸구조
㉰ 현수구조
㉱ 철근 콘크리트 구조

해설 • 셸구조
① 얇은 곡면형태의 판을 사용한 구조이다.
② 가볍고 강성이 우수한 구조시스템이다.
③ 넓은 공간을 필요로 할 때 이용된다.

문제 17. 철근 콘크리트 보에 관한 설명 중 옳지 않은 것은?
㉮ 내민보는 연속보의 한 끝이나 지점에 고정된 보의 한끝이 지지점에서 내밀어 달려 있는 보이다.
㉯ 단순보는 양단이 벽돌, 블록, 석조벽 등에 단순히 얹혀 있는 상태로 된 보이다.
㉰ 인장력에 대항하는 재축방향의 철근을 보의 주근이라 한다.
㉱ 단순보에서 늑근은 단부보다 중앙부에서 더 촘촘하게 배치한다.

해설 • 철근 콘크리트 보의 늑근
① 전단력에 저항하는 철근이다.
② 늑근을 양단부로 갈수록 조밀하게 배치한다.

문제 18. 지붕 물매 중 되물매에 해당하는 물매는?
㉮ 4 cm 물매 ㉯ 6 cm 물매
㉰ 10 cm 물매 ㉱ 12 cm 물매

해설 ① 되물매 : 지붕의 경사가 45°, 10 cm 물매를 되물매라 한다.
② 된물매 : 되물매를 초과하는 경우를 말한다.

문제 19. 벽돌 벽체 내쌓기에서 벽돌을 2켜씩 내쌓기할 경우 내쌓는 부분의 길이는 얼마 이내로 하는가?
㉮ $\frac{1}{2}$B ㉯ $\frac{1}{4}$B ㉰ $\frac{1}{6}$B ㉱ $\frac{1}{8}$B

해설 • 내쌓기
① 보통 매 켜마다 $\frac{1}{8}$B씩 또는 두 켜마다 $\frac{1}{4}$B씩 내쌓기 하며 내쌓기의 한도는 2.0B이다.
② 강도상, 시공상 좋게 마구리 쌓기를 한다.

문제 20. 그림과 같이 널판 상, 하, 옆을 반턱으로 하여 기둥 및 샛기둥에 가로쪽 매로 하여 붙이는 판벽은?

㉮ 영국식 비늘판벽
㉯ 턱솔 비늘판벽
㉰ 얇은널 비늘판벽
㉱ 누름대 비늘판벽

해설 • 턱솔 비닐 판벽
너비 2 cm, 두께 2 cm 이상되는 널의 위아래, 옆을 반턱으로 하여 붙이고 줄눈너비 6~18 mm 정도의 오목줄눈이 생기게 하며 모서리 부분은 연귀 맞춤으로 한다.

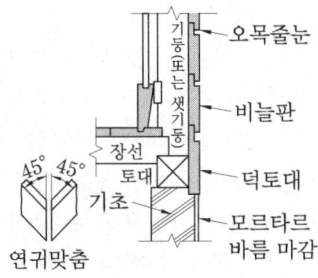

문제 21. 심재와 변재에 대한 설명으로 옳은 것은?

㉮ 변재 - 수목의 가운데로 진한 부분
㉯ 심재 - 세포가 고화된 부분
㉰ 변재 - 수분이 적고 강도가 큰 부분
㉱ 심재 - 양분을 저장하는 부분

해설 ① 심재 : 목재의 수심에 가까이 위치하고 있는 암색 부분으로서 심재 부분의 세포는 견고성을 높여 준다.
② 변재
  (㉮) 목재의 겉껍질에 가까이 위치하며 담색 부분이다.
  (㉯) 변재 부분의 세포는 수액의 유통과 저장 역할을 한다.

문제 22. 실을 뽑아 직기에 제직을 거친 벽지는 어느 것인가?
㉮ 직물벽지   ㉯ 비닐벽지
㉰ 종이벽지   ㉱ 발포벽지

해설 • 직물벽지 : 실로 직기에 제직을 거친 후 종이에 골고루 나누어 배정시킨 벽지이다.

문제 23. 다음 목재 중 침엽수에 속하는 것은?
㉮ 참나무   ㉯ 느티나무
㉰ 벚나무   ㉱ 전나무

해설 ① 침엽수
  (㉮) 꽃이 피지만 반면에 꽃 밑에 씨방이 형성되지 않으며, 이를 겉씨식물이라 한다.
  (㉯) 전나무 : 침엽수
② 활엽수 : 꽃이 피지만 반면에 꽃 밑에 씨방이 형성되지 않으며, 이를 속씨식물이라 한다.

문제 24. 석재의 가공에서 돌의 표면을 쇠메로 쳐서 대강 다듬음을 의미하는 용어는?
㉮ 물갈기   ㉯ 정다듬
㉰ 혹따기   ㉱ 잔다듬

해설 • 돌의 가공순서
① 혹두기 : 쇠메로 돌의 거친 면을 대강 다듬는 것
② 정다듬 : 혹두기 면을 정으로 곱게 쪼아 표면에 미세하고 조밀한 흔적을 내어 평탄하고 거친 면으로 만든 것
③ 도드락 다듬 : 거친 정다듬한 면을 도드락 망치로 더욱 평탄하게 다듬는 것
④ 잔다듬 : 정다듬한 면을 양날망치로 평행 방향으로 치밀하게 곱게 쪼아 표면을 더욱 평탄하게 만든 것
⑤ 물갈기 : 화강암, 대리석 같은 치밀한 돌을 잔다듬한 면에 금강사를 뿌려 철판, 숫돌 등으로 물을 주어 간 다음, 산화주석을 헝겊에 묻혀서 잘 문질러 광택이 나게 하는 것

문제 25. 콘크리트 구조 바닥판 밑에 묻어 반자틀 등을 달아매고자 할 때 사용되는 철물은?
㉮ 메탈라스   ㉯ 논슬립
㉰ 인서트   ㉱ 앵커볼트

해설 • 인서트(insert)
① 콘크리트를 부어 넣기 전에 미리 넣은 고정 철물로서 주철제용과 철판 가공품용이 있다.
② 콘크리트 슬래브에 묻어 천장 달대를 고정시키는 철물이다.

문제 26. 석영, 운모 등의 풍화물로 만들어진 도토를 원료로 1100~1250℃ 정도 소성하면 백색 불투명한 바탕을 이루어 타일 제조에 많이 이용되는 점토 제품은?
㉮ 토기   ㉯ 자기
㉰ 도기   ㉱ 석기

해설 • 점토제품의 소성온도
① 도기 (타일, 위생도기)의 소성온도 : 1100~1230℃
② 자기 : 1230~1460℃
③ 석기 : 1160~1350℃

문제 27. 옥상 아스팔트 방수층에서 부착력을 증가시키기 위하여 바탕에 제일 먼저 바르는 것은?
㉮ 스트레이트 아스팔트
㉯ 아스팔트 프라이머

㈐ 아스팔트 싱글
㈑ 블로운 아스팔트

[해설] • 아스팔트 프라이머(asphalt primer) : 아스팔트 등의 접착력을 증대시키는 방수 접착제로 사용한다.

문제 28. 물의 밀도가 1 g/cm³이고 어느 물체의 밀도가 1 kg/m³라 하면 이 물체의 비중은 얼마인가?

㈎ 1 ㈏ 1000
㈐ 0.001 ㈑ 0.1

[해설] • 비중(specific volume)

① 비중 $S = \dfrac{\text{상대 물질의 무게}}{\text{기본 물질에 대한 무게}} = \dfrac{\rho}{\rho_W}$

② $S = \dfrac{\rho}{\rho_W} = \dfrac{1 \text{ kg/m}^3}{1 \text{ g/cm}^3}$

$= \dfrac{0.001 \text{ g/cm}^3}{1 \text{ g/cm}^3} = 0.001$

③ $1 \text{ kg} = 1000 \text{ g} = 10^3 \text{ g}$

$1 \text{ m}^3 = 1 \text{ m} \times 1 \text{ m} \times 1 \text{ m}$
$= 100 \text{ cm} \times 100 \text{ cm} \times 100 \text{ cm} = 10^6 \text{ cm}^3$

$1 \text{ kg/m}^3 = 10^3 \text{ g/m}^3 = 10^3 \times 10^{-6} \text{ g/cm}^3$
$= 0.001 \text{ g/cm}^3$

문제 29. 지하실이나 옥상 채광의 목적으로 많이 쓰이는 유리는?

㈎ 프리즘 유리 ㈏ 로이유리
㈐ 유리블록 ㈑ 복층유리

[해설] 프리즘 글래스(prism glass)는 입사 광선의 방향을 바꾸거나 확산 또는 집중시킬 목적으로 프리즘의 원리를 이용해서 만든 유리이다.

문제 30. 다음 합금의 구성요소로 옳지 않은 것은?

㈎ 황동 = 구리 + 아연
㈏ 청동 = 구리 + 납
㈐ 포금 = 구리 + 주석 + 아연 + 납
㈑ 두랄루민 = 알루미늄 + 구리 + 마그네슘 + 망간

[해설] • 청동
① 구리와 주석과의 합금이다(주석의 함유량 4~12 % 정도).
② 인청동 : 구리 + 주석 + 인

문제 31. 목재 섬유에서 인장강도가 가장 큰 방향은?

㈎ 섬유 방향
㈏ 섬유의 45° 방향
㈐ 섬유의 대각선 방향
㈑ 섬유의 직각 방향

[해설] • 목재의 강도
① 섬유 방향에 평행하게 가한 힘에 대해서는 가장 강하고 이에 직각으로 가한 힘에 대해서는 가장 약하다.
② 인장강도 > 휨강도 > 압축강도 > 전단강도

문제 32. 다음 중 수성암이 아닌 석재는?

㈎ 응회암 ㈏ 석회암
㈐ 안산암 ㈑ 점판암

[해설] ① 수성암 : 점판암, 사암, 응회암, 석회암
② 화성암 : 화강암, 안산암

문제 33. 목재 바탕의 무늬를 살리기 위한 도장재료는?

㈎ 유성 페인트 ㈏ 수성 페인트
㈐ 에나멜 페인트 ㈑ 클리어 래커

[해설] • 클리어 래커(clear lacquer)
① 투명 래커로서 안료가 들어가지 않으며 목재 면의 투명도장에 쓰인다.
② 내후성이 떨어져 외부에 사용하지 않고 내부용을 사용한다.

문제 34. 건축 재료에서 물체에 외력이 작용하면 순간적으로 변형이 생겼다가 외력을 제거하면 원래의 상태로 되돌아가는 성질은 어느 것인가?

㈎ 탄성 ㈏ 소성
㈐ 점성 ㈑ 연성

[해설] ① 탄성 : 재료가 외력을 받아 변형이 생

[해답] 28. ㈐ 29. ㈎ 30. ㈏ 31. ㈎ 32. ㈐ 33. ㈑ 34. ㈎

졌을 때 외력을 제거하면 원상태로 되돌아 가는 성질
② 소성 : 재료가 외력을 받아 변형이 생겼을 때 외력을 제거해도 원상태로 되돌아가지 못하고 변형된 상태로 남아 있는 성질
③ 연성 : 재료가 인장력을 받을 때 잘 늘어 나는 성질

문제 35. 포틀랜드 시멘트류를 제조할 때 석고를 넣는 이유는?
㉮ 응결시간을 조절하기 위해서
㉯ 강도를 높이기 위해서
㉰ 분말도를 높이기 위해서
㉱ 비중을 높이기 위해서

해설 • 포틀랜드 시멘트 응결 조절제 : 급격한 수화를 늦추기 위해 석고를 첨가하여 응결시간을 조절하기 위하여 사용한다.

문제 36. 석재 중 얇은 판으로 떼어 내어 기와 대신 지붕재로 사용할 수 있는 것은?
㉮ 점판암　　　㉯ 사암
㉰ 석회암　　　㉱ 응회암

해설 ① 점판암 : 얇게 가공하여 지붕재료로 사용한다.
② 화강암 : 내화성이 약하다.
③ 안산암 : 광택이 없는 편이다.
④ 석회암 : 내화성이 적고 석회 또는 시멘트의 원료로 사용한다.

문제 37. 석질이 견고하고 마멸에 강하며 대형재가 생산되므로 구조용 재료로 이용되며, 콘크리트용 골재로도 많이 사용되는 석재는?
㉮ 현무암　　　㉯ 화강암
㉰ 감람석　　　㉱ 대리석

해설 • 대리석(marble)
① 치밀하고 견고하며 포함된 성분에 따라 경도, 색채, 무늬 등이 매우 다양하다. 아름답고, 갈면 광택이 나므로 장식용 석재 중에서는 가장 고급재로 쓰인다.

② 열, 산 등에 약하다.
③ 석회암이 오랜 세월 동안 땅속에서 지열, 지압으로 변질되어 결정화된 것으로 주성분은 탄산석회이다.

문제 38. 미장 공사에서 기둥이나 벽의 모서리 부분을 보호하기 위하여 쓰는 철물은?
㉮ 메탈 라스 (metal lath)
㉯ 인서트 (insert)
㉰ 코너비드 (corner bead)
㉱ 조이너 (joiner)

해설 • 코너비드 : 기둥, 벽, 모서리 면을 보호하기 위해 설치하는 철물이다.

문제 39. 밤에 빛을 비추면 잘 볼 수 있도록 도로 표지판 등에 사용되는 도료는?
㉮ 방화 도료　　　㉯ 에나멜 래커
㉰ 방청 도료　　　㉱ 형광 도료

해설 ① 방화 도료 : 화재를 차단하는 도료이다.
② 에나멜 래커 : 천연재료로 만든 재료로서 가구, 문짝, 장난감 등에 사용한다.
③ 방청 도료 : 강재 등이 녹슬지 않도록 강재의 표면에 칠하는 도료이다.
④ 형광 도료 : 밤에 빛을 비추면 빛을 발하도록 한 도료로서 도로표지판 등에 사용한다.

문제 40. 고강도선인 피아노선에 인장력을 가해둔 다음 콘크리트를 부어 넣고 경화된 후 인장력을 제거시킨 콘크리트는?
㉮ 레디믹스트 콘크리트
㉯ 프리캐스트 콘크리트
㉰ 프리스트레스트 콘크리트
㉱ 레진 콘크리트

해설 • PS(prestressed concrete) 콘크리트의 특징
① 고강도의 강재나 피아노선을 사용하여 단면적을 작게 하여 큰 응력을 받게 된다.
② 내구성과 복원성이 크다.
③ 고강도의 강재나 각종 보조재료 및 그라우팅 비용 등이 소요되어 단가가 비싸다.

해답 35. ㉮　36. ㉮　37. ㉯　38. ㉰　39. ㉱　40. ㉰

④ 제작에 고도의 기술과 세심한 주의가 요구된다.
⑤ 숙련공이 필요하며 작업비가 많이 드는 단점이 있다.
⑥ 강성이 약하여 하중에 의한 처짐 및 충격에 의한 진동이 크다.

문제 41. 다음 중 건축도면의 표시기호와 표시사항의 연결이 옳지 않은 것은?
㉮ φ – 반지름　　㉯ V – 용적
㉰ Wt – 무게　　㉱ THK – 두께
[해설] • 설계 제도 표시 기호

기호	명칭	기호	명칭
L	길이	R	반지름
H	높이	⬆	주출입구
W	너비	↑	부출입구
TH	두께	①, ②	제1·제2
Wt	무게	S=1:200	축척 1/200
A	면적	▬▬▬	축척
V	용적	⬥	단면의 위치방향
D, φ	지름	◇	입면의 방향

문제 42. 건축법령상 공동주택에 해당되지 않는 것은?
㉮ 기숙사　　㉯ 연립주택
㉰ 다가구주택　　㉱ 다세대주택
[해설] • 공동주택 : 아파트, 연립주택, 다세대주택, 기숙사

문제 43. 건축법상 건축에 해당되지 않는 것은 어느 것인가?
㉮ 수선　㉯ 재축　㉰ 이전　㉱ 개축
[해설] 건축이란 건축물을 신축, 증축, 재축, 개축하거나 건축물을 이전하는 것을 말한다.

문제 44. 주택 욕실에 배치하는 세면기의 높이로 가장 적당한 것은?
㉮ 600 mm　　㉯ 750 mm
㉰ 850 mm　　㉱ 900 mm
[해설] 거울 아래에 세면기가 위치해야 하며 높이는 75 cm (750 mm)가 적당하다.

문제 45. 다음 중 건축물의 계획 설계 시 내부적 요구 조건에 해당되는 것은?
㉮ 규모 및 예산　　㉯ 법규적인 제한
㉰ 이용상의 요구　　㉱ 기후적인 조건
[해설] • 건축계획 : 내부적 요구와 외부조건을 파악해야 한다.

문제 46. 실감온도(유효온도, ET)를 구성하는 3요소와 관련 없는 것은?
㉮ 온도　㉯ 습도　㉰ 기류　㉱ 열복사
[해설] 실내환경에서 실감온도(유효온도) 3요소는 온도, 습도, 기류이다

문제 47. 다음 설명에 알맞은 대변기의 세정 방식은?

> • 소음이 크나, 대변기의 연속사용이 가능하다.
> • 사무실, 백화점 등 사용빈도가 많거나 일시적으로 많은 사람들이 연속하여 사용하는 경우 등에 적용된다.

㉮ 세락식　　㉯ 로 탱크식
㉰ 하이 탱크식　　㉱ 플러시 밸브식
[해설] • 플러시 밸브식 : 대변기 세정수의 급수방식 중 급수관에 직접 연결하여 핸들을 누르면 급수관으로부터 일정량의 물이 방출되어 변기를 세정하는 방식이다.

문제 48. 건축제도에서 보이지 않는 부분을 표시하는 데 사용하는 선의 종류는?
㉮ 파선　　㉯ 1점 쇄선
㉰ 2점 쇄선　　㉱ 가는 실선

[해답] 41. ㉮　42. ㉰　43. ㉮　44. ㉯　45. ㉰　46. ㉱　47. ㉱　48. ㉮

해설 ① 파선 : 보이지 않는 부분을 표시한다.
② 가는 실선 : 치수선, 치수 보조선, 지시선
③ 1점 쇄선 : 중심선, 절단선, 기준선, 경계선
④ 2점 쇄선 : 가상선

문제 49. 다음 중 철근콘크리트 줄기초 그리기에서 가장 먼저 이루어지는 작업은?
㉮ 재료의 단면 표시를 한다.
㉯ 기초 크기에 알맞은 축척을 정한다.
㉰ 단면선과 입면선을 구분하여 그린다.
㉱ 표제란을 작성하고 표시 사항의 누락 여부를 확인한다.
해설 ㉯→㉰→㉮→㉱

문제 50. 건축 도면 중 배치도에 표시할 사항에 해당되지 않는 것은?
㉮ 방위
㉯ 부지의 고저
㉰ 인접도로의 폭
㉱ 각 실의 바닥 구조
해설 •배치도
① 대지와 도로와의 관계, 도로의 넓이, 출입구 등의 위치를 표시한다.
② 인접 대지의 경계와 주변의 담장, 대문 등의 위치를 표시한다.
③ 부대설비 즉 상하수도, 정화조, 연못, 분수, 수목의 위치, 옥외조명 등을 표시한다.

문제 51. 다음은 어떤 묘사 방법에 대한 설명인가?

묘사하고자 하는 내용 위에 사각형의 격자를 그리고 한 번에 하나의 사각형을 그릴 수 있도록 다른 종이에 같은 형태로 옮기며, 사각형이 원본보다 크거나 작다면, 완성된 그림은 사각형의 크기에 따라 규격이 정해진다.

㉮ 모눈종이 묘사
㉯ 투명용지 묘사
㉰ 복사용지 묘사
㉱ 보고 그리기 묘사
해설 •묘사 방법
① 보고 그리기 : 사물을 자세히 관찰하여 그린다.
② 모눈종이 묘사 : 사각형 격자는 리듬을 중복, 비율을 정확히 하여 준다.
③ 투명용지 묘사 : 대상물을 트레이싱 페이퍼에 올려놓고 그대로 그린다.

문제 52. 주택의 동선계획에 관한 설명으로 옳지 않은 것은?
㉮ 동선에는 개인의 동선과 가족의 동선 등이 있다.
㉯ 상호 간에 상이한 유형의 동선은 명확히 분리하는 것이 좋다.
㉰ 가사노동의 동선은 되도록 북쪽에 오도록 하고 길게 처리하는 것이 좋다.
㉱ 수평동선과 수직동선으로 나누어 생각할 때 수평동선 복도 등이 부담한다고 볼 수 있다.
해설 •주택 동선의 계획
① 동선은 직선이고 간단할 것
② 동선은 짧은 것이 좋다.
③ 서로 다른 동선은 교차하지 말 것
④ 가사노동, 독립성, 사회 등의 동선이 서로 분리되어 침해하지 않을 것
⑤ 가사노동의 동선은 주로 남쪽으로 하며 짧게 한다.
⑥ 동선은 공간에 필요하며 가구를 두지 말아야 한다.
⑦ 동선은 유연함, 편리함, 독립성, 에너지, 거리, 정리 등을 종합적으로 반영해야 한다.
⑧ 주택의 내부동선은 외부조건에 의해 우선적으로 결정된다.

문제 53. 각종 배경의 표현에 관한 설명으로 옳지 않은 것은?
㉮ 차는 도면이나 투시도에 움직임이나 감각적인 요소를 부여하기도 한다.

해답 49. ㉯ 50. ㉱ 51. ㉮ 52. ㉰ 53. ㉯

㉰ 수목은 멀리 있는 나무는 자세하게, 가까운 곳의 나무는 간결하게 그린다.
㉱ 건물의 주변을 이루고 있는 수목은 공간의 표현에 있어서 중요한 표현 소재가 된다.
㉲ 나뭇잎이 달려있는 아래쪽의 밀도를 높여주거나 줄기와 가지의 앞뒤에 나뭇잎을 그려주면 입체감이 생긴다.

[해설] • 배경의 표현
① 앞쪽의 배경은 사실적으로, 뒤쪽의 배경은 단순하게 표현한다.
② 각종 배경 표현은 건물의 배경이나 스케일, 그리고 용도를 나타내는 데 꼭 필요할 때만 적당히 표현한다.

문제 54. 건축제도의 기본 사항에 관한 설명으로 옳지 않은 것은?
㉮ 투상법은 제3각법으로 작도함을 원칙으로 한다.
㉯ 접은 도면의 크기는 A3의 크기를 원칙으로 한다.
㉰ 평면도, 배치도 등은 북을 위로 하여 작도함을 원칙으로 한다.
㉱ 입면도, 단면도 등은 위아래 방향을 도면지의 위아래와 일치시키는 것을 원칙으로 한다.

[해설] • 건축제도 기본 사항
① 평면도, 배치도 등은 북을 위로 하여 작도함을 원칙으로 한다.
② 도면을 접을 때 접은 도면의 크기는 A4의 크기를 원칙으로 한다.

문제 55. 건축제도의 치수기입에 관한 설명으로 옳지 않은 것은?
㉮ 치수는 특별히 명시하지 않는 한 마무리 치수로 표시한다.
㉯ 치수 기입은 치수선 중앙 윗부분에 기입하는 것이 원칙이다.

㉰ 협소한 간격이 연속될 때에는 인출선을 사용하여 치수선을 쓴다.
㉱ 치수의 단위는 cm를 원칙으로 하고, 이때 단위기호는 쓰지 않는다.

[해설] 치수의 단위는 mm를 원칙으로 하고 단위는 기입하지 않는 것을 원칙으로 한다.

문제 56. 주택단지의 구성에서 근린 분구를 이루는 주택호수의 규모는?
㉮ 20~40호   ㉯ 400~500호
㉰ 1600~2000호   ㉱ 2500~10000호

[해설] 근린 분구 : 주택호수 400~500호, 인구 2000명

문제 57. 다음의 공기 조화방식 중 전공기 방식에 해당되지 않는 것은?
㉮ 단일 덕트방식
㉯ 각층 유닛방식
㉰ 팬 코일 유닛방식
㉱ 멀티존 유닛방식

[해설] • 공기조화 설비방식
① 전공기식 : 공기 조화기로 냉풍 및 온풍을 만들어 송풍하는 방식이다.
② 팬 코일 유닛방식 : 중앙에서 냉수 또는 온수를 받아 송풍, 호텔 객실, 아파트, 주택 및 사무실에 적용하는 방식이다.

문제 58. 전력 퓨즈에 관한 설명으로 옳지 않은 것은?
㉮ 재투입이 불가능하다.
㉯ 릴레이나 변성기가 필요하다.
㉰ 과전류에서 용단될 수도 있다.
㉱ 소형으로 큰 차단용량을 가졌다.

[해설] • 전력퓨즈의 장점
① 가격이 저가이다.
② 릴레이나 변성기가 필요 없다.
③ 소형으로 큰 차단용량을 갖는다.
④ 보수가 간단하다.
⑤ 고속 차단한다.

문제 59. 질감(texture)에 관한 설명으로 옳지 않은 것은?
㉮ 모든 물체는 일정한 질감을 갖는다.
㉯ 질감의 선택에서 중요한 것은 스케일, 빛의 반사와 흡수 등이다.
㉰ 매끄러운 재료는 빛을 흡수하므로 무겁고 안정적인 느낌을 준다.
㉱ 촉각 또는 시각으로 지각할 수 있는 어떤 물체 표면상 특징을 말한다.
해설 매끄러운 재료는 빛을 반사하며 가볍고 밝고 선명함, 명랑함, 유쾌함을 준다.

문제 60. 건축법상 건축물의 건축·대수선·용도 변경, 건축설비의 설치 또는 공작물의 축조에 관한 공사를 발주하거나 현장 관리인을 두어 스스로 그 공사를 하는 자로 정의되는 것은?
㉮ 설계자　　　　㉯ 건축주
㉰ 공사감리자　　㉱ 공사시공자
해설 건축주란 건축물의 건축·대수선·용도변경, 건축설비의 설치 또는 공작물의 축조(건축물의 건축 등)에 관한 공사를 발주하거나 현장 관리인을 두어 스스로 그 공사를 하는 사람을 말한다.

□ 전산응용 건축제도 기능사　　▶ 2012. 7. 22 시행

문제 1. 돌구조에서 창문 등의 개구부 위에 걸쳐대어 상부에서 오는 하중을 받는 수평 부재는?
㉮ 문지방돌　　㉯ 인방돌
㉰ 창대돌　　　㉱ 쌤돌

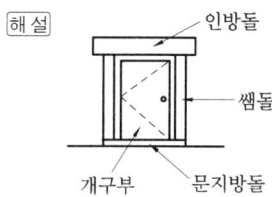

문제 2. 벽돌벽 등에 장식적으로 사각형, 십자형 구멍을 내어 쌓는 것으로 담장에 많이 사용되는 쌓기법은?
㉮ 엇모 쌓기　　㉯ 무늬 쌓기
㉰ 공간벽 쌓기　㉱ 영롱 쌓기
해설 •영롱쌓기
벽돌벽에 장식적으로 사각형, 십자형 구멍을 내어 쌓는 벽돌쌓기 방식이다. 담의 두께는 0.5B 두께로 하며 구멍의 모양 사각형, 십자형등 여러 가지가 있다.

문제 3. 그림과 같은 왕대공 지붕틀의 ◎표의 부재가 일반적으로 받는 힘의 종류는?

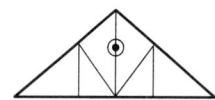

㉮ 인장력　　　㉯ 전단력
㉰ 압축력　　　㉱ 비틀림 모멘트

해설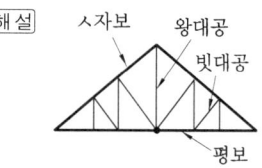

① 왕대공 : 인장력을 받음 (수평 또는 수직부재)
② 평보 : 인장력과 휨모멘트를 받음 (수평 또는 수직부재)
③ 달대공 : 인장력을 받음 (수평 또는 수직부재)
④ ㅅ자보 : 압축력과 휨모멘트를 받음 (경사부재)
⑤ 빗대공 : 압축력을 받음 (경사부재)
⑥ 압축재는 좌굴 때문에 굵고, 인장재는 가늘다.

해답 59. ㉰　60. ㉯　1. ㉯　2. ㉱　3. ㉮

문제 4. 목구조에서 깔도리와 처마도리를 고정시켜 주는 철물은?
㉮ 주걱 볼트　　㉯ 안장쇠
㉰ 띠쇠　　　　㉱ 꺾쇠

해설 ① 주걱 볼트 : 기둥과 도리, 보의 연결철물은 주걱 볼트를 써서 보강한다.
② 토대와 기둥 : 감잡이쇠, 꺾쇠, 띠쇠

문제 5. 보강 블록조에서 벽량은 최소 얼마 이상으로 해야 하는가?
㉮ 10 cm/m²　　㉯ 15 cm/m²
㉰ 20 cm/m²　　㉱ 25 cm/m²

해설 보강 콘크리트 블록조의 내력벽 두께는 15 cm/m²이다.

문제 6. 다음 중 막구조로 이루어진 구조물이 아닌 것은?
㉮ 서귀포 월드컵 경기장
㉯ 상암동 월드컵 경기장
㉰ 인천 월드컵 경기장
㉱ 수원 월드컵 경기장

해설 • 막구조
① 인천 월드컵 경기장, 상암동 월드컵 경기장, 서귀포 월드컵 경기장
② 막구조 : 지붕의 재료로 막을 사용하여 막을 잡아당겨 인장력을 주면 막 자체에 강성이 생겨 구조체로 힘을 받을 수 있다.

문제 7. 목구조에서 기초와 토대를 연결시키기 위하여 사용되는 것은?
㉮ 감잡이쇠　　㉯ 띠쇠
㉰ 앵커볼트　　㉱ 듀벨

해설 • 앵커볼트 : 철골구조 또는 목조 기둥의 밑 부분을 콘크리트 바닥이나 그 밖의 기초에 고정시키기 위하여 사용하는 볼트로 기초 볼트의 일종이다.

문제 8. 문꼴을 보기 좋게 만드는 동시에 주위벽의 마무리를 잘하기 위하여 둘러대는 누름대를 무엇이라 하는가?
㉮ 문선　　㉯ 풍소란
㉰ 가새　　㉱ 인방

해설 ① 풍소란(astral light) : 미서기, 미닫이, 여닫이 창문 등의 마중대 틈서리를 막는 선
② 가새(bracing) : 수직과 수평의 보로 장방형으로 꾸며진 골격에 대각선으로 넣어서 지진이나 풍합 등의 수평력에 대하여 보강하는 경사재
③ 인방(lintel) : 창, 출입구 등 벽면 개구부 위에 보를 얹어 상부의 하중을 받치는 경우에 쓰이는 보

문제 9. 철근 콘크리트 보에서 전단력을 보강하여 보의 주근 주위에 둘러감은 철근은?
㉮ 띠철근　　㉯ 스터럽
㉰ 벤트근　　㉱ 배력근

해설 • 스터럽(늑근, stirrup) : 철근 콘크리트 철근 공사 부분으로 전단력을 보강하는 역할을 하며 전단 보강 철근 또는 늑근이라 한다.

문제 10. 다음 중 아치(arch)에 대한 설명으로 옳지 않은 것은?
㉮ 조적벽체의 출입문 상부에서 버팀대 역할을 한다.
㉯ 아치 내에는 압축력만 작용한다.
㉰ 아치벽돌을 특별히 주문 제작하여 쓴 것을 층두리 아치라 한다.
㉱ 아치의 종류에는 평아치, 반원 아치, 결원 아치 등이 있다.

해설 • 아치 시공 방법에 따른 분류
① 본 아치 : 공장에서 사다리꼴 모양의 아치 벽돌을 특별히 주문 제작하여 줄눈의 너비를 일정하게 아치 벽돌로 쌓은 것
② 층두리 아치 : 아치 너비가 넓을 때 층을 지어 겹쳐 쌓는 것
③ 거친 아치 : 보통 벽돌을 사용하여 줄눈을 쐐기 모양으로 한 것
④ 막만든 아치 : 보통 벽돌을 아치 벽돌모양

해답 4. ㉮ 5. ㉯ 6. ㉱ 7. ㉰ 8. ㉮ 9. ㉯ 10. ㉰

으로 만들어 써서 줄눈의 너비를 일정하게 만든 것

문제 11. 왕대공 지붕틀에서 보강철물 사용이 옳지 않은 것은?
㉮ 달대공과 평보 – 볼트
㉯ 빗대공과 ㅅ자보 – 꺾쇠
㉰ ㅅ자보와 평보 – 안장쇠
㉱ 왕대공과 평보 – 감잡이쇠

[해설] ① ㅅ자보와 평보 : 안장맞춤, 볼트

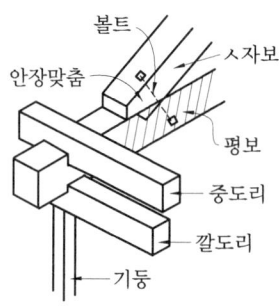

② 큰보와 작은보 : 감잡이쇠

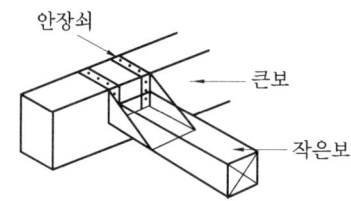

문제 12. 다음 중 구조물의 고층화, 대형화의 추세에 따라 우수한 용접성과 내진성을 가진 극후판의 고강도 강재는?
㉮ TMCP강   ㉯ SS강
㉰ FR강   ㉱ SN강

[해설] • TMCP강 (thermo mechanical control process) 가공 열처리된 강으로, 용접, 고강도, 내진성, 건물의 수명성이 우수한 장점을 가지고 있다.

문제 13. 지하실 외부에 흙막이벽을 설치하고 그 사이에 공간을 둔 것이며, 방수, 채광, 통풍에 좋도록 설치한 것은?
㉮ 드라이 에어리어 ㉯ 이중벽
㉰ 방습층   ㉱ 선루프

[해설] • 드라이 에어리어(dry area) : 건물 주위의 지표면에서 지하로 깊이 2~3 m을 파고 외측에 옹벽(擁壁)을 설치한 것으로 지하실의 방습, 통풍, 채광 등을 좋게 하기 위해 설치한 것이다.

문제 14. 콘크리트 슬래브와 철골보를 전단연결재(shear connector)로 연결하여 외력에 대한 구조체의 거동을 일체화시킨 구조의 명칭은?
㉮ 허니컴보   ㉯ 래티스보
㉰ 플레이트 거더   ㉱ 합성보

[해설] • 합성보(composite beam)
① 철골과 콘크리트 구조의 장점을 합성시킴으로 재료를 절약할 수 있다.
② 전단 연결재로 스터드 볼트(stud bolt)가 주로 사용된다.
③ 전단 연결재에 사용한다.

문제 15. 도어 체크(door check)를 사용하는 문은?
㉮ 접문   ㉯ 회전문
㉰ 여닫이문 ㉱ 미서기문

[해설] ① 모노로크 (monolock) : 문 손잡이 속에 실린더 시스템으로 이루어진 자물쇠이다.
② 도어 클로저 (도어 체크) : 여닫이문 위에 설치하여 열린 문이 자동적으로 닫혀지게 하는 철물이다.
③ 도어 스톱 (door stop) : 도어 홀더 (door holder), 도어 쿠션 등을 말하며 여닫이문, 아파트 현관문과 같이 문이 더 이상 열리지 않게 정지하거나, 열어놓은 문이 바람에 닫히지 않도록 하는 철물이다.

문제 16. 홈통의 구성요소 중 처마홈통 낙수구 또는 깔대기홈통을 받아 선홈통에 연결하는 것은?

[해답] 11. ㉰ 12. ㉮ 13. ㉮ 14. ㉱ 15. ㉰ 16. ㉮

㉮ 장식통 ㉯ 지붕골홈통
㉰ 상자홈통 ㉱ 안홈통

[해설] ① 처마홈통(eaves gutter) : 처마끝 부분에 대는 홈통으로서 물매는 1/100 이상으로 한다.
② 선홈통(rain leader pipe) : 처마 홈통 연결되며 이음은 3cm 이상 위통을 밑통 안에 꽂아 넣어 납땜한다.
③ 장식통
 ㈎ 선홈통 맨 위에 위치하는 것으로 장식을 겸하고 우수의 넘침을 방지한다.
 ㈏ 우수 처리 순서 : 치마홈통→깔대기홈통→장식통→선홈통→보호판→낙수받이틀
 ㈐ 깔때기홈통과 연결하는 역할을 한다.

문제 17. 철근 콘크리트 구조에서 휨모멘트가 커서 보의 단부 아래쪽으로 단면을 크게 한 것은?
㉮ T형보 ㉯ 지중보
㉰ 플랫 슬래브 ㉱ 헌치

[해설] • 헌치(haunch) : 단부의 단면을 증가한 부분으로서 헌치의 폭은 안목 길이의 $\frac{1}{10} \sim \frac{1}{12}$ 정도이며 헌치의 춤은 헌치폭의 $\frac{1}{3}$ 정도이다.

문제 18. 미서기 창호에 사용되는 철물과 관계가 없는 것은?
㉮ 레일 ㉯ 경첩
㉰ 오목 손잡이 ㉱ 꽂이쇠

[해설] • 미서기 창호
① 윗틀과 밑틀에 두 줄로 홈을 파서 문이나 창 한 짝을 다른 한 짝 옆에 밀어붙이게 한 것으로 두 짝닫이 또는 네 짝닫이가 보통이다.
② 미서기용 창호 철물 : 레일, 문바퀴, 꽂이쇠, 도어 행어(door hanger), 크리센트(crescent)

문제 19. 조립식 구조의 특성 중 옳지 않은 것은?

㉮ 공장생산이 가능하다.
㉯ 대량생산이 가능하다.
㉰ 기계화시공으로 단기완성이 가능하다.
㉱ 각 부품과의 저합부를 일체화하기 쉽다.

[해설] • 조립식 구조의 특징
① 공기단축
② 품질향상과 감독관리가 용이하다.
③ 공사비가 절감된다.
④ 가설공사의 최소화
⑤ 해체, 증축, 개축이 편리하다.

문제 20. 철골구조에서 판보(plate girder)구성재와 가장 거리가 먼 것은?
㉮ 플랜지(flange)
㉯ 웨브 플레이트(web plate)
㉰ 스티프너(stiffener)
㉱ 래티스(lattice)

[해설] • 철골조 플레이트 보(plate girder)의 구성부재
① 플랜지 앵글 : 주로 휨모멘트에 저항하며 커버 플레이트로 보강한다.
② 웨브 플레이트 : 전단력에 저항하며 두께는 6 mm 이상으로 스티프너로 보강한다.
③ 스티프너 : 웨브 플레이트의 좌굴 방지가 목적이다.
④ 스티프너(stiffener)는 웨브 플레이트의 좌굴 방지가 목적이며 스티프너로 보강한다.

문제 21. 점성이나 침투성은 작으나 온도에 의한 변화가 적어서 열에 대한 안정성이 크며 아스팔트 프라이머의 제작에 사용되는 것은?
㉮ 록 아스팔트
㉯ 스트레이트 아스팔트
㉰ 블로운 아스팔트
㉱ 아스팔 타이트

[해설] 아스팔트 프라이머의 재료는 침입도 10~20 정도의 블로운 아스팔트가 사용된다.

문제 22. 점토제품 중 타일에 대한 설명으로

[해답] 17. ㉱ 18. ㉯ 19. ㉱ 20. ㉱ 21. ㉰ 22. ㉱

옳지 않은 것은?

㉮ 자기질 타일의 흡수율이 3% 이하이다.
㉯ 일반적으로 모자이크 타일은 건식법에 의해 제조된다.
㉰ 클링커 타일은 석기질 타일이다.
㉱ 도기질 타일은 외장용으로만 사용된다.

해설 도기질 타일은 습기에 약하므로 외장용으로 적합하지 못하다.

문제 23. 열연강판을 화학 처리하여 표면에 있는 녹 등 불순물을 제거한 다음 상온에서 다시 한 번 압연한 것으로 두께가 얇으며 표면이 미려하여 자동차, 가구, 사무용 기구 등에 사용되는 철강 가공방법은 어느 것인가?

㉮ 냉간압연 ㉯ 담금질
㉰ 불림   ㉱ 풀림

해설 • 냉간압연 : 철의 재결정 온도인 450° 이하에서 가공하는 방법으로 열간압연 공정 시 산소가 침투하여 산화현상이 발생하면 깨끗하고 정밀하게 가공할 수 없으므로 실행하는 철의 가공방법이다.

문제 24. 건축재료의 화학적 조성에 의한 분류 중 유기질 재료가 아닌 것은?

㉮ 목재   ㉯ 역청재료
㉰ 합성수지   ㉱ 석재

해설 • 화학 조성에 따른 분류
① 무기재료
  ㈎ 비금속 : 석재, 토벽, 시멘트, 콘크리트, 도자기류
  ㈏ 금속 : 철강, 알루미늄, 구리, 함금류
② 유기재료
  ㈎ 천연재료 : 목재, 대나무, 아스팔트, 섬유판, 옻나무
  ㈏ 합성수지 : 플라스틱, 도료, 실링재, 접착제

문제 25. 이형 철근에서 표면에 마디를 만드는 이유로 가장 알맞은 것은?

㉮ 부착강도를 높이기 위해
㉯ 인장강도를 높이기 위해
㉰ 압축강도를 높이기 위해
㉱ 항복점을 높이기 위해

해설 • 철근의 부착강도
① 이형 철근이 원형 철근보다 부착강도가 크다.
② 콘크리트의 강도가 클수록 크다.
③ 이형 철근에서는 표면의 마디와 리브가 클수록 크다.
④ 철근의 단면적이 같을 경우 굵은 철근보다 가는 철근의 개수를 많이 하여 넣는 것이 좋다.

문제 26. 석재의 조직 중 석재의 외관 및 성질과 가장 관계가 깊은 것은?

㉮ 조암광물   ㉯ 석리
㉰ 절리   ㉱ 석목

해설 ① 석리(texture) : 석재표면의 외관 및 성질과 밀접한 관계가 있는 구성조직을 말한다.
② 절리(joint) : 암석 고유의 특성으로, 자연적으로 생긴 금 형태의 결을 말한다.
③ 석목(rift) : 암석이 가장 쪼개지기 쉬운 틈이나 면을 말한다.

문제 27. 콘크리트 슬래브에 묻어 천장 달대를 고정시키는 철물은?

㉮ 인서트   ㉯ 와이어 라스
㉰ 크레센트   ㉱ 듀벨

해설 • 인서트(insert)
① 콘크리트를 부어넣기 전에 미리 넣은 고정 철물로, 주철제용과 철판 가공품용이 있다.
② 콘크리트 구조 바닥판 밑에 묻어 반자틀 등을 달아매고자 할 때 사용되는 철물이다.

문제 28. 석재의 가공과정에서 쇠메나 망치로 돌의 면을 대강 다듬는 것을 무엇이라 하는가?

해답 23. ㉮ 24. ㉱ 25. ㉮ 26. ㉯ 27. ㉮ 28. ㉮

㉮ 혹두기   ㉯ 정다듬
㉰ 도드락 다듬   ㉱ 잔다듬

[해설] • 돌의 가공순서
① 혹두기 : 쇠메로 돌의 거친면을 대강 다듬는 것
② 정다듬 : 혹두기면을 정으로 곱게 쪼아 표면에 미세하고 조밀한 흔적을 내어 평탄하고 거친면으로 만든 것
③ 도드락 다듬 : 거친 정다듬한 면을 도드락 망치로 더욱 평탄하게 다듬는 것
④ 잔다듬 : 정다듬한 면을 양날망치로 평행 방향으로 치밀하게 곱게 쪼아 표면을 더욱 평탄하게 만든 것
⑤ 물갈기 : 화강암, 대리석 같은 치밀한 돌을 잔다듬한 면에 금강사를 뿌려 철판, 숫돌 등으로 물을 주어 간 다음, 산화주석을 헝겊에 묻혀서 잘 문질러 광택이 나게 하는 것

[문제] 29. 다음 중 석유계 아스팔트가 아닌 천연 아스팔트계에 해당하는 것은?
㉮ 레이크 아스팔트
㉯ 스트레이트 아스팔트
㉰ 블로운 아스팔트
㉱ 용제 추출 아스팔트

[해설] • 천연 아스팔트
① 아스팔트 타이트(asphalt tight)
② 록 아스팔트(rock asphalt)
③ 레이크 아스팔트(lake asphalt)

[문제] 30. 유성 페인트에 관한 설명 중 옳지 않은 것은?
㉮ 내후성이 우수하다.
㉯ 붓 바름 작업성이 뛰어나다.
㉰ 모르타르, 콘크리트, 석회벽 등에 정벌 바름하면 피막이 부서져 떨어진다.
㉱ 유성 에나멜 페인트와 비교하여 건조시간, 광택, 경도 등이 뛰어나다.

[해설] • 유성 페인트
① 경도가 낮고 건조속도가 늦은 편이다.
② 광택 내화학성이 나쁘고 도장한 후에 귀얄 자국이 남기 쉽다.

[문제] 31. 시멘트 창고 설치에 대한 설명 중 옳지 않은 것은?
㉮ 시멘트에 지상 30 cm 이상 되는 마루 위에 적재해야 한다.
㉯ 시멘트는 13포 이상 쌓지 않도록 한다.
㉰ 주위에는 배수구를 설치한다.
㉱ 시멘트의 환기를 위해 창문을 크게 설치한다.

[해설] • 시멘트 저장법
① 시멘트는 저장 시 13포 이상 쌓지 않는다 (장기간일 경우에는 7포대 이상 쌓으면 안 됨).
② 시멘트는 통풍이 잘 되지 않는 곳에 저장한다.
③ 창고의 바닥 높이는 지면에서 30 cm 이상 떨어진 위치에 쌓는다.
④ 시멘트는 대기 중에 저장하면 풍화, 수화 작용이 일어나지 않도록 하여야 한다.

[문제] 32. 다음 중 파티클 보드의 특성에 대한 설명으로 옳지 않은 것은?
㉮ 큰 면적의 판을 만들 수 있다.
㉯ 표면이 평활하고 경도가 크다.
㉰ 방충, 방부성은 비교적 작은 편이다.
㉱ 못, 나사못의 지지력은 목재와 거의 같다.

[해설] • 파티클 보드
① 방부, 방화제의 첨가에 따라 방부, 방화성을 높일 수 있다.
② 흡음성과 열의 차단성이 우수하며 방음 및 단열재로 사용하다.

[문제] 33. 콘크리트에 사용하는 골재의 요구 성능으로 옳지 않은 것은?
㉮ 내구성과 내화성이 큰 것이어야 한다.
㉯ 유해한 불순물과 화학적 성분을 함유하지 않는 것이어야 한다.

[해답] 29. ㉮ 30. ㉱ 31. ㉱ 32. ㉰ 33. ㉱

㉰ 입형은 각이 구형이나 입방체에 가까운 것이어야 한다.
㉱ 흡수율이 높은 것이어야 한다.
[해설] • 콘크리트 골재의 요구조건
① 물리적, 화학적으로 안정되어야 한다.
② 입형은 각이 구형이나 입방체에 가까운 것이어야 한다.

[문제] 34. 목재의 건조방법에는 자연 건조법과 인공 건조법이 있는데, 다음 중 자연 건조법에 해당하는 것은?
㉮ 증기 건조법 ㉯ 침수 건조법
㉰ 진공 건조법 ㉱ 고주파 건조법
[해설] • 목재의 건조법
① 자연 건조법 : 공기 건조법, 침수 건조법
② 침수 건조법 : 원목을 1년 이상 방치하였다가 뗏목으로 6개월간 물에 침수 또는 해수에 3개월간 침수한 후 꺼내어 2~3주간 공기로 건조하는 방법이다.
③ 인공 건조법 : 증기식(대류식), 열기 송풍식(열기법), 훈연법, 고주파법(진공법)

[문제] 35. 다음 중 복층 유리(pair glass)의 주용도로 옳은 것은?
㉮ 방음, 결로 방지
㉯ 도난, 화재방지
㉰ 투시방지
㉱ 장식효과
[해설] • 복층 유리
① 사용 용도 : 방음 및 단열효과가 크고, 결로방지용으로서도 우수하다.
② 2장 혹은 3장의 판유리를 일정한 간격으로 띄어 금속테로 기밀하게 하여, 유리 사이의 내부를 진공으로 하거나 특수한 기체를 넣은 것이다.

[문제] 36. 콘크리트 슬럼프 시험에 관한 설명 중 옳지 않은 것은?
㉮ 콘크리트의 컨시스턴시를 측정하는 방법이다.

㉯ 콘크리트를 슬럼프콘에 3회에 나누어 규정된 방법으로 다져서 채운다.
㉰ 묽은 콘크리트일수록 슬럼프값은 작다.
㉱ 콘크리트가 일정한 모양으로 변형하지 않았을 때에는 슬럼프 시험을 적용할 수 없다.
[해설] • 콘크리트의 슬럼프 시험
① 묽은 콘크리트일수록 슬럼프값(slump value)이 크다.
② 슬럼프(slump)란 콘크리트의 질기(consistency)를 검사하는 시험이다.
③ 슬럼프값이란 현장에서 콘크리트의 유동성, 작업성을 말한다.
④ 슬럼프값이 크면 콘크리트 작업식 유동성, 작업성이 좋다.
⑤ 슬럼프값이 작으면 콘크리트 작업식 유동성, 작업성이 나쁘다.

[문제] 37. 다공질 벽돌에 대한 설명으로 옳지 않은 것은?
㉮ 원료인 점토에 탄가루와 톱밥, 겨 등의 유기질 가루를 혼합하여 성형, 소성한 것이다.
㉯ 비중이 1.2~1.5 정도인 경량 벽돌이다.
㉰ 단열 및 방음성이 좋으나 강도는 약하다.
㉱ 톱질과 못 박기가 어렵다.
[해설] 다공질 벽돌은 비중이 1.5로 작고 절단 및 못치기 등이 가능하다.

[문제] 38. 유리 성분에 산화 금속류의 착색제를 넣은 것으로 스테인드 글라스의 제작에 사용되는 유리 제품은?
㉮ 색유리   ㉯ 복층 유리
㉰ 강화판 유리 ㉱ 망입 유리
[해설] ① 접합 유리 : 유리 2장 사이에 합성수지 필름을 끼워 고열로 접착한 유리이다.
② 스테인드 글라스 : 색유리를 사용하여 그림을 나타낸 판유리로서 색유리 조각을 도안에 맞추어 절연해서 조립한다. H형 납

[해답] 34. ㉯ 35. ㉮ 36. ㉰ 37. ㉱ 38. ㉮

제로 끼워 맞추어 모양을 낸 것으로 성당의 창·상업건축의 장식용으로 사용한다.
③ 복층 유리(pair glass) : 판유리를 2장 또는 3장을 일정간격으로 띄어 금속테로 기밀하게 한 후, 유리 사이의 내부를 진공으로 하거나 특수한 기체를 넣은 것으로 단열, 방음, 방습 효과가 있는 유리이다.
④ 유리 블록(glass block) : 유리를 절단하여 블록 형태로 만들어 블록처럼 모르타르를 사용해 접착한 유리로서 부드러운 광선이 들어오고, 균일한 확산광이 얻어지며 열전도가 작아 냉·난방 효과가 있다.

문제 39. 목재를 2차 가공하여 사용하는 건축재료가 아닌 것은?
㉮ 합판   ㉯ 파티클 보드
㉰ 집성목재 ㉱ 제재목

[해설] • 제재목(lumber, sawnwood) : 원목 끝 마구리에 필요한 형상과 치수로, 계획선을 먹줄로 긋고 계획선에 따라 제재(sawing) 또는 재제재(resawing)에 의해 가공한다.

문제 40. 콘크리트에 대한 설명으로 옳은 것은 어느 것인가?
㉮ 현대건축에서는 구조용 재료로 거의 사용하지 않는다.
㉯ 압축 강도가 크지만 내화성이 약하다.
㉰ 철근, 철골 등의 재료와 부착성이 우수하다.
㉱ 타재료에 비해 인장강도가 크다.

[해설] • 콘크리트의 장점
① 콘크리트는 건축재료 중에서 가장 중요하며 다량으로 사용한다.
② 내화성, 차음성, 내구성, 내진성 등이 양호하다.
③ 압축강도는 비교적 크며 인장강도, 휨강도가 작다.
④ 철근 철골 등의 재료와 부착성이 우수하다.

문제 41. 공동주택의 평면형식 중 편복도형에 관한 설명을 옳지 않은 것은?

㉮ 복도에서 각 세대로 접근하는 유형이다.
㉯ 엘리베이터 이용률이 홀(hall)형에 비해 낮다.
㉰ 각 세대의 거주성이 균일한 배치구성이 가능하다.
㉱ 계단 및 엘리베이터가 직접적으로 각 층에 연결된다.

[해설] ① 편복도형
   ㈎ 계단이나 엘리베이터에 의하여 1대당 단위 주거를 많이 둘 수 있다.
   ㈏ 각 단위 주거에 접하여 복도가 있으므로 프라이버시를 유지하기 힘들다.
② 중복도형
   ㈎ 계단 또는 엘리베이터를 통하여 각 층에 올라가서 중복도를 따라 양측에 나란히 배치되어 각 단위 주거를 이루는 형식이다.
   ㈏ 대지에 대한 밀도는 높으나 복도 측 방의 프라이버시를 유지하기 힘들다.
③ 계단실형
   ㈎ 계단 혹은 엘리베이터가 있는 홀로부터 단위 주거에 들어가는 형식이다.
   ㈏ 양면에 개구를 설치할 수 있어 채광, 통풍이 좋다.
④ 집중형
   ㈎ 중앙에 엘리베이터와 계단을 배치하고 그 주위에 많은 단위 주거를 배치하는 형식이다.
   ㈏ 단위 주거의 수가 적을 때는 탑 모양으로 계단실형(홀형)에 가까운 모양이 된다.
⑤ 스킵 플로어형 : 계단실형의 장점과 편복도형의 장점을 복합한 것이다.

문제 42. 다음 중 건축계획 과정에서 가장 먼저 이루어지는 사항은?
㉮ 평면 계획
㉯ 도면 작성
㉰ 형태 구상
㉱ 대지 조사

[해설] 건축설계 시 가장 먼저 고려해야 할 사항은 대지 및 주위환경 분석이다.

문제 43. 건축제도에서 가는 실선의 용도에 해당하는 것은?
㉮ 단면선   ㉯ 중심선
㉰ 상상선   ㉱ 치수선

해설 • 가는 실선 : 치수선, 치수 보조선, 지시선, 해칭선으로 그리며 철근 도면에서 늑근이나 띠철근을 표현한다.

문제 44. 다음과 같은 특징을 갖는 공기 조화 방식은?

- 전공기 방식의 특성이 있다.
- 냉풍과 온풍을 혼합하는 혼합 상자가 필요 없어 소음과 진동이 적다.
- 각 실이나 존의 부하변동에 즉시 대응할 수 없다.

㉮ 단일 덕트 방식
㉯ 이중 덕트 방식
㉰ 멀티 유닛 방식
㉱ 팬코일 유닛 방식

해설 • 단일 덕트 방식
① 중앙에서 에어 핸들링 유닛이나 패키지형 공조기 등을 사용한다.
② 실내온도는 환기 덕트 내 자동온도 조절기 또는 자동습도 조절기에 의해 각 실의 조건에 맞게 조절된 냉풍 또는 온풍을 동일한 덕트와 취출구를 통해 각 실에 보내 공조하는 방식이다.

문제 45. 건축법령상 건축면적에 해당하는 것은 어느 것인가?
㉮ 대지의 수평투영면적
㉯ 6층 이상의 거실면적의 합계
㉰ 하나의 건축물 각 층의 바닥면적의 합계
㉱ 건축물의 외벽의 중심선으로 둘러싸인 부분의 수평투영 면적

해설 • 건축면적 : 대지점유 면적을 표시한 지표로 건축물의 외벽 중심선으로 둘러싸인 부분의 수평투영면적이다.

문제 46. 색의 명시도에 가장 큰 영향을 끼치는 것은?
㉮ 색상차   ㉯ 명도차
㉰ 채도차   ㉱ 질감차

해설 • 명시도(visibility) : 물체색이 얼마나 잘 보이는가를 나타낸 것으로, 두 색을 대비시켜 멀리서 바라보았을 때 잘 보이는 색이 명시성이 높다.

문제 47. 건축물의 층수 산정 시, 층의 구분이 명확하지 아니한 건축물의 경우, 그 건축물의 높이 얼마마다 하나의 층으로 보는가?
㉮ 2 m   ㉯ 3 m   ㉰ 4 m   ㉱ 5 m

해설 • 층수 산정의 원칙
① 층의 구분이 명확하지 아니한 건축물은 그 건축물의 높이가 4m마다 하나의 층으로 보고 그 층수를 산정한다.
② 지하층은 건축물의 층수에 포함하지 않는다.

문제 48. 동선의 3요소에 해당하지 않는 것은?
㉮ 빈도   ㉯ 하중   ㉰ 면적   ㉱ 속도

해설 • 동선의 3요소
① 길이 : 최단거리로 한다.
② 빈도 : 빈도가 높은 곳은 동선을 짧게 한다.
③ 하중

문제 49. 건축제도에 사용되는 글자에 관한 설명으로 옳지 않은 것은?
㉮ 숫자는 아라비아 숫자를 원칙으로 한다.
㉯ 문장은 왼쪽에서부터 가로쓰기를 원칙으로 한다.
㉰ 글자체는 수직 또는 15°경사의 명조체로 쓰는 것을 원칙으로 한다.
㉱ 4자리 이상의 수는 3자리마다 휴지부를 찍거나 간격을 둘 것을 원칙으로 한다.

해설 • 건축도면 문자 표기 기준
① 글자체는 고딕체로 하고 수직 또는 15° 경사로 쓰는 것을 원칙으로 한다.

해답 43. ㉱   44. ㉮   45. ㉱   46. ㉯   47. ㉰   48. ㉰   49. ㉰

② 숫자는 아라비아 숫자를 원칙으로 한다.
③ 글자는 명백히 쓴다.
④ 문장은 왼쪽에서부터 가로쓰기를 원칙으로 한다.
⑤ 4자리수 이상은 3자리마다 자릿점(휴지부)를 찍든지 간격을 둠을 원칙으로 한다(단, 4자리수 이하는 이에 따르지 않는다. 소수점은 밑에 친다).
⑥ 문자의 높이가 크기의 기준이다.

문제 50. 온열지표 중 하나인 유효 온도(실감 온도)와 가장 관계가 먼 것은?
㉮ 기온 ㉯ 복사열 ㉰ 습도 ㉱ 기류

해설 실내환경에서 실감 온도(유효 온도) 3요소는 온도, 습도, 기류이다.

문제 51. 실제 길이가 16 m인 직선을 축척이 $\frac{1}{200}$인 도면에 표현할 경우, 직선의 도면 길이는?
㉮ 0.8 mm
㉯ 8 mm
㉰ 80 mm
㉱ 800 mm

해설 ① $16\,m \times \frac{1}{200} = 0.08\,m \times 1000 = 80\,mm$
② 1 m = 1000 mm

문제 52. 건축물을 묘사함에 있어서 선의 간격에 변화를 주어 면과 입체를 표현하는 묘사방법은?
㉮ 단선에 의한 묘사 방법
㉯ 여러 선에 의한 묘사 방법
㉰ 단선과 명암에 의한 묘사 방법
㉱ 명암 처리에 의한 묘사방법

해설 ① 명암 처리에 의한 묘사 방법 : 명암의 상태로 면과 입체를 표현한다.
② 단선에 의한 묘사 방법 : 윤곽선을 굵은 선으로 표시하여 공간상의 입체를 강하게 표현한다.
③ 단선과 명암에 의한 묘사 방법 : 공간을 선으로 표현하며, 명암으로 음양을 넣어 표현한다.
④ 여러 선에 의한 묘사 방법 : 선의 간격에 변화를 주어 면과 입체를 표현한다.

문제 53. 투상도 중 화면에 수직인 평행 투사선에 의해 물체를 투상하는 것은?
㉮ 정투상도 ㉯ 등각투상도
㉰ 경사투상도 ㉱ 부등각투상도

해설 • 정투상도 : 공간에 있는 물체의 위치나 모양을 도면 위에 나타낼 때에는 보통 정투상법에 의하여 평면도, 측면도, 정면도 등으로 나타낸다.

문제 54. 한식주택에 관한 설명으로 옳지 않은 것은?
㉮ 바닥이 높다.
㉯ 좌식 생활이다.
㉰ 각 실은 단일용도이다.
㉱ 가구는 부차적 존재이다.

해설 • 주거생활 양식의 종류와 차이점

구 분	한식 주택	양식 주택	비고
구조적	목조 가구식	벽돌조	창과 개구부는 지역적인 기후의 영향을 받아 형태와 크기가 달라진다.
용도	다용도	단일 용도	-

문제 55. 기초 평면도의 표현 내용에 해당하지 않는 것은?
㉮ 반자 높이
㉯ 바닥 재료
㉰ 동바리 마루 구조
㉱ 각 실의 바닥 구조

해설 • 기초 평면도
① 기초의 모양과 크기를 그린다.
② 앵커 볼트와 같은 기초 구조 매설물의 위치를 지정하고 표현한다.

해답 50. ㉯ 51. ㉰ 52. ㉯ 53. ㉮ 54. ㉰ 55. ㉮

③ 바닥 재료, 동바리 마루 구조, 바닥 구조 등이 위치, 재료, 치수를 기입한다.

문제 56. 다음 중 주택 현관의 위치를 결정하는데 가장 큰 영향을 끼치는 것은?
㉮ 현관의 크기   ㉯ 대지의 방위
㉰ 대지의 크기   ㉱ 도로와의 관계

해설 • 주택의 현관 및 복도
① 현관은 최소한 폭 1.2 m, 깊이 0.9 m를 필요로 한다.
② 소규모 주택에서는 복도를 두는 것이 비경제적이다.
③ 현관의 위치는 대지의 형태, 도로와의 관계 등에 영향을 받는다.
④ 통로로서의 복도 폭은 120 cm가 가장 적합하다.
⑤ 현관의 크기는 주택의 규모, 가족의 수, 방문객의 예상 수 등을 고려한 출입량에 중점을 두어 계획한다.

문제 57. 배수설비에 사용되는 포집기 중 레스토랑의 주방 등에서 배출되는 배수 중의 유지분을 포집하는 것은?
㉮ 오일 포집기
㉯ 헤어 포집기
㉰ 그리스 포집기
㉱ 플라스터 포집기

해설 • 그리스 포집기(grease intercepter) : 일반 트랩 기능도 하며 호텔, 클럽, 주택 등의 요리 싱크에서 배수할 때 그 안에 함유되어 있는 지방분을 트랩 내에 응결시켜 제거하고, 지방분이 배수관 속에 유입되는 것을 막기 위한 기기를 말한다.

문제 58. 중앙식 급탕법 중 간접 가열식에 관한 설명으로 옳지 않은 것은?
㉮ 열효율이 직접 가열식에 비해 높다.
㉯ 고압용 보일러를 반드시 사용할 필요는 없다.
㉰ 일반적으로 규모가 큰 건물의 급탕에 사용된다.
㉱ 가열 보일러는 난방용 보일러와 겸용할 수 있다.

해설 • 중앙식 급탕법
① 직접 가열식 : 온수 보일러로 가열한 온수를 저탕조인 온수 탱크에 모아두고 각층 기구에 급탕하는 방식이다.
② 간접 가열식 : 증기 또는 온수, 가열 코일을 통해 저탕조의 물을 간접적으로 가열하는 방식이다.
③ 열효율은 직접 가열식에 비해 낮다.

문제 59. 직접조명방식에 관한 설명으로 옳지 않은 것은?
㉮ 조명률이 좋다.
㉯ 눈부심이 일어나기 쉽다.
㉰ 작업 면에 고조도를 얻을 수 있다.
㉱ 균일한 조도분포를 얻기 용이하다.

해설 • 직접조명과 간접조명
① 직접조명 : 빛을 비추고자 하는 면을 직접 비추는 방식
② 간접조명 : 벽이나 천장면을 비추어 반사된 빛으로 밝혀 주는 방식
※ 실내 전체적으로 볼 때 밝고 어두움의 차이가 거의 없는 것은 간접조명이다.

문제 60. 묘사용구 중 지울 수 있는 장점 대신 번질 우려가 있는 단점을 지닌 재료는?
㉮ 잉크   ㉯ 연필
㉰ 매직   ㉱ 물감

해설 • 연필
① 다양한 질감 표현이 가능하다.
② 맑은 상태에서 어두운 상태까지 폭넓게 명암을 나타낼 수 있다.
③ 지울 수 있는 장점이 있는 반면에 번지거나 더러워지는 단점이 있다.

해답 56. ㉱   57. ㉰   58. ㉮   59. ㉱   60. ㉯

전산응용 건축제도 기능사 ▶ 2012. 10. 20 시행

문제 1. 벽돌조 내력벽의 두께는 당해 벽 높이의 최소 얼마 이상으로 하여야 하는가?
㉮ $\frac{1}{12}$ ㉯ $\frac{1}{15}$
㉰ $\frac{1}{18}$ ㉱ $\frac{1}{20}$

해설 • 벽돌구조의 내력벽 두께
① 내력벽의 두께는 그 벽 높이의 $\frac{1}{20}$ 이상으로 한다.
② 조적조의 내력벽으로 둘러싸인 부분의 바닥 면적이 $60 m^2$ 이하일 때 내력벽의 두께는 건물의 층수에 따라 결정된다.
③ 토압을 받는 부분의 높이가 1.2 m 이상일 때에는 그 직상층 벽두께에 10 cm 이상을 가산한다.

문제 2. 다음 중 열의 차단으로 더위를 막기 위해 축조된 구조는?
㉮ 방서구조   ㉯ 방한구조
㉰ 방충구조   ㉱ 방청구조

해설 ① 방서구조 : 더위를 막기 위한 구조이다.
② 방한구조 : 추위를 막기 위한 구조이다.
③ 방청구조 : 녹을 막기 위한 구조이다.

문제 3. 목조 양식 지붕틀의 기둥 상부를 연결하여 지붕틀의 하중을 기둥에 전달하는 부재로 크기는 기둥 단면과 같게 하는 것은 어느 것인가?
㉮ 층도리   ㉯ 처마도리
㉰ 깔도리   ㉱ 토대

해설 ① 깔도리 : 기둥 맨 위에서 기둥머리를 연결하고 지붕틀을 받는 가로재이다.
② 처마도리 : 깔도리 위에 지붕틀을 걸치고 지붕틀의 평보 위에 깔도리와 같은 방향으로 걸친 가로재이다.

문제 4. 다음 ( ) 안에 적당한 것은?

내력벽 길이의 총 합계를 그 층의 건물 면적으로 나눈 값을 벽량이라 하는데, 보강 블록조의 내력벽의 벽량 ( )cm/m² 이상으로 한다.

㉮ 10   ㉯ 15   ㉰ 20   ㉱ 25

해설 • 보강 블록조
① 벽량 $= \frac{벽의 \ 길이 \ (cm)}{바닥면적 \ (m^2)} \geq 15 cm^2$
② 보강 콘크리트 블록조의 내력벽의 두께는 $15 \ cm/m^2$이다.

문제 5. 조적조에서 문꼴 상호 간 수평거리는 그 벽두께의 몇 배 이상으로 하는가?
㉮ 2   ㉯ 3
㉰ 4   ㉱ 5

해설 벽에 설치하는 개구부는 각 층의 개구부 상호간 또는 개구부와 대린벽 중심간 수평거리는 그 벽두께의 2배 이상으로 한다.

문제 6. 특수지지 프레임을 두 지점에 세우고 프레임 상부 새들(saddle)을 통해 케이블(cable)을 걸치고 여기서 내린 로프로 도리를 매다는 구조는 무엇인가?
㉮ 현수 구조   ㉯ 절판 구조
㉰ 셸 구조   ㉱ 트러스 구조

해설 • 현수 구조
① 지붕 및 바닥 등을 인장력을 가한 케이블로 지지한 구조양식이다.
② 구조물의 주요 부분을 매달아서 인장력으로 저항하는 구조물로 상부는 거대한 트러스에 의해 지지되고 트러스는 기주에 전달되는 하중을 케이블로 지지하는 구조양식이다.

문제 7. 미닫이 창호와 거의 같은 구조이며, 우리나라 전통건축에서 많이 볼 수 있는

해답 1. ㉱ 2. ㉮ 3. ㉰ 4. ㉯ 5. ㉮ 6. ㉮ 7. ㉯

창호로 칸막이 기능을 가지고 있는 것은?
㉮ 접이 창호 ㉯ 미서기 창호
㉰ 붙박이 창호 ㉱ 자재 창호

해설 • 미서기 창호
① 윗틀과 밑틀에 두 줄로 홈을 파서 문이나 창 한 짝을 다른 한 짝 옆에 밀어붙이게 한 것으로 두 짝닫이 또는 네 짝닫이가 보통이다.
② 미서기용 창호 철물: 레일, 문바퀴, 꽂이쇠, 도어 행어(door hanger), 크리센트(crescent)

문제 8. 목조 왕대공 지붕틀의 구성 부재와 관련 없는 것은?
㉮ 빗대공 ㉯ 우미량
㉰ ㅅ자보 ㉱ 달대공

해설 • 왕대공 지붕틀
① 양식 지붕틀 중에서 가장 많이 사용한다.
② 왕대공, 빗대공, 달대공, 평보, ㅅ자보, 마룻대, 도리, 대공가새 등이 있다.

문제 9. 보를 없애고 바닥판을 두껍게 해서 보의 역할을 겸하도록 한 구조로서, 하중을 직접 기둥에 전달하는 슬래브는?
㉮ 장방향 슬래브
㉯ 장선 슬래브
㉰ 플랫 슬래브
㉱ 워플 슬래브

해설 • 플랫 슬래브: 보가 없어 철근 콘크리트 기둥에 직접 지지하는 슬래브이다.

문제 10. 다음 중 동바리 마루의 구성 요소가 아닌 것은?
㉮ 인방 ㉯ 멍에
㉰ 장선 ㉱ 동바리돌

해설 • 동바리 마루
① 동바리는 동바리돌 위에 수직으로 세우는 부재이다.
② 동바리 마루는 동바리돌, 동바리, 멍에, 장선 등으로 구성된다.

문제 11. 구조의 구성방식에 의한 분류 중 구조체인 기둥과 보를 부재의 접합에 의해서 축조하는 방법으로 목구조, 철골구조 등을 의미하는 것은?
㉮ 조적식 구조 ㉯ 가구식 주조
㉰ 습식 구조 ㉱ 건식 구조

해설 • 가구식 구조
① 건너질러서 얽어 맨 구조로 목재나 철재 등 가늘고 긴 재료를 조립하여 만드는 구조이다.
② 기둥, 보, 벽, 슬래브 골조를 먼저 세우고 지붕, 벽, 바닥 등의 공간을 구획하는 요소들을 골조에 연결하여 지탱시키는 구조이다.

문제 12. 목조 구조물에서 수평력을 주로 부담시키기 위하여 설치하는 부재는?
㉮ 깔도리 ㉯ 가새
㉰ 토대 ㉱ 기둥

해설 • 가새: 토대, 기둥, 도리의 직사각형 뼈대가 수평력의 작용을 받아도 그 형태가 변하지 않게 대각선 방향에 빗재를 대는 것으로 안정한 구조로 만드는 보강부재이다.

문제 13. 구조형식 중 삼각형 뼈대를 하나의 기본형으로 조립하여 각 부재에는 축방향력만 생기도록 한 구조는?
㉮ 트러스 구조
㉯ PC 구조
㉰ 플랫 슬래브 구조
㉱ 조적 구조

해설 트러스 구조는 삼각형으로 조립하여 각 부재에 작용하는 힘이 축방향력이 되도록 한 구조로서 라멘 구조에 비하여 역학적 취급이 간단하다.

문제 14. 다음 중 철골조에서 기둥과 기초의 접합부에 사용되는 것이 아닌 것은?
㉮ 베이스 플레이트

해답 8. ㉯ 9. ㉰ 10. ㉮ 11. ㉯ 12. ㉯ 13. ㉮ 14. ㉱

㈏ 윙 플레이트
㈐ 리브
㈑ 스티프너

해설 • 스티프너 : 철골 구조의 판보에서 웨브의 좌굴을 방지하기 위해 쓰는 판을 말한다.

문제 15. 철근 콘크리트 보에서 압축 철근을 사용하는 이유와 가장 거리가 먼 것은?
㈎ 전단 내력 증진
㈏ 장기 처짐 감소
㈐ 연성 거동 증진
㈑ 늑근의 설치 용이

해설 ① 압축 철근 : 장기 처짐 감소, 연성의 증가
② 전단 내력 증진 : 늑근 사용

문제 16. 벽돌벽 줄눈에서 상부의 하중을 전 벽면에 균등하게 분포시키도록 하는 줄눈은 어느 것인가?
㈎ 빗줄눈　　㈏ 막힌줄눈
㈐ 통줄눈　　㈑ 오목줄눈

해설 ① 막힌줄눈 : 벽체에 실리는 하중을 벽돌벽 기초에 골고루 분포시킬 수 있어 안전하다.
② 통줄눈 : 부동침하에 의한 벽의 균열이 생기기 쉽다.

문제 17. 철골공사 시 바닥 슬래브를 타설하기 전에, 철골보 위에 설치하여 바닥판 등으로 사용하는 절곡된 얇은 판의 부재는 어느 것인가?
㈎ 윙 플레이트
㈏ 데크 플레이트
㈐ 베이스 플레이트
㈑ 메탈 라스

해설 • 데크 플레이트 : 철골 구조의 바닥판에 쓰이는 절곡된 얇은 판의 부재이다.

문제 18. 다음 중 지붕의 빗물을 지상으로 유도하기 위해 설치하는 것은?

㈎ 아스팔트 루핑　　㈏ 선홈통
㈐ 기와　　㈑ 석면 슬레이트

해설 ① 홈통 : 지붕면에서 빗물을 땅으로 흘러 내리기 위하여 설치하는 것
② 처마홈통(eaves gutter) : 처마끝 부분에 대는 홈통으로서 물배는 1/100 이상으로 한다.
③ 선홈통(rain leader pipe) : 처마홈통에 연결되며, 이음은 3 cm 이상 윗통을 밑통 안에 꽂아 넣어 납땜한다.

문제 19. 철근 콘크리트 기둥에 대한 설명 중 옳은 것은?
㈎ 기둥의 주근을 감싸고 있는 철근을 늑근이라 한다.
㈏ 한 건물에서는 기둥의 간격을 다르게 하는 것이 유리하다.
㈐ 기둥의 축방향 주철근의 최소 개수는 직사각형 기둥의 경우 4개이다.
㈑ 기둥의 주근은 단면상 한쪽에만 배치하는 것이 유리하다.

해설 • 주근
① 기둥, 대들보 또는 재의 길이 방향으로 넣은 철근이다.
② 장방형, 정방형 기둥 : 주근 4개 이상 사용
③ 원형 기둥 : 주근 6개 이상 사용
④ 주근 간격 : 2.5 cm 이상, 자갈 지름의 1.25배 이상

문제 20. 다음 중 철근 콘크리트 구조의 내진벽에 관한 설명으로 옳지 않은 것은 어느 것인가?
㈎ 내진벽은 수평 하중에 대하여 저항할 수 있도록 설계된 벽체이다.
㈏ 평면상으로 둘 이상의 교점을 가지도록 배치한다.
㈐ 하중을 벽체가 고르게 부담할 수 있도록 배치한다.

해답 15. ㈎　16. ㈏　17. ㈏　18. ㈏　19. ㈐　20. ㈑

라 내진벽은 상부층에 많이 배치하는 것이 바람직하다.
해설 내진벽은 하부층에 많이 설치해야 한다.

문제 21. 다음 중 혼화제인 A.E제에 대한 설명으로 옳은 것은?
가 사용 수량을 줄여 블리딩(bleeding)이 감소한다.
나 화학작용에 대한 저항성을 저감시킨다.
다 콘크리트의 압축강도를 증가시킨다.
라 철근의 부착강도를 증가시킨다.
해설 A.E제는 콘크리트의 시공연도를 증가시키는 시공연도 증진제이다.
① 시공연도를 증진시키므로 단위수량을 절감할 수 있다.
② 화학작용에 대한 저항심이 증가된다.
③ 동결 융해 및 건습에 의한 용적 변화가 적다.
④ 철근에 대한 부착강도가 작아진다.

문제 22. 다음 중 결로 방지용으로 가장 알맞은 유리는?
가 접합 유리   나 강화 유리
다 망입 유리   라 복층 유리
해설 • 복층유리
① 사용 용도 : 방음, 단열효과가 크고 결로 방지용으로서도 우수하다.
② 2장 혹은 3장의 판유리를 일정한 간격으로 띄어 금속태로 기밀하게 하여, 유리사이의 내부를 진공으로 하거나 깨끗한 공기 등의 건조기체 또는 특수한 기체를 넣은 것으로 페어 글라스(pair glass), 이중유리, 겹유리라고도 한다.

문제 23. 다음 중 목재의 장점에 해당하는 것은 어느 것인가?
가 내화성이 뛰어나다.
나 재질과 강도가 결 방향에 관계없이 일정하다.

다 충격 및 진동을 잘 흡수한다.
라 함수율에 따라 팽창과 수축이 작다.
해설 • 목재의 장점
① 온도에 대한 신축이 적다.
② 충격, 진동 등의 흡수성이 크다.
③ 열팽창률, 열전도율이 작다.

문제 24. 목재를 벌목하기에 가장 적당한 계절로 짝지어진 것은?
가 봄-여름   나 여름-가을
다 가을-겨울   라 겨울-봄
해설 • 목재의 벌목
① 가을, 겨울이 벌목의 계절로 가장 적합하다.
② 수액이 가장 적으므로 건조가 빠르고 목질도 견고하다.
③ 산 속에서 운반하기도 쉬우며 노임도 싸다.

문제 25. 포틀랜드 시멘트 클링커에 철용광로로부터 나온 슬래그를 급랭한 급랭 슬래그를 혼합하여 이에 응결시간 조정용 석고를 혼합하여 분쇄한 것으로 수화열량이 적어 매스 콘크리트용으로 사용할 수 있는 시멘트는?
가 백색 포틀랜드 시멘트
나 조강 포틀랜드 시멘트
다 고로 시멘트
라 알루미나 시멘트
해설 ① 매스 콘크리트(mass concrete)는 댐(dam) 공사 등의 큰 구조물에 사용하는 콘크리트를 말한다. 수화열 발생이 많은 시멘트를 사용하면 팽창 균열이 발생할 우려가 있기 때문에 수화열 발생이 작은 시멘트나 혼화재 등을 사용한다.
② 수화열 발생을 작게 하는 시멘트
  (개) 중용열 포틀랜드 시멘트
  (내) 고로 시멘트
  (대) 실리카 시멘트
  (래) 플라이 애시 시멘트
③ 수화열 발생을 작게 하는 혼화재
  (개) 규조토   (내) 규산백토

해답 21. 가   22. 라   23. 다   24. 다   25. 다

㈐ 화산재 ㈑ 플라이 애시
㈒ 규산질 미분말 ㈓ 실리카겔 미분말
㈔ 고로 슬래그 미분말

문제 26. 다음 중 콘크리트 시공연도 시험법으로 주로 쓰이는 것은?
㉮ 슬럼프 시험 ㉯ 낙하 시험
㉰ 체가름 시험 ㉱ 표준 관입 시험

해설 • 슬럼프 시험 : 시공연도 측정시험 방법
① 수밀성 평판을 수평으로 설치
② 시험통을 철판 중앙에 밀착
③ 비빈 콘크리트를 10 cm 높이까지 부어 넣음
④ 다짐막대로 윗면을 고르고 25회 밑창에 닿을 정도로 찔러 다짐
⑤ 체가름, 표준관입시험 과정을 두 번 되풀이하여 윗면은 통과 수평면으로 고름
⑥ 통을 가만히 들어 올려 벗김
⑦ 측정계기로 콘크리트가 흘러내린 높이를 중앙 부분에서 측정한 값이다.

문제 27. 청동에 대한 설명으로 옳지 않은 것은?
㉮ 구리와 주석과의 합금이다.
㉯ 황동보다 내식성이 작으며 주조하기가 어렵다.
㉰ 청동에 속하는 포금은 약간의 아연, 납을 포함한 구리합금이다.
㉱ 표면은 특유의 아름다운 청록색으로 되어 있어 장식 철물, 공예 재료 등에 많이 쓰인다.

해설 • 청동
① 구리와 주석과의 합금이다(주석의 함유량 4~12 % 정도).
② 인청동 : 구리+주석+인
③ 청동은 황동보다 내식성이 크고 주조하기 쉽다.
④ 표면이 아름다운 청록색으로 되어 장식 철물, 공예재료 등에 많이 쓰인다.

문제 28. 변성암의 일종으로 색과 무늬가 아름답고 연마하면 아름다운 광택이 있어 실내 장식용 건축 석재로 많이 사용되는 것은 어느 것인가?
㉮ 화강암 ㉯ 대리석
㉰ 사암 ㉱ 석회암

해설 • 대리석의 용도
① 아름답고 갈면 광택이 나므로 장식용 석재 중에서 고급재로 많이 사용된다.
② 실내 마감재(바닥재, 벽재)
③ 장식재(조각, 몰딩)

문제 29. 다음 중 물과 화학 반응을 일으켜 경화하는 수경성 재료는?
㉮ 시멘트 모르타르
㉯ 돌로마이트 플라스터
㉰ 회반죽
㉱ 회사벽

해설 • 수경성(팽창성) 미장재료
① 석고질, 혼합석고 플라스터, 경석고, 순석고 플라스터
② 시멘트계 : 시멘트 모르타르, 인조석, 테라초 현장 바름
③ 석고계 플라스터 : 혼합석고 플라스터, 보드용 석고 플라스터, 크림용 석고 플라스터

문제 30. 목재의 공극이 전혀 없는 상태의 비중을 무엇이라 하는가?
㉮ 기건 비중
㉯ 절건 비중
㉰ 진비중
㉱ 겉보기 비중

해설 • 목재의 비중
① 진비중(실비중) : 목재가 공극을 포함하지 않은 실제 상태의 비중을 말한다.
② 기건 비중 : 목재의 수분을 공기 중에서 제거한 상태의 비중을 말한다.
③ 겉보기 비중 : 목재가 공극을 포함한 비중을 말한다.
④ 절대 건조 비중 : 온도 100~110℃에서 수분을 완전히 제거했을 때의 비중을 말한다.

해답 26. ㉮ 27. ㉯ 28. ㉯ 29. ㉮ 30. ㉰

문제 31. 다음 중 목재의 심재에 대한 설명으로 옳지 않은 것은?
㉮ 목질부 중 수심 부근에 있는 부분을 말한다.
㉯ 변형이 적고 내구성이 있어 이용가치가 크다.
㉰ 오래된 나무일수록 폭이 넓다.
㉱ 색깔이 엷고 비중이 적다.
해설 ① 심재
  ㈎ 목재의 수심에 가까이 위치하고 있는 암색 부분으로서 심재 부분의 세포는 견고성을 높여 준다.
  ㈏ 색깔이 짙고 비중이 크다.
② 변재
  ㈎ 목재의 겉껍질에 가까이 위치하며 담색 부분이다.
  ㈏ 변재 부분의 세포는 수액의 유통과 저장 역할을 한다.

문제 32. 무수석고가 주재료이며 경화한 것은 강도와 표면경도가 큰 재료로서 킨즈 시멘트라고도 불리는 것은?
㉮ 돌로마이트 플라스터
㉯ 질석 모르타르
㉰ 경석고 플라스터
㉱ 순석고 플라스터
해설 • 경석고 플라스터
  ① 회반죽의 수축균열을 방지하기 위하여 석고를 혼합하면 효과가 있고 경화속도, 강도 등이 증가한다.
  ② 킨즈 시멘트라고도 하며 경도가 높은 재료이나 철재를 녹슬게 하는 성질을 가지고 있다.

문제 33. 목부 바탕에 바탕칠을 한 다음 재벌칠의 흡수를 방지하기 위하여 쓰이는 것은 어느 것인가?
㉮ 끝손질 래커   ㉯ 래커 에나멜
㉰ 우드 실러   ㉱ 녹막이 페인트
해설 • 우드 실러 (wood sealer) : 목재의 구멍을 메우기 위해 충전제를 사용한 후 도료의 흡입을 방지하기 위하여 칠하는 투명한 도료로 목재 바탕 도료라 한다.

문제 34. 다음 중 유성 페인트의 특징으로 옳지 않은 것은?
㉮ 주성분은 보일유와 안료이다.
㉯ 광택을 좋게 하기 위하여 바니시를 가하기도 한다.
㉰ 수성 페인트에 비해 건조시간이 오래 걸린다.
㉱ 콘크리트면에 가장 적합한 도료이다.
해설 • 유성 페인트
  ① 모르타르, 콘크리트, 석회벽 등에 정벌바름하면 피막이 부서져 떨어진다.
  ② 경도가 낮고 건조속도가 늦은 편이다.
  ③ 광택 내화학성이 나쁘고 도장한 후에 귀얄 자국이 남기 쉽다.

문제 35. 방청도료에 사용되는 안료로서 부적합한 것은?
㉮ 크롬산아연   ㉯ 연단
㉰ 산화철   ㉱ 티탄백
해설 • 방청도료 안료 : 아연분말, 아산화납, 염기성 크롬산아연(아연황), 염기성 크롬산납(징크 크로메이트), 연단 등이 있다.

문제 36. 아스팔트나 피치처럼 가열하면 연화하고, 벤젠, 알코올 등의 용제에 녹는 흑갈색의 점성질 반고체 물질로 도로의 포장, 방수재, 방진재로 사용되는 것은?
㉮ 도장재료   ㉯ 미장재료
㉰ 역청재료   ㉱ 합성수지 재료
해설 • 역청재료(bituminous materials) : 역청이란 벤젠, 알코올 등의 용제에 용해되는 물질로 아스팔트, 타르 등이 있으며 도로의 포장, 방수, 방진재로 사용된다.

문제 37. FRP는 어떤 합성수지의 성형품인가?

해답 31. ㉱   32. ㉰   33. ㉰   34. ㉱   35. ㉱   36. ㉰   37. ㉱

㉮ 요소수지
㉯ 페놀수지
㉰ 멜라민수지
㉱ 불포화 폴리에스테르수지

[해설] • 폴리에스테르 수지
① 글리세린과 다염기산의 축합으로 만들어지는 에스테르 수지이며 F.R.P.라고도 불린다.
② 비중이 강철의 $\frac{1}{3}$ 정도로 가벼우며 강도가 크므로 항공기, 선박차량 등의 구조재, 창호, 칸막이, 루버 등에 쓰인다(불포화 폴리에스테르 수지).
③ 열경화성 수지 중 글라스 섬유로 강화된 평판, 판상제품으로 사용되며 $-90 \sim 150°C$ 온도 범위에서 이용된다.

[문제] 38. 대리석, 사문암, 화강암 등의 쇄석을 종석으로 하여 백색 포틀랜드 시멘트에 안료를 섞어 천연석재와 유사하게 성형시킨 것은?
㉮ 점판암   ㉯ 석회석
㉰ 인조석   ㉱ 화강암

[해설] • 인조석 : 시멘트(백색 시멘트와 안료), 종석, 돌가루분 등을 물로 반죽하여 색조나 성질을 천연 석재와 비슷하게 만든 것이다.

[문제] 39. 테라코타는 주로 어떤 목적으로 건축물에 사용되는가?
㉮ 장식재   ㉯ 보온재
㉰ 방수재   ㉱ 방진재

[해설] • 테라코타(terra-cotta) : 구운 흙으로서 대형의 점토 제품으로 난간벽, 돌림대, 창대, 주두 등 장식용 및 구조용으로도 사용한다.

[문제] 40. 다음 중 여닫이문에 사용되지 않는 창호용 철물은?
㉮ 도어 체크   ㉯ 플로어 힌지
㉰ 자유경첩   ㉱ 레일

[해설] • 여닫이문
① 창, 문의 한쪽에 경첩을 달아서 여닫을 수 있도록 한 것이다.
② 도어 체크 : 여닫이문의 개폐 속도 및 각도를 조절한다.
③ 플로어 힌지 : 여닫이문을 부드럽게 열고 닫을 수 있도록 한다.

[문제] 41. 벽과 같은 고체를 통하여 고체 양쪽의 유체에서 유체로 열이 전해지는 현상은 어느 것인가?
㉮ 열복사   ㉯ 열대류
㉰ 열관류   ㉱ 열전도

[해설] ① 열관류 : 유체 온도가 다를 때 고온 쪽에서 저온 쪽으로 열이 통과하는 현상이다.
② 열전도 : 고체 또는 정지한 기체, 액체를 통하여 열이 전열되는 것이다.

[문제] 42. 다음은 건축물의 층수 산정에 관한 설명이다. ( ) 안에 알맞은 내용은?

> 층의 구분이 명확하지 아니한 건축물은 그 건축물의 높이 ( )마다 하나의 층으로 보고 그 층수를 산정한다.

㉮ 2 m   ㉯ 3 m   ㉰ 4 m   ㉱ 5 m

[해설] • 층수 산정의 원칙
① 층의 구분이 명확하지 아니한 건축물은 그 건축물의 높이 4 m 마다 하나의 층으로 보고 그 층수를 산정한다.
② 지하층은 건축물의 층수에 산입하지 않는다.

[문제] 43. 급기와 배기에 모두 기계장치를 사용한 환기 방식으로 실내외의 압력차를 조정할 수 있는 것은?
㉮ 중력 환기법   ㉯ 제1종 환기법
㉰ 제2종 환기법   ㉱ 제3종 환기법

[해설] ① 제1종 환기법 : 급기 댐퍼, 배기 댐퍼
② 제2종 환기법 : 급기 댐퍼, 자연 배기
③ 제3종 환기법 : 자연 급기, 배기 댐퍼

[해답] 38. ㉰ 39. ㉮ 40. ㉱ 41. ㉰ 42. ㉰ 43. ㉯

문제 44. 실제 길이 3 m는 축척 $\frac{1}{30}$ 도면에서 얼마로 나타내는가?

㋐ 1 cm   ㋑ 10 cm   ㋒ 3 cm   ㋓ 30 cm

[해설] ① 3 m × $\frac{1}{30}$ = 0.1 m × 1000 = 100 mm
② 100 mm ÷ 100 = 1 cm

문제 45. 다음 설명에 알맞은 주택의 실구성 형식은?

- 소규모 주택에서 많이 사용된다.
- 거실 내에 부엌과 식사실을 설치한 것이다.
- 실을 효율적으로 이용할 수 있다.

㋐ K형   ㋑ DK형   ㋒ LD형   ㋓ LDK형

[해설] • 단위 주거의 평면 구성
① D(dining)형 : 거실과 주방 사이에 식사실을 분리한다.
② DK(dining kitchen)형 : 주방 겸 식사실과 거실 겸 취침실과는 분리한다.
③ LD(living dining)형 : 거실과 식사실이 겹친다.
④ LDK(living dining kitchen)형 : 거실 겸 식사실과 취침실과는 분리한다.

문제 46. 창호의 재질별 기호가 옳지 않은 것은 어느 것인가?

㋐ W : 목재   ㋑ SS : 강철
㋒ P : 합성수지   ㋓ A : 알루미늄합금

[해설] • 강철 : S

문제 47. 벽돌조 벽체에 있어서 1.0 B 공간 쌓기의 벽두께로 옳은 것은? (단, 벽돌은 표준형을 사용하고, 공간은 75 mm로 한다.)

㋐ 180 mm   ㋑ 255 mm
㋒ 265 mm   ㋓ 285 mm

[해설] • 벽돌 규격
① 벽돌 1.0 B = 0.5 B + 0.5 B
  = 0.5 B + 75 mm(시멘트 모르타르 부분)
  + 0.5 B = 90 mm + 75 mm + 90 mm = 255 mm
② 벽돌 한 장의 규격
  190 mm(길이) × 90 mm(폭) × 57 mm(높이)
③ 0.5 B 벽체 두께
  벽돌 한 장의 폭인 90 mm

문제 48. 건축 도면의 치수 기입방법에 관한 설명으로 옳은 것은?

㋐ 치수는 특별히 명시하지 않는 한 마무리 치수로 표시한다.
㋑ 치수 기입은 치수선 중앙 아랫부분에 기입하는 것이 원칙이다.
㋒ 치수 기입은 치수선에 평행하게 도면의 오른쪽에서 왼쪽으로, 위로부터 아래로 읽을 수 있도록 기입한다.
㋓ 치수선의 양끝은 화살 또는 점으로 혼용해서 사용할 수 있으며 같은 도면에서 치수선이 작은 것은 점으로 표시한다.

[해설] • 치수 기입 방법
① 치수 기입은 치수선에 평행하게 도면의 왼쪽에서 오른쪽으로, 아래부터 위로 읽을 수 있도록 기입한다.
② 치수선의 양 끝 표시는 화살 또는 점을 사용할 수 있으나 같은 도면에서는 혼용하지 않는다.
③ 치수는 특별히 명시하지 않는 한 마무리 치수로 표시한다.
④ 협소한 간격이 연속될 때에는 인출선을 사용하여 치수를 쓴다.

3000	3000
화살표 표시방법	점 표시방법

문제 49. 다음 중 건축법상 "건축"에 속하지 않는 것은?

㋐ 재축   ㋑ 증축   ㋒ 이전   ㋓ 대수선

[해설] • 대수선 : 건축물의 주요 구조부(기둥, 보, 내력벽, 주계단 등)를 형태상의 변화 또는 구조 안전상 위험할 정도의 수준으로 증축 또는 개축에 해당되지 않는 수선 행위를 말한다.

[해답] 44. ㋑   45. ㋓   46. ㋑   47. ㋑   48. ㋐   49. ㋓

문제 50. 조명과 관련된 단위의 연결이 옳지 않은 것은?

㉮ 광속 : N ㉯ 광도 : cd
㉰ 휘도 : nt ㉱ 조도 : lx

[해설] ① 광속 : 광원에 방출되는 초당 빛의 전체 양(lm, 루멘)
② 광도 : 빛의 강도(cd, 칸델라)
③ 휘도 : 단위 면적당 방출되는 광도(cd/m^2)
④ 조도 : 단위 면적당 빛의 양(lux, 룩스)

문제 51. 건축설계 진행과정으로 옳은 것은 어느 것인가?

㉮ 조건파악–기본계획–기본설계–실시설계
㉯ 조건파악–기본설계–실시설계–기본계획
㉰ 조건파악–기본설계–기본계획–실시설계
㉱ 조건파악–기본계획–실시설계–기본설계

[해설] • 건축 설계
① 건축설계 시 가장 먼저 고려해야 할 사항은 대지 및 주위 환경 분석이다.
② 조건파악–기본계획–기본설계–실시설계

문제 52. 주택의 각 실의 위치를 결정할 때 고려해야 할 사항과 가장 거리가 먼 것은?

㉮ 일조 ㉯ 동선
㉰ 시공순서 ㉱ 프라이버시

[해설] • 주택의 각 실의 위치 결정
일조, 동선, 프라이버시를 고려한다.

문제 53. 다음에서 설명하는 묘사방법으로 옳은 것은?

- 선으로 공간을 한정시키고 명암으로 음영을 넣는 방법
- 평면은 같은 명암의 농도로 하여 그리고 곡면은 농도의 변화를 주어 묘사

㉮ 단선에 의한 묘사 방법
㉯ 명암 처리에 의한 묘사 방법
㉰ 여러 선에 의한 묘사 방법
㉱ 단선과 명암에 의한 묘사 방법

[해설] ① 여러 선에 의한 묘사 방법 : 선의 간격에 변화를 주어 면과 입체를 표현
② 명암 처리에 의한 묘사 방법 : 명암의 상태로 면과 입체를 표현
③ 단선에 의한 묘사 방법 : 윤곽선을 굵은 선으로 표시하여 공간상의 입체를 강하게 표현하는 방법
④ 단선과 명암에 의한 묘사 방법 : 공간을 선으로 표현하며 명암으로 음양을 넣어 표현

문제 54. 건축물과 관련된 각종 배경의 표현 방법으로 가장 알맞은 것은?

㉮ 배경을 다양하게 표현한다.
㉯ 표현은 항상 섬세하게 하도록 한다.
㉰ 건물을 이해할 수 있도록 배경을 다소 크게 표현한다.
㉱ 건물보다 앞쪽의 배경은 사실적으로 뒤쪽의 병경은 단순하게 표현한다.

[해설] • 배경의 표현
① 앞쪽의 배경은 사실적으로 뒤쪽의 배경은 단순하게 표현한다.
② 각종 배경 표현은 건물의 배경이나 스케일, 그리고 용도를 나타내는 데 꼭 필요할 때만 적당히 표현한다.

문제 55. 욕실 바닥의 물을 배수할 때 주로 사용되는 트랩은?

㉮ 드럼 트랩 ㉯ U 트랩
㉰ P 트랩 ㉱ 벨 트랩

[해설] • 트랩 : 배관 속 악취, 유독가스 및 벌레 등이 실내로 침투하는 것을 방지하기 위하여 배수시설 일부에 봉수가 고이게 하는 기구이다.
① 드럼 트랩(drum trap) : 주방의 개수기 및 그 밖의 개수기류에 쓰이는 트랩으로 다량의 봉수를 가지고 있으므로 트랩보다 봉수가 안전하다.
② S 트랩 : 세면기 등에 쓰이는 트랩으로 사이펀 작용에 의해 봉수가 파괴되는 경우가 많다.

해답 50. ㉮ 51. ㉮ 52. ㉰ 53. ㉱ 54. ㉱ 55. ㉱

③ P 트랩 : 위생기구에 가장 많이 쓰이는 트랩으로 S 트랩보다 봉수가 안전하다.
④ U 트랩 : 가로배관에 사용하고 유속을 저해하는 결점이 있으며 공공하수관에서 하수 가스 역류에 쓰이는 트랩이다.
⑤ 벨 트랩(bell trap) : 바닥의 물을 배수할 때 쓰이는 트랩이다.

문제 56. 다음 중 근린 생활권의 주택지의 단위에 속하지 않는 것은?
㉮ 인보구 ㉯ 가로 구역
㉰ 근린 분구 ㉱ 근린 주구

해설 • 근린주구의 주택 단위구성 분류
① 인보구 : 주택호수 15~40호, 인구 100~200명
② 근린 분구 : 주택호수 400~500호, 인구 2000명
③ 근린 주구 : 주택호수 1600~2000호, 인구 8000~10000명

문제 57. 건축법령상 공동주택에 속하지 않는 것은?
㉮ 기숙사 ㉯ 연립주택
㉰ 다가구주택 ㉱ 다세대주택

해설 ① 단독주택 : 다중주택, 다가구주택, 공관
② 공동주택 : 아파트, 연립주택, 다세대주택, 기숙사

문제 58. 부엌 가구의 배치 유형 중 양쪽 벽면에 작업대가 마주보도록 배치한 것으로 부엌의 폭이 길이에 비해 넓은 부엌의 형태에 적당한 것은?
㉮ ㅡ자형 ㉯ L자형
㉰ 병렬형 ㉱ 아일랜드형

해설 • 병렬형
① 통로 너비 폭이 최소 80 cm 이상으로 사이의 간격이 넓다.
② 사이 간격이 너무 넓으면 동선이 길어져서 불편하다.

문제 59. 어떤 하나의 색상에서 무채색의 포함량이 가장 적은 색은?
㉮ 명색 ㉯ 순색
㉰ 탁색 ㉱ 암색

해설 • 색의 종류
① 청색 : 무채색으로 여러 색 중에서 채도가 가장 높은 색이다.
② 명청색 : 순색과 흰색의 혼합으로 청색 중에서 채도가 낮고 명도가 높은 색이다.
③ 암청색 : 순색과 검정의 혼합으로 채도, 명도가 낮은 색이다.
④ 탁색 : 순색, 청색과 회색의 혼합으로 채도가 낮은 색이다.
⑤ 순색 : 같은 색상의 청색 계열 중에서 가장 채도가 높은 색으로, 무채색의 포함량이 가장 적은 색을 말한다.

문제 60. 건물벽 직각 방향에서 건물의 겉모습을 그린 도면은?
㉮ 평면도 ㉯ 배치도
㉰ 입면도 ㉱ 단면도

해설 • 입면도 : 건물벽 직각방향에서 건물의 외관(측면)을 그린 도면이다.

해답 56. ㉯ 57. ㉰ 58. ㉰ 59. ㉯ 60. ㉰

2013년도 시행문제

전산응용 건축제도 기능사 ▶ 2013. 1. 27 시행

문제 1. 벽돌 벽체 내쌓기의 내미는 한도는?
㉮ 1.0B   ㉯ 1.5B
㉰ 2.0B   ㉱ 2.5B

[해설] • 벽돌 내쌓기
① 내쌓기는 벽돌 두 켜일 때 $\frac{1}{4}$B, 한 켜일 때 $\frac{1}{8}$B로 한다.
② 내쌓기 내미는 한도는 2B이다.

문제 2. 공간 벽돌 쌓기에서 표준형 벽돌로 바깥벽은 0.5B 공간 80 mm, 안벽 1.0B로 할 때 총 벽체의 두께는?
㉮ 290 mm   ㉯ 310 mm
㉰ 360 mm   ㉱ 380 mm

[해설] ① 0.5B=90mm
② 1.0B=190mm
③ 벽체의 두께=0.5B+공간(80 mm)+1.0B
=90 mm+80 mm+190 mm
=360 mm
④ 벽체의 두께=바깥벽+공간+안벽

문제 3. 다음 중 상부에서 오는 하중을 받지 않는 비내력벽은?
㉮ 조적식 블록조
㉯ 보강 블록조
㉰ 거푸집 블록조
㉱ 장막벽 블록조

[해설] ① 보강 블록조 : 수직하중·수평하중에 안전하게 견딜 수 있는 가장 이상적인 블록구조이다.
② 거푸집 블록조 : 살 두께가 얇고 속이 없는 ㄱ, ㄴ, ㄷ, ㄹ, ㅁ자형 등으로 살 두께가 얇고 속이 없는 블록으로 쌓는 조적조이다.

③ 조적식 블록조 : 1, 2층 정도의 소규모 건물에 사용한다.
④ 블록 장막벽 : 철근콘크리트, 철골조 구조에 단순히 칸막이벽을 쌓는 것이다.

문제 4. 목구조 접합부와 그 접합부에 사용되는 철물이 적절하게 연결되지 않은 것은?
㉮ 왕대공과 평보 – 감잡이쇠
㉯ 평기둥과 층도리 – 띠쇠
㉰ 큰보와 작은보 – 안장쇠
㉱ 토대와 기둥 – 앵커 볼트

[해설] • 목구조 보강철물
① 토대와 기둥 : 감잡이쇠, 꺾쇠, 띠쇠
② 보와 처마도리 : 주걱볼트

문제 5. 건물의 외벽에서 지붕 머리를 연결하고 지붕보를 받아 지붕의 하중을 기둥에 전달하는 가로재는?
㉮ 토대   ㉯ 처마도리
㉰ 서까래   ㉱ 층도리

[해설] • 처마도리 : 깔도리 위에 지붕틀을 걸치고 지붕틀의 평보 위에 깔도리와 같은 방향으로 걸친 가로재이다.

문제 6. 창호 종류 중 방풍을 목적으로 풍소란을 설치하는 것은?
㉮ 미서기문   ㉯ 양판문
㉰ 플러시문   ㉱ 회전문

[해설] ① 풍소란 : 바람을 막아 주는 작은 난간
② 풍소란을 설치하는 부위
  (가) 미서기 창문 또는 오르내리기 창문의 여밈대
  (나) 쌍여닫이 창문 또는 미닫이 창문의 마중대

[해답] 1. ㉰   2. ㉰   3. ㉱   4. ㉱   5. ㉯   6. ㉮

문제 7. 다음 그림은 케이블을 이용한 구조시스템 중 하나이다. 서해대교에서 볼 수 있는, 그림과 같은 다리의 구조형식을 무엇이라 하는가?

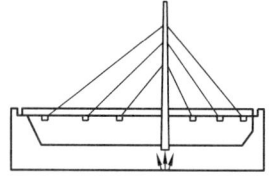

㉮ 현수교 ㉯ 사장교
㉰ 아치교 ㉱ 게르버교

해설 • 다리의 구조 형식
① 현수교 : 주탑에 케이블을 설치하여 트러스는 기중에 전달되는 하중을 상부 슬래브에 걸친 케이블로 지지하는 구조양식이다.
② 아치교 : 힘의 방향을 옆에 있는 기둥이나 벽으로 타원을 따라 압축력만 받고 인장력을 받지 않게 분산시키는 구조 형식
③ 사장교 : 현수교와 비슷하지만 슬래브를 주탑에 직접 연결한 구조이다. 즉, 긴 장경간을 직선형 케이블로 경사지게 탑기둥에 연결한 것을 말한다.

문제 8. 바닥판의 주근을 연결하고 콘크리트의 수축, 온도 변화에 의한 열응력에 따른 균열을 방지하는 데 유효한 철근을 무엇이라 하는가?
㉮ 굽힘 철근 ㉯ 늑근
㉰ 띠철근   ㉱ 배력근

해설 ① 배력근(transverse reinforcement)
  ㈎ 주근과 직각 방향으로 배치하는 긴방향(장변 방향)의 인장 철근을 말한다.
  ㈏ 직각 방향으로 응력을 전달한다.
② 주근(main reinforcement) : 짧은 방향(단변 방향)의 인장 철근을 주근이라 말한다.

문제 9. 강구조의 기둥 종류 중 앵글, 채널 등으로 대판을 플랜지에 직각으로 접합한 것은?

㉮ H형강기둥 ㉯ 래티스기둥
㉰ 격자기둥   ㉱ 강관기둥

해설
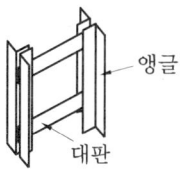
격자기둥

문제 10. 구조물의 지점의 종류 중 이동과 회전이 불가능한 지점상태로 반력은 수평반력과 수직반력 그리고 모멘트 반력이 생기는 것은?
㉮ 회전단 ㉯ 이동단
㉰ 활절   ㉱ 고정단

해설 • 지점의 종류

종류	명칭	반력의 형태
△	이동 지점	수직반력
△←	회전 지점	수직반력 수평반력
고정	고정 지점	수직반력 수평반력 모멘트 반력

문제 11. 블록 구조에 관한 설명으로 옳지 않은 것은?
㉮ 블록 구조는 지진 등과 같은 수평력에 약하지만 보강철근을 사용하면 수평력에 견딜 수 있는 힘이 증가한다.
㉯ 보강 블록조는 뼈대를 철근 콘크리트 구조나 철골 구조로 하고 칸막이벽으로서 블록을 쌓는 방식이다.
㉰ 거푸집 블록조는 살 두께가 얇고 속이 비어 있는 ㄱ자형, ㄷ자형, T자형, ㅁ자형으로 블록에 철근을 배근하여 콘크리트를 채워 벽체를 만드는 방식이다.

㉣ 내력벽으로 둘러싸인 부분의 바닥 면적은 80m²를 넘지 않도록 한다.

[해설] • 보강 블록조 : 블록의 빈 속에 철근을 배근하고 콘크리트를 부어 넣어 수직하중과 수평하중에 안전하게 견딜 수 있도록 보강한 것으로 가장 이상적인 블록 구조이다.

[문제] 12. 지붕물매의 결정 요소가 아닌 것은?
㉮ 건축물 용도   ㉯ 처마돌출 길이
㉰ 간사이 크기   ㉱ 지붕이기 재료

[해설] • 지붕물매
① 지붕의 물매는 간 사이의 크기, 건물의 용도, 강우량 등에 따라 정해진다.
② 빗물이 흐르게 하는 것이 물매, 즉 경사도이며 지붕물매는 지붕의 크기와 향상, 지붕 재료의 성질, 강수량과 상호연관이 있다.

[문제] 13. 벽의 종류와 역할에 대하여 가장 바르게 연결된 것은?
㉮ 공간벽-벽돌 절감
㉯ 전단벽-테두리보 설치 용이
㉰ 플라잉 월(flying wall)-횡력 보강
㉱ 부축벽(buttress)-기둥 수량 감소

[해설] ① 플라잉 월(flying wall) : 주벽의 횡압력 보강
② 전단벽 : 기둥 수량 감소
③ 부축벽 : 벽의 횡력 보강

[문제] 14. 다음 중 인장링이 필요한 구조는?
㉮ 트러스   ㉯ 막구조
㉰ 절판구조 ㉱ 돔구조

[해설] • 압축링(compression ring truss)
① 돔의 상부에는 압축링을 설치하고, 하부에는 밖으로 퍼져 나가는 힘에 저항하기 위한 인장링을 설치한다.
② 압축링과 인장링을 설치하여 수직과 수평으로 힘의 평형을 갖춘다.

[문제] 15. 철근 콘크리트 구조에서 철근의 피복두께를 가장 크게 해야 할 곳은?
㉮ 기둥   ㉯ 보   ㉰ 기초   ㉱ 계단

[해설] • 철근에 대한 콘크리트 피복두께의 최소값

구조 부분의 종류		피복두께
흙에 접하지 않는 부분	바닥 슬래브, 비내력벽	2 cm
	기둥, 보, 내력벽	3 cm(다만, 옥내에 면하는 부분으로서 철근의 내구성을 위한 마무리가 있을 경우는 2 cm 이상)
직접 흙에 접하는 부분	기둥, 보, 바닥 슬래브, 벽	4 cm
	기초(밑창 콘크리트 제외)	6 cm

[문제] 16. 건물의 기초 전체를 하나의 판으로 구성한 기초는?
㉮ 줄기초   ㉯ 독립기초
㉰ 복합기초 ㉱ 온통기초

[해설] ① 독립기초 : 하나의 기초판으로 하나의 기둥을 받치는 기초
② 줄기초(연속기초) : 벽 또는 일렬의 기둥을 받치는 기초
③ 복합기초 : 하나의 기초판으로 두 개 이상의 기둥을 받치는 기초
④ 온통기초 : 지하실 하부 전체를 철근 콘크리트로 일정한 두께로 시공하는 구조로 매트(mat) 기초라고도 한다.

[문제] 17. 다음 중 철골 구조에서 H자 형강보의 플랜지 부분에 커버플레이트를 사용하는 가장 주된 목적은?
㉮ H형강의 부식을 방지하기 위해서
㉯ 집중하중에 의한 전단력을 감소시키기 위해서
㉰ 덕트 배관 등에 사용할 수 있는 개구부분을 확보하기 위해서
㉱ 휨내력의 부족을 보충하기 위해서

[해답] 12. ㉯   13. ㉰   14. ㉱   15. ㉰   16. ㉱   17. ㉱

해설 플랜지 플레이트와 커버 플레이트는 휨력(휨 모멘트)에 저항하는 부재이다.

문제 18. 조적조 공간벽의 외부에서 보이는 벽에 많이 쓰이는 조적 방법은?
㉮ 길이 쌓기
㉯ 마구리 쌓기
㉰ 옆세워 쌓기
㉱ 세워 쌓기

해설 • 길이 쌓기 : 벽돌의 길이만 벽표면에 나타나게 길게 쌓는 방식을 말한다.

문제 19. 다음 중 계단의 모양에 따른 분류에 속하지 않는 것은?
㉮ 곧은 계단   ㉯ 돌음 계단
㉰ 꺾인 계단   ㉱ 피난 계단

해설 • 계단의 종류 : 곧은 계단, 돌음 계단, 꺾인 계단, 나선 계단

문제 20. 막구조 중 막의 무게를 케이블로 지지하는 구조는?
㉮ 골조막구조
㉯ 현수막구조
㉰ 공기막구조
㉱ 하이브리드 막구조

해설 • 막구조의 종류
① 골조막구조 : 막의 무게를 골조가 부담하는 구조이다.
② 현수막구조 : 막의 무게를 케이블로 당겨 지지하는 구조이다.
③ 공기막구조 : 공기압으로 막의 형태를 유지하는 구조이다.
④ 하이브리드 막구조 : 골조막, 현수막, 공기막구조를 복합적으로 채용한다.

문제 21. 한국산업표준(KS)의 분류기호 중 건축을 나타내는 것은?
㉮ K   ㉯ W   ㉰ E   ㉱ F

해설 건축제도 통칙은 KS F에 정해져 있다.

문제 22. 콘크리트의 장점이 아닌 것은?
㉮ 압축 강도가 크다.
㉯ 자체 하중이 작다.
㉰ 내화성이 우수하다.
㉱ 내구적이다.

해설 • 콘크리트의 장점
① 압축강도가 크다.
② 내화, 내수, 내구적이다.
③ 강과 접착이 잘 되고 방청력이 크다.
④ 열팽창 계수가 철근과 거의 같다.

문제 23. 목재 방부제 중 방부력이 우수하고 염가이나 도포부분이 갈색이고 냄새가 강하여 실내에서 사용할 수 없는 것은?
㉮ 콜타르   ㉯ 불화소다
㉰ 크레오소트   ㉱ 염화아연

해설 • 크레오소트(creosote)
① 흑갈색 용액으로 방부력이 우수하고 내습성도 있다.
② 침투성이 좋아서 목재에 깊게 주입할 수 있다.
③ 미관을 고려하지 않은 외부에 많이 쓰인다.
④ 좋지 못한 냄새가 나서 실내에서는 쓸 수 없다.

문제 24. 석재의 표면마감방법이 나머지 셋과 다른 것은?
㉮ 정다듬   ㉯ 흑두기
㉰ 버너마감   ㉱ 도드락다듬

해설 ① 물갈기 : 치밀한 돌을 잔다듬한 면에 매끈하고 광택이 나게 한 공정이다.
② 버너마감 : 석재 표면을 버너를 사용하여 가공한 것으로 표면에 광택이 없도록 한 것이다.
③ 흑두기 : 쇠메로 돌의 거친면을 대강 다듬는 것으로 자연스러운 느낌이 살도록 한 것이다.

문제 25. 한국산업표준(KS)에 규정되어 있지 않은 것은?

해답 18. ㉮ 19. ㉱ 20. ㉯ 21. ㉱ 22. ㉯ 23. ㉰ 24. ㉰ 25. ㉱

㉮ 제품의 품질　　㉯ 제품의 모양
㉰ 제품의 시험법　㉱ 제품의 생산지

[해설] • 한국산업표준(KS) : 대한민국 산업 전 분야의 제품 및 시험, 제작 방법 등에 대하여 규정하는 국가 표준을 말한다.

문제 26. 유리에 함유되어 있는 성분 가운데 자외선을 차단하는 주성분이 되는 것은?

㉮ 황산나트륨(Na_2SO_4)
㉯ 탄산나트륨(Na_2CO_4)
㉰ 산화제2철(Fe_2O_3)
㉱ 산화제철(FeO)

[해설] • 자외선 흡수 유리
① 약 10%의 산화제이철을 함유시키고 기타 크롬, 망간 등의 금속 산화물을 포함시킨 유리이다.
② 상점의 진열장, 용접공의 보안경, 박물관의 진열장 등에 쓰인다.

문제 27. 벽 또는 천장 재료에 요구되는 성질과 가장 거리가 먼 것은?

㉮ 열전도율이 커야 한다.
㉯ 외관이 아름다워야 한다.
㉰ 가공성이 용이해야 한다.
㉱ 방음 성능이 좋아야 한다.

[해설] • 천장 재료의 성질
① 열전도율이 작을 것, 즉 열축적률이 커야 한다.
② 천장만으로는 단열성이 적으므로 단열재가 항상 필요하다.

문제 28. 회반죽이 공기 중에서 굳어질 때 필요한 물질은?

㉮ 산소　　　　　㉯ 수증기
㉰ 탄산가스　　　㉱ 질소

[해설] • 회반죽 : 석회석은 기경성이므로 수중에서는 경화되지 않고 탄산가스를 함유한 공기 중에서 탄산가스와 반응하여 (탄산화) 건조되면서 경화된다.

문제 29. 바닥 재료의 분류 중 유기질 재료에 속하지 않는 것은?

㉮ 고무계　　　　㉯ 유지계
㉰ 금속계　　　　㉱ 섬유계

[해설] • 화학조성에 따른 분류
① 무기재료
　㈎ 비금속 : 석재, 토벽, 시멘트, 콘크리트, 도자기류
　㈏ 금속 : 철강, 알루미늄, 구리, 합금류
② 유기재료
　㈎ 천연재료 : 목재, 대나무, 아스팔트, 섬유판, 옻나무
　㈏ 합성수지 : 플라스틱, 도료, 실링재, 접착제

문제 30. 다음 중 복층유리(pair glass)의 특징으로 옳지 않은 것은?

㉮ 흡음　　　　　㉯ 단열
㉰ 결로 방지　　　㉱ 방음

[해설] • 복층 유리 : 유리 사이의 내부를 진공으로 하거나 특수한 기체를 넣은 것으로서 방음, 단열효과, 결로 방지용으로서도 우수하다.

문제 31. 다음 중 재료와 그 사용용도의 연결이 옳지 않은 것은?

㉮ 테라조-벽, 바닥의 수장재
㉯ 트래버틴-내벽 등의 수장재
㉰ 타일-내외벽, 바닥의 수장재
㉱ 테라코타-흡음재

[해설] • 테라코타
① 장식을 목적으로 사용하는 장색재이다.
② 속을 비게 하여 가벼운 경량으로 버팀벽, 주두, 돌림띠 등에 장식용으로 사용한다.

문제 32. 포졸란(pozzolan)을 사용한 콘크리트의 특징 중 옳지 않은 것은?

㉮ 수밀성이 높아진다.
㉯ 수화 발열량이 적어진다.
㉰ 경화작용이 늦어지므로 조기 강도가 낮

아진다.
㉣ 블리딩이 증가된다.

[해설] • 포졸란
① 성질개량제 및 중량제이다.
② 시멘트 이외의 무기질 분말(화산재, 규산백토, 슬래그, 플라이 애시 등)이다.
③ 시공연도가 좋아지고 블리딩은 감소하며, 수밀성이 증대한다.
④ 인장강도와 신장능력이 크다.

[문제] 33. 다음 건축재료 중 천연재료에 속하는 것은?
㉮ 목재　　㉯ 철근
㉰ 유리　　㉱ 고분자재료

[해설] • 건축재료의 분류
① 천연재료(자연재료) : 석재, 목재, 토벽 등
② 인공재료(공업재료) : 금속제품, 요업제품, 석유제품 등

[문제] 34. 재료의 응력-변형도 관계에서 가해진 외부의 힘을 제거하였을 때 잔류변형 없이 원형으로 되돌아오는 경계점은 어느 것인가?
㉮ 인장강도점　　㉯ 탄성한계점
㉰ 상위항복점　　㉱ 하위항복점

[해설] • 탄성한계점 : 외부의 힘을 제거하였을 때 원형으로 되돌아오는 힘을 탄성한계라 한다.

[문제] 35. 구리 및 구리 합금에 대한 설명 중 옳지 않은 것은?
㉮ 구리와 주석의 합금을 황동이라 한다.
㉯ 구리는 맑은 물에서는 녹이 나지 않으나 염수(鹽水)에서는 부식된다.
㉰ 청동은 황동과 비교하여 주조성이 우수하고 내식성도 좋다.
㉱ 구리는 연성이고 가공성이 풍부하여 판재, 선, 봉 등으로 만들기가 용이하다.

[해설] • 황동 : 놋쇠라고도 하며 구리에 아연(Zn) 10~45% 정도를 가하여 만든 합금이다.

[문제] 36. 가공이 용이하고 내식성이 뛰어나 계단 논슬립, 창문의 레일, 장식 철물 및 나사, 볼트, 너트 등에 널리 사용되는 것은?
㉮ 황동　　㉯ 구리
㉰ 알루미늄　　㉱ 연철

[해설] • 황동
① 놋쇠라고도 하며 구리에 아연(Zn) 10~45% 정도를 가하여 만든 합금이다.
② 황동은 구리보다 단단하고 주조가 잘 되며 가공이 용이하다.
③ 기계적 내식성이 크고 외관이 아름다워 창호철물에 많이 쓰인다.

[문제] 37. 재료에 외력을 가했을 때 작은 변형만 나타나도 곧 파괴되는 성질을 의미하는 것은?
㉮ 전성　　㉯ 취성
㉰ 탄성　　㉱ 연성

[해설] • 재료의 성질
① 취성 : 재료가 외력을 받을 때 작은 변형에도 파괴되는 성질을 말한다.
② 전성 : 재료를 두드릴 때 얇게 펴지는 성질이다.
③ 연성 : 재료가 인장력을 받을 때 잘 늘어나는 성질이다.
④ 탄성 : 재료가 외력을 받아 변형이 생겼을 때 외력을 제거하면 원상태로 되돌아가는 성질이다.

[문제] 38. 다음 금속재료 중 X선 차단성이 가장 큰 것은?
㉮ 납　㉯ 구리　㉰ 철　㉱ 아연

[해설] • 납
① 납은 금속 중에서 가장 비중이 크고 연하다.
② 공기 중에서는 표면에 피막이 생겨 내부가 보호되며 내산성은 크나 알칼리에는 침식된다.
③ 송수관, X선실 안벽 붙임 등에 쓰인다.

[문제] 39. 한중 또는 수중, 긴급공사를 시공할 때 가장 적합한 시멘트는?

[해답] 33. ㉮　34. ㉯　35. ㉮　36. ㉮　37. ㉯　38. ㉮　39. ㉱

㉮ 보통 포틀랜드 시멘트
㉯ 중용열 포틀랜드 시멘트
㉰ 백색 포트랜드 시멘트
㉱ 조강 포틀랜드 시멘트

해설 • 조강 포틀랜드 시멘트
① 보통 포틀랜드 시멘트에 비하여 경화가 빠르고 조기강도가 크다.
② 공기를 단축할 수 있고, 한중 콘크리트와 수중 콘크리트를 시공하기에 적합하다.

문제 40. 시멘트의 강도에 영향을 주는 요인이 아닌 것은?
㉮ 분말도
㉯ 비빔장소
㉰ 풍화정도
㉱ 사용하는 물의 양

해설 • 시멘트 강도에 영향을 주는 요인
① 종류와 분말도
② 시멘트에 대한 물의 양과 성질
③ 골재의 성질과 입도
④ 시험체의 형상과 크기
⑤ 양생 방법과 재령

문제 41. 건축제도에서 석재의 재료 표시 기호(단면용)로 옳은 것은?

㉮ 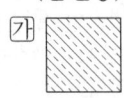   ㉯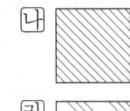
㉰ 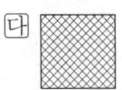   ㉱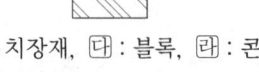

해설 ㉮ : 석재, ㉯ : 치장재, ㉰ : 블록, ㉱ : 콘크리트

문제 42. 건물벽 직각 방향에서 건물의 겉모습을 그린 도면은?
㉮ 입면도   ㉯ 단면도
㉰ 평면도   ㉱ 배치도

해설 • 입면도 : 건물벽에 대해 직각으로 수평투영한 도면으로 건물의 외형을 그려 건축물의 외관을 표현하는 도면이다.

문제 43. 다음 도면에서 A가 가리키는 선의 종류로 옳은 것은?

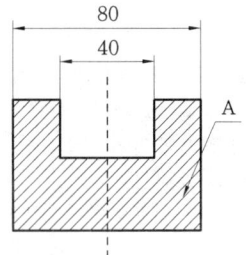

㉮ 중심선   ㉯ 해칭선
㉰ 절단선   ㉱ 가상선

해설 • 해칭선
① 가는 실선으로 절단면을 그릴 때 사용한다.
② 기본적으로 45°의 사선으로 단면된 부분을 가는 실선으로 긋는다.
③ 같은 간격으로 그린다.

문제 44. 에스컬레이터의 구성 요소 중 핸드레일가이드 측면과 만나고 상부 커버를 형성하는 난간의 가로 요소는?
㉮ 뉴얼   ㉯ 스커트
㉰ 난간데크   ㉱ 내부패널

해설 • 난간데크(balustrade decking) : 핸드레일가이드 측면과 만나고 난간의 상부 커버를 형성하는 난간의 가로 요소이다.

문제 45. 지각적으로는 구조적 높이감을 주며 심리적으로 상승감, 존엄성 등의 느낌을 주는 선의 종류는?
㉮ 곡선   ㉯ 사선
㉰ 수평선   ㉱ 수직선

해설 • 수직선 : 존엄성, 하늘, 엄숙함, 적극성, 긴장감, 남성, 능동감

문제 46. 실내 공기오염도의 종합적 지표로서 이용되는 오염물질은?
㉮ 산소   ㉯ 질소
㉰ 이산화탄소   ㉱ 이황산가스

해답 40. ㉯ 41. ㉮ 42. ㉮ 43. ㉯ 44. ㉰ 45. ㉱ 46. ㉰

해설 실내 공기 오염의 척도는 공기 중의 이산화탄소 농도를 기준으로, 1000 ppm 이하를 유지하도록 규정하고 있다.

문제 47. 건축물의 묘사와 표현 방법에 관한 설명으로 옳지 않은 것은?
㉮ 일반적으로 건물의 그림자는 건물 표면의 그늘보다 밝게 표현한다.
㉯ 윤곽선을 강하게 묘사하면 공간상의 입체를 돋보이게 하는 효과가 있다.
㉰ 각종 배경 표현은 건물의 배경이나 스케일, 그리고 용도를 나타내는 데 꼭 필요할 때만 적당히 표현한다.
㉱ 그늘과 그림자는 물체의 위치, 보는 사람의 위치, 빛 방향, 그림자가 비칠 바닥의 형태에 의하여 표현을 달리한다.
해설 • 건축물의 음양 표현 : 건물의 그림자는 건물 표면의 그늘보다 어둡게 표현한다.

문제 48. 주택에서 부엌의 일부에 간단한 식탁을 설치하거나 식당과 부엌을 하나로 구성한 형태는?
㉮ 리빙 키친
㉯ 다이닝 키친
㉰ 리빙 다이닝
㉱ 다이닝 테라스
해설 • 단위주거의 평면구성
① D : dining형으로 거실과 주방 사이에 식사실을 분리한다.
② DK : dining kitchen형으로 주방 겸 식사실과 거실 겸 취침실과는 분리한다.
③ LD : living dining형으로 거실과 식사실이 겹친다.
④ LDK : living dining kitchen형으로 거실 겸 식사실과 취침실과는 분리한다.

문제 49. 주택의 주거 공간을 공동 공간과 개인 공간으로 구분할 경우, 다음 중 개인 공간에 해당하지 않는 것은?

㉮ 서재 ㉯ 침실
㉰ 작업실 ㉱ 응접실
해설 • 주택 공간의 구분
① 공동 공간 : 거실, 식사권, 응접실
② 개인 공간 : 부부침실, 노인방, 아동실, 서재, 작업실

문제 50. 다음 중 기초 평면도 작도 시 가장 나중에 이루어지는 작업은?
㉮ 각 부분의 치수는 기입한다.
㉯ 기초 평면도의 축척을 정한다.
㉰ 기초의 모양과 크기를 그린다.
㉱ 평면도에 따라 기초 부분의 중심선을 긋는다.
해설 • 기초 평면도

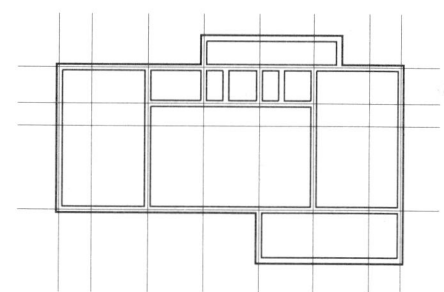

중심선을 긋고 벽, 기초 콘크리트 타설 부분을 그린다.

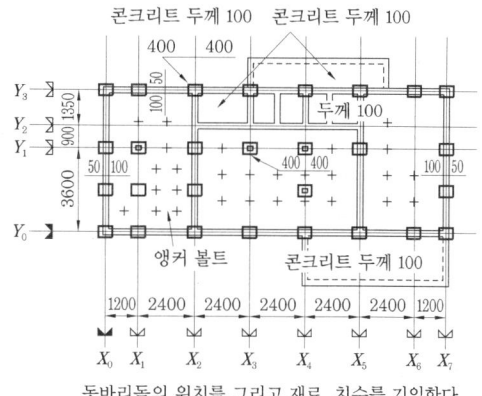

동바리돌의 위치를 그리고 재료, 치수를 기입한다.

문제 51. 세정밸브식 대변기에 관한 설명으로 옳지 않은 것은?

해답 47. ㉮ 48. ㉯ 49. ㉱ 50. ㉮ 51. ㉱

㉮ 대변기의 연속 사용이 가능하다.
㉯ 일반 가정용으로는 거의 사용되지 않는다.
㉰ 세정음은 유수음도 포함되기 때문에 소음이 크다.
㉱ 레버의 조작에 의해 낙차에 의한 수압으로 대변기를 세척하는 방식이다.

[해설] • 대변기 세정 밸브식(플러시 밸브식, closet valve)
① 직접 급수관에 접속하여 급수로 세척하는 세정 밸브로, 소형이며 다량의 물이 일시에 흐르므로 다른 급수 밸브에 영향을 주고 소음이 매우 크다.
② 호텔, 학교, 사무실, 공장에서 많이 사용한다(진공 방지기를 사용할 것).
③ 수압 : 0.07 MPa(0.7 kg/cm^2) 이상이다.
④ 급수관의 최소 관경 : 25 mm 이상이다.
⑤ 한번 작동하면 다량의 물이 일정하게 나오고 잠기므로 연소 사용이 가능하다.

문제 52. 증기난방 방식에 관한 설명으로 옳지 않은 것은?
㉮ 예열시간이 온수난방에 비해 짧다.
㉯ 온수난방에 비해 한랭지에서 동결의 우려가 적다.
㉰ 증발 잠열을 이용하기 때문에 열의 운반 능력이 크다.
㉱ 온수난방에 비해 부하 변동에 따른 방열량 조절이 용이하다.

[해설] • 증기난방
① 온수난방에 비해 난방부하에 따라 방열량을 조절하기가 곤란하다.
② 난방의 쾌감도가 낮다.
③ 방열면적을 온수난방보다 작게 할 수 있다.
④ 증기순환이 빠르다.
⑤ 소음이 많다.

문제 53. 건물의 일조 조절을 위해 사용되는 것이 아닌 것은?
㉮ 차양   ㉯ 루버
㉰ 발코니   ㉱ 플랜지

[해설] • 일조조절 : 가시광선의 이용에 의한 채광과 자외선에 의한 보건적 효과이다.
- 방법 : 창의 조절(방향, 모양, 크기, 수 등), 차양, 발코니, 루버, 흡열유리, 이중유리, 유리블록, 식수

문제 54. 다음의 자동화재 탐지설비의 감지기 중 연기 감자기에 해당하는 것은?
㉮ 광전식   ㉯ 차동식
㉰ 정온식   ㉱ 보상식

[해설] • 연기 감지기의 종류
① 이온화식 스포트형이란 주위의 공기가 일정한 농도의 연기를 포함하게 되는 경우에 작동하는 것으로서 일국소의 연기에 의하여 이온전류가 변화하여 작동하는 것을 말한다.
② 광전식 스포트형이란 주위의 공기가 일정한 농도의 연기를 포함하게 되는 경우에 작동하는 것으로서 일국소의 연기에 의하여 광전소자에 접하는 광량의 변화로 작동하는 것을 말한다.
③ 광전식 분리형이란 발광부와 수광부로 구성된 구조로 발광부와 수광부 사이의 공간에 일정한 농도의 연기를 포함하게 되는 경우에 작동하는 것을 말한다.
④ 공기 흡입식이란 감지기 내부에 장착된 공기 흡입 장치로, 감지하고자 하는 위치의 공기를 흡입하고 흡입된 공기에 일정한 농도의 연기가 포함된 경우 작동하는 것을 말한다.

문제 55. 창호의 재질·용도별 기호의 연결이 옳지 않은 것은?
㉮ WW : 목재 창
㉯ PD : 합성수지 문
㉰ AW : 알루미늄합금 창
㉱ SS : 스테인리스 스틸 셔터

[해설] • S$_S$S : 스테인리스강 셔터

문제 56. 건축 공간에 관한 설명으로 옳지 않은 것은?

[해답] 52. ㉱ 53. ㉱ 54. ㉮ 55. ㉱ 56. ㉰

㉮ 인간은 건축 공간을 조형적으로 인식한다.
㉯ 내부공간은 일반적으로 벽과 지붕으로 둘러싸인 건물 안쪽의 공간을 말한다.
㉰ 외부공간은 자연 발생적인 것으로 인간에 의해 의도적으로 만들어지지 않는다.
㉱ 공간을 편리하게 이용하기 위해서는 실의 크기와 모양 높이 등이 적당해야 한다.
[해설] 건축공간은 인간이 생활하는 공간으로서 인간이 계획하고 사고하는 것으로 만들어진다.

문제 57. 스킵플로어형 공동주택에 관한 설명으로 옳지 않는 것은?
㉮ 구조 및 설비계획이 용이하다.
㉯ 주택 내의 공간의 변화가 있다.
㉰ 통행 · 채광의 확보가 용이하다.
㉱ 엘리베이터의 효율적 운행이 가능하다.
[해설] • 스킵 플로어형
① 복도가 있는 층과 없는 층은 각기 평면형이 달라지므로 입체구성에 유의하여야 한다.
② 구조가 복잡하다.
③ 한층 또는 두 층을 걸러 복도를 설치하거나 복도 없이 계단실에서 단위주거에 도달하는 형식이다.

문제 58. 다음 중 동바리마루 바닥 그리기와 관련이 없는 부재는?
㉮ 장선   ㉯ 멍에
㉰ 달대   ㉱ 동바리
[해설] • 동바리 마루
① 지반에 동바리 또는 호박돌을 설치하고 그 위에 멍에, 장선, 마룻널을 놓는다.
② 마룻바닥은 직하의 지표면에서 45cm 이상으로 한다.
③ 멍에는 내이음으로 주먹장 이음 또는 메뚜기장 이음으로 한다.

문제 59. 다음 중 부엌에 설치하는 작업대의 높이로 가장 적절한 것은?
㉮ 450 mm   ㉯ 600 mm
㉰ 850 mm   ㉱ 1000 mm
[해설] 부엌 작업대의 높이는 82~86 cm(820~860 mm)가 적당하다.

문제 60. A2 제도지의 도면에 테두리를 만들 때 여백을 최소한 얼마나 두어야 하는가? (단, 도면을 묶지 않을 경우)
㉮ 5mm   ㉯ 10mm
㉰ 15mm   ㉱ 20mm
[해설] • 제도지의 크기

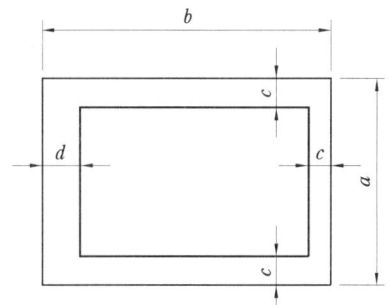

(단위 : mm)

제도지의 치수	$a \times b$	c (최소)	d (최소) 철하지 않을 때	철할 때
A0	841×1189	10	10	25
A1	594×841	10	10	25
A2	420×594	10	10	25
A3	297×420	5	5	25
A4	210×297	5	5	25
A5	148×210	5	5	25
A6	105×148	5	5	25

[해답] 57. ㉮ 58. ㉰ 59. ㉰ 60. ㉯

전산응용 건축제도 기능사 ▶ 2013. 4. 14 시행

문제 1. 벽돌을 한 켜씩 내밀어 쌓을 때 내미는 길이는 얼마 이하로 하는가?

㉮ $\frac{1}{8}$B ㉯ $\frac{1}{6}$B ㉰ $\frac{1}{4}$B ㉱ $\frac{1}{2}$B

해설 • 벽돌 내쌓기 : 내쌓기는 벽돌 두 켜일 때 $\frac{1}{4}$B, 한 켜일 때 $\frac{1}{8}$B로 한다.

문제 2. 철근 콘크리트 보의 늑근에 대한 설명 중 옳지 않은 것은?

㉮ 전단력에 저항하는 철근이다.
㉯ 중앙부로 갈수록 조밀하게 배치한다.
㉰ 굽힘철근의 유무에 관계없이 전단력의 분포에 따라 배치한다.
㉱ 계산상 필요 없을 때라도 사용한다.

해설 • 늑근(스터럽, stirrup)
① 철근 콘크리트 철근공사 부분으로 전단력을 보강하는 역할을 하며 전단 보강 철근 또는 늑근이라 한다.
② 보의 양단부에 전단보강인 늑근을 조밀하게 넣는다.

문제 3. 목재 왕대공 지붕틀에서 압축력과 휨모멘트를 동시에 받는 부재는 어느 것인가?

㉮ ㅅ자보 ㉯ 빗대공
㉰ 평보 ㉱ 중도리

해설 ① ㅅ자보 : 압축력과 휨모멘트를 받음
② 왕대공 : 인장력을 받음
③ 빗대공 : 압축력을 받음
④ 평보 : 인장력과 휨모멘트를 받음

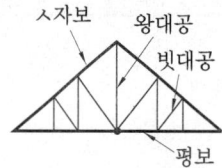

문제 4. 트러스 구조에 대한 설명으로 옳지 않은 것은?

㉮ 지점의 중심선과 트러스 절점의 중심선은 가능한 한 일치시킨다.
㉯ 항상 인장력을 받는 경사재의 단면이 가장 크다.
㉰ 트러스의 부재 중에는 응력을 거의 받지 않는 경우도 생긴다.
㉱ 트러스 부재의 절점은 핀접합으로 본다.

해설 트러스의 경사재는 인장력을 받는 부재도 있고, 압축력을 받는 부재도 있다. 인장력을 받는 부재의 단면은 압축력을 받는 부재의 단면보다 단면부재가 작다.

문제 5. 건축물의 밑바닥 전부를 두꺼운 기초판으로 구성한 기초이며, 하중에 비하여 지내력이 작을 때 설치하는 기초는?

㉮ 온통 기초 ㉯ 독립 기초
㉰ 복합 기초 ㉱ 연속 기초

해설 ① 온통 기초 : 건물 하부 전체를 기초판으로 형성한 기초로, 가장 일반적인 구조이다.
② 독립 기초 : 한 개의 기초판으로 한 개의 기둥을 받치는 것으로, 동바리 기초, 주춧돌 기초, 긴주춧돌 기초 등이 있다.
③ 복합 기초 : 한 개의 기초판으로 두 개 이상의 기둥을 받치는 기초이다.
④ 연소 기초(줄기초) : 벽 또는 일렬의 기둥을 대형의 기초판으로 받치게 한 기초로서 벽돌기초, 콘크리트 기초, 장대돌 기초 등이 있다.

문제 6. 라멘구조에 대한 설명으로 옳지 않은 것은?

㉮ 예로는 철근 콘크리트 구조가 있다.
㉯ 기둥과 보의 절점이 강접합되어 있다.

해답 1. ㉮ 2. ㉯ 3. ㉮ 4. ㉯ 5. ㉮ 6. ㉰

㉰ 기둥과 보에 휨응력이 발생하지 않는다.
㉱ 내부 벽의 설치가 자유롭다.

[해설] • 라멘구조
① 축방향력, 전단력, 휨모멘트 등 모든 외력을 보, 기둥을 통하여 지반에 전달한다.
② 하중 작용 시 기둥 또는 보 부재의 변형으로 외부에너지를 흡수한다.

문제 7. 다음 중 셸구조의 대표적인 구조물은 어느 것인가?
㉮ 세종문화회관
㉯ 시드니 오페라 하우스
㉰ 인천대교
㉱ 상암동 월드컵 경기장

[해설] ① 셸구조 : 곡률을 가진 얇은 판으로 주변을 충분히 지지시키면 면에 분포되는 하중을 인장, 압축과 같은 면 내력으로 전달시키는 역학적 특성을 가지는 구조로 큰 공간을 덮는 지붕이나 액체를 담는 용기 등에 널리 사용한다. (예 시드니 오페라 하우스)
③ 래티스 돔구조 : 장충체육관
④ 현수구조 : 금문교, 남해대교
⑤ 막구조 : 상암동 월드컵경기장

문제 8. 다음과 같은 플랫 트러스에서 각각의 부재에 작용하는 응력으로 옳지 않은 것은?

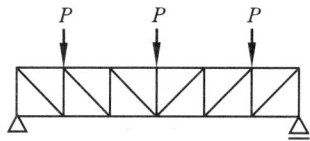

㉮ 상현재-압축응력
㉯ 경사재-인장응력
㉰ 하현재-인장응력
㉱ 수직재-인장응력

[해설] • 압축응력
① 압축응력 : 재료가 압축을 받으며 수직방향으로 작용하는 응력을 말한다.
② 수직재 : 압축응력 작용

문제 9. 4번으로 지지되는 슬래브로서 서로 직각되는 두 방향으로 주철근을 배치하는 슬래브는?
㉮ 1방향 슬래브
㉯ 2방향 슬래브
㉰ 데크 플레이트 슬래브
㉱ 캐피탈

[해설] • 2방향 슬래브(two way slab)
① 하중이 슬래브 주위와 2방향으로 배분되는 슬래브를 말한다.
② 2방향 슬래브는 슬래브의 장변이 단변에 대해 길이의 비가 2.0 이하인 슬래브를 말한다.
③ $\lambda = \dfrac{장변}{단변} \leq 2.0$, 장변=단변×2

문제 10. 창문이나 출입문 등의 문골 위에 걸쳐 대어 상부에서 오는 하중을 받는 수평재는?
㉮ 창쌤돌
㉯ 창대돌
㉰ 문지방돌
㉱ 인방돌

[해설]
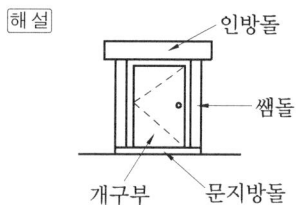

문제 11. 철근과 콘크리트의 부착력에 대한 설명으로 옳지 않은 것은?
㉮ 철근의 정착 길이를 크게 증가함에 따라 부착력은 비례 증가되지는 않는다.
㉯ 압축 강도가 큰 콘크리트일수록 부착력은 커진다.
㉰ 콘크리트와의 부착력은 철근의 주장에 반비례한다.
㉱ 철근의 표면 상태와 단면 모양에 따라 부착력이 좌우된다.

[해설] • 철근의 부착력
① 철근에 대한 콘크리트의 피복두께가 얇으면 얇을수록 부착력이 감소된다.
② 철근의 표면 상태와 단면모양에 따라 부착력이 좌우된다.
③ 콘크리트의 부착력은 철근의 주장에 비례한다.
④ 콘크리트의 압축강도가 클수록 콘크리트의 부착력이 커진다.

[문제] 12. 막상(막상)재료로 공간을 덮어 건물 내외의 기압차를 이용한 풍선 모양의 지붕구조를 무엇이라 하는가?
㉮ 공기막 구조
㉯ 현수 구조
㉰ 곡면판 구조
㉱ 입체 트러스 구조

[해설] • 막구조
① 지붕의 재료로 막을 사용하며 막을 잡아당겨 인장력을 주면 막 자체에 강성이 생겨 구조체로 힘을 받을 수 있다.
② 공기막 구조 : 공기압으로 막의 형태를 유지하는 구조이다.

[문제] 13. 다음 중 습식 구조와 가장 거리가 먼 것은?
㉮ 목구조
㉯ 철근 콘크리트 구조
㉰ 블록 구조
㉱ 벽돌 구조

[해설] 목구조는 건식 구조이다.

[문제] 14. 목구조에서 토대를 기둥 및 기초부와 연결해주는 연결재가 아닌 것은 어느 것인가?
㉮ 띠쇠   ㉯ 듀벨
㉰ 산지   ㉱ 감잡이쇠

[해설] • 듀벨 : 목재의 전단력을 보강하는 전단접합에 사용한다.

[문제] 15. 벽돌구조의 아치(arch)는 부재의 하부에 어떤 힘이 생기지 않도록 의도된 구조인가?
㉮ 인장력   ㉯ 압축력
㉰ 수평반력   ㉱ 수직반력

[해설] • 아치(arch)
① 벽돌 벽체에 설치하는 창, 출입구의 위는 상부에서 오는 하중을 안전하게 지지하기 위하여 아치를 틀거나 인방보를 설치한다.
② 아치는 상부에서 오는 수직압력이 아치 축선에 따라 좌우로 나누어져 밑으로 직압력만으로 전달되게 한 것으로, 부재의 하부에 인장력이 생기지 않게 한 구조이다.

[문제] 16. 철골조의 판보에서 웨브판의 좌굴을 방지하기 위해 설치하는 보강재는 어느 것인가?
㉮ 스터드   ㉯ 덮개판
㉰ 끼움판   ㉱ 스티프너

[해설] • 스티프너 (stiffener) : 플레이트 거더, 박스 기둥의 플랜지, 웨브의 좌굴방지를 하기 위한 보강재이다.

[문제] 17. 철골조에서 주각부분에 사용되는 부재가 아닌 것은?
㉮ 베이스 플레이트   ㉯ 사이드 앵글
㉰ 윙 플레이트   ㉱ 플랜지 플레이트

[해설] • 주각 사용 부재

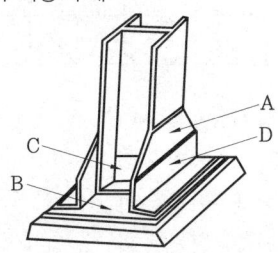

A : 윙 플레이트
B : 베이스 플레이트
C : 클립 앵글
D : 사이드 앵글

[해답] 12. ㉮ 13. ㉮ 14. ㉯ 15. ㉮ 16. ㉱ 17. ㉱

문제 18. 다음 중 철계단에 대한 설명으로 옳지 않은 것은?
㉮ 피난계단에 적당하다.
㉯ 철계단의 집합은 보통 볼트 조임, 용접 등으로 한다.
㉰ 철골 구조라 진동에 유리하다.
㉱ 공장, 창고 등에 널리 사용된다.
[해설] • 철계단의 특징
① 피난계단에 적당하다.
② 철계단의 집합은 보통 볼트 조임, 용접 등으로 한다.
③ 공장, 창고 등에 널리 사용된다.
④ 철계단은 불연성, 경량 구조로서 구조형태가 단순하며 자유롭다.
⑤ 철골구조라 바람, 진동에 의해 균열이 발생하거나 접합부 볼트가 풀릴 수 있다.

문제 19. 철골 구조의 특성에 관한 기술 중 옳지 않은 것은?
㉮ 고층이나 대규모 건물에 많이 사용된다.
㉯ 내화적이다.
㉰ 정밀한 가공을 요한다.
㉱ 가구식 구조이다.
[해설] • 철골 구조의 단점
① 공기 또는 물에 노출되면 부식하기 쉬우므로 정기적으로 관리해야 한다.
② 열에 의한 강도 저하가 커서 내화피복이 필요하다.
③ 좌굴방지를 위해 보강을 해야 한다.
④ 철골은 열 또는 화재에 약하다.

문제 20. 면에 곡률을 주어 경간을 확장하는 구조로서 곡면구조 부재의 축선을 따라 발생하는 응력으로 외력에 저항하는 구조는?
㉮ 막구조
㉯ 케이블돔 구조
㉰ 셸구조
㉱ 스페이스 프레임 구조
[해설] ① 셸구조 : 곡률을 가진 얇은 판으로 주변을 충분히 지지시키면 면에 분포되는 하중을 인장, 압축과 같은 면내력으로 전달시키는 역학적 특성을 가진 구조로 큰 공간을 덮는 지붕이나 액체를 담는 용기 등에 널리 사용한다(예 : 시드니 오페라 하우스).
② 래티스 돔구조 : 장충 체육관
③ 현수 구조 : 금문교, 남해대교
④ 막구조 : 상암동 월드컵 경기장

문제 21. 유리의 종류와 용도의 조합 중 옳은 것은?
㉮ 프리즘 유리 : 병원의 일광욕
㉯ 스테인드 유리 : 장식용
㉰ 자외선 투과유리 : 방화용
㉱ 망입유리 : 굴절 채광용
[해설] • 스테인 글라스 : 색유리를 사용하여 그림을 나타낸 판유리로서 색유리 조각을 도안에 맞추어 절연해서 조립한다. H형 납제로 끼워 맞추어 모양을 낸 것으로 성당의 창·상업건축의 장식용으로 사용한다.

문제 22. 멜라민 수지풀은 어떤 재료의 접착제로 적당한가?
㉮ 목재 ㉯ 금속 ㉰ 고무 ㉱ 유리
[해설] • 멜라민 수지풀
① 내열성, 내수성, 접착성이 우수하다.
② 목재, 합판의 접착제로 사용되며 유리, 금속에는 사용하지 않는다.

문제 23. 아스팔트의 품질을 판별하는 항목과 거리가 먼 것은?
㉮ 신도 ㉯ 침입도
㉰ 감온비 ㉱ 압축강도
[해설] • 아스팔트 재료의 품질 시험 항목 : 침입도, 인화점, 이황화탄소 가용분, 감온비, 신도, 비중, 가열감량, 인화점, 고정 탄소 등이 있다.

문제 24. 재료의 분류 중 천연재료에 속하지 않는 것은?

[해답] 18. ㉰ 19. ㉯ 20. ㉰ 21. ㉯ 22. ㉮ 23. ㉱ 24. ㉰

㉮ 목재　　　　　㉯ 대나무
㉰ 플라스틱재　　㉱ 아스팔트

[해설] • 건축재료의 분류
① 천연재료(자연재료) : 석재, 목재, 토벽 등
② 인공재료(공업재료) : 금속제품, 요업제품, 섬유제품 등

문제 25. 길이 5 m인 생나무가 전건 상태에서 길이 4.5 m로 줄어들었다면 수축률은 얼마인가?

㉮ 6 %　　　　　㉯ 10 %
㉰ 12 %　　　　 ㉱ 14 %

[해설] $\frac{5-4.5}{5} \times 100\% = 10\%$

문제 26. 다음 중 점토 제품의 소성온도 측정에 쓰이는 것은?

㉮ 샤모트(Chamotte)추
㉯ 머플(Muffle)추
㉰ 호프만(Hoffman)추
㉱ 제게르(Seger)추

[해설] • 제게르(Seger)추 : 점토소성 온도 측정기로서 노 내 온도를 측정하는 기기이며 보통 590~2030℃까지 측정이 가능하다. 온도계로서의 정밀도는 낮지만, 일반적으로 많이 사용하고 있다.

문제 27. 염분이 섞인 모래를 사용한 철근 콘크리트에서 가장 염려되는 현상은?

㉮ 건조수축　　　㉯ 철근부식
㉰ 슬럼프　　　　㉱ 동해

[해설] 산성 물질은 철근 부식의 원인이 되므로 콘크리트에 산성모래, 산성물을 사용하지 말아야 한다.

문제 28. 다음 합성수지 중 열가소성 수지는 어느 것인가?

㉮ 페놀수지
㉯ 에폭시수지
㉰ 초산비닐수지
㉱ 폴리에스테르수지

[해설] ① 열가소성 수지 : 염화비닐, 초산비닐, 염화 비닐리덴, 아크릴 수지, 폴리에틸렌 수지, 폴리스티롤 수지 플루오르 수지, 초산비닐수지
② 열경화성 수지 : 페놀수지, 에폭시수지, 폴리에스테르수지, 요소수지, 멜라민수지

문제 29. 타일시공 후 압착이 충분하지 않는 경우 등으로 타일이 떨어지는 현상을 무엇이라 하는가?

㉮ 백화 현상　　　㉯ 박리 현상
㉰ 소성 현상　　　㉱ 동해 현상

[해설] ① 박리 현상 : 타일 시공 후 타일이 떨어지는 현상을 말하며 모르타르의 물량을 조절하지 않아 두께가 일정치 않거나 완전하게 압착이 되지 않을 때에 발생한다.
② 백화 현상 : 타일 뒷면의 수분에 의해 녹은 석회 물질이 나와 타일이 오염되는 현상으로 완벽한 방수공사가 이루어져야 한다.
③ 동해 현상 : 타일이 심한 추위로 인해 얼어붙은 타일이 깨지거나 결로 현상에 의해 박리 현상이 발생하는 현상이다.

문제 30. 재료를 잡아 당겼을 때 길게 늘어나는 성질을 무엇이라 하는가?

㉮ 강성　　　　　㉯ 연성
㉰ 강도　　　　　㉱ 전성

[해설] ① 연성 : 재료가 인장력을 받을 때 잘 늘어나는 성질이다.
② 강성 : 재료가 외력을 받을 때 변형에 저항하는 성질이다.
③ 강도 : 재료에 하중이 작용할 때 그 하중에 견뎌 낼 수 있는 재료의 세기 정도이다.
④ 전성 : 재료를 두드릴 때 얇게 퍼지는 성질이다.

문제 31. 그림에서 슬럼프 값을 의미하는 기호는?

[해답] 25. ㉯ 26. ㉱ 27. ㉯ 28. ㉰ 29. ㉯ 30. ㉯ 31. ㉮

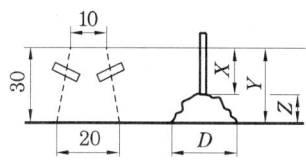

㉮ X ㉯ Y
㉰ Z ㉱ D

[해설] 슬럼프 시험은 콘크리트 시공의 난이도를 측정하는 시험으로서 흘러내린 높이를 중앙부분에서 측정한 값이다.

문제 32. 철근 콘크리트의 특성에 대한 설명 중 옳지 않은 것은?
㉮ 콘크리트는 습기를 흡수하면 팽창하고 건조하면 수축한다.
㉯ 콘크리트의 인장강도는 압축강도의 $\frac{1}{2}$ 정도이다.
㉰ 철근과 콘크리트의 열팽창 계수는 거의 같다.
㉱ 철근의 피복두께를 크게 하면 철근 콘크리트의 내구성은 증대된다.

[해설] • 콘크리트의 특성
① 콘크리트의 강도 중에서 압축강도가 가장 크다.
② 인장강도, 휨강도, 전단강도는 압축강도의 $\frac{1}{10} \sim \frac{1}{15}$ 에 불과하다.

문제 33. 화재의 연소방지 및 내화성 향상을 목적으로 하는 재료는?
㉮ 아스팔트 ㉯ 석면시멘트판
㉰ 실링재   ㉱ 글라스 울

[해설] • 석면시멘트판(asbestos cement board) : 석면과 시멘트가 원료이며 가볍고 힘이 강하며 연소 방지 및 내화성, 단열성이 우수하다.

문제 34. 다음 중 가장 높은 온도에서 소성된 점토제품은?
㉮ 토기 ㉯ 도기 ㉰ 석기 ㉱ 자기

[해설] • 소성 온도
① 토기 : 700~1000℃
② 석기 : 1160~1350℃
③ 도기 : 1100~1230℃
④ 자기 : 1230~1460℃

문제 35. 다음 각 석재의 용도로 옳지 않은 것은?
㉮ 트래버틴-특수실내장식재
㉯ 응회암-구조재
㉰ 점판암-지붕재
㉱ 대리석-장식재

[해설] 응회암은 내장 마감용으로 쓰인다.

문제 36. 다음 중 시공현장에서 절단 가공할 수 없는 유리는?
㉮ 보통판유리 ㉯ 무늬유리
㉰ 망입유리   ㉱ 강화유리

[해설] 강화 유리는 절단하면 파손되어 깨져나가므로 절단이 가능하지 않으며, 주문 제작해야 한다.

문제 37. 절대 건조 비중이 0.3인 목재의 공극률은?
㉮ 60.5 % ㉯ 70.5 %
㉰ 80.5 % ㉱ 90.5 %

[해설] • 목재의 공극률
① $V = \left(1 - \frac{W}{1.54}\right) \times 100\%$
   $= \left(1 - \frac{0.3}{1.54}\right) \times 100\% = 80.519\%$
② V : 공극률(%)
   W : 전건비중
   1.54 : 목재를 구성하고 있는 섬유질의 비중

문제 38. 유리 원료에 납을 섞어 유리에 산화납 성분을 포함시킨 유리의 특징은?
㉮ X선 차단성이 크다.
㉯ 태양광선 중 열선을 흡수한다.

[해답] 32. ㉯ 33. ㉯ 34. ㉱ 35. ㉯ 36. ㉱ 37. ㉰ 38. ㉮

㉰ 자외선을 차단시키는 효과가 크다.
㉱ 자외선을 흡수하는 성질이 크다.
[해설] • X선 차단 유리 : 유리의 원료에 납을 섞어 유리에 산화납 성분을 포함시키면 X선의 차단성이 커진다. 산화납의 포함 한도는 6 %이다.

[문제] 39. 알루미늄을 부식시키지 않는 재료는 어느 것인가?
㉮ 아스팔트   ㉯ 시멘트 모르타르
㉰ 회반죽   ㉱ 철강재
[해설] • 알루미늄
  ① 산, 알카리에 약하므로 콘크리트에 접할 때에는 방식처리를 해야 한다.
  ② 방식법으로는 아스팔트, 방청도료를 칠한다.
  ③ 알루마이트(alumite)처리를 하여 산화 피막을 형성하게 한다.

[문제] 40. 시멘트가 공기 중의 습기를 받아 천천히 수화 반응을 일으켜 작은 알갱이 모양으로 굳어졌다가, 이것이 계속 진행되면 주변의 시멘트와 달라붙어 결국에는 큰 덩어리로 굳어지는 현상은?
㉮ 응결 ㉯ 소성 ㉰ 경화 ㉱ 풍화
[해설] • 시멘트의 풍화
  ① 시멘트를 대기 중에 저장하면 풍화된다.
  ② 공기 중의 습도와 탄산가스가 시멘트와 결합하면 변질된다.
  ③ 풍화된 시멘트는 비중이 저하된다.

[문제] 41. 주거공간을 주행동에 의해 개인 공간, 사회 공간, 노동 공간, 보건 · 위생 공간 등으로 구분할 경우, 다음 중 사회 공간에 속하지 않는 것은?
㉮ 거실   ㉯ 서재
㉰ 식당   ㉱ 응접실
[해설] ① 공동 생활 공간 : 거실, 식당, 응접실
  ② 개인 공간 : 침실, 서재, 작업실

[문제] 42. 기온 · 습도 · 기류의 3요소의 조합에 의한 실내 온열감각을 기온의 척도로 나타낸 것은?
㉮ 유효온도   ㉯ 작용온도
㉰ 등가온도   ㉱ 불쾌지수
[해설] 실내 환경에서 실감온도(유효온도) 3요소는 온도, 습도, 기류이다.

[문제] 43. 건축제도에서 선긋기에 관한 설명으로 옳지 않은 것은?
㉮ 한 번 그은 선은 중복해서 긋지 않는다.
㉯ 굵은 선의 굵기는 0.8 mm 정도면 적당하다.
㉰ 시작부터 끝까지 일정한 힘을 주어 일정한 속도로 긋는다.
㉱ 용도에 따른 선의 굵기는 축척과 도면의 크기에 관계없이 동일하게 한다.
[해설] • 건축제도 선긋기
  ① 용도에 따른 선의 굵기는 축척과 도면의 크기에 따라서 다르게 한다.
  ② 한 번 그은 선은 중복해서 긋지 않는다.
  ③ 파선, 점선은 선의 길이와 간격이 일정하도록 한다.
  ④ 선과 선이 각으로 만나는 곳은 정확하게 작도해야 한다.
  ⑤ 시작부터 끝까지 일정한 힘을 주어 일정한 속도로 긋는다.

[문제] 44. 삼각스케일에 표기되어 있는 축척이 아닌 것은?
㉮ $\frac{1}{100}$ ㉯ $\frac{1}{300}$ ㉰ $\frac{1}{600}$ ㉱ $\frac{1}{800}$
[해설] • 삼각 스케일(scale) : 단면 모양을 한 목재의 3면에 1 mm의 $\frac{1}{100}$, $\frac{1}{200}$, $\frac{1}{300}$, $\frac{1}{400}$, $\frac{1}{500}$, $\frac{1}{600}$에 해당하는 6가지로 축적되어 있으며 눈금이 새겨져 사용하기에 매우 편리하다.

[해답] 39. ㉮ 40. ㉱ 41. ㉯ 42. ㉮ 43. ㉱ 44. ㉱

문제 45. 건축도면 중에 쓰는 표시기호와 표시사항의 연결이 옳지 않은 것은?
㉮ L : 길이　　㉯ R : 지름
㉰ A : 면적　　㉱ THK : 두께

[해설] • 설계 제도 표시 기호

기호	명칭	기호	명칭
L	길이	R	반지름
H	높이	⌂	주출입구
W	너비	↑	부출입구
TH	두께	①, ②	제1·제2
Wt	무게	S=1:200	축척 1/200
A	면적	▭▭	축척
V	용적	▲	단면의 위치방향
D, ø	지름	◇	입면의 방향

문제 46. 아파트 단위주거의 단면형식에 따른 분류에 속하는 것은?
㉮ 집중형　　㉯ 판상형
㉰ 복층형　　㉱ 계단실형

[해설] • 아파트 단위주거 단면형식
① 단층형(flat) : 단위주거가 1층만으로 되어 있는 것으로 공동주택의 가장 대표적인 형식이다.
② 복층형(maisonette) : 1개의 단위주거가 2개 층에 걸쳐 있는 경우를 말한다.
③ 스킵 플로어형(skip floor) : 한층 또는 두 층을 걸러 복도를 설치하거나 복도 없이 계단실에서 단위주거에 도달하는 형식이다.

문제 47. 지각적으로는 구조적 높이감을 주며 심리적으로는 상승감, 존엄감의 느낌을 주는 선의 종류는?

㉮ 사선　　㉯ 곡선
㉰ 수직선　　㉱ 수평선

[해설] • 수직선 : 존엄성, 하늘, 엄숙함, 적극성, 긴장감, 남성, 능동감

문제 48. 그림과 같은 벽돌조 단면에서 '가' 부재의 명칭은?

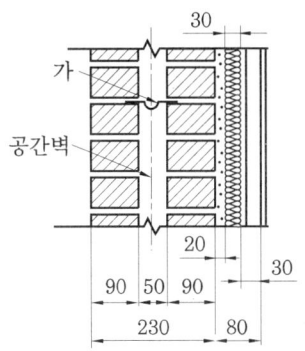

㉮ 듀벨　　㉯ 늑근
㉰ 스터럽　　㉱ 긴결철물

[해설] • 공간 조적벽
① 방습, 방음, 단열을 목적으로 공간을 띄워서 쌓는 벽이다.
② 바깥벽과 안벽의 연결철물은 0.4 이내마다 1개씩 사용하고 켜가 달라질 때 마다 엇갈리게 배치한다.

문제 49. 흡수식 냉동기의 구성에 해당하지 않는 것은?
㉮ 증발기　　㉯ 재생기
㉰ 압축기　　㉱ 응축기

[해설] • 흡수식 냉동기의 구성
① 증발기 : 냉각관 내를 흐르는 냉수로부터 열을 빼앗아 냉매가 증발한다.
② 흡수기 : 증발기를 진공상태로 유지하여 준다.
③ 열교환기 : 가열된 다음 재생기에 보낸다.
④ 재생기(발생기) : 응축기로 보내고 일부 흡수기로 되돌아간다.
⑤ 응축기 : 냉각 응축되어 증발기로 돌아간다.
⑥ 흡수식 냉동기는 증발-흡수-재생-응축으로 순환한다.

[해답] 45. ㉯　46. ㉰　47. ㉰　48. ㉱　49. ㉰

문제 50. 증기난방에 관한 설명으로 옳지 않은 것은?
㉮ 계통별 용량제어가 곤란하다.
㉯ 온수난방에 비해 예열시간이 길다.
㉰ 증발잠열을 이용하는 난방방식이다.
㉱ 부하변동에 따른 실내방열량의 제어가 곤란하다.

해설 • 콘크리트 혼화재의 첨가 목적
① 수화초기 발열량(수화열) 감소
② 장기 강도 증가
③ 알칼리 골재 반응에 의한 팽창 억제
④ 해수에 대한 저항성 증가

문제 51. 건축 도면의 글자 및 치수에 관한 설명으로 옳지 않은 것은?
㉮ 숫자는 아라비아 숫자를 원칙으로 한다.
㉯ 치수는 특별히 명시하지 않는 한 마무리 치수로 표시한다.
㉰ 글자체는 수직 또는 15° 경사의 고딕체로 쓰는 것을 원칙으로 한다.
㉱ 치수는 치수선에 평행하게 도면의 오른쪽에서 왼쪽으로 읽을 수 있도록 기입한다.

해설 • 치수 기입 방법
① 치수 기입은 치수선에 평행하게 도면의 왼쪽에서 오른쪽으로, 아래부터 위로 읽을 수 있도록 기입한다.
② 치수선의 양 끝 표시는 화살 또는 점을 사용할 수 있으나 같은 도면에서는 혼용하지 않는다.
③ 치수는 특별히 명시하지 않는 한 마무리 치수로 표시한다.
④ 협소한 간격이 연속될 때에는 인출선을 사용하여 치수를 쓴다.

```
    3000        3000
화살표 표시 방법   점 표시방법
```

문제 52. 압력탱크식 급수방법에 관한 설명으로 옳은 것은?

㉮ 급수 공급 압력이 일정하다.
㉯ 정전 시에도 급수가 가능하다.
㉰ 단수 시에 일정량의 급수가 가능하다.
㉱ 위생상 측면에서 가장 바람직한 방법이다.

해설 • 압력탱크 급수 방법
① 단수 시에도 탱크에 남아 있는 물로 일정량의 급수가 가능하다.
② 수도본관에서 인입관에 의해 저수탱크에 저수한 후 급수펌프를 이용하여 압력탱크에 보내고 압력 탱크에서 공기를 압축 가압하여 압력에 의해 물이 필요한 곳에 급수하는 방식이다.

문제 53. 건축제도는 어느 것인가?
㉮ 420 mm×594 mm
㉯ 594 mm×841 mm
㉰ 841 mm×1189 mm
㉱ 297 mm×420 mm

해설 • 제도지의 크기

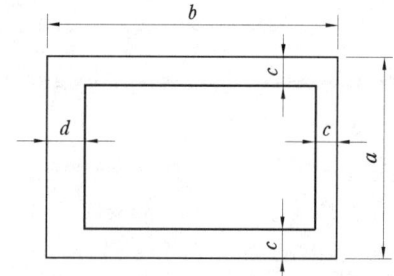

(단위 : mm)

제도지의 치수	$a \times b$	c (최소)	d (최소) 철하지 않을 때	d (최소) 철할 때
A0	841×1189	10	10	25
A1	594×841	10	10	25
A2	420×594	10	10	25
A3	297×420	5	5	25
A4	210×297	5	5	25
A5	148×210	5	5	25
A6	105×148	5	5	25

해답 50. ㉯ 51. ㉱ 52. ㉰ 53. ㉮

문제 54. 다음 설명에 알맞은 형태의 지각심리는?

> 공동운명의 법칙이라고도 한다. 유사한 배열로 구성된 형들이 방향성을 지니고 연속되어 보이는 하나의 그룹으로 지각되는 법칙을 말한다.

㉮ 유사성　　㉯ 근접성
㉰ 폐쇄성　　㉱ 연속성

해설 ① 연속성 : 유사한 배열이 하나의 묶음으로 되는 것으로 지각하는 법칙을 공동운명의 법칙이라 한다.
② 유사성 : 같은 길을 가진 여러 부분의 조합에 의하여 이루어지는 것으로 반복하여 사용하던 리듬감을 형성할 수 있다.

문제 55. 수·변전실의 위치 선정 시 고려사항으로 옳지 않은 것은?
㉮ 외부로부터의 수전이 편리한 위치로 한다.
㉯ 용량의 증설에 대비한 면적을 확보할 수 있는 장소로 한다.
㉰ 사용부하의 중심에서 멀고, 수전 및 배전 거리가 긴 곳으로 한다.
㉱ 화재, 폭발의 우려가 있는 위험물 제조소나 저장소 부근은 피한다.

해설 • 수·변전실의 위치
① 부하의 중심에 가깝고 배전에 편리한 장소일 것
② 전원의 인입과 기기의 반출이 편리할 것

문제 56. 다음 중 건축물의 평면 계획 시 고려하여야 할 사항으로 가장 중요한 것은 어느 것인가?
㉮ 주위 환경과의 조화
㉯ 경제적인 구조체 설계
㉰ 각 실의 기능 만족 및 실의 배치
㉱ 명암, 색채, 질감의 요소를 고려한 마감 재료의 조화

해설 • 평면계획 : 생활 내부에 따라 여러 가지 성격의 공간들을 일정한 방법으로 분리, 통합해서 주생활의 욕구를 충족할 수 있도록 각 실의 배치를 결정하는 작업이다.

문제 57. 액화석유가스(LPG)에 관한 설명으로 옳지 않은 것은?
㉮ 공기보다 가볍다.
㉯ 용기(bomb)에 넣을 수 있다.
㉰ 가스 절단 등 공업용으로도 사용된다.
㉱ 프로판 가스(propane gas)라고도 한다.

해설 LP가스는 무색, 무취이어서 구별하기 어렵고, 공기보다 무거워 바닥 하면에 체류하여 화재 및 폭발 위험성이 존재한다.

문제 58. 건축법령에 따른 고층건축물의 정의로 옳은 것은?
㉮ 층수가 30층 이상이거나 높이가 90미터 이상인 건축물
㉯ 층수가 30층 이상이거나 높이가 120미터 이상인 건축물
㉰ 층수가 50층 이상이거나 높이가 150미터 이상인 건축물
㉱ 층수가 50층 이상이거나 높이가 200미터 이상인 건축물

해설 ① 고층 건축물 : 층수가 30층 이상이거나 높이가 120미터 이상인 건축물을 말한다.
② 초고층 건축물 : 층수가 50층 이상이거나 높이가 200미터 이상인 건축물을 말한다.

문제 59. 투시도 용어 중 물체와 시점 사이에 기면과 수직한 직립 평면을 나타내는 것은 어느 것인가?
㉮ 기선(G.L)　　㉯ 화면(P.P)
㉰ 수평면(H.P)　㉱ 지반면(G.P)

해설 ① E.P(eye point) : 시점, 눈의 위치
② S.P(standing point) : 입점, 보는 사람의 위치
③ G.L(ground point) : 기선, 화면과 지면

해답 54. ㉱　55. ㉰　56. ㉰　57. ㉮　58. ㉯　59. ㉯

이 만나는 선
④ V.P(vanishing point) : 소점, 물체의 연장선이 만나는 점
⑤ H.L(horizontal line) : 지평선, 눈높이의 수평위치
⑥ V.L(visual line) : 시선, 눈에서 물체를 보는 선
⑦ P.P(picture point) : 화면, 지면에서 수직으로 세운 면, 투시도가 그려지는 면

문제 60. 주택의 식당 및 부엌에 관한 설명으로 옳지 않은 것은?
㉮ 식당의 색채는 채도가 높은 한색계통이 바람직하다.
㉯ 식당은 부엌과 거실의 중간 위치에 배치하는 것이 좋다.
㉰ 부엌의 작업대는 준비대 → 개수대 → 조리대 → 가열대 → 배선대의 순서로 배치한다.
㉱ 키친네트는 작업대 길이가 2m 정도인 소형 주방가구가 배치된 간이 부엌의 형태이다.
[해설] 식당의 색채는 채도가 높고, 따뜻하고 식욕을 돋우는 난색계통이 바람직하다.

□ 전산응용 건축제도 기능사 ▶ 2013. 7. 21 시행

문제 1. 벽돌구조의 내력벽 두께를 결정하는 요소와 가장 관계가 먼 것은?
㉮ 벽의 높이
㉯ 지붕 물매
㉰ 벽의 길이
㉱ 건축물의 층수
[해설] 내력벽은 벽체의 자체하중과 외력을 지지하는 벽으로서 벽의 높이, 벽의 길이, 건축물의 층수에 의해 두께가 결정된다.

문제 2. 보강 블록조 내력벽에 관한 설명 중 옳지 않은 것은?
㉮ 내력벽은 일반적으로 벽두께를 늘이는 것보다 벽량을 크게 하는 쪽이 유효하다.
㉯ 벽에 철근이 충분히 들어 있는 경우에도 테두리보를 두어야 한다.
㉰ 철근 배근 부분은 콘크리트를 충분히 채운다.
㉱ 통줄눈으로 쌓아서는 안 된다.
[해설] • 보강 블록조
① 블록의 빈 속에 철근을 배근하고 콘크리트를 부어 넣어 수직하중과 수평하중에 안전하게 견딜 수 있도록 보강한 것으로 가장 이상적인 블록 구조이다.
② 통줄눈으로 쌓는다.

문제 3. 복도 또는 간사이가 적을 때에 보를 쓰지 않고 층도리와 간막이도리에 직접 장선을 걸쳐대고 그 위에 마루널을 깐 마루는?
㉮ 동바리마루   ㉯ 홑마루
㉰ 짠마루   ㉱ 납작마루
[해설] • 홑마루 (장선마루)
① 복도와 같이 간 사이가 좁을 때 많이 쓰인다.
② 간 사이가 2m 이하일 때 쓰인다.
③ 장선은 40~50cm 간격으로 배치한다.

문제 4. 한 켜는 길이쌓기로 하고 다음은 마구리쌓기로 하며 모서리에 칠오토막을 써서 아무리는 벽돌쌓기법은?
㉮ 영식 쌓기   ㉯ 화란식 쌓기
㉰ 불식 쌓기   ㉱ 미식 쌓기

[해답] 60. ㉮ 1. ㉯ 2. ㉱ 3. ㉯ 4. ㉯

[해설] • 화란식(네덜란드식) 쌓기
① 모서리 또는 끝부분에는 칠오토막을 사용하며 한 면은 벽돌 마구리와 길이가 교대로 되고 다른 면은 영국식으로 쌓는다.
② 작업하기 쉬워 일반적으로 가장 많이 사용하는 벽돌 쌓기법이다.

[문제] 5. 목재 마루널 깔기에서 널 옆이 서로 물려지게 하고 마루의 진동에 의하여 못이 솟아오르는 일이 없는 이상적인 마루 깔기법은?
㉮ 맞댄 쪽매   ㉯ 반턱 쪽매
㉰ 제혀 쪽매   ㉱ 딴혀 쪽매

[해설] • 제혀 쪽매
① 널 한쪽에 홈을 파고 다른 널은 혀를 내어 물리게 한 것이다.
② 진동으로 인해 못이 솟아 올라오는 일이 적게 하였다.

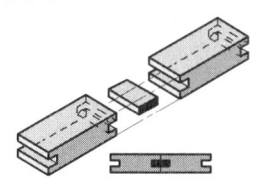

[문제] 6. 목재의 이음과 맞춤을 할 때 주의사항으로 옳지 않은 것은?
㉮ 공작이 간단하고 튼튼한 접합을 선택할 것
㉯ 이음, 맞춤의 단면은 응력의 방향에 직각으로 할 것
㉰ 이음, 맞춤의 위치는 응력이 작은 곳으로 할 것
㉱ 맞춤면은 수축, 팽창을 위해 틈을 주어 가공할 것

[해설] • 이음과 맞춤 시 주의사항
① 맞춤면은 정확히 가공하여 서로 밀착되어 빈틈이 없게 한다.
② 이음과 맞춤은 응력이 가장 적은 곳에서 만든다.

③ 이음과 맞춤은 끝부분 응력이 균등히 전달되도록 한다.
④ 이음과 맞춤은 단면의 응력방향에 직각으로 한다.

[문제] 7. 목구조에서 통재기둥에 한편맞춤이 될 때 통재기둥과 층도리의 맞춤방법으로서 가장 적합한 것은?
㉮ 쌍장부를 넣고 띠쇠를 보강한다.
㉯ 빗턱통을 넣고 내다지장부맞춤, 벌림 쐐기치기로 한다.
㉰ 걸침턱맞춤으로 하고 감잡이쇠로 보강한다.
㉱ 통재 넣기로 하고 주걱볼트로 보강한다.

[해설] • 층도리(girth)
① 2층 구조의 마루바닥 부분의 수평으로 대는 가로재로서 기둥에 연결한다.
② 접합 : 통재기둥에 한편 맞춤이 될 때(모서리기둥)에는 빗턱통을 넣고 내다지장부 맞춤, 벌림 쐐기치기로 하며 또는 빗턱통을 넣고 짧은 장부 맞춤 ㄱ자쇠를 쓰고 가시 못치기 볼트 조임으로 한다.

[문제] 8. 건물 전체의 무게가 비교적 가벼우면서 강도가 커 고층이나 간 사이가 큰 대규모 건축물에 적합한 구조는?
㉮ 철근 콘크리트 구조
㉯ 철골 구조
㉰ 목구조
㉱ 블록 구조

[해설] 철골 구조의 주체인 철은 강도가 크고 가벼운 편이므로 고층 구조나 간 사이가 큰 대규모 건축물에 적당하다.

[문제] 9. 마름돌 거친 면의 돌출부를 쇠메 등으로 쳐서 면을 보기 좋게 다듬는 것을 무엇이라 하는가?
㉮ 도드락 다듬   ㉯ 정다듬
㉰ 혹두기   ㉱ 잔다듬

[해답] 5. ㉰ 6. ㉱ 7. ㉯ 8. ㉯ 9. ㉰

[해설] • 돌의 가공순서
  ① 흑두기 : 쇠메로 돌의 거친 면을 대강 다듬는 것
  ② 정다듬 : 흑두기 면을 정으로 곱게 쪼아 표면에 미세하고 조밀한 흔적을 내어 평탄하고 거친 면으로 만든 것
  ③ 도드락 다듬 : 거친 정다듬한 면을 도드락 망치로 더욱 평탄하게 다듬는 것
  ④ 잔다듬 : 양날망치를 사용하여 정다듬 면을 평행방향으로 치밀하게 곱게 쪼아 표면을 더욱 평탄하게 만든 것
  ⑤ 물갈기 : 화강암, 대리석 같은 치밀한 돌을 잔다듬한 면에 금강사를 뿌려 철판, 숫돌 등으로 물을 주어 간 다음, 산화주석을 헝겊에 묻혀서 잘 문질러 광택이 나게 하는 것

[문제] 10. 경첩(hinge) 등을 축으로 개폐되는 창호를 말하며, 열고 닫을 때 실내의 유효 면적을 감소시키는 특징이 있는 창호는 어느 것인가?
  ㉮ 미서기창   ㉯ 여닫이창
  ㉰ 미닫이창   ㉱ 회전창

[해설] ① 여닫이문은 열고 닫을 때 면적을 차지하여 실내 유효면적을 감소시킨다.
  ② 미닫이문은 열고 닫을 때 면적을 차지하지 않아 실내 유효면적을 증가시킨다.

[문제] 11. 돔의 상부에서 여러 부재가 만날 때 접합부가 조밀해지는 것을 방지하기 위해 설치하는 것은?
  ㉮ 압축링   ㉯ 인장링
  ㉰ 스페이스프레임   ㉱ 트러스

[해설] • 압축링 (compression ring truss)
  ① 돔의 상부에는 압축링을 설치하고, 하부에는 밖으로 퍼져 나가는 힘에 저항하기 위한 인장링을 설치한다.
  ② 압축링과 인장링을 설치하여 수직과 수평으로 힘의 평형을 갖춘다.

[문제] 12. 바닥 면적이 $40\,m^2$일 때 보강 콘크리트 블록조의 내력벽 길이의 총합계는 최소 얼마 이상이어야 하는가?
  ㉮ 4 m   ㉯ 6 m   ㉰ 8 m   ㉱ 10 m

[해설] • ① 보강 블록조의 벽량
  $$벽량 = \frac{벽의\ 길이(cm)}{바닥면적(m^2)} \geq 15\,cm/m^2$$
  ② $1\,m^2$당 15 cm 이상이므로 $40\,m^2$일 때는
  $40 \times 15\,cm = 600\,cm$
  ∴ 벽의 길이는 6 m 이상

[문제] 13. 휨모멘트나 전단력을 견디게 하기 위해 사용되는 것으로 보 단부의 단면을 중앙부의 단면보다 크게 한 부분은?
  ㉮ 헌치   ㉯ 슬래브
  ㉰ 래티스   ㉱ 지중보

[해설] • 헌치(haunch) : 단부의 단면을 증가한 부분으로서 헌치의 폭은 안목길이의 $\frac{1}{10} \sim \frac{1}{12}$ 정도이며 헌치의 춤은 헌치폭의 $\frac{1}{3}$ 정도이다.

[문제] 14. 납작 마루에 사용되는 부재가 아닌 것은?
  ㉮ 마룻널   ㉯ 장선
  ㉰ 멍에   ㉱ 동바리

[해설] • 납작 마루 : 콘크리트 바닥에 직접 멍에와 장선을 걸고 마룻널을 깔거나 장선만을 깔고 마룻널을 까는 마루로서 사무실, 판매장 등과 같이 외부에서 직접 출입에 편하도록 하기 위하여 쓴다.

[문제] 15. 목구조의 이음 위치에 산지(dowel) 등을 박아 매우 튼튼한 이음이며, 휨을 받는 가로재의 내이음으로 많이 사용되는 이음은 어느 것인가?
  ㉮ 엇걸이 이음   ㉯ 주먹장 이음
  ㉰ 메뚜기장 이음 ㉱ 반턱 이음

[해설] • 엇걸이 이음 : 옆에서 산지치기로 하고 중간은 빗 물리게 한 이음으로 토대, 처마도리, 중도리 등에 쓰인다.

[해답] 10. ㉯   11. ㉮   12. ㉯   13. ㉮   14. ㉱   15. ㉮

문제 16. 보강 블록 구조 내력벽에서 벽량의 최소값은 얼마 이상인가?
- ㉮ 10 cm/m²
- ㉯ 13 cm/m²
- ㉰ 15 cm/m²
- ㉱ 18 cm/m²

해설 • 보강 블록 구조
① 벽량 = $\dfrac{\text{벽의 길이(cm)}}{\text{바닥면적(m}^2\text{)}} \geq 15\text{cm/m}^2$
② 보강 콘크리트 블록조의 내력벽의 두께 : 15cm/m²

문제 17. 벽돌조 벽체에서 내쌓기를 할 때 내미는 정도의 한계는?
- ㉮ 0.5B
- ㉯ 1.0B
- ㉰ 1.5B
- ㉱ 2.0B

해설 • 벽돌 내쌓기
① 내쌓기는 벽돌 두 켜일 때 $\dfrac{1}{4}$B, 한 켜일 때 $\dfrac{1}{8}$B로 한다.
② 내쌓기 내미는 한도는 2.0B이다.

문제 18. 케이블을 이용하는 구조물에 해당하지 않는 것은?
- ㉮ 현수 구조
- ㉯ 사장 구조
- ㉰ 트러스 구조
- ㉱ 막구조

해설 • 트러스 구조 : 축방향으로 힘을 받는 직선재를 핀으로 결합하여 효율적으로 힘을 전달하는 구조 시스템이다.

문제 19. 철근 콘크리트 구조의 특성 중 옳지 않은 것은?
- ㉮ 콘크리트는 철근이 녹스는 것을 방지한다.
- ㉯ 콘크리트와 철근이 강력히 부착되면 압축력에도 유효하게 된다.
- ㉰ 인장응역은 콘크리트가 부담하고, 압축응력은 철근이 부담한다.
- ㉱ 철근과 콘크리트는 선팽창 계수가 거의 같다.

해설 콘크리트는 압축력에는 강하나 인장력에는 약하므로 인장부에 철근으로 보강한다.

문제 20. 아치벽돌을 특별히 주문 제작하여 만든 아치는?
- ㉮ 민무늬아치
- ㉯ 본아치
- ㉰ 막만든아치
- ㉱ 거친아치

해설 • 다리의 구조 형식
① 현수교 : 주탑에 케이블을 설치하여 기중에 전달되는 하중을 상부 슬래브에 걸친 케이블로 지지하는 구조 양식이다.
② 아치교 : 힘의 방향을 옆에 있는 기둥이나 벽으로 타원을 따라 압축력만 받고 인장력을 받지 않게 분산시키는 구조 형식이다.
③ 사장교 : 현수교와 비슷하지만 슬래브를 주탑에 직접 연결한 구조이다. 즉, 긴 장경간을 직선형 케이블로 경사지게 탑기둥에 연결한 것을 말한다.

문제 21. 점토 제품 중 석영, 운모 등이 풍화되어 만들어진 도토를 원료로 한 것으로 소성 온도는 1100~1250℃ 정도이며 백색의 불투명한 바탕을 이루는 것은 어느 것인가?
- ㉮ 토기
- ㉯ 석기
- ㉰ 도기
- ㉱ 자기

해설 • 도기
① 소성온도 1100~1230℃
② 백색 불투명한 경질제품이다
③ 석영과 운모의 풍화물이다.

문제 22. 건축물의 표면 마무리, 인조석 제조 등에 사용되며 구조체의 축조에는 거의 사용되지 않는 시멘트는?
- ㉮ 조강 포틀랜드 시멘트
- ㉯ 플라이애시 시멘트
- ㉰ 백색 포틀랜드 시멘트
- ㉱ 고로슬래그 시멘트

해답 16. ㉰ 17. ㉱ 18. ㉰ 19. ㉰ 20. ㉯ 21. ㉰ 22. ㉰

해설 • 백색 포틀랜드 시멘트 : 장식용, 미장용, 도장용으로 사용한다.

문제 23. 10 cm×10 cm인 목재를 400 kN의 힘으로 잡아당겼을 때 끊어졌다면, 이 목재의 최대 인장강도는 얼마인가?
㉮ 4 MPa ㉯ 40 MPa
㉰ 400 MPa ㉱ 4000 MPa

해설 • Pa [N/m²]

$$Pa\,[\text{N/m}^2] = \frac{400\,\text{kN}}{0.1\,\text{m} \times 0.1\,\text{m}} = \frac{400 \times 10^3}{0.01\,\text{m}^2}$$
$$= 40 \times 10^6\,[\text{N/m}^2] = 40\,[\text{MPa}]$$
$$1\,[\text{N/m}^2] = 1[\text{Pa}] = 1 \times 10^{-3}\,[\text{kPa}]$$
$$= 1 \times 10^{-6}\,[\text{MPa}]$$

문제 24. 다음 중 지붕 재료에 요구되는 성질과 가장 관계가 먼 것은?
㉮ 외관이 좋은 것이어야 한다.
㉯ 부드러워 가공이 용이한 것이어야 한다.
㉰ 열전도율이 작은 것이어야 한다.
㉱ 재료가 가볍고, 방수·방습·내화·내수성이 큰 것이어야 한다.

해설 • 지붕재료
① 외관이 좋은 것이어야 한다
② 열전도율이 작은 것이어야 한다.
③ 재료가 가볍고, 방수·방습·내화·내수성이 큰 것이어야 한다.
④ 부드러움과 지붕재료와는 관계가 없다.

문제 25. 도료 상태의 방수재를 바탕면에 여러번 칠하여 얇은 수지 피막을 만들어 방수 효과를 얻는 공법은?
㉮ 시트 방수
㉯ 도막 방수
㉰ 시멘트모르타르 방수
㉱ 아스팔트 방수

해설 • 도막방수 : 방수목적 구조물 표면에 방수재를 여러 번 칠하여 원하는 두께의 방수층을 형성하여 방수 효과를 얻은 공법이다.

문제 26. 판유리 종류를 600℃ 이상의 연화점 근처까지 가열한 후 표면에 냉기에 내뿜어 급랭시켜 제조하며, 담금유리라고도 하는 유리는?
㉮ 연마판유리 ㉯ 망입판유리
㉰ 강화유리 ㉱ 복층유리

해설 • 강화유리
① 강화판 유리강도는 보통 유리의 3~4배 정도이며 충격강도는 5~10배 정도이다.
② 파괴되면 열처리에 의한 내응력 때문에 모래처럼 잘게 부서지므로 유리 파편에 의한 부상이 적다.

문제 27. 시멘트 및 콘크리트 제품의 형상에 따른 분류에 속하지 않는 것은?
㉮ 판상제품 ㉯ 블록제품
㉰ 봉상제품 ㉱ 대형제품

해설 ① 블록의 형상에 따른 분류
  ㈎ 판상제품 ㈏ 봉상제품
  ㈐ 관상제품 ㈑ 블록제품
② 치수에 따른 분류
  ㈎ 대형 ㈏ 중형 ㈐ 소형

문제 28. 재료 관련 용어에 대한 설명 중 옳지 않은 것은?
㉮ 열팽창계수란 온도의 변화에 따라 물체가 팽창, 수축하는 비율을 말한다.
㉯ 비열이란 단위 질량의 물질을 온도 1℃ 올리는 데 필요한 열량을 말한다.
㉰ 열용량은 물체에 열을 저장할 수 있는 용량을 말한다.
㉱ 차음률은 음을 얼마나 흡수하느냐 하는 성질을 말하며, 재료의 비중이 클수록 작다.

해설 차음률은 재료의 비중이 클수록 크다.

문제 29. 금속재의 부식방지법으로 옳지 않은 것은?

해답 23. ㉯ 24. ㉯ 25. ㉯ 26. ㉰ 27. ㉱ 28. ㉱ 29. ㉮

㉮ 부식방지를 위해 서로 다른 종류의 금속을 서로 잇대어 쓴다.
㉯ 표면은 깨끗하게 하고, 특히 물기나 습기가 없도록 한다.
㉰ 내식성이 큰 금속은 표면에 도료 등으로 피막을 만들어 보호한다.
㉱ 가공 중에 생긴 변형은 풀림, 뜨임 등에 의해 제거하여 균일한 재료로 만든다.

[해설] • 금속의 부식 방지법 : 다른 종류의 금속을 서로 잇대어 쓰지 않는다.

문제 30. 다음 중 건물의 외부 벽체 마감용으로 적합하지 않은 석재는?
㉮ 화강암　　㉯ 안산암
㉰ 점판암　　㉱ 대리석

[해설] • 대리석의 용도 : 다듬으면 아름답고 광택이 나므로 장식용 석재 중에서 고급재로 많이 사용된다.
① 실내 마감재(바닥재, 벽재)
② 장식재(조각, 몰딩)

문제 31. 아스팔트의 품질 판별 관련 요소와 가장 거리가 먼 것은?
㉮ 침입도　　㉯ 신도
㉰ 감온비　　㉱ 강도

[해설] • 아스팔트 재료의 품질 시험 항목 : 침입도, 인화점, 이황화탄소 가용분, 감온비, 신도, 비중, 가열감량, 인화점, 고정 탄소 등이 있다.

문제 32. 운모계와 사문암계 광석으로서 800~1000℃로 가열하면 부피가 5~6배로 팽창되며, 비중이 0.2~0.4인 다공질 경석으로 단열, 흡음, 보온 효과가 있는 것은 어느 것인가?
㉮ 부석　　㉯ 탄각
㉰ 질석　　㉱ 펄라이트

[해설] • 질석
① 운모계와 사문암계 광석이다.

② 다열, 흡음, 보온, 내화성이 우수하므로 질석 모르타르, 질석 플라스터로 만들어 바름벽 재료, 뿜칠 재료 등으로 쓰인다.

문제 33. 수화열 발생이 적은 시멘트로서 원자로의 차폐용 콘크리트 제조에 가장 적합한 시멘트는?
㉮ 중용열포틀랜드 시멘트
㉯ 조강포틀랜드 시멘트
㉰ 보통포틀랜드 시멘트
㉱ 알루미나 시멘트

[해설] 중용열 포틀랜드 시멘트는 수화열 발생이 작고, 방사선 차단효과가 있는 시멘트이다.

문제 34. 다음 중 목재의 허용인장강도가 가장 큰 것은?
㉮ 참나무　　㉯ 낙엽송
㉰ 전나무　　㉱ 소나무

[해설] • 목재의 허용강도
참나무 : 압축강도 90 kg/cm²
　　　　인장강도 125 kg/cm²

문제 35. 석재를 형상에 의해 분류할 때 두께가 15 cm 미만으로, 대략 너비가 두께의 3배 이상이 되는 것을 무엇이라 하는가?
㉮ 판석　　㉯ 각석
㉰ 견치석　　㉱ 사괴석

[해설] • 판석(flagstone) : 두께에 비해 넓이가 큰 것을 말한다.

문제 36. 건축재료 중 벽, 천장 재료에 요구되는 성질이 아닌 것은?
㉮ 외관이 좋은 것이어야 한다.
㉯ 시공이 용이한 것이어야 한다.
㉰ 열전도율이 큰 것이어야 한다.
㉱ 차음이 잘 되고 내화, 내구성이 큰 것이야 한다.

해설 • 천장재료의 성질
① 열전도율이 작을 것, 즉 열축적률이 커야 한다.
② 천장만으로는 단열성이 적으므로 단열재가 항상 필요하다.

문제 37. 다음 중 현대 건축 재료의 발전방향에 대한 설명으로 옳지 않은 것은?
㉮ 고성능화, 공업화
㉯ 프리패브화의 경향에 맞는 재료개선
㉰ 수작업과 현장시공에 맞는 재료개발
㉱ 에너지 절약화와 능률화
해설 현장에서는 대량 생산에 의해 미리 가공된 재료를 가지고 나머지 공정 작업을 하는 작업의 공정화(프리패브화)로 발전함에 따라 그에 맞는 재료 개선이 필요하다.

문제 38. 다음 목재 제품 중 일반건물의 벽 수장재로 사용되는 것은?
㉮ 플로링 보드   ㉯ 코펜하겐 리브
㉰ 파키트리 패널   ㉱ 파키트리 블록
해설 • 코펜하겐 리브 : 두께 5 cm, 너비 10 cm 정도의 판에 표면을 자유 곡면으로 깎아 수직평행선이 되게 리브(rib)를 만든 것이다.

문제 39. 건축재료의 강도구분에 있어서 정적 강도에 해당하지 않는 것은?
㉮ 압축 강도   ㉯ 충격 강도
㉰ 인장 강도   ㉱ 전단 강도
해설 ① 정적 강도 : 재료에 비교적 느린 속도로 일정하게 하중을 가해 파괴에 이르렀을 때 파괴 시의 응력이다.
② 정적 강도의 종류 : 압축 강도, 인장 강도, 전단 강도, 휨 강도

문제 40. 시멘트의 품질이 일정할 경우 분말도가 클수록 일어나는 현상으로 옳은 것은 어느 것인가?
㉮ 초기강도가 낮아진다.
㉯ 시공 후 투수성이 적어진다.
㉰ 수화작용이 느려진다.
㉱ 시공연도가 떨어진다.
해설 분말도가 높은 것일수록 수화작용이 빠르고 조기강도가 크나, 공기 중의 습기를 받아 풍화되기 쉽고 수화작용에 의한 열의 발생이 많아서 균열이 생기기 쉽다.

문제 41. 건축물을 만드는 과정에서 다음 중 가장 먼저 이루어지는 사항은?
㉮ 도면 작성
㉯ 대지조건 파악
㉰ 형태 및 규모 구상
㉱ 공간규모와 치수 결정
해설 조건파악 → 기본계획 → 기본설계 → 실시설계

문제 42. 다음과 같은 창호의 평면 표시 기호의 명칭으로 옳은 것은?

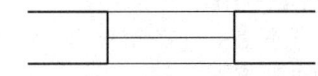

㉮ 회전창   ㉯ 붙박이창
㉰ 미서기창   ㉱ 외여닫이창
해설 • 붙박이창
① 평면 :
② 입면 : FIX

문제 43. 가스계량기는 전기개폐기로부터 최소 얼마 이상 떨어져 설치하여야 하는가?
㉮ 20 cm   ㉯ 30 cm
㉰ 45 cm   ㉱ 60 cm
해설 ① 가스설비는 인입전기 설비와는 60 cm 이상의 거리를 유지한다.
② 차량이 많은 간선도로에서는 1.2 m 이상 유지한다.

문제 44. 건축도면 중 건물벽 직각방향에서 건물의 외관을 그린 것은?

해답 37. ㉰ 38. ㉯ 39. ㉯ 40. ㉯ 41. ㉯ 42. ㉯ 43. ㉱ 44. ㉮

㉮ 입면도   ㉯ 전개도
㉰ 배근도   ㉱ 평면도

[해설] 입면도는 건물벽에 대해 직각으로 수평투영한 도면으로 건물의 외형을 그려 건축물의 외관을 표현하는 도면이다.

[문제] 45. 복사난방에 관한 설명으로 옳은 것은 어느 것인가?

㉮ 방열기 설치를 위한 공간이 요구된다.
㉯ 실내의 온도분포가 균등하고 쾌감도가 높다.
㉰ 대류식 난방으로 바닥면의 먼지 상승이 많다.
㉱ 열용량이 작기 때문에 방열량 조절이 용이하다.

[해설] • 복사난방
① 방열기가 필요하지 않으며 바닥면의 이용도가 높다.
② 실내의 온도분포가 균등하고 쾌감도가 높다.
③ 열용량이 크기 때문에 방열량 조절에 시간이 걸린다.

[문제] 46. 건축법령상 공동주택에 속하지 않는 것은?

㉮ 기숙사   ㉯ 연립주택
㉰ 다가구주택   ㉱ 다세대주택

[해설] ① 단독주택 : 다중주택, 다가구주택, 공관
② 공동주택 : 아파트, 연립주택, 다세대주택, 기숙사

[문제] 47. 지역난방(district heating)에 관한 설명으로 옳지 않은 것은?

㉮ 각 건물의 설비면적이 증가된다.
㉯ 각 건물마다 보일러 시설을 할 필요가 없다.
㉰ 설비의 고도화에 따라 도시의 매연을 경감시킬 수 있다.
㉱ 각 건물에서는 위험물을 취급하지 않으므로 화재위험이 적다.

[해설] 지역난방은 어느 한 위치에서 각 건물에 보내지는 난방으로서 각 건물의 설비면적이 감소된다.

[문제] 48. 제도용지의 규격에 있어서 가로와 세로의 비로서 옳은 것은?

㉮ $\sqrt{2}$: 1   ㉯ 2 : 1
㉰ $\sqrt{3}$: 1   ㉱ 3 : 1

[해설] A4 = 210 × 297
∴ 210 : 297 = 1.414 : 1($\sqrt{2}$)

[문제] 49. 디자인 요소 중 수평선이 주는 조형효과와 가장 거리가 먼 것은?

㉮ 영원   ㉯ 존엄
㉰ 평화   ㉱ 고요

[해설] • 수평선 : 대지, 고요, 세속적, 만족, 평화, 영원

[문제] 50. 다음과 같은 특징을 갖는 투시도 묘사용구는?

• 밝은 상태에서 어두운 상태까지 폭넓게 명암을 나타낼 수 있다.
• 다양한 질감 표현이 가능하다.
• 지울 수 있는 장점이 있는 반면에 번지거나 더러워지는 단점이 있다.

㉮ 잉크   ㉯ 연필
㉰ 볼펜   ㉱ 포스터 칼라

[해설] 연필은 제도용 연필을 많이 사용하며 명암을 폭넓게 표현한다.

[문제] 51. 홀(hall)형 아파트에 관한 설명으로 옳지 않은 것은?

㉮ 프라이버시의 확보가 용이하다.
㉯ 공용 통로 부분의 면적이 비교적 작다.
㉰ 채광 및 통풍이 가장 불리한 형식이다.
㉱ 건물의 양면에 개구부를 설치할 수 있다.

[해설] • 주동의 평면형식

[해답] 45. ㉯ 46. ㉰ 47. ㉮ 48. ㉮ 49. ㉯ 50. ㉯ 51. ㉰

① 편복도형
  (가) 계단이나 엘리베이터에 의하여 1대당 단위주거를 많이 둘 수 있다.
  (나) 각 단위주거에 접하여 복도가 있으므로 프라이버시를 유지하기 힘들다.
② 중복도형
  (가) 계단 또는 엘리베이터를 통하여 각 층에 올라가서 중복도를 따라 양측에 나란히 배치되어 각 단위주거를 이루는 형식이다.
  (나) 대지에 대한 밀도는 높으나 복도 측 방의 프라이버시를 유지하기 힘들다.
③ 집중형
  (가) 중앙에 엘리베이터와 계단을 배치하고 그 주위에 많은 단위주거를 배치하는 형식이다.
  (나) 단위주거의 수가 적을 때 탑 모양으로 계단실형(홀형)에 가까운 모양이 된다.
④ 스킵 플로어형 : 계단실형의 장점과 편복도형의 장점을 복합한 것이다.
⑤ 계단실형(홀형)
  (가) 계단 혹은 엘리베이터가 있는 홀로부터 단위주거에 들어가는 형식이다.
  (나) 양면에 개구를 설치할 수 있어 채광, 통풍이 좋다.
  (다) 집중형에 비해 대지의 이용도가 낮다.

문제 52. 조적조 벽체에서 표준형 벽돌 1.5B 쌓기의 두께로 옳은 것은? (단, 공간쌓기가 아닌 경우)
㉮ 190 mm   ㉯ 220 mm
㉰ 280 mm   ㉱ 290 mm
해설 • 벽돌 1.5B = 0.5 B + 1.0 B
= 0.5 B + 10 mm(시멘트 모르타르 부분) + 1.0 B
= 90 mm + 10 mm + 190 mm = 290 mm

문제 53. 색광의 3원색에 속하지 않는 것은?
㉮ 빨강(R)   ㉯ 노랑(Y)
㉰ 녹색(G)   ㉱ 파랑(B)
해설 적색, 녹색, 파랑을 색광의 3원색 또는 빛의 3원색이라 말한다.

문제 54. 주택단지계획에서 근린주구에 해당되는 주택호수로 알맞은 것은 어느 것인가?
㉮ 10~20호
㉯ 400~500호
㉰ 1600~2000호
㉱ 6000~12000호
해설 • 근린 주구의 주택 단위 구성 단위
① 인보구
  (가) 주택 호수 15~40호
  (나) 인구 100~200명
② 근린 분구
  (가) 주택 호수 400~500호
  (나) 인구 2000명
③ 근린 주구
  (가) 주택 호수 1600~2000호
  (나) 인구 8000~10000명

문제 55. 다음 중 평면도에 나타내야 할 사항이 아닌 것은?
㉮ 층고   ㉯ 벽두께
㉰ 창의 형상   ㉱ 벽 중심선
해설 • 평면도
① 실의 배치 및 크기가 표현된다.
② 방의 위치, 넓이, 개구부 등의 배치 및 크기가 표현된다.
③ 계단 표시선, 벽두께, 기둥의 위치, 벽중심선이 표현된다.

문제 56. 다음 중 실내조명 설계순서에서 가장 먼저 이루어져야 할 사항은?
㉮ 조명 방식의 선정
㉯ 소요 조도의 결정
㉰ 전등 종류의 결정
㉱ 조명 기구의 배치
해설 • 실내조명 설계순서
소요조도의 결정 → 전등 종류의 결정 → 조명방식 및 조명기구 결정 → 광원의 크기와 그 배치 결정 → 광속의 계산

해답 52. ㉱   53. ㉯   54. ㉰   55. ㉮   56. ㉯

문제 57. 가옥 트랩으로서 옥내 배수 수평 주관의 말단 등 가옥 내 배수기구에 부착하여 공공 하수관으로부터의 해로운 가스가 집안으로 침입하는 것을 방지하는 데 사용되는 것은?

㉮ P트랩 ㉯ S트랩
㉰ U트랩 ㉱ 버킷 트랩

[해설] ① U트랩 : 가로 배관에 사용하고 유속을 저해하는 결점이 있으며 공공 하수관에서 하수 가스 역류에 쓰이는 트랩이다.
② P트랩 : 위생기구에 가장 많이 쓰이는 트랩으로 S트랩 보다 봉수가 안전하다.
③ S트랩 : 세면기등에 쓰이는 트랩으로 사이펀 작용에 의해 봉수가 파괴되는 경우가 많다.
④ 드럼트랩(drum trap) : 주방의 개수기 및 그 밖의 개수기류에 쓰이는 트랩으로 다량의 봉수를 가지고 있으므로 트랩보다 봉수가 안전하다.

문제 58. 건축도면의 치수 기입 방법에 관한 설명으로 옳은 것은?

㉮ 치수는 특별히 명시하지 않는 한 마무리 치수로 표시한다.
㉯ 치수 기입은 치수선 중앙 아랫부분에 기입하는 것이 원칙이다.
㉰ 치수 기입은 치수선에 평행하게 도면의 오른쪽에서 왼쪽으로, 위로부터 아래로 읽을 수 있도록 기입한다.
㉱ 치수선의 양 끝은 화살 또는 점으로 혼용해서 사용할 수 있으며 같은 도면에서 치수선이 작은 것은 점으로 표시한다.

[해설] • 치수 기입 방법
① 치수 기입은 치수선에 평행하게 도면의 왼쪽에서 오른쪽으로, 아래부터 위로 읽을 수 있도록 기입한다.
② 치수선의 양 끝 표시는 화살 또는 점을 사용할 수 있으나 같은 도면에서는 혼용하지 않는다.
③ 치수는 특별히 명시하지 않는 한 마무리 치수로 표시한다.
④ 협소한 간격이 연속될 때에는 인출선을 사용하여 치수를 쓴다.

문제 59. 건축제도에서 보이지 않는 부분의 표시에 사용되는 선의 종류는?

㉮ 파선 ㉯ 1점 쇄선
㉰ 가는 실선 ㉱ 굵은 실선

[해설] ① 파선 : 보이지 않는 부분을 표시한다.
② 가는 실선 : 치수선, 치수 보조선, 지시선
③ 일점쇄선 : 중심선, 절단선, 기준선, 경계선
④ 이점쇄선 : 가상선

문제 60. 주택의 거실에 관한 설명으로 옳지 않은 것은?

㉮ 가급적 현관에서 가까운 곳에 위치시키는 것이 좋다.
㉯ 거실의 크기는 주택 전체의 규모나 가족 수, 가족 구성 등에 의해 결정된다.
㉰ 전체 평면의 중앙에 배치하여 각 실로 통하는 통로로서의 역할을 하도록 한다.
㉱ 거실의 형태는 일반적으로 직사각형이 정사각형보다 가구의 배치나 실의 활용 측면에서 유리하다.

[해설] • 주택의 거실 배치
① 중앙에 위치한 경우는 많이 이용되는 형태로 소규모 주택에 사용되나 거실의 안정이 부족하다.
② 주택 내 중심의 위치에 있어야 하며 가급적 현관에서 가까운 곳에 위치, 방위상으로 남쪽 또는 남동, 남서쪽에 면하는 것이 바람직하다.

해답 57. ㉰ 58. ㉮ 59. ㉮ 60. ㉰

전산응용 건축제도 기능사 ▶ 2013. 10. 21 시행

문제 1. 각종 구조에 대한 설명 중 옳지 않은 것은?
㉮ 경량 철골 구조 : 내화, 내구성이 좋지 않다.
㉯ 목구조 : 내화, 내구적이지 못하다.
㉰ 철근 콘크리트 구조 : 내구, 내진, 내화성이 뛰어나다
㉱ 벽돌 구조 : 내진적이며 고층건물에 적합하다.

해설 • 벽돌 구조의 단점
① 내구적 방화적이나 횡력과 진동에 약하고 균열이 생기기 쉬운 구조로 고층 건물에 부적합하다.
② 풍압력, 지진력 등의 수평력에 약하다.
③ 건물의 무게가 무겁다.
④ 벽체에 습기가 차기 쉽다.
⑤ 목조건물에 비하여 벽체의 두께가 크기 때문에 실내 면적이 좁아진다.

문제 2. 벽돌 쌓기법 중 모서리에 칠오토막을 사용하여 통줄눈이 되지 않도록 하는 벽돌쌓기 방법은?
㉮ 영국식 쌓기   ㉯ 화란식 쌓기
㉰ 프랑스식 쌓기 ㉱ 미국식 쌓기

해설 • 화란식(네덜란드식) 쌓기
① 모서리 또는 끝부분에는 칠오토막을 사용하며 한 면은 벽돌 마구리와 길이가 교대로 되고 다른 면은 영국식으로 쌓는다.
② 작업하기 쉬워 일반적으로 가장 많이 사용하는 벽돌 쌓기법이다.

문제 3. 조적식 벽체의 길이가 10 cm를 넘을 때, 벽체를 보강하기 위해 사용되는 것이 아닌 것은?
㉮ 부축벽   ㉯ 수벽
㉰ 붙임벽   ㉱ 붙임기둥

해설 • 수벽(袖壁, reveal) : 내력벽 또는 비내력벽이 수벽이 될 수 있으며 창 또는 문을 내기 위하여 설치된 벽의 개구측부를 말한다.

문제 4. 벽돌벽체 내쌓기에 있어서 한 켜씩 내쌓을 경우 그 내미는 길이의 한도는?
㉮ $\frac{1}{2}$B   ㉯ $\frac{1}{3}$B   ㉰ $\frac{1}{4}$B   ㉱ $\frac{1}{8}$B

해설 • 벽돌 내쌓기
① 내쌓기는 벽돌 두 켜일 때 $\frac{1}{4}$B, 한 켜일 때 $\frac{1}{8}$B로 한다.
② 내쌓기 내미는 한도는 2B이다.

문제 5. 실 내부의 벽 하부에서 1~1.5 m 정도의 높이로 설치하여 일부분을 보호하고 장식을 겸한 용도로 사용하는 것은?
㉮ 걸레받이   ㉯ 고막이널
㉰ 장두리판벽   ㉱ 코펜하겐리브

해설 ① 걸레받이 : 벽의 아래 부분과 바닥이 맞닿는 부분은 더러워지고 쉽고 잘 손상되므로 벽과 바닥의 이음새를 잘 마무리 지으며 장식도 겸하기 위해서 벽 밑 부분에 벽 형태에 따라 두르는 것
② 고막이널 : 토대와 밑인방과 지면 사이를 막아 댄 널
③ 코펜하겐 리브 : 장식적이고 흡음효과가 있는 벽면을 구성하기 위한 단면이 S자 변형을 한 리브이다.

문제 6. 아래 그림과 같은 지붕 평면도를 가진 지붕의 명칭은?

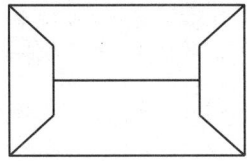

해답 1. ㉱ 2. ㉯ 3. ㉯ 4. ㉱ 5. ㉰ 6. ㉯

㉮ 박공지붕　　㉯ 합각지붕
㉰ 모임지붕　　㉱ 방형지붕

해설 • 합각지붕(gambrel roof) : 상부를 박공지붕으로 하고 하부의 지붕을 사방으로 이어 내린 한식 지붕구조이다.

문제 7. 철골 구조에서 고력볼트 접합에 대한 설명 중 옳지 않은 것은?
㉮ 마찰 접합, 지압 접합 등이 있다.
㉯ 볼트가 쉽게 풀리는 단점이 있다.
㉰ 피로 강도가 높다.
㉱ 접합부의 강성이 높다.

해설 • 고력 볼트 접합(고력 볼트 마찰접합)
① 철골 부재를 접합할 때 접합부재 상호간의 마찰력에 의하여 응력을 전달시키는 접합방식이다
② 고력 볼트를 큰 힘으로 체결하여 얻어진 부재 간 압축력에 의한 마찰저항을 이용한 철골부재의 접합법이다.
③ 볼트 접합이 강하여 느슨해질 우려가 없으며 쉽게 풀리지 않는다.

문제 8. 왕대공 지붕틀에서 평보와 왕대공의 맞춤에 사용되는 보강철물은?
㉮ 감잡이쇠　　㉯ 띠쇠
㉰ 꺽쇠　　　　㉱ 주걱볼트

해설 • 보강 철물의 사용개소
① 처마도리와 깔도리 : 양나사 볼트
② 평보와 왕대공 : 감잡이쇠
③ 보와 처마도리 : 주걱볼트
④ 토대와 기둥 : 감잡이쇠, 꺽쇠, 띠쇠

문제 9. 곡면판이 지니는 역학적 특성을 응용한 구조로서 외력은 주로 판의 면내력으로 전달되기 때문에 경량이고 내력이 큰 구조물을 구성할 수 있는 것은?
㉮ 철골 구조　　㉯ 셸구조
㉰ 현수 구조　　㉱ 커튼월 구조

해설 ① 셸구조 : 곡률을 가진 얇은 판으로 주변을 충분히 지지시키면 면에 분포되는 하중을 인장, 압축과 같은 면내력으로 전달시키는 역학적 특성을 가진 구조로 큰 공간을 덮는 지붕이나 액체를 담는 용기 등에 널리 사용한다 (예 : 시드니 오페라 하우스).
② 래티스 돔구조 : 장충 체육관
③ 현수 구조 : 금문교, 남해대교
④ 막구조 : 상암동 월드컵 경기장

문제 10. 돔의 하부에서 밖으로 퍼져 나가는 힘에 저항하기 위해 설치하는 것은?
㉮ 압축링　　㉯ 인장링
㉰ 래티스　　㉱ 스페이스 트러스

해설 • 압축링(compression ring truss)
① 돔의 상부에는 압축링을 설치하고, 하부에는 밖으로 퍼져 나가는 힘에 저항하기 위한 인장링을 설치한다.
② 압축링과 인장링을 설치하여 수직과 수평으로 힘의 평형을 갖춘다.

문제 11. 목조 계단에서 양 끝에 세우는 굵은 난간동자의 명칭은?
㉮ 계단멍에　　㉯ 두겁대
㉰ 엄지기둥　　㉱ 디딤판

해설 ① 엄지기둥(newel post) : 목조 계단에서 난간 양 끝에 세우는 굵은 난간동자 기둥을 말한다.
② 난간동자(baluster) : 난간 두겁을 중간에 받는 가는 기둥이다.

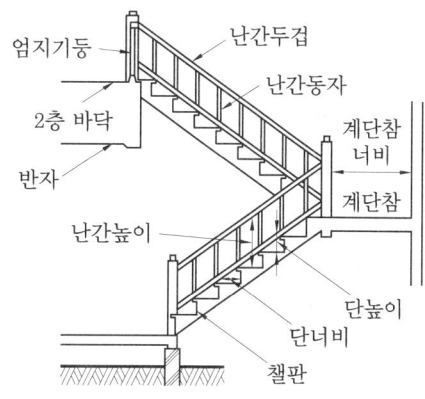

계단 각부의 명칭

문제 12. 토대 · 보 · 도리 등의 가로재가 서로 수평으로 맞추어지는 곳을 안정한 세모구조로 하기 위하여 설치하는 것은?
㉮ 귀잡이보　　㉯ 펠대
㉰ 가새　　　　㉱ 버팀대

해설 • 귀잡이 보 : 바닥 및 지붕틀의 수평보에 설치하여 목조 뼈대의 보와 도리를 보강하는 보강재이다.

문제 13. 철근 콘크리트 압축부재 중 직사각형 기둥의 축방향 주철근의 최소 개수는?
㉮ 3개　　㉯ 4개
㉰ 6개　　㉱ 8개

해설 주근은 D 13, φ 12 이상의 것을 장방형, 정방형 기둥에서는 4개 이상, 원형 기둥에서는 6개 이상 사용한다.

문제 14. 콘크리트와 철근 사이의 부착력에 영향을 주는 것이 아닌 것은?
㉮ 철근의 항복점
㉯ 콘크리트의 압축 강도
㉰ 철근 표면적
㉱ 철근의 표면상태와 단면모양

해설 • 철근 콘크리트의 부착력
① 철근의 표면상태와 단면모양에 따라 부착력이 좌우된다.
② 콘크리트의 압축 강도가 클수록 부착력이 강하다.
③ 철근에 대한 콘크리트의 피복두께가 얇으면 얇을수록 부착력이 감소된다.
④ 콘크리트의 부착력은 철근의 주장에 비례한다.

문제 15. 다음 중 형상에 따른 계단의 분류에 속하지 않는 것은?
㉮ 틀계단　　㉯ 돌음계단
㉰ 곧은계단　㉱ 꺾은계단

해설 • 계단의 종류 : 곧은 계단, 돌음 계단, 꺾인 계단, 나선 계단

문제 16. 블록 구조의 기초 및 테두리보에 대한 설명으로 옳지 않은 것은?
㉮ 기초보는 벽체 하부를 연결하고 집중 또는 국부적 하중을 균등히 지반에 분포시킨다.
㉯ 테두리보의 나비를 크게 할 필요가 있을 때에는 경제적으로 ㄱ자형, T자형으로 한다.
㉰ 테두리보는 분산된 벽체를 일체로 연결하여 하중을 균등히 분포시키는 역할을 한다.
㉱ 기초보의 춤은 처마높이의 $\frac{1}{12}$ 이하가 적절하다.

해설 기초보의 춤은 처마높이의 $\frac{1}{12}$ 이상이며, 단층은 450 mm(45 cm) 이상, 2~3층은 600 mm(60 cm) 이상이다.

문제 17. 철골 구조의 판보(plate girder)에서 웨브의 좌굴을 방지하기 위하여 사용되는 것은?
㉮ 거셋 플레이트　　㉯ 플랜지
㉰ 스티프너　　　　㉱ 리브

해설 • 스티프너 (stiffener) : 플레이트 거더, 박스 기둥의 플랜지, 웨브의 좌굴 방지를 하기 위한 보강재이다.

문제 18. 다음 각 접합부와 철물의 사용이 옳지 않은 것은?
㉮ 평기둥과 층도리 : 띠쇠
㉯ 토대와 기둥 : 앵커 볼트
㉰ 큰 보와 작은 보 : 안장쇠
㉱ ㅅ자보와 중도리 : 꺾쇠

해설 • 목구조 보강철물
① 토대와 기둥 : 감잡이쇠, 꺾쇠, 띠쇠
② 보와 처마도리 : 주걱볼트

문제 19. 바닥 슬래브 전체가 기초판 역할

해답 12. ㉮　13. ㉯　14. ㉮　15. ㉮　16. ㉱　17. ㉰　18. ㉯　19. ㉮

을 하는 것은?
㉮ 매트기초　　　㉯ 복합기초
㉰ 독립기초　　　㉱ 줄기초

해설 • 기초의 종류
① 매트기초 : 건축물이나 구조물의 평면 전체가 건물 전체에 걸쳐 있는 기초판 역할을 한다.
② 복합기초 : 편심하중이 발생하였을 경우 사용한다.
③ 독립기초 : 하나의 기초판에 하나의 기둥을 지지하는 것이다.
④ 줄기초 : 벽체 하부에 연속해서 이어져 있는 기초이다.

문제 20. 1방향 슬래브에 대하여 배근방법을 옳게 설명한 것은?
㉮ 단변방향으로만 배근한다.
㉯ 장변방향으로만 배근한다.
㉰ 단변방향은 온도철근을 배근하고 장변방향은 주근을 배근한다.
㉱ 단변방향은 주근을 배근하고 장변방향은 온도철근을 배근한다.

해설 • 1방향 슬래브
① 장변방향인 길이가 단변방향인 길이에 2배 이하일 경우를 말한다.
② 힘의 전달이 단변방향으로만 절달되므로 단변방향은 주철근(주근)을 배근한다.
③ 장변방향은 온도변화에 대응하기 쉬운 수축 온도철근을 배근한다.

문제 21. 지하실이나 옥상의 채광용으로 입사 광선의 방향을 바꾸거나 확산 또는 집중시킬 목적으로 사용되는 유리제품은?
㉮ 폼글라스　　　㉯ 프리즘타일
㉰ 안전유리　　　㉱ 강화유리

해설 • 프리즘 타일 : 입사광선의 방향을 바꾸거나 확산 또는 집중시킬 목적으로 프리즘의 원리를 이용해서 만든 유리로 지하실이나 옥상 채광용으로 사용한다.

문제 22. 석재의 내구성이 오랜 세월이 지나면 감소하는 이유로 가장 거리가 먼 것은 어느 것인가?
㉮ 빗물 속의 산소, 이산화탄소 등에 의한 석재의 표면 침해
㉯ 온도의 변화에 따른 광물의 팽창과 수축에 의한 석재의 갈라짐
㉰ 동결과 융해작용의 반복에 의한 석재의 파괴
㉱ 공기 속 질소의 영향으로 인한 석재 내부의 파괴

해설 • 석재의 내구성
① 석재가 풍화되고 변질되는 등 내구성이 감소하는 것은 충격과 대기나 빗물 속의 산소, 이산화탄소 등의 영향으로 가장 크다.
② 물리적 원인 : 동결, 응행반복, 기온차
③ 화학적인 원인 : 빗물 속의 산소, 이산화탄소, 유산암모니아, 염화암모니아, 석탄산

문제 23. 대리석의 일종으로 다공질이며 황갈색의 무늬가 있으며 특수한 실내장식재로 이용되는 것은?
㉮ 테라코타　　　㉯ 트래버틴
㉰ 점판암　　　　㉱ 석회암

해설 • 트래버틴 : 대리석의 일종으로 다공질이며 특수한 실내 장식재로 이용된다.

문제 24. 목재 합판을 가장 잘 설명한 것은?
㉮ 목재를 얇은 판으로 만들어 이들을 섬유방향이 서로 직교가 되도록 홀수로 적층하면서 접착시켜 만든 판을 말한다.
㉯ 목재 및 기타 식물의 섬유질소편에 합성수지접착제를 도포하여 가열 압착성형한 판상제품이다.
㉰ 목재 또는 기타 식물을 섬유화하여 성형한 판상제품의 총칭이다.
㉱ 목편, 목모, 목질섬유 등과 시멘트를 혼합하여 성형한 보드를 말한다.

해답 20. ㉱　21. ㉯　22. ㉱　23. ㉯　24. ㉮

해설 • 목재 합판 : 얇은 판을 1장마다 섬유방향과 직교되게 3, 5, 7, 9 등의 홀수겹으로 겹쳐 붙여 댄 것을 합판이라 한다.

문제 25. 단열유리라고 하며, 철, 니켈, 크롬 등이 들어 있는 유리로서 담청색을 띠고 태양광선 중에 장파부분을 흡수하는 유리는?
㉮ 열선 흡수유리 ㉯ 열선 반사유리
㉰ 자외선 투과유리 ㉱ 자외선 차단유리

해설 • 열선 흡수 유리
① 단열유리라고도 하며 철, 니켈, 크롬 등을 가하여 만든 유리로 흔히 엷은 청색을 띤다.
② 차량의 창 등에 이용된다.

문제 26. 다음 석재 중 색채, 무늬 등이 다양하여 건물의 실내 마감 장식재로 가장 적합한 것은?
㉮ 점판암   ㉯ 대리석
㉰ 화강암   ㉱ 안산암

해설 • 대리석의 용도 : ① 아름답고 갈면 광택이 나므로 장식용 석재 중에서 고급재로 많이 사용된다.
② 실내 마감재(바닥재, 벽재)
③ 장식재(조각, 몰딩)

문제 27. 금속제품 중 목재의 이음 철물로 사용되지 않는 것은?
㉮ 안장쇠   ㉯ 꺾쇠
㉰ 인서트   ㉱ 띠쇠

해설 • 인서트(insert)
① 콘크리트를 부어넣기 전에 미리 넣은 고정 철물로서 주철제용과 철판 가공품용이 있다.
② 콘크리트슬래브에 묻어 천장 달대를 고정시키는 철물이다.

문제 28. 금속의 방식법에 대한 설명 중 옳지 않은 것은?

㉮ 도료나 내식성이 큰 금속으로 표면에 피막을 하여 보호한다.
㉯ 균질한 재료를 사용한다.
㉰ 다른 종류의 금속을 서로 잇대어 사용한다.
㉱ 표면은 깨끗하게 하고 물기나 습기가 없도록 한다.

해설 다른 종류의 금속을 서로 잇대어 사용하면 전기화학 작용으로 부식이 발생된다.

문제 29. 알루미늄의 특성에 대한 설명으로 옳지 않은 것은?
㉮ 산, 알칼리 및 해수에 침식되지 않는다.
㉯ 연질이므로 가공성이 뛰어나다.
㉰ 전기전도성 및 반사율이 뛰어나다.
㉱ 내화성이 약하다

해설 • 알루미늄의 특성
① 해수, 산, 알칼리에 약하다.
② 전기나 열전도율이 높다.
③ 가벼운 정도에 비하면 강도가 크다.

문제 30. 콘크리트용 혼화제 중 콘크리트의 발열량을 높게 하는 것은?
㉮ 경화촉진제   ㉯ A.E제
㉰ 포졸란   ㉱ 방수제

해설 • 경화촉진제
① 염화칼슘이 많이 쓰인다.
② 응결시간이 촉진된다.
③ 건조수축이 증가된다.
④ 사용량이 많으면 흡수성이 커지고 철물을 부식시킨다.

문제 31. 다음 중 목재의 장점이 아닌 것은 어느 것인가?
㉮ 가공과 운반이 쉽다.
㉯ 외관이 아름답고 감촉이 좋다.
㉰ 중량이 비해 강도와 탄성이 크다.
㉱ 함수율에 따라 팽창과 수축이 작다.

해답 25. ㉮ 26. ㉯ 27. ㉰ 28. ㉰ 29. ㉮ 30. ㉮ 31. ㉱

해설 • 목재의 단점
① 함수율에 따라 팽창과 수축이 크다.
② 착화점이 낮아 내화성이 작다.
③ 흡수성이 크며 변형하기 쉽다.
④ 충해나 풍화로 내구성이 저하된다.

문제 32. 다음 중 열가소성수지가 아닌 것은 어느 것인가?
㉮ 염화비닐수지 ㉯ 아크릴수지
㉰ 초산비닐수지 ㉱ 요소수지

해설 ① 열경화성수지 : 페놀수지, 요소수지, 멜라민수지, 알키드수지
② 열가소성수지 : 아크릴수지, 염화비닐수지, 초산비닐수지, 비닐 아세틸렌수지

문제 33. 시멘트제품의 양생방법 중 가장 이상적인 것은?
㉮ 통풍을 막고 직사광선을 피하여 건조시킨다.
㉯ 가열을 해서 속히 건조시킨다.
㉰ 영하의 저온환경에서 건조시킨다.
㉱ 적당한 온도와 습도를 위해서 수중양생을 한다.

해설 수축균열을 방지하기 위하여 적당한 온도와 습도를 공급하는 수중양생이 가장 이상적이다.

문제 34. 콘크리트의 배합에서 물시멘트비와 가장 관계 깊은 것은?
㉮ 강도   ㉯ 내동해성
㉰ 질소   ㉱ 내수성

해설 • 콘크리트의 강도
① 콘크리트의 강도는 물, 시멘트비로 결정된다.
② 콘크리트의 강도는 압축강도를 말한다.
③ 시멘트, 물, 골재의 품질에 따라 강도는 달라진다.

문제 35. 회반죽 바름은 공기 중의 어느 성분과 작용하여 강화하게 되는가?

㉮ 산소   ㉯ 탄산가스
㉰ 질소   ㉱ 수소

해설 • 회반죽 : 석회석은 기경성이므로 수중에서는 경화되지 않고 탄산가스를 함유한 공기 중에서 탄산가스와 반응하여 (탄산화) 건조되면서 경화된다.

문제 36. 콘크리트면, 모르타르면의 바름에 가장 적합한 도료는?
㉮ 옻칠   ㉯ 래커
㉰ 유성페인트 ㉱ 수성페인트

해설 • 수성 페인트
① 시멘트 모르타르, 콘크리트 바탕에 도장하기 쉽다.
② 실내외 모두 사용하는 것으로 우수한 도료이다.

문제 37. 베니어의 제법 중 슬라이드 베니어에 대한 설명으로 옳은 것은?
㉮ 얼마든지 넓은 판을 얻을 수 있으며 원목의 낭비가 없다.
㉯ 합판 표면에 아름다운 무늬를 얻으려 할 때 사용한다.
㉰ 원목을 일정한 길이로 절단하여 이것을 회전시키면서 연속적으로 제작한다.
㉱ 판재와 각재를 집성하여 대재를 얻을 때 사용한다.

해설 • 합판의 제조 방법
① 슬라이드 베니어 : 목재의 평면을 절삭한 것으로 나무의 곧은 결의 아름다운 무늬를 나타내어 준다.
② 로우터리 베니어 : 목재를 단판으로 만들어 여러 겹을 접착하여 만든 것이다.

문제 38. 길이가 폭의 3배 이상으로 가늘고 길게 된 타일로서 징두리벽 등의 장식용에 사용되는 것은?
㉮ 스크래치 타일 ㉯ 보더 타일
㉰ 모자이크 타일 ㉱ 논슬립 타일

[해설] ① 보더타일 : 현관, 벽난로 등에 적합, 주로 외장 바닥재이다.
② 스크래치 타일 : 표면에 거친 무늬를 넣은 것으로 외장용에 쓰인다.
③ 모자이크 타일 : 크기가 작은 것을 1자각의 크기로 짜맞추어 붙이는 것으로 벽, 천장, 바닥 등에 아름다운 모양을 만들기에 편리하다.
④ 논슬립 타일 : 계단 디딤판의 미끄럼 방지용이다.

[문제] 39. 다음에서 설명하는 역학적 성질은?

> 유체가 유동하고 있을 때 유체의 내부에 흐름을 저지하려고 하는 내부마찰 저항이 발생는 성질

㈎ 탄성 ㈏ 소성
㈐ 점성 ㈑ 외력

[해설] • 점성(viscosity) : 유체의 상대운동등ㄹ 방해하려는 것으로, 유체 마찰이 생기는 성질을 말한다.

[문제] 40. 다음 석재 중 변성암에 속하는 것은 어느 것인가?

㈎ 안산암 ㈏ 석회암
㈐ 응회암 ㈑ 사문암

[해설] • 변성암(metamorphic rock)
① 종류 : 대리석(marble), 트래버틴(travertine), 사문암(serpentine), 석면, 편암
② 화성암, 수성암이 물리적, 화학적, 지열의 작용 등에 의해 광물 성분의 변화를 일으켜 발생한 암석이다.

[문제] 41. 건축법령상 주요 구조부에 속하지 않는 것은?

㈎ 기둥 ㈏ 지붕틀
㈐ 내력벽 ㈑ 옥외 계단

[해설] 주요구조부란 내력벽(耐力壁), 기둥, 바닥, 보, 지붕틀 및 주계단(主階段)을 말한다. 다만, 사이 기둥, 최하층 바닥, 작은 보, 차양, 옥외 계단, 그 밖에 이와 유사한 것으로 건축물의 구조상 중요하지 아니한 부분은 제외한다.

[문제] 42. 건축도면에서 보이지 않는 부분의 표시에 사용되는 선의 종류는?

㈎ 실선 ㈏ 파선
㈐ 1점 쇄선 ㈑ 2점 쇄선

[해설] ① 파선 : 보이지 않는 부분을 표시한다.
② 가는 실선 : 치수선, 치수 보조선, 지시선
③ 1점 쇄선 : 중심선, 절단선, 기준선, 경계선
④ 2점 쇄선 : 가상선

[문제] 43. 공기 조화 방식 중 전공기 방식에 관한 설명으로 옳지 않은 것은?

㈎ 덕트 스페이스가 필요하다.
㈏ 중간기에 외기냉방이 가능하다.
㈐ 실내에 배관으로 인한 누수의 우려가 없다.
㈑ 팬코일 유닛 방식, 유인 유닛 방식 등이 있다.

[해설] • 공조 조화 방식의 분류
① 전공기 방식
  ㈎ 단일 덕트 방식(정풍량, 변풍량)
  ㈏ 2중 덕트 방식(멀티존 유닛 방식, 각층 유닛 방식, 2중 덕트 정품량식, 2중 덕트 변풍량식)
② 공기 수 방식
  ㈎ 유인 유닛 방식
  ㈏ 덕트병용 복사 냉난방 방식
③ 전수 방식 : 팬코일 유닛 방식
④ 냉매 방식
  ㈎ 패키지 방식
  ㈏ 룸 에어컨 방식

[문제] 44. LP가스에 관한 설명으로 옳지 않은 것은?

㈎ 비중이 공기보다 크다.
㈏ 발열량이 크며 연소 시에 필요한 공기량이 많다.

[해답] 39. ㈐ 40. ㈑ 41. ㈑ 42. ㈏ 43. ㈑ 44. ㈐

㉰ 누설이 된다 해도 공기 중에 흡수되기 때문에 안전성이 높다.
㉱ 석유정제과정에서 채취된 가스를 압축 냉각해서 액화시킨 것이다.

[해설] LP가스는 무색, 무취이어서 구별하기 어렵고, 공기보다 무거워 바닥 하면에 채류하여 화재 및 폭발 위험성이 존재한다.

문제 45. 건축 도면에서 사람의 배경과 표현을 통해 알 수 있는 것과 가장 거리가 먼 것은?

㉮ 스케일감
㉯ 공간의 깊이
㉰ 건물의 배치
㉱ 건물 공간의 관습적인 용도

[해설] • 건축도면의 배경과 세부 표현
① 사람의 배경과 표현을 통해 건축물의 스케일, 용도, 공간의 높이를 알 수 있다.
② 가능한 단순하게 표현한다.
③ 충분히 이해시키기 어렵기 때문에 입체적으로 표현한다.

문제 46. 형태 조화의 근본이 되는 황금비에 해당하는 비율은?

㉮ 1 : 1,414   ㉯ 1 : 1,618
㉰ 1 : 1,732   ㉱ 1 : 1,915

[해설] ① 하나의 선을 둘로 나누었을 때 길이 비를 말한 것이다.
② 전체 길이 : 긴 길이 = 긴 길이 : 작은 길이
③ 황금비 = 1 : 1.618

문제 47. 아파트의 평면 형식에 따른 분류에 속하지 않는 것은?

㉮ 판상형   ㉯ 집중형
㉰ 계단실형   ㉱ 편복도형

[해설] ① 아파트 외관형식 : 판상형, 탑상형, 복합형
② 아파트 평면형식 : 홀형 (계단실형), 편복도형, 중복도형, 스킵 플로어형, 집중형

문제 48. 다음 설명에 알맞은 건축물의 입체적 표현 방법은?

> 선의 간격을 달리함으로써 면과 입체를 결정하는 방법으로, 평면은 같은 간격의 선으로, 곡면은 선의 간격을 달리하여 표현하며, 선의 방향은 면이나 입체의 수직, 수평의 방위에 맞추어 그린다.

㉮ 단선에 의한 표현
㉯ 여러 선에 의한 표현
㉰ 명암 처리만으로의 표현
㉱ 단선과 명암에 의한 표현

[해설] ① 명암 처리에 의한 묘사 방법 : 명암의 상태로 면과 입체를 표현한다.
② 단선에 의한 묘사 방법 : 윤곽선을 굵은 선으로 표시하여 공간상의 입체를 강하게 표현하는 방법이다.
③ 단선과 명암에 의한 묘사 방법 : 공간을 선으로 표현하며, 명암으로 음양을 넣어 표현한다.
④ 여러 선에 의한 묘사 방법 : 선의 간격에 변화를 주어 면과 입체를 표현한다.

문제 49. 주택의 거실에 관한 설명으로 옳지 않은 것은?

㉮ 다목적 공간으로서 활용되도록 한다.
㉯ 주택의 단부에 위치시킬 경우, 개인적인 공간과 구분을 명확히 할 수 있다.
㉰ 안정된 거실 분위기를 위해 동선에 유의하고 출입구수를 가능한 안 줄이는 것이 좋다.
㉱ 가족구성원이 많고 주택의 규모가 큰 경우에는 리빙 키친을 적용하는 것이 좋다.

[해설] • 리빙 키친 (living kitchen)
① 실을 효율적으로 이용할 수 있다.
② 소규모 주택에서 많이 사용된다.
③ 거실 내에 부엌과 식사실을 설치한 것이다.
④ 동선이 단축된다.

[해답] 45. ㉰ 46. ㉯ 47. ㉮ 48. ㉯ 49. ㉱

문제 50. 다음 중 배치도에 표시하지 않아도 되는 사항은?
㉮ 축척   ㉯ 건물의 위치
㉰ 대지 경계선   ㉱ 각 실의 위치

해설 • 배치도
① 대지와 도로와의 관계, 도로의 넓이, 출입구 등의 위치를 표시한다.
② 인접 대지의 경계와 주변의 담장, 대문 등의 위치를 표시한다.
③ 부대설비, 즉 상하수도, 정화조, 연못, 분수, 수목의 위치, 옥외조명 등을 표시한다.

문제 51. 다음 중 개별식 급탕방식에 속하지 않는 것은?
㉮ 순간식   ㉯ 저탕식
㉰ 직접 가열식   ㉱ 기수 혼합식

해설 • 급탕방식
① 개별식 급탕법 : 순간식, 저탕식, 기수혼합식
② 중앙식 급탕법 : 직접가열식, 간접가열식

문제 52. 주택의 평면계획에서 인접의 원칙에 해당하지 않는 것은?
㉮ 거실 : 현관   ㉯ 식당 : 주방
㉰ 식당 : 화장실   ㉱ 주방 : 다용도실

해설 • 주택의 평면계획의 인접의 원칙
① 각 실의 상호관계는 비슷한 경우 인접시키고 상반되는 경우 격리시킨다.
② 침실은 독립성을 확보하고 거실, 식사실, 부엌 등은 통로로 이용해도 좋으나 통로의 이용면적은 최소한 줄이는 방향으로 한다.

문제 53. 주택 실구성 형식 중 주방의 일부에 간단한 식탁을 설치하거나 식당과 주방을 하나로 구성한 것은?
㉮ 독립형   ㉯ 다이닝 키친
㉰ 리빙 다이닝   ㉱ 다이닝 테라스

해설 • 단위주거의 평면구성
① D : dining형으로 거실과 주방 사이에 식사실을 분리한다.
② DK : dining kitchen형으로 주방 겸 식사실과 거실 겸 취침실과는 분리한다.
③ LD : living dining형으로 거실과 식사실이 겹친다.
④ LDK : living dining kitchen형으로 거실 겸 식사실과 취침실과는 분리한다.

문제 54. 건축도면의 표시기호와 표시사항의 연결이 옳은 것은?
㉮ A : 용적   ㉯ W : 나비
㉰ R : 지름   ㉱ L : 높이

해설 • 설계 제도 표시 기호

기호	명칭	기호	명칭
L	길이	R	반지름
H	높이	⬆	주출입구
W	너비	↑	부출입구
TH	두께	①, ②	제1·제2
Wt	무게	S=1:200	축척 1/200
A	면적	▰▰▰	축척
V	용적	◆	단면의 위치방향
D, ø	지름	◈	입면의 방향

문제 55. 금속체를 피보호물에서 돌출시켜 수뢰부로 하는 것으로 투영면적이 비교적 작은 건축물에 적합한 피뢰설비 방식은?
㉮ 돌침   ㉯ 가공지선
㉰ 케이지 방식   ㉱ 수평 도체 방식

해설 • 피뢰 설비 방식의 종류
① 돌침 방식 : 수평투영면적이 적은 건물로 교회의 철탑 등에 사용한다.
② 수평 도체 방식(용마루 위 도체 방식, 가공 지선방식) : 수평투영면적이 큰 건축물 옥상에 설치하여 사용한다.

해답 50. ㉱   51. ㉰   52. ㉰   53. ㉯   54. ㉯   55. ㉮

③ 케이지 방식 : 산 정상에 있는 건축물에 설치하여 사용한다.
④ 이온방사형 피뢰 방식 : 돌부침에서 이온 또는 펄스를 발생시켜 뇌운의 전하와 작용토록 하여 멀리 있는 뇌운의 방전을 유도하여 보호 범위를 넓게 하는 방식이다.

문제 56. 연면적 $200 \, m^2$을 초과하는 초등학교의 학생용 계단의 단 높이는 최대 얼마 이하이어야 하는가?

㉮ 15 cm ㉯ 16 cm
㉰ 18 cm ㉱ 20 cm

해설 • 계단의 설치 기준(옥내계단)
① 초등학교의 계단인 경우에는 계단 및 계단참의 너비는 150 cm 이상, 단 높이는 16 cm 이하, 단 너비는 26 cm 이상으로 할 것
② 중·고등학교의 계단인 경우에는 계단 및 계단참의 너비는 150 cm 이상, 단 높이는 18 cm 이하, 단 너비는 26 cm 이상으로 할 것

문제 57. 건축물의 에너지 절약을 위한 계획 내용으로 옳지 않은 것은?

㉮ 공동주택은 인동간격을 넓게 하여 저층부의 일시수열량을 증대시킨다.
㉯ 건물의 창호는 가능한 작게 설계하고, 특히 열손실이 많은 북측의 창면적은 최소화한다.
㉰ 건축물은 대지의 향, 일조 및 주풍향 등을 고려하여 배치하며, 남향 또는 남동향 배치를 한다.
㉱ 거실의 층고 및 반자 높이는 실의 용도와 기능에 지장을 주지 않는 범위 내에서 가능한 높게 한다.

해설 • 건축물에너지 절약 설계 기준 : 거실의 층고 및 반자 높이는 실의 용도와 기능에 지장을 주지 않는 범위 내에서 가능한 높게 한다.

문제 58. 전기설비에서 간선의 배선방식에 속하지 않는 것은?

㉮ 평행식 ㉯ 루프식
㉰ 나뭇가지식 ㉱ 군관리방식

해설 • 배선 방식의 종류 : 나뭇가지식, 나뭇가지 평행식, 평행식, 루프식(loop)

문제 59. 건축도면에서 다음과 같은 단면용 재료표시 기호가 나타내는 것은?

㉮ 석재 ㉯ 인조석
㉰ 목재 치장재 ㉱ 목재 구조재

해설 ㉮:   ㉰: [ ] ㉱: ⊠

문제 60. 다음 중 기초의 제도 시 가장 먼저 해야 할 것은?

㉮ 치수선을 긋고 치수를 기입한다.
㉯ 제도지에 테두리선을 긋고 표제란을 만든다.
㉰ 제도지에 기초의 배치를 적당히 잡아 가로와 세로 나누기를 한다.
㉱ 중심선에서 기초와 벽의 두께, 푸팅 및 잡석 지정의 나비를 양분하여 연하게 그린다.

해설 • 제도 순서
① 제도지에 윤곽선(테두리선)을 그린다.
② 표제란을 그린다.
③ 배치를 고려하여 정면도, 평면도를 그린다.
④ 치수선을 긋고 치수는 기입한다.

해답 56. ㉯ 57. ㉱ 58. ㉱ 59. ㉰ 60. ㉯

2014년도 시행문제

□ 전산응용 건축제도 기능사 ▶ 2014. 1. 26 시행

문제 1. 석구조에서 창문 등의 개구부 위에 걸쳐대어 상부에서 오는 하중을 받는 수평 부재는?
㉮ 창대돌 ㉯ 문지방돌
㉰ 쌤돌   ㉱ 인방돌
해설 • 인방돌

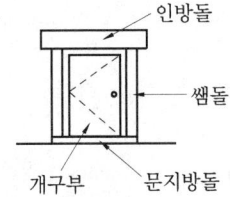

문제 2. 철근 콘크리트 내진벽의 배치에 관한 설명으로 옳지 않은 것은?
㉮ 위·아래층에서 동일한 위치에 배치한다.
㉯ 균형을 고려하여 평면상으로 둘 이상의 교점을 가지도록 배치한다.
㉰ 상부층에 많은 양의 벽체를 설치한다.
㉱ 하중을 고르게 부담하도록 배치한다.
해설 수평하중을 견딜 수 있도록 배치한다.

문제 3. 평면형상으로 시공이 쉽고 구조적 강성이 우수하여 대공간 지붕 구조로 적합한 것은?
㉮ 돔구조   ㉯ 셸구조
㉰ 절판 구조   ㉱ PC 구조
해설 • 절판구조 : 수평형태의 슬래브는 수직하중에 의한 휨력에 약하고 수직형태의 슬래브는 수평하중에 의한 횡력에 약하므로 이 두 구조의 장점만 합친 구조이다.

문제 4. 재질이 가볍고 투명성이 좋아 채광을 필요로 하는 대공간 지붕 구조로 가장 적합한 것은?
㉮ 막구조   ㉯ 셸구조
㉰ 절판 구조 ㉱ 케이블 구조
해설 • 막구조의 특징
① 자연 친화성, 구조미, 공사기간, 채광 등에서 유리하다.
② 막 자체는 거의 무게가 없어서 넓은 공간의 지붕 구조체로서 효율성이 뛰어나다.

문제 5. 벽돌 구조에서 개구부 위와 그 바로 위의 개구부와의 최소 수직거리 기준은?
㉮ 10 cm 이상 ㉯ 20 cm 이상
㉰ 40 cm 이상 ㉱ 60 cm 이상
해설 • 조적 구조의 개구부
① 바로 위(직상) 개구부와의 수직거리 : 60 cm 이상
② 개구부와 대린벽 중심과의 수평거리 : 벽두께의 2배 이상
③ 벽의 개구부 폭의 합 : 벽 길이의 $\frac{1}{20}$ 이하

문제 6. 지진력에 대하여 저항시킬 목적으로 구성한 벽의 종류는?
㉮ 내진벽   ㉯ 장막벽
㉰ 칸막이벽   ㉱ 대린벽
해설 • 내진벽
① 내력벽 : 벽체 자체하중과 외력을 지지하는 벽으로 건물 상부의 무게를 지탱해준다.
② 내진벽 : 지진에 대비한 벽이다.

문제 7. 목조벽체에 사용되는 가새에 대한 설명 중 옳지 않은 것은?
㉮ 목조벽체를 수평력에 견디게 하고 안정한 구조로 하기 위한 것이다.
㉯ 가새는 45°에 가까울수록 유리하다.

해답 1. ㉱ 2. ㉰ 3. ㉰ 4. ㉮ 5. ㉱ 6. ㉮ 7. ㉰

㉰ 가새의 단면은 크면 클수록 좌굴할 우려가 없다.
㉱ 뼈대가 수평방향으로 교체되는 하중을 받으면 가새에는 압축응력과 인장응력이 번갈아 일어난다.

해설 가새의 단면이 크면 클수록 좌굴의 우려가 증가된다.

문제 8. 철골 구조에서 축방향력, 전단력 및 모멘트에 대해 모두 저항할 수 있는 접합은 어느 것인가?
㉮ 전단 접합   ㉯ 모멘트 접합
㉰ 핀접합   ㉱ 롤러 접합

해설 • 강접합 : 모멘트 접합이라 하며 기둥과 보의 접합에 사용되고 이때 수직, 수평 방향의 힘(축방향력), 전단력 및 모멘트에 대해 모두 저항할 수 있는 접합이다.

문제 9. 잡석 지정을 할 필요가 없는 비교적 양호한 지반에서 사용되는 지정 방식은?
㉮ 자갈 지정
㉯ 제자리 콘크리트 말뚝 지정
㉰ 나무 말뚝 지정
㉱ 기성제 철근 콘크리트 말뚝 지정

해설 ① 자갈 지정 : 자갈의 크기 45 mm 내외의 자갈, 막자갈, 모래 등을 썩어 다지는 지정이다.
② 잡석 지정 : 10~15 cm 정도 크기의 잡석을 다져 기초 밑을 튼튼하게 다지는 지정이다.

문제 10. 벽돌조에서 대린벽으로 구획된 벽의 길이가 7 m일 때 개구부의 폭의 합계는 총 얼마까지 가능한가?
㉮ 1.75 m   ㉯ 2.3 m
㉰ 3.5 m   ㉱ 4.7 m

해설 • 벽 개구부 폭의 합 = 벽 길이의 $\frac{1}{2}$ 이하
$7\,m \times \frac{1}{2} = 3.5\,m$

문제 11. 조적식 구조로만 짝지어진 것은?
㉮ 철근 콘크리트 구조 – 벽돌 구조
㉯ 철골 구조 – 목구조
㉰ 벽돌 구조 – 블록 구조
㉱ 철골 철근 콘크리트 구조 – 돌구조

해설 • 조적 구조
① 벽돌 구조 : 벽돌을 모르타르를 써서 쌓아올려 건물의 주체를 구성한 구조이다.
② 블록 구조 : 블록을 모르타르로 적충하여 쌓아올려 벽체, 기둥을 만드는 조적식 구조이다.

문제 12. 보강 블록조에 대한 설명으로 옳지 않은 것은?
㉮ 내력벽의 두께는 100 mm 이상으로 한다.
㉯ 내력벽으로 둘러싸인 부분의 바닥 면적은 80 m^2를 넘지 않아야 한다.
㉰ 세로 철근의 양단은 각각 그 철근지름의 40배 이상을 기초판 부분이나 테두리보 또는 바닥판에 정착시켜야 한다.
㉱ 내력벽은 그 끝부분과 벽의 모서리 부분에 12 mm 이상의 철근을 세로로 배치한다.

해설 • 보강 블록조 내력벽의 두께 : 보강 콘크리트 블록조의 내력벽 두께는 15 cm 이상으로 하며 그 내력벽의 구조 내력상 주요한 지점 간을 수평거리의 $\frac{1}{50}$ 이상으로 한다.

문제 13. 온도조절 철근(배력근)의 역할과 가장 거리가 먼 것은?
㉮ 균열 방지
㉯ 응력의 분산
㉰ 주철근 간격 유지
㉱ 주근의 좌굴 방지

해설 ① 온도조절 철근 : 온도 변화에 따른 콘크리트의 수축으로 발생한 균열 방지, 응력의 분산, 주철근의 간격 유지가 목적이다.
② 띠철근 : 주근의 좌굴을 방지해 준다.

해답 8. ㉯ 9. ㉮ 10. ㉰ 11. ㉰ 12. ㉮ 13. ㉱

문제 14. 2방향 슬래브가 되기 위한 조건으로 옳은 것은?

㉮ $\left(\dfrac{장변}{단변}\right) \leq 2$ ㉯ $\left(\dfrac{장변}{단변}\right) \leq 3$

㉰ $\left(\dfrac{장변}{단변}\right) > 2$ ㉱ $\left(\dfrac{장변}{단변}\right) > 3$

해설 ① 장변 방향인 길이가 단변 방향인 길이가 2배 이하일 경우를 말한다.
② $\lambda = \dfrac{장변(l_y)}{단변(l_x)} \leq 2$

문제 15. 철근 콘크리트보의 형태에 따른 철근 배근으로 옳지 않은 것은?

㉮ 단순보의 하부에는 인장력이 작용하므로 하부에 주근을 배치한다.
㉯ 연속보에서 지지점 부분의 하부에서 인장력을 받기 때문에, 이곳에 주근을 배치하여야 한다.
㉰ 내민보는 상부에 인장력이 작용하므로 상부에 주근을 배치한다.
㉱ 단순보에서 부재의 축에 직각인 스터럽의 간격은 모두 단부로 갈수록 촘촘해진다.

해설 • 연속보(양단 조정보)
① 연속보에서는 지지점 부분의 상부에서 인장력을 받기 때문에 이곳에 주근을 배치한다.
② 경간의 중앙부에서는 하부에서 인장력이 작용하기 때문에 이곳에 주근을 배치한다.

문제 16. 아치의 추력에 적절히 저항하기 위한 방법이 아닌 것은?

㉮ 아치를 서로 연결하여 교점에서 추력을 상쇄
㉯ 버트레스(buttress) 설치
㉰ 타이바(tie bar) 설치
㉱ 직접 저항할 수 있는 상부구조 설치

해설 • 아치의 추력을 저항하기 위한 방법
① 직접 저항할 수 있는 하부구조를 설치한다.
② 아치를 서로 연결하여 교점에서 추력을 상쇄한다.
③ 버트레스(토압이나 수압 등의 횡력을 받는 벽을 지지하기 위하여 벽체의 전면에 설치하는 지지벽)를 설치한다.
④ 타이 바(아치에서 양쪽으로 벌어지려는 힘을 잡아주기 위한 인장부재)를 설치한다.

문제 17. 벽돌 쌓기에서 길이 쌓기 켜와 마구리 쌓기 켜를 번갈아 쌓고 벽의 모서리나 끝에 반절이나 이오토막을 사용한 것은?

㉮ 영식 쌓기   ㉯ 영롱 쌓기
㉰ 미식 쌓기   ㉱ 화란식 쌓기

해설 • 벽돌 쌓기법 종류
① 영국식 쌓기
  ㈎ 모서리에 반절, 이오토막을 사용하며 통줄눈이 생기지 않는 것이 특징이며 한 켜는 마구리 쌓기로 하고 다음은 길이 쌓기로 하며 교대로 하여 쌓는다.
  ㈏ 가장 튼튼한 구조로 내력벽 쌓기에 사용되며 가장 튼튼한 쌓기법이다.
② 프랑스식 쌓기
  ㈎ 끝부분에는 이오토막을 사용하며 한켜는 길이 쌓기로 하고 다음은 마구리 쌓기로 하며 교대로 하여 쌓는다.
  ㈏ 치장용으로 많이 사용되며 많은 토막 벽돌이 사용된다.
③ 미국식 쌓기
  ㈎ 앞면 5켜까지는 치장벽돌로 길이 쌓기로 하고 다음은 마구리 쌓기로 하고 뒷면은 영국식으로 쌓는다.
  ㈏ 치장 벽돌을 사용한다.
④ 화란식(네덜란드식) 쌓기
  ㈎ 모서리 또는 끝부분에는 칠오토막을 사용하며 한 켜는 길이 쌓기로 하고 다음은 마구리 쌓기로 하며 마무리하는 벽돌 쌓기법이다.
  ㈏ 한 면은 벽돌 마구리와 길이가 교대로 되고 다른 면은 영국식으로 쌓는다.
  ㈐ 작업하기 쉬워 일반적으로 가장 많이 사용하는 벽돌 쌓기법이다.

해답 14. ㉮   15. ㉯   16. ㉱   17. ㉮

문제 18. 계단의 종류 중 재료에 의한 분류에 해당되지 않는 것은?
㉮ 석조 계단
㉯ 철근 콘크리트 계단
㉰ 목조 계단
㉱ 돌음 계단

해설 ① 계단의 재료에 의한 분류 : 석조 계단, 목조 계단, 철근 콘크리트 계단
② 계단의 모양에 따른 분류 : 곧은 계단, 돌음 계단, 꺾인 계단, 나선 계단

문제 19. 온장 벽돌의 $\frac{3}{4}$ 크기를 의미하는 벽돌의 명칭은?
㉮ 반절
㉯ 이오토막
㉰ 반반절
㉱ 칠오토막

해설 • 칠오토막

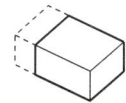

문제 20. 2층 마루 중에서 큰보 위에 작은 보를 걸고 그 위에 장선을 대고 마루널을 깐 것은?
㉮ 동바리 마루
㉯ 짠마루
㉰ 홑마루
㉱ 납작 마루

해설 • 짠마루 : 큰 보를 간사이가 작은 쪽을 3~5m 간격으로 걸쳐대고 이 위에 직각방향으로 작은 보를 약 2m 간격으로 걸쳐 댄 다음 장선을 걸치고 마룻널을 깐다.

문제 21. 목재에 관한 설명 중 옳지 않은 것은 어느 것인가?
㉮ 섬유포화점 이하에서는 함수율이 감소할수록 목재강도는 증가한다.
㉯ 섬유포화점 이상에서는 함수율이 증가해도 목재강도는 변화가 없다.
㉰ 가력 방향이 섬유에 평행할 경우 압축강도가 인장강도 보다 크다.
㉱ 심재는 일반적으로 변재보다 강도가 크다.

해설 • 가력 방향과 강도
① 섬유 방향에 평행하게 가한 힘에 대해서는 가장 강하고 이에 지각으로 가한 힘에 대해서는 가장 약하다.
② 가력 방향이 섬유에 평행할 경우 인장강도가 압축강도보다 크다.

문제 22. 페인트 안료 중 산화철과 연단은 어떤 색을 만드는 데 쓰이는가?
㉮ 백색 ㉯ 흑색 ㉰ 적색 ㉱ 황색

해설 • 적색 안료 : 산화철, 연단

문제 23. 한국산업표준(KS)에서 토목, 건축 부문의 분류기호는?
㉮ F ㉯ B ㉰ K ㉱ M

해설 F : 건설업, B : 광업, K : 금융 및 보험업, M : 전문, 과학 및 기술서비스업

문제 24. 건축재료 중 벽, 천장재료에 요구되는 성질이 아닌 것은?
㉮ 외관이 좋은 것이어야 한다.
㉯ 시공이 용이한 것이어야 한다.
㉰ 열전도율이 큰 것이어야 한다.
㉱ 차음이 잘 되고 내화, 내구성이 큰 것이어야 한다.

해설 • 벽, 천장 재료
① 열전도율이 작은 것이어야 한다.
② 차음이 잘 되고 내화, 내구성이 커야 한다.
③ 시공이 용이한 것이어야 한다.

문제 25. 다음 점토제품 중 흡수율이 가장 작은 것은?
㉮ 토기 ㉯ 석기 ㉰ 도기 ㉱ 자기

해설 ① 자기 흡수율 : 0~1 %
② 도기 흡수율 : 10 % 이상
③ 석기 흡수율 : 3~10 %
④ 토기 흡수율 : 20 % 이상

해답 18. ㉱ 19. ㉱ 20. ㉯ 21. ㉰ 22. ㉰ 23. ㉮ 24. ㉰ 25. ㉱

문제 26. 경질 섬유판에 대한 설명으로 옳지 않은 것은?
㉮ 식물 섬유를 주원료로 하여 성형한 판이다.
㉯ 신축의 방향성이 크며 소프트 텍스라고도 불리운다.
㉰ 비중이 0.8 이상으로 수장판으로 사용된다.
㉱ 연질, 반경질 섬유판에 비하여 강도가 우수하다.
해설 • 경질 섬유판 : 하드보드(hard board), 반경질 섬유판을 세미 하드보드라고 한다.

문제 27. 회반죽 바름이 공기 중에서 경화되는 과정을 가장 옳게 설명한 것은?
㉮ 물이 증발하여 굳어진다.
㉯ 물과의 화학적인 반응을 거쳐 굳어진다.
㉰ 공기 중 산소와의 화학작용을 통해 굳어진다.
㉱ 공기 중 탄산가스와의 화학작용을 통해 굳어진다.
해설 • 회반죽 : 석회석은 기경성이므로 수중에서는 경화되지 않고 탄산가스를 함유한 공기 중에서 탄산가스와 반응하여 (탄산화) 건조되면서 경화된다.

문제 28. 합성수지의 종류별 연결이 옳지 않은 것은?
㉮ 열경화성수지 – 멜라민수지
㉯ 열경화성수지 – 폴리에스테르수지
㉰ 열가소성수지 – 폴리에틸렌수지
㉱ 열가소성수지 – 살리콘수지
해설 ① 열경화성수지 : 페놀수지, 요소수지, 멜라민수지, 알키드수지, 실리콘수지
② 열가소성수지 : 아크릴수지, 염화비닐수지, 초산비닐수지, 비닐 아세틸렌수지

문제 29. 다공질 벽돌에 관한 설명 중 옳지 않은 것은?
㉮ 방음, 흡음성이 좋지 않고 강도도 약하다.
㉯ 점토에 분탄, 톱밥 등을 혼합하여 소성한다.
㉰ 비중은 1.5 정도로 가볍다.
㉱ 톱질과 못박음이 가능하다.
해설 • 다공질 벽돌
① 점토에 톱밥 등 유기질 가루를 혼합해서 성형, 소성한 것으로서 보통 벽돌보다 비중이 작다.
② 톱질과 못박기가 가능하며 단열 및 방음성이 있으나 강도는 약하다.

문제 30. 공사현장 등의 사용 장소에서 필요에 따라 만드는 콘크리트가 아니고, 주문에 의해 공장생산 또는 믹싱카로 제조하여 사용현장에 공급하는 콘크리트는 어느 것인가?
㉮ 레디믹스트 콘크리트
㉯ 프리스트레스트 콘크리트
㉰ 한중 콘서트
㉱ AE 콘크리트
해설 • 레디믹스트(ready-mixed) 콘크리트
① 고정된 믹서에서 혼합한 콘크리트를 트럭으로 운반하여 현장에 투입한다.
② 계량된 재료가 운반 도중에 가수 혼합된다.

문제 31. 원유를 증류하고 피치가 되기 전에 유출량을 제한하여 잔류분 반고체형으로 고형화시켜 만든 것이 지하실 방수공사에 사용되는 것은?
㉮ 스트레이트 아스팔트
㉯ 블로운 아스팔트
㉰ 아스팔트 콤파운드
㉱ 아스팔트 프라이머
해설 • 스트레이트 아스팔트 : 접착성, 신장성, 흡투수가 우수하므로 공업용, 도로포장 및 수리를 위한 구조물용, 지하방수공사에 사용한다.

해답 26. ㉯ 27. ㉱ 28. ㉱ 29. ㉮ 30. ㉮ 31. ㉮

문제 32. 시멘트의 강도에 영향을 주는 주요 요인이 아닌 것은?
㉮ 시멘트 분말도
㉯ 비빔 장소
㉰ 시멘트 풍화 정도
㉱ 사용하는 물의 양
[해설] • 시멘트 강도
① 시멘트 분말도
② 시멘트에 대한 물의 양과 성질
③ 골재의 성질과 입도
④ 시험체의 형상과 크기
⑤ 양생 방법과 재령

문제 33. 합성수지의 주원료가 아닌 것은?
㉮ 석재   ㉯ 목재
㉰ 석탄   ㉱ 석유
[해설] • 합성수지 : 석탄, 석유, 유지, 녹말, 섬유소 고무 등의 원료를 인공적으로 합성시켜 만든 고분자 물질이다.

문제 34. 도장의 목적과 관계하여 도장재료에 요구되는 성능과 가장 거리가 먼 것은?
㉮ 방음   ㉯ 방습
㉰ 방청   ㉱ 방식
[해설] • 도장재료 : 방수성, 방습성, 내마모성, 방청, 방식 등을 높이며 광택, 색채, 무늬 등을 이용하여 아름답게 하는 데 쓰이는 재료이다.

문제 35. 콘크리트의 각종 강도 중 가장 큰 것은?
㉮ 압축 강도   ㉯ 인장 강도
㉰ 휨강도   ㉱ 전단 강도
[해설] 콘크리트는 압축 강도가 가장 크고 인장, 휨, 전단강도는 압축 강도의 $\frac{1}{10} \sim \frac{1}{13}$ 이다.

문제 36. 돌로마이트에 회강석 부스러기, 모래, 안료 등을 섞어 정벌 바름하고 충분히 굳지 않을 때 표면에 거친 솔, 얼레빗 등을 사용하여 거친면으로 마무리하는 방법은 어느 것인가?
㉮ 질석 모르타르 바름
㉯ 펄라이트 모르타르 바름
㉰ 바라이트 모르타르 바름
㉱ 리신 바름
[해설] • 리신 바름 (Lithin coat) : 독일풍으로서 정벌 바름하는 인조석 바름이다.

문제 37. 재료가 외력을 받아 파괴될 때까지의 에너지 흡수 능력, 즉 외형의 변형을 나타내면서도 파괴되지 않는 성질로 맞는 것은 어느 것인가?
㉮ 전성   ㉯ 인성
㉰ 경도   ㉱ 취성
[해설] • 인성 : 재료가 인장력을 받을 때 잘 늘어나는 성질이다.

문제 38. 목재에 대한 장·단점을 설명한 것으로 옳지 않는 것은?
㉮ 중량에 비해 강도와 탄성이 작다.
㉯ 가공성이 좋다.
㉰ 충해를 입기 쉽다.
㉱ 건조가 불충분한 것은 썩기 쉽다.
[해설] • 목재의 장점
① 비중에 비하여 강도가 크다.
② 열전도율과 열팽창률이 작다.
③ 산성약품 및 염분에 강하다.

문제 39. 점토 벽돌 중 매우 높은 온도로 구워 낸 것으로 모양이 좋지 않고 빛깔은 짙으나 흡수율이 매우 적고 압축강도가 매우 큰 벽돌을 무엇이라 하는가?
㉮ 이형 벽돌   ㉯ 과소품 벽돌
㉰ 다공질 벽돌 ㉱ 포도 벽돌
[해설] • 과소품 벽돌
① 모양이 나쁘고 색이 짙은 것
② 흡수율은 매우 적고 압축강도는 매우 크다.

[해답] 32. ㉯ 33. ㉮ 34. ㉮ 35. ㉮ 36. ㉱ 37. ㉯ 38. ㉮ 39. ㉯

③ 모양이 바르지 않아 기초 쌓기나 특수 장식용으로 이용된다.

문제 40. 건축재료의 사용목적에 의한 분류에 속하지 않는 것은?
㉮ 구조재료 ㉯ 인공재료
㉰ 마감재료 ㉱ 차단재료
[해설] • 건축재료 사용 목적에 의한 분류
① 구조재료
② 마감재료
③ 차단재료
④ 방화, 내화재료

문제 41. 다음 중 물체의 절단한 위치를 표시하거나, 경계선으로 사용되는 선은 어느 것인가?
㉮ 굵은 실선 ㉯ 가는 실선
㉰ 일점 쇄선 ㉱ 파선
[해설] • 일점 쇄선 : 물체의 절단한 위치를 표시하거나 경계선으로 사용된다.

문제 42. 다음의 결로 현상에 관한 설명 중 ( ) 안에 알맞은 것은?

> 습도가 높은 공기를 냉각하면 공기 중의 수분이 그 이상은 수증기로 존재할 수 없는 한계를 ( )라 하며, 이 공기가 ( ) 이하의 차가운 벽면 등에 닿으면 그 벽면에 물방울이 생긴다. 이를 결로 현상이라 한다.

㉮ 절대습도 ㉯ 상대습도
㉰ 습구온도 ㉱ 노점온도
[해설] • 노점온도(dew point temperature) : 습공기가 어느 일정 압력에서 수분의 증감 없이 냉각되었을 때, 수증기가 응축하기 시작하여 이슬이 맺히는 온도이다.

문제 43. 다음 중 공간의 레이아웃(layout)과 가장 거리가 먼 것은?

㉮ 재료계획 ㉯ 동선계획
㉰ 설비계획 ㉱ 색채계획
[해설] 공간의 레이아웃은 배경과 인물의 동선, 인물의 관계 등과 밀접한 관계를 갖고 있다.

문제 44. 과전류가 통과하면 가열되어 끊어지는 용융 회로개방형의 가용성 부분이 있는 과전류 보호장치는?
㉮ 퓨즈 ㉯ 차단기
㉰ 배전반 ㉱ 단로 스위치
[해설] • 퓨즈 : 과전류 보호장치의 일종으로, 단락 전류 및 과부하 전류를 자동적으로 차단하는 가용체(납, 납·주석의 합금 또는 아연 등)로 만든다.

문제 45. 투시도에 관한 설명으로 옳지 않은 것은?
㉮ 투시도에 있어서 투사선은 관측자의 시선으로서, 화면을 통과하여 시점에 모이게 된다.
㉯ 투사선이 1점으로 모이기 때문에 물체의 크기는 화면 가까이 있는 것보다 먼 곳에 있는 것이 커 보인다.
㉰ 투시도에서 수평면은 시점 높이와 같은 평면 위에 있다.
㉱ 화면에 평행하지 않은 평행선들은 소점으로 모인다.
[해설] • 투시도 : 보통 사람이 선 자세에서 건물을 보았을 경우의 투시도

문제 46. 다음 단면용 재료 표시 기호가 의미하는 것은?

㉮ 석재 ㉯ 인조석
㉰ 벽돌 ㉱ 목재 치장재
[해설] ㉯ ㉰ ㉱

[해답] 40. ㉯ 41. ㉰ 42. ㉱ 43. ㉯ 44. ㉮ 45. ㉯ 46. ㉮

문제 47. 다음 설명에 알맞은 색의 대비와 관련된 현상은?

> 어떤 두 색이 맞붙어 있을 경우, 그 경계의 언저리가 경계로부터 멀리 떨어져 있는 부분보다 색의 3속성별로 색상 대비, 명도 대비, 채도 대비의 현상이 더욱 강하게 일어나는 현상

㉮ 동시 대비 ㉯ 연변 대비
㉰ 한란 대비 ㉱ 유사 대비

해설 ① 연변 대비 : 색과 색이 인접한 경계로부터 명도, 색상 대비가 복합적으로 일어나는 것이다.
② 동시 대비 : 두 개의 색을 동시간에 놓고 보았을 때 색이 달라 보이는 현상이다.
③ 한란 대비 : 동시에 놓고 보았을 때 차가운 색은 더욱 차갑게 따뜻한 색은 더욱 따뜻하게 보이는 현상이다.

문제 48. 건축도면에 선을 그을 때 유의사항에 관한 설명으로 옳지 않은 것은?
㉮ 선과 선이 각을 이루어 만나는 곳은 정확하게 작도가 되도록 한다.
㉯ 선의 굵기를 조절하기 위해 중복하여 여러 번 긋지 않도록 한다.
㉰ 파선이나 점선은 섬의 길이와 간격이 일정해야 한다.
㉱ 선굵기는 도면의 축척이 다르더라도 항상 일정해야 한다.

해설 • 건축제도 선긋기
① 용도에 따른 선의 굵기는 축척과 도면의 크기에 따라서 다르게 한다.
② 한 번 그은 선은 중복해서 긋지 않는다.
③ 파선, 점선은 선의 길이와 간격이 일정하도록 한다.
④ 선과 선이 각으로 만나는 곳은 정확하게 작도해야 한다.
⑤ 시작부터 끝까지 일정한 힘을 주어 일정한 속도로 긋는다.

문제 49. 건축물의 묘사 도구 중 여러 가지 색상을 가지고 있고 색층이 일정할수록 도면이 깨끗하고 선명하며 농도를 정확히 나타낼 수 있는 것은?
㉮ 연필   ㉯ 물감
㉰ 색연필   ㉱ 잉크

해설 ① 잉크 : 농도를 정확하게 표현, 선명하게 보이기 때문에 도면이 깨끗하다.
② 물감 : 수채화는 투명하고 윤이 난다.
③ 색연필 : 간단하며 도면을 채색하여 실제의 느낌을 표현하는 데 사용한다.

문제 50. 에스컬레이터에 관한 설명으로 옳지 않은 것은?
㉮ 수송능력이 엘리베이터에 비해 작다.
㉯ 대기시간이 없고 연속적인 수송 설비이다.
㉰ 연속 운전되므로 전원 설비에 부담이 적다.
㉱ 건축적으로 점유면적이 적고, 건물에 걸리는 하중이 분산된다.

해설 ① 경사도는 30° 이하로 한다.
② 수송능력은 엘리베이터보다 10배 정도 많다.
③ 구동장치, 제어장치 등을 격납하는 기계실은 되도록 작게 한다.

문제 51. 건축법상 건축물의 노후화를 억제하거나 기능 향상 등을 위하여 대수선하거나 일부 증축하는 행위로 정의되는 것은?
㉮ 재축   ㉯ 개축
㉰ 리모델링   ㉱ 리노베이션

해설 • 리모델링 : 건축물의 노후화를 억제하거나 기능 향상 등을 위하여 대수선하거나 대통령령으로 정하는 범위에서 일부 증축하는 행위를 말한다.

문제 52. 주택의 동선 계획에 관한 설명으로 옳지 않은 것은?
㉮ 상호 간의 상이한 유형의 동선은 분리한다.

해답 47. ㉯ 48. ㉱ 49. ㉱ 50. ㉮ 51. ㉰ 52. ㉯

🔁 교통량이 많은 동선은 가능한 길게 처리 하는 것이 좋다.
🔁 가사 노동의 동선은 가능한 남측에 위치시키는 것이 좋다.
🔁 개인, 사회, 가사 노동권의 3개 동선을 상호 간 분리하는 것이 좋다.

[해설] • 주택의 동선계획
① 동선의 형은 가능한 한 단순하게 한다.
② 속도가 빠른 동선은 통로의 너비를 넓게 하고, 장애가 없도록 한다.
③ 개인, 사회, 가사 노동권의 3개 동선을 상호간 분리하는 것이 좋다.
④ 거실이 동선에 의해 종횡무진으로 끊어질 경우, 그 공간은 안정감을 잃게 된다.
⑤ 교통량이 많은 동선은 많은 공간을 서로 접근시켜 능률성을 고려하여 짧게 하는 것이 좋다.

문제 53. 공동주택의 2세대 이상이 공동으로 사용하는 복도의 유효 폭은 최소 얼마 이상이어야 하는가? (단, 갓복도의 경우)
㉮ 90 cm ㉯ 120 cm
㉰ 150 cm ㉱ 180 cm

[해설] • 공동주택의 2세대 이상이 공동으로 사용하는 복도의 유효 폭
① 갓복도 : 120 cm 이상
② 중복도 : 180 cm 이상

문제 54. 급기와 배기측에 송풍기를 설치하여 정확한 환기량과 급기량 변화에 의해 실내압을 정압(+) 또는 부압(-)으로 유지할 수 있는 환기 방법은?
㉮ 중력 환기
㉯ 제1종 환기
㉰ 제2종 환기
㉱ 제3종 환기

[해설] ① 제1종 환기법 : 급기 댐퍼, 배기 댐퍼
② 제2종 환기법 : 급기 댐퍼, 자연 배기
③ 제3종 환기법 : 자연 급기, 배기 댐퍼

문제 55. 스터럽(늑근)이나 띠철근을 철근 배근도에서 표시할 때 일반적으로 사용하는 선은?
㉮ 가는 실선
㉯ 파선
㉰ 굵은 실선
㉱ 이점 쇄선

[해설] • 가는 실선 : 치수선, 치수 보조선, 지시선, 해칭선으로 그리며 철근 도면에서 늑근이나 띠철근을 표현한다.

문제 56. 다음과 같은 특징을 갖는 주택 부엌 가구의 배치 유형은?

• 작업 동선은 줄일 수 있지만 몸을 앞뒤로 바꾸는 데 불편하다.
• 양쪽 벽면에 작업대가 마주보도록 배치한 것으로 부엌의 폭이 길이에 비해 넓은 부엌의 형태에 적당한 형식이다.

㉮ L자형 ㉯ U자형
㉰ 병렬형 ㉱ 아일랜드형

[해설] • 병렬형
① 통로 너비 폭이 최소 80 cm 이상으로 사이의 간격이 넓다.
② 사이 간격이 너무 넓으면 동선이 길어져서 불편하다.

문제 57. 공간을 폐쇄적으로 완전 차단하지 않고 공간의 영역을 분할하는 상징적 분할에 이용되는 것은?
㉮ 커튼 ㉯ 고정벽
㉰ 블라인드 ㉱ 바닥의 높이차

[해설] 바닥은 공간을 구성하는 기초 요소이며 공간의 물리적 요소에 대한 공간 분할 및 연결에 중요하다.

문제 58. LPG에 관한 설명으로 옳지 않은 것은 어느 것인가?
㉮ 공기보다 가볍다.

[해답] 53. ㉯ 54. ㉯ 55. ㉮ 56. ㉰ 57. ㉱ 58. ㉮

㉯ 액화 석유 가스이다.
㉰ 주성분은 프로판, 프로필렌, 부탄 등이다.
㉱ 석유정제 과정에서 채취된 가스를 압축 냉각해서 액화시킨 것이다.
[해설] ① LPG(액화 석유 가스) : 무색, 무취이며 공기보다 무겁다.
② LNG(액화 천연 가스) : 무색, 무취이며 공기보다 가볍다.

문제 59. 한식 주택과 양식 주택에 관한 설명으로 옳지 않은 것은?
㉮ 한식 주택의 실은 복합용도이다.
㉯ 양식 주택의 평면은 실의 기능별 분화이다.
㉰ 한식 주택은 개구부가 크며 양식 주택은 개구부가 작다.
㉱ 한식 주택에서 가구는 주요한 내용물로서의 기능을 한다.

[해설] 한식 주택의 가구는 부차적 존재이며, 양식 주택의 가구는 중요한 내용물이다.

문제 60. 주택 계획에서 다이닝 키친(dining kitchen)에 관한 설명으로 옳지 않은 것은 어느 것인가?
㉮ 공간 활용도가 높다.
㉯ 주부의 동선이 단축된다.
㉰ 소규모 주택에 적합하다.
㉱ 거실의 일단에 식탁을 꾸며 놓은 것이다.

[해설] • 단위주거의 평면구성
① D (dining)형 : 거실과 주방 사이에 식사실을 분리한다.
② DK (dining kitchen)형 : 주방 겸 식사실과 거실 겸 취침실과는 분리한다.
③ LD (living dining)형 : 거실과 식사실이 겹친다.
④ LDK (living dining kitchen)형 : 거실 겸 식사실과 취침실과는 분리한다.

[해답] 59. ㉱　60. ㉱

국가기술자격검정실기시험문제 ①

자격종목 및 등급	전산응용 건축제도 기능사	작품명	주 택

비번호 (등번호)

• 시험시간 : 표준시간 – 4시간, 연장시간 – 30분

1. 요구 사항

※ 주어진 평면도를 보고 CAD를 이용하여 아래 조건에 맞게 다음 도면을 작도하시오.
1) A부분 단면 상세도를 축척 1/40로 작도하시오.
2) 남측 입면도를 축척 1/50로 작도하되 벽면재료 표시 및 주위의 배경 등 도면효과를 충분히 고려한다.

(1) 요구 조건

① 기초 및 지하실 벽체 : 철근 콘크리트 구조로 한다.
② 벽체 : 외벽 – 외부로부터 붉은 벽돌 0.5 B, 단열재 50 mm, 시멘트 벽돌 0.5 B로 하고 외부마감은 제물치장으로 한다.
　　　　내벽 – 두께 1.0 B 시멘트 벽돌쌓기로 한다.
③ 지붕 : 철근 콘크리트 경사 슬래브 위 시멘트 기와잇기 마감으로 한다 (물매 3.5/10).
④ 처마나옴 : 벽체 중심에서 600 mm
⑤ 반자높이 : 2400 mm
⑥ 창호 : 목재창호로 하되 2중창인 경우 외부창호는 알루미늄 새시로 한다.
⑦ 각 실의 난방 : 온수 파이프 온돌난방으로 한다.
⑧ 기타 각 부분의 마감, 치수 등 주어지지 않은 조건은 일반적인 시공수준으로 한다.

(2) 요구 도면

① 도면작도 작업이 완료된 후 드라이브 봉인 상태, 하드디스크 저장여부 등을 감독위원으로부터 확인받은 후 본부요원 입회하에 A3 용지에 도면을 출력한다. (도면 출력시간은 시험시간에서 제외한다.)
② 선의 통일을 기하기 위하여 다음과 같이 선의 색을 정리하여 출력한다.
　• 입면선 : 흰색 (7 – white) – 0.2 mm　　• 보조선 : 녹색 (3 – Green) – 0.2 mm
　• 단면선 : 노랑 (2 – Yellow) – 0.4 mm　• 치수 및 문자 : 하늘색 (4 – Cyan) – 0.2 mm
　• 중심선 : 빨강 (1 – Red) – 0.1 mm　　• 해칭선 : 파랑 (5 – Blue) – 0.1 mm

2. 수검자 유의사항

(1) 명기되지 않은 조건은 건축법, 건축구조 및 건축제도 원칙에 따른다.
(2) 정전 및 기계 고장 등에 의한 자료손실을 방지하기 위하여 20분에 1회씩 저장한다.
(3) 다음과 같은 경우는 부정행위로 처리한다.
  ① 노트 및 서적, 디스켓을 소지하거나 주고받는 행위
  ② 작업용 디스켓이 들어있는 드라이브 이외의 드라이브를 사용하거나 작업한 내용을 하드디스켓에 저장 및 봉인된 테이프의 훼손
(4) 작업이 끝나면 감독위원의 확인을 받은 후 봉인을 제거하여 디스켓과 문제지를 제출하고, 본부요원 입회하에 A3 용지에 도면을 출력하도록 한다 (출력시간은 시험시간에서 제외).
(5) 장비조작 미숙으로 장비의 파손 및 고장을 일으킬 염려가 있을 경우 실격된다.
(6) 주어진 표준시간을 초과할 경우 초과된 시간 10분 이내마다 전체 득점에서 5점씩 감점된다.
(7) 도면은 철하지 않는 경우로 작도한다.
(8) 다음과 같은 경우에는 오작 및 미완성으로 채점대상에서 제외한다.
  ① 주어진 조건을 지키지 않고 작도한 경우
  ② 요구한 전 도면을 작도하지 않은 경우
  ③ 연장시간 (30분)을 초과하여 작업한 경우
  ④ 건축제도 통칙을 준수하지 않거나 건축 CAD의 기능이 없는 상태에서 완성된 도면
(9) 수검번호, 성명은 도면 좌측 상단에 아래와 같이 표제란을 만들어 기재한다.

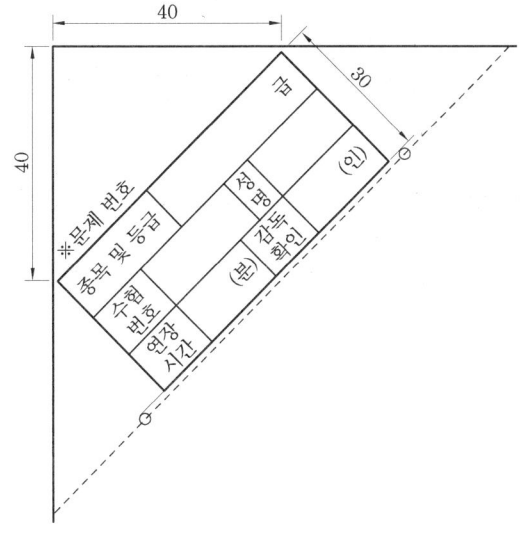

3. 도 면

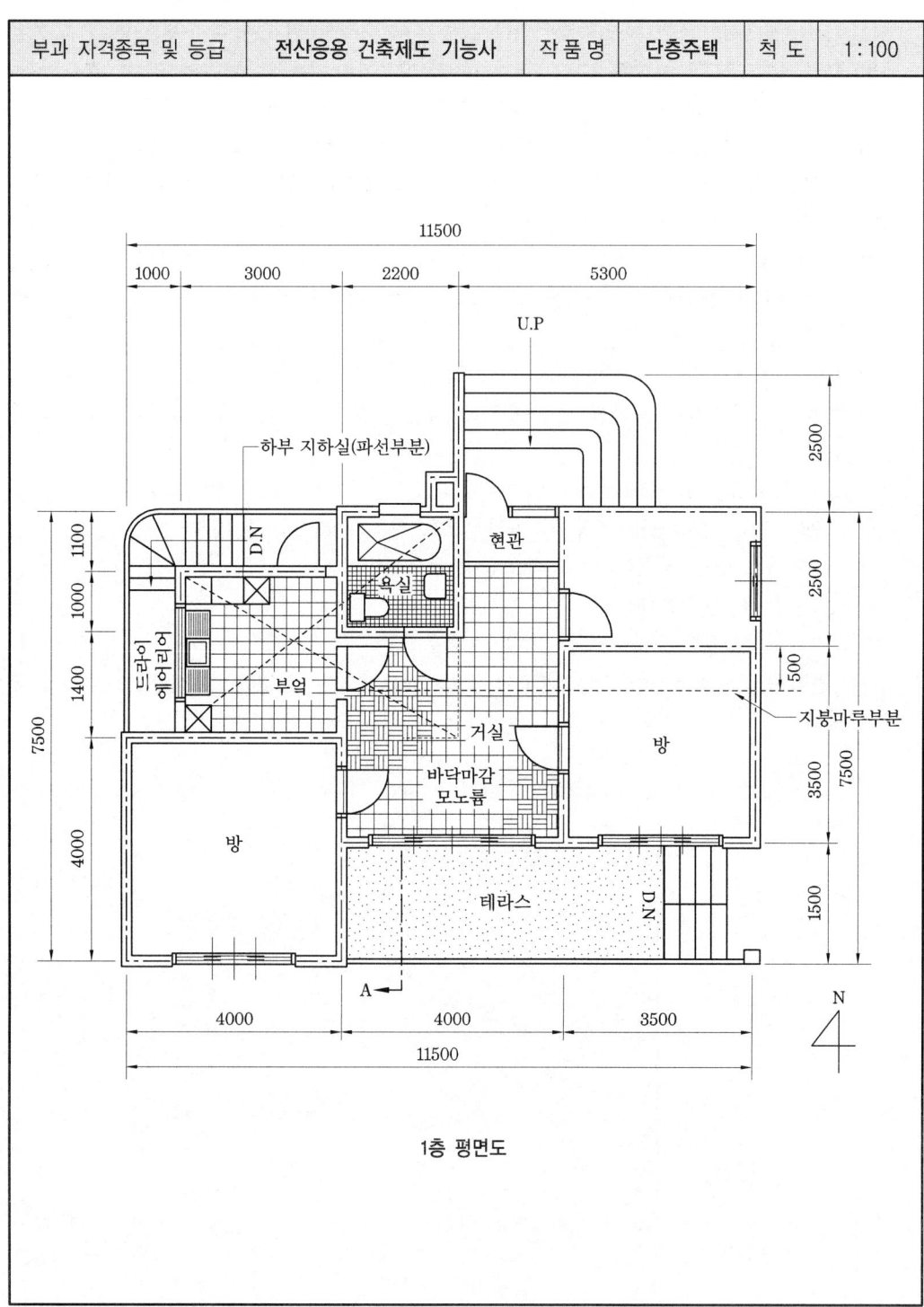

4. 지급재료목록

일련번호	재 료 명	자격종목 및 등급 규 격	전산응용 건축제도 기능사 단 위	수 량	비 고
1	복사용지	A3 (420×297 mm)	장	2	
2	플로피 공디스켓	2 HD (3.5″)	장	1	
3	플로터 잉크	흑색	개	1	50인당
4	봉인 알루미늄 테이프	50 mm×40 mm×10 m	개	1	50인당
5	※ 플로터 잉크는 시험장소별로 플로터 확인 후 각각의 플로터에 맞는 잉크구매				
6					
7					
8					
9					
10					
11					
12					
13					
14					
15					
16					
17					
18					
19					
20					
21					
22					
23					

국가기술자격검정실기시험문제 ②

자격종목 및 등급	전산응용 건축제도 기능사	작 품 명	주 택

비번호 (등번호)

• 시험시간 : 표준시간 - 4시간, 연장시간 - 30분

1. 요구 사항

※ 주어진 평면도를 보고 CAD를 이용하여 아래 조건에 맞게 다음 도면을 작도하시오.
1) A부분 단면 상세도를 축척 1/40로 작도하시오.
2) 북측 입면도를 축척 1/50로 작도하되 벽면재료 표시 및 주위의 배경 등 도면효과를 충분히 고려한다.

(1) 요구 조건

① 기초 및 지하실 벽체 : 철근 콘크리트 구조로 한다.
② 벽체 : 외벽-외부로부터 붉은 벽돌 0.5 B, 단열재 50 mm, 시멘트 벽돌 0.5 B로 하고 외부마감은 제물치장으로 한다.
　　　　내벽-두께 1.0 B 시멘트 벽돌쌓기로 한다.
③ 지붕 : 철근 콘크리트 경사 슬래브 위 시멘트 기와잇기 마감으로 한다 (물매 3.5/10).
④ 처마나옴 : 벽체 중심에서 600 mm
⑤ 반자높이 : 2400 mm
⑥ 창호 : 목재창호로 하되 2중창인 경우 외부창호는 알루미늄 새시로 한다.
⑦ 각 실의 난방 : 온수 파이프 온돌난방으로 한다.
⑧ 기타 각 부분의 마감, 치수 등 주어지지 않은 조건은 일반적인 시공수준으로 한다.

(2) 요구 도면

① 도면작도 작업이 완료된 후 드라이브 봉인 상태, 하드디스크 저장여부 등을 감독위원으로부터 확인받은 후 본부요원 입회하에 A3 용지에 도면을 출력한다 (도면 출력시간은 시험시간에서 제외한다).
② 선의 통일을 기하기 위하여 아래와 같이 선의 색을 정리하여 출력한다.
　• 입면선 : 흰색 (7-white)-0.2 mm　　• 보조선 : 녹색 (3-Green)-0.2 mm
　• 단면선 : 노랑 (2-Yellow)-0.4 mm　• 치수 및 문자 : 하늘색 (4-Cyan)-0.2 mm
　• 중심선 : 빨강 (1-Red)-0.1 mm　　• 해칭선 : 파랑 (5-Blue)-0.1 mm

2. 수검자 유의사항

(1) 명기되지 않은 조건은 건축법, 건축구조 및 건축제도 원칙에 따른다.
(2) 정전 및 기계 고장 등에 의한 자료손실을 방지하기 위하여 20분에 1회씩 저장한다.
(3) 다음과 같은 경우는 부정행위로 처리한다.
　가) 노트 및 서적, 디스켓을 소지하거나 주고받는 행위
　나) 작업용 디스켓이 들어있는 드라이브 이외의 드라이브를 사용하거나 작업한 내용을 하드디스켓에 저장 및 봉인된 테이프의 훼손
(4) 작업이 끝나면 감독위원의 확인을 받은 후 봉인을 제거하여 디스켓과 문제지를 제출하고, 본부요원 입회하에 A3 용지에 도면을 출력하도록 한다 (출력시간은 시험시간에서 제외).
(5) 장비조작 미숙으로 장비의 파손 및 고장을 일으킬 염려가 있을 경우 실격된다.
(6) 주어진 표준시간을 초과할 경우 초과된 시간 10분 이내마다 전체 득점에서 5점씩 감점된다.
(7) 도면은 철하지 않는 경우로 작도한다.
(8) 다음과 같은 경우에는 오작 및 미완성으로 채점대상에서 제외한다.
　① 주어진 조건을 지키지 않고 작도한 경우
　② 요구한 전 도면을 작도하지 않은 경우
　③ 연장시간 (30분)을 초과하여 작업한 경우
　④ 건축제도 통칙을 준수하지 않거나 건축 CAD의 기능이 없는 상태에서 완성된 도면
(9) 수검번호, 성명은 도면 좌측 상단에 아래와 같이 표제란을 만들어 기재한다.

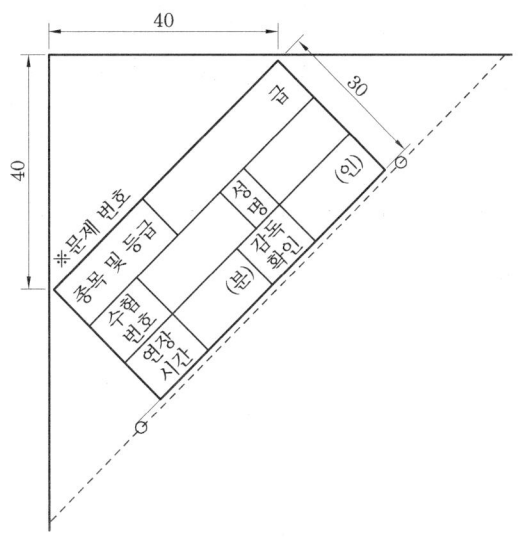

3. 도 면

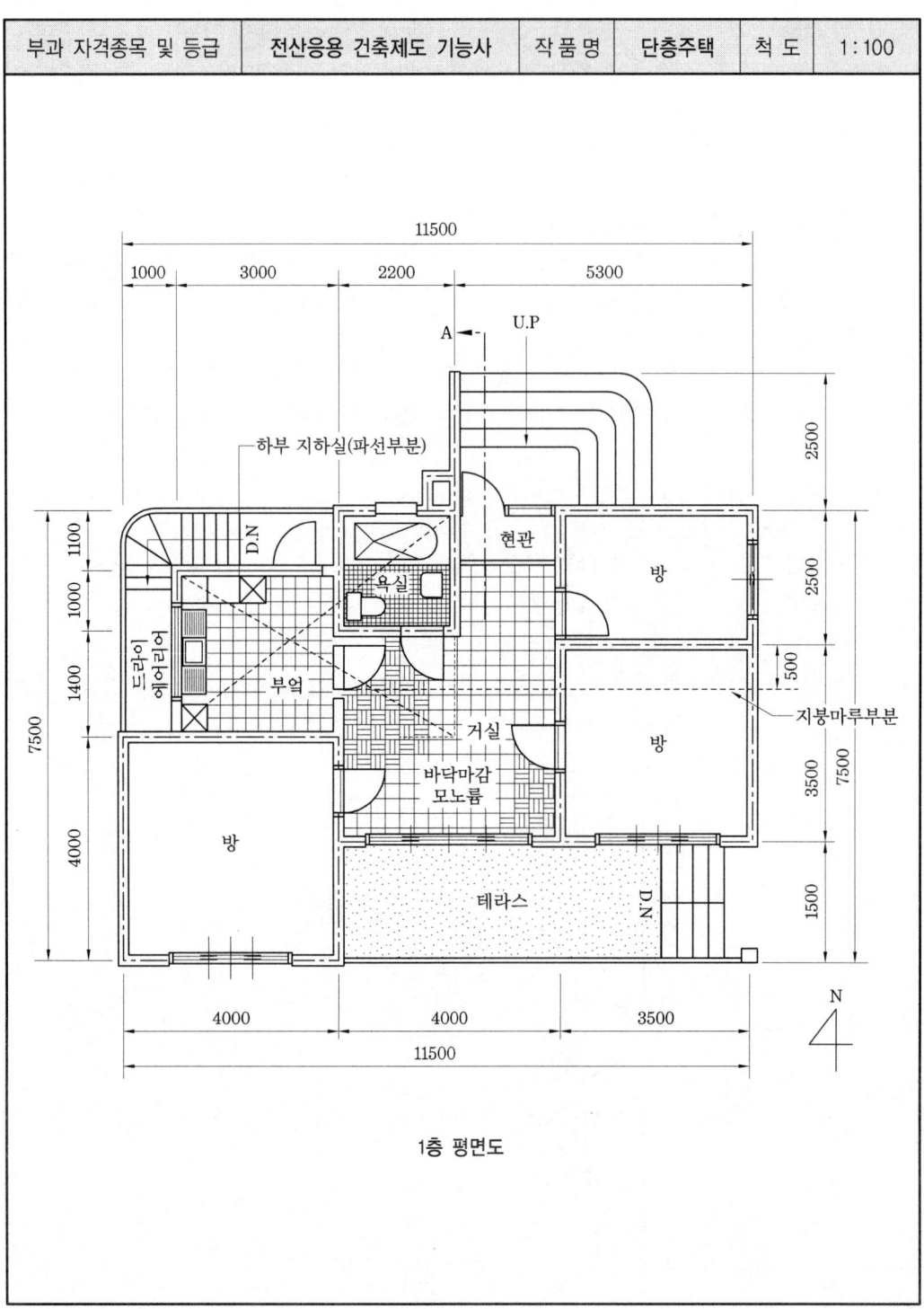

4. 지급재료목록

일련번호	재 료 명	자격종목 및 등급 규 격	전산응용 건축제도 기능사		
			단 위	수 량	비 고
1	복사용지	A3 (420×297 mm)	장	2	
2	플로피 공디스켓	2 HD (3.5″)	장	1	
3	플로터 잉크	흑색	개	1	50인당
4	봉인 알루미늄 테이프	50 mm×40 mm×10 m	개	1	50인당
5	※ 플로터 잉크는 시험장소별로 플로터 확인 후 각각의 플로터에 맞는 잉크구매				
6					
7					
8					
9					
10					
11					
12					
13					
14					
15					
16					
17					
18					
19					
20					
21					
22					
23					

국가기술자격검정실기시험문제 ③

자격종목 및 등급	전산응용 건축제도 기능사	작 품 명	주 택

비번호 (등번호)

• 시험시간 : 표준시간 — 4시간, 연장시간 — 30분

1. 요구 사항

※ 주어진 평면도를 보고 CAD를 이용하여 아래 조건에 맞게 다음 도면을 작도하시오.

1) A부분 단면 상세도를 축척 1/40로 작도하시오.
2) 동측 입면도를 축척 1/50로 작도하되 벽면재료 표시 및 주위의 배경 등 도면효과를 충분히 고려한다.

(1) 요구 조건

① 기초 및 지하실 벽체 : 철근 콘크리트 구조로 한다.
② 벽체 : 외벽 — 외부로부터 붉은 벽돌 0.5 B, 단열재 50 mm, 시멘트 벽돌 0.5 B로 하고 외부마감은 제물치장으로 한다.
　　　　내벽 — 두께 1.0 B 시멘트 벽돌쌓기로 한다.
③ 지붕 : 철근 콘크리트 경사 슬래브 위 시멘트 기와 이기 마감으로 한다 (물매 3.5/10 이상).
④ 처마나옴 : 벽체 중심에서 600 mm
⑤ 반자높이 : 2400 mm
⑥ 창호 : 목재창호로 하되 2중창인 경우 외부창호는 알루미늄 새시로 한다.
⑦ 각 실의 난방 : 온수파이프 온돌난방으로 한다.
⑧ 기타 각 부분의 마감, 치수 등 주어지지 않은 조건은 일반적인 시공수준으로 한다.

(2) 요구 도면

① 도면작도 작업이 완료된 후 드라이브 봉인 상태, 하드디스크 저장여부 등을 감독위원으로부터 확인받은 후 본부요원 입회하에 A3 용지에 도면을 출력한다 (도면 출력시간은 시험시간에서 제외한다).
② 선의 통일을 기하기 위하여 다음과 같이 선의 색을 정리하여 출력한다.
　　• 입면선 : 흰색 (7 — white) — 0.2 mm　　• 보조선 : 녹색 (3 — Green) — 0.2 mm
　　• 단면선 : 노랑 (2 — Yellow) — 0.4 mm　　• 치수 및 문자 : 하늘색 (4 — Cyan) — 0.2 mm
　　• 중심선 : 빨강 (1 — Red) — 0.1 mm　　• 해칭선 : 파랑 (5 — Blue) — 0.1 mm

2. 수검자 유의사항

(1) 명기되지 않은 조건은 건축법, 건축구조 및 건축제도 원칙에 따른다.
(2) 정전 및 기계 고장 등에 의한 자료손실을 방지하기 위하여 20분에 1회씩 저장한다.
(3) 다음과 같은 경우는 부정행위로 처리한다.
　① 노트 및 서적, 디스켓을 소지하거나 주고받는 행위
　② 작업용 디스켓이 들어있는 드라이브 이외의 드라이브를 사용하거나 작업한 내용을 하드디스켓에 저장 및 봉인된 테이프의 훼손
(4) 작업이 끝나면 감독위원의 확인을 받은 후 봉인을 제거하여 디스켓과 문제지를 제출하고, 본부요원 입회하에 A3 용지에 도면을 출력하도록 한다 (출력시간은 시험시간에서 제외).
(5) 장비조작 미숙으로 장비의 파손 및 고장을 일으킬 염려가 있을 경우 실격된다.
(6) 주어진 표준시간을 초과할 경우 초과된 시간 10분 이내마다 전체 득점에서 5점씩 감점된다.
(7) 도면은 철하지 않는 경우로 작도한다.
(8) 다음과 같은 경우에는 오작 및 미완성으로 채점대상에서 제외한다.
　① 주어진 조건을 지키지 않고 작도한 경우
　② 요구한 전 도면을 작도하지 않은 경우
　③ 연장시간 (30분)을 초과하여 작업한 경우
　④ 건축제도 통칙을 준수하지 않거나 건축 CAD의 기능이 없는 상태에서 완성된 도면
(9) 수검번호, 성명은 도면 좌측 상단에 다음과 같이 표제란을 만들어 기재한다.

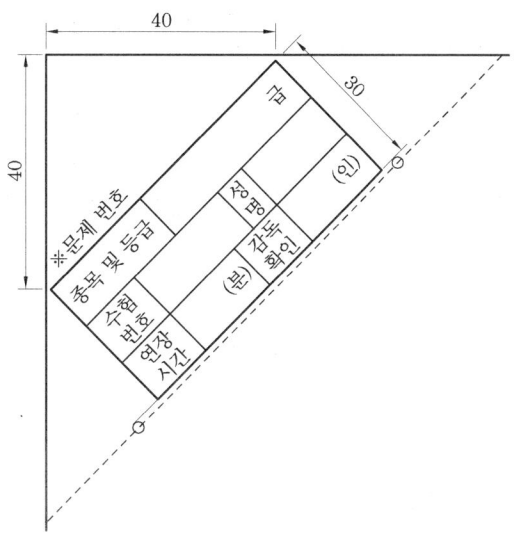

3. 도 면

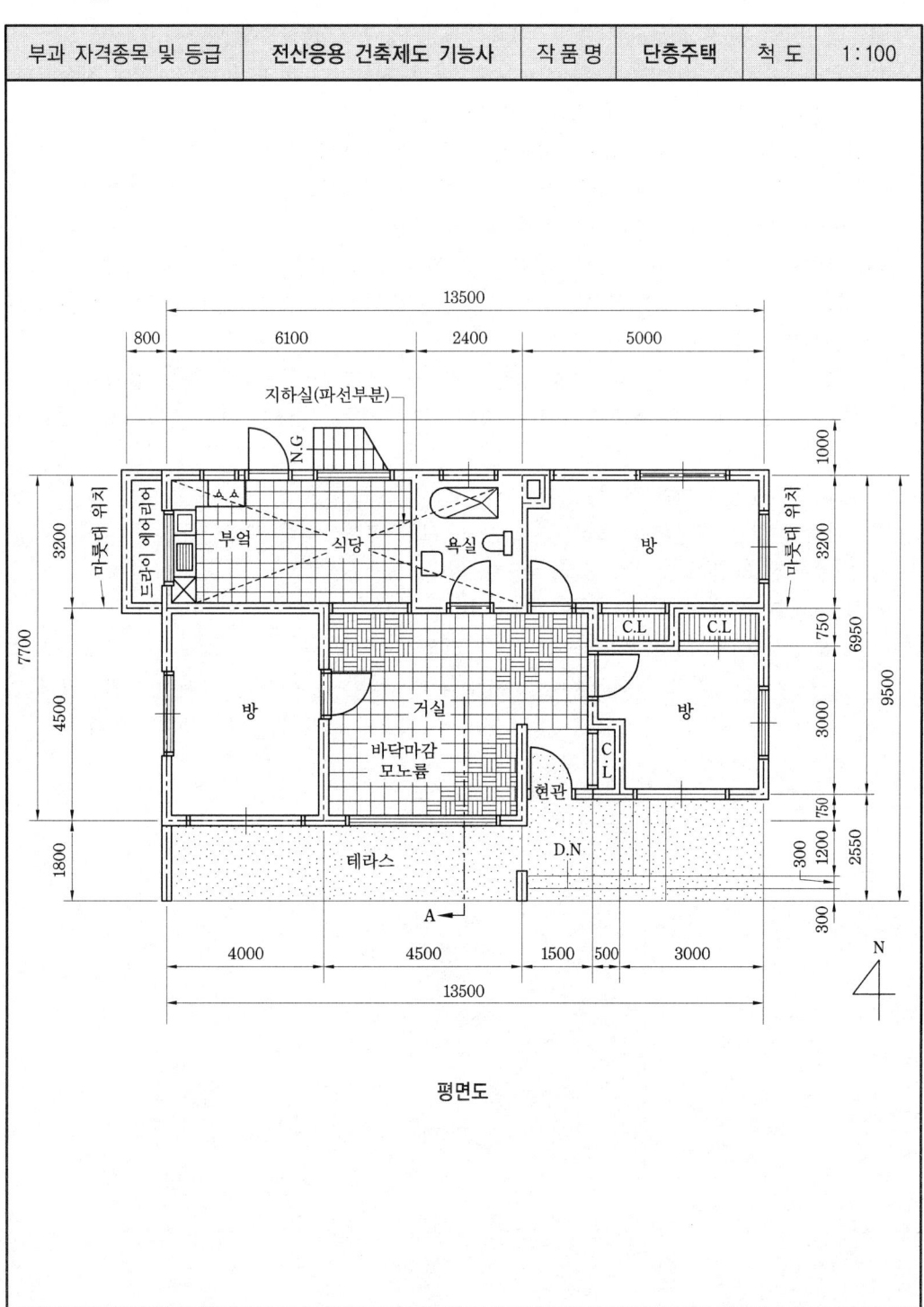

평면도

4. 지급재료목록

자격종목 및 등급		전산응용 건축제도 기능사		
일련번호	재 료 명	규 격	단 위	수 량	비 고
1	복사용지	A3 (420×297 mm)	장	2	
2	플로피 공디스켓	2 HD (3.5″)	장	1	
3	플로터 잉크	흑색	개	1	50인당
4	봉인 알루미늄 테이프	50 mm×40 mm×10 m	개	1	50인당
5	※ 플로터 잉크는 시험장소별로 플로터 확인 후 각각의 플로터에 맞는 잉크구매				
6					
7					
8					
9					
10					
11					
12					
13					
14					
15					
16					
17					
18					
19					
20					
21					
22					
23					

전산응용건축제도 기능사 필기

1998년 6월 25일 1판 1쇄
2011년 1월 10일 14판 2쇄
2014년 3월 25일 15판 2쇄

저　자 : 송선영 · 원유성
펴낸이 : 이정일

펴낸곳 : 도서출판 **일진사**
www.iljinsa.com

140-896 서울시 용산구 효창원로 64길 6
전화 : 704-1616 / 팩스 : 715-3536
등록 : 제1979-000009호 (1979.4.2)

값 25,000원

ISBN : 978-89-429-1297-1

◉ 불법복사는 지적재산을 훔치는 범죄행위입니다.
　저작권법 제97조의 5(권리의 침해죄)에 따라 위반자는 5년 이하의 징역 또는 5천만원 이하의 벌금에 처하거나 이를 병과할 수 있습니다.